알기 쉽게 풀어쓴

공업수학 Express

Express Train to the Engineering Math. World

김동식 지음

Engineering Mathematics

생능출판

저자 소개

김동식(金東植)

1986년 고려대학교 전기공학과 공학사 취득(고려대학교 전체 수석)
1988년 고려대학교 일반대학원 전기공학과 공학석사 취득
1989년 특수전문요원 예사 11기 전역
1992년 고려대학교 일반대학원 전기공학과 공학박사 취득
1997년~1998년 University of Saskatchewan, Visiting Professor
2004년 LG 연암문화재단 해외 연구교수 선정
2005년~2006년 University of Ottawa, Visiting Professor
2013년~2014년 고려대학교 전력시스템기술연구소 연구교수
1992년~현재 순천향대학교 전기공학과 교수

〈연구분야〉
웹기반 교육용 컨텐츠 및 가상실험실 개발, 비선형제어시스템, 지능제어시스템 등

〈저서〉
알기 쉽게 풀어쓴 기초전자회로(생능출판사), 알기 쉽게 풀어쓴 공업수학 Express(생능출판사), 회로이론 Express(생능출판사), 알기 쉽게 풀어쓴 기초공학수학(생능출판사), 알기 쉽게 풀어쓴 기초회로이론(생능출판사), Multisim으로 배우는 전자회로실험(생능출판사), PSpice로 배우는 전자회로실험(생능출판사)

알기 쉽게 풀어쓴 공업수학 Express

초판발행 2023년 12월 15일
제1판2쇄 2025년 1월 20일

지은이 김동식
펴낸이 김승기, 김민수
펴낸곳 (주)생능출판사 / **주소** 경기도 파주시 광인사길 143
출판사 등록일 2005년 1월 21일 / **신고번호** 제406-2005-000002호
대표전화 (031)955-0761 / **팩스** (031)955-0768
홈페이지 www.booksr.co.kr

책임편집 신성민 / **편집** 이종무, 최동진 / **디자인** 유준범, 노유안
마케팅 최복락, 심수경, 차종필, 백수정, 송성환, 최태웅, 명하나, 김민정
인쇄 · 제본 (주)상지사P&B

ISBN 979-11-92932-37-8 93410
정가 36,000원

머리말

필자는 지금까지 대학 2학년 학생들에게 빔 프로젝터 수업이 아닌 칠판에 직접 분필로 판서하는 전통적인 수업 방식으로 공업수학을 강의해 왔다. 디지털 환경에 익숙해 있는 학생들에게는 판서 수업 방식은 진행 속도가 느려 답답하게 느껴질 수 있을 것이다.

그러나 공업수학은 많은 학생들이 배우기 어려워하는 과목이기 때문에 교수자의 입장에서는 학생들과 소통하며 차근차근 그들의 눈높이를 고려하여 한 명의 학생이라도 더 이해시키려는 노력의 일환이었다.

어려운 과목일수록 수업시간에 배운 내용을 다시 교재를 읽어가면서 자신의 것으로 소화하는 과정이 반드시 필요하다. 이를 위해서는 무엇보다도 먼저 교재가 알기 쉽게 서술되어야 한다. 이러한 생각을 바탕으로 필자는 공업수학의 복잡한 내용을 그림과 도표를 활용하여 알기 쉽게 풀어 서술함으로써 공업수학을 처음 배우는 학생들도 혼자 읽으면서 쉽게 이해할 수 있도록 하였다.

이 책은 수학의 기초지식을 탄탄히 쌓지 못했던 학생들도 스스로 읽어가면서 학습할 수 있도록 학생들의 눈높이에 맞추어 최대한 쉽게 풀어 쓴 책이다.

이 책을 쓰면서 필자는 공업수학 중 반드시 알아야만 하는 필수적인 내용만을 엄선하기 위해 많은 고민을 하였으며, 지나치게 복잡하고 어려운 내용은 과감히 생략하였다. 이 책은 전체 11개의 단원으로 구성되어 있으며, 필자의 30년간의 강의 경험을 살려 학생들이 스스로 책을 읽고 문제를 풀어가면서 교재의 내용을 쉽게 이해할 수 있도록 저술하였다.

이 책의 주요 특징은 다음과 같다.

① 수학적인 개념과 원리를 그림이나 표로 일목요연하게 제시하여 학생들이 최대한 이해하기 쉽게 구성하였다.
② 교재의 중간에 『**여기서 잠깐!**』이라는 코너에서는 과거에 학습한 기억을 되살리거나 주의해야 할 내용을 다시 간략하게 설명함으로써 학생들이 다른 교재를 찾아보는 수고를 덜어 학습의 연속성을 유지할 수 있도록 하였다.

③ 교재의 부록에는 각 단원에 엄선된 모든 연습문제의 정답을 수록하였으며, 특히 교수자에게는 상세한 연습문제 해답집을 제공함으로써 교육 보조 자료로 활용할 수 있도록 하였다.

④ 각 단원의 강의내용을 파워포인트로 제작하여 교수자의 강의 준비에 대한 부담을 줄이고자 하였다. 파워포인트 강의 자료는 필요에 따라 학생들에게 배포하여 강의 보조 자료로 병행할 수 있을 것이다.

필자는 연구년 기간 동안에 지금까지 출판된 여타의 책들과 차별성이 있는 **『알기 쉽게 풀어쓴 이해하기 쉬운 교재』**를 출간하고자 하는 목표를 가지고 집필을 시작하여 교재의 완성도를 높이는 데 혼신의 힘을 다하였다.

마지막으로 이 책이 출판될 수 있도록 도와주시고 격려해 주신 생능출판사의 김승기 대표이사님, 그리고 방대한 원고의 편집 작업에 정성을 다해 주신 생능출판사 편집부 여러분께 깊이 감사드린다. 이 책이 공업수학을 처음 공부하는 학생들에게 올바른 길잡이가 되기를 바라는 마음으로 이 글을 마친다.

2023년 12월

미래 한국을 선도하는 존경받는 대학

순천향대학교에서

저자 김동식 씀

강의 계획표

1. 두 학기 강의용

[1학기/16주 기준]

차수	단원	주요 강의 내용
1주차	1장	• 기본적인 정의와 용어, 미분방정식의 해 • 변수분리형 방정식, 동차미분방정식
2주차	1장	• 완전미분방정식, 선형미분방정식 • 치환법에 의한 미분방정식 해법
3주차	2장	• 상수계수를 가지는 2차 제차미분방정식 • 오일러–코시 방정식
4주차	2장	• 2차 비제차미분방정식 • 미정계수법
5주차	2장	• 매개변수변환법 • 초깃값 문제
6주차	3장	• 고차 선형미분방정식의 해 • 상수계수 고차 제차미분방정식, 고차 오일러–코시 방정식
7주차	3장	• 매개변수변환법의 일반화 • 복소지수함수를 이용한 특수해, 연립미분방정식
8주차		• 중간 평가
9주차	4장	• Laplace 변환의 정의와 선형성, Laplace 역변환과 부분분수 • 이동정리, 미분과 적분의 Laplace 변환
10주차	4장	• Laplace 변환의 미분과 적분, 선형미분방정식의 해법 • 합성곱 이론, 주기함수의 Laplace 변환 • 선형연립미분방정식
11주차	5장	• 벡터와 스칼라, 벡터의 가감산 및 스칼라 곱 • 벡터의 내적과 외적
12주차	5장	• 3차원 공간에서의 직선과 평면, 공간직교좌표계 • 벡터공간의 기초개념
13주차	6장	• 행렬의 정의와 기본 연산 • 특수한 행렬, 기본행연산
14주차	6장	• 행렬식과 역행렬 • 선형연립방정식의 해법
15주차	6장	• 고유값과 고유벡터 • 행렬의 대각화
16주차		• 기말 평가

[2학기/16주 기준]

차수	단원	주요 강의 내용
1주차	7장	• 벡터장과 스칼라장, 곡선과 곡면의 벡터함수 • 방향도함수와 스칼라장의 기울기
2주차	7장	• 벡터장의 발산과 회전 • 선적분, 이중적분의 계산
3주차	7장	• 평면에서의 Green 정리 • 삼중적분의 계산
4주차	7장	• 면적분 • 발산정리와 Stokes의 정리
5주차	8장	• 주기함수, 주기가 2π인 주기함수의 Fourier 급수 • 임의의 주기함수에 대한 Fourier 급수, 우함수와 기함수
6주차	8장	• Fourier 사인 및 코사인 급수 • 반구간 전개, 복소수형 Fourier 급수
7주차	9장	• 실수형 Fourier 적분, Fourier 사인 및 코사인 적분 • 복소수형 Fourier 적분
8주차		• 중간 평가
9주차	9장	• Fourier 변환 • Fourier 변환의 성질
10주차	9장	• Fourier 사인 및 코사인 변환 • Laplace 변환과의 상관관계
11주차	10장	• 복소수와 복소평면, 복소수의 극형식과 거듭제곱근 • 복소변수함수의 해석성
12주차	10장	• Cauchy–Riemann 방정식, 지수함수와 로그함수 • 삼각함수와 쌍곡선함수, 복소거듭제곱
13주차	11장	• 복소평면에서의 선적분 • Cauchy 적분정리
14주차	11장	• Cauchy 적분공식, 복소해석함수의 n차 도함수 • 복소함수의 Taylor 급수
15주차	11장	• Laurent 급수 • 특이점과 영점, 유수정리와 응용
16주차		• 기말 평가

2. 한 학기 강의용

[1학기/16주 기준]

차수	단원	주요 강의 내용
1주차	1장	• 기본적인 정의와 용어, 미분방정식의 해 • 변수분리형 방정식, 선형미분방정식
2주차	2장	• 상수계수를 가지는 2차 제차미분방정식 • 2차 비제차미분방정식
3주차	2장	• 미정계수법 • 매개변수변환법, 초깃값 문제
4주차	4장	• Laplace 변환의 정의와 선형성, Laplace 역변환과 부분분수 • 이동정리, 미분과 적분의 Laplace 변환
5주차	4장	• Laplace 변환의 미분과 적분, 선형미분방정식의 해법 • 합성곱 이론, 주기함수의 Laplace 변환 • 선형연립미분방정식
6주차	5장	• 벡터와 스칼라, 벡터의 가감산 및 스칼라 곱 • 벡터의 내적과 외적
7주차	6장	• 행렬의 정의와 기본 연산 • 특수한 행렬, 기본행연산
8주차		• 중간 평가
9주차	6장	• 행렬식과 역행렬, 선형연립방정식의 해법 • 고유값과 고유벡터, 행렬의 대각화
10주차	7장	• 벡터장과 스칼라장, 곡선과 곡면의 벡터함수 • 방향도함수와 스칼라장의 기울기, 벡터장의 발산과 회전
11주차	7장	• 선적분, 이중적분의 계산, 평면에서의 Green 정리 • 면적분, 삼중적분의 계산
12주차	8장	• 주기함수, 주기가 2π인 주기함수의 Fourier 급수 • 임의의 주기함수에 대한 Fourier 급수, 우함수와 기함수
13주차	8장	• Fourier 사인 및 코사인 급수 • 반구간 전개, 복소수형 Fourier 급수
14주차	9장	• Fourier 변환 • Fourier 변환의 성질
15주차	10장	• 복소수와 복소평면, 복소수의 극형식과 거듭제곱근 • 복소변수함수의 해석성, Cauchy–Riemann 방정식 • 지수함수, 복소거듭제곱
16주차		• 기말 평가

여기서 잠깐! 차례

CHAPTER 01 1차 미분방정식

상미분과 편미분 23
고차 도함수의 여러 가지 표현 27
양함수와 음함수 28
음함수의 미분법 29
특이해(Singular Solution) 30
부분적분(Integration by Parts) 34
부분적분법의 핵심 36
$\int \frac{1}{x^2+1}dx$ 의 계산 39
부분분수 전개 40
분수함수의 적분 47
전미분의 개념 50
치환적분 63
미분형 표현 64

CHAPTER 02 2차 선형미분방정식

특성방정식이 중근을 가지는 경우 87
복소수의 극형식 91
$\int \frac{f'(x)}{f(x)}dx$ 의 계산 122
Cramer의 공식 122

CHAPTER 03 고차 선형미분방정식

선형연산자(Linear Operator) 138
공액 복소수의 성질 143
고차다항식의 인수분해(인수정리) 147
3차 행렬식의 계산 162
Euler 공식 170

CHAPTER 04 Laplace 변환

쌍곡선함수의 정의와 미분 190
로피탈(L'Hospital)의 정리 217

삼각함수의 기본공식 221
합성함수의 미분 222
우함수와 기함수 223
정적분의 적분변수 231
$(s-a)^m$ 항을 가지는 함수의 Laplace 역변환 236
$\int e^{-x}\cos wx\,dx$ 의 계산 245
기본주기(Fundamental Period) 246

CHAPTER 05 벡터와 공간직교좌표계

복소수와 2차원 위치벡터의 수학적 표현 273
투영(Projection)의 개념 275
호도법 276
제2코사인 정리 278
오른나사와 왼나사 282
직각좌표 → 원통좌표 변환 304
직각좌표 → 구좌표 변환 308
사분면에 따른 $\phi = \tan^{-1}\left(\frac{y}{x}\right)$ 의 계산 313
선형결합 321
3차원 공간 $\boldsymbol{R}^3$의 기저벡터 325

CHAPTER 06 행렬과 선형연립방정식

행 벡터와 열 벡터의 명칭 337
$\boldsymbol{AB} \neq \boldsymbol{BA}$ 에서 주의할 점 340
등비급수의 합 344
1×1 행렬 348
정방행렬에서 대각합(Trace) 354
$\boldsymbol{R}^{m \times n}$ 은 벡터공간인가? 354
기본행연산의 표기 358
무수히 많은 해의 표현 367
Gauss-Jordan 소거법의 피벗 371
스칼라 삼중적의 계산 384
소행렬식의 정의 386
$(\boldsymbol{ABC})^{-1} = \boldsymbol{C}^{-1}\boldsymbol{B}^{-1}\boldsymbol{A}^{-1}$ 396
항등원과 역원 397
대응되는 행과 다른 여인수 401
역행렬과 Gauss-Jordan 소거법의 관계 408
제차연립방정식 $\boldsymbol{Ax} = \boldsymbol{0}$의 해 422
합과 곱에 대한 기호 429
행렬의 대각합 $\mathrm{tr}(\boldsymbol{A})$ 429

CHAPTER 07 벡터 미적분법

벡터장과 스칼라장 450
벡터함수와 공간좌표계 456
호의 길이 함수 $s(t)$ 463
연쇄법칙(Chain Rule) 469
편미분의 순서 484
적분경로의 수학적 표현 492
편미분을 적분할 때 적분상수 499
적분영역 R의 또 다른 표현 503
이변수함수의 적분 504
$\int_0^4 ye^{2y^2}dy$ 의 계산 508
단순 폐곡선 510
구멍이 있는 영역에 대한 Green 정리 515
무향곡면(Nonoriented Surface) 531
3차원공간에서 Green 정리 539

CHAPTER 08 Fourier 급수

기호 $\forall$ 와 $\exists$의 의미 554
$\sin\omega x$ 와 $\cos\omega x$ 의 주기 554
실수 $\boldsymbol{R}$에서의 구간의 표현 560
Kronecker 델타 기호 δ_{ij} 560
구간연속함수 569
$\int \sin(ax+b)dx$ 와 $\int \cos(ax+b)dx$ 의 계산 587
쌍곡선함수 594

CHAPTER 09 Fourier 적분과 변환

$\int_0^a x\cos\omega x\,dx$ 의 계산 609
$\int_0^\infty e^{-x}\cos\omega x\,dx$ 의 적분 612
$\int_0^\infty e^{-x}\sin\omega x\,dx$ 의 적분 614
전단사 변환(함수) 619
$\operatorname{sinc}(x)$의 정의 621
$f(ax)$와 $f(x)$의 비교 625
Fourier 사인 및 코사인 변환 645

CHAPTER 10 복소수와 복소해석함수

공액복소수 663
복소평면과 좌표평면의 비교 665
i^n의 계산 667
극형식에서 편각의 범위 671
복소수를 왜 정의하는가? 681
복소평면에서 ∞의 정의 682
Talyor 급수와 Maclaurin 급수 703
$y=\tan^{-1}x$ 의 미분 708
$\mathrm{Ln}\,z$의 해석성 709

CHAPTER 11 복소적분법

ML–부등식 756
유계함수(Bounded Function) 767
상계(Upper Bound)와 최소상계(Supremum) 769
기하급수(Geometric Series) 773
수렴반경의 의미 775
Laurent 급수의 수렴영역 783
분수함수의 영점과 극점 794
분수함수에 대한 유수 계산 797
Laplace 역변환과 복소적분 808

차례

PART Ⅰ 상미분방정식

CHAPTER 01 1차 미분방정식

1.1 기본적인 정의와 용어 22
(1) 형태에 따른 분류 22
(2) 차수에 따른 분류 24
(3) 선형 또는 비선형에 따른 분류 24
1.2 미분방정식의 해 27
(1) 양함수 해와 음함수 해 27
(2) 일반해와 특수해 29
(3) 초깃값 문제 30
1.3 변수분리형 방정식 32
1.4 동차미분방정식 41
(1) 동차함수 43
(2) 동차미분방정식 44
1.5 완전미분방정식 49
(1) 완전미분방정식의 정의 49
(2) 완전미분방정식의 판정조건 52
(3) 완전미분방정식의 해법 53
1.6 선형미분방정식 59
(1) 적분인자 $\mu(x)$ 의 결정 59
(2) 선형미분방정식의 해법 60
1.7 치환법에 의한 미분방정식 해법 65
■연습문제 73

CHAPTER 02 2차 선형미분방정식

2.1 2차 선형미분방정식의 해 78
(1) 제차미분방정식의 선형성 79
(2) 제차미분방정식의 일반해 80
2.2 상수계수를 가지는 2차 제차미분방정식 83
(1) 특성방정식이 서로 다른 두 실근을 가지는 경우 85
(2) 특성방정식이 중근을 가지는 경우 85
(3) 특성방정식이 복소근을 가지는 경우 92
2.3 오일러-코시 방정식 96
(1) 서로 다른 두 실근을 가지는 경우 96
(2) 중근을 가지는 경우 97
(3) 공액복소근을 가지는 경우 98
2.4 2차 비제차미분방정식 102
2.5 미정계수법 105

(1) 미정계수법의 개념 105
(2) 중첩의 원리 110
(3) 곱의 원리 113
2.6 매개변수변환법 118
2.7 초깃값 문제 124
■ 연습문제 131

CHAPTER 03 고차 선형미분방정식

3.1 고차 선형미분방정식의 해 136
(1) 미분연산자에 의한 미분방정식의 표현 136
(2) 중첩의 원리 139
3.2 상수계수를 갖는 고차 제차미분방정식 140
(1) 서로 다른 실근 141
(2) 단순 복소근 142
(3) 다중 실근 144
3.3 고차 오일러–코시 방정식 148
3.4 고차 비제차미분방정식 152
3.5 매개변수변환법의 일반화 159
3.6 복소지수함수를 이용한 특수해 결정 166
3.7 연립미분방정식 173
■ 연습문제 181

CHAPTER 04 Laplace 변환

4.1 Laplace 변환의 정의와 선형성 186
4.2 Laplace 역변환과 부분분수 195
(1) Laplace 역변환의 정의 195
(2) 부분분수 전개법 197
4.3 이동정리 202
(1) 제1이동정리 202
(2) 제2이동정리 207
(3) $\delta(t)$의 정의와 Laplace 변환 214
4.4 미분과 적분의 Laplace 변환 217
(1) 도함수의 Laplace 변환 218
(2) 적분의 Laplace 변환 225
4.5 Laplace 변환의 미분과 적분 227
(1) Laplace 변환의 미분 227
(2) Laplace 변환의 적분 229
4.6 선형미분방정식의 해법 232
4.7 합성곱 이론 237
(1) 합성곱의 정의 237
(2) 합성곱의 Laplacc 변환 240
4.8 주기함수의 Laplace 변환 246
4.9 선형연립미분방정식의 해법 248
■ 연습문제 253

PART Ⅱ 선형대수학

CHAPTER 05 벡터와 공간직교좌표계

5.1 벡터와 스칼라 260
(1) 벡터와 스칼라의 정의 260
(2) 위치벡터 261
(3) 벡터의 크기와 단위벡터 264
5.2 벡터의 가감산 및 스칼라 곱 266
(1) 벡터의 덧셈 266
(2) 벡터의 뺄셈 268
(3) 스칼라 곱 269
(4) 위치벡터의 단위벡터 표현 271
5.3 벡터의 내적과 외적 274
(1) 벡터의 내적 274
(2) 벡터의 외적 281
5.4 3차원 공간에서의 직선과 평면 287
(1) 직선의 벡터방정식 287
(2) 평면의 벡터방정식 292
5.5 3차원 공간직교좌표계 298
(1) 직각좌표계 298
(2) 원통좌표계 301
(3) 구좌표계 306
5.6 벡터공간의 기초개념 314
(1) 벡터공간의 정의 314
(2) 선형독립과 선형종속 319
(3) 기저벡터와 차원 321
■ 연습문제 328

CHAPTER 06 행렬과 선형연립방정식

6.1 행렬의 정의와 기본 연산 334
(1) 행렬의 정의 334
(2) 행렬의 상등 336
(3) 행렬의 기본 연산 337
(4) 단위행렬과 행렬다항식 343
6.2 특수한 행렬 346
(1) 전치행렬 346
(2) 대칭행렬과 교대행렬 348
(3) 삼각행렬 353
6.3 기본행연산 356
(1) 선형연립방정식의 풀이 과정 356
(2) 기본행연산 357
6.4 Gauss 소거법 361
6.5 Gauss-Jordan 소거법 369
6.6 행렬식의 정의와 성질 377
(1) 행렬식의 정의와 계산 377

(2) 행렬식의 성질 380
6.7 행렬식의 Laplace 전개 385
(1) 소행렬식과 여인수 386
(2) 행렬식의 Laplace 전개 387
6.8 역행렬의 정의와 성질 391
(1) 역행렬의 정의 392
(2) 역행렬의 성질 395
6.9 역행렬의 계산법 398
(1) 수반행렬을 이용한 역행렬의 계산 399
(2) Gauss-Jordan 소거법에 의한 역행렬 계산 404
6.10 선형연립방정식의 해법 412
(1) 역행렬에 의한 선형연립방정식의 해 413
(2) Cramer 공식 415
6.11 고유값과 고유벡터 420
(1) 정의 421
(2) 고유값과 고유벡터의 여러 가지 성질 428
(3) Cayley-Hamilton 정리 430
6.12 행렬의 대각화 433
(1) 행렬의 대각화 433
(2) 유사 변환 437
■ 연습문제 443

CHAPTER 07 벡터 미적분법

7.1 벡터장과 스칼라장 448
(1) 벡터함수와 스칼라함수 448
(2) 벡터함수의 극한과 연속 453
(3) 벡터함수의 미분과 적분 454
7.2 곡선과 곡면의 벡터함수 459
(1) 곡선의 벡터함수 459
(2) 곡면의 벡터함수 465
7.3 방향 도함수와 스칼라장의 기울기 471
(1) 방향 도함수의 정의와 기울기 471
(2) 기울기를 이용한 곡면의 법선벡터 474
(3) 보존적 벡터장 478
7.4 벡터장의 발산과 회전 479
(1) 벡터장의 발산 480
(2) 벡터장의 회전 481
(3) 스칼라장과 벡터장의 결합 연산 483
7.5 선적분 485
(1) 선적분의 정의 485
(2) 선적분의 계산 487
(3) 선적분의 벡터표현 489
(4) 선적분 경로의 독립성 493
(5) 폐곡선에 대한 선적분 498
7.6 이중적분 500
(1) 이중적분의 정의와 기본성질 500

(2) 이중적분의 계산 502
(3) 이중적분에서 적분 순서 505
7.7 평면에서의 Green 정리 509
7.8 삼중적분의 계산 517
(1) 삼중적분의 정의와 기본성질 517
(2) 변수변환에 의한 이중적분의 계산 520
(3) 변수변환에 의한 삼중적분의 계산 525
7.9 면적분 528
7.10 발산정리와 Stokes의 정리 534
(1) 발산정리 535
(2) Stokes의 정리 538
■ 연습문제 544

PART Ⅲ Fourier 해석

CHAPTER 08 Fourier 급수

8.1 주기함수 552
8.2 주기가 2π인 주기함수의 Fourier 급수 555
(1) a_0 의 결정 556
(2) a_n 의 결정 557
(3) b_n 의 결정 558
8.3 임의의 주기함수에 대한 Fourier 급수 563
(1) Fourier 계수의 결정 563
(2) Fourier 급수의 수렴 568
8.4 우함수와 기함수 570
(1) 우함수와 기함수의 정의 570
(2) 우함수와 기함수의 정적분 572
8.5 Fourier 사인 및 코사인 급수 575
(1) Fourier 코사인 급수 576
(2) Fourier 사인 급수 577
8.6 반구간 전개 579
8.7 복소수형 Fourier 급수 588
(1) 복소수형 Fourier 급수 (주기 2π) 588
(2) 복소수형 Fourier 급수 (주기 p) 590
■ 연습문제 598

CHAPTER 09 Fourier 적분과 변환

9.1 실수형 Fourier 적분 604
9.2 Fourier 사인 및 코사인 적분 610
(1) Fourier 코사인 적분 610
(2) Fourier 사인 적분 610

9.3 복소수형 Fourier 적분 614
9.4 Fourier 변환 618
9.5 Fourier 변환의 성질 621
(1) 선형성 622
(2) 시간 스케일링 623
(3) 제1이동정리 626
(4) 제2이동정리 629
(5) 도함수의 Fourier 변환 631
(6) 쌍대성 635
(7) $\delta(x)$ 의 Fourier 변환 636
(8) 합성곱의 Fourier 변환 638
9.6 Fourier 사인 및 코사인 변환 641
9.7 Laplace 변환과의 상관관계 646
■ 연습문제 651

PART Ⅳ 복소해석학

CHAPTER 10 복소수와 복소해석함수

10.1 복소수와 복소평면 660
(1) 복소수의 정의 660
(2) 복소수의 기본 사칙연산 662
(3) 복소수의 기하학적인 표현 663
10.2 복소수의 극형식과 Euler 공식 668
(1) 복소수의 극형식 정의 668
(2) Euler 공식 670
(3) 복소수 극형식을 이용한 곱셈과 나눗셈 673
(4) 복소수의 거듭제곱 675
(5) 복소수의 거듭제곱근 679
10.3 복소변수함수의 해석성 683
(1) 복소평면상의 곡선과 영역 683
(2) 복소변수함수의 개념 686
(3) 복소변수함수의 극한과 연속성 689
(4) 복소변수함수의 도함수 691
(5) 복소해석함수 693
10.4 Cauchy–Riemann 방정식 694
(1) Cauchy–Riemann 방정식의 유도 694
(2) 조화함수 698
10.5 지수함수와 로그함수 702
(1) 복소지수함수 702
(2) 복소로그함수 705
10.6 삼각함수와 쌍곡선함수 710
(1) 복소삼각함수 710
(2) 복소쌍곡선함수 713

10.7 복소거듭제곱 716
■연습문제 721

CHAPTER 11 복소적분법

11.1 복소평면에서의 선적분 726
(1) 복소선적분의 정의 727
(2) 복소선적분의 성질 729
(3) 복소선적분의 계산 730
11.2 Cauchy 적분정리 736
(1) 단순폐곡선(Simple Closed Path) 736
(2) 단순연결영역(Simply Connected Domain) 736
(3) 경로의 독립성(Independence of Path) 740
(4) 경로변형(Deformation of Path)의 원리 741
(5) 경로변형의 원리 확장 748
11.3 Cauchy 적분공식 754
(1) Cauchy 적분공식의 유도 754
(2) 이중연결영역에 대한 Cauchy 적분공식 759
11.4 복소해석함수의 n차 도함수 760
(1) 복소해석함수의 고차 도함수 761
(2) Liouville 정리 766
11.5 복소함수의 Taylor 급수 769
11.6 Laurent 급수 779
11.7 특이점과 영점 790
(1) 특이점의 정의 790
(2) 특이점의 종류 791
11.8 유수정리와 응용 795
(1) 유수의 정의 795
(2) 유수의 계산 796
(3) Cauchy의 유수정리 800
■연습문제 811

부록

미분공식 816
적분공식 816
Greece 문자표 817
벡터연산 817
SI 단위계와 접두사 818
참고문헌 819
연습문제 해답 820

● 찾아보기 845

PART I

상미분방정식

▶ 개요

우리가 살고 있는 실세계에서 여러 가지 공학문제를 해결하기 위해서는 주어진 공학문제에 대한 수학적인 표현(모델)을 결정해야 한다. 그런데 대부분의 공학문제는 시간에 따라 시시각각 변화하는 양상을 지니기 때문에 이를 수학적으로 표현하게 되면 시간에 대한 미분이 포함된 방정식, 즉 미분방정식으로 표현된다. 이렇게 결정된 미분방정식은 일반적으로 비선형 편미분방정식의 형태를 가지게 되지만, 적당한 가정과 근사 과정을 거치면 상미분방정식의 형태로 변환된다.
따라서 주어진 공학문제에 대한 해결은 상미분방정식의 해를 구하는 과정으로 귀착될 수 있기 때문에 이것이 미분방정식을 공부해야 하는 이유이다.

▶ 선행학습내용

미분과 적분, 편미분, 행렬연산

▶ 주요학습내용

제1차 미분방정식, 제2차 미분방정식, 고차 미분방정식, Laplace 변환

CHAPTER 01

1차 미분방정식

1.1 기본적인 정의와 용어 | 1.2 미분방정식의 해 | 1.3 변수분리형 방정식

1.4 동차미분방정식 | 1.5 완전미분방정식 | 1.6 선형미분방정식

1.7 치환법에 의한 미분방정식 해법

CHAPTER 01

1차 미분방정식

▶ 단원 개요

시간에 따라 변화하는 물리적인 현상을 수학적으로 표현하게 되면 필연적으로 미분이 포함된 미분방정식을 얻을 수 있으며, 우리는 그 미분방정식의 해를 구함으로써 관련된 물리적인 현상을 이해할 수 있게 된다.
본 장에서는 1차 미분방정식의 해법에 대해 학습한다. 가장 간단한 형태인 변수분리형으로부터 시작하여 동차미분방정식, 완전미분방정식에 대해 다룬다. 특히 선형 1차 미분방정식의 일반적인 해법에 대해서도 다루며, 복잡한 형태이기는 하지만 적절한 치환에 의해 간단한 형태로 변환되는 경우도 학습한다.

1.1 기본적인 정의와 용어

미분방정식(Differential Equation)이란 하나 혹은 그 이상의 도함수가 포함된 방정식을 의미하며, 다음은 모두 미분방정식이라 할 수 있다.

$$y' + 3y = e^x \tag{1}$$

$$(x+y)dx - ydy = 0 \quad \text{또는} \quad \frac{dy}{dx} = \frac{x+y}{y} \tag{2}$$

$$y'' + 4y' + 6y = 2\cos x \tag{3}$$

미분방정식을 만족시키는 어떤 함수 $y = f(x)$를 미분방정식의 해(Solution)라고 부르며, 그 해를 찾는 것을 미분방정식을 푼다고 말한다.

미분방정식은 형태, 차수(Order), 선형 또는 비선형의 기준에 따라 분류할 수 있다.

(1) 형태에 따른 분류

미분방정식에 포함된 도함수가 상도함수만을 포함하는 미분방정식을 상미분방정식(Ordinary Differential Equation)이라 하며, 편도함수가 포함된 미분방정식을 편미분방정식(Partial Differential Equation)이라 한다. 예를 들어, 식(1)~(3)은 모두 상미분방정식이며, 편미분방정식은 아래와 같다. 단, $u=u(x,t)$의 이변수함수이다.

$$\frac{\partial^2 u}{\partial x^2}=\frac{\partial^2 u}{\partial t}-4\frac{\partial u}{\partial t} \tag{4}$$

여기서 잠깐! 상미분과 편미분

독립변수가 한 개인 함수에 대하여 도함수를 구하는 것을 상미분이라 하며, 독립변수가 여러 개인 함수에 대하여 도함수(정확히는 편도함수)를 구하는 것을 편미분(Partial Differentiation)이라 한다.

상미분은 학생들이 고등학교 과정에서 학습한 미분으로 생각하면 된다. 편미분을 편의상 독립변수가 2개인 이변수함수 $z=f(x,y)$에 대해 설명해본다.

이변수함수 $z=f(x,y)$는 독립변수가 2개이므로 한 독립변수가 특정한 값에 고정되어 변하지 않는다고 가정하면, 주어진 이변수함수는 실제로는 독립변수가 하나인 일변수함수가 된다. 예를 들어, 이변수함수 $z=f(x,y)$에서 y를 고정시키면, $z=f(x,y)$는 x만의 함수로 생각할 수 있으므로 이 함수를 x로 미분하면 도함수가 구해지는데 이것을 x에 대한 1차 편도함수(Partial Derivative)라고 정의한다.

마찬가지 방식으로 $z=f(x,y)$에서 x가 고정되어 변하지 않는다고 가정하면, y만의 함수로 생각할 수 있는데 이로부터 y에 대한 1차 편도함수를 정의할 수 있다.

결론적으로 말하면 이변수함수에서 하나의 독립변수를 고정시키고 일변수함수와 같은 방식으로 미분하여 도함수를 구함으로써 편도함수를 정의할 수 있는 것이다.

정의 1차 편도함수

이변수함수 $f(x,y)$가 모든 점에서 미분가능할 때, x와 y에 대한 1차 편도함수는 다음과 같이 정의한다.

$$\frac{\partial f}{\partial x}=\lim_{\Delta x\to 0}\frac{f(x+\Delta x,y)-f(x,y)}{\Delta x};\ y\text{를 고정}$$
$$\frac{\partial f}{\partial y}=\lim_{\Delta y\to 0}\frac{f(x,y+\Delta y)-f(x,y)}{\Delta y};\ x\text{를 고정}$$

x와 y에 대한 1차 편도함수는 다음과 같이 여러 가지 방법으로 표현할 수 있다.

$$\frac{\partial f}{\partial x},\ \frac{\partial}{\partial x}f(x, y),\ f_x,\ f_x(x, y)$$

$$\frac{\partial f}{\partial y},\ \frac{\partial}{\partial y}f(x, y),\ f_y,\ f_y(x, y)$$

여기에 기호 ∂는 라운드(Round)라고 읽으며 $\dfrac{\partial f}{\partial x}$는 라운드 f, 라운드 x로 읽는다.

(2) 차수에 따른 분류

미분방정식에 포함된 도함수의 최고차수를 그 미분방정식의 차수라고 한다. 예를 들면, 아래의 식(5)는 최고차 도함수가 2차이므로 2차 상미분방정식이라 할 수 있다. 식(5)에서 $\left(\dfrac{dy}{dx}\right)^3$은 y의 1차 도함수를 세 번 곱한 것이고 미분의 횟수는 1회라는 것에 주의하라.

$$\frac{d^2y}{dx^2} + 4\left(\frac{dy}{dx}\right)^3 - y = xe^{-x} \tag{5}$$

또 다른 예로, 미분방정식 $x^3dy + (x+y)dx = 0$은 미분 dx로 양변을 나누면

$$x^3\frac{dy}{dx} + (x+y) = 0 \tag{6}$$

이므로 1차 상미분방정식이라 할 수 있다.

결론적으로 말하면, 미분방정식의 차수는 최고차 도함수의 차수에 의해서만 결정된다는 사실에 주의하도록 하자.

(3) 선형 또는 비선형에 따른 분류

미분방정식이 일반적으로 다음과 같이 주어지면 선형(Linear)이라 하며, 선형이

아닌 경우를 비선형(Nonlinear)이라 한다.

$$a_n(x)\frac{d^n y}{dx^n}+a_{n-1}(x)\frac{d^{n-1}y}{dx^{n-1}}+\cdots+a_1(x)\frac{dy}{dx}+a_0(x)y=r(x) \tag{7}$$

식(7)을 살펴보면 선형미분방정식은 다음과 같은 두 가지 특징이 있음을 알 수 있다.

① 종속변수 y와 y의 모든 차수의 도함수는 멱(Power)이 1이어야 한다. 즉, $\left(\frac{d^3y}{dx^3}\right)^2$ 이나 $\left(\frac{dy}{dx}\right)^4$ 과 같은 항이 나타나서는 안된다.

② 미분방정식의 계수는 독립변수 x만의 함수이어야 한다.

예를 들어, 다음의 미분방정식들을 고찰해 본다.

$$x^3\frac{d^3y}{dx^3}+e^x\frac{d^2y}{dx^2}+3\frac{dy}{dx}+4xy=e^{-x} \tag{8}$$

$$y^2y''-3e^xy'=x^3 \tag{9}$$

$$\frac{d^2y}{dx^2}+(\cos x)y^2=0 \tag{10}$$

식(8)은 y와 y의 모든 도함수의 멱이 모두 1이고 각 계수들이 x만의 함수이므로 3차 선형미분방정식이다. 식(9)는 y''의 계수가 y^2이므로 x의 함수가 아니다. 따라서 2차 비선형미분방정식이다. 식(10)은 y^2으로부터 y의 멱이 1이 아니고 2이기 때문에 2차 비선형미분방정식이다. 지금까지의 내용을 정리하면 다음과 같다.

y와 y의 도함수의 멱이 1이다.

$$x^3\frac{d^3y}{dx^3}+e^x\frac{d^2y}{dx^2}+3\frac{dy}{dx}+4xy=e^{-x} \text{ (선형)}$$

계수가 모두 x의 함수이다.

$$y^2y''-3e^xy'=x^3 \text{ (비선형)}$$

y''의 계수가 x의 함수가 아니다.

$$\frac{d^2y}{dx^2}+(\cos x)y^2=0 \text{ (비선형)}$$

y의 멱이 2이다.

비선형미분방정식은 해석적으로 해를 찾기란 특수한 경우를 제외하고는 매우 어려운 일이지만, 선형미분방정식은 큰 어려움 없이 쉽게 해를 구할 수 있다. 비선형미분방정식은 주로 컴퓨터를 이용하여 수치해석적으로 해를 구할 수는 있으나 학부의 수준을 넘어서기 때문에 본 장에서는 다루지 않기로 한다.

예제 1.1

다음 미분방정식의 차수와 선형성에 대해 구분하라.

(1) $(y')^3+xy=0$

(2) $y'''+xy''+e^{-x}y'+3y=\sin x$

(3) $x^2y''+4xy'+3y=0$

풀이

(1) y'의 멱이 3이므로 비선형이고, 최고차 도함수가 1차이므로 1차 비선형미분방정식이다.

(2) y와 y의 도함수의 멱이 1이고 각 계수가 x만의 함수이므로 선형이고, 최고차 도함수가 3차이므로 3차 선형미분방정식이다.

(3) y와 y의 도함수의 멱이 1이고 각 계수가 x만의 함수이므로 선형이고, 최고차 도함수가 2차이므로 2차 선형미분방정식이다. 이러한 형태의 미분방정식을 Cauchy-Euler 방정식이라 한다.

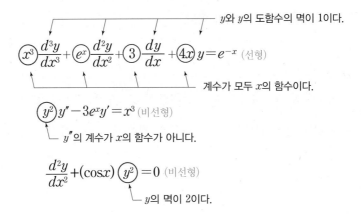

1.2 미분방정식의 해

(1) 양함수 해와 음함수 해

식(7)의 n차 미분방정식은 다음과 같이 간결한 형식으로 표현할 수 있다.

$$a_n(x)y^{(n)} + a_{n-1}(x)y^{(n-1)} + \cdots + a_1(x)y' + a_0(x)y = r(x) \tag{11}$$

여기서 잠깐! **고차 도함수의 여러 가지 표현**

$y=f(x)$에 대하여 여러 차수의 도함수를 표현해 본다.

① 1차 도함수

$$y',\ f'(x),\ \frac{dy}{dx},\ \frac{d}{dx}(y),\ \frac{df}{dx}$$

② 2차 도함수

$$y'',\ f''(x),\ \frac{d^2y}{dx^2},\ \frac{d^2}{dx^2}(y),\ \frac{d^2f}{dx^2}$$

③ n차 도함수

$$y^{(n)},\ f^{(n)}(x),\ \frac{d^ny}{dx^n},\ \frac{d^n}{dx^n}(y),\ \frac{d^nf}{dx^n}$$

주의할 점은 y^n은 y를 n번 거듭제곱한 것이고, $y^{(n)}$은 y의 n차 도함수라는 것이다. 예를 들어, 다음 미분방정식의 표현은 수학적으로 등가이다.

$$x\frac{d^4y}{dx^4} + \frac{d^3y}{dx^3} + 3\frac{d^2y}{dx^2} + 4xy = 0$$

$$xy^{(4)} + y^{(3)} + 3y'' + 4xy = 0$$

어떤 함수 $y=f(x)$가 존재하여 n차 도함수를 가지며 식(11)을 만족한다면 그 함수를 미분방정식의 해(Solution)라 한다. 미분방정식의 해는 양함수(Explicit Function) 또는 음함수(Implicit Function)로 표현할 수 있다.

여기서 잠깐! **양함수와 음함수**

함수를 표현하는 방식에는 양함수 표현과 음함수 표현이 있다. 우리가 흔히 함수를 표현할 때 $y=f(x)$를 많이 접하게 되는데, 이를 양함수 표현이라 한다. 예를 들어, $y=xe^x+\sin x$와 같은 표현을 양함수 표현이라 한다. 그런데 $y=f(x)$의 표현 대신 $g(x, y)=0$라는 표현을 사용한다면 이를 음함수 표현이라고 한다.

양함수 표현 $y=xe^x+\sin x$를 $xe^x+\sin x-y=0$으로 표현하는 경우 이를 음함수 표현이라고 한다.

결국 양함수와 음함수는 함수의 표현에 대한 두 가지 방법을 제공하는 것이며, 양함수를 음함수로 표현하는 것은 이항에 의해 항상 가능하지만 주어진 음함수를 양함수로 표현하는 것은 항상 가능한 것은 아니라는 사실에 주의하라.

예제 1.2

다음 함수가 주어진 미분방정식의 양함수 해와 음함수 해라는 것을 증명하라.

(1) $y''-y=0,\qquad y=e^x+3e^{-x}$ (양함수 해)

(2) $y'=\dfrac{x}{y},\qquad x^2-y^2+4=0$ (음함수 해)

풀이

(1) 주어진 미분방정식에 양함수 해를 미분하여 대입하면

$$y=e^x+3e^{-x},\ y'=e^x-3e^{-x},\ y''=e^x+3e^{-x}$$
$$y''-y=(e^x+3e^{-x})-(e^x+3e^{-x})=0$$

이 되므로 $y=e^x+3e^{-x}$는 주어진 미분방정식의 양함수 해이다.

(2) 음함수 미분법에 따라 $x^2-y^2+4=0$의 양변을 x로 미분하면

$$\frac{d}{dx}(x^2-y^2+4)=\frac{d}{dx}(0)$$
$$\frac{d}{dx}(x^2)-\frac{d}{dx}(y^2)+\frac{d}{dx}(4)=\frac{d}{dx}(0)$$
$$2x-2y\frac{dy}{dx}+0=0$$
$$\therefore\ \frac{dy}{dx}=\frac{x}{y}$$

이 되므로 $x^2-y^2+4=0$은 주어진 미분방정식의 음함수 해이다.

여기서 잠깐! **음함수의 미분법**

음함수를 미분할 때는 미분하는 변수가 무엇인지를 확인하는 것이 중요하다. 음함수를 x로 미분하는 경우, y와 관련된 항을 미분할 때는 합성함수의 미분법을 사용하여 미분한다. 또는 음함수를 y로 미분하는 경우, x와 관련된 항을 미분할 때는 마찬가지로 합성함수의 미분법을 사용한다.

예를 들어, 음함수 $x^2+y^2-1=0$에 대하여 $\frac{dy}{dx}$를 구해보자. 양변을 x로 미분하면 다음과 같다.

$$\frac{d}{dx}(x^2)+\frac{d}{dx}(y^2)-\frac{d}{dx}(1)=0$$

$$2x+2y\frac{dy}{dx}=0$$

$$\frac{dy}{dx}=-\frac{2x}{2y}=-\frac{x}{y}$$

이번에는 양변을 y로 미분하면 다음과 같다.

$$\frac{d}{dy}(x^2)+\frac{d}{dy}(y^2)-\frac{d}{dy}(1)=0$$

$$2x\frac{dx}{dy}+2y=0$$

$$\frac{dx}{dy}=-\frac{2y}{2x}=-\frac{y}{x}$$

위의 예에서 주어진 미분방정식의 해를 어떻게 구했는지에 대한 궁금증은 조금 뒤로 미루어 두자.

(2) 일반해와 특수해

다음으로 일반해(General Solution)와 특수해(Particular Solution)를 설명하기 위해 다음의 미분방정식을 고려한다.

$$y'+y=2 \tag{12}$$

식(12)를 만족하는 해는 $y=ke^{-x}+2$ (k는 상수)인데 이 해에는 임의의 상수 k가 포함되어 있다. 결국 k의 선택에 따라 무수히 많은 해가 존재하게 되며, 이를 일반해 (General Solution)라 부른다. 만일 $k = 1$ 또는 -3으로 선택하면

$$y=e^{-x}+2 \quad \text{또는} \quad y=-3e^{-x}+2 \tag{13}$$

로 표현되는데 식(13)과 같은 해를 특수해(Particular Solution)라 부른다. 결국 일반해로 표시된 미분방정식의 해는 무수히 많으며, 특정한 조건하에 결정된 하나의 해를 특수해라고 이해하면 충분할 것이다.

여기서 잠깐! 특이해(Singular Solution)

비선형미분방정식 $(y')^2-xy'+y=0$은 일반해 $y=cx-c^2$을 가진다. 예를 들어, $c=1, 2$에 대응되는 $y=x-1$과 $y=2x-4$는 특수해라 할 수 있다. 그런데 $y=\frac{1}{4}x^2$은 주어진 방정식의 해가 되는가? 미분해서 대입해 보면

$$\left(\frac{1}{2}x\right)^2 - x\left(\frac{1}{2}x\right) + \frac{1}{4}x^2 = 0$$

이 되므로 $y=\frac{1}{4}x^2$은 주어진 미분방정식의 해가 된다.

$y=\frac{1}{4}x^2$은 일반해 $y=cx-c^2$에서 어떤 c를 선택한다 하더라도 얻을 수 없는데도 불구하고 주어진 미분방정식을 만족하는 또 다른 해가 되는데 이러한 해를 특이해(Singular Solution)라고 한다. 특이해는 공학적으로는 큰 관심이 있는 것은 아니기 때문에 참고사항으로만 알아두도록 하자.

(3) 초깃값 문제

일반적으로 n차 선형미분방정식의 일반해는 n개의 미지 상수를 포함하게 되는데, 주어진 미분방정식과 함께 n개의 초기 조건 $y(x_0)=y_0$, $y'(x_0)=y_1$, $\cdots$, $y^{(n-1)}(x_0)=y_{n-1}$이 주어지면 일반해에서 n개의 상수를 모두 결정할 수 있다. 이와 같은 미분방정식 문제를 초깃값 문제(Initial Value Problem)라 하며, 선형 n차 미분방정식의 초깃값 문제는 다음과 같이 표현된다.

$$a_n(x)y^{(n)}+a_{n-1}(x)y^{(n-1)}+\cdots+a_1(x)y'+a_0(x)y=r(x)$$
$$y(x_0)=y_0,\ y'(x_0)=y_1,\ \cdots,\ y^{(n-1)}(x_0)=y_{n-1} \tag{14}$$

결국 초깃값 문제는 무수히 많은 미분방정식의 해(일반해) 중에서 특정한 초기 조건을 만족하는 하나의 해를 찾는 과정이므로, 이것은 초깃값 문제가 주어진 상황에서 유일한 해를 가진다는 것을 암시한다.

예제 1.3

다음 2차 미분방정식의 일반해가 $y=c_1e^{-x}+c_2e^{-2x}$로 주어진다고 할 때, 주어진 초기 조건을 만족하는 해를 구하라.

$$y''+3y'+2y=0,\ y(0)=1,\ y'(0)=0$$

풀이

$y=c_1e^{-x}+c_2e^{-2x}$가 일반해이므로 주어진 초기 조건을 대입해 보자.

$$y(0)=c_1e^{-x}+c_2e^{-2x}\Big|_{x=0}=c_1+c_2=1$$

$y'(x)=-c_1e^{-x}-2c_2e^{-2x}$이므로 $y'(0)$는 다음과 같다.

$$y'(0)=-c_1e^{-x}-2c_2e^{-2x}\Big|_{x=0}=-c_1-2c_2=0$$

따라서 c_1과 c_2에 대한 연립방정식을 풀어 $c_1=2,\ c_2=-1$을 얻을 수 있으므로 구하는 해는 다음과 같다.

$$y=2e^{-x}-e^{-2x}$$

1.3 변수분리형 방정식

본 절에서는 선형미분방정식에서 가장 간단한 형태인 1차 미분방정식에 대해 살펴본다.

1차 미분방정식의 해를 구하는 데 있어 제일 먼저 검토해야 할 사항은 변수분리(Separable Variables)가 가능한 형태(변수분리형 미분방정식)인지 알아내는 것이다. 여기서 변수분리의 의미를 다음의 미분방정식에서 고찰해 본다.

$$\frac{dy}{dx}=f(x, y) \tag{15}$$

만일 식(15)의 우변 $f(x, y)$를 사칙연산에 의한 적당한 대수조작을 통해 다음과 같이 x와 y의 함수로 분리가 가능하다고 하자.

$$\frac{dy}{dx}=f(x, y)=\frac{g(x)}{h(y)} \tag{16}$$

식(16)은 분수의 성질에 의해 다음과 같이 표현할 수 있다.

$$h(y)dy=g(x)dx \tag{17}$$

식(17)의 좌변은 y만의 함수로, 우변은 x만의 함수로 각각 표현되었으며 이것이 변수가 분리되었다는 의미이다. 모든 1차 미분방정식이 식(17)과 같이 언제나 변수분리가 될 수 있는 것은 아니지만, 많은 경우 변수분리가 가능한 형태로 표현될 수 있다.

식(17)의 양변을 적분하면

$$\int h(y)dy=\int g(x)dx+c \tag{18}$$

이 되며 c는 두 개의 적분에 대한 적분상수를 하나로 표현한 것이다. 식(18)의 적분을 통해 변수분리가 가능한 미분방정식의 일반해를 구할 수 있다.

변수분리형 방정식

1차 미분방정식

$$\frac{dy}{dx}=f(x,y)$$

$$\frac{dy}{dx}=\frac{g(x)}{h(y)}$$

$$\underbrace{h(y)dy}_{y\text{만의 함수}} = \underbrace{g(x)dx}_{x\text{만의 함수}}$$

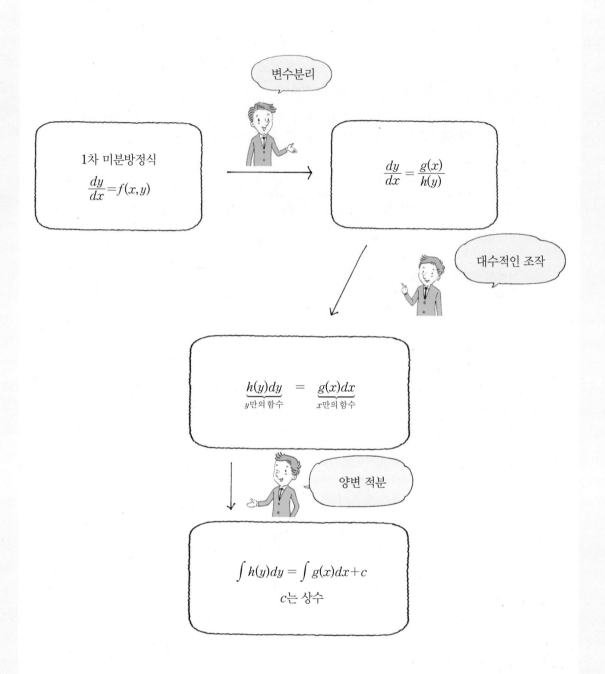

$$\int h(y)dy=\int g(x)dx+c$$

c는 상수

| 설명 | 1차 미분방정식의 해법에서 가장 간단한 형태로서 x와 y만의 함수로 각각 변수분리하여 일반해를 구한다.

미분방정식을 풀 때 미적분학에서 학습한 치환적분, 부분적분, 부분분수에 의한 적분기법들이 많이 사용되므로 다시 한 번 복습할 것을 권한다.

여기서 잠깐! **부분적분(Integration by Parts)**

부분적분은 피적분함수가 곱의 형태로 주어진 경우 사용할 수 있는 유용한 적분방법이다. 곱의 형태로 된 함수 $u(x)v(x)$를 미분한 다음 양변을 적분해 보자.

$$\frac{d}{dx}(uv) = \frac{du}{dx}v + u\frac{dv}{dx}$$
$$\int \frac{d}{dx}(uv)dx = \int \frac{du}{dx}vdt + \int u\frac{dv}{dx}dx$$
$$uv = \int u'vdx + \int uv'dx$$

따라서 부분적분공식을 다음의 관계로부터 얻을 수 있다.

$$\int u'vdx = uv - \int uv'dx \qquad ①$$

위의 관계식을 살펴보면 식①의 좌변의 적분은 피적분함수가 곱의 형태로 되어 있으며, 우변은 적분이 없는 항과 피적분함수가 곱의 형태로 된 적분이 있다. 얼핏보면 좌변의 적분을 계산하려면 우변의 또 다른 적분을 계산해야 하는 형태로 되어 있다.
그런데 문제는 곱의 형태로 되어 있는 좌변의 적분과 우변의 적분의 차이를 이해하는 것이 중요하다. 좌변의 적분이 지금 계산해야 할 적분이라면 u'과 v를 적절하게 선정하여 우변의 적분이 간단한 형태로 계산될 수 있도록 하는 것이 매우 중요하다. 예를 들어, 다음의 적분을 생각해 보자.

$$\int xe^x dx$$

$$\int \underset{\substack{\uparrow \\ v}}{\textcircled{x}}\ \underset{\substack{\uparrow \\ u'}}{\textcircled{e^x}}\ dx = \underset{\substack{\uparrow \\ u}}{e^x}\underset{\substack{\uparrow \\ v}}{x} - \int \underset{\substack{\uparrow \\ u}}{e^x}\underset{\substack{\uparrow \\ v'}}{1}dx \qquad ②$$

위 식②에서 $\int xe^x dx$과 $\int e^x dx$의 차이를 이해할 수 있는가? $u'=e^x$, $v=x$로 선택함으로써 우변의 적분 계산이 간단한 형태로 변환되었다는 사실에 주목하라.
한편 $u'=x$, $v=e^x$로 반대로 선택하면 어떨까?

부분적분

$$\underbrace{\int u'v\,dx}_{\text{수행하고자 하는 적분}} = uv - \underbrace{\int uv'\,dx}_{\text{가능하면 간단한 형태가 되도록 } u,\ v \text{ 선정}}$$

| 설명 | 좌변의 적분이 우변의 두 개의 항과 같다는 의미이므로 우변의 적분을 수행하기 쉽도록 u'과 v를 적절히 선정해야 한다.

$$\int xe^x dx$$

→ $\int x e^x dx = e^x \cdot x - \int e^x \cdot 1dx$ ($x \to v$, $e^x \to u'$)

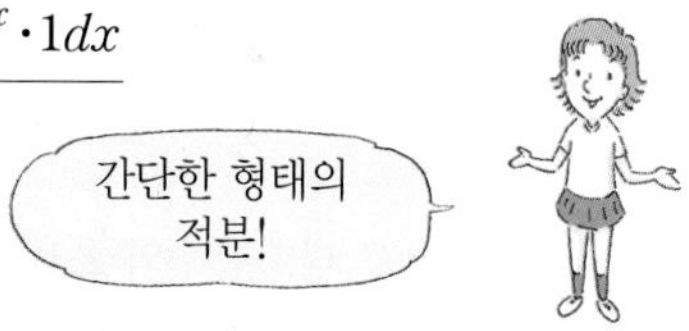

→ $\int x e^x dx = \left(\frac{1}{2}x^2\right) e^x - \int \left(\frac{1}{2}x^2\right) \cdot e^x dx$ ($x \to u'$, $e^x \to v$)

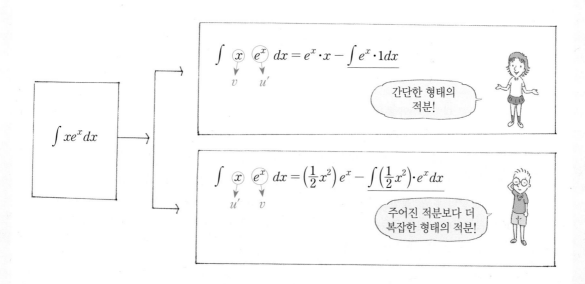

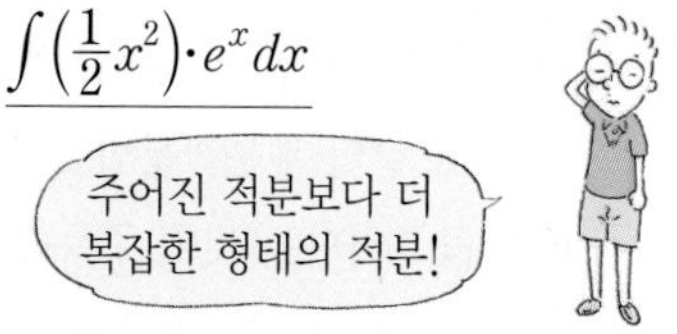

| 설명 | u'과 v를 어떻게 선정하느냐에 따라 전혀 다른 결과가 도출된다. u'과 v를 선정하는 일반적인 규칙은 없으나 경험적으로 지수함수(e^x)나 삼각함수 등이 피적분함수에 있으면, 이를 u'으로 선정하면 문제가 해결되는 경우가 많다.

$$\int \textcircled{x}\ \textcircled{e^x}\ dx = \left(\frac{1}{2}x^2\right)e^x - \int \left(\frac{1}{2}x^2\right)\cdot e^x\, dx \qquad ③$$

$$\begin{array}{cccccc} \uparrow & \uparrow & \uparrow & \uparrow & \uparrow & \uparrow \\ u' & v & u & v & u & v' \end{array}$$

식③의 좌변 적분보다 더 복잡한 적분인 $\int \frac{1}{2}x^2 e^x dx$가 나타났기 때문에 혹 떼려다 혹 붙인 격이라 할 수 있을 것이다. 따라서 부분적분을 계산하는 데 있어 곱의 형태로 되어 있는 피적분함수에서 어떤 항을 u'과 v로 선정하는가에 따라 주어진 적분을 쉽게 계산할 수도 있고 더 복잡한 문제로 변환시킬 수도 있는 것이다. u'과 v를 선정하는 일반적인 방법은 없으며, 다만 우변의 적분이 쉽게 계산될 수 있도록 u'과 v를 경험적으로 선정해야 하는 것이다. 경험적으로 지수함수(e^x)나 삼각함수 등이 피적분함수에 있으면, 이 항을 u'으로 선택하는 것이 문제를 해결하는 방법인 경우가 많다.

여기서 잠깐! **부분적분법의 핵심**

부분적분법의 중요한 핵심은 우변의 적분이 가능한한 간단한 형태가 되도록 u'과 v를 선택하는 것이다.

$$\underbrace{\int u' v\, dx}_{\text{수행하고자 하는 적분}} = uv - \underbrace{\int uv'\, dx}_{\text{가능하면 간단한 형태가 되도록 } u' \text{과 } v \text{ 선택}}$$

경험적으로 다항함수와 초월함수(지수함수, 삼각함수)가 곱의 형태로 되어 있는 경우, 다항함수를 v로 놓고 초월함수를 u'으로 놓으면 많은 경우 부분적분을 원활하게 수행할 수 있다. 다만 항상 초월함수를 u'으로 놓아야 문제가 해결되는 것은 아니다.

지금까지 기술한 부분적분법의 계산과정을 순서도(Flow Chart)로 나타내었다. 앞에서 강조한 바와 같이 부분적분법이 성공적으로 수행되기 위해서는 피적분함수에서 u'과 v의 선택이 매우 중요하다는 것에 주목하라. u'과 v를 선택하여 더 복잡한 적분을 계산하게 되었다면 u'과 v의 선택을 서로 바꾸어서 시도해보면 될 것이다.

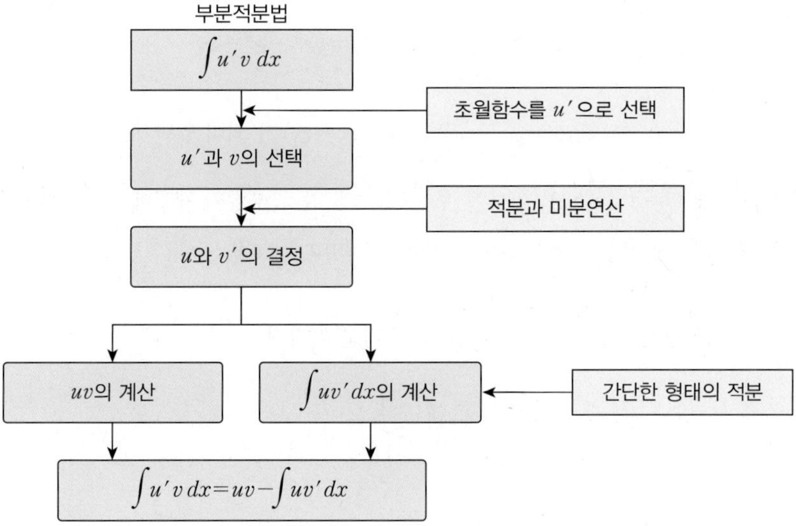

예제 1.4

다음 미분방정식의 일반해를 구하라.

(1) $xe^{-y}\sin x dx - y dy = 0$

(2) $x^2 y' = y^2 + 1$

(3) $\dfrac{dy}{dx} = y^2 - 1$

풀이

(1) 양변에 e^y를 곱하여 정리하면

$$x\sin x dx = ye^y dy$$

이 되며, 양변을 적분하면 다음과 같다.

$$\int x\sin x dx = \int ye^y dy$$

여기서 부분적분에 의해

$$\int x\sin x dx = -x\cos x - \int(-\cos x)dx = -x\cos x + \sin x + c_1$$

$$\int ye^y dy = ye^y - \int e^y dy = ye^y - e^y + c_2$$

이므로 $-x\cos x + \sin x = ye^y - e^y + c(c = c_2 - c_1)$가 되며 일반해를 음함수 형태로 표현하면 다음과 같다.

$$ye^y - e^y + x\cos x - \sin x + c = 0$$

(2) 주어진 미분방정식을 y'에 대해 정리하면 다음과 같다.

$$y' = \frac{y^2+1}{x^2} = \frac{dy}{dx}$$

따라서 $\dfrac{dy}{y^2+1} = \dfrac{dx}{x^2}$가 되며, 양변을 적분하면

$$\int \frac{1}{y^2+1} dy = \int \frac{1}{x^2} dx$$

$$\tan^{-1} y = -\frac{1}{x} + c$$

이 얻어진다. 양함수 형태로 해를 표현하면 다음과 같다.

$$\tan(\tan^{-1} y) = \tan\left(-\frac{1}{x} + c\right)$$

$$\therefore\ y = \tan\left(-\frac{1}{x} + c\right)$$

(3) 주어진 미분방정식을 다음과 같이 변형한다.

$$\frac{dy}{dx} = \frac{y^2-1}{1} \Rightarrow \frac{dy}{y^2-1} = \frac{dx}{1}$$

양변을 적분하면 다음과 같다.

$$\int \frac{dy}{y^2-1} = \int dx$$

여기서 $\int \frac{dy}{y^2-1} = \int \frac{1}{(y+1)(y-1)}dy = \int\left(\frac{-\frac{1}{2}}{y+1} + \frac{\frac{1}{2}}{y-1}\right)dy$

$$= -\frac{1}{2}\ln|y+1| + \frac{1}{2}\ln|y-1| + c_1$$

$$\int dx = x + c_2$$

이므로 일반해는 다음과 같다.

$$-\frac{1}{2}\ln|y+1| + \frac{1}{2}\ln|y-1| = x + c\ (c = c_2 - c_1)$$

여기서 잠깐! $\int \frac{1}{x^2+1}dx$ **의 계산**

다음의 적분을 치환적분을 통하여 계산해보자.

$$\int \frac{1}{x^2+1}dx$$

$x \triangleq \tan\theta$ 로 치환하고 양변을 θ 로 미분하면

$$\frac{dx}{d\theta} = \sec^2\theta \longrightarrow dx = \sec^2\theta d\theta$$

가 얻어지므로 주어진 부정적분을 θ 에 대한 부정적분으로 변환한다.

$$\int \frac{1}{\tan^2\theta+1}\sec^2\theta\, d\theta = \int \frac{1}{\sec^2\theta}\sec^2\theta\, d\theta = \theta + c$$

가 얻어지므로 $x = \tan\theta$ 에서 $\theta = \tan^{-1}x$ 이므로 대입하면 다음과 같다.

$$\int \frac{1}{x^2+1}dx = \tan^{-1}x + c$$

참고로 다음의 삼각함수 공식을 유도해 본다. 적분계산에 많이 사용되니 기억해두기 바란다.

$$1 + \tan^2\theta = 1 + \frac{\sin^2\theta}{\cos^2\theta} = \frac{\cos^2\theta + \sin^2\theta}{\cos^2\theta}$$

$$= \frac{1}{\cos^2\theta} = \sec^2\theta$$

$$1 + \cot^2\theta = 1 + \frac{\cos^2\theta}{\sin^2\theta} = \frac{\sin^2\theta + \cos^2\theta}{\sin^2\theta}$$

$$= \frac{1}{\sin^2\theta} = \operatorname{cosec}^2\theta$$

〈예제 1.4〉의 풀이과정에서 알 수 있는 것처럼 1차 미분방정식의 일반해를 구하는 데는 적분과 관련된 기초지식이 충분해야 한다. 또한, 미분방정식의 해는 상황에 따라 양함수나 음함수 표현 모두가 가능하지만, 경우에 따라서는 음함수 표현으로부터 양함수 표현을 얻어내기가 매우 어렵고 복잡한 경우가 많다. 이럴 때는 미분방정식의 해를 음함수 형태 그대로 표현하는 것이 좋을 것이다. 양함수 또는 음함수 형태는 함수의 표현방식이며, 어떤 표현방식이 더 좋다고 이야기할 수 없는 것이므로 상황에 따라 적절하게 선택하여 표현하면 된다.

여기서 잠깐! 부분분수 전개

분수함수를 피적분함수로 하는 적분을 계산하려고 할 때, 분수함수의 분모가 1차식의 곱의 형태로 인수분해가 되면 부분분수(Partial Fraction)로 전개하여 적분을 계산할 수 있다. 예를 들어, 다음의 적분을 고찰한다.

$$\int \frac{1}{x^2+3x+2}dx = \int \frac{1}{(x+1)(x+2)}dx$$

여기서 일차식의 곱으로 된 분수함수를 다음과 같이 두 개의 분수의 합으로 표현하면 다음과 같다.

$$\frac{1}{(x+1)(x+2)} = \frac{A}{x+1} + \frac{B}{x+2} \quad ④$$

상수 A, B는 위 식이 항등식이므로 우변을 통분하여 좌변과 비교하여 계산할 수 있으나, 좀 더 편리한 방법이 있다.

상수 A를 구하기 위해서는 식④의 양변에 $(x+1)$을 곱하여 정리하면

$$\frac{1}{x+2} = A + \frac{(x+1)B}{x+2} \qquad ⑤$$

이 되는데, 식⑤의 양변에 $x = -1$을 대입하면 우변의 둘째항은 B와 무관하게 언제나 0이기 때문에 A는 다음과 같이 결정된다.

$$\therefore\ A = \left.\frac{1}{x+2}\right|_{x=-1} = 1$$

상수 B를 구하기 위해서는 식 ④의 양변에 $(x + 2)$를 곱하여 정리하면

$$\frac{1}{x+1} = \frac{A(x+2)}{x+1} + B \qquad ⑥$$

이 되는데, 식 ⑥의 양변에 $x = -2$를 대입하면 우변의 첫째항은 A와 무관하게 0이 되기 때문에 B는 다음과 같이 결정된다.

$$\therefore\ B = \left.\frac{1}{x+1}\right|_{x=-2} = -1$$

따라서 부분분수전개를 통해 다음과 같이 주어진 적분을 쉽게 계산할 수 있다.

$$\begin{aligned}\int \frac{1}{(x+1)(x+2)}dx &= \int\left(\frac{1}{x+1} - \frac{1}{x+2}\right)dx \\ &= \int \frac{1}{x+1}dx - \int \frac{1}{x+2}dx \\ &= \ln|x+1| - \ln|x+2| + c\end{aligned}$$

1.4 동차미분방정식

앞 절에서 변수분리가 가능한 1차 미분방정식의 일반해는 변수분리 후에 적절한 적분수행에 의해 구해진다는 것을 알았다. 그런데 만일 대수적인 조작을 통해 변수분리가 되지 않으면 어떻게 할 것인가? 이 물음에 답하기 위해 다음 미분방정식을 고찰한다.

$$\frac{dy}{dx} = \frac{x^2 + y^2}{xy} \qquad (15)$$

식(15)를 대수적인 조작을 통해 x와 y의 변수로 분리할 수 있는가? 식(15)의 우변의 분자항이 합의 형태로 주어져 있기 때문에 변수분리가 가능하지 않으므로 식(15)는 변수분리방법을 이용하여 일반해를 구할 수 없다.

그런데 변수분리가 되지 않는 1차 미분방정식 중에서 동차미분방정식(Homogeneous Differential Equation)이라는 특별한 형태로 주어진 미분방정식의 경우에는 [그림 1.1]과 같이 변수치환 과정을 거쳐 변수분리형태로 변환할 수 있다.

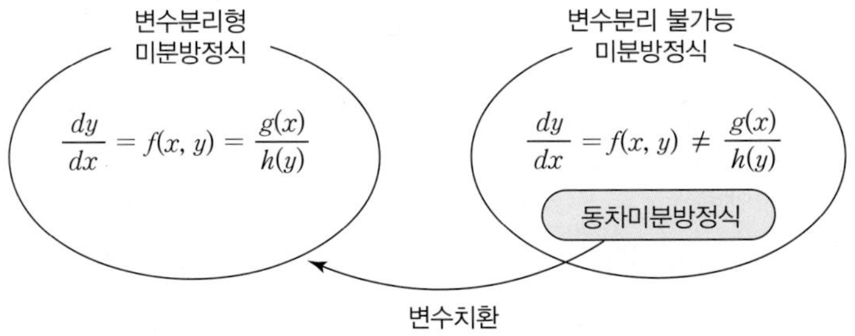

[그림 1.1] 동차미분방정식의 변수분리 과정

[그림 1.2]에 변수분리를 이용하여 1차 미분방정식의 일반해를 구하는 과정을 순서도로 나타내었다.

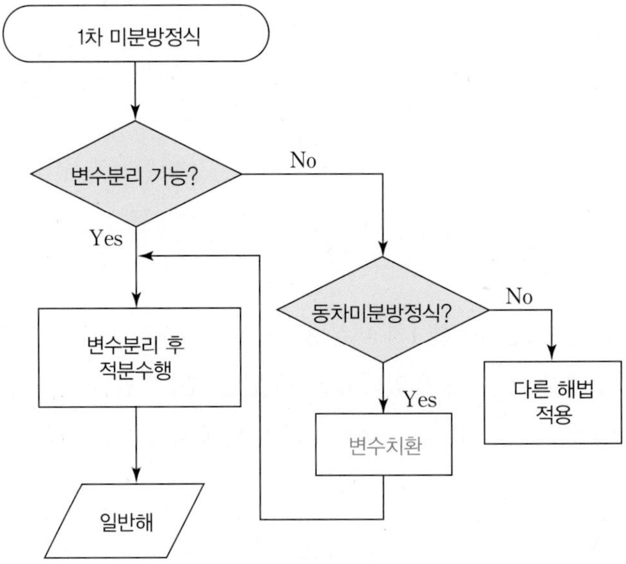

[그림 1.2] 변수분리를 이용한 1차 미분방정식 해법

(1) 동차함수

그러면 여기서 어떤 형태를 동차미분방정식으로 정의하는지에 대해 살펴보기에 앞서 먼저 동차함수(Homogeneous Function)에 대한 이해를 위해 다음의 함수들을 고찰한다.

$$f(x, y) = xy^3 - x^3y + 2x^2y^2 \tag{16}$$

$$g(x, y) = xy - y^3 \tag{17}$$

식(16)의 우변에는 3개의 항이 존재하는 데 각 항의 차수를 살펴보면 x와 y의 차수의 합이 모두 4라는 것을 알 수 있다. 예를 들어, x^3y항은 x가 3차, y가 1차, 합이 4차이고 $2x^2y^2$은 x가 2차, y가 2차, 상수는 0차, 합이 4차이다. 이와 같이 모든 항의 차수가 동일한 함수를 동차함수라고 부른다.

한편, 식(17)의 우변에는 2개의 항이 존재하는데, xy항은 차수의 합이 2차, y^3항은 차수가 3차이므로 두 개항의 차수의 합이 서로 다르다. 이러한 함수는 동차함수가 아니다.

지금까지의 설명으로부터 동차함수의 개략적인 의미를 이해하였을 것이나 정확한 수학적인 정의는 다음과 같다.

정의 1.1 동차함수

어떤 실수 n에 대하여 $f(tx, ty) = t^n f(x, y)$의 관계가 성립한다면 $f(x, y)$를 차수 n의 동차함수라 한다.

예제 1.5

다음의 함수가 동차함수인지 아닌지를 판별하고, 동차함수인 경우 차수를 결정하라.

(1) $f(x, y) = x - \sqrt{xy} + 3y$

(2) $f(x, y) = x^4 - x^2y^2 + 8y^4$

(3) $f(x, y) = x^2 + y^2 + 4$

(4) $f(x, y) = \dfrac{y}{x} + 1$

풀이

(1) $f(tx, ty) = tx - \sqrt{(tx)(ty)} + 3ty$

$= t(x - \sqrt{xy} + 3y)$

$= tf(x, y)$

따라서 $f(x, y)$는 차수 1의 동차함수이다.

(2) $f(tx, ty) = (tx)^4 - (tx)^2(ty)^2 + 8(ty)^4$

$= t^4x^4 - t^4x^2y^2 + 8t^4y^4$

$= t^4(x^4 - x^2y^2 + 8y^4)$

$= t^4f(x, y)$

따라서 $f(x, y)$는 차수 4의 동차함수이다.

(3) $f(tx, ty) = (tx)^2 + (ty)^2 + 4$

$= t^2x^2 + t^2y^2 + 4 \neq t^2f(x, y)$

따라서 $f(x, y)$는 동차함수가 아니다.

(4) $f(tx, ty) = \dfrac{ty}{tx} + 1$

$= \dfrac{y}{x} + 1 = f(x, y)$

따라서 $f(x, y)$는 차수 0의 동차함수이다.

(2) 동차미분방정식

다음으로 동차미분방정식을 정의하기 위해 다음 형태의 미분방정식을 고찰한다.

$$M(x, y)dx + N(x, y)dy = 0 \tag{18}$$

$$\text{또는 } \frac{dy}{dx} = -\frac{M(x, y)}{N(x, y)}$$

식(18)에서 $M(x, y)$와 $N(x, y)$가 동차함수가 되면, 식(18)을 동차미분방정식이라 부른다. 즉, 동차미분방정식이 되기 위해서는 $M(x, y)$와 $N(x, y)$가 다음의 조건을 만족해야 한다.

$$M(tx, ty) = t^n M(x, y) \tag{19}$$

$$N(tx, ty) = t^n N(x, y) \tag{20}$$

식(18)이 동차미분방정식인 경우는 x를 $x = vy$로 치환하거나 y를 $y = ux$로 치환함으로써 변수분리형으로 만들 수가 있다. 여기서 v와 u는 새로운 종속변수이며 만일 $y = ux$의 치환을 사용하여 식(18)의 동차미분방정식을 풀려면 식(21)과 같이 $y = ux$를 미분하여 식(18)에 대입함으로써 변수분리형으로 대수조작을 해야 한다.

$$dy = udx + xdu \quad \text{또는} \quad y' = u \cdot 1 + u'x = u + u'x \tag{21}$$

다음 예제를 통해 동차미분방정식의 해를 구하는 과정을 설명한다.

예제 1.6

다음 미분방정식이 동차미분방정식인지를 판별하고 일반해를 구하라.

(1) $(x+y)dx + xdy = 0$

(2) $y' = \dfrac{y-x}{y+x}$

풀이

(1) $M(x, y) = x + y$, $N(x, y) = x$는 각각 차수 1의 동차함수이므로 동차미분방정식이다. 변수분리형으로 변환하기 위해 $y = ux$로 치환하여 양변을 미분하면 다음과 같다.

$$dy = udx + xdu$$

윗식과 $y = ux$를 주어진 미분방정식에 대입하면 다음과 같다.

$$(x + ux)dx + x(udx + xdu) = 0$$

$$(x+ux+ux)dx+x^2du=0 \longleftarrow \text{ 양변을 } x\text{로 나눈다.}$$

$$(2u+1)dx+xdu=0$$

양변을 $x(2u+1)$로 나누어 적분하면 다음과 같다.

$$\int \frac{1}{x}dx + \int \frac{1}{2u+1}du=0$$

$$\ln|x| + \frac{1}{2}\ln|2u+1|+c=0$$

윗식에 $u=y/x$를 대입하면 다음의 일반해를 구할 수 있으며, c는 적분상수이다.

$$\therefore \ \ln|x| + \frac{1}{2}\ln\left|\frac{2y}{x}+1\right|+c=0$$

(2) 주어진 미분방정식을 미분형태로 변환하면

$$(y-x)dx-(y+x)dy=0$$

이 된다. $M(x, y)=y-x$, $N(x, y)=-y-x$는 각각 차수 1의 동차함수이므로 주어진 미분방정식은 동차미분방정식이다.

한편,

$$y' = \frac{y-x}{y+x} = \frac{\left(\frac{y}{x}\right)-1}{\left(\frac{y}{x}\right)+1}$$

이므로 $y = ux$, 즉 $u = (y/x)$로 치환하고 식(21)을 대입하여 정리하면 다음과 같다.

$$u'x+u = \frac{u-1}{u+1}$$

$$u'x = \frac{u-1}{u+1}-u = \frac{-(u^2+1)}{u+1}$$

$$x\frac{du}{dx} = -\frac{(u^2+1)}{u+1}$$

$$\therefore \ \frac{u+1}{u^2+1}du = -\frac{1}{x}dx$$

윗식을 적분하면 다음과 같다.

$$\int \frac{u+1}{u^2+1}du = -\int \frac{1}{x}dx$$

$$\int \left\{\frac{1}{2}\left(\frac{2u}{u^2+1}\right) + \frac{1}{u^2+1}\right\}du = -\int \frac{1}{x}dx$$

$$\frac{1}{2}\ln(u^2+1) + \tan^{-1}u = -\ln|x| + c$$

따라서 일반해는 다음과 같으며, c는 적분상수이다.

$$\frac{1}{2}\ln\left(\frac{y^2}{x^2}+1\right) + \tan^{-1}\left(\frac{y}{x}\right) = -\ln|x| + c$$

여기서 잠깐! **분수함수의 적분**

$\ln\{f(x)\}$를 합성함수 미분법에 의해 미분하면 다음과 같다.

$$\frac{d}{dx}\ln\{f(x)\} = \frac{f'(x)}{f(x)}$$

윗식의 양변을 적분하면

$$\int \frac{d}{dx}\ln\{f(x)\}dx = \int \frac{f'(x)dx}{f(x)}$$

$$\ln\{f(x)\} + c = \int \frac{f'(x)}{f(x)}dx$$

이 된다. 윗식은 분수함수의 적분공식으로 유용하게 활용할 수 있다. 즉, 피적분함수가 분수함수이고 분자가 분모의 미분으로 되어 있으면 적분 결과는 분모의 로그함수로 주어진다. 예를 들어,

$$\int \frac{2x+2}{x^2+2x+1}dx = \ln(x^2+2x+1) + c$$

$$\int \frac{1}{2x+1}dx = \int \frac{\frac{1}{2}\cdot 2}{2x+1}dx = \frac{1}{2}\ln(2x+1) + c$$

이 됨을 쉽게 알 수 있다.

변수분리형

$$\frac{dy}{dx} = f(x, y) = \frac{g(x)}{h(y)}$$

변수분리 불가능형

$$\frac{dy}{dx} = f(x, y) \neq \frac{g(x)}{h(y)}$$

$$f(tx, ty) = t^n f(x, y)$$

동차미분방정식

변수치환

$$y = ux \quad \text{또는} \quad u = \frac{y}{x}$$

x, y가 섞여 있으면 변수분리가 불가능하네?

쯧쯧, 이렇게 변수치환을 하면 쉽게 풀 수 있지.

| 설명 | 변수분리가 가능하지 않은 미분방정식이라 하더라도 $f(x, y)$가 동차함수가 되면, 변수치환 $y = ux$(또는 $u = \frac{y}{x}$)를 통해 변수분리형으로 변환 가능하다.

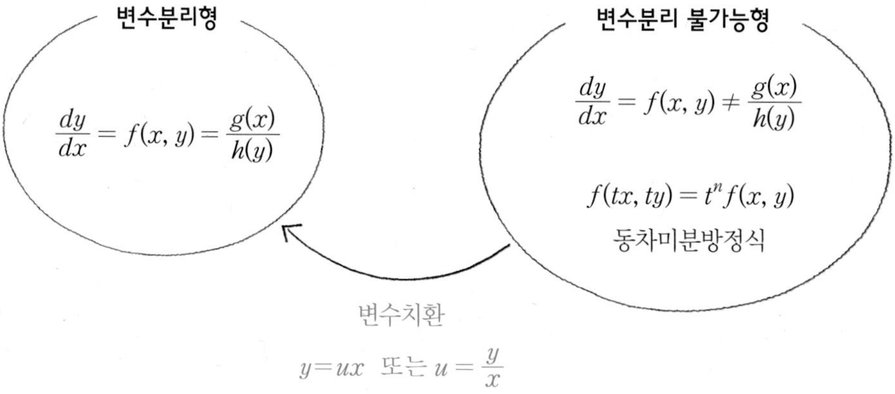

예제 1.7

다음 미분방정식을 풀어라.

$$y' = \frac{y}{x} + e^{\frac{2y}{x}}$$

풀이

주어진 방정식은 동차미분방정식의 형태이므로 $y=ux$ 로 치환하여 대입하면 다음과 같다.

$$u'x+u=u+e^{2u}$$
$$u'x=e^{2u} \longrightarrow \frac{du}{dx}x=e^{2u}$$

변수분리형태로 변형하면

$$\frac{dx}{x} = \frac{du}{e^{2u}} = e^{-2u}du$$

이므로 양변을 적분하면 다음과 같다.

$$\int \frac{1}{x}dx = \int e^{-2u}du$$
$$\ln|x| = -\frac{1}{2}e^{-2u}+c \ (c\text{는 상수})$$
$$\therefore \ \ln|x| + \frac{1}{2}e^{-\frac{2y}{x}} = c$$

1.5 완전미분방정식

(1) 완전미분방정식의 정의

완전미분방정식을 다루기 전에 미적분학에서 공부한 전미분(Total Differential)에 대해 알아보자. 이변수 함수 $z=f(x, y)$가 연속인 1차 편도함수를 가지는 경우 전미분 dz는 다음과 같이 정의된다.

$$dz = \frac{\partial f}{\partial x}dx + \frac{\partial f}{\partial y}dy \tag{22}$$

여기서 잠깐! 전미분의 개념

전미분을 정의하기에 앞서 다음에 나타낸 일변수함수 $y=f(x)$를 생각해 보자.

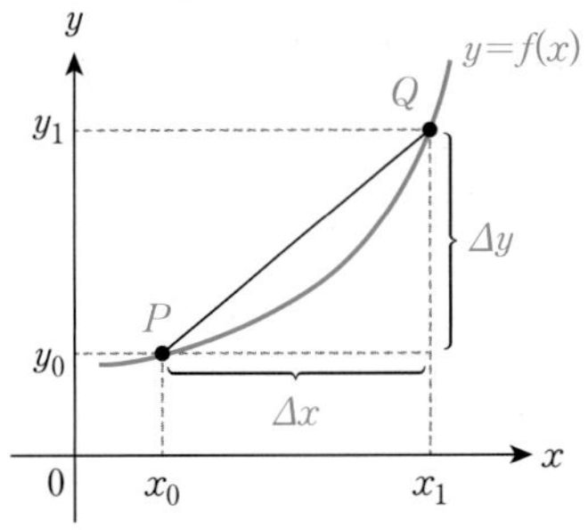

위의 그림에서 x가 Δx만큼 변화할 때 점 $P(x_0, y_0)$는 점 $Q(x_1, y_1)$로 이동한다. 이 때 y의 변화량 Δy는 선분 $\overline{PQ}$의 기울기와 Δx를 곱한 것과 같게 된다. 즉,

$$\Delta y = \left(\frac{\Delta y}{\Delta x}\right)\cdot \Delta x$$

위 식에서 Δx를 0에 가깝게 미세하게 변화시킬 때 다음의 관계를 얻을 수 있으며, dx와 dy를 x와 y의 미분(Differential)이라고 정의한다.

$$dy = \left(\frac{dy}{dx}\right)dx = f'(x)dx$$

dx와 dy를 이용하면 위 식은 다음과 같이 표현할 수 있다.

$$\left(\frac{dy}{dx}\right) = \frac{(dy)}{(dx)} = \frac{y\text{의 미분}}{x\text{의 미분}} = f'(x)$$

도함수 $\left(\frac{dy}{dx}\right)$는 두 개의 미분 dx와 dy의 비율로 나타낼 수 있으며, 결과적으로 도함수 $(f'(x))$를 이용하여 x의 미소 변화량(dx)에 대한 y의 미소 변화량(dy)을 구하는 것을 '전미분한다'라고 말한다. 다시 말하면 임의의 한 점 x_0에서 x가 매우 미소하게 변하였을 때, y의 미소 변화량이 $dy = f'(x)dx$가 된다는 것이 전미분의 의미인 것이다.

지금까지의 논의를 이변수함수 $z=f(x, y)$로 확장하면 다음과 같이 나타낼 수 있다.

$$\underbrace{dz}_{z\text{의 총변화량}} = \underbrace{\left(\frac{\partial z}{\partial x}\right)dx}_{\text{변수 }x\text{에 대한 }z\text{의 총변화량}} + \underbrace{\left(\frac{\partial z}{\partial y}\right)dy}_{\text{변수 }y\text{에 대한 }z\text{의 총변화량}}$$

만일 1차 미분방정식이 다음과 같이 주어졌다고 가정한다.

$$\frac{\partial f}{\partial x}dx + \frac{\partial f}{\partial y}dy=0 \tag{23}$$

식(23)은 $dz = 0$과 같은 미분방정식이기 때문에 식(23)의 해는 다음과 같이 쉽게 결정할 수 있다.

$$\frac{\partial f}{\partial x}dx + \frac{\partial f}{\partial y}dy=0 \iff dz=0 \tag{24}$$
$$\therefore\ z=c,\ \text{즉}\ f(x, y)=c$$

예를 들어, 간단한 1차 미분방정식 $ydx + xdy = 0$은 직관에 의해 $d(xy) = 0$과 동치이므로 구하는 해는 $xy = c$이다.

그런데 다음의 조금 더 복잡한 예를 살펴보자.

$$(3x^2+3y)dx+(3x+4y^3)dy=0 \tag{25}$$

식(25)의 좌변과 동일한 어떤 함수의 전미분 dz를 어떻게 발견할 수 있을까? 그리고 그러한 전미분은 언제나 존재하는가? 만일 식(25)의 좌변과 동일한 전미분 dz를 발견할 수 있는 경우, 식(25)를 완전미분방정식(Exact Differential Equation)이라 한다. 그런데 그러한 전미분은 항상 존재하는 것은 아니라는 사실에 유의하라.

정의 1.2 완전미분방정식

미분형식 $M(x, y)dx+N(x, y)dy$가 어떤 함수 $f(x, y)$의 전미분에 대응되는 경우 주어진 미분형식을 완전미분이라고 정의하며, 다음의 방정식

$$M(x, y)dx+N(x, y)dy=0 \tag{26}$$

을 완전미분방정식이라고 한다.

(2) 완전미분방정식의 판정조건

한편, 미분형식으로 표현된 미분방정식이 완전미분방정식이 되기 위해서는 어떤 조건이 필요한가? $M(x, y)$와 $N(x, y)$가 연속인 일차편도함수를 가진다고 가정하자.

만일 $M(x, y)dx+N(x, y)dy=0$가 완전(Exact)하면

$$M(x, y)dx+N(x, y)dy = \frac{\partial f}{\partial x}dx + \frac{\partial f}{\partial y}dy \tag{27}$$

를 만족하는 어떤 함수 $f(x, y)$가 존재한다. 따라서

$$M(x, y) = \frac{\partial f}{\partial x},\ N(x, y) = \frac{\partial f}{\partial y} \tag{28}$$

이 성립하며, 식(28)로부터 다음의 관계식을 얻을 수 있다.

$$\frac{\partial M}{\partial y} = \frac{\partial}{\partial y}\left(\frac{\partial f}{\partial x}\right) = \frac{\partial^2 f}{\partial y\,\partial x} = \frac{\partial}{\partial x}\left(\frac{\partial f}{\partial y}\right) = \frac{\partial N}{\partial x} \tag{29}$$

따라서 $M(x, y)dx+N(x, y)dy$가 완전하다면 $\frac{\partial M}{\partial y} = \frac{\partial N}{\partial x}$의 관계가 성립함을 알 수 있다. 또한 역으로 식(29)의 조건이 만족되면 $M(x, y)dx+N(x, y)dy$가 완전미분이 되게 하는 함수 $f(x, y)$를 찾을 수 있다. 본 절에서는 이에 대한 증명은 생략하기로 한다. 결국 정리하면 식(29)의 조건은 $M(x, y)dx+N(x, y)dy$가 완전미분이 되기위한 필요충분조건이 된다.

(3) 완전미분방정식의 해법

다음에 주어진 완전미분방정식의 해를 구하는 과정에 대해 기술한다. 완전미분방정식

$$M(x, y)dx+N(x, y)dy=0 \tag{30}$$

의 해를 구해본다. 완전미분방정식이므로 식(30)의 좌변은 다음과 같다.

$$M(x, y)dx+N(x, y)dy=\frac{\partial f}{\partial x}dx+\frac{\partial f}{\partial y}dy \tag{31}$$

$$\frac{\partial f}{\partial x}=M(x, y) \tag{32}$$

$$\frac{\partial f}{\partial x}=N(x, y) \tag{33}$$

$f(x, y)$를 구하기 위해서는 식(32) 또는 식(33)으로 주어진 편미분방정식의 양변을 적분한다. 어떤 식을 적분하여도 무관하나 여기서는 식(32)를 적분하기로 한다.

$$\int\frac{\partial f}{\partial x}dx=\int M(x, y)dx \tag{34}$$

$$\therefore\ f(x, y)=\int M(x, y)dx+h(y) \tag{35}$$

여기서 $h(y)$는 x로 적분하는 경우, y의 함수는 상수로 취급될 수 있으므로 적분상수로 가정한다. 식(35)에서 구한 $f(x, y)$에는 아직 결정되지 않은 미지의 적분상수 $h(y)$가 있기 때문에 식(33)을 이용하면

$$\frac{\partial f}{\partial x}=\frac{\partial}{\partial y}\int M(x, y)dx+h'(y)=N(x, y) \tag{36}$$

$$\therefore\ h'(y)=N(x, y)-\frac{\partial}{\partial y}\int M(x, y)dx \tag{37}$$

이 얻어지는데, 식(37)에서 양변을 적분함으로써 $h(y)$를 구할 수 있다. 식(37)의 우변에서 $M(x, y)$와 $N(x, y)$는 주어져 있는 함수이므로 간단한 적분과 편미분을 통해 $h'(y)$이 계산된다는 사실에 주목하라. $f(x, y)$가 완전하게 구해지면 식(30)의 완전미분방정식의 해는 다음과 같다.

$$f(x, y)=c \tag{38}$$

〈예제 1.8〉에서 지금까지 설명한 완전미분방정식의 해를 구하는 과정에 대해 상세하게 설명한다.

예제 1.8

다음 미분방정식의 해를 구하라.

$$(x^3+y^3)dx+3xy^2+dy=0$$

풀이

먼저 주어진 미분방정식이 완전미분방정식인가를 판별한다.

$$M(x, y)=x^3+y^3, \quad N(x, y)=3xy^2$$
$$\frac{\partial M}{\partial y}=3y^2, \quad \frac{\partial N}{\partial x}=3y^2$$

$\frac{\partial M}{\partial y}=\frac{\partial N}{\partial x}$가 성립하므로 완전미분방정식이다. 따라서 다음의 관계를 만족하는 함수 $f(x, y)$가 존재한다.

$$\frac{\partial f}{\partial x}=M(x, y)=x^3+y^3 \tag{39}$$
$$\frac{\partial f}{\partial x}=N(x, y)=3xy^2 \tag{40}$$

식(39)에서 $\frac{\partial f}{\partial x}$를 x로 적분하면

$$f(x, y) = \int (x^3 + y^3)dx = \frac{1}{4}x^4 + xy^3 + h(y) \tag{41}$$

이 되며, $h(y)$는 적분상수이다. 구해진 $f(x, y)$를 y로 편미분하여 식(40)과 비교하면

$$\frac{\partial f}{\partial y} = 3xy^2 + h'(y) = 3xy^2 \quad \therefore h'(y) = 0$$

이 되어 $h(y) = c^*$ (상수)가 된다. 따라서 구하려는 $f(x, y)$는

$$f(x, y) = \frac{1}{4}x^4 + xy^3 + c^*$$

이 되며, 주어진 완전미분방정식의 해는 식(38)에 의해 다음과 같다.

$$\frac{1}{4}x^4 + xy^3 = c \quad (c\text{는 상수})$$

예제 1.9

다음 미분방정식의 해를 구하라.

(1) $(\sin y - y\sin x)dx + (\cos x + x\cos y - y)dy = 0$

(2) $(e^{2y} - y\cos xy)dx + (2xe^{2y} - x\cos xy + 2y)dy = 0$

풀이

(1) 먼저 주어진 미분방정식이 완전미분방정식인가를 판별한다.

$$M(x, y) = \sin y - y\sin x$$
$$N(x, y) = \cos x + x\cos y - y$$
$$\frac{\partial M}{\partial y} = \cos y - \sin x, \quad \frac{\partial N}{\partial x} = -\sin x + \cos y$$

$\frac{\partial M}{\partial y} = \frac{\partial N}{\partial x}$의 관계가 성립하므로 완전미분방정식이다. 따라서 다음의 관계를 만족하는 함수 $f(x, y)$가 존재한다.

$$\frac{\partial f}{\partial x} = M(x, y) = \sin y - y \sin x \tag{42}$$

$$\frac{\partial f}{\partial y} = N(x, y) = \cos x + x \cos y - y \tag{43}$$

이번에는 식(43)의 양변을 y로 적분하면

$$\int \frac{\partial f}{\partial x} dy = f(x, y) = \int (\cos x + x \cos y - y) dy$$
$$= y \cos x + x \sin y - \frac{1}{2} y^2 + h(x)$$

이 되며, $h(x)$는 적분상수이다. 구해진 $f(x, y)$를 x로 편미분하여 식(42)와 비교하면 $h'(x)$가 구해진다.

$$\frac{\partial f}{\partial x} = -y \sin x + \sin y + h'(x) = \sin y - y \sin x$$

$$h'(x) = 0 \quad \therefore \ h(x) = c^* \ \ (c^*\text{는 상수})$$

따라서 $f(x, y) = y \cos x + x \sin y - \frac{1}{2} y^2 + c^*$이며, 주어진 완전미분방정식의 해는 다음과 같다.

$$y \cos x + x \sin y - \frac{1}{2} y^2 = c \ \ (c\text{는 상수})$$

(2) 먼저 주어진 미분방정식이 완전미분방정식인가를 판별한다.

$$M(x, y) = e^{2y} - y \cos xy$$
$$N(x, y) = 2xe^{2y} - x \cos xy + 2y$$
$$\frac{\partial M}{\partial y} = 2e^{2y} - \{\cos xy + y(-\sin xy)x\}$$
$$= 2e^{2y} - \cos xy + xy \sin xy$$
$$\frac{\partial N}{\partial x} = 2e^{2y} - \{\cos xy + x(-\sin xy)y\}$$
$$= 2e^{2y} - \cos xy + xy \sin xy$$

$\dfrac{\partial M}{\partial y}=\dfrac{\partial N}{\partial x}$의 관계가 성립하므로 완전미분방정식이다. 따라서 다음의 관계를 만족하는 함수 $f(x, y)$가 존재한다.

$$\frac{\partial f}{\partial x}=M(x, y)=e^{2y}-y\cos xy \tag{44}$$

$$\frac{\partial f}{\partial y}=N(x, y)=2xe^{2y}-x\cos xy+2y \tag{45}$$

식(44)의 양변을 x로 적분하면

$$\begin{aligned}\int\frac{\partial f}{\partial x}dx=f(x, y)&=\int(e^{2y}-y\cos xy)dx\\&=xe^{2y}-\sin xy+h(y)\end{aligned}$$

이 되며, $h(y)$는 적분상수이다. $f(x, y)$를 y로 편미분하여 식(45)와 비교하면 $h'(y)$가 구해진다.

$$\frac{\partial f}{\partial y}=2xe^{2y}-x\cos xy+h'(y)=2xe^{2y}-x\cos xy+2y$$

$$\therefore\ h'(y)=2y \quad \therefore h(y)=y^2+c^* \ \ (c^*\text{는 상수})$$

따라서 $f(x, y)=xe^{2y}-\sin xy+y^2+c^*$이며, 주어진 완전미분방정식의 해는 다음과 같다.

$$xe^{2y}-\sin xy+y^2=c \ \ (c\text{는 상수})$$

완전미분방정식

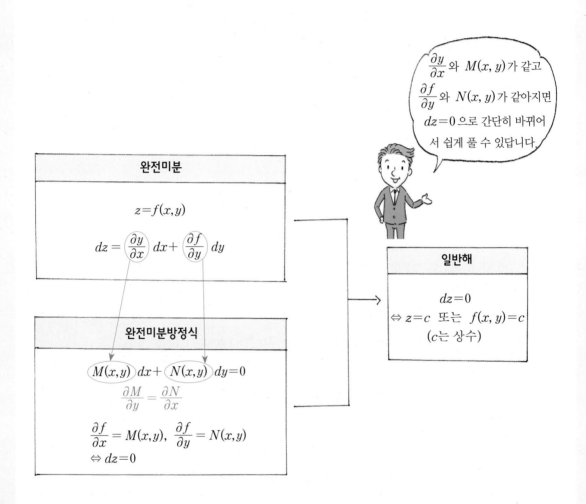

$\frac{\partial y}{\partial x}$와 $M(x, y)$가 같고
$\frac{\partial f}{\partial y}$와 $N(x, y)$가 같아지면
$dz=0$으로 간단히 바뀌어
서 쉽게 풀 수 있답니다.

완전미분

$$z=f(x,y)$$

$$dz=\frac{\partial y}{\partial x}\,dx+\frac{\partial f}{\partial y}\,dy$$

완전미분방정식

$$M(x,y)\,dx+N(x,y)\,dy=0$$

$$\frac{\partial M}{\partial y}=\frac{\partial N}{\partial x}$$

$$\frac{\partial f}{\partial x}=M(x,y),\ \frac{\partial f}{\partial y}=N(x,y)$$

$\Leftrightarrow dz=0$

일반해

$$dz=0$$

$\Leftrightarrow z=c$ 또는 $f(x, y)=c$

(c는 상수)

| 설명 | $\frac{\partial f}{\partial x}=M(x, y)$와 $\frac{\partial f}{\partial y}=N(x, y)$를 만족하는 함수 $f(x, y)$를 찾으면 $f(x, y)=c$가 주어진 미분방정식의 일반해이다.

1.6 선형미분방정식

1.1절에서 선형미분방정식의 일반형에 대해 학습하였다. 식(7)에서 $n=1$인 경우에 한해 미분방정식의 해를 구해 보자. 식(7)에서 $n=1$이면 다음의 1차 선형미분방정식이 주어진다.

$$a_1(x)\frac{dy}{dx}+a_0(x)y=r(x) \tag{46}$$

식(46)을 $a_1(x)$로 나누어 정리하면

$$\frac{dy}{dx}+p(x)y=q(x) \tag{47}$$

의 형태로 표현된다. 식(47)을 미분형태로 표현하면

$$dy+\{p(x)y-q(x)\}dx=0 \tag{48}$$

식(48)은 일반적으로 완전미분방정식은 아니지만, 양변에 어떤 함수 $\mu(x)$를 곱하여 완전미분방정식으로 만들 수 있는데 이때 함수 $\mu(x)$를 적분인자(Integrating Factor)라고 한다.

(1) 적분인자 $\mu(x)$의 결정

적분인자 $\mu(x)$를 식(48)의 양변에 곱하면

$$\mu(x)dy+\mu(x)\{p(x)y-q(x)\}dx=0 \tag{49}$$

이 된다. 식(49)가 완전미분방정식이 되기 위해서는 다음의 조건이 만족되어야 한다.

$$\begin{aligned}&\frac{\partial}{\partial x}\mu(x)=\frac{\partial}{\partial y}\mu(x)\{p(x)y-q(x)\}\\ \therefore\ &\frac{\partial\mu(x)}{\partial x}=\mu(x)p(x)\end{aligned} \tag{50}$$

식(50)을 변수분리형으로 변환하여 양변을 적분하면

$$\int \frac{d\mu}{\mu(x)} = \int p(x)dx \quad \therefore \ \ln|\mu(x)| = \int p(x)dx$$

이 된다. 따라서 적분인자 $\mu(x)$는 다음과 같다.

$$\mu(x) = e^{\int p(x)dx} \tag{51}$$

만일 식(49)에서 $q(x)$가 0이라고 하더라도 식(49)는 여전히 완전미분방정식이라는 사실에 주의하라.

(2) 선형미분방정식의 해법

한편, 선형미분방정식의 해를 구하기 위하여 식(51)의 $\mu(x)$를 식(47)의 양변에 곱하면 다음과 같다.

$$\mu(x)\frac{dy}{dx} + \mu(x)p(x)y = \mu(x)q(x) \tag{52}$$

그런데 식(52)의 좌변은 식(50)의 관계를 이용하면 다음과 같이 표현할 수 있다.

$$\begin{aligned}(\mu(x)y)' &= \mu(x)\frac{dy}{dx} + \mu'(x)y \\ &= \mu(x)\frac{dy}{dx} + \mu(x)p(x)y\end{aligned} \tag{53}$$

따라서 식(53)을 이용하면 식(52)는 다음과 같이 표현된다.

$$(\mu(x)y)' = \mu(x)q(x) \tag{54}$$

식(54)의 양변을 적분하면

$$\mu(x)y = \int \mu(x)q(x)dx + c$$
$$\therefore\ y = \frac{1}{\mu(x)}\int \mu(x)q(x)dx + \frac{c}{\mu(x)} \tag{55}$$

이 된다. 식(55)를 간단히 표현하기 위해 식(51)에서 $h \triangleq \int p(x)dx$ 로 정의하면 다음과 같다.

$$y = e^{-\int p(x)dx}\int e^{\int p(x)dx}q(x)dx + ce^{-\int p(x)dx}$$
$$\therefore\ y = e^{-h}\int e^{h}q(x)dx + ce^{-h} \tag{56}$$

식(56)의 수식은 기억하기가 복잡하고 어렵기 때문에 선형미분방정식의 해법은 식(56)의 공식을 이용하기보다는 식(56)을 유도하기 위한 과정을 충분히 이해하여 문제풀이에 활용하는 것이 좋다. 〈예제 1.10〉에서 선형미분방정식의 해를 구하는 과정을 설명한다.

예제 1.10

다음 미분방정식의 해를 구하라.

(1) $x\dfrac{dy}{dx} + 2y = 3$

(2) $(1+e^x)y' + e^x y = 0$

풀이

(1) 양변을 x로 나누면

$$\frac{dy}{dx} + \frac{2}{x}y = \frac{3}{x} \tag{57}$$

이므로 적분인자 $\mu(x) = e^{\int p(x)dx} = e^{\int \frac{2}{x}dx} = x^2$ 이 된다. 적분인자를 식(57)에 곱하여 정리하면

$$x^2y' + \frac{2}{3}\cdot x^2 y = x^2 \cdot \frac{3}{x} \tag{58}$$
$$\therefore\ (x^2y)' = 3x$$

이 되며, 식(58)의 양변을 적분하면 다음이 얻어지며 c는 적분상수이다.

$$x^2 y = \int 3x dx + c = \frac{3}{2}x^2 + c$$
$$\therefore\ y = \frac{3}{2} + \frac{c}{x^2}$$

(2) 양변을 $(1+e^x)$로 나누면

$$y' + \frac{e^x}{1+e^x}y = 0 \tag{59}$$

이므로 적분인자 $\mu(x) = e^{\int p(x)dx}$를 구한다.

$$\mu(x) = e^{\int \frac{e^x}{1+e^x}dx}$$

여기서 $\int \frac{e^x}{1+e^x}dx$를 치환적분법에 의해 계산하면

$$e^x = t,\quad e^x dx = dt$$
$$\int \frac{dt}{1+t} = \ln(1+t) = \ln(1+e^x)$$

이므로 $\mu(x) = e^{\ln(1+e^x)} = 1+e^x$가 얻어진다. 적분인자 $\mu(x)$를 식(59)의 양변에 곱하면

$$(1+e^x)y' + e^x y = 0$$
$$\therefore\ \{(1+e^x)y\}' = 0 \tag{60}$$

이 얻어진다. 따라서 식(60)을 적분하면 다음이 얻어지며 c는 적분상수이다.

$$(1+e^x)y = c$$
$$\therefore\ y = \frac{c}{1+e^x}$$

예제 1.11

다음 미분방정식의 해를 구하라.

$$y' = \frac{1}{x+y^2}$$

풀이

주어진 미분방정식은 변수분리형도 아니고, 동차미분방정식도 아니며 완전미분방정식도 아니다. 더욱이 y에 대한 선형미분방정식도 아니기 때문에 얼핏 해를 구하는 것이 불가능해 보인다. 주어진 미분방정식의 역수를 취하면

$$\frac{dy}{dx} = \frac{1}{x+y^2} \quad \therefore \ \frac{dx}{dy} = x+y^2 \quad \text{또는} \quad \frac{dx}{dy} - x = y^2 \tag{61}$$

이 된다. 식(61)에서 적분인자를 구하면

$$\mu(y) = e^{\int(-1)dy} = e^{-y}$$

이 되므로, $\mu(x)$를 식(61)의 양변에 곱한다.

$$\begin{aligned} e^{-y}\frac{dx}{dy} - e^{-y}x &= e^{-y}\cdot y^2 \\ \therefore \ (e^{-y}x)' &= e^{-y}y^2 \end{aligned} \tag{62}$$

식(62)의 양변을 적분하여 우변을 부분적분하면 다음의 해를 얻을 수 있으며, c는 적분상수이다.

$$\begin{aligned} \therefore \ e^{-y}x &= \int e^{-y}\cdot y^2 dy + c \\ &= -y^2e^{-y} - 2ye^{-y} - 2e^{-y} + c \\ \therefore \ x &= -y^2 - 2y - 2 + ce^{y} \end{aligned}$$

여기서 잠깐! 치환적분

치환적분이란 피적분함수의 일부분을 적당한 변수로 치환함으로써 적분을 계산하는 것을 말한다. 예를 들어, 다음의 적분을 생각해 본다.

$$\int xe^{-x^2}dx \tag{63}$$

식(63)의 적분은 부분적분의 형태로 되어 있으나 부분적분으로는 쉽게 적분이 계산되지 않는다. 그런데 $x^2=t$로 치환하여 x에 대한 적분을 t에 대한 적분으로 변환을 해보자.

$$x^2=t \quad \therefore\ 2xdx=dt$$
$$\int xe^{-x^2}dx=\int e^{-x^2}xdx=\int e^{-t}\left(\frac{1}{2}dt\right)$$
$$=\frac{1}{2}\int e^{-t}dt=-\frac{1}{2}e^{-t}+c$$
$$\therefore\ \int xe^{-x^2}dx=-\frac{1}{2}e^{-x^2}+c\ (c\text{는 상수})$$

결국 치환적분이란 위의 예에서 알 수 있는 바와 같이 피적분함수의 일부분을 적절하게 치환함으로써 간단한 형태의 적분으로 변환하여 적분을 수행하는 방법이다. 어떤 부분을 치환하느냐에 따라 문제해결 여부가 결정되며 변수를 잘못 치환하게 되면, 주어진 적분보다 더 어려운 적분으로 변환되기도 한다. 따라서 적절한 변수치환은 필수적이지만 불행하게도 변수치환에 대한 일반적인 방법은 존재하지 않으며, 경험에 따른 직관에 의해 치환을 해야 하므로 많은 문제연습이 필요하다.

여기서 잠깐! 미분형 표현

주어진 함수를 미분형으로 표현하는 것에 대해 설명한다. $2x^2+y^3=3$이라는 함수를 x에 대해 미분하면

$$4x+3y^2\frac{dy}{dx}=0 \tag{64}$$

이 된다. 식(64)의 표현을 미분형으로 표현하면 다음과 같다.

$$4xdx+3y^2dy=0 \tag{65}$$

결국 식(64)와 식(65)는 동일한 표현임을 알 수 있다. 그런데 주어진 함수 $2x^2+y^3=3$에서 식(65)를 직접 얻을 수는 없을까? x에 대한 미분을 dx, y에 대한 미분을 dy로 표현하면 미분형을 쉽게 얻을 수 있다.

$$\begin{array}{ccccc} \boxed{2x^2} & + & \boxed{y^3} & = & \boxed{3} \\ \downarrow & & \downarrow & & \downarrow \\ 4xdx & + & 3y^2dy & = & 0 \end{array}$$

다른 몇 가지 예를 통해 미분형 표현을 충분히 숙지하라.

(1) $$\begin{array}{ccccc} \boxed{xy^2} & + & \boxed{x^2} & = & \boxed{4x} \\ \downarrow & & \downarrow & & \downarrow \\ (dx)^2+x(2ydy) & + & 2xdx & = & 4dx \end{array}$$

(2) $d(xy^3)=dx\cdot y^3+x\cdot 3y^2dy$ (곱의 미분)

$=y^3dx+3xy^2dy$

(3) $d(e^{-x}\cdot y^2)=-e^{-x}dx\cdot y^2+e^{-x}(2ydy)$ (곱의 미분)

$=-e^{-x}y^2dx+2e^{-x}ydy$

1.7 치환법에 의한 미분방정식 해법

지금까지 1차 미분방정식의 해를 구하기 위한 방법은 변수분리법, 동차방정식, 완전미분, 적분인자 방법 등을 활용하는 것이었다. 그런데 지금까지 설명한 방법에 의해 해결되지 않는 미분방정식도 많이 존재하는데, 특별한 경우로서 적절한 치환을 통해 미분방정식의 해를 구할 수 있는 경우가 있다.

다음의 미분방정식을 고찰해 보자.

$$\frac{dy}{dx}+p(x)y=f(x)y^n \tag{66}$$

식(66)은 $n=0,1$인 경우는 선형미분방정식이지만 나머지 n에 대해서는 비선형 미분방정식이다. 이 방정식을 베르누이(Bernoulli) 미분방정식이라 부른다. 베르누이 방정식의 경우 $u(x)=[y(x)]^{1-n}$이라는 치환을 통하면 식(66)은 선형미분방정식으로 변환이 되어 해를 구할 수 있다.

예제 1.12

다음 베르누이 미분방정식을 치환을 통하여 해를 구하라.

$$xy' + y = \frac{1}{y^2}$$

풀이

주어진 미분방정식을 식(66)의 형태로 변환하기 위해 양변을 x로 나누면

$$y' + \frac{1}{x}y = \frac{1}{x}y^{-2}$$

가 된다. 식(66)과 비교하면 $p(x) = \frac{1}{x}$, $f(x) = \frac{1}{x}$, $n = -2$의 경우로 비선형미분방정식의 형태이다.

$u(x) = y^3$ 으로 치환한 다음 미분하면

$$u' = 3y^2 y' = 3y^2\left(-\frac{1}{x}y + \frac{1}{x}y^{-2}\right)$$
$$\therefore\ \frac{du}{dx} = \frac{3}{x}(-y^3 + 1) = -\frac{3}{x}(u-1)$$

이 된다. 변수분리법을 이용하면

$$\int \frac{du}{u-1} = -\int \frac{3}{x}dx$$
$$\ln|u-1| = -3\ln|x| + c^* = -\ln|x|^3 + \ln c \qquad (c>0 \text{ 인 상수})$$
$$\ln|y^3 - 1| = \ln\left|\frac{c}{x^3}\right|$$
$$\therefore\ |y^3 - 1| = c|x^{-3}|$$

이 얻어진다.

치환법에 의해 미분방정식의 해를 구하는 또 다른 예로 다음과 같은 형태의 미분방정식을 고찰한다.

베르누이 방정식의 해법

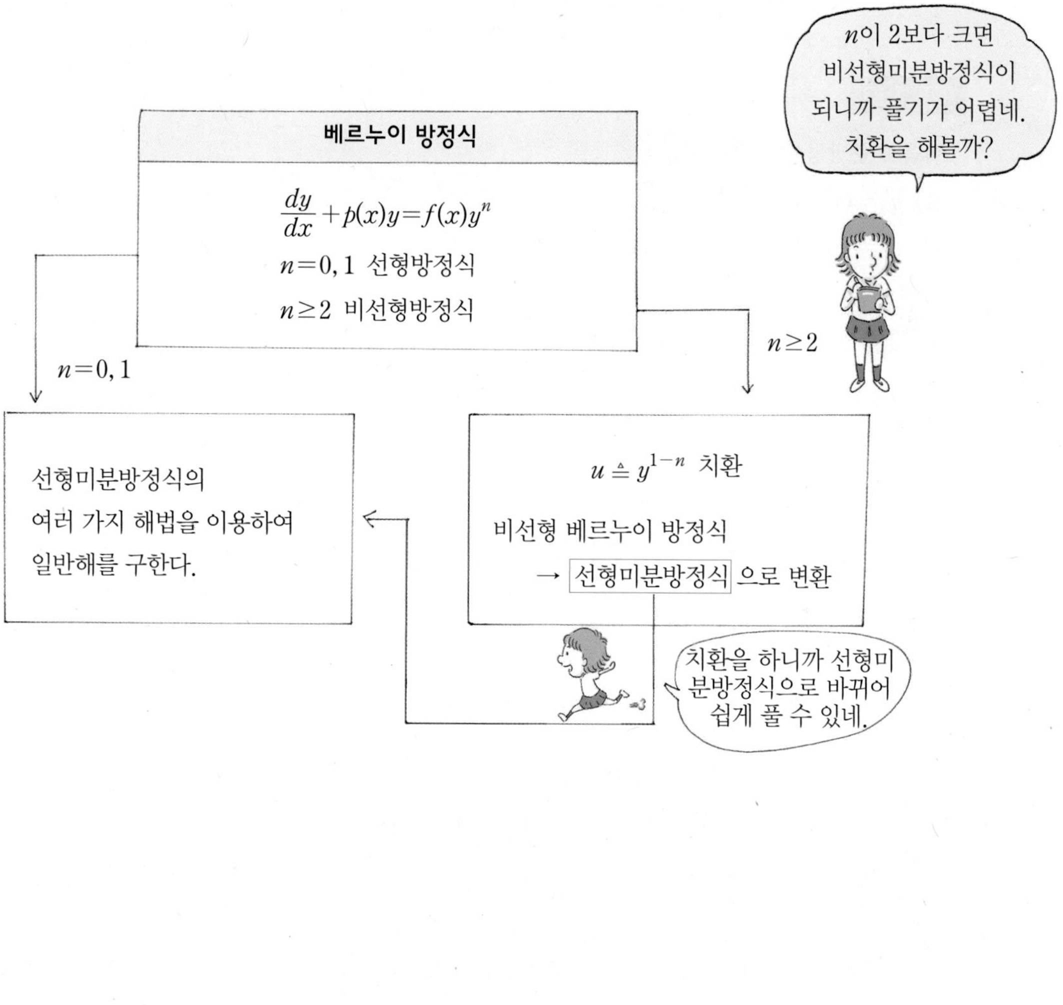

베르누이 방정식
$\frac{dy}{dx}+p(x)y=f(x)y^n$
$n=0,1$ 선형방정식
$n\geq 2$ 비선형방정식
$n=0,1$
$n\geq 2$
선형미분방정식의 여러 가지 해법을 이용하여 일반해를 구한다.
$u \triangleq y^{1-n}$ 치환
비선형 베르누이 방정식 → 선형미분방정식 으로 변환
n이 2보다 크면 비선형미분방정식이 되니까 풀기가 어렵네. 치환을 해볼까?
치환을 하니까 선형미분방정식으로 바뀌어 쉽게 풀 수 있네.

| 설명 | $n\geq 2$인 경우에는 $u=y^{1-n}$의 치환을 통해 비선형 베르누이 방정식을 선형미분방정식으로 변환하여 일반해를 구한다.

$$\frac{dy}{dx} = f(ax+by+c) \tag{67}$$

식(67)과 같은 미분방정식은 $u \triangleq ax+by+c$의 치환을 통해 변수분리형태의 미분방정식으로 변환할 수 있다. 다음의 예제 1.13을 통해 식(67)로 주어진 미분방정식의 해를 구해 본다.

예제 1.13

다음 미분방정식의 해를 구하라.

(1) $y' = (x+y+2)^2$

(2) $y' = 1+e^{y-x+3}$

풀이

(1) $u=x+y+2$로 치환하여 x로 미분하면,

$$\frac{du}{dx} = 1+\frac{dy}{dx} \quad \therefore\ u' = 1+y'$$

이 된다. 따라서 주어진 미분방정식을 u로 표현하면

$$u'-1=u^2 \quad \therefore\ \frac{du}{dx} = u^2+1$$

이 되며, 변수분리법에 의하여 다음과 같다.

$$\int \frac{du}{u^2+1} = \int dx$$

$$\tan^{-1}u = x+c$$

$$\therefore\ \tan^{-1}(x+y+2) = x+c$$

또는 $x+y+2 = \tan(x+c)$ (c는 상수)

(2) $u=y-x+3$으로 치환하여 x로 미분하면,

$$\frac{du}{dx} = \frac{dy}{dx}-1 \quad \therefore\ u' = y'-1$$

이 된다. 따라서 주어진 미분방정식을 u로 표현하면

$$u'+1=1+e^u$$

$$u'=e^u \quad \therefore \ \frac{du}{dx}=e^u$$

이 되며, 양변을 적분하면

$$\int e^{-u}du=\int dx$$

$$-e^{-u}=x+c$$

$$\therefore \ e^{-(y-x+3)}+x+c=0 \ (c\text{는 상수})$$

이 얻어진다.

지금까지 설명한 1차 미분방정식의 해법을 미분방정식의 형태별로 구분하여 아래에 열거하였다.

미분방정식의 형태	해법
변수분리형 $\frac{dy}{dx}=f(x, y)=\frac{g(x)}{h(y)}$	x와 y의 변수로 각각 분리한 다음 양변을 적분한다.
동차미분방정식 $M(x, y)dx+N(x, y)dy=0$ $M(x, y)$와 $N(x, y)$는 동차함수	$y=ux$ 또는 $x=vy$로 치환하여 변수분리형으로 변환한다.
완전미분방정식 $M(x, y)dx+N(x, y)dy=0$ $\frac{\partial M}{\partial y}=\frac{\partial N}{\partial x}$가 성립	$\frac{\partial f}{\partial x}=M(x, y)$, $\frac{\partial f}{\partial y}=N(x, y)$에서 어느 한 식을 적분한 후 다른 식과 비교하여 해를 구한다.
선형미분방정식 $\frac{dy}{dx}+p(x)y=q(x)$	적분인자 $\mu(x)=e^{\int p(x)dx}$를 구한 후 양변에 곱해 완전미분방정식 형태로 변환하여 해를 구한다.
베르누이 방정식 $\frac{dy}{dx}+p(x)y=f(x)y^n$	변수치환 $u=y^{1-n}$을 통하여 선형미분방정식의 형태로 변환한다.
치환형 미분방정식 $\frac{dy}{dx}=f(ax+by+c)$	변수치환 $u=ax+by+c$를 통하여 변수분리형 미분방정식으로 변환한다.

치환법에 의한 미분방정식의 해법

$$\frac{dy}{dx} = f(\underbrace{ax+by+c})$$

↓ 치환

치환해봅시나.

$u=ax+by+c$로 치환

↓ 미분

치환한 것을
미분한답니다.

$u'=a+by'$을 대입

$$\frac{1}{b}(u'-a)=f(u)$$

↓ u를 결정

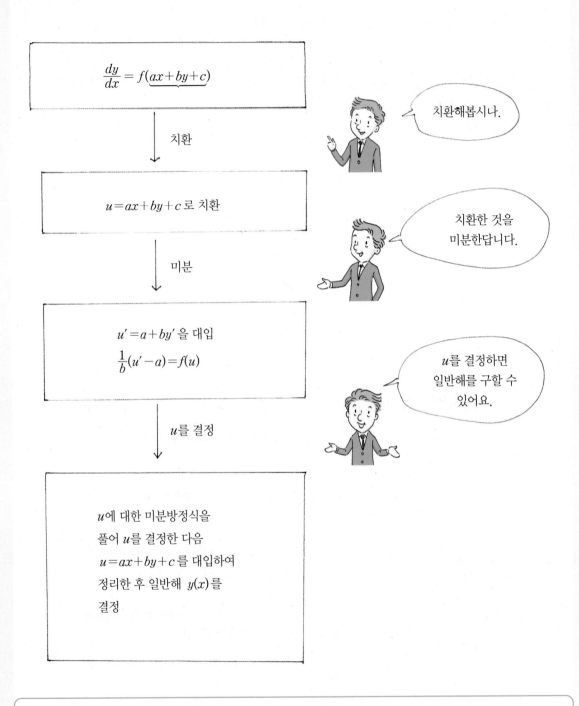

u를 결정하면
일반해를 구할 수
있어요.

u에 대한 미분방정식을
풀어 u를 결정한 다음
$u=ax+by+c$를 대입하여
정리한 후 일반해 $y(x)$를
결정

| 설명 | $y'=f(ax+by+c)$의 형태는 $u=ax+by+c$라는 치환을 하면 u에 대한 미분방정식으로 변환되는데, 이를 풀어 u를 구한 다음 $u=ax+by+c$를 대입하여 일반해 $y(x)$를 결정한다.

쉬어가는 코너 무한호텔

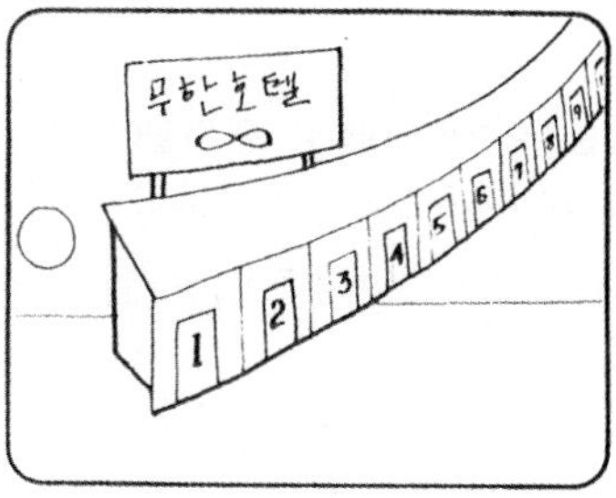

맹 교수 우리 은하의 중심에는 엄청나게 큰 호텔인 무한호텔이 있다. 이 호텔에는 무한 개의 방이 일렬로 죽 늘어서 있으며, 그 끝은 블랙홀에 연결되어 다른 차원의 세계와 접하고 있다. 방들의 호수는 1에서 시작하여 무한으로 이어진다.

맹 교수 어느 날, 호텔의 방이 모두 찼을 때, 비행접시를 타고 온 한 우주인이 접수계에 와서 방을 신청했다.

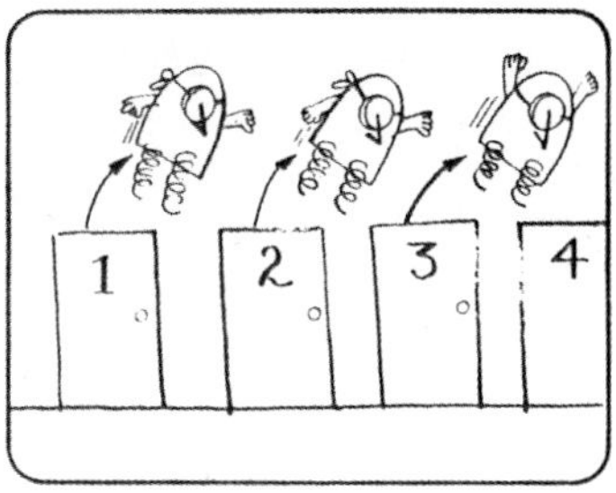

맹 교수 호텔의 방이 모두 찼음에도 불구하고, 지배인은 이 우주인에게 방을 하나 마련해 주었다. 그가 한 방법은 각 방의 손님에게 그 다음의 방으로 옮겨 달라고 요구한 것뿐이었다. 그랬더니 1호실이 비어 있지 않은가!

맹 교수 그 다음 날이 되자, 이번에는 5쌍의 신혼부부가 무한 호텔에 도착했다. "방이 있습니까?" "예." 지배인은 모든 손님의 방을 다섯 칸씩 더 이동시켰다. 그래서 1호실에서 5호실까지의 방이 마련되었다.

맹 교수 그 다음에는 무한수의 냉동 전자 상인들이 회의를 하기 위해 무한 호텔에 몰려왔다.

기발한 교수 새로 도착하는 유한수의 사람들에게 무한 호텔이 방을 마련해주는 것은 이해할 수 있다. 그러나 무한의 수에 대해서는 어떻게 할 것인가?

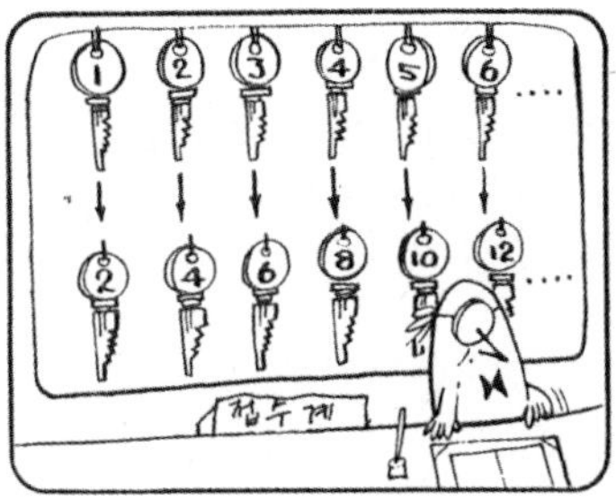

맹 교수 그건 아주 쉬운 일이네, 친구. 지배인이 각 방에 든 손님에게 자기 방 호수의 2배가 되는 호수의 방으로 옮겨 달라고 하면 되지.

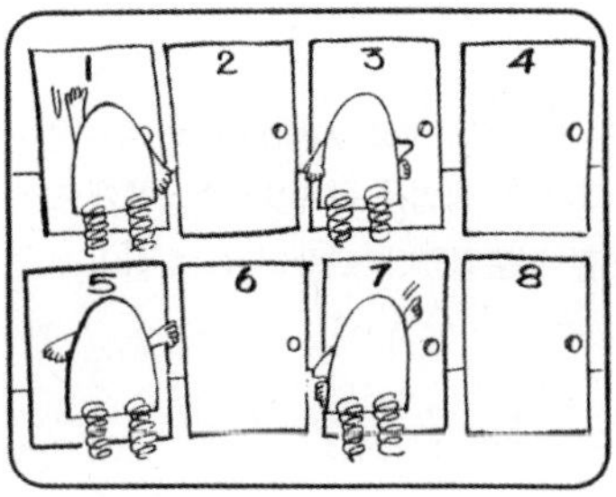

기발한 교수 그렇군! 아주 간단하군, 그렇게 하면 각 방에 있던 손님들은 모두 짝수 호수의 방으로 옮기고, 홀수 호수의 방—이것도 역시 무한—이 비는군. 이 홀수 호수의 방에 냉동 전자 상인들을 들여보내면 되는구나.

출처: 「이야기 파라독스」, 사계절

연습문제

01 다음의 미분방정식의 해를 구하라.

(1) $x^2y' = 1+y$

(2) $y' + 3x^2y^2 = 0$

(3) $y' = \dfrac{x^2+y^2}{xy}$

02 다음 미분방정식의 해를 구하라.

(1) $y' = (x+y-2)^2$

(2) $(x^3+3xy^2)dx + (3x^2y+y^3)dy = 0$

03 다음 미분방정식이 완전미분방정식이 되도록 k값을 결정하라.

(1) $(y^3+kxy^4-2x)dx + (3xy^2+20x^2y^3)dy = 0$

(2) $(2xy^2+ye^x)dx + (2x^2y+ke^x-1)dy = 0$

04 다음 초깃값 문제의 해를 구하라.

(1) $y' + 2xy = x,\ y(0) = 3$

(2) $y' + 5y = 20,\ y(0) = 2$

(3) $xy' + y = e^x,\ y(1) = 2$

05 다음의 베르누이 방정식의 해를 구하라.

(1) $x^2y' + y^2 = xy$

(2) $xy' + y = \dfrac{1}{y^2}$

06 다음 미분방정식을 치환법에 의해 해를 구하라.

(1) $y(1+2xy)dx + x(1-2xy)dy = 0$, [$u = 2xy$로 치환]

(2) $y' + x + y + 1 = (x+y)^2e^{3x}$

07 다음 미분방정식의 해를 구하라.

(1) $(2x+xy)dx+2x\,dy=0$

(2) $\sin y\,dx+\cos y\,dy=0$

08 변수분리법을 이용하여 다음 미분방정식의 일반해를 구하라.

(1) $(3-4x^2)dx+x^2(e^y+3y)dy=0$

(2) $x^3dy+(x+2)dx=0$

09 다음 미분방정식이 완전미분방정식이 되기 위한 상수 k를 결정하고, 이 값에 해당하는 완전미분방정식의 일반해를 구하라.

$$e^{kx+y}(2x+1)-2x+xe^{kx+y}y'=0$$

10 적분인자를 이용하여 다음 미분방정식의 일반해를 구하라.

(1) $(3x^2-2y)dx+4xdy=0$

(2) $(x+y)dx-xdy=0$

11 적분인자 방법을 이용하여 다음 RL 직렬회로에 흐르는 전류 $i(t)$의 일반해를 구하라.

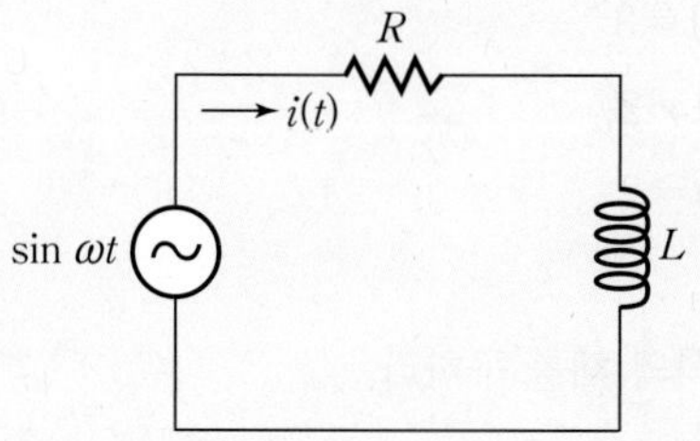

12 변수치환 $x=u+2,\ y=v-1$을 이용하여 다음 미분방정식의 해를 구하라.

$$\frac{dy}{dx}=\frac{x-y-3}{x+y-1}$$

13 변수치환 $u=y^{-1}$을 이용하여 다음의 베르누이 방정식의 일반해를 구하라.

$$y'-3y=-6y^2$$

14 다음 미분방정식의 적분인자를 e^x 라고 할 때 일반해를 구하라.

$$(3x^2y+6xy+\frac{1}{2}y^2)dx+(3x^2+y)dy=0$$

15 다음 초깃값 문제의 해를 구하라.

$$\frac{dy}{dx}=\frac{2}{x+y^2},\ y(-2)=0$$

16 다음 미분방정식의 해를 구하라.

$$(e^x\sin y-3x)dx+(e^x\cos y+2y)dy=0$$

17 다음의 초깃값 문제의 해를 구하라.

$$y'+2y=5,\quad y(0)=\frac{7}{2}$$

18 다음 미분방정식의 해를 구하라.

$$\frac{dy}{dx}=\frac{2(y^2+1)}{x^2-1}$$

19 다음의 초깃값 문제의 해를 구하라.

$$y'=4x^2-\frac{1}{x}y,\quad y(1)=0$$

20 적분인자 방법을 이용하여 다음 RC 직렬회로에 흐르는 전류 $i(t)$의 일반해를 구하라.

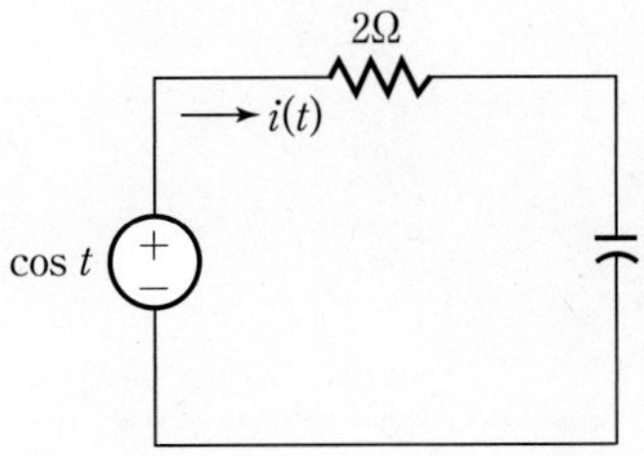

CHAPTER 02

2차 선형미분방정식

2.1 2차 선형미분방정식의 해 | 2.2 상수계수를 가지는 2차 제차미분방정식

2.3 오일러-코시 방정식 | 2.4 2차 비제차미분방정식 | 2.5 미정계수법

2.6 매개변수변환법 | 2.7 초깃값 문제

CHAPTER

02 2차 선형미분방정식

▶ 단원 개요

실제적인 공학문제에서 가장 흔하게 접할 수 있는 2차 미분방정식의 해를 구하는 방법에 대해 학습한다. 특히 상수계수를 가지는 미분방정식의 해법은 고차 미분방정식의 해를 구하는 데 기초가 되는 매우 중요한 내용이므로 충분한 이해가 필요하다.

상수계수를 가지는 2차 미분방정식의 해는 특성 방정식을 통해 체계적으로 구할 수 있으며, 일반 대수방정식의 해법에 비해 특별히 어렵지 않으니 자신감을 가지고 학습하는 것이 필요하다.

2.1 2차 선형미분방정식의 해

제1장에서 언급한 식(7)의 선형미분방정식에서 $n=2$ 인 경우는

$$a_2(x)\frac{d^2y}{dx^2}+a_1(x)\frac{dy}{dx}+a_0(x)y=r(x) \tag{1}$$

로 표현되는데, 양변을 $a_2(x)$로 나누면 2차 선형미분방정식을 다음과 같이 일반적으로 표현할 수 있다.

$$\frac{d^2y}{dx^2}+\frac{a_1(x)}{a_2(x)}\frac{dy}{dx}+\frac{a_0(x)}{a_2(x)}y=\frac{r(x)}{a_2(x)}$$

$$\text{즉, } y''+p(x)y'+q(x)y=u(x) \tag{2}$$

여기서, $p(x)\triangleq\frac{a_1(x)}{a_2(x)}$, $q(x)\triangleq\frac{a_0(x)}{a_2(x)}$, $u(x)\triangleq\frac{r(x)}{a_2(x)}$ 로 정의된다.

식(2)로 표현되는 2차 선형미분방정식은 $u(x)=0$ 인 경우를 제차(Homogeneous),

$u(x) \neq 0$ 인 경우를 비제차(Nonhomogeneous)라고 부른다. 또한 $p(x)$와 $q(x)$를 미분방정식의 계수라고 하고 $u(x)$를 강제함수(Forcing Function) 또는 구동함수(Driving Function)라고 부른다.

제차미분방정식의 해는 대수방정식의 해와는 달리 매우 독특한 성질을 가지는데, 바로 해의 선형성(Linearity)이다.

(1) 제차미분방정식의 선형성

다음의 2차 선형제차미분방정식을 고려한다.

$$y'' + p(x)y' + q(x)y = 0 \tag{3}$$

만일, y_1과 y_2가 식(3)의 해라고 가정하면 해의 정의에 의하여 다음의 관계가 성립한다.

$$y_1'' + p(x)y_1' + q(x)y_1 = 0 \tag{4}$$

$$y_2'' + p(x)y_2' + q(x)y_2 = 0 \tag{5}$$

여기서 일반 대수방정식에서는 성립하지 않는 흥미로운 다음의 사실을 확인해 보자.

① y_1과 y_2가 식(3)의 해라면 $y_1 + y_2$도 해가 되는가?
② y_1이 식(3)의 해라면 cy_1(c는 상수)도 해가 되는가?

먼저 y_1+y_2가 해가 되는지 알아보자. 이는 일반 대수방정식에서는 절대로 성립하지 않는다는 사실에 주목하라. $ax^2+bx+c=0$의 두 해 x_1과 x_2가 구해진 경우 x_1+x_2가 주어진 2차 방정식의 해가 되지 않는다는 사실은 자명하다.

y_1+y_2가 식(3)의 해인지의 여부는 미분방정식에 대입하여 우변이 0이 되면 된다. 즉,

$$(y_1+y_2)''+p(x)(y_1+y_2)'+q(x)(y_1+y_2)$$
$$=(y_1''+p(x)y_1'+q(x)y_1)+(y_2''+p(x)y_2'+q(x)y_2)$$
$$=0+0=0$$

따라서 y_1+y_2는 식(3)으로 표시된 비분방정식의 해가 된다. 또한 cy_1이 식(3)의 해인지의 여부도 같은 방법으로 확인해 보면,

$$(cy_1)''+p(x)(cy_1)'+q(x)(cy_1)$$
$$=c(y_1''+p(x)y_1'+q(x)y_1)=c\cdot 0=0$$

이므로 cy_1도 식(3)으로 표시된 미분방정식의 해가 된다.

이것은 매우 놀라운 사실이다. $ax^2+bx+c = 0$의 두 해 x_1과 x_2가 구해진 경우 cx_1 또는 cx_2가 주어진 2차방정식의 해가 되지 않는다는 사실은 자명하다.

위에서 언급된 ①과 ②의 내용은 하나로 통합하여 표현할 수 있다. 즉,

③ y_1과 y_2가 식(3)의 해라면 $c_1y_1 + c_2y_2$도 해가 된다.

위의 성질은 선형제차방정식에서만 성립하는 성질이며, 비제차방정식이나 비선형방정식에서는 성립되지 않는다는 사실에 주목하라. 이러한 성질을 선형성의 원리(Linearity Principle) 또는 중첩의 원리(Superposition Principle)라 부른다.

예를 들어, $y''+3y'+2y=0$의 두 해는 e^{-x}, e^{-2x}인데, $c_1e^{-x}+c_2e^{-2x}$도 해가 된다는 사실을 쉽게 보일 수 있다.

여기서 두 개의 해를 어떻게 발견했는가에 대한 궁금증은 차차 해결이 될 터이니 잠깐만 참도록 하자.

(2) 제차미분방정식의 일반해

1차 미분방정식의 일반해는 한 개의 임의의 상수를 포함하며, 초깃값 문제에서는 c가 특정한 값을 갖는 특수해를 구하기 위해 하나의 초기 조건 $y(x_0)=y_0$가 필요하

제차미분방정식의 선형성

| 설명 | 선형 제차미분방정식에서 y_1과 y_2가 각각 해가 된다면 $y_1 + y_2$와 cy_1(c는 상수)도 해가 된다. 이를 선형성(Linearity)이라 부른다.

였다. 이 개념을 2차 제차미분방정식으로 확장해 보면 식(3)의 2차 제차미분방정식의 일반해는

$$y = c_1 y_1 + c_2 y_2 \tag{6}$$

의 형태를 가지며, 임의의 상수가 c_1과 c_2로 주어지기 때문에 이를 결정하기 위해서는 다음과 같은 2개의 초기 조건이 필요하다.

$$y(x_0) = k_1, \ \ y'(x_0) = k_2 \tag{7}$$

식(6)의 2차 제차미분방정식의 일반해는 y_1과 y_2를 평면에서의 위치벡터라고 간주하면, [그림 2.1]에서와 같이 평면상에 존재하는 모든 위치 벡터를 나타낸다.

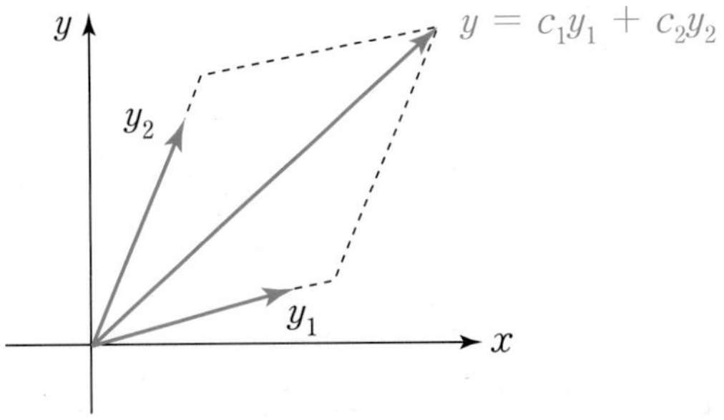

[그림 2.1] 2차 제차미분방정식의 해의 개념

[그림 2.1]에서 알 수 있듯이 2차 제차미분방정식의 일반해는 y_1과 y_2의 선형결합으로 이루어져 있으며, c_1과 c_2의 선택에 따라 무수히 많은 해가 존재한다. 이렇게 무수히 많은 해 중에서 식(7)의 초기 조건을 만족하는 해, 즉 특수해는 하나로 유일하게 결정된다.

위의 사실을 조금 더 수학적으로 표현하면 다음과 같다.

2차 제차미분방정식의 해는 무수히 많아서 그 해를 모두 모아서 집합을 형성하면 벡터공간(Vector Space)이라 부르는 수학적인 공간을 형성한다. 이 벡터공간에 속하는 임의의 한 해는 기저(Basis)라고 부르는 2개의 독립적인 해 y_1과 y_2의 선형결합으로 항상 표현된다. 벡터공간과 기저의 개념은 제5장에서 다루게 되니 위의 표현이

명확하게 이해가 되는 않는다고 해도 걱정할 필요는 없다.

다음 절에서는 상수계수를 가지는 2차 제차미분방정식의 해를 구하는 과정에 대하여 기술한다.

2.2 상수계수를 가지는 2차 제차미분방정식

2차 선형미분방정식은 역학이나 전기회로 등에서 많이 나타나는 형태이며, 특히 계수가 상수인 선형제차미분방정식의 해법은 고차미분방정식의 해를 구하는 데 기초가 되므로 매우 중요하다.

먼저, 상수계수를 가지는 1차 미분방정식을 고려한다.

$$y' + ky = 0 \tag{8}$$

식(8)의 양변에 적분인자 e^{kx}를 곱하면

$$e^{kx}y' + ke^{kx}y = 0$$
$$(e^{kx}y)' = 0$$
$$\therefore\ y = ce^{-kx}\ (c\text{는 상수}) \tag{9}$$

가 얻어지는데, 해의 형태는 지수함수 형태임을 알 수 있다.

이러한 사실은 상수계수를 가지는 2차 미분방정식의 해를 구하는 데 그대로 확장될 수 있다.

다음의 상수계수를 가지는 2차 미분방정식을 고려한다.

$$y'' + ay' + by = 0 \tag{10}$$

식(10)의 해의 형태를 상수계수를 가지는 1차 미분방정식의 경우와 마찬가지로 다음과 같이 지수함수 형태로 유추하여 시도를 해 보자.

$$y = e^{\lambda x},\ \lambda\text{는 상수} \tag{11}$$

식(11)이 식(10)의 해가 되기 위해서는 식(10)의 좌변에 대입하여 0이 만족되어야 하므로

$$y' = \lambda e^{\lambda x},\ \ y'' = \lambda^2 e^{\lambda x}$$

를 식(10)에 대입하여 정리하면 $e^{\lambda x} \neq 0$ 이므로 다음의 관계가 성립한다.

$$\begin{aligned} \lambda^2 e^{\lambda x} + a\lambda e^{\lambda x} + be^{\lambda x} &= 0 \\ (\lambda^2 + a\lambda + b)e^{\lambda x} &= 0 \\ \therefore\ \lambda^2 + a\lambda + b &= 0 \end{aligned} \tag{12}$$

식(12)의 방정식을 만족하는 해 λ_1과 λ_2가 존재한다면, 다음의 두 개의 해는 식(10)의 해가 될 수 있다.

$$y_1 = e^{\lambda_1 x},\ \ y_2 = e^{\lambda_2 x} \tag{13}$$

그런데 선형제차방정식의 선형성(중첩)의 원리에 의해

$$y = c_1 y_1 + c_2 y_2 = c_1 e^{\lambda_1 x} + c_2 e^{\lambda_2 x} \tag{14}$$

도 해가 된다. 결국 식(12)의 2차 대수방정식은 2차 미분방정식의 해를 구하는 데 있어 매우 중요한 방정식임을 알 수 있으며, 이 방정식을 특성방정식(Characteristic Equation)이라 부른다.

그런데 특성방정식은 2차방정식이므로 판별식에 따라 해의 종류가 다르다. 즉,

① $a^2 - 4b > 0$ 이면 서로 다른 두 실근
② $a^2 - 4b = 0$ 이면 중근
③ $a^2 - 4b < 0$ 이면 공액복소근

먼저, 특성방정식이 서로 다른 두 실근을 가지는 경우를 생각해 보자.

(1) 특성방정식이 서로 다른 두 실근을 가지는 경우

식(12)의 특성방정식이 서로 다른 두 실근($\lambda_1 \neq \lambda_2$)을 가지게 되면 $y_1 = e^{\lambda_1 x}$와 $y_2 = e^{\lambda_2 x}$는 실함수로서 의미를 가지기 때문에 선형성의 원리에 의해 다음과 같이 일반해를 구할 수 있다.

$$y = c_1 e^{\lambda_1 x} + c_2 e^{\lambda_2 x} \tag{15}$$

예제 2.1

다음의 미분방정식의 해를 구하라.

(1) $y'' + 4y' + 3y = 0$

(2) $y'' - y = 0$

풀이

(1) 주어진 미분방정식의 특성방정식은 $\lambda^2 + 4\lambda + 3 = 0$, 특성근은 $\lambda_1 = -1$, $\lambda_2 = -3$ 이므로 서로 다른 두 실근을 가진다. 따라서, 일반해는 다음과 같다.

$$y = c_1 e^{-x} + c_2 e^{-3x}$$

(2) 주어진 미분방정식의 특성방정식은 $\lambda^2 - 1 = 0$, 특성근은 $\lambda_1 = -1$, $\lambda_2 = 1$이므로 서로 다른 두 실근을 가진다.
따라서 일반해는 다음과 같다.

$$y = c_1 e^{-x} + c_2 e^{x}$$

다음으로 특성방정식이 중근을 가지는 경우를 고찰해 본다.

(2) 특성방정식이 중근을 가지는 경우

이 경우는 $\lambda_1 = \lambda_2 = -\frac{a}{2}$가 되므로 다음과 같이 하나의 해만이 결정된다.

$$y_1 = e^{-\frac{a}{2}x} \tag{16}$$

여기서 한 가지 문제는 나머지 한 해를 어떻게 구할 것인가이다. 선형 2차 미분방정식을 학습할 때 흥미롭고도 중요한 사실은 미리 알려진 해 y_1으로부터 나머지 다른 해 y_2를 구할 수 있다는 것이다. 이 방법은 차수감소법(Reduction of Order)이라 불린다.

y_1을 다음 2차 미분방정식의 알려진 한 해라고 가정하자.

$$y'' + ay' + by = 0 \tag{17}$$

다른 한 해 $y_2 = u(x)y_1(x)$라고 가정한 다음, y_2가 식(17)의 해가 되도록 $u(x)$를 결정하도록 한다. y_2에 대한 도함수들을 구하여

$$y_2' = u'y_1 + uy_1'$$
$$y_2'' = u''y_1 + u'y_1' + u'y_1' + uy_1'' = u''y_1 + 2u'y_1' + uy_1''$$

식(17)에 대입하여 u'', u', u에 대해 정리하면 다음과 같다.

$$u''y_1 + u'(2y_1' + ay_1) + u(y_1'' + ay_1' + by_1) = 0 \tag{18}$$

식(18)의 좌변의 마지막 항은 y_1이 식(17)의 한 해라고 가정하였기 때문에 $y_1'' + ay_1' + by_1 = 0$이 된다. 또한 두번째 항의 괄호부분을 계산하면 다음과 같다.

$$2y_1' + ay_1 = 2\left(-\frac{a}{2}e^{-\frac{a}{2}x}\right) + ae^{-\frac{a}{2}x} = 0$$

따라서 식(18)은 다음과 같은 2차 미분방정식이 된다.

$$u''y_1 = 0 \tag{19}$$

식(19)에서 $y_1 \neq 0$이므로 $u'' = 0$이 되어 u는 다음과 같이 결정된다.

$$u = x \tag{20}$$

결론적으로 다른 한 해 $y_2=uy_1$ 은 다음과 같이 구해진다.

$$y_2=xe^{-\frac{a}{2}x} \tag{21}$$

결국 지금까지의 설명을 종합해 보면, 특성방정식의 근이 중근인 경우 하나의 해는 $y_1=e^{-\frac{a}{2}x}$ 으로 주어지고, 차수감소법에 의해 또 다른 해 $y_2=xe^{-\frac{a}{2}x}$ 로 결정된다는 것을 알았다. 따라서 일반해는 다음과 같이 식(22)로 표현될 수 있으며 x가 곱해진다는 사실에 주목하라.

$$y=c_1e^{-\frac{a}{2}x}+c_2xe^{-\frac{a}{2}x} \tag{22}$$

여기서 잠깐! **특성방정식이 중근을 가지는 경우**

지금까지의 논의에서 특성방정식의 근이 중근인 경우 하나의 해 $y_1=e^{-\frac{a}{2}x}$ 이고, 다른 하나의 해 $y_2=xe^{-\frac{a}{2}x}$ 로 결정된다는 것을 알았다. 여기서 x가 곱해진다는 사실에 주목해야 하며 무조건 x를 곱하는 것은 아니다. 다음의 t에 대한 미분방정식의 해를 구해보자.

$$\frac{d^2y}{dt^2}+6\frac{dy}{dt}+9y=0$$

특성방정식은 $\lambda^2+6\lambda+9=(\lambda+3)^2=0$, 근은 $\lambda_1=\lambda_2=-3$ 이므로 중근을 가진다. 따라서 일반해는 다음과 같다.

$$y=c_1e^{-3t}+c_2te^{-3t}$$

위의 예에서 알 수 있듯이 x가 아니라 t를 한번 곱해서 또 다른 해를 구한 것에 주목하라. 결국 특성방정식이 중근을 가지는 경우에 y가 어떤 변수의 함수인가에 따라 해당 독립변수를 곱하는 것임에 유의하라.

예제 2.2

다음 미분방정식의 해를 구하라.

(1) $y''+2y'+y=0$

(2) $y''+4y'+4y=0$

풀이

(1) 주어진 미분방정식의 특성방정식은 $\lambda^2+2\lambda+1=0$, 근은 $\lambda_1=\lambda_2=-1$이므로 중근을 가진다. 따라서 일반해는 다음과 같다.

$$y=c_1e^{-x}+c_2xe^{-x}$$

(2) 주어진 미분방정식의 특성방정식은 $\lambda^2+4\lambda+4=0$, 근은 $\lambda_1=\lambda_2=-2$이므로 중근을 가진다. 따라서 일반해는 다음과 같다.

$$y=c_1e^{-2x}+c_2xe^{-2x}$$

예제 2.3

다음 Euler–Cauchy 방정식의 한 해가 $y_1=x$라 할 때, 또 다른 해를 차수 감소법으로 결정하라.

$$x^2y''-xy'+y=0$$

풀이

주어진 Euler–Cauchy 방정식의 한 해가 $y_1=x$라 하였기 때문에 또 다른 한 해 $y_2=u(x)y_1=ux$로 가정한다.

y_2를 미분하여 주어진 미분방정식에 대입하면 다음과 같다.

$$y_2'=u'x+u\cdot 1=u'x+u$$
$$y_2''=u''x+u'\cdot 1+u'=u''x+2u'$$
$$x^2y_2''-xy_2'+y_2=x^2(u''x+2u')-x(u'x+u)+xu=0$$
$$\therefore\ x^3u''+x^2u'=0 \longrightarrow xu''+u'=0$$

$w \triangleq u'$ 으로 가정하면

$$xu'' + u' = xw' + w = 0$$

이 되므로 변수분리 형태로 변형하면 다음과 같다.

$$x\frac{dw}{dx} = -w \longrightarrow \frac{dw}{w} = -\frac{dx}{x}$$

양변을 적분하면

$$\int \frac{dw}{w} = -\int \frac{dx}{x}$$
$$\ln|w| = -\ln|x| = \ln|x^{-1}|$$
$$\therefore\ w = x^{-1} = \frac{1}{x}$$

$w \triangleq u'$ 이므로 $u' = \frac{1}{x}$ 으로부터 $u = \ln x$ 가 얻어져 또 다른 해 y_2 는 다음과 같다.

$$y_2 = ux = x\ln x$$

마지막으로 특성방정식의 근이 복소근을 가지는 경우는 복소지수함수에 대한 기본지식이 필요하므로 먼저 복소지수함수의 기초적인 내용에 대해 학습한다.

먼저 Euler 공식에 대해 설명한다. e^{ix} 는 복소수를 지수로 가지는 함수이므로 실함수(Real Function)와는 다르기 때문에 다음과 같은 복소함수(Complex Function)로 정의한다.

$$e^{ix} \triangleq \cos x + i\sin x \tag{23}$$

식(23)은 e^{ix} 가 실수부가 $\cos x$, 허수부가 $\sin x$ 인 복소함수라는 것을 의미한다. 식(23)을 Euler공식이라 부르며, [그림 2.2]에 복소함수 e^{ix} 를 복소평면에 나타내었다.

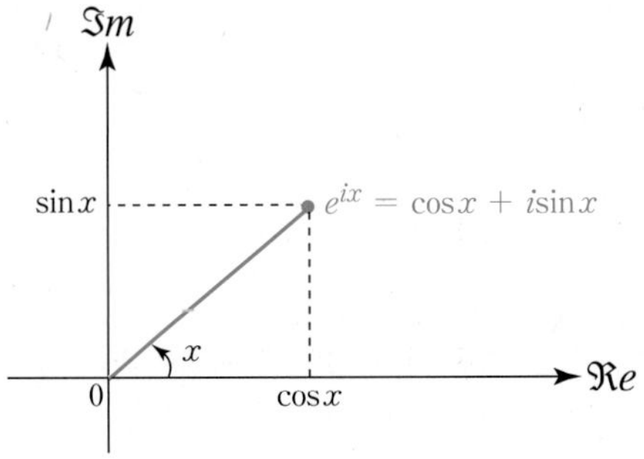

[그림 2.2] 복소지수함수 e^{ix}

[그림 2.2]에서 알 수 있듯이 e^{ix}는 절대값(크기)이 1이고, 편각(위상)이 x이다. 식(23)에 x 대신에 $-x$를 대입하면

$$e^{-ix} = \cos(-x) + i\sin(-x) = \cos x - i\sin x \tag{24}$$

가 된다. 여기서 $\cos(-x) = \cos x$, $\sin(-x) = -\sin x$의 관계가 성립한다는 것에 유의하라.

식(23)과 식(24)를 이용하면 실함수 $\sin x$와 $\cos x$를 복소지수함수로 표현할 수 있다. 식(23)과 식(24)를 더하면

$$\begin{array}{rl} & e^{ix} = \cos x + i\sin x \\ +) & e^{-ix} = \cos x - i\sin x \\ \hline & e^{ix} + e^{-ix} = 2\cos x \\ \therefore & \cos x = \dfrac{1}{2}(e^{ix} - e^{-ix}) \end{array} \tag{25}$$

이 얻어진다. 이번에는 식(23)에서 식(24)를 빼면

$$\begin{array}{rl} & e^{ix} = \cos x + i\sin x \\ +) & e^{-ix} = \cos x - i\sin x \\ \hline & e^{ix} - e^{-ix} = 2i\sin x \\ \therefore & \sin x = \dfrac{1}{2i}(e^{ix} - e^{-ix}) \end{array} \tag{26}$$

이 얻어진다. 식(25)와 식(26)의 관계는 자주 사용되기 때문에 충분히 숙지하도록 한다.

여기서 잠깐! 복소수의 극형식

복소수는 실수부와 허수부로 이루어져 있어 보통 다음과 같이 표현한다.

$$z=x+iy,\ i=\sqrt{-1} \tag{27}$$

여기서 x를 실수부, y를 허수부라 부르며, 식(27)을 복소수의 직각좌표 표현이라 한다. 그런데 복소수는 실수부와 허수부로도 표현할 수 있지만, 극형식(Polar Form)이라는 형태로도 표현할 수 있다. 극형식은 원점부터 복소수까지의 거리 r과 실수축과 원점에서 복소수를 잇는 선분과의 각도로 표현하는 방법이다.
[그림 2.3]으로부터 r과 θ의 정보로부터 복소수 z를 표현하면

$$z=r\angle\theta \tag{28}$$

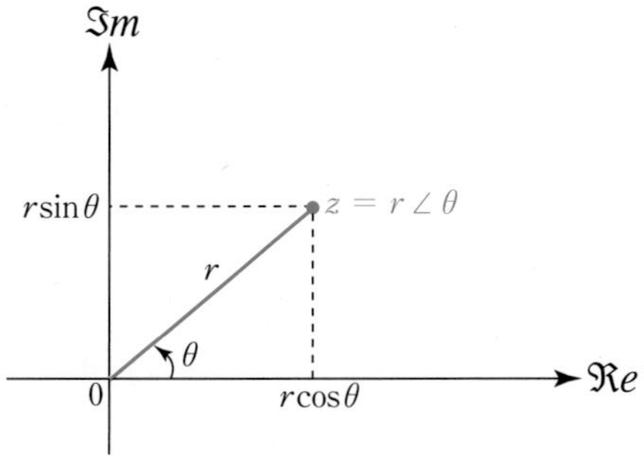

[그림 2.3] 복소수의 극좌표 표현(극형식)

식(27)과 식(28)의 표현은 두 개의 파라미터를 이용하여 복소수를 표현한다는 점에서는 동일하지만, 사용되는 파라미터가 다르다는 점에 주목하라. x와 y의 정보로부터 r과 θ의 정보를 알아낼 수 있으며, 반대로 r과 θ로부터 x와 y의 정보를 알 수 있다. 즉, [그림 2.3]에서 복소수 $z=r\angle\theta$에서 각 축 방향으로 수선을 내리면 실수축과 허수축을 끊는 점을 알 수 있다. 결국 z는 r과 θ의 정보로부터 다음과 같이 직각좌표 표현으로도 표시가 가능하다.

$$\begin{aligned} z&=r\cos\theta+ir\sin\theta \\ &=x+iy \end{aligned} \tag{29}$$

따라서 $x=r\cos\theta$, $y=r\sin\theta$으로 표현할 수 있다. 그런데 식(29)를 Euler 공식을 사용하면

$$z=r(\cos\theta+i\sin\theta)=re^{i\theta} \tag{30}$$

로 표현할 수 있다. 식(30)은 복소수의 연산에 편리한 표현식이므로 식(28)과 식(30)을 복소수의 극형식으로 기억해 두자.
한편, 직각좌표로 표현된 복소수 $z=x+iy$를 극형식으로 표현해 보면 다음과 같다.

$$z=x+iy=r\angle\theta=\sqrt{x^2+y^2}\angle\tan^{-1}\left(\frac{y}{x}\right) \tag{31}$$

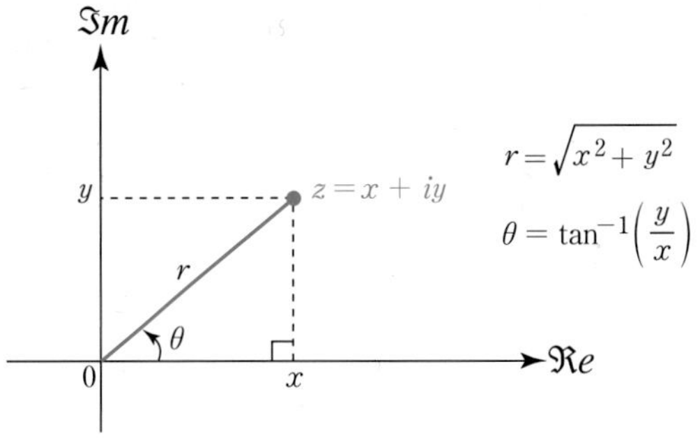

[그림 2.4] 복소수의 직각좌표 표현

(3) 특성방정식이 복소근을 가지는 경우

이 경우는 공액 복소수를 근으로 가지기 때문에 특성방정식의 근을 다음과 같이 표현할 수 있다.

$$\lambda_1=p+iq,\ \lambda_2=p-iq$$
$$\text{단, } p=-\frac{a}{2},\ q=\sqrt{b-\frac{a^2}{4}} \tag{32}$$

복소지수함수의 성질을 이용하여 두 개의 근 y_1과 y_2를 표현하면 다음과 같다.

$$y_1=e^{\lambda_1 x}=e^{(p+iq)x}=e^{px}\cdot e^{iqx} \tag{33}$$
$$y_2=e^{\lambda_2 x}=e^{(p-iq)x}=e^{px}\cdot e^{-iqx} \tag{34}$$

식(34)와 식(35)에서 e^{iqx}와 e^{-iqx}는 Euler 공식에 의해 식(23)과 같이 표현될 수 있으므로 y_1과 y_2는 다음과 같이 표현된다.

$$y_1 = e^{px}(\cos qx + i\sin qx) \tag{35}$$

$$y_2 = e^{px}(\cos qx - i\sin qx) \tag{36}$$

그런데 식(35)와 식(36)은 복소수로 표현되어 있기 때문에 실계수 미분방정식의 해의 형태로는 좋은 표현이라고 할 수 없어 다음과 같이 간단한 대수적인 조작을 한다.

y_3와 y_4를 각각 다음과 같이 정의하면 선형제차미분방정식의 선형성의 원리에 의해 y_3와 y_4도 각각 식(17)의 2차 미분방정식의 해가 됨을 알 수 있다.

$$y_3 = \frac{1}{2}y_1 + \frac{1}{2}y_2 = e^{px}\cos qx \tag{37}$$

$$y_4 = \frac{1}{2i}y_1 - \frac{1}{2i}y_2 = e^{px}\sin qx \tag{38}$$

식(37)과 식(38)에서 y_3와 y_4는 실함수만으로 표현되어 있다는 사실에 주목하라. 따라서 일반해는 다음과 같이 표현된다.

$$y = c_1y_3 + c_2y_4 = e^{px}(c_1\cos qx + c_2\sin qx) \tag{39}$$

예제 2.4

다음 미분방정식의 해를 구하라.

(1) $y'' + y' + y = 0$

(2) $y'' + y = 0,\ y(0) = 3,\ y'(0) = 1$

풀이

(1) 특성방정식은 $\lambda^2 + \lambda + 1 = 0$ 이므로 특성근은

$$\lambda_1 = -\frac{1}{2} + i\frac{\sqrt{3}}{2},\ \lambda_2 = -\frac{1}{2} - i\frac{\sqrt{3}}{2}\ \left(p = -\frac{1}{2},\ q = \frac{\sqrt{3}}{2}\right)$$

이므로 일반해는 다음과 같다.

$$y = e^{-\frac{1}{2}x}\left(c_1\cos\frac{\sqrt{3}}{2}x + c_2\sin\frac{\sqrt{3}}{2}x\right)$$

(2) 특성방정식은 $\lambda^2+1=0$ 이므로 특성근은

$$\lambda_1=i,\ \lambda_2=-i\ \ (p=0,\ q=1)$$

이므로 일반헤는 다음과 같다.

$$y=c_1\cos x+c_2\sin x$$

초기 조건 $y(0)=3,\ y'(0)=1$을 대입하면

$$\begin{aligned} &y(0)=c_1=3 \\ &y'(0)=-c_1\sin x+c_2\cos x\Big|_{x=0}=c_2=1 \end{aligned}$$

이므로 일반해는 다음과 같다.

$$y=3\cos x+\sin x$$

지금까지 특성방정식의 근의 형태에 따라 2차 미분방정식의 해의 형태가 달라지는 것을 살펴 보았는데, 이를 다음에 요약하였다.

특성 방정식의 근	해의 기저	일반해
서로 다른 실근 $\lambda_1, \lambda_2\ (\lambda_1\neq\lambda_2)$	$e^{\lambda_1 x}$ $e^{\lambda_2 x}$	$y=c_1e^{\lambda_1 x}+c_2e^{\lambda_2 x}$
중근 $\lambda_1=\lambda_2=-\frac{1}{2}a$	$e^{-\frac{1}{2}ax}$ $xe^{-\frac{1}{2}ax}$	$y=c_1e^{-\frac{1}{2}ax}+c_2xe^{-\frac{1}{2}ax}$
공액 복소근 $\lambda_1=p+iq$ $\lambda_2=p-iq$	$e^{px}\cos qx$ $e^{px}\sin qx$	$y=e^{px}(c_1\cos qx+c_2\sin qx)$

2차 제차미분방정식의 해의 종류

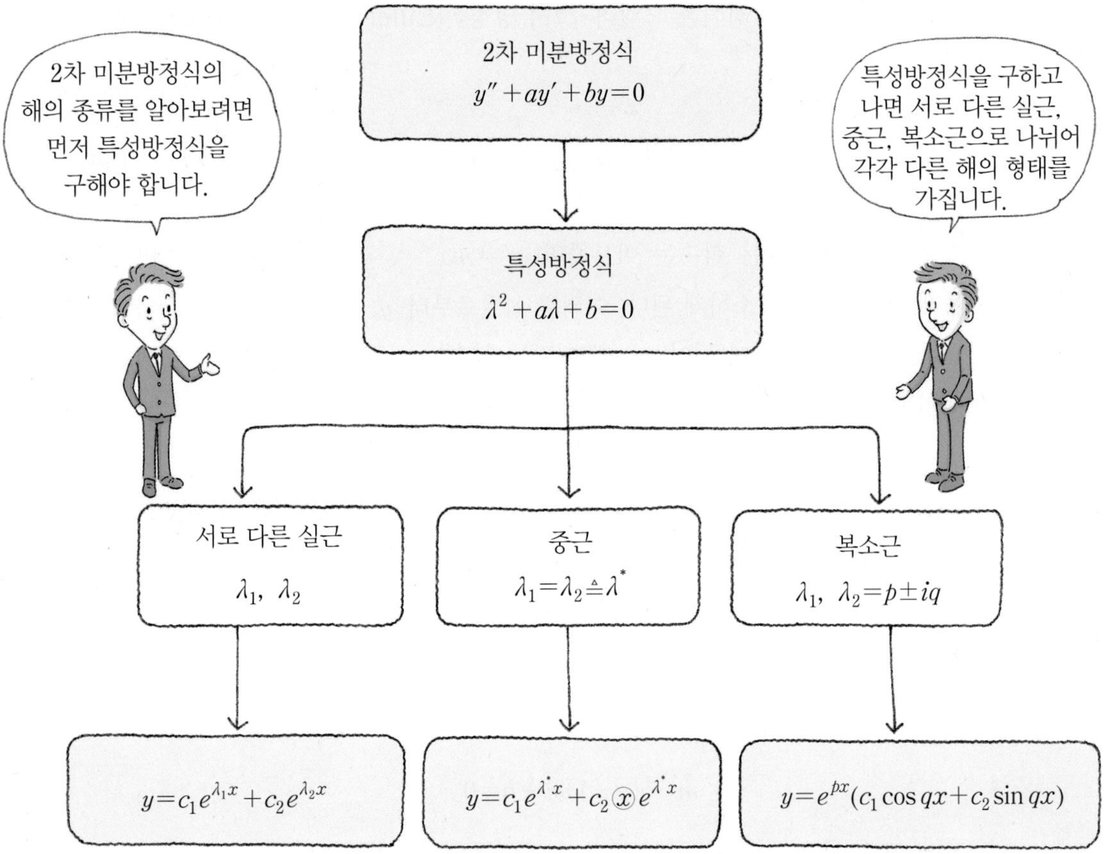

| 설명 | 2차 미분방정식은 특성방정식의 근의 종류에 따라 3가지 가능한 해가 존재한다. 중근인 경우 x가 한 번 곱해진다는 사실에 유의한다.

2.3 오일러-코시 방정식

2.2절에서는 상수계수를 가지는 2차 제차방정식의 일반해를 구하는 방법에 대해 설명하였다. 2차 제차방정식이 상수계수를 갖지 않는 경우 일반해를 구하는 과정은 일반적으로 매우 어렵다.

그러나 다음과 같은 특별한 형태의 제차미분방정식의 해는 쉽게 구할 수 있으며, 이러한 형태의 미분방정식을 오일러-코시 방정식(Euler-Cauchy Equation)이라 한다.

$$x^2y'' + axy' + by = 0 \tag{40}$$

한편, $y = x^m$ 이라는 함수는 미분하면 $y' = mx^{m-1}$, $y'' = m(m-1)x^{m-2}$ 와 같이 거듭제곱이 하나씩 감소하게 된다. 이러한 성질로부터 y, xy', x^2y'' 는 모두 x에 대한 거듭제곱이 동일하게 되어 $y = x^m$ 이라는 함수는 식(44)의 해가 될 수 있다는 아이디어를 제공한다.

$y = x^m$ 을 식(40)의 해라고 가정하고 식(40)에 대입하면

$$x^2m(m-1)x^{m-2} + axmx^{m-1} + bx^m = 0$$

$$x^m\{m^2 + (a-1)m + b\} = 0 \tag{41}$$

이 된다. $x^m \neq 0$ 이 성립하므로 식(41)로부터 다음의 보조방정식을 얻을 수 있다.

$$m^2 + (a-1)m + b = 0$$

윗식은 m에 대한 2차 대수방정식이므로 판별식에 따라 근의 종류가 달라진다. 즉, 서로 다른 두 실근, 중근, 공액 복소근을 갖게 되는데, 근의 종류에 따라 오일러-코시 방정식의 일반해를 구하는 방법에 대해 설명한다.

(1) 서로 다른 두 실근을 가지는 경우

보조방정식이 서로 다른 두 실근$(m_1 \neq m_2)$을 가지게 되면 $y_1 = x^{m_1}$ 과 $y_2 = x^{m_2}$ 는

실함수로서 의미를 가지기 때문에 제차미분방정식의 선형성에 의해 다음과 같이 일반해를 구할 수 있다.

$$y = c_1 x^{m_1} + c_2 x^{m_2}$$

(2) 중근을 가지는 경우

보조방정식이 중근을 가지면$\left(m_1 = m_2 = \dfrac{1-a}{2}\right)$ 다음과 같이 하나의 해만이 결정된다.

$$y_1 = x^{\frac{1-a}{2}} \tag{42}$$

차수감소법을 이용하여 또 다른 해 $y_2 = uy_1$를 구하기 위해 식(40)에 y_2와 y_2의 도함수들을 대입하면 다음과 같다.

$$y_2' = u' y_1 + uy_1' \tag{43}$$

$$y_2'' = u'' y_1 + u' y_1' + u' y_1' + uy_1'' = u'' y_1 + 2u' y_1' + uy_1'' \tag{44}$$

$$x^2(u'' y_1 + 2u' y_1' + uy_1'') + ax(u' y_1 + uy_1') + buy_1 = 0 \tag{45}$$

식(45)를 u'', u', u에 대해 정리하면

$$u'' x^2 y_1 + u' x(2xy_1' + ay_1) + u\left(x^2 y_1'' + axy_1' + by_1\right) = 0 \tag{46}$$

이 되며, 식(46)의 좌변의 세 번째 항은 y_1이 주어진 미분방정식의 해라고 가정하였으므로 0이 된다.

$$u'' x^2 y_1 + u' x(2xy_1' + ay_1) = 0 \tag{47}$$

그런데 $2xy_1' + ay_1$을 계산하면

$$2xy_1' + ay_1 = 2x\left(\frac{1-a}{2}\right)x^{\frac{-a-1}{2}} + ax^{\frac{1-a}{2}}$$
$$= (1-a)x^{\frac{1-a}{2}} + ax^{\frac{1-a}{2}} = x^{\frac{1-a}{2}} = y_1$$

이므로 식(47)은 다음과 같다.

$$u''x^2y_1+u'xy_1=0$$
$$(u''x^2+u'x)y_1=0 \quad \therefore\ u''x^2+u'x=0 \tag{48}$$

식(48)을 변수분리하여 적분하면

$$\frac{u''}{u'}=-\frac{1}{x} \quad \therefore\ \ln|u'|=-\ln|x| \tag{49}$$

이 된다. 식(49)로부터

$$u'=\frac{1}{x} \quad \therefore\ u=\ln x$$

를 얻을 수 있다. 따라서 또 다른 해 $y_2=uy_1=y_1\ln x$ 이므로 구하려는 일반해는 다음과 같다.

$$y=c_1x^{\frac{1-a}{2}}+c_2(\ln x)x^{\frac{1-a}{2}} \tag{50}$$

다음으로 보조방정식이 공액복소수를 근으로 가지는 경우 일반해를 구하는 방법에 대해 기술한다. 이 경우 공학적으로는 크게 중요하지는 않지만 오일러-코시 방정식의 해법에 대한 논의를 완결하기 위해 소개하도록 한다.

(3) 공액복소근을 가지는 경우

보조방정식이 다음과 같이 공액복소근을 가진다고 하면 y_1과 y_2는 형식적으로는 복소함수 형태를 가진다.

$$m_1=p+iq,\ m_2=p-iq \tag{51}$$
$$y_1=x^{m_1}=x^{p+iq}=x^p\cdot x^{iq} \tag{52}$$
$$y_2=x^{m_2}=x^{p-iq}=x^p\cdot x^{-iq} \tag{53}$$

그런데 식(52)와 식(53)에서 x^{iq}라는 복소함수를 어떻게 처리해야 할까? 지수와 로그함수의 성질을 이용하면 x^{iq}는 다음과 같이 표현할 수 있다.

$$\begin{aligned} x^{iq} &= e^{\ln x^{iq}} = e^{iq\ln x} \\ &= \cos(q\ln x) + i\sin(q\ln x) \end{aligned} \tag{54}$$

식(54)를 이용하여 y_1과 y_2를 다시 표현하면

$$y_1 = x^p x^{iq} = x^p\{\cos(q\ln x) + i\sin(q\ln x)\} \tag{55}$$

$$y_2 = x^p x^{-iq} = x^p\{\cos(q\ln x) - i\sin(q\ln x)\} \tag{56}$$

이 되는데, 실계수 오일러-코시 방정식의 해의 형태가 복소함수이므로 적당한 대수 조작을 통해 실함수형태의 일반해를 구할 수 있다. y_3와 y_4를 각각 다음과 같이 정의한다.

$$y_3 = \frac{1}{2}y_1 + \frac{1}{2}y_2 = x^p\cos(q\ln x) \tag{57}$$

$$y_4 = \frac{1}{2i}y_1 - \frac{1}{2i}y_2 = x^p\sin(q\ln x) \tag{58}$$

따라서 구하려는 일반해는 선형성의 원리에 의해 다음과 같이 표현할 수 있다.

$$y = x^p\{c_1\cos(q\ln x) + c_2\sin(q\ln x)\} \tag{59}$$

지금까지 설명한 바와 같이 오일러-코시 방정식은 보조방정식의 근의 형태에 따라 일반해의 형태가 달라지는데 이를 다음에 요약하였다.

보조방정식의 근	해의 기저	일반해
서로 다른 실근 m_1, m_2	x^{m_1} x^{m_2}	$y = c_1x^{m_1} + c_2x^{m_2}$
중근 $m_1 = m_2 = \dfrac{1-a}{2} \triangleq m^*$	x^{m^*} $(\ln x)x^{m^*}$	$y = c_1x^{m^*} + c_2(\ln x)x^{m^*}$
공액 복소근 $m_1 = p + iq$ $m_2 = p - iq$	$x^p\cos(q\ln x)$ $x^p\sin(q\ln x)$	$y = x^p\{c_1\cos(q\ln x) + c_2\sin(q\ln x)\}$

오일러-코시 방정식의 해의 종류

2차 오일러-코시 방정식
$x^2y'' + axy' + by = 0$

↓

보조방정식
$m^2 + (a-1)m + b = 0$

↓

서로 다른 실근	중근	복소근
$m_1,\ m_2$	$m_1 = m_2 = m^*$	$m_1,\ m_2 = p \pm iq$
↓	↓	↓
$y = c_1x^{m_1} + c_2x^{m_2}$	$y = c_1x^{m^*} + c_2(\ln x)x^{m^*}$	$y = x^p\{c_1\cos(q\ln x) + c_2\sin(q\ln x)\}$

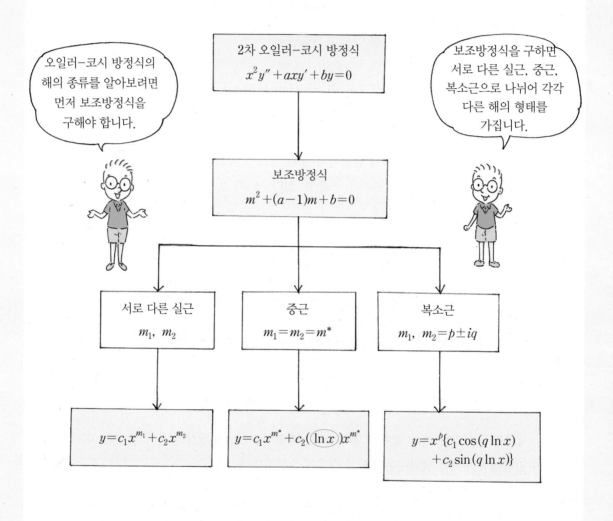

| 설명 | 2차 오일러-코시 방정식은 보조방정식의 근의 종류에 따라 3가지 가능한 해가 존재한다. 중근인 경우 $\ln x$가 한 번 곱해진다는 사실에 유의한다.

예제 2.5

다음 오일러-코시 방정식의 해를 구하라.

(1) $x^2y''-3xy'+4y=0$

(2) $x^2y''-4xy'+6y=0$

(3) $x^2y''+7xy'+13y=0$

풀이

(1) 주어진 미분방정식의 보조방정식은 다음과 같다.

$$m^2-4m+4=0$$

따라서 $m_1=m_2=2$로 중근을 가지는 경우이므로 일반해는 다음과 같다.

$$y=c_1x^2+c_2(\ln x)x^2$$

(2) 주어진 미분방정식의 보조방정식은 다음과 같다.

$$m^2-5m+6=0$$

인수분해를 통해 $m_1=2,\ m_2=3$이므로 서로 다른 두 실근을 가지는 경우이다. 따라서 일반해 y는 다음과 같다.

$$y=c_1x^2+c_2x^3$$

(3) 주어진 미분방정식의 보조방정식은 다음과 같다.

$$m^2+6m+13=0$$

근의 공식으로부터 $m_1=-3+2i,\ m_2=-3-2i$이므로 일반해는 다음과 같이 구해진다.

$$y=x^{-3}(c_1\cos 2\ln x+c_2\sin 2\ln x)$$

2.4 2차 비제차미분방정식

다음의 2차 비제차미분방정식을 고려한다.

$$y'' + p(x)y' + q(x)y = u(x) \tag{60}$$

$u(x) \neq 0$ 인 경우 식(60)의 비제차미분방정식의 해는 어떻게 구할수 있을까? 식(60)의 2차 비제차미분방정식을 만족하면서 미지의 상수를 포함하지 않는 어떤 함수 y_p를 특수해(Particular Solution)라 한다. 예를 들어, $y_p = 2x^2 - 1$이 미분방정식 $y'' + 4y = 8x^2$의 특수해라는 것은 y_p를 미분하여 대입함으로써 쉽게 알 수 있다.

한편, 식(60)에서 $u(x) = 0$ 인 경우 다음 제차방정식으로 표현된다.

$$y'' + p(x)y' + q(x)y = 0 \tag{61}$$

식(61)의 두 해를 y_1, y_2라 하면 $c_1y_1 + c_2y_2$도 선형성의 원리에 의해 식(61)의 해가 된다는 것을 이미 학습하였다. $c_1y_1 + c_2y_2 \triangleq y_h(x)$라 표시하고 보통 보조해(Auxiliary Solution)라고 부른다.

그리고 식(60)를 만족하는 특수해 $y_p(x)$를 구했다고 가정하면, 비제차방정식에서 일반적으로 성립하는 다음과 같은 흥미로운 사실을 알 수 있다. 즉, 식(61)의 제차방정식의 해(보조해) $y_h(x)$와 식(60)을 만족하는 해(특수해) $y_p(x)$의 합의 형태인 $y = y_h(x) + y_p(x)$가 식(60)의 비제차미분방정식의 일반해가 된다. 이러한 사실은 간단히 증명할 수 있다.

$y = y_h(x) + y_p(x)$를 식(60)에 대입하기 위해 미분하면

$$y' = y_h'(x) + y_p'(x)$$
$$y'' = y_h''(x) + y_p''(x)$$

이므로

$$\begin{aligned} y'' + p(x)y' + q(x)y &= (y_h'' + y_p'') + p(y_h' + y_p') + q(y_h + y_p) \\ &= (y_h'' + py_h' + qy_h) + (y_p'' + py_p' + qy_p) \\ &= 0 + u = u \end{aligned}$$

가 됨을 알 수 있다. 따라서 $y=y_h(x)+y_p(x)$는 식(60)으로 주어진 비제차미분방정식의 일반해가 되며, 이러한 관계를 [그림 2.5]에 개념적으로 나타내었다.

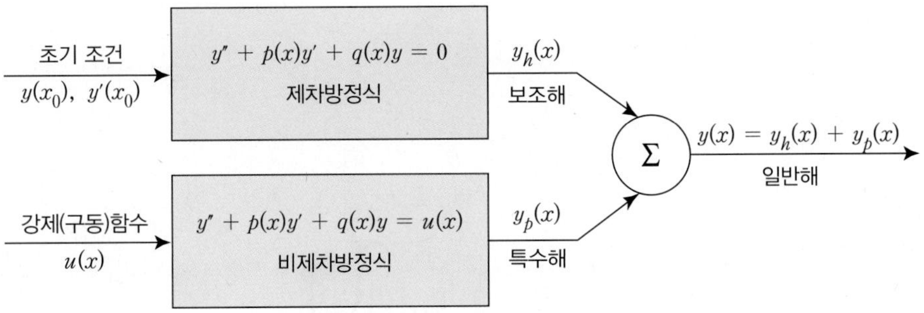

[그림 2.5] 비제차미분방정식의 일반해

[그림 2.5]에서 제차방정식은 외부에서 강제로 구동되는 함수 $u(x)$가 없는 경우 $(u(x)=0)$의 해이므로 초기 조건에 의해서만 해가 결정된다는 사실에 유의하라. 만일 제차방정식의 경우 초기 조건이 모두 0이라면 보조해 $y_h(x)=0$ 임에 주목하라. 한편, [그림 2.5]의 비제차방정식은 외부에서 강제되는 함수 $u(x)$에 의해서만 해가 결정된다는 사실에 주목하라.

결국 [그림 2.5]로부터 비제차미분방정식의 해를 구하는 과정은 다음과 같이 요약될 수 있다.

① $y''+p(x)y'+q(x)y=0$을 만족하는 보조해 $y_h(x)$를 구한다.
② $y''+p(x)y'+q(x)=u(x)$를 만족하는 특수해 $y_p(x)$를 구한다.
③ 보조해와 특수해를 합하여 일반해 $y(x)=y_h(x)+y_p(x)$를 구한다.
④ 초기 조건이 주어진 경우라면 초기 조건을 ③에 대입하여 미지의 상수를 결정한다.

그런데 보조해를 구하는 과정은 앞 절에서 학습하였으므로 특수해를 구하는 방법에 대해서 학습하면 된다. 특수해를 구하는 방법은 미정계수법, 매개변수변환법, 라플라스(Laplace)변환법, 미분연산자 방법 등 여러 가지가 있으나 미정계수법과 매개변수변환법에 대해서만 다음 절에서 설명한다.

비제차미분방정식의 해

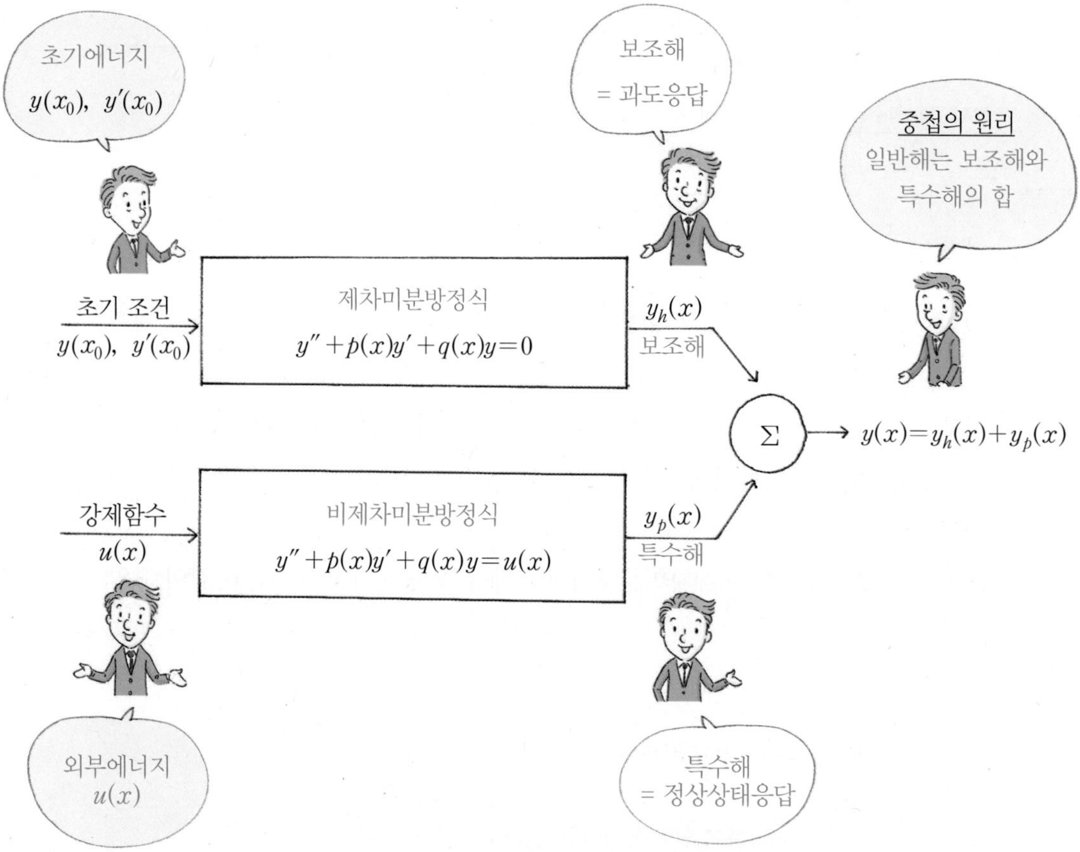

| 설명 | 미분방정식의 에너지원은 초기에너지(초기 조건)와 외부에너지(강제함수)이므로 중첩의 원리에 의해 초기에너지에 의한 보조해 $y_h(x)$와 외부에너지에 의한 특수해 $y_p(x)$의 합으로 일반해 $y(x)$가 결정된다.

2.5 미정계수법

(1) 미정계수법의 개념

특수해를 구하는 가장 흔한 방법으로 미정계수법(Method of Undetermined Coefficients)이 있는데, 이는 외부에서 강제되는 함수 $u(x)$의 형태로부터 특수해를 유사한 형태로 가정하여 해를 구하는 방법이다. 이 방법은 선형미분방정식의 경우에만 적용할 수 있는데, 한 가지 단점은 강제함수 $u(x)$가 기본함수 형태가 아닌 복잡한 함수형태로 주어지는 경우는 적용할 수 없다는 것이다.

예를 들어, 다음의 미분방정식을 고려해 보자.

$$y'' + 2y' + 3y = 3x^2 \tag{62}$$

식(62)에서 우변의 강제함수 $u(x) = 3x^2$으로 2차함수 형태이다. 선형미분방정식은 외부에서 다항함수가 강제로 구동되면 특수해의 형태도 같은 차수의 다항함수로 나타나게 된다. 그런 측면에서 보면 선형(Linearity)이란 개념은 예측가능성을 의미한다고 생각해도 좋다. 비선형미분방정식의 경우는 외부에서 다항함수가 강제로 구동된다고 해서 특수해도 다항함수가 된다고 보장할 수 없기 때문에 특수해를 구하는 것이 매우 어렵다.

이제 식(62)의 특수해를 구해 보자. $u(x)$가 $3x^2$의 2차함수 형태이므로 $y_p(x)$도 다음과 같이 2차함수로 가정한다.

$$y_p(x) = k_1x^2 + k_2x + k_3 \tag{63}$$

여기서 k_1, k_2, k_3는 결정되지 않은 미정계수이며, 식(63)이 식(62)의 특수해가 되도록 k_1, k_2, k_3의 미정계수를 결정하면 된다. $y_p(x)$를 미분하면

$$y_p' = 2k_1x + k_2$$
$$y_p'' = 2k_1$$

이 되며, y_p와 y_p의 도함수를 식(62)에 대입한다.

$$2k_1+2(2k_1x+k_2)+3(k_1x^2+k_2x+k_3)=3x^2$$
$$3k_1x^2+(4k_1+3k_2)x+(2k_1+2k_2+3k_3)=3x^2 \qquad (64)$$

식(64)에서 x에 대한 계수를 각각 비교하면 다음과 같다.

$$3k_1=3$$
$$4k_1+3k_2=0$$
$$2k_1+2k_2+3k_3=0$$
$$\therefore\ k_1=1,\ k_2=-\frac{4}{3},\ k_3=\frac{2}{9}$$

따라서 구하려는 특수해 $y_p(x)$는 다음과 같다.

$$y_p(x)=x^2-\frac{4}{3}x+\frac{2}{9}$$

위의 예에서도 알 수 있듯이 미정계수법의 계산은 그다지 어렵지 않으며, 가장 중요한 포인트는 $y_p(x)$의 형태를 $u(x)$의 형태를 보고 적절하게 가정을 하는 것이다. 다음에 $u(x)$의 형태에 따른 $y_p(x)$를 가정하는 방법에 대해 요약하였다.

$y''+p(x)y'+q(x)y=u(x)$ 2차 비제차미분방정식		
$u(x)$		$y_p(x)$ **의 형태**
다항함수	K	A
	K_1x+K_0	A_1x+A_0
	$K_2x^2+K_1x+K_0$	$A_2x^2+A_1x+A_0$
삼각함수	$K\sin x$	$A\sin x+B\cos x$
	$K\cos x$	$A\sin x+B\cos x$
	$K_1\sin x+K_2\cos x$	$A\sin x+B\cos x$
지수함수	Ke^{ax}	Ae^{ax}

기본함수의 결합	Kxe^{ax}	$(A_1x+A_0)e^{ax}$
	Kx^2e^{ax}	$(A_2x^2+A_1x+A_0)e^{ax}$
	$Ke^{ax}\sin x$	$e^{ax}(A\sin x+B\cos x)$
	$Ke^{ax}\cos x$	$e^{ax}(A\sin x+B\cos x)$
	$Kx\sin x$	$(A_1x+A_0)\sin x+(B_1x+B_0)\cos x$
	$Kx\cos x$	$(A_1x+A_0)\sin x+(B_1x+B_0)\cos x$

결국 위의 표는 다음과 같이 설명할 수 있다.

① $u(x)$가 차수가 n인 다항함수이면 y_p도 차수가 n인 다항함수로 가정한다.
② $u(x)$가 사인 또는 코사인함수이면 y_p는 사인과 코사인함수의 합으로 가정한다.
③ $u(x)$가 지수함수이면 y_p는 크기만 다른 지수함수로 가정한다.
④ $u(x)$가 기본함수의 결합형태이면, 기본함수에 대한 y_p의 형태를 적절히 결합하여 가정한다.

예제 2.6

$u(x)$가 각각 다음과 같을 때 다음 미분방정식의 특수해를 미정계수법을 이용하여 구하라.

$$y''-3y'+2y=u(x)$$

(1) $u(x)=2x+3$
(2) $u(x)=3e^{-4x}$
(3) $u(x)=2\cos 3x$

풀이

(1) 강제함수 $u(x)$가 일차함수이므로 $y_p(x)$를 다음과 같이 가정한다.

$$y_p(x)=A_1x+A_0$$

$y_p(x)$를 미분하여 주어진 미분방정식에 대입하면

$$y_p' = A_1,\ \ y_p'' = 0$$

$$0 - 3(A_1) + 2(A_1 x + A_0) = 2x + 3$$
$$2A_1 x + (2A_0 - 3A_1) = 2x + 3$$
$$2A_1 = 2,\ \ 2A_0 - 3A_1 = 3$$

$$\therefore\ A_1 = 1,\ \ A_0 = 3$$

이 얻어지므로, 특수해 $y_p(x) = x + 3$이 된다.

(2) 강제함수 $u(x)$가 지수함수이므로 $y_p(x)$를 다음과 같이 가정한다.

$$y_p(x) = Ae^{-4x}$$

$y_p(x)$를 미분하여 주어진 미분방정식에 대입하면

$$y_p' = -4Ae^{-4x},\ \ y_p'' = 16Ae^{-4x}$$

$$16Ae^{-4x} - 3(-4Ae^{-4x}) + 2(Ae^{-4x}) = 3e^{-4x}$$
$$30Ae^{-4x} = 3e^{-4x}$$

$$\therefore\ A = \frac{1}{10}$$

이 얻어지므로, 특수해 $y_p(x) = \frac{1}{10}e^{-4x}$가 된다.

(3) 강제함수 $u(x)$가 삼각함수이므로 $y_p(x)$를 다음과 같이 가정한다.

$$y_p(x) = A\sin 3x + B\cos 3x$$

$y_p(x)$를 미분하여 주어진 미분방정식에 대입하면

$$y_p' = 3A\cos 3x - 3B\sin 3x$$
$$y_p'' = -9A\sin 3x - 9B\cos 3x$$

$$(-9A\sin 3x - 9B\cos 3x) - 3(3A\cos 3x - 3B\sin 3x) + 2(A\sin 3x + B\cos 3x) = 2\cos 3x$$
$$(-9A + 9B + 2A)\sin 3x + (-9B - 9A + 2B)\cos 3x = 2\cos 3x$$

$$-9A+9B+2A=0 \longrightarrow -7A+9B=0$$
$$-9B-9A+2B=2 \longrightarrow 9A+7B=-2$$

$$\therefore\ A=-\frac{9}{65},\ B=-\frac{7}{65}$$

이 얻어지므로, 특수해 $y_p(x)=-\frac{9}{65}\sin 3x-\frac{7}{65}\cos 3x$ 가 된다.

예제 2.7

다음의 미분방정식의 특수해를 구하라.

$$y''+2y=2xe^{-2x}$$

풀이

강제함수 $u(x)$가 기본함수인 일차함수와 지수함수가 결합된 형태이므로 $y_p(x)$를 다음과 같이 가정한다.

$$y_p(x)=(A_1x+A_0)e^{-2x}$$

$y_p(x)$를 미분하여 주어진 미분방정식에 대입하면

$$\begin{aligned} y_p' &= (A_1x+A_0)(-2e^{-2x})+A_1e^{-2x} \\ &= -2A_1xe^{-2x}+(A_1-2A_0)e^{-2x} \\ y_p' &= (A_1x+A_0)(4e^{-2x})+A_1(-2e^{-2x})-2A_1e^{-2x} \\ &= 4A_1xe^{-2x}+(4A_0-4A_1)e^{-2x} \end{aligned}$$

$$4A_1xe^{-2x}+(4A_0-4A_1)e^{-2x}+2(A_1x+A_0)e^{-2x}=2xe^{-2x}$$
$$(4A_1+2A_1)xe^{-2x}+(4A_0-4A_1+2A_0)e^{-2x}=2xe^{-2x}$$

$$4A_1+2A_1=2 \longrightarrow 6A_1=2$$
$$4A_0-4A_1+2A_0=0 \longrightarrow 6A_0-4A_1=0$$

$$\therefore\ A_1=\frac{1}{3},\ A_0=\frac{2}{9}$$

이 얻어지므로, 특수해 $y_p(x)=\left(\frac{1}{3}x+\frac{2}{9}\right)e^{-2x}$ 가 된다.

(2) 중첩의 원리

다음에 미정계수법에 대한 몇 가지 중요한 사실을 언급하기로 한다. 먼저, 다음의 미분방정식의 특수해를 구해 보자.

$$y'' + 3y' + 2y = 3x + e^{-4x} \tag{65}$$

식(65)의 우변의 강제함수 $u(x)$는 기본함수인 일차함수와 지수함수가 합해져 있는 형태이다. 이런 경우에 특수해 $y_p(x)$의 형태를 어떻게 가정할 것인가? [그림 2.6]에 도시된 바와 같이 $u(x)=3x+e^{-4x}$를 각각 두 개의 강제함수 $u_1(x)=3x$, $u_2(x)=e^{-4x}$로 분리하여 각각의 경우에 대하여 특수해 $y_{p1}(x)$와 $y_{p2}(x)$를 구하여 합하면 식(74)에 대한 특수해를 결정할 수 있다. 이를 중첩의 원리라고 한다.

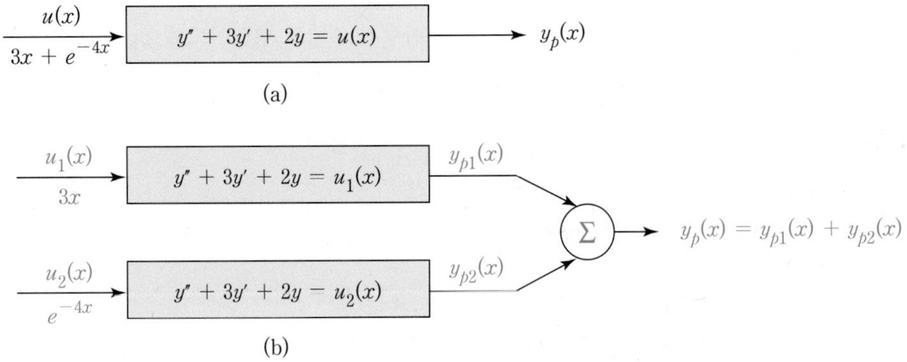

[그림 2.6] $u(x)=u_1(x)+u_2(x)$인 경우 특수해

한편, [그림 2.6]으로부터 중첩의 원리를 간단하게 증명할 수 있다. $y_{p1}(x)$와 $y_{p2}(x)$는 각각 강제함수가 $u_1(x)$와 $u_2(x)$일 때의 특수해이므로 다음의 관계가 성립한다.

$$y_{p1}'' + 3y_{p1}' + 2y_{p1} = 3x \tag{66}$$

$$y_{p2}'' + 3y_{p2}' + 2y_{p2} = e^{-4x} \tag{67}$$

식(66)과 식(67)을 각각 더하면 다음과 같다.

미정계수법(특수해의 결정)

$u(x)$가 다항함수, 지수함수, 사인/코사인함수일 때 미정계수법을 이용하면 $y_p(x)$도 다항함수, 지수함수, 사인/코사인 함수로 가정하지만 미정계수가 포함되어 아직 완전히 정해지진 않았습니다.

기본규칙

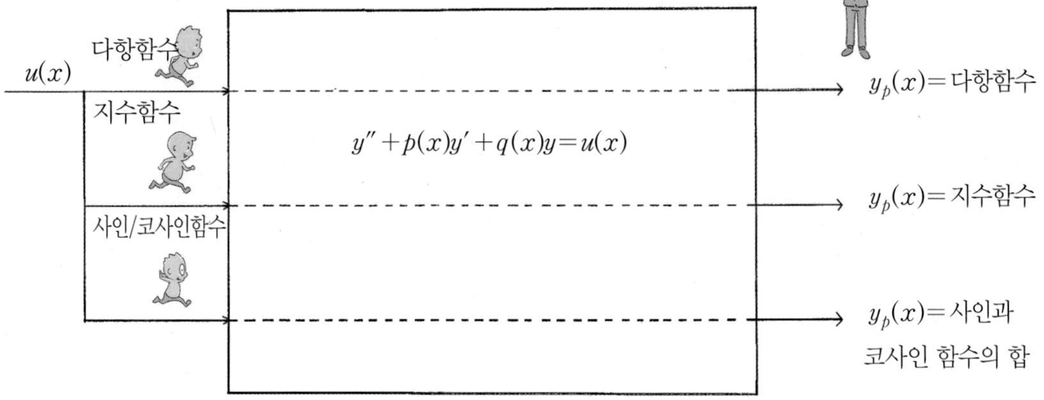
$u(x)$
다항함수
지수함수
사인/코사인함수
$y'' + p(x)y' + q(x)y = u(x)$
$y_p(x)=$ 다항함수
$y_p(x)=$ 지수함수
$y_p(x)=$ 사인과 코사인 함수의 합

| 설명 | $u(x)$의 형태에 따라 $y_p(x)$를 유사한 형태로 가정하여 $y_p(x)$를 결정한다. 미정계수법은 선형미분 방정식의 해를 구하는 데만 사용 가능한 방법이라는 것에 유의한다.

중첩의 원리

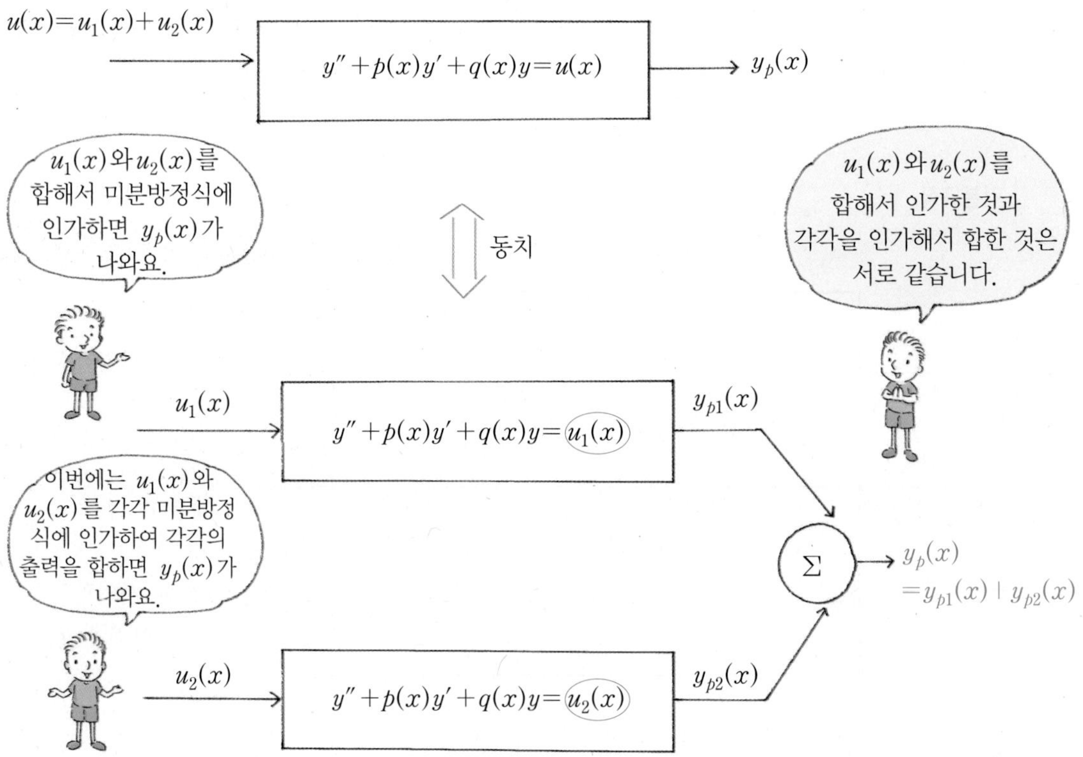

| 설명 | 강제함수 $u(x)$가 두 개의 함수 $u_1(x)$와 $u_2(x)$로 구성되어 있는 경우, $u_1(x)$에 의한 특수해 $y_{p1}(x)$를 구하고 $u_2(x)$에 의한 특수해 $y_{p2}(x)$를 구한 다음, 전체 특수해 $y_p(x)$를 $y_{p1}(x)$와 $y_{p2}(x)$의 합으로 결정한다.

$$(y_{p1}''+y_{p2}'')+3(y_{p1}'+y_{p2}')+2(y_{p1}+y_{p2})=3x+e^{-4x}$$
$$(y_{p1}+y_{p2})''+3(y_{p1}+y_{p2})'+2(y_{p1}+y_{p2})=3x+e^{-4x} \tag{68}$$

식(68)로부터 $y_p(x)=y_{p1}(x)+y_{p2}(x)$는 식(65)로 주어진 미분방정식의 특수해라는 것을 알 수 있다. 결국 식(65)로 주어진 미분방정식의 특수해를 구하기 위해서는 각각 강제함수 $u_1(x)$와 $u_2(x)$에 각각 해당되는 특수해의 형태를 가정한 다음, 두 개의 특수해 형태를 합하여 가정하면 된다.

즉, 식(65)에 대한 특수해는

$$y_p(x)=(A_1x+A_0)+Ke^{-4x} \tag{69}$$

로 가정하면 된다. 식(69)를 미분하여 식(65)에 대입하면

$$y_p'=A_1-4Ke^{-4x},\ \ y_p''=16Ke^{-4x}$$

$$(16Ke^{-4x})+3(A_1-4Ke^{-4x})+2(A_1x+A_0+Ke^{-4x})=3x+e^{-4x}$$
$$6Ke^{-4x}+2A_1x+(2A_0+3A_1)=3x+e^{-4x}$$

$$6K=1,\ \ 2A_1=3,\ \ 2A_0+3A_1=0$$

$$\therefore\ K=\frac{1}{6},\ \ A_1=\frac{3}{2},\ \ A_0=-\frac{9}{4}$$

이 얻어지므로 식(65)의 특수해는 다음과 같다.

$$y_p(x)=\frac{3}{2}x-\frac{9}{4}+\frac{1}{6}e^{-4x}$$

(3) 곱의 원리

마지막으로 특수해의 일부 또는 전부가 주어진 제차방정식의 해와 중복되는 경우를 살펴보자. 예를 들어, 다음의 미분방정식의 특수해를 구해 보자.

$$y''+3y'+2y=3e^{-x} \tag{70}$$

강제함수 $u(x)=3e^{-x}$ 이므로 특수해 $y_p(x)=Ae^{-x}$ 로 가정한다. y_p를 미분하여 식(70)에 대입하면 다음과 같다.

$$y_p'=-Ae^{-x},\ y_p''=Ae^{-x}$$
$$Ae^{-x}+3(-Ae^{-x})+2(Ae^{-x})=3e^{-x} \tag{71}$$

그런데 식(71)을 정리하면

$$0\cdot e^{-x}=3e^{-x}$$

라는 식이 얻어져 A를 결정할 수 없게 된다. 왜 이런 일이 생기는가? 결국 우리가 가정한 $y_p(x)=Ae^{-x}$는 식(70)의 특수해가 될 수 없다는 것을 의미한다. 이 문제에 대한 해답을 찾기 위해 식(70)에 대한 제차방정식의 해, 즉 보조해를 구해 본다.

특성방정식은

$$\lambda^2+3\lambda+2=0$$
$$\therefore\ \lambda_1=-1,\ \lambda_2=-2$$

이므로 보조해 $y_h(x)$는 다음과 같다.

$$y_h(x)=c_1e^{-x}+c_2e^{-2x} \tag{72}$$

식(72)를 자세히 살펴보면 우리가 처음에 가정한 특수해와 같은 형태의 해(c_1e^{-x})가 존재함을 알 수 있다. 처음에 가정한 특수해 $y_p(x)=Ae^{-x}$는 결국 보조해의 한 요소임을 알 수 있다.

이와 같이 가정한 특수해의 형태가 주어진 미분방정식의 보조해와 중복이 되는 경우는 특수해의 형태에 대한 가정을 독립변수 x를 곱함으로써 수정해야 한다. 즉, $y_p(x)=Axe^{-x}$로 수정하여 가정한 후 특수해를 구하면 된다.

만일, 수정하여 가정한 특수해의 형태가 또다시 보조해의 일부와 중복된다면, 중복되지 않을 때까지 x를 중복하여 곱함으로써 특수해의 형태를 가정하면 된다. 이것을 곱의 원리(Multiplication Principle)라고 부른다.

예제 2.8

다음 미분방정식의 해를 구하라.

(1) $y''+2y'+y=2e^{-x}+3x+2$

(2) $y''+3y'+2y=e^{-2x}+3e^{-x}$

풀이

(1) 주어진 미분방정식의 보조해를 구하면

$$\lambda^2+2\lambda+1=0 \quad \therefore \lambda_1=\lambda_2=-1 \text{ (중근)}$$

이므로 $y_h(x)=c_1e^{-x}+c_2xe^{-x}$가 된다.
강제함수 $u(x)$가 지수함수와 일차함수의 합으로 주어져 있으므로, 특수해 $y_p(x)$의 형태를 다음과 같이 가정을 해 본다.

$$y_p(x)=Ke^{-x}+A_1x+A_0 \tag{73}$$

그런데 식(73)에서 Ke^{-x}는 보조해에 중복되어 있어 중복되지 않을 때까지 x를 곱하면 다음과 같이 수정된 $y_p(x)$를 가정할 수 있다.

$$y_p(x)=Kx^2e^{-x}+A_1x+A_0 \tag{74}$$

식(74)를 미분하여 주어진 미분방정식에 대입하면

$$y_p'=Kx^2(-e^{-x})+(2Kx)e^{-x}+A_1$$
$$y_p''=Kx^2(e^{-x})+2Kx(-e^{-x})+2Kx(-e^{-x})+2K(e^{-x})$$

$$(Kx^2e^{-x}-4Kxe^{-x}+2Ke^{-x})+2(-Kx^2e^{-x}+2Kxe^{-x}+A_1)$$
$$+(Kx^2e^{-x}+A_1x+A_0)=2e^{-x}+3x+2$$
$$2Ke^{-x}+(2A_1+A_0)+A_1x=2e^{-x}+3x+2$$

$$2K=2,\ 2A_1+A_0=2,\ A_1=3$$

$$\therefore K=1,\ A_0=-4,\ A_1=3$$

이므로, 특수해 $y_p(x)$는 다음과 같다.

$$y_p(x)=x^2e^{-x}+3x-4$$

(2) 주어진 미분방정식의 보조해를 구하면

$$\lambda^2+3\lambda+2=0 \quad \therefore \lambda_1=-1,\ \lambda_2=-2$$

이므로 $y_h(x)=c_1e^{-x}+c_2e^{-2x}$가 된다.

강제함수 $u(x)$가 지수함수의 합으로 되어 있으므로, 특수해 $y_p(x)$의 형태를 다음과 같이 가정해 본다.

$$y_p(x)=Ae^{-2x}+Be^{-x} \tag{75}$$

그런데 식(75)의 두 항은 보조해에 중복되어 있어 중복되지 않을 때까지 x를 곱하여 다음과 같이 수정된 $y_p(x)$를 가정한다.

$$y_p(x)=Axe^{-2x}+Bxe^{-x}=x(Ae^{-2x}+Be^{-x}) \tag{76}$$

식(76)을 미분하여 주어진 미분방정식에 대입하면

$$y_p'=x(-2Ae^{-2x}-Be^{-x})+(Ae^{-2x}+Be^{-x})$$
$$y_p''=x(4Ae^{-2x}+Be^{-x})+(-2Ae^{-2x}-Be^{-x})-2Ae^{-2x}-Be^{-x}$$

$$x(4Ae^{-2x}+Be^{-x})+(-4Ae^{-2x}-2Be^{-x})+3\{x(-2Ae^{-2x}-Be^{-x})+(Ae^{-2x}+Be^{-x})\}+2x(Ae^{-2x}+Be^{-x})=e^{-2x}+3e^{-x}$$
$$(-4A+3A)e^{-2x}+(-2B+3B)e^{-x}=e^{-2x}+3e^{-x}$$

$$\therefore A=-1,\ B=3$$

이므로, 특수해 $y_p(x)$는 다음과 같다.

$$y_p(x)=x(-e^{-2x}+3e^{-x})$$

곱의 원리

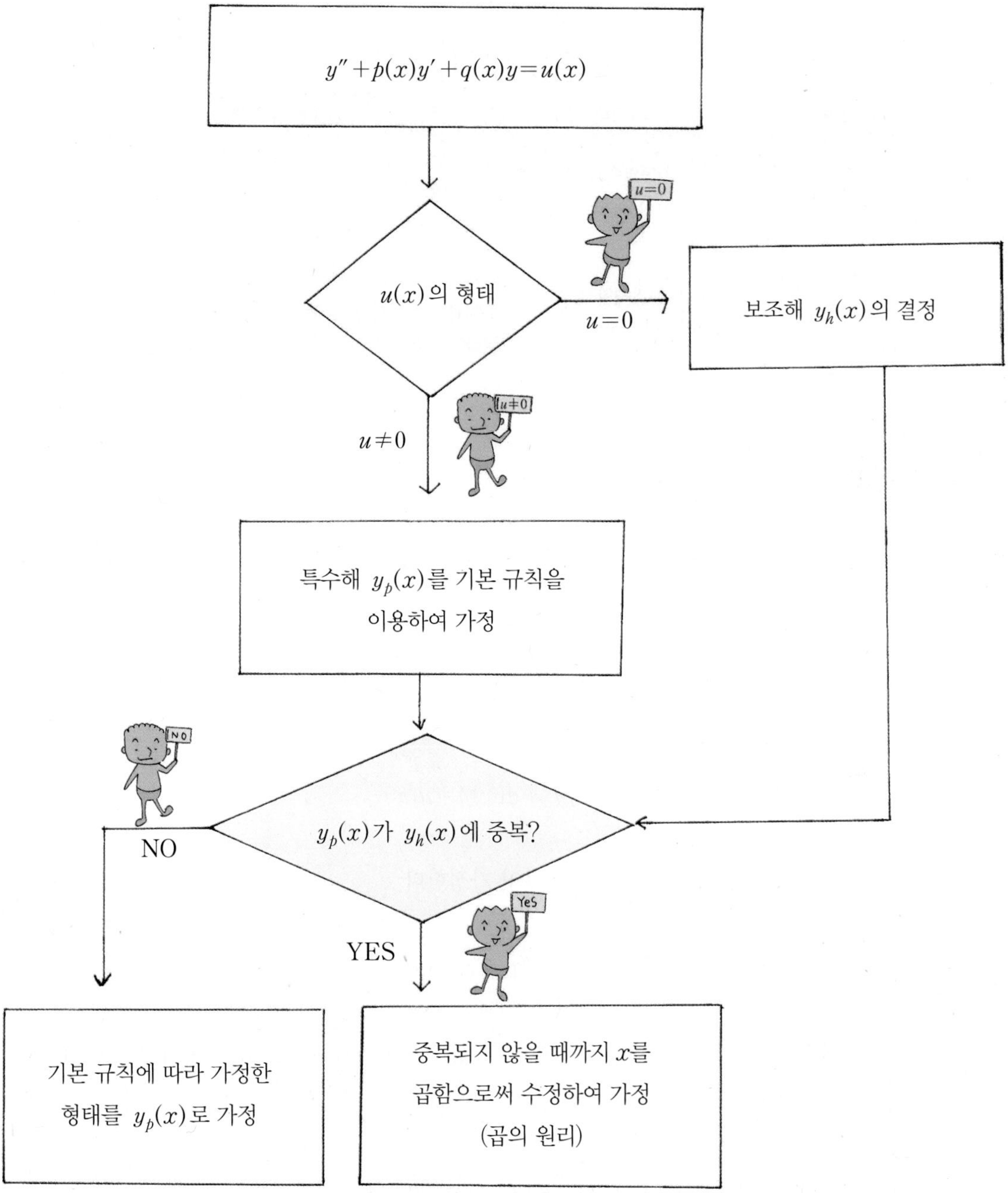

| 설명 | 기본 규칙에 따라 가정한 특수해의 형태가 보조해의 일부 또는 전부와 중복된다면, 중복되지 않을 때까지 x를 중복하여 곱함으로써 특수해의 형태를 수정하여 가정함으로써 특수해를 구할 수 있다.

지금까지 논의한 중첩의 원리와 곱의 법칙을 아래에 요약하여 정리하였다.

$y''+p(x)y'+q(x)y=u(x)$ **선형 2차 비제차미분방정식**		
규칙	**$u(x)$의 형태**	**$y_p(x)$의 형태**
중첩의 원리	$u(x)$가 기본함수들의 합 $u(x)=\sum_k u_k(x)$	$y_p(x)$는 각 $u_k(x)$의 형태에 대응되는 특수해 $y_{pk}(x)$의 합으로 가정한다. $y_p(x)=\sum_k y_{pk}(x)$
곱의 원리	$u(x)$가 보조해와 일부 또는 전부 중복	먼저 $u(x)$에 대응되는 특수해의 형태를 가정한 후 보조해와 중복되지 않을 때까지 x를 곱하여 $y_p(x)$를 수정하여 가정한다.

2.6 매개변수변환법

선형 2차 미분방정식의 특수해를 결정하는 또 다른 방법으로 매개변수변환법(Method of Variation of Parameters)에 대해 소개한다.

매개변수변환법은 2.2절에서 다룬 차수감소법의 과정을 확장한 것으로 이해하면 된다. 다음의 2차 미분방정식을 고려하자.

$$y''+p(x)y'+q(x)y=u(x) \tag{77}$$

식(77)의 보조해 $y_h(x)$를 다음과 같이 가정한다.

$$y_h(x)=c_1y_1(x)+c_2y_2(x) \tag{78}$$

식(78)의 상수 c_1과 c_2 대신에 미지의 함수 $v_1(x)$와 $v_2(x)$로 대체하여 특수해 $y_p(x)$를 가정해 보자. 즉,

$$y_p(x)=v_1(x)y_1(x)+v_2(x)y_2(x) \tag{79}$$

여기서 $y_1(x)$와 $y_2(x)$는 식(77)의 보조해이므로 다음의 관계를 만족한다.

$$y_1''+py_1'+qy_1=0$$
$$y_2''+py_2'+qy_2=0$$

식(79)를 특수해로 가정하였으므로 식(79)가 식(77)의 특수해가 되도록 미지의 함수 $v_1(x)$와 $v_2(x)$를 결정하면 된다. 먼저, 식(79)의 $y_p(x)$를 미분한다.

$$y_p'=v_1'y_1+v_1y_1'+v_2'y_2+v_2y_2' \tag{80}$$

식(80)에서 원으로 표시된 부분을 다음과 같이 0으로 가정하면

$$v_1'y_1+v_2'y_2=0 \quad [\text{조건 } 1] \tag{81}$$

이 되며, 식(80)의 y_p'은 다음과 같이 간략화된다.

$$y_p'=v_1y_1'+v_2y_2' \tag{82}$$

식(82)의 y_p'을 한 번 더 미분하면 다음과 같다.

$$y_p''=(v_1'y_1'+v_1y_1'')+(v_2'y_2'+v_2y_2'') \tag{83}$$

식(79), 식(82), 식(83)을 주어진 미분방정식에 대입하여 v_1과 v_2에 대하여 정리하면 다음과 같다.

$$v_1(y_1''+py_1'+qy_1)+v_2(y_2''+py_2'+qy_2)+v_1'y_1'+v_2'y_2'=u \tag{84}$$

식(84)의 처음 두 개의 항은 y_1과 y_2가 보조해라는 가정에 따라 0이 되므로 다음이 얻어진다.

$$v_1'y_1'+v_2'y_2'=u \quad [\text{조건 } 2] \tag{85}$$

우리가 구하려는 미지의 함수 v_1과 v_2에 대한 두 개의 조건을 나열해보면 다음과 같다.

$$[\text{조건 1}] \quad y_1 v_1' + y_2 v_2' = 0$$
$$[\text{조건 2}] \quad y_1' v_1' + y_2' v_2' = u$$

위의 두 개의 조건은 v_1'과 v_2'에 대한 연립방정식이므로 행렬을 이용하여 표현하면

$$\begin{pmatrix} y_1 & y_2 \\ y_1' & y_2' \end{pmatrix} \begin{pmatrix} v_1' \\ v_2' \end{pmatrix} = \begin{pmatrix} 0 \\ u \end{pmatrix}$$

이 되므로, Cramer의 공식을 이용하여 v_1'과 v_2'을 결정하면 다음과 같다.

$$v_1' = \frac{\begin{vmatrix} 0 & y_2 \\ u & y_2' \end{vmatrix}}{\begin{vmatrix} y_1 & y_2 \\ y_1' & y_2' \end{vmatrix}} = \frac{-y_2 u}{y_1 y_2' - y_2 y_1'} = -\frac{y_2 u}{W} \tag{86}$$

$$v_2' = \frac{\begin{vmatrix} y_1 & 0 \\ y_1' & u \end{vmatrix}}{\begin{vmatrix} y_1 & y_2 \\ y_1' & y_2' \end{vmatrix}} = \frac{y_1 u}{y_1 y_2' - y_2 y_1'} = \frac{y_1 u}{W} \tag{87}$$

여기서 $W \triangleq y_1 y_2' - y_2 y_1'$으로 정의하며, y_1과 y_2의 Wronskian이라 부른다. Wronskian은 Wronski라는 수학자의 이름을 따서 정해진 용어라는 사실을 참고로 알아두기 바란다.

따라서 v_1과 v_2는 식(86)과 식(87)을 적분함으로써 다음과 같이 표현할 수 있다.

$$v_1 = -\int \frac{y_2 u}{W} dx, \quad v_2 = \int \frac{y_1 u}{W} dx \tag{88}$$

식(88)을 이용하면 특수해 $y_p(x)$는 다음과 같다.

$$y_p(x) = -y_1 \int \frac{y_2 u}{W} dx + y_2 \int \frac{y_1 u}{W} dx \tag{89}$$

매개변수변환법에 의해 특수해를 구하는 과정은 얼핏 복잡해 보이기는 하나 개념적으로 어려운 것은 없다. 매개변수변환법은 $u(x)$가 복잡한 형태로 주어진 경우에

도 적용할 수 있는 유용한 방법이므로, 앞 절에서 논의한 미정계수법의 단점을 보완한 것으로 이해하면 된다.

다음의 예제를 통해 매개변수변환법의 강력한 위력을 느껴보도록 하자.

예제 2.9

다음 미분방정식의 특수해를 구하라.

$$y'' + y = \operatorname{cosec} x$$

풀이

주어진 미분방정식의 특성방정식이 $\lambda^2 + 1 = 0$ 이므로 $\lambda_1 = i,\ \lambda_2 = -i$ (복소근)이다. 보조해 $y_h(x)$는 $y_h(x) = c_1 \cos x + c_2 \sin x$ 이므로 $y_1(x)$와 $y_2(x)$는 각각 다음과 같다.

$$y_1 = \cos x,\ y_2 = \sin x$$

y_1과 y_2의 Wronskian W를 구하면

$$W = \begin{vmatrix} y_1 & y_2 \\ y_1' & y_2' \end{vmatrix} = \begin{vmatrix} \cos x & \sin x \\ -\sin x & \cos x \end{vmatrix} = 1$$

이므로, 식(88)로부터 v_1과 v_2는 다음과 같이 결정된다.

$$\begin{aligned} v_1 &= -\int y_2 u dx = -\int \sin x \cdot \operatorname{cosec} x\, dx = -x \\ v_2 &= \int y_1 u dx = \int \cos x \cdot \operatorname{cosec} x\, dx \\ &= \int \frac{\cos x}{\sin x} dx = \ln|\sin x| \end{aligned}$$

따라서 $y_p(x)$는 다음과 같다.

$$y_p(x) = v_1 y_1 + v_2 y_2 = -x \cos x + (\sin x) \ln|\sin x|$$

여기서 잠깐! $\int \frac{f'(x)}{f(x)}dx$ 의 계산

$$\frac{d}{dx}\ln\{f(x)\}=\frac{1}{f(x)}f'(x)$$

부정적분의 정의에 의하여

$$\int \frac{f'(x)}{f(x)}dx=\ln|f(x)|+c \quad (c\text{는 상수})$$

예를 들면,

$$\begin{aligned}(1)\ \int \frac{4x+4}{x^2+2x-3}dx&=\int \frac{2(2x+2)}{x^2+2x-3}dx\\&=2\int \frac{2x+2}{x^2+2x-3}dx\\&=2\ln|x^2+2x-3|+c \quad (c\text{는 상수})\end{aligned}$$

$$(2)\ \int \frac{\cos x}{\sin x}dx=\int \frac{(\sin x)'}{\sin x}dx=\ln|\sin x|+c \quad (c\text{는 상수})$$

여기서 잠깐! Cramer의 공식

선형연립방정식을 행렬식을 이용하여 체계적으로 풀 수 있는 방법을 제시한 수학자는 Cramer라는 사람이다. Cramer의 이름을 따서 Cramer 공식으로 잘 알려져 있는 연립방정식의 해법에 대해 소개한다.
여기서는 미지수가 2개인 2원 1차 연립방정식의 해를 구하는 방법에 대해 설명하고, 미지수가 3개 이상인 경우에는 추후에 다루도록 한다.
다음 연립방정식을 고려한다.

$$\begin{cases}ax+by=e\\cx+dy=f\end{cases} \quad \text{또는} \quad \begin{pmatrix}a & b\\c & d\end{pmatrix}\begin{pmatrix}x\\y\end{pmatrix}=\begin{pmatrix}e\\f\end{pmatrix} \tag{90}$$

행렬 A의 행렬식(Determinant)은 기초선형대수학에서 다룬 개념이며, 기호로는 $|A|$를 사용한다. 2차 정방행렬의 행렬식은 다음과 같이 계산한다.

$$|A|=\begin{vmatrix}a & b\\c & d\end{vmatrix}=ad-bc$$

즉, 대각선 방향으로 행렬의 원소들을 곱하되 좌측 대각선은 양(+)의 값으로, 우측 대각선은 음(−)의 값으로 계산한다. 식(90)의 해는 다음과 같이 행렬식의 연산을 통해 체계적으로 구할 수 있다.

$$x=\frac{\begin{vmatrix} e & b \\ f & d \end{vmatrix}}{\begin{vmatrix} a & b \\ c & d \end{vmatrix}}=\frac{ed-bf}{ad-bc}$$

$$y=\frac{\begin{vmatrix} a & e \\ c & f \end{vmatrix}}{\begin{vmatrix} a & b \\ c & d \end{vmatrix}}=\frac{af-ec}{ad-bc}$$

식(90)의 우변의 원소가 파란색 음영으로 표시되어 있음에 주목하라.

예제 2.10

다음 미분방정식의 특수해를 매개변수변환법을 이용하여 구하라.

$$y''-4y=4e^{-x}$$

풀이

주어진 미분방정식의 특성방정식이 $\lambda^2-4=0$ 이므로 $\lambda_1=2,\ \lambda_2=-2$ (서로 다른 실근)이다. 보조해 $y_h(x)$는 $y_h(x)=c_1e^{2x}+c_2e^{-2x}$ 이므로 $y_1(x)$와 $y_2(x)$는 각각 다음과 같다.

$$y_1(x)=e^{2x},\ y_2(x)=e^{-2x}$$

y_1과 y_2의 Wronskian W를 구하면

$$W=\begin{vmatrix} y_1 & y_2 \\ y_1' & y_2' \end{vmatrix}=\begin{vmatrix} e^{2x} & e^{-2x} \\ 2e^{2x} & -2e^{-2x} \end{vmatrix}=-4$$

이므로, 식(88)로부터 v_1과 v_2는 다음과 같이 결정된다.

$$v_1=-\int\frac{y_2u}{W}dx=\frac{1}{4}\int e^{-2x}(4e^{-x})dx=-\frac{1}{3}e^{-3x}$$
$$v_2=\int\frac{y_1u}{W}dx=-\frac{1}{4}\int e^{2x}(4e^{-x})dx=-e^{x}$$

따라서 $y_p(x)$는 다음과 같다.

$$y_p(x)=v_1y_1+v_2y_2=-\frac{1}{3}e^{-3x}e^{2x}-e^{x}\cdot e^{-2x}$$
$$\therefore\ y_p(x)=-\frac{1}{3}e^{-x}-e^{-x}=-\frac{4}{3}e^{-x}$$

한편, 미정계수법으로 풀어보면 $y_p(x)=Ae^{-x}$로 가정하여 미분한다.

$$y_p'=-Ae^{-x},\ \ y_p''=Ae^{-x}$$

$y_p(x)$와 도함수들을 주어진 미분방정식에 대입하면

$$Ae^{-x}-4Ae^{-x}=4e^{-x}$$

$$-3A=4\ \ \therefore A=-\frac{4}{3}$$

이므로 $y_p(x)=-\frac{4}{3}e^{-x}$이다.

〈예제 2.10〉에서 위의 두 가지 방법을 비교해 보면 미정계수법이 훨씬 더 계산과정이 간단함을 알 수 있다. 〈예제 2.10〉은 특수해를 구하기 위해 미정계수법과 매개변수변환법을 모두 사용할 수 있지만, 〈예제 2.9〉는 $u(x)$의 형태가 복잡하여 미정계수법은 사용할 수 없고 오직 매개변수변환법만을 사용할 수 있다. 위의 두 가지 예제로부터 미정계수법과 매개변수변환법은 서로 상호보완적인 관계를 가진다는 것을 알 수 있다.

2.7 초깃값 문제

다음과 같이 선형 2차 비제차방정식이 초기 조건을 가진 경우에 대한 일반해를 구해 본다.

$$y'' + p(x)y' + q(x)y = u(x) \qquad (91)$$
$$y(x_0) = K_0, \; y'(x_0) = K_1$$

식(91)로 주어진 초깃값 문제(Initial Value Problem)는 다음의 과정에 따라 일반해를 구하면 된다.

① 보조해 $y_h(x)$를 구한다.
② 특수해 $y_p(x)$를 구한다.
③ 일반해 $y(x) = y_h(x) + y_p(x)$를 구한다.
④ 주어진 초기 조건을 $y(x)$에 대입하여 미지의 상수를 결정한다.

예제 2.11

다음 미분방정식의 일반해를 구하라.

(1) $y'' + 3y' + 2y = e^{-3x} + 2x^2$, $y(0) = \frac{1}{2}$, $y'(0) = -\frac{3}{2}$

(2) $y'' - y' + y = 2\sin 3x$, $y(0) = \frac{6}{73}$, $y'(0) = \frac{25}{73}$

풀이

(1) 먼저, 보조해를 구한다.

$$\lambda^2 + 3\lambda + 2 = (\lambda+1)(\lambda+2) = 0 \quad \therefore \lambda_1 = -1, \; \lambda_2 = -2$$

따라서 보조해 $y_h(x) = c_1 e^{-x} + c_2 e^{-2x}$ 이다.
다음으로, 특수해 $y_p(x)$를 다음과 같이 가정한다.

$$y_p(x) = Ae^{-3x} + K_2 x^2 + K_1 x + K_0$$

$y_p(x)$를 미분하여 주어진 미분방정식에 대입하면

$$y_p' = -3Ae^{-3x} + 2K_2 x + K_1$$
$$y_p'' = 9Ae^{-3x} + 2K_2$$

$$(9Ae^{-3x}+2K_2)+3(-3Ae^{-3x}+2K_2x+K_1)$$
$$+2(Ae^{-3x}+K_2x^2+K_1x+K_0)=e^{-3x}+2x^2$$
$$2Ae^{-3x}+2K_2x^2+(2K_1+6K_2)x+(2K_0+3K_1+2K_2)$$
$$=e^{-3x}+2x^2$$

$$2A=1,\ 2K_2=2,\ 2K_1+6K_2=0,\ 2K_0+3K_1+2K_2=0$$

$$\therefore\ A=\frac{1}{2},\ K_2=1,\ K_1=-3,\ K_0=\frac{7}{2}$$

이므로 특수해 $y_p(x)$는 다음과 같다.

$$y_p(x)=\frac{1}{2}e^{-3x}+x^2-3x+\frac{7}{2}$$

따라서 일반해 $y(x)=y_h(x)+y_p(x)$이므로 다음과 같이 표현된다.

$$y(x)=c_1e^{-x}+c_2e^{-2x}+\frac{1}{2}e^{-3x}+x^2-3x+\frac{7}{2} \tag{92}$$

식(92)에 초기 조건을 대입하면

$$y(0)=c_1+c_2+\frac{1}{2}+\frac{7}{2}=\frac{1}{2}$$
$$y'(x)=-c_1e^{-x}-2c_2e^{-2x}-\frac{3}{2}e^{-3x}+2x-3$$
$$y'(0)=-c_1-2c_2-\frac{3}{2}-3=-\frac{3}{2}$$

$$\therefore\ c_1=-4,\ c_2=\frac{1}{2}$$

이므로, 일반해 $y(x)$는 다음과 같다.

$$y(x)=-4e^{-x}+\frac{1}{2}e^{-2x}+\frac{1}{2}e^{-3x}+x^2-3x+\frac{7}{2}$$

(2) 먼저, 보조해를 구한다

$$\lambda^2-\lambda+1=0\quad \therefore\ \lambda_1=\frac{1}{2}+i\frac{\sqrt{3}}{2},\ \lambda_2=\frac{1}{2}-i\frac{\sqrt{3}}{2}$$

따라서 보조해 $y_h(x)=e^{\frac{1}{2}x}\left(c_1\cos\frac{\sqrt{3}}{2}x+c_2\sin\frac{\sqrt{3}}{2}x\right)$이다.

다음으로, 특수해 $y_p(x)$를 다음과 같이 가정한다.

$$y_p(x)=A\sin 3x+B\cos 3x$$

$y_p(x)$를 미분하여 주어진 미분방정식에 대입하면

$$\begin{aligned}&y_p{}'(x)=3A\cos 3x-3B\sin 3x\\&y_p{}''(x)=-9A\sin 3x-9B\cos 3x\end{aligned}$$

$$\begin{aligned}&(-9A\sin 3x-9B\cos 3x)-(3A\cos 3x-3B\sin 3x)\\&+(A\sin 3x+B\cos 3x)=2\sin 3x\\&(-8A+3B)\sin 3x+(-8B-3A)\cos 3x=2\sin 3x\end{aligned}$$

$$-8A+3B=2,\ -8B-3A=0$$

$$\therefore\ A=-\frac{16}{73},\ B=\frac{6}{73}$$

이므로 특수해 $y_p(x)$는 다음과 같다.

$$y_p(x)=-\frac{16}{73}\sin 3x+\frac{6}{73}\cos 3x$$

따라서 일반해 $y(x)=y_h(x)+y_p(x)$이므로 다음과 같이 표현된다.

$$y(x)=e^{\frac{1}{2}x}\left(c_1\cos\frac{\sqrt{3}}{2}x+c_2\sin\frac{\sqrt{3}x}{2}\right)-\frac{16}{73}\sin 3x+\frac{6}{73}\cos 3x \tag{93}$$

식(93)에 초기 조건을 대입하면

$$\begin{aligned}&y(0)=c_1+\frac{6}{73}=\frac{6}{73}\\&y'(x)=e^{\frac{1}{2}x}\left(-\frac{\sqrt{3}}{2}c_1\sin\frac{\sqrt{3}}{2}x+\frac{\sqrt{3}}{2}c_2\cos\frac{\sqrt{3}}{2}x\right)\\&\quad+\frac{1}{2}e^{\frac{1}{2}x}\left(c_1\cos\frac{\sqrt{3}}{2}x+c_2\sin\frac{\sqrt{3}}{2}x\right)-\frac{48}{73}\cos 3x-\frac{18}{73}\sin 3x\\&\qquad y'(0)=\frac{\sqrt{3}}{2}c_2+\frac{1}{2}c_1-\frac{48}{73}=\frac{25}{73}\end{aligned}$$

$$\therefore\ c_1=0,\ c_2=\frac{2}{\sqrt{3}}$$

이므로, 일반해 $y(x)$는 다음과 같다.

$$y(x)=\frac{2}{\sqrt{3}}e^{\frac{1}{2}x}\sin\frac{\sqrt{3}}{2}x-\frac{16}{73}\sin 3x+\frac{6}{73}\cos 3x$$

초깃값 문제

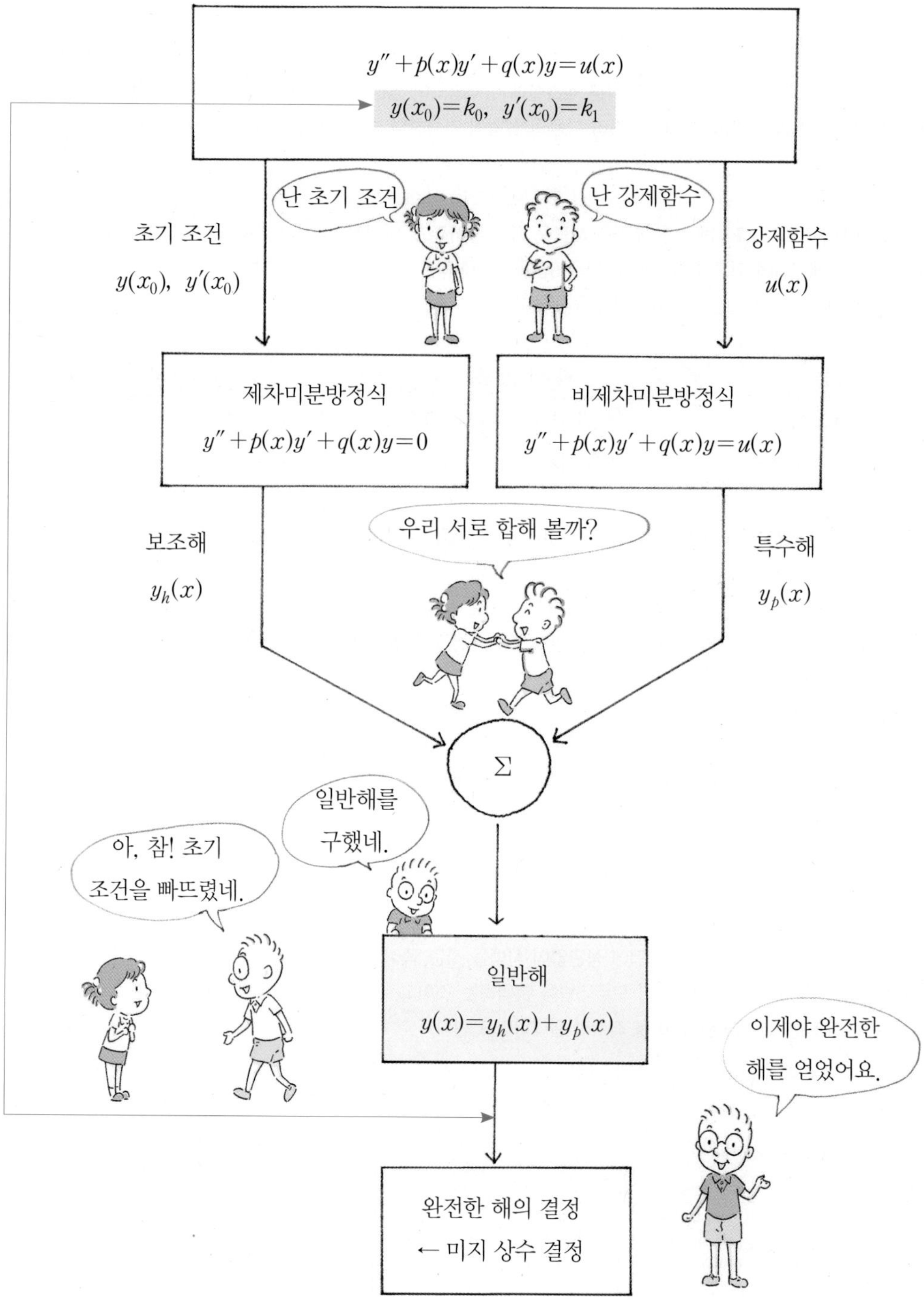

| 설명 | 초기치 문제는 보조해 $y_h(x)$와 특수해 $y_p(x)$를 구하여 일반해 $y(x)=y_h(x)+y_p(x)$를 결정한 다음, 주어진 초기 조건을 이용하여 미지의 상수를 구하면 완전한 해가 얻어진다.

쉬어가는 코너 죄수의 딜레마(Prisoner's Dilemma)

두 명의 범죄사건 용의자가 체포되어 서로 다른 취조실에서 격리되어 심문을 받으면 서로 간의 의사소통이 불가능하다. 이들 용의자들이 어떻게 자백하느냐에 따라 다음의 선택이 가능하다. 아래 표에 각 죄수의 선택에 따른 형량의 변화를 나타내었다.

(1) 둘 중 하나가 배신하여 죄를 자백하면 자백한 사람은 즉시 풀어주고, 나머지 한 명이 10년을 복역해야 한다.
(2) 둘 모두 서로를 배신하여 죄를 자백하면 둘 모두 5년을 복역한다.
(3) 둘 모두 죄를 자백하지 않으면 둘 모두 6개월을 복역한다.

구분	죄수 B의 침묵	죄수 B의 자백
죄수 A의 침묵	죄수 A, B 각자 6개월씩 복역	죄수 A 10년 복역, 죄수 B 석방
죄수 A의 자백	죄수 A 석방, 죄수 B 10년 복역	죄수 A, B 각자 5년씩 복역

당신이 만일 죄수의 입장이라면 어떤 선택을 할 것인가? 죄수 A와 죄수 B의 선택에 대해 생각해 본다.

죄수 A 선택 : 죄수 B가 침묵할 것으로 생각되는 경우 자백을 하는 것이 유리하다. 또한 죄수 B가 자백할 것으로 생각되는 경우 자백이 유리하다. 따라서 죄수 A는 죄수 B가 어떤 선택을 하든지 자백을 선택한다.

죄수 B 선택 : 죄수 A와 동일한 상황이므로, 죄수 A가 어떤 선택을 하든지 자백이 유리하다.

결과 : 죄수 A, B는 결국 모두 자백을 선택하고 각각 5년씩 복역한다.

이 게임의 죄수는 상대방의 결과는 고려하지 않고 자신의 이익만을 최대화한다는 가정하에 움직이게 된다. 이때 언제나 협동(침묵)보다는 배신(자백)을 통해 더 많은 이익을 얻으므로 두 명의 죄수는 모두 배신(자백)을 택하는 상태가 된다.

죄수 개개인의 입장에서는 상대방의 선택에 상관없이 자백을 하는 쪽이 언제나 이익이므로 합리적인 죄수라면 자백을 택하게 된다. 결국 결과는 죄수 두 명 모두 5년을 복역하는 것이고, 이는 두 명 모두가 자백하지 않고 6개월을 복역하는 것보다 더 나쁜 결과가 된다. 이를 죄수의 딜레마라고 한다.

연습문제

01 다음 미분방정식의 일반해를 구하라.

(1) $y''+y'-2y=0$

(2) $y''+2ky'+k^2y=0$, k는 상수

(3) $y''+y'-12y=0$

02 다음 오일러-코시 방정식을 풀어라.

(1) $x^2y''-3xy'+4y=0$

(2) $x^2y''-8xy'+9y=0$

(3) $x^2y''-8xy'+2y=0$

03 다음 미분방정식에 대하여 물음에 답하라.

$$y''+4y'+4y=3e^{-2x}$$

(1) 미정계수법을 이용하여 특수해를 구하라.

(2) 매개변수변환법을 이용하여 특수해를 구하라.

(3) 초기 조건이 $y(0)=1$, $y'(0)=0$ 일 때 일반해를 구하라.

04 다음 오일러-코시 방정식의 일반해를 구하라.

$$x^2y''-3xy'+3y=2x^4e^x$$

05 다음 미분방정식을 지시된 방법으로 풀어라.

(1) $y''-10y'+25y=x+1$ (미정계수법)

(2) $y''-2y'+2y=e^x\cos x$ (미정계수법)

(3) $y''-4y'+4y=(x+1)e^{2x}$ (매개변수변환법)

06 다음 초깃값 문제의 해를 구하라.

(1) $y''-y=2\cos x,\ y(0)=0,\ y'(0)=1$

(2) $y''+2y'+101y=208e^{x},\ y(0)=1,\ y'(0)=2$

07 다음 미분방정식의 일반해를 구하라.

(1) $y''+2y'-35y=12e^{5x}+37\sin 5x$

(2) $y''+2y'+y=4e^{-x}+x+3$

08 다음 미분방정식의 특수해를 미정계수법으로 구하라.

(1) $y''+4y'+4y=3x^2+4x+5$

(2) $y''+5y'+4y=5e^{-x}+x-4$

09 매개변수변환법을 이용하여 다음 미분방정식의 특수해를 구하라.

$$y''+y=\tan x$$

10 다음 미분방정식의 일반해를 구하라.

(1) $y''-6y'-7y=\sinh(3x)$

(2) $y''-8y'+16y=3xe^{-x}$

11 다음 RLC 직렬회로에서 정상상태(특수해) 전류 $i(t)$를 구하라.

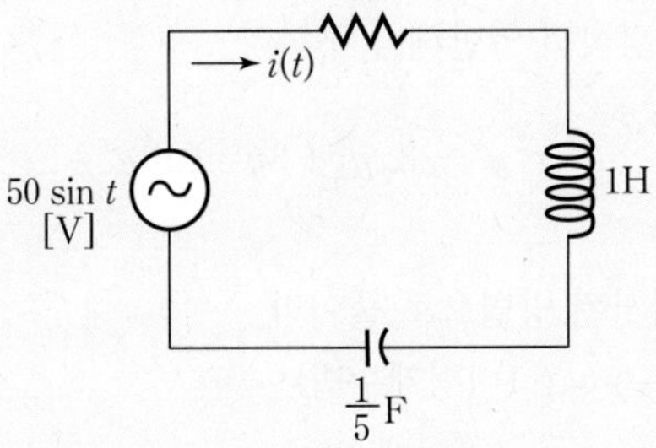

12 다음 미분방정식의 일반해가 $y=e^{-3x}\left(c_1\cos\frac{1}{3}x+c_2\sin\frac{1}{3}x\right)$가 되도록 k 값을 결정하라.

$$y''+2ky'+\left(\frac{k^4+1}{k^2}\right)y=0$$

13 다음 초깃값 문제의 해를 구하라.

(1) $y'' - 6y' + 9y = \cos 2x + 3\sin 2x, \; y(0) = 1, \; y'(0) = -1$

(2) $y'' + 10y' + 25y = x^2 - x, \; y(0) = 1, \; y'(0) = 0$

14 한 입자가 원점 O에서 출발하여 일직선상에서 움직일 때, 이동거리가 y라 하면 y는 다음의 미분방정식을 만족한다고 한다.

$$\frac{d^2y}{dt^2} + 16y = 0$$

(1) 이 방정식의 일반해를 구하라.

(2) $y\left(\frac{\pi}{4}\right) = -12, \; y'\left(\frac{\pi}{4}\right) = 20$ 이라 할 때 $t = \frac{\pi}{2}$ 에서 이동거리를 구하라.

15 다음 2차 미분방정식은 $x_1 \triangleq y, \; x_2 \triangleq y'$ 으로 치환하는 경우 1차 미분방정식의 연립 형태로 표현할 수 있다. 이때 2×2 행렬 $\boldsymbol{A}$와 2×1 행렬 $\boldsymbol{B}$를 각각 구하라.

$$y'' + ay' + by = u$$

$$\begin{pmatrix} x_1{}' \\ x_2{}' \end{pmatrix} = \boldsymbol{A}\begin{pmatrix} x_1 \\ x_2 \end{pmatrix} + \boldsymbol{B}u$$

16 다음 초깃값 문제의 해를 구하라.

$$y'' - 4y' + 3y = 0, \; y(0) = 1, \; y'(0) = 2$$

17 다음 미분방정식의 특수해를 구하라.

$$y'' + 3y' + 2y = x^3 + 1$$

18 다음 미분방정식의 특수해를 매개변수변환법을 이용하여 구하라.

$$y'' + y = \sec x$$

19 다음 미분방정식의 특수해를 구하라.

$$y'' - 3y' - 10y = 3e^{-2x}$$

20 다음 미분방정식의 일반해를 구하라.

$$y'' - y = e^{x} \cos x$$

CHAPTER 03

고차 선형미분방정식

3.1 고차 선형미분방정식의 해 | 3.2 상수계수를 가지는 고차 제차미분방정식

3.3 고차 오일러-코시 방정식 | 3.4 고차 비제차미분방정식 | 3.5 매개변수변환법의 일반화

3.6 복소지수함수를 이용한 특수해 | 3.7 연립미분방정식

CHAPTER

03 고차 선형미분방정식

▶ 단원 개요

제2장에서 학습한 2차 선형미분방정식의 해법을 확장하여 고차 선형미분방정식의 해를 구하는 방법에 대해 학습한다. 차수가 높다고 해서 그 해석방법이 특별히 어렵거나 복잡하지 않으며, 새로운 해석기법을 도입하여 해를 구하지도 않는다. 특히 3장에서는 외부에서 인가되는 강제함수가 정현파(사인이나 코사인함수)인 경우에만 적용할 수 있는 복소지수함수를 이용하여 특수해를 구하는 해석법과 복수 개의 미분방정식으로 구성되는 연립미분방정식의 해법을 소개한다.

고차미분방정식은 어렵다는 인식에서 벗어나 단순히 제2장에서의 결과를 자연스럽게 확장한다는 생각으로 학습에 임하는 것이 필요하다.

3.1 고차 선형미분방정식의 해

(1) 미분연산자에 의한 미분방정식의 표현

제1장에서 언급한 식(7)의 선형미분방정식에서 $n \geq 3$ 인 경우를 보통 고차 선형미분방정식이라 하는데, 고차의 도함수를 포함하기 때문에 다음과 같은 미분연산자(Differential Operator)를 정의하면 간단한 수학적인 표현이 가능하다.

$$D \triangleq \frac{d}{dx} \tag{1}$$

식(1)을 이용하면

$$\frac{dy}{dx} = \frac{d}{dx}(y) = Dy$$
$$\frac{d^2y}{dx^2} = \frac{d}{dx}\left(\frac{dy}{dx}\right) = D(Dy) = D^2y$$

으로 표현할 수 있으며, 일반적으로 y의 n차 도함수는 다음과 같다.

$$\frac{d^n y}{dx^n} = D^n y \tag{2}$$

제1장의 n차 선형미분방정식을 미분연산자를 이용하여 표현해 보자.

$$a_n(x)\frac{d^n y}{dx^n} + a_{n-1}(x)\frac{d^{n-1} y}{dx^{n-1}} + \cdots + a_1(x)\frac{dy}{dx} + a_0(x)y = r(x) \tag{3}$$

$$a_n(x)D^n y + a_{n-1}(x)D^{n-1} y + \cdots + a_1(x)Dy + a_0(x)y = r(x)$$
$$\{a_n(x)D^n + a_{n-1}(x)D^{n-1} + \cdots + a_1(x)D + a_0(x)\}y = r(x)$$
$$L(y) = r(x) \tag{4}$$

여기서 $L \triangleq a_n(x)D^n + a_{n-1}(x)D^{n-1} + \cdots + a_1(x)D + a_0(x)$로 정의하며, L을 선형 미분연산자라고 부른다.

미분의 두 가지 성질

$$D(cf(x)) = cD(f(x)) \tag{5}$$
$$D(f(x) + g(x)) = D(f(x)) + D(g(x)) \tag{6}$$

로부터 선형미분연산자는 다음과 같은 선형성을 가진다.

$$\begin{aligned} L(c_1 f(x) + c_2 g(x)) &= L(c_1 f(x)) + L(c_2 g(x)) \\ &= c_1 L(f(x)) + c_2 L(g(x)) \end{aligned} \tag{7}$$

즉, 두 개의 미분가능한 함수 $f(x)$와 $g(x)$의 선형결합에 작용되는 L은 $f(x)$와 $g(x)$의 각각의 함수에 작용되는 $L(f(x))$와 $L(g(x))$의 선형 결합과 같아진다는 것이다. [그림 3.1]에 선형연산자의 성질을 개념적으로 도시하였다.

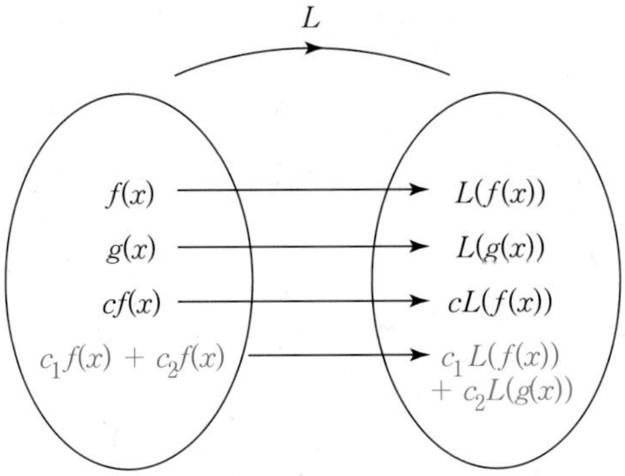

[그림 3.1] 선형연산자 L의 성질

여기서 잠깐! **선형연산자(Linear Operator)**

선형대수학에서 중요한 주제 중의 하나인 선형연산자는 실제적으로 많은 영역에서 응용될 수 있는 매우 중요한 개념이다.

사실 우리가 지금까지 특별히 인식하지는 못했지만 미분이나 적분연산도 대표적인 선형연산자에 속한다. 미분의 경우 $D \triangleq \dfrac{d}{dx}$ 로 정의하면

$$D(c_1 f + c_2 g) = c_1 D(f) + c_2 D(g) \tag{8}$$

의 성질이 성립한다는 것을 쉽게 알 수 있다. 예를 들어, 미분의 성질에 의하여

$$\begin{aligned}\frac{d}{dx}(c_1 f(x) + c_2 g(x)) &= \frac{d}{dx}(c_1 f(x)) + \frac{d}{dx}(c_2 g(x)) \\ &= c_1 \frac{d}{dx}(f(x)) + c_2 \frac{d}{dx}(g(x))\end{aligned}$$

이 되므로 식(8)이 성립한다는 것을 알 수 있다.

또한 적분의 경우도 $I \triangleq \int (\cdot) dx$ 로 정의하면

$$I(c_1 f + c_2 g) = c_1 I(f) + c_2 I(g) \tag{9}$$

의 성질이 성립한다는 것을 쉽게 알 수 있다. 예를 들어, 적분의 성질에 의하여

$$\begin{aligned}\int (c_1 f(x) + c_2 g(x)) dx &= \int c_1 f(x) dx + \int c_2 g(x) dx \\ &= c_1 \int f(x) dx + c_2 \int g(x) dx\end{aligned}$$

이 되므로, 식(9)가 성립한다는 것을 알 수 있다. 선형연산자는 수학에서는 없어서는 안될 매우 중요한 도구이므로 선형연산자에 대해 충분히 이해하여 이를 공학문제에 활용하는 것이 필요하다. 선형연산자에 대해서는 본 교재의 2부에서 다룬다.

예제 3.1

다음 미분방정식을 미분연산자 D를 이용하여 간결하게 표현하라.

(1) $y^{(4)}+3y^{(3)}+2y''+y'+3y=e^{5x}$

(2) $\dfrac{d^3y}{dt^3}+4\dfrac{d^2y}{dt^2}+4\dfrac{dy}{dt}+y=\cos 3t$

풀이

(1) 미분연산자 $D \triangleq d/dx$ 로 정의하면

$$
\begin{aligned}
&y^{(4)}+3y^{(3)}+2y''+y'+3y=e^{5x}\\
&D^4y+3D^3y+2D^2y+Dy+3y=e^{5x}\\
&\therefore\ (D^4+3D^3+2D^2+D+3)y=e^{5x}
\end{aligned}
$$

(2) 미분연산자 $D \triangleq d/dt$ 로 정의하면

$$
\begin{aligned}
&\frac{d^3y}{dt^3}+4\frac{d^2y}{dt^2}+4\frac{dy}{dt}+y=\cos 3t\\
&D^3y+4D^2y+4Dy+y=\cos 3t\\
&\therefore\ (D^3+4D^2+4D+1)y=\cos 3t
\end{aligned}
$$

한편, 선형미분연산자 L을 이용하면 n차 선형미분방정식은 식(4)와 같이 간략하게 표현될 수 있다. 2차 선형미분방정식과 마찬가지로 $r(x)=0$인 경우를 제차(Homogeneous), $r(x)\neq 0$인 경우 비제차(Nonhomogeneous)라고 부르며, $r(x)$를 강제함수 또는 구동함수라 한다.

(2) 중첩의 원리

다음으로 고차 제차미분방정식의 중첩의 원리에 대해 알아보자. 중첩의 원리는 2차 선형미분방정식에서와 마찬가지로 고차 선형미분방정식에서도 성립하는 매우 중

요한 원리이다.

다음의 고차 제차미분방정식을 고려한다.

$$L(y)=0 \tag{10}$$

여기서, $L \triangleq a_n(x)D^n + a_{n-1}(x)D^{n-1} + \cdots + a_1(x)D + a_0(x)$

식(10)의 제차미분방정식을 만족하는 n개의 해 $y_1, y_2, \cdots, y_n$ 이 존재한다고 가정하면, n개의 해로 구성된 선형결합 $y=c_1y_1+c_2y_2+\cdots+c_ny_n$ 도 식(8)의 해가 되는지 살펴보자.

$$\begin{aligned} L(y) &= L(c_1y_1+c_2y_2+\cdots+c_ny_n) \\ &= L(c_1y_1)+L(c_2y_2)+\cdots+L(c_ny_n) \\ &= c_1L(y_1)+c_2L(y_2)+\cdots+c_nL(y_n) \end{aligned} \tag{11}$$

식(11)에서 $y_1, y_2, \cdots, y_n$ 은 제차미분방정식(10)의 해라고 가정하였으므로 $L(y_1)=L(y_2)=\cdots=L(y_n)=0$ 이다. 따라서 $L(y)=0$ 이므로 y도 식(10)의 해가 된다. 이를 선형성의 원리 또는 중첩의 원리라고 부른다.

예를 들어, $y^{(3)}-6y''+11y'-6y=0$ 의 세 개의 해는 $y_1=e^x$, $y_2=e^{2x}$, $y_3=e^{3x}$ 인데, $y=c_1e^x+c_2e^{2x}+c_3e^{3x}$ 도 주어진 미분방정식의 해가 된다는 것을 알 수 있다. 이것은 y와 도함수들을 주어진 미분방정식에 대입해 보면 쉽게 증명할 수 있으므로 독자들에게 연습문제로 남겨둔다.

3.2 상수계수를 갖는 고차 제차미분방정식

상수계수를 가지는 고차 제차미분방정식은 2차 제차미분방정식의 해를 구하는 과정을 특별한 변형없이 자연스럽게 확장하면 된다. 다음의 고차 제차미분방정식을 고려한다.

$$y^{(n)}+a_{n-1}y^{(n-1)}+\cdots+a_1y'+a_0y=0 \tag{12}$$

식(12)의 해를 다음과 같이 지수함수 형태로 가정하면

$$y=e^{\lambda x},\ \lambda \text{는 상수} \tag{13}$$

식(13)이 식(12)의 해가 되기 위해서는 식(12)의 좌변에 대입하여 0이 되어야 하므로

$$y'=\lambda e^{\lambda x},\ y''=\lambda^2 e^{\lambda x},\ \cdots,\ y^{(n)}=\lambda^n e^{\lambda x}$$

를 대입하여 정리하면 다음과 같다.

$$\lambda^n e^{\lambda x}+a_{n-1}\lambda^{n-1}e^{\lambda x}+\cdots+a_1\lambda e^{\lambda x}+a_0 e^{\lambda x}=0$$
$$(\lambda^n+a_{n-1}\lambda^{n-1}+\cdots+a_1\lambda+a_0)e^{\lambda x}=0$$

$$\therefore\ \lambda^n+a_{n-1}\lambda^{n-1}+\cdots+a_1\lambda+a_0=0 \tag{14}$$

식(14)를 2차 미분방정식과 마찬가지로 식(12)의 고차 제차미분방정식의 특성방정식(Characteristic Equation)이라 부른다.

한편, 식(14)는 n차 대수방정식이므로 여러 가지 다양한 형태의 해가 존재할 수 있으며 크게 다음과 같이 구분할 수 있다.

① 서로 다른 실근
② 단순 복소근
③ 다중 실근

먼저, 식(14)의 특성방정식의 근이 서로 다른 실근일 때부터 고찰한다.

(1) 서로 다른 실근

특성방정식이 서로 다른 실근($\lambda_1 \neq \lambda_2 \neq \cdots \neq \lambda_n$)을 가진다면 $y_1=e^{\lambda_1 x}$, $y_2=e^{\lambda_2 x}$, $\cdots$, $y_n=e^{\lambda_n x}$는 모두 실함수로서 의미를 가지기 때문에 다음과 같이 일반해 y를 중첩의 원리로부터 구할 수 있다.

$$y=c_1e^{\lambda_1 x}+c_2e^{\lambda_2 x}+\cdots+c_ne^{\lambda_n x} \tag{15}$$

예제 3.2

다음 미분방정식의 일반해를 구하라.

(1) $y'''-3y''-y'+3y=0$

(2) $y^{(4)}-2y'''-y''+2y'=0$

풀이

(1) 특성방정식을 구하면

$$\lambda^3-3\lambda^2-\lambda+3=(\lambda+1)(\lambda-1)(\lambda-3)=0$$
$$\therefore\ \lambda_1=-1,\ \lambda_2=1,\ \lambda_3=3$$

이므로, 일반해 $y=c_1e^{-x}+c_2e^{x}+c_3e^{3x}$ 이다.

(2) 특성방정식을 구하면

$$\lambda^4-2\lambda^3-\lambda^2+2\lambda=0$$
$$\lambda(\lambda^3-2\lambda^2-\lambda+2)=\lambda(\lambda+1)(\lambda-1)(\lambda-2)=0$$

$$\therefore\ \lambda_1=0,\ \lambda_2=-1,\ \lambda_3=1,\ \lambda_4=2$$

이므로, 일반해 $y=c_1+c_2e^{-x}+c_3e^{x}+c_4e^{2x}$ 이다.

다음으로 특성방정식이 단순 복소근을 가지는 경우를 고찰해 본다.

(2) 단순 복소근

특성방정식의 한 근이 중복되지 않은 단순 복소근 $\lambda_1=p+iq$ 라면, 특성방정식의 계수가 실수이기 때문에 λ_1 의 공액복소수도 근이 되어야 하므로, $\lambda_2=p-iq$ 이다. 따라서 2차 미분방정식의 경우와 동일하게 다음의 해를 가져야 한다. 즉,

$$y_1=e^{px}\cos qx,\ \ y_2=e^{px}\sin qx \tag{16}$$

여기서 잠깐! | 공액복소수의 성질

복소수 $z=x+iy$ 에서 허수부의 부호를 바꾼 것을 공액(켤레) 복소수라고 정의하며 $\overline{z}$ 로 표현한다.

$$z=x+iy,\ \overline{z}\triangleq x-iy$$

공액복소수는 복소수 연산에 있어서 복소수를 실수로 변환하는 방법을 제공한다는 점에서 매우 중요하다. 예를 들면,

$$\begin{aligned} z\overline{z} &= (x+iy)(x-iy)=x^2+y^2\in \boldsymbol{R} \\ \frac{1}{2}(z+\overline{z}) &= \frac{1}{2}(x+iy+x-iy)=x=\Re\mathrm{e}(z)\in \boldsymbol{R} \\ \frac{1}{2i}(z-\overline{z}) &= \frac{1}{2i}(x+iy-x+iy)=y=\Im m(z)\in \boldsymbol{R} \end{aligned}$$

가 된다는 것에 주목하라.

일반적으로 공액 복소수에 관련된 다음의 정리가 성립하며, 증명은 독자에게 연습문제로 남긴다.

정리 | 공액 복소수의 성질

임의의 복소수 z_1 과 z_2 에 대하여 다음의 관계가 항상 성립한다.

(1) $\overline{\overline{z_1}}=z_1$

(2) $\overline{z_1+z_2}=\overline{z_1}+\overline{z_2}$

(3) $\overline{z_1-z_2}=\overline{z_1}-\overline{z_2}$

(4) $\overline{z_1z_2}=\overline{z_1}\,\overline{z_2}$

(5) $\overline{\left(\dfrac{z_2}{z_1}\right)}=\dfrac{\overline{z_2}}{\overline{z_1}}$ (단, $z_1\neq 0$)

예제 3.3

다음 미분방정식의 일반해를 구하라.

(1) $y'''+y''+4y'+4y=0$

(2) $y'''+y''-2y=0$

풀이

(1) 특성방정식을 구하면

$$\lambda^3+\lambda^2+4\lambda+4=(\lambda+1)(\lambda^2+4)=0$$
$$\therefore\ \lambda_1=-1,\ \lambda_2=2i,\ \lambda_3=-2i$$

이므로, 일반해는 다음과 같다.

$$y=c_1e^{-x}+c_2\cos 2x+c_3\sin 2x$$

(2) 특성방정식을 구하면

$$\lambda^3+\lambda^2-2=(\lambda-1)(\lambda^2+2\lambda+2)=0$$
$$\therefore\ \lambda_1=1,\ \lambda_2=-1+i,\ \lambda_3=-1-i$$

이므로, 일반해는 다음과 같다.

$$y=c_1e^{x}+e^{-x}(c_2\cos x+c_3\sin x)$$

마지막으로 특성방정식이 다중 실근을 가지는 경우에 대해 고찰해 본다.

(3) 다중 실근

2차 제차미분방정식의 특성근이 중근$(\lambda_1=\lambda_2\triangleq\lambda^*)$을 가지는 경우는 차수감소법에 의하여 다음과 같이 두 개의 해를 결정하였다.

$$y_1=e^{\lambda * x},\ y_2=xe^{\lambda * x} \tag{17}$$

고차 제차미분방정식의 경우도 여러 차수의 중복근을 가질 수 있는데, 예를 들어 m 중근(Root of Order m)을 가지면, m개의 해는 다음과 같이 식(17)을 확장하여 표현할 수 있다.

$$y_1=e^{\lambda x},\ y_2=xe^{\lambda x},\ y_3=x^2e^{\lambda x},\cdots,\ y_m=x^{m-1}e^{\lambda x} \tag{18}$$

식(18)에서 알 수 있듯이 특성근이 중복될 때마다 x를 계속 곱한다는 것에 유의하라.

예제 3.4

다음 미분방정식의 해를 구하라.

(1) $y^{(5)}-3y^{(4)}+3y'''-y''=0$

(2) $y'''-3y''+3y'-y=0$

풀이

(1) 특성방정식을 구하면

$$\begin{aligned}\lambda^5-3\lambda^4+3\lambda^3-\lambda^2&=\lambda^2(\lambda^3-3\lambda^2+3\lambda-1)\\&=\lambda^2(\lambda-1)^3=0\end{aligned}$$

$$\therefore\ \lambda_1=\lambda_2=0(\text{이중근}),\ \lambda_3=\lambda_4=\lambda_5=1(\text{삼중근})$$

이므로, 일반해는 다음과 같다.

$$y=\underbrace{c_1+c_2x}_{\text{이중근}}+\underbrace{c_3e^x+c_4xe^x+c_5x^2e^x}_{\text{삼중근}}$$

(2) 특성방정식을 구하면

$$\lambda^3-3\lambda^2+3\lambda-1=(\lambda-1)^3=0$$

$$\therefore\ \lambda_1=\lambda_2=\lambda_3=1(\text{삼중근})$$

이므로 일반해는 다음과 같다.

$$y=c_1e^x+c_2xe^x+c_3x^2e^x$$

예제 3.5

다음 미분방정식을 풀어라.

(1) $y'''+3y''-4y=0,\ y(0)=1,\ y'(0)=0,\ y''(0)=0$

(2) $y^{(4)}+2y''+y=0,\ y(0)=1,\ y'(0)=y''(0)=y'''(0)=0$

풀이

(1) 특성방정식을 구하면

$$\lambda^3+3\lambda^2-4=(\lambda-1)(\lambda+2)^2=0$$
$$\therefore\ \lambda_1=1,\ \lambda_2=\lambda_3=-2(\text{중근})$$

이므로 일반해는 다음과 같다.

$$y=c_1e^x+c_2e^{-2x}+c_3xe^{-2x}$$

초기 조건을 대입하기 위해 미분을 하면

$$\begin{aligned}y'&=c_1e^x-2c_2e^{-2x}+c_3x(-2e^{-2x})+c_3e^{-2x}\\&=c_1e^x+(c_3-2c_2)e^{-2x}-2c_3xe^{-2x}\\y''&=c_1e^x-2(c_3-2c_2)e^{-2x}-\{2c_3x(-2e^{-2x})+2c_3e^{-2x}\}\end{aligned}$$

이므로

$$\begin{aligned}&y(0)=c_1+c_2=1\\&y'(0)=c_1+(c_3-2c_2)=0\\&y''(0)=c_1-2(c_3-2c_2)-2c_3=0\end{aligned}$$

$$\therefore\ c_1=\frac{4}{9},\ c_2=\frac{5}{9},\ c_3=\frac{6}{9}$$

따라서 일반해는 다음과 같다.

$$y(x)=\frac{4}{9}e^x+\frac{5}{9}e^{-2x}+\frac{6}{9}xe^{-2x}$$

(2) 특성방정식을 구하면

$$\lambda^4+2\lambda^2+1=(\lambda^2+1)^2=0$$
$$\therefore\ \lambda_1=\lambda_3=i,\ \lambda_2=\lambda_4=-i$$

이므로 복소 중복근을 가지는 경우이므로 일반해는 다음과 같다.

$$y=\underbrace{c_1\cos x+c_2\sin x}_{\lambda_1=i,\,\lambda_2=-i}+\underbrace{c_3x\cos x+c_4x\sin x}_{\lambda_3=i,\ \lambda_4=-i}$$

초기 조건을 대입하면 (y의 도함수의 표현은 생략하였다.)

$$y(0)=c_1=1$$
$$y'(0)=c_2+c_3=0$$
$$y''(0)=-c_1+2c_4=0$$
$$y'''(0)=c_2+3c_3=0$$
$$\therefore\ c_1=1,\ c_2=0,\ c_3=0,\ c_4=\frac{1}{2}$$

따라서 일반해는 다음과 같다.

$$y=\cos x+\frac{1}{2}x\sin x$$

만일, 특성방정식의 근을 인수분해에 의해 구하기가 어려운 경우에는 컴퓨터 소프트웨어를 이용하여 근사해를 구할 수 있다. 잘 알려진 Mathematica, Maple, Matlab 등을 이용하여 다항식의 해를 쉽게 찾을 수 있으며, 지금까지의 예제에서는 정수 범위에서 인수분해가 가능한 고차 제차미분방정식을 다루었다는 것에 유의하라.

여기서 잠깐! **고차다항식의 인수분해(인수정리)**

지금까지의 예제에서 알 수 있는 것처럼 상수계수를 가지는 고차미분방정식의 해를 구하기 위해서는 3차 이상의 특성방정식의 해를 먼저 구해야 한다. 고등학교 수학에서 배운 인수정리를 사용하면 고차다항식을 인수분해할 수 있다. 즉, 다음의 n차 다항식 $f(x)$를 고려하자.

$$f(x)=a_nx^n+a_{n-1}x^{n-1}+\cdots+a_1x+a_0$$

$f(x)$가 $x-\alpha$를 인수로 가진다면 $f(\alpha)=0$이라는 것이 자명하다.
만일 $x-\alpha$가 $f(x)$의 인수라면 α는 $f(x)$의 상수항 a_0의 약수라는 사실에 유의하여 가능한 여러 약수 중에서 하나를 선택하여 시도해보면 된다.
예를 들어, 〈예제 3.5〉의 (1)의 특성방정식을 인수분해해 본다.

$$f(\lambda)=\lambda^3+3\lambda^2-4 \tag{19}$$

식(19)에서 상수항 −4의 약수중의 하나인 1을 선택하면, $f(1)=1+3-4=0$이 되어 $f(\lambda)$

는 $\lambda-1$을 인수로 가지므로 다음과 같은 형태로 표현할 수 있다.

$$f(\lambda)=(\lambda-1)(\lambda^2+a\lambda+b) \tag{20}$$

식(19)와 식(20)을 비교하면

$$a-1=3,\ -b=-4 \quad \therefore\ a=4,\ b=4$$

를 얻을 수 있으므로 식(20)은 다음과 같다.

$$f(\lambda)=(\lambda-1)(\lambda^2+4\lambda+4)=(\lambda-1)(\lambda+2)^2$$

이와 같은 방법으로 다항식을 인수분해할 수 있으나, 가능하면 몇 개의 간단한 숫자를 $f(\lambda)$에 대입하여 가능한 한 많은 인수를 찾아내는 것이 편리하다.

3.3 고차 오일러-코시 방정식

2.3절에서 2차 오일러-코시 방정식의 해법에 대하여 학습하였다. $y=x^m$ 형태의 해를 갖는다는 가정에서 출발하여 보조방정식의 해의 종류에 따라 일반해를 기술하였다.

$n=3$ 이상의 고차 오일러-코시 방정식의 해를 구하는 방법은 2차의 경우와 유사하며 자연스럽게 고차로 확장된 것으로 이해하면 된다.

예를 들어, 다음의 3차 오일러-코시 방정식의 일반해를 구해 본다.

$$x^3y'''+ax^2y''+bxy'+cy=0 \tag{21}$$

$y=x^m$을 해의 형태로 가정하여 미분한 후 식(21)에 대입하면 다음과 같다.

$$y' = mx^{m-1}$$
$$y'' = m(m-1)x^{m-2}$$
$$y''' = m(m-1)(m-2)x^{m-3}$$
$$m(m-1)(m-2)x^m + am(m-1)x^m + bmx^m + cx^m = 0 \tag{22}$$

$$\therefore\ m^3 + (a-3)m^2 + (b-a+2)m + c = 0 \tag{23}$$

식(23)의 보조방정식은 3차이므로 해의 종류는 다음의 4가지 경우로 나누어질 수 있다.

① 서로 다른 실근 $m_1 \neq m_2 \neq m_3 \in \boldsymbol{R}$
② 한 실근과 중근 m_1, $m_2 = m_3$
③ 삼중근 $m_1 = m_2 = m_3 \triangleq m$
④ 한 실근과 공액 복소근 m_1, $m_2 = p + iq$, $m_3 = p - iq$

[그림 3.2]에 보조방정식의 근의 종류에 따른 일반해의 표현을 그래프로 나타내었다.

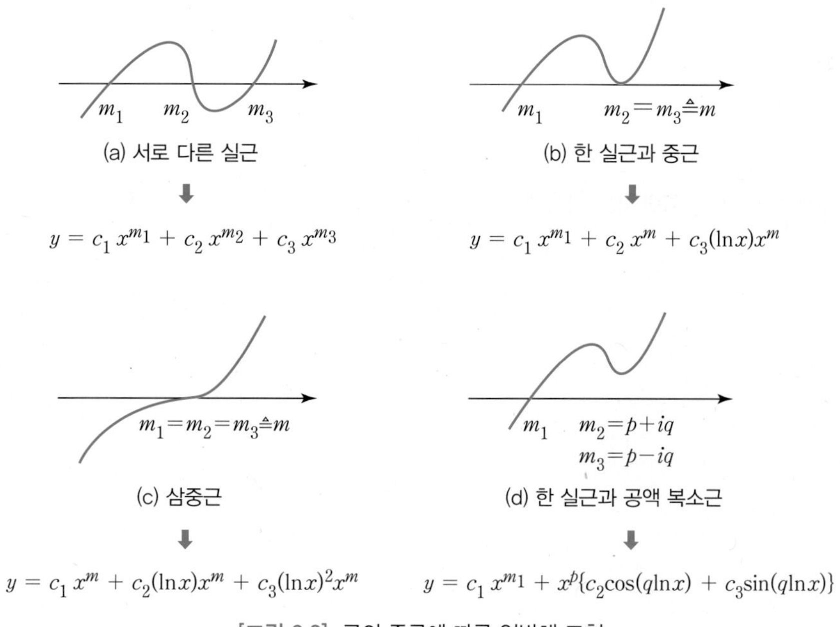

[그림 3.2] 근의 종류에 따른 일반해 표현

$n=3$보다 큰 고차 오일러-코시 방정식의 보조해는 $n=3$인 경우보다 훨씬 다양한 종류의 해를 가지나 결국 2차 오일러-코시 방정식의 기본 해법을 확장한 것에 불과하다.

예제 3.6

다음 3차 오일러-코시 방정식의 일반해를 구하라.

$$x^3y''' - 3x^2y'' + 6xy' - 6y = 0$$

풀이

$y=x^m$을 해로 가정하고 주어진 미분방정식에 대입하면,

$$x^3m(m-1)(m-2)x^{m-3} - 3xm(m-1)x^{m-2} + 6xmx^{m-1} - 6x^m = 0$$
$$(m^3 - 6m^2 + 11m - 6)x^m = 0$$

$$\therefore\ m^3 - 6m^2 + 11m - 6 = 0 \tag{24}$$

식(24)의 보조방정식을 인수분해하면

$$m^3 - 6m^2 + 11m - 6 = (m-1)(m-2)(m-3) = 0$$

$$\therefore\ m_1 = 1,\ m_2 = 2,\ m_3 = 3 \text{ (서로 다른 실근)}$$

이 되므로 구하는 일반해는 다음과 같다.

$$y = c_1x + c_2x^2 + c_3x^3$$

예제 3.7

다음 3차 오일러–코시 방정식의 일반해를 구하라.

$$x^3y''' + 5x^2y'' + 7xy' + 8y = 0$$

풀이

$y = x^m$ 을 해로 가정하고 주어진 미분방정식에 대입하면

$$x^3 m(m-1)(m-2)x^{m-3} + 5x^2 m(m-1)x^{m-2} + 7xmx^{m-1} + 8x^m = 0$$
$$(m^3 + 2m^2 + 4m + 8)x^m = 0$$

$$\therefore\ m^3 + 2m^2 + 4m + 8 = 0 \tag{25}$$

식(25)의 보조방정식을 인수분해하면

$$m^3 + 2m^2 + 4m + 8 = (m+2)(m^2+4) = 0$$

$$\therefore\ m_1 = -2,\ m_2 = 2i,\ m_3 = -2i$$

가 되므로 구하는 일반해는 다음과 같다.

$$y = c_1x^{-2} + c_2\cos(2\ln x) + c_3\sin(2\ln x)$$

위의 예제에서 알 수 있듯이 고차 오일러–코시 방정식의 일반해를 구하는 데 있어 필수적인 내용은 2차 오일러–코시 방정식의 해법이라는 것을 다시 한 번 강조해 둔다. 2.3절의 내용을 충분히 숙지하고 있다면 큰 어려움 없이 고차의 경우도 쉽게 일반해를 구할 수 있다.

3.4 고차 비제차미분방정식

다음의 상수계수를 가지는 고차 비제차미분방정식을 고려한다.

$$L(y)=r(x),\ \ r(x)\neq 0 \tag{26}$$

여기서 $L \triangleq a_n D^n + a_{n-1}D^{n-1} + \cdots + a_1 D + a_0$ 이다.

2차 미분방정식의 경우와 마찬가지로 식(26)의 일반해는 다음과 같이 표현할 수 있다.

$$y(x)=y_h(x)+y_p(x) \tag{27}$$

단, $y_h(x)$는 식(26)에 대한 제차미분방정식 $L(y)=0$를 만족하는 보조해(Auxiliary Solution)이며, $y_p(x)$는 $L(y)=r(x)$를 만족하는 특수해이다. 즉, $L(y_h(x))=0$이며, $L(y_p(x))=r(x)$가 성립한다.

식(27)을 식(26)에 대입하면

$$\begin{aligned} L(y_h(x)+y_p(x)) &= L(y_h(x))+L(y_p(x)) \\ &= 0+r(x)=r(x) \end{aligned}$$

이므로 $y(x)=y_h(x)+y_p(x)$는 식(26)의 일반해임을 알 수 있다.

만일 식(26)과 n개의 초기 조건이 함께 주어진 다음과 같은 초깃값 문제(Initial Value Problem)의 경우도 $r(x)$가 연속함수라는 가정하에 유일한 해를 가진다는 것에 주목하라.

$$\begin{gathered} L(y)=r(x),\ \ r(x)\neq 0 \\ L \triangleq a_n D^n + a_{n-1}D^{n-1} + \cdots + a_1 D + a_0 \\ y(x_0)=K_0,\ \ y'(x_0)=K_1,\ \ \cdots,\ \ y^{(n-1)}(x_0)=K_{n-1} \end{gathered} \tag{28}$$

결국, 고차미분방정식의 경우도 일반해를 구하는 과정이 2차 미분방정식의 경우를 확장한 것에 불과하므로 큰 어려움 없이 일반해를 구할 수 있다. 3.2절에서 고차제차

미정계수법(특수해의 결정)

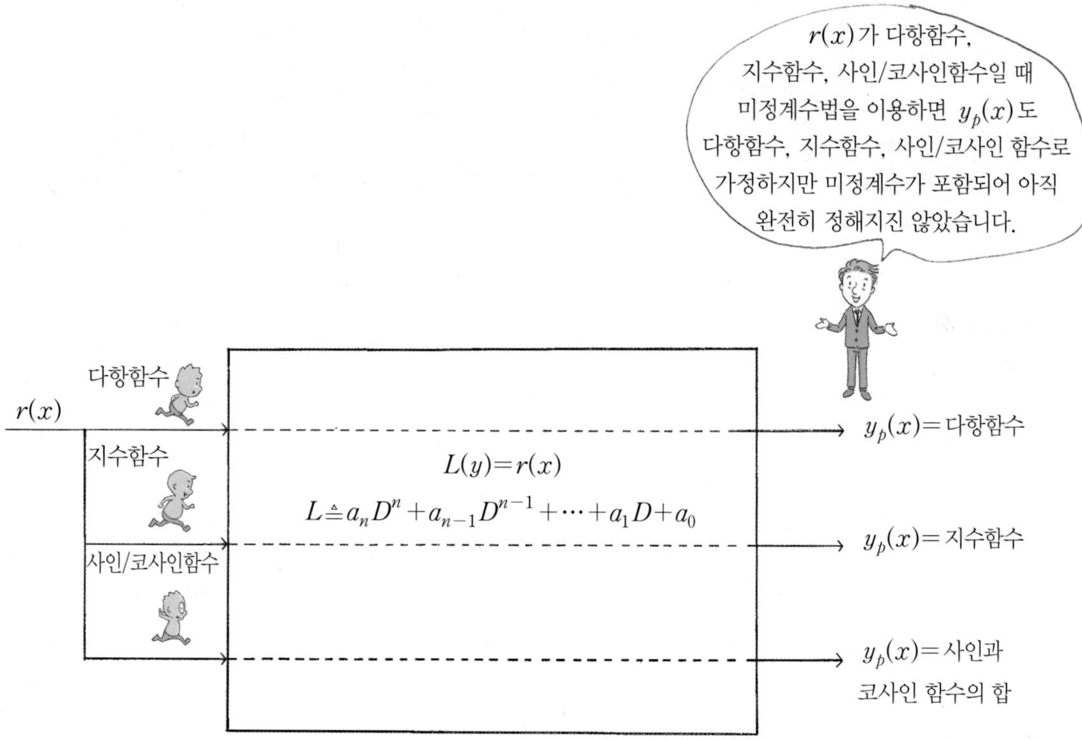
$r(x)$가 다항함수, 지수함수, 사인/코사인함수일 때 미정계수법을 이용하면 $y_p(x)$도 다항함수, 지수함수, 사인/코사인 함수로 가정하지만 미정계수가 포함되어 아직 완전히 정해지진 않았습니다.
$r(x)$
다항함수
지수함수
사인/코사인함수
$L(y)=r(x)$
$L \triangleq a_n D^n + a_{n-1} D^{n-1} + \cdots + a_1 D + a_0$
$y_p(x)=$ 다항함수
$y_p(x)=$ 지수함수
$y_p(x)=$ 사인과 코사인 함수의 합

| 설명 | $r(x)$의 형태에 따라 $y_p(x)$를 유사한 형태로 가정하여 $y_p(x)$를 결정한다. 미정계수법은 선형미분 방정식의 해를 구하는 데만 사용 가능한 방법이라는 것에 유의한다.

중첩의 원리

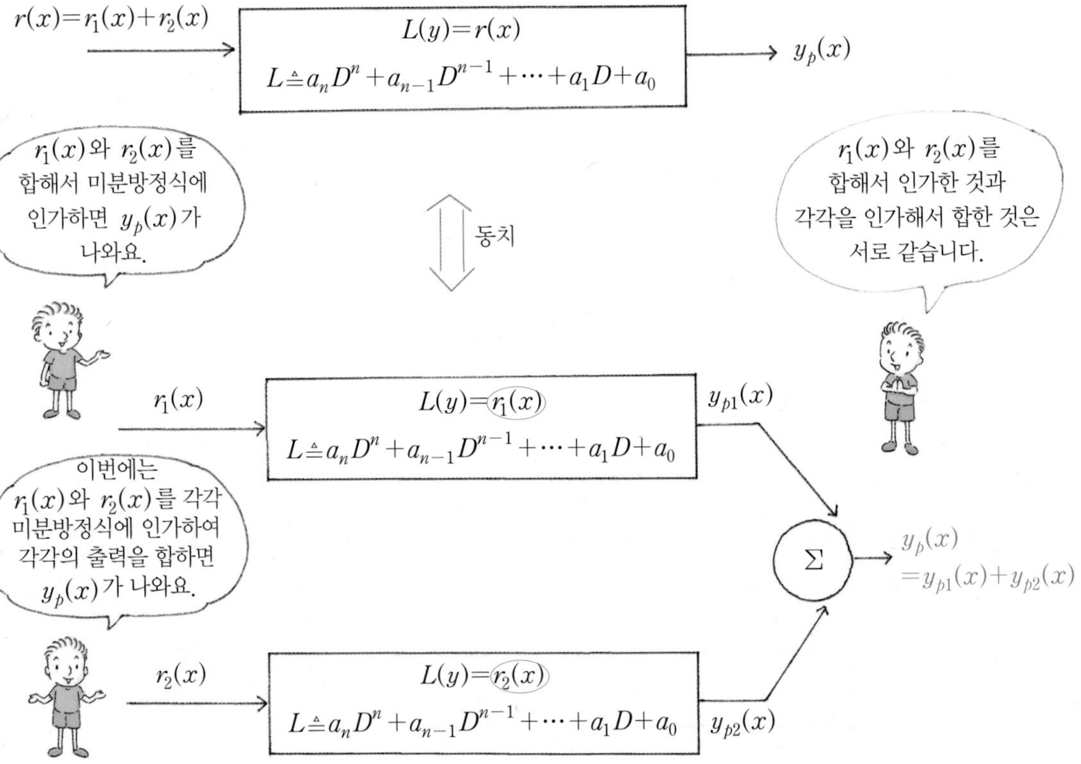

| 설명 | 강제함수 $r(x)$가 두 개의 함수 $r_1(x)$와 $r_2(x)$로 구성되어 있는 경우, $r_1(x)$에 의한 특수해 $y_{p1}(x)$를 구하고 $r_2(x)$에 의한 특수해 $y_{p2}(x)$를 구한 다음, 전체 특수해 $y_p(x)$를 $y_{p1}(x)$와 $y_{p2}(x)$의 합으로 결정한다.

곱의 원리

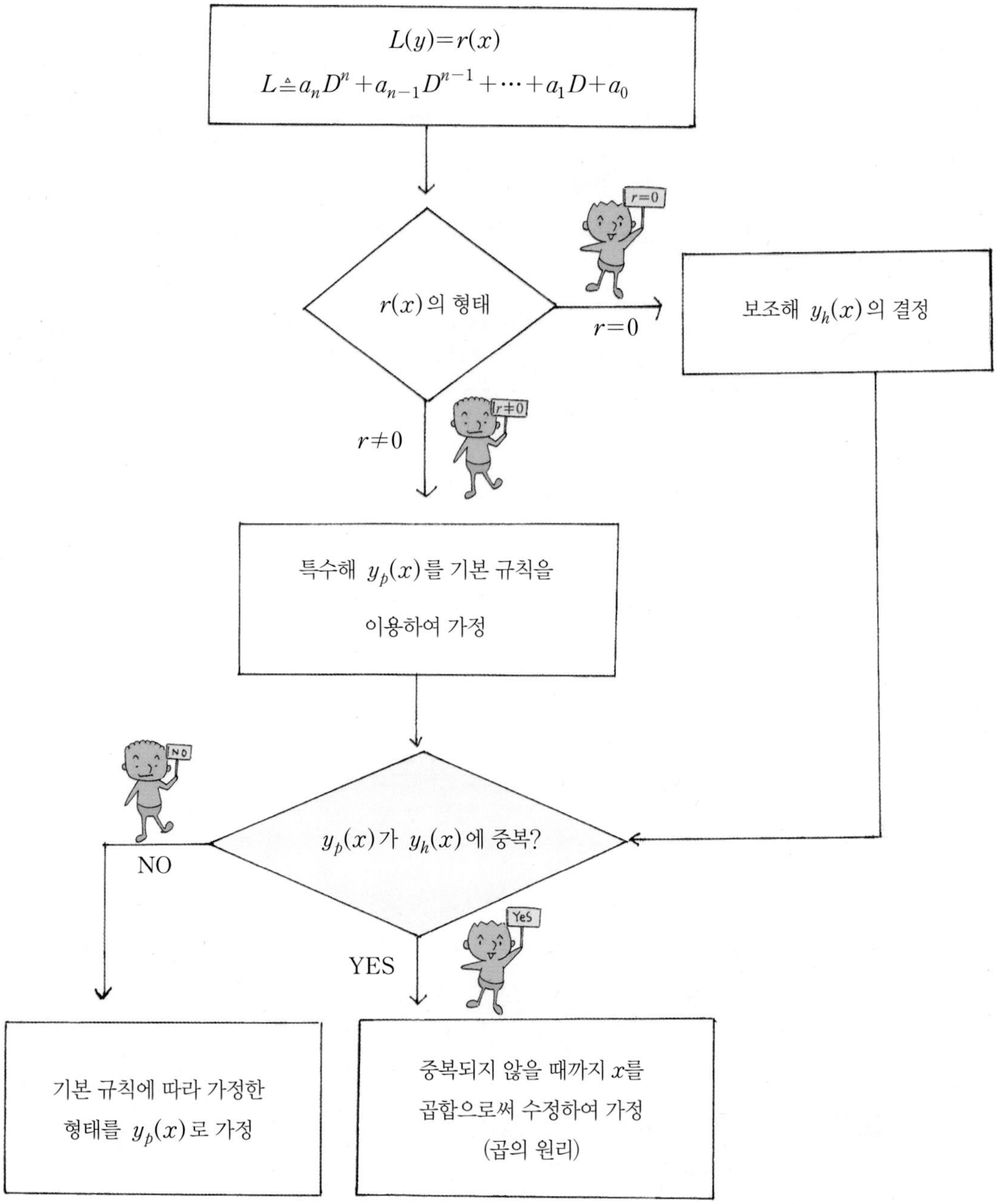

| 설명 | 기본 규칙에 따라 가정한 특수해의 형태가 보조해의 일부 또는 전부와 중복된다면, 중복되지 않을 때까지 x를 중복하여 곱함으로써 특수해의 형태를 수정하여 가정함으로써 특수해를 구할 수 있다.

미분방정식의 해를 구하는 방법에 대하여 이미 학습하였기 때문에 특수해를 구하는 방법에 대해 설명하기로 한다. 본 절에서는 미정계수법에 대하여 설명하고, 다음 절에서는 매개변수변환법을 일반화하는 것에 대해 설명하기로 한다.

2차 미분방정식의 특수해를 미정계수법으로 구하는 방법을 그대로 고차의 경우로 확장함으로써 쉽게 특수해를 구할 수 있다.

다음은 미정계수법을 이용하여 특수해를 구하는 과정을 요약하였다.

$$L(y)=r(x),\ r(x)\neq 0$$
$$L \triangleq a_n D^n + a_{n-1}D^{n-1} + \cdots + a_1 D + a_0$$

규칙	$r(x)$의 형태	$y_p(x)$의 형태
기본 원리	n차 다항함수 사인 또는 코사인 함수 지수함수	n차 다항함수 사인과 코사인의 합 지수함수
중첩의 원리	$r(x)$가 기본함수들의 합 $r(x)=\sum_k r_k(x)$	$y_p(x)$는 각 $r_k(x)$에 대응되는 $y_{pk}(x)$의 합으로 가정 $y_p(x)=\sum_k y_{pk}(x)$
곱의 원리	$r(x)$가 보조해의 일부 또는 전부와 중복	먼저 $r(x)$의 형태와 대응되는 특수해를 가정한 후 보조해와 중복되지 않을 때까지 x를 곱하여 y_p를 수정

예제 3.8

다음 미분방정식의 일반해를 구하라.

(1) $y''' + 3y'' + 3y' + y = 12e^{-x} + 2x + 3$

(2) $(D^4 + 10D^2 + 9)y = \cos 2x$

(3) $y''' - 2y'' - y' + 2y = e^{3x} + 2\sin x$

풀이

(1) 특성방정식을 구하면

$$\lambda^3 + 3\lambda^2 + 3\lambda + 1 = (\lambda+1)^3 = 0$$
$$\therefore\ \lambda_1 = \lambda_2 = \lambda_3 = -1\,(\text{삼중근})$$

이므로 보조해 $y_h(x)$는 다음과 같다.

$$y_h(x)=c_1e^{-x}+c_2xe^{-x}+c_3x^2e^{-x}$$

특수해를 구하기 위해 $r(x)$의 형태를 고찰하면 e^{-x} 형태인데 보조해에도 e^{-x} 항이 포함되어 있다. 따라서 e^{-x}의 형태가 보조해에 포함되지 않을 때까지 x를 곱하여 특수해의 형태를 가정하면 다음과 같다.

$$y_p(x)=Kx^3e^{-x}+(Ax+B)$$

$y_p(x)$를 미분하여 주어진 미분방정식에 대입하여 정리하면

$$\begin{aligned}
y_p' &= Kx^3(-e^{-x})+3Kx^2e^{-x}+A=(-Kx^3+3Kx^2)e^{-x}+A\\
y_p'' &= (-Kx^3+3Kx^2)(-e^{-x})+(-3Kx^2+6Kx)e^{-x}\\
&= (Kx^3-6Kx^2+6Kx)e^{-x}\\
y_p''' &= (Kx^3-6Kx^2+6Kx)(-e^{-x})+(3Kx^2-12Kx+6K)e^{-x}\\
&= (-Kx^3+9Kx^2-18Kx+6K)e^{-x}
\end{aligned}$$

$$6Ke^{-x}+Ax+(3A+B)=12e^{-x}+2x+3$$

$$\therefore\ K=2,\ A=2,\ B=-3$$

이므로 특수해는 다음과 같다.

$$y_p(x)=2x^3e^{-x}+2x-3$$

따라서 일반해 $y=y_h+y_p$ 이므로 다음과 같다.

$$y(x)=c_1e^{-x}+c_2xe^{-x}+c_3x^2e^{-x}+2x^3e^{-x}+2x-3$$

(2) 특성방정식을 구하면

$$\lambda^4+10\lambda^2+9=(\lambda^2+1)(\lambda^2+9)=0$$

$$\therefore\ \lambda_1=+i,\ \lambda_2=-i,\ \lambda_3=3i,\ \lambda_4=-3i$$

이므로 보조해 $y_h(x)$는 다음과 같다.

$$y_h(x)=c_1\cos x+c_2\sin x+c_3\cos 3x+c_4\sin 3x$$

$r(x)=\cos 2x$ 형태이므로 특수해 $y_p(x)=A\cos 2x+B\sin 2x$의 형태로 가정하여 미분한다.

$$\begin{aligned}
&y_p'=-2A\sin 2x+2B\cos 2x\\
&y_p''=-4A\cos 2x-4B\sin 2x\\
&y_p'''=8A\sin 2x-8B\cos 2x\\
&y_p^{(4)}=16A\cos 2x+16B\sin 2x
\end{aligned}$$

$$\begin{aligned}
&(16A\cos 2x+16B\sin 2x)+10(-4A\cos 2x-4B\sin 2x)\\
&+9(A\cos 2x+B\sin 2x)=\cos 2x
\end{aligned}$$

$$-15A\cos 2x-15B\sin 2x=\cos 2x$$

$$\therefore\ A=-\frac{1}{15},\ B=0$$

특수해 $y_p(x)=-\frac{1}{15}\cos 2x$ 이므로 일반해 $y(x)$는 다음과 같다.

$$y(x)=c_1\cos x+c_2\sin x+c_3\cos 3x+c_4\sin 3x-\frac{1}{15}\cos 2x$$

(3) 특성방정식을 구하면

$$\lambda^3-2\lambda^2-\lambda+2=(\lambda-2)(\lambda^2-1)=(\lambda-2)(\lambda-1)(\lambda+1)=0$$

$$\therefore\ \lambda_1=2,\ \lambda_2=1,\ \lambda_3=-1$$

이므로 보조해 $y_h(x)$는 다음과 같다.

$$y_h(x)=c_1e^{2x}+c_2e^{x}+c_3e^{-x}$$

특수해의 형태를 다음과 같이 가정한다.

$$y_p(x)=Ke^{3x}+A\cos x+B\sin x$$

$y_p(x)$를 미분하여 주어진 미분방정식에 대입하여 정리하면

$$y_p' = 3Ke^{3x} - A\sin x + B\cos x$$
$$y_p'' = 9Ke^{3x} - A\cos x - B\sin x$$
$$y_p''' = 27Ke^{3x} + A\sin x - B\cos x$$

$$\begin{aligned}&(27Ke^{3x} + A\sin x - B\cos x) - 2(9Ke^{3x} - A\cos x - B\sin x)\\ &\quad -(3Ke^{3x} - A\sin x + B\cos x) + 2(Ke^{3x} + A\cos x + B\sin x)\\ &\quad = e^{3x} + 2\sin x\\ &8Ke^{3x} + (2A+4B)\sin x + (4A-2B)\cos x = e^{3x} + 2\sin x\end{aligned}$$

$$8K=1,\ 2A+4B=2,\ 4A-2B=0$$

$$\therefore\ K=\frac{1}{8},\ A=\frac{1}{5},\ B=\frac{2}{5}$$

이므로 특수해 $y_p(x)$는 다음과 같다.

$$y_p(x) = \frac{1}{8}e^{3x} + \frac{1}{5}\cos x + \frac{2}{5}\sin x$$

따라서 일반해 $y(x)$는 다음과 같다.

$$y(x) = c_1e^{2x} + c_2e^{x} + c_3e^{-x} + \frac{1}{8}e^{3x} + \frac{1}{5}\cos x + \frac{2}{5}\sin x$$

3.5 매개변수변환법의 일반화

2.6절에서 논의한 매개변수변환법은 2차 미분방정식에만 적용할 수 있는 방법이었다. 2.6절의 논의를 약간 수정하여 일반화하게 되면 고차미분방정식의 특수해를 구하는 데 사용할 수 있는 매개변수변환법의 일반화가 가능하게 된다.

다음의 n차 비제차미분방정식을 고찰한다.

$$y^{(n)} + p_{n-1}(x)y^{(n-1)} + \cdots + p_1(x)y' + p_0(x)y = u(x) \qquad (29)$$

미분방정식의 계수가 상수가 아니라 x의 함수로 주어져 있는 것에 유의하라.

식(29)의 보조해 $y_h(x)$를 다음과 같이 가정한다.

$$y_h(x)=c_1y_1(x)+c_2y_2(x)+\cdots+c_ny_n(x) \tag{30}$$

식(30)의 상수 $c_1, c_2, \cdots, c_n$ 대신에 미지의 함수 $v_1(x), v_2(x), \cdots, v_n(x)$로 대체하여 특수해로 가정해 보자. 즉,

$$y_p(x)=v_1(x)y_1(x)+v_2(x)y_2(x)+\cdots+v_n(x)y_n(x) \tag{31}$$

여기서 $y_i(x)(i=1, 2, \cdots, n)$는 보조해이므로 다음의 n차 제차미분방정식을 만족한다.

$$y^{(n)}+p_{n-1}(x)y^{(n-1)}+\cdots+p_1(x)y'+p_0(x)y=0 \tag{32}$$

식(31)을 특수해로 가정하였으므로 식(31)이 주어진 n차 비제차미분방정식의 해가 되도록 미지의 함수 $v_i(x)(i=1, 2, \cdots, n)$를 결정하면 된다.

$y_p(x)$를 순차적으로 미분하여 v_1', v_2', $\cdots$, v_n'에 대한 조건식을 구해 나가면 다음과 같은 n개의 연립방정식을 얻을 수 있다.

$$\begin{aligned} &y_1v_1'+y_2v_2'+\cdots+y_nv_n'=0 \\ &y_1'v_1'+y_2'v_2'+\cdots+y_n'v_n'=0 \\ &\qquad\vdots \\ &y_1^{(n-1)}v_1'+y_2^{(n-1)}v_2'+\cdots+y_n^{(n-1)}v_n'=u(x) \end{aligned} \tag{33}$$

식(33)을 행렬로 표현하면 다음과 같다.

$$\begin{pmatrix} y_1 & y_2 & \cdots & y_n \\ y_1' & y_2' & \cdots & y_n' \\ & & \vdots & \\ y_1^{(n-1)} & y_2^{(n-1)} & \cdots & y_n^{(n-1)} \end{pmatrix}\begin{pmatrix} v_1' \\ v_2' \\ \vdots \\ v_n' \end{pmatrix}=\begin{pmatrix} 0 \\ 0 \\ \vdots \\ u \end{pmatrix} \tag{34}$$

수식 표현을 간결하게 하기 위하여 W를 $y_1, y_2, \cdots, y_n$의 Wronskian이라고 가정하고, W_k를 W의 k번째 열을 다음의 식(35)로 대체하여 정의한다.

$$\begin{pmatrix} 0 \\ 0 \\ \vdots \\ u \end{pmatrix} \tag{35}$$

예를 들어, W_2와 W_3는 다음과 같이 표현된다.

$$W = \begin{vmatrix} y_1 & y_2 & \cdots & y_n \\ y_1' & y_2' & \cdots & y_n' \\ \vdots & & & \\ y_1^{(n-1)} & y_2^{(n-1)} & \cdots & y_n^{(n-1)} \end{vmatrix}$$

$$W_2 = \begin{vmatrix} y_1 & 0 & y_3 & \cdots & y_n \\ y_1' & 0 & y_3' & \cdots & y_n' \\ \vdots & \vdots & \vdots & & \vdots \\ y_1^{(n-1)} & u & y_3^{(n-1)} & \cdots & y_n^{(n-1)} \end{vmatrix}, \quad W_3 = \begin{vmatrix} y_1 & y_2 & 0 & \cdots & y_n \\ y_1' & y_2' & 0 & \cdots & y_n' \\ \vdots & \vdots & \vdots & & \vdots \\ y_1^{(n-1)} & y_2^{(n-1)} & u & \cdots & y_n^{(n-1)} \end{vmatrix}$$

두 번째 열 　　　　세 번째 열

식(34)에서 Cramer 공식을 이용하여 $v_1', v_2', \cdots, v_n'$을 계산하면 다음과 같이 표현된다.

$$v_1' = \frac{W_1}{W}, \ v_2' = \frac{W_2}{W}, \ \cdots, \ v_n' = \frac{W_n}{W} \tag{36}$$

따라서 식(36)을 적분하면 주어진 n차 제차방정식의 특수해는 다음과 같이 표현할 수 있다.

$$\begin{aligned} y_p(x) &= v_1(x)y_1(x) + v_2(x)y_2(x) + \cdots + v_n(x)y_n(x) \\ &= y_1(x)\int \frac{W_1}{W}dx + y_2(x)\int \frac{W_2}{W}dx + \cdots + y_n(x)\int \frac{W_n}{W}dx \\ &= \sum_{k=1}^{n} y_k(x)\int \frac{W_k}{W}dx \end{aligned} \tag{37}$$

식(37)에서 $n=2$로 놓으면 2.6절에서 논의한 매개변수변환법과 동일한 형태가 된다는 것을 알 수 있다.

여기서 잠깐! 3차 행렬식의 계산

행렬식에 대해서는 추후에 선형대수학을 다룰 때 상세하게 다루지만 3차 행렬식에 대해서만 간략하게 설명한다.

먼저, 2차 행렬식은 다음과 같이 계산한다.

$$\begin{vmatrix} a_{11} & a_{12} \\ a_{21} & a_{22} \end{vmatrix} = a_{11}a_{22} - a_{12}a_{21}$$

다음으로 3차 행렬식은 다음과 같이 계산한다.

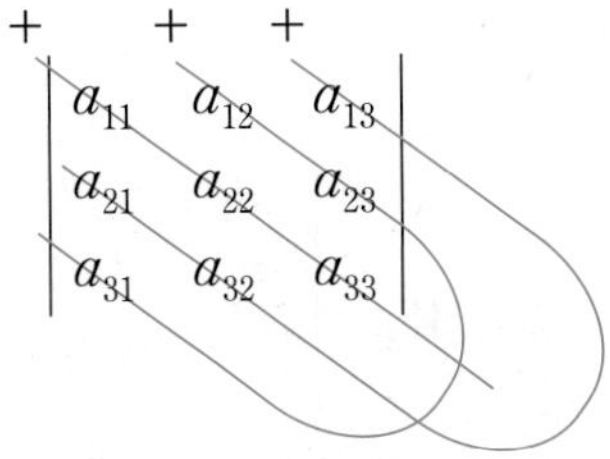

3개의 항을 짝을 지어 곱한 후 (+)부호를 붙인다.

$a_{11}a_{22}a_{33}$

$+a_{12}a_{23}a_{31}$

$+a_{21}a_{32}a_{13}$

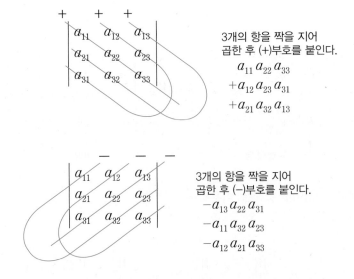

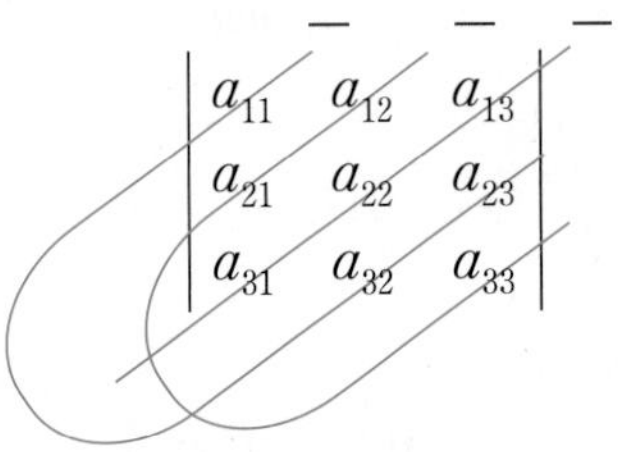

3개의 항을 짝을 지어 곱한 후 (−)부호를 붙인다.

$-a_{13}a_{22}a_{31}$

$-a_{11}a_{32}a_{23}$

$-a_{12}a_{21}a_{33}$

따라서 위의 두 과정을 결합하면 다음과 같다.

$$\begin{vmatrix} a_{11} & a_{12} & a_{13} \\ a_{21} & a_{22} & a_{23} \\ a_{31} & a_{32} & a_{33} \end{vmatrix} = \begin{matrix} a_{11}a_{22}a_{33} + a_{12}a_{23}a_{31} + a_{21}a_{32}a_{13} \\ -a_{13}a_{22}a_{31} - a_{11}a_{32}a_{23} - a_{12}a_{21}a_{33} \end{matrix}$$

예제 3.9

다음 미분방정식의 특수해를 매개변수변환법으로 구하라.

$$x^3 y''' - 3x^2 y'' + 6xy' - 6y = x^{-1}$$

풀이

$y = x^m$ 을 주어진 미분방정식의 제차방정식에 대입하여 정리하면 다음과 같다.

$$x^3 m(m-1)(m-2)x^{m-3} - 3x^2 m(m-1)x^{m-2} + 6xmx^{m-1} - 6x^m = 0$$
$$(m^3 - 6m^2 + 11m - 6)x^m = 0$$

$$\therefore\ m^3 - 6m^2 + 11m - 6 = (m-1)(m-2)(m-3) = 0$$

보조방정식의 근이 $m_1 = 1,\ m_2 = 2,\ m_3 = 3$ 이므로 제차방정식의 해는 다음과 같다.

$$y_h(x) = c_1 x + c_2 x^2 + c_3 x^3$$

$y_1 = x,\ y_2 = x^2,\ y_3 = x^3$ 으로 정의하여 Wronskian W를 계산하면 다음과 같다.

$$W = \begin{vmatrix} x & x^2 & x^3 \\ 1 & 2x & 3x^2 \\ 0 & 2 & 6x \end{vmatrix} = 2x^3$$

$W_1,\ W_2,\ W_3$ 를 계산하기 위해 y''' 의 계수가 1이 되어야 하므로(식(29) 참고) x^3 으로 주어진 미분방정식을 나누면 다음과 같다.

$$y''' - 3x^{-1}y'' + 6x^{-2}y' - 6x^{-3} = x^{-4}$$

따라서 $u(x) = x^{-4}$ 이 되므로 $W_i(i = 1, 2, 3)$를 계산하면

$$W_1 = \begin{vmatrix} 0 & x^2 & x^3 \\ 0 & 2x & 3x^2 \\ x^{-4} & 2 & 6x \end{vmatrix} = 1,\ W_2 = \begin{vmatrix} x & 0 & x^3 \\ 1 & 0 & 3x^2 \\ 0 & x^{-4} & 6x \end{vmatrix} = -2x^{-1}$$

$$W_3 = \begin{vmatrix} x & x^2 & 0 \\ 1 & 2x & 0 \\ 0 & 2 & x^{-4} \end{vmatrix} = x^{-2}$$

이 된다. 식(36)으로부터

$$v_1'=\frac{W_1}{W}=\frac{1}{2x^3}=\frac{1}{2}x^{-3}$$
$$v_2'=\frac{W_2}{W}=\frac{-2x^{-1}}{2x^3}=-x^{-4}$$
$$v_3'=\frac{W_3}{W}=\frac{x^{-2}}{2x^3}=\frac{1}{2}x^{-5}$$

이며, 각각 적분을 수행하면 다음과 같다.

$$v_1=\int\frac{1}{2}x^{-3}dx=\frac{1}{2}\int x^{-3}dx=\frac{1}{2}\left(-\frac{1}{2}x^{-2}\right)=-\frac{1}{4}x^{-2}$$
$$v_2=\int -x^{-4}dx=\frac{1}{3}x^{-3}$$
$$v_3=\int\frac{1}{2}x^{-5}dx=\frac{1}{2}\int x^{-5}dx=\frac{1}{2}\left(-\frac{1}{4}x^{-4}\right)=-\frac{1}{8}x^{-4}$$

따라서 특수해 $y_p(x)$ 다음과 같다.

$$\begin{aligned}y_p&=v_1y_1+v_2y_2+v_3y_3\\&=\left(-\frac{1}{4}x^{-2}\right)x+\left(\frac{1}{3}x^{-3}\right)x^2+\left(-\frac{1}{8}x^{-4}\right)x^3\\&=-\frac{1}{24}x^{-1}\end{aligned}$$

예제 3.10

다음 미분방정식의 특수해를 매개변수변환법으로 구하라.

$$y'''-2y''-y'+2y=e^{3x}$$

풀이

특성방정식을 구하면

$$\lambda^3-2\lambda^2-\lambda+2=(\lambda+1)(\lambda-1)(\lambda-2)=0$$
$$\therefore\ \lambda_1=-1,\ \lambda_2=1,\ \lambda_3=2$$

이므로 보조해 $y_h(x)=c_1e^{-x}+c_2e^x+c_3e^{2x}$ 가 된다.

$y_1 = e^{-x}$, $y_2 = e^{x}$, $y_3 = e^{2x}$ 로 정의하여 Wronskian W를 구하면 다음과 같다.

$$W = \begin{vmatrix} e^{-x} & e^{x} & e^{2x} \\ -e^{-x} & e^{x} & 2e^{2x} \\ e^{-x} & e^{x} & 4e^{2x} \end{vmatrix} = 6e^{2x}$$

y'''의 계수가 1 이므로 $u(x) = e^{3x}$가 되어 W_1, W_2, W_3를 계산하면 다음과 같다.

$$W_1 = \begin{vmatrix} 0 & e^{x} & e^{2x} \\ 0 & e^{x} & 2e^{2x} \\ e^{3x} & e^{x} & 4e^{2x} \end{vmatrix} = e^{6x}$$
$$W_2 = \begin{vmatrix} e^{-x} & 0 & e^{2x} \\ -e^{-x} & 0 & 2e^{2x} \\ e^{-x} & e^{3x} & 4e^{2x} \end{vmatrix} = -3e^{4x}$$
$$W_3 = \begin{vmatrix} e^{-x} & e^{x} & 0 \\ -e^{-x} & e^{x} & 0 \\ e^{-x} & e^{x} & e^{3x} \end{vmatrix} = 2e^{3x}$$

식(36)으로부터

$$v_1' = \frac{W_1}{W} = \frac{e^{6x}}{6e^{2x}} = \frac{1}{6}e^{4x}$$
$$v_2' = \frac{W_2}{W} = \frac{-3e^{4x}}{6e^{2x}} = -\frac{1}{2}e^{2x}$$
$$v_3' = \frac{W_3}{W} = \frac{2e^{3x}}{6e^{2x}} = \frac{1}{3}e^{x}$$

이며, 각각 적분을 수행하면 다음과 같다.

$$v_1 = \int \frac{1}{6}e^{4x}dx = \frac{1}{6}\left(\frac{1}{4}\right)e^{4x} = \frac{1}{24}e^{4x}$$
$$v_2 = \int -\frac{1}{2}e^{2x}dx = -\frac{1}{2}\left(\frac{1}{2}e^{2x}\right) = -\frac{1}{4}e^{2x}$$
$$v_3 = \int \frac{1}{3}e^{x}dx = \frac{1}{3}e^{x}$$

따라서 특수해 $y_p(x)$는 다음과 같다.

$$\begin{aligned} y_p(x) &= v_1y_1 + v_2y_2 + v_3y_3 \\ &= \left(\frac{1}{24}e^{4x}\right)e^{-x} + \left(-\frac{1}{4}e^{2x}\right)e^{x} + \left(\frac{1}{3}e^{x}\right)e^{2x} \\ &= \frac{1}{8}e^{3x} \end{aligned}$$

여기서, 미정계수법을 사용하여 〈예제 3.10〉의 특수해를 구해 보자. 특수해를 $y_p(x)=Ke^{3x}$ 라 가정하여 주어진 미분방정식에 대입하면

$$27Ke^{3x}-2(9Ke^{3x})-3Ke^{3x}+2Ke^{3x}=e^{3x}$$
$$8Ke^{3x}=e^{3x} \quad \therefore\ K=\frac{1}{8}$$

이므로 $y_p(x)=\frac{1}{8}e^{3x}$ 이다. 이 예제에서는 미정계수법을 사용하여 특수해를 구하는 것이 훨씬 계산이 간편함을 알 수 있다.

그런데 2장에서도 언급한 바와 같이 매개변수변환법은 미정계수법을 사용할 수 없는 경우, 즉 $u(x)$의 형태가 기본함수가 아닌 경우에 매우 유용한 방법이므로 두 방법은 상호보완적인 관계에 있음을 다시 한 번 지적해둔다.

3.6 복소지수함수를 이용한 특수해 결정

앞 절에서 복소지수함수 $e^{ix}=\cos x+i\sin x$ 에 대하여 학습하였다. e^{ix} 는 실수부(Real Part)가 $\cos x$, 허수부(Imaginary Part)가 $\sin x$ 인 복소함수이다. 강제함수가 사인이나 코사인 함수인 경우 미분방정식의 특수해를 구하는 데 있어 복소지수함수 e^{ix} 를 이용하면 계산과정이 매우 간단해지는 경우가 있어 이에 대해 설명하기로 한다.

예를 들어, 다음의 2차 미분방정식을 고찰해 본다.

$$y''+5y'+4y=2\cos x \tag{38}$$

미정계수법을 이용하여 특수해 y_p 를 구하기 위해서는 y_p 를 다음과 같이 가정해야 한다.

$$y_p(x)=A\cos x+B\sin x \tag{39}$$

식(39)를 미분하여 식(38)에 대입하여 정리한 다음 A와 B에 대한 연립방정식을

풀어 특수해를 구하게 된다. 이 과정은 개념적으로 어렵지는 않지만 긴 계산과정을 거쳐야 하므로 특수해를 구하는 것이 좀 지루한 측면이 있다.

식(38)의 우변의 강제함수는 $2\cos x$ 이므로 강제함수를 $2e^{ix}$ 로 주어진 다음의 방정식을 고찰해 본다.

$$\widetilde{y}''+5\widetilde{y}'+4\widetilde{y}=2e^{ix} \tag{40}$$

식(38)의 특수해 $y_p(x)$와 식(40)의 특수해 $\widetilde{y}_p(x)$는 상호간에 어떤 관계가 있을까? [그림 3.3]에 y_p와 $\widetilde{y}_p$와의 상관관계를 그림으로 도시하였다.

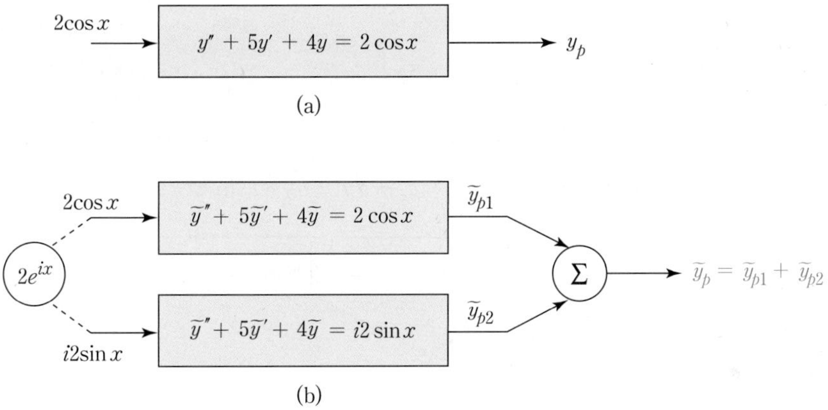

[그림 3.3] y_p와 $\widetilde{y}_p$의 상관관계

[그림 3.3]에서 알 수 있듯이 강제함수가 $2e^{ix}$인 경우는 $2e^{ix}=2\cos x+i2\sin x$ $2\cos x$이므로 각각 $2\cos x$와 $2\sin x$가 강제함수로 주어진 경우와 동일하다. 식(38)에서 강제함수가 $2\cos x$이므로 결국 $y_p=\widetilde{y}_{p1}$이 되며 $\widetilde{y}_{p1}$는 $\widetilde{y}_p$의 실수부를 취한 것과 같다. 즉,

$$y_p=\Re\mathrm{e}\{\widetilde{y}_p\} \tag{41}$$

이 되며, 만일 식(38)에서 강제함수가 $2\sin x$로 주어진 경우에는 특수해는 $\widetilde{y}_p$의 허수부를 취하면 된다.

복소지수함수를 이용한 특수해 결정

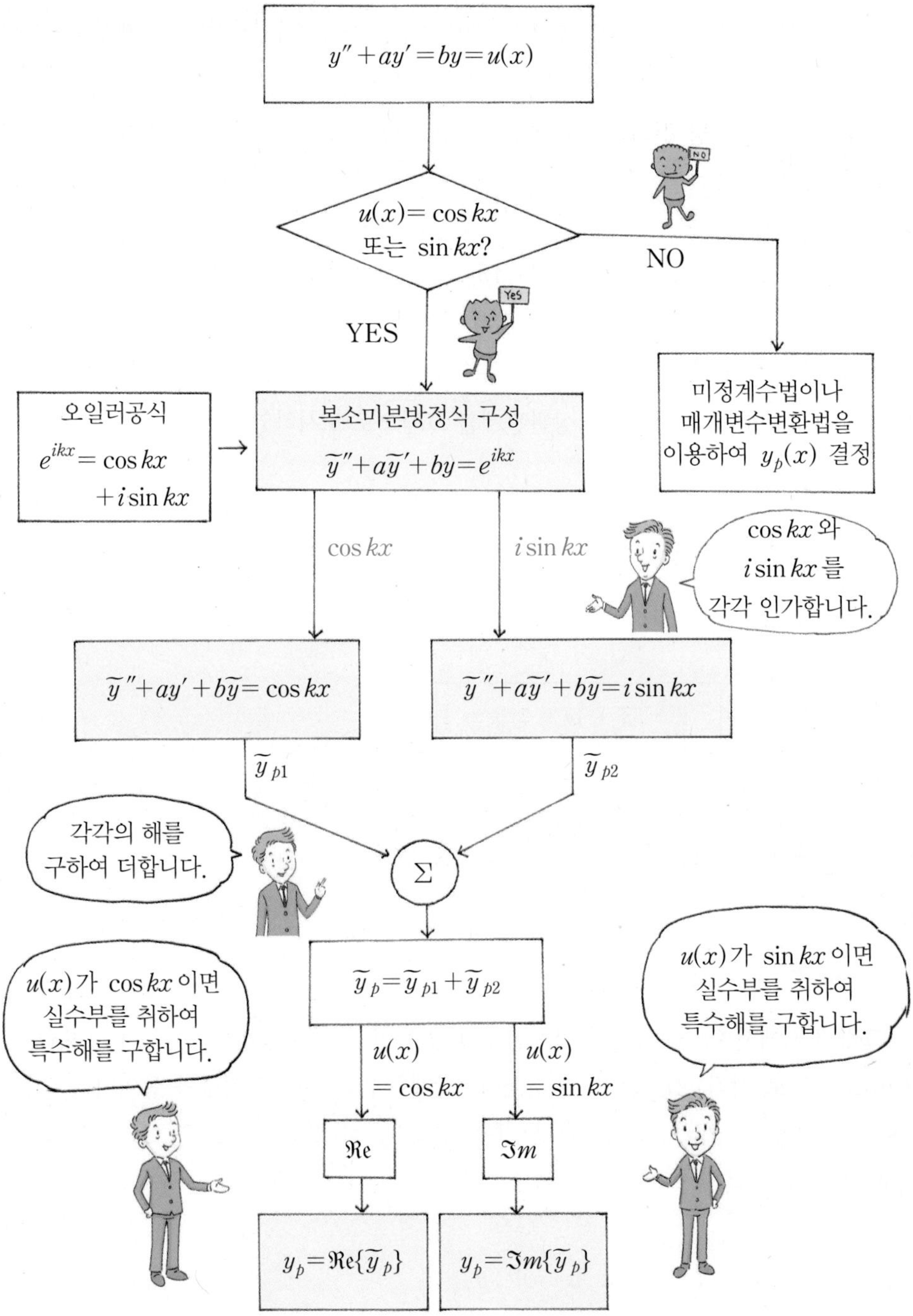

| 설명 | $u(x)$가 사인이나 코사인 함수로 주어진 경우 복소지수함수 e^{ikx}를 이용하여 복소미분방정식을 구성한 다음, 간단한 복소수 연산과정을 통하여 특수해 $\widetilde{y}_p$를 결정한 후 $u(x)$가 $\cos kx$로 주어지면 $\widetilde{y}_p$의 실수부를, $\sin kx$로 주어지면 $\widetilde{y}_p$의 허수부를 취하여 특수해 y_p를 결정할 수 있다.

$$y_p = \Im m\{\widetilde{y}_p\} \tag{42}$$

지금까지의 논의를 정리해 보면 다음과 같다.

상수계수를 가지는 선형미분방정식에서 강제함수가 사인이나 코사인 함수로 주어지는 경우, 강제함수로 주어진 사인이나 코사인 함수에 대응되는 복소지수함수로 대체하여 특수해를 구한 다음 실수부 또는 허수부를 취하면 된다. 복소지수함수를 이용하여 특수해를 구하는 과정은 지수함수는 삼각함수에 비해 미분이 간단하게 수행될 수 있다는 점에 착안한 것으로 이해하면 좋을 것이다.

식(40)으로 주어진 미분방정식의 특수해를 구해 보자. 특수해를

$$\widetilde{y}_p(x) = Ke^{ix}, \quad K\text{는 복소수}$$

로 가정하고, 미분하여 식(40)에 대입하면

$$\widetilde{y}_p{}' = Kie^{ix}$$
$$\widetilde{y}_p{}'' = -Ke^{ix}$$

$$(-Ke^{ix}) + 5(Kie^{ix}) + 4(Ke^{ix}) = 2e^{ix}$$
$$(3K + 5Ki)e^{ix} = 2e^{ix}$$

$$(3+5i)K = 2$$

$$\therefore\ K = \frac{2}{3+5i} = \frac{2(3-5i)}{(3+5i)(3-5i)} = \frac{3}{17} - \frac{5}{17}i$$

이므로, $\widetilde{y}_p$는 다음과 같다.

$$\widetilde{y}_p = \left(\frac{3}{17} - \frac{5}{17}i\right)e^{ix} = \left(\frac{3}{17} - \frac{5}{17}i\right)(\cos x + i\sin x) \tag{43}$$

식(43)에서 실수부만을 계산하여 $y_p(x)$를 구하면 다음과 같다.

$$y_p = \Re e\{\widetilde{y}_p\} = \frac{3}{17}\cos x + \frac{5}{17}\sin x \tag{44}$$

따라서 복소지수함수를 이용하여 특수해를 구하는 방법은 간단한 복소수 연산만을 통해 구해지므로 미정계수법을 이용하는 것보다 계산이 훨씬 간단함을 알 수 있다. 지금까지 설명한 방법은 2차뿐만 아니라 고차미분방정식에도 그대로 적용할 수 있는 매우 유용한 방법이다.

여기서 잠깐! Euler 공식

다음의 Euler 공식을 살펴본다.

$$e^{i\theta} \triangleq \cos\theta + i\sin\theta$$

θ 대신에 $-\theta$를 Euler 공식에 대입하면

$$e^{i(-\theta)} = e^{-i\theta} = \cos(-\theta) + i\sin(-\theta)$$
$$\therefore\ e^{-i\theta} = \cos\theta - i\sin\theta$$

가 얻어지므로 $e^{-i\theta}$는 $e^{i\theta}$의 공액 복소수임을 알 수 있다. 또한 $e^{i\theta}$와 $e^{-i\theta}$를 극좌표 형식으로 다음과 같이 표현할 수 있음에 주의하라.

$$e^{i\theta} = \cos\theta + i\sin\theta = 1\angle\theta$$
$$e^{-i\theta} = \cos\theta - i\sin\theta = 1\angle -\theta$$

복소지수함수 $e^{i\theta}$와 $e^{-i\theta}$를 복소평면에 도시하면 다음과 같다.

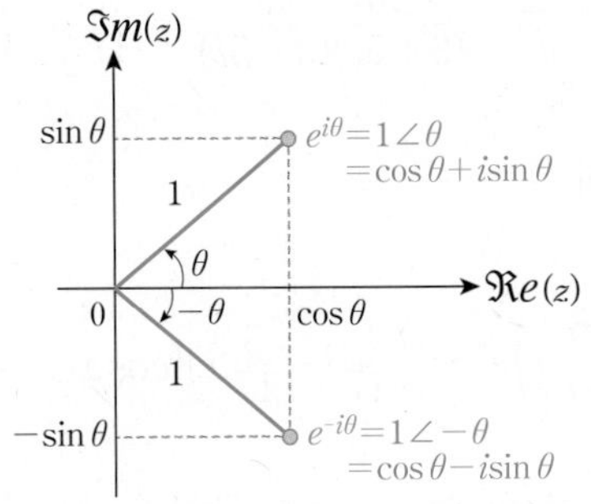

예제 3.11

다음 미분방정식의 특수해를 복소지수함수를 이용하여 구하라.

(1) $y''-y'+y=2\sin 3x$

(2) $y'''+2y''+y'=\cos x$

풀이

(1) 주어진 미분방정식을 다음과 같이 변환한다.

$$\tilde{y}''-\tilde{y}'+\tilde{y}=2e^{i3x} \tag{45}$$

식(45)의 특수해를 $\tilde{y}_p=Ke^{i3x}$ 로 가정하여 미분하면

$$\begin{aligned}\tilde{y}_p'&=3Kie^{i3x}\\ \tilde{y}_p''&=-9Ke^{i3x}\end{aligned}$$

$$\begin{aligned}(-9Ke^{i3x})-(3Kie^{i3x})+Ke^{i3x}&=2e^{i3x}\\ -K(8+3i)e^{i3x}&=2e^{i3x}\\ -K(8+3i)&=2\end{aligned}$$

$$\therefore\ K=\frac{-2}{8+3i}=\frac{-2(8-3i)}{(8+3i)(8-3i)}=-\frac{16}{73}+\frac{6}{73}i$$

이 되므로 특수해 $\tilde{y}_p$는 다음과 같다.

$$\tilde{y}_p=Ke^{i3x}=\left(-\frac{16}{73}+\frac{6}{73}i\right)(\cos 3x+i\sin 3x)$$

따라서 주어진 미분방정식의 특수해 y_p는 $\tilde{y}_p$의 허수부를 취하여 구할 수 있다.

$$y_p=\Im m\{\tilde{y}_p\}=-\frac{16}{73}\sin 3x+\frac{6}{73}\cos 3x$$

(2) 주어진 미분방정식을 다음과 같이 변환한다.

$$\tilde{y}'''+2\tilde{y}''+\tilde{y}'=e^{ix} \tag{46}$$

식(46)의 특수해를 $\widetilde{y}_p=Ke^{ix}$ 로 가정하여 미분하여 주어진 미분방정식에 대입하면

$$\widetilde{y}_p'=Kie^{ix},\ \widetilde{y}_p''=-Ke^{ix},\ \widetilde{y}_p'''=-Kie^{ix}$$

$$(-Kie^{ix})+2(-Ke^{ix})+Kie^{ix}=e^{ix}$$

$$-2K=1 \quad \therefore\ K=-\frac{1}{2}$$

이 되므로 특수해 $\widetilde{y}_p$는 다음과 같다.

$$\widetilde{y}_p=Ke^{ix}=-\frac{1}{2}(\cos x+i\sin x)$$

따라서 주어진 미분방정식의 특수해 y_p는 $\widetilde{y}_p$의 실수부를 취하여 구할 수 있다.

$$y_p=\Re\mathrm{e}\{\widetilde{y}_p\}=-\frac{1}{2}\cos x$$

예제 3.12

다음 미분방정식의 특수해를 복소지수함수를 이용하여 구하라.

$$y'''+2y''+y'=\sin x$$

풀이

주어진 미분방정식을 다음과 같이 변환한다.

$$\widetilde{y}'''+2\widetilde{y}''+\widetilde{y}'=e^{ix}$$

특수해를 $\widetilde{y}_p=Ke^{ix}$ 로 가정하여 미분한 다음 주어진 미분방정식에 대입하면

$$\widetilde{y}_p'=Kie^{ix},\ \widetilde{y}_p''=-Ke^{ix},\ \widetilde{y}_p'''=-Kie^{ix}$$

$$(-Kie^{ix})+2(-Ke^{ix})+Kie^{ix}=e^{ix}$$

$$-2K=1 \quad \therefore\ K=-\frac{1}{2}$$

이 되므로 특수해 $\widetilde{y}_p$는 다음과 같다.

$$\widetilde{y}_p = Ke^{ix} = -\frac{1}{2}(\cos x + i\sin x)$$

따라서 주어진 미분방정식의 특수해 y_p는 $\widetilde{y}_p$의 허수부를 취하여 구할 수 있다.

$$y_p = \Im m\{\widetilde{y}_p\} = -\frac{1}{2}\sin x$$

3.7 연립미분방정식

두 개 이상의 스프링–질량시스템(Spring–Mass System)이나 여러 개의 루프(Loop)를 가진 RLC 회로 등을 수학적으로 표현하게 되면 몇 개의 미분방정식이 결합된 형태, 즉 연립미분방정식으로 구성된다. 일반적인 연립미분방정식을 풀기란 매우 어려운 일이어서 컴퓨터의 도움을 받아 근사해를 구하는 정도이지만, 상수계수를 가지는 연립미분방정식은 해석적으로 해를 구할 수 있다.

상수계수를 가지는 연립미분방정식은 대수적인 조작에 의해 적절하게 변수를 소거하는 방법을 통해 해를 구할 수 있다.

예를 들어, 다음 연립미분방정식을 고려해 보자.

$$\begin{cases} \dfrac{dx}{dt} = 2x - y \\ \dfrac{dy}{dt} = x \end{cases} \quad \text{또는} \quad \begin{cases} x' = 2x - y & (47) \\ y' = x & (48) \end{cases}$$

위의 식은 두 개의 변수 x, y에 대한 1차 연립미분방정식인데, 식(48)을 미분하여 식(47)을 대입하면

$$y'' = x' = 2x - y = 2y' - y$$

이므로 x에 대한 항이 소거되어 y에 대한 2차 미분방정식이 얻어진다.

$$y'' - 2y' + y = 0 \tag{49}$$

식(49)의 해는 $y=c_1e^t+c_2te^t$ 이므로 식(48)로부터 x는 다음과 같이 구해진다.

$$x=y'=c_1e^t+c_2te^t+c_2e^t$$

따라서 주어진 연립미분방정식의 해는 다음과 같다.

$$\begin{aligned} x(t)&=(c_1+c_2)e^t+c_2te^t \\ y(t)&=c_1e^t+c_2te^t \end{aligned} \tag{50}$$

식(50)에서 $x(t)$와 $y(t)$의 표현에는 전부 4개의 상수가 포함되지만 4개의 상수가 모두 독립적인 것이 아니고 두 개의 상수 c_1과 c_2만으로 표현된다는 것에 유의하라.

한편, 식(47)을 미분하여 식(48)에 대입함으로써 y를 소거하여 연립미분방정식의 해를 구할 수도 있다.

$$\begin{aligned} x''&=2x'-y'=2x'-x \\ \therefore\ x''&-2x'+x=0 \end{aligned} \tag{51}$$

식(51)의 해는 $x=c_3e^t+c_4te^t$ 이므로 식(47)로부터 y는 다음과 같이 구해진다.

$$\begin{aligned} y&=2x-x'=2(c_3e^t+c_4te')-(c_3e^t+c_4te^t+c_4e^t) \\ \therefore\ y&=(c_3-c_4)e^t+c_4te^t \end{aligned}$$

따라서 주어진 연립방정식의 해는 다음과 같다.

$$\begin{aligned} x(t)&=c_3e^t+c_4te^t \\ y(t)&=(c_3-c_4)e^t+c_4te^t \end{aligned} \tag{52}$$

식(52)의 $y(t)$의 두 계수를 더한 것이 $x(t)$의 e^t의 계수가 되고 $y(t)$의 te^t의 계수와 $x(t)$의 te^t의 계수가 동일하므로 식(50)과 식(52)는 동일한 표현이라는 것에 유의하라.

결국 위의 예제에서도 알 수 있듯이 주어진 연립방정식에서 어떤 변수를 먼저 소거하여 해를 구해도 연립방정식의 해는 변함이 없다. 계수가 달라 보인다고 해서 다른 해가 아님에 유의하자.

예제 3.13

다음 연립방정식의 해를 구하라.

$$\begin{cases} x''=4y+e^t \\ y''=4x-e^t \end{cases}$$

풀이

y''에 대한 식을 x에 대해 풀면 $x=\frac{1}{4}(y''+e^t)$이므로 두 번 미분하여 연립방정식의 첫 번째 방정식에 대입하면 다음과 같다.

$$\begin{aligned} &x''=\frac{1}{4}(y^{(4)}+e^t) \\ &\frac{1}{4}(y^{(4)}+e^t)=4y+e^t \\ &\therefore\ y^{(4)}-16y=3e^t \end{aligned} \tag{53}$$

식(53)의 특성방정식은 $\lambda^4-16=(\lambda-2)(\lambda+2)(\lambda^2+4)=0$이므로

$$\lambda_1=2,\ \lambda_2=-2,\ \lambda_3=+2i,\ \lambda_4=-2i$$

가 된다. 보조해는 $y_h(t)=c_1e^{2t}+c_2e^{-2t}+c_3\cos 2t+c_4\sin 2t$이다. 한편, 특수해 $y_p(t)=Ke^t$라 가정하여 식(53)에 대입하면

$$\begin{aligned} &Ke^t-16Ke^t=3e^t \\ &\therefore\ K=-\frac{3}{15}=-\frac{1}{5} \end{aligned}$$

이므로 $y_p(t)=-\frac{1}{5}e^t$가 된다.

따라서 식(53)의 일반해 $y(t)$는 다음과 같다.

$$\begin{aligned} \therefore\ y(t)&=y_h(t)+y_p(t) \\ &=c_1e^{2t}+c_2e^{-2t}+c_3\cos 2t+c_4\sin 2t-\frac{1}{5}e^t \end{aligned}$$

한편, $x=\frac{1}{4}(y''+e^t)$이므로 $y(t)$를 두 번 미분하여 $x(t)$를 구할 수 있다.

$$y'(t)=2c_1e^{2t}-2c_2e^{-2t}-2c_3\sin 2t+2c_4\cos 2t-\frac{1}{5}e^t$$
$$y''(t)=4c_1e^{2t}+4c_2e^{-2t}-4c_3\cos 2t-4c_4\sin 2t-\frac{1}{5}e^t$$

$$\therefore\ x(t)=\frac{1}{4}(y''+e^t)=c_1e^{2t}+c_2e^{-2t}-c_3\cos 2t-c_4\sin 2t+\frac{1}{5}e^t$$

예제 3.14

다음 연립미분방정식을 풀어라.

$$\begin{cases} -\dfrac{dx}{dt}-4y=1 \\ \dfrac{dy}{dt}+x=2 \end{cases}$$

풀이

주어진 연립미분방정식의 두 번째 식을 미분하면 다음과 같다.

$$\begin{aligned} &y''+x'=0 \\ &y''=-x'=4y+1 \\ &\therefore\ y''-4y=1 \end{aligned} \tag{54}$$

특성방정식이 $\lambda^2-4=(\lambda+2)(\lambda-2)=0$, $\lambda_1=2$, $\lambda_2=-2$ 이므로 보조해는 다음과 같다.

$$y_h(t)=c_1e^{2t}+c_2e^{-2t}$$

특수해 $y_p=K$ 라 가정하여 식(54)에 대입하면

$$-4K=1 \quad \therefore\ K=-\frac{1}{4}$$

이므로 $y_p=-\frac{1}{4}$ 이 된다. 따라서 일반해 $y(t)$는 다음과 같다.

$$y(t)=y_h(t)+y_p(t)=c_1e^{2t}+c_2e^{-2t}-\frac{1}{4}$$

연립방정식의 두 번째 식에서 x에 대해 정리하면 다음과 같다.

$$x=-y'+2=-(2c_1e^{2t}-2c_2e^{-2t})+2$$

$$\therefore\ x(t)=-2c_1e^{2t}+2c_2e^{-2t}+2$$

미분연산자로 표현된 연립미분방정식은 미분연산자를 계수로 간주하여 적절히 변수를 소거함으로써 해를 구할 수 있으며 이를 〈예제 3.15〉에서 설명하였다.

예제 3.15

다음 연립미분방정식의 해를 구하라. 단, $D\triangleq\dfrac{d}{dt}$로 정의되는 미분연산자이다.

$$\begin{cases} Dx+(D+3)y=0 \\ (D-1)x+4y=0 \end{cases} \quad \text{또는} \quad \begin{cases} x'+y'+3y=0 \\ x'-x+4y=0 \end{cases}$$

풀이

주어진 연립미분방정식에서 x에 대한 항을 소거하기 위해 첫 번째 방정식에는 $D-1$을 곱하고, 두 번째 방정식에 D를 곱하여 빼면 다음과 같다.

$$\begin{array}{rl} & D(D-1)x+(D-1)(D+3)y=0 \\ -) & \underline{D(D-1)x+4Dy=0} \\ & (D-1)(D+3)y-4Dy=0 \\ & (D^2-2D-3)y=0 \longrightarrow y''-2y'-3y=0 \end{array}$$

$$\therefore\ y(t)=c_1e^{-t}+c_2e^{3t}$$

마찬가지 방법으로 y에 대한 항을 소거하기 위해 첫 번째 방정식에는 4를 곱하고, 두 번째 방정식에 $D+3$을 곱하여 빼면 다음과 같다.

$$\begin{array}{rl} & 4Dx+4(D+3)y=0 \\ -) & \underline{(D-1)(D+3)x+4(D+3)y=0} \\ & 4Dx-(D-1)(D+3)x=0 \\ & (D^2-2D-3)x=0 \longrightarrow x''-2x'-3x=0 \end{array}$$

$$\therefore\ x(t)=c_3e^{-t}+c_4e^{3t}$$

$x(t)$와 $y(t)$를 첫 번째 연립미분방정식에 대입하면 다음과 같다.

$$Dx+(D+3)y=(2c_1-c_3)e^{-t}+(6c_2+3c_4)e^{3t}=0$$
$$\therefore\ c_3=2c_1,\ c_4=-2c_2$$

따라서 주어진 연립미분방정식의 해 $x(t)$와 $y(t)$는 다음과 같다.

$$x(t)=2c_1e^{-t}-2c_2e^{3t}$$
$$y(t)=c_1e^{-t}+c_2e^{3t}$$

연립미분방정식의 해법에는 본 절에서 설명한 소거법이 있지만 경우에 따라서는 변수를 소거하는 것이 쉽지 않을 수도 있다. 제4장에서 학습하는 Laplace 변환을 이용하면 연립미분방정식의 해를 보다 쉽게 구할 수 있다.

쉬어가는 코너 비정상적인 곡선

맹 교수 눈송이의 곡선이 역설적으로 보이지만, 불가능한 곡선은 아니다. 정삼각형 모양의 크리스마스 트리에서부터 시작하여 그것을 만들어 보자.

최초의 삼각형에서 각 변의 1/3이 되는 중앙 지점에 새로운 삼각형들을 만듦으로써, 이 작은 천사는 6개의 팔을 가진 별 모양을 만들었다.

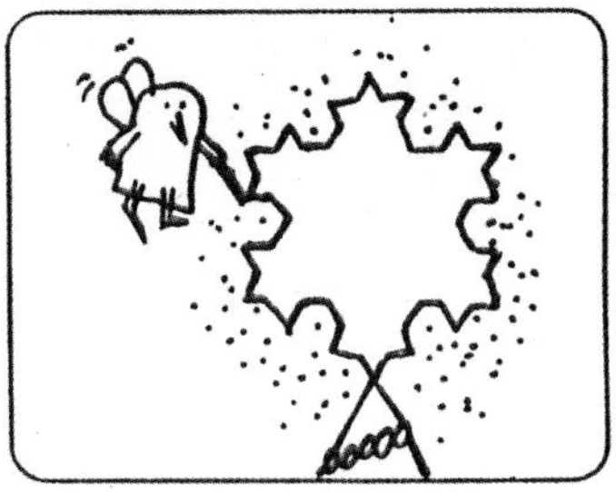

그 다음에 그는 별의 팔을 이루는 각 변 위에 삼각형을 만들었다. 곡선의 길이가 늘어나면서, 이제 눈송이 모양을 닮아간다.

곡선의 길이는 더욱 늘어나고, 눈송이 모양은 더욱 아름다워진다.

이 과정은 끝없이 반복할 수 있으며, 곡선의 길이는 원하는 만큼 늘어난다. 마찬가지로 우표 위에 이러한 곡선을 만들어가면, 지구에서 가장 멀리 떨어진 별만큼의 거리에 해당하는 길이를 가진 곡선도 만들 수 있다.

해설

눈송이의 곡선은 무한 곡선 중에서 가장 아름다운 것 중의 하나로, 그 역설적인 성질 때문에 비정상적인 곡선이라 불린다. 눈송이 모양의 곡선은 무한히 계속 만들어갈 수 있는데, 이 곡선의 길이는 무한이면서도 그 곡선의 경계는 유한한 표면 위에 한정되어 있다. 다시 말해서, 계속 늘어나는 곡선의 길이를 나타내는 무한급수는 발산하는 데 반해, 그러한 곡선에 의해 경계지어진 면적은 최초의 삼각형 면적의 8/5에 수렴한다. 한편, 경계를 이루는 곡선상의 어느 점에 접선을 긋는 것은 불가능하다.

눈송이의 곡선은 극한의 개념을 이해하는 데 큰 도움이 된다. 예를 들면, 맨 처음의 삼각형의 면적이 1이었다면, 눈송이의 곡선을 무한히 그은 다음의 면적은 최초의 8/5임을 증명해 볼 수 있다.

출처: 「이야기 파라독스」, 사계절

연습문제

01 다음 미분방정식의 일반해를 구하라.

(1) $y''' + y'' = 0$

(2) $y''' - y'' - 4y' + 4y = 0$

(3) $y^{(4)} + 10y'' + 9y = 0$

02 다음 오일러-코시 방정식을 풀어라.

(1) $x^3 y''' + x^2 y'' - 2xy' + 2y = 0$

(2) $4x^3 y''' + 3xy' - 3y = 0$

03 다음 미분방정식의 일반해를 구하라.

(1) $y''' + 3y'' + 3y' + y = 8e^x + 2x + 5$

(2) $y''' - y'' - 4y' + 4y = 10e^{-x}$

(3) $y''' - 4y' = 10\cos x + 5\sin x$

04 다음 미분방정식의 특수해를 매개변수변환법을 이용하여 구하라.

$$y''' + y' = \tan x$$

05 다음 미분방정식에 대하여 물음에 답하라.

$$y''' - 4y'' - 3y' = 3\cos x$$

(1) 미정계수법을 이용하여 특수해를 구하라.

(2) 매개변수변환법을 이용하여 특수해를 구하라.

(3) 복소지수함수를 이용하여 특수해를 구하라.

06 다음 연립미분방정식의 해를 구하라. 단, x와 y에 대한 미분은 독립변수 t에 대한 미분이다.

(1) $\begin{cases} x' = -y + t \\ y' = x - t \end{cases}$

(2) $\begin{cases} x'' + y' = -5x \\ x' + y' = -x + 4y \end{cases}$

07 다음 초깃값 문제의 해를 구하라.

$$y''' - 3y'' - y' + 3y = 0,\ \ y(0) = -1,\ \ y'(0) = 0,\ \ y''(0) = 1$$

08 매개변수변환법을 이용하여 다음 미분방정식의 특수해를 구하라.

$$y''' - 2y'' - y' + 2y = e^{2x}$$

09 다음 비제차미분방정식의 특수해를 구하라.

(1) $y''' - 6y'' + 12y' - 8y = e^{3x}$

(2) $y''' - 3y'' + 4y' - 2y = 3e^{x}\cos 2x$

10 다음 미분방정식의 특수해를 복소지수함수를 이용하여 구하라.

(1) $y'' + 4y' + 3y = 4\cos 5x$

(2) $y''' + 3y'' + 2y' + y = 10\sin x$

11 다음 미분방정식의 일반해를 구하라.

$$4y''' - 8y'' + y' - 2y = 2\sinh(x)$$

12 다음 초깃값 문제의 해를 구하라.

$$y''' - 9y'' + 27y' - 27y = 10e^{-5x}$$
$$y(0) = 0,\ \ y'(0) = 1,\ \ y''(0) = 0$$

13 다음 미분방정식의 일반해를 구하라.

$$y^{(5)} - 5y^{(3)} + 4y' = 5e^{-3x}$$

14 다음 비제차미분방정식의 일반해를 구하라.

$$y''' + 2y'' + y' = 4e^{2x} - 3\cos 2x$$

15 다음의 초깃값 문제의 해를 구하라.

$$y''' - 2y'' - y' + 2y = 2x - 1$$
$$y(0) = 1,\ \ y'(0) = -3,\ \ y''(0) = 4$$

16 다음 미분방정식의 일반해를 구하라.

$$y''' - 6y'' + 12y' - 8y = 4e^{5x} + x$$

17 다음 미분방정식의 일반해를 구하라.

$$y''' - 3y'' + 4y' - 2y = x^2 + 2x + 1$$

18 다음 미분방정식의 특수해를 복소지수함수를 이용하여 구하라.

$$y''' + 3y'' + 2y' + y = 10\cos x$$

19 다음 미분방정식의 일반해를 구하라.

$$y^{(4)} + 2y'' + y = e^x$$

20 다음 미분방정식의 특수해를 구하라.

$$y''' - 2y'' - y' + 2y = 40e^{-3x} + x + 3$$

CHAPTER 04

Laplace 변환

4.1 Laplace 변환의 정의와 선형성 | 4.2 Laplace 역변환과 부분분수

4.3 이동정리 | 4.4 미분과 적분의 Laplace 변환 | 4.5 Laplace 변환의 미분과 적분

4.6 선형미분방정식의 해법 | 4.7 합성곱 이론 | 4.8 주기함수의 Laplace 변환

4.9 선형연립미분방정식의 해법

CHAPTER

04 Laplace 변환

▶ 단원 개요

본 장에서는 시간영역의 함수를 주파수영역의 함수로 변환시킴으로써 시간영역에서 주어진 복잡한 공학문제들을 주파수영역에서의 단순한 문제들로 변형시켜 해결하는 Laplace 변환에 대해 학습한다. Laplace 변환을 이용하면 선형미분방정식은 물론 선형연립미분방정식의 해도 간단한 대수방정식의 해를 구함으로써 쉽게 구할 수 있다. 더욱이 합성곱이라는 시간영역에서의 복잡한 연산도 Laplace 변환과 역변환을 이용하여 쉽게 계산할 수 있다는 사실은 Laplace 변환이 얼마나 강력한 수학적인 도구인가를 알 수 있게 해 준다.

Laplace 변환은 공학도들에게 복잡한 공학적인 문제해결에 대한 열쇠를 제공한다는 의미에서 골치 아픈 수학적인 도구가 아니라 꼭 배워야 할 유용한 수학적인 도구라는 생각을 가지는 것이 매우 중요하다.

4.1 Laplace 변환의 정의와 선형성

모든 $t \geq 0$에서 정의된 t-영역의 함수 $f(t)$가 주어져 있다고 가정한다. 다음과 같이 $f(t)$에 지수함수 e^{-st}를 곱하고 0에서 ∞까지 t에 대해 적분을 수행할 때, 이 적분값이 존재하는 경우 그 값은 s의 함수 $F(s)$가 된다. 즉,

$$F(s) = \int_0^\infty f(t)e^{-st}dt \tag{1}$$

식(1)의 $F(s)$를 t-영역의 함수 $f(t)$의 Laplace 변환(Laplace Transform)이라 부르며, 기호로는 $\mathcal{L}\{f(t)\} \triangleq F(s)$로 표기한다.

$$\mathcal{L}\{f(t)\} \triangleq F(s) = \int_0^\infty f(t)e^{-st}dt \tag{2}$$

[그림 4.1]에 Laplace 변환의 개념을 나타내었다.

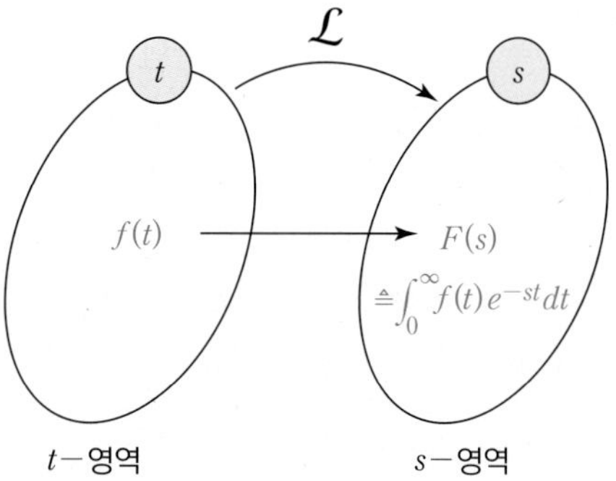

[그림 4.1] Laplace 변환의 정의

일반적으로 t−영역에서 주어진 함수는 소문자로 표기하고, 그의 Laplace 변환은 같은 문자의 대문자로 표기한다. 예를 들어,

$$\begin{aligned} \mathcal{L}\{f(t)\} &= F(s) \\ \mathcal{L}\{g(t)\} &= G(s) \end{aligned} \tag{3}$$

와 같이 표기한다.

[그림 4.1]에서 알 수 있듯이 Laplace 변환은 시간영역의 함수 $f(t)$를 s−영역의 함수 $F(s)$에 유일하게 대응시키는 일대일 대응관계라 할 수 있다.

예제 4.1

다음 함수들의 Laplace 변환을 구하라.

(1) $f(t)=2,\ t\geq 0$

(2) $g(t)=e^{-t},\ t\geq 0$

풀이

(1) $\mathcal{L}$−변환의 정의에 의해

$$F(s)=\int_0^\infty f(t)e^{-st}dt=\int_0^\infty 2e^{-st}dt=-\frac{2}{s}e^{-st}\Big|_0^\infty=\frac{2}{s}$$

이 된다. 여기서 한 가지 주의할 것은 $s>0$ (좀 더 엄격히는 $\Re e(s)>0$)이라는 조건이 없다면 $f(t)$의 Laplace 변환의 값은 유한한 값으로 수렴하지 않음에 주목하라.

(2) $\mathcal{L}$-변환의 정의에 의해

$$G(s)=\int_0^{\infty} g(t)e^{-st}dt=\int_0^{\infty} e^{-t}e^{-st}dt=\int_0^{\infty} e^{-(s+1)t}dt$$
$$=-\frac{1}{s+1}e^{-(s+1)t}\Big|_0^{\infty}=\frac{1}{s+1},\ s+1>0$$

〈예제 4.1〉에서 어떤 함수의 Laplace 변환을 결정하기 위해서는 어떤 특정한 조건을 만족하는 영역에서만 Laplace 변환이 존재한다는 것을 알았다.

또한 식(2)의 Laplace 변환은 0부터 ∞까지 무한 구간에서 적분을 수행하기 때문에 적분이 항상 유한한 값 $F(s)$에 수렴한다는 보장을 할 수는 없다. 그렇다면 Laplace 변환이 존재하기 위해서는 $f(t)$는 어떤 조건을 만족해야 하는가? $f(t)$에 대한 조건을 수학적으로 엄밀하게 제시하는 것보다는 공학도에게 적합하도록 결론만 간단하게 이야기하면, Laplace 변환의 피적분함수 $e^{-st}f(t)$가 어떤 고정된 s에 대하여 음의 지수함수처럼 $t\to\infty$일 때 충분히 빠르게 0으로 수렴해간다면 식(2)의 적분은 존재한다. 또한 $f(t)$가 연속이 아니고, 구간 연속(Piecewise Continuous)인 함수일지라도 Laplace 변환은 존재한다.

어떤 함수의 Laplace 변환을 계산할 때마다 항상 식(2)의 정의에 따라 적분을 계산해야 하는 것은 아니다. 왜냐하면 Laplace 변환을 직접 계산하지 않고 변환을 구할 수 있도록 도와주는 여러 가지 유용한 성질들이 있기 때문이다. 가장 대표적인 성질인 선형성(Linearity)에 대해 고찰한다.

$f(t)$와 $g(t)$의 Laplace 변환을 각각 다음과 같다고 하자.

$$\mathcal{L}\{f(t)\}=F(s)$$
$$\mathcal{L}\{g(t)\}=G(s) \tag{4}$$

$f(t)$와 $g(t)$의 선형결합인 $k_1f(t)+k_2g(t)$의 Laplace 변환을 계산하면

$$
\begin{aligned}
\mathcal{L}\{k_1 f(t)+k_2 g(t)\} &= \int_0^\infty \{k_1 f(t)+k_2 g(t)\}e^{-st}dt \\
&= \int_0^\infty k_1 f(t)e^{-st}dt + \int_0^\infty k_2 g(t)e^{-st}dt \\
&= k_1 \underbrace{\int_0^\infty f(t)e^{-st}dt}_{f(t)\text{의 Laplace 변환}} + k_2 \underbrace{\int_0^\infty g(t)e^{-st}dt}_{g(t)\text{의 Laplace 변환}}
\end{aligned}
$$

$$
\therefore \mathcal{L}\{k_1 f(t)+k_2 g(t)\} = k_1\mathcal{L}\{f(t)\}+k_2\mathcal{L}\{g(t)\} \tag{5}
$$

이 성립하므로 Laplace 변환 $\mathcal{L}$은 선형연산자이다.

〈예제 4.1〉에서 $\mathcal{L}\{2\}=\dfrac{2}{s}$, $\mathcal{L}\{e^{-t}\}=\dfrac{1}{s+1}$ 이므로 선형성에 의해 다음의 관계가 성립함을 알 수 있다.

$$
\begin{aligned}
\mathcal{L}\{5\cdot 2+3e^{-t}\} &= 5\mathcal{L}\{2\}+3\mathcal{L}\{e^{-t}\} \\
&= \frac{10}{s}+\frac{3}{s+1} = \frac{13s+10}{s(s+1)}
\end{aligned}
$$

[그림 4.2]에 Laplace 변환의 선형성에 대한 개념을 도시하였다.

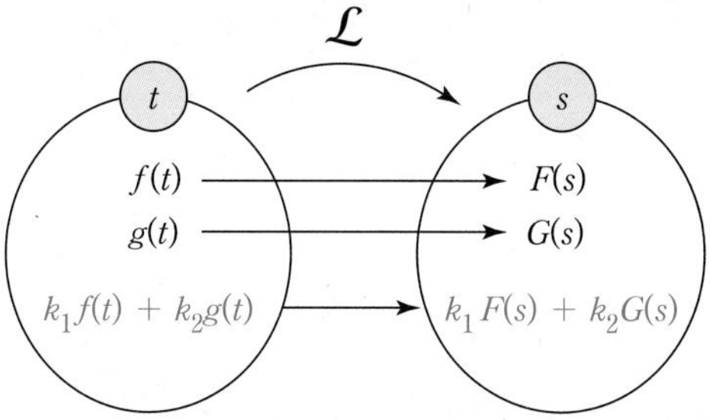

[그림 4.2] Laplace 변환의 선형성

예제 4.2

다음 함수의 Laplace 변환을 구하라.

(1) e^{at}, a는 상수

(2) $\sinh at \triangleq \dfrac{1}{2}(e^{at}-e^{-at})$

(3) $\cosh at \triangleq \dfrac{1}{2}(e^{at}+e^{-at})$

풀이

(1) Laplace 변환의 정의에 의해

$$\begin{aligned}\mathcal{L}\{e^{at}\} &= \int_0^\infty e^{at}e^{-st}dt = \int_0^\infty e^{-(s-a)t}dt \\ &= -\frac{1}{s-a}e^{-(s-a)t}\Big|_0^\infty = \frac{1}{s-a},\ s-a>0\end{aligned}$$

(2) Laplace 변환의 선형성에 의해

$$\begin{aligned}\mathcal{L}\{\sinh at\} &= \mathcal{L}\left\{\frac{1}{2}e^{at} - \frac{1}{2}e^{-at}\right\} \\ &= \frac{1}{2}\mathcal{L}\{e^{at}\} - \frac{1}{2}\mathcal{L}\{e^{-at}\} \\ &= \frac{1}{2}\left\{\frac{1}{s-a} - \frac{1}{s+a}\right\} = \frac{a}{s^2-a^2}\end{aligned}$$

(3) Laplace 변환의 선형성에 의해

$$\begin{aligned}\mathcal{L}\{\cosh at\} &= \mathcal{L}\left\{\frac{1}{2}e^{at} + \frac{1}{2}e^{-at}\right\} \\ &= \frac{1}{2}\mathcal{L}\{e^{at}\} + \frac{1}{2}\mathcal{L}\{e^{-at}\} \\ &= \frac{1}{2}\left\{\frac{1}{s-a} + \frac{1}{s+a}\right\} = \frac{s}{s^2-a^2}\end{aligned}$$

여기서 잠깐! | 쌍곡선함수의 정의와 미분

쌍곡선함수(Hyperbolic Function)는 다음과 같이 지수함수로 정의되는 함수이다.

$$\begin{aligned}\sinh x &\triangleq \frac{e^x - e^{-x}}{2} \\ \cosh x &\triangleq \frac{e^x + e^{-x}}{2} \\ \tanh x &\triangleq \frac{\sinh x}{\cosh x} = \frac{e^x - e^{-x}}{e^x + e^{-x}} = \frac{e^{2x}-1}{e^{2x}+1}\end{aligned}$$

$\sinh x$를 미분해보면

$$\frac{d}{dx}(\sinh x) = \frac{d}{dx}\left(\frac{e^x - e^{-x}}{2}\right) = \frac{1}{2}e^x + \frac{1}{2}e^{-x} = \cosh x$$

이며, $\cosh x$를 미분하면

$$\frac{d}{dx}(\cosh x) = \frac{d}{dx}\left(\frac{e^x + e^{-x}}{2}\right) = \frac{1}{2}e^x - \frac{1}{2}e^{-x} = \sinh x$$

가 됨을 알 수 있다.

예제 4.3

다음 물음에 답하라.

(1) 다음 복소지수함수의 Laplace 변환을 구하라. 단, a와 b는 실수이다.

$$\mathcal{L}\{e^{(a+bi)t}\}$$

(2) (1)의 결과를 이용하여 다음 함수의 Laplace 변환을 구하라.

$$f_1(t) = e^{at}\cos bt,\ \ f_2(t) = e^{at}\sin bt$$

(3) (1)에서 $a=0$인 경우로부터 다음 함수의 Laplace 변환을 구하라.

$$g_1(t) = \cos bt,\ \ g_2(t) = \sin bt$$

풀이

(1) 〈예제 4.2〉의 결과를 이용하면

$$\begin{aligned}\mathcal{L}\{e^{(a+bi)t}\} &= \frac{1}{s-(a+bi)} = \frac{(s-a)+bi}{\{(s-a)-bi\}\{(s-a)+bi\}} \\ &= \frac{(s-a)+bi}{(s-a)^2+b^2}\end{aligned}$$

(2) 오일러 공식을 이용하면

$$e^{(a+bi)t} = e^{at}e^{ibt} = e^{at}\{\cos bt + i\sin bt\}$$

이므로, Laplace 변환의 선형성에 의해 다음의 관계가 성립한다.

$$
\begin{aligned}
\mathcal{L}\{e^{(a+bi)t}\} &= \mathcal{L}\{e^{at}\cos bt + ie^{at}\sin bt\} \\
&= \mathcal{L}\{e^{at}\cos bt\} + i\mathcal{L}\{e^{at}\sin bt\} \\
&= \frac{s-a}{(s-a)^2+b^2} + i\frac{b}{(s-a)^2+b^2}
\end{aligned}
$$

$$
\therefore\ \mathcal{L}\{e^{at}\cos bt\} = \frac{s-a}{(s-a)^2+b^2}
$$

$$
\mathcal{L}\{e^{at}\sin bt\} = \frac{b}{(s-a)^2+b^2}
$$

(3) $a=0$인 경우 $e^{(a+bi)t}=e^{ibt}$가 되므로

$$
\mathcal{L}\{e^{ibt}\} = \frac{1}{s-bi} = \frac{s+bi}{(s-bi)(s+bi)} = \frac{s+bi}{s^2+b^2}
$$

이 된다. 오일러 공식을 이용하면 $e^{ibt} = \cos bt + i\sin bt$ 이므로 다음의 관계가 성립한다.

$$
\begin{aligned}
\mathcal{L}\{e^{ibt}\} &= \mathcal{L}\{\cos bt + \sin bt\} \\
&= \mathcal{L}\{\cos bt\} + i\mathcal{L}\{\sin bt\} \\
&= \frac{s}{s^2+b^2} + \frac{bi}{s^2+b^2}
\end{aligned}
$$

$$
\therefore\ \mathcal{L}\{\cos bt\} = \frac{s}{s^2+b^2}
$$

$$
\mathcal{L}\{\sin bt\} = \frac{b}{s^2+b^2}
$$

예제 4.4

다음 다항함수의 Laplace 변환을 구하라.

(1) t (2) t^2 (3) t^n

풀이

(1) Laplace 변환의 정의와 부분적분에 의해

$$
\begin{aligned}
\mathcal{L}\{t\} &= \int_0^\infty te^{-st}dt = t\left(-\frac{1}{s}e^{-st}\right)\Big|_0^\infty - \int_0^\infty -\frac{1}{s}e^{-st}dt \\
&= \frac{1}{s}\int_0^\infty e^{-st}dt = \frac{1}{s}\left(-\frac{1}{s}e^{-st}\right)\Big|_0^\infty = \frac{1}{s^2},\ s>0
\end{aligned}
$$

이 얻어진다.

(2) Laplace 변환의 정의와 부분적분을 적용하면

$$\mathcal{L}\{t^2\}=\int_0^{\infty} t^2 e^{-st}dt=t^2\left(-\frac{1}{s}e^{-st}\right)\Big|_0^{\infty}-\int_0^{\infty} 2t\left(-\frac{1}{s}e^{-st}\right)dt$$
$$=\frac{2}{s}\int_0^{\infty} te^{-st}dt=\frac{2}{s}\left(\frac{1}{s^2}\right)=\frac{2!}{s^3},\ s>0$$

이 얻어진다.

(3) (1)과 (2)의 결과로부터 다음을 얻을 수 있다.

$$\mathcal{L}\{t^n\}=\frac{n!}{s^{n+1}}$$

여기서 $n!=n(n-1)(n-2)\cdots 2\cdot 1$로 정의된다.
좀 더 엄격한 수학적인 증명은 수학적 귀납법에 의해 전개되어야 하지만 공학도들에게는 증명이 반드시 필요하지는 않아 생략하였다. 증명에 관심이 있는 독자는 관련 서적을 참고하기 바란다.

지금까지 Laplace 변환에 대해 논의하였으나 모든 함수의 Laplace 변환을 기억할 필요는 없으며, 실제로 기억하는 것이 가능하지도 않을 것이다. 그러나 우리가 구구단을 기억해야 곱셈을 할 수 있듯이, 공학적으로 많이 나타나는 기본함수에 대한 Laplace 변환은 자주 사용될 뿐만 아니라 기본함수가 아닌 함수의 Laplace 변환을 계산하는 데 필요하므로 반드시 기억하도록 하자.

수학은 암기가 아니라 이해하는 것이 중요하지만 기본적인 내용은 기억을 해야 한다는 것을 잊지 않도록 하자. 아래에 기본 함수에 대한 Laplace 변환을 나타내었다.

Laplace 변환의 개념

Laplace 변환이 무엇인가요?
Laplace 변환은 시간이 지배하는 t-영역과 주파수가 지배하는 s-영역 간의 대응 관계를 나타내는 것입니다.
그럼, 두 영역의 원소를 임의로 대응시키면 되는 건가요?
대응
F(s) = ∫₀^∞ f(t) e^-st dt
아니지요. 임의로 대응시키는 것이 아니라 보는 바와 같이 규칙에 의해 t-영역의 시간함수 f(t)와 s-영역의 주파수함수 F(s)를 대응(변환)시킵니다.
적분이 굉장히 어려워 보이는데, 도대체 왜 이런 변환을 하는 건가요?
공학적으로 많이 사용되는 기본 함수에 대한 Laplace 변환은 그다지 적분이 어렵지 않아요? 겁먹을 필요는 없어요.^^ Laplace 변환은 t-영역에서 주어지는 복잡한 문제를 s-영역의 간단한 문제로 변환하여 해결하겠다는 발상에서 나온 개념입니다.
글쎄, 알 듯 말 듯 하네요.
비유적으로 설명해볼게요. 지구(t-영역)에서 치료하기 어려운 병에 걸린 사람을 우주선에 태워서 의학이 매우 발달한 다른 별나라(s-영역)로 이동(변환)한다면 별나라에서 병을 쉽게 치료할 수 있겠지요. 어때요, Laplace 변환에 대한 감이 잡히나요?
예~ 이제 Laplace 변환이 무엇인지 큰 줄기를 알 것 같아요.

기본함수에 대한 Laplace 변환			
$f(t)$		$\mathcal{L}\{f(t)\}=F(s)$	
1	t	$\frac{1}{s}$	$\frac{1}{s^2}$
t^2	t^3	$\frac{2!}{s^3}$	$\frac{3!}{s^4}$
t^n		$\frac{n!}{s^{n+1}}$	
e^{at}, a는 상수		$\frac{1}{s-a}$	
$\cos\omega t$	$\sin\omega t$	$\frac{s}{s^2+\omega^2}$	$\frac{\omega}{s^2+\omega^2}$
$\cosh\omega t$	$\sinh\omega t$	$\frac{s}{s^2-\omega^2}$	$\frac{\omega}{s^2-\omega^2}$

4.2 Laplace 역변환과 부분분수

(1) Laplace 역변환의 정의

4.1절에서 논의한 Laplace 변환은 $t-$영역에서 어떤 함수 $f(t)$가 주어져 있을 때, $s-$영역에서 $f(t)$에 유일하게 대응되는 함수 $F(s)$를 찾는 것이다. 이와는 반대로 $s-$영역에서 어떤 함수 $F(s)$가 주어져 있을 때, $t-$영역에서 $F(s)$에 유일하게 대응되는 함수 $f(t)$를 찾는 것을 Laplace 역변환이라 부르며 다음과 같이 표시한다.

$$f(t)=\mathcal{L}^{-1}\{F(s)\} \tag{6}$$

식(6)에서 $f(t)$를 $F(s)$의 Laplace 역변환(Inverse Laplace Transform)이라 부른다. 예를 들어,

$$\mathcal{L}\{e^{-t}\}=\frac{1}{s+1},\ \mathcal{L}^{-1}\left\{\frac{1}{s+1}\right\}=e^{-t} \tag{7}$$

$$\mathcal{L}\{\cos 3t\}=\frac{s}{s^2+9},\ \mathcal{L}^{-1}\left\{\frac{s}{s^2+9}\right\}=\cos 3t \tag{8}$$

[그림 4.3]에 Laplace 역변환의 개념을 나타내었다.

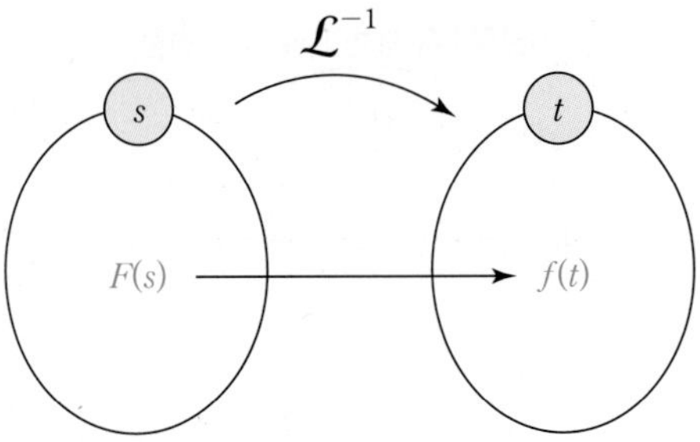

[그림 4.3] Laplace 역변환의 정의

Laplace 변환 $\mathcal{L}$은 선형성이 있다는 것을 4.1절에서 논의하였다.
즉,

$$\mathcal{L}\{k_1 f(t)+k_2 g(t)\}=k_1 F(s)+k_2 G(s) \tag{9}$$

식(9)를 Laplace 역변환의 정의를 이용하여 다시 표현하면 다음과 같다.

$$\mathcal{L}^{-1}\{k_1 F(s)+k_2 G(s)\}=k_1 f(t)+k_2 g(t) \tag{10}$$

식(10)의 좌변을 Laplace 역변환을 이용하면

$$k_1 f(t)+k_2 g(t)=k_1 \mathcal{L}^{-1}\{F(s)\}+k_2 \mathcal{L}^{-1}\{G(s)\} \tag{11}$$

이 성립하므로 식(10)과 식(11)로부터 다음의 관계가 얻어진다.

$$\mathcal{L}^{-1}\{k_1 F(s)+k_2 G(s)\}=k_1 \mathcal{L}^{-1}\{F(s)\}+k_2 \mathcal{L}^{-1}\{G(s)\} \tag{12}$$

따라서 Laplace 역변환 $\mathcal{L}^{-1}$는 선형연산자이므로 선형성을 가진다.
[그림 4.4]에 Laplace 역변환의 선형성에 대한 개념을 나타내었다.

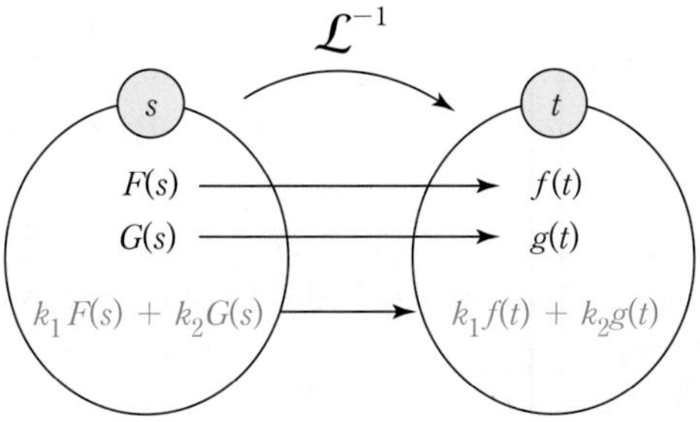

[그림 4.4] Laplace 역변환의 선형성

한편, 기본함수에 대한 Laplace 역변환은 쉽게 알 수 있다. 그런데 $F(s)$가 기본 함수 형태가 아닌 경우에는 어떻게 Laplace 역변환을 구할 것인가? 물론 $F(s)$가 주어져 있는 경우 Laplace 역변환을 구할 수 있는 공식이 있다. 그러나 역변환 공식은 복소적분을 수행해야 하므로 계산이 간단하지 않다. 참고로 역변환 공식을 표시하면 다음과 같다.

$$f(t)=\frac{1}{2\pi i}\int_{\sigma-i\infty}^{\sigma+i\infty}F(s)e^{st}ds \tag{13}$$

식(13)의 역변환 공식은 얼핏 보기에도 대단히 복잡해 보인다. 복소함수론에서 학습할 예정인 유수정리(Residue Theorem)와 복소선적분의 개념을 알아야 계산할 수 있다.

(2) 부분분수 전개법

식(13)을 이용하여 Laplace 역변환을 구하는 것은 너무 복잡하고 많은 노력을 필요로 한다. 다행스럽게도 Laplace 역변환을 계산하기 위한 편리하고 간편한 방법이 있는데, 부분분수 전개법(Partial Fraction Expansion)이 바로 그것이다.

예를 들어, 다음의 함수 $F(s)$를 고려해 보자.

$$F(s)=\frac{s^2+4}{(s+1)(s+2)(s+3)} \tag{14}$$

$F(s)$의 형태가 복잡하여 $F(s)$의 Laplace 역변환을 구하기가 쉽지 않아 보인다.

Laplace 역변환의 개념

Laplace 변환은 알 것 같은데요, Laplace 역변환은 또 무엇인가요?
앞에서 Laplace 변환을 설명할 때를 생각해보세요. 지구(t−영역)에 사는 불치병에 걸린 사람이 우주선을 타고 가서 의술이 발달한 별나라(s−영역)로 이동하는 것을 Laplace 변환으로 비유한 것 기억나나요?
예~ 기억납니다.
그런데 불치병에 걸린 사람이 별나라에서는 쉽게 치료가 되는데, 아직 해결되지 않은 부분이 있어요. 무엇일까요?
음~ 별나라에서 치료를 마치고 나면 그 사람은 다시 지구로 돌아와야 하는 것 아닌가요?
예, 맞았습니다. 치료를 한 후에(문제를 쉽게 해결한 후에) 또다시 우주선을 타고 별나라(s−영역)에서 지구(t−영역)를 향해 되돌아오는 과정이 필요합니다. 이것을 Laplace 역변환에 비유하면 이해가 될까요?
별나라
지구
고맙습니다. 비유를 했을 뿐인데, 어쩜 이렇게 머리에 쏘옥 들어올까요.

그러나 $F(s)$를 부분분수(Partial Fraction)로 분해하게 되면 쉽게 Laplace 역변환을 구할 수 있게 된다. 즉,

$$\frac{s^2+4}{(s+1)(s+2)(s+3)} = \frac{A}{s+1} + \frac{B}{s+2} + \frac{C}{s+3} \tag{15}$$

1장의 1.3절의 〈여기서 잠깐!〉 코너에서 부분분수 분해시에 A, B, C를 쉽게 구할 수 있는 방법을 소개하였으니 기억이 나지 않는 독자는 해당 내용을 복습하기 바란다.

$$A = \left.\frac{s^2+4}{(s+2)(s+3)}\right|_{s=-1} = \frac{5}{2}$$

$$B = \left.\frac{s^2+4}{(s+1)(s+3)}\right|_{s=-2} = -8$$

$$C = \frac{s^2+4}{(s+1)(s+2)}_{s=-3} = \frac{13}{2}$$

따라서 식(15)의 Laplace 역변환은 다음과 같다.

$$\begin{aligned}\mathcal{L}^{-1}\left\{\frac{s^2+4}{(s+1)(s+2)(s+3)}\right\} &= \mathcal{L}^{-1}\left\{\frac{\frac{5}{2}}{s+1} + \frac{-8}{s+2} + \frac{\frac{13}{2}}{s+3}\right\} \\ &= \frac{5}{2}\mathcal{L}^{-1}\left\{\frac{1}{s+1}\right\} - 8\mathcal{L}^{-1}\left\{\frac{1}{s+2}\right\} + \frac{13}{2}\mathcal{L}^{-1}\left\{\frac{1}{s+3}\right\} \\ &= \frac{5}{2}e^{-t} - 8e^{-2t} + \frac{13}{2}e^{-3t}\end{aligned}$$

결국, 부분분수 분해방법이란 복잡한 형태로 되어 있는 $F(s)$를 기본함수 형태로 적절히 조각냄으로써 Laplace 역변환을 구하는 매우 편리한 방법이다. [그림 4.5]에 부분분수 분해방법에 대한 개념을 그림으로 나타내었다.

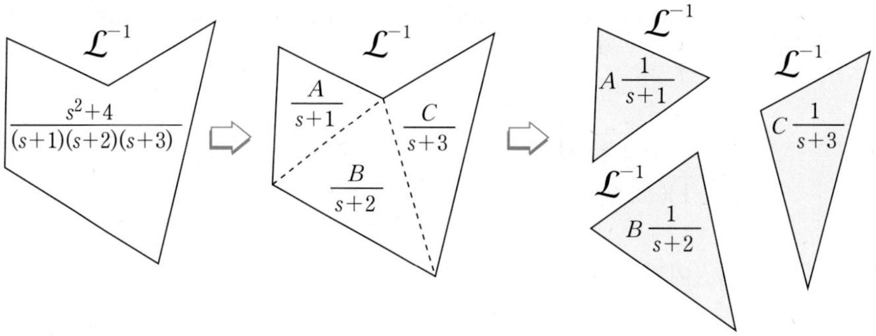

[그림 4.5] 부분분수 분해에 의한 Laplace 역변환

부분분수로 분해할 때 부분분수의 분자의 차수는 분모의 차수보다 1만큼 작게 설정해야 한다는 것에 유의하라.

예제 4.5

다음 함수의 Laplace 역변환을 구하라.

(1) $F(s)=\dfrac{3s+5}{s^2+9}$

(2) $F(s)=\dfrac{2s^2+1}{s(s+1)(s+2)}$

(3) $F(s)=\dfrac{2s+1}{s(s^2+1)}$

풀이

(1) $\dfrac{3s+5}{s^2+9}=\dfrac{3s}{s^2+9}+\dfrac{5}{s^2+9}=\dfrac{3s}{s^2+3^2}+\dfrac{\frac{5}{3}\cdot 3}{s^2+3^2}$

$$\therefore\ \mathcal{L}^{-1}\left\{\frac{3s+5}{s^2+9}\right\}=3\mathcal{L}^{-1}\left\{\frac{s}{s^2+3^2}\right\}+\frac{5}{3}\mathcal{L}^{-1}\left\{\frac{3}{s^2+3^2}\right\}$$
$$=3\cos 3t+\frac{5}{3}\sin 3t$$

(2) $\dfrac{2s^2+1}{s(s+1)(s+2)}=\dfrac{A}{s}+\dfrac{B}{s+1}+\dfrac{C}{s+2}$

$$A=\left.\frac{2s^2+1}{(s+1)(s+2)}\right|_{s=0}=\frac{1}{2}$$

$$B=\left.\frac{2s^2+1}{s(s+2)}\right|_{s=-1}=-3$$

$$C=\left.\frac{2s^2+1}{s(s+1)}\right|_{s=-2}=\frac{9}{2}$$

따라서 Laplace 역변환은 선형성에 의해

$$\mathcal{L}^{-1}\left\{\frac{2s^2+1}{s(s+1)(s+2)}\right\}=\frac{1}{2}\mathcal{L}^{-1}\left\{\frac{1}{s}\right\}-3\mathcal{L}^{-1}\left\{\frac{1}{s+1}\right\}+\frac{9}{2}\mathcal{L}^{-1}\left\{\frac{1}{s+2}\right\}$$
$$=\frac{1}{2}-3e^{-t}+\frac{9}{2}e^{-2t}$$

(3) $F(s)$를 다음과 같이 부분분수로 전개한다.

$$\frac{2s+1}{s(s^2+1)}=\frac{A}{s}+\frac{Bs+C}{s^2+1}$$

여기서 s^2+1이 2차식이므로 분자는 차수가 1만큼 작은 1차식으로 선정해야 한다는 것에 주의한다. 위의 식은 항등식이므로 통분하여 분자를 비교하면

$$\frac{2s+1}{s(s^2+1)}=\frac{As^2+A+Bs^2+Cs}{s(s^2+1)}=\frac{(A+B)s^2+Cs+A}{s(s^2+1)}$$

$$A+B=0,\ C=2,\ A=1$$
$$\therefore\ A=1,\ B=-1,\ C=2$$

이므로, 다음과 같이 계산할 수 있다.

$$\mathcal{L}^{-1}\left\{\frac{2s+1}{s(s^2+1)}\right\}=\mathcal{L}^{-1}\left\{\frac{1}{s}\right\}+\mathcal{L}^{-1}\left\{\frac{-s+2}{s^2+1}\right\}$$
$$=\mathcal{L}^{-1}\left\{\frac{1}{s}\right\}-\mathcal{L}^{-1}\left\{\frac{s}{s^2+1}\right\}+2\mathcal{L}^{-1}\left\{\frac{1}{s^2+1}\right\}$$
$$=1-\cos t+2\sin t$$

지금까지는 부분분수로 분해하려는 함수 $F(s)$의 분모가 1차식의 곱으로만 주어진 경우를 다루었다. 그런데 $F(s)$의 분모에 1차식의 중복항이 있는 경우는 어떻게 부분분수로 분해할 것인가? 이에 대해서는 4.6절의 선형미분방정식의 해법에서 다루기로 한다.

4.3 이동정리

함수 $f(t)$의 Laplace 변환을 구하려고 할 때마다 식(2)의 정의를 사용한다는 것은 매우 불편하고 지루한 일이다. 예를 들어, $f(t)=e^{-t}t^3\sin 3t$와 같은 함수의 Laplace 변환을 식(2)의 정의를 이용하면 여러 번의 부분적분을 수행해야만 $\mathcal{L}\{e^{-t}t^3\sin 3t\}$를 계산할 수 있다.

그런데 Laplace 변환이 가지고 있는 중요한 성질들을 적절하게 잘 이용하면 Laplace 변환의 정의를 이용하지 않고도 여러 가지 함수에 대한 Laplace 변환을 구할 수 있다. 먼저 제1이동정리(First Shifting Theorem)에 대하여 설명한다.

(1) 제1이동정리

함수 $f(t)$의 Laplace 변환을 $F(s)$라 하면 다음과 같이 표현된다.

$$\mathcal{L}\{f(t)\}=F(s)\triangleq\int_0^\infty f(t)e^{-st}dt \tag{16}$$

여기서 함수 $f(t)$에 지수함수 e^{at}(a는 상수)를 곱한 $e^{at}f(t)$의 Laplace 변환을 구해보자. 즉,

$$\mathcal{L}\{e^{at}f(t)\}=\int_0^\infty e^{at}f(t)e^{-st}=\int_0^\infty f(t)e^{-(s-a)t}dt \tag{17}$$

식(16)과 식(17)을 비교해 보면 다음 관계를 얻을 수 있다.

$$F(s)=\int_0^\infty f(t)e^{-st}dt$$
$$F(s-a)=\int_0^\infty f(t)e^{-(s-a)t}dt$$

따라서 $e^{at}f(t)$의 Laplace 변환은 다음과 같다.

$$\mathcal{L}\{e^{at}f(t)\}=F(s-a) \tag{18}$$

식(18)의 우변의 $F(s-a)$는 $F(s)$를 s축을 따라 a만큼 평행이동한 함수이므로 이를 제1이동정리(First Shifting Theorem)라 한다. [그림 4.6]에 제1이동정리의 개념을 그림으로 나타내었다.

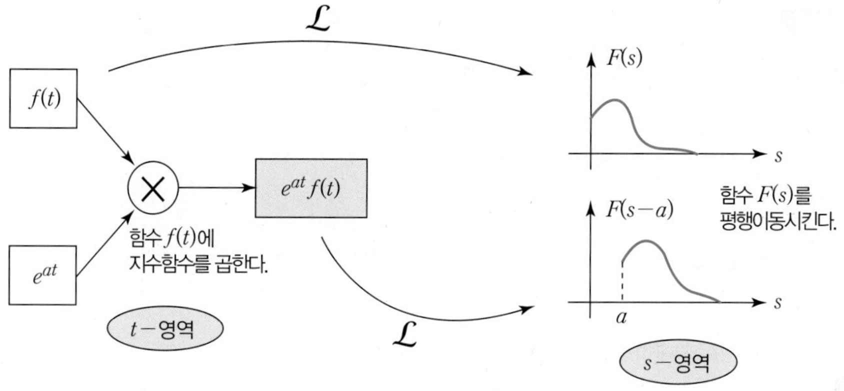

[그림 4.6] 제1이동정리의 개념도

또한 [그림 4.7]에 제1이동정리에 대한 $t-$영역과 $s-$영역 간의 대응관계를 나타내었다.

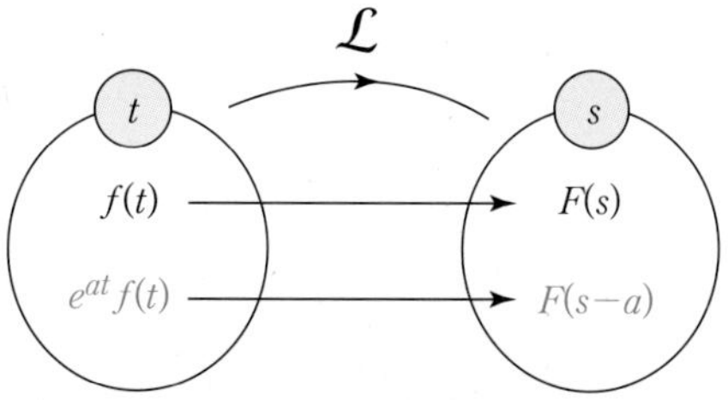

[그림 4.7] 제1이동정리

지금까지의 논의를 정리하면 다음과 같다.

만일 $f(t)$의 Laplace 변환 $F(s)$를 알고 있다면 $e^{at}f(t)$의 Laplace 변환은 $F(s)$에 $s=s-a$를 대입하여 $F(s-a)$로 구할 수 있다. 다시 말하면, $t-$영역에서 어떤 함수 $f(t)$에 지수함수를 곱하는 것이 $s-$영역에서는 $f(t)$의 Laplace 변환 $F(s)$를 평행이동시키는 것과 동일하다.

예제 4.6

다음 함수들의 Laplace 변환을 구하라.

(1) $f(t)=e^{5t}t^2$ (2) $g(t)=e^{-t}\sin 2t$

풀이

(1) 먼저 t^2에 대한 Laplace 변환을 구하면

$$\mathcal{L}\{t^2\}=\frac{2!}{s^3}=\frac{2}{s^3}$$

이므로 $\mathcal{L}\{e^{5t}t^2\}=\left.\frac{2}{s^3}\right|_{s=s-5}=\frac{2}{(s-5)^3}$ 이 된다.

(2) 먼저 $\sin 2t$에 대한 Laplace 변환을 구하면

$$\mathcal{L}\{\sin 2t\}=\frac{2}{s^2+4}$$

이므로 $\mathcal{L}\{e^{-t}\sin 2t\}=\left.\frac{2}{s^2+4}\right|_{s=s+1}=\frac{2}{(s+1)^2+4}$

한편, 식(18)을 Laplace 역변환의 정의를 이용하여 표현하면

$$\begin{aligned}&\mathcal{L}\{e^{at}f(t)\}=F(s-a)\\ \Longleftrightarrow\ &e^{at}f(t)=\mathcal{L}^{-1}\{F(s-a)\}\end{aligned} \tag{19}$$

이므로, 식(19)를 이용하여 Laplace 역변환을 구할 수 있다. 예를 들어, 다음 함수 $F(s)$의 Laplace 역변환을 구해 보자.

$$F(s)=\frac{s}{s^2+6s+11} \tag{20}$$

식(20)의 분모를 완전제곱 형태로 표시하면 다음과 같다.

$$F(s)=\frac{s}{s^2+6s+11}=\frac{s}{(s^2+6s+9)+2}=\frac{s}{(s+3)^2+2}$$

제1이동정리

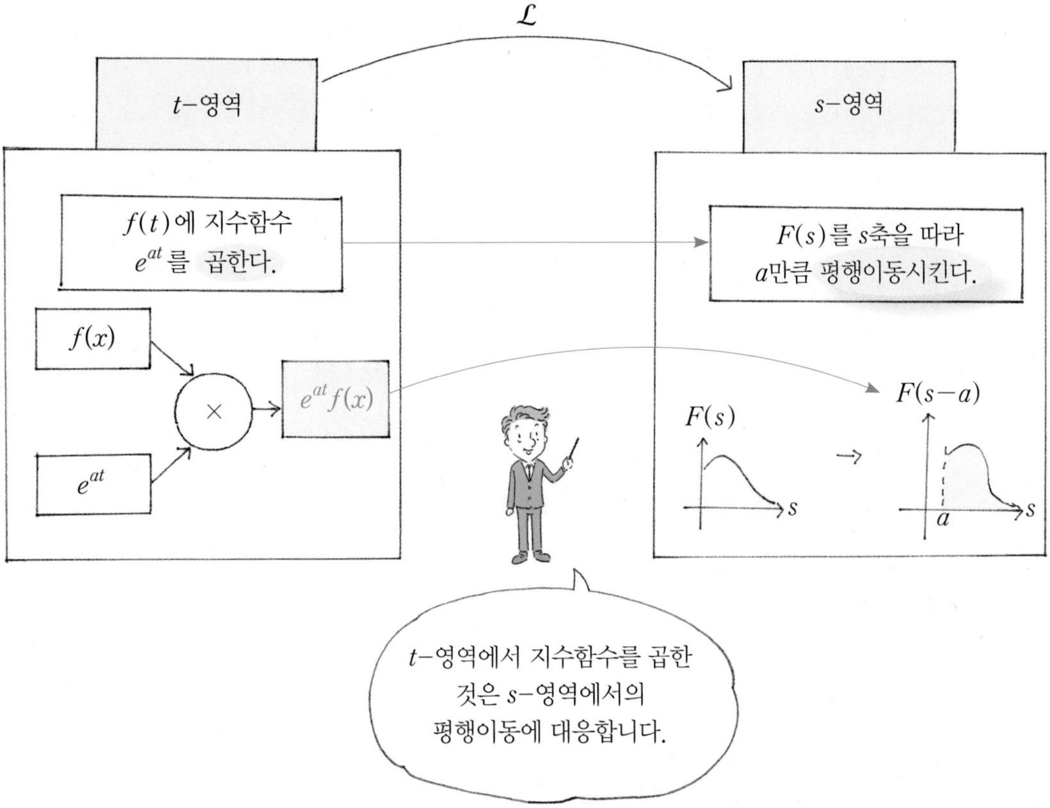

| 설명 | t−영역에서 어떤 함수 $f(t)$에 지수함수 e^{at}를 곱하는 것이 s−영역에서는 $f(t)$의 Laplace 변환 $F(s)$를 s축을 따라 a만큼 평행이동시키는 것과 동일하다.

$F(s)$의 역변환을 구하기 위해 $F(s)$의 분자항에 다음과 같은 대수적인 조작을 한다.

$$F(s)=\frac{(s+3)-3}{(s+3)^2+2}=\frac{s+3}{(s+3)^2+2}-\frac{\frac{3}{\sqrt{2}}\cdot\sqrt{2}}{(s+3)^2+2} \tag{21}$$

식(21)에 대해 Laplace 역변환을 취하면 다음과 같다.

$$\begin{aligned}\mathcal{L}^{-1}\{F(s)\}&=\mathcal{L}^{-1}\left\{\frac{(s+3)}{(s+3)^2+2}\right\}-\frac{3}{\sqrt{2}}\mathcal{L}^{-1}\left\{\frac{\sqrt{2}}{(s+3)^2+2}\right\}\\&=e^{-3t}\left(\cos\sqrt{2}\,t-\frac{3}{\sqrt{2}}\sin\sqrt{2}\,t\right)\end{aligned}$$

예제 4.7

다음 함수의 Laplace 역변환을 구하라.

(1) $F(s)=\dfrac{1}{s^2+2s-8}$ (2) $G(s)=\dfrac{3}{(s+1)^2}$

풀이

(1) $F(s)$의 분모를 완전제곱 형태로 변환하면

$$s^2+2s-8=(s^2+2s+1)-9=(s+1)^2-9$$

이므로, $\mathcal{L}^{-1}\{F(s)\}$는 다음과 같다.

$$\begin{aligned}\mathcal{L}^{-1}\left\{\frac{1}{s^2+2s-8}\right\}&=\mathcal{L}^{-1}\left\{\frac{1}{(s+1)^2-9}\right\}\\&=\mathcal{L}^{-1}\left\{\frac{\frac{1}{3}\cdot 3}{(s+1)^2-9}\right\}=\frac{1}{3}\mathcal{L}^{-1}\left\{\frac{3}{(s+1)^2-9}\right\}\\&=\frac{1}{3}e^{-t}\sinh 3t\end{aligned}$$

(2) $\mathcal{L}^{-1}\left\{\dfrac{3}{(s+1)^2}\right\}=3\mathcal{L}^{-1}\left\{\dfrac{1}{(s+1)^2}\right\}=3te^{-t}$

다음으로 제2이동정리(Second Shifting Theorem)에 대해 설명한다.

(2) 제2이동정리

제1이동정리는 t-영역에서 시간함수에 지수함수를 곱하였더니 s-영역에서는 평행이동되는 것으로 나타난다는 것이다. 이번에는 시간함수를 평행이동시켰을 때 s-영역에서는 어떻게 나타날까? 이런 질문에 대한 답이 제2이동정리라는 것으로 요약될 수 있지만 독자들도 미리 추측을 해 보라.

결과를 먼저 이야기하면 t-영역에서 시간함수를 평행이동시키면 s-영역에서는 지수함수가 곱해져서 나타난다.

결국 제1이동정리와 제2이동정리는 상호간에 대칭적인 결과를 보여주는데 이러한 성질을 쌍대성(Duality)이라 한다. 제2이동정리에 대한 논의에 앞서 다음의 유용한 함수를 정의한다.

단위계단(Unit Step)함수 $u(t)$는 다음과 같이 정의된다.

$$u(t)=\begin{cases} 1, & t>0 \\ 0, & t<0 \end{cases} \tag{22}$$

식(22)의 단위계단함수는 $t=0$에서는 정의되지 않는다는 사실에 유의하라.

식(22)를 t축을 따라 a만큼 평행이동하면 $u(t-a)$를 정의할 수 있다.

$$u(t-a)=\begin{cases} 1, & t>a \\ 0, & t<a \end{cases} \tag{23}$$

식(22)와 식(23)을 그래프로 표시하면 [그림 4.8]과 같다.

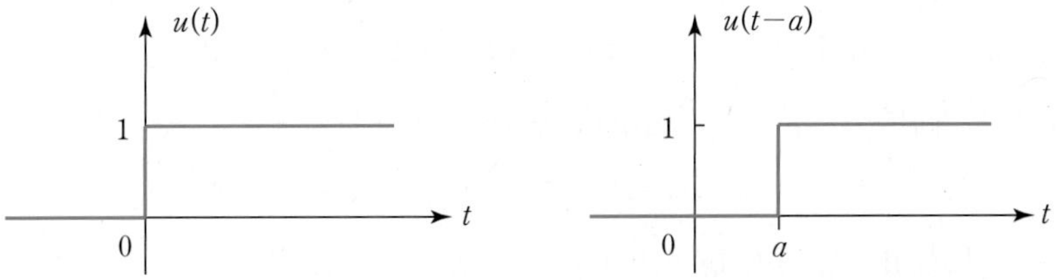

[그림 4.8] 단위계단함수

단위계단함수는 전형적인 공학적 함수(Engineering Function)인데, 어떤 특정 시간에서 ON과 OFF의 두 가지 상태를 나타내는 데 주로 사용된다.

$(-\infty, \infty)$에서 정의된 함수 $f(t)$에 단위계단함수 $u(t)$를 곱해 보자. 즉,

$$f(t)u(t)=\begin{cases} f(t), & t>0 \\ 0, & t<0 \end{cases} \tag{24}$$

이 성립한다. 식(24)로부터 어떤 함수에 단위계단함수 $u(t)$를 곱하면 t가 음이 되는 구간에 대한 함숫값을 강제적으로 0으로 만드는 효과가 있음을 알 수 있다. 이를 [그림 4.9]에 도시하였다.

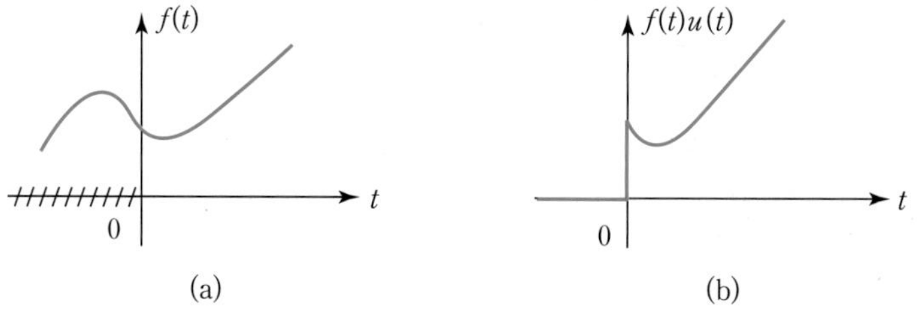

[그림 4.9] 단위계단함수의 효과

식(2)에서 알 수 있듯이 Laplace 변환은 적분구간이 0에서 ∞까지이므로 $(-\infty, \infty)$에서 정의된 함수라 할지라도 $(-\infty, 0)$ 구간에서의 함숫값은 Laplace 변환에 반영되지 않는다. 즉, [그림 4.9]의 (a)에서 빗금친 부분의 함수값은 Laplace 변환에 아무런 영향을 미치지 못하므로, 결국 [그림 4.9]의 (b)에 나타낸 것처럼 $t \geq 0$인 구간의 함수부분만이 Laplace 변환을 구하는 데 영향을 미친다는 사실에 유의하자.

위에서 논의된 사실로부터 어떤 함수 $f(t)$의 Laplace 변환은 $f(t)u(t)$의 Laplace 변환과 동일하므로, 앞으로는 t-영역의 시간 함수는 무조건 $(-\infty, 0)$ 범위에서는 함숫값이 0인 함수로 간주하여도 일반성을 잃지 않는다.

한편, 단위계단함수 $u(t)$의 Laplace 변환을 구해 보자.

$$\mathcal{L}\{u(t)\}=\int_0^{\infty} u(t)e^{-st}dt=\int_0^{\infty} e^{-st}dt=-\frac{1}{s}e^{-st}\Big|_0^{\infty}=\frac{1}{s} \tag{25}$$

식(25)에서 $s>0$이란 조건이 필요하며, Laplace 변환의 측면에서 볼 때 상수 1과 단위계단함수 $u(t)$는 동일한 함수로 간주할 수 있다.

지금까지 논의된 내용을 기반으로 하여 $t-$영역의 시간함수 $f(t-a)u(t-a)$에 대한 Laplace 변환을 구해 보도록 하자.

$$f(t-a)u(t-a)=\begin{cases} f(t-a), & t>a \\ 0, & t<a \end{cases} \tag{26}$$

식(26)의 Laplace 변환을 구하기 위해 식(2)의 정의를 이용한다.

$$\begin{aligned}\mathcal{L}\{f(t-a)u(t-a)\}&=\int_0^\infty f(t-a)u(t-a)e^{-st}dt \\ &=\int_a^\infty f(t-a)e^{-st}dt\end{aligned} \tag{27}$$

식(27)에서 $t-a=t^*$로 치환하면,

$$dt=dt^*,\ t\in[a,\ \infty)\rightarrow t^*\in[0,\ \infty)$$

이 성립하므로 식(27)의 적분은 다음과 같다.

$$\begin{aligned}\int_a^\infty f(t-a)e^{-st}dt&=\int_0^\infty f(t^*)e^{-s(t^*+a)}dt^* \\ &=e^{-as}\int_0^\infty f(t^*)e^{-st^*}dt^* \\ &=e^{-as}F(s)\end{aligned} \tag{28}$$

따라서 식(27)과 식(28)로부터 다음의 관계가 얻어진다.

$$\mathcal{L}\{f(t-a)u(t-a)\}=e^{-as}F(s) \tag{29}$$

식(29)를 제2이동정리라고 하며, 수학적으로는 $t-$영역에서 $f(t)$를 a만큼 평행이동시키는 것은 $s-$영역에서 지수함수 e^{-as}를 $F(s)$에 곱하는 것에 대응한다는 의미로 해석될 수 있다. [그림 4.10]에 제2이동정리에 대한 개념을 그림으로 나타내었다.

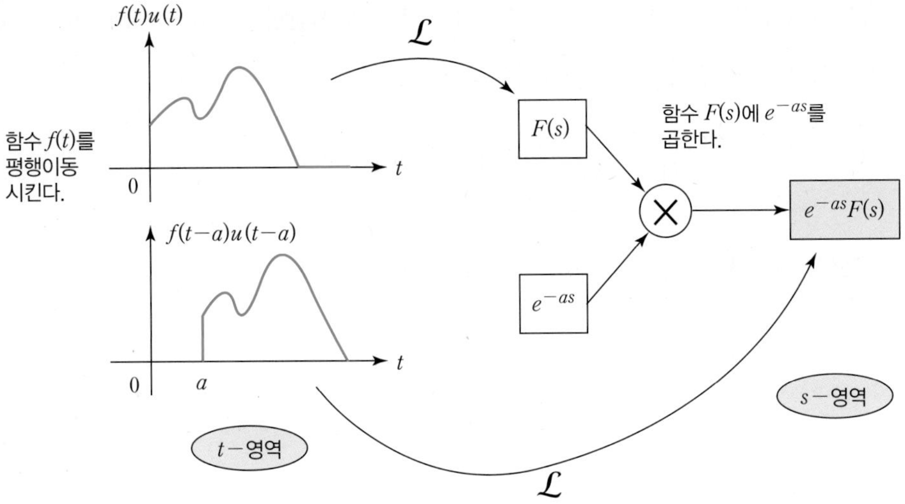

[그림 4.10] 제2이동정리의 개념도

또한 [그림 4.11]에 제2이동정리에 대한 t−영역과 s−영역 간의 대응관계를 나타내었다.

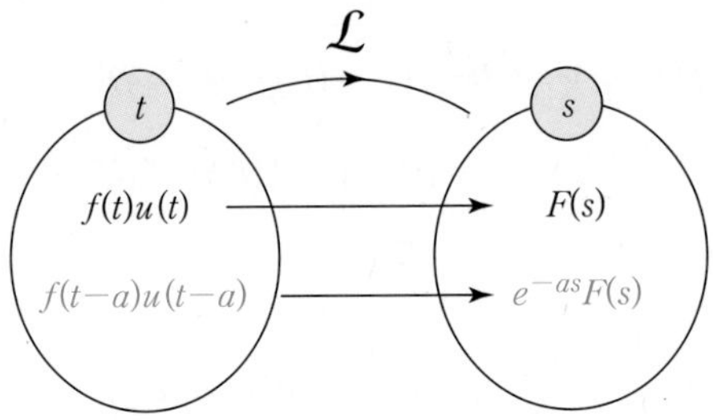

[그림 4.11] 제2이동정리

지금까지의 논의를 정리하면 다음과 같다.

만일 $f(t)$의 Laplace 변환을 알고 있다면 $f(t-a)u(t-a)$의 Laplace 변환은 $F(s)$에 e^{-as}를 곱하여 구할 수 있다. 다시 말하면, t−영역에서 어떤 함수 $f(t)$를 t축에 따라 a만큼 평행이동시키는 것이 s−영역에서는 $f(t)$의 Laplace 변환 $F(s)$에 지수함수 e^{-as}를 곱하는 것과 동일하다.

예제 4.8

다음 함수들의 Laplace 변환을 구하라.

(1) $f(t)=(t-1)^3 u(t-1)$

(2) $g(t)=\sin t\, u(t-2\pi)$

풀이

(1) 먼저 t^3 의 Laplace 변환을 구하면

$$\mathcal{L}\{t^3\}=\frac{3!}{s^4}=\frac{6}{s^4}$$

이므로, 제2이동정리를 이용하면 다음과 같다.

$$\mathcal{L}\{f(t)\}=\mathcal{L}\{(t-1)^3 u(t-1)\}=e^{-s}\mathcal{L}\{t^3\}=e^{-s}\frac{6}{s^4}$$

(2) 먼저 $\sin t$ 는 주기가 2π 인 주기함수이므로 다음 관계가 성립한다.

$$\sin(t-2\pi)=\sin t$$

따라서 $\mathcal{L}\{\sin t\}=\mathcal{L}\{\sin(t-2\pi)\}=\frac{1}{s^2+1}$ 이므로 제2이동정리를 이용하면 다음과 같다.

$$\begin{aligned}\mathcal{L}\{g(t)\}&=\mathcal{L}\{\sin t\, u(t-2\pi)\}\\&=\mathcal{L}\{\sin(t-2\pi)u(t-2\pi)\}\\&=e^{-2\pi s}\mathcal{L}\{\sin(t-2\pi)\}=\frac{e^{-2\pi s}}{s^2+1}\end{aligned}$$

예제 4.9

다음 함수의 Laplace 변환을 단위계단함수를 이용하여 구하라.

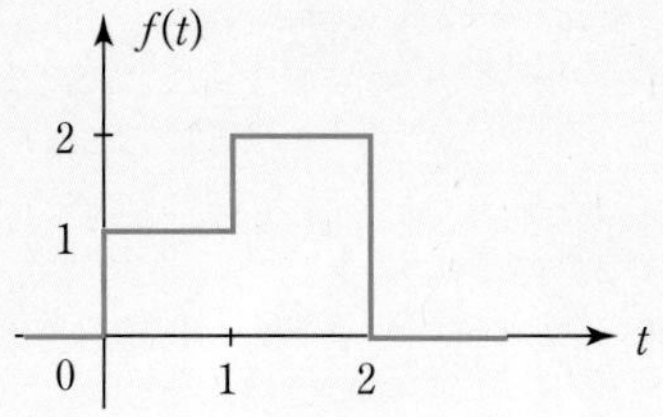

풀이

주어진 함수 $f(t)$를 단위계단함수를 이용하여 표현해 보면 다음과 같다.

$$f(t)=u(t)+u(t-1)-2u(t-2) \tag{30}$$

식(30)은 단위계단함수의 그래프를 이용하면 쉽게 유도할 수 있다. 따라서 $f(t)$의 Laplace 변환은 다음과 같이 구할 수 있다.

$$\begin{aligned}\mathcal{L}\{f(t)\}&=\mathcal{L}\{u(t)+u(t-1)-2u(t-2)\}\\&=\mathcal{L}\{u(t)\}+\mathcal{L}\{u(t-1)\}-2\mathcal{L}\{u(t-2)\}\\&=\frac{1}{s}+e^{-s}\frac{1}{s}-2e^{-2s}\frac{1}{s}=\frac{1}{s}(1+e^{-s}-2e^{-2s})\end{aligned}$$

한편, 식(29)의 제2이동정리를 Lapalce 역변환을 이용하여 표현하면

$$\begin{aligned}&\mathcal{L}\{f(t-a)u(t-a)\}=e^{-as}F(s)\\ \Longleftrightarrow\quad &f(t-a)u(t-a)=\mathcal{L}^{-1}\{e^{-as}F(s)\}\end{aligned} \tag{31}$$

이므로, 식(31)을 이용하여 Lapalce 역변환을 구할 수 있다. 예를 들어, 다음 함수 $F(s)$의 역변환을 구해 보자.

$$F(s)=\frac{e^{-\pi s/2}}{s^2+4} \tag{32}$$

$F(s)$에 지수함수가 포함되어 있으므로 제2이동정리를 적용하면 다음과 같다.

$$\begin{aligned} F(s) &= \frac{1}{2}e^{-\pi s/2}\frac{2}{s^2+4} \\ \mathcal{L}^{-1}\{F(s)\} &= \mathcal{L}^{-1}\left\{\frac{1}{2}e^{-\pi s/2}\frac{2}{s^2+4}\right\} \\ &= \frac{1}{2}\mathcal{L}^{-1}\left\{e^{-\pi s/2}\frac{2}{s^2+4}\right\} \\ &= \frac{1}{2}\sin 2\left(t-\frac{\pi}{2}\right)u\left(t-\frac{\pi}{2}\right) \end{aligned} \tag{33}$$

예제 4.10

다음 함수들의 Laplace 역변환을 구하라.

(1) $\dfrac{e^{-3s}}{(s-1)^3}$ (2) $\dfrac{se^{-2s}}{s^2+\pi^2}$

풀이

(1) 먼저 지수함수 e^{-3s}를 제외한 나머지 함수에 대해 Laplace 역변환을 구하면 다음과 같다.

$$\begin{aligned} \mathcal{L}^{-1}\left\{\frac{1}{(s-1)^3}\right\} &= \mathcal{L}^{-1}\left\{\frac{1}{2}\frac{2}{(s-1)^3}\right\} = \frac{1}{2}\mathcal{L}^{-1}\left\{\frac{2}{(s-1)^3}\right\} \\ &= \frac{1}{2}e^t\mathcal{L}^{-1}\left\{\frac{2}{s^3}\right\} = \frac{1}{2}t^2\cdot e^t \end{aligned}$$

따라서 제2이동정리에 의해

$$\mathcal{L}^{-1}\left\{\frac{e^{-3s}}{(s-1)^3}\right\} = \frac{1}{2}(t-3)^2e^{t-3}u(t-3)$$

이 된다.

(2) 먼저 지수함수 e^{-2s}를 제외한 나머지 함수에 대해 Laplace 역변환을 구하면 다음과 같다.

$$\mathcal{L}^{-1}\left\{\frac{s}{s^2+\pi^2}\right\} = \cos\pi t$$

따라서 제2이동정리에 의해

$$\mathcal{L}^{-1}\left\{\frac{e^{-2s}s}{s^2+\pi^2}\right\}=\cos\pi(t-2)\,u(t-2)$$

가 된다.

4.3절을 마무리하기 전에 공학적으로 유용한 함수인 Dirac의 델타함수(Delta Function) $\delta(t)$에 대해 살펴본다.

(3) $\delta(t)$의 정의와 Laplace 변환

$\delta(t)$는 수학자인 Dirac이 처음 제안하였는데 처음에는 함수로서의 존재가치를 인정받지 못하였으나, 나중에 델타함수의 유용성이 발견되면서 현재에는 공학적으로 매우 중요한 함수 중의 하나로 자리잡고 있다.

$\delta(t)$를 정의하기 전에 [그림 4.12]의 함수 $\delta_a(t)$를 고찰해 보자.

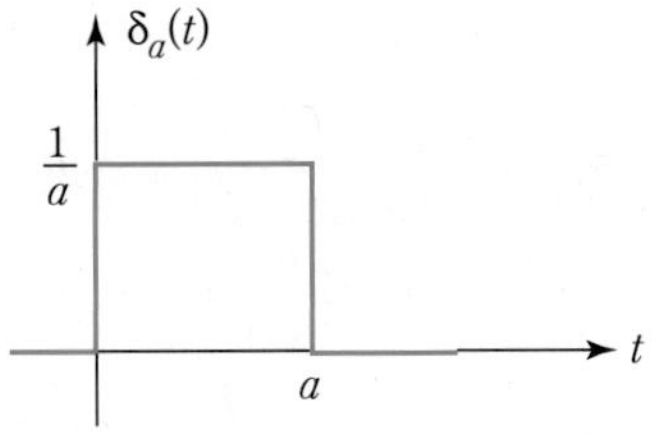

[그림 4.12] $\delta_a(t)$의 그래프

[그림 4.12]에서 알 수 있듯이 $\delta_a(t)$는 a값에 영향을 받는 함수이며, 전체구간에서 적분을 하면 사각형의 면적이 1이 된다. 그런데 만일 a를 점차로 감소시켜 궁극적으로는 $a \to 0$로 변화시키면 사각형의 밑변은 한없이 작아지고, 사각형의 높이는 한없이 커지게 되는 함수가 된다.

즉, $t=0$에서만 그 함숫값이 ∞가 되고 $t \neq 0$에서는 함숫값이 0이 되는 특이한 함수를 얻게 되는데, 이를 델타함수 또는 임펄스함수(Impulse Function)라고 정의한다.

$$\delta(t) \triangleq \lim_{a \to 0} \delta_a(t) \tag{34}$$

또한 $\delta(t)$를 0을 포함하는 임의의 구간에 대해 적분을 하게 되면 그 적분값은 1이 된다는 것을 알 수 있다.

$$\int_{-\varepsilon}^{\varepsilon} \delta(t)dt = 1 \tag{35}$$

[그림 4.13]에 $\delta(t)$의 그래프를 도시하였다. $t=0$에서 함숫값이 ∞이므로 $t=0$에서 화살표로 표현한다.

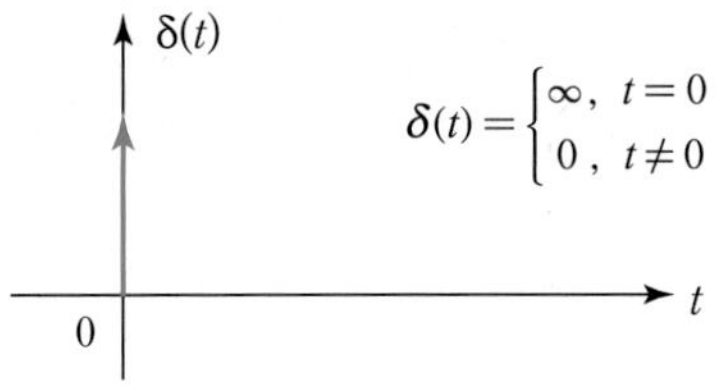

[그림 4.13] 임펄스함수 $\delta(t)$

한편, $\delta(t)$의 Laplace 변환은 어떻게 될까? $\delta_a(t)$를 단위계단함수로 표현하면 다음과 같다.

$$\delta_a(t) = \frac{1}{a}u(t) - \frac{1}{a}u(t-a) \tag{36}$$

식(36)을 Laplace 변환하면

$$\begin{aligned} \mathcal{L}\{\delta_a(t)\} &= \frac{1}{a}\mathcal{L}\{u(t)\} - \frac{1}{a}\mathcal{L}\{u(t-a)\} \\ &= \frac{1}{a}\left\{\frac{1}{s} - \frac{1}{s}e^{-as}\right\} = \frac{1-e^{-as}}{as} \end{aligned} \tag{37}$$

가 되며, 식(37)에서 $a \to 0$로 하고 L'Hospital 정리를 사용하면

$$\begin{aligned} \lim_{a \to 0} \mathcal{L}\{\delta_a(t)\} &= \lim_{a \to 0} \frac{1-e^{-as}}{as} \\ &= \lim_{a \to 0} \frac{se^{-as}}{s} = 1 \end{aligned} \tag{38}$$

제2이동정리

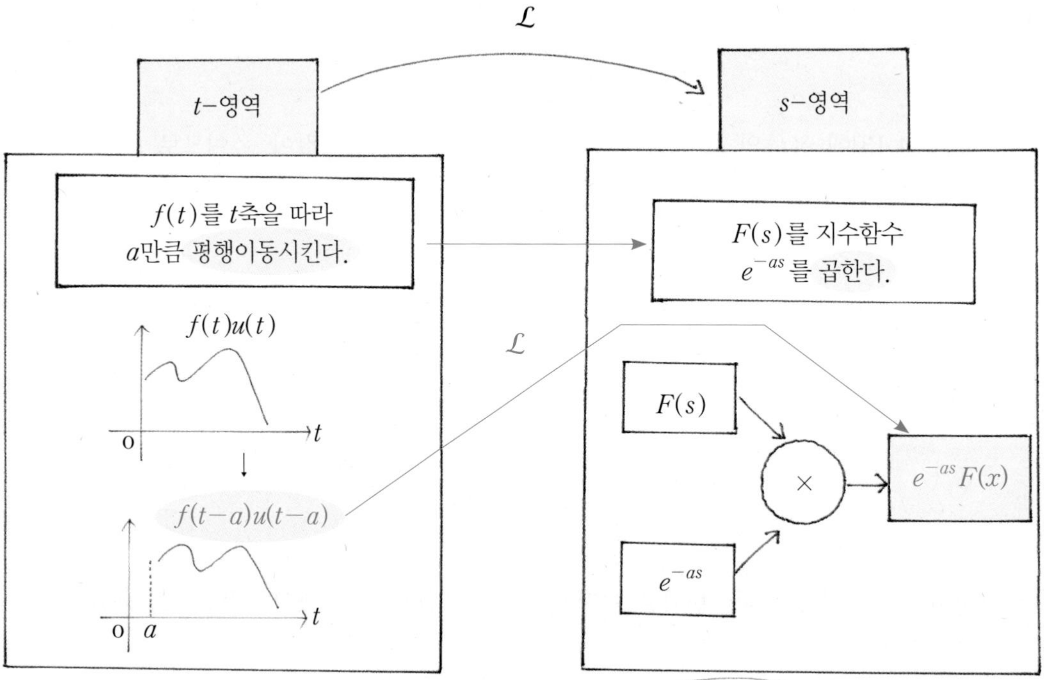

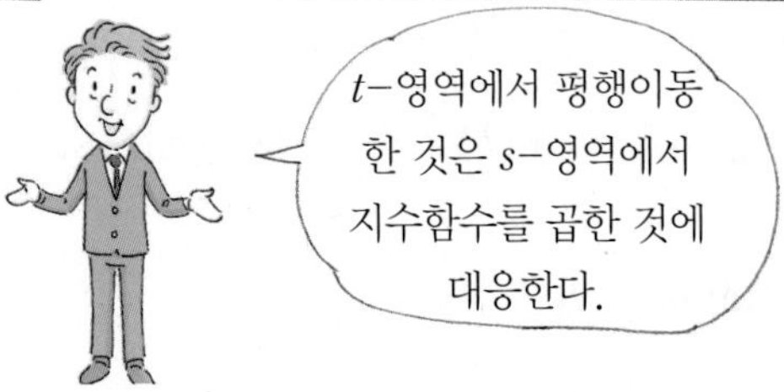

| 설명 | t−영역에서 어떤 함수 $f(t)$를 t축을 따라 a만큼 평행이동시키는 것이 s−영역에서는 $f(t)$의 Laplace 변환 $F(s)$에 지수함수 e^{-as}를 곱하는 것과 동일하다.

이므로, 식(38)에서 $\delta(t)$의 Laplace 변환은 다음과 같다.

$$\mathcal{L}\{\delta(t)\}=\lim_{a\to 0}\mathcal{L}\{\delta_a(t)\}=1 \tag{39}$$

또한 $\delta(t-a)$의 Laplace 변환은 제2이동정리에 의해

$$\mathcal{L}\{\delta(t-a)\}=e^{-as} \tag{40}$$

가 됨에 유의하라.

여기서 잠깐! **로피탈(L'Hospital)의 정리**

로피탈의 정리는 함수의 극한값을 계산하는 데 있어 매우 유용한 정리이다.

$x\to a$일 때 분수함수 $\dfrac{g(x)}{f(x)}$의 극한값을 구할 때 만일 $\dfrac{g(a)}{f(a)}$가 부정형, 즉 $\dfrac{0}{0}$ 또는 $\dfrac{\infty}{\infty}$ 형태인 경우 다음 관계가 성립한다. 단, $f'(a)=f''(a)=\cdots\neq 0$

$$\lim_{x\to a}\frac{g(x)}{f(x)}=\lim_{x\to a}\frac{g'(x)}{f'(x)}=\lim_{x\to a}\frac{g''(x)}{f''(x)}=\cdots \tag{41}$$

예를 들어, 다음 극한값을 계산해 보자.

$$\lim_{x\to 0}\frac{\sin x}{x}=\lim_{x\to 0}\frac{\cos x}{1}=1$$

$$\lim_{a\to 0}\frac{1-e^{-as}}{as}=\lim_{a\to 0}\frac{se^{-as}}{s}=1 \quad (a\text{로 미분해야 한다.})$$

$$\lim_{x\to 0}\frac{2x\cos x}{1-e^{x}}=\lim_{x\to 0}\frac{2\cos x+2x(-\sin x)}{-e^{x}}=-2$$

4.4 미분과 적분의 Laplace 변환

Laplace 변환의 가장 중요한 응용 중의 하나는 Laplace 변환을 이용하여 선형미분방정식을 푼다는 데 있다. 이를 위해서 t-영역에서의 도함수 $f'(t)$와 적분 $\int_0^t f(\tau)d\tau$에 대한 Laplace 변환이 필요하다. 먼저 $f(t)$의 도함수 $f'(t)$의

Laplace 변환에 대해 살펴보자.

(1) 도함수의 Laplace 변환

미분가능한 함수 $f(t)$의 Laplace 변환을 $F(s)$라 할 때, $f'(t)$의 Laplace 변환을 Laplace 변환의 정의에 의해 구해 보자.

$$\mathcal{L}\{f'(t)\}=\int_0^\infty f'(t)e^{-st}dt \tag{42}$$

식(42)의 적분은 부분적분의 형태이므로 부분적분을 수행하면

$$\begin{aligned}\mathcal{L}\{f'(t)\}&=\int_0^\infty f'(t)e^{-st}dt=f(t)e^{-st}\Big|_0^\infty-\int_0^\infty f(t)(-se^{-st})dt\\&=-f(0)+s\int_0^\infty f(t)e^{-st}dt\\&=-f(0)+s\mathcal{L}\{f(t)\}\end{aligned} \tag{43}$$

가 얻어진다.

한편, 식(43)을 이용하면 $f''(t)$의 Laplace 변환도 계산할 수 있다.

$$\begin{aligned}\mathcal{L}\{f''(t)\}&=\mathcal{L}\{(f'(t))'\}\\&=-f'(0)+s\mathcal{L}\{f'(t)\}\\&=-f'(0)+s\{-f(0)+s\mathcal{L}\{f(t)\}\}\\\therefore\ \mathcal{L}\{f''(t)\}&=s^2\mathcal{L}\{f(t)\}-sf(0)-f'(0)\end{aligned} \tag{44}$$

마찬가지 방법으로 $f'''(t)$의 Laplace 변환을 구하면 다음과 같다.

$$\mathcal{L}\{f''(t)\}=s^3\mathcal{L}\{f(t)\}-s^2f(0)-sf'(0)-f''(0) \tag{45}$$

따라서 n차 도함수에 대한 Laplace 변환은 다음과 같이 확장될 수 있다.

$$\mathcal{L}\{f^{(n)}(t)\}=s^n\mathcal{L}\{f(t)\}-s^{n-1}f(0)-s^{n-2}f'(0)-\cdots-f^{(n-1)}(0) \tag{46}$$

식(43)와 식(44)를 t−영역과 s−영역에서 그림으로 나타내면 [그림 4.14]와 같다.

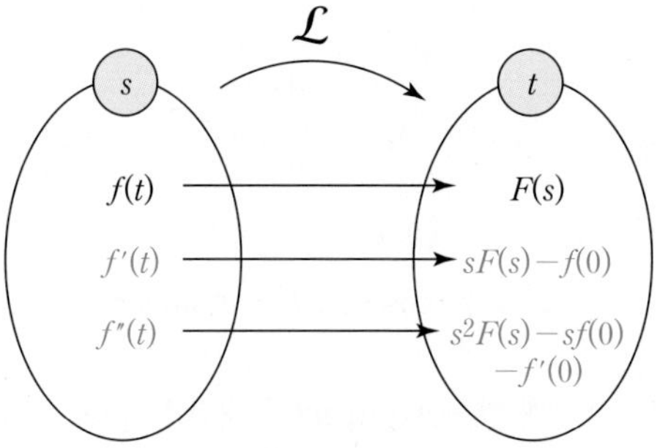

[그림 4.14] 도함수의 Laplace 변환

[그림 4.14]의 수학적인 의미는 다음과 같다.

t−영역에서 시간함수 $f(t)$를 미분하는 것은 s−영역에서는 $F(s)$에 s를 한 번씩 곱하여 초깃값을 빼주는 것과 같다. 만일 초깃값이 0이라면 t−영역에서 미분하는 것은 s−영역에서 s를 한 번 곱하는 것과 동일한 것으로 이해할 수 있다.

이러한 성질 때문에 선형미분방정식을 Laplace 변환을 이용하여 풀 때 t−영역에서 미분방정식이 s−영역에서는 대수방정식으로 변환된다는 것에 주목하라.

어떤 복잡한 형태의 함수에 대한 Laplace 변환을 구하려고 할 때는 먼저 주어진 함수를 미분하여 얻어진 좀 더 간단한 형태의 함수로부터 Laplace 변환을 구하려고 시도하는 것이 종종 해결책을 제시한다. 〈예제 4.11〉에서 관련 내용을 설명한다.

예제 4.11

다음 함수의 Laplace 변환을 구하라.

(1) $f(t)=4\sin^2 t$

(2) $g(t)=t\cos wt$

(3) $h(t)=\cos^2 t$

풀이

(1) $f(t)$를 미분하고 식(43)를 이용하면 다음과 같다.

$$f'(t)=8\sin t\cos t=4(2\sin t\cos t)=4\sin 2t$$
$$\mathcal{L}\{f'(t)\}=sF(s)-f(0)=sF(s)=\frac{8}{s^2+4}$$
$$\therefore\ F(s)=\frac{8}{s(s^2+4)}$$

(2) $g(t)$를 미분하면

$$g'(t)=\cos wt+t(-w\sin wt)$$

이 되는데 $g'(t)$의 두 번째 항 $-wt\sin wt$에 대한 Laplace 변환을 구하기가 어려우므로 한 번 더 미분한다.

$$g''(t)=-w\sin wt-w\sin wt+t(-w^2\cos wt)$$
$$\therefore\ g''(t)=-2w\sin wt-w^2 g(t)$$

식(44)와 $g(0)=0$의 관계를 이용하여 윗 식의 양변을 Laplace 변환하면 다음과 같다.

$$\mathcal{L}\{g''(t)\}=s^2\mathcal{L}\{g(t)\}-sg(0)-g'(0)$$
$$-2w\frac{w}{s^2+w^2}-w^2\mathcal{L}\{g(t)\}=s^2\mathcal{L}\{g(t)\}-1$$
$$(s^2+w^2)\mathcal{L}\{g(t)\}=1-\frac{2w^2}{s^2+w^2}=\frac{s^2-w^2}{s^2+w^2}$$
$$\therefore\ \mathcal{L}\{g(t)\}=\frac{s^2-w^2}{(s^2+w^2)^2}$$

(3) $h(t)$를 미분하고 식(43)을 이용하면 다음과 같다.

$$h'(t)=2\cos t(-\sin t)=-\sin 2t$$
$$\mathcal{L}\{h'(t)\}=sH(s)-h(0)=sH(s)-1=\frac{-2}{s^2+4}$$
$$sH(s)=1-\frac{2}{s^2+4}=\frac{s^2+2}{s^2+4}$$
$$\therefore\ H(s)=\frac{s^2+2}{s(s^2+4)}$$

여기서 잠깐! **삼각함수의 기본공식**

대부분 삼각함수의 공식은 복잡하며 너무 많아서 일일이 기억하기가 어렵다고 생각한다. 그러나 기본적인 삼각함수 공식인 덧셈정리에 대한 것만 기억을 하면 많은 삼각함수 공식이 쉽게 유도된다. 즉,

$$\begin{cases} \sin(x+y)=\sin x\cos y+\cos x\sin y \\ \cos(x+y)=\cos x\cos y-\sin x\sin y \end{cases} \tag{47}$$

이 되는데 식(47)에서 $y=x$ 로 대체하면

$$\begin{aligned} &\sin(x+x)=\sin x\cos x+\cos x\sin x=2\sin x\cos x \\ &\therefore\ \sin 2x=2\sin x\cos x \\ &\cos(x+x)=\cos x\cos x-\sin x\sin x \\ &\cos 2x=\cos^2 x-\sin^2 x \end{aligned} \tag{48}$$

여기에서 $\cos^2 x+\sin^2 x=1$ 의 관계를 식(48)에 대입하면

$$\therefore\ \cos 2x=1-2\sin^2 x=2\cos^2 x-1 \tag{49}$$

식(49)를 $\sin^2 x$ 와 $\cos^2 x$ 에 대해 정리하면 다음과 같다.

$$2\sin^2 x=1-\cos 2x \qquad \therefore\ \sin^2 x=\frac{1-\cos 2x}{2} \tag{50}$$

$$2\cos^2 x=1+\cos 2x \qquad \therefore\ \cos^2 x=\frac{1+\cos 2x}{2} \tag{51}$$

또한 식(47)에서 y 대신에 $-y$를 대입하면 다음 관계가 유도된다.

$$\begin{aligned} &\sin(x-y)=\sin x\cos(-y)+\cos x\sin(-y) \\ &\therefore\ \sin(x-y)=\sin x\cos y-\cos x\sin y \end{aligned} \tag{52}$$

$$\begin{aligned} &\cos(x-y)=\cos x\cos(-y)-\sin x\sin(-y) \\ &\therefore\ \cos(x-y)=\cos x\cos y+\sin x\sin y \end{aligned} \tag{53}$$

식(52)와 식(53)에서 $\cos x$ 는 우함수(Even Function), $\sin x$ 는 기함수(Odd Function)라는 사실로부터 $\cos(-x)=\cos x$, $\sin(-x)=-\sin x$ 의 관계를 이용하였다.

한편, $\sin(x+y)$와 $\sin(x-y)$의 양변을 더하면 다음과 같다.

$$\begin{aligned} &\sin(x+y)=\sin x\cos y+\cos x\sin y \\ +)\,&\underline{\sin(x-y)=\sin x\cos y-\cos x\sin y} \\ &\sin(x+y)+\sin(x-y)=2\sin x\cos y \\ \therefore\ &\sin x\cos y=\frac{1}{2}\{\sin(x+y)+\sin(x-y)\} \end{aligned} \tag{54}$$

마찬가지로 $\cos(x+y)$와 $\cos(x-y)$의 양변을 더하면 다음과 같다.

$$\begin{aligned} &\cos(x+y)=\cos x\cos y-\sin x\sin y \\ +)\,&\underline{\cos(x-y)=\cos x\cos y+\sin x\sin y} \\ &\cos(x+y)+\cos(x-y)=2\cos x\cos y \\ \therefore\ &\cos x\cos y=\frac{1}{2}\{\cos(x+y)+\cos(x-y)\} \end{aligned} \tag{55}$$

만일 $\cos(x+y)$와 $\cos(x-y)$의 양변을 빼면 다음과 같다.

$$\sin x\sin y=-\frac{1}{2}\{\cos(x+y)-\cos(x-y)\} \tag{56}$$

이와 같이 삼각함수 공식을 무조건 암기하려 하지 말고 이해하려고 노력하는 자세가 중요하다. 이것이 수학을 공부하는 올바른 방법이라 할 수 있다.

여기서 잠깐! **합성함수의 미분**

합성함수란 두 개의 함수가 결합된 형태라고 할 수 있다. 즉,

$$\begin{cases} y=f(x) \\ x=g(t) \end{cases} \qquad \therefore\ y=f(g(t)) \tag{57}$$

에서처럼 y가 x의 함수인데, x가 또다시 t의 함수로 주어질 때를 합성함수(Composite Function)라 한다. 결국 y는 t의 함수이다. 합성함수로 주어진 경우 식(57)을 t에 대해 미분하면

$$\frac{dy}{dt}=\frac{dy}{dx}\cdot\frac{dx}{dt}=f'(x)g'(t)=f'(g(t))g'(t) \tag{58}$$

이 된다. 식(58)에서 알 수 있듯이 합성함수의 미분은 일단 주어진 함수를 미분하고 나서 괄호 안에 있는 함수를 다시 미분해서 곱하면 된다. 예를 들어, 다음 함수를 고려해 보자.

$$y = \sin^3 t = (\sin t)^3$$

위의 함수는 다음과 같이 표현할 수 있으므로 합성함수이다.

$$y = x^3,\ \ x = \sin t$$

따라서 y를 t로 미분하면

$$\frac{dy}{dt} = 3(\sin t)^2 \underbrace{\left\{\frac{d}{dt}(\sin t)\right\}}_{\text{괄호를 한 번 더 미분}} = 3\sin^2 t \cos t$$

가 된다. 몇 가지 예를 더 들어 본다.

$$\begin{aligned} y &= \sin(2x^2 + 3x + 1) \ \rightarrow\ y' = \cos(2x^2 + 3x + 1)\cdot(4x + 3) \\ &\qquad\qquad\qquad\qquad\quad\ \ = (4x + 3)\cos(2x^2 + 3x + 1) \\ y &= (4x + 1)^5 \ \rightarrow\ y' = 5(4x + 1)^4 \cdot 4 = 20(4x + 1)^4 \\ y &= (\ln x)^2 \ \rightarrow\ y' = 2(\ln x)\frac{1}{x} = \frac{2}{x}\ln x \end{aligned}$$

여기서 잠깐! **우함수와 기함수**

우함수는 y축에 대해 대칭인 함수를 의미하며 '우'라는 용어는 짝수를 의미한다. 영어로 짝수를 Even Number라고 하여 우함수를 Even Function이라고 한다.
y축 대칭인 임의의 함수 $y = f(x)$를 고려하자. y축 대칭이란 함수의 그래프를 y축을 기준으로 하여 접으면 정확하게 일치한다는 의미이다. y축 대칭을 수학적으로 표현하면 어떻게 될까? 다음 그림을 보자.

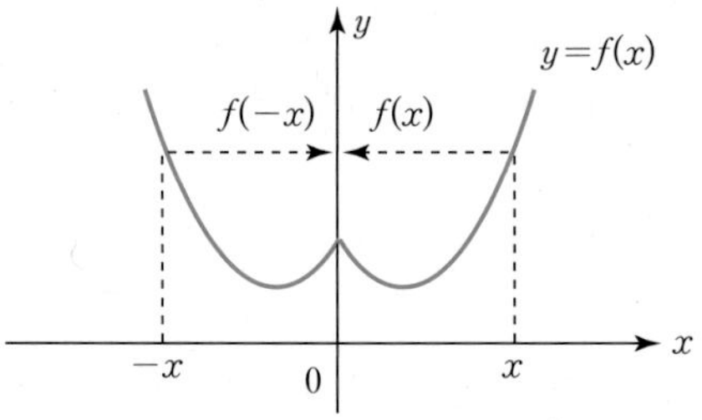

[그림 4.15] y축 대칭함수(우함수)

[그림 4.15]에서 $y=f(x)$의 그래프는 y축을 기준으로 하여 반으로 접으면 정확하게 일치하므로 y축 대칭함수이다. 따라서 원점에서 동일한 거리가 떨어져 있는 x와 $-x$에 대한 함숫값이 같아야 한다. 즉, 모든 x에 대하여 다음 관계가 성립하여야 한다.

$$f(-x)=f(x),\ \forall x \tag{59}$$

한편, 원점 대칭인 함수를 기함수라고 한다. '기'라는 용어는 홀수를 의미한다. 영어로 홀수를 Odd Number라고 하여 기함수를 Odd Function이라고 한다.
원점 대칭인 함수 $y=f(x)$ 고려하자. 원점 대칭이란 함수의 그래프가 원점에서 같은 거리만큼 떨어져 있는 함수를 의미한다. 원점 대칭을 수학적으로 표현하면 어떻게 될까? [그림 4.16]을 살펴보자.

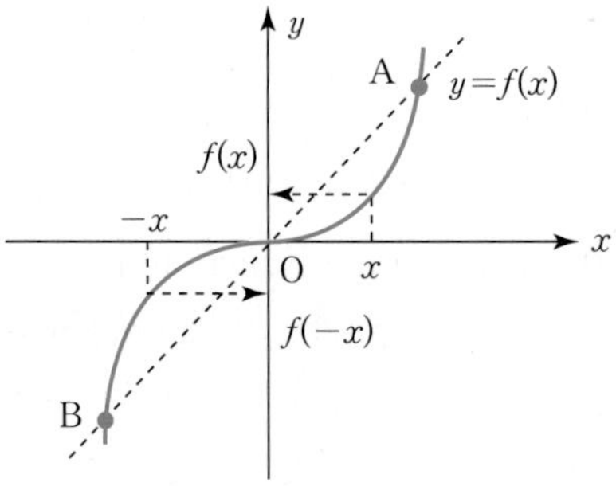

[그림 4.16] 원점 대칭함수(기함수)

[그림 4.16]에서 $y=f(x)$의 그래프는 원점으로부터 같은 거리만큼 떨어져 있다. 즉, 원점을 지나는 임의의 직선을 하나 그려 보면 $y=f(x)$와 A점과 B점에서 만나는데 $\overline{OA}=\overline{OB}$가 성립하면 원점 대칭이라 한다.
원점 대칭인 함수는 원점에서 동일한 거리가 떨어진 $-x$와 x에서의 함숫값이 부호는 서로 다

르지만 그 크기는 같아야 한다. 따라서 모든 x에 대하여 다음 관계가 성립하여야 한다.

$$f(-x)=-f(x),\ \forall x \tag{60}$$

예를 들어, $y=x^2+3$은 우함수이고 $y=x^3$은 기함수임을 알 수 있다. 우함수는 다항함수의 경우 짝수의 지수로만 항이 구성되어 있으며, 기함수는 홀수의 지수로만 항이 구성되었다는 사실에 주목하라.

$\cos x$는 y축 대칭이고, $\sin x$와 $\tan x$는 원점 대칭이므로 다음의 관계가 성립한다.

$$\cos(-x)=\cos x$$
$$\sin(-x)=-\sin x,\ \tan(-x)=-\tan x$$

(2) 적분의 Laplace 변환

다음으로 $t-$영역에서 적분형태로 주어지는 함수의 Laplace 변환을 구해 보자.

앞 절에서 도함수의 Laplace 변환은 $s-$영역에서 s를 곱한 것에 대응이 된다고 지적하였다. 그런데 미분과 적분은 서로 역의 과정이므로 개략적으로 말하면, 적분한 함수의 Laplace 변환은 $s-$영역에서 $\frac{1}{s}$을 곱한 것에 대응된다는 것을 예측할 수 있다.

함수 $f(t)$의 Laplace 변환을 $F(s)$라 하고 $f(t)$의 적분을 다음과 같이 $g(t)$로 정의한다.

$$g(t)\triangleq\int_0^t f(\tau)d\tau \tag{61}$$

$g(t)$를 미분하면 다음과 같다.

$$g'(t)=\frac{d}{dt}\left\{\int_0^t f(\tau)d\tau\right\}=f(t) \tag{62}$$

도함수의 Laplace 변환에 대한 관계를 식(62)에 적용하면 $g(t)=0$이므로

$$\mathcal{L}\{g'(t)\} = -s\mathcal{L}\{g(t)\} - g(0)$$
$$F(s) = s\mathcal{L}\{g(t)\}$$
$$\therefore \mathcal{L}\{g(t)\} = \frac{1}{s}F(s) \tag{63}$$

식(63)의 의미는 t-영역에서 $f(t)$를 적분하는 것은 s-영역에서는 $F(s)$에 $\frac{1}{s}$을 곱하는 것과 동일하다는 것이다. 이를 [그림 4.17]에 나타내었으며, 적분의 Laplace 변환이라 한다.

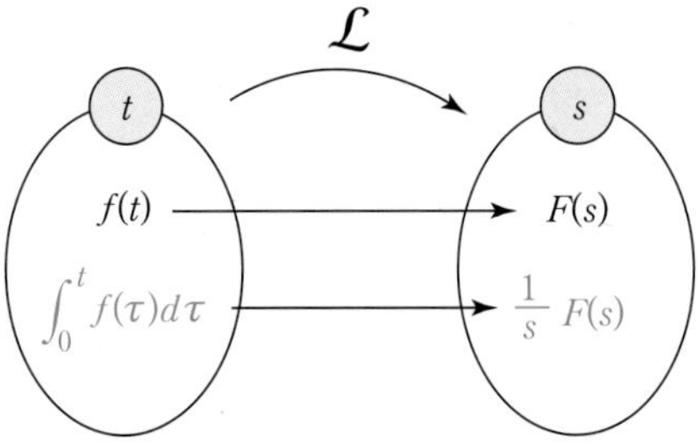

[그림 4.17] 적분의 Laplace 변환

식(63)을 Laplace 역변환을 이용하여 표현하면 다음을 얻을 수 있다.

$$\mathcal{L}^{-1}\left\{\frac{1}{s}F(s)\right\} = \int_0^t f(\tau)d\tau \tag{64}$$

예제 4.12

다음 함수의 Laplace 역변환을 구하라.

(1) $F(s) = \dfrac{2}{s(s^2+1)}$

(2) $G(s) = \dfrac{2}{s^2(s^2+1)}$

풀이

(1) 식(64)를 이용하면 다음과 같다.

$$\mathcal{L}^{-1}\left\{\frac{2}{s(s^2+1)}\right\} = \mathcal{L}^{-1}\left\{\frac{1}{s}\frac{2}{(s^2+1)}\right\}$$
$$= \int_0^t 2\sin\tau d\tau = -2\cos\tau\Big|_0^t = -2\cos t + 2$$

(2) 식(64)와 $F(s)$의 역변환을 이용하면 다음과 같다.

$$\mathcal{L}^{-1}\{G(s)\}=\mathcal{L}^{-1}\left\{\frac{1}{s}F(s)\right\}=\int_0^t(-2\cos\tau+2)d\tau$$
$$=-2\sin\tau+2\tau\Big|_0^t=-2\sin t+2t$$

4.5 Laplace 변환의 미분과 적분

4.4절에서는 t-영역에서 $f(t)$의 미분과 적분에 대한 Laplace 변환을 찾았으나, 이번에는 역으로 s-영역에서 $F(s)$의 미분과 적분이 t-영역의 어떤 함수에 대응되는지를 알아보자.

(1) Laplace 변환의 미분

$f(t)$의 Laplace 변환을 $F(s)$라 할 때

$$F(s)=\int_0^\infty f(t)e^{-st}dt \tag{65}$$

이 되는데, $F(s)$를 미분해 보자.

$$\begin{aligned}\frac{dF(s)}{ds}=F'(s)&=\frac{d}{ds}\left\{\int_0^\infty f(t)e^{-st}dt\right\}\\&=\int_0^\infty\frac{\partial}{\partial s}\{f(t)e^{-st}\}dt\\&=\int_0^\infty\{-tf(t)\}e^{-st}dt=\mathcal{L}\{-tf(t)\}\end{aligned}$$

$$\therefore\ F'(s)=\mathcal{L}\{-tf(t)\} \tag{66}$$

식(66)의 의미는 t-영역에서 $f(t)$에 $-t$를 곱하는 것은 s-영역에서 $F(s)$를 한 번 미분하는 것에 대응한다는 것이다.

식(65)를 두 번 미분하면

$$\frac{d^2F(s)}{ds^2}=F''(s)=\frac{d^2}{ds^2}\left\{\int_0^\infty f(t)e^{-st}dt\right\}$$
$$=\int_0^\infty \frac{\partial^2}{\partial s^2}\{f(t)e^{-st}dt\}$$
$$=\int_0^\infty \{(-t)^2f(t)\}e^{-st}dt=\mathcal{L}\{(-t)^2f(t)\}$$
$$\therefore\ F''(s)=\mathcal{L}\{(-t)^2f(t)\} \tag{67}$$

이 되므로 일반적으로 $F^{(n)}(s)$는 다음과 같다.

$$F^{(n)}(s)=\mathcal{L}\{(-t)^nf(t)\} \tag{68}$$

지금까지의 결과를 t−영역과 s−영역의 대응관계로 표시하면 [그림 4.18]과 같다.

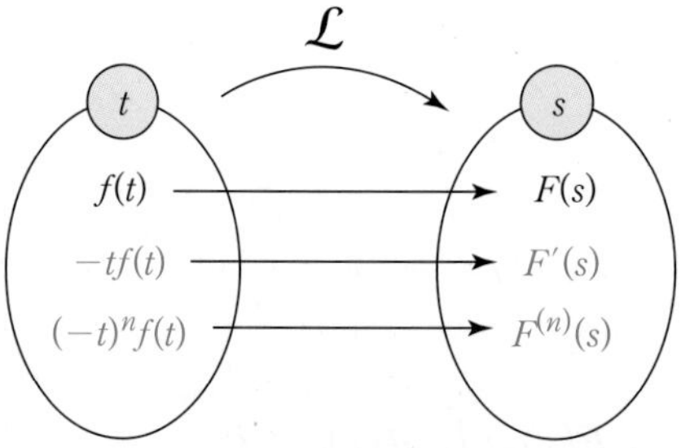

[그림 4.18] Laplace 변환의 미분

예제 4.13

다음 함수의 Laplace 변환을 구하라.

(1) $f(t)=te^{-3t}$

(2) $g(t)=t^2\sin t$

풀이

(1) e^{-3t}의 Laplace 변환은 $\mathcal{L}\{e^{-3t}\}=\frac{1}{s+3}$이므로

$$\mathcal{L}\{te^{-3t}\}=-\mathcal{L}\{-te^{-3t}\}$$
$$=-\frac{d}{ds}\left(\frac{1}{s+3}\right)=\frac{1}{(s+3)^2}$$

이 된다.

(2) 식(67)의 관계를 이용하면 다음과 같다.

$$\begin{aligned}\mathcal{L}\{g(t)\}=\mathcal{L}\{t^2\sin t\}&=\frac{d^2}{ds^2}\{\mathcal{L}(\sin t)\}\\&=\frac{d^2}{ds^2}\left(\frac{1}{s^2+1}\right)=\frac{d}{ds}\left\{\frac{-2s}{(s^2+1)^2}\right\}\\&=\frac{-2(s^2+1)^2+(2s)2(s^2+1)2s}{(s^2+1)^4}=\frac{6s^2-2}{(s^2+1)^3}\end{aligned}$$

(2) Laplace 변환의 적분

다음으로 Laplace 변환의 적분이 t−영역에서 어떤 함수에 대응되는지를 알아보자. $f(t)$의 Laplace 변환을 $F(s)$라 하고 $F(s)$에 대한 다음의 적분을 고려한다.

$$\int_s^\infty F(\tilde{s})d\tilde{s} \tag{69}$$

식(69)는 정적분이므로 적분 변수에 관계없이 적분값은 동일하다는 것에 유의하라. $F(\tilde{s})$는 $F(s)$에 $s=\tilde{s}$를 대입한 함수이므로

$$F(\tilde{s})=\int_0^\infty f(t)e^{-\tilde{s}t}dt \tag{70}$$

가 되며, 식(70)을 식(69)에 대입하여 적분순서를 바꾸면 다음과 같다.

$$\begin{aligned}\int_s^\infty F(\tilde{s})d\tilde{s}&=\int_s^\infty\left\{\int_0^\infty f(t)e^{-\tilde{s}t}dt\right\}d\tilde{s}\\&=\int_0^\infty f(t)\left\{\int_s^\infty e^{-\tilde{s}t}d\tilde{s}\right\}dt\\&=\int_0^\infty f(t)\left[-\frac{1}{t}e^{-\tilde{s}t}\right]_{\tilde{s}=s}^{\tilde{s}=\infty}dt\\&=\int_0^\infty f(t)\frac{1}{t}e^{-st}dt=\mathcal{L}\left\{\frac{1}{t}f(t)\right\}\end{aligned}$$

$$\therefore\ \int_s^\infty F(\tilde{s})d\tilde{s}=\mathcal{L}\left\{\frac{1}{t}f(t)\right\} \tag{71}$$

식(71)의 의미는 t−영역에서 $f(t)$에 $\frac{1}{t}$을 곱하는 것은 s−영역에서 $F(s)$를 적분

하는 것에 대응된다는 것이다. 이를 [그림 4.19]에 나타내었다.

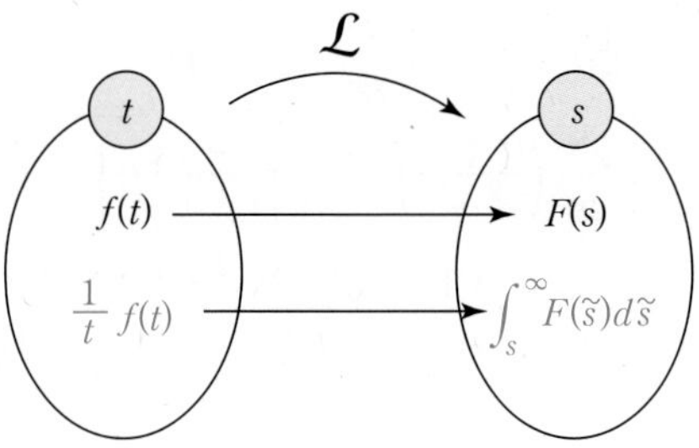

[그림 4.19] Laplace 변환의 적분

예제 4.14

다음 함수의 Laplace 변환을 구하라.

(1) $f(t)=\frac{1}{t}(e^{bt}-e^{at}),\ a\neq b$

(2) $g(t)=\frac{2}{t}(1-\cos wt)$

풀이

(1) 식(71)의 관계를 이용하면

$$\mathcal{L}\{e^{bt}-e^{at}\}=\frac{1}{s-b}-\frac{1}{s-a}$$

이므로

$$\begin{aligned}\mathcal{L}\{f(t)\}&=\mathcal{L}\left\{\frac{1}{t}(e^{bt}-e^{at})\right\}\\&=\int_s^\infty\left(\frac{1}{\tilde{s}-b}-\frac{1}{\tilde{s}-a}\right)d\tilde{s}=\ln(\tilde{s}-b)-\ln(\tilde{s}-a)\Big|_s^\infty\\&=\ln\left(\frac{\tilde{s}-b}{\tilde{s}-a}\right)\Big|_s^\infty=\ln 1-\ln\left(\frac{s-b}{s-a}\right)=\ln\left(\frac{s-a}{s-b}\right)\end{aligned}$$

가 된다.

(2) 식(71)의 관계를 이용하면

$$\mathcal{L}\{2(1-\cos wt)\}=\frac{2}{s}-\frac{2s}{s^2+w^2}$$

이므로

$$\begin{aligned}\mathcal{L}\{g(t)\}&=\mathcal{L}\left\{\frac{1}{t}2(1-\cos wt)\right\}\\&=\int_s^\infty\left(\frac{2}{\tilde{s}}-\frac{2\tilde{s}}{\tilde{s}^2+w^2}\right)d\tilde{s}=2\ln\tilde{s}-\ln(\tilde{s}^2+w^2)\Big|_s^\infty\\&=\ln\left(\frac{\tilde{s}^2}{\tilde{s}^2+w^2}\right)\Big|_s^\infty=\ln 1-\ln\left(\frac{s^2}{s^2+w^2}\right)=\ln\left(\frac{s^2+w^2}{s^2}\right)\end{aligned}$$

이 된다.

여기서 잠깐! **정적분의 적분변수**

정적분에 있어서 적분변수는 정적분 값에 영향을 미치지 않는다.
예를 들어,

$$\int_1^2 xdx=\frac{1}{2}x^2\Big|_1^2=\frac{3}{2}$$
$$\int_1^2 tdt=\frac{1}{2}t^2\Big|_1^2=\frac{3}{2}$$

이 성립한다. 따라서 정적분의 경우 적분변수는 적분을 계산하기 위한 중간 매개체이며 정적분의 결과에는 아무런 영향을 미치지 않는다. 이러한 의미에서 정적분에서의 적분변수를 영어로 Dummy Variable(무의미한 변수)이라고 한다. 일반적으로 다음의 관계가 성립한다.

$$\int_a^b f(x)dx=\int_a^b f(\tau)d\tau=\int_a^b f(y)dy\cdots$$

한편, 적분구간이 상수가 아니라 함수형태로 주어진 경우에는 적분변수는 적분구간에 있는 변수와는 다른 변수를 사용하는 것이 좋다.
예를 들어,

$$\int_t^{t^2+1} f(\tilde{t})d\tilde{t} \qquad \text{또는} \qquad \int_t^{t^2+1} f(\tau)d\tau$$

로 사용하는 것이 바람직하다.

4.6 선형미분방정식의 해법

Laplace 변환을 공부하는 중요한 목적 중의 하나는 선형미분방정식의 해를 구하는 데 Laplace 변환을 이용하기 위해서이다. 공학적으로 주어지는 많은 문제는 t-영역에서 선형미분방정식으로 표현되기 때문에 지금까지 t-영역에서 미분방정식의 해를 구하기 위해 여러 가지 방법을 소개하였다. 그런데 Laplace 변환을 이용하면 t-영역의 복잡한 미분방정식을 s-영역의 간단한 대수방정식으로 변환할 수 있어, Laplace 역변환을 함께 이용하면 미분방정식의 해를 쉽게 구할 수 있다.

예를 들어, 다음의 상수계수를 가지는 2차 미분방정식의 초깃값 문제를 풀어 보자.

$$y''+ay'+by=u(t),\ \ y(0)=y_0,\ \ y'(0)=y_1 \tag{72}$$

$\mathcal{L}\{y\}\triangleq Y(s)$라 정의하고 식(72)의 양변에 Laplace 변환을 취하면

$$\begin{gathered}\mathcal{L}\{y''+ay'+by\}=\mathcal{L}\{u(t)\}\\ \mathcal{L}\{y''\}+a\mathcal{L}\{y'\}+b\mathcal{L}\{y\}=\mathcal{L}\{u(t)\}\\ \{s^2Y(s)-sy(0)-y'(0)\}+a\{sY(s)-y(0)\}+bY(s)=U(s)\end{gathered}$$

이며, 여기서 $U(s)\triangleq\mathcal{L}\{u(t)\}$로 정의된다.

$$(s^2+as+b)Y(s)=sy_0+(ay_0+y_1)+U(s)$$

$$\therefore\ Y(s)=\frac{sy_0+ay_0+y_1+U(s)}{s^2+as+b} \tag{73}$$

식(73)을 식(72)의 보조방정식(Auxiliary Equation)이라 부른다.

식(73)의 Laplace 역변환을 구하면

$$y(t)=\mathcal{L}^{-1}\{Y(s)\}=\mathcal{L}^{-1}\left\{\frac{sy_0+ay_0+y_1+U(s)}{s^2+as+b}\right\} \tag{74}$$

이 되어 식(72)의 일반해를 구할 수 있다. [그림 4.20]에 지금까지의 과정을 그림으로 나타내었다.

[그림 4.20]과 같이 Laplace 변환을 이용하여 미분방정식의 해를 구하는 과정은 제차미분방정식의 해를 구할 필요가 없고, 또한 일반해에 포함된 상수값을 연립방정식을 풀어 결정할 필요가 없다는 장점이 있다. 결국, Laplace 변환을 이용하여 구한 선형미분방정식의 해는 보조해와 특수해가 동시에 구해진다는 것을 알 수 있다.

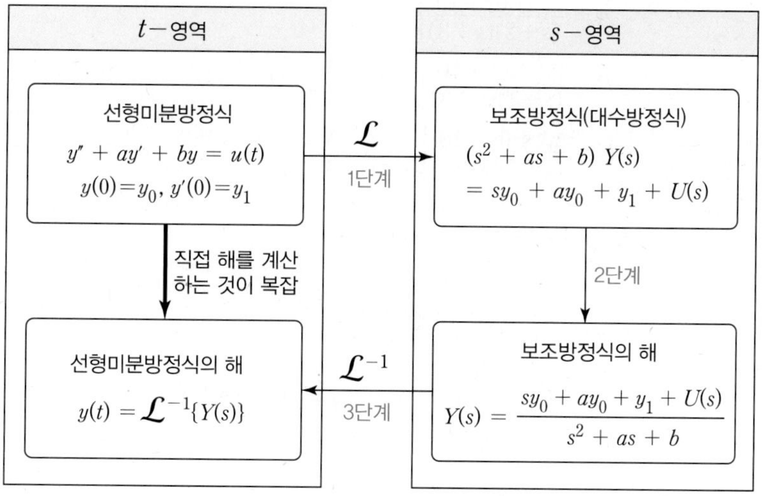

[그림 4.20] Laplace 변환을 이용한 선형미분방정식의 해법

예제 4.15

다음 선형미분방정식의 초깃값 문제를 풀어라.

(1) $y'' + 3y' + 2y = e^{-3t},\ \ y(0)=1,\ \ y'(0)=0$

(2) $y'' + y = 2\cos t,\ \ y(0)=3,\ \ y'(0)=4$

풀이

(1) 미분방정식의 양변에 Lapalce 변환을 취하면

$$\{s^2 Y(s) - sy(0) - y'(0)\} + 3\{sY(s) - y(0)\} + 2Y(s) = \frac{1}{s+3}$$

$$(s^2 + 3s + 2)Y(s) = s + 3 + \frac{1}{s+3} = \frac{s^2 + 6s + 10}{s+3}$$

$$\therefore\ Y(s) = \frac{s^2 + 6s + 10}{(s+1)(s+2)(s+3)} \tag{75}$$

이 된다. $Y(s)$의 Laplace 역변환을 구하기 위해 식(75)를 부분분수로 분해하면 다음과 같다.

$$\frac{s^2+6s+10}{(s+1)(s+2)(s+3)}=\frac{A}{s+1}+\frac{B}{s+2}+\frac{C}{s+3}$$

$$A=\left.\frac{s^2+6s+10}{(s+2)(s+3)}\right|_{s=-1}=\frac{5}{2}$$
$$B=\left.\frac{s^2+6s+10}{(s+1)(s+3)}\right|_{s=-2}=-2$$
$$C=\left.\frac{s^2+6s+10}{(s+1)(s+2)}\right|_{s=-3}=\frac{1}{2}$$

따라서 $Y(s)$의 Laplace 역변환은 다음과 같다.

$$\begin{aligned}y(t)&=\mathcal{L}^{-1}\left\{\frac{s^2+6s+10}{(s+1)(s+2)(s+3)}\right\}\\&=\frac{5}{2}\mathcal{L}^{-1}\left\{\frac{1}{s+1}\right\}-2\mathcal{L}^{-1}\left\{\frac{1}{s+2}\right\}+\frac{1}{2}\mathcal{L}^{-1}\left\{\frac{1}{s+3}\right\}\\&=\frac{5}{2}e^{-t}-2e^{-2t}+\frac{1}{2}e^{-3t}\end{aligned}$$

(2) 주어진 미분방정식의 양변에 Laplace 변환을 취하면

$$\{s^2Y(s)-sy(0)-y'(0)\}+Y(s)=\frac{2s}{s^2+1}$$
$$(s^2+1)Y(s)=\frac{2s}{s^2+1}+3s+4$$
$$\therefore\ Y(s)=\frac{2s}{(s^2+1)^2}+\frac{3s+4}{(s^2+1)}$$

한편, $\mathcal{L}\{tf(t)\}=-F'(s)$이므로 다음의 관계가 성립한다.

$$\mathcal{L}\{t\sin t\}=-\frac{d}{ds}\left(\frac{1}{s^2+1}\right)=\frac{2s}{(s^2+1)^2}$$

따라서 $Y(s)$의 Laplace 역변환은 다음과 같다.

$$\begin{aligned}y(t)=\mathcal{L}^{-1}\{Y(s)\}&=\mathcal{L}^{-1}\left\{\frac{2s}{(s^2+1)^2}\right\}+\mathcal{L}^{-1}\left\{\frac{3s+4}{s^2+1}\right\}\\&=\mathcal{L}^{-1}\left\{\frac{2s}{(s^2+1)^2}\right\}+\mathcal{L}^{-1}\left\{\frac{3s}{s^2+1}\right\}+\mathcal{L}^{-1}\left\{\frac{4}{s^2+1}\right\}\\&=t\sin t+3\cos t+4\sin t\end{aligned}$$

본 절을 마치기 전에 Laplace 변환을 이용하여 미분방정식의 해를 구하는 과정은 고차미분방정식의 경우에도 동일한 방식으로 진행할 수 있으며, 최종적으로 얻어지는 해는 보조해와 특수해의 합의 형태로 얻어진다는 것을 다시 한번 강조하고자 한다.

예제 4.16

다음 3차 선형미분방정식의 일반해를 구하라.

$$y''' - 2y'' - y' + 2y = e^{-3t}$$
$$y(0)=1,\ y'(0)=0,\ y''(0)=0$$

풀이

주어진 미분방정식의 양변에 Laplace 변환을 취하면

$$\{s^3Y(s) - s^2y(0) - sy'(0) - y''(0)\} - 2\{s^2Y(s) - sy(0) - y'(0)\}$$
$$-\{sY(s) - y(0)\} + 2Y(s) = \frac{1}{s+3}$$
$$(s^3 - 2s^2 - s + 2)Y(s) = s^2 - 2s - 1 + \frac{1}{s+3} = \frac{s^3 + s^2 - 7s - 2}{s+3}$$
$$(s-2)(s-1)(s+1)Y(s) = \frac{s^3 + s^2 - 7s - 2}{(s+3)}$$
$$\therefore\ Y(s) = \frac{s^3 + s^2 - 7s - 2}{(s-2)(s-1)(s+1)(s+3)}$$
$$= \frac{A}{s-2} + \frac{B}{s-1} + \frac{C}{s+1} + \frac{D}{s+3}$$

$$A = \left.\frac{s^3 + s^2 - 7s - 2}{(s-1)(s+1)(s+3)}\right|_{s=2} = -\frac{4}{15}$$
$$B = \left.\frac{s^3 + s^2 - 7s - 2}{(s-2)(s+1)(s+3)}\right|_{s=1} = \frac{7}{8}$$
$$C = \left.\frac{s^3 + s^2 - 7s - 2}{(s-2)(s-1)(s+3)}\right|_{s=-1} = \frac{5}{12}$$
$$D = \left.\frac{s^3 + s^2 - 7s - 2}{(s-2)(s-1)(s+1)}\right|_{s=-3} = -\frac{1}{40}$$

따라서 $Y(s)$의 Laplace 역변환은 다음과 같다.

$$y(t) = \mathcal{L}^{-1}\{Y(s)\} = \mathcal{L}^{-1}\left\{\frac{s^3 + s^2 - 7s - 2}{(s-2)(s-1)(s+1)(s+3)}\right\}$$
$$= -\frac{4}{15}\mathcal{L}^{-1}\left\{\frac{1}{s-2}\right\} + \frac{7}{8}\mathcal{L}^{-1}\left\{\frac{1}{s-1}\right\} + \frac{5}{12}\mathcal{L}^{-1}\left\{\frac{1}{s+1}\right\} - \frac{1}{40}\mathcal{L}^{-1}\left\{\frac{1}{s+3}\right\}$$
$$= -\frac{4}{15}e^{2t} + \frac{7}{8}e^{t} + \frac{5}{12}e^{-t} - \frac{1}{40}e^{-3t}$$

여기서 잠깐! $(s-a)^m$ **항을 가지는 함수의 Laplace 역변환**

$F(s)$의 분모에 $(s-a)^m$ 항이 포함되어 있는 경우는 다음과 같이 부분분수로 분해하면 Laplace 역변환을 구하기가 쉽다.

$$\frac{A_m}{(s-a)^m}+\frac{A_{m-1}}{(s-a)^{m-1}}+\cdots+\frac{A_2}{(s-a)^2}+\frac{A_1}{(s-a)}$$

예를 들어, 다음 함수 $F(s)$를 살펴보자.

$$F(s)=\frac{s^2+3s+1}{(s+1)^2(s+2)}=\frac{A_2}{(s+1)^2}+\frac{A_1}{(s+1)}+\frac{B}{s+2}$$

문제는 부분분수의 계수 A_2, A_1, B를 어떻게 구하는가인데, 가장 직접적인 방법은 우변을 통분하여 분자의 계수를 비교하여 A_2, A_1, B를 결정하는 것이다. 이 방법은 많은 시간을 필요로 하는 지루한 작업이다. 좀 더 쉽게 계수들을 구해 보자.

A_2를 구하기 위해 양변에 $(s+1)^2$을 곱하면

$$\frac{s^2+3s+1}{(s+2)}=A_2+A_1(s+1)+\frac{B(s+1)^2}{s+2}$$

이 얻어지는데, $s=-1$을 양변에 대입하면 다음과 같이 A_2를 구할 수 있다.

$$A_2=\left.\frac{s^2+3s+1}{(s+2)}\right|_{s=-1}=-1$$

A_1을 구하기 위해 위의 식을 미분하면

$$\left(\frac{s^2+3s+1}{s+2}\right)'=A_1+\left(\frac{B(s+1)^2}{s+2}\right)'$$

이 되는데, 우변의 두 번째 항은 분자에 $(s+1)^2$ 항이 있으므로 미분을 해도 $(s+1)$의 항이 존재하게 된다. 따라서 $s=-1$을 양변에 대입하면 A_1이 구해진다.

$$A_1=\left.\left(\frac{s^2+3s+1}{s+2}\right)'\right|_{s=-1}=\left.\frac{s^2+4s+5}{(s+2)^2}\right|_{s=-1}=2$$

계수 B는 중복항이 아니기 때문에 4.2절에서 설명한 방법대로 구하면 된다.

$$B = \left.\frac{s^2+3s+1}{(s+1)^2}\right|_{s=-2} = -1$$

따라서 $F(s)$의 Laplace 역변환은 다음과 같다.

$$\begin{aligned}\mathcal{L}^{-1}\{F(s)\} &= \mathcal{L}^{-1}\left\{\frac{s^2+3s+1}{(s+1)^2(s+2)}\right\} \\ &= -\mathcal{L}^{-1}\left\{\frac{1}{(s+1)^2}\right\} + 2\mathcal{L}^{-1}\left\{\frac{1}{s+1}\right\} - \mathcal{L}^{-1}\left\{\frac{1}{s+2}\right\} \\ &= -te^{-t} + 2e^{-t} - e^{-2t}\end{aligned}$$

부분분수분해를 이용하여 Laplace 역변환을 계산하기 위해서는 부분분수로 무조건 분해하는 것이 중요한 것이 아니라 분해된 부분분수의 Laplace 역변환이 쉽게 구해질 수 있도록 부분분수로 적절히 분해해야 한다는 것에 주목하라. 열심히 부분분수로 분해하였는데 분해된 부분분수의 Laplace 역변환을 구하기가 어렵다면 부분분수로 분해한 의미가 없지 않은가?

4.7 합성곱 이론

(1) 합성곱의 정의

s-영역에서 주어진 두 함수 $F(s)$와 $G(s)$의 산술적인 곱에 대응되는 t-영역의 시간함수는 무엇일까? 이 질문의 답은 합성곱(Convolution)이라고 정의되는 개념과 연관되어 있다. 합성곱은 다음과 같이 두 함수 $f(t)$와 $g(t)$의 적분연산으로 정의되며, 기호로는 *로 표시한다.

$$f(t) * g(t) \triangleq \int_0^t f(\tau)g(t-\tau)d\tau \tag{76}$$

식(76)의 우변은 피적분 함수가 t와 τ의 함수로 주어져 있는데, 적분변수는 τ이므로 적분의 결과는 t의 함수가 된다. 합성곱의 연산은 매우 복잡한 연산이므로 적분을 계산하기 위해서는 많은 시간이 걸린다. 식(76)의 합성곱 정의에 대한 수학적인 의미를 다음의 예제로부터 이해해 보도록 하자.

예제 4.17

다음 두 개의 함수 $f(t)$와 $g(t)$의 합성곱 $f(t)*g(t)$를 계산하라.

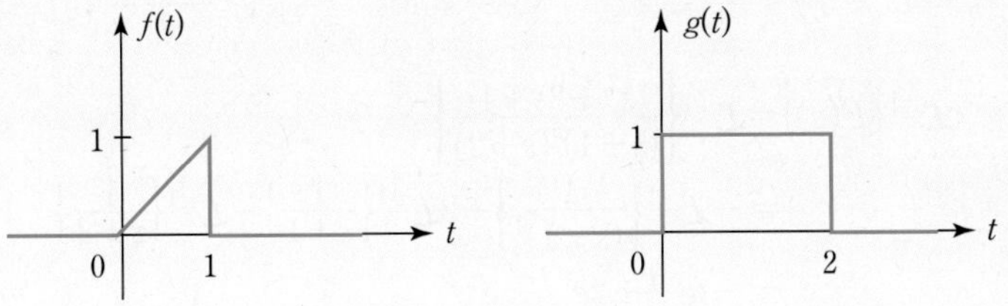

풀이

식(76)의 적분을 계산하기 위해서는 $g(t-\tau)$를 결정해야 한다.

$$g(t-\tau)=g[-(\tau-t)]$$

식(76)의 적분변수가 τ이므로 윗식으로부터 $g(t-\tau)$는 $g(-\tau)$의 그래프를 τ축을 따라 t 만큼 평행이동한 것이다. $g(\tau)$와 $g(-\tau)$는 y축에 대해 대칭이므로 $g(t-\tau)$의 그래프는 [그림 4.21]의 (d)와 같다.

$f(\tau)$의 그래프를 고정시킨 다음 $g(t-\tau)$의 그래프를 t 값의 변화에 따라 왼쪽에서 오른쪽으로 이동시키면서 $f(\tau)$와 $g(t-\tau)$가 겹치는 부분(파란색 음영 부분)에 대해서만 식(76)의 적분값이 존재한다는 것에 주목하라.

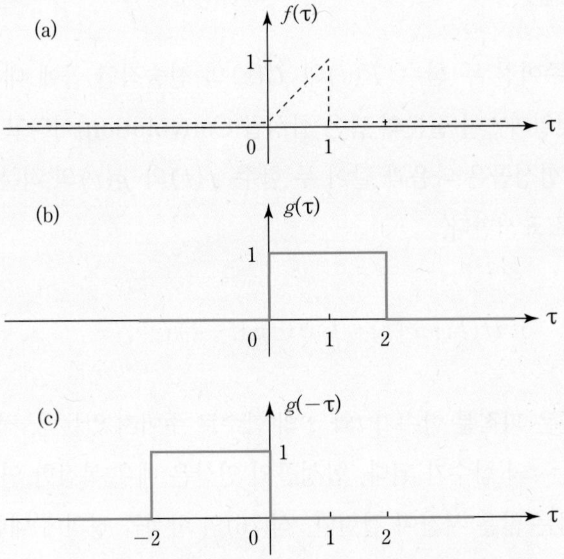

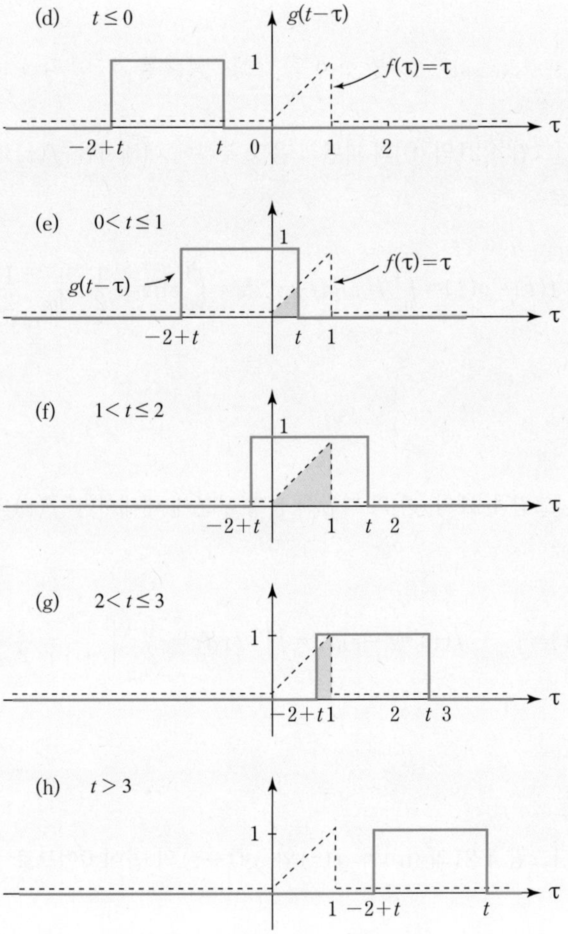

[그림 4.21] 합성곱의 계산과정

① $t \le 0$인 경우

이 경우에는 [그림 4.21의 (d)]의 $f(\tau)$와 $g(t-\tau)$가 곱이 0이므로 $f(t) * g(t)=0$ 이 된다.

② $0 < t \le 1$인 경우

이 경우에는 [그림 4.21의 (e)]의 파란색 음영 부분에 대해서만 $f(\tau)$와 $g(t-\tau)$의 곱이 존재하므로

$$f(t) * g(t) = \int_0^t f(\tau)g(t-\tau)d\tau = \int_0^t \tau \cdot 1 d\tau = \frac{1}{2}\tau^2\Big|_0^t = \frac{1}{2}t^2$$

이 된다.

③ $1 < t \le 2$인 경우

이 경우에는 [그림 4.21의 (f)]의 파란색 음영 부분에 대해서만 $f(\tau)$와 $g(t-\tau)$의 곱이 존재하므로

$$f(t) * g(t) = \int_0^1 f(\tau) g(t-\tau) d\tau = \int_0^1 \tau d\tau = \frac{1}{2}\tau^2 \Big|_0^1 = \frac{1}{2}$$

이 된다.

④ $2 < t \le 3$인 경우

이 경우에는 [그림 4.21의 (g)]의 파란색 음영 부분에 대해서만 $f(\tau)$와 $g(t-\tau)$의 곱이 존재하므로

$$f(t) * g(t) = \int_{-2+t}^1 f(\tau) g(t-\tau) d\tau = \int_{-2+t}^1 \tau d\tau = \frac{1}{2}\tau^2 \Big|_{-2+t}^1 = \frac{1}{2} - \frac{1}{2}(t-2)^2$$

이 된다.

⑤ $t > 3$인 경우

이 경우에는 [그림 4.21의 (h)]의 $f(\tau)$와 $g(t-\tau)$의 곱이 0이므로 $f(t) * g(t) = 0$ 이 된다.

〈예제 4.17〉에서 알 수 있듯이 비교적 간단한 함수인 $f(t)$와 $g(t)$의 합성곱의 계산과정도 상당히 복잡함을 알 수 있다. 위의 예제로부터 합성곱이란 한 함수를 y축에 대해 대칭으로 만든 후 좌측부터 우측으로 이동시키면서 나머지 다른 함수와 겹치는 부분(곱이 존재하는 부분)만을 그 구간에 대해 적분해 나가는 것을 의미한다.

합성곱은 선형시스템의 해석이나 통신시스템의 해석에 많이 활용되는 매우 중요한 연산이지만 그 계산과정이 복잡하다는 것에 유의하라.

(2) 합성곱의 Laplace 변환

지금까지 t-영역에서 정의되는 두 함수 $f(t)$와 $g(t)$의 합성곱 $f(t) * g(t)$에 대

해 살펴보았다. $f(t)*g(t)$의 연산 결과도 t-영역에서 정의되는 또 다른 함수이므로 $f(t)*g(t)$의 Laplace 변환을 구해 보자.

$f(t)$와 $g(t)$의 Laplace 변환은 각각 다음과 같이 표현할 수 있다.

$$F(s)=\int_0^\infty e^{-st}f(t)dt=\int_0^\infty e^{-s\sigma}f(\sigma)d\sigma \tag{77}$$

$$G(s)=\int_0^\infty e^{-st}g(t)dt=\int_0^\infty e^{-s\tau}g(\tau)d\tau \tag{78}$$

$$\begin{aligned} F(s)G(s)&=\int_0^\infty e^{-s\sigma}f(\sigma)d\sigma\int_0^\infty e^{-s\tau}g(\tau)d\tau \\ &=\int_0^\infty \left\{\int_0^\infty e^{-s(\sigma+\tau)}f(\sigma)g(\tau)d\sigma\right\}d\tau \end{aligned} \tag{79}$$

식(79)에서 적분변수 σ에 대한 적분에서 다음과 같이 치환하여 t에 대한 적분으로 변환하면 다음과 같다.

$$\sigma+\tau \triangleq t,\ d\sigma=dt$$

$$\begin{aligned} &\int_0^\infty \left\{\int_0^\infty e^{-s(\sigma+\tau)}f(\sigma)g(\tau)d\sigma\right\}d\tau \\ &=\int_0^\infty \left\{\int_\tau^\infty e^{-st}f(t-\tau)g(\tau)dt\right\}d\tau \end{aligned} \tag{80}$$

식(80)의 적분은 [그림 4.22]에서 t를 먼저 적분하고 나서 τ를 적분한 경우(수평조각 ①)인데, 이 적분순서를 바꾸어도, 즉 τ를 먼저 적분하고 나서 t를 적분하여도(수직조각 ②) 적분값은 동일하다는 것에 유의하라.

따라서 식(80)은 다음과 같이 표현할 수 있다.

$$\begin{aligned} &\int_0^\infty \left\{\int_\tau^\infty e^{-st}f(t-\tau)g(\tau)dt\right\}d\tau \\ &=\int_{t=0}^\infty \int_{\tau=0}^t e^{-st}f(t-\tau)g(\tau)d\tau\, dt \\ &=\int_0^\infty e^{-st}\left\{\int_0^t f(t-\tau)g(\tau)d\tau\right\}dt \\ &=\int_0^\infty e^{-st}\{f(t)*g(t)\}dt=\mathcal{L}\{f(t)*g(t)\} \end{aligned}$$

합성곱의 개념

두 함수 f(t)와 g(t)의 합성곱은 어떻게 계산하나요?
f(t)와 g(t)의 합성곱의 정의식에서 g(t−τ)라는 부분의 의미는 g(−τ)를 도시한 다음 t 만큼 평행이동하란 의미이지요.
g(t−τ)=g[−(τ−t)]
아, g(−τ)를 t 만큼 평행이동한 함수!
한 가지 이상한 점이 있어요. f와 g는 t의 함수로 주어져 있는데, 왜 τ의 함수를 가지고 계산을 하나요?
다음과 같이 합성곱의 정의식에서 보면 적분변수가 τ이기 때문에 τ의 함수로 생각해야 합니다.
$\int_0^t f(\tau)g(t-\tau)\,d\tau$
아하~ 그렇군요. 그러고 나서 어떻게 계산하나요?
g[−(τ−t)]의 그래프를 왼쪽에서 오른쪽으로 이동시키면서 f(τ)와 겹치는 부분만을 구간별로 나누어 적분하면 됩니다. 계산 과정은 복잡하지만 쉽게 풀 수 있어요.

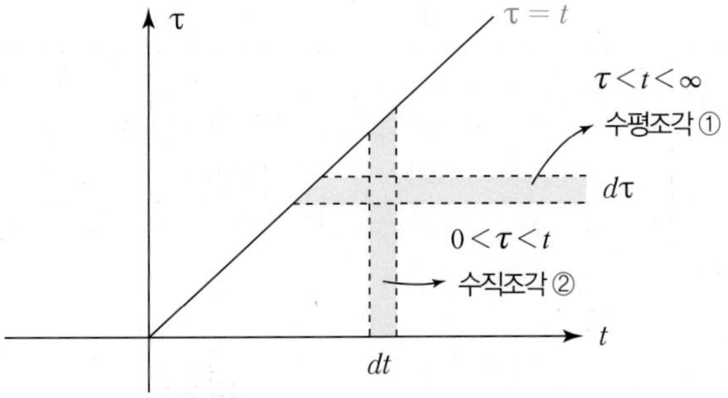

[그림 4.22] 식(80)의 적분 영역

따라서 다음의 관계가 성립하는데 이를 합성곱의 정리라고 부른다.

$$\mathcal{L}\{f(t) * g(t)\} = F(s)G(s) \tag{81}$$

식(81)의 관계를 t−영역과 s−영역의 대응관계로 표시하면 [그림 4.23]과 같다.

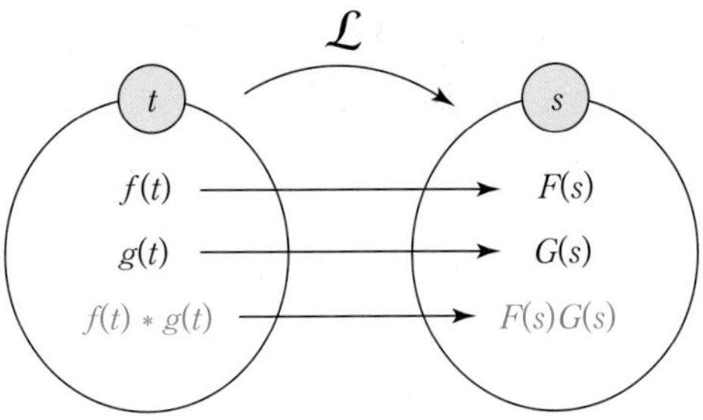

[그림 4.23] 합성곱의 Laplace 변환

식(81)을 Laplace 역변환을 이용하여 표현하면 다음과 같다.

$$\mathcal{L}^{-1}\{F(s)G(s)\} = f(t) * g(t) \tag{82}$$

예제 4.18

다음 함수의 Laplace 역변환을 합성곱 정리를 이용하여 구하라.

(1) $\dfrac{1}{(s+1)(s+2)}$ (2) $\dfrac{1}{(s^2+1)(s+1)}$

풀이

(1) 합성곱의 정리에 의해 다음의 관계가 얻어진다.

$$\begin{aligned}\mathcal{L}^{-1}\left\{\frac{1}{(s+1)(s+2)}\right\} &= \mathcal{L}^{-1}\left\{\frac{1}{s+1}\cdot\frac{1}{s+2}\right\}\\ &= e^{-t} * e^{-2t} = \int_0^t e^{-\tau}e^{-2(t-\tau)}d\tau\\ &= e^{-2t}\int_0^t e^{\tau}d\tau = e^{-2t}\left[e^{\tau}\right]_{\tau=0}^{\tau=t}\\ &= e^{-2t}(e^t-1) = e^{-t}-e^{-2t}\end{aligned}$$

(2) 합성곱의 정리에 의해 다음의 관계가 얻어진다.

$$\begin{aligned}\mathcal{L}^{-1}\left\{\frac{1}{(s^2+1)(s+1)}\right\} &= \mathcal{L}^{-1}\left\{\frac{1}{s^2+1}\cdot\frac{1}{s+1}\right\} = \sin t * e^{-t}\\ &= \int_0^t \sin\tau e^{-(t-\tau)}d\tau = e^{-t}\int_0^t e^{\tau}\sin\tau\, d\tau \qquad (83)\end{aligned}$$

$\int_0^t e^{\tau}\sin\tau\, d\tau$ 를 계산하기 위하여 부분적분을 두 번 적용하여 구해 본다.

$$\begin{aligned}\int_0^t e^{\tau}\sin\tau\, d\tau &= e^{\tau}\sin\tau\Big|_0^t - \int_0^t e^{\tau}\cos\tau\, d\tau\\ &= e^t\sin t - \left\{ e^{\tau}\cos\tau\Big|_0^t - \int_0^t e^{\tau}(-\sin\tau)d\tau \right\}\\ 2\int_0^t e^{\tau}\sin\tau\, d\tau &= e^t\sin t - e^t\cos t + 1\\ \therefore \int_0^t e^{\tau}\sin\tau\, d\tau &= \frac{1}{2}(e^t\sin t - e^t\cos t + 1) \qquad (84)\end{aligned}$$

식(84)를 식(83)에 대입하면

$$\mathcal{L}^{-1}\left\{\frac{1}{(s^2+1)(s+1)}\right\} = \frac{1}{2}(\sin t - \cos t + e^{-t})$$

가 얻어진다.

여기서 잠깐! $\int e^{-x}\cos wx\,dx$ **의 계산**

다음의 부정적분을 계산해보자. 단, w는 상수이다.

$$\int e^{-x}\cos wx\,dx$$

$u'=e^{-x}$, $v=\cos wx$라 하면 $u=-e^{-x}$, $v'=-w\sin wx$이므로 부분적분법에 의하여 다음과 같다.

$$\begin{aligned}\int e^{-x}\cos wx\,dx &= -e^{-x}\cos wx-\int e^{-x}w\sin wx\,dx\\ &= -e^{-x}\cos wx-w\int e^{-x}\sin wx\,dx\end{aligned}$$

우변의 두 번째 항의 부정적분을 계산하기 위하여 부분적분법을 한번 더 적용한다. $u'=e^{-x}$, $v=\sin wx$라 하면 $u=-e^{-x}$, $v'=w\cos wx$이므로 우변의 적분은 다음과 같이 계산할 수 있다.

$$\int e^{-x}\sin wx\,dx=-e^{-x}\sin wx+w\int e^{-x}\cos wx\,dx$$

따라서

$$\begin{aligned}\int e^{-x}\cos wx\,dx &= -e^{-x}\cos wx-w\int e^{-x}\sin wx\,dx\\ &= -e^{-x}\cos wx-w\left\{-e^{-x}\sin wx+w\int e^{-x}\cos wx\,dx\right\}\end{aligned}$$

우변의 적분을 이항하여 정리하면

$$(1+w^2)\int e^{-x}\cos wx\,dx=e^{-x}(w\sin wx-\cos wx)$$

$$\therefore\ \int e^{-x}\cos wx\,dx=\frac{e^{-x}(w\sin wx-\cos wx)}{1+w^2}$$

위의 적분은 공학문제에 자주 나타나는 적분이니 계산과정을 잘 숙지해두기 바란다.

4.8 주기함수의 Laplace 변환

주기함수는 일정한 시간간격(=주기)마다 동일한 함수가 반복되는 함수를 의미한다. 다음 함수 $f(t)$를 살펴보자.

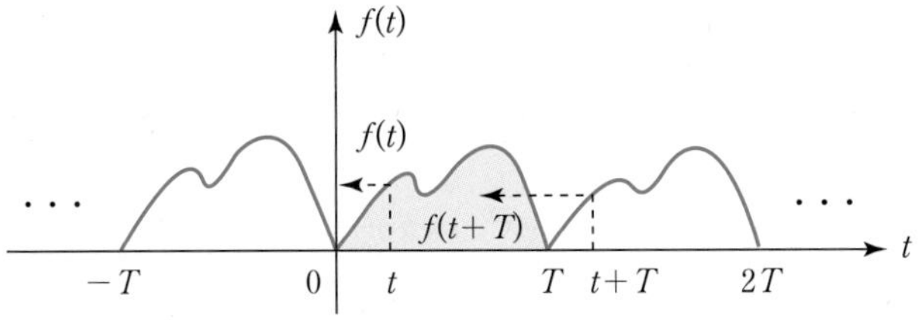

[그림 4.24] 주기함수

[그림 4.24]에서 일정한 시간간격 T마다 동일한 함수가 반복되므로 $f(t)$와 $f(t+T)$는 임의의 t에 대하여 항상 같다. 즉,

$$f(t+T)=f(t),\ \forall t \tag{85}$$

n을 정수라 하면 식(85)는 일반적으로 다음과 같다. 즉,

$$f(t+nT)=f(t),\ \forall t \tag{86}$$

식(86)을 만족하는 함수를 주기함수(Periodic Function)라 하고 T를 주기(Period)라 한다.

여기서 잠깐! **기본주기(Fundamental Period)**

공학적인 현상 중에서 감쇠가 없는 스프링(Spring)의 진동이나 심전도(Electrocardiogram: EKG) 파형 등에서는 일정한 시간 간격으로 반복되는 주기적인 패턴이 나타나는데 이를 주기성이라고 한다.
주기성은 식(86)과 같이 일반적으로 표현할 수 있다.

$$f(t+nT)=f(t),\ \forall t$$

$n=2, 3$에 대하여 $f(t+nT)$를 계산하면

$$f(t+2T)=f(t)$$
$$f(t+3T)=f(t)$$

가 성립하므로 T, $2T$, $3T$, $\cdots$, nT 등도 $f(t)$의 주기가 된다는 것을 알 수 있다. 이 중에서 가장 작은 값인 T를 $f(t)$의 기본주기(Fundamental Period)라고 한다.
앞으로 특별한 언급이 없는 한 주기라 함은 기본주기를 지칭하는 것으로 한다.

다음으로 주기가 T인 주기함수 $f(t)$의 Laplace 변환을 구해 보자.
Laplace 변환의 정의에 의해

$$\begin{aligned}\mathcal{L}\{f(t)\} &= \int_0^{\infty} f(t)e^{-st}dt \\ &= \int_0^{T} f(t)e^{-st}dt + \int_T^{2T} f(t)e^{-st}dt + \int_{2T}^{3T} f(t)e^{-st}dt + \cdots \end{aligned} \tag{87}$$

가 된다. 식(87)의 두 번째 적분에서 $t=t^*+T$, 세 번째 적분에서 $t=t^*+2T$로 치환하면

$$\begin{aligned}\int_T^{2T} f(t)e^{-st}dt &= \int_0^{T} f(t^*+T)e^{-s(t^*+T)}dt^* \\ &= e^{-sT}\int_0^{T} f(t^*+T)e^{-st^*}dt^* \\ &= e^{-sT}\int_0^{T} f(t^*)e^{-st^*}dt^* \end{aligned} \tag{88}$$

$$\begin{aligned}\int_{2T}^{3T} f(t)e^{-st}dt &= \int_0^{T} f(t^*+2T)e^{-s(t^*+2T)}dt^* \\ &= e^{-2sT}\int_0^{T} f(t^*+2T)e^{-st^*}dt^* \\ &= e^{-2sT}\int_0^{T} f(t^*)e^{-st^*}dt^* \end{aligned} \tag{89}$$

이 되며, 이 과정을 계속 반복하여 정리하면 다음과 같다.

$$\begin{aligned}\mathcal{L}\{f(t)\} &= \int_0^{T} f(t)e^{-st}dt(1+e^{-sT}+e^{-2sT}+\cdots) \\ &= \frac{1}{1-e^{-sT}}\int_0^{T} f(t)e^{-st}dt \end{aligned} \tag{90}$$

따라서 주기 T인 주기함수의 Laplace 변환은 $f(t)e^{-st}$를 한 주기 동안만 적분을 수행한 다음 $1/(1-e^{-sT})$를 곱하면 된다.

예제 4.19

다음 주기함수의 Laplace 변환을 구하라.

$$f(t)=\begin{cases}1, & 0\le t<2\\ 0, & 2\le t<4\end{cases},\quad T=4$$

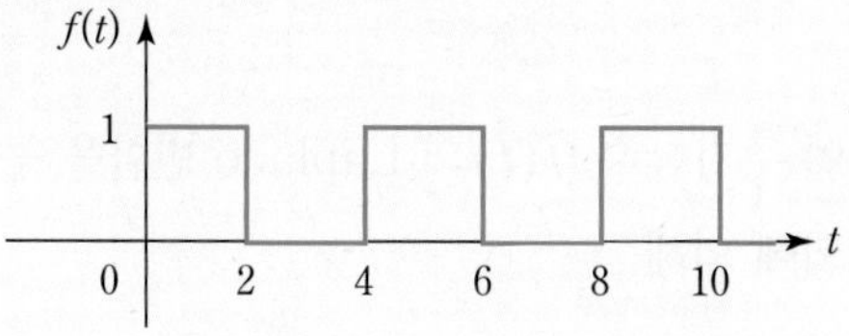

풀이

식(90)에 대입하기 위해 다음 적분을 한 주기 동안 계산하면

$$\int_0^4 f(t)e^{-st}dt=\int_0^2 e^{-st}dt=-\frac{1}{s}e^{-st}\Big|_0^2=-\frac{1}{s}e^{-2s}+\frac{1}{s}$$

이므로

$$\begin{aligned}\mathcal{L}\{f(t)\}&=\frac{1}{1-e^{-4s}}\int_0^4 f(t)e^{-st}dt\\&=\frac{1-e^{-2s}}{(1-e^{-4s})s}=\frac{(1-e^{-2s})}{s(1-e^{-2s})(1+e^{-2s})}\\&=\frac{1}{s(1+e^{-2s})}\end{aligned}$$

이 된다.

4.9 선형연립미분방정식의 해법

4.6절에서 선형비분방정식의 해를 구하기 위해 주어진 미분방정식을 Laplace 변환을 이용하여 대수방정식으로 변환한 다음, Laplace 역변환으로부터 미분방정식의 해를 구하였다. 선형미분방정식이 연립형태로 주어진 경우에도 Laplace 변환을 이

용하여 해를 구할 수 있으며, 풀이과정은 선형미분방정식의 풀이과정과 동일하다. 다만 한 가지 다른 점은 선형미분방정식이 여러 개 결합되어 있기 때문에 Laplace 변환을 이용하면 연립대수방정식으로 주어진다는 것이다.

예를 들어, 다음 선형연립미분방정식을 고려한다.

$$\begin{cases} y_1' = -y_1 + y_2 \\ y_2' = -y_1 - y_2 \end{cases} \quad y_1(0)=1, \quad y_2(0)=0 \tag{91}$$

식(91)의 양변에 Laplace 변환을 취하고 $\mathcal{L}\{y_1\} \triangleq Y_1(s)$, $\mathcal{L}\{y_2\} = Y_2(s)$라 정의하면

$$\begin{cases} sY_1(s) - y_1(0) = -Y_1(s) + Y_2(s) \\ sY_2(s) - y_2(0) = -Y_1(s) - Y_2(s) \end{cases}$$

$$\therefore \begin{cases} (s+1)Y_1(s) - Y_2(s) = 1 \\ Y_1(s) + (s+1)Y_2(s) = 0 \end{cases} \tag{92}$$

이 된다. Cramer 공식을 이용하여 $Y_1(s)$와 $Y_2(s)$를 구하면 다음과 같다.

$$Y_1(s) = \frac{\begin{vmatrix} 1 & -1 \\ 0 & s+1 \end{vmatrix}}{\begin{vmatrix} s+1 & -1 \\ 1 & s+1 \end{vmatrix}} = \frac{s+1}{(s+1)^2+1} \tag{93}$$

$$Y_2(s) = \frac{\begin{vmatrix} s+1 & 1 \\ 1 & 0 \end{vmatrix}}{\begin{vmatrix} s+1 & -1 \\ 1 & s+1 \end{vmatrix}} = \frac{-1}{(s+1)^2+1} \tag{94}$$

식(93)과 식(94)의 Laplace 역변환을 구하면

$$y_1(t) = \mathcal{L}^{-1}\{Y_1(s)\} = \mathcal{L}^{-1}\left\{\frac{(s+1)}{(s+1)^2+1}\right\} = e^{-t}\cos t$$
$$y_2(t) = \mathcal{L}^{-1}\{Y_2(s)\} = \mathcal{L}^{-1}\left\{\frac{-1}{(s+1)^2+1}\right\} = -e^{-t}\sin t$$

가 얻어진다.

이와 같이 Laplace 변환을 이용하면 선형연립미분방정식도 간단히 풀 수 있으며,

얻어진 해도 보조해와 특수해가 포함된 일반해라는 사실에 주의하라.

예제 4.20

다음 연립미분방정식을 Laplace 변환을 이용하여 풀어라.

$$\begin{cases} x'+y'+3y=0 \\ x'+4y=0 \end{cases} \quad x(0)=1,\ y(0)=2$$

풀이

(1) 주어진 방정식의 양변에 Laplace 변환을 취하고 $\mathcal{L}\{x\} \triangleq X(s)$, $\mathcal{L}\{y\} \triangleq Y(s)$라 정의하면

$$\begin{cases} sX(s)-x(0)+sY(s)-y(0)+3Y(s)=0 \\ sX(s)-x(0)+4Y(s)=0 \end{cases}$$

$$\therefore \begin{cases} sX(s)+(s+3)Y(s)=3 \\ sX(s)+4Y(s)=1 \end{cases}$$

이 된다. Cramer 공식을 이용하여 $X(s)$와 $Y(s)$를 구하면 다음과 같다.

$$X(s)=\frac{\begin{vmatrix} 3 & s+3 \\ 1 & 4 \end{vmatrix}}{\begin{vmatrix} s & s+3 \\ s & 4 \end{vmatrix}}=\frac{-s+9}{-s^2+s}=\frac{s-9}{s(s-1)}$$

$$Y(s)=\frac{\begin{vmatrix} s & 3 \\ s & 1 \end{vmatrix}}{\begin{vmatrix} s & s+3 \\ s & 4 \end{vmatrix}}=\frac{-2s}{-s^2+s}=\frac{2s}{s(s-1)}=\frac{2}{s-1}$$

$X(s)$와 $Y(s)$에 대하여 Laplace 역변환을 하면 다음의 해를 얻을 수 있다.

$$x(t)=\mathcal{L}^{-1}\{X(s)\}=\mathcal{L}^{-1}\left\{\frac{s-9}{s(s-1)}\right\}=\mathcal{L}^{-1}\left\{\frac{9}{s}-\frac{8}{s-1}\right\}=9-8e^t$$

$$y(t)=\mathcal{L}^{-1}\{Y(s)\}=\mathcal{L}^{-1}\left\{\frac{2}{s-1}\right\}=2e^t$$

쉬어가는 코너 대학생 닐스 보어가 교수와 싸운 이유는?

"20세기 현대 물리학에 기여한 보어의 업적은 마땅히 아인슈타인 다음으로 꼽아야 한다." 퓰리처상을 받은 작가 리처드 로즈는 닐스 보어(Niels Henrik David Bohr, 1885~1962)의 업적에 대해 이같이 썼다. 현대물리에 아인슈타인이 차지하는 자리는 그 누구도 넘볼 수 없을 만큼 확고하다. 그렇다면 두 번째로 꼽힌 보어는 어떤 업적을 남겼을까?

보어는 덴마크의 수도 코펜하겐에서 출생했다. 아버지는 유명한 코펜하겐대학 생리학 교수였고, 어머니는 부유한 유대인 가문 출신이었다. 보어는 유복한 환경에서 어린 시절부터 과학에 대한 관심을 키워 갔다. 그는 대학생 때 표면 장력을 결정하는 방법인 "물 분사의 진동"에 대해 실험하고 이론적으로 분석해 덴마크 "왕립 과학문학 아카데미"의 금메달을 받으며 유명해지기 시작했다.

전자를 발견한 톰슨을 동경했던 보어는 대학 졸업 후 그와 함께 연구하기 위해 영국 케임브리지 캐번디시 연구소로 갔다. 그러나 톰슨은 보어의 연구에 대해 무관심으로 일관했다. 크게 실망한 보어는 할 수 없이 맨체스터로 옮겨 러더퍼드와 함께 연구했다. 결과적으로 볼 때 톰슨과 헤어지고 러더퍼드와 만난 것은 개인적으로는 다행이었다. 왜냐하면 러더퍼드의 원자 모형을 바탕으로 보어는 새로운 원자 모형을 제안했고 이 업적으로 노벨상까지 수상했기 때문이다.

보어가 남긴 가장 위대한 업적은 새로운 원자 모형을 제안해서 당시 빛의 복사에 관한 이론이었던 양자론을 원자론에 도입한 것이었다. 당시 러더퍼드의 원자 모형은 실험을 통해 나온 여러 현상들을 잘 설명할 수 없었다. 보어는 막스 플랑크, 아인슈타인 같은 이론물리학자들이 발전시키고 있던 양자론을 러더퍼드의 원자 모형에 결합시켜 새로운 원자 모형을 제시했다. 보어의 원자 모형은 당시 받아들이기 힘든 대담한 발상이었지만 분광학 실험들을 통해 사실임이 증명되었다. 고전역학이 현대 양자역학으로 넘어가는 과정에서 보어의 원자 모형이 그 중간 역할을 담당하게 되었으며, 아인슈타인은 "엄청난 업적"이라는 말로 보어의 원자 모형이 갖는 의의를 설명하였다.

닐스 보어가 코펜하겐대 물리학과에 다니던 젊은 시절, 재미있는 일화가 있다. "기압계를 사용해 고층 건물의 높이를 재는 법을 논하라."는 문제에 대해 교수와 보어 간에 실랑이가 벌어졌다. 보어는 "건물 옥상에 올라가 기압계에 줄을 매달아 아래로 늘어뜨린 뒤 줄의 길이를 재면 된다."고 답을 써 냈다. 교수는 기압이 높이에 따라 달라지기 때문에 이를 이용해 높이를 계산하라는 의도로 문제를 냈지만 보어는 판에 박힌 답을 하기 싫었던 것이다. 중재를 맡은 다른 교수가 "6분의 시간을 더 줄 테니 물리학 지식을 이용해 답안을 작성하라."고 하자 보어는 즉석에서 "기압계를 가지고 옥상에 올라가 아래로 떨어뜨린 뒤 낙하시간을 잰 후 건물의 높이는 (1/2)×중력가속도×(낙하시간)^{2}이다."고 답했다. 문제를 출제한 교수는 이 답안에는 높은 점수를 주었다.

교수가 "또 다른 방법을 생각하지 않았는가?"라고 묻자 보어는 "옥상에서 바닥까지 닿는 긴 줄에 기압계를 매달아 시계추처럼 움직이게 하고 그 주기를 측정하면 줄의 길이를 계산할 수 있다."는 등 5가지 다른 독창적인 방법을 제시해 교수를 놀라게 했다. 보어 자신이 꼽은 가장 좋은 답은 "기압계를 건물 관리인에게 선물로 주고 설계도를 얻는다."였다고 한다.

출제자가 의도한 대로 답을 내놓은 사람은 성적을 좋게 받을 수 있지만 전대 과학자들이 이루어 놓은 이론을 재확인하는 정도의 업적을 남길 뿐이다. 똑같은 답을 거부했기에 보어는 러더퍼드의 이론을 계승하면서도 원자에 대한 생각의 틀을 뒤엎는 독창적인 이론을 제시할 수 있었다. "과학적인 답"이라는 명목 아래 획일화된 답을 요구하는 환경에서는 닐스 보어와 같은 위대한 과학자를 보기 어려울지 모른다.

닐스 보어가 코펜하겐대 물리학과에 다니던 젊은 시절의 일화이다.
"기압계를 사용해 고층 건물의 높이를 재는 법을 논하라."는 문제에 대해 고어는 "건물 옥상에 올라가 기압계에 줄을 매달아 아래로 늘어뜨린 뒤 줄의 길이를 재면 된다."라고 써내 교수와 실랑이가 벌어졌다.
자네, 문제의 핵심을 모르는가?
보어는 판에 박힌 답을 하기 싫었던 것이다.
자네에게 6분의 시간을 더 줄테니 물리학 지식을 이용해 답안을 작성하게.
기압계를 가지고 옥상에 올라가 아래로 떨어뜨린 뒤 낙하시간을 재면 건물의 높이는 (1/2)×중력가속도×(낙하시간)²입니다.
오호, 훌륭해 좋은 점수를 주겠네!
또 다른 방법을 생각하지 않았는가?
옥상에서 바닥까지 닿는 긴 줄에 기압계를 매달아 시계추처럼 움직이게 하고 그 주기를 측정하면 줄의 길이를 계산할 수 있습니다. 그리고…
여러 가지 독창적인 방법을 제시해 교수를 놀라게 했다.
아주 훌륭한 제자를 두었구만.
하지만 보어 자신이 꼽은 가장 좋은 답은 "기압계를 건물 관리인에게 선물로 주고 설계도를 얻는다."였다.
무서운 녀석
명품 답안
크게될 놈이야

출처: 「과학향기」, KISTI

연습문제

01 다음 함수의 Laplace 변환을 구하라.

(1) $te^{3t}\sin 2t+2u(t-3)$

(2) $t^2\cos 3t+\delta(t)$

(3) $t^3 * te^t + \sin 2t\, u(t-\pi)$

02 다음 초깃값 문제를 Laplace 변환을 이용하여 해를 구하라.

(1) $y'+y=t\sin t,\ \ y(0)=0$

(2) $y''+y=\cos t,\ \ y(0)=1,\ \ y'(0)=-1$

(3) $y''-3y'+2y=4t,\ \ y(0)=1,\ \ y'(0)=-1$

(4) $y''+y'-2y=e^{-3t},\ \ y(0)=0,\ \ y'(0)=1$

03 다음 함수의 Laplace 역변환을 지시된 방법에 의해 구하라.

(1) $\dfrac{4}{(s+1)(s+3)}$ (부분분수 분해)

(2) $\dfrac{s}{(s^2+\pi^2)^2}$ (합성곱)

(3) $\ln\dfrac{s^2-a^2}{s^2}$ (Laplace 변환의 적분)

04 다음 주기함수의 Laplace 변환을 구하라.

$$f(t)=\begin{cases} 1, & 0\le t<1 \\ -1, & 1\le t<2 \end{cases} \qquad T=2$$

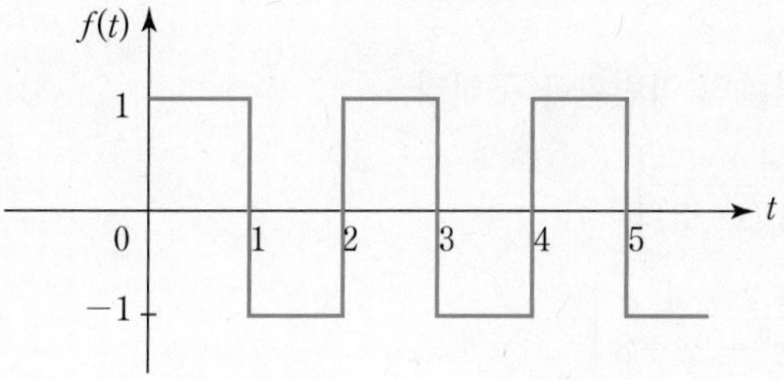

05 다음 선형연립미분방정식의 해를 Laplace 변환을 이용하여 구하라.

(1) $\begin{cases} \dfrac{d^2x}{dt^2}+x-y=0 & x(0)=0,\ x'(0)=-2 \\ \dfrac{d^2y}{dt^2}+y-x=0 & y(0)=0,\ y'(0)=1 \end{cases}$

(2) $\begin{cases} y_1'+y_1-4y_2=0 & y_1(0)=3,\ y_2(0)=4 \\ y_2'-3y_1+2y_2=0 \end{cases}$

06 다음 함수를 단위계단함수를 이용하여 표현한 다음 Laplace 변환을 구하라.

(1)

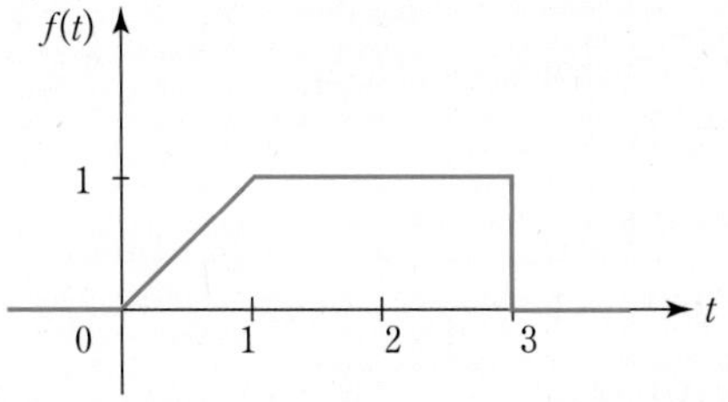

(2)

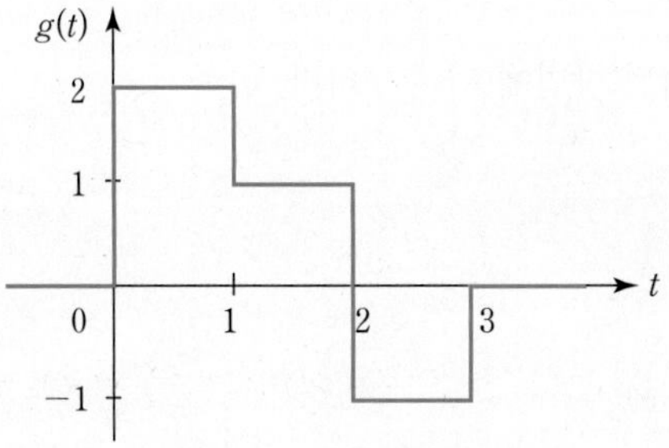

07 다음 함수들의 Laplace 변환을 구하라.

(1) $f(t)=e^{-5t}\sinh 2t$

(2) $g(t)=\begin{cases} 1, & 0\le t<3 \\ 2, & t\ge 3 \end{cases}$

08 다음 Laplace 변환의 역변환을 구하라.

(1) $\mathcal{L}^{-1}\left\{\dfrac{2s+1}{(s^2+4)(s-3)}\right\}$

(2) $\mathcal{L}^{-1}\left\{\dfrac{s^2+2s-4}{s^3-5s^2+2s+8}\right\}$

(3) $\mathcal{L}^{-1}\left\{\dfrac{e^{-2s}}{s^2-3s-4}\right\}$

09 다음의 RC 회로에서 $v(t)=u(t-1)-u(t-2)$가 인가될 때, 회로에 흐르는 전류 $i(t)$를 Laplace 변환을 이용하여 구하라. 단, 초기 조건은 모두 0으로 가정한다.

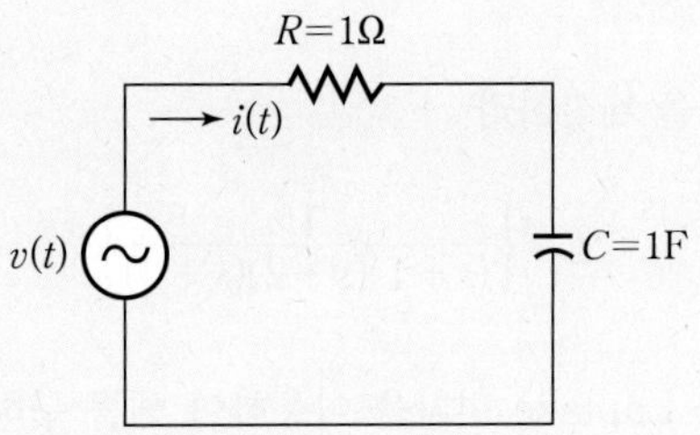

10 다음의 RL 회로에 대하여 문제 9를 반복하라.

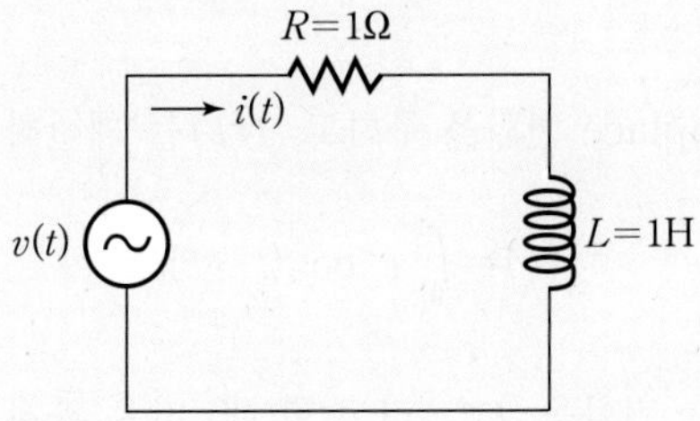

11 다음 관계를 만족하는 함수 $f(t)$를 구하라.

$$f(t)=e^{-2t}+3\int_0^t e^{-3\tau}f(t-\tau)d\tau$$

12 $f(t)=[t]$의 Laplace 변환을 구하라. 단, $[t]$는 가우스 함수로 t보다 크지 않은 가장 큰 정수이다.

13 Laplace 변환을 이용하여 다음 초깃값 문제의 해를 구하라.

(1) $y''+y=3\delta(t)$, $y(0)=0$, $y'(0)=1$

(2) $y''+2y'+y=\delta(t-4)$, $y(0)=0$, $y'(0)=1$

14 다음 Laplace 변환의 역변환을 구하라.

$$\ln\left\{\frac{s^2+a^2}{s^2}\right\},\quad a\text{는 상수}$$

15 다음 적분방정식의 해를 Laplace 변환을 이용하여 구하라.

$$2y(t)-\sin t-2\int_0^t y(\tau)\cos(t-\tau)d\tau=0$$

16 다음 함수 $f(t)$의 Laplace 변환을 구하라.

$$f(t) = t\sin wt$$

17 다음 Laplace 역변환을 계산하라.

$$\mathcal{L}^{-1}\left\{\frac{1}{(s+1)(s+2)(s+3)}\right\}$$

18 다음의 초깃값 문제를 Laplace 변환을 이용하여 해를 구하라. 단, $u(t)$는 단위계단 함수이다.

$$y'' + 3y' + 2y = 3u(t),\ \ y(0) = 0,\ \ y'(0) = 1$$

19 다음 함수 $f(t)$의 Laplace 변환을 구하고 $f(t)$를 계산하라.

$$f(t) = \int_0^{\tau} e^{\tau}\cos(t-\tau)d\tau$$

20 함수 $f(t)$의 Laplace 변환을 $F(s)$라고 할 때, 다음 관계가 성립하는 것을 보여라.

$$\mathcal{L}\{f(t)\sinh wt\} = \frac{1}{2}\{F(s-w) - F(s+w)\}$$
$$\mathcal{L}\{f(t)\cosh wt\} = \frac{1}{2}\{F(s-w) + F(s+w)\}$$

PART II

선형대수학

▶ 개요

선형대수학(Linear Algebra)이란 벡터, 행렬, 벡터공간, 선형변환 등에 대해 다루는 학문으로 수학을 공부하는 데 있어 논리적인 사고력과 문제해결 능력을 길러주는 매우 기초적이고도 중요한 분야이다. 선형대수를 이용하여 많은 공학 문제들이 수학적으로 표현되고 해석되기 때문에 선형대수에 대한 지식이 없이는 공학을 공부하기가 어렵다.

제2부에서는 벡터와 공간좌표계, 행렬과 연립방정식, 고유값 문제 등을 다루고 나서, 벡터함수와 스칼라함수를 정의하여 벡터미적분을 다룬다. 특히, 벡터미적분의 개념은 매우 중요하며, 전기자기적인 현상을 표현하고 해석하는 데 있어 없어서는 안될 필수적인 도구이다. 벡터함수의 발산과 회전, 선적분과 면적분, 발산정리와 Stokes 정리 등에 대해 다룸으로써, 시간에 따라 변화하는 많은 물리적인 현상에 대한 수학적인 해석도구로서 벡터미적분을 활용하게 될 것이다.

▶ 선행학습내용

직각좌표계 표현, 선형연립방정식, 미분과 적분의 기초개념, 편미분

▶ 주요학습내용

위치벡터와 공간좌표계, 벡터공간, 행렬과 행렬식, 선형연립방정식의 해법, 고유값 문제, 벡터함수의 발산 및 회전, 선적분과 면적분, 발산정리 및 Stokes 정리

CHAPTER 05

벡터와 공간직교좌표계

5.1 벡터와 스칼라 | 5.2 벡터의 가감산 및 스칼라 곱
5.3 벡터의 내적 및 외적 | 5.4 3차원 공간에서의 직선과 평면
5.5 3차원 공간직교좌표계 | 5.6 벡터공간의 기초개념

CHAPTER

05 벡터와 공간직교좌표계

▶ **단원 개요**

어떤 물리적인 현상이나 공학적인 표현을 간결하고 함축적으로 표현하기 위해 벡터와 행렬을 많이 이용하게 된다. 특히 전기자기학의 대부분의 수식 표현은 벡터로 이루어져 있어 벡터에 대한 기초지식과 응용지식이 없이는 전체적인 내용을 파악하기 어려울 정도이다.

본 장에서는 위치벡터를 도입하여 이를 수학적으로 표현하고, 벡터 간의 기본 연산인 벡터 덧셈과 스칼라 곱에 대해 다룬다. 또한 벡터 간의 곱셈에 해당되는 두 가지 연산, 즉 내적과 외적을 정의하여 이를 실제 문제에 활용해 본다. 더욱이 벡터를 수학적으로 표현하기 위해 주로 많이 사용되는 3차원 공간직교좌표계에 대해 설명하고, 각 좌표계 사이의 변환관계에 대하여 학습한다. 마지막으로 평면벡터와 공간벡터의 개념을 추상화하여 확장시킨 벡터공간과 기저벡터, 차원 등을 다룬다.

5.1 벡터와 스칼라

(1) 벡터와 스칼라의 정의

자연계의 어떤 물리적인 현상을 설명하는 데 필요한 물리량에는 크기만으로 정의되는 양이 있는 반면에 크기와 방향 모두를 고려해야 정의되는 양이 있다. 크기(Magnitude)만으로 정의되는 물리량을 스칼라(Scalar)라고 하며, 크기와 방향(Direction)을 동시에 고려하여 정의한 물리량을 벡터(Vector)라고 한다.

예를 들어, [그림 5.1의 (a)]에 나타난 것처럼 방 안의 온도분포를 알기 위한 온도(Temperature)는 크기만으로 정의될 수 있는 양이기 때문에 스칼라이다. 그런데 어떤 물체 M에 가해지는 힘(Force)이란 양은 [그림 5.1의 (b)]에서 알 수 있듯이 물체 M에 어떤 방향으로 힘을 가하는가에 따라 물체의 움직임이 달라질 수 있으므로 크기는 물론 방향까지도 고려하여 정의해야 하는 물리량이다. 따라서 힘은 벡터이다.

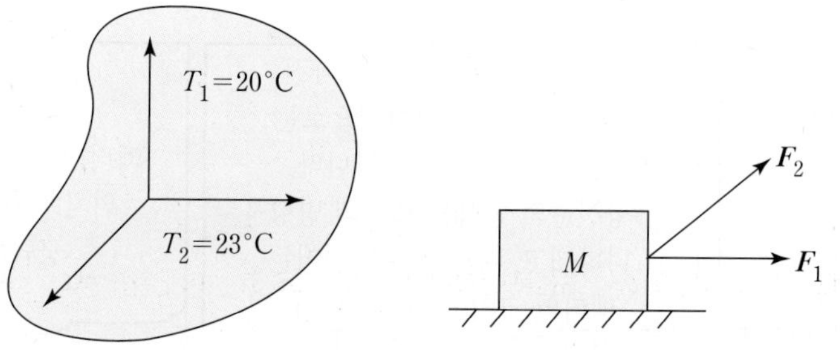

(a) 온도 T (b) 힘 $\boldsymbol{F}$

[그림 5.1] 스칼라와 벡터

스칼라는 크기만으로 정의되는 양이므로 수학적 기호로는 a, b, c ⋯ 와 같이 표현하지만, 벡터는 크기와 방향을 가지는 양이므로 이를 수학적으로 표현하기 위해서는 [그림 5.2]에서와 같이 유향선분(방향을 가진 선분)으로 표시한다.

유향선분에서 선분의 길이는 벡터의 크기를 나타내고, 선분의 방향은 벡터의 방향을 나타낸다. 또한 벡터는 굵은 볼드 문자체로 $\boldsymbol{a}$, $\boldsymbol{b}$, ⋯ 등으로 나타내며, 유향선분이 시작되고 끝나는 점을 벡터의 시점과 종점이라고 한다. [그림 5.2]에 평면에서 정의되는 벡터(평면벡터)와 공간에서 정의되는 벡터(공간벡터)의 기하학적인 표현을 도시하였다.

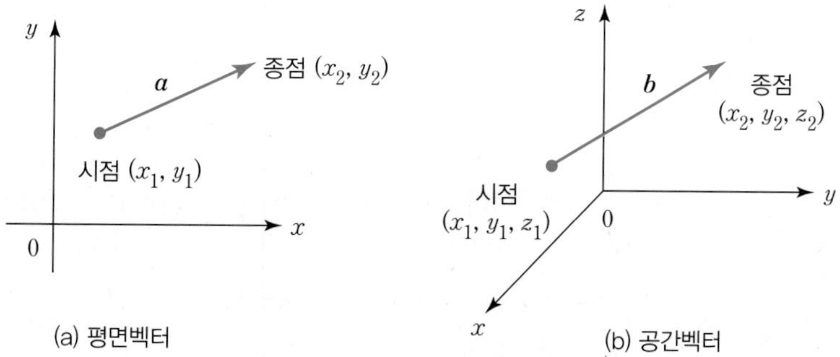

(a) 평면벡터 (b) 공간벡터

[그림 5.2] 벡터의 기하학적 표현

(2) 위치벡터

[그림 5.2]에서 알 수 있듯이 벡터를 기하학적으로 표현하기 위해서는 2개의 점(시점과 종점)이 필요하다. 그런데 만일 어떤 두 벡터의 시점과 종점의 좌표가 서로 다르

위치벡터의 개념

벡터와 위치벡터는 어떤 차이가 있나요?
벡터란 크기와 방향을 가진 물리량인데, 기하학적으로는 유향성분으로 표현합니다. 유향선분의 방향은 벡터의 방향을 나타내고, 유향선분의 길이는 벡터의 크기를 나타냅니다.
예~ 벡터의 개념은 알겠는데, 위치벡터는 무엇인지 궁금하네요.
벡터는 유향성분으로 표현 가능한데, 유향성분은 수학적으로는 시점과 종점의 두 점의 좌표를 이용하면 표현할 수 있습니다.
z
벡터
종점
시점
유향선분
y
x
결국 벡터를 수학적으로 표현하려면 두 점의 좌표가 필요하군요.
예, 맞아요. 그런데 벡터의 평행이동을 허용해서 시점을 좌표공간의 원점으로 이동하게 되면 종점이 위치하는 좌표가 중요해집니다.
아, 그렇게 되는군요.
벡터를 표현하는 데 있어 시점을 원점으로 하고 종점의 좌표만으로 벡터를 표현할 수 있는데, 이러한 벡터를 위치벡터라고 부릅니다.
아하~ 이제 알겠네요.
결국 위치벡터를 이용하게 되면 벡터를 종점의 좌표로 표현이 가능하기 때문에 위치벡터와 점에 대한 수학적 표현이 유사하게 됩니다.
공간상의 한점
= 위치벡터

다고 해도 한 벡터를 평행이동하여 다른 벡터에 일치시킬 수 있다면, 그 두 벡터는 서로 동일한 벡터라고 정의한다. 예를 들어, [그림 5.3]의 세 벡터 $\boldsymbol{a}$, $\boldsymbol{b}$, $\boldsymbol{c}$는 모두 같은 벡터이다.

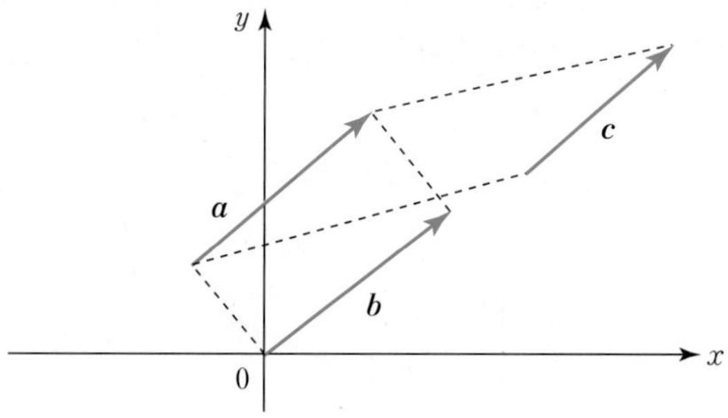

[그림 5.3] 벡터의 평행이동

[그림 5.3]의 벡터 $\boldsymbol{a}$와 $\boldsymbol{c}$는 평행이동하여 벡터 $\boldsymbol{b}$와 일치시킬 수 있음을 알 수 있다. 벡터 $\boldsymbol{b}$와 같이 시점이 원점인 벡터를 위치벡터(Position Vector)라고 하는데, 벡터의 평행이동이 가능하므로 시점이 원점이 아닌 모든 벡터는 위치벡터로 취급할 수 있다.

위치벡터는 시점이 원점이므로 위치벡터를 수학적으로 표현하는 데는 사실상 종점의 좌표만이 중요하게 된다. 결국 위치벡터를 정의함으로써 두 점으로 표현되던 벡터가 사실상 한 점으로 표현될 수 있으므로 수학적인 표현이 단순화된다. 앞으로 이 책에서 다루는 모든 벡터는 묵시적으로 위치벡터라고 간주할 것이며, 위치벡터는 종점의 좌표만이 중요하기 때문에 다음과 같이 종점의 좌표만으로 위치벡터를 표현하도록 한다.

$$\boldsymbol{a}=(x_1, y_1) \quad \text{또는} \quad \boldsymbol{a}=(x_1, y_1, z_1) \tag{1}$$

식(1)을 위치벡터의 성분표시라고 부른다. 위치벡터의 성분표시는 평면 또는 공간에서 점의 좌표(Coordinate)를 표현하는 방식과 동일하다는 것에 주의하라.

예제 5.1

시점이 (a, b), 종점이 (c, d)인 평면벡터를 위치벡터로 변환하였을 때 위치벡터의 성분을 구하라.

풀이

[그림 5.4]에서 시점 (a, b)를 원점으로 이동하려면 x좌표를 $-a$, y좌표를 $-b$만큼 더해 주어야 하므로 종점 (c, d)는 $(c-a, d-b)$로 변화된다.

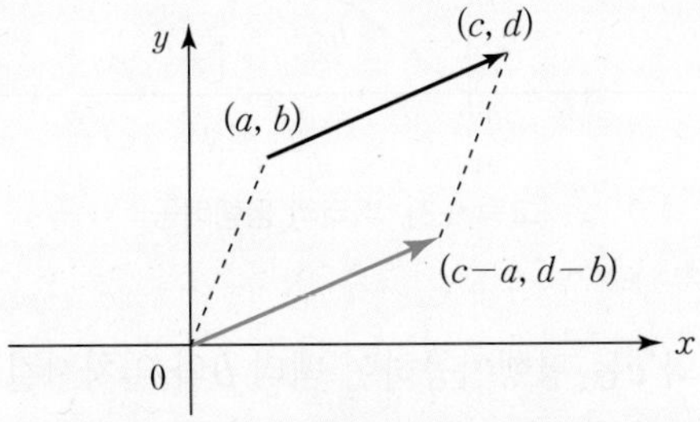

[그림 5.4] 위치벡터로 변환

(3) 벡터의 크기와 단위벡터

식(1)에서 벡터의 크기를 정의해 보자. 벡터 $\boldsymbol{a}$의 크기는 $\|\boldsymbol{a}\|$로 표시하며 유향선분의 길이를 의미한다.

$$\|a\| \triangleq \sqrt{x_1^2 + y_1^2} \quad \text{또는} \quad \|a\| \triangleq \sqrt{x_1^2 + y_1^2 + z_1^2} \tag{2}$$

[그림 5.5]에 벡터의 크기에 대해 도시하였으며, 피타고라스의 정리에 의해 식(2)가 결정된다는 것을 쉽게 알 수 있다.

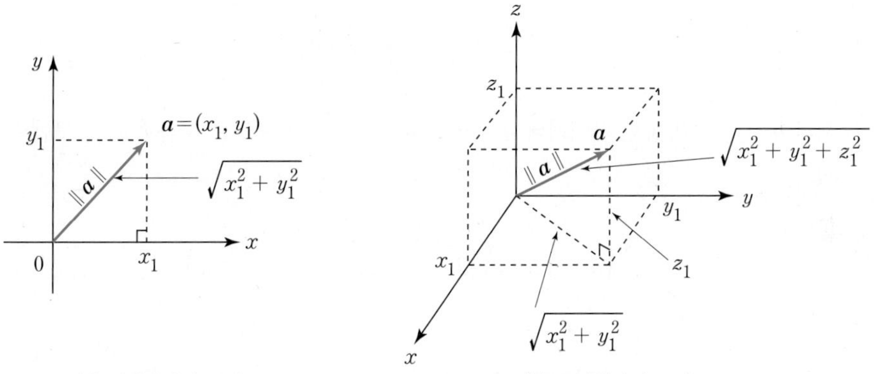

[그림 5.5] 벡터의 크기

한편, 크기가 1인 벡터를 단위벡터(Unit Vector)라고 하는데, [그림 5.6]에서와 같이 2차원 평면과 3차원 공간에서 각 축 방향의 단위벡터를 $\boldsymbol{a}_x, \boldsymbol{a}_y, \boldsymbol{a}_z$의 기호로 나타낸다.

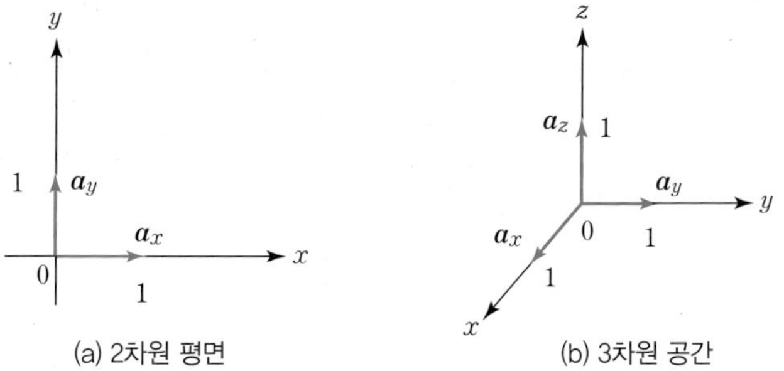

[그림 5.6] 축 방향의 단위벡터

예제 5.2

벡터 $\boldsymbol{a}=(2,\ -1,\ 2)$에 대하여 물음에 답하라.

(1) 벡터 $\boldsymbol{a}$의 크기 $\|\boldsymbol{a}\|$

(2) 벡터 $\boldsymbol{a}$와 같은 방향의 단위벡터 $\boldsymbol{u}$

풀이

(1) 벡터 $\boldsymbol{a}$의 크기를 구하면 다음과 같다.

$$\|\boldsymbol{a}\|=\sqrt{2^2+(-1)^2+2^2}=\sqrt{9}=3$$

(2) 벡터 $\boldsymbol{a}$와 같은 방향의 단위벡터 $\boldsymbol{u}$는 $\boldsymbol{a}$를 $\|\boldsymbol{a}\|$로 나누면 되므로 다음과 같이 구할 수 있다.

$$\boldsymbol{u}=\frac{1}{\|\boldsymbol{a}\|}\boldsymbol{a}=\frac{1}{3}\boldsymbol{a}=\frac{1}{3}(2,\ -1,\ 2)=\left(\frac{2}{3},\ -\frac{1}{3},\ \frac{2}{3}\right)$$

5.2 벡터의 가감산 및 스칼라 곱

지금까지 위치벡터의 수학적인 표현에 대하여 학습하였다. 본 절에서는 2차원 평면에 놓여 있는 두 위치벡터의 덧셈과 빼셈 연산에 대해 정의하고, 위치벡터의 스칼라 곱에 대하여 기술한다.

(1) 벡터의 덧셈

평면벡터 $\boldsymbol{a}=(a_1, a_2)$, $\boldsymbol{b}=(b_1, b_2)$가 주어진 경우 덧셈은 다음과 같이 각 성분의 합으로 정의된다.

$$\boldsymbol{a}+\boldsymbol{b}\triangleq(a_1+b_1, a_2+b_2) \tag{3}$$

평면벡터의 덧셈에 대한 기하학적인 의미를 고찰해 보자. [그림 5.7]에서 $\boldsymbol{a}+\boldsymbol{b}$는 $\boldsymbol{a}$와 $\boldsymbol{b}$가 이루는 평행사변형의 대각선을 연결하는 벡터와 같음을 알 수 있으며, 이를 평행사변형의 법칙(Law of Parallelogram)이라 한다. 평행사변형의 법칙은 두 개의 벡터가 시점이 일치할 때 편리하게 사용할 수 있다는 사실에 주목하라.

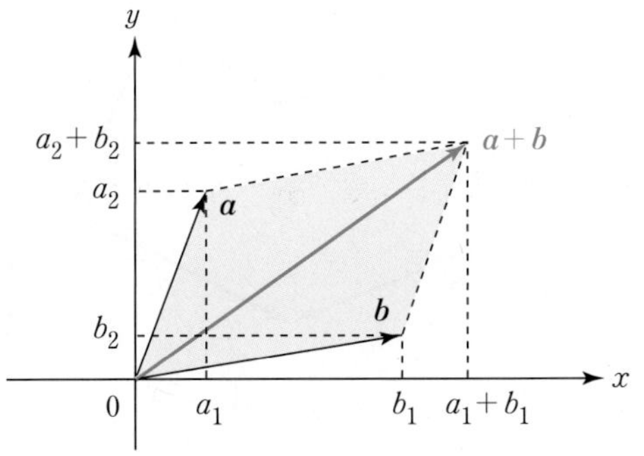

[그림 5.7] 벡터의 덧셈

한편, [그림 5.7]에서 벡터 $\boldsymbol{a}$를 평행사변형의 마주 보는 변으로 평행이동시키면, 벡터 덧셈을 삼각형의 법칙(Law of Triangle)으로도 정의할 수 있다.

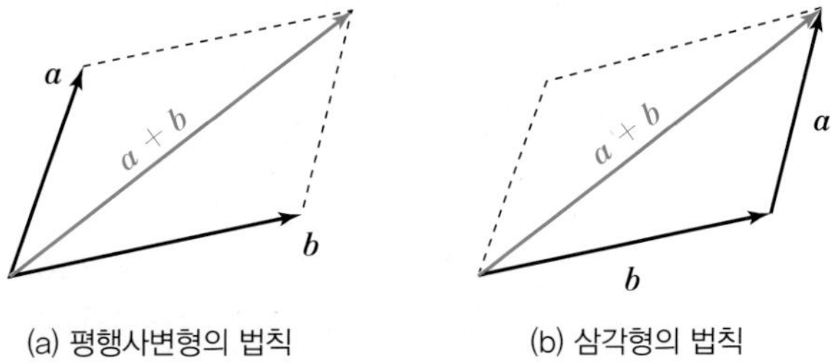

[그림 5.8] 벡터의 덧셈

지금까지 설명한 내용을 정리하면, 평행사변형의 법칙은 더하고자 하는 두 벡터의 시점을 일치시킨 후 평행사변형으로 만들어서 대각선을 취하면 두 벡터의 덧셈이 이루어진다. 그런데 삼각형의 법칙은 더하고자 하는 벡터의 종점에 다른 벡터의 시점을 일치시킨 후 삼각형을 만들어서 덧셈을 하게 된다는 것에 유의하라.

삼각형의 법칙을 이용하면 3개 이상의 벡터를 쉽게 더할 수 있으며, [그림 5.9]에 이를 나타내었다. 이에 대한 증명은 간단하므로 독자들의 연습문제로 남겨 둔다.

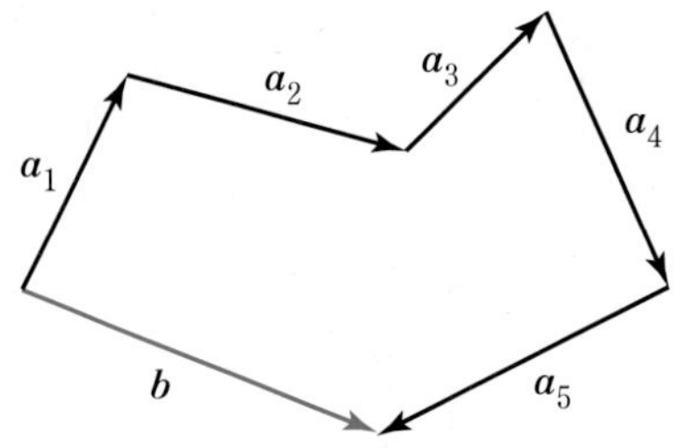

$$b = \sum_{k=1}^{5} a_k$$

[그림 5.9] 삼각형의 법칙을 이용한 덧셈

(2) 벡터의 뺄셈

평면벡터 $\boldsymbol{a}=(a_1, a_2)$, $\boldsymbol{b}=(b_1, b_2)$가 주어진 경우 벡터의 뺄셈은 다음과 같이 각 성분의 차로 정의한다.

$$\boldsymbol{a}-\boldsymbol{b} \triangleq (a_1-b_1, a_2-b_2) \tag{4}$$

크기와 방향이 같은 경우 두 벡터의 뺄셈은 영벡터(Zero Vector)가 되는데, 실수에서도 0이 존재하듯이 벡터에서도 영벡터가 존재하며 모든 성분이 0인 벡터로 정의한다. 기호로는 볼드체로 **0**으로 표시한다.

$$\mathbf{0}=(0, 0) \tag{5}$$

식(4)로 정의된 평면벡터의 뺄셈에 대한 기하학적인 의미를 고찰해 보자.

[그림 5.10]에서 알 수 있듯이 $\boldsymbol{a}-\boldsymbol{b}$는 $\boldsymbol{b}$의 종점에서 $\boldsymbol{a}$의 종점을 연결한 벡터이다. 이유는 벡터 $\boldsymbol{a}$와 $\boldsymbol{b}$를 연결한 벡터 $\boldsymbol{c}$를 위치벡터로 변환하기 위해 $\boldsymbol{c}$의 시점을 원점으로 이동시키면 $\boldsymbol{c}$의 종점의 좌표가 $(a_1-b_1,\ a_2-b_2)$가 되기 때문이다.

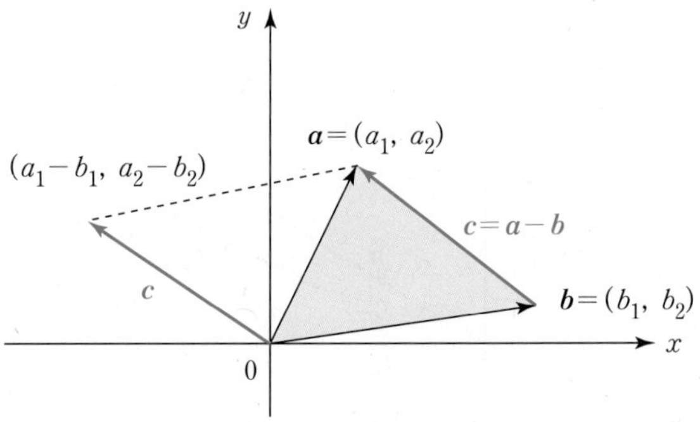

[그림 5.10] 벡터의 뺄셈

[그림 5.10]에서 파란색 음영으로 표시된 영역의 삼각형을 이용하여 벡터의 뺄셈을 정의할 수 있다. 두 벡터 $\boldsymbol{a}$와 $\boldsymbol{b}$의 뺄셈은 두 벡터의 종점을 연결하면 되는데, 방향이 두 가지이므로 $\boldsymbol{a}-\boldsymbol{b}$는 벡터의 방향이 $\boldsymbol{a}$를 향하게 하고 $\boldsymbol{b}-\boldsymbol{a}$는 벡터의 방향이 $\boldsymbol{b}$를 향하게 하면 된다.

(3) 스칼라 곱

마지막으로 위치벡터의 스칼라 곱(Scalar Multiplication)에 대해 정의한다. 스칼라 곱은 벡터 $\boldsymbol{a}$에 스칼라 k를 곱하여 $k\boldsymbol{a}$ 형태를 가지게 되는데, $k\boldsymbol{a}$를 성분으로 정의하면 다음과 같다.

$$k\boldsymbol{a} \triangleq (ka_1, ka_2) \tag{6}$$

결국 벡터의 스칼라 곱은 벡터 $\boldsymbol{a}$의 각 성분에 스칼라 k를 곱한 것이므로 [그림 5.11]에서와 같이 k값에 따라 벡터 $\boldsymbol{a}$를 늘이거나 줄이는 것을 의미한다.

만일, k가 음이 되는 경우 $k\boldsymbol{a}$는 주어진 벡터 $\boldsymbol{a}$와 방향이 반대인 벡터가 된다는 사실에 주의하라.

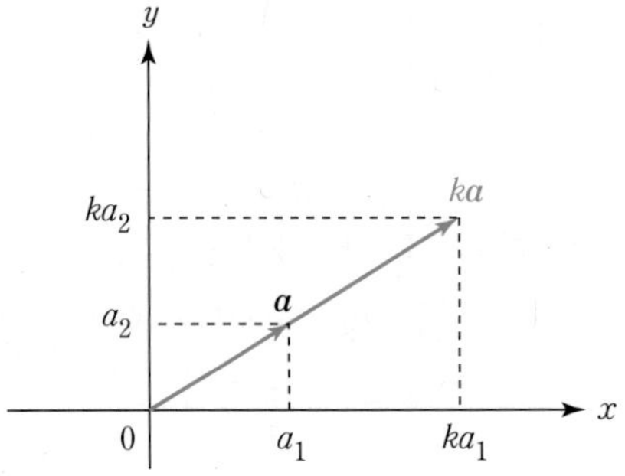

[그림 5.11] 벡터의 스칼라 곱

지금까지 정의한 벡터의 가감산과 스칼라 곱은 평면벡터뿐만 아니라 공간벡터에서도 자연스럽게 확장하여 정의할 수 있음에 유의하라. 예를 들어, 공간벡터 $\boldsymbol{a}=(a_1, a_2, a_3)$, $\boldsymbol{b}=(b_1, b_2, b_3)$와 스칼라 k에 대해 벡터의 덧셈과 뺄셈, 스칼라 곱을 다음과 같이 정의한다.

$$\boldsymbol{a} \pm \boldsymbol{b} \triangleq (a_1 \pm b_1, a_2 \pm b_2, a_3 \pm b_3) \tag{7}$$

$$k\boldsymbol{a} \triangleq (ka_1, ka_2, ka_3) \tag{8}$$

예제 5.3

공간벡터 $\boldsymbol{a}=(0, 2, 0)$, $\boldsymbol{b}=(-1, 0, 1)$, $\boldsymbol{c}=(1, -1, 1)$에 대하여 다음 물음에 답하라.

(1) $\boldsymbol{a}+\boldsymbol{b}-2\boldsymbol{c}$와 $3\boldsymbol{a}-4\boldsymbol{c}$를 계산하고 그 크기를 구하라

(2) 임의의 공간벡터 $\boldsymbol{d}=(1, 2, 3)$에 대하여 다음을 만족하는 k_1, k_2, k_3를 구하라

$$k_1\boldsymbol{a}+k_2\boldsymbol{b}+k_3\boldsymbol{c}=\boldsymbol{d}$$

풀이

(1) $\boldsymbol{a}+\boldsymbol{b}-2\boldsymbol{c}=(0, 2, 0)+(-1, 0, 1)-2(1, -1, 1)$

$$\therefore\ \boldsymbol{a}+\boldsymbol{b}-2\boldsymbol{c}=(-3, 4, -1)$$

$3\boldsymbol{a}-4\boldsymbol{c}=3(0, 2, 0)-4(1, -1, 1)$

$$\therefore\ 3\boldsymbol{a}-4\boldsymbol{c}=(-4, 10, -4)$$

$$\|\boldsymbol{a}+\boldsymbol{b}-2\boldsymbol{c}\|=\sqrt{(-3)^2+4^2+(-1)^2}=\sqrt{26}$$
$$\|3\boldsymbol{a}-4\boldsymbol{c}\|=\sqrt{(-4)^2+10^2+(-4)^2}=\sqrt{132}$$

(2) $k_1\boldsymbol{a}+k_2\boldsymbol{b}+k_3\boldsymbol{c}=\boldsymbol{d}$ 로부터 다음의 관계가 성립한다.

$$(0, 2k_1, 0)+(-k_2, 0, k_2)+(k_3, -k_3, k_3)=(1, 2, 3)$$
$$(-k_2+k_3, 2k_1-k_3, k_2+k_3)=(1, 2, 3)$$

$$-k_2+k_3=1,\ 2k_1-k_3=2,\ k_2+k_3=3$$

$$\therefore\ k_1=2,\ k_2=1,\ k_3=2$$

(4) 위치벡터의 단위벡터 표현

앞에서 언급한 바와 같이 벡터의 크기가 1인 벡터를 단위벡터(Unit Vector) $\boldsymbol{u}$라고 하는데, 임의의 벡터 $\boldsymbol{a}$를 벡터 자신의 크기 $\|a\|$로 나누어 주면 단위벡터가 된다.

$$\boldsymbol{u}\triangleq\frac{1}{\|\boldsymbol{a}\|}\boldsymbol{a} \tag{9}$$

식(9)로 정의된 단위벡터의 크기를 구해 보면

$$\boldsymbol{u}\triangleq\frac{1}{\|\boldsymbol{a}\|}(a_1,\ a_2,\ a_3)=\left(\frac{1}{\|\boldsymbol{a}\|}a_1,\ \frac{1}{\|\boldsymbol{a}\|}a_2,\ \frac{1}{\|\boldsymbol{a}\|}a_3\right)$$

이므로, $\|\boldsymbol{u}\|$는 다음과 같다.

$$\|\boldsymbol{u}\|=\sqrt{\frac{a_1^2}{\|\boldsymbol{a}\|^2}+\frac{a_2^2}{\|\boldsymbol{a}\|^2}+\frac{a_3^2}{\|\boldsymbol{a}\|^2}}=\sqrt{\frac{\|\boldsymbol{a}\|^2}{\|\boldsymbol{a}\|^2}}=1$$

한편, [그림 5.6]에서 평면과 공간좌표계에서 각 축 방향의 단위벡터를 정의하였고, 벡터 덧셈에 대해 학습하였으므로 위치벡터의 또 다른 수학적인 표현에 대해 설명한다.

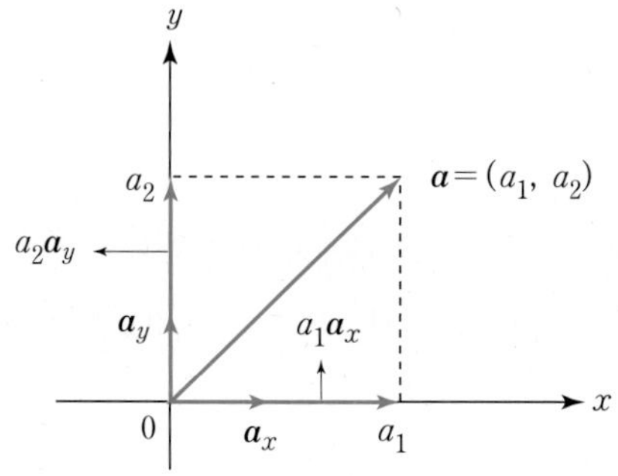

[그림 5.12] 위치벡터의 단위벡터 표현

[그림 5.12]에서 $\boldsymbol{a}=(a_1, a_2)$일 때 각 축 방향 단위벡터 $\boldsymbol{a}_x$, $\boldsymbol{a}_y$를 이용하면 평행사변형의 법칙에 의해 $\boldsymbol{a}$는 다음과 같이 표현할 수 있다.

$$\boldsymbol{a}=a_1\boldsymbol{a}_x+a_2\boldsymbol{a}_y \tag{10}$$

식(10)을 벡터 $\boldsymbol{a}$의 단위벡터 표현이라고 하며, 공간벡터 $\boldsymbol{a}=(a_1, a_2, a_2)$에 대해서도 자연스럽게 확장할 수 있다. 즉, 공간벡터 $\boldsymbol{a}=(a_1, a_2, a_2)$는

$$\boldsymbol{a}=a_1\boldsymbol{a}_x+a_2\boldsymbol{a}_y+a_3\boldsymbol{a}_z \tag{11}$$

으로 표현할 수 있다.

결국 위치벡터의 수학적 표현방법은 성분표시에 의한 방법과 단위벡터에 의한 표시방법이 있으며, 상황에 따라 적당한 표시방법을 이용하면 된다. 동일한 벡터에 대하여 수학적으로 표현하는 방법만이 다른 것이고 벡터 자체가 달라지는 것은 아니라는 사실에 유의하라.

예제 5.4

$\boldsymbol{a}=2\boldsymbol{a}_x+3\boldsymbol{a}_y$에 대하여 다음의 관계를 만족하는 k_1과 k_2를 구하라.

$$\boldsymbol{a}=k_1\boldsymbol{b}+k_2\boldsymbol{c}$$

여기서 $\boldsymbol{b}=\boldsymbol{a}_x+\boldsymbol{a}_y$, $\boldsymbol{c}=\boldsymbol{a}_x-\boldsymbol{a}_y$이다.

풀이

$\boldsymbol{a}=k_1\boldsymbol{b}+k_2\boldsymbol{c}$ 의 관계로부터

$$\begin{aligned}\boldsymbol{a}&=k_1\boldsymbol{b}+k_2\boldsymbol{c}\\ 2\boldsymbol{a}_x+3\boldsymbol{a}_y&=(k_1\boldsymbol{a}_x+k_1\boldsymbol{a}_y)+(k_2\boldsymbol{a}_x-k_2\boldsymbol{a}_y)\\ &=(k_1+k_2)\boldsymbol{a}_x+(k_1-k_2)\boldsymbol{a}_y\end{aligned}$$

$$k_1+k_2=2,\ k_1-k_2=3$$

$$\therefore\ k_1=\frac{5}{2},\ k_2=-\frac{1}{2}$$

여기서 잠깐! **복소수와 2차원 위치벡터의 수학적 표현**

복소평면은 실수축과 허수축으로 이루어진 2차원 평면이며, 좌표평면은 x좌표축과 y좌표축으로 구성된 2차원 평면이다. 복소수는 복소평면 위의 한 점으로 표시되며, 2차원 위치벡터는 좌표평면 위의 한 점으로 표시된다.

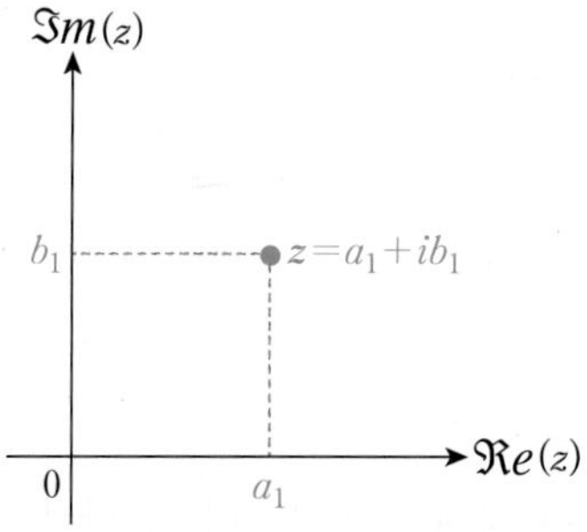

(a) 복소수의 표현

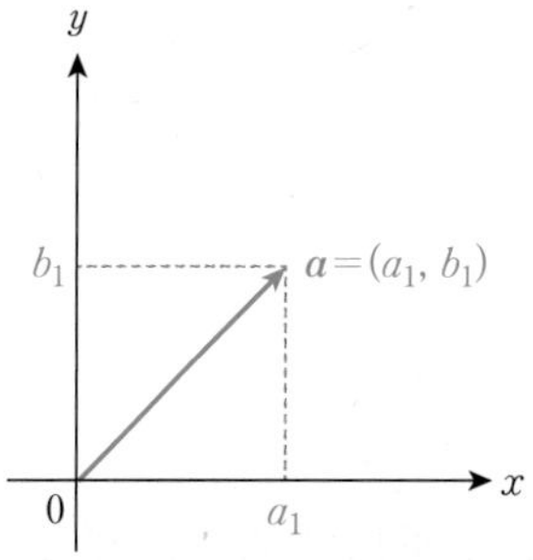

(b) 위치벡터의 표현

위의 그림으로부터 2차원 평면에 놓인 한 점은 평면이 무엇인가에 따라 복소수를 나타낼 수도 있고, 또한 위치벡터를 나타낼 수 있는 것이다. 복소수와 점은 수학적으로 표현이 동일하다는 것을 함께 고려해보면, 2차원 평면 위에 한 점, 복소수, 위치벡터는 모두 수학적으로 동일한 표현을 가진다는 것에 주목하라.

예제 5.5

다음 그림에서 벡터 $\overrightarrow{AC}$ 와 $\overrightarrow{CM}$ 을 벡터 $\boldsymbol{a}$와 $\boldsymbol{b}$로 나타내어라. 단, M은 A와 B의 중점이고 $\overrightarrow{AB}=\boldsymbol{a}$, $\overrightarrow{BC}=\boldsymbol{b}$이다.

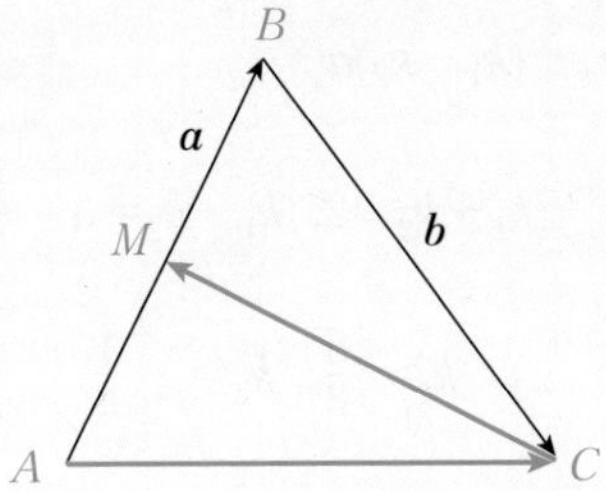

풀이

$\overrightarrow{AC}$ 는 삼각형의 법칙에 의하여 $\overrightarrow{AC}=\overrightarrow{AB}+\overrightarrow{BC}=\boldsymbol{a}+\boldsymbol{b}$이다.
삼각형의 법칙에 의하여 다음의 관계를 얻을 수 있다.

$$\overrightarrow{CM}+\overrightarrow{MA}=\overrightarrow{CA}$$
$$\therefore\ \overrightarrow{CM}=\overrightarrow{CA}-\overrightarrow{MA}=-\overrightarrow{AC}+\overrightarrow{AM}$$
$$=-(\boldsymbol{a}+\boldsymbol{b})+\frac{1}{2}\boldsymbol{a}=-\frac{1}{2}\boldsymbol{a}-\boldsymbol{b}$$

5.3 벡터의 내적과 외적

5.2절에서는 벡터의 가감산 및 스칼라 곱에 대해 설명하였다. 공학분야 특히 역학이나 전기자기학에서 많이 사용되는 두 벡터 사이의 곱에 대하여 살펴보자. 먼저 벡터의 내적(Inner Product)에 대하여 설명하기로 한다.

(1) 벡터의 내적

두 벡터 $\boldsymbol{a}$와 $\boldsymbol{b}$의 내적은 다음과 같이 정의되며 $\boldsymbol{a}\cdot\boldsymbol{b}$로 표시한다.

$$\boldsymbol{a}\cdot\boldsymbol{b}=\|\boldsymbol{a}\|\|\boldsymbol{b}\|\cos\theta \tag{12}$$

θ : 벡터 $\boldsymbol{a}$와 $\boldsymbol{b}$가 이루는 사이 각 $(0\leq\theta\leq\pi)$

식(12)의 내적은 연산 결과로서 스칼라가 주어지는 연산이기 때문에 스칼라적(Scalar Product)이라고도 부른다. 내적의 기하학적인 의미를 살펴보면, [그림 5.13]에서 벡터 $\boldsymbol{a}$를 벡터 $\boldsymbol{b}$에 투영시킨 크기는 $\|a\|\cos\theta$ 이므로 $\boldsymbol{a}\cdot\boldsymbol{b}$은 $\boldsymbol{a}$를 $\boldsymbol{b}$에 투영시킨 크기와 $\boldsymbol{b}$의 크기의 곱이라는 것을 알 수 있다.

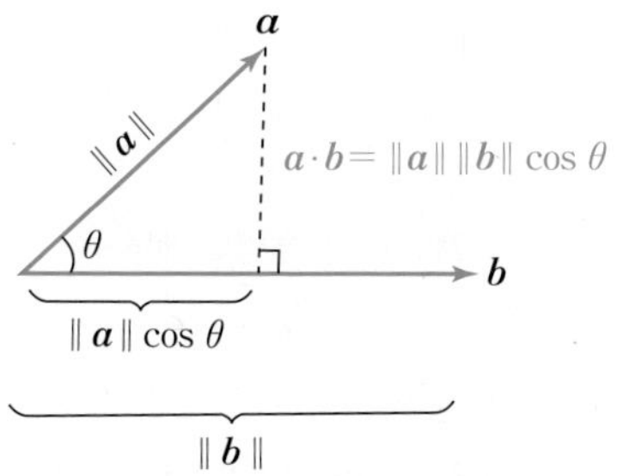

[그림 5.13] 내적 $\boldsymbol{a}\cdot\boldsymbol{b}$ 의 기하학적 의미

만일 두 벡터 $\boldsymbol{a}$와 $\boldsymbol{b}$가 수직이라면 $\theta = \frac{\pi}{2}\text{rad}$ 이므로

$$\boldsymbol{a}\cdot\boldsymbol{b} = \|\boldsymbol{a}\|\|\boldsymbol{b}\|\cos\frac{\pi}{2} = 0$$

이 된다는 것에 주목하라.

여기서 잠깐! **투영(Projection)의 개념**

투영이란 정사영이라는 용어로도 사용하고 있는데 수학의 많은 분야에서 사용되는 개념이다.
예를 들어, 2차원 평면벡터 $\boldsymbol{a} = (a_1, a_2)$를 고려해 본다.
[그림 5.14]에서 $\boldsymbol{a}$를 y축을 따라 x축에 투영시킨다는 것은 빛 ①을 벡터 $\boldsymbol{a}$에 비추었을 때, 벡터 $\boldsymbol{a}$의 그림자가 x축에 나타나게 되는 것을 의미하며, 기호로는 $Proj_y\,\boldsymbol{a}$로 표시한다.

$$Proj_y\boldsymbol{a} = \|\boldsymbol{a}\|\cos\theta$$

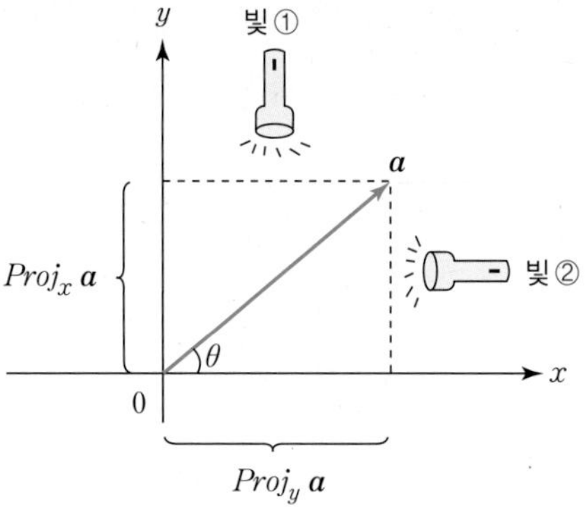

[그림 5.14] 투영의 개념

마찬가지로 $\boldsymbol{a}$를 x축을 따라 y축에 투영시킨다는 것은 빛 ②를 벡터 $\boldsymbol{a}$에 비추었을 때, 벡터 $\boldsymbol{a}$의 그림자가 y축에 나타나게 되는 것을 의미하며, 기호로는 $Proj_x\ \boldsymbol{a}$로 표시한다.

$$Proj_x \boldsymbol{a} = \|\boldsymbol{a}\| \sin\theta$$

여기서 잠깐! **호도법**

각도를 측정하는 방법에는 60분법과 호도법이라는 두 가지 방법이 있는데, 60분법(Sexagesimal System)이란 원을 360조각을 내서 한 조각의 각을 1°로 정하여 각을 측정하는 방법이다. 일상생활에서도 흔히 접할 수 있는 각도 측정방법이다.

한편, 호도법(Circular Measure)이란 말 그대로 호의 길이로부터 각을 측정하는 방법으로 단위로는 rad(radian)을 사용한다. 1 rad은 호의 길이가 반지름의 길이의 1배가 되는 각이며, 2 rad은 호의 길이가 반지름의 길이의 2배가 되는 각을 말한다. 결국 θ rad은 [그림 5.15]에 나타낸 것처럼 호의 길이 l이 반지름 r의 θ배가 되는 각을 의미한다.

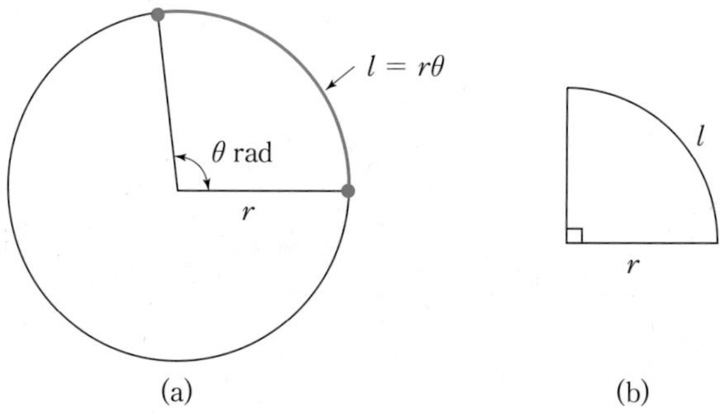

[그림 5.15] 호도법의 정의

예를 들어, 60분법에서 90°에 해당되는 각은 호도법으로는 얼마일까? [그림 5.15의 (b)]에서 호의 길이가 반지름의 몇 배가 되는지를 알아야 하므로 먼저 호의 길이를 구해 보자.

호의 길이 l은 원주의 길이 $2\pi r$의 $\frac{1}{4}$에 해당하므로

$$l=\frac{1}{4}(2\pi r)=\frac{\pi}{2}r$$

이 되므로, l은 반지름 r의 $\frac{\pi}{2}$배가 됨을 알 수 있다. 따라서 90°는 $\frac{\pi}{2}$rad이 된다. 마찬가지로 180°는 π rad, 360°는 2π rad이 된다. π는 대략 3.14로 주어지는 무리수이다.

한편, 식(12)로 정의된 내적을 벡터들의 성분으로 표현할 수 있다.

3차원 공간벡터 $\boldsymbol{a}=(a_1, a_2, a_3)$, $\boldsymbol{b}=(b_1, b_2, b_3)$라 하고 두 벡터의 사이 각을 θ라 하자. [그림 5.16]에서 나타낸 것과 같이 벡터 $\boldsymbol{c}=\boldsymbol{b}-\boldsymbol{a}$이므로

$$\boldsymbol{c}=\boldsymbol{b}-\boldsymbol{a}=(b_1-a_1, b_2-a_2, b_3-a_3) \tag{13}$$

가 된다.

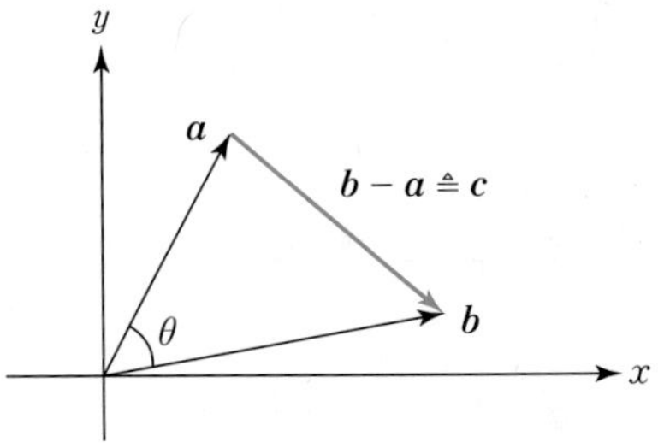

[그림 5.16] $\boldsymbol{a}\cdot\boldsymbol{b}$의 성분표시

고등학교에서 학습한 제2코사인 정리를 [그림 5.16]의 삼각형(각 변이 $\|\boldsymbol{a}\|$, $\|\boldsymbol{b}\|$, $\|\boldsymbol{c}\|$인 삼각형)에 적용하면 다음과 같다.

$$\begin{aligned}&\|\boldsymbol{c}\|^2=\|\boldsymbol{a}\|^2+\|\boldsymbol{b}\|^2-2\|\boldsymbol{a}\|\|\boldsymbol{b}\|\cos\theta\\ \therefore\ &\|\boldsymbol{a}\|\|\boldsymbol{b}\|\cos\theta=\frac{1}{2}\{\|\boldsymbol{a}\|^2+\|\boldsymbol{b}\|^2-\|\boldsymbol{c}\|^2\}\end{aligned} \tag{14}$$

식(14)의 좌변은 $\boldsymbol{a}\cdot\boldsymbol{b}$이고 우변에 다음을 대입하여 정리하면

$$\begin{aligned}\|\boldsymbol{a}\|^2&=a_1^2+a_2^2+a_3^2\\ \|\boldsymbol{b}\|^2&=b_1^2+b_2^2+b_3^2\\ \|\boldsymbol{c}\|^2&=(b_1-a_1)^2+(b_2-a_2)^2+(b_3-a_3)^2\end{aligned} \tag{15}$$

$$\therefore\ \boldsymbol{a}\cdot\boldsymbol{b}=a_1b_1+a_2b_2+a_3b_3 \tag{16}$$

가 얻어진다. 결론적으로 두 벡터의 내적은 대응되는 성분들의 곱을 구하여 합하면 된다는 것을 알 수 있다.

여기서 잠깐! **제2코사인 정리**

제2코사인 정리는 삼각형에서 변의 길이와 각의 관계를 나타내는 유명한 정리이며, 피타고라스 정리(Pythagorean Theorem)를 일반화한 것으로 이해할 수 있다. 세 변의 길이가 각각 a, b, c 이고 사잇각이 α, β, γ인 삼각형에서 다음의 관계가 성립되는데 이를 제2코사인 정리라고 부른다.

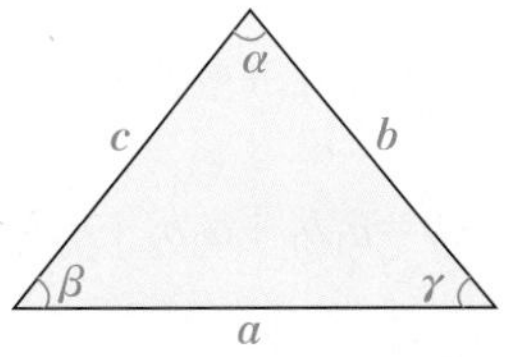

$$a^2 = b^2 + c^2 - 2bc\cos\alpha$$
$$b^2 = c^2 + a^2 - 2ca\cos\beta$$
$$c^2 = a^2 + b^2 - 2ab\cos\gamma$$

내적에 대해서 교환법칙과 배분법칙이 성립한다.

$$\boldsymbol{a}\cdot\boldsymbol{b} = \boldsymbol{b}\cdot\boldsymbol{a} \text{ (교환법칙)} \tag{17}$$

$$\boldsymbol{a}\cdot(\boldsymbol{b}+\boldsymbol{c}) = \boldsymbol{a}\cdot\boldsymbol{b} + \boldsymbol{a}\cdot\boldsymbol{c} \text{ (배분법칙)} \tag{18}$$

식(17)과 식(18)에 대한 증명은 식(16)으로 주어진 내적의 성분표시를 이용하여 쉽게 증명할 수 있으므로 독자들에게 맡긴다.

예제 5.6

내적에 대한 배분법칙을 이용하여 두 벡터 $\boldsymbol{a} = a_1\boldsymbol{a}_x + a_2\boldsymbol{a}_y + a_3\boldsymbol{a}_z$, $\boldsymbol{b} = b_1\boldsymbol{a}_x + b_2\boldsymbol{a}_y + b_3\boldsymbol{a}_z$ 의 내적을 계산하라.

풀이

$$\begin{aligned}\boldsymbol{a}\cdot\boldsymbol{b} &= (a_1\boldsymbol{a}_x + a_2\boldsymbol{a}_y + a_3\boldsymbol{a}_z)\cdot(b_1\boldsymbol{a}_x + b_2\boldsymbol{a}_y + b_3\boldsymbol{a}_z) \\ &= a_1b_1(\boldsymbol{a}_x\cdot\boldsymbol{a}_x) + a_1b_2(\boldsymbol{a}_x\cdot\boldsymbol{a}_y) + a_1b_3(\boldsymbol{a}_x\cdot\boldsymbol{a}_z) \\ &\quad + a_2b_1(\boldsymbol{a}_y\cdot\boldsymbol{a}_x) + a_2b_2(\boldsymbol{a}_y\cdot\boldsymbol{a}_y) + a_2b_3(\boldsymbol{a}_y\cdot\boldsymbol{a}_z) \\ &\quad + a_3b_1(\boldsymbol{a}_z\cdot\boldsymbol{a}_x) + a_3b_2(\boldsymbol{a}_z\cdot\boldsymbol{a}_y) + a_3b_3(\boldsymbol{a}_z\cdot\boldsymbol{a}_z)\end{aligned} \tag{19}$$

$\boldsymbol{a}_x$, $\boldsymbol{a}_y$, $\boldsymbol{a}_z$ 는 서로 수직인 단위벡터이므로

$$\boldsymbol{a}_x\cdot\boldsymbol{a}_y = 0,\ \boldsymbol{a}_x\cdot\boldsymbol{a}_z = 0,\ \boldsymbol{a}_y\cdot\boldsymbol{a}_z = 0$$
$$\boldsymbol{a}_x\cdot\boldsymbol{a}_x = 1,\ \boldsymbol{a}_y\cdot\boldsymbol{a}_y = 1,\ \boldsymbol{a}_z\cdot\boldsymbol{a}_z = 1$$

이 성립한다. 따라서 식(19)는 다음과 같이 표현된다.

$$\boldsymbol{a}\cdot\boldsymbol{b}=a_1b_1+a_2b_2+a_3b_3$$

한편, 내적의 성분표현을 이용하면 두 벡터가 이루는 사이 각을 계산할 수 있다.

$$\boldsymbol{a}\cdot\boldsymbol{b}=a_1b_1+a_2b_2+a_3b_3=\|\boldsymbol{a}\|\|\boldsymbol{b}\|\cos\theta$$

$$\therefore\ \cos\theta=\frac{a_1b_1+a_2b_2+a_3b_3}{\|\boldsymbol{a}\|\|\boldsymbol{b}\|} \tag{20}$$

예제 5.7

$\boldsymbol{a}=(2,1,0)$, $\boldsymbol{b}=(1,1,1)$에 대하여 다음 물음에 답하라.

(1) $\boldsymbol{a}$와 $\boldsymbol{b}$가 이루는 사이 각 θ를 구하라.

(2) 다음과 같이 정의된 $\boldsymbol{c}$는 $\boldsymbol{a}$와 수직임을 증명하라.

$$\boldsymbol{c}=\boldsymbol{b}-\frac{\boldsymbol{a}\cdot\boldsymbol{b}}{\|\boldsymbol{a}\|^2}\boldsymbol{a}$$

풀이

(1) $\boldsymbol{a}\cdot\boldsymbol{b}=2+1+0=3$

$$\|\boldsymbol{a}\|=\sqrt{5},\ \|\boldsymbol{b}\|=\sqrt{3}$$

$$\therefore\ \cos\theta=\frac{\boldsymbol{a}\cdot\boldsymbol{b}}{\|a\|\|b\|}=\frac{3}{\sqrt{5}\cdot\sqrt{3}}=\frac{3}{\sqrt{15}}$$

$$\therefore\ \theta=\cos^{-1}\left(\frac{3}{\sqrt{15}}\right)$$

(2) $\boldsymbol{c}$와 $\boldsymbol{a}$의 내적을 계산해 보면

$$\begin{aligned}\boldsymbol{c}\cdot\boldsymbol{a}&=\left(\boldsymbol{b}-\frac{\boldsymbol{a}\cdot\boldsymbol{b}}{\|\boldsymbol{a}\|^2}\boldsymbol{a}\right)\cdot\boldsymbol{a}\\&=\boldsymbol{a}\cdot\boldsymbol{b}-\frac{\boldsymbol{a}\cdot\boldsymbol{b}}{\|\boldsymbol{a}\|^2}(\boldsymbol{a}\cdot\boldsymbol{a})\\&=\boldsymbol{a}\cdot\boldsymbol{b}-\frac{\boldsymbol{a}\cdot\boldsymbol{b}}{\|\boldsymbol{a}\|^2}\|\boldsymbol{a}\|^2=\boldsymbol{a}\cdot\boldsymbol{b}-\boldsymbol{a}\cdot\boldsymbol{b}=0\end{aligned}$$

이므로 $\boldsymbol{c}$와 $\boldsymbol{a}$는 서로 수직이다.

다음으로 벡터의 외적(Outer Product)에 대해 살펴본다. 외적은 연산결과가 벡터이기 때문에 벡터적(Vector Product)이라고도 부르며, 기호로는 $\boldsymbol{a} \times \boldsymbol{b}$로 표현한다.

(2) 벡터의 외적

두 벡터 $\boldsymbol{a}$와 $\boldsymbol{b}$의 외적 $\boldsymbol{a} \times \boldsymbol{b}$는 다음과 같이 정의된다.

$$\boldsymbol{a} \times \boldsymbol{b} = \underbrace{(\|\boldsymbol{a}\|\|\boldsymbol{b}\|\sin\theta)}_{\text{크기}} \underbrace{\boldsymbol{n}}_{\text{방향}} \tag{21}$$

여기서 θ는 두 벡터의 사이 각이며, $\boldsymbol{n}$은 $\boldsymbol{a}$와 $\boldsymbol{b}$가 이루는 평면에 수직인 단위벡터로서 오른나사의 법칙에 따라 결정한다.

오른나사의 법칙(Right-handed Screw Rule)은 $\boldsymbol{a}$에서 $\boldsymbol{b}$ 방향으로 오른나사를 돌릴 때 나사가 진행하는 방향이 $\boldsymbol{n}$의 방향이라는 것을 의미한다. 두 벡터의 $\boldsymbol{a} \times \boldsymbol{b}$에서 $\boldsymbol{n}$의 방향을 결정하는 방법을 [그림 5.17]에서 나타내었다.

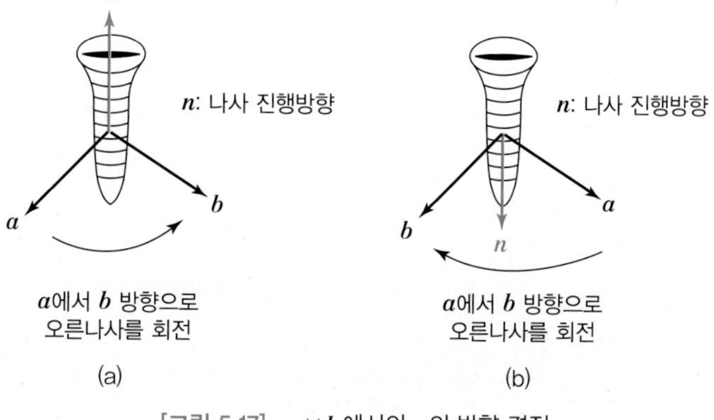

[그림 5.17] $\boldsymbol{a} \times \boldsymbol{b}$에서의 $\boldsymbol{n}$의 방향 결정

여기서 잠깐! **오른나사와 왼나사**

나사(Screw)는 일반적으로 오른쪽(시계방향)으로 돌릴 때 조여지는 오른나사(Right-handed Screw)와 왼쪽(반시계방향)으로 돌릴 때 조여지는 왼나사(Left-handed Screw)가 있다. 보통 오른나사가 많이 이용되지만 특수한 용도에는 왼쪽으로 돌릴 때 조여지는 왼나사가 사용되기도 한다.

왼나사는 어떤 곳에 사용될까? 가장 쉽게 볼 수 있는 것이 자전거의 왼쪽 페달이다. 오른쪽 페달은 오른쪽(시계방향)으로 회전하기 때문에 항상 나사가 조여지는 방향으로 회전하므로 안전하다. 그러나 왼쪽 페달은 왼쪽(반시계방향)으로 회전하기 때문에 오른나사를 사용할 경우 나사가 풀어질 수 있다. 따라서 자전거의 왼쪽 페달을 고정할 때는 왼나사를 사용한다.

식(21)의 $\boldsymbol{a}\times\boldsymbol{b}$의 크기인 $\|\boldsymbol{a}\|\|\boldsymbol{b}\|\sin\theta$는 [그림 5.18]에서 나타낸 것처럼 $\boldsymbol{a}$와 $\boldsymbol{b}$가 만드는 평형사변형의 면적과 동일하다.

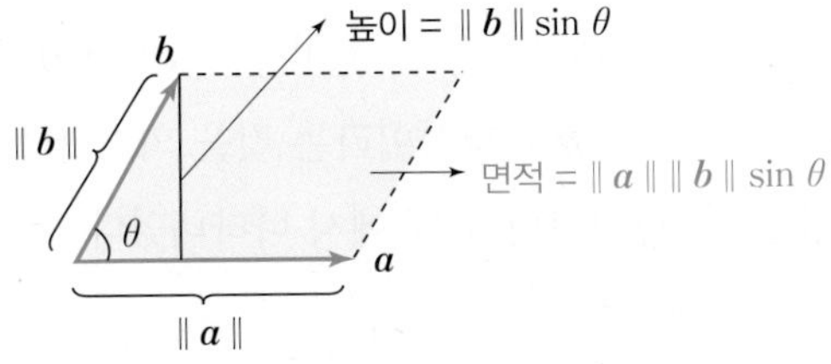

[그림 5.18] $\boldsymbol{a}\times\boldsymbol{b}$의 크기

결론적으로 이야기하면, 두 벡터 $\boldsymbol{a}$와 $\boldsymbol{b}$의 외적 $\boldsymbol{a}\times\boldsymbol{b}$는 다음과 같이 결정되는 벡터이다.

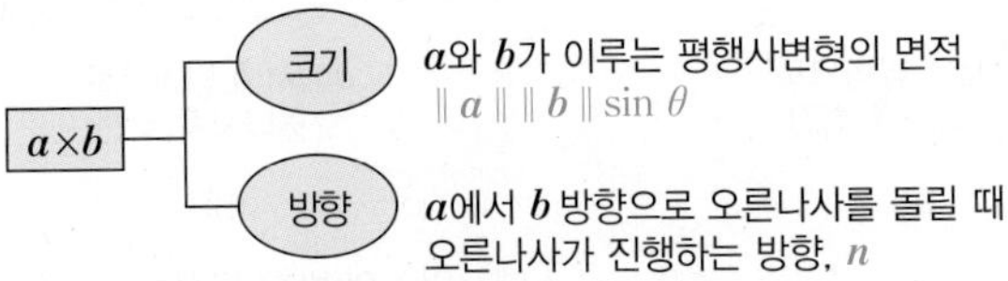

만일, $\boldsymbol{a}$와 $\boldsymbol{b}$가 서로 평행이라면 $\theta=0^\circ$ 또는 180°이므로 다음의 관계가 성립한다.

$$\boldsymbol{a}\times\boldsymbol{b}=(\|\boldsymbol{a}\|\|\boldsymbol{b}\|\sin\theta)\boldsymbol{n}=\boldsymbol{0} \tag{22}$$

한편, 벡터의 외적은 정의로부터 내적에서와는 달리 교환법칙이 성립되지 않음을 알 수 있다. 즉,

$$\boldsymbol{a}\times\boldsymbol{b}=-(\boldsymbol{b}\times\boldsymbol{a}) \tag{23}$$

이 되므로, 벡터의 외적을 계산할 때는 외적의 순서에 유의해야 한다.

또한 벡터의 외적에 대한 배분법칙은 내적에서와 마찬가지로 성립되지만 외적의 순서에 유의해야 한다.

$$\boldsymbol{a}\times(\boldsymbol{b}+\boldsymbol{c})=(\boldsymbol{a}\times\boldsymbol{b})+(\boldsymbol{a}\times\boldsymbol{c}) \tag{24}$$

$$(\boldsymbol{a}+\boldsymbol{b})\times\boldsymbol{c}=(\boldsymbol{a}\times\boldsymbol{c})+(\boldsymbol{b}\times\boldsymbol{c}) \tag{25}$$

예제 5.8

공간좌표계에서 각 축 방향의 단위벡터를 $\boldsymbol{a}_x, \boldsymbol{a}_y, \boldsymbol{a}_z$ 라고 할 때 다음을 구하라.

(1) $\boldsymbol{a}_x\times\boldsymbol{a}_y,\ \boldsymbol{a}_y\times\boldsymbol{a}_z,\ \boldsymbol{a}_z\times\boldsymbol{a}_x$

(2) $\boldsymbol{a}_x\times\boldsymbol{a}_x,\ \boldsymbol{a}_y\times\boldsymbol{a}_y,\ \boldsymbol{a}_z\times\boldsymbol{a}_z$

풀이

(1) $\|\boldsymbol{a}_x\times\boldsymbol{a}_y\|=\|\boldsymbol{a}_x\|\|\boldsymbol{a}_y\|\sin 90^\circ=1$

$\boldsymbol{n}=\boldsymbol{a}_z$

$\therefore\ \boldsymbol{a}_x\times\boldsymbol{a}_y=\boldsymbol{a}_z$

$\|\boldsymbol{a}_y\times\boldsymbol{a}_z\|=\|\boldsymbol{a}_y\|\|\boldsymbol{a}_z\|\sin 90^\circ=1$

$\boldsymbol{n}=\boldsymbol{a}_x$

$\therefore\ \boldsymbol{a}_y\times\boldsymbol{a}_z=\boldsymbol{a}_x$

$\|\boldsymbol{a}_z\times\boldsymbol{a}_x\|=\|\boldsymbol{a}_z\|\|\boldsymbol{a}_x\|\sin 90^\circ=1$

$\boldsymbol{n}=\boldsymbol{a}_y$

$\therefore\ \boldsymbol{a}_z\times\boldsymbol{a}_x=\boldsymbol{a}_y$

(2) $\boldsymbol{a}_x \times \boldsymbol{a}_x$ 는 평면이 형성되지 않으므로 크기가 0인 영벡터가 된다.
$\boldsymbol{a}_y \times \boldsymbol{a}_y$ 와 $\boldsymbol{a}_z \times \boldsymbol{a}_z$ 도 마찬가지로 영벡터이다.

한편, 식(21)로 정의된 벡터외적을 두 벡터 외적에 대한 배분법칙을 이용하여 벡터 $\boldsymbol{a}$와 $\boldsymbol{b}$의 성분으로 표시해 보자.

$$\begin{aligned}\boldsymbol{a} &= a_1\boldsymbol{a}_x + a_2\boldsymbol{a}_y + a_3\boldsymbol{a}_z \\ \boldsymbol{b} &= b_1\boldsymbol{a}_x + b_2\boldsymbol{a}_y + b_3\boldsymbol{a}_z\end{aligned}$$

$$\begin{aligned}\boldsymbol{a}\times\boldsymbol{b} &= (a_1\boldsymbol{a}_x + a_2\boldsymbol{a}_y + a_3\boldsymbol{a}_z)\times(b_1\boldsymbol{a}_x + b_2\boldsymbol{a}_y + b_3\boldsymbol{a}_z) \\ &= a_1b_1(\boldsymbol{a}_x\times\boldsymbol{a}_x) + a_1b_2(\boldsymbol{a}_x\times\boldsymbol{a}_y) + a_1b_3(\boldsymbol{a}_x\times\boldsymbol{a}_z) \\ &\quad + a_2b_1(\boldsymbol{a}_y\times\boldsymbol{a}_x) + a_2b_2(\boldsymbol{a}_y\times\boldsymbol{a}_y) + a_2b_3(\boldsymbol{a}_y\times\boldsymbol{a}_z) \\ &\quad + a_3b_1(\boldsymbol{a}_z\times\boldsymbol{a}_x) + a_3b_2(\boldsymbol{a}_z\times\boldsymbol{a}_y) + a_3b_3(\boldsymbol{a}_z\times\boldsymbol{a}_z)\end{aligned}$$

〈예제 5.8〉의 결과를 이용하면

$$\begin{aligned}\boldsymbol{a}\times\boldsymbol{b} &= a_1b_2\boldsymbol{a}_z - a_1b_3\boldsymbol{a}_y - a_2b_1\boldsymbol{a}_z + a_2b_3\boldsymbol{a}_x + a_3b_1\boldsymbol{a}_y - a_3b_2\boldsymbol{a}_x \\ &= (a_2b_3 - a_3b_2)\boldsymbol{a}_x + (a_3b_1 - a_1b_3)\boldsymbol{a}_y + (a_1b_2 - a_2b_1)\boldsymbol{a}_z \end{aligned} \tag{26}$$

가 얻어진다. 식(26)은 기억하기 복잡한 형태로 되어 있으나 행렬식(Determinant)을 이용하면 다음과 같이 간단한 형태로 표현된다.

$$\boldsymbol{a}\times\boldsymbol{b} = \begin{vmatrix} \boldsymbol{a}_x & \boldsymbol{a}_y & \boldsymbol{a}_z \\ a_1 & a_2 & a_3 \\ b_1 & b_2 & b_3 \end{vmatrix} \tag{27}$$

식(27)을 계산해 보면 식(26)의 결과와 동일함을 알 수 있다. 식(27)은 엄밀하게 말하면, 행렬의 요소에 벡터와 스칼라가 섞여 있기 때문에 행렬식이라고 할 수는 없지만 벡터외적에 대한 공식을 기억하기 쉽게 하기 위하여 편의상 행렬식으로 표현한 것으로 이해하기 바란다.

예제 5.9

다음 두 벡터들의 외적을 계산하라.

(1) $\boldsymbol{a}=(4,\ -2,\ 5)$, $\boldsymbol{b}=(3,\ 1,\ -1)$

(2) $\boldsymbol{a}=\boldsymbol{a}_x-\boldsymbol{a}_y+3\boldsymbol{a}_z$, $\boldsymbol{b}=\boldsymbol{a}_y+2\boldsymbol{a}_z$

풀이

(1) 식(27)을 이용하면

$$\boldsymbol{a}\times\boldsymbol{b}=\begin{vmatrix} \boldsymbol{a}_x & \boldsymbol{a}_y & \boldsymbol{a}_z \\ 4 & -2 & 5 \\ 3 & 1 & -1 \end{vmatrix}=2\boldsymbol{a}_x+15\boldsymbol{a}_y+4\boldsymbol{a}_z+6\boldsymbol{a}_z-5\boldsymbol{a}_x+4\boldsymbol{a}_y$$

$$\therefore\ \boldsymbol{a}\times\boldsymbol{b}=-3\boldsymbol{a}_x+19\boldsymbol{a}_y+10\boldsymbol{a}_z=(-3,\ 19,\ 10)$$

(2) 식(27)을 이용하면

$$\boldsymbol{a}\times\boldsymbol{b}=\begin{vmatrix} \boldsymbol{a}_x & \boldsymbol{a}_y & \boldsymbol{a}_z \\ 1 & -1 & 3 \\ 0 & 1 & 2 \end{vmatrix}=-2\boldsymbol{a}_x+\boldsymbol{a}_z-3\boldsymbol{a}_x-2\boldsymbol{a}_y$$

$$\therefore\ \boldsymbol{a}\times\boldsymbol{b}=-5\boldsymbol{a}_x-2\boldsymbol{a}_y+\boldsymbol{a}_z=(-5,-2,1)$$

다음 〈예제 5.10〉에서 스칼라 삼중적(Scalar Triple Product)에 대해 살펴본다.

예제 5.10

공간벡터 $\boldsymbol{a}=(a_1, a_2, a_3)$, $\boldsymbol{b}=(b_1, b_2, b_3)$, $\boldsymbol{c}=(c_1, c_2, c_3)$에 대하여 스칼라 삼중적 $\boldsymbol{a}\cdot(\boldsymbol{b}\times\boldsymbol{c})$가 $\boldsymbol{a}$, $\boldsymbol{b}$, $\boldsymbol{c}$로 이루어지는 평행육면체의 체적이 됨을 증명하라.

$$V=\text{평행육면체의 체적}=\boldsymbol{a}\cdot(\boldsymbol{b}\times\boldsymbol{c})$$

풀이

[그림 5.19]에 나타낸 것처럼 $\boldsymbol{a}$, $\boldsymbol{b}$, $\boldsymbol{c}$를 각 변으로 하는 평행육면체를 고려하자. 평형육면체의 체적 V는 다음과 같다.

$$V=(\text{밑면적})\times(\text{높이})$$

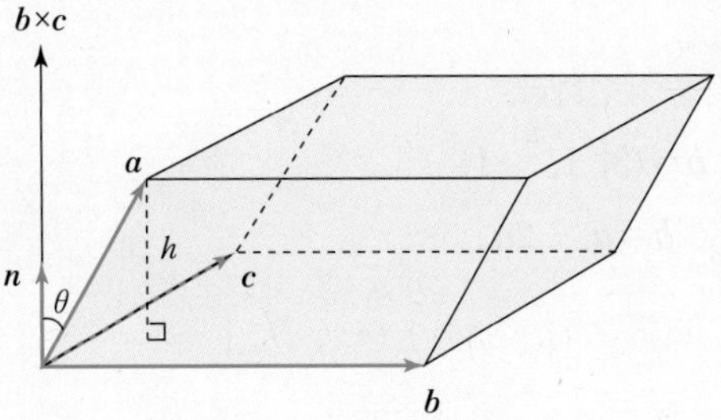

[그림 5.19] 평행육면체

[그림 5.19]에서 밑면적은 $\boldsymbol{b}$와 $\boldsymbol{c}$가 이루는 평행사변형의 면적이므로

$$\text{밑면적} = \|\boldsymbol{b}\times\boldsymbol{c}\| \tag{28}$$

가 된다. 그런데 높이 h는 벡터 $\boldsymbol{a}$를 벡터 $(\boldsymbol{b}\times\boldsymbol{c})$ 위에 투영시킨 것이므로 θ를 $\boldsymbol{a}$와 $(\boldsymbol{b}\times\boldsymbol{c})$가 이루는 각이라고 정의하면 다음과 같다.

$$\text{높이} = h = \|\boldsymbol{a}\|\cos\theta \tag{29}$$

한편, $\boldsymbol{n}$을 $\boldsymbol{b}\times\boldsymbol{c}$ 방향의 단위벡터라고 하면

$$\boldsymbol{n} = \frac{\boldsymbol{b}\times\boldsymbol{c}}{\|\boldsymbol{b}\times\boldsymbol{c}\|} \tag{30}$$

가 되므로, $\boldsymbol{a}$와 $\boldsymbol{n}$의 내적을 계산하면 다음과 같다.

$$\boldsymbol{a}\cdot\boldsymbol{n} = \|\boldsymbol{a}\|\|\boldsymbol{n}\|\cos\theta = \|\boldsymbol{a}\|\cos\theta \tag{31}$$

식(29)와 식(31)로부터 높이 h는 다음과 같이 표현할 수 있다.

$$\text{높이} = h = \boldsymbol{a}\cdot\boldsymbol{n} = \boldsymbol{a}\cdot\frac{(\boldsymbol{b}\times\boldsymbol{c})}{\|\boldsymbol{b}\times\boldsymbol{c}\|} \tag{32}$$

따라서 평행육면체의 체적 V는 다음과 같이 계산된다.

$$\begin{aligned} V &= (\text{밑면적}) \times (\text{높이}) \\ &= (\|\boldsymbol{b}\times\boldsymbol{c}\|)\cdot\left(\boldsymbol{a}\cdot\frac{(\boldsymbol{b}\times\boldsymbol{c})}{\|\boldsymbol{b}\times\boldsymbol{c}\|}\right) \\ &= \boldsymbol{a}\cdot(\boldsymbol{b}\times\boldsymbol{c}) \end{aligned}$$

$\boldsymbol{a}\cdot(\boldsymbol{b}\times\boldsymbol{c})$와 같이 벡터의 내적과 외적이 결합된 연산을 스칼라 삼중적이라고 부르며, 공간벡터 $\boldsymbol{a}=(a_1, a_2, a_3)$, $\boldsymbol{b}=(b_1, b_2, b_3)$, $\boldsymbol{c}=(c_1, c_2, c_3)$에 대하여 다음과 같이 행렬식으로 계산이 가능하다.

$$\boldsymbol{a}\cdot(\boldsymbol{b}\times\boldsymbol{c})=\begin{vmatrix} a_1 & a_2 & a_3 \\ b_1 & b_2 & b_3 \\ c_1 & c_2 & c_3 \end{vmatrix} \tag{33}$$

만일, 어떤 세 개의 벡터 $\boldsymbol{a}, \boldsymbol{b}, \boldsymbol{c}$가 동일한 평면 위에 위치한다면 스칼라 삼중적 $\boldsymbol{a}\cdot(\boldsymbol{b}\times\boldsymbol{c})=0$이 됨이 자명하다. 이유는 동일한 평면 위에 놓인 세 개의 벡터는 평행육면체를 형성하지 못하므로 체적이 0이 되기 때문이다.

위의 사실로부터 다음의 조건을 세 개의 벡터가 동일 평면 위에 놓여 있다는 조건으로 이용할 수 있다. 즉,

$$\boldsymbol{a}\cdot(\boldsymbol{b}\times\boldsymbol{c})=0 \Longleftrightarrow \boldsymbol{a},\ \boldsymbol{b},\ \boldsymbol{c}\text{는 동일 평면 위에 있다.} \tag{34}$$

5.4 3차원 공간에서의 직선과 평면

지금까지 학습한 벡터의 가감산, 내적 및 외적을 활용하여 3차원 공간에서의 직선과 평면을 수학적으로 표현해 본다. 3차원 공간에서 정의되는 곡선(Curve)과 곡면(Surface)은 7장의 벡터미적분에서 상세하게 다루도록 한다.

(1) 직선의 벡터방정식

2차원 평면에서 직선의 방정식에 대해서는 이미 학습하였다. 평면에서 하나의 직선을 결정하기 위해서는 최소한 두 점이 주어져야 하는데, 이는 3차원 공간에서도 마찬가지이다. 두 점이 주어지는 조건 대신에 다른 유사한 조건으로 주어질 수도 있다. 예를 들어, 평면에서 직선을 결정하기 위해 주어지는 두 점의 좌표 대신에 한 점과 기울기가 주어져도 마찬가지로 직선의 방정식을 결정할 수 있다.

[그림 5.20]에 나타낸 것과 같이 3차원 공간에 놓여 있는 직선은 임의의 두 점에 대한 정보가 주어진다면 직선의 방정식을 결정할 수 있다.

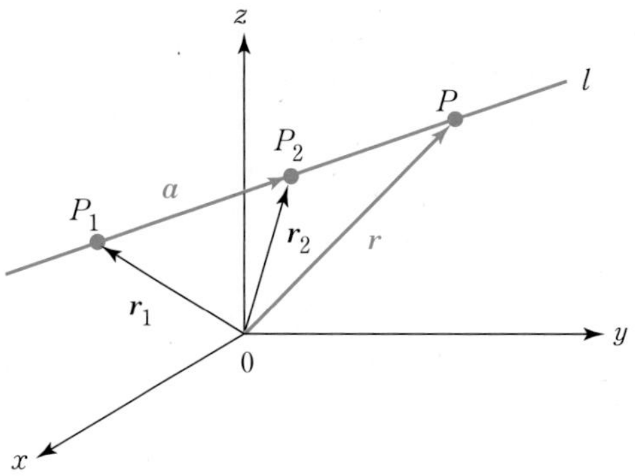

[그림 5.20] 직선의 방정식의 결정

[그림 5.20]에서 직선 l이 두 점 $P_1(x_1, y_1, z_1)$과 $P_2(x_2, y_2, z_2)$를 지난다고 하자. 점 $P_1(x_1, y_1, z_1)$은 종점의 좌표가 P_1인 위치벡터 $\boldsymbol{r}_1$으로, 점 $P_2(x_2, y_2, z_2)$는 종점의 좌표가 P_2인 위치벡터 $\boldsymbol{r}_2$로 표현하여도 마찬가지이다. 직선 l의 방정식을 결정한다는 것은 직선상에 놓여 있는 임의의 점 $P(x, y, z)$가 직선 l 위에서만 움직이도록 하는 조건을 찾는다는 것과 동일한 의미이다. 즉, 직선 위를 움직이는 임의의 점 $P(x, y, z)$의 자취(Trace)를 수학적으로 표현하는 것이다.

벡터 $\boldsymbol{a}=\boldsymbol{r}_2-\boldsymbol{r}_1=(a_1, a_2, a_3)$으로 정의하면 $\boldsymbol{a}$와 $\boldsymbol{r}-\boldsymbol{r}_1$(또는 $\boldsymbol{r}-\boldsymbol{r}_2$)는 동일 직선상에 있는 벡터들이므로 t를 임의의 스칼라라고 하면, 스칼라 곱의 정의에 따라 다음과 같이 표현할 수 있다.

$$\boldsymbol{a} \,/\!/\, (\boldsymbol{r}-\boldsymbol{r}_1) \Rightarrow \boldsymbol{r}-\boldsymbol{r}_1=t\boldsymbol{a} \tag{35}$$

$$\boldsymbol{a} \,/\!/\, (\boldsymbol{r}-\boldsymbol{r}_2) \Rightarrow \boldsymbol{r}-\boldsymbol{r}_2=t\boldsymbol{a} \tag{36}$$

식(35)와 식(36)은 동일한 직선 l의 수학적인 표현이므로 어떤 것을 사용해도 관계없다. 즉,

$$\boldsymbol{r}=\boldsymbol{r}_1+t\boldsymbol{a} \quad \text{또는} \quad \boldsymbol{r}=\boldsymbol{r}_2+t\boldsymbol{a} \tag{37}$$

이며, 벡터 $\boldsymbol{a}$는 직선 l의 방향(Direction)을 나타내는 개념이므로 방향벡터(Directional Vector)라고 부른다. 이는 평면 위에서 정의되는 직선의 기울기(Slope)와 유사한 개념으로 이해하면 된다. 식(37)을 직선 l의 벡터방정식(Vector Equation)이라 부른다.

식(37)에서 알 수 있듯이 한 점과 방향벡터만으로 3차원 공간에서 직선의 방정식이 결정되며, 이를 [정리 5.1]에 요약하였다.

정리 5.1 직선의 벡터방정식

3차원 공간의 한 점 $P_1(x_1, y_1, z_1)$을 지나고 방향벡터 $\boldsymbol{a} = (a_1, a_2, a_3)$인 직선의 벡터방정식은 P_1의 위치벡터를 $\boldsymbol{r}_1$이라고 할 때 다음과 같다.

$$\boldsymbol{r} = \boldsymbol{r}_1 + t\boldsymbol{a}$$

단, t는 임의의 스칼라이며, $\boldsymbol{r}$은 직선상에 놓여 있는 임의의 점 $P(x, y, z)$에 대한 위치벡터이다.

결과적으로 직선 l이 두 점 P_1과 P_2를 지난다고 하면, 두 점의 위치벡터 $\boldsymbol{r}_1$과 $\boldsymbol{r}_2$를 이용하여 방향벡터 $\boldsymbol{a} = \boldsymbol{r}_2 - \boldsymbol{r}_1$(또는 $\boldsymbol{r}_1 - \boldsymbol{r}_2$)를 구하여 직선의 방정식을 구할 수 있다.

[정리 5.1]에서 $\boldsymbol{r} = \boldsymbol{r}_1 + t\boldsymbol{a}$를 위치벡터의 성분으로 표현하면

$$\boldsymbol{r} = \boldsymbol{r}_1 + t\boldsymbol{a}$$

$$(x, y, z) = (x_1, y_1, z_1) + t(a_1, a_2, a_3)$$

$$\begin{cases} x = x_1 + ta_1 \\ y = y_1 + ta_2 \\ z = z_1 + ta_3 \end{cases} \tag{38}$$

를 얻을 수 있는데, 이 방정식은 매개변수 t로 표현되어 있기 때문에 직선 l의 매개변수방정식(Parametric Equation)이라고 부른다.

정리 5.2 직선의 매개변수방정식

3차원 공간의 한 점 $P_1(x_1, y_1, z_1)$을 지나고 방향벡터 $\boldsymbol{a}=(a_1, a_2, a_3)$인 직선의 매개변수방정식은 다음과 같다. 단 t는 임의의 스칼라이며, (x, y, z)는 직선상에 놓인 임의의 점에 대한 좌표를 나타낸다.

$$\begin{cases} x=x_1+ta_1 \\ y=y_1+ta_2 \\ z=z_1+ta_3 \end{cases}$$

또한 [정리 5.2]의 매개변수방정식에서 t를 소거해 보면

$$t=\frac{x-x_1}{a_1}=\frac{y-y_1}{a_2}=\frac{z-z_1}{a_3} \tag{39}$$

이 얻어지는데, 식(39)에서 t를 소거하여 얻은 다음 방정식을 직선 l의 대칭방정식(Symmetric Equation)이라고 부른다.

$$\frac{x-x_1}{a_1}=\frac{y-y_1}{a_2}=\frac{z-z_1}{a_3} \tag{40}$$

정리 5.3 직선의 대칭방정식

3차원 공간의 한 점 $P_1(x_1, y_1, z_1)$을 지나고 방향벡터 $\boldsymbol{a}=(a_1, a_2, a_3)$인 직선의 대칭방정식은 다음과 같다.

$$\frac{x-x_1}{a_1}=\frac{y-y_1}{a_2}=\frac{z-z_1}{a_3}$$

만일 직선의 대칭방정식에서 a_1, a_2, a_3중에서 어느 하나가 0이라면 나머지 두 개의 방정식으로부터 t를 소거하면 된다. 예를 들어, $a_2=0$이고 $a_1\neq 0$, $a_3\neq 0$이라면 식(40)은 다음과 같이 표현된다.

$$\frac{x-x_1}{a_1}=\frac{z-z_1}{a_3},\quad y=y_1 \tag{41}$$

지금까지 논의한 것을 정리해 보면, 3차원 공간에서 직선은 벡터방정식[식(37)], 매개변수방정식[식(38)], 대칭방정식[식(40)] 등의 여러 가지 수학적인 표현이 가능하다. 결국 3차원 공간에서 직선의 방정식은 직선 위에 있는 두 점이 주어지거나 또는 직선 위에 있는 한 점과 방향벡터가 주어지면 구할 수 있다는 것에 주목하라.

예제 5.11

3차원 공간에 위치한 직선 중에서 다음의 조건을 만족하는 직선의 대칭방정식을 구하라.
(1) 두 점 $P_1(1, 2, 3)$과 $P_2(-1, 2, 4)$를 지난다.
(2) 한 점 $P_1(1, 0, 3)$을 지나고 방향벡터 $\boldsymbol{a}=(1, 4, -1)$이다.

풀이

(1) 주어진 두 점으로부터 방향벡터 $\boldsymbol{a}$를 구하면

$$\boldsymbol{a}=\boldsymbol{r}_2-\boldsymbol{r}_1=(-1, 2, 4)-(1, 2, 3)=(-2, 0, 1)$$

이므로 직선의 대칭방정식은 다음과 같다.

$$\frac{x-1}{-2}=\frac{z-3}{1},\ y=2 \quad (\text{점 } P_1)$$

$$\text{또는} \quad \frac{x+1}{-2}=\frac{z-4}{1},\ y=2 \quad (\text{점 } P_2)$$

위의 두 방정식은 궁극적으로 동일한 방정식임을 간단한 대수에 의해 알 수 있다. 독자들이 확인해 보기 바란다.

(2) 한 점 $P_1(1, 0, 3)$은 위치벡터 $\boldsymbol{r}_1=(1, 0, 3)$에 대응되므로 직선의 벡터방정식은

$$\boldsymbol{r}=\boldsymbol{r}_1+t\boldsymbol{a}=(1, 0, 3)+t(1, 4, -1)$$

이 된다. 대칭방정식으로 변환하기 위해 t를 소거하면 다음과 같다.

$$\frac{x-1}{1}=\frac{y-0}{4}=\frac{z-3}{-1}$$

예제 5.12

한 점 (1, 2, 4)를 지나고 벡터 $\boldsymbol{b}=5\boldsymbol{a}_x+3\boldsymbol{a}_y-\boldsymbol{a}_z$에 평행한 직선의 벡터방정식, 매개변수방정식, 대칭방정식을 각각 구하라.

풀이

직선과 벡터 $\boldsymbol{b}=(5, 3, -1)$가 서로 평행하다고 하였기 때문에 벡터 $\boldsymbol{b}$를 방향벡터로 설정할 수 있다. 즉,

$$\boldsymbol{a}=\boldsymbol{b}=(5, 3, -1)$$

이고, 주어진 점에 대응되는 $\boldsymbol{r}_1=(1, 2, 4)$이므로 직선의 벡터방정식은 다음과 같다.

$$\boldsymbol{r}=\boldsymbol{r}_1+t\boldsymbol{a}=(1, 2, 4)+t(5, 3, -1)$$

위의 벡터방정식에 대한 매개변수방정식은

$$(x,\ y,\ z)=(1, 2, 4)+t(5, 3, -1)$$

$$\begin{cases} x=1+5t \\ y=2+3t \\ z=4-t \end{cases}$$

이며, 대칭방정식은 다음과 같다.

$$\frac{x-1}{5}=\frac{y-2}{3}=\frac{z-4}{-1}$$

(2) 평면의 벡터방정식

한 점 $P_1(x_1, y_1, z_1)$을 지나는 평면은 무수히 많은데 3차원 공간에서 평면은 어떻게 결정될 수 있을까?

만일, 한 점 P_1을 지나면서 어떤 벡터 $\boldsymbol{n}$에 수직인 평면은 유일하게 1개가 존재한다. 따라서 평면을 3차원 공간에서 수학적으로 표현하기 위해서는 평면을 지나는 한 점과 그 평면에 수직한 벡터에 대한 정보가 필요함을 알 수 있다. 이와 같이 평면에 수직한 벡터를 법선벡터(Normal Vector)라고 부른다.

[그림 5.21]에서 한 점 $P_1(x_1, y_1, z_1)$을 지나면서 법선벡터가 $\boldsymbol{n}$으로 주어진 경우 평면의 벡터방정식을 구해 본다.

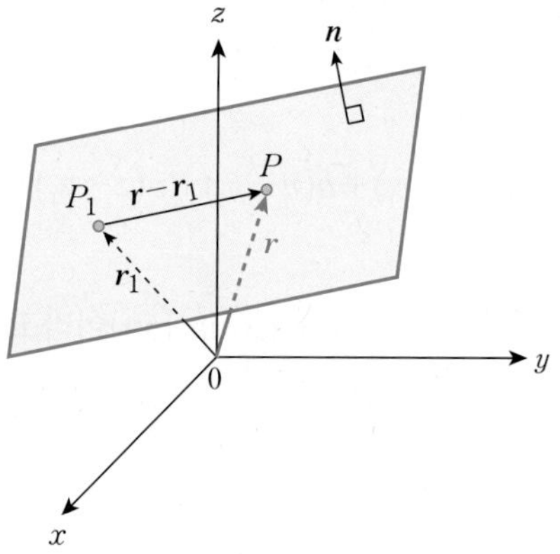

[그림 5.21] 평면의 벡터방정식의 결정

평면의 방정식을 결정한다는 것은 평면상에 놓인 임의의 점 P가 평면 위에서만 움직이도록 하는 조건을 찾는다는 것과 같은 의미이다. 즉, 평면 위를 움직이는 임의의 점 $P(x, y, z)$의 자취를 수학적으로 표현하는 것이다.

점 $P_1(x_1, y_1, z_1)$과 점 $P(x, y, z)$에 대응되는 위치벡터를 각각 $\boldsymbol{r}_1$과 $\boldsymbol{r}$이라고 하면 $\boldsymbol{r}-\boldsymbol{r}_1$은 평면 위에 놓여 있는 벡터이다. 따라서 $\boldsymbol{r}-\boldsymbol{r}_1$과 평면의 법선벡터는 항상 수직이므로 다음과 같이 두 벡터의 내적은 0이 된다.

$$(\boldsymbol{r}-\boldsymbol{r}_1)\cdot\boldsymbol{n}=0 \tag{42}$$

식(42)를 평면의 벡터방정식이라고 한다.

정리 5.4　평면의 벡터방정식

3차원 공간의 한 점 $P_1(x_1, y_1, z_1)$을 지나고 법선벡터가 $\boldsymbol{n}=(a, b, c)$인 평면의 벡터방정식은 P_1의 위치벡터를 $\boldsymbol{r}_1$이라고 할 때 다음과 같다.

$$(\boldsymbol{r}-\boldsymbol{r}_1)\cdot\boldsymbol{n}=0$$

여기서 $\boldsymbol{r}$은 평면 위에 놓인 임의의 점 $P(x, y, z)$에 대한 위치벡터를 나타낸다.

한편, 법선벡터 $\boldsymbol{n}=(a, b, c)$와 $\boldsymbol{r}_1=(x_1, y_1, z_1)$을 [정리 5.4]에 언급된 평면의 벡터방정식에 대입하면 다음과 같이 표현된다.

$$\boldsymbol{r}-\boldsymbol{r}_1=(x-x_1, y-y_1, z-z_1)$$
$$\boldsymbol{n}=(a, b, c)$$

$$(\boldsymbol{r}-\boldsymbol{r}_1)\cdot\boldsymbol{n}=a(x-x_1)+b(y-y_1)+c(z-z_1)=0 \tag{43}$$

식(43)을 데카르트 방정식(Cartesian Equation)이라고도 부르며, $ax_1+by_1+cz_1 \triangleq d$ 라 정의하면 평면을 다음과 같이 일반적으로 표현할 수 있다.

$$ax+by+cz=d \tag{44}$$

여기서 x, y, z의 각 계수는 평면의 법선벡터의 성분이라는 것에 주목하라.

정리 5.5 평면의 데카르트 방정식

3차원 공간의 한 점 $P_1(x_1, y_1, z_1)$을 지나고 법선벡터 $\boldsymbol{n}=(a, b, c)$인 평면의 데카르트 방정식은 다음과 같다.

$$a(x-x_1)+b(y-y_1)+c(z-z_1)=0$$

여기서 (x, y, z)는 평면 위에 놓인 임의의 점에 대한 좌표를 나타낸다.

예제 5.13

한 점 $P_1(1, 2, 3)$을 지나고 벡터 $\boldsymbol{n}=3\boldsymbol{a}_x+4\boldsymbol{a}_y-2\boldsymbol{a}_z$에 수직인 평면의 방정식을 구하라.

풀이

한 점 $P_1(1, 2, 3)$에 대응되는 위치벡터 $\boldsymbol{r}_1=(1, 2, 3)$이고 법선벡터 $\boldsymbol{n}=(3, 4, -2)$이므로 [정리 5.5]로부터 평면의 방정식은 다음과 같다.

$$3(x-1)+4(y-2)-2(z-3)=0$$
$$\therefore\ 3x+4y-2z=5$$

앞에서 평면을 결정하기 위해서는 한 점과 법선벡터가 주어져야 한다는 것을 학습하였다. 3차원 공간에 있는 직선은 두 점이 주어지면 유일하게 결정되지만, 평면은 몇 개의 점이 주어져야 유일하게 결정될 수 있을까?

[그림 5.22]에서 알 수 있는 것처럼 한 점 또는 두 점을 지나는 평면은 무수히 많다.

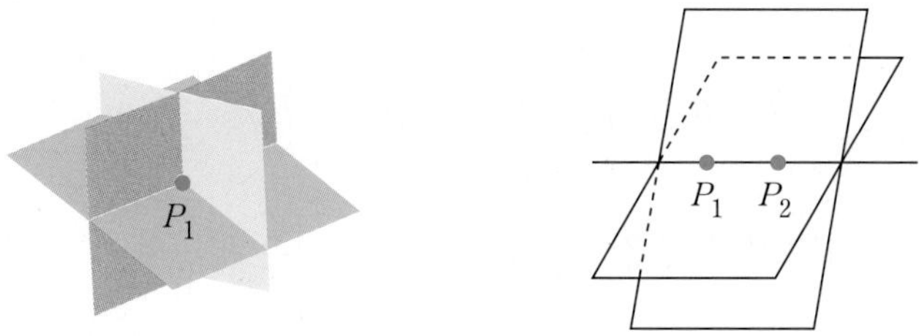

(a) 한 점을 지나는 평면 (b) 두 점을 지나는 평면

[그림 5.22] 평면의 결정 조건

세 점을 지나는 평면은 유일하게 하나로 결정될 수 있을까? 세 점 중 두 점으로는 평면에 수직한 법선벡터를 얻을 수 있으므로 한 점과 법선벡터가 주어진 경우와 동일하다. 따라서 [그림 5.23]에서처럼 세 점 P_1, P_2, P_3를 지나는 평면은 유일하게 하나로 결정된다.

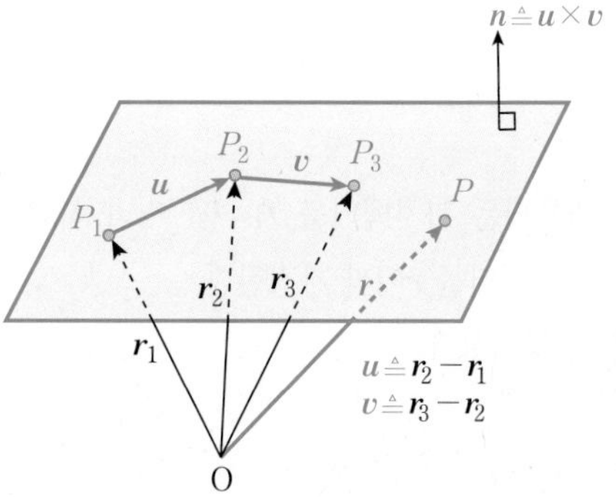

[그림 5.23] 세 점을 지나는 평면

[그림 5.23]에서 점 P_1, P_2, P_3에 각각 대응되는 위치벡터를 $\boldsymbol{r}_1$, $\boldsymbol{r}_2$, $\boldsymbol{r}_3$라 하고 평면 위에 놓인 임의의 한 점 $P(x, y, z)$에 대응되는 위치벡터를 $\boldsymbol{r}$이라 가정하자. 평면

의 법선벡터 $\boldsymbol{n}$을 결정하기 위하여 벡터 $\boldsymbol{u}$와 $\boldsymbol{v}$를 다음과 같이 정의한다.

$$\boldsymbol{u} \triangleq \boldsymbol{r}_2 - \boldsymbol{r}_1, \quad \boldsymbol{v} \triangleq \boldsymbol{r}_3 - \boldsymbol{r}_2 \tag{45}$$

$\boldsymbol{u}$와 $\boldsymbol{v}$는 평면 위에 위치한 두 벡터이므로 외적의 정의로부터 $\boldsymbol{u} \times \boldsymbol{v}$는 평면에 수직이므로 법선벡터 $\boldsymbol{n}$을 다음과 같이 선정할 수 있다.

$$\boldsymbol{n} \triangleq \boldsymbol{u} \times \boldsymbol{v} = (\boldsymbol{r}_2 - \boldsymbol{r}_1) \times (\boldsymbol{r}_3 - \boldsymbol{r}_2) \tag{46}$$

따라서 [정리 5.4]로부터 세 점 P_1, P_2, P_3를 지나는 평면의 벡터방정식은 다음과 같이 표현할 수 있다.

$$(\boldsymbol{r} - \boldsymbol{r}_1) \cdot \boldsymbol{n} = 0 \tag{47}$$

식(47)에서 $\boldsymbol{r}_1$ 대신에 $\boldsymbol{r}_2$ 또는 $\boldsymbol{r}_3$를 대입하여도 동일한 평면의 벡터방정식을 얻을 수 있음에 유의하라.

예제 5.14

다음 세 점 $P_1(1, 0, -1)$, $P_2(2, 1, 0)$, $P_3(1, 4, 1)$을 지나는 평면의 방정식을 구하라.

풀이

점 P_1, P_2, P_3에 각각 대응되는 위치벡터를 $\boldsymbol{r}_1$, $\boldsymbol{r}_2$, $\boldsymbol{r}_3$라 하고 평면 위의 임의의 한 점 $P(x, y, z)$에 대응되는 위치벡터를 $\boldsymbol{r}$이라 가정한다.
$\boldsymbol{u}$와 $\boldsymbol{v}$를 각각 다음과 같이 정의한다.

$$\boldsymbol{u} \triangleq \boldsymbol{r}_2 - \boldsymbol{r}_1 = (2, 1, 0) - (1, 0, -1) = (1, 1, 1)$$
$$\boldsymbol{v} \triangleq \boldsymbol{r}_3 - \boldsymbol{r}_2 = (1, 4, 1) - (2, 1, 0) = (-1, 3, 1)$$

$\boldsymbol{u}$와 $\boldsymbol{v}$는 평면 위에 위치한 두 벡터이므로 $\boldsymbol{u} \times \boldsymbol{v}$를 평면의 법선벡터로 선정할 수 있다.

$$\boldsymbol{n}=\boldsymbol{u}\times\boldsymbol{v}=\begin{vmatrix}\boldsymbol{a}_x & \boldsymbol{a}_y & \boldsymbol{a}_z\\ 1 & 1 & 1\\ -1 & 3 & 1\end{vmatrix}=-2\boldsymbol{a}_x-2\boldsymbol{a}_y+4\boldsymbol{a}_z$$

한편, $\boldsymbol{r}-\boldsymbol{r}_3$는 평면 위에 위치하는 또 다른 벡터이므로 법선벡터 $\boldsymbol{n}$과 항상 수직이 된다.

$$\boldsymbol{r}-\boldsymbol{r}_3=(x, y, z)-(1, 4, 1)=(x-1, y-4, z-1)$$
$$(\boldsymbol{r}-\boldsymbol{r}_3)\cdot\boldsymbol{n}=(x-1, y-4, z-1)\cdot(-2, -2, 4)=0$$

따라서 평면의 벡터방정식은 다음과 같이 구해진다.

$$-2(x-1)-2(y-4)+4(z-1)=0$$

예제 5.15

3차원 공간에서 주어진 평면과 직선의 교점을 구하라.

평면 : $2x-3y+2z=-7$

직선 : $x=1+2t,\ y=2-t,\ z=-3t$

풀이

평면과 직선이 만나는 교점을 $P_0(x_0, y_0, z_0)$라 하면

$$2x_0-3y_0+2z_0=-7 \tag{45}$$
$$\frac{x_0-1}{2}=\frac{y_0-2}{-1}=\frac{z_0}{-3} \tag{46}$$

가 성립한다. 식(46)에서

$$x_0=-2y_0+5,\ z_0=3y_0-6 \tag{47}$$

이 얻어지므로 식(47)을 식(45)에 대입하여 정리하면 다음과 같다.

$$2(-2y_0+5)-3y_0+2(3y_0-6)=-7$$
$$\therefore\ y_0=5$$

y_0를 식(47)에 대입하면 $x_0=-5,\ z_0=9$가 얻어지므로 교점 P_0는 $P_0(-5, 5, 9)$가 된다.

5.5 3차원 공간직교좌표계

공간상의 한 점을 수학적으로 표현하기 위한 장치를 좌표계(Coordinate System)라 한다. 3차원 공간에서의 좌표계는 각 축이 서로 수직인 직교좌표계 (Orthogonal Coordinate System)가 주로 이용되고 있으며, 다음의 세 가지 직교좌표계가 일반적으로 공학 문제에 많이 사용된다.

① 직각좌표계(Rectangular Coordinate System)
② 원통좌표계(Cylindrical Coordinate System)
③ 구좌표계(Spherical Coordinate System)

(1) 직각좌표계

직각좌표계에서 한 점 $P(P_x,\ P_y,\ P_z)$는 $x=P_x$, $y=P_y$, $z=P_z$인 세 평면의 교차점을 표시한다. 여기서, $x=P_x$는 $yz-$평면에 평행하면서 $x=P_x$를 지나는 평면, $y=P_y$는 $xz-$평면과 평행하면서 $y=P_y$를 지나는 평면, $z=P_z$는 $xy-$평면과 평행하면서 $z=P_z$를 지나는 평면을 각각 나타낸다.

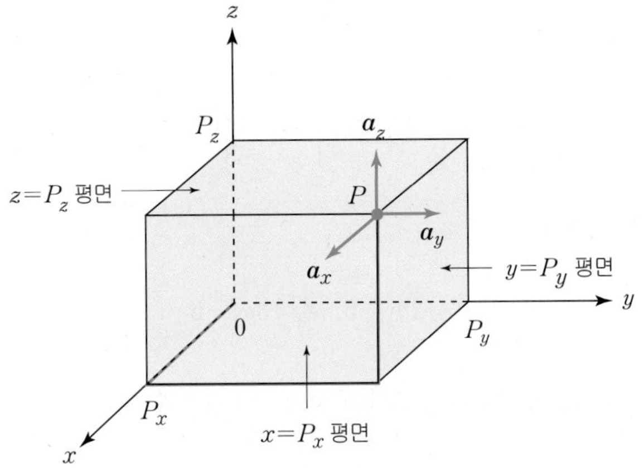

[그림 5.24] 직각좌표계

[그림 5.24]에서 3개의 평면 $x=P_x$, $y=P_y$, $z=P_z$는 한 점 P에서 만나는데, 이 교차점이 직각좌표계에서 점 P의 위치를 나타낸다는 것에 유의하라.

다음으로 직각좌표계의 한 점 P에서 각 축 방향의 단위벡터들을 결정하는 방법을 소개한다. x축 단위벡터는 평면 $x=P_x$와 수직이면서 x좌표가 증가하는 방향을 $\boldsymbol{a}_x$라고 정한다. y축 단위벡터 $\boldsymbol{a}_y$는 평면 $y=P_y$와 수직이면서 y좌표가 증가하는 방향으로 정하고, z축 단위벡터 $\boldsymbol{a}_z$는 평면 $z=P_z$와 수직이면서 z좌표가 증가하는 방향으로 정한다.

직각좌표계에서 단위벡터의 방향을 결정하는 방법은 다른 직교좌표계에서도 동일한 방법으로 결정하기 때문에 충분히 숙지해야 하며, 요약하면 다음과 같다.

3차원 직각좌표계에서 한 점 $P(P_x, P_y, P_z)$에서 각 축 방향 단위벡터는 다음과 같이 정의한다.

① $\boldsymbol{a}_x$는 평면 $x=P_x$와 수직이면서 x좌표가 증가하는 방향으로 정의한다.

② $\boldsymbol{a}_y$는 평면 $y=P_y$와 수직이면서 y좌표가 증가하는 방향으로 정의한다.

③ $\boldsymbol{a}_z$는 평면 $z=P_z$와 수직이면서 z좌표가 증가하는 방향으로 정의한다.

[그림 5.25]에 직각좌표계에서 공간상의 두 점 P, Q에 대한 단위벡터를 표시하였다. 그림에서도 알 수 있듯이 P와 Q에서 정의된 단위벡터는 모두 동일한 방향을 가지게 되며, 다음과 같이 일반화하여 표현할 수 있다.

공간상의 모든 점을 직각좌표계로 나타낼 때, 각 점에서의 축 방향 단위벡터 $\boldsymbol{a}_x$, $\boldsymbol{a}_y$, $\boldsymbol{a}_z$는 모두 동일한 방향을 가진다.

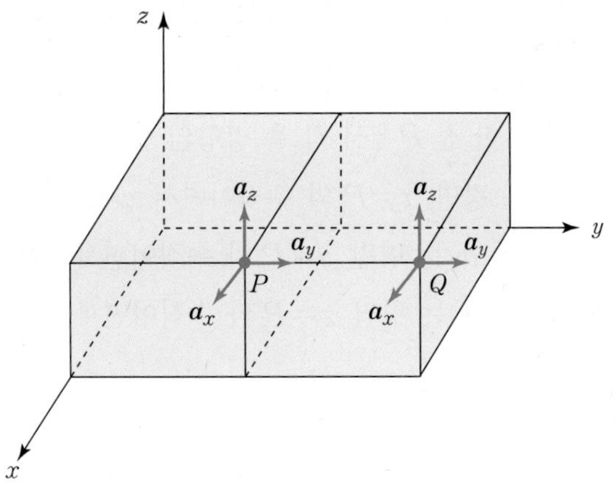

[그림 5.25] 직각좌표계에서의 단위벡터

직각좌표계의 각 축방향 단위벡터들을 이용하여 공간상의 한 점 $P(P_x, P_y, P_z)$를 위치벡터로 표현하면 다음과 같다.

$$\overrightarrow{OP}=\boldsymbol{p}=P_x\boldsymbol{a}_x+P_y\boldsymbol{a}_y+P_z\boldsymbol{a}_z=(P_x, P_y, P_z) \tag{48}$$

만일 식(48)의 위치벡터가 각 축 방향으로 미소거리(아주 작은 거리)만큼 이동한 경우, 즉 점 $P(P_x, P_y, P_z)$에서 $P'(P_x+dx, P_y+dy, P_z+dz)$로 이동하였다고 가정하여 이를 [그림 5.26]에 나타내었다.

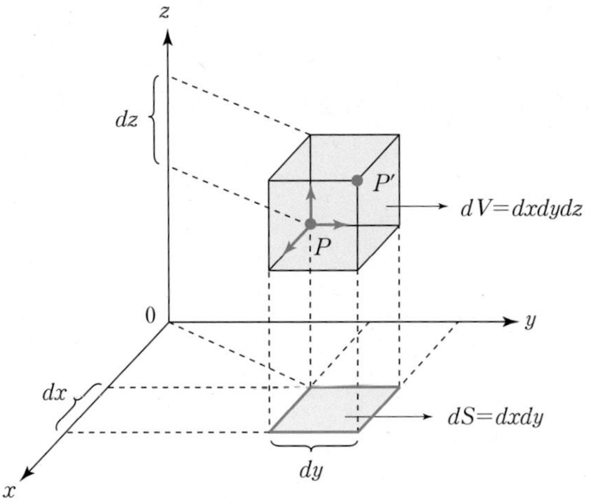

[그림 5.26] 직각좌표계에서의 미소면적과 미소체적

각 축 방향으로 이동한 미소길이 dx, dy, dz를 성분으로 하는 벡터 $d\boldsymbol{L}$을 미소길이벡터라고 정의하며 다음과 같이 표현한다.

$$d\boldsymbol{L} = dx\,\boldsymbol{a}_x + dy\,\boldsymbol{a}_y + dz\,\boldsymbol{a}_z \tag{49}$$

또한 미소면적벡터 $d\boldsymbol{S}$는 다음과 같이 정의한다.

$$d\boldsymbol{S} = dy\,dz\,\boldsymbol{a}_x + dz\,dx\,\boldsymbol{a}_y + dx\,dy\,\boldsymbol{a}_z \tag{50}$$

식(50)의 각 성분은 각 축 방향 단위벡터에 수직한 미소면적으로 이루어져 있다는 사실에 주목하라. 예를 들어, 미소면적 $dydz$는 단위벡터 $\boldsymbol{a}_z$에 수직하며, $dxdy$는 단위벡터 $\boldsymbol{a}_z$에 수직하다.

마지막으로 미소체적소 dV는 각 축 방향으로 미소길이 dx, dy, dz만큼 이동하여 미소육면체가 형성되었으므로 다음과 같이 정의된다.

$$dV = dx\,dy\,dz \tag{51}$$

(2) 원통좌표계

원통좌표계는 공간상의 한 점을 수학적으로 표현하는 데 있어 ρ, ϕ, z의 세 개의 파라미터로 표현하는 좌표계로서 [그림 5.27]에 ρ, ϕ, z의 의미를 나타내었다. 만

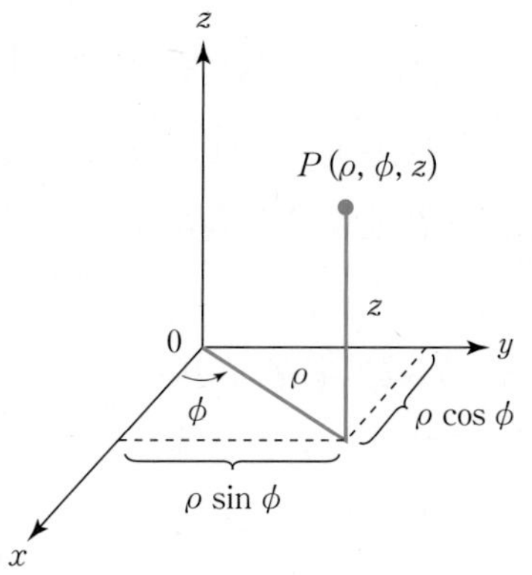

[그림 5.27] 원통좌표계의 세 파라미터의 정의

일 파라미터 z가 없는 경우 원통좌표계는 잘 알려진 2차원 평면에서의 극좌표(Polar Coordinate)와 동일하게 됨에 유의하라.

원통좌표계에서 한 점 $P(P_\rho, P_\phi, P_z)$는 기하학적으로는 $\rho=P_\rho$, $\phi=P_\phi$, $z=P_z$의 교차점을 나타낸다. $\rho=P_\rho$는 반지름이 P_ρ인 원통(Cylinder)을 나타내며, $\phi=P_\phi$는 xy-평면에 수직한 평면을 나타낸다. 그리고 $z=P_z$는 xy-평면에 평행한 평면을 나타낸다. 이를 [그림 5.28]에 나타내었다.

결국 원통과 xy-평면에 수직한 평면, xy-평면에 평행한 평면이 한 점에서 교차되는 교차점이 $P(P_\rho, P_\phi, P_z)$의 위치를 나타낸다는 것에 주의하라.

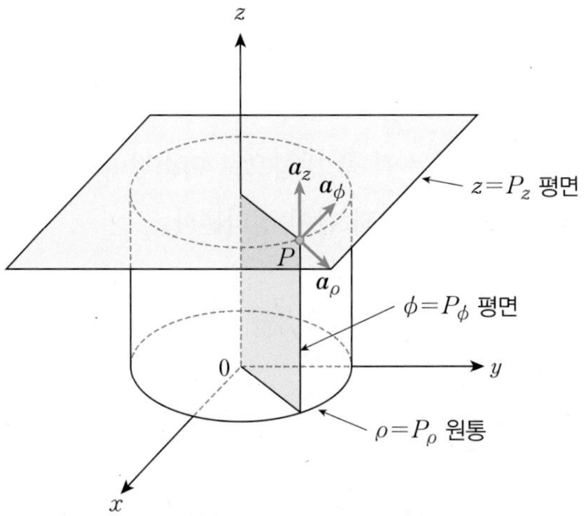

[그림 5.28] 원통좌표계에서 $P(P_\rho, P_\phi, P_z)$의 표시

다음으로 원통좌표계의 한 점 P에서 각 축 방향의 단위벡터들을 결정하도록 한다. 직각좌표계에서 결정했던 방법과 동일한 방법으로 결정하면 된다. ρ축 단위벡터는 원통 $\rho=P_\rho$와 수직이면서 ρ의 좌표가 증가하는 방향을 $\boldsymbol{a}_\rho$라고 정한다. [그림 5.28]에 나타낸 것처럼 원통면에서 수직으로 밖으로 향하는 방향이 $\boldsymbol{a}_\rho$의 방향이 된다.

ϕ축 단위벡터 $\boldsymbol{a}_\phi$는 평면 $\phi=P_\phi$와 수직이면서 ϕ의 좌표가 증가하는 방향이며, z축 단위벡터 $\boldsymbol{a}_z$는 직각좌표계에서와 마찬가지로 평면 $z=P_z$와 수직이면서 z의 좌표가 증가하는 방향이다. 이를 요약하여 정리하면 다음과 같다.

3차원 원통좌표계에서 한 점 $P(P_\rho, P_\phi, P_z)$에서 각 축 방향 단위벡터는 다음과 같이 정의한다.

① $\boldsymbol{a}_\rho$는 원통 $\rho=P_\rho$와 수직하면서 ρ좌표가 증가하는 방향으로 정의한다.

② $\boldsymbol{a}_\phi$는 평면 $\phi=P_\phi$와 수직하면서 ϕ좌표가 증가하는 방향으로 정의한다.

③ $\boldsymbol{a}_z$는 평면 $z=P_z$와 수직하면서 z좌표가 증가하는 방향으로 정의한다.

그런데 한 가지 주의해야 할 점은 직각좌표계에서는 모든 점에서 축 방향 단위벡터의 방향이 동일하였는 데 반해, 원통좌표계에서는 $\boldsymbol{a}_z$를 제외하고는 $\boldsymbol{a}_\rho$와 $\boldsymbol{a}_\phi$는 공간상의 점의 위치에 따라 방향이 변한다는 것을 명심하라. [그림 5.28]을 살펴보면 점의 위치에 따라 $\boldsymbol{a}_\rho$와 $\boldsymbol{a}_\phi$의 방향이 변화된다는 것을 알 수 있다.

결론적으로 말하면, 공간상의 모든 점을 원통좌표계로 나타낼 때, 각 점에서 정의되는 축 방향 단위벡터는 점의 위치가 변함에 따라 변한다.

다음으로 원통좌표계와 직각좌표계 간의 좌표변환에 대해 살펴보자.

[그림 5.27]에서 (x, y, z)와 (ρ, ϕ, z) 사이에는 좌표계의 정의로부터 다음의 관계가 성립함을 알 수 있다.

$$\begin{cases} x=\rho\cos\phi \\ y=\rho\sin\phi \\ z=z \end{cases} \tag{52}$$

원통좌표계의 각 축방향 단위벡터를 이용하여 공간상의 한 점 $P(P_\rho, P_\phi, P_z)$를 위치벡터로 표현하면 다음과 같다.

$$\overrightarrow{OP}=\boldsymbol{p}=P_\rho\boldsymbol{a}_\rho+P_\phi\boldsymbol{a}_\phi+P_z\boldsymbol{a}_z=(P_\rho,\ P_\phi,\ P_z) \tag{53}$$

여기서 잠깐! **직각좌표 → 원통좌표 변환**

식(52)에서 x와 y를 각각 제곱하여 더하면 다음과 같다.

$$\begin{array}{rl} & x^2=\rho^2\cos^2\phi \\ +) & y^2=\rho^2\sin^2\phi \\ \hline & x^2+y^2=\rho^2(\cos^2\phi+\sin^2\phi)=\rho^2 \end{array}$$

$$\therefore\ \rho=\sqrt{x^2+y^2}$$

또한 x와 y의 비를 구하면 다음과 같다.

$$\frac{y}{x}=\frac{\rho\sin\phi}{\rho\cos\phi}=\tan\phi$$

$$\therefore\ \phi=\tan^{-1}\left(\frac{y}{x}\right)$$

한편, 원통좌표계와 직각좌표계는 동일한 방법으로 z좌표를 결정하므로 직각좌표를 다음과 같이 원통좌표로 변환할 수 있다.

$$\begin{cases} \rho=\sqrt{x^2+y^2} \\ \phi=\tan^{-1}\left(\frac{y}{x}\right) \\ z=z \end{cases}$$

만일 식(53)의 위치벡터가 각 축 방향으로 미소거리만큼 이동한 경우, 즉 점 $P(P_\rho, P_\phi, P_z)$에서 $P'(P_\rho+d\rho, P_\phi+d\phi, P_z+dz)$로 이동하였다고 가정하여 이를 [그림 5.29]에 나타내었다.

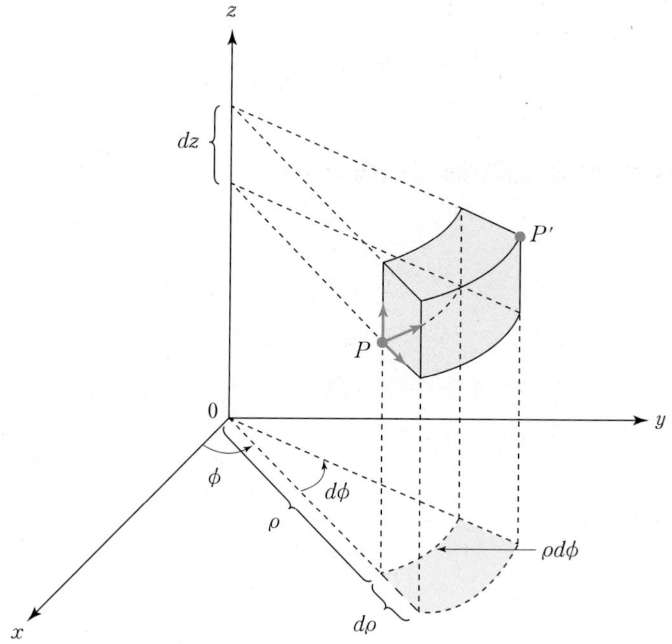

[그림 5.29] 원통좌표계에서의 미소면적과 미소체적

각 축 방향으로 이동한 미소길이를 성분으로 하는 벡터 $d\boldsymbol{L}$을 미소길이벡터라고 정의하며 다음과 같이 표현한다.

$$d\boldsymbol{L} = d\rho\, \boldsymbol{a}_\rho + \rho d\phi\, \boldsymbol{a}_\phi + dz\, \boldsymbol{a}_z \tag{54}$$

식(54)의 $\boldsymbol{a}_\phi$ 의 성분은 각도가 $d\phi$ 만큼 변하였으므로 호의 길이는 호도법으로부터 $\rho d\phi$ 가 된다는 것에 주의하라.

또한 미소면적벡터 $d\boldsymbol{S}$는 다음과 같이 정의한다.

$$d\boldsymbol{S} = \rho\, d\phi\, dz\, \boldsymbol{a}_\rho + d\rho\, dz\, \boldsymbol{a}_\phi + \rho\, d\phi\, d\rho\, \boldsymbol{a}_z \tag{55}$$

식(55)의 각 성분은 각 축 방향 단위벡터에 수직한 미소면적으로 이루어져 있다는 사실에 주목하라. 미소면적소는 엄밀히 말하면 직사각형은 아니지만 아주 작은 미소길이에서는 직사각형으로 간주하여도 무관하다는 것에 유의하라.

예를 들어, 미소면적 $\rho d\phi dz$ 는 단위벡터 $\boldsymbol{a}_\rho$ 에 수직하며 $d\rho dz$ 는 단위벡터 $\boldsymbol{a}_\phi$ 에

수직하다.

마지막으로 미소체적소 dV는 각 변의 길이가 $d\rho$, $\rho d\phi$, dz인 직육면체로 간주하여 다음과 같이 나타낼 수 있다.

$$dV=\rho\, d\rho\, d\phi\, dz \tag{56}$$

(3) 구좌표계

구좌표계는 공간상의 한 점을 수학적으로 표현하는 데 있어 r, θ, ϕ의 세 개의 파라미터로 표현하는 좌표계로서, [그림 5.30]에 r, θ, ϕ의 의미를 도시하였다.

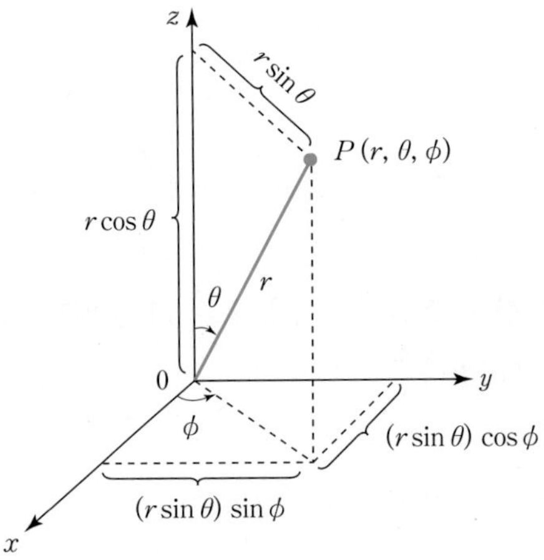

[그림 5.30] 구좌표계의 세 파라미터의 정의

구좌표계에서 한 점 $P(P_r,\ P_\theta,\ P_\phi)$는 기하학적으로는 $r=P_r$, $\theta=P_\theta$, $\phi=P_\phi$의 교차점을 나타낸다. $r=P_r$은 반지름이 P_r인 구면(Sphere)을 나타내며, $\theta=P_\theta$는 아이스크림 콘과 같은 원추면(Cone)을 나타낸다. 그리고 $\phi=P_\phi$는 원통좌표계에서 이미 정의된 파라미터이며, 평면을 나타낸다. 이를 [그림 5.31]에 나타내었다.

결국 구면, 원추면, 평면이 한 점에서 교차되는 교차점이 $P(P_r, P_\theta, P_\phi)$의 위치를 나타낸다는 것에 주의하라.

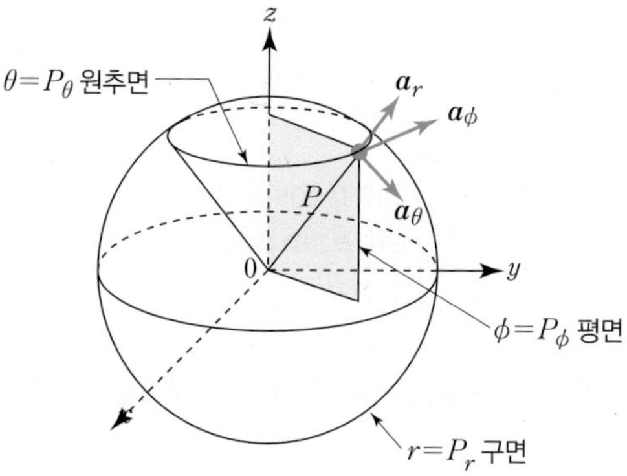

[그림 5.31] 구좌표계에서 $P(P_r,\ P_\theta,\ P_\phi)$의 표시

다음으로 구좌표계의 한 점 $P(P_r, P_\theta, P_\phi)$에서 각 축 방향의 단위벡터들을 결정하도록 한다. 앞에서 논의한 두 개의 좌표계에서 결정했던 방법과 동일한 방법으로 결정하면 된다. r축 단위벡터는 구면 $r=P_r$과 수직이면서 r의 좌표가 증가하는 방향을 $\boldsymbol{a}_r$로 정한다. [그림 5.31]에 나타낸 것처럼 구면에서 수직으로 밖으로 향하는 방향이 $\boldsymbol{a}_r$의 방향이 된다.

θ축 단위벡터 $\boldsymbol{a}_\theta$는 원추면 $\theta=P_\theta$와 수직이면서 θ의 좌표가 증가하는 방향이며, ϕ축 단위벡터 $\boldsymbol{a}_\phi$는 원통좌표계에서와 마찬가지로 평면 $\phi=P_\phi$와 수직이면서 ϕ의 좌표가 증가하는 방향이다. 이를 요약하여 정리하면 다음과 같다.

3차원 구좌표계에서 한 점 $P(P_r, P_\theta, P_\phi)$에서 각 축 방향 단위벡터는 다음과 같이 정의한다.

① $\boldsymbol{a}_r$은 구 $r=P_r$과 수직이면서 r좌표가 증가하는 방향으로 정의한다.

② $\boldsymbol{a}_\theta$는 원추 $\theta=P_\theta$와 수직이면서 θ좌표가 증가하는 방향으로 정의한다.

③ $\boldsymbol{a}_\phi$는 평면 $\phi=P_\phi$와 수직이면서 ϕ좌표가 증가하는 방향으로 정의한다.

그런데 한 가지 주의할 점은 구좌표계에서도 원통좌표계와 마찬가지로 공간상의 점의 위치에 따라 모든 단위벡터의 방향이 변화한다는 것이다. [그림 5.31]을 살펴보면 점의 위치에 따라 각 점에서 정의되는 단위벡터의 방향이 모두 다르다는 것을 알 수 있다.

다음으로 구좌표계와 직각좌표계 간의 좌표변환에 대해 살펴보자. [그림 5.30]에서 (x, y, z)와 (r, θ, ϕ) 사이에는 다음의 관계가 성립함을 알 수 있다.

$$\begin{cases} x = r\sin\theta\cos\phi \\ y = r\sin\theta\sin\phi \\ z = r\cos\theta \end{cases} \tag{57}$$

구좌표계를 이용하여 공간상의 한 점 $P(P_r, P_\theta, P_\phi)$를 위치벡터로 표현하면 다음과 같다.

$$\overrightarrow{OP} = \boldsymbol{p} = P_r\boldsymbol{a}_r + P_\theta\boldsymbol{a}_\theta + P_\phi\boldsymbol{a}_\phi = (P_r, P_\theta, P_\phi) \tag{58}$$

여기서 잠깐! **직각좌표 → 구좌표 변환**

식(57)의 관계로부터 x, y, z를 각각 제곱하여 더하면

$$\begin{aligned} &x^2 = r^2\sin^2\theta\cos^2\phi \\ &y^2 = r^2\sin^2\theta\sin^2\phi \\ +)\ &z^2 = r^2\cos^2\theta \\ \hline &x^2+y^2+z^2 = r^2\sin^2\theta\,(\cos^2\phi + \sin^2\phi) + r^2\cos^2\theta \end{aligned}$$

$$\therefore\ x^2+y^2+z^2 = r^2 \Longrightarrow r = \sqrt{x^2+y^2+z^2}$$

또한 x와 y의 비를 취하면 다음의 관계가 얻어진다.

$$\frac{y}{x} = \frac{r\sin\theta\sin\phi}{r\sin\theta\cos\phi} = \tan\phi$$

$$\therefore\ \phi = \tan^{-1}\left(\frac{y}{x}\right)$$

$z = r\cos\theta$ 의 관계식에서 다음의 관계가 얻어진다.

$$\cos\theta = \frac{z}{r} = \frac{z}{\sqrt{x^2+y^2+z^2}}$$

$$\therefore\ \theta = \cos^{-1}\left(\frac{z}{\sqrt{x^2+y^2+z^2}}\right)$$

만일, 식(58)의 위치벡터가 각 축 방향으로 미소거리만큼 이동한 경우, 즉 점 $P(P_r, P_\theta, P_\phi)$에서 $P'(P_r+dr, P_\theta+d\theta, P_\phi+d\phi)$로 이동하였다고 가정하여 이를 [그림 5.32]에 나타내었다.

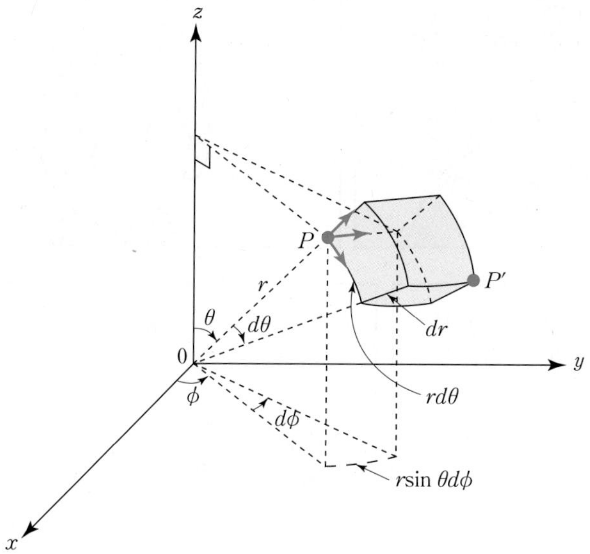

[그림 5.32] 구좌표계에서의 미소면적과 미소체적

각 축 방향으로 이동한 미소길이를 성분으로 하는 벡터 $d\boldsymbol{L}$을 미소길이벡터라고 정의하며 다음과 같이 표현한다.

$$d\boldsymbol{L}=dr\,\boldsymbol{a}_r+rd\theta\,\boldsymbol{a}_\theta+r\sin\theta\,d\phi\,\boldsymbol{a}_\phi \tag{59}$$

식(61)에서 $\boldsymbol{a}_\theta$의 성분은 각도가 $d\theta$만큼 변하였으므로 호의 길이는 $rd\theta$가 되며, $\boldsymbol{a}_\phi$의 성분은 각도가 $d\phi$만큼 변하였으므로 호의 길이가 $r\sin\theta\,d\phi$가 된다는 것에 주의하라.

또한 미소면적벡터 $d\boldsymbol{S}$는 [그림 5.33]을 살펴보면 다음과 같이 정의됨을 알 수 있다.

$$d\boldsymbol{S}=r^2\sin\theta\,d\theta\,d\phi\,\boldsymbol{a}_r+r\sin\theta\,dr\,d\phi\,\boldsymbol{a}_\theta+r\,dr\,d\theta\,\boldsymbol{a}_\phi \tag{60}$$

3차원 공간좌표계

공간의 한 점을 표현하기 위한 장치가 좌표계로 알고 있는데, 왜 여러 가지 종류의 좌표계를 사용하나요?
공간상에 놓여 있는 대상체를 수학적으로 표현하는 데 있어 어떤 좌표계를 사용하는가에 따라 수학적인 표현이 간단해지거나 복잡해질 수 있어요.
같은 대상체에 대한 수학적인 표현이 좌표계의 선택에 따라 달라진다는 의미인 것 같네요.
정확히 포인트를 지적했어요. 예를 들어, 구를 직각좌표계를 이용하여 표현하는 것보다는 구좌표계를 이용하여 표현하는 것이 훨씬 간단합니다.
그렇다면 공간에 위치한 다루고자 하는 대상체의 형상에 따라 수학적인 표현이 간편한 좌표계를 선택해야겠군요.
예, 맞습니다. 흔히 공학적으로 사용되는 좌표계에는 직각좌표계, 원통좌표계, 구좌표계가 있으니 각 좌표계의 특징에 대해 잘 이해해야 합니다.

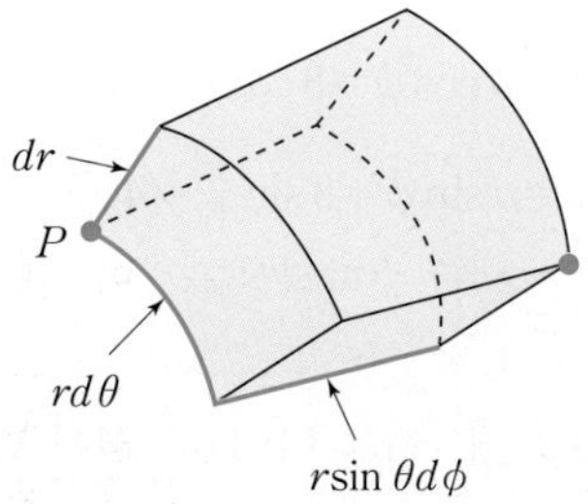

[그림 5.33] 구좌표계에서 미소체적소의 각 변의 길이

마지막으로 미소체적소 dV는 미소체적소의 각 변의 길이가 $dr, rd\theta, r\sin\theta\, d\phi$인 직육면체로 간주하여 다음과 같이 구할 수 있다.

$$dV = r^2 \sin\theta\, dr\, d\theta\, d\phi \tag{61}$$

지금까지 설명한 3차원 공간직교좌표계에 대한 주요 내용을 아래에 요약하여 열거하였다.

	직각좌표계 $(x,\ y,\ z)$	원통좌표계 $(\rho,\ \phi,\ z)$	구좌표계 $(r,\ \theta,\ \phi)$
미소길이	$dx,\ dy,\ dz$	$d\rho,\ \rho d\phi,\ dz$	$dr,\ rd\theta,\ r\sin\theta\, d\phi$
$d\boldsymbol{L}$	$dx\boldsymbol{a}_x + dy\boldsymbol{a}_y + dz\boldsymbol{a}_z$	$d\rho\boldsymbol{a}_\rho + \rho d\phi\boldsymbol{a}_\phi + dz\boldsymbol{a}_z$	$dr\boldsymbol{a}_r + rd\theta\boldsymbol{a}_\theta + r\sin\theta\, d\phi\boldsymbol{a}_\phi$
$d\boldsymbol{S}$	$dydz\boldsymbol{a}_x + dzdx\boldsymbol{a}_y +$ $dxdy\boldsymbol{a}_z$	$\rho d\phi dz\boldsymbol{a}_\rho + d\rho dz\boldsymbol{a}_\phi +$ $\rho d\phi d\rho\boldsymbol{a}_z$	$r^2\sin\theta\, d\theta\, d\phi\boldsymbol{a}_r +$ $r\sin\theta\, dr\, d\phi\boldsymbol{a}_\theta +$ $rdr\, d\theta\boldsymbol{a}_\phi$
dV	$dx\, dy\, dz$	$\rho d\rho\, d\phi\, dz$	$r^2\sin\theta\, dr\, d\theta\, d\phi$

예제 5.16

(1) 원통좌표계에서 표현된 $P(8, \pi/3, 7)$를 직각좌표계로 변환하라.
(2) 직각좌표계에서 표현된 $Q(-\sqrt{2}, \sqrt{2}, 1)$를 원통좌표계로 변환하라.
(3) 구좌표계에서 표현된 한 점 $R(6, \pi/4, \pi/3)$을 직각좌표계로 변환하라.

풀이

(1) 식(52)의 관계식으로부터

$$x = \rho\cos\phi = 8\cos\frac{\pi}{3} = 4$$
$$y = \rho\sin\phi = 8\sin\frac{\pi}{3} = 4\sqrt{3}$$
$$z = z = 7$$

이므로 원통좌표 $(8, \pi/3, 7)$은 직각좌표 $(4, 4\sqrt{3}, 7)$로 변환된다.

(2) 식(52)의 관계식으로부터 x와 y를 제곱하여 더하면

$$x^2 + y^2 = \rho^2\cos^2\phi + \rho^2\sin^2\phi = \rho^2$$
$$\therefore\ \rho = \sqrt{x^2 + y^2} \tag{62}$$

이 된다. 또한 x와 y의 비를 취하면 다음과 같다.

$$\frac{y}{x} = \frac{\rho\sin\phi}{\rho\cos\phi} = \tan\phi \tag{63}$$

따라서 직각좌표 $Q(\sqrt{2}, \sqrt{2}, 1)$에 대한 원통좌표는 식(62)와 식(63)에 따라 다음과 같이 구해진다.

$$\rho = \sqrt{2+2} = 2$$
$$\phi = \tan^{-1}\left(\frac{\sqrt{2}}{-\sqrt{2}}\right) = \tan^{-1}(-1) = \frac{3}{4}\pi$$
$$z = 1$$

ϕ의 계산에서 $x < 0,\ y > 0$이라는 사실과 $0 \le \phi \le 2\pi$라는 것을 고려하여 계산한 것임에 유의하라.

(3) 식(57)의 관계식으로부터

$$x = r\sin\theta\cos\phi = 6\sin\frac{\pi}{4}\cos\frac{\pi}{3} = \frac{3\sqrt{2}}{2}$$
$$y = r\sin\theta\sin\phi = 6\sin\frac{\pi}{4}\sin\frac{\pi}{3} = \frac{3\sqrt{6}}{2}$$
$$z = r\cos\theta = 6\cos\frac{\pi}{4} = 3\sqrt{2}$$

이므로, 구좌표 $(6, \pi/4, \pi/3)$는 직각좌표 $(3\sqrt{2}/2, 3\sqrt{6}/2, 3\sqrt{2})$로 변환된다.

여기서 잠깐! **사분면에 따른 $\phi = \tan^{-1}\left(\frac{y}{x}\right)$의 계산**

$\phi = \tan^{-1}\left(\frac{y}{x}\right)$는 x와 y의 부호에 따라 ϕ의 값에 대한 범위가 달라진다는 사실에 유의하면서 ϕ를 계산해야 한다.

① $x>0$, $y>0$일 때 $0<\phi<\frac{\pi}{2}$

② $x<0$, $y>0$일 때 $\frac{\pi}{2}<\phi<\pi$

③ $x<0$, $y<0$일 때 $\pi<\phi<\frac{3}{2}\pi$

④ $x>0$, $y<0$일 때 $\frac{3}{2}\pi<\phi<2\pi$

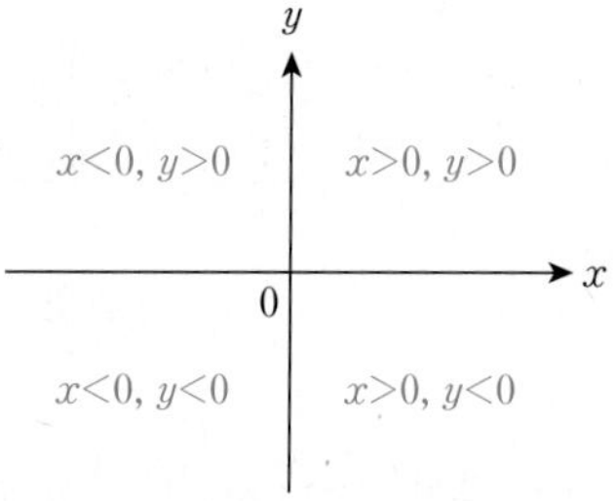

예를 들어, 다음의 값을 계산해보자.

① $\phi_1 = \tan^{-1}\left(\frac{\sqrt{3}}{1}\right)$

x와 y가 모두 양수이므로 ϕ_1은 제1사분면에 위치한 각이며, 다음 그림 (a)로부터 $\phi_1 = \frac{\pi}{3}$rad이 된다는 것을 알 수 있다.

② $\phi_2 = \tan^{-1}\left(\frac{-\sqrt{3}}{-1}\right)$

x와 y가 모두 음수이므로 ϕ_2은 제3사분면에 위치한 각이며, 다음 그림 (b)로부터 $\phi_2 = \frac{4}{3}\pi$rad이 된다는 것을 알 수 있다.

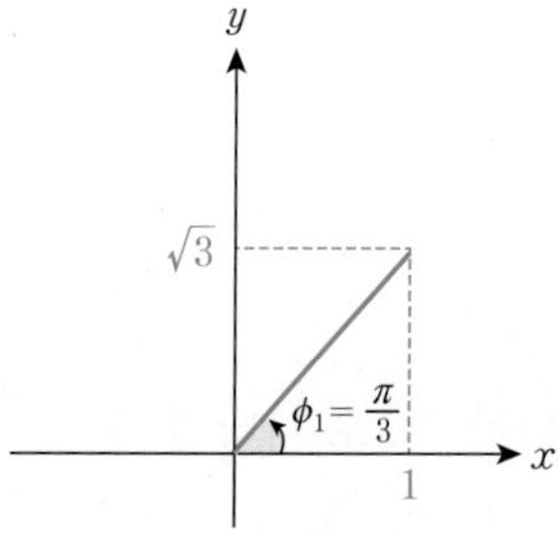

(a) ϕ_1의 계산

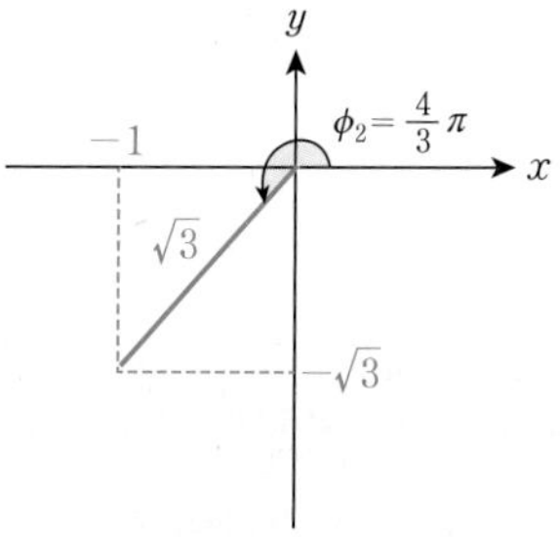

(b) ϕ_2의 계산

마찬가지 방법으로 그림 (c)와 그림 (d)로부터 ϕ_3와 ϕ_4를 계산하면 다음과 같다.

$$\phi_3 = \tan^{-1}\left(\frac{\sqrt{3}}{-1}\right) = \frac{2}{3}\pi$$

$$\phi_4 = \tan^{-1}\left(\frac{-\sqrt{3}}{1}\right) = \frac{5}{3}\pi = -\frac{\pi}{3}$$

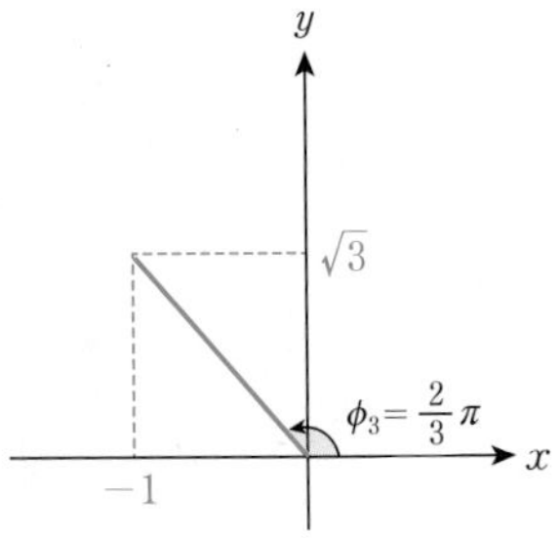

(c) ϕ_3의 계산

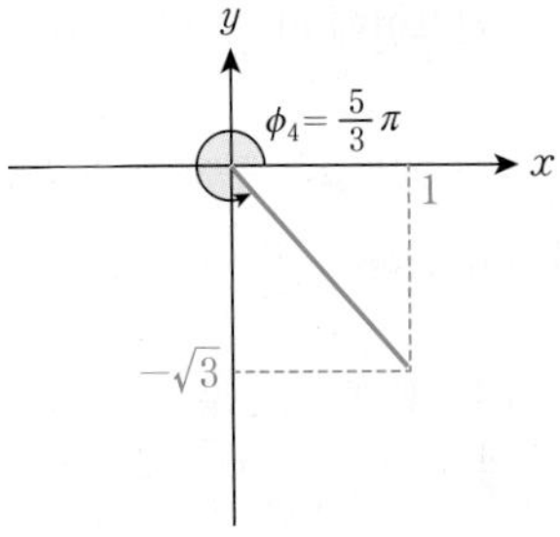

(d) ϕ_4의 계산

이와 같이 $\phi = \tan^{-1}\left(\frac{y}{x}\right)$를 계산할 때는 x와 y의 부호에 따라 ϕ가 위치하는 사분면이 달라지기 때문에 주의해야 하며, ϕ_4의 경우는 $\phi_4 = \frac{5}{3}\pi$이므로 음의 값으로 표현하면 $\phi_4 = -\frac{\pi}{3}$로도 표현할 수 있다.

5.6 벡터공간의 기초개념

지금까지 앞 절에서는 평면 또는 공간에서의 점과 벡터에 대하여 다루었다. 19세기에 들어와 A. Cayley와 W. R. Hamilton 등을 주축으로 점과 벡터의 개념을 기하학적인 특성보다는 해석적인 특성에 의해 기술하고 정의하는 시도들이 진행되었다. 기하학적인 특성을 주로 다루게 되면 3차원을 벗어날 수가 없지만, 해석적인 특성으로 확장하게 되면 점과 벡터를 3차원에 국한시킬 것이 아니라 n차원으로 일반화시킬 수 있다는 것이다.

다만, 3차원보다 큰 차원의 점과 벡터는 기하학적으로 나타낼 수 없고 머릿속에서만 추상적인 개념으로 생각해야 한다는 것에 주의하라.

(1) 벡터공간의 정의

점과 벡터의 개념을 추상적인 개념으로 n차원까지 확장하려면 벡터공간에 대한 개념을 먼저 이해해야 한다. 벡터공간(Vector Space)의 일반적인 정의는 다음과 같다.

정의 5.1 벡터공간(Vector Space) V

V를 벡터 덧셈, 스칼라 곱이라 하는 두 연산들이 정의된 집합이라 할 때, 다음 10개의 성질들을 만족하는 V를 벡터공간이라 한다.

덧셈 공리

① $\boldsymbol{x}$와 $\boldsymbol{y}$가 V의 원소이면, $\boldsymbol{x}+\boldsymbol{y}$도 V의 원소이다. (닫힘공리)

② V에 있는 모든 $\boldsymbol{x}$, $\boldsymbol{y}$에 대하여 $\boldsymbol{x}+\boldsymbol{y}=\boldsymbol{y}+\boldsymbol{x}$이다. (교환법칙)

③ V에 있는 모든 $\boldsymbol{x}$, $\boldsymbol{y}$, $\boldsymbol{z}$에 대하여 $\boldsymbol{x}+(\boldsymbol{y}+\boldsymbol{z})=(\boldsymbol{x}+\boldsymbol{y})+\boldsymbol{z}$이다. (결합법칙)

④ V에 있는 모든 $\boldsymbol{x}$에 대하여 $\boldsymbol{0}+\boldsymbol{x}=\boldsymbol{x}+\boldsymbol{0}=\boldsymbol{x}$인 유일한 영벡터 $\boldsymbol{0}$이 V에 존재한다. (영벡터)

⑤ V안에 있는 각 $\boldsymbol{x}$에 대하여 $\boldsymbol{x}+(-\boldsymbol{x})=(-\boldsymbol{x})+\boldsymbol{x}=\boldsymbol{0}$인 벡터 $-\boldsymbol{x}$가 존재한다. (음벡터)

스칼라 곱에 대한 공리

⑥ k가 임의의 스칼라이고 $\boldsymbol{x}$가 V의 원소이면, $k\boldsymbol{x}$도 V의 원소이다. (닫힘공리)

⑦ $k(\boldsymbol{x}+\boldsymbol{y})=k\boldsymbol{x}+k\boldsymbol{y}$

⑧ $(k_1+k_2)\boldsymbol{x}=k_1\boldsymbol{x}+k_2\boldsymbol{x}$ (배분법칙)

⑨ $k_1(k_2\boldsymbol{x})=(k_1k_2)\boldsymbol{x}$

⑩ $1\boldsymbol{x}=\boldsymbol{x}$

벡터공간의 정의를 살펴보면 벡터공간은 벡터라고 부르는 원소들을 모아 놓은 공간인데, 벡터 덧셈과 스칼라 곱이라는 두 가지 연산이 정의되어 있다. 앞 절에 학습한 벡터의 내적이나 외적은 벡터공간에 정의된 연산이 아니라는 점에 유의하라.

벡터공간 V에서 V에 속한 임의의 두 벡터 $\boldsymbol{x}$, $\boldsymbol{y}$에 대해 $\boldsymbol{x}+\boldsymbol{y}$와 $k\boldsymbol{x}$가 모두 V에 속해야 한다는 것을 닫힘공리라고 하고, 벡터공간 V는 벡터 덧셈과 스칼라 곱에 대해 닫혀있다고 말한다. 닫힘공리는 벡터공간의 구성에 대단히 중요한 기본요건이라는 것에 주목하라.

예를 들어, 공간벡터들을 모두 모아 놓은 3차원 공간 $\boldsymbol{R}^3$를 생각해 보자. $\boldsymbol{R}^3$에는 벡터 덧셈과 스칼라 곱이 정의되어 있고, $\boldsymbol{R}^3$에 속하는 임의의 두 벡터 $\boldsymbol{x}$, $\boldsymbol{y}$에 대해 $\boldsymbol{x}+\boldsymbol{y}$와 $k\boldsymbol{x}$는 모두 $\boldsymbol{R}^3$에 속하며 또한 벡터공간의 나머지 성질을 모두 만족함을 알

벡터공간의 개념

벡터공간의 개념이 너무 어려운데 간단하게 요약해주세요.
벡터공간은 쉽게 말하면 공간(평면)벡터가 가지고 있는 성질을 그대로 가지고 있는 수학적인 대상체가 있다면 그 대상체의 모임을 벡터공간이라고 부르지요.
알쏭달쏭하네요.
공간(평면)벡터의 모임을 생각해보세요. 어떤 연산이 정의되어 있나요?
벡터 덧셈과 벡터와 스칼라의 곱인 스칼라 곱이 정의되어 있지요. 물론 다른 연산도 정의가 가능하긴 하네요.
예~ 맞아요. 벡터공간을 정의하기 위해서는 다른 연산은 필요 없고 벡터 덧셈과 스칼라 곱에 대한 연산만 정의되어 있으면 충분합니다.
또 다른 조건은 필요 없나요?

벡터 덧셈과 스칼라 곱에 대해 닫혀있어야 합니다. 닫혀있다는 말은 연산 결과가 원래 주어진 벡터들의 모임에 포함되어 있다는 뜻이지요.
닫혀있다는 조건이 일반 집합에서는 일반적으로 성립되기 어려운 조건이네요.
아주 중요한 지적을 해주었어요. 일단 벡터공간이 형성되려면 두 연산에 대해 닫혀있어야 하고, 각 연산에 대해 몇 가지 조건들이 만족되면 됩니다.
각 연산에 대한 조건이 10가지 정도인데, 그걸 모두 확인해보아야 하나요?
조금 지루할 수는 있겠지만 모든 조건들이 만족되는지를 확인해야 벡터공간이 되는지의 여부를 알 수 있어요.

수 있다. 따라서 $\boldsymbol{R}^3$는 벡터공간이라 할 수 있다.

그런데 벡터공간이란 용어로부터 '벡터'라는 용어는 우리가 지금까지 다루었던 2차원 또는 3차원 위치벡터만을 의미하는 것으로 오해하기 쉽다. 물론 $\boldsymbol{R}^2$ 또는 $\boldsymbol{R}^3$로 표현되는 공간도 벡터공간이 되지만, 꼭 위치벡터가 아니라 하더라도 벡터공간의 10가지 성질을 만족하는 대상이 있다면 그 대상체의 공간도 벡터공간이라고 부른다. 예를 들어, 실함수들의 공간이 벡터공간의 10가지 성질을 만족한다면, 실함수들을 모아 놓은 공간도 벡터공간이 된다. 또한 행렬들을 모아 놓은 공간도 벡터공간이 되는 것을 확인해 볼 수 있다.

벡터공간의 원소를 벡터라고 부르는데, 만일 실함수들을 모아 놓은 공간이 벡터공간을 형성한다면 이때 벡터는 함수들이 되는 것이고, 행렬을 모아 놓은 공간이 벡터공간을 형성한다면 이때 벡터는 행렬들이 되는 것이다.

이러한 이유로 벡터공간에서 벡터라는 용어를 위치벡터로 국한해서 생각할 필요가 없는 것이다.

예제 5.17

다음 집합 V가 실수에서의 벡터공간인지를 판별하라.

$$V \triangleq \text{좌표평면의 1사분면에 놓여 있는 위치벡터들의 집합}$$

단, 위치벡터의 덧셈과 스칼라 곱은 일반적인 정의를 따른다.

풀이

$\boldsymbol{a},\ \boldsymbol{b} \in V$ 에 대하여

$$\boldsymbol{a}=(a_1,\ a_2),\ \boldsymbol{b}=(b_1,\ b_2)$$
$$\boldsymbol{a}+\boldsymbol{b}=(a_1,\ a_2)+(b_2,\ b_2)=(a_1+b_1,\ a_2+b_2)$$

a_1, a_2, b_1, b_2 모두 0보다 크거나 같은 양수이므로 $\boldsymbol{a}+\boldsymbol{b}$도 1사분면에 놓여 있는 위치벡터이므로 벡터 덧셈에 대하여 닫혀있다.

$$\therefore\ \boldsymbol{a}+\boldsymbol{b} \in V$$

다음으로 $\boldsymbol{ka}$를 계산해보면

$$\boldsymbol{ka}=k(a_1, a_2)=(ka_1, ka_2)$$

그런데 k는 실수이므로 $k<0$ 인 경우 $\boldsymbol{ka}$는 1사분면에 있지 않으므로 일반적으로 $\boldsymbol{ka} \notin V$ 이다. 따라서 스칼라 곱에 대해 닫혀 있지 않으므로 V는 벡터공간이 아니다.

예제 5.18

다음 집합 W가 실수에서의 벡터공간인지를 판별하라.

$W \triangleq$ 1차 직선 $y=x$ 위에 종점이 놓여 있는 위치벡터들의 집합

단, 위치벡터의 덧셈과 스칼라 곱은 일반적인 정의를 따른다.

풀이

$\boldsymbol{a}, \boldsymbol{b} \in W$ 에 대하여

$$\begin{aligned} \boldsymbol{a}&=(a, a),\ \boldsymbol{b}=(b, b) \\ \boldsymbol{a}+\boldsymbol{b}&=(a, a)+(b, b)=(a+b, a+b) \in W \\ \boldsymbol{ka}&=k(a, a)=(ka, ka) \in W \end{aligned}$$

따라서 덧셈과 스칼라 곱 연산 모두에 대해 닫혀 있다. 또한 결합법칙이 성립한다는 것과 벡터공간에 대한 나머지 조건들을 모두 만족하므로 W는 벡터공간이다.

(2) 선형독립과 선형종속

다음으로 벡터공간 V에 속하는 벡터들의 선형독립과 선형종속에 대해 살펴본다. n개의 벡터 $\{\boldsymbol{x}_1, \boldsymbol{x}_2, \cdots, \boldsymbol{x}_n\}$이 벡터공간 V에 속한다고 가정한다.

다음의 방정식을 만족하는 유일한 상수 $k_i(i=1, 2, \cdots, n)$들이 모두 0이 되는 경우 $\{\boldsymbol{x}_1, \boldsymbol{x}_2, \cdots, \boldsymbol{x}_n\}$은 선형독립(Linear Independence)이라고 한다.

$$k_1 \boldsymbol{x}_1 + k_2 \boldsymbol{x}_2 + \cdots + k_n \boldsymbol{x}_n = \boldsymbol{0} \tag{64}$$

만일 벡터들의 집합이 선형독립이 아니면 선형종속(Linear Dependence)이라고 한다.

예제 5.19

다음 벡터들의 선형독립성을 판별하라.

(1) $\boldsymbol{R}^3$ 에서의 세 벡터

$$\boldsymbol{a}_x = (1, 0, 0),\ \boldsymbol{a}_y = (0, 1, 0),\ \boldsymbol{a}_z = (0, 0, 1)$$

(2) $\boldsymbol{R}^2$ 에서의 세 벡터

$$\boldsymbol{a}_1 = (1, 2),\ \boldsymbol{a}_2 = (3, 3),\ \boldsymbol{a}_3 = (1, -1)$$

풀이

(1) 선형독립의 정의에 의해 다음 방정식을 풀어 보면

$$k_1 \boldsymbol{a}_x + k_2 \boldsymbol{a}_y + k_3 \boldsymbol{a}_z = \boldsymbol{0}$$
$$k_1(1,\ 0,\ 0) + k_2(0,\ 1,\ 0) + k_3(0,\ 0,\ 1) = (0,\ 0,\ 0)$$

$$\therefore\ k_1 = 0,\ k_2 = 0,\ k_3 = 0$$

이므로 $\boldsymbol{R}^3$ 에서의 세 벡터 $\{\boldsymbol{a}_x, \boldsymbol{a}_y, \boldsymbol{a}_z\}$는 선형독립이다.

(2) 선형독립의 정의에 의해 다음 방정식을 풀어 보면

$$k_1 \boldsymbol{a}_1 + k_2 \boldsymbol{a}_2 + k_2 \boldsymbol{a}_3 = \boldsymbol{0}$$
$$k_1(1, 2) + k_2(3, 3) + k_3(1, -1) = (0, 0)$$

$$\begin{cases} k_1 + 3k_2 + k_3 = 0 \\ 2k_1 + 3k_2 - k_3 = 0 \end{cases}$$

$$\therefore\ k_1 = -2k_2,\ k_3 = -k_2$$

가 되므로 무수히 많은 0이 아닌 해가 존재하므로 선형종속이다.

예를 들어, $k_1=-2$, $k_2=1$, $k_3=-1$을 선택하면

$$-2\boldsymbol{a}_1+\boldsymbol{a}_2-\boldsymbol{a}_3=\boldsymbol{0}$$

이 만족되므로 한 벡터를 다른 두 개의 벡터의 선형결합으로 다음과 같이 표현할 수 있다.

$$\boldsymbol{a}_3=-2\boldsymbol{a}_1+\boldsymbol{a}_2$$

여기서 잠깐! 선형결합

n개의 벡터 $\{\boldsymbol{a}_1, \boldsymbol{a}_2, \cdots, \boldsymbol{a}_n\}$의 선형결합(Linear Combination)은 n개의 벡터에 대해 각각 스칼라 곱을 한 다음 더한 형태를 의미한다. 즉,

$$k_1\boldsymbol{a}_1+k_2\boldsymbol{a}_2+\cdots+k_n\boldsymbol{a}_n=\sum_{i=1}^{n}k_i\boldsymbol{a}_i$$

을 $\{\boldsymbol{a}_1, \boldsymbol{a}_2, \cdots, \boldsymbol{a}_n\}$의 선형결합이라 한다.
예를 들어, 직각좌표계에서 임의의 위치벡터 $\boldsymbol{p}$에 대한 수학적 표현인

$$\boldsymbol{p}=P_x\boldsymbol{a}_x+P_y\boldsymbol{a}_y+P_z\boldsymbol{a}_z$$

는 $\boldsymbol{a}_x, \boldsymbol{a}_y, \boldsymbol{a}_z$의 선형결합이다.

(3) 기저벡터와 차원

선형독립의 개념은 벡터공간의 기저벡터(Basis Vector)를 정의하는 데 사용된다.

벡터공간 V에 속하는 n개의 벡터 $\{\boldsymbol{x}_1, \boldsymbol{x}_2, \cdots, \boldsymbol{x}_n\}$을 생각하자.
만일 $\{\boldsymbol{x}_1, \boldsymbol{x}_2, \cdots, \boldsymbol{x}_n\}$이 다음의 두 가지 조건을 만족할 때 $\{\boldsymbol{x}_1, \boldsymbol{x}_2, \cdots, \boldsymbol{x}_n\}$을 벡터공간 V의 기저벡터라고 정의한다.

① $\{\boldsymbol{x}_1, \boldsymbol{x}_2, \cdots, \boldsymbol{x}_n\}$이 선형독립이다.
② V에 속하는 임의의 벡터 $\boldsymbol{x}$가 $\{\boldsymbol{x}_1, \boldsymbol{x}_2, \cdots, \boldsymbol{x}_n\}$의 선형결합으로 표현된다. 즉,

$$\boldsymbol{x}=k_1\boldsymbol{x}_1+k_2\boldsymbol{x}_2+\cdots+k_n\boldsymbol{x}_n=\sum_{i=1}^{n}k_i\boldsymbol{x}_i$$

한편, 기저벡터의 개수를 그 벡터공간의 차원(Dimension)이라고 하며 $\dim V$로 나타낸다.

예제 5.20

$\boldsymbol{R}^3$ 에서 다음 벡터들의 집합이 기저벡터가 될 수 있는지를 판별하라.

(1) $\boldsymbol{a}_x = (1, 0, 0)$, $\boldsymbol{a}_y = (0, 1, 0)$, $\boldsymbol{a}_z = (0, 0, 1)$

(2) $\boldsymbol{b}_1 = (1, 0, 1)$, $\boldsymbol{b}_2 = (-1, 1, 0)$, $\boldsymbol{b}_3 = (1, 1, 2)$

풀이

(1) 먼저 $\{\boldsymbol{a}_x, \boldsymbol{a}_y, \boldsymbol{a}_z\}$가 선형독립인지를 판별해 보면

$$k_1\boldsymbol{a}_x + k_2\boldsymbol{a}_y + k_3\boldsymbol{a}_z = \boldsymbol{0}$$
$$k_1(1,\ 0,\ 0) + k_2(0,\ 1,\ 0) + k_3(0,\ 0,\ 1) = (0,\ 0,\ 0)$$
$$\therefore\ k_1 = 0,\ k_2 = 0,\ k_3 = 0$$

이므로 $\{\boldsymbol{a}_x, \boldsymbol{a}_y, \boldsymbol{a}_z\}$는 선형독립이다.

다음으로 $\boldsymbol{a} = (a_1, a_2, a_3)$를 $\boldsymbol{R}^3$ 에 속하는 임의의 벡터라고 가정하면

$$\begin{aligned}\boldsymbol{a} &= (a_1, a_2, a_3) = a_1(1, 0, 0) + a_2(0, 1, 0) + a_3(0, 0, 1) \\ &= a_1\boldsymbol{a}_x + a_2\boldsymbol{a}_y + a_3\boldsymbol{a}_z\end{aligned}$$

로 항상 표현할 수 있으므로 $\{\boldsymbol{a}_x, \boldsymbol{a}_y, \boldsymbol{a}_z\}$는 $\boldsymbol{R}^3$ 의 기저벡터이다.

(2) 먼저 $\{\boldsymbol{b}_1, \boldsymbol{b}_2, \boldsymbol{b}_3\}$가 선형독립인지를 판별해 보면

$$k_1\boldsymbol{b}_1 + k_2\boldsymbol{b}_2 + k_3\boldsymbol{b}_2 = \boldsymbol{0}$$
$$k_1(1,\ 0,\ 1) + k_2(-1,\ 1,\ 0) + k_3(1,\ 1,\ 2) = (0,\ 0,\ 0)$$

$$\begin{cases} k_1 - k_2 + k_3 = 0 \\ k_2 + k_3 = 0 \\ k_1 + 2k_3 = 0 \end{cases}$$

위의 연립방정식에서 처음 두 개의 방정식을 더하면 세 번째 방정식이 얻어지므로 위 방정식의 영이 아닌 해는 무수히 많다. 따라서 $\{\boldsymbol{b}_1, \boldsymbol{b}_2, \boldsymbol{b}_3\}$는 선형독립이 아니므로 $\boldsymbol{R}^3$ 의 기저벡터가 될 수 없다.

어떤 벡터공간 V에 대한 기저벡터는 여러 쌍이 존재할 수 있으나 어떠한 기저벡터의 쌍이라 하더라도 기저벡터의 개수는 동일하다.

예제 5.21

$\boldsymbol{R}^2$에 속하는 다음 벡터들에 대해 기저벡터 여부를 판별하고, 만일 기저벡터라면 $\boldsymbol{x}=(1,2)$를 기저벡터들의 선형결합으로 표현하라.

(1) $\{\boldsymbol{a}_x, \boldsymbol{a}_y\}$

(2) $\{\boldsymbol{b}_1=(1,1),\ \boldsymbol{b}_2=(-1,1)\}$

풀이

(1) $\{\boldsymbol{a}_x, \boldsymbol{a}_y\}$는 선형독립이고, $\boldsymbol{R}^2$에 속하는 임의의 벡터 $\boldsymbol{a}=(a_1, a_2)$를 항상 다음과 같이 표현할 수 있다.

$$\boldsymbol{a}=(a_1, a_2)=a_1(1,0)+a_2(0,1)=a_1\boldsymbol{a}_x+a_2\boldsymbol{a}_y$$

따라서 $\{\boldsymbol{a}_x, \boldsymbol{a}_y\}$는 $\boldsymbol{R}^2$의 기저벡터이며, $\boldsymbol{x}=(1,2)$에 대해

$$\boldsymbol{x}=\boldsymbol{a}_x+2\boldsymbol{a}_y$$

로 표현할 수 있다.

(2) $\{\boldsymbol{b}_1, \boldsymbol{b}_2\}$의 선형독립 여부를 판별해 보면

$$k_1\boldsymbol{b}_1+k_2\boldsymbol{b}_2=\boldsymbol{0}$$
$$k_1(1,1)+k_2(-1,1)+=(0,0)$$

$$\begin{cases} k_1-k_2=0 \\ k_1+k_2=0 \end{cases} \quad \therefore\ k_1=k_2=0$$

이므로 선형독립이다.

한편, $\boldsymbol{a}=(a_1, a_2)$를 $\boldsymbol{R}^2$에 속하는 임의의 벡터라고 가정할 때

$$\boldsymbol{a}=k_1\boldsymbol{b}_1+k_2\boldsymbol{b}_2$$

를 만족하는 k_1과 k_2가 존재하는가를 살펴보자.

$$(a_1, a_2) = k_1(1, 1) + k_2(-1, 1)$$
$$k_1 - k_2 = a_1,\ \ k_1 + k_2 = a_2$$

$$\therefore\ k_1 = \frac{1}{2}(a_1 + a_2),\ \ k_2 = \frac{1}{2}(a_2 - a_1)$$

따라서 $\{\boldsymbol{b}_1, \boldsymbol{b}_2\}$는 $\boldsymbol{R}^2$의 기저벡터이며 $\boldsymbol{x} = (1, 2)$에 대해 다음과 같이 표현된다.

$$\boldsymbol{x} = k_1\boldsymbol{b}_1 + k_2\boldsymbol{b}_2 = \frac{3}{2}\boldsymbol{b}_1 + \frac{1}{2}\boldsymbol{b}_2$$

본 절을 마치기 전에 〈예제 5.21〉로부터 기저벡터의 기하학적인 의미를 고찰해 보자.

[그림 5.34]에 기저벡터 $\{\boldsymbol{a}_x, \boldsymbol{a}_y\}$와 $\{\boldsymbol{b}_1, \boldsymbol{b}_2\}$를 표시하였다.

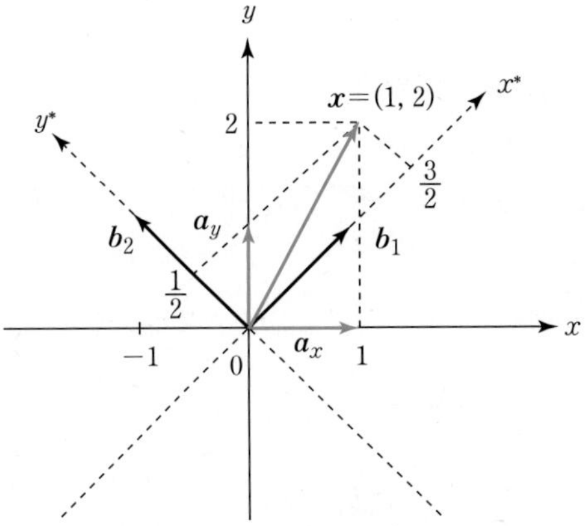

[그림 5.34] 기저벡터의 기하학적 의미

기저벡터 $\{\boldsymbol{a}_x, \boldsymbol{a}_y\}$는 xy-평면($\boldsymbol{R}^2$)의 각 축 방향 단위벡터이므로 임의의 벡터 $\boldsymbol{x} = (1, 2)$를 xy-평면에서 표현하면 다음과 같이 표현된다.

$$\boldsymbol{x} = \boldsymbol{a}_x + 2\boldsymbol{a}_y \tag{65}$$

또한 기저벡터 $\{\boldsymbol{b}_1, \boldsymbol{b}_2\}$는 x^*y^*-평면($\boldsymbol{R}^2$)의 각 축 방향 벡터이다. $\boldsymbol{b}_1$과 $\boldsymbol{b}_2$는 단

위벡터가 아님에 주의하라. 임의의 벡터 $\boldsymbol{x}=(1, 2)$를 x^*y^*-평면에서 표현하면 다음과 같다.

$$\boldsymbol{x}=\frac{3}{2}\boldsymbol{b}_1+\frac{1}{2}\boldsymbol{b}_2 \tag{66}$$

식(65)와 식(66)은 동일한 벡터 $\boldsymbol{x}$를 기저벡터만 달리하여 표현한 것이다. 결국, $\boldsymbol{x}=(1, 2)$라는 벡터는 $\{\boldsymbol{a}_x, \boldsymbol{a}_y\}$의 기저벡터로 표현하면 처음에 주어진 것과 같이 $\boldsymbol{x}=(1, 2)$의 성분을 가지게 되고, $\{\boldsymbol{b}_1, \boldsymbol{b}_2\}$의 기저벡터로 표현하면 $\boldsymbol{x}=(3/2, 1/2)$의 성분을 가진다는 것을 알 수 있다.

따라서 벡터공간의 기저벡터는 좌표축과 연계되어 각 축 방향으로의 벡터를 나타내는 것으로 이해하면 좋을 것이다.

여기서 잠깐! **3차원 공간 $\boldsymbol{R}^3$의 기저벡터**

앞 절에서 학습한 직각좌표계, 원통좌표계, 구좌표계의 각 축방향 단위벡터들은 3차원 공간 $\boldsymbol{R}^3$의 가능한 기저벡터들이다.

$\boldsymbol{R}^3$에서 이 밖에도 다른 기저벡터들이 무수히 많이 정의될 수 있으나 어떤 기저벡터라 하더라도 그 개수는 3이 된다. 만일 기저벡터에 따라 개수가 다르다면, 벡터공간 $\boldsymbol{R}^3$의 차원은 정의될 수 없을 것이다.

가능한 $\boldsymbol{R}^3$의 기저벡터 중에서 서로 수직한 기저벡터들이 여러 가지 계산적인 측면에서 간결함과 편리함을 준다. 이러한 이유로 3차원 공간좌표계의 기저벡터들은 어떤 좌표계이던 관계없이 수직한(Orthogonal) 기저벡터를 주로 사용한다는 사실에 주목하라.

선형독립과 종속의 개념

선형독립과 종속 개념이 잘 이해가 안 되네요. 쉽게 설명 좀 해주세요.
어떤 벡터들의 집합이 선형종속이라고 하면 그 집합 내의 임의의 한 벡터를 나머지 다른 벡터들의 선형결합으로 표현할 수 있다는 의미입니다.
예를 들어, $\{\boldsymbol{a}_1, \boldsymbol{a}_2, \boldsymbol{a}_3\}$가 선형종속이면 $\boldsymbol{a}_3 = c_1\boldsymbol{a}_1 + c_2\boldsymbol{a}_2$ (c_1, c_2 는 상수)로 표현될 수 있는 적어도 하나가 0 이 아닌 c_1 과 c_2가 존재한다는 의미인가요?
아주 정확하게 표현했어요.
그럼, $\{\boldsymbol{a}_1, \boldsymbol{a}_2, \boldsymbol{a}_3\}$에서 어떤 벡터도 다른 두 개의 벡터들의 선형결합으로 표현할 수 없는 경우를 선형독립이라고 하나요?
예~ 맞아요. 내가 따로 설명할 필요 없이 잘 이해하고 있네요. 다시 말하면 $c_1\boldsymbol{a}_1 + c_2\boldsymbol{a}_2 + c_3\boldsymbol{a}_3 = \boldsymbol{0}$이라 하면 모든 $c_i (i=1, 2, 3)$가 0이 되는 경우 $\{\boldsymbol{a}_1, \boldsymbol{a}_2, \boldsymbol{a}_3\}$를 선형독립이라고 합니다.
예~ 잘 알았습니다. 개념이 잘 정리되었습니다. 감사합니다.

쉬어가는 코너 악어와 아기

그리스의 철학자들은 아기를 빼앗은 악어가 그 어머니에게 문제를 내는 이야기를 즐겨 했다.

악어 : 내가 아기를 잡아먹을지 안 잡아먹을지 알아맞히면 아기를 무사히 풀어주지.

어머니 : 오오! 너는 내 아기를 잡아먹고 말거야.

악어 : 어떡하지? 내가 아기를 돌려주면, 네가 못 알아맞힌 것이니까 내가 아기를 잡아먹어야 하고, 내가 아기를 잡아먹으면 네가 바로 맞힌 셈이니까 아기를 돌려주어야 할텐데 …….

불쌍한 악어는 하도 골치가 아파서 아기를 돌려주고 말았다. 어머니는 매우 기뻐하며 아기를 데리고 달아났다.

악어 : 빌어먹을! 저 여자가 내가 아기를 돌려줄 것이라고만 했어도 맛있는 식사를 할 수 있었을텐데 …….

해설

이 파라독스를 좀 더 자세히 검토하면서 어머니의 지혜를 음미해 보자. 어머니는 악어에게 "너는 내 아기를 잡아먹고 말거야."라고 말했다.

악어는 어떻게 하든지간에 스스로의 약속을 어기는 꼴이 되고 말았다. 아기를 돌려주자니 어머니가 거짓말을 한 것이 되어 아기를 잡아먹어야 하고, 잡아먹자니 어머니가 바로 맞힌 것이 되어 돌려주어야 한다. 악어는 자기모순을 지닌 논리적 파라독스에 빠진 것이다.

이번에는 어머니가 "너는 내 아기를 돌려줄거야."라고 말했을 경우를 한번 상상해 보자.

그러면, 악어는 아기를 돌려주든지 잡아먹든지 아무 모순도 겪지 않는다. 만약 아기를 돌려준다면 어머니가 알아맞힌 셈이므로 악어는 약속을 지킨 것이 된다. 거꾸로 악어가 아기를 먹어버린다면 어머니가 틀린 것이고, 따라서 악어는 아기를 돌려주지 않아도 된다.

출처: 「이야기 파라독스」, 사계절

연습문제

01 다음 조건을 만족하는 벡터 $\boldsymbol{b}$와 $\boldsymbol{c}$를 구하라.

(1) 벡터 $\boldsymbol{a}=(1, 2)$와 방향이 반대이며 크기가 $\boldsymbol{a}$의 2배인 벡터 $\boldsymbol{b}$

(2) 벡터 $\boldsymbol{a}=(1, 1)$, $\boldsymbol{b}=(-1, 0)$일 때 $\boldsymbol{a}+2\boldsymbol{b}$와 방향이 같고 크기가 5배인 벡터 $\boldsymbol{c}$

02 각 변의 길이가 2인 정육면체에 대하여 물음에 답하라.

(1) 벡터 $\overrightarrow{AD}$ 와 벡터 $\overrightarrow{AB}$ 가 이루는 각

(2) 벡터 $\overrightarrow{AD}$ 와 벡터 $\overrightarrow{AC}$ 가 이루는 각

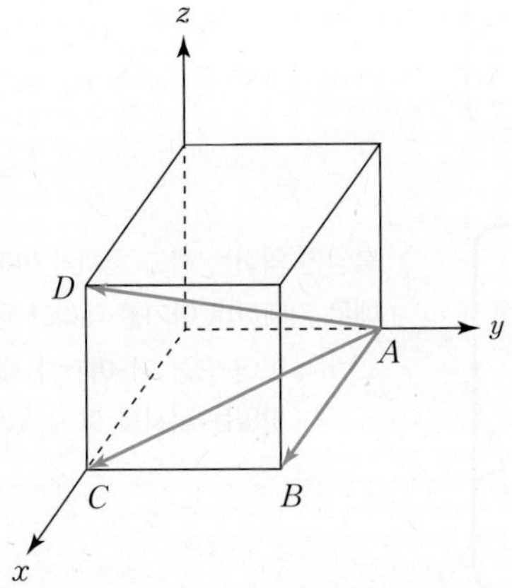

03 세 개의 벡터 $\boldsymbol{a}=(1, 2, 3)$, $\boldsymbol{b}=(1, 0, -1)$, $\boldsymbol{c}=(0, 1, 3)$에 대하여 다음을 계산하라.

(1) $\boldsymbol{a}\cdot(\boldsymbol{b}\times\boldsymbol{c})$　　(2) $\dfrac{\boldsymbol{c}\times\boldsymbol{a}}{\boldsymbol{b}\cdot(\boldsymbol{c}\times\boldsymbol{a})}$　　(3) $\boldsymbol{a}\cdot\boldsymbol{b}+\boldsymbol{b}\cdot\boldsymbol{c}$

04 다음 조건을 만족하는 직선의 방정식을 각각 구하라.

(1) $(4, -11, -7)$을 지나고 직선 $x=2+5t$, $y=-1+\frac{1}{3}t$, $z=9-2t$에 평행인 직선의 대칭방정식

(2) $(1, 2, 8)$을 지나고 xy-평면에 수직인 직선의 매개변수방정식

05 다음 조건을 만족하는 평면의 방정식을 각각 구하라.

(1) 세 점 (0, 0, 0), (1, 1, 1), (3, 2, −1)을 지나는 평면

(2) 한 점 (−1, 1, 0)을 지나고 벡터 $\boldsymbol{a}=(-1,\ 1,\ -1)$에 수직인 평면

(3) 원점을 지나며 $5x-y+z=6$에 평행인 평면

06 (−4, 1, 7)을 지나며 평면 $-7x+2y+3z=1$에 수직인 직선의 매개변수방정식을 구하라.

07 직각좌표로 주어진 점 $P(1, 2, 7)$을 원통좌표와 구좌표로 변환하라. 또한 원통좌표 $Q\left(10, \frac{3}{4}\pi, 5\right)$와 구좌표 $R\left(\frac{2}{3}, \frac{\pi}{2}, \frac{\pi}{6}\right)$를 직각좌표로 변환하라.

08 다음에 주어진 집합이 벡터공간을 형성하는지를 판단하라.

(1) V는 $a_1+a_2=0$을 만족하는 벡터 (a_1, a_2)들의 집합
벡터 덧셈과 스칼라 곱은 다음과 같이 정의된다.

$$(a_1, a_2)+(b_1, b_2)=(a_1+b_1, a_2+b_2)$$
$$k(a_1, a_2)=(ka_1, ka_2)$$

(2) V는 벡터 (a_1, a_2)들의 집합
벡터 덧셈과 스칼라 곱은 다음과 같이 정의된다.

$$(a_1, a_2)+(b_1, b_2)=(a_1+b_1+1, a_2+b_2+1)$$
$$k(a_1, a_2)=(ka_1+k-1, ka_2+k-1)$$

09 다음 벡터 {(1, 1, 2), (0, 2, 3), (0, 1, −1)}이 $\boldsymbol{R}^3$의 기저벡터가 되는지를 판별하라.

10 다음의 Cauchy−Schwartz 부등식을 증명하라.

$$|\boldsymbol{a}\cdot\boldsymbol{b}|\le\|\boldsymbol{a}\|\|\boldsymbol{b}\|$$

11 다음 벡터 $\boldsymbol{a}$, $\boldsymbol{b}$, $\boldsymbol{c}$에 대해 물음에 답하라.

$$\boldsymbol{a}=(1,1,1),\ \ \boldsymbol{b}=(0,1,1),\ \ \boldsymbol{c}=(0,0,1)$$

(1) $\{\boldsymbol{a},\boldsymbol{b},\boldsymbol{c}\}$가 선형독립임을 보여라.

(2) 임의의 벡터 $\boldsymbol{d}=(d_1,d_2,d_3)$에 대하여 $\boldsymbol{a}$, $\boldsymbol{b}$, $\boldsymbol{c}$의 선형결합으로 표현할 수 있음을 증명하라.

(3) $\{\boldsymbol{a},\boldsymbol{b},\boldsymbol{c}\}$가 $\boldsymbol{R}^3$의 기저벡터가 될 수 있는지를 판별하라.

12 두 벡터 $\boldsymbol{a}$와 $\boldsymbol{b}$가 이루는 사잇각을 θ라 할 때 다음 관계가 성립함을 증명하라.

$$\|\boldsymbol{a}+\boldsymbol{b}\|^2=\|\boldsymbol{a}\|^2+\|\boldsymbol{b}\|^2+2\|\boldsymbol{a}\|\|\boldsymbol{b}\|\cos\theta$$

13 다음에 주어진 벡터의 집합은 벡터공간이 되는가? 만일 벡터공간이 된다면 차원을 결정하라.

$$V=\{(v_1,v_2,v_3)\,;\,2v_1+3v_3=0\}$$

14 공간상의 다음 두 평면의 교선의 매개변수방정식을 구하라.

$$\begin{aligned}&2x-3y+4z=1\\&x-y-z=5\end{aligned}$$

15 두 점 $P_1(2,\ -1,\ 8)$, $P_2(5,\ 6,\ -3)$을 지나는 직선의 벡터방정식을 구하라.

16 평면 $3x-2y+z=-5$와 직선 $x=1+t,\ y=-2+t,\ z=2t$의 교점의 좌표를 구하라.

17 다음 3개의 벡터 $\boldsymbol{a}=(1,\ 0,\ 0)$, $\boldsymbol{b}=(1,\ 1,\ 0)$, $\boldsymbol{c}=(1,\ 1,\ 1)$은 $\boldsymbol{R}^3$의 기저를 형성한다는 것을 증명하라. 또한 $V=(4,\ 2,\ 3)$을 $\boldsymbol{a},\boldsymbol{b},\boldsymbol{c}$의 선형결합으로 나타내어라.

18 평면벡터 $\boldsymbol{a}=(1,-2)$와 수직이고 크기가 $\|\boldsymbol{b}\|=\sqrt{5}$인 벡터 $\boldsymbol{b}$를 구하라.

19 다음 세 점으로 이루어지는 삼각형의 면적을 벡터의 외적을 이용하여 구하라.

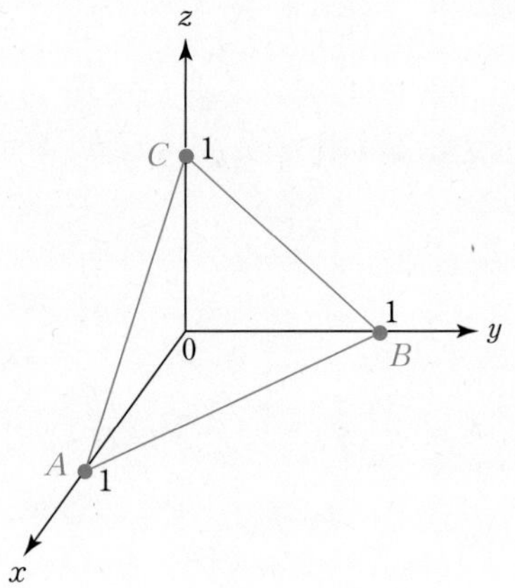

20 공간벡터 $\boldsymbol{a}=(1, -1, 1)$, $\boldsymbol{b}=(1, 0, 2)$, $\boldsymbol{c}=(0, -1, 1)$로 이루어지는 평행육면체의 체적을 구하라.

CHAPTER 06

행렬과 선형연립방정식

6.1 행렬의 정의와 기본 연산 | 6.2 특수한 행렬 | 6.3 기본행연산
6.4 Gauss 소거법 | 6.5 Gauss-Jordan 소거법 | 6.6 행렬식의 정의와 성질
6.7 행렬식의 Laplace 전개 | 6.8 역행렬의 정의와 성질 | 6.9 역행렬의 계산법
6.10 선형연립방정식의 해법 | 6.11 고유값과 고유벡터 | 6.12 행렬의 대각화

CHAPTER

06 행렬과 선형연립방정식

▶ 단원 개요

많은 공학적인 문제를 표현하는 데 있어 체계적인 접근방법을 제공하는 것이 바로 행렬을 이용하는 것이다. 행렬을 이용하게 되면, 수학적인 표현의 간결성은 물론이거니와 해석방법을 체계화하는 데 많은 도움을 주기 때문에 행렬과 관련된 중요한 수학적인 기법에 대해 충분히 학습하는 것이 중요하다.
본 장에서는 행렬과 행렬식을 정의하고, 행렬을 이용하여 선형연립방정식의 해를 구하는 방법에 대해 다룬다. 선형연립방정식은 많은 공학문제에서 흔히 접하기 때문에 빠르고 정확하게 해를 구하는 방법을 충분히 숙지해야 한다. Gauss 소거법과 역행렬을 도입하여 선형연립방정식의 해를 구하는 방법을 소개하고, 또한 행렬식을 이용하여 선형연립방정식의 해를 구하는 Cramer 공식에 대해서도 학습한다.
마지막으로 선형시스템이나 제어시스템의 해석에 있어 매우 중요한 행렬의 고유값 문제와 행렬의 대각화 기법에 대해 다룬다.

6.1 행렬의 정의와 기본 연산

행렬(Matrix)은 수학의 여러 분야에서 흔히 접하게 되는 매우 중요한 수학적인 도구로서 영국의 유명한 수학자 A. Cayley가 창안하였다. 행렬을 이용하게 되면 수학적인 표현의 간결성은 물론이거니와 해석과정을 체계화하는데 많은 도움을 주기 때문에 행렬과 관련된 중요한 수학적인 기법에 대해 충분히 이해하는 것이 필요하다.

(1) 행렬의 정의

행렬이란 수 또는 함수들을 직사각형 모양으로 배열하여 괄호로 묶어 놓은 것이며, 행렬을 구성하는 수 또는 함수를 행렬의 요소(Element)라고 한다. 행렬에서 가로로 배열되어 있는 것을 행(Row), 세로로 배열되어 있는 것을 열(Column)이라고 부르며, 행의 개수와 열의 개수로 행렬의 크기를 표시한다. 예를 들어, 어떤 행렬 A가 행의 개수가 m개, 열의 개수가 n이면 $\boldsymbol{A}$는 $m \times n(m \text{ by } n)$ 행렬이라고 하며, 특히 $m=n$인 경우를 n차 또는 m차 정방행렬(Square Matrix)이라고 부른다.

일반적으로 $m \times n$ 행렬 $\boldsymbol{A}$는 다음과 같이 표시한다.

$$\boldsymbol{A}=\begin{pmatrix} a_{11} & a_{12} & \cdots & a_{1n} \\ a_{21} & a_{22} & \cdots & a_{2n} \\ \vdots & \vdots & & \vdots \\ a_{m1} & a_{m2} & \cdots & a_{mn} \end{pmatrix} \tag{1}$$

또는

$$\boldsymbol{A}=(a_{ij}) \qquad i=1, 2, \cdots, m, \quad j=1, 2, \cdots, n \tag{2}$$

식(2)의 표현은 행렬을 간결하게 표현할 수 있다는 장점이 있어 많이 사용된다. 특별한 경우로서, 행이 하나인 행렬이 공학문제에 많이 나타날 수 있는데, $1 \times n$ 행렬

$$\boldsymbol{a}=(a_1\ a_2 \cdots a_n) \ \text{또는}\ \boldsymbol{a}=(a_j), \quad j=1, 2, \cdots, n \tag{3}$$

를 행 벡터(Row Vector)라고 부른다. 또한 열이 하나인 $n \times 1$ 행렬

$$\boldsymbol{b}=\begin{pmatrix} b_1 \\ b_2 \\ \vdots \\ b_n \end{pmatrix} \ \text{또는}\ \boldsymbol{b}=(b_j), \quad j=1, 2, \cdots, n \tag{4}$$

를 열 벡터(Column Vector)라고 부른다. 식(3)과 식(4)에서 나타낸 것과 같이 행 벡터와 열 벡터는 볼드체 소문자 $\boldsymbol{a}, \boldsymbol{b}, \boldsymbol{c} \cdots$ 형태로 표기한다.

정의 6.1 행 벡터와 열 벡터

행 벡터 $\boldsymbol{a}$는 행이 하나인 특수한 $1 \times n$ 행렬로 정의하며 다음과 같이 나타낸다.

$$\boldsymbol{a}=(a_1\ \ a_2\ \ \cdots\ \ a_n) \ \text{또는}\ \boldsymbol{a}=(a_j) \quad j=1, 2, \cdots, n$$

열 벡터 $\boldsymbol{b}$는 열이 하나인 특수한 $n \times 1$ 행렬로 정의하며 다음과 같이 나타낸다.

$$\boldsymbol{b}=\begin{pmatrix} b_1 \\ b_2 \\ \vdots \\ b_n \end{pmatrix} \quad \text{또는} \quad \boldsymbol{b}=(b_j) \quad j=1, 2, \cdots, n$$

한편, $m\times n$ 정방행렬의 경우 $a_{ii}(i=1, 2, \cdots, m)$를 주대각요소(Main Diagonal Element)라고 부른다. 예를 들어, 2×2 행렬 $\boldsymbol{A}$의 주대각요소는 대각선에 위치한 요소 −3, 4를 의미한다.

$$A=\begin{pmatrix} -3 & 2 \\ -1 & 4 \end{pmatrix}$$

$m\times n$ 행렬들을 모아 놓은 집합을 $\boldsymbol{R}^{m\times n}$이라고 표기하면, $m\times n$ 행렬 $\boldsymbol{A}$는 다음과 같이 집합에서의 원소 개념으로 표현할 수 있다.

$$\boldsymbol{A}\in \boldsymbol{R}^{m\times n} \tag{5}$$

(2) 행렬의 상등

동일한 크기를 가지는 두 행렬 $\boldsymbol{A}=(a_{ij})$, $\boldsymbol{B}=(b_{ij})$가 모든 i와 j에 대해 $a_{ij}=b_{ij}$가 성립하는 경우 $\boldsymbol{A}$와 $\boldsymbol{B}$는 상등이라 정의하고 다음과 같이 나타낸다.

$$\boldsymbol{A}=\boldsymbol{B} \tag{6}$$

예를 들어, 2×2 행렬 $\boldsymbol{A}$와 $\boldsymbol{B}$가 상등이면 다음의 관계가 성립해야 한다.

$$\boldsymbol{A}=\begin{pmatrix} a_{11} & a_{12} \\ a_{21} & a_{22} \end{pmatrix},\ \boldsymbol{B}=\begin{pmatrix} b_{11} & b_{12} \\ b_{21} & b_{22} \end{pmatrix}$$

$$\boldsymbol{A}=\boldsymbol{B} \Longleftrightarrow a_{11}=b_{11},\ a_{12}=b_{12},\ a_{21}=b_{21},\ a_{22}=b_{22} \tag{7}$$

행렬의 상등은 두 행렬의 크기가 같다는 것을 기본 전제로 하여 정의할 수 있는 개념이라는 사실에 유의하라.

예제 6.1

다음의 각 행렬이 상등이 되도록 x 와 y 값을 결정하라.

$$\boldsymbol{A}=\begin{pmatrix} 1 & x \\ y & -3 \end{pmatrix},\ \boldsymbol{B}=\begin{pmatrix} 1 & y-2 \\ 3x-2 & -3 \end{pmatrix}$$

풀이

행렬의 상등 정의에 의해 $\boldsymbol{A}$와 $\boldsymbol{B}$의 각 요소가 같아야 하므로

$$x=y-2,\ \ y=3x-2$$

가 성립해야 한다. 따라서 $x=2,\ \ y=4$ 이다.

여기서 잠깐! **행 벡터와 열 벡터의 명칭**

행 또는 열이 하나인 특별한 행렬을 행 벡터 또는 열 벡터로 정의한다는 것을 학습하였다. 그런데 왜 형렬의 이름에 벡터라는 용어를 사용하는 이유는 무엇일까?
8장에서 위치벡터 $\boldsymbol{a}$의 성분표시를 생각해 보자.

$$\boldsymbol{a}=(a_1, a_2, a_3)$$

위치벡터 $\boldsymbol{a}$의 성분표시가 마치 행 벡터와 유사한 형태이므로 행렬의 명칭에 벡터라는 용어를 함께 사용하는 것이다.

(3) 행렬의 기본 연산

다음에 행렬의 기본 연산인 행렬 덧셈, 스칼라 곱, 행렬 곱셈에 대해 정의한다.

행렬도 5장에서 다루었던 벡터 덧셈과 스칼라 곱과 유사하게 행렬 덧셈과 스칼라 곱을 정의할 수 있다.

① 행렬의 덧셈

먼저, 행렬의 덧셈은 크기가 같은 두 행렬 $\boldsymbol{A}\in\boldsymbol{R}^{m\times n}$, $\boldsymbol{B}\in\boldsymbol{R}^{m\times n}$에 대해 각 대응되는 요소들의 합으로 정의한다.

$$\boldsymbol{A}+\boldsymbol{B} \triangleq (a_{ij}+b_{ij}) \quad i=1, 2, \cdots, m, \quad j=1, 2, \cdots, n \tag{8}$$

단, $\boldsymbol{A}=(a_{ij})$, $\boldsymbol{B}=(b_{ij})$

예를 들어, 행렬 $\boldsymbol{A}$와 $\boldsymbol{B}$가 다음과 같을 때 $\boldsymbol{A}+\boldsymbol{B}$는 다음과 같다.

$$\boldsymbol{A}=\begin{pmatrix} 1 & 2 \\ 3 & 4 \end{pmatrix}, \ \boldsymbol{B}=\begin{pmatrix} 1 & 1 \\ 2 & -1 \end{pmatrix}, \ \boldsymbol{A}+\boldsymbol{B}=\begin{pmatrix} 1+1 & 2+1 \\ 3+2 & 4-1 \end{pmatrix}=\begin{pmatrix} 2 & 3 \\ 5 & 3 \end{pmatrix} \tag{9}$$

② 행렬의 스칼라 곱

다음으로 행렬의 스칼라 곱을 정의한다. 위치벡터의 스칼라 곱과 유사하게 행렬의 스칼라 곱은 행렬의 모든 요소에 스칼라를 곱한 것으로 정의된다.

k가 실수이면, $\boldsymbol{A} \in \boldsymbol{R}^{m \times n}$의 스칼라 곱 $k\boldsymbol{A}$는 다음과 같이 정의된다.

$$k\boldsymbol{A} \triangleq (ka_{ij}) \quad i=1, 2, \cdots, m, \quad j=1, 2, \cdots, n \tag{10}$$

예를 들어, 식(9)의 $\boldsymbol{A}$와 $\boldsymbol{B}$에 대해 $3\boldsymbol{A}$와 $-2\boldsymbol{B}$는 다음과 같다.

$$3\boldsymbol{A}=\begin{pmatrix} 3\times 1 & 3\times 2 \\ 3\times 3 & 3\times 4 \end{pmatrix}=\begin{pmatrix} 3 & 6 \\ 9 & 12 \end{pmatrix}$$

$$-2\boldsymbol{B}=\begin{pmatrix} -2\times 1 & -2\times 1 \\ -2\times 2 & -2\times(-1) \end{pmatrix}=\begin{pmatrix} -2 & -2 \\ -4 & 2 \end{pmatrix}$$

행렬의 덧셈과 스칼라 곱을 정의하게 되면 행렬의 뺄셈은 이미 정의한 두 기본 연산으로부터 다음과 같이 자연스럽게 정의될 수 있다.

$$\boldsymbol{A}-\boldsymbol{B} \triangleq \boldsymbol{A}+(-\boldsymbol{B})=(a_{ij}-b_{ij}) \quad i=1, 2, \cdots, m, \quad j=1, 2, \cdots, n \tag{11}$$

여기서, $-\boldsymbol{B}=(-1)\boldsymbol{B}$로서 $\boldsymbol{B}$의 스칼라 곱으로 이해할 수 있다.

행렬의 덧셈과 스칼라 곱의 정의로부터 덧셈에 대하여 교환법칙과 결합법칙이 성립되고 덧셈과 스칼라 곱에 대한 배분법칙이 성립된다는 것이 자명하므로 증명은 생략한다. 이를 [정리 6.1]에 요약하여 나타내었다.

정리 6.1 행렬의 덧셈과 스칼라 곱에 대한 기본 성질

(1) $\boldsymbol{A}+\boldsymbol{B}=\boldsymbol{B}+\boldsymbol{A}$ (덧셈의 교환법칙)

(2) $\boldsymbol{A}+(\boldsymbol{B}+\boldsymbol{C})=(\boldsymbol{A}+\boldsymbol{B})+\boldsymbol{C}$ (덧셈의 결합법칙)

(3) $(k_1 k_2)\boldsymbol{A}=k_1(k_2\boldsymbol{A})$

(4) $1\boldsymbol{A}=\boldsymbol{A}$

(5) $k_1(\boldsymbol{A}+\boldsymbol{B})=k_1\boldsymbol{A}+k_1\boldsymbol{B}$ (배분법칙)

(6) $(k_1+k_2)\boldsymbol{A}=k_1\boldsymbol{A}+k_2\boldsymbol{A}$ (배분법칙)

③ 행렬의 곱셈

마지막으로 행렬의 곱에 대한 연산을 정의한다. 행렬의 곱은 얼핏 보기에도 조금 복잡하게 정의된 것처럼 생각되지만, 매우 체계적으로 정의된 연산으로 공학분야의 많은 문제에 활용된다.

행렬 $\boldsymbol{A}\in\boldsymbol{R}^{m\times p}$, $\boldsymbol{B}\in\boldsymbol{R}^{p\times n}$일 때, 두 행렬의 곱 $\boldsymbol{C}=\boldsymbol{AB}\in\boldsymbol{R}^{m\times n}$는 다음과 같이 정의된다.

$$\text{i번째 행}\;\underbrace{\begin{pmatrix} & & & \\ a_{i1} & a_{i2} & \dots & a_{ip} \\ & & & \end{pmatrix}}_{\boldsymbol{A}}\overset{\text{j번째 열}}{\underbrace{\begin{pmatrix} & b_{1j} & \\ & b_{2j} & \\ & \vdots & \\ & b_{pj} & \end{pmatrix}}_{\boldsymbol{B}}}=\overset{(i,\ j)-\text{요소}}{\underbrace{\begin{pmatrix} & & \\ & c_{ij} & \\ & & \end{pmatrix}}_{\boldsymbol{C}}} \tag{12}$$

$$c_{ij}\triangleq a_{i1}b_{1j}+a_{i2}b_{2j}+\cdots+a_{ip}b_{pj}=\sum_{k=1}^{p}a_{ik}b_{kj} \tag{13}$$

행렬 $\boldsymbol{AB}$는 $\boldsymbol{A}$의 i번째 행과 $\boldsymbol{B}$의 j번째 열에 대응되는 요소들을 서로 곱하여 합한 것이며, 행렬 $\boldsymbol{A}$의 열의 개수와 행렬 $\boldsymbol{B}$의 행의 개수가 같아야만 행렬의 곱셈이 정의된다. 행렬 $\boldsymbol{AB}$의 크기는 다음과 같이 결정된다.

$$\underbrace{\boldsymbol{A}}_{\textcircled{m}\times p}\ \underbrace{\boldsymbol{B}}_{p\times\textcircled{n}}=\underbrace{\boldsymbol{C}}_{m\times n} \tag{14}$$

행렬의 덧셈에 대해서는 교환법칙(Commutative Law)이 성립하지만, 행렬의 곱셈에 대해서는 일반적으로 교환법칙이 성립되지 않으며 경우에 따라서는 곱셈 자체가 정의되지 않을 수도 있다. 즉,

$$\boldsymbol{AB} \neq \boldsymbol{BA} \tag{15}$$

예를 들어, 다음의 2×2 행렬 $\boldsymbol{A}$, $\boldsymbol{B}$에 대하여 $\boldsymbol{AB}$와 $\boldsymbol{BA}$를 각각 계산해 보자.

$$\boldsymbol{A}=\begin{pmatrix} 1 & 2 \\ 3 & 4 \end{pmatrix} \quad \boldsymbol{B}=\begin{pmatrix} -1 & 5 \\ 6 & -2 \end{pmatrix}$$

$$\boldsymbol{AB}=\begin{pmatrix} 1 & 2 \\ 3 & 4 \end{pmatrix}\begin{pmatrix} -1 & 5 \\ 6 & -2 \end{pmatrix}=\begin{pmatrix} 1\cdot(-1)+2\cdot 6 & 1\cdot 5+2\cdot(-2) \\ 3\cdot(-1)+4\cdot 6 & 3\cdot 5+4\cdot(-2) \end{pmatrix}=\begin{pmatrix} 11 & 1 \\ 21 & 7 \end{pmatrix}$$

$$\boldsymbol{BA}=\begin{pmatrix} -1 & 5 \\ 6 & -2 \end{pmatrix}\begin{pmatrix} 1 & 2 \\ 3 & 4 \end{pmatrix}=\begin{pmatrix} (-1)\cdot 1+5\cdot 3 & (-1)\cdot 2+5\cdot 4 \\ 6\cdot 1+(-2)\cdot 3 & 6\cdot 2+(-2)\cdot 4 \end{pmatrix}=\begin{pmatrix} 14 & 18 \\ 0 & 4 \end{pmatrix}$$

따라서 위의 결과로부터 $\boldsymbol{AB} \neq \boldsymbol{BA}$ 임을 알 수 있다. 또한 $\boldsymbol{A} \in \boldsymbol{R}^{3\times 4}$, $\boldsymbol{B} \in \boldsymbol{R}^{4\times 2}$ 라고 가정하면 $\boldsymbol{AB} \in \boldsymbol{R}^{3\times 2}$ 가 되지만, $\boldsymbol{BA}$는 곱셈을 정의조차 할 수 없다는 것에 유의하라.

행렬의 곱셈에 대해서는 교환법칙이 성립되지 않지만, 다음과 같이 행렬의 곱셈에 대하여 결합법칙(Associative Law)이 성립한다는 것에 주목하라.

$$\boldsymbol{A}(\boldsymbol{BC}) = (\boldsymbol{AB})\boldsymbol{C} \tag{16}$$

또한 다음과 같이 배분법칙(Distributive Law)도 성립한다.

$$\boldsymbol{A}(\boldsymbol{B}+\boldsymbol{C})=\boldsymbol{AB}+\boldsymbol{AC} \tag{17}$$

여기서 잠깐! **$\boldsymbol{AB} \neq \boldsymbol{BA}$ 에서 주의할 점**

행렬의 덧셈과는 달리 곱셈에 대해 교환법칙이 성립되지 않는다는 사실은 곱에 대한 연산을 하는 데 있어 곱하는 순서에 주의해야 한다는 것을 의미한다.

예를 들어, 두 행렬 $\boldsymbol{A}$와 $\boldsymbol{B}$가 같다고 가정하고 양변에 $\boldsymbol{C}$라는 행렬을 곱해 본다.

$$\boldsymbol{CA}=\boldsymbol{CB} \tag{18}$$

식(18)에서 알 수 있듯이 $\boldsymbol{C}$를 모두 $\boldsymbol{A}$와 $\boldsymbol{B}$의 왼쪽에 곱했다는 것은 교환법칙이 곱셈에 대해 성립하지 않기 때문이다. 이러한 사실은 행렬로 이루어진 방정식을 풀 때 주의해야 한다.
다음과 같이 양변에 $\boldsymbol{C}$를 곱하면 등호는 성립하지 않는다는 것에 주의하라.

$$\boldsymbol{CA}\neq\boldsymbol{BC}$$

예제 6.2

행렬 $\boldsymbol{A}=\begin{pmatrix} 2 & -3 \\ -5 & 4 \end{pmatrix}$, $\boldsymbol{B}=\begin{pmatrix} 1 & 0 \\ 3 & 4 \end{pmatrix}$, $\boldsymbol{I}=\begin{pmatrix} 1 & 0 \\ 0 & 1 \end{pmatrix}$에 대해 다음 물음에 답하라.

(1) $\boldsymbol{AB}$와 $\boldsymbol{BA}$를 계산하라.

(2) $\boldsymbol{B}^2=\boldsymbol{BB}$라 정의할 때 다음 행렬을 계산하라.

$$\boldsymbol{B}^2-5\boldsymbol{B}+4\boldsymbol{I}$$

(3) 문제(2)의 결과를 이용하여 $\boldsymbol{B}^5$을 계산하라.

풀이

(1) $\boldsymbol{AB}=\begin{pmatrix} 2 & -3 \\ -5 & 4 \end{pmatrix}\begin{pmatrix} 1 & 0 \\ 3 & 4 \end{pmatrix}=\begin{pmatrix} -7 & -12 \\ 7 & 16 \end{pmatrix}$

$\boldsymbol{BA}=\begin{pmatrix} 1 & 0 \\ 3 & 4 \end{pmatrix}\begin{pmatrix} 2 & -3 \\ -5 & 4 \end{pmatrix}=\begin{pmatrix} 2 & -3 \\ -14 & 7 \end{pmatrix}$

(2) $\boldsymbol{B}^2-5\boldsymbol{B}+4\boldsymbol{I}=\begin{pmatrix} 1 & 0 \\ 3 & 4 \end{pmatrix}\begin{pmatrix} 1 & 0 \\ 3 & 4 \end{pmatrix}-5\begin{pmatrix} 1 & 0 \\ 3 & 4 \end{pmatrix}+4\begin{pmatrix} 1 & 0 \\ 0 & 1 \end{pmatrix}$

$$=\begin{pmatrix} 1 & 0 \\ 15 & 16 \end{pmatrix}-\begin{pmatrix} 5 & 0 \\ 15 & 20 \end{pmatrix}+\begin{pmatrix} 4 & 0 \\ 0 & 4 \end{pmatrix}=\begin{pmatrix} 0 & 0 \\ 0 & 0 \end{pmatrix}=\boldsymbol{O}$$

(3) $\boldsymbol{B}^2-5\boldsymbol{B}+4\boldsymbol{I}=\boldsymbol{O}$에서 $\boldsymbol{B}^2=5\boldsymbol{B}-4\boldsymbol{I}$이므로 이를 이용하여 $\boldsymbol{B}^4$을 계산해 보면 다음과 같다.

$$B^4 = B^2 \cdot B^2 = (5B - 4I)(5B - 4I)$$
$$= 25B^2 - 20BI - 20IB + 16I^2$$

그런데 $BI = B$, $IB = B$, $I^2 = I$ 이므로 다음의 관계가 성립한다.

$$\begin{aligned} B^4 &= 25B^2 - 40B + 16I \\ &= 25(5B - 4I) - 40B + 16I \\ &= 125B - 100I - 40B + 16I = 85B - 84I \end{aligned}$$

따라서

$$\begin{aligned} B^5 &= B \cdot B^4 = B(85B - 84I) = 85B^2 - 84BI \\ &= 85(5B - 4I) - 84B = 425B - 340I - 84B \end{aligned}$$

$$\therefore\ B^5 = 341B - 340I$$

$$= 341\begin{pmatrix} 1 & 0 \\ 3 & 4 \end{pmatrix} - 340\begin{pmatrix} 1 & 0 \\ 0 & 1 \end{pmatrix} = \begin{pmatrix} 1 & 0 \\ 1023 & 1024 \end{pmatrix}$$

④ 행렬의 거듭제곱

6.1절을 마치기 전에 행렬의 거듭제곱(Power)에 대해 정의한다. n차 정방행렬 $A \in R^{n \times n}$에 대하여 A^n은 다음과 같이 정의된다.

$$A^n \triangleq \underbrace{A \cdot A \cdots A}_{n\text{개}} \qquad (n\text{은 양의 정수}) \tag{19}$$

예를 들어, A가 다음과 같을 때 $A^2 = AA$와 $A^3 = AAA$를 계산해 보자.

$$A = \begin{pmatrix} 1 & 2 \\ 0 & 1 \end{pmatrix}$$
$$A^2 = AA = \begin{pmatrix} 1 & 2 \\ 0 & 1 \end{pmatrix}\begin{pmatrix} 1 & 2 \\ 0 & 1 \end{pmatrix} = \begin{pmatrix} 1 & 4 \\ 0 & 1 \end{pmatrix}$$
$$A^3 = A^2 A = \begin{pmatrix} 1 & 4 \\ 0 & 1 \end{pmatrix}\begin{pmatrix} 1 & 2 \\ 0 & 1 \end{pmatrix} = \begin{pmatrix} 1 & 6 \\ 0 & 1 \end{pmatrix}$$

(4) 단위행렬과 행렬다항식

주대각요소만이 1이고 나머지 요소의 값이 0인 n차 정방행렬을 다음과 같이 단위행렬(Identity Matrix) $\boldsymbol{I}_n$ 이라고 정의한다.

$$\boldsymbol{I}_n \triangleq \begin{pmatrix} 1 & 0 & 0 & \cdots & 0 \\ 0 & 1 & 0 & \cdots & 0 \\ \vdots & \vdots & \vdots & & \vdots \\ 0 & 0 & 0 & \cdots & 1 \end{pmatrix} \tag{20}$$

단위행렬은 실수의 집합에서 실수 1과 같은 역할을 한다고 이해하는 것이 좋다. 어떤 실수와 실수 1과의 곱은 그 어떤 실수 자신이 결과로 주어지는 것처럼 n차 정방행렬 $\boldsymbol{A} \in \boldsymbol{R}^{n \times n}$와 단위행렬 $\boldsymbol{I}_n$과의 곱은 언제나 $\boldsymbol{A}$와 같다.

$$\boldsymbol{A}\boldsymbol{I}_n = \boldsymbol{I}_n\boldsymbol{A} = \boldsymbol{A} \tag{21}$$

식(19)에서 $n=0$인 경우 $\boldsymbol{A}^0 \triangleq \boldsymbol{I}_n$으로 정의한다는 것에 유의하자.

정방행렬 $\boldsymbol{A} \in \boldsymbol{R}^{n \times n}$의 거듭제곱을 식(19)와 같이 정의하면 행렬다항식(Matrix Polynomial)을 정의할 수 있다.

n차 다항식 $p(x)$가 다음과 같다고 가정하자.

$$p(x) = a_n x^n + a_{n-1} x^{n-1} + \cdots + a_1 x + a_0 x^0 \tag{22}$$

만일 식(22)에 형식적으로 x 대신에 정방행렬 $\boldsymbol{A} \in \boldsymbol{R}^{n \times n}$를 대입하면

$$p(\boldsymbol{A}) = a_n \boldsymbol{A}^n + a_{n-1} \boldsymbol{A}^{n-1} + \cdots + a_1 \boldsymbol{A} + a_0 \boldsymbol{A}^0$$

가 되는데, $\boldsymbol{A}^0 \triangleq \boldsymbol{I}_n$으로 정의하였기 때문에 $p(\boldsymbol{A})$는 다음과 같다.

$$p(\boldsymbol{A}) \triangleq a_n \boldsymbol{A}^n + a_{n-1} \boldsymbol{A}^{n-1} + \cdots + a_1 \boldsymbol{A} + a_0 \boldsymbol{I} \tag{23}$$

식(23)을 행렬다항식이라 부르며 수학적으로 많은 분야에 응용된다.

예제 6.3

행렬 $\boldsymbol{A}=\begin{pmatrix}1 & 0\\ 0 & 3\end{pmatrix}$에 대해 행렬다항식 $\boldsymbol{A}^4+2\boldsymbol{A}^2+3\boldsymbol{A}+\boldsymbol{I}$를 계산하라.

또한 $\boldsymbol{A}+\boldsymbol{A}^2+\cdots+\boldsymbol{A}^n$을 구하라.

풀이

$$\boldsymbol{A}^2=\begin{pmatrix}1 & 0\\ 0 & 3\end{pmatrix}\begin{pmatrix}1 & 0\\ 0 & 3\end{pmatrix}=\begin{pmatrix}1 & 0\\ 0 & 9\end{pmatrix}=\begin{pmatrix}1^2 & 0\\ 0 & 3^2\end{pmatrix}$$

$$\boldsymbol{A}^3=\boldsymbol{A}^2\boldsymbol{A}=\begin{pmatrix}1 & 0\\ 0 & 9\end{pmatrix}\begin{pmatrix}1 & 0\\ 0 & 3\end{pmatrix}=\begin{pmatrix}1 & 0\\ 0 & 27\end{pmatrix}=\begin{pmatrix}1^3 & 0\\ 0 & 3^3\end{pmatrix}$$

따라서 $\boldsymbol{A}$의 거듭제곱 $\boldsymbol{A}^n$은 일반적으로 다음과 같다.

$$\boldsymbol{A}^n=\begin{pmatrix}1 & 0\\ 0 & 3^n\end{pmatrix}$$

$$\begin{aligned}\boldsymbol{A}^4+2\boldsymbol{A}^2+3\boldsymbol{A}+\boldsymbol{I}&=\begin{pmatrix}1 & 0\\ 0 & 3^4\end{pmatrix}+2\begin{pmatrix}1 & 0\\ 0 & 3^2\end{pmatrix}+3\begin{pmatrix}1 & 0\\ 0 & 3\end{pmatrix}+\begin{pmatrix}1 & 0\\ 0 & 1\end{pmatrix}\\ &=\begin{pmatrix}7 & 0\\ 0 & 109\end{pmatrix}\end{aligned}$$

또한 $\boldsymbol{A}^n$의 표현으로부터 다음을 얻을 수 있다.

$$\begin{aligned}\boldsymbol{A}+\boldsymbol{A}^2+\boldsymbol{A}^3+\cdots+\boldsymbol{A}^n&=\begin{pmatrix}1 & 0\\ 0 & 3\end{pmatrix}+\begin{pmatrix}1 & 0\\ 0 & 3^2\end{pmatrix}+\cdots+\begin{pmatrix}1 & 0\\ 0 & 3^n\end{pmatrix}\\ &=\begin{pmatrix}n & 0\\ 0 & 3+3^2+3^3+\cdots+3^n\end{pmatrix}\\ &=\begin{pmatrix}n & 0\\ 0 & \dfrac{3(3^n-1)}{2}\end{pmatrix}\end{aligned}$$

여기서 잠깐! **등비급수의 합**

유한 개의 항을 가지는 등비급수는 다음과 같이 주어지는데 이에 대한 합을 계산해 보자.

$$S_n=a+ar+ar^2+\cdots+ar^{n-1} \tag{24}$$

식(24)에 r을 곱하면

$$rS_n = ar + ar^2 + \cdots + ar^{n-1} + ar^n \tag{25}$$

이 얻어지는데, 식(24)와 식(25)의 양변을 빼면 다음과 같다.

$$(1-r)S_n = a - ar^n$$
$$\therefore\ S_n = \frac{a(1-r^n)}{1-r} \tag{26}$$

식(26)의 S_n 을 등비급수의 부분합(Partial Sum)이라고 한다.
만일 식(24)에서 $n \to \infty$ 이 되면 무한등비급수의 합은 어떻게 될까?
일반적으로 무한급수의 합 S는 부분합 S_n 을 먼저 구한 다음, $n \to \infty$ 로 할 때의 극한값으로 정의한다. 즉,

$$S = \lim_{n \to \infty} S_n$$

따라서 무한등비급수의 합은 다음과 같이 구해진다.

$$S = \lim_{n \to \infty} S_n = \lim_{n \to \infty} \frac{a(1-r^n)}{1-r} \tag{27}$$

식(27)에서 $\lim_{n \to \infty} r^n$ 은 다음과 같은 극한값을 가진다.

$$\lim_{n \to \infty} r^n = \begin{cases} 0 & -1<r<1 \\ 1 & r=1 \\ \text{진동(발산)} & r=-1 \\ \text{발산} & r>1 \text{ 또는 } r<-1 \end{cases} \tag{28}$$

따라서 식(28)부터 무한등비급수의 합 S는 다음과같다.

$$S = \frac{a}{1-r},\ -1<r<1 \tag{29}$$

즉, $-1<r<1$ 범위에서만 극한값이 식(29)로 주어지며 그 외의 경우는 모두 진동하거나 발산한다.

예제 6.4

다음의 행렬 $\boldsymbol{A}$에 대하여 $\boldsymbol{A}^2-2\boldsymbol{A}+\boldsymbol{I}=\boldsymbol{O}$이 됨을 보여라. 단, $\boldsymbol{O}$는 영행렬이다.

$$\boldsymbol{A}=\begin{pmatrix}1 & 2\\ 0 & 1\end{pmatrix}$$

풀이

$\boldsymbol{A}^2=\boldsymbol{AA}=\begin{pmatrix}1 & 2\\ 0 & 1\end{pmatrix}\begin{pmatrix}1 & 2\\ 0 & 1\end{pmatrix}=\begin{pmatrix}1 & 4\\ 0 & 1\end{pmatrix}$이므로

$\boldsymbol{A}^2-2\boldsymbol{A}+\boldsymbol{I}=\begin{pmatrix}1 & 4\\ 0 & 1\end{pmatrix}-2\begin{pmatrix}1 & 2\\ 0 & 1\end{pmatrix}+\begin{pmatrix}1 & 0\\ 0 & 1\end{pmatrix}=\begin{pmatrix}0 & 0\\ 0 & 0\end{pmatrix}=\boldsymbol{O}$

이 된다.

6.2 특수한 행렬

6.1절에서는 행렬의 정의와 기본적인 연산에 대해 설명하였다. 본 절에서는 공학 분야에서 자주 접하는 특수한 행렬을 소개하기로 한다.

(1) 전치행렬

전치행렬(Transpose Matrix)은 주어진 행렬 $\boldsymbol{A}\in\boldsymbol{R}^{m\times n}$에서 행과 열을 바꾸어 놓은 것으로 $\boldsymbol{A}^T$로 표기한다.

$$\boldsymbol{A}=(a_{ij})\in\boldsymbol{R}^{m\times n}\quad i=1, 2, \cdots, m,\quad j=1, 2, \cdots, n \qquad (30)$$
$$\boldsymbol{A}^T=(a_{ji})\in\boldsymbol{R}^{n\times m}$$

예를 들어, $\boldsymbol{A}\in\boldsymbol{R}^{2\times 3}$와 $\boldsymbol{B}\in\boldsymbol{R}^{1\times 3}$에 대한 전치행렬은 다음과 같다.

$$\boldsymbol{A}=\begin{pmatrix}1 & 2 & 3\\ 4 & 5 & 6\end{pmatrix},\ \boldsymbol{A}^T=\begin{pmatrix}1 & 4\\ 2 & 5\\ 3 & 6\end{pmatrix}$$

$$\boldsymbol{B}=(\,1\ \ 2\ \ 8\,),\ \boldsymbol{B}^T=\begin{pmatrix}1\\ 2\\ 8\end{pmatrix}$$

예제 6.5

$\boldsymbol{A}, \boldsymbol{B} \in \boldsymbol{R}^{m \times n}$ 이고 k가 스칼라일 때, 전치행렬에 대한 다음의 성질이 만족됨을 보여라.

(1) $(\boldsymbol{A}^T)^T = \boldsymbol{A}$ (전치의 전치)

(2) $(\boldsymbol{A}+\boldsymbol{B})^T = \boldsymbol{A}^T + \boldsymbol{B}^T$ (합의 전치)

(3) $(\boldsymbol{AB})^T = \boldsymbol{B}^T \boldsymbol{A}^T$ (곱의 전치)

(4) $(k\boldsymbol{A})^T = k\boldsymbol{A}^T$ (스칼라 곱의 전치)

풀이

(1) 전치행렬 $\boldsymbol{A}^T$를 또다시 전치를 하면, 원래의 행렬이 되는 것은 전치행렬의 정의로부터 명백하다.

(2) 행렬 $\boldsymbol{A} = (a_{ij})$, $\boldsymbol{B} = (b_{ij})$라고 가정하면 $\boldsymbol{A}+\boldsymbol{B} = (a_{ij}+b_{ij})$가 되므로 $(\boldsymbol{A}+\boldsymbol{B})^T$는 다음과 같이 표현할 수 있다.

$$(\boldsymbol{A}+\boldsymbol{B})^T = (a_{ji}+b_{ji}) = \boldsymbol{A}^T + \boldsymbol{B}^T$$

결국, 두 행렬의 합의 전치는 각 행렬을 전치시킨 후 합한 것과 동일하다.

(3) $\boldsymbol{A} \in \boldsymbol{R}^{m \times p}$, $\boldsymbol{B} \in \boldsymbol{R}^{p \times n}$이라 가정하면 $(\boldsymbol{AB})^T \in \boldsymbol{R}^{n \times m}$이고 $\boldsymbol{B}^T \boldsymbol{A}^T \in \boldsymbol{R}^{n \times m}$이 되므로 양변의 행렬의 크기는 같다. 이제 남은 일은 좌변 $(\boldsymbol{AB})^T$와 우변 $\boldsymbol{B}^T \boldsymbol{A}^T$의 $(i,\ j)-$요소가 같다는 것을 보이는 것이다.

$$\begin{aligned}\boldsymbol{B}^T \boldsymbol{A}^T \text{의 } (i,\ j)-\text{요소} &= \sum_{k=1}^{p} \{\boldsymbol{B}^T \text{의 } (i,\ k)-\text{요소}\}\{\boldsymbol{A}^T \text{의 } (k,\ j)-\text{요소}\} \\ &= \sum_{k=1}^{p} b_{ki} a_{jk} = \sum_{k=1}^{p} a_{jk} b_{ki} = \boldsymbol{AB}\text{의 } (j,\ i)-\text{요소} \\ &= (\boldsymbol{AB})^T \text{의 } (i,\ j)-\text{요소}\end{aligned}$$

따라서 $(\boldsymbol{AB})^T$와 $\boldsymbol{B}^T \boldsymbol{A}^T$에서 두 행렬의 크기가 같고, 또한 두 행렬의 $(i,\ j)-$요소가 서로 같으므로 $(\boldsymbol{AB})^T = \boldsymbol{B}^T \boldsymbol{A}^T$가 성립한다.

(4) $k\boldsymbol{A} = (ka_{ij})$이므로 $(k\boldsymbol{A})^T = (ka_{ji}) = k\boldsymbol{A}^T$가 성립함이 명백하다.

예제 6.6

다음의 행렬 $\boldsymbol{A}$에 대하여 $\boldsymbol{A}^T\boldsymbol{A}$와 $\boldsymbol{A}\boldsymbol{A}^T$를 각각 구하라.

$$\boldsymbol{A}=\begin{pmatrix}1\\2\\-3\end{pmatrix}$$

풀이

$$\boldsymbol{A}^T\boldsymbol{A}=(1\ \ 2\ \ -3)\begin{pmatrix}1\\2\\-3\end{pmatrix}=1+4+9=14$$

$$\boldsymbol{A}\boldsymbol{A}^T=\begin{pmatrix}1\\2\\-3\end{pmatrix}(1\ \ 2\ \ -3)=\begin{pmatrix}1&2&-3\\2&4&-6\\-3&-6&9\end{pmatrix}$$

여기서 잠깐! | **1×1 행렬**

1×1 행렬은 요소가 하나인 행렬이므로 $\boldsymbol{A}$가 1×1 행렬인 경우 다음과 같이 표현한다.

$$\boldsymbol{A}=(a_{11})\ \ \text{또는}\ \ \boldsymbol{A}=a_{11}$$

행렬의 요소가 하나이므로 스칼라처럼 $\boldsymbol{A}=a_{11}$으로 표현하는 것이다.

(2) 대칭행렬과 교대행렬

① 대칭행렬

n차 정방행렬 $\boldsymbol{A}\in\boldsymbol{R}^{n\times n}$에 대하여 전치한 행렬 $\boldsymbol{A}^T$와 그 자신이 서로 같아지는 행렬을 대칭행렬(Symmetric Matrix)이라고 한다. 즉,

$$\boldsymbol{A}^T=\boldsymbol{A} \tag{31}$$

식(31)에서 $a_{ji}=a_{ij}$가 항상 성립하므로 대칭행렬은 주대각요소를 기준할 때 대칭인 구조로 되어 있다. 즉, 주대각요소를 기준으로 접는다면 정확하게 일치한다는 의미이다. 예를 들어, 다음의 행렬 $\boldsymbol{A}\in\boldsymbol{R}^{3\times3}$에 대해 살펴보면 주대각요소를 기준으로

대칭인 형태로 되어 있으므로 $\boldsymbol{A}$는 대칭행렬이다.

$$\boldsymbol{A}=\begin{pmatrix} 1 & 4 & -1 \\ 4 & 2 & 7 \\ -1 & 7 & 3 \end{pmatrix} \quad a_{12}=a_{21},\ \ a_{13}=a_{31},\ \ a_{32}=a_{23}$$

② 교대행렬

또한 전치행렬 $\boldsymbol{A}^T$와 $-\boldsymbol{A}$와 같아지는 행렬을 교대행렬(Skew-Symmetric Matrix)이라고 한다. 즉,

$$\boldsymbol{A}^T=-\boldsymbol{A} \tag{32}$$

식(32)에서 $a_{ji}=-a_{ij}$가 $1\leq i\leq n$, $1\leq j\leq n$에 대하여 성립해야 하므로 만일 주대각 요소에 대해 고려해 보면, 즉 $j=i$를 대입해 보면 다음과 같다.

$$a_{ii}=-a_{ii} \quad i=1,\ 2,\ \cdots,\ n \tag{33}$$

식(33)은 $a_{ii}=0$이라는 것을 의미하므로 교대행렬은 주대각요소가 모두 0이라는 사실에 유의하라. 예를 들어, 다음의 행렬 $\boldsymbol{A}\in\boldsymbol{R}^{3\times3}$에 대해 살펴보면 주대각요소가 모두 0이 되고 주대각요소를 기준으로 양쪽이 음의 부호만이 차이가 난다는 것을 알 수 있다. 따라서 $\boldsymbol{A}$는 교대행렬이다.

$$\boldsymbol{A}=\begin{pmatrix} 0 & -1 & 2 \\ 1 & 0 & 3 \\ -2 & -3 & 0 \end{pmatrix} \quad \begin{aligned} &a_{11}=a_{22}=a_{33}=0 \\ &a_{12}=-a_{21},\ \ a_{13}=-a_{31},\ \ a_{32}=-a_{23} \end{aligned}$$

정의 6.2 **대칭행렬과 교대행렬**

(1) n차 정방행렬 $\boldsymbol{A}\in\boldsymbol{R}^{n\times n}$에 대하여 전치한 행렬 $\boldsymbol{A}^T$와 그 자신이 같아지는 행렬을 대칭행렬이라고 정의한다.

$$\boldsymbol{A}^T=\boldsymbol{A} \Longleftrightarrow a_{ji}=a_{ij}, \quad i,\ j=1, 2, \cdots, n$$

(2) n차 정방행렬 $\boldsymbol{A}\in\boldsymbol{R}^{n\times n}$에 대하여 전치한 행렬 $\boldsymbol{A}^T$와 $-\boldsymbol{A}$가 같아지는 행렬을 교대행렬이라고 정의한다.

$$\boldsymbol{A}^T=-\boldsymbol{A} \Longleftrightarrow a_{ji}=-a_{ij}, \quad i,\ j=1, 2, \cdots, n$$

예제 6.7

다음 두 행렬 $\boldsymbol{A}$와 $\boldsymbol{B}$가 대칭행렬이 되도록 상수 a, b, c를 각각 구하라.

(1) $\boldsymbol{A}=\begin{pmatrix} 1 & a & 2 \\ 4 & 5 & b \\ c & 1 & 3 \end{pmatrix}$ (2) $\boldsymbol{B}=\begin{pmatrix} 7 & -4 & 2a \\ b & c & -3 \\ a-1 & -3 & 1 \end{pmatrix}$

풀이

(1) $\boldsymbol{A}$를 전치하면

$$\boldsymbol{A}^T=\begin{pmatrix} 1 & 4 & c \\ a & 5 & 1 \\ 2 & b & 3 \end{pmatrix}=\boldsymbol{A}=\begin{pmatrix} 1 & a & 2 \\ 4 & 5 & b \\ c & 1 & 3 \end{pmatrix}$$

$$\therefore\ a=4,\ b=1,\ c=2$$

(2) $\boldsymbol{B}$를 전치하면

$$\boldsymbol{B}^T=\begin{pmatrix} 7 & b & a-1 \\ -4 & c & -3 \\ 2a & -3 & 1 \end{pmatrix}=\boldsymbol{B}=\begin{pmatrix} 7 & -4 & 2a \\ b & c & -3 \\ a-1 & -3 & 1 \end{pmatrix}$$

$$2a=a-1 \quad \therefore\ a=-1,\ b=-4$$

$c=c$이므로 c는 임의의 실수이다.

예제 6.8

$\boldsymbol{A}$가 n차 정방행렬이라고 할 때, $\boldsymbol{AA}^T$와 $\boldsymbol{A}^T\boldsymbol{A}$는 대칭행렬임을 증명하라.

풀이

$\boldsymbol{AA}^T$와 $\boldsymbol{A}^T\boldsymbol{A}$에 각각 전치(Transpose)를 취하면

$$(\boldsymbol{AA}^T)^T = (\boldsymbol{A}^T)^T\boldsymbol{A}^T = \boldsymbol{AA}^T$$
$$(\boldsymbol{A}^T\boldsymbol{A})^T = \boldsymbol{A}^T(\boldsymbol{A}^T)^T = \boldsymbol{A}^T\boldsymbol{A}$$

가 되므로 $\boldsymbol{AA}^T$와 $\boldsymbol{A}^T\boldsymbol{A}$는 각각 대칭행렬이다.

③ 행렬의 분해

임의의 정방행렬 $\boldsymbol{A} \in \boldsymbol{R}^{n\times n}$에 대하여 다음과 같이 대칭행렬과 교대행렬의 합으로 정방행렬을 분해(Decomposition)할 수 있다는 것을 보여 보자. 즉, 행렬 $\boldsymbol{A}$를 다음과 같이 두 부분으로 나누어 표현해 보면 식(34)와 같다.

$$\boldsymbol{A} = \underbrace{\frac{1}{2}(\boldsymbol{A}+\boldsymbol{A}^T)}_{\triangleq \boldsymbol{S}_1} + \underbrace{\frac{1}{2}(\boldsymbol{A}-\boldsymbol{A}^T)}_{\triangleq \boldsymbol{S}_2} \tag{34}$$

식(34)에서 $\boldsymbol{S}_1 \triangleq \frac{1}{2}(\boldsymbol{A}+\boldsymbol{A}^T)$로 정의하였는데 $\boldsymbol{S}_1$의 전치행렬 $\boldsymbol{S}_1^T$를 계산하면

$$\begin{aligned}\boldsymbol{S}_1^T &= \left\{\frac{1}{2}(\boldsymbol{A}+\boldsymbol{A}^T)\right\}^T = \frac{1}{2}(\boldsymbol{A}+\boldsymbol{A}^T)^T \\ &= \frac{1}{2}(\boldsymbol{A}^T+\boldsymbol{A}) = \boldsymbol{S}_1\end{aligned}$$

이 성립하므로 $\boldsymbol{S}_1$은 대칭행렬이다. 또한 $\boldsymbol{S}_2 \triangleq \frac{1}{2}(\boldsymbol{A}-\boldsymbol{A}^T)$로 정의하였으므로 전치행렬 $\boldsymbol{S}_2^T$를 구해 보면

$$\begin{aligned}\boldsymbol{S}_2^T &= \left\{\frac{1}{2}(\boldsymbol{A}-\boldsymbol{A}^T)\right\}^T = \frac{1}{2}(\boldsymbol{A}-\boldsymbol{A}^T)^T = \frac{1}{2}(\boldsymbol{A}^T-\boldsymbol{A}) \\ &= -\frac{1}{2}(\boldsymbol{A}-\boldsymbol{A}^T) = -\boldsymbol{S}_2\end{aligned}$$

가 성립하므로 S_2는 교대행렬이다.

따라서 임의의 정방행렬 $A \in R^{n\times n}$는 항상 대칭행렬과 교대행렬의 합으로 분해할 수 있다.

정리 6.2 행렬의 분해

임의의 정방행렬 $A \in R^{n\times n}$는 다음과 같이 대칭행렬 S_1과 교대행렬 S_2의 합으로 분해할 수 있다. 즉,

$$A = S_1 + S_2$$

여기서 $S_1 \triangleq \frac{1}{2}(A + A^T)$이며, $S_2 \triangleq \frac{1}{2}(A - A^T)$이다.

예제 6.9

다음의 3차 정방행렬 A를 대칭행렬 S_1과 교대행렬 S_2의 합으로 분해할 때 S_1과 S_2를 각각 구하라.

$$A = \begin{pmatrix} 1 & 2 & 3 \\ -1 & 4 & 0 \\ 0 & -1 & 3 \end{pmatrix}$$

풀이

식(34)로부터 S_1과 S_2는 다음과 같이 계산된다.

$$S_1 = \frac{1}{2}(A + A^T) = \frac{1}{2}\left\{\begin{pmatrix} 1 & 2 & 3 \\ -1 & 4 & 0 \\ 0 & -1 & 3 \end{pmatrix} + \begin{pmatrix} 1 & -1 & 0 \\ 2 & 4 & -1 \\ 3 & 0 & 3 \end{pmatrix}\right\}$$

$$= \frac{1}{2}\begin{pmatrix} 2 & 1 & 3 \\ 1 & 8 & -1 \\ 3 & -1 & 6 \end{pmatrix} = \begin{pmatrix} 1 & \frac{1}{2} & \frac{3}{2} \\ \frac{1}{2} & 4 & -\frac{1}{2} \\ \frac{3}{2} & -\frac{1}{2} & 3 \end{pmatrix}$$

$$\boldsymbol{S}_2 = \frac{1}{2}(\boldsymbol{A}-\boldsymbol{A}^T) = \frac{1}{2}\left\{\begin{pmatrix} 1 & 2 & 3 \\ -1 & 4 & 0 \\ 0 & -1 & 3 \end{pmatrix} - \begin{pmatrix} 1 & -1 & 0 \\ 2 & 4 & -1 \\ 3 & 0 & 3 \end{pmatrix}\right\}$$

$$= \frac{1}{2}\begin{pmatrix} 0 & 3 & 3 \\ -3 & 0 & 1 \\ -3 & -1 & 0 \end{pmatrix} = \begin{pmatrix} 0 & \frac{3}{2} & \frac{3}{2} \\ -\frac{3}{2} & 0 & \frac{1}{2} \\ -\frac{3}{2} & -\frac{1}{2} & 0 \end{pmatrix}$$

(3) 삼각행렬

주대각선 아래의 모든 요소가 0이거나 주대각선 위의 모든 원소가 0이 되는 정방행렬을 삼각행렬(Triangular Matrix)이라 한다. 특히 주대각선 아래에 있는 요소가 모두 0인 행렬을 상삼각행렬(Upper Triangular Matrix)이라 하고, 주대각선 위에 있는 모든 요소가 0인 행렬을 하삼각행렬(Lower Triangular Matrix)이라 한다. 주대각선 요소를 제외한 나머지 요소가 모두 0인 행렬을 대각행렬(Diagonal Matrix)이라고 하며, 주대각선 요소까지도 모두 0인 행렬을 영행렬(Zero Matrix)이라고 한다. [그림 6.1]에 삼각행렬의 조건에 따른 분류를 그림으로 나타내었다.

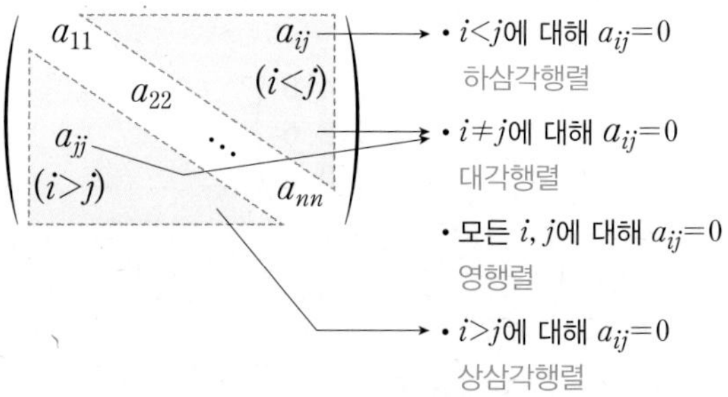

[그림 6.1] 삼각행렬의 분류

예를 들어, 다음의 행렬 $\boldsymbol{A}$는 상삼각행렬, 행렬 $\boldsymbol{B}$는 하삼각행렬, 행렬 $\boldsymbol{C}$는 대각행렬, 행렬 $\boldsymbol{D}$는 영행렬이다.

$$A=\begin{pmatrix}1&4&5\\0&2&6\\0&0&3\end{pmatrix},\ B=\begin{pmatrix}1&0&0\\4&2&0\\5&6&3\end{pmatrix},\ C=\begin{pmatrix}1&0&0\\0&2&0\\0&0&3\end{pmatrix},\ D=\begin{pmatrix}0&0&0\\0&0&0\\0&0&0\end{pmatrix}$$

여기서 잠깐! **정방행렬에서 대각합(Trace)**

정방행렬 $\boldsymbol{A}\in\boldsymbol{R}^{n\times n}$에 대하여 주대각선 요소들을 모두 합한 것을 $\boldsymbol{A}$의 대각합(Trace)이라고 정의하며 $\mathrm{tr}(\boldsymbol{A})$로 표기한다. 즉,

$$\mathrm{tr}(\boldsymbol{A})\triangleq a_{11}+a_{22}+\cdots+a_{nn}=\sum_{k=1}^{n}a_{kk}$$

$\boldsymbol{A}$와 $\boldsymbol{B}$가 $n\times n$ 정방행렬일 때 다음의 관계가 성립한다.

① $\mathrm{tr}(\boldsymbol{A}^T)=\mathrm{tr}(\boldsymbol{A})$

② $\mathrm{tr}(k\boldsymbol{A})=k\,\mathrm{tr}(\boldsymbol{A})$

③ $\mathrm{tr}(\boldsymbol{A}\pm\boldsymbol{B})=\mathrm{tr}(\boldsymbol{A})\pm\mathrm{tr}(\boldsymbol{B})$

④ $\mathrm{tr}(\boldsymbol{AB})=\mathrm{tr}(\boldsymbol{BA})$

예제 6.10

상삼각행렬 $\boldsymbol{A}$가 다음과 같을 때 $\boldsymbol{A}^T$는 하삼각행렬이 됨을 보여라.

$$A=\begin{pmatrix}1&4&5\\0&2&6\\0&0&3\end{pmatrix}$$

풀이

$\boldsymbol{A}^T=\begin{pmatrix}1&0&0\\4&2&0\\5&6&3\end{pmatrix}$이므로 $\boldsymbol{A}^T$는 주대각선 위에 있는 요소들이 모두 0이므로 정의에 의해 하삼각행렬이다.

여기서 잠깐! **$\boldsymbol{R}^{m\times n}$은 벡터공간인가?**

5장에서 벡터공간에 대해 정의하였는데, 주요 내용은 벡터 덧셈과 스칼라 곱에 대한 연산이 정의되어 있고 각 연산에 대해 닫혀 있으면서 벡터공간의 형성조건 10가지를 만족해야 한다는 것이다.

여기서 모든 요소가 실수인 $m\times n$ 행렬들을 모아 놓은 집합인 $\boldsymbol{R}^{m\times n}$에 대해 살펴보자. $\boldsymbol{A}$, $\boldsymbol{B}\in\boldsymbol{R}^{m\times n}$에 대해 다음의 두 가지 연산을 정의한다.

$$\boldsymbol{A}+\boldsymbol{B}\triangleq(a_{ij}+b_{ij})$$
$$k\boldsymbol{A}\triangleq(ka_{ij})$$

위의 두 종류의 연산은 이미 행렬에 대해 정의한 연산이다. 독자들은 $\boldsymbol{R}^{m\times n}$에 속하는 임의의 행렬에 대해 벡터공간의 형성조건들이 모두 만족된다는 것을 확인할 수 있을 것이다. 따라서 $\boldsymbol{R}^{m\times n}$은 벡터공간이다. 기존의 위치벡터만을 벡터로 생각하는 사고의 틀을 벗어나면 행렬들을 모아 놓은 집합도 벡터공간으로 생각할 수 있다. 벡터공간의 원소들을 벡터라고 부르기 때문에 벡터공간 $\boldsymbol{R}^{m\times n}$에서는 행렬이 벡터가 되는 셈이다.

그런데 $\boldsymbol{R}^{m\times n}$의 기저벡터는 무엇이 될까? 예를 들어, 벡터공간 $\boldsymbol{R}^{2\times 2}$의 기저벡터를 찾아보자. 가장 간단한 형태의 기저벡터는 다음과 같다.

$$\boldsymbol{A}_1=\begin{pmatrix}1&0\\0&0\end{pmatrix},\ \boldsymbol{A}_2=\begin{pmatrix}0&1\\0&0\end{pmatrix},\ \boldsymbol{A}_3=\begin{pmatrix}0&0\\1&0\end{pmatrix},\ \boldsymbol{A}_4=\begin{pmatrix}0&0\\0&1\end{pmatrix}$$

$\{\boldsymbol{A}_1, \boldsymbol{A}_2, \boldsymbol{A}_3, \boldsymbol{A}_4\}$가 기저벡터가 될 자격이 있다는 것을 보이기 위해 선형독립성에 대하여 판단해 보자. 다음의 선형결합으로부터

$$k_1\boldsymbol{A}_1+k_2\boldsymbol{A}_2+k_3\boldsymbol{A}_3+k_4\boldsymbol{A}_4=\boldsymbol{O}$$
$$\begin{pmatrix}k_1&0\\0&0\end{pmatrix}+\begin{pmatrix}0&k_2\\0&0\end{pmatrix}+\begin{pmatrix}0&0\\k_3&0\end{pmatrix}+\begin{pmatrix}0&0\\0&k_4\end{pmatrix}=\begin{pmatrix}0&0\\0&0\end{pmatrix}$$

$$\therefore\ k_1=k_2=k_3=k_4=0$$

이므로 선형독립이다. 또한 임의의 행렬 $\boldsymbol{A}=\begin{pmatrix}a&b\\c&d\end{pmatrix}\in\boldsymbol{R}^{2\times 2}$에 대해 다음의 관계가 항상 성립한다.

$$\begin{aligned}A=\begin{pmatrix}a&b\\c&d\end{pmatrix}&=a\begin{pmatrix}1&0\\0&0\end{pmatrix}+b\begin{pmatrix}0&1\\0&0\end{pmatrix}+c\begin{pmatrix}0&0\\1&0\end{pmatrix}+d\begin{pmatrix}0&0\\0&1\end{pmatrix}\\&=a\boldsymbol{A}_1+b\boldsymbol{A}_2+c\boldsymbol{A}_3+d\boldsymbol{A}_4\end{aligned}$$

따라서 $\{\boldsymbol{A}_1, \boldsymbol{A}_2, \boldsymbol{A}_3, \boldsymbol{A}_4\}$의 선형결합으로 $\boldsymbol{R}^{2\times 2}$에 속하는 임의의 행렬을 모두 표현할 수 있으므로 $\{\boldsymbol{A}_1, \boldsymbol{A}_2, \boldsymbol{A}_3, \boldsymbol{A}_4\}$는 $\boldsymbol{R}^{2\times 2}$의 기저벡터이다. (독자들은 가능한 다른 기저벡터들도 찾아보라.) 기저벡터의 개수가 4개이므로 $\boldsymbol{R}^{2\times 2}$의 차원은 4차원이다.

6.3 기본행연산

(1) 선형연립방정식의 풀이 과정

행렬의 가장 기본적이고도 중요한 응용은 선형연립방정식의 해를 구하는 데 있다. 본 절에서는 Gauss가 제안한 소거법을 소개하기 전에 기본행연산의 개념을 설명한다.

다음의 간단한 연립방정식을 살펴보자.

$$\begin{cases} 2x+y=4 \\ x-3y=1 \end{cases} \tag{35}$$

우리는 지금까지 식(35)의 연립방정식을 풀기 위해 어떤 대수적인 조작을 해 왔는지 기억을 더듬어 보자. 먼저 식(35)의 연립방정식에서 각 방정식의 순서를 변경하면, 즉

$$\begin{cases} x-3y=1 \\ 2x+y=4 \end{cases} \tag{36}$$

이 되는데, 식(36)과 식(35)의 해는 전혀 변함이 없음을 알 수 있다. 다음으로 식(35)의 각 방정식에 적당한 상수를 곱하면 (예를 들어, 첫 방정식의 양변에 2를 곱한다.)

$$\begin{cases} 4x+2y=8 \\ x-3y=1 \end{cases} \tag{37}$$

이 되는데, 식(37)과 식(35)의 해는 전혀 변함이 없음을 알 수 있다.

마지막으로 식(35)의 한 방정식에 상수를 곱하여 다른 방정식에 더하면 (예를 들어, 두 번째 방정식에 −2를 곱하여 첫 번째 방정식에 더한다.)

$$\begin{cases} 0x+7y=2 \\ x-3y=1 \end{cases} \tag{38}$$

이 되는데, 위의 두 경우와 마찬가지로 식(38)과 식(35)의 해는 전혀 변함이 없음을 알 수 있다.

지금까지 다음의 세 가지 대수적인 조작(경우에 따라서는 식(36)의 대수적인 조작은 불필요할 수도 있다)을 통하여 적당한 변수를 소거함으로써 연립방정식의 해를 구하였다는 사실에 주목하라.

일반적으로 선형연립방정식의 해를 구하기 위한 기본적인 대수적 조작은 다음과 같다.

① 임의의 두 방정식의 위치를 서로 교환한다.
② 어떤 한 방정식에 상수를 곱한다.
③ 어떤 한 방정식에 상수를 곱하여 다른 방정식에 더한다.

(2) 기본행연산

지금까지 연립방정식의 해를 구하기 위해 수행한 세 가지 대수적인 조작을 좀 더 체계적으로 할 수 있도록 하기 위해, 연립방정식을 행렬로 표현하여 동일한 대수적인 조작을 하는 것을 기본행연산(Elementary Row Operation)이라 한다.

식(35)를 행렬로 표현하면 다음과 같다.

$$\begin{cases} 2x+y=4 \\ x-3y=1 \end{cases} \text{ 또는 } \begin{pmatrix} 2 & 1 \\ 1 & -3 \end{pmatrix}\begin{pmatrix} x \\ y \end{pmatrix}=\begin{pmatrix} 4 \\ 1 \end{pmatrix} \tag{39}$$

식(39)의 행렬 표현식을 계수만으로 표현하여 앞에서의 대수적인 조작을 반복해보면 다음과 같다.

$$\begin{cases} 2x+y=4 \\ x-3y=1 \end{cases} \Longleftrightarrow \left(\begin{array}{cc|c} 2 & 1 & 4 \\ 1 & -3 & 1 \end{array}\right) \tag{40}$$

① 두 방정식의 순서를 교환한다. $\Longleftrightarrow$ 행렬의 두 행을 교환한다.

$$\begin{cases} x-3y=1 \\ 2x+y=4 \end{cases} \Longleftrightarrow \left(\begin{array}{cc|c} 1 & -3 & 1 \\ 2 & 1 & 4 \end{array}\right) \tag{41}$$

② 첫 번째 방정식에 상수 2를 곱한다. $\Longleftrightarrow$ 1행에 상수 2를 곱한다.

$$\begin{cases} 4x+2y=8 \\ x-3y=1 \end{cases} \Longleftrightarrow \left(\begin{array}{cc|c} 4 & 2 & 8 \\ 1 & -3 & 1 \end{array}\right) \tag{42}$$

③ 두 번째 방정식에 상수 −2를 곱해 다른 방정식에 더한다. $\Longleftrightarrow$ 2행에 상수 −2를 곱하여 1행에 더한다.

$$\begin{cases} 0x+7y=2 \\ x-3y=1 \end{cases} \Longleftrightarrow \left(\begin{array}{cc|c} 0 & 7 & 2 \\ 1 & -3 & 1 \end{array}\right) \tag{43}$$

결국, 주어진 연립방정식의 해를 구하기 위해 각 방정식에 대해 수행하던 대수적인 조작을 행렬의 각 행에 수행하는 것이 기본행연산이다.

일반적으로 행렬에 대한 세 가지 기본행연산은 다음과 같다.

① 임의의 두 행을 서로 교환한다.
② 한 행에 0이 아닌 상수를 곱한다.
③ 한 행에 0이 아닌 상수를 곱하여 다른 행에 더한다.

정의 6.3 기본행연산

어떤 행렬 $\boldsymbol{A} \in \boldsymbol{R}^{m \times n}$의 행에 대한 다음 세 가지 연산을 기본행연산(Elementary Row Operation; ERO)이라고 정의한다.

(1) i행과 j행을 서로 교환한다. $R_i \leftrightarrow R_j$
(2) i행에 0이 아닌 상수 k를 곱한다. $(k) \times R_i$
(3) i행에 0이 아닌 상수 k를 곱하여 j행에 더한다. $(k) \times R_i + R_j$

여기서 잠깐! 기본행연산의 표기

정의 6.3에 나타낸 것처럼 다음의 세 가지 기본행연산에 대하여 기호를 사용하면 간결한 표현을 얻을 수 있다. $R_i(i=1, 2, \cdots, n)$를 i번째 행을 나타내는 기호로 정의하여 기본행연산을 간결하게 표현해보자. 예를 들어, R_1, R_2, R_3에 대하여 기본행연산을 표현해본다.

① 1행과 3행을 교환한다; $R_1 \leftrightarrow R_3$

② 3행에 상수 −5를 곱한다; $(-5)\times R_3$

③ 2행에 상수 −3을 곱하여 3행에 더한다; $(-3)\times R_2+R_3$

예제 6.11

다음 행렬 $\boldsymbol{A}$에 대하여 제시된 기본행연산을 수행하라.

$$\boldsymbol{A}=\begin{pmatrix} 1 & 2 & 3 \\ -1 & 3 & 4 \\ -2 & 1 & -1 \end{pmatrix}$$

(1) $R_1 \leftrightarrow R_2$

(2) $(-3)\times R_2$

(3) $(2)\times R_1+R_3$

풀이

(1) $R_1 \leftrightarrow R_2$ 이므로 1행과 2행을 서로 교환한다.

$$\begin{pmatrix} 1 & 2 & 3 \\ -1 & 3 & 4 \\ -2 & 1 & -1 \end{pmatrix} \xrightarrow{R_1 \leftrightarrow R_2} \begin{pmatrix} -1 & 3 & 4 \\ 1 & 2 & 3 \\ -2 & 1 & -1 \end{pmatrix}$$

(2) $(-3)\times R_2$ 이므로 2행에 상수 −3을 곱한다.

$$\begin{pmatrix} 1 & 2 & 3 \\ -1 & 3 & 4 \\ -2 & 1 & -1 \end{pmatrix} \xrightarrow{(-3)\times R_2} \begin{pmatrix} 1 & 2 & 3 \\ 3 & -9 & -12 \\ -2 & 1 & -1 \end{pmatrix}$$

(3) $(2)\times R_1+R_3$ 이므로 1행에 상수 2를 곱하여 3행에 더한다.

$$\begin{pmatrix} 1 & 2 & 3 \\ -1 & 3 & 4 \\ -2 & 1 & -1 \end{pmatrix} \xrightarrow{(2)\times R_1+R_3} \begin{pmatrix} 1 & 2 & 3 \\ -1 & 3 & 4 \\ 0 & 5 & 5 \end{pmatrix}$$

기본행연산의 개념

연립방정식	행렬 표현
$\begin{cases} 2x+y=4 \\ x-3y=1 \end{cases}$	$\begin{pmatrix} 2 & 1 \\ 1 & -3 \end{pmatrix}\begin{pmatrix} x \\ y \end{pmatrix}=\begin{pmatrix} 4 \\ 1 \end{pmatrix}$ $\Leftrightarrow \left(\begin{array}{cc\|c} 2 & 1 & 4 \\ 1 & -3 & 1 \end{array}\right)$

↓ 기본행연산(ERO)

 임의의 두 방정식의 위치를 서로 교환한다.	ERO1 : 임의의 두 행을 서로 교환한다. 
$\begin{cases} x-3y=1 \\ 2x+y=4 \end{cases}$	$\left(\begin{array}{cc\|c} 1 & -3 & 1 \\ 2 & 1 & 4 \end{array}\right)$

↓

 어떤 한 방정식에 상수를 곱한다.	ERO2 : 한 행에 0이 아닌 상수를 곱한다. 
$\begin{cases} 4x+2y=8 \;\; (1\text{행} \times 2) \\ x-3y=1 \end{cases}$	$\left(\begin{array}{cc\|c} 4 & 2 & 8 \\ 1 & -3 & 1 \end{array}\right)$

↓

 어떤 한 방정식에 상수를 곱하여 다른 방정식에 더한다.	ERO3 : 한 행에 0이 아닌 상수를 곱하여 다른 행에 더한다. 
$\begin{cases} 0x+7y=2 \\ x-3y=1 \end{cases}$ (2행×(−2)+1행)	$\left(\begin{array}{cc\|c} 0 & 7 & 2 \\ 1 & -3 & 1 \end{array}\right)$

| 설명 | 주어진 연립방정식에 위의 3가지 기본행연산을 수행하더라도 연립방정식의 해를 변화시키지는 않는다. 이러한 성질을 이용한 것이 Gauss 소거법이다.

예제 6.12

다음 행렬에 기본행연산을 수행하여 단위행렬로 변환하라.

$$\boldsymbol{A}=\begin{pmatrix} 2 & -1 \\ 4 & 3 \end{pmatrix}$$

풀이

행렬 $\boldsymbol{A}$를 단위행렬로 변환하기 위하여 기본행연산을 연속적으로 수행한다. 기본행연산은 다음과 같이 ① → ② → ③ → ④ → ⑤의 순서로 진행된다.

① $\boldsymbol{A}=\begin{pmatrix} 2 & -1 \\ 4 & 3 \end{pmatrix} \rightarrow \left(\frac{1}{2}\right)\times R_1$

② $\begin{pmatrix} 1 & -\frac{1}{2} \\ 4 & 3 \end{pmatrix} \rightarrow (-4)\times R_1 + R_2$

③ $\begin{pmatrix} 1 & -\frac{1}{2} \\ 0 & 5 \end{pmatrix} \rightarrow \left(\frac{1}{5}\right)\times R_2$

④ $\begin{pmatrix} 1 & -\frac{1}{2} \\ 0 & 1 \end{pmatrix} \rightarrow \left(\frac{1}{2}\right)\times R_2 + R_1$

⑤ $\boldsymbol{I}=\begin{pmatrix} 1 & 0 \\ 0 & 1 \end{pmatrix}$

6.4 Gauss 소거법

앞 절에서 정의한 기본행연산을 이용하여 연립방정식의 해를 구하는 Gauss 소거법에 대해 설명한다.

다음의 선형연립방정식을 고려하자.

$$\begin{cases} a_{11}x_1 + a_{12}x_2 + \cdots + a_{1n}x_n = b_1 \\ a_{21}x_1 + a_{22}x_2 + \cdots + a_{2n}x_n = b_2 \\ \qquad\vdots \\ a_{m1}x_1 + a_{m2}x_2 + \cdots + a_{mn}x_n = b_m \end{cases} \tag{44}$$

식(44)는 미지수의 개수가 n개이고 방정식의 개수가 m개인 선형연립방정식이며, 행렬을 이용하면 다음과 같이 표현된다.

$$\underbrace{\begin{pmatrix} a_{11} & a_{12} & \cdots & a_{1n} \\ a_{21} & a_{22} & \cdots & a_{2n} \\ \vdots & \vdots & & \vdots \\ a_{m1} & a_{m2} & \cdots & a_{mn} \end{pmatrix}}_{\boldsymbol{A} \in \boldsymbol{R}^{m \times n}} \underbrace{\begin{pmatrix} x_1 \\ x_2 \\ \vdots \\ x_n \end{pmatrix}}_{\boldsymbol{x} \in \boldsymbol{R}^{n \times 1}} = \underbrace{\begin{pmatrix} b_1 \\ b_2 \\ \vdots \\ b_m \end{pmatrix}}_{\boldsymbol{b} \in \boldsymbol{R}^{m \times 1}} \tag{45}$$

$$\boldsymbol{A}\boldsymbol{x} = \boldsymbol{b} \tag{46}$$

식(45)에서 $\boldsymbol{A}$를 계수행렬이라고 부르며 $\boldsymbol{A}$에 $\boldsymbol{b}$를 첨가한 행렬 $\widetilde{\boldsymbol{A}}$를 확장행렬(Augmented Matrix)이라고 한다. 즉,

$$\widetilde{\boldsymbol{A}} = \left(\begin{array}{cccc:c} a_{11} & a_{12} & \cdots & a_{1n} & b_1 \\ a_{21} & a_{22} & \cdots & a_{2n} & b_2 \\ \vdots & \vdots & & \vdots & \vdots \\ a_{m1} & a_{m2} & \cdots & b_{mn} & b_m \end{array} \right) = (\boldsymbol{A} \vdots \boldsymbol{b}) \tag{47}$$

이며, $\widetilde{\boldsymbol{A}}$는 연립방정식 식(45)의 모든 계수와 상수를 포함하고 있기 때문에 연립방정식과 관련된 정보를 완전히 표현한다는 것을 알 수 있다.

Gauss 소거법(Gauss Elimination)은 기본행연산을 통해 $\widetilde{\boldsymbol{A}}$의 계수행렬 $\boldsymbol{A}$를 상삼각행렬로 만들어 나가면서 연립방정식의 해를 구하는 방법이다. 결과적으로 Gauss 소거법은 주어진 선형연립방정식과 동치(Equivalence)인 간단한 선형연립방정식으로 변환시키는 과정이다. Gauss 소거법의 과정을 [정리 6.3]에 나타내었다.

정리 6.3 Gauss 소거법

다음과 같이 행렬로 표현되는 선형연립방정식

$$\boldsymbol{A}\boldsymbol{x} = \boldsymbol{b}, \;\; \boldsymbol{A} \in \boldsymbol{R}^{m \times n}, \;\; \boldsymbol{x} \in \boldsymbol{R}^{n \times 1}, \;\; \boldsymbol{b} \in \boldsymbol{R}^{m \times 1}$$

에서 계수행렬 $\boldsymbol{A}$와 $\boldsymbol{b}$로 이루어진 확장행렬을 $\widetilde{\boldsymbol{A}} \triangleq (\boldsymbol{A} : \boldsymbol{b})$라고 정의하자. 확장행렬 $\widetilde{\boldsymbol{A}}$에 대하여 다음의 과정을 수행하면, 주어진 선형연립방정식의 해를 체계적으로 구할 수 있다.

① 확장행렬 $\widetilde{A}$ 의 주대각요소 $a_{11} \neq 0$을 피벗(Pivot)으로 선택한 다음, 기본행연산을 통하여 a_{11}의 아래 요소들을 모두 0으로 만든다. 만일 $a_{11}=0$이면 행교환을 통해 a_{11}이 0이 되지 않도록 한다.

② 단계 ①에서 얻어진 행렬에서 두 번째 주대각요소를 피벗으로 선택하여 피벗의 아래 요소들을 모두 0으로 만든다.

③ 단계 ②의 과정을 모든 주대각요소에 대하여 반복한 후 역방향대입(Backward Substitution)을 통하여 주어진 선형연립방정식의 해를 구한다.

예제 6.13

다음 연립방정식을 Gauss 소거법을 이용하여 풀어라.

$$\begin{cases} x_1 + x_2 + 2x_3 = 9 \\ 2x_1 + 4x_2 - 3x_3 = 1 \\ 3x_1 + 6x_2 - 5x_3 = 0 \end{cases}$$

풀이

주어진 연립방정식을 행렬로 표현한 다음 확장행렬 $\widetilde{A}$ 를 정의하면 다음과 같다.

$$\widetilde{A} = \left(\begin{array}{ccc|c} \textcircled{1} & 1 & 2 & 9 \\ 2 & 4 & -3 & 1 \\ 3 & 6 & -5 & 0 \end{array}\right)$$

먼저 $a_{11}=1$을 피벗으로 a_{11}의 아래 요소를 0으로 만든다.

① 1행에 −2를 곱해서 2행에 더한다. $[(-2)\times R_1 + R_2]$

$$\left(\begin{array}{ccc|c} 1 & 1 & 2 & 9 \\ 0 & 2 & -7 & -17 \\ 3 & 6 & -5 & 0 \end{array}\right)$$

② 1행에 −3을 곱해서 3행에 더한다. $[(-3)\times R_1 + R_3]$

$$\left(\begin{array}{ccc|c} 1 & 1 & 2 & 9 \\ 0 & \textcircled{2} & -7 & -17 \\ 0 & 3 & -11 & -27 \end{array}\right)$$

③ 다음으로 위의 행렬의 두 번째 주대각요소를 피벗으로 a_{22} 의 아래 요소를 0으로 만든다. 즉, 2행에 $-\frac{3}{2}$ 를 곱하여 3행에 더한다. $\left[\left(-\frac{3}{2}\right)\times R_2+R_3\right]$

$$\left(\begin{array}{ccc|c} 1 & 1 & 2 & 9 \\ 0 & 2 & -7 & -17 \\ 0 & 0 & -\frac{1}{2} & -\frac{3}{2} \end{array}\right) \tag{48}$$

최종적으로 기본행연산을 $\widetilde{A}$ 에 적용하여 식(48)의 상삼각행렬이 얻어졌으므로 다음의 방정식을 얻을 수 있다.

$$\begin{cases} x_1+x_2+2x_3=9 \\ 2x_2-7x_3=-17 \\ -\frac{1}{2}x_3=-\frac{3}{2} \end{cases}$$

마지막 방정식에서 $x_3=3$ 이므로 x_3 를 두 번째 방정식에 대입하면

$$2x_2-7\times3=-17 \quad \therefore\ x_2=2$$

가 얻어진다. x_3 와 x_2 를 첫 번째 방정식에 대입하면 x_1 이 구해진다.

$$x_1+2+6=9 \quad \therefore\ x_1=1$$

결과적으로 〈예제 6.13〉의 $\widetilde{A}$ 에 기본행연산을 수행한다는 것은 주어진 선형연립방정식의 미지수 x_1, x_2, x_3 를 소거해 나가는 과정임을 알 수 있다.

다음 〈예제 6.14〉에서 선형연립방정식의 해가 존재하지 않는 경우, Gauss 소거법의 과정이 어떻게 되는가를 살펴보자.

예제 6.14

다음 연립방정식의 해를 Gauss 소거법을 이용하여 구하라.

$$\begin{pmatrix} 3 & 2 & 1 \\ 2 & 1 & 1 \\ 6 & 2 & 4 \end{pmatrix}\begin{pmatrix} x_1 \\ x_2 \\ x_3 \end{pmatrix}=\begin{pmatrix} 3 \\ 0 \\ 6 \end{pmatrix}$$

풀이

먼저, 주어진 연립방정식의 확장행렬 $\widetilde{A}$ 를 구성하면 다음과 같다.

$$\widetilde{A}=\left(\begin{array}{ccc|c} \textcircled{3} & 2 & 1 & 3 \\ 2 & 1 & 1 & 0 \\ 6 & 2 & 4 & 6 \end{array}\right)$$

① 1행에 $-\frac{2}{3}$ 를 곱하여 2행에 더한다. $\left[\left(-\frac{2}{3}\right)\times R_1+R_2\right]$

$$\left(\begin{array}{ccc|c} 3 & 2 & 1 & 3 \\ 0 & -\frac{1}{3} & \frac{1}{3} & -2 \\ 6 & 2 & 4 & 6 \end{array}\right)$$

② 1행에 −2를 곱하여 3행에 더한다. $[(-2)\times R_1+R_3]$

$$\left(\begin{array}{ccc|c} 3 & 2 & 1 & 3 \\ 0 & \textcircled{-\frac{1}{3}} & \frac{1}{3} & -2 \\ 0 & -2 & 2 & 0 \end{array}\right)$$

③ 2행에 −6을 곱하여 3행에 더한다. $[(-6)\times R_2+R_3]$

$$\left(\begin{array}{ccc|c} 3 & 2 & 1 & 2 \\ 0 & -\frac{1}{3} & \frac{1}{3} & -2 \\ 0 & 0 & 0 & 12 \end{array}\right) \tag{49}$$

식(49)의 세번째 행을 방정식으로 써 보면

$$0x_1+0x_2+0x_3=12$$

이므로 어떠한 x_1, x_2, x_3 도 해가 될 수 없음을 알 수 있다. 따라서 주어진 연립방정식의 해는 존재하지 않는다.

다음 〈예제 6.15〉에서 선형연립방정식의 해가 무수히 많은 경우, Gauss 소거법의 과정이 어떻게 되는지 살펴보자.

예제 6.15

다음 연립방정식의 해를 Gauss 소거법을 이용하여 구하라.

$$\begin{pmatrix} 1 & 2 & 3 \\ -1 & 0 & 1 \\ 1 & 4 & 7 \end{pmatrix}\begin{pmatrix} x_1 \\ x_2 \\ x_3 \end{pmatrix}=\begin{pmatrix} 1 \\ 2 \\ 4 \end{pmatrix}$$

풀이

먼저, 주어진 연립방정식의 확장행렬 $\widetilde{\boldsymbol{A}}$ 을 구성하면 다음과 같다.

$$\widetilde{\boldsymbol{A}}=\left(\begin{array}{ccc|c} \textcircled{1} & 2 & 3 & 1 \\ -1 & 0 & 1 & 2 \\ 1 & 4 & 7 & 4 \end{array}\right)$$

① 1행을 2행에 더한다. $[(1)\times R_1+R_2]$

$$\left(\begin{array}{ccc|c} 1 & 2 & 3 & 1 \\ 0 & 2 & 4 & 3 \\ 1 & 4 & 7 & 4 \end{array}\right)$$

② 1행에 −1을 곱하여 3행에 더한다. $[(-1)\times R_1+R_3]$

$$\left(\begin{array}{ccc|c} 1 & 2 & 3 & 1 \\ 0 & \textcircled{2} & 4 & 3 \\ 0 & 2 & 4 & 3 \end{array}\right)$$

③ 2행에 −1을 곱하여 3행에 더한다. $[(-1)\times R_2+R_3]$

$$\left(\begin{array}{ccc|c} 1 & 2 & 3 & 1 \\ 0 & 2 & 4 & 3 \\ 0 & 0 & 0 & 0 \end{array}\right) \tag{50}$$

식(50)으로부터 3행의 모든 요소가 0이므로 〈예제 6.14〉와 같이 해가 존재하지 않는 경우는 아니다. 다만 미지수가 3개인데 유효한 방정식의 개수가 2개이므로 해가 무수히 많다.

그런데 단순히 해가 무수히 많다고 결론내리는 것도 정답이 될 수 있겠지만 다음과 같이 무수히 많은 해가 어떤 형태로 표현되는지를 제시한다면 더 좋은 답안이 될 수 있을 것이다.
③에서 얻어진 처음 두 개의 방정식으로부터

$$\begin{cases} x_1+2x_2+3x_3=1 \\ 2x_2+4x_3=3 \end{cases}$$

$$\therefore\ x_2=\frac{3}{2}-2x_3$$

$$x_1=1-2x_2-3x_3=1-2\left(\frac{3}{2}-2x_3\right)-3x_3=-2+x_3$$

가 얻어진다. 여기서 $x_3=c$ (임의의 상수)로 정하면

$$\begin{cases} x_1=-2+c \\ x_2=\frac{3}{2}-2c \\ x_3=c \end{cases} \quad \therefore \begin{pmatrix} x_1 \\ x_2 \\ x_3 \end{pmatrix}=\begin{pmatrix} -2 \\ \frac{3}{2} \\ 0 \end{pmatrix}+c\begin{pmatrix} 1 \\ -2 \\ 1 \end{pmatrix}$$

이 되므로 c의 값에 따라 무수히 많은 해가 존재함을 알 수 있다.

여기서 잠깐! **무수히 많은 해의 표현**

선형연립방정식에서 미지수의 개수보다 방정식의 개수가 적은 경우 해가 무수히 많다는 것은 자명하다. 해가 무수히 많은 경우를 '부정'이라고 하여 고등학교 과정에서 학습하였다.
그런데 해가 무수히 많으면 부정이라고만 하면 충분할까? 해가 무수히 많아도 그 해가 어떠한 형태로 표현되는지를 알 수 있다면 매우 유용할 것이다.
다음의 연립방정식을 살펴보자.

$$x+3y+z=0$$

미지수는 3개인데 방정식은 하나뿐이므로 해가 무수히 많아 부정(Undetermined)임을 알 수 있다. 주어진 연립방정식을 x에 대하여 풀어보면 다음과 같다.

$$x=-3y-z$$

여기에서 y와 z를 임의의 상수 c_1과 c_2로 가정하면

$$y=c_1, \quad z=c_2$$

이므로 x를 c_1과 c_2로 다음과 같이 표현할 수 있다.

$$x=-3c_1-c_2$$

x, y, z를 모두 모아 보면 다음과 같다.

$$\begin{cases} x=-3c_1-c_2 \\ y=c_1 \\ z=c_2 \end{cases} \qquad \therefore \begin{pmatrix} x \\ y \\ z \end{pmatrix}=c_1\begin{pmatrix} -3 \\ 1 \\ 0 \end{pmatrix}+c_2\begin{pmatrix} -1 \\ 0 \\ 1 \end{pmatrix}$$

결국 주어진 연립방정식의 해가 무수히 많다고 해도 위의 표현과 같이 두 개의 열 벡터의 선형결합(Linear Combination)으로 표현할 수 있는 것이다.

지금까지 설명한 Gauss 소거법에 대한 개념도를 [그림 6.2]에 나타내었다.

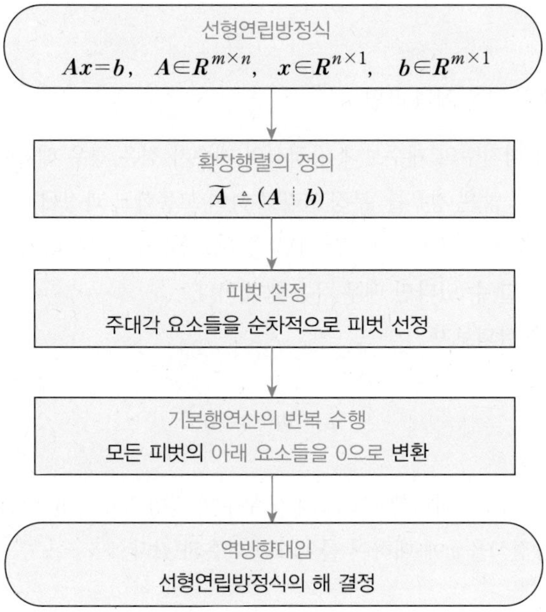

[그림 6.2] Gauss 소거법의 개념도

6.5 Gauss-Jordan 소거법

Gauss 소거법의 과정은 확장행렬 $\widetilde{\boldsymbol{A}}$ 의 주대각요소를 피벗으로 선택한 다음, 기본행연산을 통하여 피벗 아래 요소들을 모두 0으로 만들었으나 독일의 측지학자인 W. Jordan이 Gauss 소거법을 수정하였다. Jordan은 피벗을 선택한 다음, 기본행연산을 통하여 피벗의 아래 요소뿐만 아니라 위의 요소까지도 모두 0으로 만드는 이른바 Gauss-Jordan 소거법(Gauss-Jordan Elimination)을 제안하였다.

Gauss-Jordan 소거법을 사용하게 되면 선형연립방정식의 해를 Gauss 소거법보다 훨씬 간편하게 구할 수 있어 실제 많이 사용된다. Gauss-Jordan 소거법을 [정리 6.4]에 나타내었다.

정리 6.4 Gauss-Jordan 소거법

다음과 같이 행렬로 표현되는 선형연립방정식

$$\boldsymbol{Ax}=\boldsymbol{b},\ \ \boldsymbol{A}\in\boldsymbol{R}^{m\times n},\ \ \boldsymbol{x}\in\boldsymbol{R}^{n\times 1},\ \ \boldsymbol{b}\in\boldsymbol{R}^{m\times 1}$$

에서 계수행렬 $\boldsymbol{A}$와 $\boldsymbol{b}$로 이루어진 확장행렬을 $\widetilde{\boldsymbol{A}} \triangleq (\boldsymbol{A}:\boldsymbol{b})$라고 정의하자. 확장행렬 $\widetilde{\boldsymbol{A}}$에 대하여 다음의 과정을 수행하면 주어진 선형연립방정식의 해를 체계적으로 구할 수 있다.

① 확장행렬 $\widetilde{\boldsymbol{A}}$ 의 주대각요소 $a_{11}\neq 0$을 피벗(Pivot)으로 선택한 다음, 기본행연산을 통하여 a_{11} 의 아래 요소들을 모두 0으로 만든다. 만일, $a_{11}=0$이면 행교환을 통해 a_{11} 이 0이 되지 않도록 한다.

② 단계 ①에서 얻어진 행렬에서 두 번째 주대각요소를 피벗으로 선택하여 피벗의 위와 아래의 모든 요소들을 0으로 만든다.

③ 단계 ②의 과정을 모든 주대각요소에 대하여 반복함으로써 선형연립방정식의 해를 구한다.

다음의 예제들을 통하여 Gauss-Jordan 소거법을 살펴본다.

예제 6.16

다음 연립방정식의 해를 Gauss−Jordan 소거법을 이용하여 구하라.

$$\begin{pmatrix} 2 & 1 \\ 1 & 3 \end{pmatrix}\begin{pmatrix} x \\ y \end{pmatrix}=\begin{pmatrix} 4 \\ 7 \end{pmatrix}$$

풀이

주어진 연립방정식으로부터 확장행렬 $\widetilde{\boldsymbol{A}}=(\boldsymbol{A}:\boldsymbol{b})$를 구성하여 기본행연산을 수행하면 다음과 같다.

$$\widetilde{\boldsymbol{A}}=\left(\begin{array}{cc|c} 2 & 1 & 4 \\ 1 & 3 & 7 \end{array}\right)$$

① 1행에 $\frac{1}{2}$을 곱한다. $\left[\left(\frac{1}{2}\right)\times R_1\right]$

$$\left(\begin{array}{cc|c} ① & \frac{1}{2} & 2 \\ 1 & 3 & 7 \end{array}\right)$$

② 1행에 −1을 곱하여 2행에 더한다. $[(-1)\times R_1+R_2]$

$$\left(\begin{array}{cc|c} 1 & \frac{1}{2} & 2 \\ 0 & \frac{5}{2} & 5 \end{array}\right)$$

③ 2행에 $\frac{2}{5}$를 곱한다. $\left[\left(\frac{2}{5}\right)\times R_2\right]$

$$\left(\begin{array}{cc|c} 1 & \frac{1}{2} & 2 \\ 0 & ① & 2 \end{array}\right)$$

④ 2행에 $-\frac{1}{2}$을 곱하여 1행에 더한다. $\left[\left(-\frac{1}{2}\right)\times R_2+R_1\right]$

$$\left(\begin{array}{cc|c} 1 & 0 & 1 \\ 0 & 1 & 2 \end{array}\right)$$

위의 행렬로부터 $x=1$, $y=2$가 구해진다.

여기서 잠깐! **Gauss–Jordan 소거법의 피벗**

〈예제 6.16〉의 풀이 과정에서 알 수 있듯이 피벗(Pivot)을 정수로 만들어서 기본행연산을 적용하는 것이 계산 과정을 간단하게 만든다.

Gauss–Jordan 소거법의 최종 단계에서는 피벗의 위와 아래 요소들이 모두 0이 되기 때문에 방정식의 해를 구하는 과정에서 Gauss 소거법에서와 같이 역방향대입하는 과정이 필요없음을 알 수 있다.

Gauss–Jordan 소거법을 진행하는 과정에서 피벗이 0이 되면 Gauss–Jordan 소거법을 계속 진행할 수 없게 되는데, 이때는 연립방정식의 해가 존재하지 않거나 무수히 많은 경우이다.

예제 6.17

〈예제 6.13〉의 연립방정식을 Gauss–Jordan 소거법을 이용하여 해를 구하라.

$$\begin{pmatrix} 1 & 1 & 2 \\ 2 & 4 & -3 \\ 3 & 6 & -5 \end{pmatrix}\begin{pmatrix} x_1 \\ x_2 \\ x_3 \end{pmatrix}=\begin{pmatrix} 9 \\ 1 \\ 0 \end{pmatrix}$$

풀이

확장행렬 $\widetilde{A}$ 를 구성하여 기본행연산을 수행하면 다음과 같다.

$$\widetilde{A}=\left(\begin{array}{ccc|c} \textcircled{1} & 1 & 2 & 9 \\ 2 & 4 & -3 & 1 \\ 3 & 6 & -5 & 0 \end{array}\right)$$

① 1행에 −2를 곱하여 2행에 더한다. $[(-2)\times R_1+R_2]$

$$\left(\begin{array}{ccc|c} 1 & 1 & 2 & 9 \\ 0 & 2 & -7 & -17 \\ 3 & 6 & -5 & 0 \end{array}\right)$$

② 1행에 −3을 곱하여 3행에 더한다. $[(-3)\times R_1+R_3]$

$$\left(\begin{array}{ccc|c} 1 & 1 & 2 & 9 \\ 0 & \textcircled{2} & -7 & -17 \\ 0 & 3 & -11 & -27 \end{array}\right)$$

③ 2행에 $-\frac{1}{2}$을 곱하여 1행에 더한다. $\left[\left(-\frac{1}{2}\right)\times R_2+R_1\right]$

$$\left(\begin{array}{ccc|c} 1 & 0 & \frac{11}{2} & \frac{35}{2} \\ 0 & 2 & -7 & -17 \\ 0 & 3 & -11 & -27 \end{array}\right)$$

④ 2행에 $-\frac{3}{2}$을 곱하여 3행에 더한다. $\left[\left(-\frac{3}{2}\right)\times R_2+R_3\right]$

$$\left(\begin{array}{ccc|c} 1 & 0 & \frac{11}{2} & \frac{35}{2} \\ 0 & 2 & -7 & -17 \\ 0 & 0 & -\frac{1}{2} & -\frac{3}{2} \end{array}\right)$$

⑤ 3행에 −2를 곱한다. $[(-2)\times R_3]$

$$\left(\begin{array}{ccc|c} 1 & 0 & \frac{11}{2} & \frac{35}{2} \\ 0 & 2 & -7 & -17 \\ 0 & 0 & ① & 3 \end{array}\right)$$

⑥ 3행에 7을 곱하여 2행에 더한다. $[(7)\times R_3+R_2]$

$$\left(\begin{array}{ccc|c} 1 & 0 & \frac{11}{2} & \frac{35}{2} \\ 0 & 2 & 0 & 4 \\ 0 & 0 & 1 & 3 \end{array}\right)$$

⑦ 3행에 $-\frac{11}{2}$을 곱하여 1행에 더한다. $\left[\left(-\frac{11}{2}\right)\times R_3+R_1\right]$

$$\left(\begin{array}{ccc|c} 1 & 0 & 0 & 1 \\ 0 & 2 & 0 & 4 \\ 0 & 0 & 1 & 3 \end{array}\right)$$

따라서 $x_1=1$, $2x_2=4$로부터 $x_2=2$, $x_3=3$이다.

예제 6.18

다음 연립방정식의 해를 Gauss-Jordan 소거법을 이용하여 구하라.

(1) $\begin{pmatrix} 2 & 2 \\ -1 & -1 \end{pmatrix}\begin{pmatrix} x \\ y \end{pmatrix}=\begin{pmatrix} 10 \\ -5 \end{pmatrix}$

(2) $\begin{pmatrix} 1 & 1 \\ 2 & 2 \end{pmatrix}\begin{pmatrix} x \\ y \end{pmatrix}=\begin{pmatrix} 5 \\ 6 \end{pmatrix}$

풀이

(1) 확장행렬 $\tilde{A}$ 를 구성하여 기본행연산을 수행하면 다음과 같다.

$$\tilde{A}=\left(\begin{array}{cc|c} ② & 2 & 10 \\ -1 & -1 & -5 \end{array}\right)$$

① 1행에 $\frac{1}{2}$ 을 곱하여 2행에 더한다. $\left[\left(\frac{1}{2}\right)\times R_1+R_2\right]$

$$\left(\begin{array}{cc|c} 2 & 2 & 10 \\ 0 & 0 & 0 \end{array}\right)$$

2행에서 피벗으로 선택할 수 있는 요소가 없으므로 Gauss-Jordan 소거법은 더이상 진행되지 못한다. 위의 행렬을 방정식으로 표현해 보면

$$\begin{cases} 2x+2y=10 \\ 0x+0y=0 \end{cases} \longrightarrow 2x+2y=10$$

이므로 해가 무수히 많다. x에 대하여 정리하고 y를 상수 c로 놓으면 해를 다음과 같이 표현할 수 있다.

$$\begin{aligned} x&=5-y=5-c \\ y&=c \end{aligned} \qquad \therefore \begin{pmatrix} x \\ y \end{pmatrix}=\begin{pmatrix} 5 \\ 0 \end{pmatrix}+c\begin{pmatrix} -1 \\ 1 \end{pmatrix}$$

(2) 확장행렬 $\tilde{A}$ 를 구성하여 기본행연산을 수행하면 다음과 같다.

$$\tilde{A}=\left(\begin{array}{cc|c} 1 & 1 & 5 \\ 2 & 2 & 6 \end{array}\right)$$

① 1행에 -2를 곱하여 2행에 더한다. $[(-2)\times R_1 + R_2]$

$$\left(\begin{array}{cc|c} 1 & 1 & 5 \\ 0 & 0 & -4 \end{array}\right)$$

2행에서 피벗으로 선택할 수 있는 요소가 없으므로 Gauss-Jordan 소거법은 더이상 진행되지 못한다. 위의 행렬을 방정식으로 표현해 보면

$$\begin{cases} x+y=5 \\ 0x+0y=-4 \end{cases}$$

이 되므로 해가 존재하지 않음을 알 수 있다.

예제 6.19

다음 연립방정식의 해를 Gauss-Jordan 소거법을 이용하여 구하라.

$$\begin{cases} x_1+x_2+2x_3=4 \\ 2x_1-3x_2+x_3=7 \\ -x_1+4x_2-3x_3=-11 \end{cases}$$

풀이

먼저 주어진 연립방정식을 행렬로 표현하고 확장행렬 $\widetilde{A}$ 를 구성하여 기본행연산을 수행하면 다음과 같다.

$$\widetilde{A}=\left(\begin{array}{ccc|c} \textcircled{1} & 1 & 2 & 4 \\ 2 & -3 & 1 & 7 \\ -1 & 4 & -3 & -11 \end{array}\right)$$

① 1행에 -2를 곱하여 2행에 더한다. $[(-2)\times R_1 + R_2]$

$$\left(\begin{array}{ccc|c} 1 & 1 & 2 & 4 \\ 0 & -5 & -3 & -1 \\ -1 & 4 & -3 & -11 \end{array}\right)$$

② 1행을 3행에 더한다. $[(1)\times R_1+R_3]$

$$\left(\begin{array}{ccc:c} 1 & 1 & 2 & 4 \\ 0 & -5 & -3 & -1 \\ 0 & 5 & -1 & -7 \end{array}\right)$$

③ 2행에 $-\frac{1}{5}$을 곱한다. $\left[\left(-\frac{1}{5}\right)\times R_2\right]$

$$\left(\begin{array}{ccc:c} 1 & 1 & 2 & 4 \\ 0 & \textcircled{1} & \frac{3}{5} & \frac{1}{5} \\ 0 & 5 & -1 & -7 \end{array}\right)$$

④ 2행에 −5를 곱하여 3행에 더한다. $[(-5)\times R_2+R_3]$

$$\left(\begin{array}{ccc:c} 1 & 1 & 2 & 4 \\ 0 & 1 & \frac{3}{5} & \frac{1}{5} \\ 0 & 0 & -4 & -8 \end{array}\right)$$

⑤ 2행에 −1을 곱하여 1행에 더한다. $[(-1)\times R_2+R_1]$

$$\left(\begin{array}{ccc:c} 1 & 0 & \frac{7}{5} & \frac{19}{5} \\ 0 & 1 & \frac{3}{5} & \frac{1}{5} \\ 0 & 0 & -4 & -8 \end{array}\right)$$

⑥ 3행에 $-\frac{1}{4}$을 곱한다. $\left[\left(-\frac{1}{4}\right)\times R_3\right]$

$$\left(\begin{array}{ccc:c} 1 & 0 & \frac{7}{5} & \frac{19}{5} \\ 0 & 1 & \frac{3}{5} & \frac{1}{5} \\ 0 & 0 & \textcircled{1} & 2 \end{array}\right)$$

⑦ 3행에 $-\frac{3}{5}$을 곱하여 2행에 더한다. $\left[\left(-\frac{3}{5}\right)\times R_3+R_2\right]$

$$\left(\begin{array}{ccc:c} 1 & 0 & \frac{7}{5} & \frac{19}{5} \\ 0 & 1 & 0 & -1 \\ 0 & 0 & 1 & 2 \end{array}\right)$$

⑧ 3행에 $-\frac{7}{5}$을 곱하여 1행에 더한다. $\left[\left(-\frac{7}{5}\right)\times R_3+R_1\right]$

$$\left(\begin{array}{ccc|c} 1 & 0 & 0 & 1 \\ 0 & 1 & 0 & -1 \\ 0 & 0 & 1 & 2 \end{array}\right)$$

따라서 위의 행렬로부터 $x_1=1$, $x_2=-1$, $x_3=2$를 얻을 수 있다.

위의 예제들로부터 Gauss-Jordan 소거법은 Gauss 소거법에서 역방향 대입(Backward Substitution) 과정을 제거한 것으로 이해할 수 있으며, 역방향 대입이 제거된 대신에 기본행연산을 추가적으로 수행해야 한다는 것에 주목하라.

지금까지 연립방정식의 해를 구하는 절차를 설명한 Gauss-Jordan 소거법에 대한 개념도를 [그림 6.3]에 나타내었다.

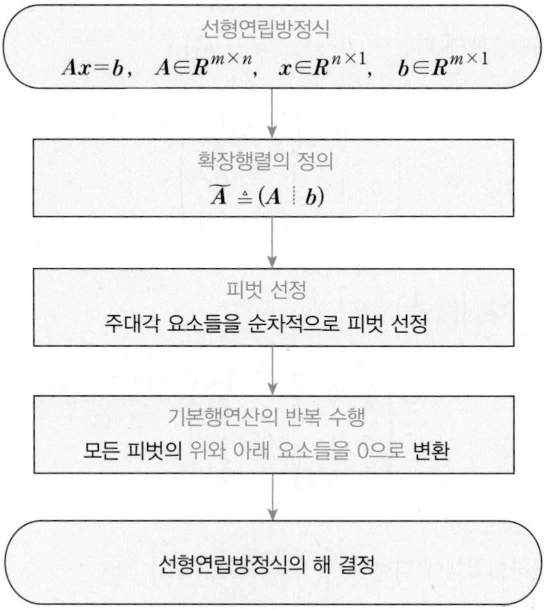

[그림 6.3] Gauss-Jordan 소거법의 개념도

6.6 행렬식의 정의와 성질

행렬식(Determinant)은 원래 선형연립방정식의 해를 구하기 위해 소개되었으나, 행렬식의 차수가 큰 경우에는 계산하는 데 많은 노력과 시간이 소요되므로 그다지 실용적이지는 않지만 많은 공학적인 응용에서 여전히 사용되고 있다.

(1) 행렬식의 정의와 계산

행렬식은 정방행렬에 대해서만 정의할 수 있으며, 행렬 $\boldsymbol{A} \in \boldsymbol{R}^{n\times n}$에 대한 행렬식은 det($\boldsymbol{A}$) 또는 $|\boldsymbol{A}|$로 표기한다.

$$\boldsymbol{A}=\begin{pmatrix} a_{11} & a_{12} & \cdots & a_{1n} \\ a_{21} & a_{22} & \cdots & a_{2n} \\ \vdots & \vdots & & \vdots \\ a_{n1} & a_{n2} & \cdots & a_{nn} \end{pmatrix} \in \boldsymbol{R}^{n\times n}$$

$$\det(\boldsymbol{A})=|\boldsymbol{A}|=\begin{vmatrix} a_{11} & a_{12} & \cdots & a_{1n} \\ a_{21} & a_{22} & \cdots & a_{2n} \\ \vdots & \vdots & & \vdots \\ a_{n1} & a_{n2} & \cdots & a_{nn} \end{vmatrix} \tag{51}$$

식(51)에서 행렬식의 표기 $|\boldsymbol{A}|$는 절대값 기호와 같은 기호를 사용하지만 의미는 전혀 다르다는 것에 주의하라. 행렬식은 순열(Permutation)의 개념을 이용하여 정의할 수 있지만, 다분히 수학적이라서 공학적인 목적을 위해 다음과 같이 간단히 정의하도록 한다.

① 1차 행렬식

먼저, 1×1행렬 $\boldsymbol{A}=(a)$에 대하여 det($\boldsymbol{A}$)는 다음과 같이 정의하는 것으로부터 시작한다.

$$\det(\boldsymbol{A})=|a| \triangleq a \tag{52}$$

예를 들어, 1×1행렬 $\boldsymbol{A}=(-3)$이라면 $\det(\boldsymbol{A})=|-3|=-3$이 되며, 실수의 절대값의 의미와는 전혀 다르다는 것에 주의하라.

② 2차 행렬식

다음으로, 2×2행렬 A의 행렬식은 다음과 같이 정의한다.

$$A = \begin{pmatrix} a_{11} & a_{12} \\ a_{21} & a_{22} \end{pmatrix} \in R^{2 \times 2}$$

$$\det(A) = |A| = \begin{vmatrix} a_{11} & a_{12} \\ a_{21} & a_{22} \end{vmatrix} = a_{11}a_{22} - a_{12}a_{21} \tag{53}$$

예를 들어, 행렬 $A \in R^{2 \times 2}$가 다음과 같을 때 $\det(A)$는 다음과 같다.

$$A = \begin{pmatrix} 1 & 2 \\ 3 & 4 \end{pmatrix}, \ \det(A) = 1 \cdot 4 - 2 \cdot 3 = -2$$

③ 3차 행렬식

3×3 행렬 A의 행렬식을 다음과 같이 정의한다.

$$A = \begin{pmatrix} a_{11} & a_{12} & a_{13} \\ a_{21} & a_{22} & a_{23} \\ a_{31} & a_{32} & a_{33} \end{pmatrix} \in R^{3 \times 3}$$

$$\begin{aligned} \det(A) &= \begin{vmatrix} a_{11} & a_{12} & a_{13} \\ a_{21} & a_{22} & a_{23} \\ a_{31} & a_{32} & a_{33} \end{vmatrix} \\ &= a_{11}a_{22}a_{33} + a_{12}a_{23}a_{31} + a_{21}a_{32}a_{13} \\ &\quad - a_{13}a_{22}a_{31} - a_{12}a_{21}a_{33} - a_{23}a_{32}a_{11} \end{aligned} \tag{54}$$

식(54)는 식(55)와 식(56)을 이용하여 기억하면 편리하다.

$$\begin{vmatrix} a_{11} & a_{12} & a_{13} \\ a_{21} & a_{22} & a_{23} \\ a_{31} & a_{32} & a_{33} \end{vmatrix} \quad \begin{matrix} + a_{12}a_{23}a_{31} \\ + a_{21}a_{32}a_{13} \\ + a_{11}a_{22}a_{33} \end{matrix} \tag{55}$$

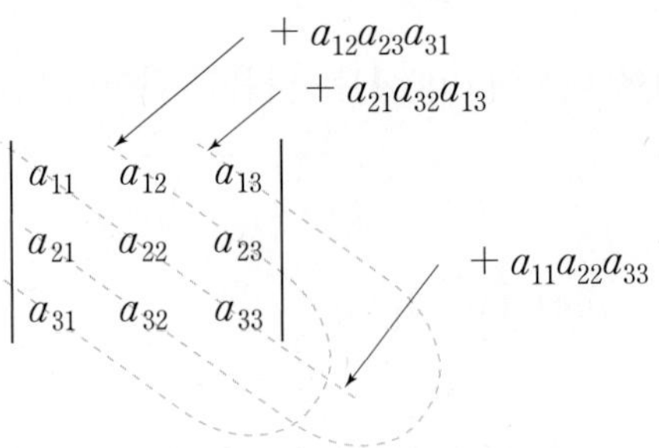

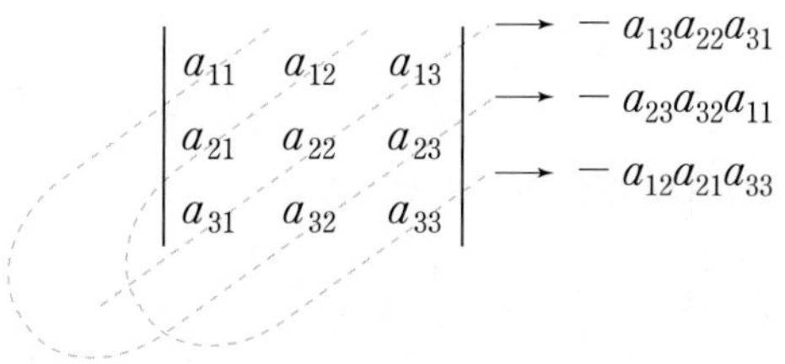

$$\begin{vmatrix} a_{11} & a_{12} & a_{13} \\ a_{21} & a_{22} & a_{23} \\ a_{31} & a_{32} & a_{33} \end{vmatrix} \begin{array}{l} \longrightarrow -a_{13}a_{22}a_{31} \\ \longrightarrow -a_{23}a_{32}a_{11} \\ \longrightarrow -a_{12}a_{21}a_{33} \end{array} \qquad (56)$$

예제 6.20

다음 행렬식을 계산하라.

(1) $\begin{vmatrix} 2 & 4 \\ 3 & -1 \end{vmatrix}$ (2) $\begin{vmatrix} 1 & -1 & 0 \\ 2 & 3 & 3 \\ -1 & 0 & 1 \end{vmatrix}$

풀이

(1) $\begin{vmatrix} 2 & 4 \\ 3 & -1 \end{vmatrix} = 2\times(-1)-4\times3=-14$

(2) $\begin{vmatrix} 1 & -1 & 0 \\ 2 & 3 & 3 \\ -1 & 0 & 1 \end{vmatrix} = 3+3+0-0-(-2)-0=8$

예제 6.21

다음 행렬식의 값이 1이 되도록 상수 a의 값을 구하라.

$$\begin{vmatrix} a-1 & 0 & 1 \\ 1 & 1 & 1 \\ 0 & 1 & a \end{vmatrix} = 1$$

풀이

먼저 행렬식을 계산하면

$$\begin{vmatrix} a-1 & 0 & 1 \\ 1 & 1 & 1 \\ 0 & 1 & a \end{vmatrix} = (a-1)a+1-(a-1)=a^2-2a+2$$

이므로 주어진 조건으로부터 다음 관계가 얻어진다.

$$a^2-2a+2=1$$
$$a^2-2a+1=0,\quad (a-1)^2=0$$

$$\therefore\ a=1$$

그런데 3×3행렬의 행렬식까지는 공식이 있어서 대입하여 행렬식을 계산할 수 있지만, 4차 이상의 행렬식은 기억하기 쉬운 공식이 없기 때문에 다른 방법으로 행렬식을 계산해야 한다. 이에 대해서는 6.7절에서 살펴본다.

(2) 행렬식의 성질

다음에 열거한 내용은 행렬식의 일반적인 성질을 나타낸 것이며, 이 성질들을 적절히 활용하면 쉽게 행렬식의 값을 구할 수 있다. 행렬식의 여러 가지 성질들에 대한 증명은 공학적인 관점에서는 그다지 필요한 내용이 아니기 때문에 그 결과만을 소개하도록 한다.

정리 6.5 행렬식의 성질 ①

$n\times n$ 정방행렬 $\boldsymbol{A}$에서 임의의 두 행(또는 열)이 같으면 행렬식의 값은 0이 된다.

$$\det(\boldsymbol{A})=0$$

예를 들어, 2행과 3행이 같은 행렬 $\boldsymbol{A}$의 행렬식 값을 구해보면 $\det(\boldsymbol{A})=0$이 되므로 [정리 6.5]가 성립한다는 것을 확인할 수 있다.

$$\det(\boldsymbol{A})=\begin{vmatrix} 1 & -1 & 3 \\ 1 & 3 & 4 \\ 1 & 3 & 4 \end{vmatrix}=12-4+9-9+4-12=0 \tag{57}$$

정리 6.6 행렬식의 성질 ②

$n\times n$ 정방행렬 $\boldsymbol{A}$에서 임의의 두 행(또는 열)을 서로 바꾸면, 행렬식 값은 같고 부호만 반대이다.

예를 들어, 행렬 $\boldsymbol{A}$의 1행과 2행을 서로 교환한 행렬 $\widetilde{\boldsymbol{A}}$ 의 행렬식을 구해보자.

$$A = \begin{pmatrix} 1 & -1 & 0 \\ 2 & 0 & 1 \\ 3 & 2 & 2 \end{pmatrix}, \quad \widetilde{A} = \begin{pmatrix} 2 & 0 & 1 \\ 1 & -1 & 0 \\ 3 & 2 & 2 \end{pmatrix}$$

$$\det(A) = -3+4-2 = -1$$
$$\det(\widetilde{A}) = -4+2+3 = 1$$

$\det(A) = -\det(\widetilde{A})$ 이므로 [정리 6.6]이 성립한다는 것을 확인할 수 있다.

정리 6.7 행렬식의 성질 ③

$n \times n$ 행렬 A와 전치행렬 A^T의 행렬식 값은 서로 같다.

$$\det(A) = \det(A^T)$$

예를 들어, 행렬 A와 전치행렬 A^T의 행렬식 값을 각각 구해보자.

$$A = \begin{pmatrix} 1 & -1 & 0 \\ 2 & 0 & 1 \\ 3 & 2 & 2 \end{pmatrix}, \quad A^T = \begin{pmatrix} 1 & 2 & 3 \\ -1 & 0 & 2 \\ 0 & 1 & 2 \end{pmatrix}$$

$$\det(A) = -3+4-2 = -1$$
$$\det(A^T) = -3+4-2 = -1$$

$\det(A) = \det(A^T)$ 이므로 [정리 6.7]이 성립한다는 것을 확인할 수 있다.

정리 6.8 행렬식의 성질 ④

$A, B \in R^{n \times n}$ 이면 다음의 관계가 성립한다.

$$\det(AB) = \det(A)\det(B)$$

예를 들어, 행렬 A와 B가 다음과 같을 때 AB를 계산해본다.

$$A=\begin{pmatrix}1&2\\3&2\end{pmatrix},\ B=\begin{pmatrix}-1&2\\1&0\end{pmatrix}$$
$$AB=\begin{pmatrix}1&2\\3&2\end{pmatrix}\begin{pmatrix}-1&2\\1&0\end{pmatrix}=\begin{pmatrix}1&2\\-1&6\end{pmatrix}$$

$$\det(AB)=6+2=8$$
$$\det(A)=2-6=-4,\quad \det(B)=-2$$

$\det(AB)=\det(A)\cdot\det(B)$이므로 [정리 6.8]이 성립한다는 것을 확인할 수 있다.

정리 6.9 행렬식의 성질 ⑤

행렬식의 한 행(또는 열)에 0이 아닌 스칼라 k를 곱하면, 행렬식 값은 원래 행렬식 값의 k배가 된다.

예를 들어, 행렬 A가 다음과 같을 때 행렬 A의 1행에 스칼라 2를 곱한 행렬을 $\widetilde{A}$라고 하자.

$$A=\begin{pmatrix}4&3\\-1&2\end{pmatrix},\ \widetilde{A}=\begin{pmatrix}4\times2&3\times2\\-1&2\end{pmatrix}=\begin{pmatrix}8&6\\-1&2\end{pmatrix}$$

$$\det(A)=8+3=11$$
$$\det(\widetilde{A})=16+6=22$$

$\det(\widetilde{A})=2\det(A)$이므로 [정리 6.9]가 성립한다는 것을 확인할 수 있다.

정리 6.10 행렬식의 성질 ⑥

$n\times n$ 행렬 A의 한 행(또는 열)에 있는 모든 요소가 0이면 $\det(A)=0$이다.

예를 들어, 2행의 모든 요소가 0인 행렬 A의 행렬식 값을 구해보자.

$$\det(A)=\begin{vmatrix}1&2&-1\\0&0&0\\-1&3&1\end{vmatrix}=0$$

$\det(\boldsymbol{A})=0$ 이므로 [정리 6.10]이 성립한다는 것을 확인할 수 있다.

정리 6.11 행렬식의 성질 ⑦

$n \times n$ 행렬 $\boldsymbol{A}$가 삼각행렬이면 $\boldsymbol{A}$의 행렬식 $\det(\boldsymbol{A})$는 다음과 같이 주대각요소들의 곱이 된다.

$$\det(\boldsymbol{A})=a_{11}a_{22}\cdots a_{nn}$$

예를 들어, 삼각행렬 $\boldsymbol{A}$가 다음과 같을 때 $\det(\boldsymbol{A})$를 구해보자.

$$\boldsymbol{A}=\begin{pmatrix} 1 & 2 & 3 \\ 0 & 4 & -1 \\ 0 & 0 & 2 \end{pmatrix},\ \det(\boldsymbol{A})=8$$

$\det(\boldsymbol{A})=1\times4\times2=8$ 이므로 [정리 6.11]이 성립한다는 것을 확인할 수 있다.

정리 6.12 행렬식의 성질 ⑧

행렬식의 한 행(또는 열)에 0이 아닌 스칼라 k를 곱하여 다른 행(또는 열)에 더하여도 행렬식의 값은 변하지 않는다.

예를 들어, 행렬 $\boldsymbol{A}$가 다음과 같을 때, 1행에 스칼라 3을 곱해 2행에 더한 행렬 $\widetilde{\boldsymbol{A}}$를 구해본다.

$$\boldsymbol{A}=\begin{pmatrix} 1 & -1 & 2 \\ 0 & 3 & 1 \\ 2 & 4 & 1 \end{pmatrix} \xrightarrow{1\text{행}\times3+2\text{ 행}} \widetilde{\boldsymbol{A}}=\begin{pmatrix} 1 & -1 & 2 \\ 3 & 0 & 7 \\ 2 & 4 & 1 \end{pmatrix}$$

$$\det(\boldsymbol{A})=3-2-12-4=-15$$
$$\det(\widetilde{\boldsymbol{A}})=-14+24+3-28=-15$$

$\det(\boldsymbol{A})=\det(\widetilde{\boldsymbol{A}})$ 이므로 [정리 6.12]가 성립한다는 것을 확인할 수 있다.

지금까지 행렬식의 중요한 성질에 대하여 살펴보았다. 특히 [정리 6.12]의 성질은 고차 행렬식의 값을 구하는데 매우 유용한 성질이므로 반드시 기억해두기 바란다.

예제 6.22

행렬 $\boldsymbol{A}$의 행렬식 값이 다음과 같다고 가정한다.

$$\det(\boldsymbol{A})=\begin{vmatrix} a & b & c \\ d & e & f \\ g & h & i \end{vmatrix}=5$$

이를 이용하여 다음 행렬식을 계산하라.

(1) $\begin{vmatrix} d & e & f \\ g & h & i \\ a & b & c \end{vmatrix}$ (2) $\begin{vmatrix} 2a & 2b & 2c \\ d & e & f \\ g-a & h-b & i-c \end{vmatrix}$

풀이

(1) $\begin{vmatrix} d & e & f \\ g & h & i \\ a & b & c \end{vmatrix}=-\begin{vmatrix} g & h & i \\ d & e & f \\ a & b & c \end{vmatrix}=-\left(-\begin{vmatrix} a & b & c \\ d & e & f \\ g & h & i \end{vmatrix}\right)=5$

(2) [정리 6.12]로부터 1행에 스칼라 (−1)을 곱하여 3행에 더하면 다음과 같다.

$$\begin{vmatrix} a & b & c \\ d & e & f \\ g & h & i \end{vmatrix}=\begin{vmatrix} a & b & c \\ d & e & f \\ g-a & h-b & i-c \end{vmatrix}$$

또한, 위의 행렬식에서 1행에 스칼라 2를 곱하면 다음과 같다.

$$\begin{vmatrix} 2a & 2b & 2c \\ d & e & f \\ g-a & h-b & i-c \end{vmatrix}=2\begin{vmatrix} a & b & c \\ d & e & f \\ g-a & h-b & i-c \end{vmatrix}=2\times5=10$$

여기서 잠깐! **스칼라 삼중적의 계산**

5장에서 다루었던 스칼라 삼중적 $\boldsymbol{a}\cdot(\boldsymbol{b}\times\boldsymbol{c})$를 계산해보자.

공간벡터 $\boldsymbol{a}, \boldsymbol{b}, \boldsymbol{c}$가 각각 다음과 같은 성분으로 표시된다고 가정한다.

$$\boldsymbol{a} = (a_1,\ a_2,\ a_3),\quad \boldsymbol{b} = (b_1,\ b_2,\ b_3),\quad \boldsymbol{c} = (c_1,\ c_2,\ c_3)$$

$\boldsymbol{a}\cdot(\boldsymbol{b}\times\boldsymbol{c})$를 계산하기 위하여 $\boldsymbol{b}\times\boldsymbol{c}$를 먼저 계산하면

$$\begin{aligned}\boldsymbol{b}\times\boldsymbol{c} &= \begin{vmatrix} \boldsymbol{a}_x & \boldsymbol{a}_y & \boldsymbol{a}_z \\ b_1 & b_2 & b_3 \\ c_1 & c_2 & c_3 \end{vmatrix} \\ &= (b_2c_3 - b_3c_2)\boldsymbol{a}_x + (b_3c_1 - b_1c_3)\boldsymbol{a}_y + (b_1c_2 - b_2c_1)\boldsymbol{a}_z\end{aligned}$$

이므로 $\boldsymbol{a}\cdot(\boldsymbol{b}\times\boldsymbol{c})$는 다음과 같다.

$$\begin{aligned}\boldsymbol{a}\cdot(\boldsymbol{b}\times\boldsymbol{c}) &= a_1(b_2c_3 - b_3c_2) + a_2(b_3c_1 - b_1c_3) + a_3(b_1c_2 - b_2c_1) \\ &= a_1b_2c_3 - a_1b_3c_2 + a_2b_3c_1 - a_2b_1c_3 + a_3b_1c_2 - a_3b_2c_1 \\ &= \begin{vmatrix} a_1 & a_2 & a_3 \\ b_1 & b_2 & b_3 \\ c_1 & c_2 & c_3 \end{vmatrix}\end{aligned}$$

예를 들어, $\boldsymbol{a} = (1,\ 2,\ 3)$, $\boldsymbol{b} = (1,\ 0,\ -1)$, $\boldsymbol{c} = (0,\ 1,\ 1)$이라 하면 $\boldsymbol{a}\cdot(\boldsymbol{b}\times\boldsymbol{c})$는 다음과 같다.

$$\boldsymbol{a}\cdot(\boldsymbol{b}\times\boldsymbol{c}) = \begin{vmatrix} 1 & 2 & 3 \\ 1 & 0 & -1 \\ 0 & 1 & 1 \end{vmatrix} = 3 - 2 + 1 = 2$$

5장에서 이미 살펴본 바와 같이 $\boldsymbol{a}\cdot(\boldsymbol{b}\times\boldsymbol{c})$는 벡터 $\boldsymbol{a}$, $\boldsymbol{b}$, $\boldsymbol{c}$가 만드는 평행육면체의 체적(Volume)이 된다는 것에 주목하라.

6.7 행렬식의 Laplace 전개

본 절에서는 여인수(Cofactor)에 의하여 행렬식을 계산하는 일반적인 방법에 대하여 살펴본다. 이에 대하여 설명하기에 앞서 소행렬식(Minor)과 여인수에 대해 정의한다.

(1) 소행렬식과 여인수

소행렬식 M_{ij}는 주어진 행렬식에서 i번째 행과 j번째 열을 제외한 나머지 요소들로 구성된 한 차수가 낮은 행렬식을 의미한다. 예를 들어, 3차 행렬식에서 여러 개의 소행렬식을 정의해 보자.

$$\det(\boldsymbol{A}) = \begin{vmatrix} a_{11} & a_{12} & a_{13} \\ a_{21} & a_{22} & a_{23} \\ a_{31} & a_{32} & a_{33} \end{vmatrix}$$

$$\begin{aligned} M_{11} &= \begin{vmatrix} a_{22} & a_{23} \\ a_{32} & a_{33} \end{vmatrix} \quad M_{12} = \begin{vmatrix} a_{21} & a_{23} \\ a_{31} & a_{33} \end{vmatrix} \quad M_{13} = \begin{vmatrix} a_{21} & a_{22} \\ a_{31} & a_{32} \end{vmatrix} \\ M_{21} &= \begin{vmatrix} a_{12} & a_{13} \\ a_{32} & a_{33} \end{vmatrix} \quad M_{22} = \begin{vmatrix} a_{11} & a_{13} \\ a_{31} & a_{33} \end{vmatrix} \quad M_{23} = \begin{vmatrix} a_{11} & a_{12} \\ a_{31} & a_{32} \end{vmatrix} \\ M_{31} &= \begin{vmatrix} a_{12} & a_{13} \\ a_{22} & a_{23} \end{vmatrix} \quad M_{32} = \begin{vmatrix} a_{11} & a_{13} \\ a_{21} & a_{23} \end{vmatrix} \quad M_{33} = \begin{vmatrix} a_{11} & a_{12} \\ a_{21} & a_{22} \end{vmatrix} \end{aligned} \tag{57}$$

또한, 여인수 C_{ij}는 소행렬식 M_{ij}에 i와 j의 합에 따라 부호를 붙힌 행렬식으로 다음과 같이 정의된다.

$$C_{ij} = (-1)^{i+j} M_{ij} \tag{58}$$

예를 들어, 식(57)의 소행렬식은 다음과 같이 여인수를 결정하는 데 이용된다.

$$\begin{aligned} &C_{11} = M_{11}, \quad && C_{12} = -M_{12}, \quad && C_{13} = M_{13} \\ &C_{21} = -M_{21}, \quad && C_{22} = M_{22}, \quad && C_{23} = -M_{23} \\ &C_{31} = M_{31}, \quad && C_{32} = -M_{32}, \quad && C_{33} = M_{33} \end{aligned}$$

여기서 잠깐! 소행렬식의 정의

다음의 3차 행렬식에 대하여 소행렬식을 구해본다.

$$\det(\boldsymbol{A}) = \begin{vmatrix} a_{11} & a_{12} & a_{13} \\ a_{21} & a_{22} & a_{23} \\ a_{31} & a_{32} & a_{33} \end{vmatrix}$$

예를 들어, 소행렬식 M_{11}, M_{12}를 구하면 다음과 같다.

$M_{11}=$ 행렬식에서 1행과 1열을 제외한 나머지 요소들로 구성
$M_{12}=$ 행렬식에서 1행과 2열을 제외한 나머지 요소들로 구성

$$\begin{vmatrix} a_{11} & a_{12} & a_{13} \\ a_{21} & a_{22} & a_{23} \\ a_{31} & a_{32} & a_{33} \end{vmatrix} \qquad \begin{vmatrix} a_{11} & a_{12} & a_{13} \\ a_{21} & a_{22} & a_{23} \\ a_{31} & a_{32} & a_{33} \end{vmatrix}$$

$$M_{11}=\begin{vmatrix} a_{22} & a_{23} \\ a_{32} & a_{33} \end{vmatrix} \qquad M_{12}=\begin{vmatrix} a_{21} & a_{23} \\ a_{31} & a_{33} \end{vmatrix}$$

(2) 행렬식의 Laplace 전개

지금까지 정의한 여인수를 이용하여 4차 이상의 행렬식을 계산할 수 있으며, 여인수를 이용한 행렬식 계산을 Laplace 전개(Laplace Expansion)라고 부른다.

행렬 $\boldsymbol{A} \in \boldsymbol{R}^{n\times n}$의 행렬식 $\det(\boldsymbol{A})$는 임의의 한 행을 선택하여 여인수 전개를 통해 다음과 같이 계산할 수 있다. Laplace 전개는 한 행을 i번째 행으로 선택하면 행렬식 $\det(\boldsymbol{A})$는

$$\det(\boldsymbol{A})=a_{i1}C_{i1}+a_{i2}C_{i2}+\cdots+a_{in}C_{in} \qquad (59)$$
$$\text{단, } C_{ij}=(-1)^{i+j}M_{ij}$$

이 된다는 것이며, 어떠한 행을 선택한다고 하더라도 행렬식 값은 변화가 없다.

한편, Laplace 전개 시에 임의의 한 행을 선택하지 않고 임의의 한 열을 선택하여 여인수로 전개하여도 결과는 동일하다. 한 열을 j번째 열로 선택하면 행렬식 $\det(\boldsymbol{A})$는

$$\det(\boldsymbol{A})=a_{1j}C_{1j}+a_{2j}C_{2j}+\cdots+a_{nj}C_{nj} \qquad (60)$$
$$\text{단, } C_{ij}=(-1)^{i+j}M_{ij}$$

가 되며, 어떠한 열을 선택한다고 하더라도 행렬식 값은 변화가 없다. 식(59)와 식(60)의 Laplace 전개에 대한 수학적인 증명은 공학적 관점에서는 그다지 중요하지 않으므로 증명을 생략한다.

[그림 6.4]에 Laplace 전개의 개념을 이해하기 쉽게 그림으로 나타내었다.

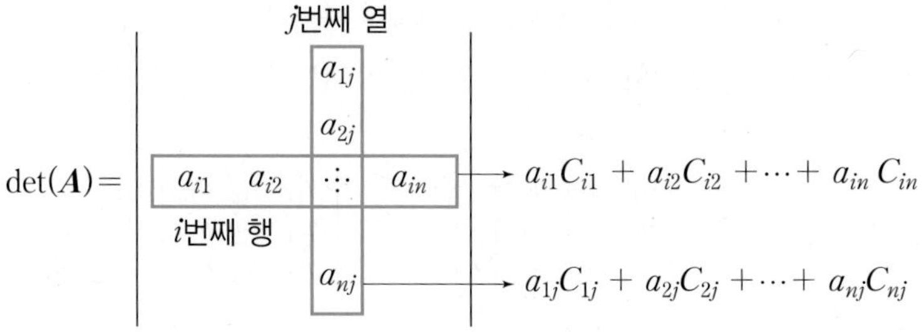

[그림 6.4] 행렬식의 Laplace 전개

행렬식의 Lapalce 전개는 임의의 한 행이나 한 열을 선택하여 전개를 하게 되는데, 어떤 행 또는 열을 선택하는가에 따라 계산량이 많이 줄어들게 된다. 행과 열을 선택하는 요령은 가능하면 행렬의 요소 중에 0이 많은 행이나 열을 선택하면 0에 해당되는 여인수는 계산할 필요가 없으므로 계산량을 줄일 수 있다는 사실에 주목하라.

예제 6.23

다음 행렬식의 값을 계산하라.

$$\det(\boldsymbol{A})=\begin{vmatrix} 1 & 2 & -1 & 0 \\ 1 & 0 & 0 & 1 \\ -3 & 4 & 4 & 5 \\ 0 & 1 & 0 & 1 \end{vmatrix}$$

풀이

주어진 행렬식을 살펴보면 2행과 3열이 0을 2개 포함하고 있으므로 2행이나 3열 중 아무것이나 선택해서 여인수로 전개하면 된다. 여기서는 편의상 2행에 대해 여인수 전개를 한다. $a_{21}=1$과 $a_{24}=1$에 대한 여인수만 계산하면

$$C_{21}=(-1)^{2+1}\begin{vmatrix} 2 & -1 & 0 \\ 4 & 4 & 5 \\ 1 & 0 & 1 \end{vmatrix}=-7$$

$$C_{24}=(-1)^{2+4}\begin{vmatrix} 1 & 2 & -1 \\ -3 & 4 & 4 \\ 0 & 1 & 0 \end{vmatrix}=-1$$

이 되므로 $\det(\boldsymbol{A})$는 다음과 같다.

$$\det(\boldsymbol{A})=(1)\cdot C_{21}+0\cdot C_{22}+0\cdot C_{23}+(1)C_{24}=-8$$

예제 6.24

다음의 5차 행렬식의 값을 구하라.

$$\det(\boldsymbol{A})=\begin{vmatrix} 3 & 2 & 0 & 1 & -1 \\ 0 & 1 & 4 & 2 & 3 \\ 0 & 0 & 2 & -1 & 1 \\ 0 & 0 & 0 & 4 & 3 \\ 0 & 0 & 0 & 0 & 2 \end{vmatrix}$$

풀이

행렬식에서 5번째 행에 가장 많은 0이 포함되어 있기 때문에 5번째 행을 선택하여 여인수 전개를 하고 순차적으로 여인수 전개를 반복하면 다음과 같다.

$$\det(\boldsymbol{A})=2C_{55}=2(4C_{44})=2(4\cdot 2C_{33})=2\cdot 4\cdot 2\begin{vmatrix} 3 & 2 \\ 0 & 1 \end{vmatrix}$$

$$\therefore\ \det(\boldsymbol{A})=48$$

예제 6.25

다음 3차 행렬식의 값을 Laplace 전개를 이용하여 구하라.

$$\det(\boldsymbol{A})=\begin{vmatrix} 1 & 2 & 0 \\ 1 & 0 & 3 \\ 4 & 1 & -1 \end{vmatrix}$$

풀이

1행에 대하여 Laplace 전개를 적용한다.

$$\det(\boldsymbol{A})=a_{11}C_{11}+a_{12}C_{12}+a_{13}C_{13}=C_{11}+2C_{12}$$

$$C_{11}=(-1)^2M_{11}=M_{11}=\begin{vmatrix} 0 & 3 \\ 1 & -1 \end{vmatrix}=-3$$

$$C_{12}=(-1)^3M_{12}=-M_{12}=-\begin{vmatrix} 1 & 3 \\ 4 & -1 \end{vmatrix}=-(-13)=13$$

$$\therefore\ \det(\boldsymbol{A})=C_{11}+2C_{12}=-3+2\times 13=23$$

다음으로 행렬식의 성질 [정리 6.12]를 이용하여 행렬식의 가능한 한 많은 요소를 0으로 만든다면 Laplace 전개를 쉽게 수행할 수 있다는 사실에 주목하기 바란다.

예를 들어, 다음의 3 × 3 행렬 $\boldsymbol{A}$의 행렬식을 계산하기 위해 [정리 6.12]의 성질을 이용하면 행렬식 값의 변화가 없이 다음과 같이 1열에 많은 0이 포함되도록 할 수 있다. 즉,

$$\begin{vmatrix} 1 & 2 & 3 \\ -1 & -3 & 4 \\ 2 & 1 & 5 \end{vmatrix} \xrightarrow[\text{더한다}]{\text{1행을 2행에}} \begin{vmatrix} 1 & 2 & 3 \\ 0 & -1 & 7 \\ 2 & 1 & 5 \end{vmatrix} \xrightarrow[\text{하여 3행에 더한다}]{\text{1행에 (−2)배를}} \begin{vmatrix} 1 & 2 & 3 \\ 0 & -1 & 7 \\ 0 & -3 & -1 \end{vmatrix}$$

이므로 Laplace 전개를 1열에 적용하면 행렬식 값을 쉽게 구할 수 있다.

예제 6.26

다음 행렬식의 값을 행렬식의 성질을 이용하여 구하라.

(1) $\det(\boldsymbol{A}) = \begin{vmatrix} 0 & 5 & 0 & 6 \\ 2 & 1 & 0 & 8 \\ 0 & 2 & 0 & -9 \\ 0 & 6 & 0 & 4 \end{vmatrix}$ (2) $\det(\boldsymbol{B}) = \begin{vmatrix} 1 & 0 & 1 & 3 \\ -2 & 4 & 1 & 1 \\ 3 & -1 & 0 & 5 \\ -4 & 4 & 1 & 0 \end{vmatrix}$

풀이

(1) 행렬식에서 1열을 선택하여 1열에 대해 여인수 전개를 하면 다음과 같다.

$$\det(\boldsymbol{A}) = 2C_{21} = -2\begin{vmatrix} 5 & 0 & 6 \\ 2 & 0 & -9 \\ 6 & 0 & 4 \end{vmatrix}$$

그런데 위의 3차 행렬식의 두 번째 열은 요소가 모두 0이므로 2열에 대해 여인수 전개를 하게 되면 행렬식이 0이라는 것이 명백하다. 만일 3열을 선택한다고 하더라도 행렬식 값은 동일하게 0이 되지만 여인수를 모두 계산해야 하므로 계산량이 많아지게 된다.

(2) 1행에 2를 곱하여 2행에 더하고, 1행에 (−3)을 곱하여 3행에 더하고 1행에 4를 곱하여 4행에 각각 더하면 다음과 같다.

$$\det(\boldsymbol{B})=\begin{vmatrix} 1 & 0 & 1 & 3 \\ -2 & 4 & 1 & 1 \\ 3 & -1 & 0 & 5 \\ -4 & 4 & 1 & 0 \end{vmatrix}=\begin{vmatrix} 1 & 0 & 1 & 3 \\ 0 & 4 & 3 & 7 \\ 0 & -1 & -3 & -4 \\ 0 & 4 & 5 & 12 \end{vmatrix}$$

또한 윗식에서 2행과 3행을 교환한 다음, 2행에 4를 곱하여 3행과 4행에 더하면 다음과 같다.

$$\begin{vmatrix} 1 & 0 & 1 & 3 \\ 0 & 4 & 3 & 7 \\ 0 & -1 & -3 & -4 \\ 0 & 4 & 5 & 12 \end{vmatrix}=-\begin{vmatrix} 1 & 0 & 1 & 3 \\ 0 & -1 & -3 & -4 \\ 0 & 4 & 3 & 7 \\ 0 & 4 & 5 & 12 \end{vmatrix}=-\begin{vmatrix} 1 & 0 & 1 & 3 \\ 0 & -1 & -3 & -4 \\ 0 & 0 & -9 & -9 \\ 0 & 0 & -7 & -4 \end{vmatrix}$$

따라서

$$\det(\boldsymbol{B})=-C_{11}=-\left(-\begin{vmatrix} -9 & -9 \\ -7 & -4 \end{vmatrix}\right)=-27$$

지금까지 행렬식의 중요한 성질에 대해 설명하였으며, 이 성질들을 이용하여 고차의 행렬식을 계산하는 과정에 대해 학습하였다.

다음 절에서 n차 정방행렬 $\boldsymbol{A}\in\boldsymbol{R}^{n\times n}$의 역행렬(Inverse Matrix)의 정의와 역행렬을 구하는 방법에 대해 설명한다.

6.8 역행렬의 정의와 성질

실수 집합 $\boldsymbol{R}$에서 0이 아닌 실수 a에 대하여 $ax=xa=1$을 만족하는 실수 x를 a의 곱셈에 대한 역원(Multiplicative Inverse)이라고 하며 a^{-1}로 표시한다. 실수의 집합 $\boldsymbol{R}$에서 곱셈에 대한 역원의 개념을 n차 정방행렬의 집합 $\boldsymbol{R}^{n\times n}$으로 확장해 보자.

(1) 역행렬의 정의

n차 정방행렬 $\boldsymbol{A} \in \boldsymbol{R}^{n \times n}$에 대해서도 실수의 집합 $\boldsymbol{R}$에서와 마찬가지로 행렬의 곱셈에 대한 역원(역행렬)을 다음과 같이 정의할 수 있다.

정의 6.4 행렬의 곱셈에 대한 역행렬

n차 정방행렬 $\boldsymbol{A} \in \boldsymbol{R}^{n \times n}$에 대하여 다음의 관계를 만족하는 $\boldsymbol{X} \in \boldsymbol{R}^{n \times n}$를 $\boldsymbol{A}$의 역행렬(Inverse Matrix)이라 정의하고, $\boldsymbol{X} = \boldsymbol{A}^{-1}$로 표기한다.

$$\boldsymbol{AX} = \boldsymbol{XA} = \boldsymbol{I} \tag{61}$$

여기서 $\boldsymbol{I}$는 $n \times n$ 단위행렬이다.

행렬 $\boldsymbol{A}$의 역행렬 $\boldsymbol{A}^{-1}$는 결과적으로 행렬의 곱셈에 대한 역원임을 알 수 있다. 0이 아닌 모든 실수는 곱셈의 역원이 존재한다는 것과는 달리 영행렬이 아닌 모든 n차 정방행렬의 역행렬이 존재하는 것은 아니다. 역행렬이 존재하는 행렬을 정칙(Nonsingular)행렬이라고 하며, 역행렬이 존재하지 않는 행렬은 특이(Singular)행렬 또는 비정칙행렬이라고 부른다.

행렬 $\boldsymbol{A}$의 역행렬을 $\boldsymbol{A}^{-1}$와 같이 표기하는데, 여기서 -1은 지수(Power)가 아니므로 $\boldsymbol{A}^{-1}$는 역수의 개념이 아니라는 사실에 유의하라.

정의 6.5 정칙행렬과 특이행렬

n차 정방행렬 $\boldsymbol{A} \in \boldsymbol{R}^{n \times n}$에 대하여 역행렬이 존재하는 경우 $\boldsymbol{A}$를 가역적(Invertible)이라고 정의한다.

가역적인 행렬, 즉 역행렬이 존재하는 행렬을 정칙행렬이라고 하며, 역행렬이 존재하지 않는 행렬을 특이행렬 또는 비정칙행렬이라고 정의한다.

식(61)의 관계를 만족하는 또다른 역행렬 $\boldsymbol{Y}$가 존재한다고 가정하자. 즉, $\boldsymbol{AY} = \boldsymbol{YA} = \boldsymbol{I}$를 만족하는 또다른 역행렬이 존재한다고 가정하자.

$$\boldsymbol{Y} = \boldsymbol{YI} = \boldsymbol{Y}(\boldsymbol{AX}) = (\boldsymbol{YA})\boldsymbol{X} = \boldsymbol{IX} = \boldsymbol{X} \qquad (62)$$

식(62)로부터 $\boldsymbol{Y}=\boldsymbol{X}$ 이므로 행렬 $\boldsymbol{A}$에 대한 역행렬이 존재한다면 그것은 오직 하나뿐이라는 것을 알 수 있다. 이것을 역행렬의 유일성 정리(Uniqueness Theorem)라고 한다.

예제 6.27

다음 2차 정방행렬 $\boldsymbol{A}$에 대한 역행렬을 정의에 의하여 구하라.

$$\boldsymbol{A} = \begin{pmatrix} 2 & 3 \\ 3 & 4 \end{pmatrix}$$

풀이

$\boldsymbol{A}$의 역행렬을 다음과 같이 가정한다.

$$\boldsymbol{A}^{-1} = \begin{pmatrix} x & y \\ z & w \end{pmatrix}$$

역행렬의 정의에 의하여

$$\boldsymbol{AA}^{-1} = \begin{pmatrix} 2 & 3 \\ 3 & 4 \end{pmatrix}\begin{pmatrix} x & y \\ z & w \end{pmatrix} = \begin{pmatrix} 1 & 0 \\ 0 & 1 \end{pmatrix}$$

$$\begin{pmatrix} 2x+3z & 2y+3w \\ 3x+4z & 3y+4w \end{pmatrix} = \begin{pmatrix} 1 & 0 \\ 0 & 1 \end{pmatrix}$$

$$\begin{cases} 2x+3z=1 \\ 3x+4z=0 \end{cases} \qquad \begin{cases} 2y+3w=0 \\ 3y+4w=1 \end{cases}$$

위의 방정식을 풀면 $x=-4,\ y=3,\ z=3,\ w=-2$ 이므로 구하는 역행렬은 다음과 같다.

$$\boldsymbol{A}^{-1} = \begin{pmatrix} x & y \\ z & w \end{pmatrix} = \begin{pmatrix} -4 & 3 \\ 3 & -2 \end{pmatrix}$$

2차 정방행렬 $\boldsymbol{A} \in \boldsymbol{R}^{2\times 2}$의 역행렬은 다음의 공식에 의하여 쉽게 계산할 수 있으며 자주 사용되므로 기억해 두는 것이 좋다.

정리 6.13 2차 정방행렬의 역행렬

2차 정방행렬 $\boldsymbol{A}$가 다음과 같을 때

$$\boldsymbol{A} = \begin{pmatrix} a & b \\ c & d \end{pmatrix}$$

$\boldsymbol{A}$의 역행렬은 다음과 같다.

$$\boldsymbol{A}^{-1} = \frac{1}{ad-bc}\begin{pmatrix} d & -b \\ -c & a \end{pmatrix} \tag{63}$$

단, $ad-bc \neq 0$이다.

〈예제 6.28〉에서 [정리 6.13]을 증명해 본다. [정리 6.13]에서 2차 정방행렬의 역행렬이 존재하기 위해서는 $\det(\boldsymbol{A}) = ad-bc \neq 0$의 조건을 만족해야 한다는 것에 유의하라.

예제 6.28

2차 정방행렬 $\boldsymbol{A} \in \boldsymbol{R}^{2\times 2}$에 대하여 $\boldsymbol{A}$의 역행렬이 존재할 조건을 제시하고, 그 조건에서 $\boldsymbol{A}$의 역행렬을 구하라.

$$\boldsymbol{A} = \begin{pmatrix} a & b \\ c & d \end{pmatrix}$$

풀이

$\boldsymbol{A}$의 역행렬을 다음과 같이 가정한다.

$$\boldsymbol{A}^{-1} = \begin{pmatrix} x_1 & x_2 \\ x_3 & x_4 \end{pmatrix}$$

역행렬의 정의에 의해

$$AA^{-1}=\begin{pmatrix} a & b \\ c & d \end{pmatrix}\begin{pmatrix} x_1 & x_2 \\ x_3 & x_4 \end{pmatrix}=\begin{pmatrix} 1 & 0 \\ 0 & 1 \end{pmatrix}$$

$$\begin{pmatrix} ax_1+bx_3 & ax_2+bx_4 \\ cx_1+dx_3 & cx_2+dx_4 \end{pmatrix}=\begin{pmatrix} 1 & 0 \\ 0 & 1 \end{pmatrix}$$

$$\begin{cases} ax_1+bx_3=1 \\ cx_1+dx_3=0 \end{cases} \qquad \begin{cases} ax_2+bx_4=0 \\ cx_2+dx_4=1 \end{cases}$$

$$\therefore\ x_1=\frac{d}{ad-bc} \qquad x_2=\frac{-b}{ad-bc}$$

$$x_3=\frac{-c}{ad-bc} \qquad x_4=\frac{a}{ad-bc}$$

가 얻어지므로 $\boldsymbol{A}^{-1}$는 다음과 같다.

$$\boldsymbol{A}^{-1}=\begin{pmatrix} \dfrac{d}{ad-bc} & \dfrac{-b}{ad-bc} \\ \dfrac{-c}{ad-bc} & \dfrac{a}{ad-bc} \end{pmatrix}=\frac{1}{ad-bc}\begin{pmatrix} d & -b \\ -c & a \end{pmatrix}$$

$\boldsymbol{A}^{-1}$는 $ad-bc\neq 0$ 인 조건하에 유효하며 $ad-bc=0$ 이면 $\boldsymbol{A}$의 역행렬은 존재하지 않는다는 것을 알 수 있다.

(2) 역행렬의 성질

역행렬에서 반드시 알아야 할 중요한 성질에 대하여 살펴본다. 많이 사용되는 성질이므로 기억해 두는 것이 좋다.

정리 6.14 역행렬의 성질

$n\times n$ 정칙행렬 $\boldsymbol{A}$와 $\boldsymbol{B}$에 대하여 다음의 관계가 성립한다.

(1) $(\boldsymbol{A}^{-1})^{-1}=\boldsymbol{A}$

(2) $(\boldsymbol{AB})^{-1}=\boldsymbol{B}^{-1}\boldsymbol{A}^{-1}$

(3) $(\boldsymbol{A}^{T})^{-1}=(\boldsymbol{A}^{-1})^{T}$

증명

(1) 먼저 (1)의 성질은 A^{-1}의 역행렬이 A라는 의미이므로 A^{-1}의 역행렬을 X라 하면 다음 관계를 만족하는 $X=A$ 임이 명확하다.

$$(A^{-1})X=X(A^{-1})=I$$

(2) 다음으로 (2)의 성질은 다음과 같이 증명할 수 있다. 먼저 AB의 역행렬을 Y라고 가정하면 다음의 관계가 성립된다.

$$(AB)Y=Y(AB)=I \implies (AB)Y=I,\ Y(AB)=I$$

만일 $Y \triangleq B^{-1}A^{-1}$로 정의하여 윗 식에 각각 대입하면

$$(AB)Y=(AB)(B^{-1}A^{-1})=A(BB^{-1})A^{-1}=I$$
$$Y(AB)=B^{-1}A^{-1}(AB)=B^{-1}(A^{-1}A)B=I$$

가 성립하므로 $Y=B^{-1}A^{-1}$는 AB의 역행렬임을 알 수 있다.

(3) 마지막으로 (3)의 성질은 다음과 같이 증명할 수 있다. 먼저 A^T의 역행렬을 Z라고 가정하면 다음의 관계가 성립된다.

$$(A^T)Z=Z(A^T)=I \implies (A^T)Z=I,\ Z(A^T)=I$$

만일 $Z \triangleq (A^{-1})^T$로 가정하여 윗 식에 각각 대입하면

$$(A^T)Z=A^T(A^{-1})^T=(A^{-1}A)^T=I^T=I$$
$$Z(A^T)=(A^{-1})^TA^T=(AA^{-1})^T=I^T=I$$

가 성립하므로 $Z=(A^{-1})^T$는 A^T의 역행렬임을 알 수 있다.

여기서 잠깐! | $(ABC)^{-1}=C^{-1}B^{-1}A^{-1}$

$n\times n$ 정칙행렬 A, B, C의 곱 ABC의 역행렬을 구해 보자.

$$(ABC)^{-1}=[A(BC)]^{-1}=(BC)^{-1}A^{-1}=C^{-1}B^{-1}A^{-1}$$

또는

$$(\boldsymbol{ABC})^{-1} = [(\boldsymbol{AB})\boldsymbol{C}]^{-1} = \boldsymbol{C}^{-1}(\boldsymbol{AB})^{-1} = \boldsymbol{C}^{-1}\boldsymbol{B}^{-1}\boldsymbol{A}^{-1}$$

이므로 $(\boldsymbol{ABC})^{-1} = \boldsymbol{C}^{-1}\boldsymbol{B}^{-1}\boldsymbol{A}^{-1}$ 임을 알 수 있다.

예제 6.29

다음 2차 정방행렬 $\boldsymbol{A}$와 $\boldsymbol{A}^{-1}$가 다음과 같을 때 상수 a의 값을 구하라.

$$\boldsymbol{A} = \begin{pmatrix} a+1 & 2 \\ a & 2 \end{pmatrix}$$

$$\boldsymbol{A}^{-1} = \begin{pmatrix} 1 & -1 \\ -2 & \frac{5}{2} \end{pmatrix}$$

풀이

먼저, $\boldsymbol{A}$의 역행렬을 [정리 6.13]의 결과를 이용하여 구한다.

$$\begin{pmatrix} a+1 & 2 \\ a & 2 \end{pmatrix}^{-1} = \frac{1}{2(a+1)-2a}\begin{pmatrix} 2 & -2 \\ -a & a+1 \end{pmatrix} = \frac{1}{2}\begin{pmatrix} 2 & -2 \\ -a & a+1 \end{pmatrix}$$

$$= \begin{pmatrix} 1 & -1 \\ -\frac{a}{2} & \frac{a+1}{2} \end{pmatrix} = \begin{pmatrix} 1 & -1 \\ -2 & \frac{5}{2} \end{pmatrix}$$

$$-\frac{a}{2} = -2,\ \frac{a+1}{2} = \frac{5}{2} \qquad \therefore\ a=4$$

여기서 잠깐! **항등원과 역원**

기호 $*$를 실수 $\boldsymbol{R}$에서의 어떤 연산이라고 가정하고 항등원과 역원의 개념을 살펴보자.
연산 $*$에 대한 항등원(Identity Element)은 모든 실수 $a \in \boldsymbol{R}$에 대하여 다음의 관계를 만족하는 e로 정의한다.

$$a * e = e * a = a, \quad \forall a \in \boldsymbol{R}$$

연산 $*$가 실수의 덧셈(+)이면 덧셈에 대한 항등원은 다음과 같이 구할 수 있다.

$$a + e = e + a = a, \quad \forall a \in \boldsymbol{R}$$
$$\therefore\ e = 0$$

연산 *가 실수의 곱셈(•)이면 곱셈에 대한 항등원은 다음과 같이 구할 수 있다.

$$a \cdot e = e \cdot a = a, \quad \forall a \in \boldsymbol{R}$$
$$\therefore \ e = 1$$

한편, 실수 a에 대하여 다음의 관계를 만족하는 x를 연산 *에 대한 a의 역원(Inverse Element)이라고 정의한다.

$$a * x = x * a = e$$

실수의 덧셈연산에 대하여 항등원 $e=0$이므로 덧셈에 대한 a의 역원은 다음과 같이 구할 수 있다.

$$a + x = x + a = 0$$
$$\therefore \ x = -a$$

실수의 곱셈연산에 대하여 항등원 $e=1$이므로 곱셈에 대한 a의 역원은 다음과 같이 구할 수 있다.

$$a \cdot x = x \cdot a = 1$$
$$\therefore \ x = \frac{1}{a}$$

다음 절에서는 역행렬을 계산하는 여러 가지 방법에 대해 설명한다.

6.9 역행렬의 계산법

일반적으로 $n \times n$ 정칙행렬의 역행렬을 구하는 방법은 여러 가지가 있지만 주로 다음의 방법들이 많이 이용된다.

① 정의에 의하여 역행렬 구하는 방법
② 수반행렬을 이용한 방법
③ Gauss-Jordan 소거법에 의한 방법

정의에 의하여 역행렬을 구하는 방법은 6.8절에서 이미 소개하였다. 본 절에서는 수반행렬(Adjoint Matrix)과 Gauss–Jordan 소거법을 이용한 방법을 소개한다.

(1) 수반행렬을 이용한 역행렬의 계산

n차 정방행렬 $\boldsymbol{A} \in \boldsymbol{R}^{n \times n}$에 대하여 $\boldsymbol{A}$의 역행렬을 구하기 위해서 먼저 여인수행렬(Cofactor Matrix)과 수반행렬(Adjoint Matrix)을 정의한다.

정의 6.6 여인수행렬과 수반행렬

여인수행렬은 여인수 C_{ij} 들을 행렬의 요소로 하는 행렬이며, $\boldsymbol{A} \in \boldsymbol{R}^{n \times n}$에 대한 여인수행렬 $\operatorname{cof}(\boldsymbol{A})$는 다음과 같이 정의한다.

$$\operatorname{cof}(\boldsymbol{A}) \triangleq \begin{pmatrix} C_{11} & C_{12} & \cdots & C_{1n} \\ C_{21} & C_{22} & \cdots & C_{2n} \\ \vdots & \vdots & & \vdots \\ C_{n1} & C_{n2} & \cdots & C_{nn} \end{pmatrix}$$

또한 행렬 $\boldsymbol{A}$의 수반행렬 $\operatorname{adj}(\boldsymbol{A})$는 여인수행렬을 전치시킨 행렬로 정의한다.

$$\operatorname{adj}(\boldsymbol{A}) \triangleq [\operatorname{cof}(\boldsymbol{A})]^T = \begin{pmatrix} C_{11} & C_{12} & \cdots & C_{1n} \\ C_{21} & C_{22} & \cdots & C_{2n} \\ \vdots & \vdots & & \vdots \\ C_{n1} & C_{n2} & \cdots & C_{nn} \end{pmatrix}^T$$

예제 6.30

행렬 $\boldsymbol{A} \in \boldsymbol{R}^{2 \times 2}$에 대하여 여인수행렬 $\operatorname{cof}(\boldsymbol{A})$와 수반행렬 $\operatorname{adj}(\boldsymbol{A})$를 각각 구하라.

$$\boldsymbol{A} = \begin{pmatrix} 1 & 2 \\ 3 & 4 \end{pmatrix}$$

풀이

먼저 행렬 $\boldsymbol{A}$에 대한 여인수들을 계산하면

$$C_{11} = 4,\ C_{12} = -3,\ C_{21} = -2,\ C_{22} = 1$$

이므로 여인수행렬과 수반행렬은 각각 다음과 같다.

$$\mathrm{cof}(\boldsymbol{A})=\begin{pmatrix} 4 & -3 \\ -2 & 1 \end{pmatrix},\quad \mathrm{adj}(\boldsymbol{A})=\begin{pmatrix} 4 & -3 \\ -2 & 1 \end{pmatrix}^T=\begin{pmatrix} 4 & -2 \\ -3 & 1 \end{pmatrix}$$

앞에서 학습한 행렬식과 수반행렬을 이용하여 역행렬을 구하는 공식을 유도해 본다. 공학적인 관점에서 역행렬 공식에 대한 엄밀한 증명은 중요하지 않지만 관심있는 독자들을 위하여 증명과정을 소개한다.

정리 6.15 역행렬 공식

$n \times n$ 정칙행렬 $\boldsymbol{A} \in \boldsymbol{R}^{n \times n}$의 역행렬은 다음과 같이 구할 수 있다.

$$\boldsymbol{A}^{-1}=\frac{\mathrm{adj}(\boldsymbol{A})}{\det(\boldsymbol{A})} \tag{64}$$

[정리 6.15]에서 $\boldsymbol{A}^{-1}$의 분모가 $\det(\boldsymbol{A})$이므로 $\det(\boldsymbol{A}) \neq 0$라는 조건을 만족해야 역행렬이 존재함을 알 수 있다. 따라서 앞 절에서 정의한 정칙행렬 $\boldsymbol{A} \in \boldsymbol{R}^{n \times n}$는 $\det(\boldsymbol{A}) \neq 0$인 행렬이라는 것을 알 수 있다.

증명

먼저 $\boldsymbol{A}\mathrm{adj}(\boldsymbol{A})$를 계산해 보면 다음과 같다.

$$\boldsymbol{A}\mathrm{adj}(\boldsymbol{A})=\begin{pmatrix} a_{11} & a_{12} & \cdots & a_{1n} \\ a_{21} & a_{22} & \cdots & a_{2n} \\ \boxed{a_{i1} \; a_{i2} \; \cdots \; a_{in}} \\ a_{n1} & a_{n2} & \cdots & a_{nn} \end{pmatrix}\begin{pmatrix} C_{11} & C_{21} & \cdots & C_{j1} & \cdots & C_{n1} \\ C_{12} & C_{22} & \cdots & C_{j2} & \cdots & C_{n2} \\ \vdots & \vdots & & \vdots & & \vdots \\ C_{1n} & C_{2n} & \cdots & C_{jn} & \cdots & C_{nn} \end{pmatrix}$$

$\boldsymbol{A}$의 i번째 행과 $\mathrm{adj}(\boldsymbol{A})$의 j번째 열을 이용하면 $\boldsymbol{A}\mathrm{adj}(\boldsymbol{A})$의 (i, j)-요소는 다음과 같이 표현된다.

$$\boldsymbol{A}\text{adj}(\boldsymbol{A})\text{의 } (i, j)\text{- 요소} = a_{i1}C_{j1} + a_{i2}C_{j2} + \cdots + a_{in}C_{jn} \tag{65}$$

식(65)에서 만일 $i=j$ 이면

$$\boldsymbol{A}\text{adj}(\boldsymbol{A})\text{의 } (i, i)\text{- 요소} = a_{i1}C_{i1} + a_{i2}C_{i2} + \cdots + a_{in}C_{in} = \det(\boldsymbol{A})$$

가 된다. 만일 $i \neq j$ 이면 식(65)는 $\boldsymbol{A}$의 i번째 행과 다른 행의 여인수의 곱을 취한 형태이므로 0이 된다.

결국 $\boldsymbol{A}\text{adj}(\boldsymbol{A})$의 주대각선에 있는 요소들은 $\det(\boldsymbol{A})$와 같고, 나머지 요소들은 모두 0이 되므로 다음과 같이 표현할 수 있다.

$$\boldsymbol{A}\text{adj}(\boldsymbol{A}) = \begin{pmatrix} \det(\boldsymbol{A}) & 0 & \cdots & 0 \\ 0 & \det(\boldsymbol{A}) & \cdots & 0 \\ \vdots & \vdots & & \vdots \\ 0 & 0 & \cdots & \det(\boldsymbol{A}) \end{pmatrix} = \det(\boldsymbol{A})\boldsymbol{I} \tag{66}$$

식(66)의 양변을 $\det(\boldsymbol{A})$로 나누면

$$\frac{\boldsymbol{A}\text{adj}(\boldsymbol{A})}{\det(\boldsymbol{A})} = \boldsymbol{I}$$

$$\therefore\ \boldsymbol{A}\left(\frac{1}{\det(\boldsymbol{A})}\right)\text{adj}(\boldsymbol{A}) = \boldsymbol{I}$$

가 얻어지므로 $\boldsymbol{A}$의 역행렬 $\boldsymbol{A}^{-1}$는 다음과 같이 표현된다.

$$\boldsymbol{A}^{-1} = \frac{1}{\det(\boldsymbol{A})}\text{adj}(\boldsymbol{A})$$

여기서 잠깐! **대응되는 행과 다른 여인수**

어떤 행렬 $\boldsymbol{A}$의 한 행의 각 요소에 다른 행에 대한 여인수를 곱하여 더한 경우, 그 합은 언제나 0이 된다. 예를 들어, $\boldsymbol{A} \in \boldsymbol{R}^{3\times 3}$ 행렬을 고려해 보자.

$$A = \begin{pmatrix} a_{11} & a_{12} & a_{13} \\ a_{21} & a_{22} & a_{23} \\ a_{31} & a_{32} & a_{33} \end{pmatrix}$$

$\boldsymbol{A}$의 1행의 요소와 3행의 요소에 대응되는 여인수를 곱하여 합한 다음의 결과를 고려해 본다.

$$a_{11}C_{31}+a_{12}C_{32}+a_{13}C_{33}$$

먼저, $\boldsymbol{A}$의 3행이 1행과 동일한 행렬 $\overline{\boldsymbol{A}}$ 를 정의하면 다음과 같다.

$$\overline{\boldsymbol{A}}=\begin{pmatrix} a_{11} & a_{12} & a_{13} \\ a_{21} & a_{22} & a_{23} \\ a_{11} & a_{12} & a_{13} \end{pmatrix}$$

$\overline{C_{31}}$, $\overline{C_{32}}$, $\overline{C_{33}}$ 를 $\overline{\boldsymbol{A}}$ 의 3행의 요소에 대한 여인수라 하면 $\boldsymbol{A}$와 $\overline{\boldsymbol{A}}$ 는 처음 두 개의 행이 서로 같기 때문에 다음의 관계가 성립한다.

$$C_{31}=\overline{C_{31}},\ C_{32}=\overline{C_{32}},\ C_{33}=\overline{C_{33}}$$

한편, $\overline{\boldsymbol{A}}$ 는 1행과 3행의 요소가 서로 동일한 값을 가지므로 행렬식의 성질에 의해 $\det(\overline{\boldsymbol{A}})=0$이 되는데, $\det(\boldsymbol{A})$를 구하기 위하여 $\overline{\boldsymbol{A}}$ 의 3행에 대하여 여인수 전개하면

$$\begin{aligned}\det(\overline{\boldsymbol{A}})&=a_{11}\overline{C_{31}}+a_{12}\overline{C_{32}}+a_{13}\overline{C_{33}}\\&=a_{11}C_{31}+a_{12}C_{32}+a_{13}C_{33}\end{aligned}$$

이 되므로 다음의 관계가 얻어진다.

$$a_{11}C_{31}+a_{12}C_{32}+a_{13}C_{33}=0$$

예제 6.31

다음 3차 정방행렬 $\boldsymbol{A}$의 역행렬을 역행렬 공식을 이용하여 구하라.

$$\boldsymbol{A}=\begin{pmatrix} -1 & 1 & 2 \\ 3 & -1 & 1 \\ -1 & 3 & 4 \end{pmatrix}$$

풀이

$\boldsymbol{A}^{-1}=\dfrac{\operatorname{adj}(\boldsymbol{A})}{\det(\boldsymbol{A})}$ 이므로 먼저 $\det(\boldsymbol{A})$를 계산하면 다음과 같다.

$$\det(\boldsymbol{A})=\begin{vmatrix} -1 & 1 & 2 \\ 3 & -1 & 1 \\ -1 & 3 & 4 \end{vmatrix}=\begin{vmatrix} -1 & 1 & 2 \\ 0 & 2 & 7 \\ 0 & 2 & 2 \end{vmatrix}=-\begin{vmatrix} 2 & 7 \\ 2 & 2 \end{vmatrix}=10$$

다음으로 행렬 $\boldsymbol{A}$의 여인수들을 구하면

$$C_{11}=\begin{vmatrix} -1 & 1 \\ 3 & 4 \end{vmatrix}=-7,\quad C_{12}=-\begin{vmatrix} 3 & 1 \\ -1 & 4 \end{vmatrix}=-13,\quad C_{13}=\begin{vmatrix} 3 & -1 \\ -1 & 3 \end{vmatrix}=8$$

$$C_{21}=-\begin{vmatrix} 1 & 2 \\ 3 & 4 \end{vmatrix}=2,\quad C_{22}=\begin{vmatrix} -1 & 2 \\ -1 & 4 \end{vmatrix}=-2,\quad C_{23}=-\begin{vmatrix} -1 & 1 \\ -1 & 3 \end{vmatrix}=2$$

$$C_{31}=\begin{vmatrix} 1 & 2 \\ -1 & 1 \end{vmatrix}=3,\quad C_{32}=-\begin{vmatrix} -1 & 2 \\ 3 & 1 \end{vmatrix}=7,\quad C_{33}=\begin{vmatrix} -1 & 1 \\ 3 & -1 \end{vmatrix}=-2$$

가 되므로 수반행렬 $\text{adj}(\boldsymbol{A})$는 다음과 같다.

$$\text{adj}(\boldsymbol{A})=\begin{pmatrix} C_{11} & C_{12} & C_{13} \\ C_{21} & C_{22} & C_{23} \\ C_{31} & C_{32} & C_{33} \end{pmatrix}^T=\begin{pmatrix} -7 & 2 & 3 \\ -13 & -2 & 7 \\ 8 & 2 & -2 \end{pmatrix}$$

따라서 역행렬 $\boldsymbol{A}^{-1}$는 다음과 같이 결정된다.

$$\boldsymbol{A}^{-1}=\frac{1}{\det(\boldsymbol{A})}\text{adj}(\boldsymbol{A})=\frac{1}{10}\begin{pmatrix} -7 & 2 & 3 \\ -13 & -2 & 7 \\ 8 & 2 & -2 \end{pmatrix}$$

역행렬을 구하기 위해 식(64)의 역행렬 공식을 사용하는 것은 $\boldsymbol{A}\in\boldsymbol{R}^{n\times n}$의 크기가 큰 경우에는 여인수의 개수($n^2$)가 너무 많아지기 때문에 매우 지루한 작업이 된다는 것에 유의하라.

한편, 식(64)의 역행렬 공식에서 행렬 $\boldsymbol{A}$의 역행렬이 존재하기 위해서는 $\det(\boldsymbol{A})\neq 0$이 만족되어야 하므로 정칙행렬(Nonsingular Matrix)은 모두 역행렬이 존재한다. 다음으로 Gauss-Jordan 소거법에 의한 역행렬 계산법에 대해 설명한다.

(2) Gauss–Jordan 소거법에 의한 역행렬 계산

앞 절에서 Gauss 소거법을 선형연립방정식의 해를 구하기 위해 소개하였다.

Gauss 소거법은 첫 번째 주대각요소를 먼저 선정한 다음, 선정된 주대각요소의 아래 요소를 기본행연산을 통해 0으로 만든다. 기본행연산이 이루어진 행렬에서 두 번째 주대각요소를 선정하여 앞에서와 동일하게 기본행연산을 반복한다. 이런 방법을 계속하여 주어진 행렬을 상삼각행렬로 변환해 나가게 되는 것이다.

그런데 Gauss–Jordan 소거법은 주대각요소의 아래뿐만 아니라 위에 있는 요소들까지 기본행연산을 통해 0으로 만드는 것이며, 이를 모든 주대각요소에 대하여 순차적으로 계속 반복하게 되면 궁극적으로 주어진 행렬이 단위행렬로 변환된다.

예제 6.32

다음 연립방정식의 해를 Gauss–Jordan 소거법을 이용하여 구하라.

$$\begin{cases} x_1+x_2+2x_3=4 \\ 2x_1-3x_2+x_3=7 \\ -x_1+4x_2-3x_3=-11 \end{cases}$$

풀이

먼저 주어진 연립방정식을 행렬로 표현하고 확장행렬 $\tilde{A}$ 를 구성하면 다음과 같다.

$$\tilde{A}=\left(\begin{array}{ccc|c} ① & 1 & 2 & 4 \\ 2 & -3 & 1 & 7 \\ -1 & 4 & -3 & -11 \end{array}\right)$$

① 1행에 −2를 곱하여 2행에 더한다. $[(-2)\times R_1+R_2]$

$$\left(\begin{array}{ccc|c} 1 & 1 & 2 & 4 \\ 0 & -5 & -3 & -1 \\ -1 & 4 & -3 & -11 \end{array}\right)$$

② 1행을 3행에 더한다. $[(1)\times R_1+R_3]$

$$\left(\begin{array}{ccc|c} 1 & 1 & 2 & 4 \\ 0 & -5 & -3 & -1 \\ 0 & 5 & -1 & -7 \end{array}\right)$$

③ 2행에 $-\frac{1}{5}$을 곱한다. $\left[\left(-\frac{1}{5}\right)\times R_2\right]$

$$\left(\begin{array}{ccc|c} 1 & 1 & 2 & 4 \\ 0 & 1 & \frac{3}{5} & \frac{1}{5} \\ 0 & 0 & -1 & -7 \end{array}\right)$$

④ 2행에 −5를 곱하여 3행에 더한다. $[(-5)\times R_2+R_3]$

$$\left(\begin{array}{ccc|c} 1 & 1 & 2 & 4 \\ 0 & 1 & \frac{3}{5} & \frac{1}{5} \\ 0 & 0 & -4 & -8 \end{array}\right)$$

⑤ 2행에 −1을 곱하여 1행에 더한다. $[(-1)\times R_2+R_1]$

$$\left(\begin{array}{ccc|c} 1 & 0 & \frac{7}{5} & \frac{19}{5} \\ 0 & 1 & \frac{3}{5} & \frac{1}{5} \\ 0 & 0 & -4 & -8 \end{array}\right)$$

⑥ 3행에 $-\frac{1}{4}$을 곱한다. $\left[\left(-\frac{1}{4}\right)\times R_3\right]$

$$\left(\begin{array}{ccc|c} 1 & 0 & \frac{7}{5} & \frac{19}{5} \\ 0 & 1 & \frac{3}{5} & \frac{1}{5} \\ 0 & 0 & 1 & 2 \end{array}\right)$$

⑦ 3행에 $-\frac{3}{5}$을 곱하여 2행에 더한다. $\left[\left(-\frac{3}{5}\right)\times R_3+R_2\right]$

$$\left(\begin{array}{ccc|c} 1 & 0 & \frac{7}{5} & \frac{19}{5} \\ 0 & 1 & 0 & -1 \\ 0 & 0 & 1 & 2 \end{array}\right)$$

⑧ 3행에 $-\frac{7}{5}$를 곱하여 1행에 더한다. $\left[\left(-\frac{7}{5}\right)\times R_3+R_1\right]$

$$\left(\begin{array}{ccc|c} 1 & 0 & 0 & 1 \\ 0 & 1 & 0 & -1 \\ 0 & 0 & 1 & 2 \end{array}\right) \tag{67}$$

따라서 식(67)로부터 $x_1=1$, $x_2=-1$, $x_3=2$를 얻을 수 있다.

6.5절에서도 이미 언급한 바와 같이 Gauss-Jordan 소거법은 앞에서 설명한 Gauss 소거법에서 역방향대입(Backward Substitution) 과정을 제거한 것으로 이해할 수 있으며, 역방향대입 과정이 제거된 대신에 추가적인 기본행연산을 수행해야 한다는 단점이 있다.

지금까지 설명한 Gauss-Jordan 소거법을 역행렬을 구하는 데 사용하여 본다. 역행렬의 정의로부터 행렬 $\boldsymbol{A} \in \boldsymbol{R}^{n \times n}$에 대하여 역행렬 $\boldsymbol{A}^{-1}$는 다음의 관계를 만족한다.

$$\boldsymbol{A}\boldsymbol{A}^{-1} = \boldsymbol{A}^{-1}\boldsymbol{A} = \boldsymbol{I} \tag{68}$$

구하려는 역행렬은 $\boldsymbol{X} \in \boldsymbol{R}^{n \times n}$ 라고 가정하면 $\boldsymbol{A}$의 역행렬을 구하는 문제는 다음 연립방정식

$$\boldsymbol{A}\boldsymbol{X} = \boldsymbol{X}\boldsymbol{A} = \boldsymbol{I} \tag{69}$$

의 해를 구하는 것과 동일한 문제가 된다.

따라서 식(69)로부터 확장행렬 $\widetilde{\boldsymbol{A}}$ 를 다음과 같이 구성한다.

$$\widetilde{\boldsymbol{A}} = [\boldsymbol{A} \,\vdots\, \boldsymbol{I}] \tag{70}$$

확장행렬 $\widetilde{\boldsymbol{A}}$ 에 대해 Gauss-Jordan 소거법을 적용하여 행렬 $\boldsymbol{A}$에 기본행연산을 반복하여 단위행렬로 변환시킴과 동시에 동일한 연산을 $\widetilde{\boldsymbol{A}}$ 의 단위행렬에도 적용시키면 $\boldsymbol{A}$의 역행렬 $\boldsymbol{A}^{-1}$를 얻을 수 있다. [그림 6.5]에 Gauss-Jordan 소거법을 이용하여 역행렬을 구하는 과정을 그림으로 나타내었다.

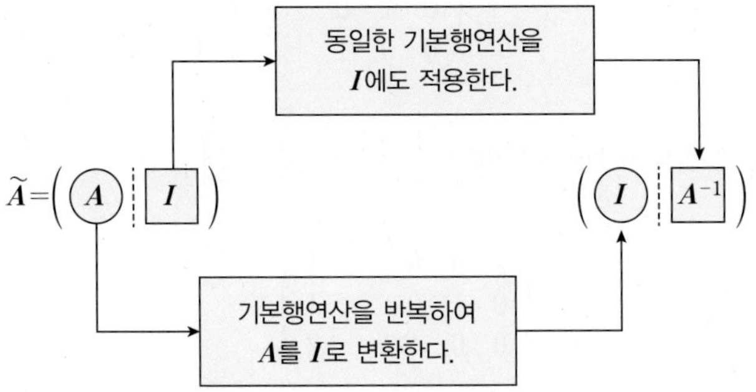

[그림 6.5] Gauss-Jordan 소거법에 의한 역행렬의 계산

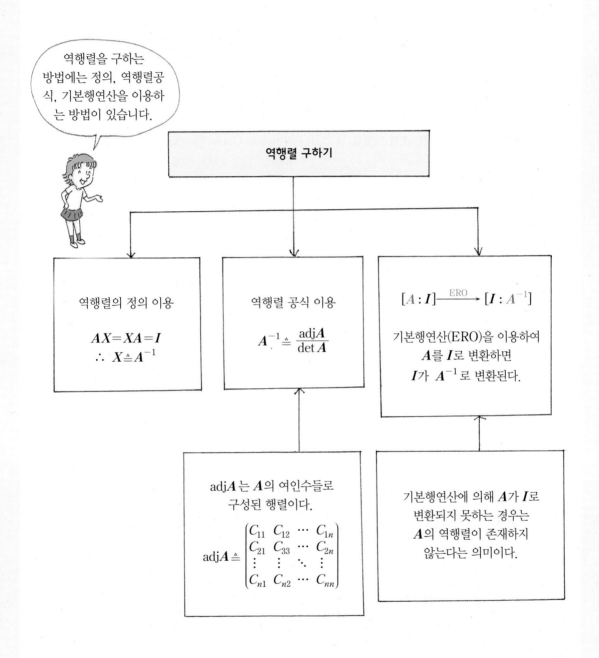

역행렬을 구하는
방법에는 정의, 역행렬공
식, 기본행연산을 이용하
는 방법이 있습니다.

역행렬 구하기

역행렬의 정의 이용

$AX = XA = I$

$\therefore\ X \triangleq A^{-1}$

역행렬 공식 이용

$A^{-1} \triangleq \dfrac{\mathrm{adj}A}{\det A}$

adj$A$는 A의 여인수들로 구성된 행렬이다.

$$\mathrm{adj}A \triangleq \begin{pmatrix} C_{11} & C_{12} & \cdots & C_{1n} \\ C_{21} & C_{33} & \cdots & C_{2n} \\ \vdots & \vdots & \ddots & \vdots \\ C_{n1} & C_{n2} & \cdots & C_{nn} \end{pmatrix}$$

기본행연산 이용

$[A : I] \xrightarrow{\text{ERO}} [I : A^{-1}]$

기본행연산(ERO)을 이용하여 A를 I로 변환하면 I가 A^{-1}로 변환된다.

기본행연산에 의해 A가 I로 변환되지 못하는 경우는 A의 역행렬이 존재하지 않는다는 의미이다.

| 설명 | 정방행렬 $A \in R^{n \times n}$의 역행렬을 구하는 방법은 여러 가지가 있으며, 가장 일반적으로 많이 사용되는 방법은 Gauss-Jordan 소거법에 의한 역행렬 계산법이다.

그런데 $\widetilde{\boldsymbol{A}}$에 대해 Gauss-Jordan 소거법을 적용하는 과정에서 행렬 $\boldsymbol{A}$가 기본행연산에 의해 단위행렬 $\boldsymbol{I}$로 변환될 수 없다면, 행렬 $\boldsymbol{A}$의 역행렬은 존재하지 않는 것이다. 이와 같이 Gauss-Jordan 소거법은 선형연립방정식의 해를 구하는 것뿐만 아니라 역행렬의 존재 여부를 판별하는 데 이용될 수 있다는 것에 주목하라.

여기서 잠깐! 역행렬과 Gauss-Jordan 소거법의 관계

다음의 2차 정방행렬 $\boldsymbol{A}$의 역행렬 $\boldsymbol{A}^{-1}$를 구하기 위한 Gauss-Jordan 소거법의 진행 과정을 이해해보자.

$$\boldsymbol{A}=\begin{pmatrix} a & b \\ c & d \end{pmatrix}$$

$\boldsymbol{A}$의 역행렬을 다음과 같이 가정한다.

$$\boldsymbol{A}^{-1}=\begin{pmatrix} x_1 & x_2 \\ x_3 & x_4 \end{pmatrix}$$

역행렬의 정의에 따라 $\boldsymbol{A}\boldsymbol{A}^{-1}=\boldsymbol{I}$가 성립하므로 다음의 연립방정식을 얻을 수 있다.

$$\boldsymbol{A}\boldsymbol{A}^{-1}=\begin{pmatrix} a & b \\ c & d \end{pmatrix}\begin{pmatrix} x_1 & x_2 \\ x_3 & x_4 \end{pmatrix}=\begin{pmatrix} 1 & 0 \\ 0 & 1 \end{pmatrix}$$

위의 연립방정식을 정리하면

$$① \begin{cases} ax_1+bx_3=1 \\ cx_1+dx_3=0 \end{cases} \longrightarrow \left(\begin{array}{cc|c} a & b & 1 \\ c & d & 0 \end{array}\right)$$

$$② \begin{cases} ax_2+bx_4=0 \\ cx_2+dx_4=1 \end{cases} \longrightarrow \left(\begin{array}{cc|c} a & b & 0 \\ c & d & 1 \end{array}\right)$$

이 얻어진다. 그런데 연립방정식 ①과 ②의 계수행렬이 동일하므로 Gauss-Jordan 소거법을 적용하는 데 있어 동일한 기본행연산이 수행된다는 것을 알 수 있다. 즉,

$$③ \left(\begin{array}{cc|c} a & b & 1 \\ c & d & 0 \end{array}\right) \xrightarrow{ERO} \left(\begin{array}{cc|c} 1 & 0 & x_1 \\ 0 & 1 & x_3 \end{array}\right)$$

$$④ \left(\begin{array}{cc|c} a & b & 0 \\ c & d & 1 \end{array}\right) \xrightarrow{ERO} \left(\begin{array}{cc|c} 1 & 0 & x_2 \\ 0 & 1 & x_4 \end{array}\right)$$

그런데 ③과 ④에서 동일한 기본행연산이 수행되므로 각각의 Gauss−Jordan 소거법의 과정을 다음과 같이 하나로 통합하여 수행할 수 있다.

$$\left(\underbrace{\begin{matrix} a & b \\ c & d \end{matrix}}_{A} \;\middle|\; \underbrace{\begin{matrix} 1 & 0 \\ 0 & 1 \end{matrix}}_{I}\right) \xrightarrow{ERO} \left(\underbrace{\begin{matrix} 1 & 0 \\ 0 & 1 \end{matrix}}_{I} \;\middle|\; \underbrace{\begin{matrix} x_1 & x_2 \\ x_3 & x_4 \end{matrix}}_{A^{-1}}\right)$$

지금까지의 설명을 일반화한 것이 [그림 6.5]라는 사실에 주목하라.

예제 6.33

다음 행렬들의 역행렬을 Gauss−Jordan 소거법을 이용하여 구하라.

(1) $\boldsymbol{A}=\begin{pmatrix} 2 & 0 & 1 \\ -2 & 3 & 4 \\ -5 & 5 & 6 \end{pmatrix}$ (2) $\boldsymbol{B}=\begin{pmatrix} 1 & -1 & -2 \\ 2 & 4 & 5 \\ 6 & 0 & -3 \end{pmatrix}$

풀이

(1) 주어진 행렬 $\boldsymbol{A}$로부터 확장행렬 $\widetilde{\boldsymbol{A}}=[\boldsymbol{A} \vdots \boldsymbol{I}]$를 구성한다.

$$\widetilde{\boldsymbol{A}}=\left(\begin{array}{ccc|ccc} 2 & 0 & 1 & 1 & 0 & 0 \\ -2 & 3 & 4 & 0 & 1 & 0 \\ -5 & 5 & 6 & 0 & 0 & 1 \end{array}\right)$$

① 1행에 $\frac{1}{2}$을 곱한다. $\left[\left(\frac{1}{2}\right)\times R_1\right]$

$$\left(\begin{array}{ccc|ccc} ① & 0 & \frac{1}{2} & \frac{1}{2} & 0 & 0 \\ -2 & 3 & 4 & 0 & 1 & 0 \\ -5 & 5 & 6 & 0 & 0 & 1 \end{array}\right)$$

② 1행에 2를 곱하여 2행에 더한다. $[(2)\times R_1+R_2]$
1행에 5를 곱하여 3행에 더한다. $[(5)\times R_1+R_3]$

$$\left(\begin{array}{ccc|ccc} 1 & 0 & \frac{1}{2} & \frac{1}{2} & 0 & 0 \\ 0 & 3 & 5 & 1 & 1 & 0 \\ 0 & 5 & \frac{17}{2} & \frac{5}{2} & 0 & 1 \end{array}\right)$$

③ 2행에 $\frac{1}{3}$을 곱한다. $\left[\left(\frac{1}{3}\right)\times R_2\right]$

$$\left(\begin{array}{ccc|ccc} 1 & 0 & \frac{1}{2} & \frac{1}{2} & 0 & 0 \\ 0 & ① & \frac{5}{3} & \frac{1}{3} & \frac{1}{3} & 0 \\ 0 & 5 & \frac{17}{2} & \frac{5}{2} & 0 & 1 \end{array}\right)$$

④ 2행에 −5를 곱하여 3행에 더한다. $[(-5)\times R_2+R_3]$

$$\left(\begin{array}{ccc|ccc} 1 & 0 & \frac{1}{2} & \frac{1}{2} & 0 & 0 \\ 0 & 1 & \frac{5}{3} & \frac{1}{3} & \frac{1}{3} & 0 \\ 0 & 0 & \frac{1}{6} & \frac{5}{6} & -\frac{5}{3} & 1 \end{array}\right)$$

⑤ 3행에 6을 곱한다. $[(6)\times R_3]$

$$\left(\begin{array}{ccc|ccc} 1 & 0 & \frac{1}{2} & \frac{1}{2} & 0 & 0 \\ 0 & 1 & \frac{5}{3} & \frac{1}{3} & \frac{1}{3} & 0 \\ 0 & 0 & ① & 5 & -10 & 6 \end{array}\right)$$

⑥ 3행에 $-\frac{5}{3}$를 곱하여 2행에 더한다. $\left[\left(-\frac{5}{3}\right)\times R_3+R_2\right]$

3행에 $-\frac{1}{2}$을 곱하여 1행에 더한다. $\left[\left(-\frac{1}{2}\right)\times R_3+R_1\right]$

$$\left(\begin{array}{ccc|ccc} 1 & 0 & 0 & -2 & 5 & -3 \\ 0 & 1 & 0 & -8 & 17 & -10 \\ 0 & 0 & 1 & 5 & -10 & 6 \end{array}\right)$$

$$\underbrace{\qquad}_{\boldsymbol{I}} \qquad \underbrace{\qquad}_{\boldsymbol{A}^{-1}}$$

따라서 $[\boldsymbol{A} \vdots \boldsymbol{I}]\rightarrow[\boldsymbol{I} \vdots \boldsymbol{A}^{-1}]$ 관계로부터 $\boldsymbol{A}^{-1}$는 다음과 같다.

$$A^{-1}=\begin{pmatrix} -2 & 5 & -3 \\ -8 & 17 & -10 \\ 5 & -10 & 6 \end{pmatrix}$$

(2) 주어진 행렬 $\boldsymbol{B}$로부터 확장행렬 $\widetilde{\boldsymbol{B}}=[\boldsymbol{B} \vdots \boldsymbol{I}]$를 구성한다.

$$\widetilde{\boldsymbol{B}}=\left(\begin{array}{ccc|ccc} 1 & -1 & -2 & 1 & 0 & 0 \\ 2 & 4 & 5 & 0 & 1 & 0 \\ 6 & 0 & -3 & 0 & 0 & 1 \end{array}\right)$$

① 1행에 −2를 곱하여 2행에 더한다. $[(-2)\times R_1+R_2]$

2행에 −6을 곱하여 3행에 더한다. $[(-6)\times R_2+R_3]$

$$\left(\begin{array}{ccc|ccc} 1 & -1 & -2 & 1 & 0 & 0 \\ 0 & 6 & 9 & -2 & 1 & 0 \\ 0 & 6 & 9 & -6 & 0 & 1 \end{array}\right)$$

② 2행에 −1을 곱하여 3행에 더한다. $[(-1)\times R_2+R_3]$

$$\left(\begin{array}{ccc|ccc} 1 & -1 & -2 & 1 & 0 & 0 \\ 0 & 6 & 9 & -2 & 1 & 0 \\ 0 & 0 & \textcircled{0} & -4 & -1 & 1 \end{array}\right) \tag{72}$$

식(71)로부터 3행의 주대각요소가 0이므로 더 이상 기본행연산 과정을 진행할 수 없다. 따라서 행렬 $\boldsymbol{B}$는 역행렬이 존재하지 않는다.

예제 6.34

3×3 대각행렬 $\boldsymbol{A}$가 다음과 같을 때, $\boldsymbol{A}$의 역행렬을 Gauss−Jordan 소거법에 의해 구하라. 단, a, b, c는 모두 0이 아니다.

$$\boldsymbol{A}=\text{diag}(a, b, c)=\begin{pmatrix} a & 0 & 0 \\ 0 & b & 0 \\ 0 & 0 & c \end{pmatrix}$$

풀이

주어진 행렬 $\boldsymbol{A}$로부터 확장행렬 $\widetilde{\boldsymbol{A}}=[\boldsymbol{A} \vdots \boldsymbol{I}]$를 구성한다.

$$\widetilde{A}=\left(\begin{array}{ccc|ccc} a & 0 & 0 & 1 & 0 & 0 \\ 0 & b & 0 & 0 & 1 & 0 \\ 0 & 0 & c & 0 & 0 & 1 \end{array}\right)$$

① 1행에 $\frac{1}{a}$을 곱한다. $\left[\left(\frac{1}{a}\right)\times R_1\right]$

2행에 $\frac{1}{b}$을 곱한다. $\left[\left(\frac{1}{b}\right)\times R_2\right]$

3행에 $\frac{1}{c}$을 곱한다. $\left[\left(\frac{1}{c}\right)\times R_3\right]$

$$\left(\begin{array}{ccc|ccc} 1 & 0 & 0 & \frac{1}{a} & 0 & 0 \\ 0 & 1 & 0 & 0 & \frac{1}{b} & 0 \\ 0 & 0 & 1 & 0 & 0 & \frac{1}{c} \end{array}\right)$$

따라서 $\boldsymbol{A}$의 역행렬은 다음과 같다.

$$\boldsymbol{A}^{-1}=\begin{pmatrix} \frac{1}{a} & 0 & 0 \\ 0 & \frac{1}{b} & 0 \\ 0 & 0 & \frac{1}{c} \end{pmatrix}=\mathrm{diag}\left(\frac{1}{a},\ \frac{1}{b},\ \frac{1}{c}\right)$$

위의 〈예제 6.34〉로부터 대각행렬의 역행렬은 주대각요소를 역수를 취하여 구한다는 것을 알 수 있다. 따라서 대각행렬의 주대각요소 중에 하나라도 0이 된다면 역수는 존재하지 않으므로 역행렬이 존재하지 않게 된다는 것에 유의하라.

역행렬을 구하는 방법 중에서 가장 많이 사용되는 방법은 Gauss-Jardan 소거법을 이용하여 역행렬을 구하는 방법이다.

6.10 선형연립방정식의 해법

선형연립방정식의 해를 구하기 위해 앞 절에서 Gauss 소거법 및 Gauss-Jordan 소거법에 대해 설명하였다. 또 다른 방법으로 본 절에서는 역행렬과 Cramer 공식을 이용하여 선형연립방정식의 해를 구하는 방법을 소개한다.

(1) 역행렬에 의한 선형연립방정식의 해

미지수의 개수와 방정식의 개수가 모두 n인 다음의 선형연립방정식을 고려하자.

$$\begin{cases} a_{11}x_1 + a_{12}x_2 + \cdots + a_{1n}x_n = b_1 \\ a_{21}x_1 + a_{22}x_2 + \cdots + a_{2n}x_n = b_2 \\ \qquad \vdots \\ a_{n1}x_1 + a_{n2}x_2 + \cdots + a_{nn}x_n = b_n \end{cases} \tag{72}$$

식(72)를 행렬을 이용하여 표현하면 다음과 같다.

$$\underbrace{\begin{pmatrix} a_{11} & a_1 & \cdots & a_{1n} \\ a_{21} & a_{22} & \cdots & a_{2n} \\ \vdots & \vdots & & \vdots \\ a_{n1} & a_{n2} & \cdots & a_{nn} \end{pmatrix}}_{\boldsymbol{A}} \underbrace{\begin{pmatrix} x_1 \\ x_2 \\ \vdots \\ x_n \end{pmatrix}}_{\boldsymbol{x}} = \underbrace{\begin{pmatrix} b_1 \\ b_2 \\ \vdots \\ b_n \end{pmatrix}}_{\boldsymbol{b}}$$

$$\begin{gathered} \boldsymbol{Ax} = \boldsymbol{b} \\ \boldsymbol{A} \in \boldsymbol{R}^{n \times n},\ \boldsymbol{x} \in \boldsymbol{R}^{n \times 1},\ \boldsymbol{b} \in \boldsymbol{R}^{n \times 1} \end{gathered} \tag{73}$$

식(73)에서 계수행렬 $\boldsymbol{A} \in \boldsymbol{R}^{n \times n}$의 역행렬이 존재한다고 가정하고, 양변에 $\boldsymbol{A}^{-1}$를 좌측으로 곱하면 다음과 같다.

$$\begin{gathered} \boldsymbol{A}^{-1}(\boldsymbol{Ax}) = \boldsymbol{A}^{-1}\boldsymbol{b} \\ \therefore\ \boldsymbol{x} = \boldsymbol{A}^{-1}\boldsymbol{b} \end{gathered} \tag{74}$$

따라서 $\boldsymbol{A}$의 역행렬과 상수행렬 $\boldsymbol{b}$를 곱함으로써 선형연립방정식의 해를 구할 수 있으며, 그 해는 유일하게 결정된다.

예제 6.35

다음 연립방정식의 해를 역행렬을 이용하여 구하라.

$$\begin{pmatrix} 3 & 1 \\ -1 & 2 \end{pmatrix} \begin{pmatrix} x \\ y \end{pmatrix} = \begin{pmatrix} 5 \\ 3 \end{pmatrix}$$

풀이

[정리 6.13]으로부터 계수행렬의 역행렬을 먼저 구하면

$$\begin{pmatrix} 3 & 1 \\ -1 & 2 \end{pmatrix}^{-1} = \frac{1}{6+1}\begin{pmatrix} 2 & -1 \\ 1 & 3 \end{pmatrix} = \begin{pmatrix} \frac{2}{7} & -\frac{1}{7} \\ \frac{1}{7} & \frac{3}{7} \end{pmatrix}$$

이므로 식(74)를 이용하면 다음과 같다.

$$\begin{aligned} \begin{pmatrix} x \\ y \end{pmatrix} &= \begin{pmatrix} 3 & 1 \\ -1 & 2 \end{pmatrix}^{-1}\begin{pmatrix} 5 \\ 3 \end{pmatrix} \\ &= \begin{pmatrix} \frac{2}{7} & -\frac{1}{7} \\ \frac{1}{7} & \frac{3}{7} \end{pmatrix}\begin{pmatrix} 5 \\ 3 \end{pmatrix} = \begin{pmatrix} 1 \\ 2 \end{pmatrix} \\ &\therefore\ x=1,\ y=2 \end{aligned}$$

예제 6.36

다음 연립방정식의 해를 역행렬을 이용하여 구하라.

$$\begin{cases} 2x_1 + x_3 = 1 \\ -2x_1 + 3x_2 + 4x_3 = -1 \\ -5x_1 + 5x_2 + 6x_3 = 0 \end{cases}$$

풀이

주어진 연립방정식의 계수행렬 $\boldsymbol{A}$와 상수행렬 $\boldsymbol{b}$는 각각 다음과 같다.

$$\boldsymbol{A} = \begin{pmatrix} 2 & 0 & 1 \\ -2 & 3 & 4 \\ -5 & 5 & 6 \end{pmatrix},\ \boldsymbol{b} = \begin{pmatrix} 1 \\ -1 \\ 0 \end{pmatrix}$$

〈예제 6.33〉의 결과로부터 다음을 얻을 수 있다.

$$\boldsymbol{x} = \boldsymbol{A}^{-1}\boldsymbol{b} = \begin{pmatrix} -2 & 5 & -3 \\ -8 & 17 & -10 \\ 5 & -10 & 6 \end{pmatrix}\begin{pmatrix} 1 \\ -1 \\ 0 \end{pmatrix} = \begin{pmatrix} -7 \\ -25 \\ 15 \end{pmatrix}$$

만일 선형연립방정식의 계수행렬 $\boldsymbol{A}$의 역행렬이 존재하지 않는다면, 역행렬을 이용하여 해를 구할 수 없으므로 Gauss–Jordan 소거법이나 Gauss 소거법을 이용하여 해를 구해야 한다. $\boldsymbol{A}$의 역행렬이 존재하지 않는 경우는 해가 무수히 많거나 해가 존재하지 않는 경우이다.

다음으로 선형연립방정식의 해를 행렬식만을 이용하여 구할 수 있는 방법인 Cramer 공식에 대해 설명한다.

(2) Cramer 공식

스위스 수학자인 G. Cramer에 의해 만들어진 Cramer 공식은 선형연립방정식의 해를 행렬식 계산만으로 구할 수 있는 유용한 공식이다.

방정식의 개수와 미지수의 개수가 n인 다음 선형연립방정식을 고려하자.

$$\boldsymbol{Ax}=\boldsymbol{b}$$
$$\boldsymbol{A}\in\boldsymbol{R}^{n\times n},\ \ \boldsymbol{x}\in\boldsymbol{R}^{n\times 1},\ \ \boldsymbol{b}\in\boldsymbol{R}^{n\times 1}$$

계수행렬 $\boldsymbol{A}$의 행렬식 $\det(\boldsymbol{A})\neq 0$이라 가정하면, 역행렬 정의에 의해 다음과 같이 $\boldsymbol{x}$를 구할 수 있다.

$$\boldsymbol{x}=\boldsymbol{A}^{-1}\boldsymbol{b}=\frac{1}{\det(\boldsymbol{A})}\mathrm{adj}(\boldsymbol{A})\boldsymbol{b}=\frac{1}{\det(\boldsymbol{A})}\begin{pmatrix} C_{11} & C_{21} & \cdots & C_{n1} \\ C_{12} & C_{22} & \cdots & C_{n2} \\ \vdots & \vdots & & \vdots \\ C_{1n} & C_{2n} & \cdots & C_{nn} \end{pmatrix}\begin{pmatrix} b_1 \\ b_2 \\ \vdots \\ b_n \end{pmatrix} \tag{75}$$

여기서 C_{ij}는 $\boldsymbol{A}$의 (i, j)-요소에 대한 여인수이다.

식(75)에서 $\boldsymbol{x}$의 j번째 요소 x_j를 구해 보면 다음과 같다.

$$x_j=\frac{C_{1j}b_1+C_{2j}b_2+\cdots+C_{nj}b_n}{\det(\boldsymbol{A})} \tag{76}$$

한편, 계수행렬 $\boldsymbol{A}$의 j번째 열을 $\boldsymbol{b}$의 성분으로 대체한 행렬을 $\boldsymbol{A}_j(j=1, 2, \cdots, n)$로 정의하면 다음과 같이 표현된다.

$$\boldsymbol{A}_j \triangleq \begin{pmatrix} a_{11} & a_{12} & \cdots & \boxed{b_1} & \cdots & a_{1n} \\ a_{21} & a_{22} & \cdots & b_2 & \cdots & a_{2n} \\ \vdots & \vdots & & \vdots & & \vdots \\ a_{n1} & a_{n2} & \cdots & b_n & \cdots & a_{nn} \end{pmatrix} \in \boldsymbol{R}^{n\times n} \tag{77}$$

j번째 열

위에서 정의한 행렬 $\boldsymbol{A}_j$의 행렬식 $\det(\boldsymbol{A}_j)$를 구하기 위해 $\boldsymbol{A}_j$의 j번째 열을 선택하여 여인수 전개를 해 보자.

계수행렬 $\boldsymbol{A}$와 $\boldsymbol{A}_j$는 j번째 열을 제외하고는 모두 동일한 요소를 가지므로 j번째 열에 대한 여인수는 두 행렬 $\boldsymbol{A}$와 $\boldsymbol{A}_j$가 동일하다는 사실로부터 다음을 얻을 수 있다.

$$\det(\boldsymbol{A}_j) = b_1 C_{1j} + b_2 C_{2j} + \cdots + b_n C_{nj} \tag{78}$$

따라서 식(76)에 식(78)의 결과를 대입하면 다음의 결과를 얻을 수 있으며, 이를 Cramer 공식이라 한다.

$$x_j = \frac{\det(\boldsymbol{A}_j)}{\det(\boldsymbol{A})} \quad j=1, 2, \cdots, n \tag{79}$$

Cramer 공식은 선형연립방정식의 해를 행렬식 연산만으로 구할 수 있다는 장점이 있지만, 계수행렬의 크기가 커지면 행렬식 연산에 대한 부담이 커지게 된다는 것에 유의하라.

예제 6.37

〈예제 6.36〉의 선형연립방정식을 Cramer 공식을 이용하여 풀어라.

$$\begin{cases} 2x_1 + x_3 = 1 \\ -2x_1 + 3x_2 + 4x_3 = -1 \\ -5x_1 + 5x_2 + 6x_3 = 0 \end{cases}$$

풀이

먼저, 계수행렬 $\boldsymbol{A}$의 행렬식을 계산한다.

선형연립방정식의 해법

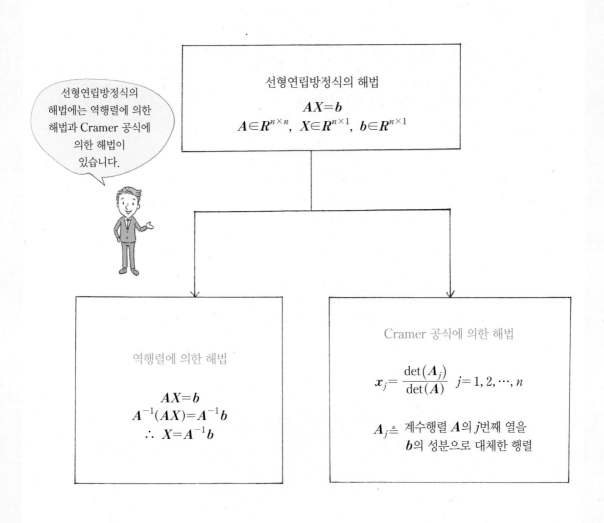

선형연립방정식의
해법에는 역행렬에 의한
해법과 Cramer 공식에
의한 해법이
있습니다.

선형연립방정식의 해법

$$\boldsymbol{AX}=\boldsymbol{b}$$

$$\boldsymbol{A}\in\boldsymbol{R}^{n\times n},\ \ \boldsymbol{X}\in\boldsymbol{R}^{n\times 1},\ \ \boldsymbol{b}\in\boldsymbol{R}^{n\times 1}$$

역행렬에 의한 해법

$$\boldsymbol{AX}=\boldsymbol{b}$$

$$\boldsymbol{A}^{-1}(\boldsymbol{AX})=\boldsymbol{A}^{-1}\boldsymbol{b}$$

$$\therefore\ \boldsymbol{X}=\boldsymbol{A}^{-1}\boldsymbol{b}$$

Cramer 공식에 의한 해법

$$\boldsymbol{x}_j=\frac{\det(\boldsymbol{A}_j)}{\det(\boldsymbol{A})}\quad j=1, 2, \cdots, n$$

$\boldsymbol{A}_j \triangleq$ 계수행렬 $\boldsymbol{A}$의 j번째 열을 $\boldsymbol{b}$의 성분으로 대체한 행렬

| 설명 | 선형연립방정식의 해는 기본적으로 계수행렬의 역행렬이 존재하는 경우 역행렬을 구하여 계산할 수 있다. Cramer 공식은 행렬식만의 계산으로부터 해를 구하는 방법이며, 역행렬 공식으로부터 유도할 수 있다.

$$\det(\boldsymbol{A})=\begin{vmatrix} 2 & 0 & 1 \\ -2 & 3 & 4 \\ -5 & 5 & 6 \end{vmatrix}=2C_{11}+C_{13}=2\begin{vmatrix} 3 & 4 \\ 5 & 6 \end{vmatrix}+\begin{vmatrix} -2 & 3 \\ -5 & 5 \end{vmatrix}=1$$

식(77)에서 정의된 행렬 $\boldsymbol{A}_j(j=1,\ 2,\ 3)$를 구하면 다음과 같다.

$$\boldsymbol{A}_1=\begin{pmatrix} 1 & 0 & 1 \\ -1 & 3 & 4 \\ 0 & 5 & 6 \end{pmatrix},\ \boldsymbol{A}_2=\begin{pmatrix} 2 & 1 & 1 \\ -2 & -1 & 4 \\ -5 & 0 & 6 \end{pmatrix},\ \boldsymbol{A}_3=\begin{pmatrix} 2 & 0 & 1 \\ -2 & 3 & -1 \\ -5 & 5 & 0 \end{pmatrix}$$

위의 각각의 행렬에 대해 행렬식을 계산하면

$$\det(\boldsymbol{A}_1)=\begin{vmatrix} 1 & 0 & 1 \\ -1 & 3 & 4 \\ 0 & 5 & 6 \end{vmatrix}=\begin{vmatrix} 3 & 4 \\ 5 & 6 \end{vmatrix}+\begin{vmatrix} -1 & 3 \\ 0 & 5 \end{vmatrix}=-7$$

$$\det(\boldsymbol{A}_2)=\begin{vmatrix} 2 & 1 & 1 \\ -2 & -1 & 4 \\ -5 & 0 & 6 \end{vmatrix}=-5\begin{vmatrix} 1 & 1 \\ -1 & 4 \end{vmatrix}+6\begin{vmatrix} 2 & 1 \\ -2 & -1 \end{vmatrix}=-25$$

$$\det(\boldsymbol{A}_3)=\begin{vmatrix} 2 & 0 & 1 \\ -2 & 3 & -1 \\ -5 & 5 & 0 \end{vmatrix}=2\begin{vmatrix} 3 & -1 \\ 5 & 0 \end{vmatrix}+\begin{vmatrix} -2 & 3 \\ -5 & 5 \end{vmatrix}=15$$

이므로 Cramer 공식에 의해 주어진 연립방정식의 해는 다음과 같다.

$$x_1=\frac{\det(\boldsymbol{A}_1)}{\det(\boldsymbol{A})}=-7$$

$$x_2=\frac{\det(\boldsymbol{A}_2)}{\det(\boldsymbol{A})}=-25$$

$$x_3=\frac{\det(\boldsymbol{A}_3)}{\det(\boldsymbol{A})}=15$$

예제 6.38

Cramer 공식을 이용하여 다음 연립방정식의 해를 구하라.

$$\begin{cases} (2-k)x_1+kx_2=4 \\ kx_1+(3-k)x_2=3 \end{cases}$$

또한 위의 연립방정식이 해를 가지지 않을 k 값을 결정하라.

풀이

계수행렬 $\boldsymbol{A}$의 행렬식을 구하면 다음과 같다.

$$\det(\boldsymbol{A})=\begin{vmatrix} 2-k & k \\ k & 3-k \end{vmatrix}=(2-k)(3-k)-k^2=6-5k$$

식(77)에서 정의된 행렬 $\boldsymbol{A}_j(j=1,\ 2)$의 행렬식을 구하면

$$\det(\boldsymbol{A}_1)=\begin{vmatrix} 4 & k \\ 3 & 3-k \end{vmatrix}=12-7k$$

$$\det(\boldsymbol{A}_2)=\begin{vmatrix} 2-k & 4 \\ k & 3 \end{vmatrix}=6-7k$$

이므로 Cramer 공식에 의해 구하는 해는 다음과 같다.

$$x_1=\frac{\det(\boldsymbol{A}_1)}{\det(\boldsymbol{A})}=\frac{12-7k}{6-5k}$$

$$x_2=\frac{\det(\boldsymbol{A}_2)}{\det(\boldsymbol{A})}=\frac{6-7k}{6-5k}$$

한편, 계수행렬의 행렬식 $\det(\boldsymbol{A})=0$인 경우는 연립방정식의 해가 존재하지 않으므로 $6-5k=0$, 즉 $k=\frac{6}{5}$일 때 해를 가지지 않는다.

지금까지 선형연립방정식의 해를 구하기 위해 Gauss 소거법, Gauss-Jordan 소거법, 역행렬을 이용한 방법, Cramer 공식을 이용하는 방법에 대해 학습하였다. 어떤 방법이 더 좋고 나쁜 것을 떠나 독자들은 여러 가지 방법 중에서 주어진 상황에 가장 적합하고 간편하게 해를 구할 수 있는 방법을 선택하면 된다.

예제 6.39

〈예제 6.35〉의 연립방정식에 대한 해를 Cramer 공식을 이용하여 구하라.

$$\begin{pmatrix} 3 & 1 \\ -1 & 2 \end{pmatrix}\begin{pmatrix} x \\ y \end{pmatrix}=\begin{pmatrix} 5 \\ 3 \end{pmatrix}$$

풀이

식(77)에서 정의된 행렬 $\boldsymbol{A}_j(j=1, 2)$의 행렬식을 구하면

$$\det(\boldsymbol{A}_1)=\begin{vmatrix} 5 & 1 \\ 3 & 2 \end{vmatrix}=10-3=7$$

$$\det(\boldsymbol{A}_2)=\begin{vmatrix} 3 & 5 \\ -1 & 3 \end{vmatrix}=9+5=14$$

$$\det(\boldsymbol{A})=\begin{vmatrix} 3 & 1 \\ -1 & 2 \end{vmatrix}=6+1=7$$

이므로 Cramer의 공식에 의하여 x_1과 x_2는 다음과 같다.

$$x_1=\frac{\det(\boldsymbol{A}_1)}{\det(\boldsymbol{A})}=\frac{7}{7}=1$$

$$x_2=\frac{\det(\boldsymbol{A}_2)}{\det(\boldsymbol{A})}=\frac{14}{7}=2$$

6.11 고유값과 고유벡터

공학적 응용의 관점에서 볼 때 고유값 문제(Eigenvalue Problem)는 행렬과 관련된 가장 중요한 문제 중의 하나이다. 본 절에서는 n차 정방행렬에 대하여 고유값과 고유벡터의 정의와 기초적인 개념에 대하여 학습하도록 한다.

(1) 정의

정의 6.7 고유값과 고유벡터

n차 정방행렬 $\boldsymbol{A}\in\boldsymbol{R}^{n\times n}$에 대하여 스칼라 λ에 대한 다음의 방정식이 성립하는 경우 λ를 $\boldsymbol{A}$의 고유값(Eigenvalue), 영이 아닌 벡터 $\boldsymbol{x}$를 고유값 λ에 대한 고유벡터(Eigenvector)라고 정의한다.

$$\boldsymbol{Ax}=\lambda\boldsymbol{x},\ \boldsymbol{A}\in\boldsymbol{R}^{n\times n},\ \boldsymbol{x}\in\boldsymbol{R}^{n\times 1} \tag{80}$$

식(80)은 다음과 같이 행렬 $\boldsymbol{A}$를 $\boldsymbol{R}^{n\times 1}$에서 $\boldsymbol{R}^{n\times 1}$로 정의되는 선형변환(Linear Transformation)으로 간주하면 [그림 6.6]과 같이 나타낼 수 있다.

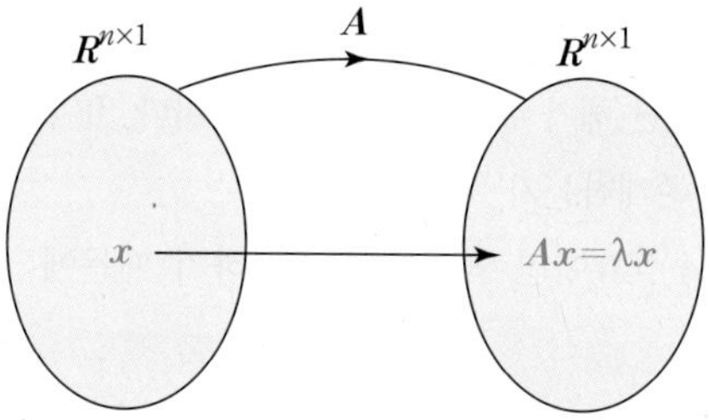

[그림 6.6] 선형변환과 고유값 문제

[그림 6.6]에서 식(80)은 어떤 0이 아닌 벡터 $\boldsymbol{x}$가 행렬 $\boldsymbol{A}$(선형연산자)에 의해 자기 자신의 스칼라 곱 $\lambda\boldsymbol{x}$로 변환될 때 λ와 $\boldsymbol{x}$를 찾는 문제로 이해할 수 있다.

고유값과 고유벡터를 결정하기 위해 식(80)의 우변을 이항하면

$$\boldsymbol{Ax}-\lambda\boldsymbol{x}=\boldsymbol{0} \Longrightarrow (\boldsymbol{A}-\lambda\boldsymbol{I})\boldsymbol{x}=\boldsymbol{0} \tag{81}$$

이 되는데, 여기서 $\boldsymbol{I}$는 행렬의 크기를 맞추기 위해 포함된 n차 단위행렬이다. 식(81)에서 우변이 상수행렬 $\boldsymbol{0}$이므로 앞 절에서 학습한 Cramer 공식을 이용하면 $\det(\boldsymbol{A}-\lambda\boldsymbol{I})\neq 0$일 때 $\boldsymbol{x}=\boldsymbol{0}$이 된다.

따라서 $\boldsymbol{x}$가 $\boldsymbol{0}$이 아닌 해를 가지기 위해서는 다음의 조건이 만족되어야 한다.

$$\det(\boldsymbol{A}-\lambda\boldsymbol{I})=0 \tag{82}$$

식(82)를 특성방정식(Characteristic Equation)이라고 부르며, $\boldsymbol{A}\in\boldsymbol{R}^{n\times n}$이므로 특성방정식은 λ에 대한 n차의 다항식이 된다.

여기서 잠깐! **제차연립방정식 $Ax = 0$의 해**

$\boldsymbol{Ax}=\boldsymbol{b}$로 표현되는 선형연립방정식에서 상수행렬 $\boldsymbol{b}=\boldsymbol{0}$인 경우를 제차연립방정식이라고 부른다.

$$\boldsymbol{Ax}=\boldsymbol{0},\ \ \boldsymbol{A}\in\boldsymbol{R}^{n\times n},\ \ \boldsymbol{x}\in\boldsymbol{R}^{n\times 1} \tag{83}$$

제차연립방정식은 식(83)에서 쉽게 알 수 있듯이 $\boldsymbol{x}=\boldsymbol{0}$은 언제나 해가 된다. 왜냐하면 $\boldsymbol{x}=\boldsymbol{0}$을 식(83)에 대입하면 $\boldsymbol{A0}=\boldsymbol{0}$이 만족되므로 $\boldsymbol{x}=\boldsymbol{0}$은 항상 해가 된다. 그런데 우리의 관심은 $\boldsymbol{Ax}=\boldsymbol{0}$을 만족하는 $\boldsymbol{0}$이 아닌 해가 존재하는가의 여부이다. $\boldsymbol{0}$이 아닌 해가 존재한다면 어떤 조건하에서 $\boldsymbol{0}$이 아닌 해가 존재하는가?
계수행렬의 행렬식 $\det(\boldsymbol{A})\neq 0$이면 역행렬이 존재하기 때문에 식(83)의 양변에 왼쪽으로 $\boldsymbol{A}^{-1}$를 곱하면

$$\begin{gathered}\boldsymbol{A}^{-1}(\boldsymbol{Ax})=\boldsymbol{A}^{-1}\boldsymbol{0}\\(\boldsymbol{A}^{-1}\boldsymbol{A})\boldsymbol{x}=\boldsymbol{A}^{-1}\boldsymbol{0}\quad\therefore\ \boldsymbol{x}=\boldsymbol{0}\end{gathered}$$

이 되므로 $\boldsymbol{x}=\boldsymbol{0}$만의 유일한 해를 가진다. 다시 말해서, $\det(\boldsymbol{A})\neq 0$이면 $\boldsymbol{Ax}=\boldsymbol{0}$은 $\boldsymbol{x}=\boldsymbol{0}$만을 해로 갖는다.
따라서 식(83)의 제차연립방정식이 $\boldsymbol{0}$이 아닌 해를 가지기 위한 조건은 $\det(\boldsymbol{A})=0$이라는 것을 알 수 있으며, 이를 특성방정식이라 부른다.

참고로 식(80)의 좌변을 우변으로 이항하여 정리하면 다음과 같다.

$$(\lambda\boldsymbol{I}-\boldsymbol{A})\boldsymbol{x}=\boldsymbol{0} \tag{84}$$

따라서 식(84)에서 $\boldsymbol{x}$가 $\boldsymbol{0}$이 아닌 해를 가지기 위한 조건은

$$\det(\lambda \boldsymbol{I}-\boldsymbol{A})=\boldsymbol{0} \tag{85}$$

이므로 식(82)와 식(85)는 수학적으로 동일한 조건임을 알 수 있다.

예제 6.40

다음 행렬 $\boldsymbol{A}$에 대하여 고유값을 구하고, 각 고유값에 대응되는 고유벡터를 구하라.

$$A=\begin{pmatrix} 3 & 0 \\ 8 & -1 \end{pmatrix}$$

풀이

행렬 $\boldsymbol{A}$의 특성방정식을 구하면

$$\det(\lambda \boldsymbol{I}-\boldsymbol{A})=\begin{vmatrix} \lambda-3 & 0 \\ -8 & \lambda+1 \end{vmatrix}=(\lambda-3)(\lambda+1)=0$$

$$\therefore \ \lambda_1=3, \ \lambda_2=-1$$

을 얻는다. 고유값 $\lambda_1=3$에 대한 고유벡터를 $\boldsymbol{x}_1 \triangleq (x_1, \ x_2)^T$로 가정하면

$$\boldsymbol{A}\boldsymbol{x}_1=\lambda_1 \boldsymbol{x}_1$$

$$\begin{pmatrix} 3 & 0 \\ 8 & -1 \end{pmatrix}\begin{pmatrix} x_1 \\ x_2 \end{pmatrix}=3\begin{pmatrix} x_1 \\ x_2 \end{pmatrix} \Longrightarrow 8x_1-4x_2=0$$

이므로, 해는 $x_2=2x_1$이다. $x_1=c$ (상수)라 놓으면 $x_2=2c$이므로

$$\begin{pmatrix} x_1 \\ x_2 \end{pmatrix}=c\begin{pmatrix} 1 \\ 2 \end{pmatrix}$$

이 되며, $c=1$로 선택하면 $\lambda_1=3$에 대한 고유벡터는 다음과 같다.

$$\boldsymbol{x}_1=\begin{pmatrix} 1 \\ 2 \end{pmatrix}$$

또한 $\lambda_2=-1$에 대한 고유벡터를 $\boldsymbol{x}_2 \triangleq (y_1, \ y_2)^T$로 가정하면

$$\boldsymbol{Ax}_2=\lambda_2\boldsymbol{x}_2$$

$$\begin{pmatrix} 3 & 0 \\ 8 & -1 \end{pmatrix}\begin{pmatrix} y_1 \\ y_2 \end{pmatrix}=-\begin{pmatrix} y_1 \\ y_2 \end{pmatrix} \Longrightarrow y_1=0$$

이므로 해는 $y_1=0$, $y_2=c$가 된다. 따라서

$$\begin{pmatrix} y_1 \\ y_2 \end{pmatrix}=c\begin{pmatrix} 0 \\ 1 \end{pmatrix}$$

이 되며, $c=1$로 선택하면 $\lambda_2=-1$에 대한 고유벡터는 다음과 같다.

$$\boldsymbol{x}_2=\begin{pmatrix} 0 \\ 1 \end{pmatrix}$$

예제 6.41

다음 3×3 행렬 $\boldsymbol{A}$의 고유값과 각 고유값에 대응되는 고유벡터를 구하라.

$$A=\begin{pmatrix} -2 & 2 & -3 \\ 2 & 1 & -6 \\ -1 & -2 & 0 \end{pmatrix}$$

풀이

행렬 $\boldsymbol{A}$의 특성방정식을 구하면

$$\det(\lambda\boldsymbol{I}-\boldsymbol{A})=\begin{vmatrix} \lambda+2 & -2 & 3 \\ -2 & \lambda-1 & 6 \\ 1 & 2 & \lambda \end{vmatrix}=\lambda^3+\lambda^2-21\lambda-45=0$$

$$\lambda^3+\lambda^2-21\lambda-45=(\lambda-5)(\lambda+3)^2=0$$

$$\therefore\ \lambda_1=5,\ \lambda_2=\lambda_3=-3$$

을 얻는다. 먼저, 고유값 $\lambda_1=5$에 대한 고유벡터를 $\boldsymbol{x}\triangleq(x_1, x_2, x_3)^T$로 가정하면 다음과 같다.

$$\boldsymbol{Ax}=\lambda_1\boldsymbol{x}$$

$$\begin{pmatrix} -2 & 2 & -3 \\ 2 & 1 & -6 \\ -1 & -2 & 0 \end{pmatrix}\begin{pmatrix} x_1 \\ x_2 \\ x_3 \end{pmatrix}=5\begin{pmatrix} x_1 \\ x_2 \\ x_3 \end{pmatrix}$$

$$\therefore \begin{pmatrix} 7 & 2 & -3 \\ 2 & -4 & -6 \\ -1 & -2 & -5 \end{pmatrix}\begin{pmatrix} x_1 \\ x_2 \\ x_3 \end{pmatrix}=\begin{pmatrix} 0 \\ 0 \\ 0 \end{pmatrix}$$

위의 식에 대해 Gauss 소거법을 이용하면 다음이 얻어진다.

$$\begin{cases} x_1+2x_2+5x_3=0 \\ \qquad\;\; x_2+2x_3=0 \end{cases}$$

위의 방정식의 해는 $x_1=-x_3$, $x_2=-2x_3$ 이므로, $x_3=c$ 로 놓으면

$$\begin{pmatrix} x_1 \\ x_2 \\ x_3 \end{pmatrix}=\begin{pmatrix} -c \\ -2c \\ c \end{pmatrix}=c\begin{pmatrix} -1 \\ -2 \\ 1 \end{pmatrix}$$

이 되며, $c=1$로 선택하면 $\lambda_1=5$에 대한 고유벡터 $\boldsymbol{x}_1$은 다음과 같다.

$$\boldsymbol{x}_1=\begin{pmatrix} -1 \\ -2 \\ 1 \end{pmatrix}$$

또한 마찬가지 방법으로 $\lambda_2=\lambda_3=-3$에 대한 고유벡터를 구해 본다.
고유벡터 $\boldsymbol{x}=(y_1, y_2, y_3)^T$라 가정하면

$$\boldsymbol{Ax}=\lambda_2\boldsymbol{x}$$

$$\begin{pmatrix} -2 & 2 & -3 \\ 2 & 1 & -6 \\ -1 & -2 & 0 \end{pmatrix}\begin{pmatrix} y_1 \\ y_2 \\ y_3 \end{pmatrix}=-3\begin{pmatrix} y_1 \\ y_2 \\ y_3 \end{pmatrix}$$

$$\therefore \begin{pmatrix} 1 & 2 & -3 \\ 2 & 4 & -6 \\ -1 & -2 & 3 \end{pmatrix}\begin{pmatrix} y_1 \\ y_2 \\ y_3 \end{pmatrix}=\begin{pmatrix} 0 \\ 0 \\ 0 \end{pmatrix}$$

위의 식에 대해 Gauss 소거법을 적용하면 다음이 얻어진다.

$$\left(\begin{array}{ccc|c} 1 & 2 & -3 & 0 \\ 0 & 0 & 0 & 0 \\ 0 & 0 & 0 & 0 \end{array}\right) \quad \therefore\ y_1+2y_2-3y_3=0$$

미지수는 3개인데 방정식은 1개이므로, $y_2=c_1$, $y_3=c_2$로 가정하면
$y_1=-2y_2+3y_3=-2c_1+3c_2$로 표현되므로 $\boldsymbol{x}$는 다음과 같다.

$$\boldsymbol{x}=\begin{pmatrix} y_1 \\ y_2 \\ y_3 \end{pmatrix}=\begin{pmatrix} -2c_1+3c_2 \\ c_1 \\ c_2 \end{pmatrix}=c_1\begin{pmatrix} -2 \\ 1 \\ 0 \end{pmatrix}+c_2\begin{pmatrix} 3 \\ 0 \\ 1 \end{pmatrix}$$

따라서 $\boldsymbol{x}$ 중에서 서로 독립인 두 개의 벡터를 선택하면 다음과 같다.

$$\boldsymbol{x}_2=\begin{pmatrix} -2 \\ 1 \\ 0 \end{pmatrix},\ \boldsymbol{x}_3=\begin{pmatrix} 3 \\ 0 \\ 1 \end{pmatrix}$$

앞의 두 예제에서 알 수 있듯이 어떤 고유값에 대응하는 고유벡터는 무수히 많기 때문에 임의로 적당한 고유벡터를 선택하면 된다. 만일, 고유값이 중복된다고 해도 〈예제 6.41〉과 같이 중복도만큼의 독립인 고유벡터가 존재하는 경우도 있지만 그렇지 않은 경우도 있다.

어떤 고유값에 대한 고유벡터는 무수히 많은데 이 무수히 많은 고유벡터들의 집합은 벡터공간을 형성한다. 결국 우리가 어떤 고유값에 대한 고유벡터를 찾는다는 것은 고유벡터가 형성하는 벡터공간(고유공간이라고도 부른다)의 기저벡터를 찾는 것과 같은 의미이다. 예를 들어, 〈예제 6.41〉에서 고유값 −3에 대한 고유벡터들의 공간은 다음 두 개의 기저벡터를 가진 2차원 벡터공간이다.

$$\left\{\begin{pmatrix} -2 \\ 1 \\ 0 \end{pmatrix},\ \begin{pmatrix} 3 \\ 0 \\ 1 \end{pmatrix}\right\}$$

예제 6.42

다음의 행렬들의 고유값을 구하라.

(1) $A=\begin{pmatrix} 1 & 2 & 3 \\ 0 & -2 & 0 \\ 0 & 0 & 4 \end{pmatrix}$ (2) $\boldsymbol{B}=\begin{pmatrix} 3 & 0 & 0 \\ -1 & 4 & 0 \\ 2 & 1 & 1 \end{pmatrix}$ (3) $\boldsymbol{C}=\begin{pmatrix} 1 & 0 & 0 \\ 0 & 4 & 0 \\ 0 & 0 & 5 \end{pmatrix}$

풀이

(1) 특성방정식을 구하면 다음과 같다.

$$\det(\lambda \boldsymbol{I}-\boldsymbol{A})=\begin{vmatrix} \lambda-1 & -2 & -3 \\ 0 & \lambda+2 & 0 \\ 0 & 0 & \lambda-4 \end{vmatrix}=(\lambda-1)(\lambda+2)(\lambda-4)=0$$

$$\therefore \lambda_1=1,\ \lambda_2=-2,\ \lambda_3=4$$

(2) 특성방정식을 구하면 다음과 같다.

$$\det(\lambda \boldsymbol{I}-\boldsymbol{B})=\begin{vmatrix} \lambda-3 & 0 & 0 \\ 1 & \lambda-4 & 0 \\ -2 & -1 & \lambda-1 \end{vmatrix}=(\lambda-3)(\lambda-4)(\lambda-1)=0$$

$$\therefore \lambda_1=3,\ \lambda_2=4,\ \lambda_3=1$$

(3) 특성방정식을 구하면 다음과 같다.

$$\det(\lambda \boldsymbol{I}-\boldsymbol{C})=\begin{vmatrix} \lambda-1 & 0 & 0 \\ 0 & \lambda-4 & 0 \\ 0 & 0 & \lambda-5 \end{vmatrix}=(\lambda-1)(\lambda-4)(\lambda-5)=0$$

$$\therefore \lambda_1=1,\ \lambda_2=4,\ \lambda_3=5$$

〈예제 6.42〉에서 알 수 있듯이 일반적으로 상삼각행렬, 하삼각행렬, 대각행렬의 고유값은 각 행렬의 주대각요소이다.

(2) 고유값과 고유벡터의 여러 가지 성질

행렬의 거듭제곱 $\boldsymbol{A}^k$의 고유값과 고유벡터를 행렬 $\boldsymbol{A}$의 고유값과 고유벡터로부터 구할 수 있음을 보인다. 예를 들어, $\boldsymbol{A}\in\boldsymbol{R}^{n\times n}$의 한 고유값이 λ이고 λ에 대한 고유벡터가 $\boldsymbol{x}$라고 할 때 $\boldsymbol{A}^2$의 고유값과 고유벡터는 다음과 같다.

$$\boldsymbol{A}^2\boldsymbol{x}=\boldsymbol{A}(\boldsymbol{A}\boldsymbol{x})=\boldsymbol{A}(\lambda\boldsymbol{x})=\lambda(\boldsymbol{A}\boldsymbol{x})=\lambda(\lambda\boldsymbol{x})=\lambda^2\boldsymbol{x} \qquad (86)$$

우리는 식(86)으로부터 $\boldsymbol{A}^2$의 고유값은 λ^2이고 λ^2에 대한 고유벡터는 $\boldsymbol{x}$라는 것을 알 수 있다. 일반적으로 k가 양의 정수일 때 λ가 행렬 $\boldsymbol{A}$의 고유값이고, $\boldsymbol{x}$가 λ에 대응되는 고유벡터이면 λ^k는 $\boldsymbol{A}^k$의 고유값이며 λ^k에 대응되는 고유벡터는 $\boldsymbol{x}$이다.

예제 6.43

〈예제 6.41〉의 행렬 $\boldsymbol{A}$에 대하여 $\boldsymbol{A}^5$의 고유값과 고유벡터를 구하라.

$$A=\begin{pmatrix}-2 & 2 & -3\\ 2 & 1 & -6\\ -1 & -2 & 0\end{pmatrix}$$

풀이

〈예제 6.41〉의 풀이에서 행렬 $\boldsymbol{A}$의 고유값과 대응되는 고유벡터를 나열하면 다음과 같다.

$$\lambda_1=5 \longrightarrow \boldsymbol{x}_1=\begin{pmatrix}-1\\-2\\1\end{pmatrix}$$

$$\lambda_2=\lambda_3=-3 \longrightarrow \boldsymbol{x}_2=\begin{pmatrix}-2\\1\\0\end{pmatrix},\ \boldsymbol{x}_3=\begin{pmatrix}3\\0\\1\end{pmatrix}$$

따라서 $\boldsymbol{A}^5$의 고유값 $\{\lambda_4, \lambda_5, \lambda_6\}$과 대응되는 고유벡터 $\{\boldsymbol{x}_4, \boldsymbol{x}_5, \boldsymbol{x}_6\}$는 각각 다음과 같다.

$$\lambda_4=(5)^5 \longrightarrow \boldsymbol{x}_4=\begin{pmatrix}-1\\-2\\1\end{pmatrix}$$

$$\lambda_5=\lambda_6=(-3)^5 \longrightarrow \boldsymbol{x}_5=\begin{pmatrix}-2\\1\\0\end{pmatrix},\ \boldsymbol{x}_6=\begin{pmatrix}3\\0\\1\end{pmatrix}$$

다음으로 고유값의 또다른 성질에 대해 살펴본다.

정리 6.16 고유값의 합과 곱

행렬 $\boldsymbol{A}$의 고유값이 $\lambda_1, \lambda_2, \cdots, \lambda_n$이라 하면 모든 고유값들의 곱은 행렬식의 값과 같고, 모든 고유값의 합은 대각합(Trace)의 값과 같다.

$$\det(\boldsymbol{A}) = \lambda_1 \lambda_2 \cdots \lambda_n = \prod_{i=1}^{n} \lambda_i \tag{87}$$

$$\operatorname{tr}(\boldsymbol{A}) = \sum_{i=1}^{n} \lambda_i \tag{88}$$

위의 성질은 증명할 수 있으나 공학적 관점에서는 그다지 중요하지 않기 때문에 증명은 생략한다. 증명에 관심있는 독자는 선형대수학 서적을 참고하기 바란다.

여기서 잠깐! 합과 곱에 대한 기호

어떤 수들의 합과 곱을 나타내는 기호로는 Σ와 Π를 사용한다.

① $\sum_{i=1}^{n} a_i = a_1 + a_2 + \cdots + a_n$

② $\prod_{i=1}^{n} a_i = a_1 a_2 \cdots a_n$

Σ와 Π는 그리스 문자로 각각 시그마(Sigma)와 파이(Pi)로 읽는다.

여기서 잠깐! 행렬의 대각합 $\operatorname{tr}(\boldsymbol{A})$

$\boldsymbol{A} \in \boldsymbol{R}^{n \times n}$에 대하여 주대각 요소들을 합한 것을 행렬 $\boldsymbol{A}$의 대각합(Trace)이라 정의하며, 기호로는 다음과 같이 나타낸다.

$$\boldsymbol{A} = (a_{ij}) \quad i,\ j = 1, 2, \cdots, n$$

$$\operatorname{tr}(\boldsymbol{A}) = a_{11} + a_{22} + \cdots + a_{nn} = \sum_{i=1}^{n} a_{ii}$$

예제 6.44

다음 〈예제 6.42〉의 행렬에 대하여 고유값의 합과 곱이 [정리 6.16]을 만족함을 보여라.

$$\boldsymbol{A}=\begin{pmatrix} 3 & 0 & 0 \\ -1 & 4 & 0 \\ 2 & 1 & 1 \end{pmatrix}$$

풀이

〈예제 6.42〉에서 구한 고유값은 $\lambda_1=3,\ \lambda_2=4,\ \lambda_3=1$이다.

① $\lambda_1+\lambda_2+\lambda_3=3+4+1=8$

$$\mathrm{tr}(\boldsymbol{A})=3+4+1=8$$

$$\therefore\ \sum_{i=1}^{3}\lambda_i=\mathrm{tr}(\boldsymbol{A})$$

② $\lambda_1\lambda_2\lambda_3=3\times4\times1=12$

$$\det(\boldsymbol{A})=\begin{vmatrix} 3 & 0 & 0 \\ -1 & 4 & 0 \\ 2 & 1 & 1 \end{vmatrix}=12$$

$$\therefore\ \prod_{i=1}^{3}\lambda_i=\det(\boldsymbol{A})$$

(3) Cayley-Hamilton 정리

6.11절을 마치기 전에 특성방정식과 관련된 유명한 Cayley-Hamilton 정리를 소개한다. 수학적인 증명은 생략하고 결과만을 활용하도록 한다.

n차 정방행렬 $\boldsymbol{A}\in\boldsymbol{R}^{n\times n}$의 특성방정식을 $P(\lambda)$라 표기하면 다음과 같다.

$$P(\lambda)\triangleq\det(\lambda\boldsymbol{I}-\boldsymbol{A})=0 \tag{89}$$

식(89)의 특성방정식의 좌변은 λ에 대한 n차 다항식이므로 다음과 같이 표현할 수 있다.

$$P(\lambda)=\det(\lambda\boldsymbol{I}-\boldsymbol{A})=a_n\lambda^n+a_{n-1}\lambda^{n-1}+\cdots+a_1\lambda+a_0 \tag{90}$$

6.1절에서 정방행렬의 거듭제곱을 정의하였으므로, 식(90)에서 λ 대신에 행렬 $\boldsymbol{A}$를 대입하면 다음의 행렬다항식이 얻어진다.

$$P(\lambda)\Big|_{\lambda=A} \triangleq P(\boldsymbol{A})=a_n\boldsymbol{A}^n+a_{n-1}\boldsymbol{A}^{n-1}+\cdots+a_1\boldsymbol{A}+A_0\boldsymbol{I} \tag{91}$$

Cayley–Hanilton 정리는 식(91)이 영행렬 $\boldsymbol{O}$이 된다는 것이다. 즉,

$$P(\boldsymbol{A})=a_n\boldsymbol{A}^n+a_{n-1}\boldsymbol{A}^{n-1}+\cdots+a_1\boldsymbol{A}+a_0\boldsymbol{I}=\boldsymbol{O} \tag{92}$$

결국 n차 정방행렬 $\boldsymbol{A}\in\boldsymbol{R}^{n\times n}$는 자신의 특성방정식을 만족한다는 것이 유명한 Cayley–Hamilton 정리이며, 이를 [정리 6.17]에 요약하였다.

정리 6.17 Cayley–Hamilton 정리

n차 정방행렬 $\boldsymbol{A}\in\boldsymbol{R}^{n\times n}$의 특성방정식 $P(\lambda)=\det(\lambda\boldsymbol{I}-\boldsymbol{A})=0$이 다음과 같은 n차 다항식으로 주어진다고 가정하자.

$$P(\lambda)=\det(\lambda\boldsymbol{I}-\boldsymbol{A})=a_n\lambda^n+a_{n-1}\lambda^{n-1}+\cdots+a_1\lambda+a_0$$

이 때 $P(\lambda)$에서 λ 대신에 행렬 $\boldsymbol{A}$를 대입한 행렬다항식 $P(\boldsymbol{A})$는 다음의 관계를 만족한다.

$$P(\boldsymbol{A})=a_0\boldsymbol{A}^n+a_{n-1}\boldsymbol{A}^{n-1}+\cdots+a_1\boldsymbol{A}+a_0\boldsymbol{I}=\boldsymbol{O}$$

단, $\boldsymbol{O}$는 영행렬이다.

이 정리를 이용하면 정방행렬의 거듭제곱을 계산하는 데 차수를 감소시킴으로써 계산을 간편하게 할 수 있으며, 다음 예제를 통해 이를 확인해 보자.

예제 6.45

다음 행렬 $\boldsymbol{A}$에 대하여 Cayley-Hamilton 정리가 성립함을 보여라. 또한 Cayley-Hamilton 정리를 이용하여 $\boldsymbol{A}^5$을 계산하라.

$$\boldsymbol{A}=\begin{pmatrix} -2 & 4 \\ -1 & 3 \end{pmatrix}$$

풀이

$\boldsymbol{A}$의 특성방정식을 구하면

$$\det(\lambda \boldsymbol{I}-\boldsymbol{A})=\begin{vmatrix} \lambda+2 & -4 \\ 1 & \lambda-3 \end{vmatrix}=\lambda^2-\lambda-2=0$$

이므로 $P(\lambda)=\lambda^2-\lambda-2$라 정의하자. λ 대신에 행렬 $\boldsymbol{A}$를 $P(\lambda)$에 대입하면

$$\begin{aligned} P(\boldsymbol{A})&=\boldsymbol{A}^2-\boldsymbol{A}-2\boldsymbol{I} \\ &=\begin{pmatrix} -2 & 4 \\ -1 & 3 \end{pmatrix}^2-\begin{pmatrix} -2 & 4 \\ -1 & 3 \end{pmatrix}-2\begin{pmatrix} 1 & 0 \\ 0 & 1 \end{pmatrix} \\ &=\begin{pmatrix} 0 & 0 \\ 0 & 0 \end{pmatrix}=\boldsymbol{O} \end{aligned}$$

이 성립하므로 Cayley-Hamilton 정리가 성립한다. 한편, Cayley-Hamilton 정리에 의해 $\boldsymbol{A}^2-\boldsymbol{A}-2\boldsymbol{I}=\boldsymbol{O}$이 성립하므로 $\boldsymbol{A}^2$을 다음과 같이 표현할 수 있다.

$$\boldsymbol{A}^2=\boldsymbol{A}+2\boldsymbol{I}$$

$\boldsymbol{A}^5$은 $\boldsymbol{A}^2\cdot\boldsymbol{A}^2\cdot\boldsymbol{A}$로 나타낼 수 있으므로

$$\begin{aligned} \boldsymbol{A}^5=\boldsymbol{A}^2\boldsymbol{A}^2\boldsymbol{A}&=(\boldsymbol{A}+2\boldsymbol{I})(\boldsymbol{A}+2\boldsymbol{I})\boldsymbol{A} \\ &=(\boldsymbol{A}^2+4\boldsymbol{A}+4\boldsymbol{I})\boldsymbol{A} \\ &=\{(\boldsymbol{A}+2\boldsymbol{I})+4\boldsymbol{A}+4\boldsymbol{I}\}\boldsymbol{A} \\ &=(5\boldsymbol{A}+6\boldsymbol{I})\boldsymbol{A}=5\boldsymbol{A}^2+6\boldsymbol{A} \\ &=5(\boldsymbol{A}+2\boldsymbol{I})+6\boldsymbol{A}=11\boldsymbol{A}+10\boldsymbol{I} \end{aligned}$$

가 된다. 따라서 $\boldsymbol{A}^5$은 다음과 같이 $\boldsymbol{A}$의 일차 다항식으로부터 계산할 수 있다.

$$\boldsymbol{A}^5=11\boldsymbol{A}+10\boldsymbol{I}=11\begin{pmatrix} -2 & 4 \\ -1 & 3 \end{pmatrix}+10\begin{pmatrix} 1 & 0 \\ 0 & 1 \end{pmatrix}=\begin{pmatrix} -12 & 44 \\ -11 & 43 \end{pmatrix}$$

다음 절에서는 n차원 정방행렬의 고유벡터들을 이용하여 행렬을 대각화(Diagonalization)하는 방법에 대해 논의한다.

6.12 행렬의 대각화

어떤 행렬 $\boldsymbol{A} \in \boldsymbol{R}^{n \times n}$가 n개의 선형독립인 고유벡터를 가진다면, 이들 고유벡터들은 $\boldsymbol{R}^n$의 기저벡터가 될 수 있다. 고유벡터로 구성된 $\boldsymbol{R}^n$의 기저벡터는 주어진 행렬 $\boldsymbol{A}$를 대각화하는 데 이용할 수 있다.

(1) 행렬의 대각화

정방행렬 $\boldsymbol{A} \in \boldsymbol{R}^{n \times n}$가 서로 다른 고유값 $\{\lambda_1, \lambda_2, \cdots, \lambda_n\}$을 가지며, 각 고유값에 대응되는 고유벡터를 $\{\boldsymbol{x}_1, \boldsymbol{x}_2, \cdots, \boldsymbol{x}_n\}$이라 가정하자. 고유값과 고유벡터의 정의에 의하여 다음의 관계가 성립된다.

$$\boldsymbol{A}\boldsymbol{x}_i = \lambda_i \boldsymbol{x}_i, \quad i = 1, 2, \cdots, n \tag{93}$$

$\boldsymbol{A}\boldsymbol{x}_i \in \boldsymbol{R}^{n \times 1}$이므로 $\boldsymbol{A}\boldsymbol{x}_i$를 $n \times n$ 정방행렬의 i번째 열이 되도록 다음의 $n \times n$ 정방행렬을 고려한다.

$$(\boldsymbol{A}\boldsymbol{x}_1 \vdots \boldsymbol{A}\boldsymbol{x}_2 \vdots \cdots \vdots \boldsymbol{A}\boldsymbol{x}_n) = \boldsymbol{A}(\boldsymbol{x}_1\ \boldsymbol{x}_2 \cdots \boldsymbol{x}_n) \in \boldsymbol{R}^{n \times n} \tag{94}$$

식(93)의 관계를 식(94)에 대입하면 다음과 같다.

$$\begin{aligned}(\boldsymbol{A}\boldsymbol{x}_1 \vdots \boldsymbol{A}\boldsymbol{x}_2 \vdots \cdots \vdots \boldsymbol{A}\boldsymbol{x}_n) &= (\lambda_1\boldsymbol{x}_1 \vdots \lambda_2\boldsymbol{x}_2 \vdots \cdots \vdots \lambda_n\boldsymbol{x}_n) \\ &= (\boldsymbol{x}_1\ \ \boldsymbol{x}_2 \cdots \boldsymbol{x}_n)\begin{pmatrix} \lambda_1 & 0 & \cdots & 0 \\ 0 & \lambda_2 & \cdots & 0 \\ \vdots & \vdots & & \vdots \\ 0 & 0 & \cdots & \lambda_n \end{pmatrix}\end{aligned} \tag{95}$$

식(94)와 식(95)를 결합하면 다음과 같다.

$$A(x_1\ x_2 \cdots x_n) = (x_1\ x_2 \cdots x_n)\begin{pmatrix} \lambda_1 & 0 & \cdots & 0 \\ 0 & \lambda_2 & \cdots & 0 \\ \vdots & \vdots & & \vdots \\ 0 & 0 & \cdots & \lambda_n \end{pmatrix} \tag{96}$$

여기서 $P \triangleq (x_1\ x_2 \cdots x_n) \in R^{n\times n}$, $D = \text{diag}(\lambda_1, \lambda_2, \cdots, \lambda_n)$으로 정의하면 식(96)은 다음과 같이 표현할 수 있다.

$$AP = PD \quad \therefore\ D = P^{-1}AP \tag{97}$$

즉, 식(97)에서 행렬 A는 고유벡터들로 구성된 행렬 P와 역행렬 P^{-1}에 의해 대각행렬 D로 표현될 수 있다는 것에 주목하라.

이와 같이 정방행렬 A에 대하여 어떤 정칙행렬 P가 존재해서 $P^{-1}AP$가 대각행렬이 되는 경우 A는 대각화가 가능(Diagonalizable)하다고 정의한다. 예를 들어, 〈예제 6.40〉의 2×2행렬 A에 대하여 살펴보자.

$$A = \begin{pmatrix} 3 & 0 \\ 8 & -1 \end{pmatrix}$$

A의 고유값은 $\lambda_1 = 3$, $\lambda_2 = -1$이며 각 고유값에 대응되는 고유벡터 x_1과 x_2는 각각 다음과 같다.

$$x_1 = \begin{pmatrix} 1 \\ 2 \end{pmatrix},\ x_2 = \begin{pmatrix} 0 \\ 1 \end{pmatrix} \tag{98}$$

식(98)로부터 고유벡터 행렬 $P = (x_1 \vdots x_2)$와 P^{-1}는 다음과 같다.

$$P = \begin{pmatrix} 1 & 0 \\ 2 & 1 \end{pmatrix},\ P^{-1} = \begin{pmatrix} 1 & 0 \\ -2 & 1 \end{pmatrix}$$

따라서 식(97)에 의해 다음의 관계를 얻을 수 있다.

$$P^{-1}AP = \begin{pmatrix} 1 & 0 \\ -2 & 1 \end{pmatrix}\begin{pmatrix} 3 & 0 \\ 8 & -1 \end{pmatrix}\begin{pmatrix} 1 & 0 \\ 2 & 1 \end{pmatrix} = \begin{pmatrix} 3 & 0 \\ 0 & -1 \end{pmatrix} = D$$

행렬의 대각화

$$Ax_i = \lambda_i x_i,\ \ A \in R^{n\times n},\ \ x_i \in R^{n\times 1}$$
$$i = 1, 2, \cdots, n$$

고유값 $\{\lambda_1,\ \lambda_2,\ \cdots,\ \lambda_n\}$
고유벡터 $\{x_1,\ x_2,\ \cdots,\ x_n\}$

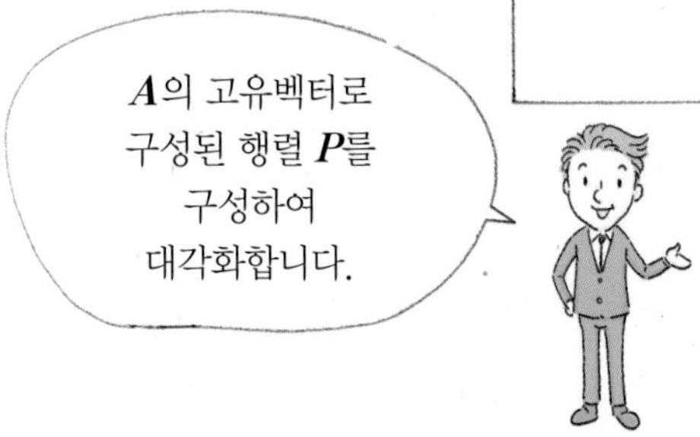
A의 고유벡터로
구성된 행렬 P를
구성하여
대각화합니다.

↓ 고유벡터 행렬 P

$$A(x_1, x_2, \cdots, x_n) = (x_1, x_2, \cdots, x_n)\begin{pmatrix} \lambda_1 & 0 & \cdots & 0 \\ 0 & \lambda_2 & \cdots & 0 \\ \vdots & \vdots & & \vdots \\ 0 & 0 & \cdots & \lambda_n \end{pmatrix}$$

(A 다음의 $(x_1, x_2, \cdots, x_n)$: 고유벡터 행렬 P; 우변의 $(x_1, x_2, \cdots, x_n)$: 고유벡터 행렬 P; 행렬: 대각행렬 D)

$$AP = PD$$
$$\therefore\ D = P^{-1}AP \text{ (대각화 가능)}$$

| 설명 | 행렬 A는 고유벡터 행렬 P와 역행렬 P^{-1}에 의해 행렬 A의 고유값으로 구성된 대각행렬 D로 표현 가능하다. 이때 행렬 A는 대각화가 가능하다고 정의한다. m이 자연수라 하면 $D^m = P^{-1}A^m P$가 성립한다.

예제 6.46

다음 3×3 행렬 $\boldsymbol{A}$를 대각화하는 행렬 $\boldsymbol{P}$를 구하고 대각행렬을 구하라.

$$\boldsymbol{A}=\begin{pmatrix} 0 & 0 & -2 \\ 1 & 2 & 1 \\ 1 & 0 & 3 \end{pmatrix}$$

풀이

행렬 $\boldsymbol{A}$의 특성방정식을 구하면 다음과 같다.

$$\det(\lambda \boldsymbol{I}-\boldsymbol{A})=\begin{vmatrix} \lambda & 0 & 2 \\ -1 & \lambda-2 & -1 \\ -1 & 0 & \lambda-3 \end{vmatrix}=(\lambda-1)(\lambda-2)^2=0$$

$$\therefore\ \lambda_1=1,\ \lambda_2=\lambda_3=2$$

각 고유값에 대한 고유벡터를 구하면 다음과 같다. 고유벡터를 구하는 상세한 계산 과정은 생략하였으니 독자들은 반드시 확인해 보기 바란다.

$$\lambda_1=1 \longrightarrow \boldsymbol{x}_1=\begin{pmatrix} -2 \\ 1 \\ 1 \end{pmatrix}$$

$$\lambda_2=\lambda_3=2 \longrightarrow \boldsymbol{x}_2=\begin{pmatrix} -1 \\ 0 \\ 1 \end{pmatrix},\ \boldsymbol{x}_3=\begin{pmatrix} 0 \\ 1 \\ 0 \end{pmatrix}$$

따라서 대각화행렬 $\boldsymbol{P}=(\boldsymbol{x}_1\ \boldsymbol{x}_2\ \boldsymbol{x}_3)$는 다음과 같다.

$$\boldsymbol{P}=\begin{pmatrix} -2 & -1 & 0 \\ 1 & 0 & 1 \\ 1 & 1 & 0 \end{pmatrix}$$

대각행렬 $\boldsymbol{D}=\boldsymbol{P}^{-1}\boldsymbol{AP}$의 관계로부터 다음을 얻을 수 있다.

$$\boldsymbol{D}=\boldsymbol{P}^{-1}\boldsymbol{AP}=\begin{pmatrix} 1 & 0 & 2 \\ 1 & 1 & 1 \\ -1 & 0 & 1 \end{pmatrix}\begin{pmatrix} 0 & 0 & -2 \\ 1 & 2 & 1 \\ 1 & 0 & 3 \end{pmatrix}\begin{pmatrix} -2 & -1 & 0 \\ 1 & 0 & 1 \\ 1 & 1 & 0 \end{pmatrix}=\begin{pmatrix} 1 & 0 & 0 \\ 0 & 2 & 0 \\ 0 & 0 & 2 \end{pmatrix}$$

예제 6.47

다음 행렬 $\boldsymbol{A}$에 대하여 대각화가 가능한지에 대해 판별하라.

$$\boldsymbol{A}=\begin{pmatrix} 3 & 4 \\ -1 & 7 \end{pmatrix}$$

풀이

먼저 $\boldsymbol{A}$의 특성방정식을 구하면 다음과 같다.

$$\det(\lambda \boldsymbol{I}-\boldsymbol{A})=\begin{vmatrix} \lambda-3 & -4 \\ 1 & \lambda-7 \end{vmatrix}=\lambda^2-10\lambda+25=(\lambda-5)^2=0$$

$$\therefore\ \lambda_2=\lambda_2=5$$

고유값이 중복근이므로 고유값 5에 대한 고유벡터를 구해본다. 고유벡터 $\boldsymbol{x}=(a,\ b)^T$로 정의하면

$$\begin{pmatrix} 3 & 4 \\ -1 & 7 \end{pmatrix}\begin{pmatrix} a \\ b \end{pmatrix}=5\begin{pmatrix} a \\ b \end{pmatrix}$$

$$\begin{cases} 3a+4b=5a \\ -a+7b=5b \end{cases} \longrightarrow \begin{cases} -2a+4b=0 \\ -a+2b=0 \end{cases}$$

위의 두 방정식은 동일한 방정식이므로 $-a+2b=0$에서 $b=k$(k는 상수)로 놓으면 $a=2k$가 된다.

$$\therefore\ \boldsymbol{x}=\begin{pmatrix} a \\ b \end{pmatrix}=\begin{pmatrix} 2k \\ k \end{pmatrix}=k\begin{pmatrix} 2 \\ 1 \end{pmatrix}$$

따라서 중복된 고유값 5에 대한 고유벡터는 하나만 존재하므로 행렬 $\boldsymbol{A}$를 대각화할 수 있는 변환행렬 $\boldsymbol{P}$는 존재하지 않는다.

(2) 유사 변환

다음으로 행렬의 유사성(Similarity)에 대해 언급한다. 어떤 정칙행렬 $\boldsymbol{P}$에 대해 다음의 관계가 성립하면 $\boldsymbol{A}$와 $\overline{\boldsymbol{A}}$를 서로 유사(Similar)하다고 정의한다.

$$\widetilde{A}=P^{-1}AP \tag{99}$$

또한 A로부터 $\widetilde{A}$ 로의 변환을 유사변환(Similarity Transformation)이라 부른다. 유사변환은 행렬의 고유값을 변화시키지 않고 보존하므로 매우 중요한 변환이다.

A의 고유값을 λ라 하고 대응되는 고유벡터를 x라 하면 다음의 관계가 성립한다.

$$Ax=\lambda x \tag{100}$$

식(100)의 양변에 P^{-1}를 곱하면 $P^{-1}Ax=\lambda(P^{-1}x)$가 되기 때문에 $I=PP^{-1}$의 관계를 이용하면

$$P^{-1}Ax=P^{-1}AIx=P^{-1}APP^{-1}x=\widetilde{A}(P^{-1}x)=\lambda(P^{-1}x)$$

가 성립한다. 따라서 행렬 $\widetilde{A}$ 는 고유값이 λ이며, 대응되는 고유벡터는 $P^{-1}x$라는 사실을 알 수 있다.

한편, 식(99)에서 $\widetilde{A}$ 의 거듭제곱을 구해 보면

$$\widetilde{A}^2=\widetilde{A}\widetilde{A}=(P^{-1}AP)(P^{-1}AP)=P^{-1}AIAP=P^{-1}A^2P$$
$$\widetilde{A}^3=\widetilde{A}^2\widetilde{A}=(P^{-1}A^2P)(P^{-1}AP)=P^{-1}A^2IAP=P^{-1}A^3P$$

이므로 일반적으로 다음의 관계가 성립한다.

$$\widetilde{A}^m=P^{-1}A^mP, \quad m=1, 2, \cdots \tag{101}$$

식(101)에서 $\widetilde{A}$가 대각행렬 $D=\text{diag}(\lambda_1, \lambda_2, \cdots, \lambda_n)$과 같다면 다음 관계가 성립한다.

$$\begin{gathered} D^m=P^{-1}A^mP \\ \therefore\ A^m=PD^mP^{-1} \end{gathered} \tag{102}$$

예제 6.48

다음 2×2 행렬 $\boldsymbol{A}$에 대하여 물음에 답하라.

$$\boldsymbol{A}=\begin{pmatrix} -1 & 4 \\ 0 & 3 \end{pmatrix}$$

(1) $\boldsymbol{A}$의 고유값과 대응되는 고유벡터를 구하라.

(2) 대각화 행렬 $\boldsymbol{P}$를 구하라.

(3) $\boldsymbol{A}^{120}$ 을 구하라.

풀이

(1) $\boldsymbol{A}$의 특성방정식을 구하면

$$\det(\lambda\boldsymbol{I}-\boldsymbol{A})=\begin{vmatrix} \lambda+1 & -4 \\ 0 & \lambda-3 \end{vmatrix}=(\lambda+1)(\lambda-3)=0$$

$$\therefore\ \lambda_1=-1,\ \lambda_2=3$$

이 되며, 대응되는 고유벡터를 구하면 다음과 같다.

$\lambda_1=1$ 에 대응되는 고유벡터를 $\boldsymbol{x}_1=(x_1\ \ x_2)^T$ 라 가정하면

$$\boldsymbol{A}\boldsymbol{x}_1=-\boldsymbol{x}_1$$

$$\begin{pmatrix} -1 & 4 \\ 0 & 3 \end{pmatrix}\begin{pmatrix} x_1 \\ x_2 \end{pmatrix}=-\begin{pmatrix} x_1 \\ x_2 \end{pmatrix}$$

$$\begin{pmatrix} 0 & 4 \\ 0 & 2 \end{pmatrix}\begin{pmatrix} x_1 \\ x_2 \end{pmatrix}=\begin{pmatrix} 0 \\ 0 \end{pmatrix}$$

이 되므로 해는 $2x_2=0$ 이다. 따라서 x_1 은 임의로 선택할 수 있으므로 고유벡터 $\boldsymbol{x}_1$ 은 다음과 같다.

$$\boldsymbol{x}_1=\begin{pmatrix} 1 \\ 0 \end{pmatrix}$$

$\lambda_2=3$ 에 대응되는 고유벡터를 $\boldsymbol{x}_2=(y_1\ \ y_2)^T$ 라 가정하면

$$\boldsymbol{A}\boldsymbol{x}_2 = 3\boldsymbol{x}_2$$

$$\begin{pmatrix} -1 & 4 \\ 0 & 3 \end{pmatrix}\begin{pmatrix} y_1 \\ y_2 \end{pmatrix} = 3\begin{pmatrix} y_1 \\ y_2 \end{pmatrix}$$

$$\begin{pmatrix} -4 & 4 \\ 0 & 2 \end{pmatrix}\begin{pmatrix} y_1 \\ y_2 \end{pmatrix} = \begin{pmatrix} 0 \\ 0 \end{pmatrix}$$

되므로 해는 $-4y_1 + 4y_2 = 0$ 이다. 따라서 고유벡터 $\boldsymbol{x}_2$ 는 다음과 같다.

$$\boldsymbol{x}_2 = \begin{pmatrix} 1 \\ 1 \end{pmatrix}$$

(2) 대각화 행렬 $\boldsymbol{P}$는 다음과 같이 결정된다.

$$\boldsymbol{P} = (\boldsymbol{x}_1\ \boldsymbol{x}_2) = \begin{pmatrix} 1 & 1 \\ 0 & 1 \end{pmatrix}$$

또한 $\boldsymbol{P}$의 역행렬 $\boldsymbol{P}^{-1}$ 는 다음과 같다.

$$\boldsymbol{P}^{-1} = \begin{pmatrix} 1 & -1 \\ 0 & 1 \end{pmatrix}$$

(3) $\boldsymbol{D} = \boldsymbol{P}^{-1}\boldsymbol{A}\boldsymbol{P}$ 에서 $\boldsymbol{D}^{120} = \boldsymbol{P}^{-1}\boldsymbol{A}^{120}\boldsymbol{P}$ 가 성립하므로 $\boldsymbol{A}^{120}$ 에 대해 정리하면 다음과 같다.

$$\boldsymbol{A}^{120} = \boldsymbol{P}\boldsymbol{D}^{120}\boldsymbol{P}^{-1}$$

그런데 $\boldsymbol{D}$는 대각행렬이므로 $\boldsymbol{D}^{120}$ 을 쉽게 계신할 수 있다.

$$\boldsymbol{D}^{120} = \begin{pmatrix} -1 & 0 \\ 0 & 3 \end{pmatrix}^{120} = \begin{pmatrix} (-1)^{120} & 0 \\ 0 & 3^{120} \end{pmatrix} = \begin{pmatrix} 1 & 0 \\ 0 & 3^{120} \end{pmatrix}$$

$$\begin{aligned} \therefore\ \boldsymbol{A}^{120} &= \boldsymbol{P}\boldsymbol{D}^{120}\boldsymbol{P}^{-1} \\ &= \begin{pmatrix} 1 & 1 \\ 0 & 1 \end{pmatrix}\begin{pmatrix} 1 & 0 \\ 0 & 3^{120} \end{pmatrix}\begin{pmatrix} 1 & -1 \\ 0 & 1 \end{pmatrix} \\ &= \begin{pmatrix} 1 & 3^{120}-1 \\ 0 & 3^{120} \end{pmatrix} \end{aligned}$$

쉬어가는 코너 도박사의 궤변

맹 교수 : '딸만나' 부부는 5명의 딸을 낳았지만, 아들은 한 명도 낳지 못했다.

딸만나 부인 : 다음 번의 아기는 딸이 아니었으면 좋겠어요.

딸만나 씨 : 여보, 딸을 계속해서 다섯이나 낳았으니, 이번에는 틀림없이 아들일 거야.

딸만나 씨의 생각이 옳을까?

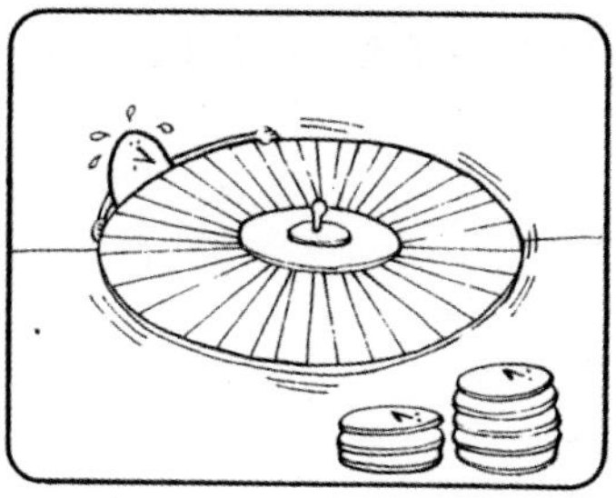

맹 교수 : 많은 도박사들은 룰렛 게임에서 붉은색 쪽이 계속 나온 뒤에 검은색 쪽에 걸면 이긴다고 생각한다. 그들의 생각이 옳을까?

에드가 포(Edgar Poe)는 주사위 게임에서 2가 계속해서 다섯 번 나왔다면, 여섯 번째 시도에서 2가 나올 확률은 1/6보다 작을 것이라고 주장하였다. 그의 생각은 옳은가?

위의 물음들 중 어느 하나에라도 옳다고 답했다면, 당신은 소위 '도박사의 궤변'이라는 함정에 빠진다. 각각의 경우에 새로 일어날 사건은 그 전에 일어난 사건과는 독립적이다.

우연은 기억도 양심도 없다. 딸만나 부부가 여섯 번째 딸을 가질 확률은 여전히 1/2이다. 룰렛에서 붉은색이 나올 확률도 여전히 1/2이며, 주사위에서 2가 나올 확률은 언제나 1/6이다.

바꿔 말하자면, 동전을 던져서 앞뒤를 알아 맞히는 게임에서 앞면이 계속해서 다섯 번이 나왔다고 할 때, 여섯 번째 시도에서도 앞면이 나올 확률은 그 전과 다름없이 역시 1/2이다. 동전은 앞에 던진 결과를 기억하지 않는 것이다.

해설

어떤 사건 A가 사건 B에 영향을 끼칠 때 사건 B는 사건 A에 '종속적'이라고 말한다. 예를 들면, 내일 당신이 비옷을 입을 확률은 내일 비가 내릴 확률에 종속적이다. 반대로 서로간에 아무런 관계가 없는 사건들은 '독립적'이라고 말한다. 내일 당신이 비옷을 입을 확률은 대통령이 아침식탁에서 굴비를 먹을 확률과는 완전히 독립적이다.

대부분의 사람들은 어떤 독립적인 사건이 일어날 확률은, 어떤 나름대로의 방식으로, 같은 독립적인 사건 가까이에 있느냐 없느냐에 따라 변화가 있다고 생각한다. 그래서 제1차 세계대전 기간 중 병사들은 새로 생긴 포탄 구덩이 속으로 뛰어들었던 것이다. 더 오래 전에 생긴 포탄 구덩이는 새 포탄이 떨어질 확률이 훨씬 더 높은 것으로 여겨졌다. 그들은 2개의 포탄이 계속해서 똑같은 자리를 때리기는 힘들다는 것을 알고 있었다.

출처: 「이야기 파라독스」, 사계절

연습문제

01 다음 연립방정식에 대하여 물음에 답하라.

$$\begin{cases} x_1+x_2+x_3=0 \\ 2x_1-3x_2+4x_3=-2 \\ -3x_1+4x_2-x_3=-2 \end{cases}$$

(1) Gauss 소거법을 이용하여 해를 구하라.

(2) Gauss-Jordan 소거법을 이용하여 해를 구하라.

(3) 계수행렬의 역행렬을 이용하여 해를 구하라.

(4) Cramer 공식을 이용하여 해를 구하라.

02 다음 행렬식의 값을 구하라.

(1) $\begin{vmatrix} 1 & 2 & -1 & 4 \\ 0 & 0 & 3 & 1 \\ -1 & -2 & 4 & 0 \\ 0 & 1 & 1 & 4 \end{vmatrix}$ (2) $\begin{vmatrix} 1 & 1 & 1 \\ x & y & z \\ 2+x & 3+y & 4+z \end{vmatrix}$

03 다음 3×3 행렬 $\boldsymbol{A}$에 대하여 물음에 답하라.

$$\boldsymbol{A}=\begin{pmatrix} 1 & 0 & -1 \\ 0 & -2 & 1 \\ 2 & -1 & 3 \end{pmatrix}$$

(1) $\boldsymbol{A}$의 역행렬을 역행렬 공식에 의해 구하라.

(2) Gauss-Jordan 소거법에 의해 역행렬을 구하라.

04 행렬 $\boldsymbol{A}\in\boldsymbol{R}^{n\times n}$ 에 대하여 물음에 답하라.

(1) $\boldsymbol{A}$가 대칭행렬이면 $\boldsymbol{A}^2$ 도 대칭행렬임을 보여라.

(2) $P(x)=ax^2+bx+c$ (a, b, c는 상수)에서 얻어진 $P(\boldsymbol{A})$는 대칭행렬인지를 판별하라.

05 행렬 $\boldsymbol{A} \in \boldsymbol{R}^{3\times 3}$ 의 행렬식 값이 다음과 같다고 가정한다.

$$\det(\boldsymbol{A}) = \begin{vmatrix} a & b & c \\ d & e & f \\ g & h & i \end{vmatrix} = 5$$

이것을 이용하여 다음 행렬의 행렬식을 계산하라.

(1) $\boldsymbol{B} = \begin{pmatrix} d & e & f \\ g & h & i \\ a & b & c \end{pmatrix}$ (2) $C = \begin{pmatrix} -3a & -3b & -3c \\ d & e & f \\ g-4d & h-4e & i-4f \end{pmatrix}$

06 함수 $f_1(x)$, $g_1(x)$, $g_2(x)$ 가 모두 미분가능하고 W가 다음과 같다고 가정하자.

$$W = \begin{vmatrix} f_1(x) & f_2(x) \\ g_1(x) & g_2(x) \end{vmatrix}$$

W의 1차 미분 $\dfrac{dW}{dx}$ 가 다음과 같이 표현됨을 보여라.

$$\frac{dW}{dx} = \begin{vmatrix} f_1'(x) & f_2'(x) \\ g_1(x) & g_2(x) \end{vmatrix} + \begin{vmatrix} f_1(x) & f_2(x) \\ g_1'(x) & g_2'(x) \end{vmatrix}$$

07 다음 행렬 $\boldsymbol{A}$에 대해 물음에 답하라.

$$\boldsymbol{A} = \begin{pmatrix} -1 & 6 \\ 0 & 5 \end{pmatrix}$$

(1) $\boldsymbol{A}$의 고유값과 대응되는 고유벡터를 구하라.

(2) $\boldsymbol{A}^{10}$ 의 고유값과 대응되는 고유벡터를 구하라.

(3) 대각화 행렬 $\boldsymbol{P}$를 구하라.

(4) $\boldsymbol{A}^{65}$ 을 계산하라.

08 행렬 $\boldsymbol{A} = (a_{ij}) \in \boldsymbol{R}^{n\times n}$ 에서 a_{ij} 가 다음과 같을 때, $\boldsymbol{A}$가 대칭행렬인지를 판별하라.

(1) $a_{ij} = i^2 + j^2$

(2) $a_{ij} = i^2 - j^2$

09 행렬 $\boldsymbol{A} \in R^{n\times n}$ 일 때 $\boldsymbol{A}\boldsymbol{A}^T$ 와 $\boldsymbol{A}^T\boldsymbol{A}$ 가 대칭행렬인지를 판별하라.

10 Cramer 공식을 이용하여 다음 연립방정식의 해를 구하라.

$$\begin{cases} 3x_1+2x_2+3x_3=7 \\ x_1-x_2+3x_3=3 \\ 5x_1+4x_2-2x_3=1 \end{cases}$$

11 $\boldsymbol{A}\in\boldsymbol{R}^{n\times n}$ 에 대하여 $\boldsymbol{A}^2=\boldsymbol{I}$ 를 만족하는 행렬 $\boldsymbol{A}$의 행렬식 $\det(\boldsymbol{A})$를 구하라.

12 다음 관계를 행렬식의 성질을 이용하여 증명하라.

$$\begin{vmatrix} 1 & a & a^2 \\ 1 & b & b^2 \\ 1 & c & c^2 \end{vmatrix}=(a-b)(c-a)(b-c)$$

13 다음 행렬 $\boldsymbol{A}\in\boldsymbol{R}^{2\times 2}$ 에 대하여 $\boldsymbol{A}^{18}$과 $\boldsymbol{A}^{99}$을 각각 계산하라.

$$\boldsymbol{A}=\begin{pmatrix} -1 & 0 \\ 1 & -5 \end{pmatrix}$$

14 다음 행렬 $\boldsymbol{A}$의 역행렬을 Cayley-Hamilton 정리를 이용하여 구하라.

$$\boldsymbol{A}=\begin{pmatrix} 1 & 2 \\ 3 & 4 \end{pmatrix}$$

15 다음 행렬의 역행렬을 구하라.

$$\boldsymbol{M}=\begin{pmatrix} \cos\omega t & -\sin\omega t & 0 \\ \sin\omega t & \cos\omega t & 0 \\ 0 & 0 & 1 \end{pmatrix}$$

16 다음 행렬식을 Laplace 전개를 이용하여 계산하라.

$$\det(\boldsymbol{A})=\begin{vmatrix} 1 & 0 & 2 \\ -1 & 1 & 0 \\ 0 & 0 & 3 \end{vmatrix}$$

17 다음 2×2 행렬 $\boldsymbol{A}$의 $\mathrm{tr}(\boldsymbol{A})=8$ 이고 $\det(\boldsymbol{A})=12$ 일 때 다음 물음에 답하라.

(1) 행렬 $\boldsymbol{A}$의 고유값을 구하라.

(2) 행렬 다항식 $P(\boldsymbol{A})=\boldsymbol{A}^2-8\boldsymbol{A}$ 를 계산하라.

18 2×2 행렬 $\boldsymbol{A}$가 다음과 같을 때 $\boldsymbol{A}$의 역행렬을 Gauss–Jordan 소거법에 의하여 구하라.

$$\boldsymbol{A}=\begin{pmatrix} 2 & -1 \\ 4 & 3 \end{pmatrix}$$

19 다음 선형연립방정식의 해가 존재하지 않도록 상수 a의 값을 구하라.

$$\begin{pmatrix} a & -5 \\ 2 & a-7 \end{pmatrix}\begin{pmatrix} x_1 \\ x_2 \end{pmatrix}=\begin{pmatrix} a \\ 2a \end{pmatrix}$$

20 다음 2×2 행렬 $\boldsymbol{A}$에서 a, b, c가 모두 실수이면, $\boldsymbol{A}$의 고유값도 실수임을 보여라.

$$\boldsymbol{A}=\begin{pmatrix} a & b \\ b & c \end{pmatrix} \quad a, b, c\in \boldsymbol{R}$$

CHAPTER 07

벡터 미적분법

7.1 벡터장과 스칼라장 | 7.2 곡선과 곡면의 벡터함수

7.3 방향 도함수와 스칼라장의 기울기 | 7.4 벡터장의 발산과 회전 | 7.5 선적분

7.6 이중적분의 계산 | 7.7 평면에서의 Green 정리 | 7.8 삼중적분의 계산

7.9 면적분 | 7.10 발산정리와 Stokes의 정리

CHAPTER

07 벡터 미적분법

▶ 단원 개요

5장에서 다루었던 위치벡터는 정적인 상태를 나타내는 고정된 벡터였지만, 실제로 많은 공학적 응용에서 나타나는 벡터는 위치와 시간에 따라 변화하는 벡터함수의 형태로 나타나는데, 본 장에서는 이에 대한 미분과 적분법을 다룬다. 벡터장의 발산과 회전, 스칼라장의 기울기 등은 많은 공학 문제에서 매우 중요하게 다루어지는 개념이다.

벡터적분에서는 3차원 공간에서의 곡선과 곡면에 대한 적분을 일반화하여 얻어지는 Green 정리, 발산정리, Stokes의 정리 등에 대하여 다룬다. 또한 미적분학에서 다루었던 다중적분과 변수변환을 통한 다중적분의 계산법에 대해서도 벡터적분에 대한 예비지식으로서 소개하였다.

벡터미적분은 전기자기학 분야에서 특히 많이 사용되므로 전기전자분야를 전공하는 공학도는 벡터미적분에 대한 개념을 명확하게 이해하는 것이 필요하다.

7.1 벡터장과 스칼라장

(1) 벡터함수와 스칼라함수

공간에서 정의되는 벡터가 위치에 따라 변화하는 경우 그 벡터에 대한 수학적인 표현은 어떻게 될까? 예를 들어, [그림 7.1]에서 공간상에 위치한 곡선 C의 각 점에서의 섭선벡터(Tangent Vector)는 크기와 방향이 점의 위치에 따라 변화한다. 곡선상의 점 P에서의 접선벡터를 $\boldsymbol{r}$이라고 하면 $\boldsymbol{r}$은 점 P에 따라 변하므로 P의 함수가 되어 직각좌표계에서는 다음과 같이 표현된다.

$$\begin{aligned}\boldsymbol{r}=\boldsymbol{r}(P)&=r_1(P)\boldsymbol{a}_x+r_2(P)\boldsymbol{a}_y+r_3(P)\boldsymbol{a}_2\\&=(r_1(P),\ r_2(P),\ r_3(P))\end{aligned} \tag{1}$$

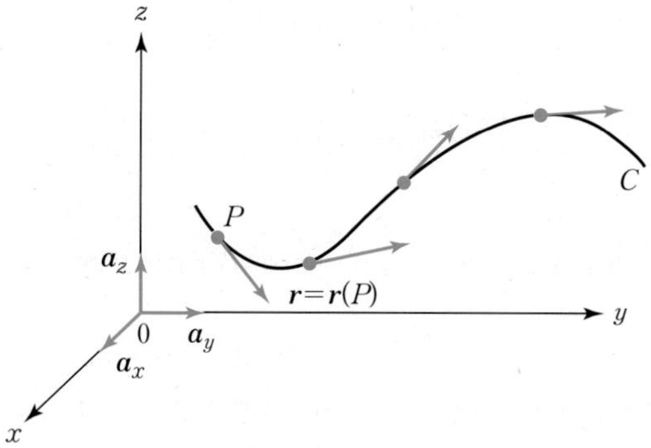

[그림 7.1] 공간상에 놓인 곡선의 접선벡터 $\boldsymbol{r}$

식(1)과 같이 공간에 놓여 있는 점의 위치에 따라 변화하는 벡터 $\boldsymbol{r}=\boldsymbol{r}(P)$를 벡터함수(Vector Function)라 정의하며, 벡터함수가 정의되어 있는 공간을 벡터장(Vector Field)이라 한다.

한편, [그림 7.2]에서 온도가 균일하지 않은 공간에 놓여 있는 어떤 물체 M의 각 위치에서의 온도를 수학적으로 표현하면 어떻게 될까? 여기서 온도라는 물리량은 크기만으로 정의될 수 있는 양이므로 스칼라인데, 물체의 표면 또는 내부에서의 점 P의 위치에 따라 온도가 변화한다는 것에 주목한다.

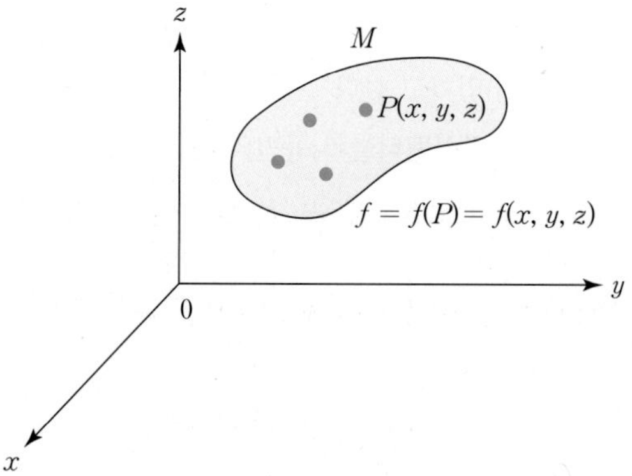

[그림 7.2] 공간에 놓인 물체의 온도 f

물체의 온도를 f로 표현하면 f는 물체 위의 점 P의 위치에 따라 변화하는 함수이므로 직각좌표계에서는 다음과 같이 표현될 수 있다.

$$f=f(P)=f(x, y, z) \tag{2}$$

식(2)와 같이 공간에 놓여 있는 점의 위치에 따라 변화하는 스칼라 $\boldsymbol{r}=\boldsymbol{r}(P)$를 스칼라함수(Scalar Function)라 정의하며, 스칼라 함수가 정의되어 있는 공간을 스칼라장(Scalar Field)이라 한다.

정의 7.1 벡터함수와 스칼라함수

공간에서 점 P의 위치에 따라 함수값이 공간벡터로 주어지는 함수를 벡터함수라고 한다. 즉,

$$\boldsymbol{r}=\boldsymbol{r}(P)=(r_1(P), r_2(P), r_3(P))$$

또한 공간에서 점 P의 위치에 따라 함수값이 스칼라로 주어지는 함수를 스칼라함수라고 한다. 즉,

$$f=f(P)=f(x, y, z)$$

여기서 잠깐! 벡터장과 스칼라장

벡터함수의 정의역(Domain of Definition)이 3차원 공간의 어떤 영역이면, 그 영역에서 벡터장(Vector Field)이 정의되어 있다고 한다.
예를 들어, 3차원 공간의 곡선의 접선벡터들과 곡면의 법선벡터들은 벡터장의 한 예이다.

벡터장과 마찬가지 개념으로 스칼라 함수의 정의역이 3차원 공간의 어떤 영역이면, 그 영역에서 스칼라장(Scalar Field)이 정의되어 있다고 한다. 예를 들어, 물체 표면의 온도 분포나 지구 대기의 압력 분포 등은 스칼라장의 대표적인 예이다.

지금까지 설명한 벡터장과 스칼라장은 3차원 공간에서 주어진 점 P에만 의존하며, 직교좌표계의 선택과는 무관하다는 것에 유의하라. **따라서 직각좌표계가 아닌 원통 또는 구좌표계를 사용하는 경우, 점 P의 좌표 표현은 변하지만 점 P에서 스칼라장의 값이나 벡터장의 크기와 방향은 변하지 않는다.**

예제 7.1

3차원 공간의 원점에서 임의의 점 $P(x, y, z)$까지의 거리 $f(P)$는 스칼라 함수이다. 직각좌표계에서의 점 $P(0, \sqrt{3}, 1)$에 대한 $f(P)$를 구하라.
또한 $f(P)$를 구좌표계로 표현하고, 점 P에 대한 $f(P)$ 값이 변하지 않는다는 것을 보여라.

풀이

직각좌표계의 원점에서 임의의 점 $P(x, y, z)$까지의 거리는

$$f(P)=f(x, y, z)=\sqrt{x^2+y^2+z^2} \tag{3}$$

이므로, 원점에서 점 $P(0, \sqrt{3}, 1)$까지의 거리 $f(0, \sqrt{3}, 1)=2$가 된다.
또한 구좌표계의 원점에서 점 $P(r, \theta, \phi)$까지의 거리는 구좌표계에서 파라미터 r의 정의에 의해 $f(P)=f(r, \theta, \phi)$는 다음과 같이 표현할 수 있다.

$$f(r, \theta, \phi)=r \tag{4}$$

직각좌표 $P(0, \sqrt{3}, 1)$을 구좌표로 변환하면 다음과 같다.

$$\begin{aligned} &r^2=x^2+y^2+z^2 && \therefore\ r=\sqrt{3+1}=2 \\ &\cos\theta=\frac{z}{\sqrt{x^2+y^2+z^2}} && \therefore\ \theta=\cos^{-1}\left(\frac{1}{2}\right)=\frac{\pi}{3} \\ &\tan\phi=\frac{y}{x} && \therefore\ \phi=\tan^{-1}\left(\frac{y}{x}\right)=\frac{\pi}{2} \end{aligned}$$

즉, 직각좌표 $P(0, \sqrt{3}, 1)$은 구좌표 $P\left(2, \frac{\pi}{3}, \frac{\pi}{2}\right)$에 대응되므로 이를 식(4)에 대입하면 $f\left(2, \frac{\pi}{3}, \frac{\pi}{2}\right)=2$가 된다. 따라서 점 P에 대한 $f(P)$는 좌표계에 관계없이 동일한 값을 가진다는 것을 알 수 있다.

예제 7.2

시간 t에 따라 변화하는 벡터함수 $\boldsymbol{r}=\boldsymbol{r}(t)$가 다음과 같을 때 물음에 답하라.

$$\boldsymbol{r}=\boldsymbol{r}(t)=\cos t\,\boldsymbol{a}_x+\sin t\,\boldsymbol{a}_y+4\boldsymbol{a}_z$$

(1) $t=0,\ \frac{\pi}{2},\ \pi$ 에서의 $\boldsymbol{r}(t)$를 구하라.

(2) 3차원 공간에 $\boldsymbol{r}(t)$를 그래프로 나타내어라.

풀이

(1) $t=0$ 일 때 $\quad \boldsymbol{r}(t)=\boldsymbol{r}(0)=\boldsymbol{a}_x+4\boldsymbol{a}_z$

$t=\frac{\pi}{2}$ 일 때 $\quad \boldsymbol{r}(t)=\boldsymbol{r}\left(\frac{\pi}{2}\right)=\boldsymbol{a}_y+4\boldsymbol{a}_z$

$t=\pi$ 일 때 $\quad \boldsymbol{r}(t)=\boldsymbol{r}(\pi)=-\boldsymbol{a}_x+4\boldsymbol{a}_z$

(2) $\boldsymbol{r}(t)$에서 각 축 방향 성분을 $x,\ y,\ z$로 놓으면

$$\boldsymbol{r}(t)=\underbrace{\cos t\,\boldsymbol{a}_x}_{x}+\underbrace{\sin t\,\boldsymbol{a}_y}_{y}+\underbrace{4\,\boldsymbol{a}_z}_{z}$$

$$x=\cos t,\ y=\sin t,\ z=4$$

$$\therefore\ x^2+y^2=1,\ z=4$$

따라서 $\boldsymbol{r}(t)$에 대한 그래프는 [그림 7.3]과 같다.

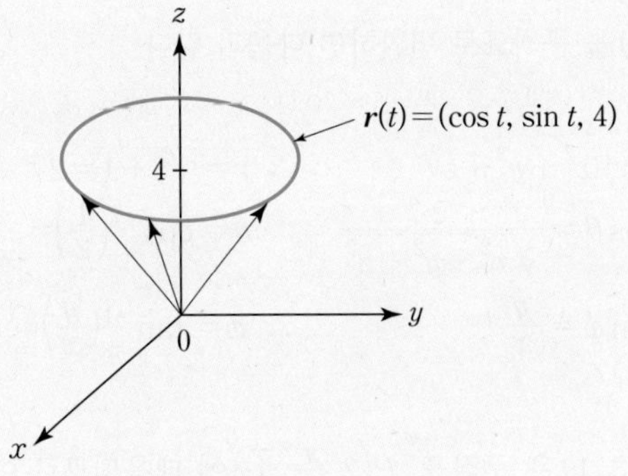

[그림 7.3] $\boldsymbol{r}(t)=\cos t\,\boldsymbol{a}_x+\sin t\,\boldsymbol{a}_y+4\,\boldsymbol{a}_z$

〈예제 7.2〉에서도 알 수 있듯이 벡터함수는 공간에서 점의 위치나 시간 등에 따라 변하므로 단일 변수의 함수 또는 여러 개의 변수를 가진 다변수 함수도 될 수 있다는 사실에 유의하라.

(2) 벡터함수의 극한과 연속

다음으로, 직각좌표계에서 다음의 벡터함수 $\boldsymbol{r}(t)$에 대하여 극한과 연속성에 대해 정의한다.

$$\boldsymbol{r}(t)=r_1(t)\,\boldsymbol{a}_x+r_2(t)\,\boldsymbol{a}_y+r_3(t)\,\boldsymbol{a}_z \tag{5}$$

벡터함수에 대한 극한과 연속의 정의는 벡터함수의 각 성분에 대한 극한과 연속으로 정의하므로, 기존의 함수에 대한 극한과 연속의 개념을 그대로 벡터함수에 적용할 수 있다.

만일, 식(5)에서 $\boldsymbol{r}(t)$의 각 성분에 대하여 $t\to t_0$ 일 때 극한이 존재한다면 $\lim_{t\to t_0}\boldsymbol{r}(t)$는 다음과 같이 정의된다.

$$\lim_{t\to t_0}\boldsymbol{r}(t)=\left(\lim_{t\to t_0}\ r_1(t)\right)\boldsymbol{a}_x+\left(\lim_{t\to t_0}\ r_2(t)\right)\boldsymbol{a}_y+\left(\lim_{t\to t_0}\ r_3(t)\right)\boldsymbol{a}_z \tag{6}$$

$$\text{또는}\ \lim_{t\to t_0}\boldsymbol{r}(t)=\left(\lim_{t\to t_0}\ r_1(t),\ \lim_{t\to t_0}\ r_2(t),\ \lim_{t\to t_0}\ r_3(t)\right) \tag{7}$$

결국 식(6)은 벡터함수 $\boldsymbol{r}(t)$의 각 성분이 $t\to t_0$ 일 때 극한(Limit)이 존재한다면 $\boldsymbol{r}(t)$의 극한도 존재한다는 의미로 해석될 수 있다.

또한 함수의 연속에 대한 정의와 마찬가지로 $\boldsymbol{r}(t)$가 $t=t_0$에서 연속이라는 것을 다음과 같이 정의할 수 있다.

① $t=t_0$에서 $\boldsymbol{r}(t)$의 값 $\boldsymbol{r}(t_0)$가 존재한다.
② $\lim_{t\to t_0}\boldsymbol{r}(t)$의 극한값이 존재한다.
③ $\lim_{t\to t_0}\boldsymbol{r}(t)=\boldsymbol{r}(t_0)$가 성립한다.

위의 세 가지 조건을 만족하는 벡터함수 $\boldsymbol{r}(t)$를 $t=t_0$에서 연속(Continuous)이라고 정의하며, 벡터함수의 극한의 정의와 마찬가지로 $\boldsymbol{r}(t)$가 $t=t_0$에서 연속이기 위해서는 벡터함수 $\boldsymbol{r}(t)$의 각 성분들이 $t=t_0$에서 연속이면 된다.

(3) 벡터함수의 미분과 적분

지금까지 벡터함수의 극한과 연속의 개념을 정의하였으므로 다음으로 벡터함수의 도함수를 정의한다.

정의 7.2 벡터함수의 도함수

시간 t에 따라 변화하는 벡터함수 $\boldsymbol{r}(t)$에 대하여 다음의 극한이 존재하면 $\boldsymbol{r}(t)$는 t에서 미분가능 (Differentiable)하다고 한다.

$$\frac{d\boldsymbol{r}}{dt}=\boldsymbol{r}'(t)\triangleq \lim_{\Delta t\to 0}\frac{\boldsymbol{r}(t+\Delta t)-\boldsymbol{r}(t)}{\Delta t}=\lim_{\Delta t\to 0}\frac{\Delta\boldsymbol{r}}{\Delta t} \tag{8}$$

이때 벡터함수 $\boldsymbol{r}'(t)$를 $\boldsymbol{r}(t)$의 도함수(Derivative)라고 정의한다.

식(8)을 벡터함수들의 성분으로 표현하여 각 성분에 극한을 취하면

$$\begin{aligned}\boldsymbol{r}'(t)&=\lim_{\Delta t\to 0}\left(\frac{r_1(t+\Delta t)-r_1(t)}{\Delta t},\ \frac{r_2(t+\Delta t)-r_2(t)}{\Delta t},\ \frac{r_3(t+\Delta t)-r_3(t)}{\Delta t}\right)\\&=\left(\lim_{\Delta t\to 0}\frac{r_1(t+\Delta t)-r_1(t)}{\Delta t},\ \lim_{\Delta t\to 0}\frac{r_2(t+\Delta t)-r_2(t)}{\Delta t},\ \lim_{\Delta t\to 0}\frac{r_3(t+\Delta t)-r_3(t)}{\Delta t}\right)\\&=(r_1'(t),\ r_2'(t),\ r_3'(t))\end{aligned} \tag{9}$$

가 되므로, 결과적으로 벡터함수 $\boldsymbol{r}(t)$의 미분은 $\boldsymbol{r}(t)$의 각 성분을 미분하는 것과 같다. 식(8)의 도함수의 정의를 기하학적으로 해석한 것을 [그림 7.4]에 나타내었다. 식(8)의 정의에서 $\boldsymbol{r}'(t)$의 방향은 $\Delta\boldsymbol{r}$의 방향과 동일한데 $\Delta t\to 0$일 때 $\boldsymbol{r}(t+\Delta t)$는 한없이 $\boldsymbol{r}(t)$에 가까워지므로 결론적으로 $\dfrac{\Delta\boldsymbol{r}}{\Delta t}$의 극한은 점 P에서의 접선이 된다는 것을 알 수 있다.

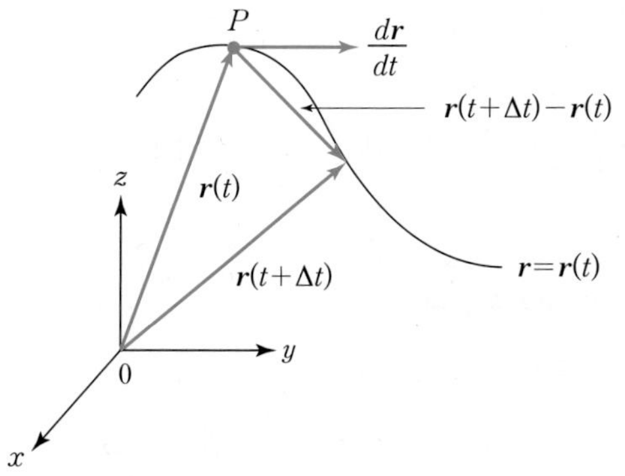

[그림 7.4] 벡터함수 $\boldsymbol{r}(t)$의 도함수

한편, 벡터함수의 고차 도함수는 앞에서 정의한 것과 마찬가지로 주어진 벡터함수의 각 성분들에 대한 고차 도함수를 구하는 것과 같다. 예를 들어, $\boldsymbol{r}(t)$의 2차 및 3차 도함수는 다음과 같다.

$$\boldsymbol{r}''(t) \triangleq \frac{d^2\boldsymbol{r}}{dt^2} = (r_1''(t),\ r_2''(t),\ r_3''(t)) \tag{10}$$

$$\boldsymbol{r}'''(t) \triangleq \frac{d^3\boldsymbol{r}}{dt^3} = (r'''_1(t),\ r'''_2(t),\ r'''_3(t)) \tag{11}$$

또한 $\boldsymbol{r}_1(t)$와 $\boldsymbol{r}_2(t)$가 미분가능한 벡터함수이고, $f(t)$는 미분가능한 스칼라함수라고 하면, 다음의 미분법칙이 성립한다. 이에 대한 증명은 명백하므로 생략하고 그 결과만을 활용하기로 한다.

$$(\boldsymbol{r}_1(t)+\boldsymbol{r}_2(t))' = \boldsymbol{r}_1'(t)+\boldsymbol{r}_2'(t) \tag{12}$$

$$(f(t)\boldsymbol{r}_1(t))' = f'(t)\boldsymbol{r}_1(t)+f(t)\boldsymbol{r}_1'(t) \tag{13}$$

$$(\boldsymbol{r}_1(t)\cdot\boldsymbol{r}_2(t))' = \boldsymbol{r}_1'(t)\cdot\boldsymbol{r}_2(t)+\boldsymbol{r}_1(t)\cdot\boldsymbol{r}_2'(t) \tag{14}$$

$$(\boldsymbol{r}_1(t)\times\boldsymbol{r}_2(t))' = \boldsymbol{r}_1'(t)\times\boldsymbol{r}_2(t)+\boldsymbol{r}_1(t)\times\boldsymbol{r}_2'(t) \tag{15}$$

식(15)에서의 벡터외적은 교환법칙이 성립되지 않으므로 곱의 순서에 유의해야 한다.

마지막으로 벡터함수 $\boldsymbol{r}(t)$의 적분에 대해 살펴보자. 벡터함수의 적분도 미분과 마찬가지로 벡터함수의 각 성분에 대해서 적분하는 것으로 정의한다. 즉,

$$\int \boldsymbol{r}(t)dt = \left(\int r_1(t)\,dt\right)\boldsymbol{a}_x + \left(\int r_2(t)\,dt\right)\boldsymbol{a}_y + \left(\int r_3(t)\,dt\right)\boldsymbol{a}_z \tag{16}$$

$$\int_{t_0}^{t_1} \boldsymbol{r}(t)dt = \left(\int_{t_0}^{t_1} r_1(t)\,dt\right)\boldsymbol{a}_x + \left(\int_{t_0}^{t_1} r_2(t)\,dt\right)\boldsymbol{a}_y + \left(\int_{t_0}^{t_1} r_3(t)\,dt\right)\boldsymbol{a}_z \tag{17}$$

여기서 잠깐! **벡터함수와 공간좌표계**

벡터함수를 수학적으로 표현할 때 어떤 공간좌표계를 사용하는 것이 좋을까?
이 질문에 대한 답은 어떤 공간좌표계를 사용하여도 관계는 없지만 주어진 문제에 따라 계산이 편리한 좌표계를 선택하는 것이 좋다.
예를 들어, 벡터함수가 3차원 공간에서 구(Sphere) 영역의 벡터장을 표현하는 것이라면, 구 좌표계를 선택하는 것이 계산상의 편리함을 제공한다.
만일 구좌표계 선택하지 않고 직각좌표계나 원통좌표계를 사용한다면, 계산 과정이 매우 복잡해진다는 사실에 유의하라.

예제 7.3

다음 벡터함수들의 도함수를 구하라.

(1) $\boldsymbol{r}_1(t) = t\cos t\,\boldsymbol{a}_x + t\sin t\,\boldsymbol{a}_y + \boldsymbol{a}_z$

(2) $\boldsymbol{r}_2(t) = (3t^2+4t)\,\boldsymbol{a}_x + t\,\boldsymbol{a}_y + (t^2+3)\,\boldsymbol{a}_z$

(3) $\boldsymbol{r}_3(t) = e^{-t}\,\boldsymbol{a}_x + 5t^3\,\boldsymbol{a}_y + 3\sin t\,\boldsymbol{a}_z$

풀이

(1) $\boldsymbol{r}_1(t) = (t\cos t)'\,\boldsymbol{a}_x + (t\sin t)'\,\boldsymbol{a}_y$
$\quad = (\cos t - t\sin t)\,\boldsymbol{a}_x + (\sin t + t\cos t)\,\boldsymbol{a}_y$

(2) $\boldsymbol{r}_2(t) = (3t^2+4t)'\,\boldsymbol{a}_x + (t)'\,\boldsymbol{a}_y + (t^2+3)'\,\boldsymbol{a}_z$
$\quad = (6t+4)\,\boldsymbol{a}_x + \boldsymbol{a}_y + 2t\boldsymbol{a}_z$

(3) $\boldsymbol{r}_3(t) = (e^{-t})'\,\boldsymbol{a}_x + (5t^3)'\,\boldsymbol{a}_y + (3\sin t)'\,\boldsymbol{a}_z$
$\quad = -e^{-t}\,\boldsymbol{a}_x + 15t^2\,\boldsymbol{a}_y + 3\cos t\,\boldsymbol{a}_z$

예제 7.4

다음 벡터함수 $\boldsymbol{r}(t)$가 다음과 같을 때 $\int \boldsymbol{r}(t)dt$를 계산하라.

$$\boldsymbol{r}(t)=t^2\boldsymbol{a}_x+e^{-t}\boldsymbol{a}_y+\sin 2t\boldsymbol{a}_z$$

풀이

$$\begin{aligned}\int \boldsymbol{r}(t)dt&=\left(\int t^2 dt\right)\boldsymbol{a}_x+\left(\int e^{-t}dt\right)\boldsymbol{a}_y+\left(\int \sin 2t\,dt\right)\boldsymbol{a}_z\\&=\left(\frac{1}{3}t^3+c_1\right)\boldsymbol{a}_x+(-e^{-t}+c_2)\boldsymbol{a}_y+\left(-\frac{1}{2}\cos 2t+c_3\right)\boldsymbol{a}_z\\&=\frac{1}{3}t^3\boldsymbol{a}_x-e^{-t}\boldsymbol{a}_y-\frac{1}{2}\cos 2t\boldsymbol{a}_z+\boldsymbol{c}\end{aligned}$$

여기서 $\boldsymbol{c}=c_1\boldsymbol{a}_x+c_2\boldsymbol{a}_y+c_3\boldsymbol{a}_z$로 정의되는 상수벡터이다.

예제 7.5

벡터함수 $\boldsymbol{r}(t)$의 크기가 일정할 때, $\boldsymbol{r}(t)$와 그의 도함수 $\boldsymbol{r}'(t)$는 서로 수직임을 보여라.

풀이

$\boldsymbol{r}(t)$의 크기가 일정하다고 하였으므로 다음의 관계가 성립한다.

$$\|\boldsymbol{r}(t)\|^2=\boldsymbol{r}(t)\cdot\boldsymbol{r}(t)=\text{일정}$$

식(14)를 이용하여 양변을 미분하면

$$\begin{aligned}&\boldsymbol{r}'(t)\cdot\boldsymbol{r}(t)+\boldsymbol{r}(t)\cdot\boldsymbol{r}'(t)=0\\&\qquad 2\boldsymbol{r}(t)\cdot\boldsymbol{r}'(t)=0 \qquad \therefore\ \boldsymbol{r}(t)\cdot\boldsymbol{r}'(t)=0\end{aligned}$$

따라서 $\boldsymbol{r}(t)$와 $\boldsymbol{r}'(t)$는 내적이 0이므로 서로 수직인 벡터함수이다.

예제 7.6

다음 벡터함수 $\boldsymbol{r}_1(t)$와 $\boldsymbol{r}_2(t)$에 대하여 물음에 답하라.

$$\boldsymbol{r}_1(t)=t\boldsymbol{a}_x+\boldsymbol{a}_y+4\boldsymbol{a}_z$$
$$\boldsymbol{r}_2(t)=\boldsymbol{a}_x-\cos t\,\boldsymbol{a}_y+t\boldsymbol{a}_z$$

(1) 식(15)를 이용하여 $\boldsymbol{r}_1(t)\times\boldsymbol{r}_2(t)$의 도함수를 구하라.

(2) $\int_0^{\pi}\boldsymbol{r}_1(t)\cdot\boldsymbol{r}_2(t)dt$를 계산하라.

풀이

(1) $\boldsymbol{r}_1'(t)=\boldsymbol{a}_x$, $\boldsymbol{r}_2'(t)=\sin t\boldsymbol{a}_y+\boldsymbol{a}_z$ 으로부터

$$\boldsymbol{r}_1'(t)\times\boldsymbol{r}_2(t)=\begin{vmatrix}\boldsymbol{a}_x & \boldsymbol{a}_y & \boldsymbol{a}_z\\ 1 & 0 & 0\\ 1 & -\cos t & t\end{vmatrix}=-t\boldsymbol{a}_y-\cos t\boldsymbol{a}_z$$

$$\boldsymbol{r}_1(t)\times\boldsymbol{r}_2'(t)=\begin{vmatrix}\boldsymbol{a}_x & \boldsymbol{a}_y & \boldsymbol{a}_z\\ t & 1 & 4\\ 0 & \sin t & 1\end{vmatrix}=(1-4\sin t)\boldsymbol{a}_x-t\boldsymbol{a}_y+t\sin t\boldsymbol{a}_z$$

이므로 $(\boldsymbol{r}_1(t)\times\boldsymbol{r}_2(t))'$는 다음과 같다.

$$\begin{aligned}(\boldsymbol{r}_1(t)\times\boldsymbol{r}_2(t))'&=\boldsymbol{r}_1'(t)\times\boldsymbol{r}_2(t)+\boldsymbol{r}_1(t)\times\boldsymbol{r}_2'(t)\\&=(1-4\sin t)\boldsymbol{a}_x-2t\boldsymbol{a}_y+(t\sin t-\cos t)\boldsymbol{a}_z\end{aligned}$$

(2) 먼저, 피적분 함수 $\boldsymbol{r}_1(t)\cdot\boldsymbol{r}_2(t)$를 계산하면

$$\begin{aligned}\boldsymbol{r}_1(t)\cdot\boldsymbol{r}_2(t)&=(t\boldsymbol{a}_x+\boldsymbol{a}_y+4\boldsymbol{a}_z)\cdot(\boldsymbol{a}_x-\cos t\boldsymbol{a}_y+t\boldsymbol{a}_z)\\&=t-\cos t+4t=5t-\cos t\end{aligned}$$

이므로 주어진 적분은 다음과 같다.

$$\begin{aligned}\int_0^{\pi}\boldsymbol{r}_1(t)\cdot\boldsymbol{r}_2(t)dt&=\int_0^{\pi}(5t-\cos t)dt\\&=\left[\frac{5}{2}t^2-\sin t\right]_0^{\pi}=\frac{5}{2}\pi^2\end{aligned}$$

7.2 곡선과 곡면의 벡터함수

3차원 공간에서 정의되는 곡선(Curve)과 곡면(Surface)은 미적분학에서 매우 중요하다. 본 절에서는 곡선과 곡면을 나타내는 벡터함수에 대해 살펴본다.

(1) 곡선의 벡터함수

① 곡선의 매개변수 표현

3차원 공간에서 정의되는 곡선은 어떻게 수학적으로 표현할 수 있을까? [그림 7.5]에서처럼 어떤 물체가 곡선 위를 움직이고 있다고 가정하고 그 물체의 위치를 위치벡터 $\boldsymbol{r}$로 표시하면 어떨까? 그런데 물체의 위치가 변하기 때문에 고정된 위치벡터로는 물체의 움직임을 표현할 수 없으므로, 한 개의 매개변수 t를 도입하여 물체의 움직임을 t의 값에 따라 변하는 위치벡터, 즉 벡터함수 $\boldsymbol{r}(t)$로 표현한다면 그것이 바로 곡선의 수학적인 표현이 될 것이다.

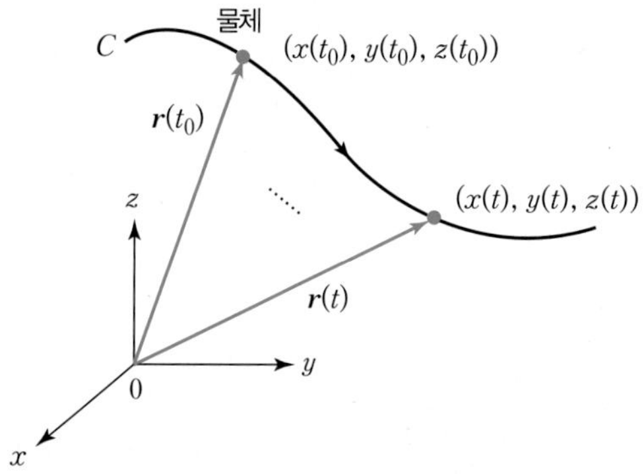

[그림 7.5] 공간에서 정의되는 곡선의 벡터함수

[그림 7.5]로부터 3차원 공간에서 정의되는 곡선은 다음과 같이 벡터함수 형태로 표현할 수 있으며, 이를 곡선의 매개변수 표현법이라 한다.

$$\boldsymbol{r}=\boldsymbol{r}(t)=x(t)\boldsymbol{a}_x+y(t)\boldsymbol{a}_y+z(t)\boldsymbol{a}_z$$

$$\text{또는 } \boldsymbol{r}(t)=(x(t),\ y(t),\ z(t)) \tag{18}$$

어떤 곡선 C에서 매개변수 t가 증가할 때 벡터함수 $\boldsymbol{r}(t)$가 움직이는 방향을 곡선 C의 방향(Orientation)이라 정의하며 [그림 7.5]에서처럼 화살표로 표시한다.

예제 7.7

다음의 벡터함수가 나타내는 곡선을 그려라.

$$\boldsymbol{r}(t)=a\cos t\,\boldsymbol{a}_x+a\sin t\,\boldsymbol{a}_y\ \left(0\le t\le\frac{\pi}{2}\right)$$

풀이

$x(t)=a\cos t,\ y(t)=a\sin t$ 이므로 각각 제곱한 다음, 양변을 더하면 다음을 얻을 수 있다.

$$x^2+y^2=a^2$$

따라서 $\boldsymbol{r}(t)$는 xy−평면에서 정의되는 반지름이 a인 원이다.
여기서, 몇 개의 t 값에 대해 $\boldsymbol{r}(t)$를 구해 보면

$$t=0,\quad \boldsymbol{r}(0)=a\,\boldsymbol{a}_x+0\,\boldsymbol{a}_y=(a,\ 0)$$
$$t=\frac{\pi}{4},\quad \boldsymbol{r}\left(\frac{\pi}{4}\right)=\frac{a}{\sqrt{2}}\boldsymbol{a}_x+\frac{a}{\sqrt{2}}\boldsymbol{a}_y=\left(\frac{a}{\sqrt{2}},\ \frac{a}{\sqrt{2}}\right)$$
$$t=\frac{\pi}{2}\quad \boldsymbol{r}\left(\frac{\pi}{2}\right)=0\boldsymbol{a}_x+a\boldsymbol{a}_y=(0,\ a)$$

이므로 xy−평면에 $\boldsymbol{r}(t)$를 그리면 다음과 같이 1사분면에서 반지름이 a인 원의 $\frac{1}{4}$을 나타낸다.

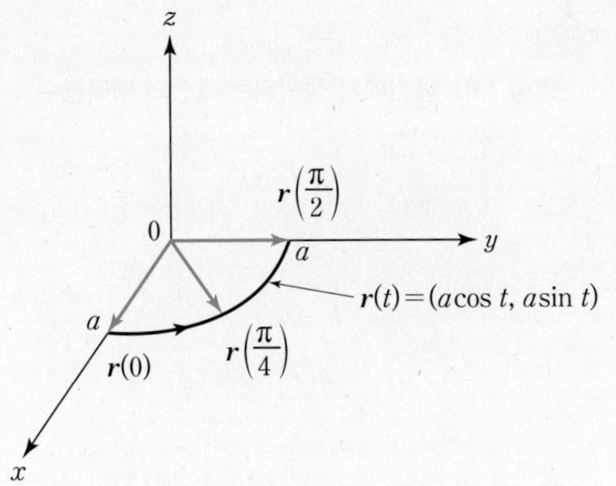

② 곡선의 접선벡터

다음으로 곡선 C의 한 점 P에서 정의되는 접선벡터(Tangent Vector)는 7.1절에서 정의한 벡터함수의 도함수로부터 정의될 수 있다.

곡선 C의 벡터함수 $\boldsymbol{r}=\boldsymbol{r}(t)$로부터 한 점 P에서의 $\boldsymbol{r}'(t)$는 다음과 같이 정의된다.

$$\boldsymbol{r}'(t)=\lim_{\Delta t\to 0}\frac{1}{\Delta t}\{\boldsymbol{r}(t+\Delta t)-\boldsymbol{r}(t)\} \tag{19}$$

식(19)에서 $\boldsymbol{r}(t+\Delta t)-\boldsymbol{r}(t)$를 [그림 7.6]에 파란색으로 나타내었으며, Δt가 0으로 접근함에 따라 $\boldsymbol{r}'(t)$는 점 P에서의 곡선 C의 접선벡터가 된다는 것을 알 수 있다.

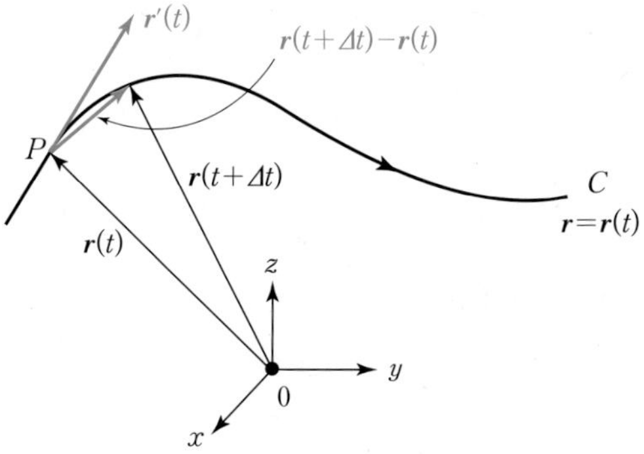

[그림 7.6] 벡터함수의 도함수 정의

$\boldsymbol{r}'(t)$가 접선벡터이므로 단위접선벡터(Unit Tangent Vector) $\boldsymbol{u}$는 다음과 같이 정의된다.

$$\boldsymbol{u}\triangleq\frac{\boldsymbol{r}'}{\|\boldsymbol{r}'\|} \tag{20}$$

[그림 7.7]에 곡선 C의 접선벡터와 단위접선벡터를 그림으로 나타내었다.

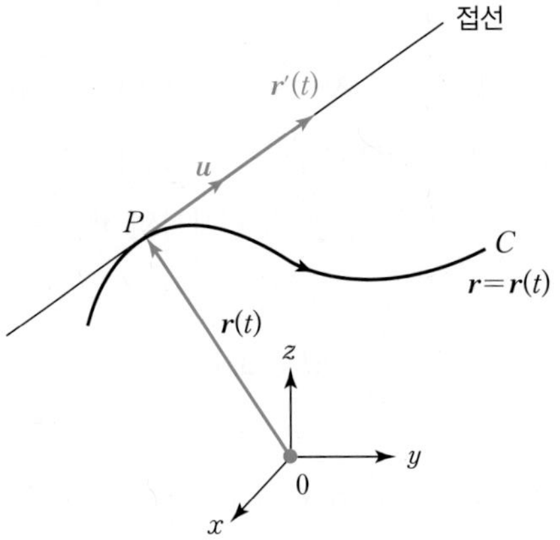

[그림 7.7] 곡선 C의 접선벡터와 단위접선벡터

예제 7.8

다음의 벡터함수 $\boldsymbol{r}(t)$는 3차원 공간에서 정의되는 나선형의 원을 나타내는 곡선이다.

$$\boldsymbol{r}(t)=\cos t\,\boldsymbol{a}_x+\sin t\,\boldsymbol{a}_y+2t\,\boldsymbol{a}_z \quad (t\geq 0)$$

점 $P(0,\ 1,\ \pi)$에서 단위접선벡터 $\boldsymbol{u}$를 구하라.

풀이

접선벡터를 구하기 위해 먼저 $\boldsymbol{r}(t)$를 미분하면 다음과 같다.

$$\boldsymbol{r}'(t)=-\sin t\,\boldsymbol{a}_x+\cos t\,\boldsymbol{a}_y+2\boldsymbol{a}_z$$

그런데 점 $P(0,\ 1,\ \pi)$는 $t=\frac{\pi}{2}$일 때 $\boldsymbol{r}(t)$에 대응되기 때문에 점 P에서의 접선벡터는 $\boldsymbol{r}'(t)$에 $t=\frac{\pi}{2}$를 대입한 것과 같다.

$$\boldsymbol{r}'(t)\Big|_P=-\boldsymbol{a}_x+2\boldsymbol{a}_z$$

따라서 단위접선벡터는 다음과 같다.

$$\boldsymbol{u}=\frac{\boldsymbol{r}'}{\|\boldsymbol{r}'\|}=\frac{-\boldsymbol{a}_x+2\boldsymbol{a}_z}{\sqrt{5}}=\left(-\frac{1}{\sqrt{5}},\ 0,\ \frac{2}{\sqrt{5}}\right)$$

③ 곡선의 길이

3차원 공간의 곡선 C에서 임의의 구간 $a \le t \le b$에 대하여 곡선의 길이 s는 다음과 같이 계산할 수 있다.

$$s=\int_a^b \|\boldsymbol{r}'(t)\|dt=\int_a^b \sqrt{\boldsymbol{r}'(t)\cdot\boldsymbol{r}'(t)}\,dt \tag{21}$$

식(21)에 대한 증명은 미적분학에서 임의의 평면 위에 위치한 곡선의 길이를 구하는 방법과 유사하며, 공학적인 관점에서는 증명과정이 그다지 중요하지 않으므로 증명은 생략하고 결과만을 활용하도록 한다. 식(21)에서 s를 호의 길이(Arc Length)라고도 부른다.

여기서 잠깐! **호의 길이 함수 $s(t)$**

3차원 공간의 곡선 C에서 곡선의 길이를 나타내는 함수 $s(t)$를 정의할 수 있다.

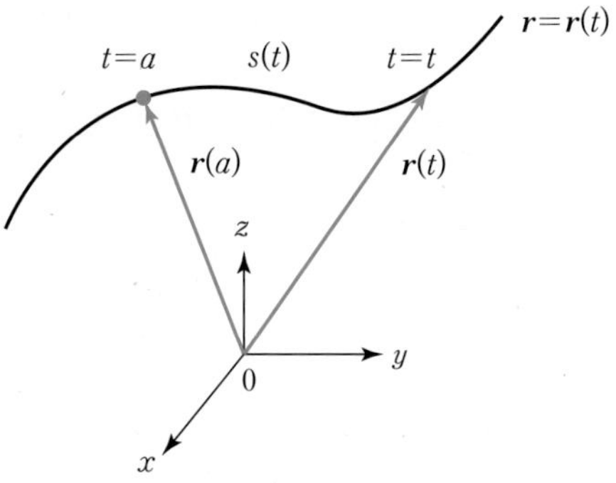

위의 그림에서, $\boldsymbol{r}(a)$에서 $\boldsymbol{r}(t)$까지의 호의 길이는 t의 함수이므로 $s(t)$로 표현할 수 있으며 다음과 같다.

$$s(t)=\int_0^t \sqrt{\boldsymbol{r}'(t)\cdot\boldsymbol{r}'(t)}\,dt$$

위의 $s(t)$를 t로 미분하여 제곱하면 다음의 관계를 얻는다.

$$\left(\frac{ds}{dt}\right)^2 = \mathbf{r}'(t)\cdot\mathbf{r}'(t) = \frac{d\mathbf{r}}{dt}\cdot\frac{d\mathbf{r}}{dt} = \left(\frac{dx}{dt}\right)^2 + \left(\frac{dy}{dt}\right)^2 + \left(\frac{dz}{dt}^2\right)$$

$$\therefore \frac{ds}{dt} = \sqrt{\left(\frac{dx}{dt}\right)^2 + \left(\frac{dy}{dt}\right)^2 + \left(\frac{dz}{dt}\right)^2} = \sqrt{[x'(t)]^2 + [y'(t)]^2 + [z'(t)]^2}$$

관례적으로 곡선 C의 벡터함수는 다음과 같이 표현하므로 $d\mathbf{r}$을 정의할 수 있다.

$$\mathbf{r} = \mathbf{r}(t) = x(t)\boldsymbol{a}_x + y(t)\boldsymbol{a}_y + z(t)\boldsymbol{a}_z$$
$$d\mathbf{r} = dx\boldsymbol{a}_x + dy\boldsymbol{a}_y + dz\boldsymbol{a}_z$$
$$\therefore\ d\mathbf{r} = x'(t)dt\,\boldsymbol{a}_x + y'(t)dt\,\boldsymbol{a}_y + z'(t)dt\,\boldsymbol{a}_z$$

따라서 곡선 C의 선소(Linear Element) ds를 다음과 같이 정의한다.

$$(ds)^2 = d\mathbf{r}\cdot d\mathbf{r} = (dx)^2 + (dy)^2 + (dz)^2$$

예제 7.9

다음의 벡터함수 $\mathbf{r}(t)$에 대해 $0 \le t \le 10$까지의 곡선의 길이를 구하라.

$$\mathbf{r}(t) = 2\cos t\,\boldsymbol{a}_x + 2\sin t\,\boldsymbol{a}_y + t\,\boldsymbol{a}_z$$

풀이

$\mathbf{r}'(t) = -2\sin t\,\boldsymbol{a}_x + 2\cos t\,\boldsymbol{a}_y + \boldsymbol{a}_z$ 로부터

$$\|\mathbf{r}'(t)\|^2 = (\mathbf{r}'\cdot\mathbf{r}') = 4\sin^2 t + 4\cos^2 t + 1 = 5$$
$$\therefore\ \|\mathbf{r}'(t)\| = \sqrt{5}$$

따라서 식(21)로부터 곡선의 길이는 다음과 같다.

$$s = \int_0^{10} \sqrt{5}\,dt = 10\sqrt{5}$$

위의 〈예제 7.9〉에서 $\mathbf{r}(0)$에서 $\mathbf{r}(t)$까지의 곡선의 길이는 다음과 같다.

$$s = \int_0^t \sqrt{5}\,dt = \sqrt{5}\,t \qquad (22)$$

여기서, s를 이용하여 주어진 벡터함수를 다시 표현하면, $t=s/\sqrt{5}$ 이므로 $\boldsymbol{r}(s)$는 다음과 같이 표현할 수 있다.

$$\boldsymbol{r}(s)=2\cos\frac{s}{\sqrt{5}}\boldsymbol{a}_x+2\sin\frac{s}{\sqrt{5}}\boldsymbol{a}_y+\frac{s}{\sqrt{5}}\boldsymbol{a}_z \tag{23}$$

이와 같이 호의 길이 s를 매개변수로 사용하는 이유는 곡선에 대한 여러 공식을 단순화할 수 있다는 장점이 있기 때문이라는 사실에 주목하라. 예를 들어, 곡선 C가 $\boldsymbol{r}=\boldsymbol{r}(s)$로 주어져 있다면 $\boldsymbol{r}(0)$에서 $\boldsymbol{r}(s)$까지의 곡선의 길이 s는 다음과 같이 구할 수 있다.

$$s=\int_0^s \|\boldsymbol{r}'(u)\|du \tag{24}$$

식(24)의 양변을 s로 미분하면 $\|\boldsymbol{r}'(s)\|=1$이므로 단위접선벡터 $\boldsymbol{u}$는 다음과 같이 간결하게 표현된다.

$$\boldsymbol{u}=\frac{\boldsymbol{r}'(s)}{\|\boldsymbol{r}'(s)\|}=\boldsymbol{r}'(s) \tag{25}$$

(2) 곡면의 벡터함수

① 곡면의 매개변수 표현

지금까지 3차원 공간에서 정의되는 곡선의 수학적 표현에 대해 논의하였다. 이번에는 3차원 공간에서 정의되는 곡면의 수학적 표현에 대해 알아보자.

3차원 공간에서 정의되는 곡면(Surface)을 어떻게 수학적으로 표현할 수 있을까? [그림 7.8]에서처럼 어떤 물체가 곡면 위를 움직이고 있다고 가정하고 그 물체의 위치를 위치벡터 $\boldsymbol{r}$로 표시하면 어떻까? 그런데 물체의 위치가 변하기 때문에 고정된 위치벡터로는 물체의 움직임을 표현할 수 없으므로, 곡선의 경우처럼 매개변수를 도입하여 물체의 움직임을 표현해야 한다. 문제는 물체가 곡선 위를 움직이는 것이 아니라 곡면 위를 움직이기 때문에 매개변수 하나로는 곡면 위에서의 물체의 움직임을 모두 표현할 수 없다. 앞에서 설명한 바와 같이 매개변수 하나로는 3차원 공간에서 하나의 곡선만을 표현할 수 있기 때문에 곡면 위에서의 물체의 움직임을 표현하기 위해서는 두 개의 매개변수가 필요하다.

결국 두 개의 매개변수 u와 v를 도입하면 3차원 공간에서 정의되는 곡면 위에서 움직이는 물체의 위치를 벡터함수 $\boldsymbol{r}(u, v)$로 표현할 수 있게 된다.

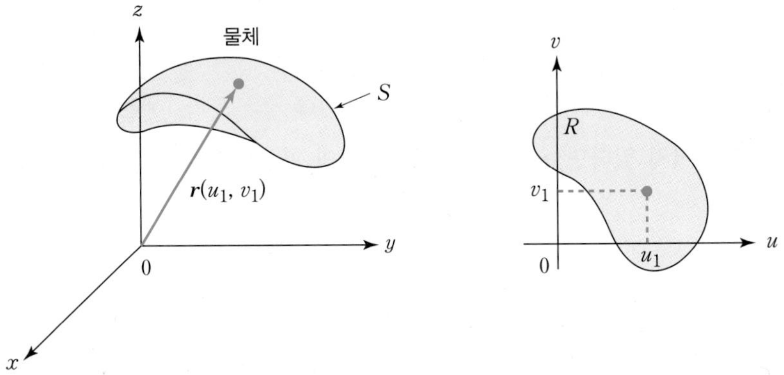

[그림 7.8] 공간에서 정의되는 곡면의 벡터함수

[그림 7.8]에서 매개변수 uv-평면의 영역 R에서 (u_1, v_1)이 정해지면 그에 대응되는 $\boldsymbol{r}=\boldsymbol{r}(u_1, v_1)$이 결정되어 곡면 S 위에 있는 한 점의 위치벡터를 표현하게 되는 것이다. 결국 영역 R의 모든 점 (u, v)를 $\boldsymbol{r}(u, v)$는 곡면 S의 모든 점에 대응시킨다.

따라서 3차원 공간에서 정의되는 곡면 S는 다음과 같이 벡터함수로 표현될 수 있으며 이를 곡면의 매개변수 표현이라 한다.

$$\boldsymbol{r}=\boldsymbol{r}(u, v)=x(u, v)\boldsymbol{a}_x+y(u, v)\boldsymbol{a}_y+x(u, v)\boldsymbol{a}_z$$

$$\text{또는} \quad \boldsymbol{r}(u, v)=(x(u, v),\ y(u, v),\ z(u, v)) \tag{26}$$

한편, 3차원 직각좌표계에서 곡면 S는 일반적으로 다음과 같이 표현된다.

$$z=f(x, y) \quad \text{또는} \quad g(x, y, z)=0 \tag{27}$$

예를 들어, $x^2+y^2+z^2=1$은 반지름이 1이고 중심이 원점인 구면을 나타낸다. 곡면 S의 수학적인 표현은 식(26) 또는 식(27)로 주어지며, 주어진 문제에 따라 적절한 수학적인 표현을 이용하면 된다.

예제 7.10

아래에 주어진 벡터함수가 어떤 곡면을 나타내는지를 판별하라.

$$\boldsymbol{r}(u,\ v)=4\cos u\,\boldsymbol{a}_x+4\sin u\,\boldsymbol{a}_y+v\boldsymbol{a}_z$$

여기서 매개변수 $(u,\ v)$는 영역 $R: 0 \le u \le 2\pi,\ 0 \le v \le 2$에서 변한다고 가정한다.

풀이

주어진 벡터함수 $\boldsymbol{r}(u,\ v)$를 성분으로 표현하면 다음과 같다.

$$x(u, v)=4\cos u$$
$$y(u, v)=4\sin u$$
$$z(u, v)=v$$

위에서 x와 y를 각각 제곱하여 더하면

$$x^2+y^2=16\cos^2 u+16\sin^2 u=16(\cos^2 u+\sin^2 u)=16$$

이므로 xy-평면에서 정의되는 중심이 원점이고 반지름이 4인 원이다.
그리고 $z=v$로부터 $0 \le z \le 2$이므로 주어진 벡터함수는 원점을 중심으로 하는 높이가 2인 원기둥이다.

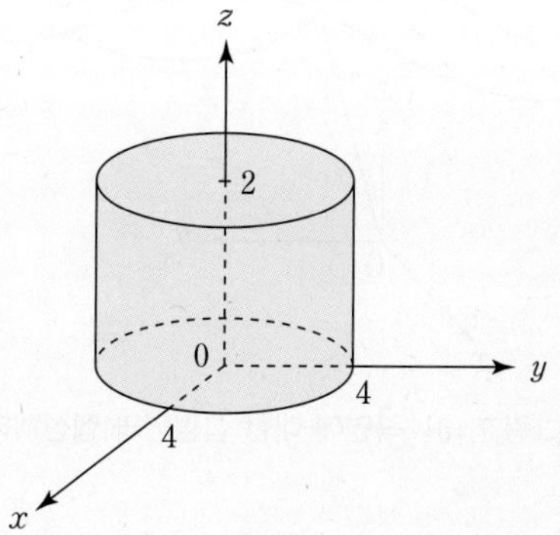

[그림 7.9] 원점을 중심으로 하는 높이 2인 원기둥

② 곡면의 접평면과 법선벡터

앞에서 곡선 C 위에 있는 한 점 P에서 접선벡터를 정의하였다. 이 개념을 곡면 S로 확장하게 되면 접평면(Tangent Plane)을 정의할 수 있다. 개념적으로는 곡면 S 위의 한 점 P에서의 접평면은 한 점 P를 지나면서 곡면 S 위에 놓여 있는 무수히 많은 곡선들의 접선벡터들을 포함하는 평면으로 정의한다. 그리고 점 P에서 정의되는 접평면에 수직인 벡터를 점 P에서 곡면 S의 법선벡터(Normal Vector)라고 정의한다.

먼저, 곡면 S 위의 한 점 P에서 접평면을 수학적으로 표현해 보자. 곡면 S 위의 한 점 P를 지나가는 곡면상의 곡선들은 무수히 많다. 이 무수히 많은 곡선을 수학적으로 어떻게 표현할 수 있을까? 3차원 공간에서 정의되는 곡선은 하나의 매개변수를 가진 벡터함수로 표현할 수 있으므로 곡면 S 위의 점 P를 지나는 곡선은 점 P에 대응되는 위치벡터 $\mathbf{r}(u, v)$에 $u=u(t)$, $v=v(t)$를 대입하면 된다. 이를 [그림 7.10]에 도시하였다.

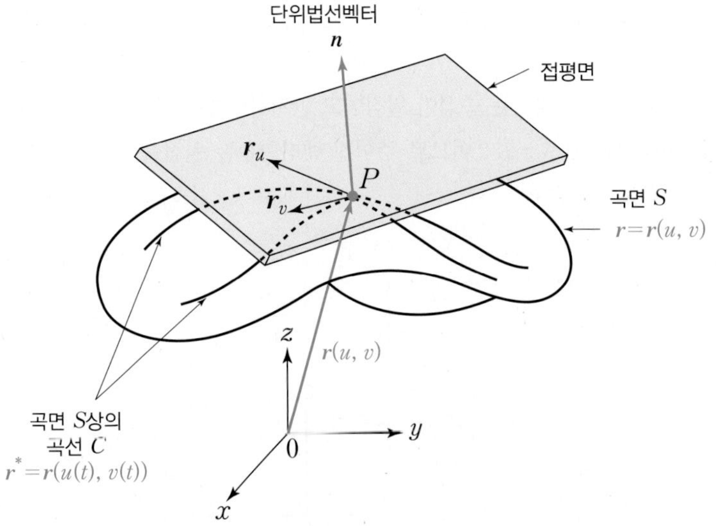

[그림 7.10] 곡면에 대한 접평면과 접선벡터

다음으로 점 P에서의 단위법선벡터 $\mathbf{n}$을 구해본다.

곡면 S 위에 점 P를 지나는 곡선 C의 벡터함수를 $\mathbf{r}^*$라 표시하면 다음과 같이 표현할 수 있다.

$$\boldsymbol{r}^* = \boldsymbol{r}(u(t),\ v(t)) \tag{28}$$

식(28)을 연쇄법칙(Chain Rule)을 사용하여 미분하면

$$\frac{d\boldsymbol{r}^*}{dt} = \frac{\partial \boldsymbol{r}}{\partial u}\frac{du}{dt} + \frac{\partial \boldsymbol{r}}{\partial v}\frac{dv}{dt} = \boldsymbol{r}_u u' + \boldsymbol{r}_u v' \tag{29}$$

이 된다. 여기서 $\boldsymbol{r}_u$와 $\boldsymbol{r}_v$는 각각 u와 v에 대한 $\boldsymbol{r}(u, v)$의 1차편도함수이다.

따라서 점 P에서의 편도함수 $\boldsymbol{r}_u$와 $\boldsymbol{r}_v$는 P에서 곡면 S에 접하게 되고 $\boldsymbol{r}_u$와 $\boldsymbol{r}_v$가 선형독립이면, 이 두 벡터는 접평면을 형성한다. 결국 법선벡터 $\boldsymbol{N}$은 $\boldsymbol{r}_u$와 $\boldsymbol{r}_v$의 벡터 외적으로 다음과 같이 결정할 수 있다.

$$\boldsymbol{N} = \boldsymbol{r}_u \times \boldsymbol{r}_v \tag{30}$$

식(30)으로부터 곡면 S 위의 한 점 P에서 단위법선벡터(Unit Normal Vector) $\boldsymbol{n}$은 다음과 같이 표현된다.

$$\boldsymbol{n} = \frac{\boldsymbol{N}}{\|\boldsymbol{N}\|} = \frac{\boldsymbol{r}_u \times \boldsymbol{r}_v}{\|\boldsymbol{r}_u \times \boldsymbol{r}_v\|} \tag{31}$$

여기서 잠깐! **연쇄법칙(Chain Rule)**

어떤 벡터함수 $\boldsymbol{r}(s)$가 미분가능하고 스칼라함수 $s = u(t)$도 미분가능할 때, t에 대한 $\boldsymbol{r}(s) = \boldsymbol{r}(u(t))$의 도함수를 결정하는 과정을 연쇄법칙이라 부른다.

$$\frac{d\boldsymbol{r}}{dt} = \frac{d\boldsymbol{r}}{ds}\frac{ds}{dt} \tag{32}$$

식(32)에서 알 수 있듯이 연쇄법칙이란 먼저 $\boldsymbol{r}$을 s로 미분하고 나서 다시 s를 t로 미분하는 것을 의미한다.

만일 어떤 곡면에 대한 벡터함수 $\boldsymbol{r}(u, v)$가 미분가능하고 두 스칼라함수 $u = u(t)$, $v = v(t)$가 미분가능하면 t에 대한 $\boldsymbol{r}(u, v) = \boldsymbol{r}(u(t),\ v(t))$의 도함수는 다음과 같다.

$$\frac{d\boldsymbol{r}}{dt} = \frac{\partial \boldsymbol{r}}{\partial u}\frac{du}{dt} + \frac{\partial \boldsymbol{r}}{\partial v}\frac{dv}{dt} \tag{33}$$

따라서 식(33)은 $\boldsymbol{r}$이 u와 v의 함수이므로 먼저 $\boldsymbol{r}$을 u에 대해 편미분한 다음 u를 t로 미분한다.

그리고 $\boldsymbol{r}$을 v에 대해 편미분한 다음 v를 t로 미분하여 더하는 것이다. 이러한 관계를 다음 그림으로 나타내었다.

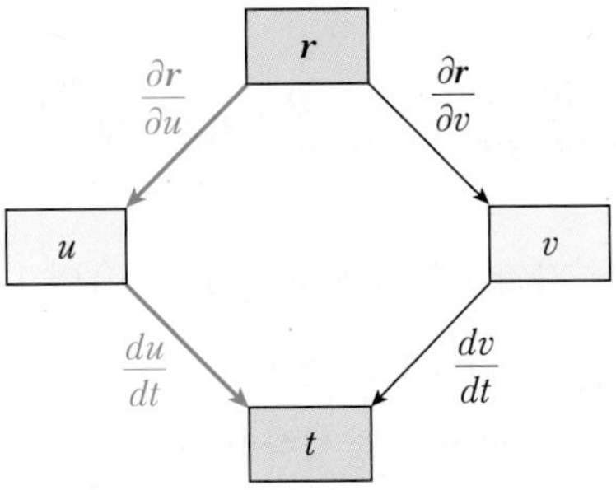

예제 7.11

다음 곡면 위의 임의의 점 P에서 단위법선벡터 $\boldsymbol{n}$을 구하라.

$$\boldsymbol{r}=\boldsymbol{r}(u, v)=a\cos v\boldsymbol{a}_x+a\sin v\boldsymbol{a}_y+u\boldsymbol{a}_z$$

풀이

$\boldsymbol{r}_u$ 와 $\boldsymbol{r}_v$ 를 각각 구하면 다음과 같다.

$$\boldsymbol{r}_u=\frac{\partial \boldsymbol{r}}{\partial u}=\boldsymbol{a}_z=(0, 0, 1)$$
$$\boldsymbol{r}_v=\frac{\partial \boldsymbol{r}}{\partial v}=-a\sin v\boldsymbol{a}_x+a\cos v\boldsymbol{a}_y=(-a\sin v, a\cos v, 0)$$

식(30)으로부터 법선벡터 $\boldsymbol{N}$을 계산하면

$$\boldsymbol{N}=\boldsymbol{r}_u\times\boldsymbol{r}_v=\begin{vmatrix} \boldsymbol{a}_x & \boldsymbol{a}_y & \boldsymbol{a}_z \\ 0 & 0 & 1 \\ -a\sin v & a\cos v & 0 \end{vmatrix}=-a\cos v\boldsymbol{a}_x-a\sin v\boldsymbol{a}_y$$

이므로 단위법선벡터 $\boldsymbol{n}$은 다음과 같다.

$$\boldsymbol{n}=\frac{\boldsymbol{N}}{\|\boldsymbol{N}\|}=\frac{-a\cos v\boldsymbol{a}_x-a\sin v\boldsymbol{a}_y}{\sqrt{a^2\cos^2 v+a^2\sin^2 v}}$$
$$=-\cos v\boldsymbol{a}_x-\sin v\boldsymbol{a}_y$$

식(31)의 단위법선벡터는 곡면 S의 매개변수 표현이 주어진 경우 유효한 관계식이지만, 곡면 S가 직각좌표계로 표현된 경우에는 적용하기가 쉽지 않다. 다음 절에서 스칼라장의 기울기(Gradient)를 학습하게 되면, 직각좌표계로 표현된 곡면의 법선벡터를 쉽게 구할 수 있다.

7.3 방향 도함수와 스칼라장의 기울기

(1) 방향 도함수의 정의와 기울기

지금까지 어떤 함수의 미분은 주로 축 방향에 대해서만 고려하였다. 예를 들어 $\dfrac{df}{dx}$는 함수 f의 x축 방향으로의 변화율로서, 함수 f가 x축을 따라 어떻게 변화하는가에 대한 정보를 제공한다. 이러한 개념을 확장하여 어떤 함수 f가 특별히 축 방향이 아니라 임의의 방향을 따라 어떻게 변화하는가에 대한 정보를 제공하는 방향 도함수(Directional Derivative)에 대해 정의한다.

[그림 7.11]에서 나타낸 것처럼 점 P에서 단위벡터 $\boldsymbol{a}$ 방향으로 함수 f의 변화율 $D_a(f)$를 방향 도함수라고 부르며, 다음과 같이 정의한다.

$$D_a(f)=\frac{df}{ds}\triangleq\lim_{s\to 0}\frac{f(Q)-f(P)}{s} \tag{34}$$

여기서 s는 점 P와 Q 사이의 거리를 나타내며, Q는 단위벡터 $\boldsymbol{a}$ 방향으로 직선 L을 움직이는 점을 나타낸다.

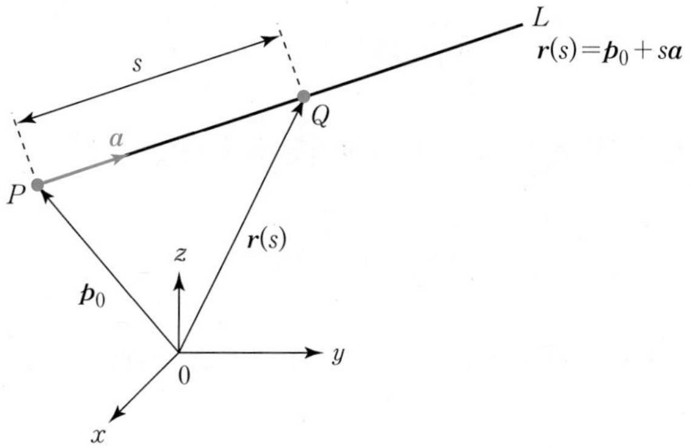

[그림 7.11] 방향 도함수 $D_a(f)$의 정의

[그림 7.11]에서 직선 L의 벡터함수는 s를 매개변수로 하여 다음과 같이 표현할 수 있다. $\boldsymbol{a}$는 단위벡터라는 사실에 주의하라.

$$\begin{aligned}\boldsymbol{r}(s)&=x(s)\boldsymbol{a}_x+y(s)\boldsymbol{a}_y+z(s)\boldsymbol{a}_z\\&=\boldsymbol{p}_0+s\boldsymbol{a}\end{aligned} \tag{35}$$

식(34)의 방향 도함수 $D_a(f)$는 함수 $f(x(s), y(s), z(s))$의 s에 대한 도함수이므로 연쇄법칙에 의해 다음과 같이 표현된다.

$$\begin{aligned}D_a(f)&=\frac{df}{ds}=\frac{\partial f}{\partial x}\frac{dx}{ds}+\frac{\partial f}{\partial y}\frac{dy}{ds}+\frac{\partial f}{\partial z}\frac{dz}{ds}\\&=\left(\frac{\partial f}{\partial x}\boldsymbol{a}_x+\frac{\partial f}{\partial y}\boldsymbol{a}_y+\frac{\partial f}{\partial z}\boldsymbol{a}_z\right)\cdot\left(\frac{dx}{ds}\boldsymbol{a}_x+\frac{dy}{ds}\boldsymbol{a}_y+\frac{dz}{ds}\boldsymbol{a}_z\right)\end{aligned} \tag{36}$$

식(36)에서 우변의 첫 번째항은 스칼라함수 f의 기울기(Gradient)라고 부르며 다음과 같이 정의한다.

$$grad(f)\triangleq\frac{\partial f}{\partial x}\boldsymbol{a}_x+\frac{\partial f}{\partial y}\boldsymbol{a}_y+\frac{\partial f}{\partial z}\boldsymbol{a}_z \tag{37}$$

식(37)에서 $grad(f)$는 스칼라함수로부터 벡터함수를 얻을 수 있다는 의미이며, $grad(f)$는 벡터함수이기 때문에 크기와 방향을 가지게 되는데, 이 크기와 방향은 직교좌표계의 선택과는 무관하게 항상 동일하다는 것에 주의하라.

또한 식(36)에서 우변의 두 번째 항은 식(35)를 s로 미분한 식이므로

$$\begin{aligned}r'(s)&=\frac{dx}{ds}\boldsymbol{a}_r+\frac{dy}{ds}\boldsymbol{a}_y+\frac{dz}{ds}\boldsymbol{a}_z\\&=\frac{d}{ds}(\boldsymbol{p}_0+s\boldsymbol{a})=\boldsymbol{a}\end{aligned}$$

가 성립한다. 따라서 식(36)은 다음과 같이 간단히 표현할 수 있다.

$$D_a(f)=grad(f)\cdot\boldsymbol{a} \tag{38}$$

$grad(f)$의 또 다른 표현을 얻기 위하여 Del 연산자 ∇(Del이라고 읽는다)을 다음과 같이 정의한다.

$$\nabla \triangleq \frac{\partial}{\partial x}\boldsymbol{a}_x + \frac{\partial}{\partial y}\boldsymbol{a}_y + \frac{\partial}{\partial z}\boldsymbol{a}_z \tag{39}$$

∇ 연산자를 이용하면 $grad(f)$는 다음과 같이 표현할 수 있다.

$$\nabla f = \frac{\partial f}{\partial x}\boldsymbol{a}_x + \frac{\partial f}{\partial y}\boldsymbol{a}_y + \frac{\partial f}{\partial z}\boldsymbol{a}_z = grad(f) \tag{40}$$

예제 7.12

점 $P(1, 2, 3)$에서 $\boldsymbol{b} = \boldsymbol{a}_x + 2\boldsymbol{a}_y + 4\boldsymbol{a}_z$ 방향으로 $f(x, y, z) = x^2 + 3x^2y + y^3z$의 방향 도함수를 구하라.

풀이

$f(x, y, z)$의 $grad(f)$를 계산하면 다음과 같다.

$$\begin{aligned} grad(f) &= \frac{\partial f}{\partial x}\boldsymbol{a}_x + \frac{\partial f}{\partial y}\boldsymbol{a}_y + \frac{\partial f}{\partial z}\boldsymbol{a}_z \\ &= (2x + 6xy)\boldsymbol{a}_x + (3x^2 + 3y^2z)\boldsymbol{a}_y + y^3\boldsymbol{a}_z \end{aligned}$$

점 P에서 $grad(f)$는

$$grad(f)\Big|_P = 14\boldsymbol{a}_x + 39\boldsymbol{a}_y + 8\boldsymbol{a}_z$$

이므로 방향 도함수 $D_b(f)$는 다음과 같다.

$$\begin{aligned} D_b(f) &= grad(f)\cdot\frac{\boldsymbol{b}}{\|\boldsymbol{b}\|} \\ &= (14\boldsymbol{a}_x + 39\boldsymbol{a}_y + 8\boldsymbol{a}_z)\cdot\left(\frac{1}{\sqrt{21}}\right)(\boldsymbol{a}_x + 2\boldsymbol{a}_y + 4\boldsymbol{a}_z) \\ &= \frac{1}{\sqrt{21}}(14 + 78 + 32) = \frac{124}{\sqrt{21}} \end{aligned}$$

예제 7.13

다음 스칼라장의 기울기를 계산하라.

(1) $f_1(x, y, z) = x^2 + y^2 + z^2$

(2) $f_2(x, y, z) = x^3y + xyz + z^2$

풀이

(1) $grad(f_1)=\dfrac{\partial f_1}{\partial x}\boldsymbol{a}_x+\dfrac{\partial f_1}{\partial y}\boldsymbol{a}_y+\dfrac{\partial f_1}{\partial z}\boldsymbol{a}_z$

$\quad =2x\boldsymbol{a}_x+2y\boldsymbol{a}_y+2z\boldsymbol{a}_z$

(2) $grad(f_2)=\dfrac{\partial f_2}{\partial x}\boldsymbol{a}_x+\dfrac{\partial f_2}{\partial y}\boldsymbol{a}_y+\dfrac{\partial f_2}{\partial z}\boldsymbol{a}_z$

$\quad =(3x^2y+yz)\boldsymbol{a}_x+(x^3+xz)\boldsymbol{a}_y+(xy+2z)\boldsymbol{a}_z$

식(38)의 방향 도함수 결과식에서 θ를 $grad(f)$와 $\boldsymbol{a}$의 사이 각이라고 정의하면

$$\begin{aligned} D_a(f)&=grad(f)\cdot\boldsymbol{a} \\ &=\|grad(f)\|\,\|a\|\cos\theta=\|grad(f)\|\cos\theta \end{aligned} \tag{41}$$

가 얻어진다. 그런데 식(41)에서 $\cos\theta=1$, 즉 $\theta=0^\circ$ 일 때 f의 최대변화율이 얻어지며 그 값은 $\|grad(f)\|$와 같다. θ가 0°라는 것은 $\boldsymbol{a}$의 방향이 $grad(f)$의 방향과 일치한다는 의미이므로 결론적으로 $grad(f)$는 점 P에서 스칼라함수 $f(x, y, z)$가 최대로 증가하는 방향을 나타낸다.

(2) 기울기를 이용한 곡면의 법선벡터

한편, 스칼라장의 기울기 $grad(f)$의 개념을 이용하면 곡면의 법선벡터를 좀 더 간단하게 구할 수 있으며, 이에 대하여 상세하게 살펴본다.

직각좌표계에서 곡면 S는 다음과 같은 스칼라함수로 표현된다.

$$f(x, y, z)=0 \tag{42}$$

3차원 공간에서 곡선 C는 다음의 벡터함수로 주어진다.

$$\boldsymbol{r}(t)=x(t)\boldsymbol{a}_x+y(t)\boldsymbol{a}_y+z(t)\boldsymbol{a}_z \tag{43}$$

그런데 곡선 C가 곡면 S 위에 존재하기 위해서는 C의 각 성분 $x(t), y(t), z(t)$가 식(42)를 만족해야 한다. 즉,

$$f(x(t), y(t), z(t))=0 \tag{44}$$

식(44)를 t에 대해 미분하면, 연쇄법칙에 의해 다음과 같다.

$$\frac{\partial f}{\partial x}\frac{dx}{dt}+\frac{\partial f}{\partial y}\frac{dy}{dt}+\frac{\partial f}{\partial z}\frac{dz}{dt}=0$$
$$\left(\frac{\partial f}{\partial x}\boldsymbol{a}_x+\frac{\partial f}{\partial y}\boldsymbol{a}_y+\frac{\partial f}{\partial z}\boldsymbol{a}_z\right)\cdot\left(\frac{dx}{dt}\boldsymbol{a}_x+\frac{dy}{dt}\boldsymbol{a}_y+\frac{dz}{dt}\boldsymbol{a}_z\right)=0$$
$$\therefore\ grad(f)\cdot\frac{d\boldsymbol{r}}{dt}=0 \tag{45}$$

따라서 $grad(f)$와 $\boldsymbol{r}'$은 수직이므로 $grad(f)$는 곡면 S의 법선벡터가 될 수 있으며, 이때 단위법선벡터 $\boldsymbol{n}$은 다음과 같이 구할 수 있다.

$$\boldsymbol{n}=\frac{grad(f)}{\|grad(f)\|} \tag{46}$$

[그림 7.12]에 곡면의 법선벡터와 스칼라함수의 기울기 $grad(f)$의 관계를 그림으로 나타내었다. 식(46)과 식(31)의 단위법선벡터의 수학적 표현을 서로 비교해 보면, 얼핏 보아도 식(46)의 수학적 표현이 훨씬 더 간결함을 알 수 있다는 것에 주목하라.

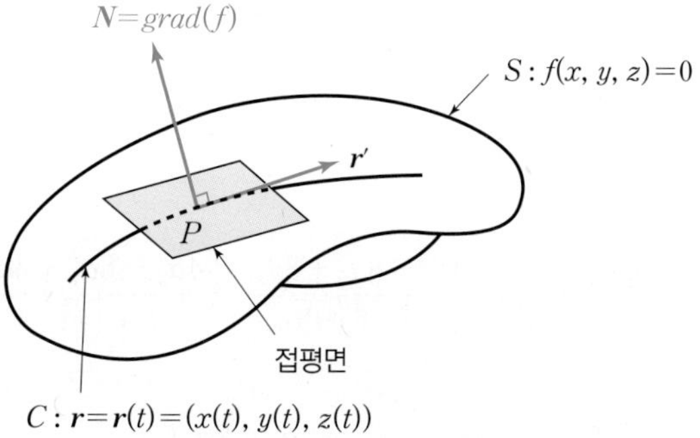

[그림 7.12] 곡면에 대한 법선벡터로서의 $grad(f)$

예제 7.14

곡면 S의 방정식이 다음과 같이 주어졌을 때 물음에 답하라.

$$f(x, y, z)=x^2-4y^2+z^2-16=0$$

(1) $f(x, y, z)$에 대해 점 $P(2, 1, 4)$에서 $grad(f)$를 구하라.
(2) 점 $P(2, 1, 4)$에서의 접평면의 방정식을 구하라.
(3) 점 $P(2, 1, 4)$에서 곡면 S의 단위법선벡터 $\boldsymbol{n}$을 구하라.

풀이

(1) $$grad(f)=\frac{\partial f}{\partial x}\boldsymbol{a}_x+\frac{\partial f}{\partial y}\boldsymbol{a}_y+\frac{\partial f}{\partial z}\boldsymbol{a}_z$$
$$=2x\,\boldsymbol{a}_x-8y\,\boldsymbol{a}_y+2z\,\boldsymbol{a}_z$$

$$\therefore\ grad(f)|_P=4\boldsymbol{a}_x-8\boldsymbol{a}_y+8\boldsymbol{a}_z$$

(2) 점 $P(2, 1, 4)$에서 정의되는 $grad(f)=4\boldsymbol{a}_x-8\boldsymbol{a}_y+8\boldsymbol{a}_z$는 접평면의 법선벡터이므로, 접평면의 방정식은 다음과 같다.

$$4(x-2)-8(y-1)+8(z-4)=0$$

$$\therefore\ 4x-8y+8z=32$$

(3) 점 $P(2, 1, 4)$에서 곡면 S의 법선벡터는 $grad(f)$로 주어져 있으므로 단위법선벡터 $\boldsymbol{n}$은 다음과 같다.

$$\boldsymbol{n}=\frac{grad(f)}{\|grad(f)\|}=\frac{4a_x-8a_y+8a_z}{\sqrt{16+64+64}}=\frac{4\boldsymbol{a}_x-8\boldsymbol{a}_y+8\boldsymbol{a}_z}{\sqrt{144}}$$

$$\therefore\ \boldsymbol{n}=\frac{1}{3}(\boldsymbol{a}_x-2\boldsymbol{a}_y+2\boldsymbol{a}_z)$$

예제 7.15

점 $P(1, -1, 10)$에서 $z=x^2+y^2+8$의 접평면의 방정식을 구하라. 또한 점 $Q(1, 0, 9)$에서의 접평면의 방정식을 구하고, 점 P와 점 Q에서 정의되는 각각의 접평면이 이루는 각을 구하라.

풀이

주어진 곡면의 방정식을 $f(x, y, z)=0$의 형태로 표현하면

$$f(x, y, z)=x^2+y^2-z+8$$

이므로 $grad(f)$는 다음과 같다.

$$grad(f)=2x\boldsymbol{a}_x+2y\boldsymbol{a}_y-\boldsymbol{a}_z$$

점 P와 점 Q에서의 $grad(f)$는 각각 다음과 같다.

$$grad(f)\big|_P=2\boldsymbol{a}_x-2\boldsymbol{a}_y-\boldsymbol{a}_z$$
$$grad(f)\big|_Q=2\boldsymbol{a}_x-\boldsymbol{a}_z$$

따라서 점 P에서의 접평면의 방정식은 $2\boldsymbol{a}_x-2\boldsymbol{a}_y-\boldsymbol{a}_z$를 법선벡터로 가지므로

$$2(x-1)-2(y+1)-(z-10)=0$$
$$\therefore\ -2x+2y+z=6$$

이 되며, 또한 점 Q에서의 접평면의 방정식은 $2\boldsymbol{a}_x-\boldsymbol{a}_z$를 법선벡터로 가지므로 다음과 같다.

$$2(x-1)-(z-9)=0$$
$$\therefore\ -2x+z=7$$

두 개의 접평면이 이루는 각은 각 접평면의 법선벡터가 이루는 각과 같다는 사실에 착안하여 두 법선벡터가 이루는 각 ϕ를 구하면 다음과 같다.

$$grad(f)\big|_P\cdot grad(f)\big|_Q=(2,-2,-1)\cdot(2,0,-1)=5$$
$$=\sqrt{9}\sqrt{5}\cos\phi=3\sqrt{5}\cos\phi$$

$$\cos\phi=\frac{5}{3\sqrt{5}}=\frac{\sqrt{5}}{3}$$
$$\therefore\ \phi=\cos^{-1}\left(\frac{\sqrt{5}}{3}\right)$$

(3) 보존적 벡터장

지금까지 임의의 스칼라장 $f(x, y, z)$에 대하여 기울기 $grad(f)$를 구함으로써 벡터장을 얻을 수 있다는 것을 설명하였다. 이와는 반대로, 벡터장 $\boldsymbol{v}$가 주어져 있을 때 어떤 스칼라장 $\phi(x, y, z)$가 존재하여 $grad(\phi)$가 벡터장 $\boldsymbol{v}$와 같게 된다면 주어진 벡터장을 보존적(Conservative)이라고 한다.

$$\boldsymbol{v}=grad(\phi) \tag{47}$$

만일, 주어진 벡터장 $\boldsymbol{v}$에 대하여 식(47)의 관계가 만족되는 스칼라장 $\phi(x, y, z)$를 발견할 수 없을 때 $\boldsymbol{v}$는 비보존적(Nonconservative)이라고 부른다.

보존적인 벡터장에서는 에너지가 보존된다. 즉, 벡터장의 한 점 P에서 다른 점 Q로 이동한 후, 다시 점 P로 되돌아오는 물체가 있다면 에너지의 증가나 감소는 없이 그대로 보존된다. 다시 말해서 [그림 7.13]에 나타낸 것처럼 보존적 벡터장은 P점으로부터 Q점으로 이동할 때 필요한 에너지를 E_{PQ}라 하고, Q점에서 P점으로 이동하는 데 필요한 에너지를 E_{QP}라고 할 때, $E_{PQ}-E_{QP}=\Delta E=0$이 되는 벡터장을 의미한다. 결국 보존적인 벡터장에서는 에너지 보존의 법칙이 성립한다는 것에 유의하라.

$\boldsymbol{v}=grad(\phi)$: 보존적 벡터장

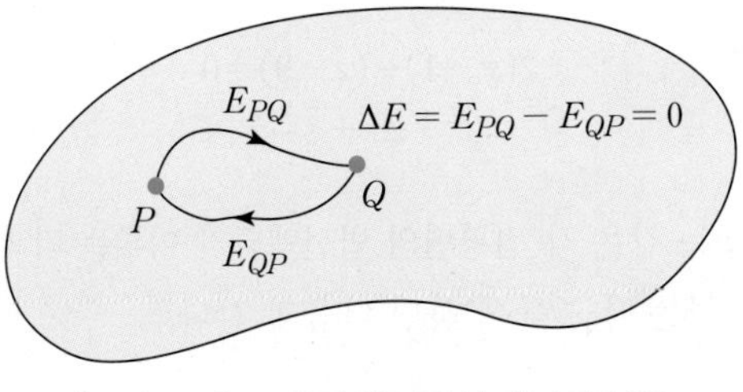

[그림 7.13] 보존적 벡터장의 에너지 보존

예제 7.16

다음 벡터장 $\boldsymbol{v}$에 대하여 $\boldsymbol{v}=grad(f)$가 되는 스칼라함수 $f(x, y)$를 구하라.

$$\boldsymbol{v}(x, y)=\frac{1}{3}x^3\boldsymbol{a}_x+\frac{1}{3}y^3\boldsymbol{a}_y$$

풀이

$\boldsymbol{v}=grad(f)$의 관계로부터

$$\begin{aligned}\boldsymbol{v}=grad(f)&=\frac{\partial f}{\partial x}\boldsymbol{a}_x+\frac{\partial f}{\partial y}\boldsymbol{a}_y\\&=x^2\boldsymbol{a}_x+y^2\boldsymbol{a}_y\end{aligned}$$

$$\begin{cases}\dfrac{\partial f}{\partial x}=x^2 & ①\\ \dfrac{\partial f}{\partial y}=y^2 & ②\end{cases}$$

①을 x로 적분하면

$$f(x, y)=\int\frac{\partial f}{\partial x}dx=\int x^2\,dx=\frac{1}{3}x^3+h(y) \qquad ③$$

이며, 여기서 $h(y)$는 적분상수이다. x로 적분하기 때문에 상수뿐만 아니라 y의 함수는 모두 적분상수로 간주된다는 사실에 유의하라.

③을 y로 편미분하여 ②와 비교하면

$$\frac{\partial f}{\partial y}=\frac{\partial}{\partial y}\left(\frac{1}{3}x^3+h(y)\right)=h'(y)=y^2$$

$$\therefore\ h(y)=\frac{1}{3}y^3+c\ \ (c\text{는 상수})$$

가 되므로 스칼라함수 $f(x, y)$는 다음과 같다.

$$f(x, y)=\frac{1}{3}x^3+\frac{1}{3}y^3+c$$

7.4 벡터장의 발산과 회전

벡터장에 대한 두 가지 연산인 벡터장의 발산(Divergence)과 벡터장의 회전(Curl)에 대해 살펴본다. 벡터장의 발산은 벡터장을 스칼라장으로 만드는 연산이고, 벡터장의 회전은 벡터장을 또 다른 벡터장으로 만드는 연산이다.

(1) 벡터장의 발산

직각좌표계에서 다음과 같은 벡터장 $\boldsymbol{v}(x, y, z)$가 주어져 있다고 가정하자.

$$\boldsymbol{v}(x, y, z)=v_1(x, y, z)\boldsymbol{a}_x+v_2(x, y, z)\boldsymbol{a}_y+v_3(x, y, z)\boldsymbol{a}_z \tag{48}$$

벡터장의 발산은 다음과 같이 정의된다.

$$div\,\boldsymbol{v} \triangleq \nabla \cdot \boldsymbol{v}=\frac{\partial v_1}{\partial x}+\frac{\partial v_2}{\partial y}+\frac{\partial v_3}{\partial z} \tag{49}$$

식(49)로 정의되는 벡터장의 발산은 연산결과가 스칼라장이 되며, 직각좌표계가 아닌 다른 직교좌표계(원통, 구좌표계)에서 계산한 벡터장의 발산은 좌표계의 선택과는 무관하게 동일한 값을 가지게 된다.

벡터장의 발산의 물리적인 의미를 생각해 보자. 여기서는 상세한 의미를 언급하지는 않지만 개략적으로 다음과 같이 생각할 수 있다.

벡터장 $\boldsymbol{v}=\boldsymbol{v}(x, y, z)$가 유체의 속도를 나타낸다고 하면, 한 점 $P(x, y, z)$에서 계산된 $div\,\boldsymbol{v}(P)$는 단위체적당의 유량을 의미하게 된다. 만일, $div\,\boldsymbol{v}(P)>0$이면 점 P 근방에서 유체가 밖으로 흘러나오는 것이 있다는 의미이며, $div\,\boldsymbol{v}(P)<0$이면 점 P 근방에서 유체가 안으로 흘러들어 가는 것이 있다는 의미이다.

$div\,\boldsymbol{v}(P)=0$이면 점 P 근방에서는 유체가 흘러들어 가거나 흘러나오는 것이 없다는 의미이다. $div\,\boldsymbol{v}(P)>0$일 때 P는 $\boldsymbol{v}$의 원천(Source)이라고 부르며, $div\,\boldsymbol{v}(P)<0$일 때 P는 $\boldsymbol{v}$의 흡입(Sink)이라고 부른다. [그림 7.14]에 원천과 흡입의 개념을 도시하였다.

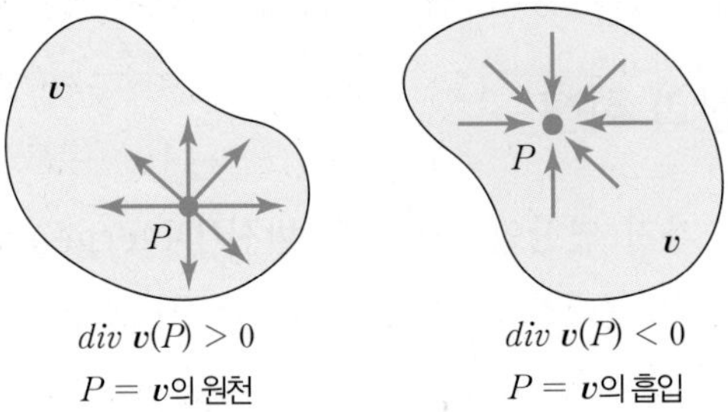

[그림 7.14] 벡터장의 발산

예제 7.17

다음 벡터장의 발산을 점 $P(1, 1, -1)$에서 계산하라.

(1) $\boldsymbol{v}(x, y, z)=2xy\,\boldsymbol{a}_x+(x^2+y^2)\boldsymbol{a}_y+xyz^2\boldsymbol{a}_z$

(2) $\boldsymbol{w}(x, y, z)=x\,\boldsymbol{a}_x+y\,\boldsymbol{a}_y+z\,\boldsymbol{a}_z$

풀이

(1) $div\ \boldsymbol{v}=\dfrac{\partial v_1}{\partial x}+\dfrac{\partial v_2}{\partial y}+\dfrac{\partial v_3}{\partial z}=2y+2y+2xyz$

따라서 $P(1, 1, -1)$에서 $div\ \boldsymbol{v}=2+2-2=2$로 양수이므로 점 P는 $\boldsymbol{v}$의 원천이다.

(2) $div\ \boldsymbol{w}=\dfrac{\partial w_1}{\partial x}+\dfrac{\partial w_2}{\partial y}+\dfrac{\partial w_3}{\partial z}=1+1+1=3$

따라서 점 $P(1, 1, -1)$에서 $div\ \boldsymbol{w}=3$으로 양수이므로 점 P는 $\boldsymbol{w}$의 원천이다.

(2) 벡터장의 회전

식(48)의 벡터장 $\boldsymbol{v}$에 대하여 벡터장의 회전은 다음과 같이 정의한다.

$$curl\ \boldsymbol{v}=\nabla\times\boldsymbol{v}=\begin{vmatrix} \boldsymbol{a}_x & \boldsymbol{a}_y & \boldsymbol{a}_z \\ \dfrac{\partial}{\partial x} & \dfrac{\partial}{\partial y} & \dfrac{\partial}{\partial z} \\ v_1 & v_2 & v_3 \end{vmatrix} \tag{50}$$

식(50)으로 정의되는 벡터장의 회전은 연산결과가 벡터장이 되며, 직각좌표계가 아닌 다른 좌표계(원통, 구좌표계)에서 계산한 벡터장의 회전은 좌표계의 선택과는 무관하게 그 크기와 방향은 동일하다.

벡터장의 회전의 물리적인 의미는 개략적으로 다음과 같이 설명할 수 있다. 벡터장 $\boldsymbol{v}=\boldsymbol{v}(x, y, z)$가 유체의 속도를 나타낸다고 하면, $curl\ \boldsymbol{v}$는 [그림 7.15]와 같은 페달장치를 흐르는 액체 속에 집어넣었을 때 페달장치의 수직축 z 주위에서 페달이 회전하려고 하는 정도를 나타내는 개념이다.

$curl\ \boldsymbol{v}=0$이라면 유체의 흐름이 비회전적(Irrotational)인 벡터장이라고 부르는데, 주의할 것은 비회전적이라는 말은 유체가 회전하지 않는다는 것을 의미하는 것이 아니고 페달을 돌게 하는 소용돌이가 없다는 것이다. 결국 유체가 회전을 한다 하더라도 균일한 흐름에 의해 페달이 돌지 않는다면 비회전적인 벡터장이라는 것이다.

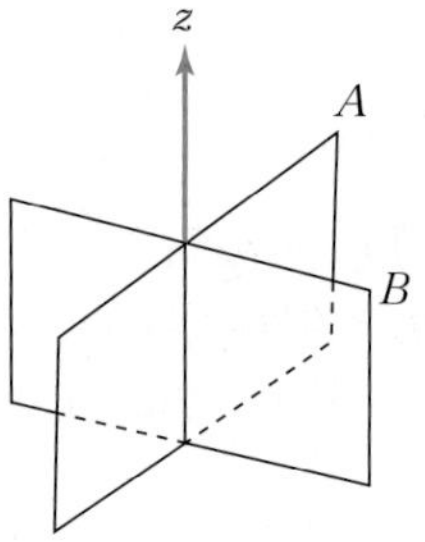

[그림 7.15] 페달장치

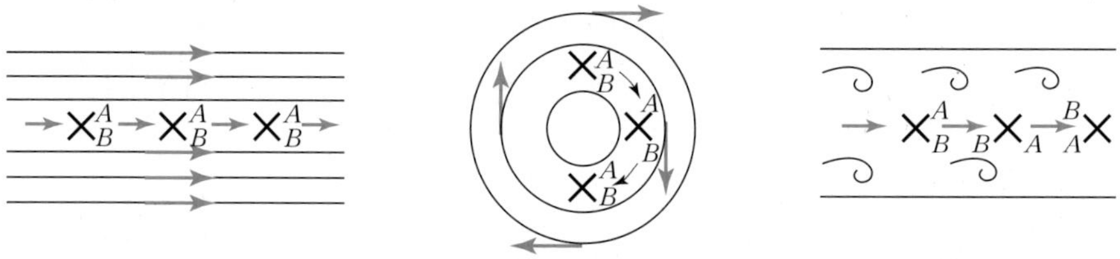

(a) 비회전적 (b) 비회전적 (c) 회전적

[그림 7.16] 벡터장의 회전의 개념

[그림 7.16]에서 (a)의 벡터장은 유체에 의하여 페달장치의 A와 B가 회전하지 않기 때문에 비회전적이다는 것이 명백하다. 그런데 (b)에서는 유체가 회전을 하지만 여전히 페달장치의 A와 B의 위치가 변하지 않으므로 페달을 회전시키지 못한다는 의미에서 비회전적이다. (c)에서는 소용돌이에 의해 페달장치의 A와 B의 위치가 변하고 있으므로 페달이 회전하고 있다는 의미에서 회전적이다.

예제 7.18

다음 벡터장의 회전 $curl\ \boldsymbol{v}$를 구하라.

$$\boldsymbol{v}=\boldsymbol{v}(x, y, z)=y\boldsymbol{a}_x+2xz\boldsymbol{a}_y+ze^x\boldsymbol{a}_z$$

풀이

$$curl\ \boldsymbol{v}=\nabla\times\boldsymbol{v}=\begin{vmatrix}\boldsymbol{a}_x & \boldsymbol{a}_y & \boldsymbol{a}_z\\ \dfrac{\partial}{\partial x} & \dfrac{\partial}{\partial y} & \dfrac{\partial}{\partial z}\\ y & 2xz & ze^x\end{vmatrix}$$

$$=\frac{\partial}{\partial y}(ze^x)\boldsymbol{a}_x+\frac{\partial}{\partial z}(y)\boldsymbol{a}_y+\frac{\partial}{\partial x}(2xz)\boldsymbol{a}_z$$
$$-\frac{\partial}{\partial y}(y)\boldsymbol{a}_z-\frac{\partial}{\partial z}(2xz)\boldsymbol{a}_x-\frac{\partial}{\partial x}(ze^x)\boldsymbol{a}_y$$
$$=2z\boldsymbol{a}_z-\boldsymbol{a}_z-2x\boldsymbol{a}_x-ze^x\boldsymbol{a}_y$$
$$=-2x\boldsymbol{a}_x-ze^x\boldsymbol{a}_y+(2z-1)\boldsymbol{a}_z$$

(3) 스칼라장과 벡터장의 결합 연산

지금까지 정의한 스칼라장과 벡터장에 대한 연산이 서로 결합된 형태에 대해 살펴보자. 먼저, $div(grad(f))$에 대해 살펴본다.

$$grad(f)=\frac{\partial f}{\partial x}\boldsymbol{a}_x+\frac{\partial f}{\partial y}\boldsymbol{a}_y+\frac{\partial f}{\partial z}\boldsymbol{a}_z \tag{51}$$

$$\begin{aligned}div(grad(f))&=\frac{\partial}{\partial x}\left(\frac{\partial f}{\partial x}\right)+\frac{\partial}{\partial y}\left(\frac{\partial f}{\partial y}\right)+\frac{\partial}{\partial z}\left(\frac{\partial f}{\partial z}\right)\\&=\frac{\partial^2 f}{\partial x^2}+\frac{\partial^2 f}{\partial y^2}+\frac{\partial^2 f}{\partial z^2}\end{aligned} \tag{52}$$

그런데 $div(grad(f))$를 미분연산자 ∇을 이용하여 표현하면 다음과 같다.

$$div(grad(f))=\nabla\cdot(\nabla f)=(\nabla\cdot\nabla)f=\nabla^2 f \tag{53}$$

여기서 $\nabla^2=\nabla\cdot\nabla$으로 다음과 같이 정의되며 Laplacian이라고 부른다.

$$\nabla^2=\frac{\partial^2}{\partial x^2}+\frac{\partial^2}{\partial y^2}+\frac{\partial^2}{\partial z^2} \tag{54}$$

다음으로 $curl(grad\ f)$에 대해 살펴본다.

$$\begin{aligned}curl\,(grad\ f)&=\nabla\times(\nabla f)\\&=\begin{vmatrix}\boldsymbol{a}_x & \boldsymbol{a}_y & \boldsymbol{a}_z\\ \frac{\partial}{\partial x} & \frac{\partial}{\partial y} & \frac{\partial}{\partial z}\\ \frac{\partial f}{\partial x} & \frac{\partial f}{\partial y} & \frac{\partial f}{\partial z}\end{vmatrix}\end{aligned}$$

$$=\left(\frac{\partial^2 f}{\partial y\partial z}-\frac{\partial^2 f}{\partial z\partial y}\right)\boldsymbol{a}_x+\left(\frac{\partial^2 f}{\partial z\partial x}-\frac{\partial^2 f}{\partial x\partial z}\right)\boldsymbol{a}_y+\left(\frac{\partial^2 f}{\partial x\partial y}-\frac{\partial^2 f}{\partial y\partial x}\right)\boldsymbol{a}_z$$
$$=\mathbf{0}$$

결국, 벡터함수가 스칼라장의 기울기로 표현되는 경우 그 벡터함수의 회전은 영벡터라는 것을 알 수 있다.

마지막으로 $div\ (curl\ \boldsymbol{v})$에 대해 살펴보자.

$$\begin{aligned} div\,(curl\ \boldsymbol{v}) &= \nabla\cdot(\nabla\times\boldsymbol{v}) \\ &= \nabla\cdot\left\{\left(\frac{\partial v_3}{\partial y}-\frac{\partial v_2}{\partial z}\right)\boldsymbol{a}_x+\left(\frac{\partial v_1}{\partial z}-\frac{\partial v_3}{\partial x}\right)\boldsymbol{a}_y+\left(\frac{\partial v_2}{\partial x}-\frac{\partial v_1}{\partial y}\right)\boldsymbol{a}_z\right\} \\ &= \frac{\partial^2 v_3}{\partial x\,\partial y}-\frac{\partial^2 v_2}{\partial x\,\partial z}+\frac{\partial^2 v_1}{\partial y\,\partial z}-\frac{\partial^2 v_3}{\partial y\,\partial x}+\frac{\partial^2 v_2}{\partial z\,\partial x}-\frac{\partial^2 v_1}{\partial z\,\partial y} \\ &= 0 \end{aligned}$$

여기서 잠깐! 편미분의 순서

이변수함수 $z=f(x, y)$와 z의 1차 편도함수들이 모두 연속일 때 다음의 관계가 성립된다.

$$\frac{\partial^2 f}{\partial y\,\partial x}=\frac{\partial^2 f}{\partial x\,\partial y}$$

Schwarz 정리는 f와 f의 편도함수들이 연속이어야 편미분의 순서에 관계없이 2차 편도함수가 같다는 의미이지만 우리가 공학적으로 다루는 이변수함수들은 Schwarz 정리의 조건을 만족하므로 개략적으로 2차 편도함수는 편미분의 순서와 관계없이 결과가 동일하다고 생각하면 될 것이다.

결국, 벡터장의 회전에 대해 벡터발산을 취하면 0이라는 것을 알 수 있다. 지금까지 벡터장과 스칼라장에서의 연산에 대해 설명하였다. 다시 한 번 강조하고 싶은 내용은 지금까지 정의된 연산은 직교좌표계의 선택과는 무관하므로 어떤 좌표계에 대해서도 동일한 연산결과를 나타낸다는 것이며, 벡터장과 스칼라장에 대한 결합연산을 표로 요약하였다.

	∇ 연산자 표현	의미
$div(grad(f))$	$\nabla^2 f$	∇^2: Laplacian 2차 편미분 관계식 표현
$curl(grad(f))$	$\nabla \times (\nabla f)$	$\nabla \times (\nabla f) = 0$ 보존장에 대한 회전은 $\mathbf{0}$
$div(curl\ \boldsymbol{v})$	$\nabla \cdot (\nabla \times \boldsymbol{v})$	$\nabla \cdot (\nabla \times \boldsymbol{v}) = 0$ 벡터장의 회전에 대한 발산은 0

7.5 선적분

(1) 선적분의 정의

선적분(Line Integral)은 미적분학에서 이미 학습한 정적분(Definite Integral)의 개념을 일반적으로 확장한 것이다.

3차원 공간에서 정의되는 함수 $f(x, y, z)$가 주어져 있고, 곡선 C가 다음과 같이 주어져 있다고 가정하자.

$$C: r(t) = x(t)\boldsymbol{a}_x + y(t)\boldsymbol{a}_y + z(t)\boldsymbol{a}_z \tag{55}$$
$$\text{또는}\quad x = x(t),\ y = y(t),\ z = z(z)$$

[그림 7.17]에서 나타낸 것처럼 곡선 C의 일부분 A에서 B까지의 구간을 임의로 n등분하여 각 등분 위의 한 점 $P_k(x_k, y_k, z_k)$를 선정하고, 각 등분의 길이를 Δs_k라고 하자.

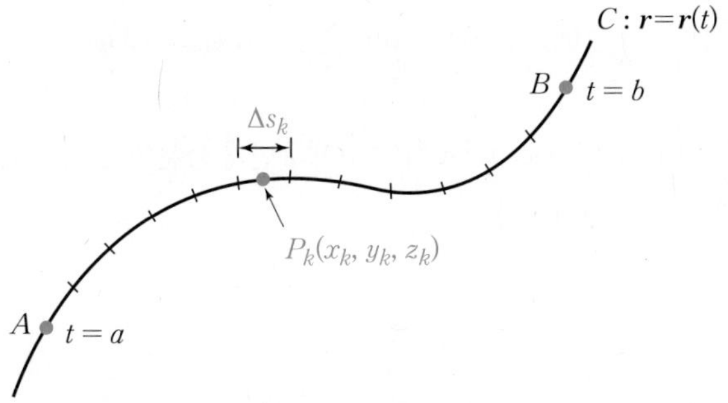

[그림 7.17] 선적분의 정의

각 등분 위의 한 점 $P_k(x_k, y_k, z_k)$에서 함수 $f(x, y, z)$의 값 $f(x_k, y_k, z_k)$을 구한 다음 각 등분의 길이를 곱하여 더하면 다음과 같다.

$$\begin{aligned} &f(x_1, y_1, z_1)\Delta s_1 + f(x_2, y_2, z_2)\Delta s_2 + \cdots + f(x_n, y_n, z_n)\Delta s_n \\ &= \sum_{k=1}^{n} f(x_k, y_k, z_k)\Delta s_k \end{aligned} \tag{56}$$

식(56)에서 $n \to \infty$로 하면, 즉 무한개의 등분으로 나누면

$$\lim_{n \to \infty} \sum_{k=1}^{n} f(x_k, y_k, z_k)\Delta s_k \tag{57}$$

이 되는데 식(57)의 극한값이 존재하는 경우 식(57)을 곡선 C에 대한 $f(x, y, z)$의 선적분이라 정의하며, 다음과 같이 표기한다.

$$\lim_{n \to \infty} \sum_{k=1}^{n} f(x_k, y_k, z_k)\Delta s_k \triangleq \int_C f(x, y, z)ds \tag{58}$$

정의 7.3 선적분(Line Integral)

3차원 공간에서 정의된 함수 $f(x, y, z)$가 주어져 있고, 곡선 C가 다음과 같이 표현된다고 가정한다.

$$C : \boldsymbol{r}(t) = x(t)\boldsymbol{a}_x + y(t)\boldsymbol{a}_y + z(t)\boldsymbol{a}_z$$
$$\text{또는} \quad x = x(t), \; y = y(t), \; z = z(t)$$

이때 곡선 C에 대한 $f(x, y, z)$의 선적분은 다음과 같이 정의한다.

$$\int_C f(x, y, z)ds \triangleq \lim_{n \to \infty} \sum_{k=1}^{n} f(x_k, y_k, z_k)\Delta s_k$$

여기서 Δs_k는 곡선 C를 임의로 n등분하였을 때 k번째 등분의 길이이며, (x_k, y_k, z_k)는 k번째 등분 위의 한 점을 나타낸다.

(2) 선적분의 계산

선적분의 계산은 식(58)을 정적분으로 변환하여 계산한다. 그런데 호의 길이는 앞 절에서 설명한 바와 같이 다음과 같이 표현한다.

$$s(t)=\int_a^t \sqrt{\mathbf{r}'\cdot\mathbf{r}'}\,dt \tag{59}$$

식(59)의 양변을 미분하여 제곱하면

$$\left(\frac{ds}{dt}\right)^2=(\sqrt{\mathbf{r}'\cdot\mathbf{r}'})^2=\frac{d\mathbf{r}}{dt}\cdot\frac{d\mathbf{r}}{dt}=\left(\frac{dx}{dt}\right)^2+\left(\frac{dy}{dt}\right)^2+\left(\frac{dz}{dt}\right)^2$$

이므로 ds는 다음과 같이 구할 수 있다.

$$ds=\sqrt{\left(\frac{dx}{dt}\right)^2+\left(\frac{dy}{dt}\right)^2+\left(\frac{dz}{dt}\right)^2}\,dt=\sqrt{[x'(t)^2]+[y'(t)]^2+[z'(t)]^2}\,dt \tag{60}$$

따라서 곡선 C의 방정식과 ds에 대한 표현식을 이용하면 식(58)의 선적분은 다음과 같이 정적분으로 변환된다.

$$\int_C f(x,y,z)ds=\int_a^b f(x(t),y(t),z(t))\sqrt{[x'(t)]^2+[y'(t)]^2+[z'(t)]^2}\,dt \tag{61}$$

예제 7.19

주어진 곡선 C에 대하여 다음의 선적분을 계산하라.

(1) $\int_C xy\,dx$

(2) $\int_C xy\,dy$

(3) $\int_C xy\,ds$, 단 s는 호의 길이이다.

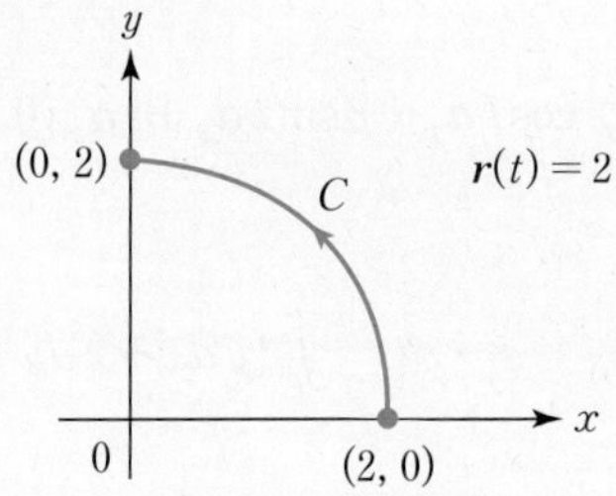

$\mathbf{r}(t)=2\cos t\,\mathbf{a}_x+2\sin t\,\mathbf{a}_y$

$0\le t\le \frac{\pi}{2}$

풀이

(1) $\int_C xy\,dx$ 는 식(58)로 정의되는 선적분의 특별한 경우이므로 다음과 같이 정적분으로 변환하여 구한다. 곡선 C의 방정식에서 dx는 다음과 같다.

$$x = x(t) = 2\cos t \quad \therefore\ dx = -2\sin t\,dt$$

$$\begin{aligned}\int_C xy\,dx &= \int_0^{\pi/2} \left(2\cos t\right)\left(2\sin t\right)\left(-2\sin t\,dt\right) \\ &= \int_0^{\pi/2} -8\cos t\sin^2 t\,dt = -\frac{8}{3}\left[\sin^3 t\right]_0^{\pi/2} = -\frac{8}{3}\end{aligned}$$

(2) 곡선 C의 방정식에서 dy는 다음과 같다.

$$y = y(t) = 2\sin t \quad \therefore\ dy = 2\cos t\,dt$$

$$\begin{aligned}\int_C xy\,dy &= \int_0^{\pi/2} \left(2\cos t\right)\left(2\sin t\right)\left(2\cos t\,dt\right) \\ &= \int_0^{\pi/2} 8\sin t\cos^2 t\,dt = -\frac{8}{3}\left[\cos^3 t\right]_0^{\pi/2} = \frac{8}{3}\end{aligned}$$

(3) 곡선 C의 방정식에서 ds는 다음과 같이 결정된다.

$$ds = \sqrt{(-2\sin t)^2 + (2\cos t)^2}\,dt = 2dt$$

$$\begin{aligned}\int_C xy\,ds &= \int_0^{\pi/2} (2\cos t)(2\sin t)\,2dt = 4\int_0^{\pi/2} \sin 2t\,dt \\ &= 4\left[-\frac{1}{2}\cos 2t\right]_0^{\pi/2} = 4\end{aligned}$$

예제 7.20

곡선 C가 $\boldsymbol{r}(t) = 2\cos t\,\boldsymbol{a}_x + 2\sin t\,\boldsymbol{a}_y + t\,\boldsymbol{a}_z\ (0 \le t \le 2\pi)$로 주어질 때, 다음의 선적분을 계산하라.

$$\int_C \{y\,dx + x\,dy + z\,dz\}$$

풀이

$x(t) = 2\cos t,\ y(t) = 2\sin t,\ z(t) = t$ 로부터 다음을 얻을 수 있다.

$$dx = -2\sin t\,dt,\ \ dy = 2\cos t\,dt,\ \ dz = dt$$

$$\begin{aligned}&\int_0^{2\pi}\{2\sin t(-2\sin t)dt + 2\cos t\cdot 2\cos t\,dt + t\,dt\}\\ &= \int_0^{2\pi}(-4\sin^2 t + 4\cos^2 t + t)dt\\ &= \int_0^{2\pi}\left\{-4\left(\frac{1-\cos 2t}{2}\right) + 4\left(\frac{1+\cos 2t}{2}\right) + t\right\}dt\\ &= \int_0^{2\pi}(4\cos 2t + t)dt = \left[2\sin 2t + \frac{1}{2}t^2\right]_0^{2\pi} = 2\pi^2\end{aligned}$$

(3) 선적분의 벡터표현

앞에서 정의한 일반 선적분을 완전한 형태로 표현하기 위하여 벡터함수의 개념을 이용할 수 있다. 예를 들어, 벡터함수 $\boldsymbol{F}(\boldsymbol{r}) = \boldsymbol{F}(x, y, z)$와 곡선 C의 벡터함수가 다음과 같이 주어진다고 가정한다.

$$\boldsymbol{F}(\boldsymbol{r}) = \boldsymbol{F}(x, y, z) = F_1(x, y, z)\boldsymbol{a}_x + F_2(x, y, z)\boldsymbol{a}_y + F_3(x, y, z)\boldsymbol{a}_z \tag{62}$$

$$\begin{aligned}C : \boldsymbol{r}(t) = x(t)\boldsymbol{a}_x + y(t)\boldsymbol{a}_y + z(t)\boldsymbol{a}_z\\ (a \le t \le b)\end{aligned} \tag{63}$$

식(63)에서 $\boldsymbol{r}(t)$를 t로 미분하면 다음과 같다.

$$\begin{aligned}&\frac{d\boldsymbol{r}}{dt} = \frac{dx}{dt}\boldsymbol{a}_x + \frac{dy}{dt}\boldsymbol{a}_y + \frac{dz}{dt}\boldsymbol{a}_z\\ &\therefore\ d\boldsymbol{r} = dx\,\boldsymbol{a}_x + dy\,\boldsymbol{a}_y + dz\,\boldsymbol{a}_z\end{aligned} \tag{64}$$

식(62)와 식(64)의 내적을 취하면

$$\boldsymbol{F}(\boldsymbol{r})\cdot d\boldsymbol{r} = F_1(x, y, z)dx + F_2(x, y, z)dy + F_3(x, y, z)dz$$

이므로 다음과 같이 선적분을 벡터형식으로 표현할 수 있다.

$$\int_C \boldsymbol{F}(\boldsymbol{r})\cdot d\boldsymbol{r} = \int_C F_1(x, y, z)dx + F_2(x, y, z)dy + F_3(x, y, z)dz \tag{65}$$

식(65)는 〈예제 7.20〉에서 다룬 선적분의 형태와 동일하다는 것에 주목하라. 식(65)와 같이 벡터형식으로 표현된 선적분의 계산은 앞에서와 마찬가지로 정적분으로 변환하여 계산한다. 즉,

$$\int_C \boldsymbol{F}(\boldsymbol{r})\cdot d\boldsymbol{r} = \int_a^b \boldsymbol{F}(\boldsymbol{r}(t))\cdot \frac{d\boldsymbol{r}}{dt}dt \tag{66}$$

식(66)은 $\boldsymbol{F}(\boldsymbol{r})$에 곡선 C의 벡터표현 $\boldsymbol{r}=\boldsymbol{r}(t)$를 대입하여 $\boldsymbol{F}(\boldsymbol{r})$을 t의 함수로 만들고, 곡선 C의 미분 $d\boldsymbol{r}$을 구하여 정적분으로 변환함으로써 선적분을 계산할 수 있다는 것을 나타낸다.

만일 적분경로 C가 닫혀져 있는 폐곡선이면 다음과 같이 표기한다.

$$\int_C \boldsymbol{F}(\boldsymbol{r})\cdot d\boldsymbol{r} = \oint_C \boldsymbol{F}(\boldsymbol{r})\cdot d\boldsymbol{r} \tag{67}$$

폐곡선 C의 경우, 적분방향을 반대로 취하면 적분값은 처음 적분값에 -1을 곱한 것과 같아진다. 즉,

$$\underbrace{\oint_C \boldsymbol{F}(\boldsymbol{r})d\boldsymbol{r}}_{\text{반시계방향}} = -\underbrace{\oint_C \boldsymbol{F}(\boldsymbol{r})\cdot d\boldsymbol{r}}_{\text{시계방향}} \tag{68}$$

또한 선적분은 일반 미적분학에서 정적분이 가지고 있는 성질과 유사한 성질을 가지고 있으며 그 증명은 선적분의 정의로부터 명백하므로 독자들에게 맡긴다.

① $\int_C k\boldsymbol{F}\cdot d\boldsymbol{r} = k\int_C \boldsymbol{F}\cdot d\boldsymbol{r}$ (k는 상수) (69)

② $\int_C (\boldsymbol{F}+\boldsymbol{G})\cdot d\boldsymbol{r} = \int_C \boldsymbol{F}\cdot d\boldsymbol{r} + \int_C \boldsymbol{G}\cdot d\boldsymbol{r}$ (70)

③ $\int_C \boldsymbol{F}\cdot d\boldsymbol{r} = \int_{C_1} \boldsymbol{F}\cdot d\boldsymbol{r} + \int_{C_2} \boldsymbol{F}\cdot d\boldsymbol{r}, \quad C=C_1\cup C_2$ (71)

③에서 적분경로 C는 C_1과 C_2로 이루어지며, 모두 동일한 방향을 가진다는 것에 주의하라.

예제 7.21

$\boldsymbol{F}(x, y, z)=yz\,\boldsymbol{a}_x+xz\,\boldsymbol{a}_y+xy\,\boldsymbol{a}_z$ 이며 적분경로 C가 다음과 같을 때 선적분 $\int_C \boldsymbol{F}\cdot d\boldsymbol{r}$을 구하라.

$$C:\boldsymbol{r}(t)=t^3\,\boldsymbol{a}_x+t^2\,\boldsymbol{a}_y+t\,\boldsymbol{a}_z \quad (1\le t\le 3)$$

풀이

$x(t)=t^3,\ y(t)=t^2,\ z(t)=t$ 이므로 $\boldsymbol{F}(\boldsymbol{r}(t))$는 다음과 같다.

$$\boldsymbol{F}(\boldsymbol{r}(t))=t^3\,\boldsymbol{a}_x+t^4\,\boldsymbol{a}_y+t^5\,\boldsymbol{a}_z$$

$\boldsymbol{r}(t)$를 미분하면

$$\boldsymbol{r}'(t)=3t^2\,\boldsymbol{a}_x+2t\,\boldsymbol{a}_y+\boldsymbol{a}_z$$

이므로 식(66)에 의하여 주어진 선적분은 다음과 같다.

$$\begin{aligned}\int_C \boldsymbol{F}\cdot d\boldsymbol{r}&=\int_1^3\left(t^3\boldsymbol{a}_x+t^4\boldsymbol{a}_y+t^5\boldsymbol{a}_z\right)\cdot\left(3t^3\boldsymbol{a}_x+2t\boldsymbol{a}_y+\boldsymbol{a}_z\right)dt\\&=\int_1^3\left(3t^5+2t^5+t^5\right)dt=\int_1^3 6t^5\,dt=\left[t^6\right]_1^3=3^6-1\end{aligned}$$

예제 7.22

$\boldsymbol{F}(x, y, z)=xy\boldsymbol{a}_x+5x\boldsymbol{a}_y+z^2\boldsymbol{a}_z$ 일 때 점 $A(0, 0, 0)$와 점 $B(2, 2, 4)$를 연결하는 서로 다른 두 개의 적분경로 C_1과 C_2에 대해 다음의 선적분을 계산하라. 단, C_1과 C_2는 각각 점 A와 점 B를 연결하는 직선과 포물선이다.

$$\int_{C_1}\boldsymbol{F}\cdot d\boldsymbol{r},\ \int_{C_2}\boldsymbol{F}\cdot d\boldsymbol{r}$$

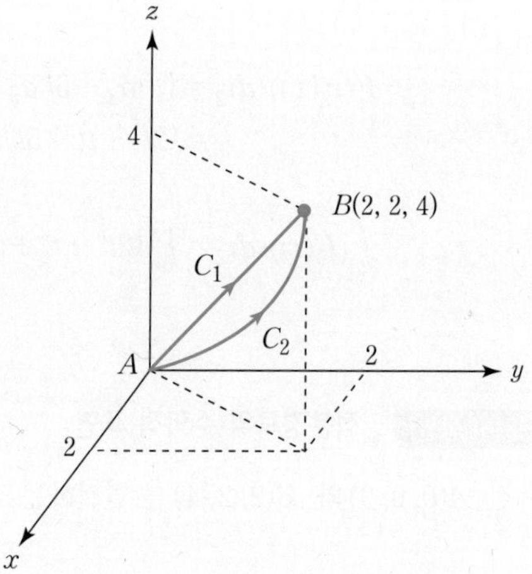

풀이

① 적분경로 C_1

먼저 적분경로 C_1을 벡터함수로 표현해 본다. 적분경로 C_1은 $A(0, 0, 0)$와 점 $B(2, 2, 4)$를 연결하는 직선이므로 다음과 같이 표현할 수 있다.

$$x=2t,\ y=2t,\ z=4t$$
$$\boldsymbol{r}_1(t)=2t\,\boldsymbol{a}_x+2t\,\boldsymbol{a}_y+4t\,\boldsymbol{a}_z \quad (0\le t\le 1)$$

적분경로 C_1에 대한 선적분을 계산하면 다음과 같다.

$$\begin{aligned}\boldsymbol{F}(\boldsymbol{r}_1(t))\cdot d\boldsymbol{r}_1&=(4t^2\,\boldsymbol{a}_x+10t\,\boldsymbol{a}_y+16t^2\,\boldsymbol{a}_z)\cdot(2dt\,\boldsymbol{a}_x+2dt\,\boldsymbol{a}_y+4dt\,\boldsymbol{a}_z)\\&=(8t^2+20t+64t^2)dt=(72t^2+20t)dt\end{aligned}$$

$$\int_{C_1}\boldsymbol{F}(\boldsymbol{r}_1)\cdot d\boldsymbol{r}_1=\int_0^1(72t^2+20t)dt=\left[\frac{72}{3}t^3+10t^2\right]_0^1=34$$

② 적분경로 C_2

적분경로 C_2는 $A(0, 0, 0)$와 $B(2, 2, 4)$를 연결하는 포물선이므로 다음과 같이 표현할 수 있다.

$$x=t,\ y=t,\ z=t^2$$
$$\boldsymbol{r}_2(t)=t\,\boldsymbol{a}_x+t\,\boldsymbol{a}_y+t^2\,\boldsymbol{a}_z \quad (0\le t\le 2)$$

적분경로 C_2에 대한 선적분을 계산하면 다음과 같다.

$$\begin{aligned}\boldsymbol{F}(\boldsymbol{r}_2(t))\cdot d\boldsymbol{r}_2&=(t^2\,\boldsymbol{a}_x+5t\,\boldsymbol{a}_y+t^4\,\boldsymbol{a}_z)\cdot(dt\,\boldsymbol{a}_x+dt\,\boldsymbol{a}_y+2t\,dt\,\boldsymbol{a}_z)\\&=(2t^5+t^2+5t)dt\end{aligned}$$

$$\int_{C_2}\boldsymbol{F}(\boldsymbol{r}_2)\cdot d\boldsymbol{r}_2=\int_0^2(2t^5+t^2+5t)dt=\left[\frac{1}{3}t^6+\frac{1}{3}t^3+\frac{5}{2}t^2\right]_0^2=34$$

여기서 잠깐! | 적분경로의 수학적 표현

두 점 $A(0, 0, 0)$와 $B(2, 2, 4)$를 연결하는 직선 C_1의 벡터 방정식을

$$x=t,\ y=t,\ z=2t$$

로 선정할 수도 있는데 이 경우에는 매개변수 t의 범위가 $0 \le t \le 2$가 된다는 사실에 주목하라. 매개변수를 어떻게 선정하는가에 따라 여러 가지 다양한 벡터 방정식이 가능하지만, 각각의 표현에서 매개변수 t의 범위는 서로 다르다는 것에 주의하라.

예제 7.23

2차원 평면에서 점 $A(0, 0)$와 점 $B(1, 1)$를 연결하는 두 개의 적분경로 C_1, C_2에 대해 다음 선적분을 계산하라.

$$\int_{C_k} \{(x^2+y^2)dx - 2xydy\} \quad k=1, 2$$

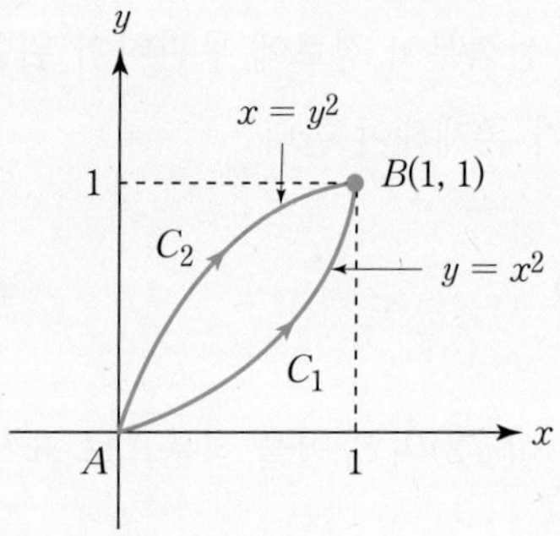

풀이

① 적분경로 $C_1 : y=x^2 \qquad \therefore\ dy=2x\,dx$

$$\begin{aligned}\int_{C_1} \{(x^2+y^2)dx-2xydy\} &= \int_0^1 \{(x^2+x^4)dx - 2x^3(2xdx)\} \\ &= \int_0^1 (-3x^4+x^2)dx = \left[-\frac{5}{3}x^5+\frac{1}{3}x^3\right]_0^1 \\ &= -\frac{4}{15}\end{aligned}$$

② 적분경로 $C_2 : x=y^2 \qquad \therefore\ dx=2y\,dy$

$$\begin{aligned}\int_{C_2} \{(x^2+y^2)dx-2xydy\} &= \int_0^1 \{(y^4+y^2)(2ydy)-2y^3dy\} \\ &= \int_0^1 2y^5dy = \left[\frac{1}{3}y^6\right]_0^1 = \frac{1}{3}\end{aligned}$$

(4) 선적분 경로의 독립성

〈예제 7.22〉와 〈예제 7.23〉에서 알 수 있는 것처럼 적분경로의 시점과 종점이 서로 같다 하더라도 적분을 수행하는 경로가 다르면 일반적으로 선적분 값은 다르게 된다. 결론적으로 선적분은 적분경로의 시점과 종점은 물론 시점과 종점을 연결하는 경로에 따라 값이 다르다는 것에 주목하라.

여기서 선적분의 적분경로에 대한 한 가지 의문이 생긴다. 그것은 선적분이 시점과 종점이 같은 두 적분경로에 대하여 선적분 값이 동일하기 위한 조건이 무엇일까에 대한 의문이다.

결론부터 이야기하면 벡터함수 F가 어떤 스칼라 함수 f의 기울기로 표현될 수 있다면, 즉 F가 보존적 벡터장이라면 선적분 $\int_C \boldsymbol{F}(\boldsymbol{r})\cdot d\boldsymbol{r}$은 경로에 무관하다.

선적분이 경로에 무관하기 위한 필요충분조건은 다음 조건을 만족하는 스칼라함수 f가 존재해야 한다.

$$\boldsymbol{F} = grad(f) \tag{72}$$

식(72)의 양변을 성분으로 표시하면 다음과 같다.

$$\begin{aligned} F_1\boldsymbol{a}_x + F_2\boldsymbol{a}_y + F_3\boldsymbol{a}_z &= \frac{\partial f}{\partial x}\boldsymbol{a}_x + \frac{\partial f}{\partial y}\boldsymbol{a}_y + \frac{\partial f}{\partial z}\boldsymbol{a}_z \\ \therefore\ F_1 = \frac{\partial f}{\partial x},\ F_2 &= \frac{\partial f}{\partial y},\ F_3 = \frac{\partial f}{\partial z} \end{aligned} \tag{73}$$

다음의 선적분이 식(73)의 관계를 만족한다면

$$\begin{aligned} \int_C \boldsymbol{F}\cdot d\boldsymbol{r} &= \int_C F_1 dx + F_2 dy + F_3 dz \\ &= \int_C \frac{\partial f}{\partial x}dx + \frac{\partial f}{\partial y}dy + \frac{\partial f}{\partial z}dz \\ &= \int_a^b \left(\frac{\partial f}{\partial x}\frac{dx}{dt} + \frac{\partial f}{\partial y}\frac{dy}{dt} + \frac{\partial f}{\partial z}\frac{dz}{dt}\right)dt \\ &= \int_a^b \frac{df}{dt}dt = \left[\ f(x(t)),\ y(t),\ z(t)\ \right]_a^b \\ &= f(x(b),\ y(b),\ z(b)) - f(x(a),\ y(a),\ z(a)) \\ &= f(B) - f(A) \end{aligned} \tag{74}$$

가 되므로 선적분이 경로에 무관하면 선적분 값은 적분경로의 시점(A)과 종점(B)에만 의존하는 것을 알 수 있다. 따라서 선적분이 적분경로에 무관하다면, 벡터함수 $\boldsymbol{F}$에 대하여 $grad(f) = \boldsymbol{F}$를 만족하는 $f(x,\ y,\ z)$를 찾게 되면 선적분 값을 적분경로의 시점과 종점의 정보로부터 쉽게 계산할 수 있다는 것이다.

<table>
<tr><th colspan="2">보존적인 벡터장 $\boldsymbol{F}(x, y, z)$</th></tr>
<tr><td>정의</td><td>벡터장 $\boldsymbol{F}(x, y, z)$ 가 주어져 있을 때 어떤 스칼라장 $f(x, y, z)$가 존재하여
$grad(f)=\boldsymbol{F}$ 가 성립하는 벡터장</td></tr>
<tr><td>에너지의
보존</td><td>벡터장의 한 점 P에서 다른 점 Q로 이동한 후, 다시 점 P로 돌아오는
물체가 있다면 에너지의 증가나 감소가 없이 에너지가 그대로 보존된다.

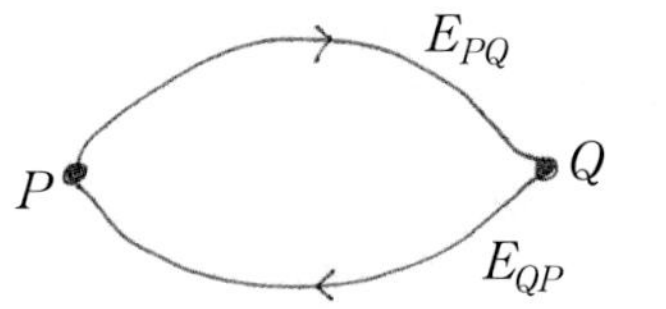

$$\Delta E=E_{PQ}-E_{QP}=0$$
</td></tr>
<tr><td>선적분
경로의
독립성</td><td>

$$\int_{C_1}\boldsymbol{F}\cdot d\boldsymbol{r}=\int_{C_2}\boldsymbol{F}\cdot d\boldsymbol{r}$$

$$C \triangleq C_1 \cup (-C_2)$$

$$\oint_{C}\boldsymbol{F}\cdot d\boldsymbol{r}=\int_{C_1}\boldsymbol{F}\cdot d\boldsymbol{r}+\int_{-C_2}\boldsymbol{F}\cdot d\boldsymbol{r}=\int_{C_1}\boldsymbol{F}\cdot d\boldsymbol{r}-\int_{C_2}\boldsymbol{F}\cdot d\boldsymbol{r}=0$$

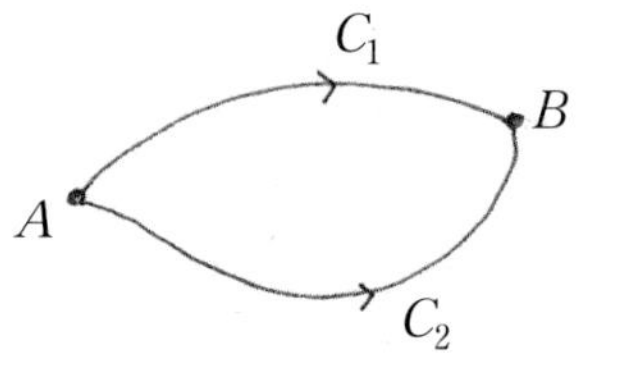

</td></tr>
</table>

| 설명 | 보존적인 벡터장에서는 스칼라장의 기울기로 표현되는 스칼라장의 존재가 보장되며, 에너지가 보존되고 선적분 경로와 무관하게 선적분 값이 동일하다.

예제 7.24

다음의 선적분이 적분경로에 무관하다는 것을 보이고, 점 $A(0, 1, 2)$에서 점 $B(1, -1, 7)$까지 다음의 선적분을 계산하라.

$$\int_C (3x^2 \boldsymbol{a}_x + 2yz\boldsymbol{a}_y + y^2 \boldsymbol{a}_z)\cdot d\boldsymbol{r}$$

여기서 C는 A와 B를 연결하는 임의의 적분경로이다.

풀이

$\boldsymbol{F}(x, y, z) = 3x^2 \boldsymbol{a}_x + 2yz\boldsymbol{a}_y + y^2 \boldsymbol{a}_z$ 에 대해 $\boldsymbol{F} = grad(f)$ 를 만족하는 스칼라 함수 $f(x, y, z)$를 구해 본다. $\boldsymbol{F} = grad(f)$로부터 다음 관계가 성립한다.

$$\frac{\partial f}{\partial x} = 3x^2 \tag{75}$$

$$\frac{\partial f}{\partial y} = 2yz \tag{76}$$

$$\frac{\partial f}{\partial z} = y^2 \tag{77}$$

식(75)를 x로 적분하면 다음과 같으며, 여기서 $g(y, z)$는 적분상수이다.

$$f(x, y, z) = x^3 + g(y, z) \tag{78}$$

식(78)을 y에 대해 편미분하여 식(76)과 비교하면 다음과 같다.

$$\frac{\partial f}{\partial y} = \frac{\partial g}{\partial y} = 2yz$$
$$\therefore\ g(y, z) = y^2 z + h(z) \tag{79}$$

여기서 $h(z)$는 적분상수이다. 식(78)과 식(79)로부터 $f(x, y, z)$는 다음과 같이 표현된다.

$$f(x, y, z) = x^3 + y^2 z + h(z) \tag{80}$$

식(80)을 z로 편미분하여 식(77)과 비교하면 다음과 같다.

$$\frac{\partial f}{\partial z}=y^2+h'(z)=y^2 \qquad \therefore\ h'(z)=0 \longrightarrow h(z)=c\ (\text{상수})$$

따라서 스칼라함수 $f(x, y, z)$는 다음과 같이 결정되며, $f(x, y, z)$가 존재하므로 주어진 적분은 적분경로에 무관하다.

$$f(x, y, z)=x^3+y^2z+c \tag{81}$$

식(74)에 의해 주어진 적분은 두 점 A와 B에만 의존하므로 다음의 결과를 얻는다.

$$\int_C (3x^2\boldsymbol{a}_x+2yz\boldsymbol{a}_y+y^2\boldsymbol{a}_z)\cdot d\boldsymbol{r}=f(1,-1,7)-f(0,1,2)=6$$

예제 7.25

다음 적분이 점 $A(-1, 0)$와 점 $B(3, 4)$를 연결하는 적분경로에 무관함을 보이고, 선적분 값을 구하라. 단, C는 A와 B를 연결하는 임의의 곡선이다.

$$\int_C \left\{(y^2-6xy+6)\boldsymbol{a}_x+(2xy-3x^2)\boldsymbol{a}_y\right\}\cdot d\boldsymbol{r}$$

풀이

$\boldsymbol{F}(x, y)=(y^2-6xy+6)\boldsymbol{a}_x+(2xy-3x^2)\boldsymbol{a}_y$에 대해 $\boldsymbol{F}=grad(f)$를 만족하는 스칼라 함수 $f(x, y)$를 구해 본다. $\boldsymbol{F}=grad(f)$로부터 다음 관계가 성립한다.

$$\frac{\partial f}{\partial x}=y^2-6xy+6 \tag{82}$$

$$\frac{\partial f}{\partial y}=2xy-3x^2 \tag{83}$$

식(82)를 x로 적분하면 다음과 같으며, 여기서 $h(y)$는 적분상수이다.

$$f(x, y)=xy^2-3x^2y+6x+h(y) \tag{84}$$

식(84)를 y로 편미분하여 식(83)과 비교하면 다음과 같다.

$$\frac{\partial f}{\partial y}=2xy-3x^2+h'(y)=2xy-3x^2$$

$$\therefore\ h'(y)=0 \longrightarrow h(y)=c\ (상수)$$

따라서 스칼라함수 $f(x, y)=xy^2-3x^2y+6x+c$로 결정되며, $f(x, y)$가 존재하므로 주어진 선적분은 적분경로에 무관하다. 식(74)에 의해 주어진 적분은 두 점 $A(-1, 0)$, $B(3, 4)$에만 의존하므로 다음의 결과를 얻는다.

$$\int_C \{(y^2-6xy+6)\boldsymbol{a}_x+(2xy-3x^2)\boldsymbol{a}_y\}\cdot d\boldsymbol{r}=f(3, 4)-f(-1, 0)=-36$$

(5) 폐곡선에 대한 선적분

만일 F가 보존적 벡터장이면 임의의 폐곡선 C에 대한 다음의 선적분이 항상 0이 된다는 것을 보인다.

$$\oint_C \boldsymbol{F}(\boldsymbol{r})\cdot d\boldsymbol{r}=0 \tag{85}$$

적분경로 C를 A와 B를 기준으로 [그림 7.18]과 같이 분할해 보면 다음 관계가 성립된다.

$$\oint_C \boldsymbol{F}(\boldsymbol{r})\cdot d\boldsymbol{r}=\int_{C_1} \boldsymbol{F}(\boldsymbol{r})\cdot d\boldsymbol{r}+\int_{C_2} \boldsymbol{F}(\boldsymbol{r})\cdot d\boldsymbol{r} \tag{86}$$

식(86)의 우변의 C_2에 대한 적분의 방향을 반대로 취하면(이때, 적분경로를 $-C_2$로 표기한다) 선적분 값은 다음과 같다.

$$\int_{-C_2} \boldsymbol{F}(\boldsymbol{r})\cdot d\boldsymbol{r}=-\int_{C_2} \boldsymbol{F}(\boldsymbol{r})\cdot d\boldsymbol{r} \tag{87}$$

따라서 식(87)을 식(86)에 대입하면

$$\oint_C \boldsymbol{F}(\boldsymbol{r})\cdot d\boldsymbol{r}=\int_{C_1} \boldsymbol{F}(\boldsymbol{r})\cdot d\boldsymbol{r}-\int_{-C_2} \boldsymbol{F}(\boldsymbol{r})\cdot d\boldsymbol{r}=0 \tag{88}$$

이 된다. 식(88)의 우변의 두 적분은 [그림 7.18]에서 알 수 있듯이 시점 A와 종점 B를 연결하는 두 개의 적분경로에서 수행되는 적분이므로 동일한 값을 가진다는 것에 주의하라.

결과적으로 임의의 폐곡선을 따라 적분한 선적분이 0이면, 선적분은 적분경로에 무관하다는 것을 알 수 있다.

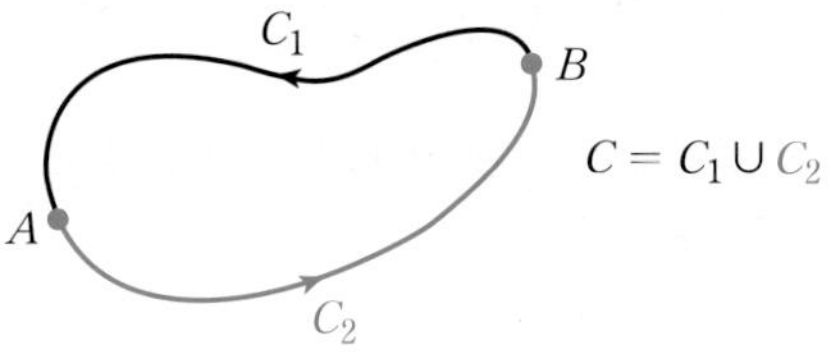

[그림 7.18] 닫혀진 적분경로 C

여기서 잠깐! 편미분을 적분할 때 적분상수

$f(x)$의 부정적분을 계산할 때 적분상수를 c라 하면 다음과 같이 표현된다.

$$\int f(x)dx = F(x) + c$$

그런데 다변수 함수 f에 대한 편미분이 주어져 있을 때 적분으로 f를 결정해야 하는데, 이때의 적분상수를 어떻게 결정하는지에 대해 알아보자. 예를 들어, $f(x, y)$의 편미분이 다음과 같이 주어져 있다고 가정한다.

$$\frac{\partial f}{\partial x} = x^2 y + x$$
$$\frac{\partial f}{\partial y} = \frac{1}{3}x^3 + y$$

먼저, 첫 번째 식을 x에 대해 적분하면 f는 x와 y의 2변수 함수이므로 적분을 할 때 x의 함수가 아닌 것은 모두 적분상수로 생각할 수 있으므로 적분상수를 y의 함수 $h(y)$로 선정해야 한다. 즉,

$$f(x, y) = \int x^2 y dx + \int x dx + h(y)$$

$$\therefore \; f(x, y) = \frac{1}{3}x^3 y + \frac{1}{2}x^2 + h(y)$$

다음으로 $f(x, y)$를 y에 대해 편미분하여 위의 두 번째 관계식과 비교하면

$$\frac{\partial f}{\partial y} = \frac{1}{3}x^3 + h'(y) = \frac{1}{3}x^3 + y$$

$$h'(y) = y \qquad \therefore\ h\ (y) = \frac{1}{2}y^2 + c$$

가 되므로 $f(x,\ y)$는 다음과 같이 결정된다.

$$f(x,\ y) = \frac{1}{3}x^3y + \frac{1}{2}x^2 + \frac{1}{2}y^2 + c$$

마찬가지로 $f = f(x,\ y,\ z)$의 3변수로 이루어진 함수인 경우, x로 적분할 때 적분상수는 y와 z의 함수 $h(y,\ z)$로 표시해야 한다.

7.6 이중적분

(1) 이중적분의 정의와 기본성질

이중적분(Double Integral)은 7.5절에서 정의한 선적분과 매우 유사한 방식으로 정의된다. 이중적분은 평면에서 주어진 함수 $f(x,\ y)$와 평면 위의 임의의 영역 R에 의해 다음과 같이 표현된다.

$$\iint_R f(x,\ y)dx\,dy \tag{89}$$

식(89)의 이중적분 정의와 선적분의 정의를 비교해 보면, 곡선 C가 영역 R로 바뀌었고 적분이 단일적분에서 이중적분으로 바뀌었다는 것을 알 수 있다.

선적분에서 적분경로 C를 임의로 n등분한 것과 마찬가지로 평면 위의 영역 R을 수평선과 수직선으로 [그림 7.19]에서처럼 n개의 영역으로 분할한다.

나중에 $n \to \infty$로 접근시키기 때문에 각 영역의 모양은 일정하지 않아도 무방하며, 영역 내의 한 점을 각각 $P_1(x_1,\ y_1)$, $P_2(x_2,\ y_2)$, $\cdots$, $P_n(x_n,\ y_n)$으로 표시한다.

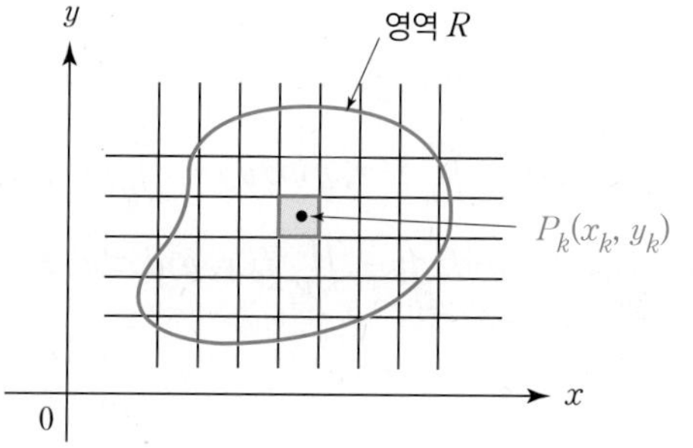

[그림 7.19] 이중적분에서의 적분영역 R

[그림 7.19]에서 k번째 영역 내의 한 점 $P_k(x_k, y_k)$에서 주어진 함수값을 계산한 다음, k번째 영역의 면적 ΔA_k를 곱하여 다음의 합을 구성한다.

$$J_n = \sum_{k=1}^{n} f(x_k, y_k)\Delta A_k \tag{90}$$

식(90)에서 $n \to \infty$로 할 때 극한값이 존재한다고 가정하면 그 극한값을 영역 R에 대한 $f(x, y)$의 이중적분이라고 정의하며 다음과 같이 표기한다.

$$\lim_{n \to \infty} J_n = \lim_{n \to \infty} \sum_{k=1}^{n} f(x_k, y_k)\Delta A_k \triangleq \iint_R f(x, y)\,dxdy \tag{91}$$

정의 7.4 이중적분(Double Integral)

2차원 평면에서 정의된 함수 $f(x, y)$와 임의의 영역 R이 주어져 있다고 가정한다. 이때 영역 R에 대한 $f(x, y)$의 이중적분은 다음과 같이 정의한다.

$$\iint_R f(x, y)\,dxdy \triangleq \lim_{n \to \infty} \sum_{k=1}^{n} f(x_k, y_k)\Delta A_k$$

여기서 ΔA_k는 영역 R을 n개의 영역으로 분할하였을 때 k번째 영역의 면적이며, (x_k, y_k)는 k번째 영역내의 한 점을 나타낸다.

이중적분도 정적분과 유사한 성질을 가지고 있어 다음의 관계가 성립한다.

① $\iint_R kf(x, y)dxdy = k\iint_R f(x, y)dxdy$ (92)

② $\iint_R \{f(x, y)+g(x, y)\}dxdy = \iint_R f(x, y)dxdy + \iint_R g(x, y)dxdy$ (93)

③ $\iint_R f(x, y)dxdy = \iint_{R_1} f(x, y)dxdy + \iint_{R_2} f(x, y)dxdy,\ R = R_1 \cup R_2$ (94)

③에서 적분영역 R은 R_1과 R_2의 합집합 $R_1 \cup R_2$이라는 사실에 주의하라.

(2) 이중적분의 계산

영역 R에서의 $f(x, y)$에 대한 이중적분의 계산은 영역 R에 대한 수학적인 표현이 먼저 선행되어야 하며, 영역 R에 대한 수학적인 표현으로부터 정적분을 두 번 계속하여 계산함으로써 이중적분을 계산할 수 있다.

[그림 7.21]에 나타낸 것처럼 영역 R의 수학적인 표현이 구해졌다고 가정한다.

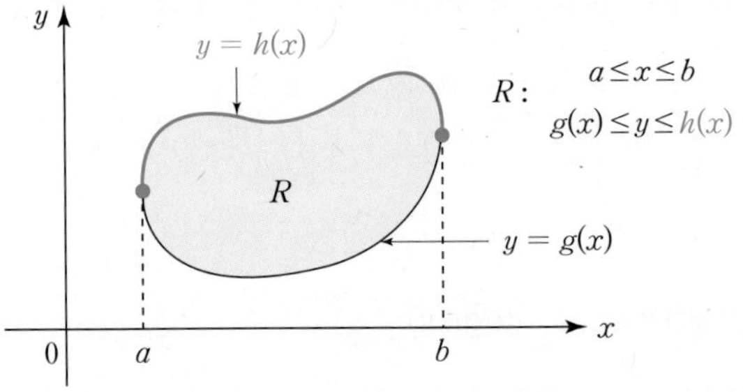

[그림 7.20] 적분영역 R의 수학적인 표현

[그림 7.20]에서 영역 R의 경계를 나타내는 함수 $h(x)$와 $g(x)$가 알려져 있다고 가정하면, 영역 R은 다음의 부등식을 이용하여 표현할 수 있다.

$$a \le x \le b, \quad g(x) \le y \le h(x) \tag{95}$$

식(95)의 적분영역 R의 표현으로부터

$$\iint_R f(x, y)dxdy = \int_a^b \left\{ \int_{g(x)}^{h(x)} f(x, y)dy \right\} dx \tag{96}$$

가 얻어지는데, 식(96)에서 { } 부분을 먼저 적분하면 적분 결과가 x의 함수로 얻어지고, 그 함수를 다시 x에 대해 적분하면 최종적으로 이중적분 값을 계산할 수 있다.

만일, 적분영역 R이 복잡하게 주어져 있는 경우 R에 대한 수학적인 표현을 구하는 것이 어렵게 되는데, 이런 경우 영역 R을 몇 개의 부분영역으로 분할하여 각 영역에서 이중적분을 계산하여 그 결과를 합하면 이중적분을 계산할 수 있다.

여기서 잠깐! **적분영역 R의 또 다른 표현**

이중적분에서 적분영역 R을 [그림 7.21]에서처럼 다른 방법으로 표현할 수 있는데, 이 때의 이중적분의 계산에 대해 알아보자.

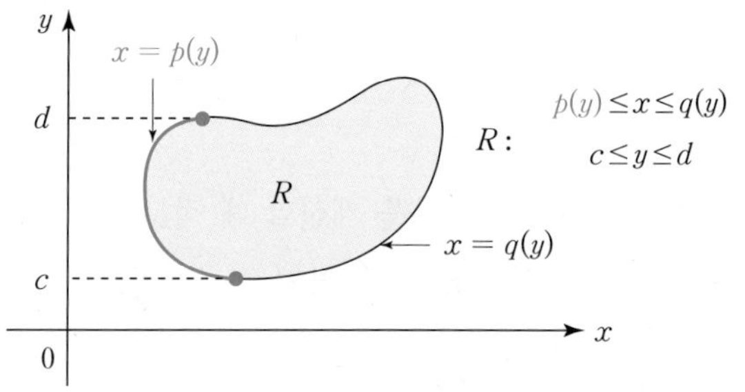

[그림 7.21] 적분영역 R의 다른 수학적인 표현

적분영역 R의 경계를 나타내는 $p(y)$, $q(y)$가 알려져 있다고 가정하면, 적분영역 R은 다음의 부등식을 이용하여 표현할 수 있다.

$$p(y) \le x \le q(y), \qquad c \le y \le d \tag{97}$$

따라서 영역 R에 대한 $f(x, y)$의 이중적분은 다음과 같이 계산될 수 있다.

$$\iint_R f(x, y)dxdy = \int_c^d \left\{ \int_{p(y)}^{q(y)} f(x, y)dx \right\} dy \tag{98}$$

식(98)에서 { } 부분을 먼저 적분하면 적분 결과가 y의 함수로 주어지고, 그 함수를 다시 y에 대해 적분하면 이중적분 값을 계산할 수 있다.

여기서 잠깐! **이변수함수의 적분**

이변수함수를 적분할 때 앞에서 학습한 편도함수와 같은 개념을 적용하여 적분한다. 즉, $\int_a^b f(x, y)\,dx$ 와 같이 x로 적분할 때는 피적분함수에서 y를 상수로 간주하여 적분하고, $\int_c^d f(x, y)\,dy$ 와 같이 y로 적분할 때는 피적분함수에서 x를 상수로 간주하여 적분한다.
예를 들어, 다음의 두 적분을 계산해 보자.

① $\int_0^1 xy^2\,dx = \left[\frac{1}{2}x^2y^2\right]_{x=0}^{x=1} = \frac{1}{2}y^2$

② $\int_0^1 xy^2\,dy = \left[\frac{1}{3}xy^3\right]_{y=0}^{y=1} = \frac{1}{3}x$

위의 예제에서도 알 수 있듯이 $\int_a^b f(x, y)\,dx$ 의 적분 결과는 y를 상수로 간주하기 때문에 y의 함수가 된다. 한편, $\int_c^d f(x, y)\,dy$ 의 적분 결과는 x를 상수로 간주하기 때문에 x의 함수가 된다.

지금까지 설명한 바와 같이 이중적분을 계산할 때 적분영역 R을 수학적으로 어떻게 표현하는가에 따라 식(96)과 식(98)의 두 가지 계산 방법이 존재한다. 어떤 방법을 선택하더라도 동일한 결과를 얻게 되는데, 주의할 점은 반드시 { } 부분을 먼저 적분하여야 올바른 결과를 도출할 수 있다는 것이다.

예제 7.26

다음의 이중적분을 계산하라.

$$\iint_R (x+y)\,dxdy$$

여기서 R은 다음과 같이 주어지는 영역이다.

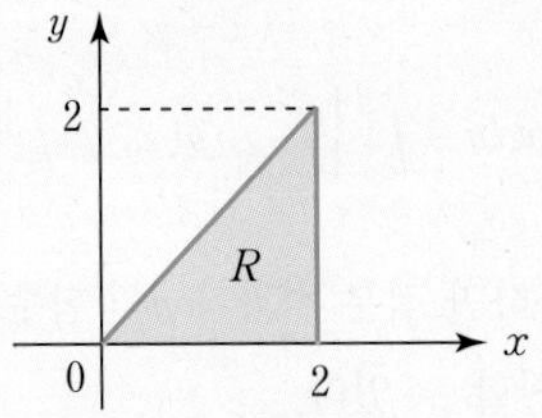

풀이

적분영역 R을 수학적으로 표현하면 다음과 같다.

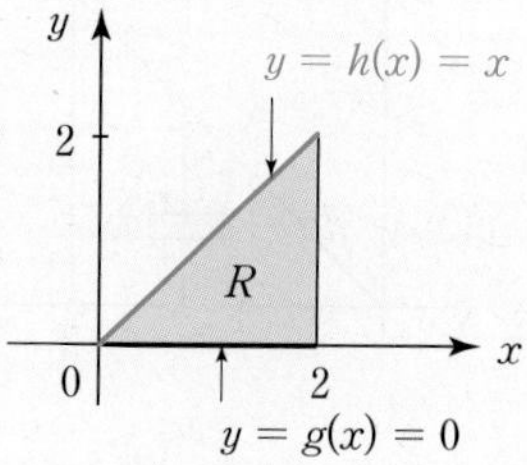

$$0 \le x \le 2, \quad 0 \le y \le x$$

따라서 주어진 이중적분은 다음과 같이 계산된다.

$$\begin{aligned}\iint_R (x+y)dxdy &= \int_0^2 \left\{\int_0^x (x+y)dy\right\}dx \\ &= \int_0^2 \left[xy + \frac{1}{2}y^2\right]_{y=0}^{y=x} dx \\ &= \int_0^2 \left(x^2 + \frac{1}{2}x^2\right)dx = \left[\frac{1}{3}x^3 + \frac{1}{6}x^3\right]_{x=0}^{x=2} = 4\end{aligned}$$

만일, 적분영역 R을 달리 표현한 경우 이중적분을 계산하여 그 결과를 비교해 보자. 적분영역 R을 수학적으로 달리 표현하면 다음과 같다.

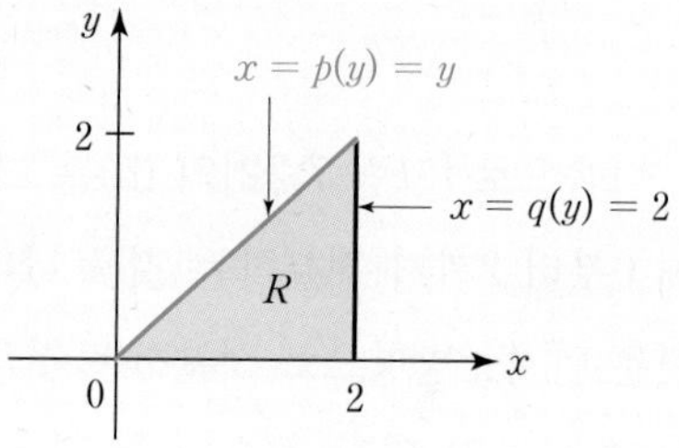

$$y \le x \le 2, \quad 0 \le y \le 2$$

따라서 주어진 이중적분은 다음과 같이 계산된다.

$$\begin{aligned}\iint_R (x+y)dxdy &= \int_0^2 \left\{\int_y^2 (x+y)dx\right\}dy \\ &= \int_0^2 \left[\frac{1}{2}x^2 + xy\right]_{x=y}^{x=2} dy \\ &= \int_0^2 \left(-\frac{3}{2}y^2 + 2y + 2\right)dy = \left[-\frac{1}{2}y^3 + y^2 + 2y\right]_{y=0}^{y=2} = 4\end{aligned}$$

(3) 이중적분에서 적분 순서

〈예제 7.26〉에서 주어진 이중적분의 적분 순서를 생각해 보자.

[그림 7.22]에서 영역 R에 대해 적분하는 경우 (a)는 미소수직 스트립에 대해 먼저 적분한 다음, x에 대해 0부터 2까지 적분하는 것을 나타낸다. 미소수직 스트립에 대해 먼저 적분한다는 것은 먼저 y방향으로 적분하는 것을 의미한다. 즉, y방향으로 $y=0$부터 $y=x$까지 $(0 \le y \le x)$ 먼저 $f(x, y)$를 적분하면 다음과 같다.

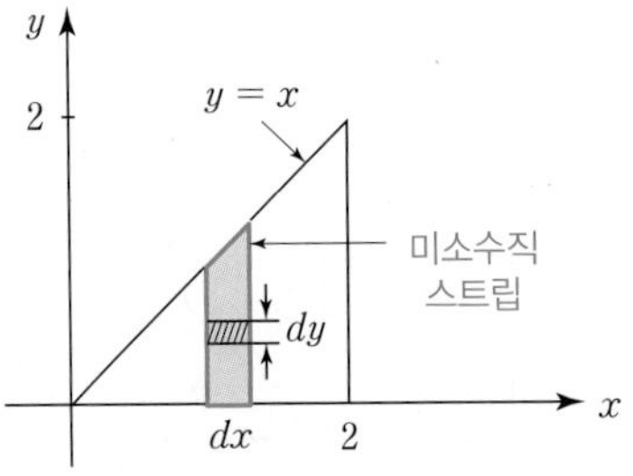

(a)

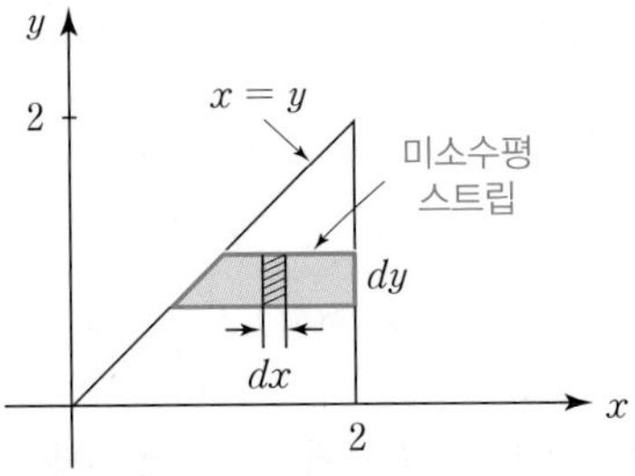

(b)

[그림 7.22] 이중적분의 순서

$$\int_{y=0}^{y=x} f(x, y)dy \tag{99}$$

식(99)를 다시 x에 대해 0부터 2까지 $(0 \le x \le 2)$ 적분하면 다음과 같다.

$$\int_{x=0}^{x=2} \left\{ \int_{y=0}^{y=x} f(x, y)dy \right\} dx \tag{100}$$

다음으로 [그림 7.22]의 (b)는 미소수평 스트립에 대해 먼저 적분한 다음, y에 대해 0부터 2까지 적분하는 것을 나타낸다. 미소수평 스트립에 대해 먼저 적분한다는 것은 먼저 x방향으로 적분하는 것을 의미한다. 즉, x방향으로 $x=y$부터 $x=2$까지 $(y \le x \le 2)$ 먼저 $f(x, y)$를 적분하면 다음과 같다.

$$\int_{x=y}^{x=2} f(x, y)dx \tag{101}$$

식(101)을 다시 y에 대해 0부터 2까지 $(0 \le y \le 2)$ 적분하면 다음과 같다.

$$\int_{y=0}^{y=2} \left\{ \int_{x=y}^{x=2} f(x, y)dx \right\} dy \tag{102}$$

이와 같이 어떤 변수로 먼저 적분하는가에 따라 적분구간이 달라지므로 이에 대한 충분한 이해가 필수적이다. 이중적분을 계산하는데 있어 어떤 변수로 먼저 적분을 하던 그 결과는 동일하다는 사실에 주목하라. 지금까지의 설명이 잘 이해가 되지 않는다면 반복해서 읽어 보고 고민해 보기를 권한다.

예제 7.27

다음의 이중적분을 계산하라.

$$\iint_R xy\,dxdy$$

여기서, R은 $x=0$부터 $x=\pi/4$까지 $y=\sin x$와 $y=\cos x$에 의해 둘러싸인 부분이다.

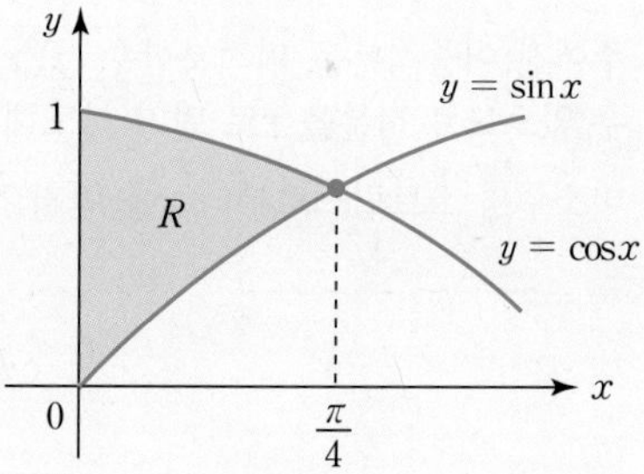

풀이

적분영역 R은 다음과 같이 부등식으로 표현할 수 있다.

$$0 \le x \le \frac{\pi}{4},\quad \sin x \le y \le \cos x$$

따라서 주어진 이중적분은 다음과 같이 계산된다.

$$\begin{aligned}\iint_R xy\,dxdy &= \int_0^{\pi/4}\left\{\int_{\sin x}^{\cos x} xydy\right\}dx \\ &= \int_0^{\pi/4}\left[\frac{1}{2}xy^2\right]_{\sin x}^{\cos} dx = \int_0^{\pi/4}\left(\frac{1}{2}x\cos^2 x - \frac{1}{2}x\sin^2 x\right)dx \\ &= \frac{1}{2}\int_0^{\pi/4} x\left(\frac{1+\cos 2x}{2} - \frac{1-\cos 2x}{2}\right)dx \\ &= \frac{1}{2}\int_0^{\pi/4} x\cos 2x\,dx = \frac{1}{2}\left[\frac{1}{2}x\sin 2x + \frac{1}{4}\cos 2x\right]_0^{\pi/4} \\ &= \frac{\pi-2}{16}\end{aligned}$$

예제 7.28

다음의 이중적분을 계산하라.

$$\iint_R xe^{2y^2}\,dxdy$$

여기서, R은 $y=x^2$, $y=4$, $x=0$에 의해 둘러싸인 1사분면의 영역이다.

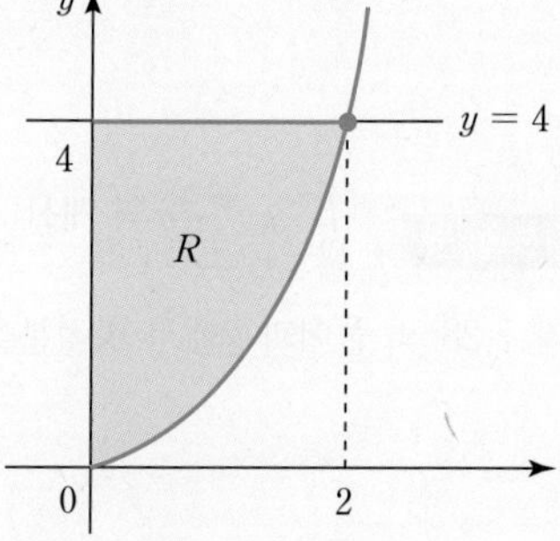

풀이

주어진 이중적분은 피적분함수 $f(x, y)=xe^{2y^2}$ 의 형태인데 e^{2y^2} 은 y에 대해 적분을 할 수 없으므로 적분을 x로 먼저 시도해 본다.

미소수평 스트립으로부터 x를 먼저 적분하는 형태이므로 적분영역 R은

$$0 \le x \le \sqrt{y}, \quad 0 \le y \le 4$$

로 표현될 수 있다. 따라서 이중적분은 다음과 같이 계산된다.

$$\begin{aligned}\iint_R xe^{2y^2}\,dxdy &= \int_0^4 \left\{\int_0^{\sqrt{y}} xe^{2y^2}\,dx\right\}dy \\ &= \int_0^4 \left[\frac{1}{2}x^2 e^{2y^2}\right]_0^{\sqrt{y}} dy \\ &= \int_0^4 \frac{1}{2} ye^{2y^2}\,dy = \frac{1}{2}\int_0^4 ye^{2y^2}\,dy\end{aligned}$$

여기서 $\left(e^{2y^2}\right)' = 4y\,e^{2y^2}$ 의 관계를 이용하면 다음과 같이 적분값을 구할 수 있다.

$$\frac{1}{2}\int_0^4 ye^{2y^2}\,dy = \frac{1}{2}\left[\frac{1}{4}e^{2y^2}\right]_0^4 = \frac{1}{8}(e^{32}-1)$$

참고로, 적분을 y로 먼저 하게 되면 영역 R은 다음과 같이 표현된다.

$$0 \le x \le 2, \quad x^2 \le y \le 4$$

따라서 이중적분은

$$\iint_R xe^{2y^2}\,dxdy = \int_0^2 \left\{\int_{x^2}^4 xe^{2y^2}\,dy\right\}dx$$

가 되는데, 문제는 { }의 적분을 계산할 수 없다는 것이다.

여기서 잠깐! $\int_0^4 ye^{2y^2}\,dy$ **의 계산**

〈예제 7.28〉의 풀이과정에서 정적분을 두 가지 방법으로 계산해본다.

$$\int_0^4 ye^{2y^2}\,dy$$

① 치환적분법의 이용

$t \triangleq 2y^2$ 으로 치환하여 y로 미분하면 다음과 같다.

$$\frac{dt}{dy} = 4y \longrightarrow ydy = \frac{1}{4}dt$$

또한, $y=0$ 일 때 $t=0$ 이고 $y=4$ 일 때 $t=32$ 이므로 t에 대한 적분구간은 $0 \le t \le 32$ 가 된다. 따라서 주어진 적분은 치환적분법에 의해 다음과 같이 계산할 수 있다.

$$\begin{aligned}\int_0^4 ye^{2y^2}dy &= \int_0^{32}\frac{1}{4}e^t dt \\ &= \left[\frac{1}{4}e^t\right]_0^{32} = \frac{1}{4}(e^{32}-1)\end{aligned}$$

② 미분 관계식의 이용

$\left(e^{2y^2}\right)' = 4ye^{2y^2}$ 의 관계에서 양변을 정적분하면 다음과 같다.

$$\begin{aligned}&\int_0^4 \left(e^{2y^2}\right)' dy = \int_0^4 4ye^{2y^2}dy = 4\int_0^4 ye^{2y^2}dy \\ &\left[e^{2y^2}\right]_0^4 = 4\int_0^4 ye^{2y^2}dy \\ &\therefore \int_0^4 ye^{2y^2}dy = \frac{1}{4}\left[e^{2y^2}\right]_0^4 = \frac{1}{4}\left(e^{32}-1\right)\end{aligned}$$

지금까지의 예제에서 알 수 있는 것처럼 이중적분의 계산은 적분영역 R에 대한 수학적 표현을 구하는 것이 매우 중요하다. 주어진 문제에 따라서 적분영역을 수학적으로 표현하는데 있어 직각좌표계가 아닌 다른 직교좌표계(원통, 구좌표계)를 사용하면 훨씬 편리한 경우가 있는데 이에 대해서는 7.8절에서 상세하게 다루기로 한다

7.7 평면에서의 Green 정리

앞 절에서 곡선의 시점과 종점이 일치하는 폐곡선에 대해 학습하였고, 또한 곡선의 방향(Orientation)에 대해서도 $\boldsymbol{r}=\boldsymbol{r}(t)$에서 t가 증가하는 방향으로 정하는 것에 대해 설명하였다.

폐곡선에 의해 둘러싸인 영역 R은 어떤 사람이 폐곡선의 방향으로 걸어갈 때, 왼

손이 가리키는 방향의 영역을 의미한다. [그림 7.23]에서 폐곡선의 방향이 다르면 그 폐곡선에 의해 둘러싸인 영역 R도 다르다는 것을 도시하였다.

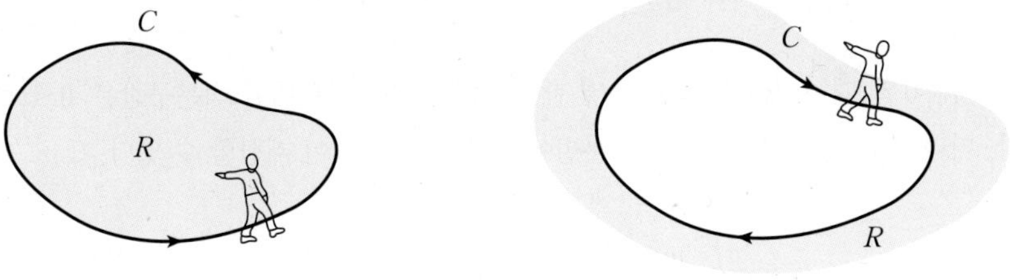

(a) 반시계 방향 (b) 시계 방향

[그림 7.23] 폐곡선의 방향에 따른 영역의 정의

벡터적분학에서 가장 중요한 정리 중의 하나는 어떤 단순폐곡선(Simple Closed Curve)에 대한 선적분과 그 폐곡선에 의해 정의되는 영역에 대한 이중적분이 서로 동일하다는 평면에서의 Green의 정리이다.

여기서 잠깐! **단순 폐곡선**

곡선이 교차하거나 접하는 점을 중복점(Mutiple Point)이라 한다.
예를 들어, 다음의 곡선은 [그림 7.24]에서 (d)를 제외하고는 모두 중복점을 갖는 곡선이다.

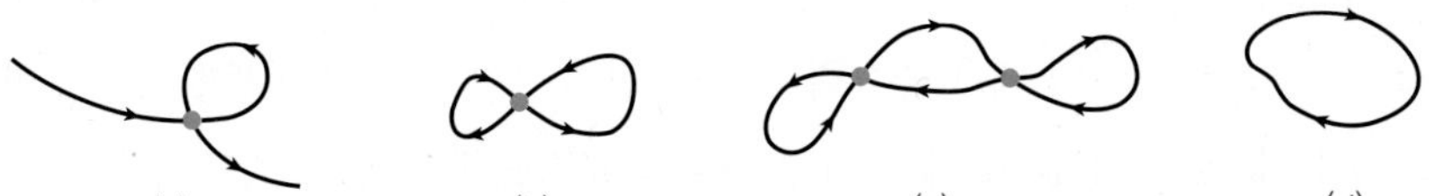

(a) (b) (c) (d)

[그림 7.24] 중복점을 갖는 곡선

시점과 종점이 일치하는 폐곡선이 중복점을 갖지 않을 때, 그 폐곡선을 단순폐곡선이라 부른다. [그림 7.24]에서 단순폐곡선은 (d)이다. (a)는 폐곡선이 아니고, (b)와 (c)는 폐곡선이지만 중복점을 가지기 때문에 단순폐곡선이 아니다.

영국의 수학자이며 물리학자인 G. Green은 선적분과 이중적분과의 관계를 정립하였는데, 평면에서의 Green 정리는 벡터적분학의 기초적인 정리이므로 명확한 이해가 필요하다.

정리 7.1 **평면에서의 Green 정리**

C가 영역 R을 둘러싸는 단순폐곡선이고, $F_1(x, y)$, $F_2(x, y)$가 영역 R에서 연속이며, 연속인 편도함수를 가진다고 하면 다음의 관계가 성립한다.

$$\iint_R \left(\frac{\partial F_2}{\partial x} - \frac{\partial F_1}{\partial y}\right) dxdy = \oint_C (F_1 dx + F_2 dy) \tag{103}$$

여기서 선적분의 적분방향은 C를 따라 진행할 때 영역 R이 좌측에 놓이도록 한다.

식(103)을 평면에서의 Green 정리(Green Theorem in the Plane)라고 부른다. 공학적인 관점에서 Green 정리의 증명이 중요하지는 않지만, 선적분과 이중적분의 개념을 확인한다는 의미에서 증명해 보기로 한다. 먼저 영역 R과 경로 C를 [그림 7.25]에 나타내었다.

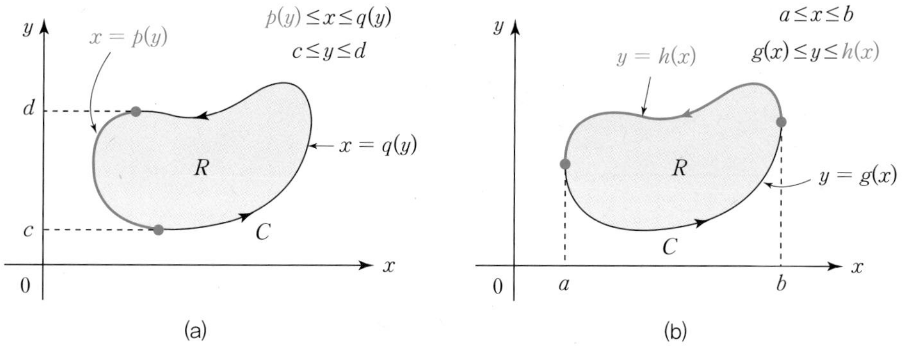

[그림 7.25] 적분경로 C와 적분영역 R

식(103)의 좌변에서 첫 번째 항에 대한 적분을 [그림 7.25(a)]를 참고하여 수행하면 다음과 같다.

$$\begin{aligned}\iint_R \frac{\partial F_2}{\partial x} dxdy &= \int_c^d \left\{\int_{p(y)}^{q(y)} \frac{\partial F_2}{\partial x} dx\right\} dy \\ &= \int_c^d [F_2(x, y)]_{x=p(y)}^{x=q(y)} dy \\ &= \int_c^d \{F_2(q(y), y) - F_2(p(y), y)\} dy\end{aligned}$$

평면에서의 Green 정리

$$\iint_R \left(\frac{\partial F_2}{\partial x} - \frac{\partial F_1}{\partial y} \right) dxdy = \oint_C (F_1 dx + F_2 dy)$$

적분경로 C에 의해 둘러싸여지는 영역 R에 대한 이중적분

적분경로 C에 대한 선적분

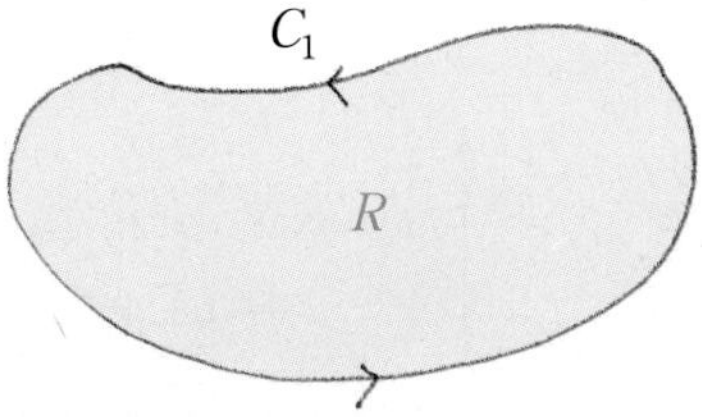

$F_1(x, y)$와 $F_2(x, y)$가 영역 R에서 연속이고,
또한 연속인 편도함수를 가지는 경우에만
Green 정리가 적용 가능하다.

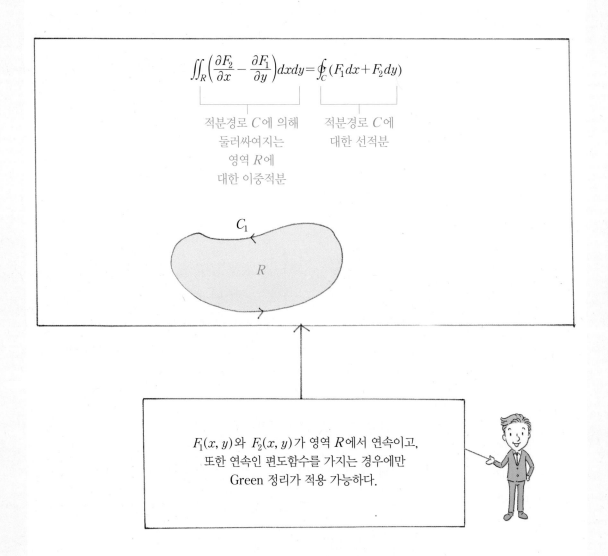

| 설명 | 평면에서의 Green 정리는 선적분과 이중적분 간의 상관관계를 나타낸 중요한 정리로서, 선적분과 이중적분 중에서 계산이 간편한 적분을 선택하여 적분값을 구할 수 있는 장점이 있다.

$$\begin{aligned} &= \int_c^d F_2(q(y), y)dy + \int_d^c F_2(p(y), y)dy \\ &= \oint_C F_2(x, y)dy \end{aligned} \tag{104}$$

식(103)의 좌변에서 두 번째 항에 대한 적분을 [그림 7.25(b)]를 참고하여 수행하면 다음과 같다.

$$\begin{aligned} -\iint_R \frac{\partial F_1}{\partial x} dxdy &= -\int_a^b \left\{ \int_{g(x)}^{h(x)} \frac{\partial F_1}{\partial y} dy \right\} dx \\ &= -\int_a^b [F_2(x, y)]_{y=g(x)}^{y=h(x)} dx \\ &= -\int_a^b F_1(x, h(x))dx + \int_a^b F_1(x, g(x))dx \\ &= \int_a^b F_1(x, g(x))dx + \int_b^a F_1(x, h(x))dx \\ &= \oint_C F_1(x, y)dx \end{aligned} \tag{105}$$

식(104)와 식(105)의 결과를 더하면 식(103)을 얻을 수 있다. 평면에서의 Green 정리를 활용하기 위해서는 $F_1(x, y)$와 $F_2(x, y)$가 영역 R에서 연속이어야 하며, 또한 $F_1(x, y)$와 $F_2(x, y)$가 영역 R에서 연속인 편도함수를 가지는 경우에만 유효하다는 것에 유의하라.

예제 7.29

적분경로 C가 원점을 중심으로 각 변의 길이가 4인 정사각형을 반시계방향으로 돌아가는 경로로 정의할 때 다음의 선적분을 계산하라.

$$\oint_C \{(x^2 + y^2)dx + (x - y)dy\}$$

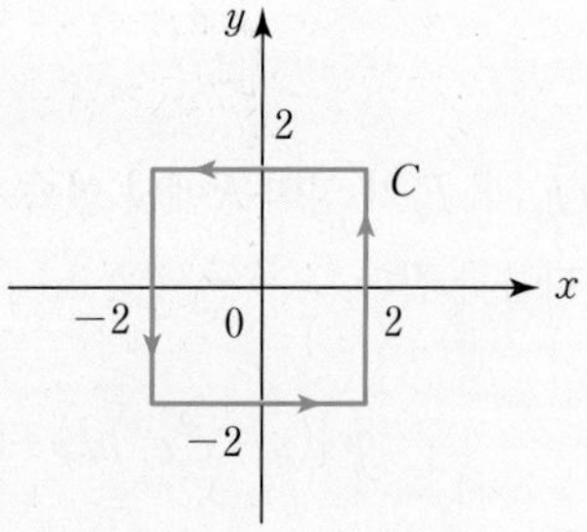

풀이

적분경로 C가 4개의 수학적인 표현으로 주어지므로 선적분을 수행하기보다는 C에 의해 둘러싸인 영역 R의 수학적인 표현이 간단하기 때문에 Green 정리에 의해 이중적분을 수행하는 것이 훨씬 간편하다.

영역 R은 다음과 같은 부등식으로 표현할 수 있다.

$$-2 \leq x \leq 2, \quad -1 \leq y \leq 2$$

$F_1(x, y)=x^2+y^2$, $F_2(x, y)=x-y$로 정하면 Green 정리에 의해 다음의 결과를 얻을 수 있다.

$$\begin{aligned}\oint_C \{(x^2+y^2)dx+(x-y)dy\} &= \iint_R \left\{\frac{\partial}{\partial x}(x-y)-\frac{\partial}{\partial y}(x^2+y^2)\right\}dxdy \\ &= \iint_R (1-2y)dxdy \\ &= \int_{-2}^{2}\left\{\int_{-2}^{2}(1-2y)dy\right\}dx \\ &= \int_{-2}^{2}[y-y^2]_{-2}^{2}dx = \int_{-2}^{2}4dx = 16\end{aligned}$$

예제 7.30

경로 C가 우측의 그림과 같이 주어질 때, 다음의 선적분을 계산하라.

$$\oint_C \{(y-x^2e^x)\boldsymbol{a}_x+(\cos 2y^2-x)\boldsymbol{a}_y\}\cdot d\boldsymbol{r}$$

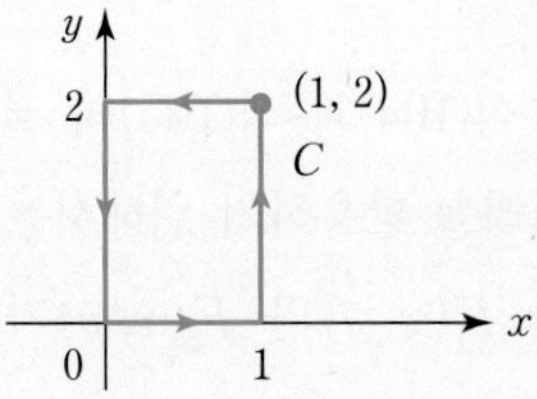

풀이

주어진 선적분에서 $F_1(x, y)=y-x^2e^x$, $F_2(x, y)=\cos 2y^2-x$이고, 경로 C에 의해 둘러싸인 영역을 R이라 하면 다음과 같은 부등식에 의해 표현할 수 있다.

$$R: 0 \leq x \leq 1, \quad 0 \leq y \leq 2$$

F_1과 F_2가 영역 R에서 연속이며, 연속인 편도함수를 가지므로 Green 정리를 적용하면 다음과 같다.

$$\begin{aligned}&\oint_C \{(y-x^2e^x)dx+(\cos 2y^2-x)dy\} \\ &= \iint_R \left\{\frac{\partial}{\partial x}(\cos 2y^2-x)-\frac{\partial}{\partial y}(y-x^2e^x)\right\}dxdy \\ &= \iint_R(-1-1)dxdy = -2\int_0^1\int_0^2 dydx \\ &= -4\end{aligned}$$

예제 7.31

주어진 경로 C에 대하여 다음의 선적분을 구하라.

$$\oint_C xy^2\,dx + 2x^2 y\,dy$$

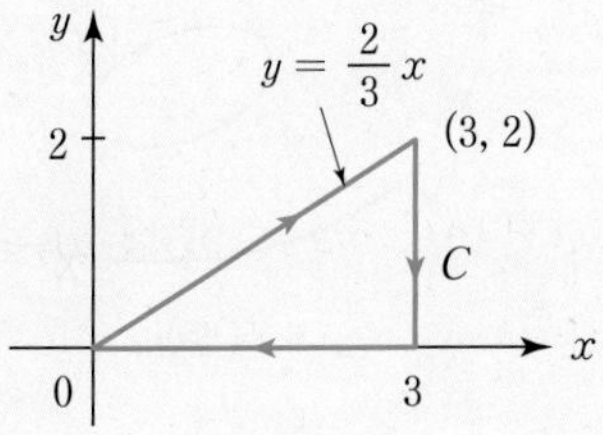

풀이

적분경로 C가 시계방향으로 주어져 있으므로 반시계방향으로 바꾸면, 선적분의 성질에 의해 주어진 적분은 다음과 같이 된다.

$$\oint_C xy^2\,dx + 2x^2 y\,dy = -\oint_{-C} xy^2\,dx + 2x^2 y\,dy$$

여기서 $-C$ 는 C 와 반대방향의 경로를 나타낸다. Green 정리에 의해

$$\begin{aligned}\oint_{-C} xy^2\,dx + x^2 y\,dy &= \iint_R \left\{\frac{\partial}{\partial x}(2x^2 y) - \frac{\partial}{\partial y}(xy^2)\right\} dx\,dy \\ &= \iint_R (4xy - 2xy)\,dx\,dy = \iint_R 2xy\,dx\,dy\end{aligned}$$

가 얻어지며 적분영역 R은 다음과 같이 표현할 수 있다.

$$0 \le x \le 3, \quad 0 \le y \le \frac{2}{3}x$$

따라서

$$\begin{aligned}\iint_R 2xy\,dx\,dy &= \int_0^3 \left\{\int_0^{\frac{2}{3}x} 2xy\,dy\right\} dx \\ &= \int_0^3 \left[xy^2\right]_0^{\frac{2}{3}x} dx = \int_0^3 \frac{4}{9}x^3\,dx = 9\end{aligned}$$

이므로 주어진 선적분 값은 적분경로의 방향을 고려하면 -9가 된다.

여기서 잠깐! **구멍이 있는 영역에 대한 Green 정리**

[그림 7.26]에 나타낸 것처럼 두 개의 단순폐곡선 C_1과 C_2로 구성된 곡선 $C = C_1 \cup C_2$에 대하여 Green 정리를 적용시켜 본다.

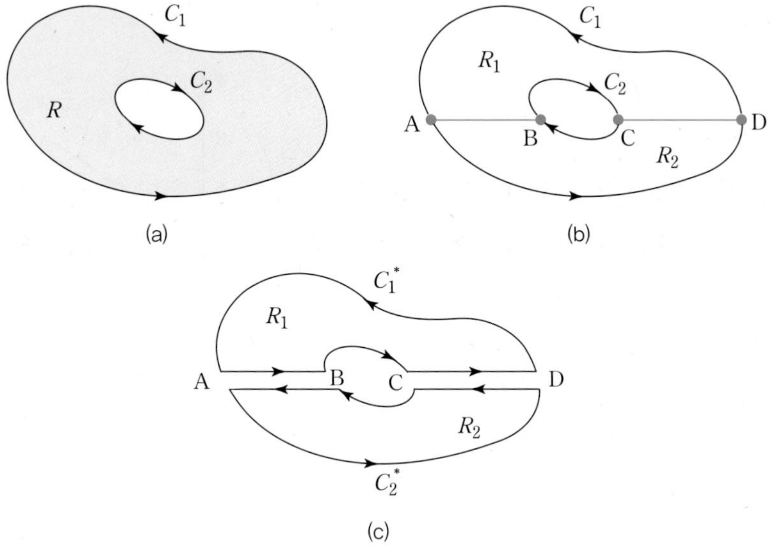

[그림 7.26] 구멍이 있는 영역에 대한 Green 정리의 적용

[그림 7.26(a)]에서 C_1과 C_2에 의해 대응되는 영역 R은 빗금친 부분을 나타낸다. 영역 R은 경로 C_1과 C_2를 따라 이동하면서 왼손이 가리키는 영역을 나타낸 것이다.
영역 R 내에서 [그림 7.26(b)]와 같은 중간 막대 AB와 CD를 삽입하면, 영역 R은 [그림 7.26(c)]와 같이 두 개의 부분영역 R_1과 R_2로 분할된다.
영역 R_1의 경계를 C_1^*, 영역 R_2의 경계를 C_2^*라고 정의하여 영역 R에 Green 정리를 적용해 보면 다음과 같다.

$$\begin{aligned}\iint_R\left(\frac{\partial F_2}{\partial x}-\frac{\partial F_1}{\partial y}\right)dxdy &= \iint_{R_1}\left(\frac{\partial F_2}{\partial x}-\frac{\partial F_1}{\partial y}\right)dxdy+\iint_{R_2}\left(\frac{\partial F_2}{\partial x}-\frac{\partial F_1}{\partial y}\right)dxdy\\ &= \oint_{C_1^*} F_1\,dx+F_2\,dy+\oint_{C_2^*} F_1\,dx+F_2\,dy \end{aligned} \tag{106}$$

식(106)의 C_1^*와 C_2^*에 대한 선적분에서 AB와 CD에 대한 서로 방향이 반대인 적분들이 포함되어 서로 제거되므로 최종적으로 식(106)은 다음과 같다.

$$\iint_R\left(\frac{\partial F_2}{\partial x}-\frac{\partial F_1}{\partial y}\right)dxdy=\oint_C F_1\,dx+F_2\,dy,\quad C=C_1\cup C_2 \tag{107}$$

따라서 구멍을 가진 영역 R에 대해서도 Green의 정리는 성립한다는 것을 알 수 있다.

7.8 삼중적분의 계산

(1) 삼중적분의 정의와 기본성질

삼중적분(Triple Integral)은 7.6절에서 정의한 이중적분을 자연스럽게 확장한 개념이다. 삼중적분은 3차원 공간에서 주어진 함수 $f(x, y, z)$와 임의의 영역 V에 의해 다음과 같이 표현된다.

$$\iiint_V f(x, y, z)dx\,dy\,dz \tag{108}$$

식(108)의 삼중적분은 3차원 공간에서 정의된 임의의 영역 V를 xy-평면, yz-평면, xz-평면에 평행한 3개의 평면으로 [그림 7.27]과 같이 n개의 영역으로 분할한다. 나중에 $n\to\infty$로 접근시키기 때문에 각 영역의 모양은 일정하지 않아도 무방하며, 각 영역 내의 한 점을 각각 $P_1(x_1, y_1, z_1)$, $P_2(x_2, y_2, z_2), \cdots, P_n(x_n, y_n, z_n)$으로 표시한다.

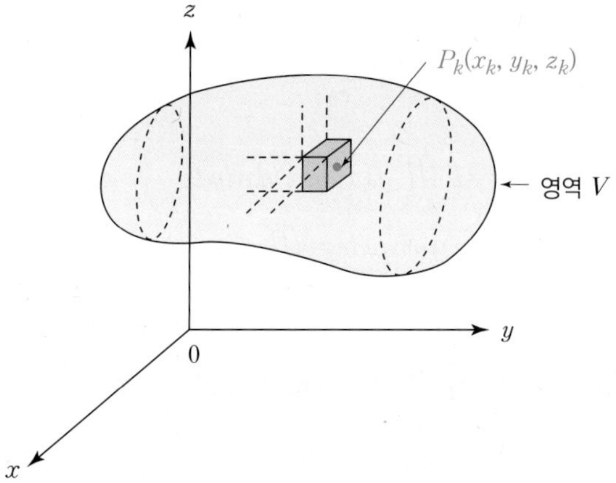

[그림 7.27] 삼중적분에서의 적분영역 V

[그림 7.27]에서 k번째 영역 내의 한 점 $P_k(x_k, y_k, z_k)$에서 주어진 함수값을 계산한 다음, k번째 영역의 체적 ΔV_k를 곱하여 다음의 합을 구성한다.

$$J_n = \sum_{k=1}^{n} f(x_k, y_k, z_k)\Delta V_k \tag{109}$$

식(109)에서 $n \to \infty$로 할 때 극한값이 존재한다고 가정하면, 그 극한값을 적분영역 V에 대한 $f(x, y, z)$의 삼중적분이라고 정의하며, 다음과 같이 표기한다.

$$\lim_{n \to \infty} J_n = \lim_{n \to \infty} \sum_{k=1}^{n} f(x_k, y_k, z_k) \Delta V_k \triangleq \iiint_V f(x, y, z)\, dx\, dy\, dz \tag{110}$$

정의 7.5 삼중적분(Triple Integral)

3차원 공간에서 정의된 함수 $f(x, y, z)$와 임의의 영역 V가 주어져 있다고 가정한다. 이때 영역 V에 대한 $f(x, y, z)$의 삼중적분은 다음과 같이 정의한다.

$$\iiint_V f(x, y, z)\, dx\, dy\, dz = \lim_{n \to \infty} \sum_{k=1}^{n} f(x_k, y_k, z_k) \Delta V_k$$

여기서 ΔV_k는 영역 V를 n개의 영역으로 분할하였을 때 k번째 영역의 체적이며, (x_k, y_k, z_k)는 k번째 영역내의 한 점을 나타낸다.

삼중적분도 정적분과 유사한 성질을 가지고 있어 다음의 관계가 성립한다.

① $\iiint_V kf(x, y, z) dxdydz = k \iiint_V f(x, y, z) dxdydz$ (111)

② $\iiint_V \{f(x, y, z) + g(x, y, z)\} dxdydz = \iiint_V f(x, y, z) dxdydz$
$+ \iiint_V g(x, y, z) dxdydz$ (112)

③ $\iiint_V f(x, y, z) dxdydz = \iiint_{V_1} f(x, y, z) dxdydz$
$+ \iiint_{V_2} f(x, y, z) dxdydz, \quad V = V_1 \cup V_2$ (113)

③에서 적분영역 V는 V_1과 V_2의 합집합 $V = V_1 \cup V_2$이라는 사실에 유의하라.

식(110)으로 주어지는 삼중적분의 계산은 이중적분에서 계산했던 방법을 그대로 확장하여 계산하면 된다. 그런데 3차원 공간에서 적분영역 V에 대한 수학적인 표현을 구하기가 쉽지 않을 뿐만 아니라 또한 입체적으로 V의 그래프를 그리기도 쉽지 않기 때문에 일반적으로 삼중적분은 계산이 복잡하고 어렵다. 〈예제 7.32〉로 주어지는 간단한 적분영역에 대한 삼중적분을 계산해 본다.

예제 7.32

영역 V가 3차원 공간에서 직육면체로 주어진 경우, 다음의 삼중적분을 계산하라.

$$\iiint_V xyz\,dxdydz$$

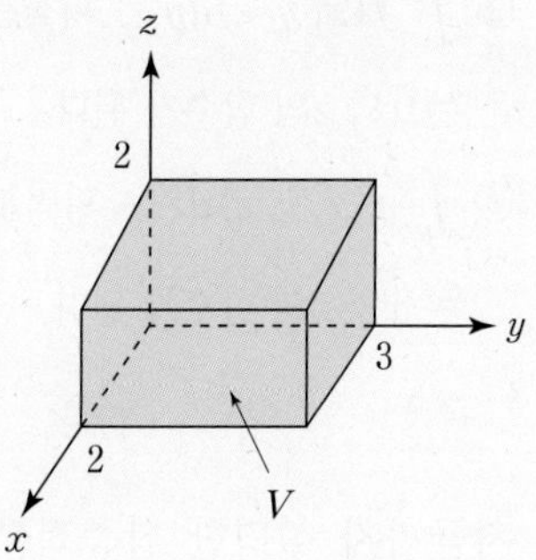

풀이

영역 V는 직육면체이므로 수학적으로 다음과 같이 표현될 수 있다.

$$0 \le x \le 2, \quad 0 \le y \le 3, \quad 0 \le z \le 2$$

따라서 주어진 삼중적분은 이중적분의 계산과정과 유사하게 다음과 같이 계산된다.

$$\begin{aligned}\iiint_V xyz\,dxdydz &= \int_0^2 \int_0^3 \int_0^2 xyz\,dxdydz \\ &= \int_0^2 \int_0^3 \left[\frac{1}{2}x^2yz\right]_{x=0}^{x=2} dydz \\ &= \int_0^2 \int_0^3 2yz\,dydz = \int_0^2 \left[y^2z\right]_{y=0}^{y=3} dz \\ &= \int_0^2 9zdz = \left[\frac{9}{2}z^2\right]_0^2 = 18\end{aligned}$$

〈예제 7.32〉에서 알 수 있듯이 삼중적분의 계산도 이중적분의 경우와 마찬가지로 적분영역 V를 수학적으로 표현하는 것이 선행되어야 한다. 적분영역 V에 대한 수학적인 표현으로부터 정적분을 세 번 연속하여 수행함으로써 삼중적분을 계산할 수 있다.

삼변수함수를 적분할 때에도 편도함수를 구하는 과정과 마찬가지로 적분하고자 하는 변수를 제외한 나머지 변수들을 상수로 간주하여 다음과 같이 적분한다.

① $\int_a^b f(x, y, z)\,dx$는 피적분함수에서 y와 z를 상수로 간주하여 적분하며, 적분결과는 y와 z의 함수가 된다.

② $\int_c^d f(x, y, z)\,dy$는 피적분함수에서 x와 z를 상수로 간주하여 적분하며, 적분결과는 x와 z의 함수가 된다.

③ $\int_p^q f(x, y, z)\,dz$는 피적분함수에서 x와 y를 상수로 간주하여 적분하며, 적분결과는 x와 y의 함수가 된다.

지금까지 설명한 삼중적분의 개념을 자연스럽게 확장하여 다중적분(Multiple Integral)을 정의할 수 있으나 이 책의 범위를 벗어나므로 생략하기로 한다.

(2) 변수변환에 의한 이중적분의 계산

지금까지는 이중적분이나 삼중적분을 계산하는 데 있어 주로 직각좌표계를 사용하였다. 경우에 따라서는 주어진 적분영역을 직각좌표계에서 표현하는 것보다 다른 좌표계를 사용하는 것이 적분문제를 보다 더 간편하게 만들 수도 있다. 따라서 이 절의 나머지 부분은 적당한 변수변환을 통해 이중적분 또는 삼중적분을 간편하게 계산할 수 있는 방법에 대해 설명한다. 먼저, 다음의 이중적분을 살펴보자.

$$\iint_R f(x, y)dxdy \tag{114}$$

식(114)에서 적분변수 x와 y를 다음의 변수변환을 통해 u와 v로 변경한다고 하자.

$$x = x(u, v), \quad y = y(u, v) \tag{115}$$

식(115)를 식(114)에 대입하면 다음의 과정을 거치게 된다.

① xy-평면에서 정의되는 영역 R은 uv-평면의 R^*로 변환된다.
② 피적분함수 $f(x, y)$는 $f[x(u, v),\ y(u, v)]$로 변환된다.

변수변환에 의한 이중적분의 계산

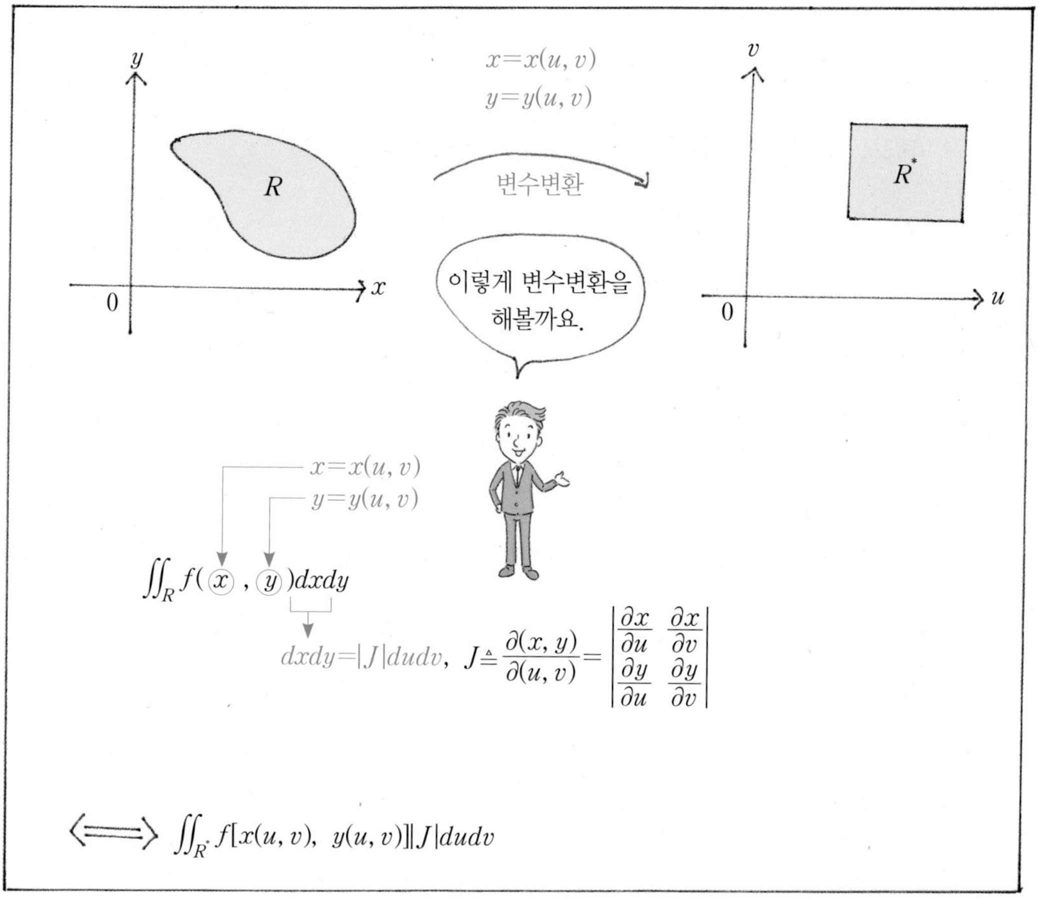

| 설명 | xy–평면에서 주어진 이중적분의 적분영역이 복잡하게 주어진 경우, 적절한 변수변환을 통해 uv–평면에서의 간단한 이중적분으로 변환할 수 있다.

③ $dxdy$는 $|J|dudv$로 변환된다. 여기서 J는 Jacobian이라 부르며 다음과 같이 2차 행렬식으로 정의된다.

$$J \triangleq \frac{\partial(x, y)}{\partial(u, v)} = \begin{vmatrix} \frac{\partial x}{\partial u} & \frac{\partial x}{\partial v} \\ \frac{\partial y}{\partial u} & \frac{\partial y}{\partial v} \end{vmatrix} \tag{116}$$

따라서 식(114)의 이중적분은 다음과 같이 변환된다.

$$\iint_R f(x, y)dxdy = \iint_{R^*} f[x(u, v),\ y(u, v)]|J|dudv \tag{117}$$

식(117)에서 $|J|$는 Jacobian J의 절댓값을 나타낸다. 공학적 관점에서 식(116)의 유도과정은 그다지 중요하지 않기 때문에 이중적분에 대한 변수변환의 결과식만을 잘 활용하도록 한다.

변수변환의 한 예로서, 만일 x와 y를 다음과 같이 r과 θ의 극좌표(Polar Coordinate)로 변환하는 경우를 살펴보자. 극좌표의 정의에 의해

$$x = x(r, \theta) = r\cos\theta$$
$$y = y(r, \theta) = r\sin\theta$$

가 얻어지며, Jacobian을 계산해 보자.

$$J = \frac{\partial(x, y)}{\partial(r, \theta)} = \begin{vmatrix} \frac{\partial x}{\partial r} & \frac{\partial x}{\partial \theta} \\ \frac{\partial y}{\partial r} & \frac{\partial y}{\partial \theta} \end{vmatrix} = \begin{vmatrix} \cos\theta & -r\sin\theta \\ \sin\theta & r\cos\theta \end{vmatrix} = r$$

따라서 다음의 관계를 얻을 수 있다.

$$\iint_R f(x, y)dxdy = \iint_{R^*} f(r\cos\theta, r\sin\theta)\, r\, drd\theta \tag{118}$$

여기서 R^*는 xy−평면에서 정의되는 영역 R에 대응되는 $r\theta$−평면에서의 영역을 나타낸다.

예제 7.33

다음의 적분영역 R에 대해 이중적분 I를 계산하라.

$$I=\iint_R e^{(y-x)/(y+x)}dxdy$$

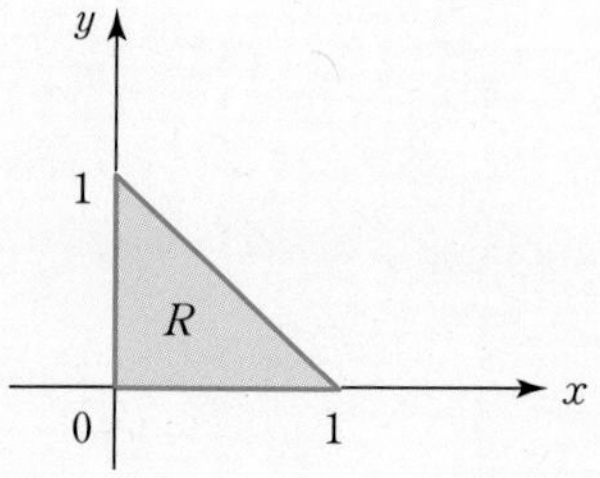

풀이

피적분함수에서 다음과 같이 변수변환을 취한다.

$$u=y-x, \quad v=y+x$$
$$\therefore \; x=x(u, v)=-\frac{1}{2}u+\frac{1}{2}v$$
$$y=y(u, v)=\frac{1}{2}u+\frac{1}{2}v$$

Jacobian J는 다음과 같다.

$$J=\frac{\partial(x, y)}{\partial(u, v)}=\begin{vmatrix} \frac{\partial x}{\partial u} & \frac{\partial x}{\partial v} \\ \frac{\partial y}{\partial u} & \frac{\partial y}{\partial v} \end{vmatrix}=\begin{vmatrix} -\frac{1}{2} & \frac{1}{2} \\ \frac{1}{2} & \frac{1}{2} \end{vmatrix}=-\frac{1}{2}$$

한편, xy-평면에서 영역 R은 uv-평면에서 R^*로 다음과 같이 변환된다.

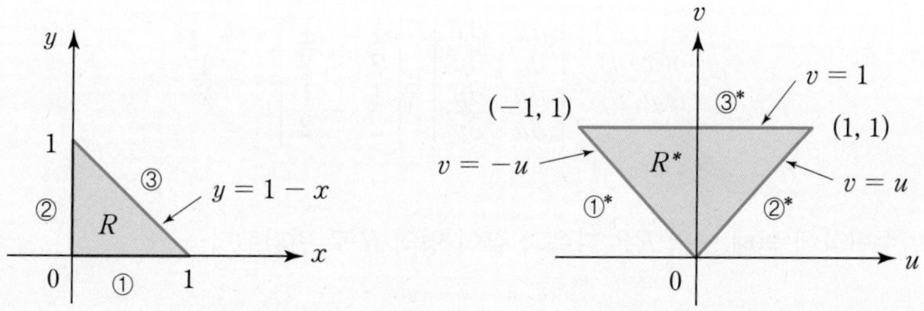

따라서 주어진 이중적분은 다음과 같이 변환된다.

$$\iint_R e^{(y-x)/(y+x)}dxdy=\iint_R e^{u/v}\left|-\frac{1}{2}\right|dudv$$
$$=\int_0^1\left\{\int_{-v}^{v} e^{u/v}du\right\}dv=\int_0^1\left[ve^{u/v}\right]_{u=-v}^{u=v}dv$$
$$=\int_0^1(ve-ve^{-1})dv=(e-e^{-1})\left[\frac{1}{2}v^2\right]_{v=0}^{v=1}$$
$$=\frac{1}{2}(e-e^{-1})$$

예제 7.34

xy−평면에서 정의되는 영역 R에 대하여 $x+y=u$, $x-y=v$의 변수변환을 통해 다음의 이중적분을 계산하라.

$$\iint_R(xy+x^2+y^2)dxdy$$

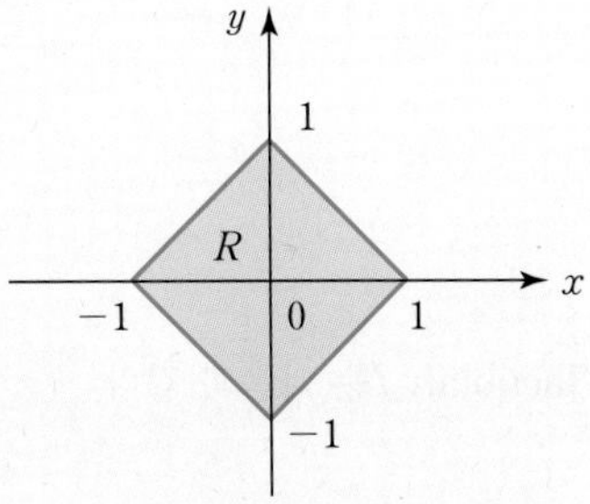

풀이

$x+y=u$, $x-y=v$의 변수변환에 의해 다음의 관계를 얻을 수 있다.

$$x=\frac{1}{2}(u+v),\ \ y=\frac{1}{2}(u-x)$$

따라서 Jacobian J는 다음과 같다.

$$J=\frac{\partial(x,y)}{\partial(u,v)}=\begin{vmatrix}\frac{\partial x}{\partial u} & \frac{\partial x}{\partial v}\\ \frac{\partial y}{\partial u} & \frac{\partial y}{\partial v}\end{vmatrix}=\begin{vmatrix}\frac{1}{2} & \frac{1}{2}\\ \frac{1}{2} & -\frac{1}{2}\end{vmatrix}=-\frac{1}{2}$$

한편, 변수변환에 의해 영역 R은 다음과 같이 영역 R^*로 변환된다.

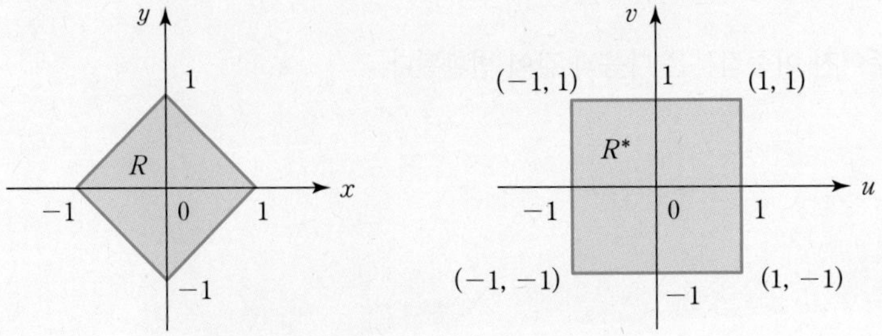

이중적분의 피적분함수를 u와 v의 함수로 변환하면

$$\begin{aligned} xy+x^2+y^2 &= \frac{1}{2}(u+v)\frac{1}{2}(u-v)+\frac{1}{4}(u+v)^2+\frac{1}{4}(u-v)^2 \\ &= \frac{1}{4}(u^2-v^2)+\frac{1}{2}(u^2+v^2) \\ &= \frac{3}{4}u^2+\frac{1}{4}v^2 \end{aligned}$$

이 되므로 주어진 이중적분은 다음과 같이 구해진다.

$$\begin{aligned} \iint_R (xy+x^2+y^2)dxdy &= \iint_{R^*}\left(\frac{3}{4}u^2+\frac{1}{4}v^2\right)\frac{1}{2}dudv \\ &= \frac{1}{2}\int_{-1}^{1}\left\{\int_{-1}^{1}\left(\frac{3}{4}u^2+\frac{1}{4}v^2\right)du\right\}dv \\ &= \frac{1}{2}\int_{-1}^{1}\left[\frac{1}{4}u^3+\frac{1}{4}uv^2\right]_{-1}^{1}dv \\ &= \frac{1}{2}\int_{-1}^{1}\left(\frac{1}{2}+\frac{1}{2}v^2\right)dv = \frac{1}{2}\left[\frac{1}{2}v+\frac{1}{6}v^3\right]_{-1}^{1} = \frac{2}{3} \end{aligned}$$

(3) 변수변환에 의한 삼중적분의 계산

지금까지 변수변환에 의한 이중적분의 계산에 대하여 설명하였다. 변수변환방법은 삼중적분에도 그대로 확장되어 적용할 수 있으며, 단지 Jacobian J의 정의를 자연스럽게 3차로 확장하면 된다. 다음의 삼중적분을 고려하자.

$$\iiint_V f(x, y, z)\,dxdydz \qquad (119)$$

식(119)에서 적분변수 x, y, z를 다음의 변수변환을 통해 u, v, w로 변경한다고 하자.

$$x=x(u, v, w), \;\; y=y(u, v, w), \;\; z=z(u, v, w) \qquad (120)$$

식(120)을 식(119)에 대입하면 다음의 과정을 거치게 된다.

① xyz−공간에서 영역 V는 uvw−공간에서 V^*로 변환된다.

② $f(x, y, z)$는 $f[x(u, v, w),\ y(u, v, w),\ z(u, v, w)]$로 변환된다.

③ $dxdydz$는 $|J|dudvdw$로 변환된다. 여기서 J는 Jacobian이라 부르며 다음과 같이 3차 행렬식으로 정의된다.

$$J \triangleq \frac{\partial(x, y, z)}{\partial(u, x, w)} = \begin{vmatrix} \frac{\partial x}{\partial u} & \frac{\partial x}{\partial v} & \frac{\partial x}{\partial w} \\ \frac{\partial y}{\partial u} & \frac{\partial y}{\partial v} & \frac{\partial y}{\partial w} \\ \frac{\partial z}{\partial u} & \frac{\partial z}{\partial v} & \frac{\partial z}{\partial w} \end{vmatrix} \tag{121}$$

따라서 식(119)의 삼중적분은 다음과 같이 변환된다.

$$\iiint_V f(x,y,z)dxdydz = \iiint_{V^*} f[x(u,v,w),y(u,v,w),z(u,v,w)]|J|dudvdw \tag{122}$$

변수변환의 한 예로써, 만일 직각좌표계를 원통좌표계로 변환하면 원통좌표계의 정의에 의해 다음의 관계가 얻어진다.

$$\begin{aligned} x &= x(\rho, \phi, z) = \rho\cos\phi \\ y &= y(\rho, \phi, z) = \rho\sin\phi \\ z &= z(\rho, \phi, z) = z \end{aligned}$$

Jacobian J를 계산해 보면

$$J = \frac{\partial(x, y, z)}{\partial(\rho, \phi, z)} = \begin{vmatrix} \frac{\partial x}{\partial \rho} & \frac{\partial x}{\partial \phi} & \frac{\partial x}{\partial z} \\ \frac{\partial y}{\partial \rho} & \frac{\partial y}{\partial \phi} & \frac{\partial y}{\partial z} \\ \frac{\partial z}{\partial \rho} & \frac{\partial z}{\partial \phi} & \frac{\partial z}{\partial z} \end{vmatrix} = \begin{vmatrix} \cos\phi & -\rho\sin\phi & 0 \\ \sin\phi & \rho\cos\phi & 0 \\ 0 & 0 & 1 \end{vmatrix} = \rho$$

가 되므로 다음의 관계가 성립한다.

$$\iiint_V f(x, y, z)\,dxdydz = \iiint_{V^*} f(\rho\cos\phi, \rho\sin\phi, z)\,\rho\,d\rho d\phi dz \tag{123}$$

변수변환에 의한 삼중적분의 계산

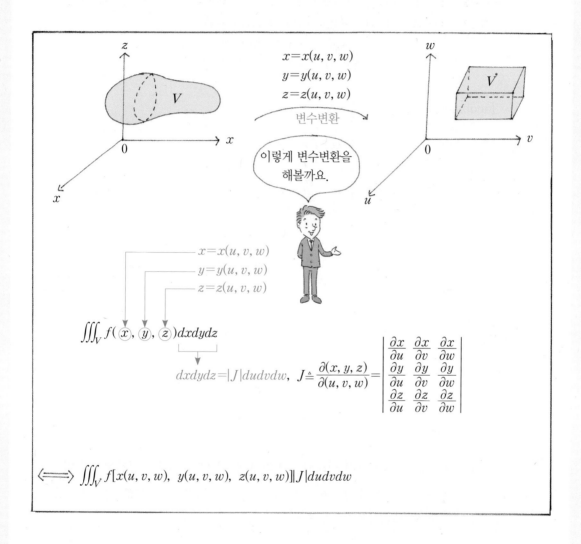

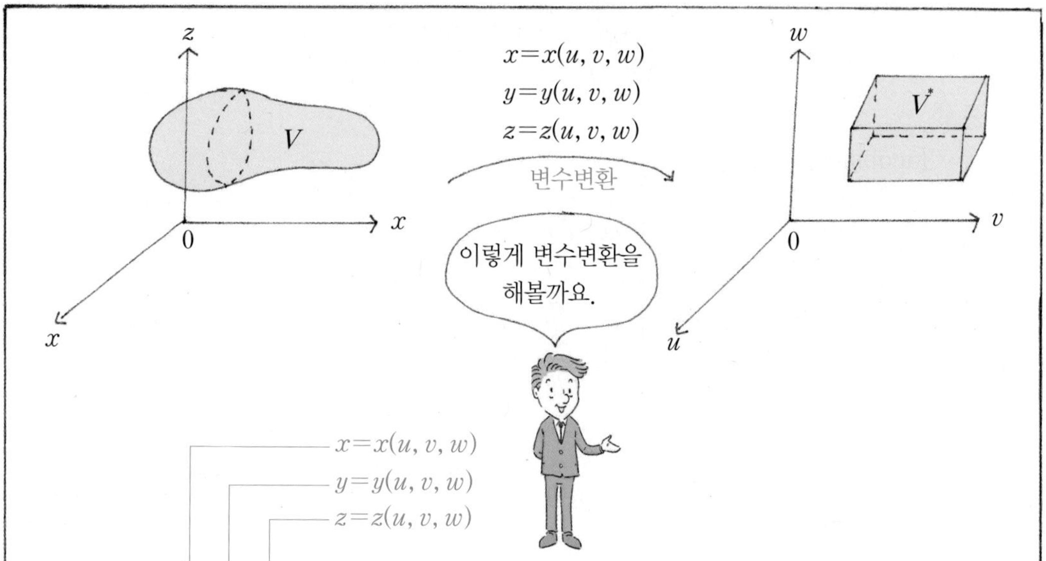

$$\iiint_V f(x,\ y,\ z)\,dxdydz$$

$$dxdydz=|J|dudvdw,\quad J \triangleq \frac{\partial(x,y,z)}{\partial(u,v,w)}=\begin{vmatrix} \frac{\partial x}{\partial u} & \frac{\partial x}{\partial v} & \frac{\partial x}{\partial w} \\ \frac{\partial y}{\partial u} & \frac{\partial y}{\partial v} & \frac{\partial y}{\partial w} \\ \frac{\partial z}{\partial u} & \frac{\partial z}{\partial v} & \frac{\partial z}{\partial w} \end{vmatrix}$$

$$\Longleftrightarrow \iiint_{V^*} f[x(u,v,w),\ y(u,v,w),\ z(u,v,w)]|J|dudvdw$$

| 설명 | xyz–공간에서 주어진 삼중적분의 적분영역이 복잡하게 주어진 경우, 적절한 변수변환을 통해 uvw–공간에서의 간단한 삼중적분으로 변환할 수 있다.

여기서 V^*는 xyz-공간에서 정의되는 영역 V에 대응되는 $\rho\phi z$-공간에서의 영역을 나타낸다. 또한 직각좌표계를 구좌표계로 변환하는 경우 구좌표계의 정의에 의해 다음의 관계가 얻어진다.

$$x=x(r,\theta,\phi)=r\sin\theta\cos\phi$$
$$y=y(r,\theta,\phi)=r\sin\theta\sin\phi$$
$$z=z(r,\theta,\phi)=r\cos\phi$$

Jacobian J를 계산해 보면

$$J=\frac{\partial(x,y,z)}{\partial(r,\theta,\phi)}=\begin{vmatrix} \frac{\partial x}{\partial r} & \frac{\partial x}{\partial \theta} & \frac{\partial x}{\partial \phi} \\ \frac{\partial y}{\partial r} & \frac{\partial y}{\partial \theta} & \frac{\partial y}{\partial \phi} \\ \frac{\partial z}{\partial r} & \frac{\partial z}{\partial \theta} & \frac{\partial z}{\partial \phi} \end{vmatrix}$$
$$=\begin{vmatrix} \sin\theta\cos\phi & r\cos\theta\cos\phi & -r\sin\theta\sin\phi \\ \sin\theta\sin\phi & r\cos\theta\sin\phi & r\sin\theta\cos\phi \\ \cos\theta & -r\sin\theta & 0 \end{vmatrix}$$
$$=r^2\sin\theta$$

가 되므로 다음의 관계가 성립한다.

$$\iiint_V f(x,y,z)dxdydz$$
$$=\iiint_{V^*} f(r\sin\theta\cos\phi, r\sin\theta\sin\phi, r\cos\theta)r^2\sin\theta\,drd\theta d\phi \tag{124}$$

여기서 V^*는 xyz-공간에서 정의되는 영역 V에 대응되는 $r\theta\phi$-공간에서의 영역을 나타낸다. 구좌표계에서 $0\le\theta\le\pi$이므로 $J=r^2\sin\theta\ge 0$이므로 절댓값 기호가 식(124)에서 생략되었음에 주의하라.

7.9 면적분

면적분(Surface Integral)은 유체역학이나 전자기학에서 많이 나타나는 적분의 형태이며, 공간상의 어떤 곡면을 통과하여 지나가는 흐름(Flow)과 밀접하게 연관되어 있다.

예를 들어, 벡터장 $\boldsymbol{F}=\boldsymbol{F}(x, y, z)$가 3차원 공간의 한 점 $P(x, y, z)$에서 유체의 운동을 나타내는 속도 벡터장이라고 하자. 만일 [그림 7.28]에 나타낸 것처럼 가상의 곡면 S를 움직이는 유체 속에 놓아 두었을 때 '어떤 주어진 시간 동안 이 곡면 S를 통과하는 유체의 체적은 얼마일까?'라는 질문을 생각해 보자.

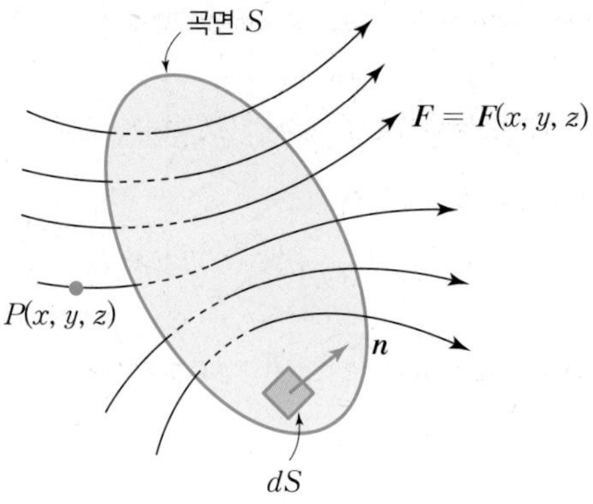

[그림 7.28] 면적분의 개념 정의

곡면 위에 미소면적소를 dS라 하고 dS의 단위법선벡터를 $\boldsymbol{n}$이라고 하면, 단위법선벡터 $\boldsymbol{n}$ 방향으로의 유체의 속도 성분은 다음과 같이 주어진다.

$$\boldsymbol{F}\cdot\boldsymbol{n}dS \tag{125}$$

식(125)는 미소면적소 dS를 통과하는 1초당 유체의 체적을 나타내는데, 곡면 S 전체를 통과하는 1초당 유체의 체적을 계산하려면 전체 곡면 S에 대하여 적분을 해 주어야 한다. 즉,

$$\text{단위시간당 } S\text{를 통과하는 유체의 전체 체적} = \int_S \boldsymbol{F}\cdot\boldsymbol{n}dS \tag{126}$$

식(126)과 같은 형태의 적분은 곡면에 대해 적분을 수행하기 때문에 면적분(Surface Integral)이라고 부른다. 만일, S가 폐곡면인 경우는 식(126)의 면적분을 다음과 같이 표기한다.

$$\oint_S \boldsymbol{F}\cdot\boldsymbol{n}dS \tag{127}$$

면적분은 선적분의 일반화로 생각할 수 있으며, 7.6절에서 논의한 것처럼 이중적분의 형태를 취한다. 개념적으로는 이중적분에서 두 개의 적분기호를 하나의 면적분 기호 $\int_S$ 로 표시하고, 적분을 전체 곡면 S에 대해 수행하는 것으로 이해하면 된다.

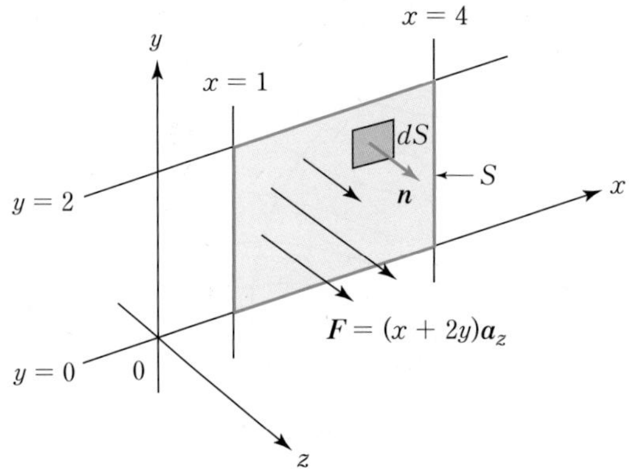

[그림 7.29] 곡면 S에 대한 $\boldsymbol{F}$의 면적분

면적분의 계산 예로서 [그림 7.29]에서 나타낸 것처럼 벡터장 $\boldsymbol{F}=(x+2y)\boldsymbol{a}_z$를 가정하고, 곡면 S를 $1 \le x \le 4$, $0 \le y \le 2$, $z=0$으로 정의되는 평면이라 하자. 식(126)의 면적분에서 dS의 단위법선벡터 $\boldsymbol{n}=\boldsymbol{a}_z$이고 dS는 다음과 같이 표현할 수 있다.

$$dS=dxdy \tag{128}$$

따라서 식(126)의 면적분은 다음과 같이 계산할 수 있다.

$$\int_S \boldsymbol{F}\cdot\boldsymbol{n}dS=\int_S (x+2y)\boldsymbol{a}_z\cdot dxdy\boldsymbol{a}_z=\int_S (x+2y)dxdy \tag{129}$$

식(129)의 적분은 곡면 S 전체에 대한 면적분이므로 다음과 같이 이중적분으로 계산할 수 있다.

$$\int_S (x+2y)dxdy = \int_{y=0}^{y=2}\int_{x=1}^{x=4}(x+2y)dxdy$$
$$= \int_{y=0}^{y=2}\left[\frac{1}{2}x^2+2xy\right]_{x=1}^{x=4}dy$$
$$= \int_{y=0}^{y=2}\left(6y+\frac{15}{2}\right)dy = \left[3y^2+\frac{15}{2}y\right]_0^2 = 27$$

한편, [그림 7.30]에서 나타낸 것처럼 곡면의 단위법선벡터를 정의하는 방향은 두 방향, 즉 $\boldsymbol{n}$과 $-\boldsymbol{n}$이 있으며, 이와 같이 곡면 S가 점 $P(x, y, z)$에서 두 개의 단위법선벡터를 가질 때, 그 곡면을 유향곡면(Oriented Surface)이라고 부른다.

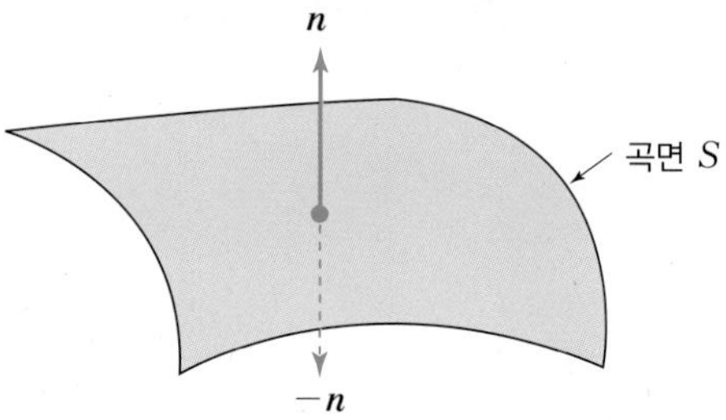

[그림 7.30] 유향곡면

여기서 잠깐! **무향곡면(Nonoriented Surface)**

유향곡면과는 다르게 한쪽면만 존재하는 곡면을 무향곡면이라고 부른다. 무향곡면의 가장 대표적인 예는 뫼비우스의 띠(Mobius Strip)이다. 뫼비우스 띠는 아래의 그림에 나타낸 것처럼 안과 밖의 경계가 없는 곡면이다. 만일 점 P에서 시작하여 뫼비우스 띠를 따라가면 기존의 점 P와 반대방향의 법선벡터가 나타나게 되어 한쪽면만 곡면이 존재하게 되는 것이다.

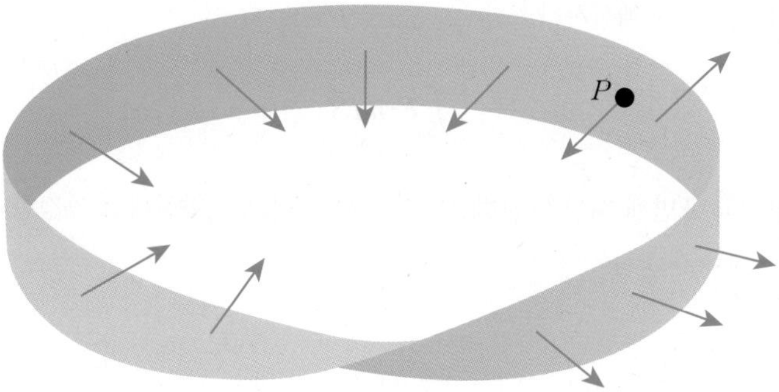

면적분을 수행하는 데 있어 곡면의 단위법선벡터를 어떤 방향으로 설정하는가에 따라 면적분 값의 의미는 다르게 된다. 예를 들어, $\boldsymbol{F}$가 유체의 속도를 나타내는 벡터장이고 S가 구면을 나타낸다고 할 때, S의 단위법선벡터가 $\boldsymbol{n}$이라 하자. 이때 다음의 면적분은 단위시간당 S를 통과한 액체의 총 체적이 된다.

$$\int_S \boldsymbol{F}\cdot\boldsymbol{n}dS \tag{130}$$

만일, $\boldsymbol{n}$의 방향이 밖으로 향한다고 하면 식(130)의 면적분은 단위시간당 S를 통해 흘러나간 액체의 체적을 의미하며, $\boldsymbol{n}$의 방향이 안으로 향한다고 하면 식(130)의 면적분은 단위시간당 S를 통해 흘러 들어 온 액체의 체적을 나타낸다. ([그림 7.31] 참조)

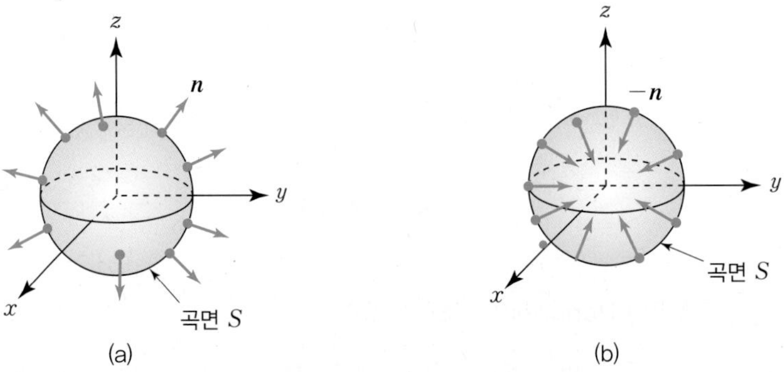

[그림 7.31] 곡면 S의 두 단위법선벡터 $\boldsymbol{n}$, $-\boldsymbol{n}$

예제 7.35

$\boldsymbol{F}=x^2\boldsymbol{a}_x+y^2\boldsymbol{a}_y+z^2\boldsymbol{a}_z$이고, 곡면 S를 각 변의 길이가 1인 단위육면체의 표면이라고 할 때 다음의 면적분을 계산하라.

$$\int_S \boldsymbol{F}\cdot\boldsymbol{n}dS$$

단, 단위육면체의 표면에 대한 단위법선벡터는 모두 밖으로 향한다고 가정한다.

풀이

곡면 S와 각 면의 단위법선벡터를 [그림 7.32]에 나타내었다.

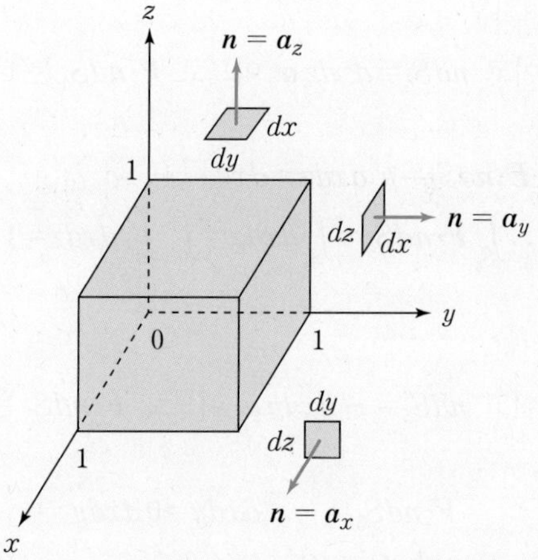

[그림 7.32] 곡면 S와 단위법선벡터의 정의

곡면이 6개의 평면으로 구성되어 있고 각 면에서의 단위법선벡터가 다르기 때문에 각 면으로 나누어 면적분을 수행한다.

① 앞면 S_1 에 대한 면적분

앞면 S_1 은 $x=1$ 이고 $\boldsymbol{n}dS_1 = dydz\,\boldsymbol{a}_x$ 이므로 $\boldsymbol{F}\cdot\boldsymbol{n}dS_1$ 은 다음과 같다.

$$\boldsymbol{F}\cdot\boldsymbol{n}dS_1 = x^2\,dydz = dydz$$
$$\therefore \int_{S_1}\boldsymbol{F}\cdot\boldsymbol{n}dS_1 = \int_{S_1} dydz = \int_0^1\int_0^1 dydz = 1$$

② 뒷면 S_2 에 대한 면적분

뒷면 S_2 는 $x=0$ 이고 $\boldsymbol{n}dS_2 = -dydz\,\boldsymbol{a}_x$ 이므로 $\boldsymbol{F}\cdot\boldsymbol{n}dS_2$ 는 다음과 같다.

$$\boldsymbol{F}\cdot\boldsymbol{n}dS_2 = -x^2\,dydz = 0\,dydz$$
$$\therefore \int_{S_2}\boldsymbol{F}\cdot\boldsymbol{n}dS_2 = \int_{S_2} 0\,dydz = 0$$

③ 좌측면 S_3 에 대한 면적분

좌측면 S_3 는 $y=0$ 이고 $\boldsymbol{n}dS_3 = -dxdz\,\boldsymbol{a}_y$ 이므로 $\boldsymbol{F}\cdot\boldsymbol{n}dS_3$ 는 다음과 같다.

$$\boldsymbol{F}\cdot\boldsymbol{n}dS_3 = -y^2\,dxdz = 0\,dxdz$$
$$\therefore \int_{S_3}\boldsymbol{F}\cdot\boldsymbol{n}dS_3 = 0$$

④ 우측면 S_4에 대한 면적분

우측면 S_4는 $y=1$이고 $\boldsymbol{n}dS_4=dxdz\,\boldsymbol{a}_y$이므로 $\boldsymbol{F}\cdot\boldsymbol{n}dS_4$는 다음과 같다.

$$\boldsymbol{F}\cdot\boldsymbol{n}dS_4=y^2dxdz=dxdz$$
$$\therefore\int_{S_4}\boldsymbol{F}\cdot\boldsymbol{n}dS_4=\int_{S_4}dxdz=\int_0^1\int_0^1 dxdz=1$$

⑤ 아랫면 S_5에 대한 면적분

아랫면 S_5는 $z=0$이고 $\boldsymbol{n}dS_5=-dxdy\,\boldsymbol{a}_z$이므로 $\boldsymbol{F}\cdot\boldsymbol{n}dS_5$는 다음과 같다.

$$\boldsymbol{F}\cdot\boldsymbol{n}dS_5=-z^2dxdy=0\,dxdy$$
$$\therefore\int_{S_5}\boldsymbol{F}\cdot\boldsymbol{n}dS_5=0$$

⑥ 윗면 S_6에 대한 면적분

아랫면 S_6은 $z=1$이고 $\boldsymbol{n}dS_6=dxdy\,\boldsymbol{a}_z$이므로 $\boldsymbol{F}\cdot\boldsymbol{n}dS_6$는 다음과 같다.

$$\boldsymbol{F}\cdot\boldsymbol{n}dS_6=z^2dxdy=dxdy$$
$$\therefore\int_{S_6}\boldsymbol{F}\cdot\boldsymbol{n}dS_6=\int_{S_6}dxdy=\int_0^1\int_0^1 dxdy=1$$

따라서 각 면에서의 면적분을 모두 합하면 다음과 같다.

$$\int_S\boldsymbol{F}\cdot\boldsymbol{n}dS=3$$

7.10 발산정리와 Stokes의 정리

벡터 미적분학에는 선적분, 면적분, 체적적분을 다른 형태로 표현할 수 있도록 해 주는 몇 개의 정리가 있다. 7.7절에서 다룬 Green 정리는 선적분을 이중적분으로 변환할 수 있게 해 준다. 이와 유사하게 곡면 S에서의 면적분을 곡면으로 둘러싸인 체적 V에 대한 체적적분으로 변환시켜 주는 발산정리(Divergence Theorem)가 있다. 또한 열려진 곡면 S에 대한 면적분을 그 면의 경계인 폐곡선 C에 대한 선적분으로 변환시켜 주는 Stokes의 정리가 있다.

(1) 발산정리

발산정리는 Gauss에 의해 증명된 것으로 [그림 7.33]에 나타낸 것처럼 체적 V에 대한 적분을 그 체적을 감싸는 폐곡면 S에 대한 적분과 연관시켜 주는 정리이다. 즉,

$$\oint_S \boldsymbol{F}\cdot\boldsymbol{n}dS = \iiint_V div\boldsymbol{F}\,dV \tag{131}$$

식(131)에서 면적분을 계산할 때는 곡면에 수직한 벡터를 항상 바깥 방향으로 향하도록, 즉 둘러싸인 체적에서 바깥으로 나오는 방향으로 선정한다.

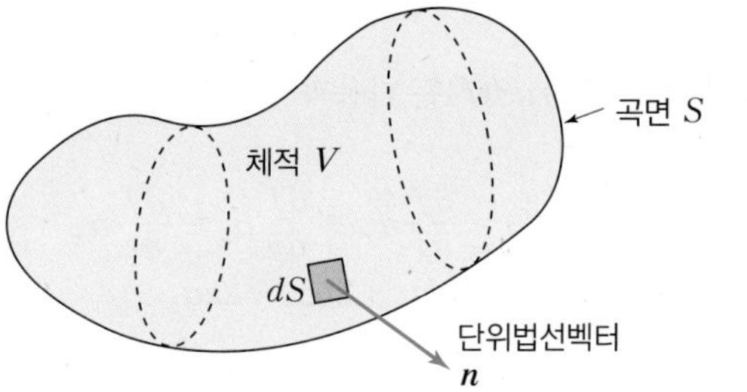

[그림 7.33] 발산정리의 개념

예제 7.36

V를 반구 $x^2+y^2+z^2=9$, $0 \le z \le 3$과 평면 $z=0$이 경계가 되는 영역이라고 가정하고 $\boldsymbol{F}=x\boldsymbol{a}_x+y\boldsymbol{a}_y+z\boldsymbol{a}_z$ 일 때 식(131)의 발산정리를 증명하라.

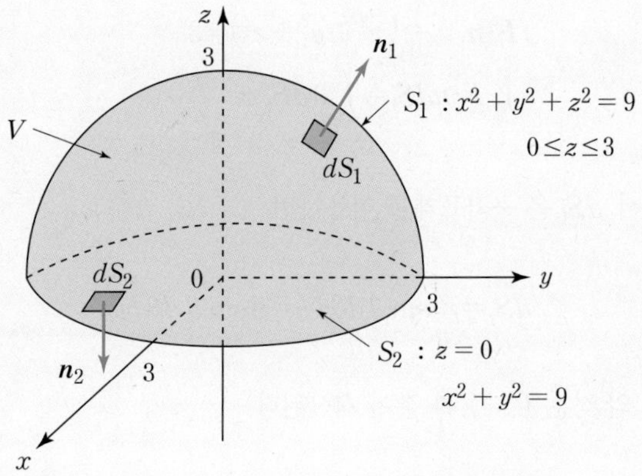

풀이

$\boldsymbol{F}=x\boldsymbol{a}_x+y\boldsymbol{a}_y+z\boldsymbol{a}_z$ 이므로 $div\ \boldsymbol{F}=1+1+1=3$ 이 된다. 따라서

$$\iiint_V div\boldsymbol{F}\,dV=3\iiint_V dV=3\times \text{반구의 체적}=3\times\frac{2}{3}\pi(3)^3=54\pi$$

다음으로 체적 V를 둘러싸는 면은 반구면(S_1)과 $z=0$ 평면(S_2)으로 구성되어 있으므로 각 면에 대해 면적분을 수행한다.
반구면 S_1의 방정식을 음함수 형태로 표현하면

$$f(x,y,z)=x^2+y^2+z^2-9=0$$

이므로, $f(x,y,z)$의 기울기 $grad(f)$는 다음과 같다.

$$\begin{aligned} grad(f)&=\frac{\partial f}{\partial x}\boldsymbol{a}_x+\frac{\partial f}{\partial y}\boldsymbol{a}_y+\frac{\partial f}{\partial z}\boldsymbol{a}_z \\ &=2x\boldsymbol{a}_x+2y\boldsymbol{a}_y+2z\boldsymbol{a}_z \end{aligned}$$

따라서 반구면 S_1의 단위법선벡터 $\boldsymbol{n}_1$은 다음과 같이 구할 수 있다.

$$\begin{aligned} \boldsymbol{n}_1=\frac{grad(f)}{\|grad(f)\|}&=\frac{2x\boldsymbol{a}_x+2y\boldsymbol{a}_y+2z\boldsymbol{a}_z}{2\sqrt{x^2+y^2+z^2}} \\ &=\frac{1}{3}(x\boldsymbol{a}_x+y\boldsymbol{a}_y+z\boldsymbol{a}_z) \end{aligned}$$

S_1에 대한 면적분을 계산하면 다음과 같다.

$$\begin{aligned} &\boldsymbol{F}\cdot\boldsymbol{n}_1=\frac{1}{3}(x^2+y^2+z^2)=3 \\ &\int_{S_1}\boldsymbol{F}\cdot\boldsymbol{n}dS_1=\int_{S_1}3\,dS_1 \end{aligned} \qquad (132)$$

그런데 식(132)에서 dS_1은 구좌표계를 이용하면

$$dS_1=r^2\sin\theta\,d\theta d\phi=9\sin\theta\,d\theta d\phi$$

가 되므로 식(132)의 적분은 다음과 같이 계산된다.

$$\int_{S_1} \boldsymbol{F}\cdot d\boldsymbol{S}_1 = \int_{S_1} 3\,dS_1 = 27\int_{\phi=0}^{2\pi}\int_{\theta=0}^{\pi/2} \sin\theta\, d\theta d\phi$$
$$= 27\int_{\phi=0}^{2\pi}\Big[-\cos\theta\Big]_0^{\pi/2} d\phi = 27\int_0^{2\pi} d\phi = 54\pi$$

한편, 평면 $S_2(z=0)$에 대한 단위법선벡터를 $\boldsymbol{n}_2$라고 하면 $\boldsymbol{n}_2 = -\boldsymbol{a}_z$가 되므로 S_2에 대한 면적분을 계산하면 다음과 같다.

$$\boldsymbol{F}\cdot\boldsymbol{n}_2 = -z = 0$$
$$\int_{S_2} \boldsymbol{F}\cdot\boldsymbol{n}dS_2 = 0$$

따라서 S_1과 S_2에 대한 면적분을 합하면

$$\int_S \boldsymbol{F}\cdot\boldsymbol{n}dS = 54\pi + 0 = 54\pi$$

가 되므로 V에 대한 체적적분과 같다는 것을 알 수 있다.

예제 7.37

벡터장 $\boldsymbol{F} = x\boldsymbol{a}_x + xy\boldsymbol{a}_y + z^2\boldsymbol{a}_z$가 주어져 있고 S가 $0 \le x \le 2,\ 0 \le y \le 2,\ 0 \le z \le 2$에 의해 정의되는 정육면체의 표면을 나타낼 때, 다음의 면적분을 계산하라.

$$\oint_S F\cdot\boldsymbol{n}dS$$

풀이

면적분을 정육면체 S에 대해 계산하려면 6개의 면에 대해 면적분을 수행하여 합해야 한다. 그런데 발산정리를 이용하면 6개의 면적분의 합을 정육면체에 대한 체적적분으로 변환할 수 있다.

먼저 $div\,\boldsymbol{F} = \nabla\cdot\boldsymbol{F}$를 구하면

$$div\,\boldsymbol{F} = \frac{\partial F_1}{\partial x} + \frac{\partial F_2}{\partial y} + \frac{\partial F_3}{\partial z} = 1 + x + 2z$$

이므로 발산정리로부터 다음의 관계가 성립한다.

$$
\begin{aligned}
\oint_S \boldsymbol{F}\cdot\boldsymbol{n}dS &= \iiint_V div\,\boldsymbol{F}\,dV \\
&= \int_0^2\int_0^2\int_0^2 \left(1+x+2z\right)dxdydz \\
&= \int_0^2\int_0^2 \left(4+4z\right)dydz = \int_0^2\left[4y+4yz\right]_0^2 dz \\
&= \int_0^2\left(8+8z\right)dz = \left[8z+4z^2\right]_0^2 = 32
\end{aligned}
$$

(2) Stokes의 정리

Stokes의 정리는 열린 곡면(Open Surface) S에 대한 적분을 [그림 7.34]와 같이 그 면의 경계인 폐곡선 C에 대한 선적분과 연관시켜 주는 정리이다. 즉,

$$\oint_C \boldsymbol{F}\cdot d\boldsymbol{r} = \int_S curl\,\boldsymbol{F}\cdot\boldsymbol{n}dS \tag{133}$$

그런데, 식(133)에서 폐곡선 C의 방향은 어떻게 결정이 될까? 열린 곡면의 경우 수직한 벡터의 방향이 정해져 있을 때는 [그림 7.34]에서처럼 오른나사의 법칙을 써서 그 수직한 벡터의 주위를 돌아가는 방향을 얻는다. 이제 그 수직벡터를 둘러싸고 있는 원을 곡선 C와 만날 때까지 곡면을 따라 움직여 나간다고 상상해 보자. 곡선 C와 만날 때마다 수직벡터 주의에 돌아가는 방향을 곡선 C에 전달해 주면 폐곡선 C의 방향이 얻어진다.

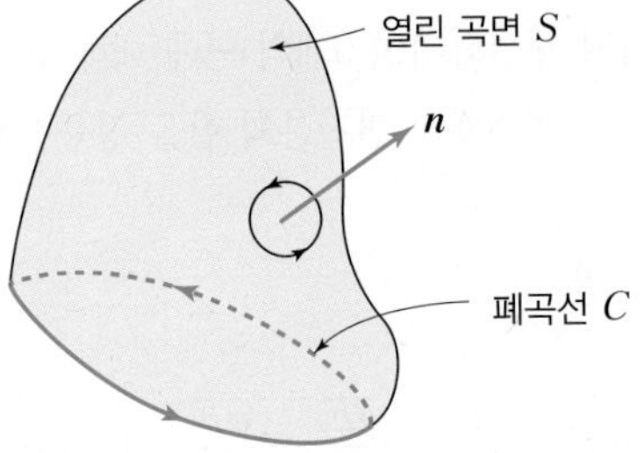

[그림 7.34] Stokes의 정리에서 폐곡선의 방향

여기서 잠깐! **3차원공간에서 Green 정리**

개략적으로 평면에서의 Green 정리는 어떤 영역 R에 대한 이중적분은 영역 R의 경계선 C에 대한 선적분과 같다는 것이다.
이 개념을 자연스럽게 3차원 공간으로 확장해보면, 열린 곡면 S에 대한 면적분은 S의 경계선에 대한 선적분과 같다는 것을 예측할 수 있는데 이를 일반화한 것을 Stokes의 정리라고 한다.

예를 들어, [그림 7.35]에 나타낸 것과 같이 두 개의 열린 입방체에서 폐곡선의 방향을 결정해보자. 첫 번째 경우는 입방체의 윗면이 없고, 두 번째 경우는 입방체의 아랫면이 없다. 각각의 경우에 결정되는 폐곡선 C의 방향을 나타내었다.

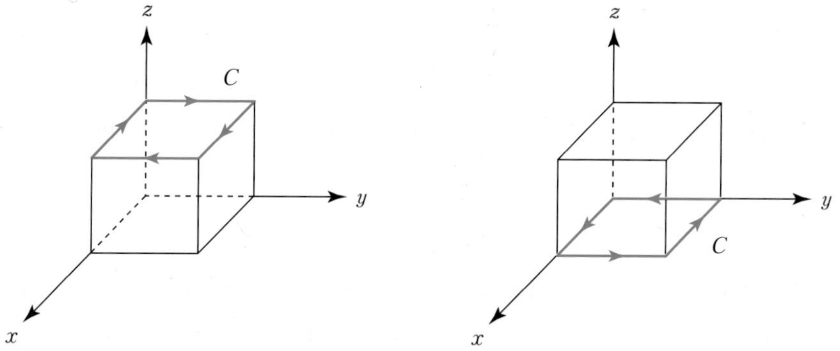

[그림 7.35] 열린 곡면에 대한 폐곡선의 결정

예제 7.38

각 변의 길이가 2인 정육면체에서 윗면이 없이 5개의 면으로 구성되어 있는 곡면 S가 있다고 할 때, 다음 벡터장 $\boldsymbol{F}$에 대하여 Stokes의 정리가 성립함을 증명하라.

$$\boldsymbol{F}=(x+y)\boldsymbol{a}_x+(y+z)\boldsymbol{a}_y+(x+z)\boldsymbol{a}_z$$

풀이

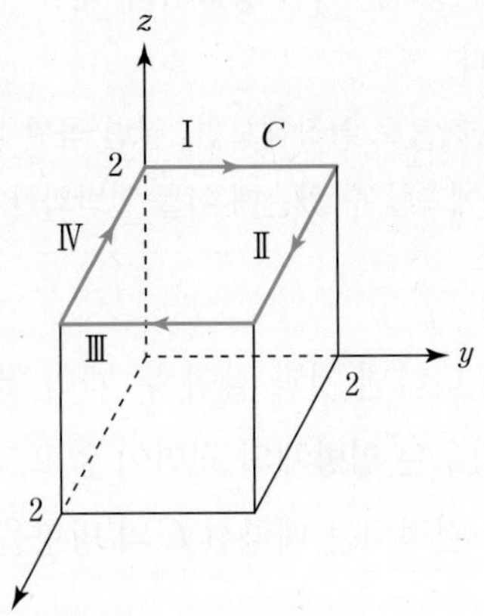

위의 그림에서 곡면 S에 대응되는 폐곡선 C는 시계방향으로 결정된다.

① $\oint_C \boldsymbol{F}\cdot d\boldsymbol{r}$의 계산

먼저, $\boldsymbol{F}\cdot d\boldsymbol{r}$을 계산하기 위해 경로 C에서 $z=2$이고 $dz=0$이라는 사실에 주의한다.

$$\oint_C \boldsymbol{F}\cdot d\boldsymbol{r}=\oint_C (x+y)dx+(y+2)dy$$

경로 C가 4개의 경로로 구성되어 있으므로 각 경로(I, II, III, IV)에 대해 선적분을 계산하면 다음과 같다.

경로 I : $x=0,\ dx=0,\ 0\le y\le 2$

$$\int_{\mathrm{I}}(x+y)dx+(y+2)dy=\int_{\mathrm{I}}(y+2)dy=\int_0^2(y+2)dy$$
$$=\left[\frac{1}{2}y^2+2y\right]_0^2=6$$

경로 II : $y=2,\ dy=0,\ 0\le x\le 2$

$$\int_{\mathrm{II}}(x+y)dx+(y+2)dy=\int_{\mathrm{II}}(x+y)dx=\int_0^2(x+2)dx$$
$$=\left[\frac{1}{2}x^2+2x\right]_0^2=6$$

경로 III : $x=2,\ dx=0,\ 0\le y\le 2$ (y는 2에서 0으로 변한다.)

$$\int_{\mathrm{III}}(x+y)dx+(y+2)dy=\int_{\mathrm{III}}(y+2)dy=\int_2^0(y+2)dy$$
$$=\left[\frac{1}{2}y^2+2y\right]_2^0=-6$$

경로 Ⅳ : $y=0,\ dy=0,\ 0 \le x \le 2$ (x는 2에서 0으로 변한다.)

$$\int_{\mathrm{IV}}(x+y)dx+(y+2)dy=\int_{\mathrm{IV}}(x+y)dx=\int_2^0 xdx=\left[\frac{1}{2}x^2\right]_0^2=-2$$

따라서 각 경로에서의 선적분 결과를 합하면 다음이 얻어진다.

$$\oint_C \boldsymbol{F}\cdot d\boldsymbol{r}=6+6-6-2=4$$

② $\oint_S curl\,\boldsymbol{F}\cdot\boldsymbol{n}dS$ 의 계산

먼저, $curl\,\boldsymbol{F}$ 를 계산한다.

$$curl\boldsymbol{F}=\begin{vmatrix} \boldsymbol{a}_x & \boldsymbol{a}_y & \boldsymbol{a}_z \\ \dfrac{\partial}{\partial x} & \dfrac{\partial}{\partial y} & \dfrac{\partial}{\partial z} \\ x+y & y+z & x+z \end{vmatrix}=-\boldsymbol{a}_x-\boldsymbol{a}_y-\boldsymbol{a}_z$$

윗면을 제외한 나머지 5개의 면에 대해 면적분을 수행하면 다음과 같다.

뒷면 S_1 : $\boldsymbol{n}=-\boldsymbol{a}_x,\ dS_1=dydz$

$$\int_{S_1} curl\,\boldsymbol{F}\cdot\boldsymbol{n}dS_1=\int_{S_1} dydz=\int_0^2\int_0^2 dydz=4$$

앞면 S_2 : $\boldsymbol{n}=\boldsymbol{a}_x,\ dS_2=dydz$

$$\int_{S_2} curl\,\boldsymbol{F}\cdot\boldsymbol{n}dS_2=-\int_{S_2} dydz=-\int_0^2\int_0^2 dydz=-4$$

좌측면 S_3 : $\boldsymbol{n}=-\boldsymbol{a}_y,\ dS_3=dxdz$

$$\int_{S_3} curl\,\boldsymbol{F}\cdot\boldsymbol{n}dS_3=\int_{S_3} dxdz=\int_0^2\int_0^2 dxdz=4$$

우측면 S_4 : $\boldsymbol{n}=\boldsymbol{a}_y,\ dS_4=dxdz$

$$\int_{S_4} curl\,\boldsymbol{F}\cdot\boldsymbol{n}dS_4=-\int_{S_4} dxdz=-\int_0^2\int_0^2 dxdz=-4$$

아랫면 S_5 : $\boldsymbol{n}=-\boldsymbol{a}_z,\ dS_5=dxdy$

$$\int_{S_5} curl\,\boldsymbol{F}\cdot\boldsymbol{n}dS_5=\int_{S_5} dxdy=\int_0^2\int_0^2 dxdy=4$$

따라서 5개의 면에 대한 면적분 결과를 합하면 다음이 얻어진다.

$$\int_S curl\, \boldsymbol{F}\cdot \boldsymbol{n} dS = 4-4+4-4+4=4$$

결론적으로 ①과 ②에 의해 Stokes의 정리가 성립한다는 것을 알 수 있다.

쉬어가는 코너 재미있는 퍼즐문제 1

1. 다음의 5개의 와인 잔 중에 하나에는 치명적인 독이 들어 있다. 어떤 와인에 독이 들어 있을지 추측해 보라.

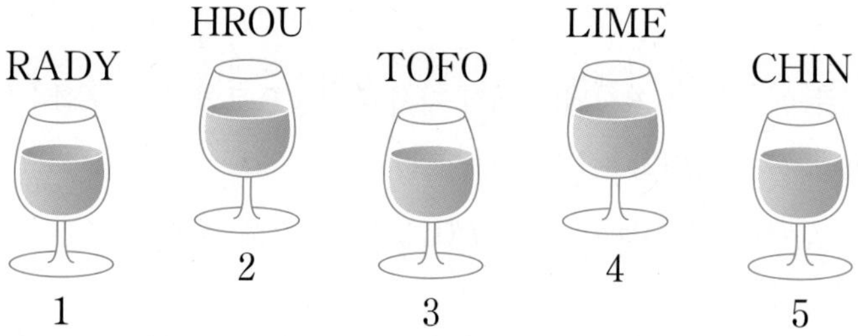

2. 그리드 A와 그리드 B의 값이 다음과 같이 주어져 있을 때 그리드 C의 값은 얼마일까?

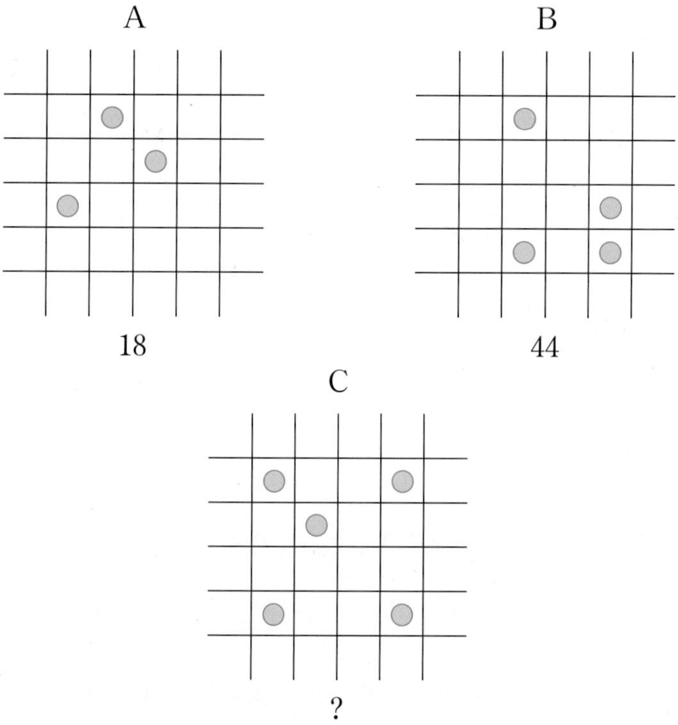

[정답] 1. 2번 와인잔(HROU) 2. C = 40

연습문제

01 다음 함수들에 대하여 지시된 점에서 지시된 방향으로의 방향 도함수를 구하라.

(1) $f(x, y, z)=x^2y^2(2z+1)^2$, $P(1, -1, 1)$, $\boldsymbol{a}=3\boldsymbol{a}_y+3\boldsymbol{a}_z$

(2) $f(x, y, z)=3x^2+4xy+y^2z$, $P(1, 2, 3)$, $\boldsymbol{a}=\boldsymbol{a}_x-\boldsymbol{a}_y+\boldsymbol{a}_z$

02 스칼라장의 기울기를 이용하여 점 P에서 곡면에 대한 단위법선벡터를 구하라.

(1) $z=\sqrt{x^2+y^2}$, $P(6, 8, 10)$

(2) $z^2=4(x^2+y^2)$, $P(1,\ 2,\ \sqrt{20})$

03 다음의 벡터장 $\boldsymbol{F}$에 대하여 물음에 답하라.

$$\boldsymbol{F}(x, y, z)=(x^2y^3+z)\boldsymbol{a}_x+xyz\,\boldsymbol{a}_y+(z^4-xyz)\,\boldsymbol{a}_z$$

(1) $div\ \boldsymbol{F}$와 $curl\ \boldsymbol{F}$를 구하라.

(2) $grad\,(div\ \boldsymbol{F})$과 $div\,(curl\ \boldsymbol{F})$를 구하라.

04 다음의 벡터함수 $\boldsymbol{r}=\boldsymbol{r}(t)$에 대해 물음에 답하라.

$$\boldsymbol{r}(t)=\cos t\,\boldsymbol{a}_x+\sin t\,\boldsymbol{a}_y+5t\,\boldsymbol{a}_z$$

(1) 점 $P\left(0, 1, \frac{5}{2}\pi\right)$에서 $\boldsymbol{r}(t)$의 단위접선벡터를 구하라.

(2) 점 $P\left(0, 1, \frac{5}{2}\pi\right)$에서 점 $Q(-1, 0, 5\pi)$까지의 호의 길이를 구하라.

(3) $\boldsymbol{r}(t)$의 부정적분을 구하라.

05 곡면의 방정식이 다음과 같이 주어져 있을 때 물음에 답하라.

$$f(x, y, z)=x^2+y^2+z^2-9=0$$

(1) 점 $P(2, 0, \sqrt{5})$에서 $f(x, y, z)$의 기울기를 구하라.

(2) 점 $P(2, 0, \sqrt{5})$에서 접평면의 방정식을 구하라.

(3) 점 $P(2, 0, \sqrt{5})$에서 단위법선벡터를 구하라.

06 다음의 각 경로에 대하여 다음의 선적분을 계산하라.

$$\oint_C \{(x^2+y^2)\boldsymbol{a}_x - 2xy\boldsymbol{a}_y\} \cdot d\boldsymbol{r}$$

(1)

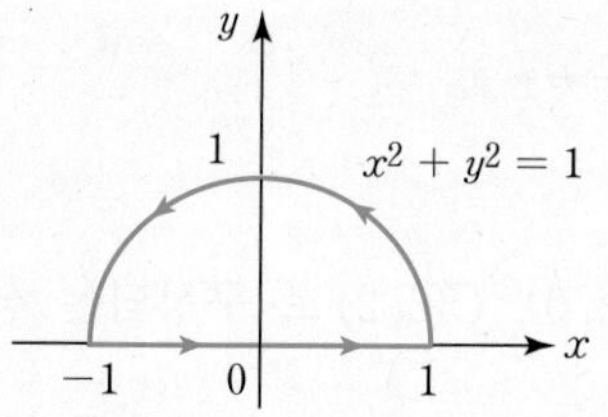

(2)

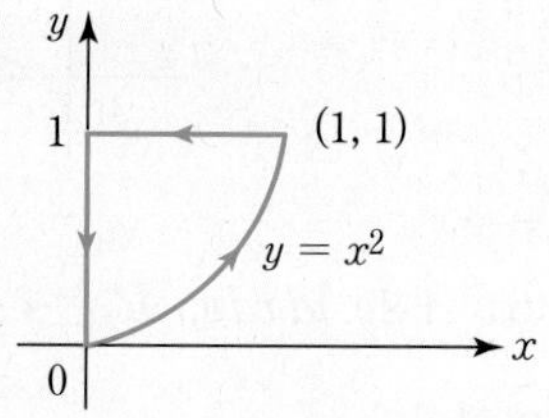

07 다음의 선적분은 점 $A(0,\ 0)$와 점 $B(2,\ 8)$를 연결하는 적분경로에 무관하게 항상 동일한 선적분 값을 가진다는 것을 보여라.

$$\int_C \{(y^3+3x^2y)dx + (x^3+3y^2x+1)dy\}$$

단, C는 A와 B를 연결하는 임의의 적분경로이다.

08 $f(x, y) = x^2 + 3xy$에 대한 이중적분을 다음의 영역 R에 대하여 다음 지시대로 계산하라.

(1) x에 대해 먼저 적분한 다음, y를 적분하라.

(2) y에 대해 먼저 적분한 다음, x를 적분하라.

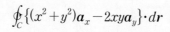

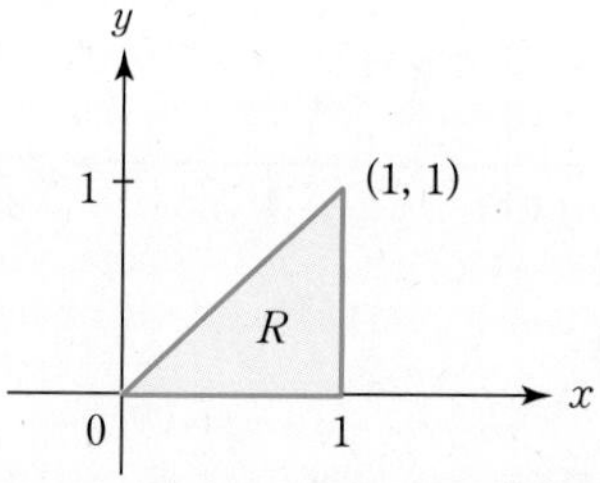

09 다음 이중적분을 주어진 영역 $R_i(i=1, 2)$에 대해 적분하라.

(1) $\iint_{R_1}(x+\sqrt{y})dxdy$, R_1은 $y=x^2$, $y=0$, $x=2$에 둘러싸인 영역이다.

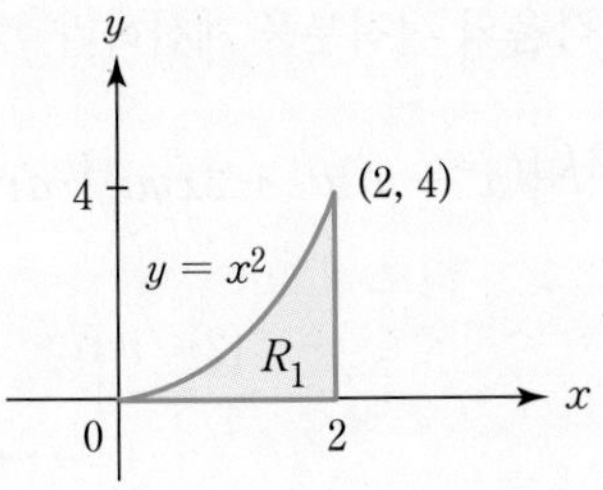

(2) $\iint_{R_2}(5x^2+2y^2)dxdy$, R_2 는 $A(1,1)$, $B(2,0)$, $C(2,2)$ 로 구성되는 삼각형의 내부영역이다.

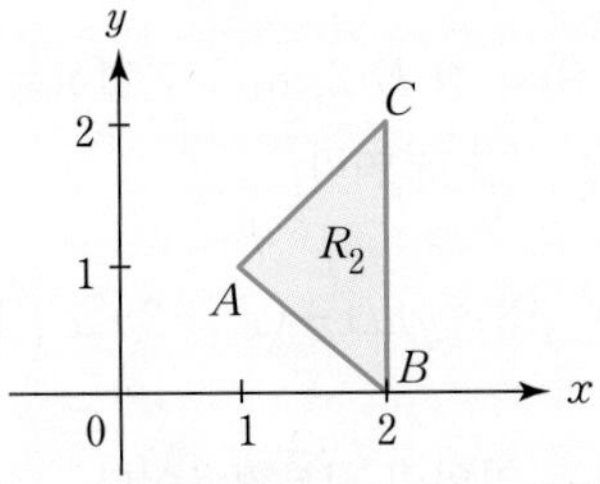

10 주어진 영역 R에 대해 다음의 이중적분을 극좌표변환을 이용하여 구하라.

$$\iint_R y^2\,dxdy$$

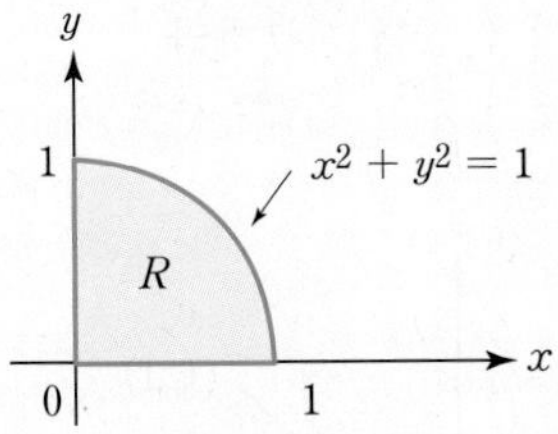

11 다음의 선적분을 계산하라.

$$\oint_C \{\,(\sin x+\cos y)dx+4e^x dy\,\}$$

여기서 C는 $A(1,0)$, $B(3,0)$, $C(3,2)$로 이루어지는 삼각형의 경계를 반시계 방향으로 회전한 것이다. 또한 위의 선적분을 이중적분으로 변환하여 평면에서의 Green 정리가 성립하는 것을 보여라.

12 주어진 벡터장 $\boldsymbol{F}=6xy^2z^2\boldsymbol{a}_z$ 에 대해 다음의 면적분을 계산하라.

$$\int_S \boldsymbol{F}\cdot\boldsymbol{n}dS$$

여기서, S는 단위입방체 $0\le x\le 1$, $0\le y\le 1$, $0\le z\le 1$의 표면이다. 또한 발산 정리를 이용하여 주어진 면적분을 체적적분으로 변환하여 적분을 계산하라.

13 다음의 벡터장 $\boldsymbol{F}=x^3\boldsymbol{a}_x-3x^2y^2z^2\boldsymbol{a}_y+(7x+z)\boldsymbol{a}_z$ 에 대해 다음의 면적분을 계산하라.

$$\int_S \boldsymbol{F}\cdot\boldsymbol{n}dS$$

여기서, S는 길이가 2인 단위입방체 $0\le x\le 2$, $0\le y\le 2$, $0\le z\le 2$이고 $z=0$인 평면이 열려 있는 곡면이다.

14 주어진 벡터장 $\boldsymbol{F}=(2x+1)\boldsymbol{a}_x+(y^2+y+1)\boldsymbol{a}_y$ 는 보존적인 벡터장임을 보이고 $\boldsymbol{F}=grad(f)$가 되는 $f(x, y)$를 구하라. 또한 점 $A(0, 0)$와 점 $B(2, 1)$를 연결하는 임의의 경로 C에 대해 다음 선적분을 계산하라.

$$\int_C \{(2x+1)\boldsymbol{a}_x+(y^2+y+1)\boldsymbol{a}_y\}\cdot d\boldsymbol{r}$$

15 주어진 영역 V는 $0\le x\le 2$, $0\le y\le 1$, $0\le z\le 3$인 직육면체이다. 영역 V에 대하여 다음의 삼중적분을 계산하라.

$$\iiint_V (x^2+y^2+z^2)dxdydz$$

16 곡면 $z=2(x^2+y^2)$ 위의 두 점 $P(1, 1, 4)$와 $Q(-1, -1, 4)$에서의 접평면들이 이루는 각 ϕ를 구하라.

17 점 $P(1, -1, 0)$에서 벡터 $\boldsymbol{a}=(1, 2, 1)$방향으로 함수 $f(x, y, z)=x^2+2x^2y+y^2z^2$의 방향 도함수를 계산하라.

18 적분경로 C가 각 변의 길이가 1인 정사각형의 외부를 반시계 방향으로 돌아가는 경로로 정의할 때, 다음의 선적분을 계산하라.

$$\oint_C (x+2y)dx+(3x-y^2)dy$$

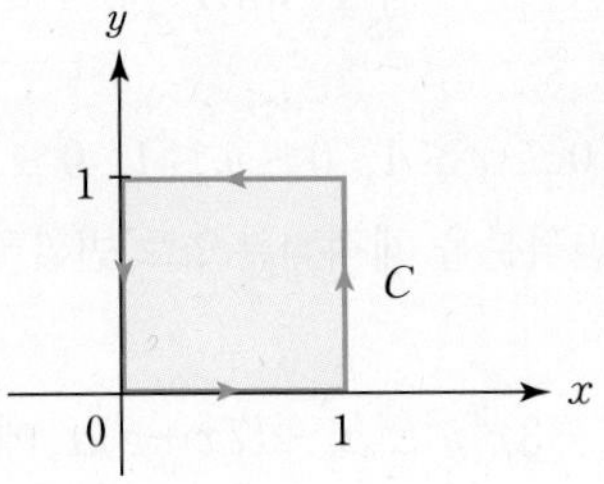

19 다음의 이중적분을 계산하라.

$$\iint_R (x+y)dxdy$$

여기서, R은 $y=-x,\ y=x,\ x=1$에 의해 둘러싸인 영역이다.

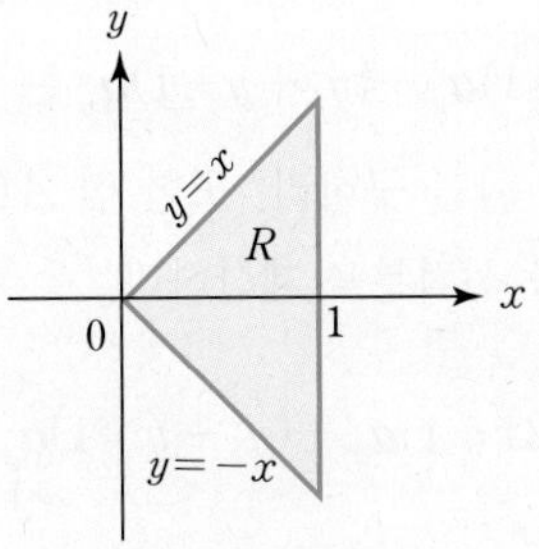

20 다음의 이중적분을 극좌표를 이용하여 계산하라.

$$\iint_R (x^2+y^2)dxdy$$

단, 영역 R은 단위원의 일부 영역이다.

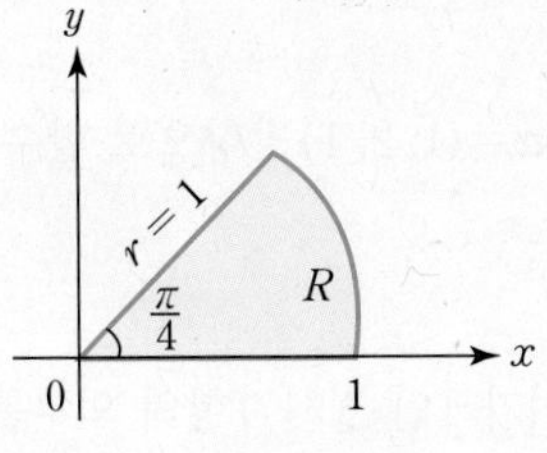

PART III

Fourier 해석

▶ 개요

공학적 응용에서 주기현상은 흔히 접할 수 있으며, 이에 대한 해석을 위해 사용되는 수학적 도구가 Fourier 급수이다. Fourier 급수는 임의의 주기함수를 주파수가 다른 사인이나 코사인과 같은 정현함수의 무한급수 형태로 표현하는 것이다. 이를 이용하여 상미분 및 편미분 방정식에 관련된 문제를 해결할 수 있으며, Taylor 급수로 전개가 불가능한 불연속 주기함수에 대해서도 다룰 수 있기 때문에 Taylor 급수보다 더 보편적이다.

Fourier 급수에서 전개된 기법들은 공학분야의 비주기현상에도 유사하게 적용될 수 있으며, 이는 Fourier 적분과 Fourier 변환 문제로 귀착된다.

이와 같이 공학적인 응용분야에서 흔히 접할 수 있는 주기 또는 비주기 현상에 대한 이해를 위해서는 Fourier 급수, Fourier 적분과 Fourier 변환 등의 해석기법을 이용해야 하며, 이를 총괄적으로 Fourier 해석(Fourier Analysis)이라 한다.

▶ 선행학습내용

미분과 적분, Laplace 변환, 미분방정식

▶ 주요학습내용

Fourier 급수, 복소수형 Fourier 급수, Fourier 적분, Fourier 변환과 응용

CHAPTER 08

Fourier 급수

8.1 주기함수 | 8.2 주기가 2π인 주기함수의 Fourier 급수

8.3 임의의 주기함수에 대한 Fourier 급수 | 8.4 우함수와 기함수

8.5 Fourier 사인 및 코사인 급수 | 8.6 반구간 전개

8.7 복소수형 Fourier 급수

CHAPTER

08 Fourier 급수

▶ 단원 개요

본 장에서는 주기함수를 주파수가 다른 사인과 코사인 함수의 무한급수 형태로 표현하는 방법에 대해 학습한다. 주어진 주기함수가 우함수 또는 기함수인 경우 나타나는 Fourier 사인 및 코사인 급수에 대해서도 학습한다.
또한 주기함수가 아닌 비주기함수에 대해 반구간 전개라는 방법을 통해 특정구간에서의 Fourier 급수로 표현하는 것을 다룬다.
마지막으로, Fourier 급수의 복소수 형태에 대해 학습함으로써 복소 Fourier 계수를 결정하는 공식을 유도할 것이다.

8.1 주기함수

공학문제에서 많이 나타나는 주기함수(Periodic Function)는 일정한 시간 간격 p를 가지고 반복되는 함수를 의미한다. 주기함수 $f(x)$의 수학적인 정의는 [그림 8.1]에 나타난 것처럼 임의의 x^*에서의 함수값 $f(x^*)$와 x^*+p에서의 함수값이 서로 같아야 한다. 왜냐하면 주기함수의 정의가 일정한 시간 간격 p를 가지고 반복된다고 하였기 때문에 매 p시간 간격마다 동일한 함수값을 가져야 한다. 즉,

$$f(x^*)=f(x^*+p.),\ \ \forall x^* \tag{1}$$

여기서 x^*는 임의의 값이므로 일반적으로 다음과 같이 표현할 수 있으며, p를 함수 $f(x)$의 주기(Period)라고 한다.

$$f(x)=f(x+p),\ \ \forall x \tag{2}$$

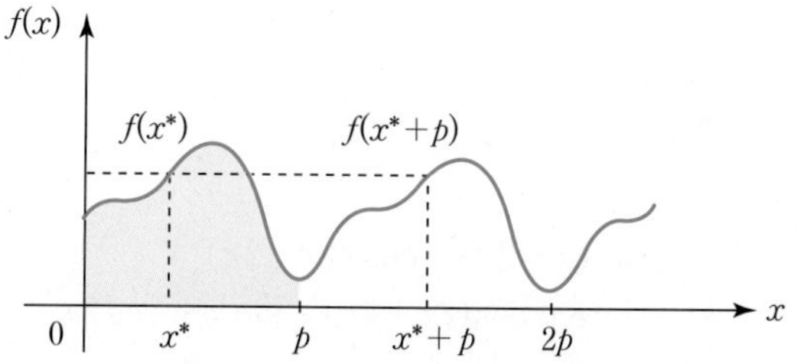

[그림 8.1] 주기가 p인 주기함수

식(2)로부터 $f(x+2p)$와 $f(x+3p)$를 계산해 보면

$$f(x+2p)=f[(x+p)+p]=f(x+p)=f(x)$$
$$f(x+3p)=f[(x+2p)+p]=f(x+2p)=f(x)$$

가 되므로 정수 n과 임의의 x에 대하여 다음의 관계가 성립된다.

$$f(x)=f(x+np) \tag{3}$$

따라서 식(3)으로부터 $p, 2p, 3p, \cdots, np$ 등도 $f(x)$의 주기가 된다는 것을 알 수 있으며, 이 중에서 가장 작은 값인 p를 $f(x)$의 기본주기(Fundamental Period)라고 한다. 앞으로 특별한 언급이 없는 경우, 주기라 함은 기본주기를 지칭하는 것으로 한다.

예제 8.1

다음 함수들의 기본주기를 구하라.

(1) $f(x)=\sin 2x$

(2) $g(x)=\sin x+\cos 2x$

(3) $h(x)=\sin 3x+\cos 2x$

풀이

(1) $f(x+\pi)=\sin 2(x+\pi)=\sin(2x+2\pi)=\sin 2x=f(x)$

따라서 $f(x)$는 주기가 π인 주기함수이다.

(2) $\sin x$ 는 주기가 2π 인 주기함수이고 $\cos 2x$ 는 주기가 π 인 주기함수이므로 $g(x+2\pi)$를 계산해 본다.

$$\begin{aligned} g(x+2\pi) &= \sin(x+2\pi) + \cos 2(x+2\pi) \\ &= \sin x + \cos(2x+4\pi) = \sin x + \cos 2x = g(x) \end{aligned}$$

따라서 $g(x)$는 주기가 2π 인 주기함수이다.

(3) $\sin 3x$ 는 주기가 $\frac{2}{3}\pi$ 인 주기함수이고, $\cos 2x$ 는 주기가 π 인 주기함수이므로 $\left\{\frac{2}{3}\pi, \frac{4}{3}\pi, \frac{6}{3}\pi, \cdots\right\}$와 $\{\pi, 2\pi, 3\pi, \cdots\}$의 교집합 중에서 가장 작은 값은 2π 이므로 $h(x+2\pi)$를 계산해 본다.

$$\begin{aligned} h(x+2\pi) &= \sin 3(x+2\pi) + \cos 2(x+2\pi) \\ &= \sin(3x+6\pi) + \cos(2x+4\pi) \\ &= \sin 3x + \cos 2x = h(x) \end{aligned}$$

따라서 $h(x)$는 주기가 2π 인 주기함수이다.

여기서 잠깐! 기호 ∀와 ∃의 의미

수학에서는 많은 기호를 사용하게 되는데 ∀과 ∃의 의미를 살펴보자. 얼핏 영어 알파벳의 A와 E를 뒤집어 놓은 것 같은 모양인데, ∀는 '모든', '임의의'라는 의미로 $\forall x$는 '임의의 x', '모든 x'를 나타낸다. 영어에서 'All'이 '모든'의 의미이므로 알파벳 A를 뒤집어 놓은 모양을 사용한 것으로 이해해도 무방하다.
또한 ∃은 '존재한다'의 의미로 $\exists x$는 '어떤 x가 존재한다'를 나타내며, 영어에서 'Exist'가 '존재하다'의 의미이므로 알파벳 E를 뒤집어 놓은 모양을 사용하는 것이다.

여기서 잠깐! $\sin \omega x$ 와 $\cos \omega x$ 의 주기

$\sin x$ 와 $\cos x$ 는 주기가 2π 인 주기함수이다. $\sin \omega x$ 의 주기를 계산해 보자.

$$\sin \omega\left(x+\frac{2\pi}{\omega}\right) = \sin(\omega x + 2\pi) = \sin \omega x$$

마찬가지 방법으로

$$\cos\omega\left(x+\frac{2\pi}{\omega}\right)=\cos(\omega x+2\pi)=\cos\omega x$$

이므로 $\sin\omega x$와 $\cos\omega x$는 각각 주기 $p=\frac{2\pi}{\omega}$인 주기함수이다. 주기의 역수를 주파수(Frequency) 또는 진동수라고 한다.

8.2 주기가 2π인 주기함수의 Fourier 급수

Fourier 급수는 임의의 주기 p를 가지는 주기함수를 주파수가 서로 다른 사인과 코사인의 무한급수 형태로 표시한 것을 말한다. 먼저 주기 $p=2\pi$인 주기함수에 대한 Fourier 급수에 대해 설명한다.

주기 $p=2\pi$인 주기함수 $f(x)$를 다음과 같이 무한 삼각급수(Trigonometric Series) 형태로 표현하는 것을 생각해 본다.

$$\begin{aligned} f(x) &= a_0+\sum_{n=1}^{\infty}(a_n\cos nx+b_n\sin nx) \\ &= a_0+a_1\cos x+b_1\sin x+a_2\cos 2x+b_2\sin 2x+\cdots \end{aligned} \tag{4}$$

식(4)에서 좌변의 $f(x)$에 대한 정보는 모두 주어져 있으므로 우리가 할 일은 식(4)의 양변이 같아지도록 하는 계수 a_0, a_n, $b_n(n=1, 2, \cdots)$을 결정하는 것이다.

이들 계수들을 Fourier 계수(Fourier Coefficients)라 하며 삼각함수의 성질을 이용하여 결정할 수 있다. 이와 같이 주어진 주기함수 $f(x)$에 대해 식(4)의 우변의 Fourier 계수를 구하는 것을 $f(x)$를 Fourier 급수(Fourier Series)로 전개한다고 한다. $f(x)$를 Fourier 급수로 전개할 때의 Fourier 계수를 [그림 8.2]에 나타내었다.

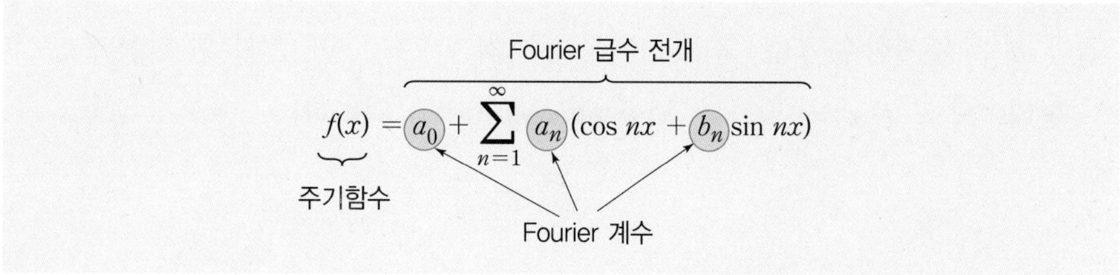

[그림 8.2] 주기함수 $f(x)$의 Fourier 급수

(1) a_0의 결정

이제 식(4)의 우변에 있는 Fourier 계수들을 결정해 본다. 먼저, a_0를 결정하기 위해 식(4)의 양변을 $-\pi$에서 π까지 한 주기 동안 적분하면 다음과 같다.

$$\int_{-\pi}^{\pi} f(x)dx = \int_{-\pi}^{\pi} a_0 dx + \int_{-\pi}^{\pi} \sum_{n=1}^{\infty} (a_n \cos nx + b_n \sin nx)dx \tag{5}$$

식(5)에서 우변의 두 번째 항을 살펴보면 임의의 함수들의 합을 적분한 것은 각 함수를 적분한 후에 각각 더한 것과 같다는 적분의 선형성에 의해 적분기호 $\int$와 Σ 기호를 다음과 같이 서로 바꿀 수 있다.

$$\int_{-\pi}^{\pi} f(x)dx = \int_{-\pi}^{\pi} a_0 dx + \sum_{n=1}^{\infty} \left(a_n \int_{-\pi}^{\pi} \cos nx\, dx + b_n \int_{-\pi}^{\pi} \sin nx dx \right) \tag{6}$$

식(6)에서 우변의 두 번째 적분은 n값에 관계없이 항상 0이 된다. 즉,

$$\int_{-\pi}^{\pi} \cos nx\, dx = 0, \quad \int_{-\pi}^{\pi} \sin nx\, dx = 0, \quad n = 1, 2, \cdots \tag{7}$$

따라서 식(6)의 적분은

$$\int_{-\pi}^{\pi} f(x)dx = \int_{-\pi}^{\pi} a_0 dx = 2\pi a_0$$

가 되므로 Fourier 계수 a_0는 다음과 같이 결정된다.

$$a_0 = \frac{1}{2\pi} \int_{-\pi}^{\pi} f(x)dx \tag{8}$$

결국 a_0는 주기함수 $f(x)$를 $-\pi$에서 π까지 한 주기 동안 적분한 다음 2π로 나누는 형태이므로 $f(x)$의 평균값(Average Value)을 의미한다.

(2) a_n 의 결정

유사한 방법으로 이번에는 Fourier 계수 $a_n(n=1, 2, \cdots)$을 구해 보자. 먼저, 식 (4)의 양변에 $\cos mx$ (m은 양의 정수)를 곱한 다음 $-\pi$ 에서 π 까지 한 주기 동안 적분하면 다음과 같다.

$$\begin{aligned}\int_{-\pi}^{\pi} f(x)\cos mx\,dx &= \int_{-\pi}^{\pi} a_0 \cos mx\,dx + \int_{-\pi}^{\pi} \cos mx \sum_{n=1}^{\infty}(a_n \cos nx + b_n \sin nx)dx \\ &= \int_{-\pi}^{\pi} a_o \cos mx\,dx + \sum_{n=1}^{\infty} a_n \int_{-\pi}^{\pi} \cos mx \cos nx\,dx \\ &\quad + \sum_{n=1}^{\infty} b_n \int_{-\pi}^{\pi} \cos mx \sin nx\,dx \end{aligned} \tag{9}$$

식(9)에서 우변의 첫 번째 적분은 0이라는 것이 명백하다. 문제는 삼각함수의 곱에 대한 다음 적분의 값을 계산하는 것이다.

$$\int_{-\pi}^{\pi} \cos mx \cos nx\,dx \tag{10}$$

$$\int_{-\pi}^{\pi} \cos mx \sin nx\,dx \tag{11}$$

식(10)과 식(11)의 적분은 삼각함수의 곱을 합으로 변환하는 공식을 사용하여 다음과 같이 적분할 수 있으며, 독자들의 연습문제로 남겨둔다.

$$\int_{-\pi}^{\pi} \cos mx \cos nx\,dx = \begin{cases} \pi, & m=n \\ 0, & m \neq n \end{cases} \tag{12}$$

$$\int_{-\pi}^{\pi} \cos mx \sin nx\,dx = 0 \tag{13}$$

식(12)와 식(13)을 기억하기 위한 방법은 피적분함수가 사인과 코사인함수의 곱으로 되어 있는 경우의 적분은 m과 n에 관계없이 0이 되고, 피적분함수가 코사인함수만의 곱으로 되어 있는 경우 $m=n$이 같은 경우만 주기 p의 절반인 π를 적분값으로 가진다고 기억하면 된다. 참고로, 피적분함수가 사인함수만의 곱으로 되어 있는 경우도 식(12)와 유사한 결과를 얻을 수 있다. 즉,

$$\int_{-\pi}^{\pi} \sin mx \sin nx\, dx = \begin{cases} \pi, & m=n \\ 0, & m \neq n \end{cases} \tag{14}$$

식(12)와 식(13)의 결과를 이용하면 식(9)에서 우변의 두 번째 적분만이 $n=m$ 인 경우에만 적분값을 가진다는 것을 알 수 있다. 즉

$$\sum_{n=1}^{\infty} a_n \int_{-\pi}^{\pi} \cos mx \cos nx dx = a_m \int_{-\pi}^{\pi} \cos mx \cos mx dx = a_m \pi \tag{15}$$

이므로 식(9)에서 다음의 관계가 성립한다.

$$\begin{aligned} &\int_{-\pi}^{\pi} f(x) \cos mx\, dx = a_m \pi \\ \therefore\ & a_m = \frac{1}{\pi} \int_{-\pi}^{\pi} f(x) \cos mx\, dx, \quad m=1, 2, \cdots \end{aligned} \tag{16}$$

식(16)에서 m을 n으로 다시 표현하면

$$a_n = \frac{1}{\pi} \int_{-\pi}^{\pi} f(x) \cos nx\, dx, \ \ n=1, 2, \cdots \tag{17}$$

결국, Fourier 계수 a_n은 $f(x)$에 $\cos nx$를 곱하여 한 주기 동안 적분한 다음 π로 나누는 형태임에 주목하라.

(3) b_n의 결정

마지막으로 Fourier 계수 $b_n (n=1, 2, \cdots)$을 구해 보자. 먼저, a_n의 결정과정과 마찬가지로 식(4)의 양변에 $\sin mx$ (m은 양의 정수)를 곱한 다음 $-\pi$에서 π까지 한 주기 동안 적분하면 다음과 같다.

$$\begin{aligned} \int_{-\pi}^{\pi} f(x) \sin mx\, dx &= \int_{-\pi}^{\pi} a_0 \sin mx\, dx + \int_{-\pi}^{\pi} \sin mx \sum_{n=1}^{\infty} (a_n \cos nx + b_n \sin nx) dx \\ &= \int_{-\pi}^{\pi} a_0 \sin mx\, dx + \sum_{n=1}^{\infty} a_n \int_{-\pi}^{\pi} \sin mx \cos nx\, dx \\ &\quad + \sum_{n=1}^{\infty} b_n \int_{-\pi}^{\pi} \sin mx \sin nx\, dx \end{aligned} \tag{18}$$

식(18)에서 우변의 첫 번째 적분은 0이며, 두 번째 적분도 식(13)에 의해 0이 된다. 세 번째 적분은 $n=m$일 때만 식(14)에 의해 적분값이 π가 된다는 것을 알 수 있다. 즉,

$$\sum_{n=1}^{\infty} b_n \int_{-\pi}^{\pi} \sin mx \sin nx \, dx = b_m \int_{-\pi}^{\pi} \sin mx \sin mx \, dx = b_m \pi \tag{19}$$

이므로 식(18)에서 다음의 관계가 성립한다.

$$\begin{aligned} &\int_{-\pi}^{\pi} f(x) \sin mx \, dx = b_m \pi \\ \therefore\ & b_m = \frac{1}{\pi} \int_{-\pi}^{\pi} f(x) \sin mx \, dx, \quad m=1, 2, \cdots \end{aligned} \tag{20}$$

식(20)에서 m을 n으로 다시 표현하면

$$b_n = \frac{1}{\pi} \int_{-\pi}^{\pi} f(x) \sin nx dx, \ \ n=1, 2, \cdots \tag{21}$$

결국, Fourier 계수 b_n은 $f(x)$에 $\sin nx$를 곱하여 한 주기 동안 적분한 다음 π로 나누는 형태임에 주목하라.

지금까지의 결과를 정리하면, 주기가 $p=2\pi$인 주기함수 $f(x)$를 Fourier 급수로 전개하는 경우 Fourier 계수들은 각각 다음과 같이 결정된다.

$$f(x) = a_0 + \sum_{n=1}^{\infty} (a_n \cos nx + b_n \sin nx) \tag{22}$$

$$a_0 = \frac{1}{2\pi} \int_{-\pi}^{\pi} f(x) dx \tag{23}$$

$$a_n = \frac{1}{\pi} \int_{-\pi}^{\pi} f(x) \cos nx \, dx \quad n=1, 2, \cdots \tag{24}$$

$$b_n = \frac{1}{\pi} \int_{-\pi}^{\pi} f(x) \sin nx \, dx \quad n=1, 2, \cdots \tag{25}$$

위의 Fourier 계수들을 결정하는 과정에서 적분구간은 임의의 구간에 대하여 한

주기 동안만 택하여 적분하여도 결과에는 변화가 없음을 알 수 있다. 즉, $[-\pi, \pi]$를 $[0, 2\pi]$ 또는 $\left[-\frac{\pi}{2}, \frac{3\pi}{2}\right]$로 대체하여도 관계없다.

여기서 잠깐! **실수 $\boldsymbol{R}$에서의 구간의 표현**

실수 $\boldsymbol{R}$에서의 구간(Interval)을 표현하기 위해 [ ], ( )을 사용한다. [ ]는 구간의 양 끝점이 포함된다는 의미이고, ( )은 구간의 양 끝점이 포함되지 않는다는 의미이다. 예를 들어, $x \in \boldsymbol{R}$에 대하여

$$\begin{aligned} 0 \le x \le 3 &\Longleftrightarrow x \in [0, 3] \\ 0 < x < 3 &\Longleftrightarrow x \in (0, 3) \\ 0 \le x < 3 &\Longleftrightarrow x \in [0, 3) \\ 0 < x \le 3 &\Longleftrightarrow x \in (0, 3] \end{aligned}$$

과 같이 표현할 수 있다.

여기서 잠깐! **Kronecker 델타 기호 δ_{ij}**

수학기호는 적절히 사용하는 경우 수식의 표현을 간결하고 명확하게 해준다. Kronecker 델타 기호 δ_{ij}는 다음과 같이 정의된다.

$$\delta_{ij} = \begin{cases} 1, & i = j \\ 0, & i \ne j \end{cases}$$

δ_{ij}의 기호를 사용하면 식(12)와 식(14)는 다음과 같이 간결하게 표현할 수 있다.

$$\int_{-\pi}^{\pi} \cos mx \cos nx \, dx = \pi \delta_{mn}$$
$$\int_{-\pi}^{\pi} \sin mx \sin nx \, dx = \pi \delta_{mn}$$

예제 8.2

주기 $p=2\pi$ 인 주기함수 $f(x)$를 Fourier 급수로 전개하라.

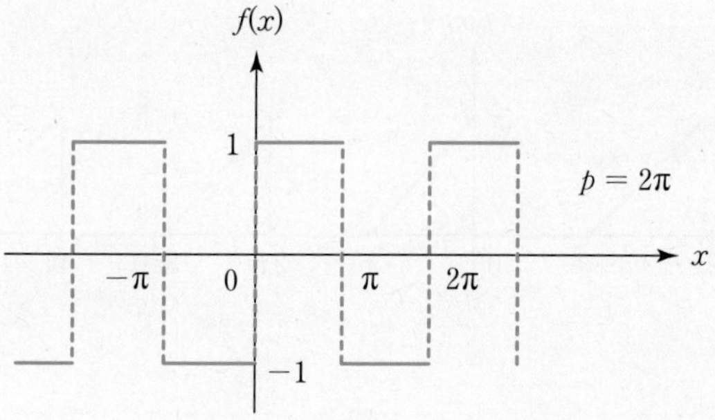

풀이

$$a_0=\frac{1}{2\pi}\int_{-\pi}^{\pi}f(x)dx=\frac{1}{2\pi}\left\{\int_{-\pi}^{0}(-1)dx+\int_{0}^{\pi}(1)dx\right\}=0$$

$$\begin{aligned}a_n&=\frac{1}{\pi}\int_{-\pi}^{\pi}f(x)\cos nx\,dx\\&=\frac{1}{\pi}\left\{\int_{-\pi}^{0}(-1)\cos nx\,dx+\int_{0}^{\pi}(1)\cos nx\,dx\right\}\\&=\frac{1}{\pi}\left\{\left[\left(-\frac{\sin nx}{n}\right)\right]_{-\pi}^{0}+\left[\left(\frac{\sin nx}{n}\right)\right]_{0}^{\pi}\right\}=0\end{aligned}$$

$$\begin{aligned}b_n&=\frac{1}{\pi}\int_{-\pi}^{\pi}f(x)\sin nx\,dx\\&=\frac{1}{\pi}\left\{\int_{-\pi}^{0}(-1)\sin nx\,dx+\int_{0}^{\pi}\sin nx\,dx\right\}\\&=\frac{1}{\pi}\left\{\left[\left(\frac{\cos nx}{n}\right)\right]_{-\pi}^{0}+\left[\left(-\frac{\cos nx}{n}\right)\right]_{0}^{\pi}\right\}\\&=\frac{2}{n\pi}(1-\cos n\pi)=\frac{2\{1-(-1)^n\}}{n\pi}\end{aligned}$$

따라서 $f(x)$의 Fourier 급수 표현은 다음과 같다.

$$f(x)=\sum_{n=1}^{\infty}\frac{2}{n\pi}\{1-(-1)^n\}\sin nx$$

예제 8.3

주기가 2π 인 주기함수 $f(x)$를 Fourier 급수로 전개하라.

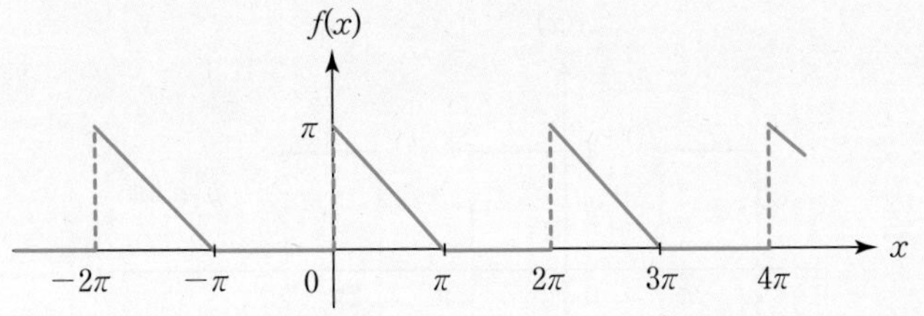

풀이

주기 $p=2\pi$ 이고 $x\in(0,\pi)$ 에서 $f(x)=\pi-x$ 이므로 Fourier 계수는 다음과 같다.

$$a_0=\frac{1}{2\pi}\int_{-\pi}^{\pi}f(x)dx=\frac{1}{2\pi}\int_0^{\pi}(\pi-x)dx=\frac{1}{2\pi}\left[\pi x-\frac{1}{2}x^2\right]_0^{\pi}=\frac{1}{4}\pi$$

$$\begin{aligned}a_n&=\frac{1}{\pi}\int_{-\pi}^{\pi}f(x)\cos nx\,dx=\frac{1}{\pi}\int_0^{\pi}(\pi-x)\cos nx\,dx\\&=\frac{1}{\pi}\left\{\left[(\pi-x)\frac{\sin nx}{n}\right]_0^{\pi}+\int_0^{\pi}\frac{\sin nx}{n}dx\right\}\\&=\frac{1}{\pi}\left[-\frac{1}{n}\cdot\frac{\cos nx}{n}\right]_0^{\pi}=\frac{-\cos n\pi+1}{n^2\pi}=\frac{1-(-1)^n}{n^2\pi}\end{aligned}$$

$$\begin{aligned}b_n&=\frac{1}{\pi}\int_{-\pi}^{\pi}f(x)\sin nx\,dx=\frac{1}{\pi}\int_0^{\pi}(\pi-x)\sin nx\,dx\\&=\frac{1}{\pi}\left\{\left[-(\pi-x)\frac{\cos nx}{n}\right]_0^{\pi}-\int_0^{\pi}\frac{\cos nx}{n}dx\right\}\\&=\frac{1}{\pi}\left\{\frac{\pi}{n}-\frac{1}{n}\left[\frac{\sin nx}{n}\right]_0^{\pi}\right\}=\frac{1}{\pi}\left(\frac{\pi}{n}\right)=\frac{1}{n}\end{aligned}$$

따라서 $f(x)$의 Fourier 급수 표현은 다음과 같다.

$$f(x)=\frac{1}{4}\pi+\sum_{n=1}^{\infty}\left(\frac{1-(-1)^n}{n^2\pi}\cos nx+\frac{1}{n}\sin nx\right)$$

8.3 임의의 주기함수에 대한 Fourier 급수

(1) Fourier 계수의 결정

8.2절에서는 주기 $p=2\pi$ 인 주기함수에 대한 Fourier 급수 표현에 대해 논의하였다. 본 절에서는 주기가 2π 가 아닌 임의의 주기를 가지는 주기함수의 Fourier 급수 전개에 대해 살펴본다. $f(x)$가 임의의 주기 p를 가지는 주기함수라고 가정하면 다음의 관계가 성립한다.

$$f(x+p)=f(x),\ \ \forall x \tag{26}$$

주기가 2π 인 경우에는 8.2절에서 이미 다루었기 때문에 $f(x)$가 변수 t에 대해 주기가 2π 가 되도록 다음과 같이 변수변환을 도입한다.

$$t \triangleq \frac{2\pi}{p}x \quad \text{또는} \quad x=\frac{p}{2\pi}t \tag{27}$$

식(27)의 변수변환으로부터 x가 $-\frac{p}{2}$ 에서 $\frac{p}{2}$ 까지 변한다고 가정하면

$$x=-\frac{p}{2} \text{ 일 때} \quad t=\frac{2\pi}{p}\left(-\frac{p}{2}\right)=-\pi$$
$$x=\frac{p}{2} \text{ 일 때} \quad t=\frac{2\pi}{p}\left(\frac{p}{2}\right)=\pi$$

가 되므로 t는 $-\pi$ 에서 π 까지 변한다. 따라서 f는 식(27)의 변수변환에 의해 다음과 같이 t의 함수 $g(t)$로 표현될 수 있다.

$$f(x)=f\left(\frac{p}{2\pi}t\right)\triangleq g(t) \tag{28}$$

그런데 식(28)의 $g(t)$는 t에 대해 주기가 2π 인 주기함수이므로 8.2절에서 전개된 것과 같이 다음의 Fourier 급수 표현을 가진다.

$$g(t)=a_0+\sum_{n=1}^{\infty}(a_n\cos nt+b_n\sin nt) \tag{29}$$

$$a_0=\frac{1}{2\pi}\int_{-\pi}^{\pi}g(t)dt \tag{30}$$

$$a_n=\frac{1}{\pi}\int_{-\pi}^{\pi}g(t)\cos nt\,dt \tag{31}$$

$$b_n=\frac{1}{\pi}\int_{-\pi}^{\pi}g(t)\sin nt\,dt \tag{32}$$

그런데 $t=\frac{2\pi}{p}x$ 로부터

$$dt=\frac{2\pi}{p}dx \tag{33}$$

가 얻어지므로 식(29)~식(32)의 Fourier 급수는 다음과 같이 표현된다.

$$f(x)=g\left(\frac{2\pi}{p}x\right)=a_0+\sum_{n=1}^{\infty}\left(a_n\cos\frac{2n\pi}{p}x+b_n\sin\frac{2n\pi}{p}x\right) \tag{34}$$

$$a_0=\frac{1}{2\pi}\int_{-\pi}^{\pi}g(t)dt=\frac{1}{2\pi}\int_{-p/2}^{p/2}g\left(\frac{2\pi}{p}x\right)\frac{2\pi}{p}dx$$

$$\therefore\ a_0=\frac{1}{p}\int_{-p/2}^{p/2}f(x)dx \tag{35}$$

$$a_n=\frac{1}{\pi}\int_{-\pi}^{\pi}g(t)\cos nt\,dt=\frac{1}{\pi}\int_{-p/2}^{p/2}g\left(\frac{2\pi}{p}x\right)\cos\left(\frac{2n\pi}{p}x\right)\frac{2\pi}{p}dx$$

$$\therefore\ a_n=\frac{2}{p}\int_{-p/2}^{p/2}f(x)\cos\frac{2n\pi}{p}x\,dx \tag{36}$$

$$b_n=\frac{1}{\pi}\int_{-\pi}^{\pi}g(t)\sin nt\,dt=\frac{1}{\pi}\int_{-p/2}^{p/2}g\left(\frac{2\pi}{p}x\right)\sin\left(\frac{2n\pi}{p}x\right)\frac{2\pi}{p}dx$$

$$\therefore\ b_n=\frac{2}{p}\int_{-p/2}^{p/2}f(x)\sin\frac{2n\pi}{p}x\,dx \tag{37}$$

앞 절에서 언급된 바와 같이 적분구간 $[-p/2, p/2]$는 유일한 것이 아니라 한 주기 동안만 적분하는 것으로 충분하므로 Fourier 계수에 대한 적분구간이 $[0, p]$로 대체되어도 무관하다는 것에 유의하라.

Fourier 급수의 개념

Fourier 급수란 무엇인가요?
Fourier 급수는 임의의 주기함수를 주파수가 서로 다른 사인이나 코사인과 같은 정현함수의 무한급수를 의미합니다.
예전에 미적분학을 공부할 때 Taylor 급수를 배운 기억이 나는데, Fourier 급수와는 어떻게 다른가요?
Taylor 급수로 전개하기 위해서는 주어진 함수가 미분 가능하여야 하는데, 불연속 함수에 대해서는 Taylor 급수 전개가 불가능합니다.
그러나 Fourier 급수는 불연속 주기함수에 대해서도 전개가 가능하므로 Taylor 급수보다 더 보편적이라고 할 수 있어요.
Fourier 급수는 주로 어디에 응용할 수 있나요?
예를 들어, *RLC* 회로에서 전원이 정현파가 아닌 주기적인 구형파 펄스일 때 Fourier 급수를 이용하여 회로 해석이 가능합니다.
R
+
v_o
−
v_i
C
Fourier 급수로 전개 후에 중첩의 원리를 이용하여 v_o를 계산한다.

지금까지 설명한 내용을 정리하면 다음과 같이 요약될 수 있다.

$f(x)$가 임의의 주기 p를 가지는 주기함수라 가정한다. 즉,

$$f(x+p)=f(x),\ \ \forall x$$

$f(x)$를 Fourier 급수로 전개하면 다음과 같다.

$$f(x)=a_0+\sum_{n=1}^{\infty}\left(a_n\cos\frac{2n\pi}{p}x+b_n\sin\frac{2n\pi}{p}x\right)$$

$$a_0=\frac{1}{p}\int_{-p/2}^{p/2}f(x)dx$$

$$a_n=\frac{2}{p}\int_{-p/2}^{p/2}f(x)\cos\frac{2n\pi}{p}x\,dx$$

$$b_n=\frac{2}{p}\int_{-p/2}^{p/2}f(x)\sin\frac{2n\pi}{p}x\,dx$$

예제 8.4

주기가 $p=2$인 다음의 주기함수 $f(x)$를 Fourier 급수로 전개하라.

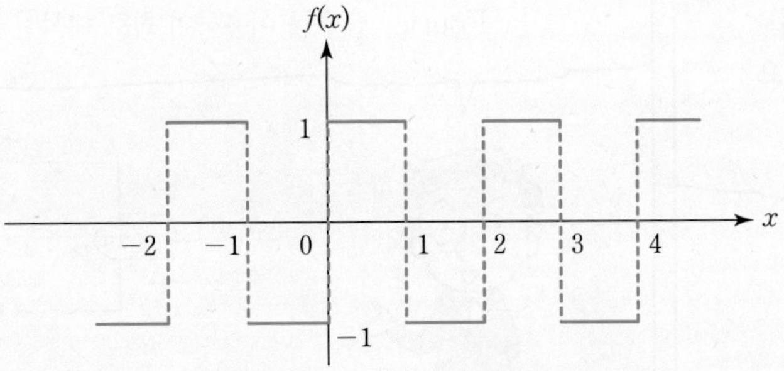

풀이

$f(x)$의 주기 $p=2$이므로 Fourier 계수 a_0, a_n, b_n은 각각 다음과 같다.

$$a_0=\frac{1}{p}\int_{-p/2}^{p/2}f(x)dx=\frac{1}{2}\int_{-1}^{1}f(x)dx=\frac{1}{2}\left\{\int_{-1}^{0}(-1)dx+\int_{0}^{1}dx\right\}=0$$

$$a_n = \frac{2}{p}\int_{-p/2}^{p/2} f(x)\cos\frac{2n\pi}{p}x\,dx = \int_{-1}^{1} f(x)\cos n\pi x\,dx$$
$$= \int_{-1}^{0} -\cos n\pi x\,dx + \int_{0}^{1}\cos n\pi x\,dx = 0$$

$$b_n = \frac{2}{p}\int_{-p/2}^{p/2} f(x)\sin\frac{2n\pi}{p}x\,dx = \int_{-1}^{1} f(x)\sin n\pi x\,dx$$
$$= \int_{-1}^{0} -\sin n\pi x\,dx + \int_{0}^{1}\sin n\pi x\,dx$$
$$= \left[\frac{1}{n\pi}\cos n\pi x\right]_{-1}^{0} + \left[-\frac{1}{n\pi}\cos n\pi x\right]_{0}^{1}$$
$$= \frac{2}{n\pi}(1-\cos n\pi) = \frac{2}{n\pi}\{1-(-1)^n\}$$

따라서 $f(x)$의 Fourier 급수 표현은 다음과 같다.

$$f(x) = \sum_{n=1}^{\infty}\frac{2}{n\pi}\{1-(-1)^n\}\sin n\pi x$$

예제 8.5

주기가 $p=4$인 다음의 주기함수 $f(x)$를 Fourier 급수로 전개하라.

$$f(x) = \begin{cases} 0, & -2 < x < -1 \\ a, & -1 < x < 1 \\ 0, & 1 < x < 2 \end{cases}$$

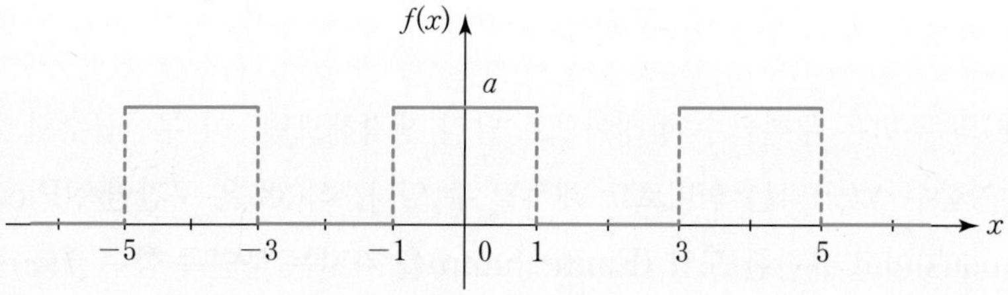

풀이

$f(x)$의 주기 $p=4$이므로 Fourier 계수 a_0, a_n, b_n은 다음과 같다.

$$a_0 = \frac{1}{p}\int_{-p/2}^{p/2} f(x)dx = \frac{1}{4}\int_{-2}^{2} a\,dx = \frac{1}{4}\int_{-1}^{1} a\,dx = \frac{1}{2}a$$

$$a_n = \frac{2}{p}\int_{-p/2}^{p/2} f(x)\cos\frac{2n\pi}{p}x\,dx = \frac{1}{2}\int_{-1}^{1} a\cos\frac{n\pi}{2}x\,dx$$
$$= \frac{a}{2}\left[\frac{2}{n\pi}\sin\frac{n\pi}{2}x\right]_{-1}^{1}$$
$$= \frac{2a}{n\pi}\sin\frac{n\pi}{2}$$

$$b_n = \frac{2}{p}\int_{-p/2}^{p/2} f(x)\sin\frac{2n\pi}{p}x\,dx = \frac{1}{2}\int_{-1}^{1} a\sin\frac{n\pi}{2}x\,dx$$
$$= \frac{a}{2}\left[-\frac{2}{n\pi}\cos\frac{n\pi}{2}x\right]_{-1}^{1}$$
$$= 0$$

따라서 $f(x)$의 Fourier 급수 표현은 다음과 같다.

$$f(x) = \frac{1}{2}a + \sum_{n=1}^{\infty}\left(\frac{2a}{n\pi}\sin\frac{n\pi}{2}\right)\cos\frac{n\pi x}{2}$$

(2) Fourier 급수의 수렴

지금까지 주기함수 $f(x)$에 대한 Fourier 급수 표현에 대해 학습하였다. 여기서 Fourier 급수의 수렴(Convergence)에 대해 살펴보자. 주기가 p인 주기함수 $f(x)$의 Fourier 급수 표현은 앞에서 논의한 바와 같이 다음과 같다.

$$f(x) = a_0 + \sum_{n=1}^{\infty}\left(a_n\cos\frac{2n\pi}{p}x + b_n\sin\frac{2n\pi}{p}x\right) \tag{38}$$

식(38)의 우변은 무한급수 형태이므로 달리 생각해보면, 이 무한급수의 합이 좌변의 주기함수 $f(x)$라는 의미로도 해석될 수 있다. 식(38)은 구간연속(Piecewise Continuous)이고 유한한 도약 (Finite Jump)을 가지는 불연속 함수 $f(x)$에 대해서도 Fourier 급수전개를 할 수 있다는 의미를 함축하고 있다.

그런데 Fourier 급수로 전개된 식(38)의 우변은 사인과 코사인 함수와 상수의 합으로 구성되어 있기 때문에 연속함수를 무한히 더해 나간다 하더라도 불연속 함수 $f(x)$를 만들어 낼 수는 없게 된다. 그렇다면 $f(x)$의 불연속점에서의 Fourier 급수는 어디로 수렴하는 것일까? 이에 대한 엄밀한 증명은 생략하고 결과만을 언급하면, $f(x)$의 불연속점에서의 Fourier 급수는 그 불연속점의 좌극한과 우극한의 산술평균값(Arithmetic Average), 즉 도약의 절반값에 수렴해 간다.

예를 들면, 〈예제 8.4〉에서 $x=0,\ 1,\ 2,\ \cdots$ 에서의 Fourier 급수는 다음과 같이 도약의 절반값인 0으로 수렴해 간다.

$$\frac{(-1)+(1)}{2}=0$$

또한 〈예제 8.5〉에서 $x=\pm 1, \pm 3, \pm 5, \cdots$ 에서의 Fourier 급수는 도약의 절반값인 다음 값으로 수렴해 간다.

$$\frac{a+0}{2}=\frac{a}{2}$$

$f(x)$의 불연속점을 제외한 나머지 점에서의 Fourier 급수는 그 점에서의 $f(x)$ 값에 수렴한다.

여기서 잠깐! **구간연속함수**

다음과 같이 어떤 함수가 불연속점을 가지기는 하지만 정의구역을 몇 개의 소구간으로 나누면, 그 소구간에서는 연속인 함수를 구간연속(Piecewise Continuous)함수라 부른다. 예를 들어, $f(x)$가 다음과 같이 주어졌다고 가정하자.

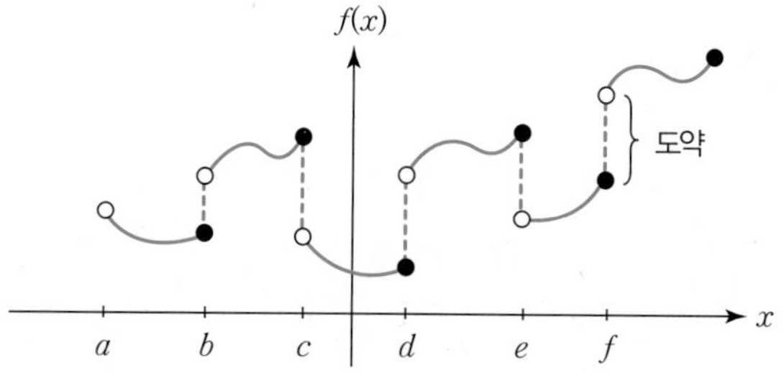

[그림 8.3] 구간연속함수

[그림 8.3]에서와 같이 함수 $f(x)$는 여러 개의 불연속점을 가진 불연속 함수이지만, 구간 $[a, b]$, 구간 $[b, c]$, 구간 $[c, d]$ 등에서는 연속인 함수로 볼 수 있으므로 구간연속함수라고 부른다. 구간연속함수의 불연속점에서 좌극한과 우극한의 차를 도약(Jump)이라고 부른다. 예를 들어, 불연속점 $x=f$ 에서 도약을 [그림 8.3]에 표시하였다.

참고로 Fourier 급수는 구간연속인 주기함수에 대해서 일반적으로 Fourier 급수로 전개가 가능하므로 미적분학에서 다룬 Taylor 급수보다 훨씬 더 보편적이다.

8.4 우함수와 기함수

(1) 우함수와 기함수의 정의

Fourier 급수는 상수와 코사인 함수로 구성된 우함수(Even Function)와 사인함수로 구성된 기함수(Odd Function)의 합의 형태로 표현되기 때문에, 만일 주어진 주기함수가 우함수 또는 기함수인 경우 Fourier 급수의 계산이 매우 간단하게 된다. 먼저 우함수와 기함수의 개념에 대해 살펴보자.

우함수는 [그림 8.4]에 나타낸 것처럼 y축 대칭인 함수를 의미한다. [그림 8.4]에서 원점에서 우측으로 x만큼 떨어진 점에서의 함수값 $f(x)$와 원점에서 좌측으로 x만큼 떨어진 점에서의 함수값 $f(-x)$는 y축 대칭이라는 조건으로부터 서로 같아야 한다. 즉,

$$f(x)=f(-x),\ \ \forall x \tag{39}$$

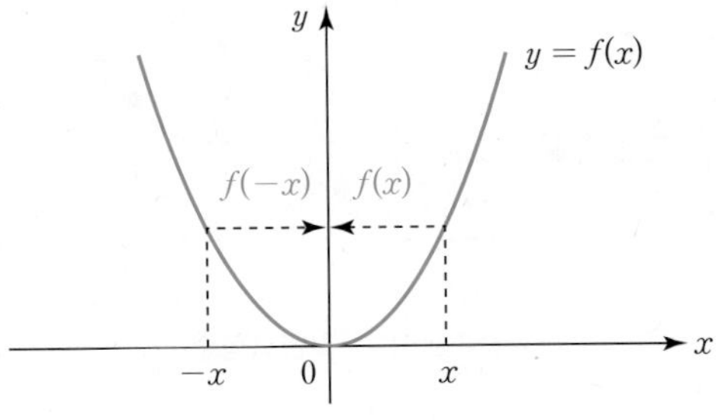

[그림 8.4] 우함수의 정의

다음으로 기함수는 [그림 8.5]에 나타낸 것과 같이 원점대칭인 함수를 의미한다. [그림 8.5]에서 원점을 중심으로 좌우로 x만큼 떨어진 점에서의 함수값은 원점대칭이라는 조건으로부터 서로 크기는 같고 부호가 반대가 되어야 한다. 즉,

$$f(x) = -f(-x), \ \forall x \tag{40}$$

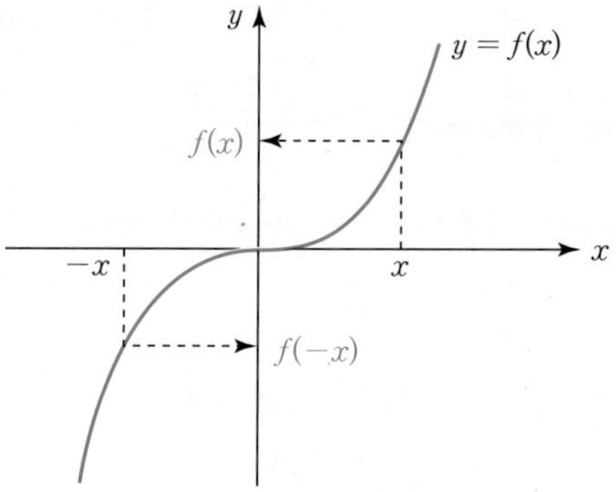

[그림 8.5] 기함수의 정의

우함수와 기함수의 몇 가지 특성에 대해 다음에 열거하였다.

① 우함수의 합(차)은 우함수이다.
② 기함수의 합(차)은 기함수이다.
③ 두 우함수의 곱은 우함수이다.
④ 두 기함수의 곱은 우함수이다.
⑤ 우함수와 기함수의 곱은 기함수이다.

예제 8.6

우함수와 기함수의 특성 중에서 다음을 증명하라.
(1) 두 기함수의 곱은 우함수이다.
(2) 우함수와 기함수의 곱은 기함수이다.

풀이

(1) $f(x)$와 $g(x)$를 각각 기함수라 가정하면 다음의 관계가 성립된다.

$$f(x) = -f(-x)$$
$$g(x) = -g(-x)$$

$h(x) \triangleq f(x)g(x)$라 정의하고 $h(-x)$를 계산하면

$$h(-x)=f(-x)g(-x)=\{-f(x)\}\{-g(x)\}=f(x)g(x)=h(x)$$

가 성립하므로 $h(x)$는 우함수이다.

(2) $f(x)$를 우함수, $g(x)$를 기함수라 가정하면 다음의 관계가 성립된다.

$$f(x)=f(-x)$$
$$g(x)=-g(-x)$$

$h(x) \triangleq f(x)g(x)$라 정의하고 $h(-x)$를 계산하면

$$h(-x)=f(-x)g(-x)=f(x)\{-g(x)\}=-f(x)g(x)=-h(x)$$

가 성립하므로 $h(x)$는 기함수이다.

(2) 우함수와 기함수의 정적분

앞에서 y축 대칭인 우함수와 원점 대칭인 기함수에 대하여 학습하였다. 우함수와 기함수는 대칭성을 가지고 있기 때문에 피적분함수가 우함수나 기함수일 때 정적분의 계산이 매우 간단해진다.

피적분함수 $f(x)$가 우함수 또는 기함수일 때, 좌우 대칭인 적분구간을 가진 다음의 정적분을 계산해보자.

$$\int_{-a}^{a} f(x)\,dx \tag{41}$$

① $f(x)$가 우함수인 경우

[그림 8.6(a)]에 나타낸 것과 같이 $f(x)$가 y축 대칭이기 때문에 폐구간 $[-a, a]$에 대하여 정적분한 결과는 폐구간 $[0, a]$에 대하여 정적분한 결과를 2배한 것과 동일하다는 것을 알 수 있다.

$$\int_{-a}^{a} f(x)\,dx=2\int_{0}^{a} f(x)\,dx \tag{42}$$

Fourier 급수 전개

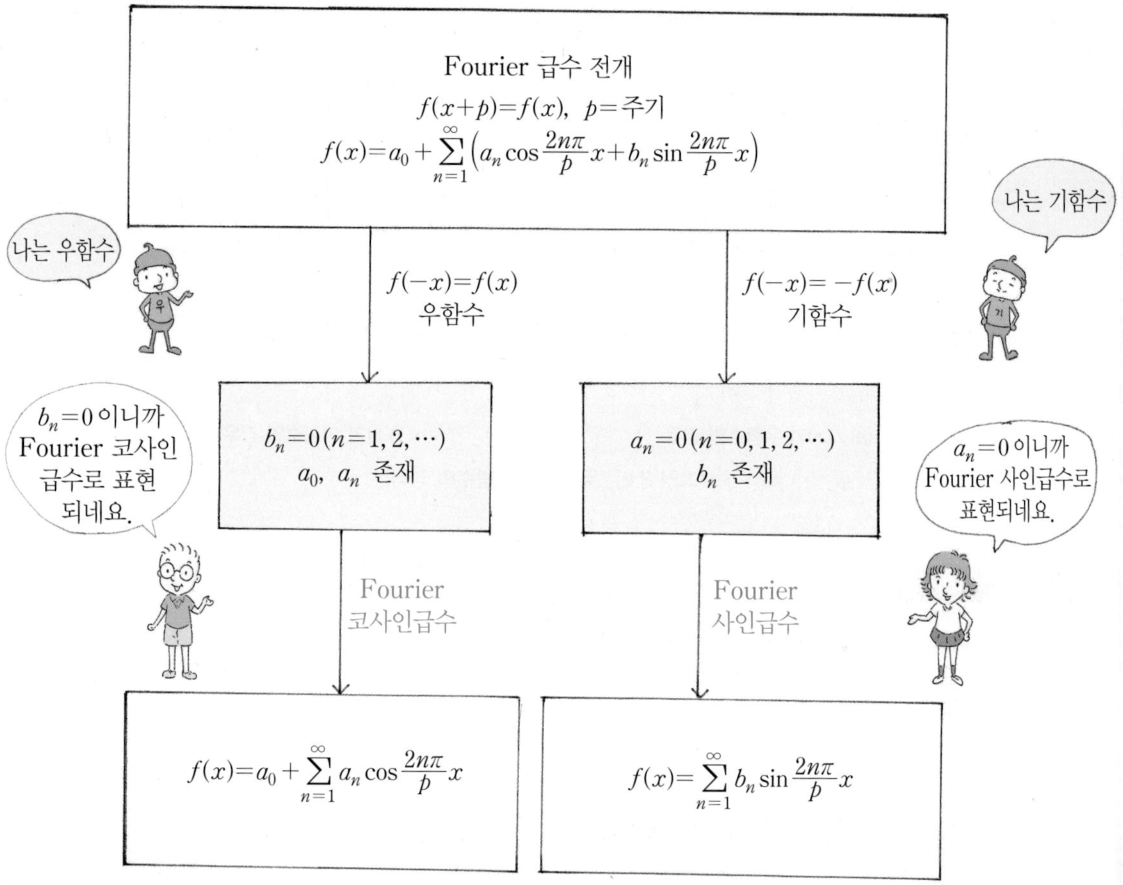

| 설명 | $f(x)$가 우함수인 경우, 우함수의 성질에 의해 $b_n=0$이 되어 $f(x)$를 Fourier 코사인 급수로 전개할 수 있다. $f(x)$가 기함수인 경우, 기함수의 성질에 의해 $a_n=0(n=0,1,2,\cdots)$이 되어 $f(x)$를 Fourier 사인 급수로 전개할 수 있다.

② $f(x)$가 기함수인 경우

[그림 8.6(b)]에 나타난 것과 같이 $f(x)$가 원점 대칭이기 때문에 폐구간 $[-a, a]$에 대하여 정적분한 결과는 다음과 같이 0이 된다는 것을 알 수 있다.

$$\int_{-a}^{a} f(x)\,dx = \int_{-a}^{0} f(x)\,dx + \int_{0}^{a} f(x)\,dx = 0 \tag{43}$$

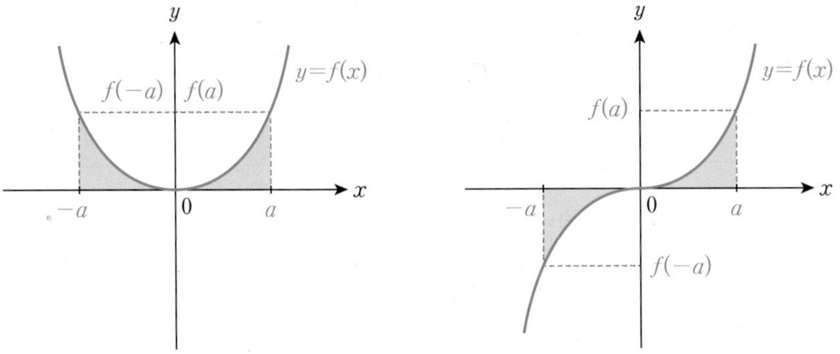

(a) $f(x)$가 우함수인 경우 (b) $f(x)$가 기함수인 경우

[그림 8.6] 우함수와 기함수의 정적분

예제 8.7

다음 함수 $f(x)$에 대해 물음에 답하라.

$$f(x) = \cos x \sin 2x$$

(1) $f(x)$가 우함수인지 기함수인지를 판별하라.

(2) $\int_{-\pi}^{\pi} f(x)dx$와 $\int_{-\pi}^{\pi} x^2 f(x)dx$를 구하라.

풀이

(1) $f(-x)$를 계산해 보면

$$f(-x) = \cos(-x)\sin 2(-x) = \cos x(-\sin 2x) = -f(x)$$

이므로 $f(x)$는 기함수이다.

(2) $f(x)$가 기함수이므로 대칭인 구간에서의 다음 적분은 0이 된다.

$$\int_{-\pi}^{\pi} f(x)dx=0$$

한편, $h(x)\triangleq x^2 f(x)$라 가정하고 $h(-x)$를 구하면

$$h(-x)=(-x)^2 f(-x)=x^2(-f(x))=-x^2 f(x)=-h(x)$$

이므로 $h(x)$는 기함수이다. 따라서 대칭구간에 대한 다음 적분은 0이 된다.

$$\int_{-\pi}^{\pi} x^2 f(x)dx=0$$

예제 8.8

다음 정적분을 계산하라.

$$\int_{-1}^{1}|x|\,dx$$

풀이

$f(x)=|x|$일 때 $f(-x)=|-x|=|x|=f(x)$이므로 우함수이다. 따라서 식(42)로부터 다음과 같다.

$$\int_{-1}^{1}|x|\,dx=2\int_{0}^{1}|x|\,dx$$
$$=2\int_{0}^{1}x\,dx=2\left[\frac{1}{2}x^2\right]_0^1=1$$

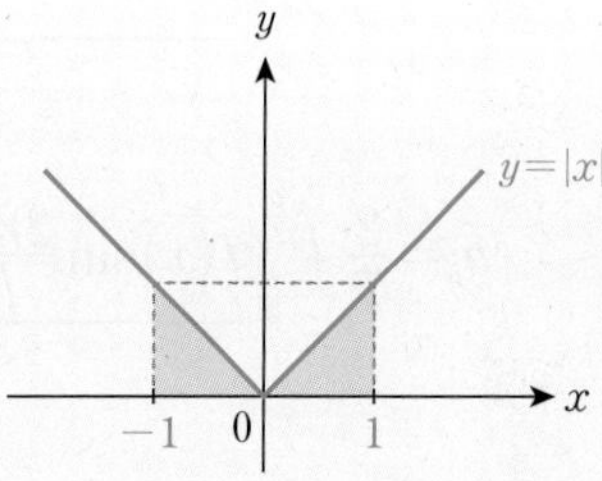

8.5 Fourier 사인 및 코사인 급수

주기가 p인 주기함수 $f(x)$의 Fourier 급수 표현은 다음과 같다.

$$f(x)=a_0+\sum_{n=1}^{\infty}\left(a_n\cos\frac{2n\pi}{p}x+b_n\sin\frac{2n\pi}{p}x\right) \tag{44}$$

일반적으로 주기함수 $f(x)$의 Fourier 급수는 사인과 코사인함수들의 합으로 표현된다. 그런데 $f(x)$가 우함수 또는 기함수인 경우, Fourier 계수 a_n과 b_n은 어느 하나가 0이 되어 최종적으로 얻어지는 Fourier 급수는 코사인함수와 사인함수 중에서 어느 하나의 함수로만 표현된다.

먼저 Fourier 급수가 코사인함수로만 표현되는 경우를 살펴본다.

(1) Fourier 코사인 급수

식(44)에서 $f(x)$가 우함수인 경우를 생각해 보자. $f(x)$가 우함수라면 상수와 코사인함수는 우함수, 사인함수는 기함수이므로 사인함수가 식(44)의 우변에 포함되어서는 안되기 때문에 Fourier 계수 $b_n(n=1, 2, \cdots)$은 0이 되어야 한다는 것을 예측할 수 있다.

Fourier 계수를 구해 보면

$$a_0=\frac{1}{p}\int_{-\frac{p}{2}}^{\frac{p}{2}}f(x)dx=\frac{2}{p}\int_0^{\frac{p}{2}}f(x)dx \tag{45}$$

$$a_n=\frac{2}{p}\int_{-\frac{p}{2}}^{\frac{p}{2}}\underbrace{f(x)\cos\frac{2n\pi}{p}x\,dx}_{\text{우함수}}=\frac{4}{p}\int_0^{\frac{p}{2}}f(x)\cos\frac{2n\pi}{p}x\,dx \tag{46}$$

$$b_n=\frac{2}{p}\int_{-\frac{p}{2}}^{\frac{p}{2}}\underbrace{f(x)\sin\frac{2n\pi}{p}x\,dx}_{\text{기함수}}=0 \tag{47}$$

이 되므로 $f(x)$가 우함수인 경우의 Fourier 급수는 $b_n=0$이므로 코사인함수만으로 다음과 같이 전개됨을 알 수 있다.

$$f(x)=a_0+\sum_{n=1}^{\infty}a_n\cos\frac{2n\pi}{p}x \tag{48}$$

식(48)을 Fourier 코사인 급수(Fourier Cosine Series)라고 부른다. 다음으로,

식(48)에서 $f(x)$가 기함수인 경우를 생각해 보자.

(2) Fourier 사인 급수

$f(x)$가 기함수라면 상수와 코사인함수는 우함수, 사인함수는 기함수이므로 코사인함수와 상수는 식(44)의 우변에 포함되어서는 안 되기 때문에 Fourier 계수 a_0, $a_n(n=1, 2, \cdots)$은 모두 0이 되어야 한다는 것을 예측할 수 있다. Fourier 계수를 구해 보면

$$a_0=\frac{1}{p}\int_{-\frac{p}{2}}^{\frac{p}{2}} f(x)dx=0 \tag{49}$$

$$a_n=\frac{2}{p}\int_{-\frac{p}{2}}^{\frac{p}{2}} \underbrace{f(x)\cos\frac{2n\pi}{p}x}_{\text{기함수}}\,dx=0 \tag{50}$$

$$b_n=\frac{2}{p}\int_{-\frac{p}{2}}^{\frac{p}{2}} \underbrace{f(x)\sin\frac{2n\pi}{p}x\,dx}_{\text{우함수}}=\frac{4}{p}\int_{0}^{\frac{p}{2}} f(x)\sin\frac{2n\pi}{p}x\,dx \tag{51}$$

가 되므로, $f(x)$가 기함수인 경우의 Fourier 급수는 계수 a_0와 a_n이 모두 0이므로 사인함수만으로 다음과 같이 전개됨을 알 수 있다.

$$f(x)=\sum_{n=1}^{\infty} b_n \sin\frac{2n\pi}{p}x \tag{52}$$

식(52)를 Fourier 사인 급수(Fourier Sine Series)라고 부른다.

지금까지의 논의와 같이 주어진 주기함수가 우함수 또는 기함수인 경우는 Fourier 계수의 결정이 매우 간단해지기 때문에 0이 되는 Fourier 계수를 구하려고 시도하지 않도록 유의하라.

예제 8.9

다음 함수 $f(x)$에 대한 Fourier 급수 표현을 구하라.

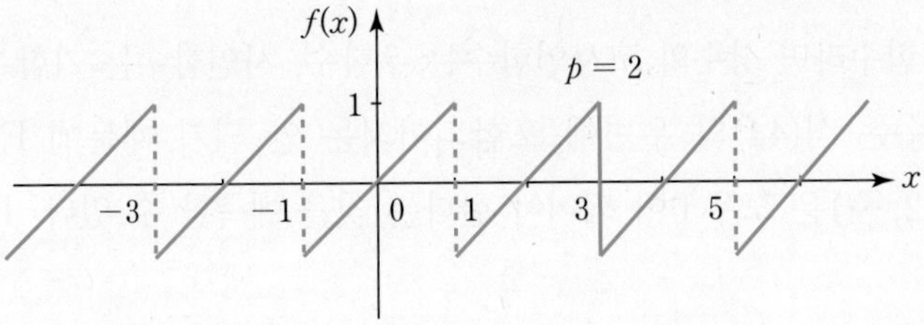

풀이

주어진 함수 $f(x)$는 주기 $p=2$인 기함수이므로 $a_0=0$, $a_n=0\,(n=1, 2, \cdots)$이 된다. Fourier 계수 b_n은 식(51)에 의해

$$
\begin{aligned}
b_n &= \frac{4}{p}\int_0^{\frac{p}{2}} f(x)\sin\frac{2n\pi}{p}x\,dx = 2\int_0^1 x\sin n\pi x\,dx \\
&= 2\left\{\left[-\frac{1}{n\pi}x\cos n\pi x\right]_0^1 + \int_0^1 \frac{1}{n\pi}\cos n\pi x\,dx\right\} \\
&= -\frac{2}{n\pi}\cos n\pi = -\frac{2}{n\pi}(-1)^n = \frac{2(-1)^{n+1}}{n\pi}
\end{aligned}
$$

이 얻어지므로 $f(x)$는 다음과 같이 Fourier 사인 급수로 전개된다.

$$
f(x) = \sum_{n=1}^{\infty}\frac{2(-1)^{n+1}}{n\pi}\sin n\pi x
$$

예제 8.10

주기가 2π인 다음 함수 $f(x)$를 Fourier 급수로 전개하라.

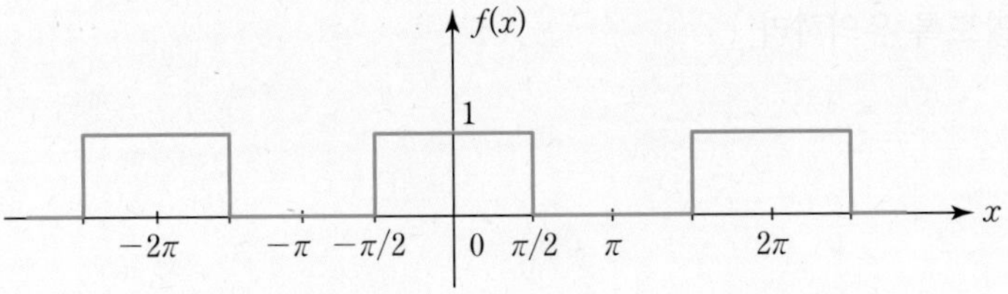

풀이

주어진 함수는 주기가 2π 인 우함수이므로 $b_n(n=1, 2, \cdots)$은 0이 된다. Fourier 계수 a_0와 a_n은 식(45)와 식(46)에 의해 다음과 같다.

$$a_0=\frac{1}{2\pi}\int_{-\pi}^{\pi} f(x)dx=\frac{1}{2\pi}\int_{-\pi/2}^{\pi/2} 1dx=\frac{1}{\pi}\int_{0}^{\pi/2} 1dx=\frac{1}{2}$$

$$a_n=\frac{1}{\pi}\int_{-\pi}^{\pi} f(x)\cos nx\,dx=\frac{1}{\pi}\int_{-\pi/2}^{\pi/2}\cos nx\,dx=\frac{2}{\pi}\int_{0}^{\pi/2}\cos nx\,dx$$
$$=\frac{2}{\pi}\left[\frac{\sin nx}{n}\right]_0^{\pi/2}=\frac{2\sin\left(\frac{n\pi}{2}\right)}{n\pi}$$

따라서 $f(x)$의 Fourier 급수 표현은 다음과 같다.

$$f(x)=\frac{1}{2}+\sum_{n=1}^{\infty}\frac{2\sin\left(\frac{n\pi}{2}\right)}{n\pi}\cos nx$$

8.6 반구간 전개

여러 가지 공학적 응용에서 유한한 구간 $0\leq x\leq\frac{p}{2}$ 에서만 정의된 함수 $f(x)$에 대하여 Fourier 급수를 사용해야 할 때, 이를 해결하기 위해 반구간 전개(Half-Range Expansion)라는 개념을 이용한다.

반구간 전개의 개념은 주어진 함수가 유한구간에서만 정의되어 있는 비주기함수(Nonperiodic Function)라고 할 때, 우함수 또는 기함수 형태의 주기함수로 확장함으로써 Fourier 급수를 얻는 방법을 의미한다.

이렇게 하여 얻어진 Fourier 급수를 $0\leq x\leq\frac{p}{2}$ 구간에서만 사용하게 되면 결과적으로 주어진 함수 $f(x)$의 Fourier 급수 표현이 되는 것이다.

[그림 8.7]에 반구간 전개의 개념을 도시하였다. [그림 8.7(a)]에 나타낸 함수 $f(x)$를 $\left[-\frac{p}{2}, \frac{p}{2}\right]$ 구간에서 우함수 형태로 확장하여 새롭게 주기함수 형태로 정의한 함수 $f_e(x)$의 그래프를 [그림 8.7(b)]에 나타내었다. 함수 $f_e(x)$는 주기가 p인 우함수 형태이므로 Fourier 코사인 급수로 다음과 같이 전개가 가능하다.

$$f_e(x)=a_0+\sum_{n=1}^{\infty}a_n\cos\frac{2n\pi}{p}x \tag{53}$$

$$a_0=\frac{1}{p}\int_{-\frac{p}{2}}^{\frac{p}{2}}f_e(x)dx=\frac{2}{p}\int_0^{\frac{p}{2}}f(x)dx \tag{54}$$

$$a_n=\frac{2}{p}\int_{-\frac{p}{2}}^{\frac{p}{2}}f_e(x)\cos\frac{2n\pi}{p}x\,dx=\frac{4}{p}\int_0^{\frac{p}{2}}f(x)\cos\frac{2n\pi}{p}x\,dx \tag{55}$$

식(53)의 Fourier 급수 표현에서 x의 범위를 $0\le x\le\frac{p}{2}$로 제한하면

$$f_e(x)=f(x),\ \ 0\le x\le\frac{p}{2} \tag{56}$$

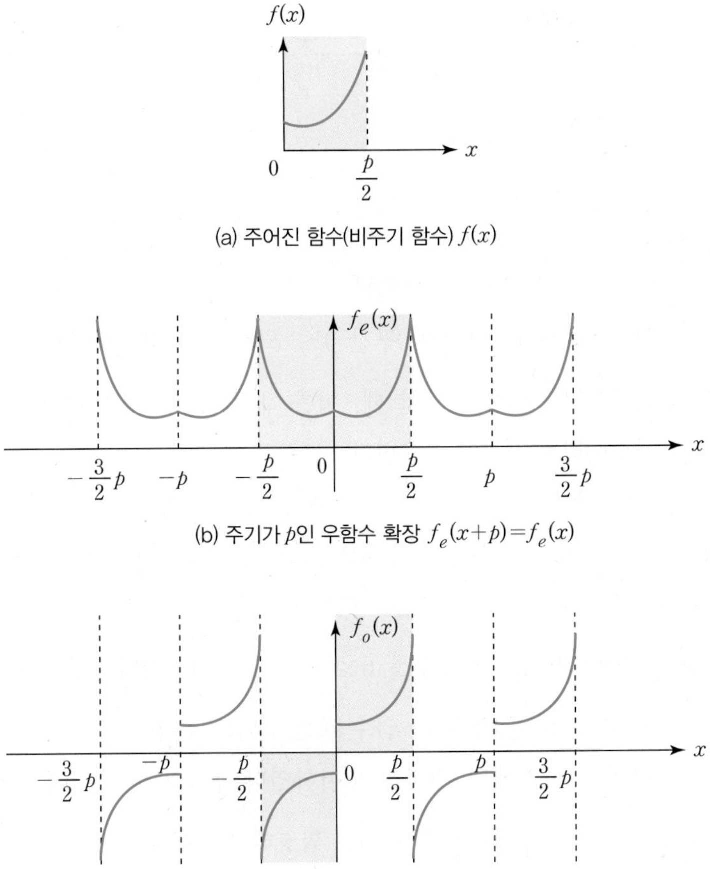

(a) 주어진 함수(비주기 함수) $f(x)$

(b) 주기가 p인 우함수 확장 $f_e(x+p)=f_e(x)$

(c) 주기가 p인 기함수 확장 $f_o(x+p)=f_o(x)$

[그림 8.7] $f(x)$의 반주기 확장

가 성립하므로, 식(53)은 $0 \le x \le \frac{p}{2}$ 범위에서 $f(x)$의 Fourier 급수로 사용할 수 있다.

한편, [그림 8.7(c)]는 주어진 $f(x)$를 $\left[-\frac{p}{2}, \frac{p}{2}\right]$ 구간에서 기함수 형태로 확장하여 새롭게 주기함수 형태로 정의한 $f_o(x)$의 그래프이다. 함수 $f_o(x)$는 주기가 p인 기함수 형태이므로 Fourier 사인 급수로 다음과 같이 전개가 가능하다.

$$f_o(x)=\sum_{n=1}^{\infty} b_n \sin\frac{2n\pi}{p}x \tag{57}$$

$$b_n=\frac{2}{p}\int_{-\frac{p}{2}}^{\frac{p}{2}} f_o(x)\sin\frac{2n\pi}{p}x\,dx=\frac{4}{p}\int_0^{\frac{p}{2}} f(x)\sin\frac{2n\pi}{p}x\,dx \tag{58}$$

식(57)의 Fourier 급수 표현에서 x의 범위를 $0 \le x \le \frac{p}{2}$로 제한하면

$$f_o(x)=f(x),\ \ 0 \le x \le \frac{p}{2} \tag{59}$$

가 성립하므로, 식(57)은 $0 \le x \le \frac{p}{2}$ 범위에서 $f(x)$의 Fourier 급수로 사용할 수 있다.

지금까지 주어진 함수 $f(x)$를 반구간 전개를 통해 우함수 또는 기함수 형태의 주기함수로 확장하여 Fourier 급수를 전개하였다. 한 가지 기억해야 할 것은 [그림 8.8]에서 나타낸 것처럼 개념적으로는 $f(x)$를 주기가 $\frac{p}{2}$인 주기함수 $\tilde{f}(x)$로 그대로 확장하여 Fourier 급수 표현을 얻을 수도 있지만 반구간 전개에 비해 Fourier 계수의 계산이 복잡하게 된다는 사실이다.

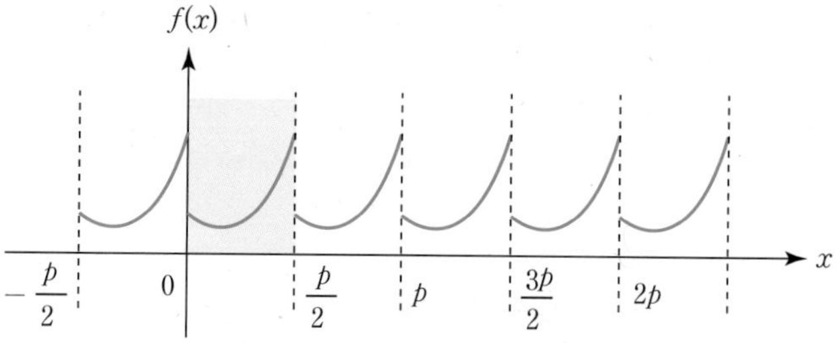

[그림 8.8] 함수 $f(x)$의 확장

반구간 전개(우함수 확장)

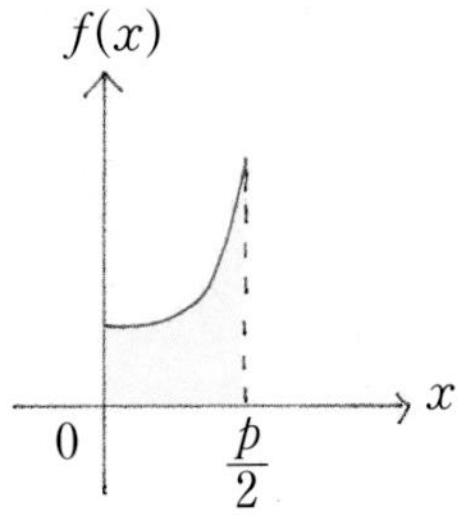

$0 \le x \le \frac{p}{2}$ 구간에서만 정의된 비주기함수 $f(x)$에 대한 Fourier 급수

$f(x)$를 우함수 $f_e(x)$로 확장해봅시다.

우함수 확장 $f_e(x+p)=f_e(x)$

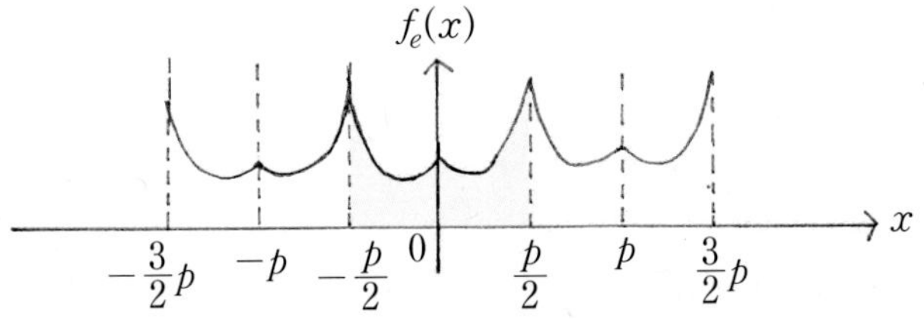

Fourier 코사인급수

Fourier 코사인 급수로 전개됩니다.

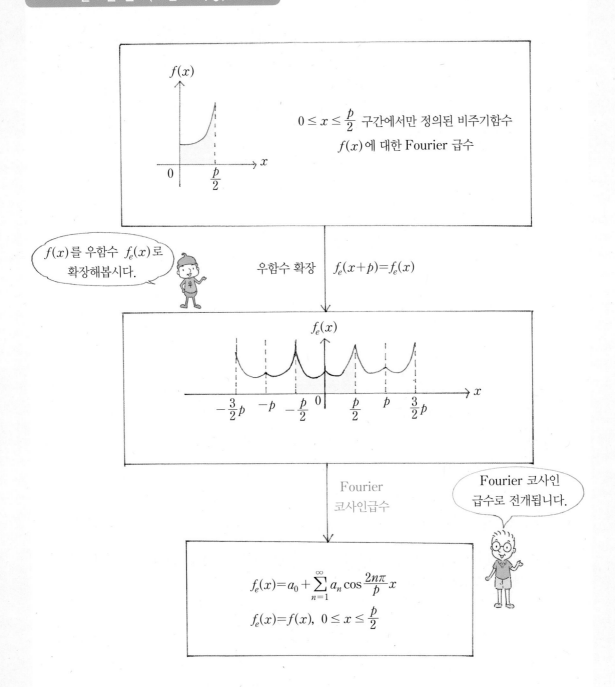

$$f_e(x)=a_0+\sum_{n=1}^{\infty} a_n \cos\frac{2n\pi}{p}x$$

$$f_e(x)=f(x),\ 0 \le x \le \frac{p}{2}$$

| 설명 | 비주기함수 $f(x)$에 대한 Fourier 급수 전개를 위하여 $f(x)$를 우함수 $f_e(x)$로 반구간 전개하여 $f_e(x)$의 Fourier 코사인 급수를 구한다.

반구간 전개(기함수 확장)

$0 \le x \le \dfrac{p}{2}$ 구간에서만 정의된 비주기함수

$f(x)$에 대한 Fourier 급수

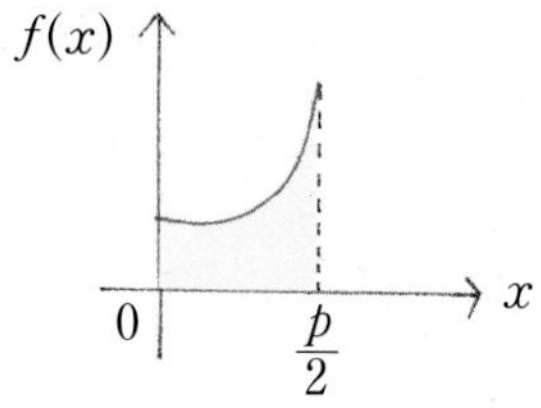

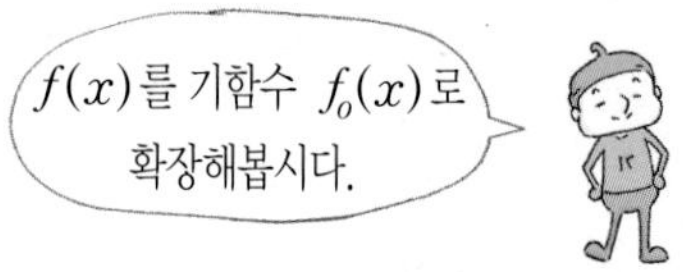

기함수 확장 $f_o(x+p)=f_o(x)$

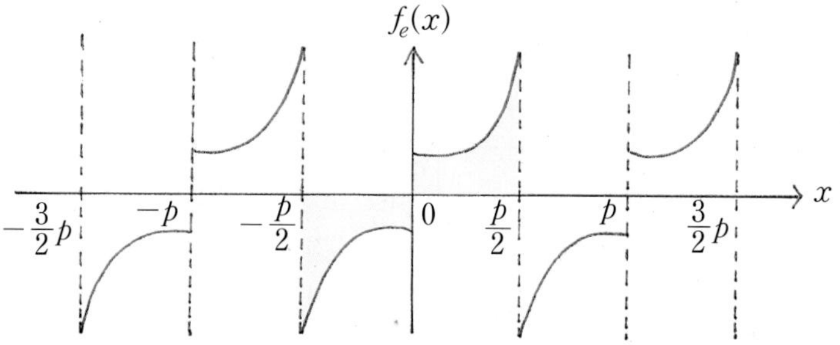

Fourier 사인급수

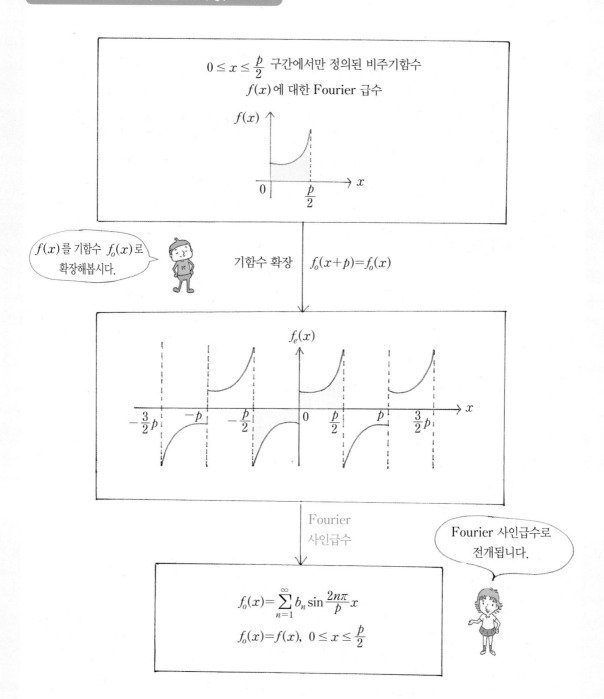

$$f_o(x)=\sum_{n=1}^{\infty} b_n \sin\frac{2n\pi}{p}x$$

$$f_o(x)=f(x),\ 0 \le x \le \frac{p}{2}$$

| 설명 | 비주기함수 $f(x)$에 대한 Fourier 급수 전개를 위하여 $f(x)$를 기함수 $f_o(x)$로 반구간 전개하여 $f_o(x)$의 Fourier 사인 급수를 구한다.

예제 8.11

다음 함수 $f(x)$를 반구간 전개하라.

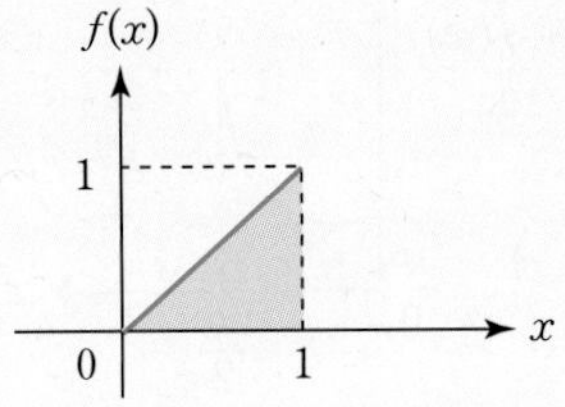

풀이

먼저 주어진 $f(x)$를 우함수로 확장하면 다음과 같다.

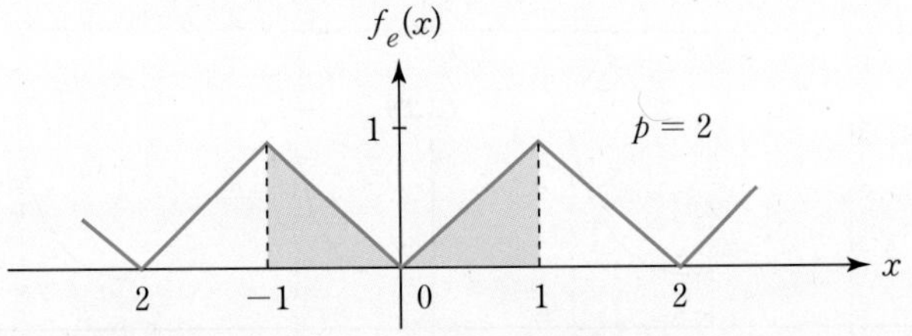

$$a_0=\frac{2}{p}\int_0^{\frac{p}{2}} f(x)dx=\int_0^1 x\,dx=\left[\frac{1}{2}x^2\right]_0^1=\frac{1}{2}$$

$$\begin{aligned}a_n&=\frac{4}{p}\int_0^{\frac{p}{2}} f(x)\cos\frac{2n\pi}{p}x\,dx=2\int_0^1 x\cos n\pi x\,dx\\&=2\left\{\left[\frac{1}{n\pi}x\sin n\pi x\right]_0^1-\int_0^1\frac{1}{n\pi}\sin n\pi x\,dx\right\}\\&=2\left\{-\frac{1}{n\pi}\left[-\frac{\cos n\pi x}{n\pi}\right]_0^1\right\}=\frac{2(\cos n\pi-1)}{n^2\pi^2}\end{aligned}$$

따라서 $f_e(x)$의 Fourier 급수 표현은 다음과 같다.

$$f_e(x)=\frac{1}{2}+\sum_{n=1}^{\infty}\frac{2(\cos n\pi-1)}{n^2\pi^2}\cos n\pi x$$

$$\therefore\ f(x)=f_e(x)=\frac{1}{2}+\sum_{n=1}^{\infty}\frac{2(\cos n\pi-1)}{n^2\pi^2}\cos n\pi x,\quad 0\le x\le 1$$

한편, 주어진 $f(x)$를 기함수로 확장하면 다음과 같다.

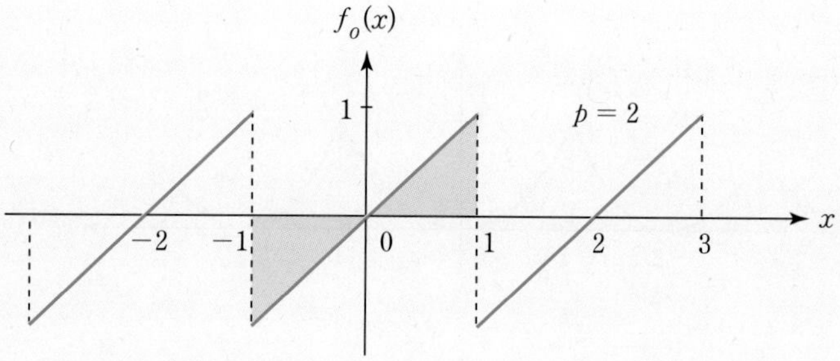

$$b_n=\frac{4}{p}\int_0^{\frac{p}{2}} f(x)\sin\frac{2n\pi}{p}x\,dx=2\int_0^1 x\sin n\pi x\,dx$$
$$=2\left\{\left[-\frac{1}{n\pi}x\cos n\pi x\right]_0^1+\int_0^1\frac{1}{n\pi}\cos n\pi x\,dx\right\}$$
$$=2\left\{-\frac{\cos n\pi}{n\pi}+\frac{1}{n\pi}\left[\frac{\sin n\pi x}{n\pi}\right]_0^1\right\}=-\frac{2\cos n\pi}{n\pi}=\frac{2(-1)^{n+1}}{n\pi}$$

따라서 $f_o(x)$의 Fourier 급수 표현은 다음과 같다.

$$f_o(x)=\sum_{n=1}^{\infty}\frac{2(-1)^{n+1}}{n\pi}\sin n\pi x$$
$$\therefore\ f(x)=f_o(x)=\sum_{n=1}^{\infty}\frac{2(-1)^{n+1}}{n\pi}\sin n\pi x,\quad 0\le x\le 1$$

예제 8.12

$f(x)=x^2\,(0<x<1)$을 반구간 전개하여 Fourier 사인 및 코사인 급수를 구하라.

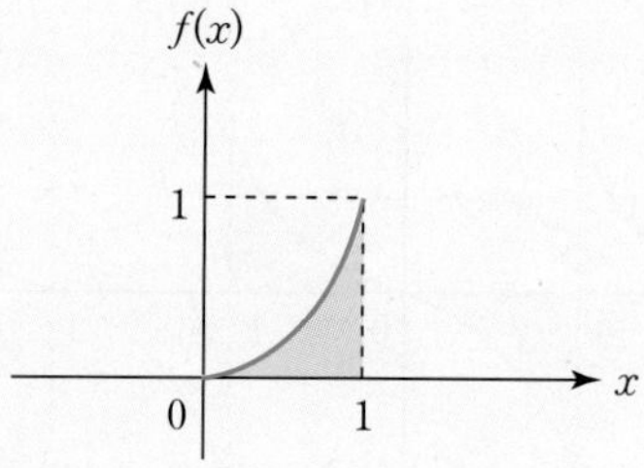

풀이

먼저 주어진 $f(x)$를 우함수로 확장하면 다음과 같다.

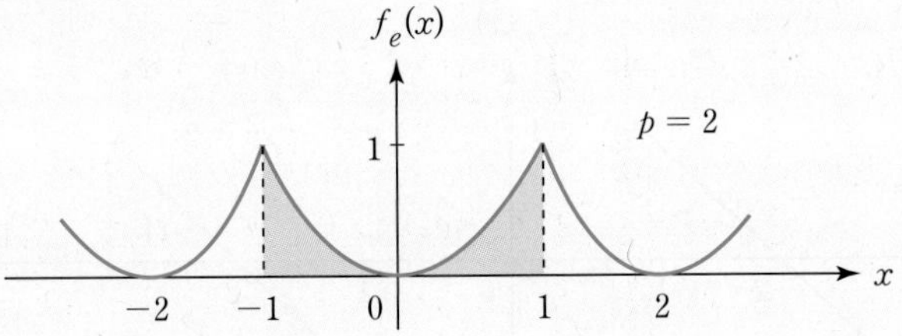

$$a_0=\frac{2}{p}\int_0^{\frac{p}{2}} f(x)dx=\int_0^1 x^2 dx=\frac{1}{3}$$

$$\begin{aligned} a_n&=\frac{4}{p}\int_0^{\frac{p}{2}} f(x)\cos\frac{2n\pi}{p}x\,dx=2\int_0^1 x^2\cos n\pi x\,dx \\ &=2\left\{\left[x^2\frac{\sin n\pi x}{n\pi}\right]_0^1-\int_0^1 2x\frac{\sin n\pi x}{n\pi}dx\right\} \\ &=-\frac{4}{n\pi}\int_0^1 x\sin n\pi x\,dx=-\frac{4}{n\pi}\left\{\left[-x\frac{\cos n\pi x}{n\pi}\right]_0^1+\int_0^1\frac{\cos n\pi x}{n\pi}dx\right\} \\ &=-\frac{4}{n\pi}\left\{-\frac{\cos n\pi}{n\pi}+\frac{1}{n\pi}\left[\frac{\sin n\pi x}{n\pi}\right]_0^1\right\}=\frac{4(-1)^n}{n^2\pi^2} \end{aligned}$$

따라서 $f_e(x)$의 Fourier 급수 표현은 다음과 같다.

$$f_e(x)=\frac{1}{3}+\sum_{n=1}^{\infty}\frac{4(-1)^n}{n^2\pi^2}\cos n\pi x$$

$$\therefore\ f(x)=f_e(x)=\frac{1}{3}+\sum_{n=1}^{\infty}\frac{4(-1)^n}{n^2\pi^2}\cos n\pi x,\quad 0\le x\le 1$$

다음으로 주어진 $f(x)$를 기함수로 확장하면 다음과 같다.

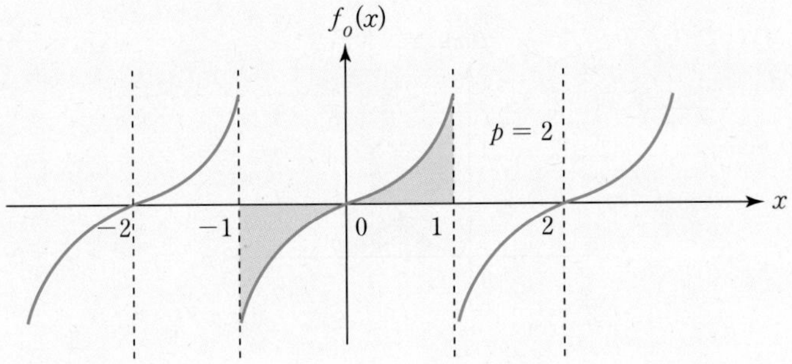

$$b_0=\frac{4}{p}\int_0^{\frac{p}{2}} f(x)\sin\frac{2n\pi}{p}x\,dx=2\int_0^1 x^2\sin n\pi x\,dx$$
$$=2\left\{\left[-x^2\frac{\cos n\pi x}{n\pi}\right]_0^1+\int_0^1 2x\frac{\cos n\pi x}{n\pi}dx\right\}$$
$$=2\left[-\frac{\cos n\pi}{n\pi}+\frac{2}{n\pi}\left\{\left[x\frac{\sin n\pi x}{n\pi}\right]_0^1-\int_0^1\frac{\sin n\pi x}{n\pi}dx\right\}\right]$$
$$=\frac{2(-1)^{n+1}}{n\pi}+\frac{4}{n^3\pi^3}\{(-1)^n-1\}$$

따라서 $f_o(x)$의 Fourier 급수 표현은 다음과 같다.

$$f_o(x)=\sum_{n=1}^{\infty}\left[\frac{2(-1)^{n+1}}{n\pi}+\frac{4}{n^3\pi^3}\{(-1)^n-1\}\right]\sin n\pi x$$
$$\therefore\ f(x)=f_o(x)=\sum_{n=1}^{\infty}\left[\frac{2(-1)^{n+1}}{n\pi}+\frac{4}{n^3\pi^3}\{(-1)^n-1\}\right]\sin n\pi x,\quad 0\le x\le 1$$

여기서 잠깐! **$\int\sin(ax+b)dx$ 와 $\int\cos(ax+b)dx$ 의 계산**

치환적분을 이용하면 두 적분을 쉽게 계산할 수 있다.
$ax+b=t$로 치환하여 미분하면

$$a\,dx=dt\qquad\therefore\ dx=\frac{1}{a}dt$$

$$\int\sin(ax+b)dx=\int\sin t\left(\frac{1}{a}dt\right)$$
$$=\frac{1}{a}\int\sin t\,dt=-\frac{1}{a}\cos t+k\ (k\text{는 상수})$$
$$\therefore\int\sin(ax+b)dx=-\frac{1}{a}\cos(ax+b)+k$$

마찬가지 방법으로

$$\int\cos(ax+b)dx=\int\cos t\left(\frac{1}{a}dt\right)$$
$$=\frac{1}{a}\int\cos t\,dt=-\frac{1}{a}\sin t+k$$
$$\therefore\int\cos(ax+b)dx=\frac{1}{a}\sin(ax+b)+k$$

8.7 복소수형 Fourier 급수

복소지수함수 $e^{ix} = \cos x + i\sin x$ 로 정의되어 코사인과 사인에 대한 정보를 동시에 가지고 있기 때문에 주기함수를 복소지수함수 e^{inx} 를 이용하여 복소수 형태의 Fourier 급수로 전개하면 매우 편리하다.

다음의 복소지수함수로부터 코사인과 사인 함수를 표현해 본다.

$$e^{ix} = \cos x + i\sin x \tag{60}$$

$$e^{-ix} = \cos x - i\sin x \tag{61}$$

위의 두 식을 이용하면 다음의 관계식을 얻을 수 있다.

$$\cos x = \frac{1}{2}(e^{ix} + e^{-ix}) \tag{62}$$

$$\sin x = \frac{1}{2i}(e^{ix} - e^{-ix}) \tag{63}$$

따라서 사인함수와 코사인함수를 복소지수함수로 표현할 수 있으므로 앞 절에서 논의한 주기함수 $f(x)$의 Fourier 급수를 복소지수함수의 무한급수 형태로 표현할 수 있다.

(1) 복소수형 Fourier 급수 (주기 2π)

주기 $p = 2\pi$ 인 주기함수 $f(x)$가 다음과 같은 복소지수함수의 무한급수로 표현할 수 있다고 가정하자.

$$f(x) = \sum_{n=-\infty}^{\infty} c_n e^{inx} \tag{64}$$

식(64)를 함수 $f(x)$의 복소수형 Fourier 급수(Complex Fourier Series)라고 부르며, n이 $-\infty$에서 $+\infty$까지이므로 모든 정수에 대하여 복소지수함수를 합한다는 사실에 유의하라. 결국, 주어진 주기함수 $f(x)$의 복소수형 Fourier 급수는

Fourier 계수 c_n을 결정하는 문제로 귀착되며 c_n은 복소수이다.

c_n을 결정하기 위해 식(65)의 양변에 e^{-imx}(m은 정수)를 곱한 다음 $-\pi$에서 π까지 한 주기 동안 적분하면 다음과 같다.

$$\begin{aligned}\int_{-\pi}^{\pi} f(x)e^{-imx}dx &= \int_{-\pi}^{\pi}\left(\sum_{n=-\infty}^{\infty} c_n e^{-imx} e^{inx}\right)dx \\ &= \sum_{n=-\infty}^{\infty} c_n \int_{-\pi}^{\pi} e^{i(n-m)x}dx \qquad (65)\end{aligned}$$

식(65)에서 $n \neq m$인 경우 적분을 계산하면 다음과 같다.

$$\begin{aligned}\int_{-\pi}^{\pi} e^{i(n-m)x}dx &= \left[\frac{1}{i(n-m)}e^{i(n-m)x}\right]_{-\pi}^{\pi} \\ &= \frac{1}{i(n-m)}\left(e^{i(n-m)\pi} - e^{-i(n-m)\pi}\right) \\ &= \frac{2}{n-m}\left(\frac{e^{i(n-m)\pi} - e^{-i(n-m)\pi}}{2i}\right) \\ &= \frac{2}{n-m}\sin(n-m)\pi = 0 \qquad (66)\end{aligned}$$

한편, $n=m$인 경우 식(66)의 적분은 다음과 같다.

$$\int_{-\pi}^{\pi} e^{i(n-m)\pi}dx = \int_{-\pi}^{\pi} dx = 2\pi \qquad (67)$$

따라서 식(65)에서 $n=m$인 경우에만 우변의 적분값이 존재하고 나머지는 모두 0이 되므로 다음의 관계가 성립한다.

$$\begin{aligned}&\int_{-\pi}^{\pi} f(x)e^{-imx}dx = c_m\int_{-\pi}^{\pi} dx = c_m(2\pi) \\ &\therefore\ c_m = \frac{1}{2\pi}\int_{-\pi}^{\pi} f(x)e^{-imx}dx \qquad (68)\end{aligned}$$

식(68)에서 m을 n으로 바꾸면 복소 Fourier 계수 c_n은 다음과 같이 결정된다.

$$c_n = \frac{1}{2\pi}\int_{=\pi}^{\pi} f(x)e^{-inx}dx \qquad (69)$$

(2) 복소수형 Fourier 급수 (주기 p)

다음으로 주기가 p인 주기함수 $f(x)$에 대한 복소수형 Fourier 급수 표현에 대해 살펴보자.

$$f(x+p)=f(x),\ \ \forall x \tag{70}$$

함수 $f(x)$가 변수 t에 대해 주기가 2π가 되도록 다음과 같은 변수변환을 도입한다.

$$t \triangleq \frac{2\pi}{p}x \quad \text{또는} \quad x=\frac{p}{2\pi}t \tag{71}$$

식(71)의 변수변환에서 x가 $-\frac{p}{2}$에서 $\frac{p}{2}$까지 변한다고 하면 t는 $-\pi$에서 π까지 변한다. 따라서 $f(x)$는 변수변환에 의해 다음과 같이 t의 함수 $g(x)$로 표현될 수 있다.

$$f(x)=f\left(\frac{p}{2\pi}t\right)\triangleq g(t) \tag{72}$$

그런데 식(72)의 $g(t)$는 t에 대해 주기가 2π인 주기함수이므로 다음의 Fourier 급수 표현을 가진다.

$$g(t)=\sum_{n=-\infty}^{\infty} c_n e^{int} \tag{73}$$

$$c_n=\frac{1}{2\pi}\int_{-\pi}^{\pi} g(t)e^{-int}\,dt \tag{74}$$

$t=\frac{2\pi}{p}x$로부터 $dt=\frac{2\pi}{p}dx$이므로 식(73)과 식(74)로부터 다음과 같은 Fourier 급수 표현을 얻을 수 있다.

$$f(x)=g\left(\frac{2\pi}{p}x\right)=\sum_{n=-\infty}^{\infty} c_n e^{i\frac{2n\pi}{p}x} \tag{75}$$

$$c_n = \frac{1}{2\pi}\int_{-\frac{p}{2}}^{\frac{p}{2}} g\left(\frac{2\pi}{p}x\right)e^{-i\frac{2n\pi}{p}x}\left(\frac{2\pi}{p}dx\right)$$
$$= \frac{1}{p}\int_{-\frac{p}{2}}^{\frac{p}{2}} f(x)e^{-i\frac{2n\pi}{p}x}dx \qquad (76)$$

앞 절에서 언급한 것과 마찬가지로 적분구간은 한 주기 동안만 취하면 충분하므로 $\left[-\frac{p}{2}, \frac{p}{2}\right]$ 대신 $[0, p]$로 대체해도 무방하다.

지금까지 설명한 내용을 정리하면 다음과 같이 요약할 수 있다.

$f(x)$가 임의의 주기 p를 가지는 주기함수라 가정한다. 즉,

$$f(x+p) = f(x), \ \forall x$$

$f(x)$를 복소수형 Fourier 급수로 전개하면 다음과 같다.

$$f(x) = \sum_{n=-\infty}^{\infty} c_n e^{i\frac{2n\pi}{p}x}$$

$$c_n = \frac{1}{p}\int_{-\frac{p}{2}}^{\frac{p}{2}} f(x)e^{-i\frac{2n\pi}{p}x}dx$$

만일 $p=2\pi$ 인 경우 $f(x)$의 복소수형 Fourier 급수는 다음과 같다.

$$f(x) = \sum_{n=-\infty}^{\infty} c_n e^{inx}$$

$$c_n = \frac{1}{2\pi}\int_{-\pi}^{\pi} f(x)e^{-inx}dx$$

예제 8.13

다음 주기함수 $f(x)$를 복소수형 Fourier 급수로 전개하라.

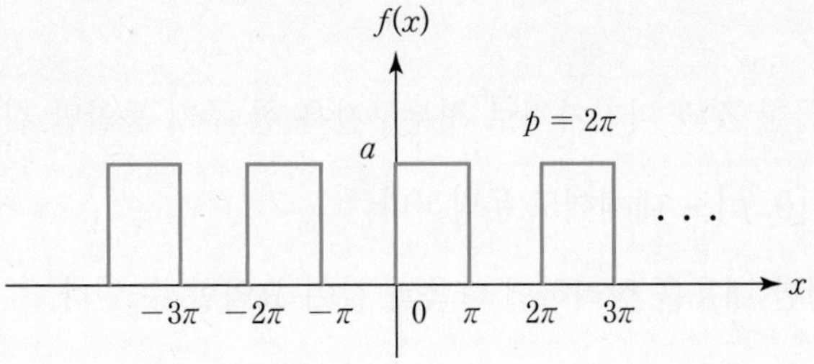

풀이

$f(x)$의 주기는 2π이므로 식(69)를 이용하여 복소 Fourier 계수 c_n을 계산하면 다음과 같다.

$$\begin{aligned} c_n &= \frac{1}{2\pi}\int_{-\pi}^{\pi} f(x)e^{-inx}dx \\ &= \frac{1}{2\pi}\int_{0}^{\pi} ae^{-inx}dx = \left[\frac{a}{2\pi}\left(-\frac{1}{in}e^{-inx}\right)\right]_{x=0}^{x=\pi} \\ &= \frac{a}{i2n\pi}(1-e^{-in\pi}) \end{aligned}$$

따라서 $f(x)$는 다음과 같이 복소수형 Fourier 급수로 표현된다.

$$f(x) = \sum_{n=-\infty}^{\infty} \frac{a}{i2n\pi}(1-e^{-in\pi})e^{inx}$$

예제 8.14

주기가 π인 $f(x)=e^{-x}$, $-\frac{\pi}{2} < x < \frac{\pi}{2}$를 복소수형 Fourier 급수로 전개하라.

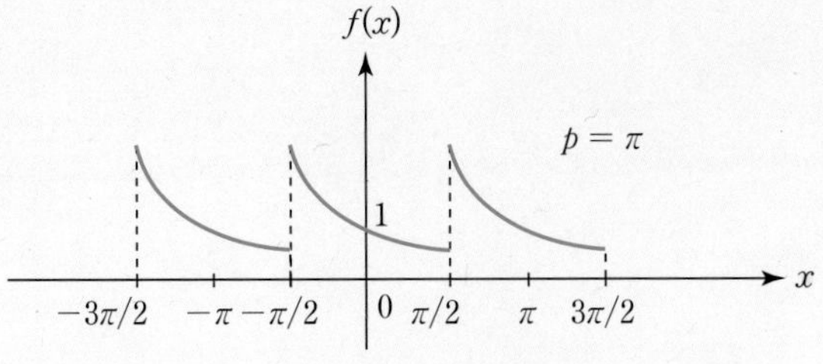

풀이

$f(x)$의 주기가 π 이므로 식(76)을 이용하면 다음과 같다.

$$\begin{aligned} c_n &= \frac{1}{\pi}\int_{-\frac{\pi}{2}}^{\frac{\pi}{2}} e^{-x}e^{-i2nx}dx = \frac{1}{n}\int_{-\frac{\pi}{2}}^{\frac{\pi}{2}} e^{-(1+i2n)x}dx \\ &= \frac{1}{n}\Big[-\frac{1}{1+i2n}e^{-(1+i2n)x}\Big]_{-\frac{\pi}{2}}^{\frac{\pi}{2}} \\ &= \frac{1}{\pi(1+i2n)}\Big\{ e^{(1+i2n)\frac{\pi}{2}} - e^{-(1+i2n)\frac{\pi}{2}} \Big\} \end{aligned}$$

c_n 을 간략하게 정리하면

$$\begin{aligned} e^{(1+i2n)\frac{\pi}{2}} &= e^{\frac{\pi}{2}}e^{in\pi} = e^{\frac{\pi}{2}}(\cos n\pi + i\sin n\pi) = (-1)^n e^{\frac{\pi}{2}} \\ e^{-(1+i2n)\frac{\pi}{2}} &= e^{-\frac{\pi}{2}}e^{-in\pi} = e^{-\frac{\pi}{2}}(\cos n\pi - i\sin n\pi) = (-1)^n e^{-\frac{\pi}{2}} \end{aligned}$$

이므로 c_n 은 다음과 같이 표현된다.

$$\begin{aligned} c_n &= \frac{1}{\pi(1+i2n)}\Big\{ (-1)^n e^{\frac{\pi}{2}} - (-1)^n e^{-\frac{\pi}{2}} \Big\} \\ &= \frac{2(-1)^n}{\pi(1+i2n)}\left(\frac{e^{\frac{\pi}{2}} - e^{-\frac{\pi}{2}}}{2}\right) = \frac{2(-1)^n}{\pi(1+i2n)}\sinh\left(\frac{\pi}{2}\right) \end{aligned}$$

따라서 $f(x)$의 복소수형 Fourier 급수 표현은 다음과 같다.

$$f(x) = \sum_{n=-\infty}^{\infty} \frac{2(-1)^n}{\pi(1+i2n)}\sinh\left(\frac{\pi}{2}\right)e^{i2nx}$$

예제 8.15

다음 주기함수 $f(x)$에 대한 복소수형 Fourier 급수 표현을 구하라.

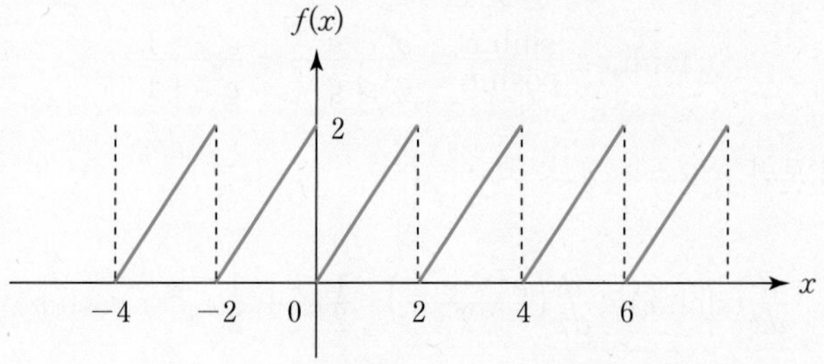

풀이

$f(x)$의 주기가 $p=2$이므로 식(76)을 이용하면 다음과 같다.

$$\begin{aligned} c_n &= \frac{1}{2}\int_0^2 xe^{-in\pi x}dx \\ &= \frac{1}{2}\left\{\left[-x\frac{1}{in\pi}e^{-in\pi x}\right]_0^2 + \int_0^2 \frac{1}{in\pi}e^{-in\pi x}dx\right\} \\ &= \frac{1}{2}\left\{-\frac{2}{in\pi}e^{-i2n\pi} + \frac{1}{in\pi}\left[-\frac{1}{in\pi}e^{-in\pi x}\right]_0^2\right\} \\ &= \frac{1}{2}\left\{-\frac{2}{in\pi}e^{-i2n\pi} + \frac{1}{(in\pi)^2}(1-e^{-i2n\pi})\right\} \end{aligned}$$

그런데 $e^{-i2n\pi}$는 Euler 공식에 의해

$$e^{-i2n\pi} = \cos 2n\pi - i\sin 2n\pi = 1$$

이므로 복소 Fourier 계수 c_n은 다음과 같다.

$$c_n = -\frac{1}{in\pi} = \frac{1}{n\pi}i$$

따라서 $f(x)$의 복소수형 Fourier 급수 표현은 다음과 같다.

$$f(x) = \sum_{n=-\infty}^{\infty} \frac{i}{n\pi}e^{in\pi x}$$

여기서 잠깐! **쌍곡선함수**

쌍곡선함수(Hyperbolic Function)는 다음과 같이 정의되는 함수이다.

$$\begin{aligned} \sinh x &\triangleq \frac{e^x - e^{-x}}{2} \\ \cosh x &\triangleq \frac{e^x + e^{-x}}{2} \\ \tanh x &\triangleq \frac{\sinh x}{\cosh x} = \frac{e^x - e^{-x}}{e^x + e^{-x}} = \frac{e^{2x}-1}{e^{2x}+1} \end{aligned}$$

$\sinh x$를 미분해 보면

$$\frac{d}{dx}(\sinh x) = \frac{d}{dx}\left(\frac{e^x - e^{-x}}{2}\right) = \frac{1}{2}e^x + \frac{1}{2}e^{-x} = \cosh x$$

이며, $\cosh x$를 미분하면

$$\frac{d}{dx}(\cosh x) = \frac{d}{dx}\left(\frac{e^x + e^{-x}}{2}\right) = \frac{1}{2}e^x - \frac{1}{2}e^{-x} = \sinh x$$

가 됨을 알 수 있다.

타임머신

맹 교수 : 기발한 교수는 30년 전의 과거 세계로 시간 여행을 떠났다. 그곳에서 그는 어릴 때의 자신을 만났다.

기발한 교수 : 만약 내가 이 아이를 죽인다고 가정해 보자. 그러면 자라서 나 기발한 교수가 될 사람은 더 이상 존재하지 않는다. 그렇다면, 그 순간에 나 자신도 사라지는 것일까?

맹 교수 : 이번에는 기발한 교수가 30년 후의 미래 세계로 시간 여행을 떠났다. 거기서 그는 친구인 마르코프 박사의 떡갈나무에 자신의 이름을 새겨 놓았다. (마르코프 박사의 떡갈나무는 아주 유명하다.)

맹 교수 : 그런 다음 그는 자신이 살던 현실 세계로 돌아왔다. 수년이 지난 후 그는 그 떡갈나무를 베어 버리기로 했다. 작업이 끝난 뒤 그는 낭패에 빠졌다.

기발한 교수 : 음, 3년 전에 나는 30년 후의 미래 세계로 가서 이 떡갈나무에 나의 이름을 새겨 놓았는데……. 27년 동안에 무슨 일이 일어날 것인가? 떡갈나무는 이제 존재하지 않는다.
그렇다면, 내가 이름을 새긴 그 떡갈나무는 어디서 왔단 말인가?

해설

과거나 미래로의 시간 여행을 다룬 공상과학 소설이나 영화는 수없이 많다. 그 중에서 H. G. 웰스의 『타임머신』은 고전 작품이다.

시간 여행은 논리적으로 가능한가, 아니면 해결될 수 없는 모순에 봉착하고 마는가? 만약 시간이 앞으로만 흐르는 우리 세계가 유일하게 단 하나만 존재한다고 가정한다면, 여기서 인용한 파라독스에서처럼 과거의 시간으로 거슬러가는 모든 시도는 논리적인 모순에 봉착하게 될 것이 분명하다. 과거의 세계로 돌아가서 어릴 때의 자기 자신을 보게 되는 여행자의 파라독스를 한 번 생각해 보자. 만약 그가 그 아이를 죽인다면, 자신은 존재하면서도 더 이상 존재하지 않게 된다. 커서 장차 기발한 교수가 될 아이가 죽었다면 지금의 기발한 교수는 어디서 온 것인가?

두 번째 파라독스는 좀 더 미묘하다. 미래 세계로 가서 자신의 이름을 떡갈나무에 새기는 것은 아무런 모순을 일으키지 않는다. 모순은 현재의 세계로 돌아왔을 때, 다시 말해 시간을 거꾸로 거슬러 여행했을 때 생겨난다. 떡갈나무를 베는 순간 기발한 교수는 미래의 떡갈나무를 제거하였으므로 당연히 모순이 생긴다. 미래의 어느 시점에서 떡갈나무는 존재하면서도 존재하지 않는 것이다.

출처: 「이야기 파라독스」, 사계절

연습문제

01 다음의 주기함수에 대한 Fourier 급수 표현을 구하라.

(1) $f(x)=\begin{cases} x, & -\dfrac{\pi}{2}<x<\dfrac{\pi}{2} \\ \pi-x, & \dfrac{\pi}{2}<x<\dfrac{3}{2}\pi \end{cases}$ 　주기　$p=2\pi$

(2) $f(x)=x+|x|,\ -\pi<x<\pi$ 　주기　$p=2\pi$

02 다음의 주기함수에 대한 Fourier 급수 표현을 구하라.

(1)

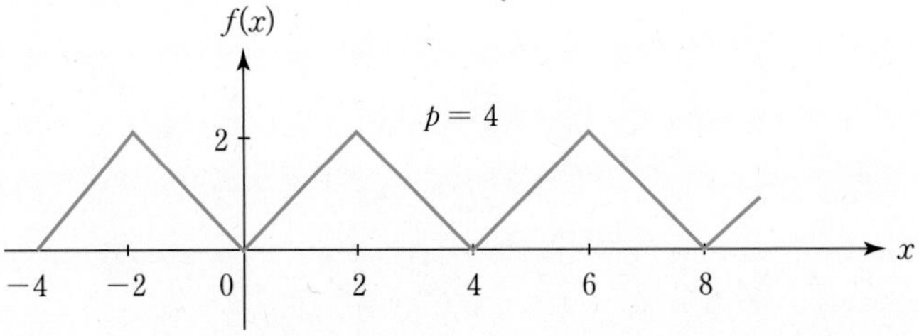

(2)

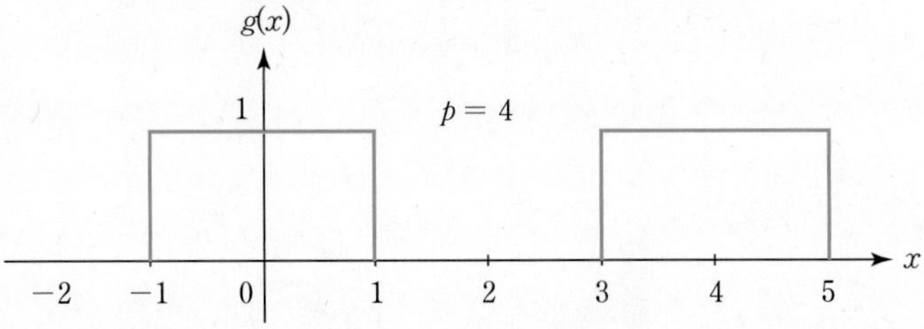

03 주기가 2π 인 다음 주기 함수 $f(x)$에 대해 물음에 답하라.

$$f(x)=x+\pi,\quad -\pi<x<\pi$$

(1) $f(x)$의 Fourier 급수 표현을 구하라.

(2) $f(x)$의 복소수형 Fourier 급수 표현을 구하라.

(3) $f(x)$의 Fourier 급수를 이용하여 다음 무한급수의 합을 구하라.

$$S=1-\frac{1}{3}+\frac{1}{5}-\frac{1}{7}+\cdots$$

04 다음 함수들의 우함수 또는 기함수 여부를 판별하라.

(1) $f(x)=e^{x}-e^{-x}$

(2) $f(x)=\begin{cases} x+5, & -2<x<0 \\ -x+5, & 0\le x<2 \end{cases}$

05 다음의 비주기함수에 대해 물음에 답하라.

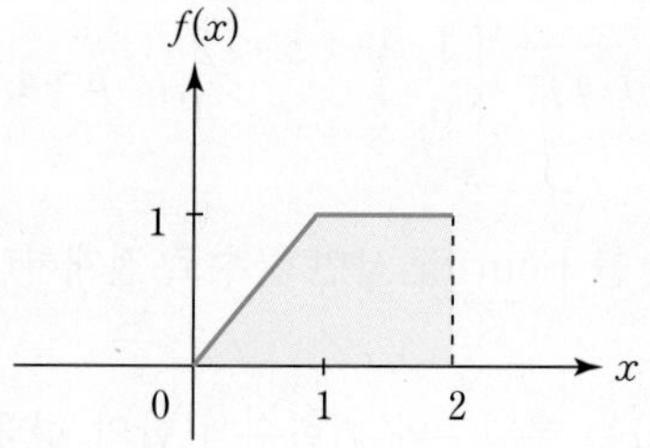

(1) $f(x)$를 우함수로 확장하여 반구간 전개를 하라.

(2) $f(x)$를 기함수로 확장하여 반구간 전개를 하라.

(3) $f(x)$를 주기가 2인 주기함수로 확장하여 Fourier 급수 표현을 구하라.

06 다음 함수에 대한 복소수형 Fourier 급수를 구하라.

(1) $f(x)=\begin{cases} -1, & -2<x<0 \\ 1, & 0<x<2 \end{cases}$

(2) $f(x)=e^{-|x|},\ -1<x<1$

(3) $f(x)=\begin{cases} 0, & -\frac{1}{2}<x<-\frac{1}{4} \\ 1, & -\frac{1}{4}<x<\frac{1}{4} \\ 0, & \frac{1}{4}<x<\frac{1}{2} \end{cases}$

07 주기가 p인 $f(x)$의 Fourier 급수가 다음과 같다.

$$f(x)=a_0+\sum_{n=1}^{\infty}\left(a_n\cos\frac{2n\pi}{p}x+b_n\sin\frac{2n\pi}{p}x\right)$$

$f(x)$를 윗식에 곱하여 한 주기 동안 적분함으로써 다음의 관계가 성립함을 증명하라.

$$\frac{1}{p}\int_0^p\{f(x)\}^2dx=a_0^2+\frac{1}{2}\sum_{n=1}^{\infty}(a_n^2+b_n^2)$$

08 주기가 p인 다음 함수의 실수형 Fourier 급수를 구하라.

$$f(x)=\begin{cases} 1 & -\frac{p}{4}<x<\frac{p}{4} \\ 0 & \text{otherwise} \end{cases}$$

09 주기가 $p=4$인 다음 함수의 복소수형 Fourier 급수를 구하라.

$$f(x)=\begin{cases} 1, & 0<x<2 \\ 0, & 2<x<4 \end{cases}, \quad p=4$$

10 $f(x)=x,\ -2<x<2$를 Fourier 사인 급수로 전개하라.

11 어떤 임의의 함수 $f(x)$는 우함수와 기함수의 합의 형태로 항상 표현할 수 있음을 증명하라.

12 문제 9에서 $f(x)$의 복소수형 Fourier 급수가 $x=2,\ 4,\ 6$에서 수렴하는 값을 각각 구하라.

13 다음의 비주기 함수 $f(x)$에 대해 물음에 답하라.

$$f(x)=\begin{cases} a, & 0\le x\le a \\ 0, & a<x\le 2a \end{cases}$$

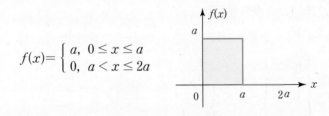

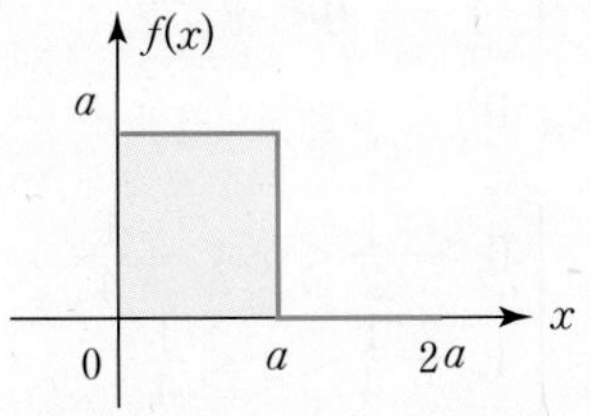

(1) $f(x)$를 우함수로 확장하여 반구간 전개를 하라.

(2) $f(x)$를 기함수로 확장하여 반구간 전개를 하라.

14 주기가 $p=2$ 인 다음 함수 $f(x)$ 에 대해 물음에 답하라.

$$f(x)=|x|, \quad -1 \le x \le 1$$

(1) $f(x)$ 의 Fourier 급수를 구하라.

(2) (1)의 결과에서 각 항을 미분함으로써 $f'(x)$ 의 Fourier 급수를 구하라.

$$f'(x)=\begin{cases} -1, & -1 < x < 0 \\ 1, & 0 < x < 1 \end{cases}$$

15 주기가 2π 인 다음 함수 $f(x)$ 에 대해 물음에 답하라.

$$f(x)=\begin{cases} k, & -\frac{\pi}{2} < x < \frac{\pi}{2} \\ 0, & \frac{\pi}{2} < x < \frac{3}{2}\pi \end{cases}$$

(1) $f(x)$ 의 Fourier 급수를 구하라.

(2) $f(x)$ 의 Fourier 급수를 이용하여 다음 무한급수 관계를 증명하라.

$$1-\frac{1}{3}+\frac{1}{5}-\frac{1}{7}+\cdots=\frac{\pi}{4}$$

16 다음 함수들의 기본주기를 구하라.

(1) $f(x)=2\cos\frac{1}{2}x$

(2) $g(x)=2\sin 5x+\cos 3x$

17 다음의 적분값을 계산하라. 단, m과 n은 정수이다.

$$\int_{-\pi}^{\pi} \cos mx \cos nx \, dx$$

18 다음의 적분값을 계산하라. 단, m과 n은 정수이다.

$$\int_{-\pi}^{\pi} \cos mx \sin nx \, dx$$

19 다음 주기함수 $f(x)$를 복소수형 Fourier 급수로 전개하라.

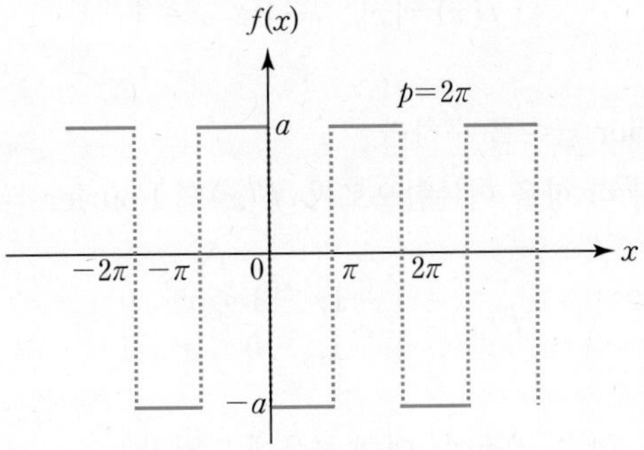

20 다음의 함수들의 우함수 또는 기함수 여부를 판별하라.

(1) $f(x)=|x|$

(2) $f(x)=[h(x)]^3$, $h(x)$는 기함수이다.

CHAPTER 09

Fourier 적분과 변환

9.1 실수형 Fourier 적분 | 9.2 Fourier 사인 및 코사인 적분

9.3 복소수형 Fourier 적분 | 9.4 Fourier 변환

9.5 Fourier 변환의 성질 | 9.6 Fourier 사인 및 코사인 변환

9.7 Laplace 변환과의 상관관계

CHAPTER 09

Fourier 적분과 변환

▶ 단원 개요

본 장에서는 실제 문제에서 많이 나타나는 비주기 함수에 대해 Fourier 급수의 방법을 일반화하여 얻어진 Fourier 적분에 대해 학습한다. Fourier 급수의 복소수 형태를 일반화한 Fourier 변환의 정의 및 여러 가지 중요한 성질에 대해서도 다룬다. 또한 Laplace 변환과 Fourier 변환의 유사성에 대해 학습하면서 Fourier 변환이 Laplace 변환의 특별한 경우라는 것에 대해 고찰한다.

9.1 실수형 Fourier 적분

앞서 기술한 Fourier 급수는 주기함수를 포함한 여러 공학적인 응용에 매우 유용한 도구를 제공한다. 그러나 실제 응용에 있어 많은 경우에 비주기 함수를 포함하기 때문에 이를 수학적으로 처리하기 위해서는 Fourier 급수 표현을(실수 형태 또는 복소수 형태) 일반화할 필요가 있다. 따라서 이를 위해서는 주기 p를 가진 주기함수 $f(x)$를 실수 형태의 Fourier 급수로 전개한 다음 $p\to\infty$로 접근시킴으로써 Fourier 급수가 어떠한 형태로 변화되는가를 살펴보면 된다.

이와 같은 과정이 가능한 이유는 비주기함수는 주기가 ∞인 주기함수로 간주할 수 있기 때문이며, 이러한 과정을 통해 얻어진 Fourier 급수의 일반화된 형태를 Fourier 적분(Fourier Integral)이라 부른다. 본 절에서는 주기가 p인 주기함수 $f_p(x)$의 Fourier 급수 전개식으로부터 실수형 Fourier 적분을 유도한다.

주기함수 $f_p(x)$의 Fourier 급수는 다음과 같이 전개될 수 있다.

$$f_p(x)=a_0+\sum_{n=1}^{\infty}(a_n\cos\omega_n x+b_n\sin\omega_n x) \tag{1}$$

$$a_0=\frac{1}{p}\int_{-\frac{p}{2}}^{\frac{p}{2}}f_p(v)dv \tag{2}$$

$$a_n = \frac{2}{p}\int_{-\frac{p}{2}}^{\frac{p}{2}} f_p(v)\cos\omega_n v\,dv \tag{3}$$

$$b_n = \frac{2}{p}\int_{-\frac{p}{2}}^{\frac{p}{2}} f_p(v)\sin\omega_n v\,dv \tag{4}$$

여기서 $\omega_n = \dfrac{2n\pi}{p}$ 로 정의되며 Fourier 계수들의 적분변수는 v로 처리하였다. 식(2)~식(4)로 표현된 Fourier 계수를 식(1)의 각 항에 대입하면 다음과 같다.

$$\begin{aligned} f_p(x) = \frac{1}{p}\int_{-\frac{p}{2}}^{\frac{p}{2}} f_p(v)dv + \frac{2}{p}\sum_{n=1}^{\infty}\Bigg\{&(\cos\omega_n x)\int_{-\frac{p}{2}}^{\frac{p}{2}} f_p(v)\cos\omega_n v\,dv \\ &+(\sin\omega_n x)\int_{-\frac{p}{2}}^{\frac{p}{2}} f_p(v)\sin\omega_n v\,dv\Bigg\} \end{aligned} \tag{5}$$

여기서, $\Delta\omega$ 라는 항을 다음과 같이 정의한다.

$$\begin{aligned} \Delta\omega \triangleq \omega_{n+1} - \omega_n = \frac{2(n+1)\pi}{p} - \frac{2n\pi}{p} = \frac{2\pi}{p} \\ \therefore\ \frac{\Delta\omega}{\pi} = \frac{2}{p} \end{aligned} \tag{6}$$

식(6)의 관계를 식(5)에 대입하여 정리하면 다음과 같다.

$$\begin{aligned} f_p(x) = \frac{1}{p}\int_{-\frac{p}{2}}^{\frac{p}{2}} f_p(v)dv + \frac{1}{\pi}\sum_{n=1}^{\infty}\Bigg\{&(\cos\omega_n x)\Delta\omega\int_{-\frac{p}{2}}^{\frac{p}{2}} f_p(v)\cos\omega_n v\,dv \\ &+(\sin\omega_n x)\Delta\omega\int_{-\frac{p}{2}}^{\frac{p}{2}} f_p(v)\sin\omega_n v\,dv\Bigg\} \end{aligned} \tag{7}$$

식(7)의 양변에 $p \to \infty$ 로의 극한을 취하면 식(7)의 좌변은 다음과 같다.

$$\lim_{p\to\infty} f_p(x) = f(x)$$

주기 p가 ∞로 커진다는 것은 주기함수 $f_p(x)$가 비주기함수 $f(x)$로 된다는 의미이며 $p \to \infty$ 일 때 식(7)의 우변 첫째 항은 0이 된다.

또한 식(6)에서 $p \to \infty$ 일 때 $\Delta\omega \to 0$ 이 되므로 식(7)의 두 번째 항의 무한급수는

0에서 ∞까지의 적분구간을 가지는 정적분 형태로 다음과 같이 표현할 수 있다.

$$f(x)=\frac{1}{\pi}\int_0^\infty \left\{\cos\omega x\int_{-\infty}^{\infty} f(v)\cos\omega v\,dv+\sin\omega x\int_{-\infty}^{\infty} f(v)\sin\omega v\,dv\right\}d\omega \quad (8)$$

식(8)에서 $A(\omega)$와 $B(\omega)$를 다음과 같이 정의한다.

$$A(\omega)\triangleq\int_{-\infty}^{\infty} f(v)\cos\omega v\,dv \quad (9)$$

$$B(\omega)\triangleq\int_{-\infty}^{\infty} f(v)\sin\omega v\,dv \quad (10)$$

식(9)와 식(10)의 $A(\omega)$, $B(\omega)$를 이용하면 식(8)은 다음과 같이 간결하게 표현된다.

$$f(x)=\frac{1}{\pi}\int_0^\infty \{A(\omega)\cos\omega x+B(\omega)\sin\omega x\}\,d\omega \quad (11)$$

식(11)을 비주기함수 $f(x)$에 대한 Fourier 적분이라고 부르며, Fourier 급수와 마찬가지로 $f(x)$가 불연속인 점에서의 Fourier 적분값은 그 점에서 $f(x)$의 좌극한과 우극한의 산술평균값과 같다는 것에 유의하라.

예제 9.1

다음 함수의 Fourier 적분을 구하라.

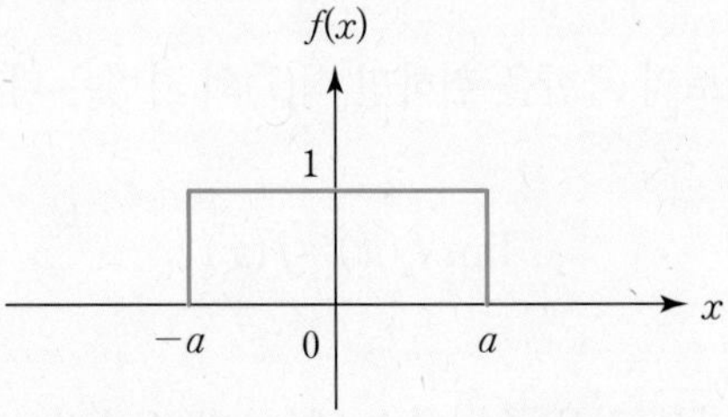

풀이

식(9)와 식(10)으로부터 $A(\omega)$와 $B(\omega)$는 다음과 같다.

$$A(\omega)=\int_{-\infty}^{\infty} f(v)\cos\omega v\,dv=\int_{-a}^{a}\cos\omega v\,dv=\left[\frac{\sin\omega v}{\omega}\right]_{v=-a}^{v=a}=\frac{2\sin\omega a}{\omega}$$

$$B(\omega)=\int_{-\infty}^{\infty} f(v)\sin\omega v\,dv=\int_{-a}^{a}\sin\omega v\,dv=0$$

따라서 $f(x)$는 다음과 같은 Fourier 적분으로 표현된다.

$$f(x)=\frac{2}{\pi}\int_{0}^{\infty}\frac{\cos\omega x\sin\omega a}{\omega}d\omega \tag{12}$$

앞에서 언급한 것처럼 $x=a$에서 $f(x)$는 불연속이므로 $f(x)$의 Fourier 적분은 $x=a$에서 $\frac{1}{2}$에 수렴하게 될 것이다. $x=a$를 식(12)에 대입하면

$$\frac{2}{\pi}\int_{0}^{\infty}\frac{\cos\omega a\sin\omega a}{\omega}d\omega=\frac{1}{2}$$

$$\therefore\int_{0}^{\infty}\frac{\cos\omega a\sin\omega a}{\omega}d\omega=\frac{\pi}{4} \tag{13}$$

가 되므로 해석적인 방법으로 적분하기 어려운 식(13)의 적분값을 알 수 있다. 한편, 불연속이 아닌 점에서의 Fourier 적분은 그 점에서의 $f(x)$의 함수값에 수렴한다.

$-a<x<a$의 범위에서 $f(x)$는 연속이고 함수값이 1이므로 다음의 관계가 얻어진다.

$$\frac{2}{\pi}\int_{0}^{\infty}\frac{\cos\omega x\sin\omega a}{\omega}d\omega=1$$

$$\int_{0}^{\infty}\frac{\cos\omega x\sin\omega a}{\omega}d\omega=\frac{\pi}{2},\ -a<x<a \tag{14}$$

또한 $x<-a$ 또는 $x>a$ 범위에서 $f(x)$의 함수값은 0이므로 다음의 관계를 얻을 수 있다.

$$\frac{2}{\pi}\int_0^\infty \frac{\cos\omega x \sin\omega a}{\omega} d\omega = 0$$

$$\int_0^\infty \frac{\cos\omega x \sin\omega a}{\omega} d\omega = 0,\ \ x < -a \ \text{또는}\ x > a \tag{15}$$

지금까지의 결과를 요약하면 다음과 같다.

$$\int_0^\infty \frac{\cos\omega x \sin\omega a}{\omega} d\omega = \begin{cases} \frac{\pi}{2}, & -a < x < a \\ 0, & x < -a \ \text{또는}\ x > a \\ \frac{\pi}{4}, & x = a \ \text{또는}\ x = -a \end{cases} \tag{16}$$

예제 9.2

다음 함수의 Fourier 적분을 구하라.

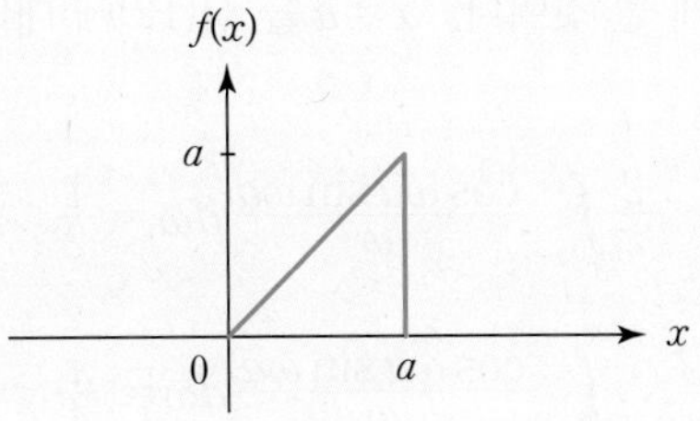

풀이

식(9)~(10)으로부터 $A(\omega)$와 $B(\omega)$를 구하면 다음과 같다.

$$\begin{aligned} A(\omega) &= \int_0^a v\cos\omega v\, dv = \left[\frac{1}{\omega} v \sin\omega v\right]_{v=0}^{v=a} - \int_0^a \frac{1}{\omega}\sin\omega v\, dv \\ &= \frac{a}{\omega}\sin\omega a - \left[\frac{1}{\omega}\left(-\frac{1}{\omega}\cos\omega v\right)\right]_{v=0}^{v=a} \\ &= \frac{a}{\omega}\sin\omega a + \frac{1}{\omega^2}(\cos\omega a - 1) \end{aligned}$$

$$\begin{aligned} B(\omega) &= \int_0^a v\sin\omega v\, dv = \left[-\frac{1}{\omega} v \cos\omega v\right]_{v=0}^{v=a} - \int_0^a \left(-\frac{1}{\omega}\right)\cos\omega v\, dv \\ &= -\frac{a}{\omega}\cos\omega a + \left[\frac{1}{\omega}\left(\frac{1}{\omega}\sin\omega v\right)\right]_{v=0}^{v=a} \\ &= -\frac{a}{\omega}\cos\omega a + \frac{1}{\omega^2}\sin\omega a \end{aligned}$$

따라서 $f(x)$는 다음의 Fourier 적분으로 표현될 수 있다.

$$f(x)=\frac{1}{\pi}\int_0^\infty\left\{\left[\frac{a}{\omega}\sin\omega a+\frac{1}{\omega^2}(\cos\omega a-1)\right]\cos\omega x\right.$$
$$\left.+\left[-\frac{a}{\omega}\cos\omega a+\frac{1}{\omega^2}\sin\omega a\right]\sin\omega x\right\}d\omega$$

여기서 잠깐! $\int_0^a x\cos\omega x\,dx$의 계산

부정적분에 대한 부분적분법을 정적분으로 확장하기 위하여 곱의 형태로 된 함수 $u(x)v(x)$를 미분해본다.

$$(u(x)v(x))'=u'(x)v(x)+u(x)v'(x)$$

위 식의 양변을 적분구간 $[a, b]$에 대하여 적분하면 다음의 부분적분법에 대한 공식을 얻는다.

$$\int_a^b\{u(x)v(x)\}'\,dx=\int_a^b u'(x)v(x)\,dx+\int_a^b u(x)v'(x)\,dx$$
$$\therefore\int_a^b u'(x)v(x)\,dx=\int_a^b\{u(x)v(x)\}'\,dx-\int_a^b u(x)v'(x)\,dx$$
$$=\Big[u(x)v(x)\Big]_a^b-\int_a^b u(x)v'(x)\,dx$$

$\int_0^a x\cos\omega x\,dx$를 부분적분법을 이용하여 계산해본다.
피적분함수에서 $u'=\cos\omega x,\ v=x$라 하면 $u=\frac{1}{\omega}\sin\omega x,\ v'=1$이므로

$$\int_0^a x\cos\omega x\,dx=\left[\frac{1}{\omega}x\sin\omega x\right]_0^a-\int_0^a\frac{1}{\omega}\sin\omega x\,dx$$
$$=\frac{a}{\omega}\sin\omega a-\frac{1}{\omega}\left[-\frac{1}{\omega}\cos\omega x\right]_0^a$$
$$=\frac{a}{\omega}\sin\omega a+\frac{1}{\omega^2}(\cos\omega a-1)$$

의 결과를 얻는다. 피적분함수가 $x\sin\omega x$인 경우도 마찬가지 방식으로 계산할 수 있다.

9.2 Fourier 사인 및 코사인 적분

8장에서 주기함수 $f(x)$가 우함수 또는 기함수인 경우 Fourier 계수들의 계산이 간단해진다는 것에 대해 이미 설명하였다. Fourier 급수전개에서와 마찬가지로 Fourier 적분에서도 $f(x)$가 우함수이거나 기함수이면 계산과정이 간단해진다.

(1) Fourier 코사인 적분

먼저, 비주기함수 $f(x)$가 우함수이면 $A(\omega)$와 $B(\omega)$는 다음과 같이 계산된다.

$$A(\omega)=\int_{-\infty}^{\infty}\underbrace{f(v)}_{\text{우함수}}\underbrace{\cos\omega v}_{\text{우함수}}\,dv=2\int_{0}^{\infty}f(v)\cos\omega v\,dv \tag{17}$$

$$B(\omega)=\int_{-\infty}^{\infty}\underbrace{f(v)}_{\text{우함수}}\underbrace{\sin\omega v}_{\text{기함수}}\,dv=0 \tag{18}$$

식(17)과 식(18)은 8.4절에서 논의된 우함수, 기함수의 성질에 의해서 유도된 것이다. 기억이 나지 않는 독자는 8장으로 돌아가서 복습하기를 바란다.

따라서 $f(x)$는 $B(\omega)=0$이므로 다음과 같이 코사인 형태의 적분으로 표현되며 이를 Fourier 코사인 적분(Fourier Cosine Integral)이라 부른다.

$$f(x)=\frac{1}{\pi}\int_{0}^{\infty}A(\omega)\cos\omega x\,d\omega \tag{19}$$

(2) Fourier 사인 적분

다음으로, 비주기함수 $f(x)$가 기함수이면 $A(\omega)$와 $B(\omega)$는 다음과 같이 계산된다.

$$A(\omega)=\int_{-\infty}^{\infty}\underbrace{f(v)}_{\text{기함수}}\underbrace{\cos\omega v}_{\text{우함수}}\,dv=0 \tag{20}$$

$$B(\omega)=\int_{-\infty}^{\infty}\underbrace{f(v)}_{\text{기함수}}\underbrace{\sin\omega v}_{\text{기함수}}\,dv=2\int_{0}^{\infty}f(v)\sin\omega v\,dv \tag{21}$$

따라서 $f(x)$는 $A(\omega)=0$이므로 다음과 같이 사인 형태의 적분으로 표현되며 이를 Fourier 사인 적분(Fourier Sine Integral)이라 부른다.

$$f(x)=\frac{1}{\pi}\int_0^{\infty} B(\omega)\sin\omega x\, d\omega \tag{22}$$

예제 9.3

다음 함수의 Fourier 적분을 구하라.

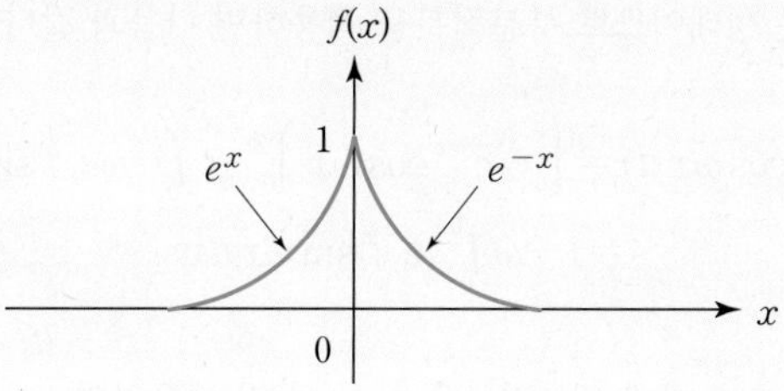

풀이

주어진 함수는 우함수이므로 $B(\omega)=0$ 이 되며 $A(\omega)$는 다음과 같다.

$$A(\omega)=2\int_0^{\infty} f(v)\cos\omega v\, dv=2\int_0^{\infty} e^{-v}\cos\omega v\, dv$$

위의 적분을 계산하기 위해 부분적분을 두 번 적용하면

$$\int_0^{\infty} e^{-v}\cos\omega v\, dv=\frac{1}{\omega^2+1}$$

이 되므로 $A(\omega)$는 다음과 같다.

$$A(\omega)=\frac{2}{\omega^2+1}$$

따라서 $f(x)$의 Fourier 적분은 다음과 같이 Fourier 코사인 적분으로 표현된다.

$$f(x)=\frac{2}{\pi}\int_0^{\infty}\frac{\cos\omega x}{\omega^2+1}d\omega \tag{23}$$

〈예제 9.3〉의 결과로부터 다음의 관계가 성립하며 이 적분을 Laplace 적분이라고 부른다. $x > 0$인 범위에서 $f(x)=e^{-x}$이므로 식(23)으로부터 다음 적분 관계가 얻어진다.

$$\int_0^\infty \frac{\cos \omega x}{\omega^2+1} d\omega = \frac{\pi}{2} e^{-x} \tag{24}$$

여기서 잠깐! **$\int_0^\infty e^{-x} \cos \omega x \, dx$ 의 적분**

주어진 적분이 부분적분 형태이므로 부분적분을 적용하면 다음과 같다.

$$\begin{aligned}\int_0^\infty e^{-x} \cos \omega x \, dx &= \Big[-e^{-x} \cos \omega x \Big]_0^\infty - \int_0^\infty \omega e^{-x} \sin \omega x \, dx \\ &= 1 - \omega \int_0^\infty e^{-x} \sin \omega x \, dx\end{aligned}$$

여기서 앞의 두 번째 적분에 대해 부분적분을 다시 한 번 적용하면

$$\begin{aligned}\int_0^\infty e^{-x} \sin \omega x \, dx &= \Big[-e^{-x} \sin \omega x \Big]_0^\infty + \int_0^\infty \omega e^{-x} \cos \omega x \, dx \\ &= \omega \int_0^\infty e^{-x} \cos \omega x \, dx\end{aligned}$$

가 얻어진다. 따라서 주어진 적분은 다음과 같다.

$$\begin{gathered}\int_0^\infty e^{-x} \cos \omega x \, dx = 1 - \omega^2 \int_0^\infty e^{-x} \cos \omega x \, dx \\ \therefore \int_0^\infty e^{-x} \cos \omega x \, dx = \frac{1}{1+\omega^2}\end{gathered} \tag{25}$$

예제 9.4

다음 함수의 Fourier 적분을 구하라.

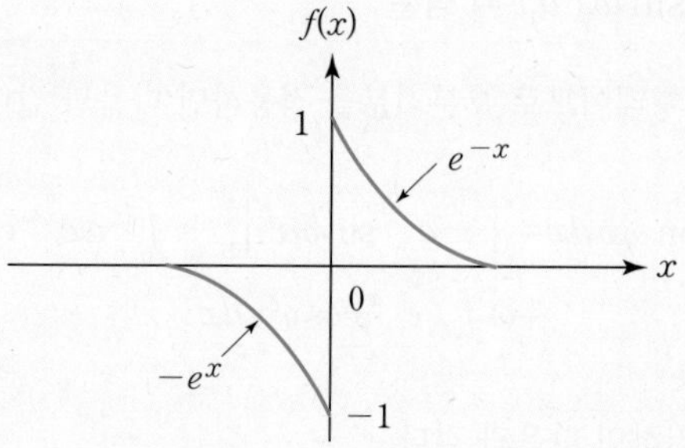

풀이

주어진 함수는 기함수이므로 $A(\omega)=0$ 이 되며 $B(\omega)$는 다음과 같다.

$$B(\omega)=2\int_0^\infty f(x)\sin\omega v\,dv=2\int_0^\infty e^{-v}\sin\omega v\,dv$$

위의 적분을 계산하기 위해 부분적분을 수행하면

$$\int_0^\infty e^{-v}\sin\omega v\,dv=\frac{\omega}{\omega^2+1}$$

가 되므로 $B(\omega)$는 다음과 같다.

$$B(\omega)=\frac{2\omega}{\omega^2+1}$$

따라서 $f(x)$의 Fourier 적분은 다음과 같이 Fourier 사인 적분으로 표현된다.

$$f(x)=\frac{2}{\pi}\int_0^\infty \frac{\omega\sin\omega x}{\omega^2+1}d\omega \tag{26}$$

〈예제 9.4〉의 결과로부터 다음의 관계가 성립하며 식(24)와 마찬가지로 이 적분을 Laplace 적분이라고 부른다. $x>0$ 인 범위에서 $f(x)=e^{-x}$ 이므로 식(26)으로부터 다음 적분 관계가 얻어진다.

$$\int_0^\infty \frac{\omega \sin \omega x}{\omega^2+1} d\omega = \frac{\pi}{2} e^{-x}$$

여기서 잠깐! $\int_0^\infty e^{-x} \sin \omega x \, dx$ **의 적분**

주어진 적분이 부분적분 형태이므로 부분적분을 적용하면 다음과 같다.

$$\begin{aligned}\int_0^\infty e^{-x} \sin \omega x \, dx &= \left[-e^{-x} \sin \omega x \right]_0^\infty + \int_0^\infty \omega e^{-x} \cos \omega x \, dx \\ &= \omega \int_0^\infty e^{-x} \cos \omega x \, dx\end{aligned}$$

식(25)의 적분결과를 대입하면 다음과 같다.

$$\int_0^\infty e^{-x} \sin \omega x dx = \frac{\omega}{1+\omega^2} \tag{27}$$

9.3 복소수형 Fourier 적분

본 절에서는 복소수형 Fourier 급수의 일반화를 통해 얻어지는 복소수형 Fourier 적분(Complex Fourier Integral)에 대해 고찰한다.

주기가 p인 주기함수 $f_p(x)$의 복소수형 Fourier 급수전개는 $\omega_n \triangleq \frac{2n\pi}{p}$로 정의하면 다음과 같이 표현된다.

$$f_p(x) = \sum_{n=-\infty}^{\infty} c_n e^{i\frac{2n\pi}{p}x} = \sum_{n=-\infty}^{\infty} c_n e^{i\omega_n x} \tag{28}$$

$$c_n = \frac{1}{p} \int_{-\frac{p}{2}}^{\frac{p}{2}} f(x) e^{-i\omega_n x} dx \tag{29}$$

복소 Fourier 계수 c_n을 $f_p(x)$의 Fourier 급수전개식에 대입하면 다음과 같다.

$$f_p(x)=\sum_{n=-\infty}^{\infty}\left(\frac{1}{p}\int_{-\frac{p}{2}}^{\frac{p}{2}}f_p(v)e^{-i\omega_n v}dv\right)e^{i\omega_n x}$$
$$=\frac{1}{p}\sum_{n=-\infty}^{\infty}e^{i\omega_n x}\left(\int_{-\frac{p}{2}}^{\frac{p}{2}}f_p(v)e^{-i\omega_n v}dv\right) \tag{30}$$

여기서 $\Delta\omega$를 다음과 같이 정의한다.

$$\Delta\omega \triangleq \omega_{n+1}-\omega_n=\frac{2(n+1)\pi}{p}-\frac{2n\pi}{p}=\frac{2\pi}{p}$$
$$\therefore\ \frac{\Delta\omega}{\pi}=\frac{2}{p} \tag{31}$$

식(31)의 관계를 식(30)에 대입하면 다음과 같다.

$$f_p(x)=\frac{1}{2\pi}\sum_{n=-\infty}^{\infty}\left(\int_{-\frac{p}{2}}^{\frac{p}{2}}f_p(v)e^{-i\omega_n v}dv\right)e^{i\omega_n x}\Delta\omega \tag{32}$$

식(32)의 양변에 $p\to\infty$로의 극한을 취하면 식(32)의 좌변은 다음과 같다.

$$\lim_{p\to\infty}f_p(x)=f(x) \tag{33}$$

주기 p가 ∞로 커진다는 것은 주기함수 $f_p(x)$가 비주기함수 $f(x)$로 변한다는 것을 의미함에 유의하라.

또한 식(31)로부터 $p\to\infty$일 때 $\Delta\omega\to 0$이 되므로 식(32)의 무한급수는 $-\infty$에서 $+\infty$까지의 적분구간을 가지는 정적분 형태로 다음과 같이 표현할 수 있다.

$$f(x)=\frac{1}{2\pi}\int_{-\infty}^{\infty}\left(\int_{-\infty}^{\infty}f(v)e^{-i\omega v}dv\right)e^{i\omega x}d\omega \tag{34}$$

식(34)에서 $F(\omega)$를 다음과 같이 정의하자.

$$F(\omega)\triangleq\int_{-\infty}^{\infty}f(v)e^{-i\omega v}dv \tag{35}$$

식(35)의 피적분함수는 ω와 v의 함수인데 v로 적분을 하기 때문에 적분 결과는 ω의 함수가 된다는 것에 유의하라. 따라서 비주기함수 $f(x)$의 Fourier 적분은 다음과 같이 복소수 형태로 표현할 수 있다.

$$f(x)=\frac{1}{2\pi}\int_{-\infty}^{\infty} F(\omega)\, e^{i\omega x}\, d\omega \tag{36}$$

식(36)을 $f(x)$의 복소수형 Fourier 적분(Complex Fourier Integral)이라 부르며, $F(\omega)$를 $f(x)$의 Fourier 변환(Fourier Transform)이라고 정의한다. Fourier 변환에 대해서는 이 장의 뒷부분에서 상세하게 다룬다.

한 가지 주의할 것은 복소수형 Fourier 적분의 유도 과정에서 나타나는 상수인 $\frac{1}{2\pi}$은 단순한 스케일 인자(Scale Factor)에 불과하므로 $F(\omega)$의 정의식에 포함시킬 수도 있다. 이렇게 되면 $f(x)$의 복소수형 Fourier 적분은 다음과 같이 표현될 것이다.

$$f(x)=\int_{-\infty}^{\infty} F(\omega)e^{i\omega x} d\omega \tag{37}$$

$$F(\omega)=\frac{1}{2\pi}\int_{-\infty}^{\infty} f(v)e^{-i\omega v} dv \tag{38}$$

또한 상수 $\frac{1}{2\pi}$을 공평하게 두 부분으로 나누어서 $\frac{1}{\sqrt{2\pi}}$을 $f(x)$와 $F(\omega)$에 모두 포함시킬 수도 있으며, 이때 $f(x)$의 복소수형 Fourier 적분은 다음과 같이 표현될 것이다.

$$f(x)=\frac{1}{\sqrt{2\pi}}\int_{-\infty}^{\infty} F(\omega)e^{i\omega x} d\omega \tag{39}$$

$$F(\omega)=\frac{1}{\sqrt{2\pi}}\int_{-\infty}^{\infty} f(v)e^{-i\omega v} dv \tag{40}$$

지금까지 논의한 바와 같이 스케일 인자의 차이에 따른 여러 개의 복소수형 Fourier 적분이 존재하지만, 이 책에서는 식(35)와 식(36)의 정의를 사용하기로 한다.

다른 관련 서적을 참고할 때에도 $f(x)$와 $F(\omega)$가 어떻게 정의되어 있는지를 먼저 살펴보는 것이 필요하다는 사실에 주의하기 바란다.

예제 9.5

다음 함수들의 복소수형 Fourier 적분을 구하라.

(1)

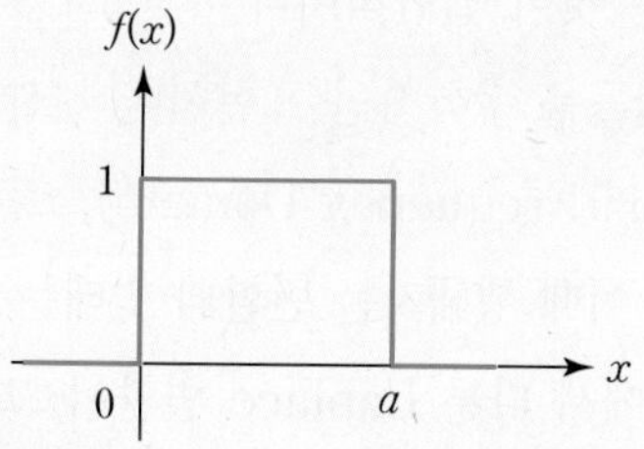

(2)

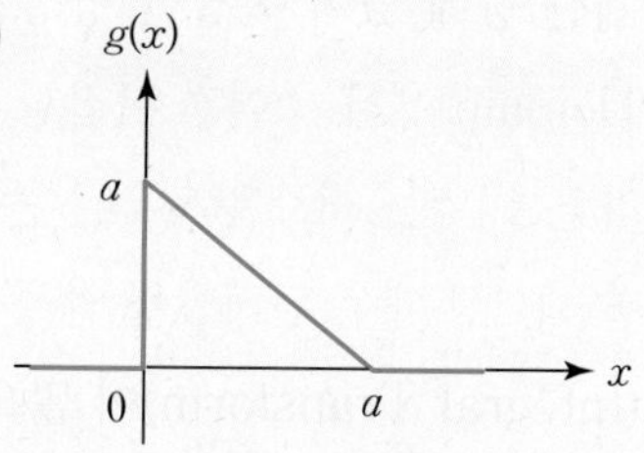

풀이

(1) 식(35)로부터 $F(\omega)$를 계산하면

$$\begin{aligned} F(\omega) &= \int_{-\infty}^{\infty} f(v) e^{-i\omega v} dv \\ &= \int_0^a e^{-i\omega v} dv = \left[-\frac{1}{i\omega} e^{-i\omega v} \right]_{v=0}^{v=a} = \frac{1}{i\omega}(1 - e^{-i\omega a}) \end{aligned}$$

이므로 $f(x)$의 복소수형 Fourier 적분은 다음과 같다.

$$f(x) = \frac{1}{2\pi} \int_{-\infty}^{\infty} \frac{1}{i\omega}(1 - e^{-i\omega a}) e^{i\omega x} d\omega$$

(2) 식(35)로부터 $F(\omega)$를 계산하면

$$\begin{aligned} F(\omega) &= \int_{-\infty}^{\infty} f(v) e^{-i\omega v} dv \\ &= \int_0^a (a - v) e^{-i\omega v} dv = \left[-\frac{1}{i\omega}(a - v) e^{-i\omega v} \right]_0^a - \int_0^a \frac{1}{i\omega} e^{-i\omega v} dv \\ &= \frac{1}{i\omega} - \frac{1}{i\omega}\left[-\frac{1}{i\omega} e^{-i\omega v} \right]_0^a \\ &= \frac{1}{i\omega}\left\{ 1 - \frac{1}{i\omega}(1 - e^{-i\omega a}) \right\} \end{aligned}$$

이므로 $f(x)$의 복소수형 Fourier 적분은 다음과 같다.

$$f(x) = \frac{1}{2\pi} \int_{-\infty}^{\infty} \frac{1}{i\omega}\left\{ 1 - \frac{1}{i\omega}(1 - e^{-i\omega a}) \right\} e^{i\omega x} d\omega$$

9.4 Fourier 변환

실세계에서 주어지는 여러 공학문제들은 시간의 영향을 받기 때문에 수학적인 표현이나 계산 등에 있어 복잡한 양상을 보이는 것이 일반적이다. 따라서 시간영역(Time Domain)에서 주어진 복잡한 공학문제들을 수학적인 표현이나 계산이 간단하게 처리될 수 있는 새로운 영역, 즉 주파수영역(Frequency Domain)으로 변환하여 다루면 해석상 매우 편리함을 얻을 수 있다. 이때 행해지는 변환의 형태는 주로 적분변환 (Integral Transform)이 많으며, 4장에서 다룬 Laplace 변환이 그 대표적인 예라 할 수 있다.

그런데 공학적인 응용에서 Laplace 변환보다는 다소 다루기 어렵지만 많은 유용한 해석적인 도구(Analytical Tool)를 제공한다는 측면에서 보면, Fourier 변환(Fourier Transform)도 매우 중요한 한 부분을 차지한다고 말할 수 있다.

Fourier 변환은 앞 절에서 복소수형 Fourier 적분을 정의할 때 이미 언급한 것처럼 다음과 같이 정의된다.

$$\mathcal{F}\{f(x)\} \triangleq F(\omega) = \int_{-\infty}^{\infty} f(x) e^{-i\omega x} dx \tag{41}$$

식(41)의 Fourier 변환의 정의로부터 주어진 함수 $f(x)$의 Fourier 변환은 $f(x)$에 복소지수함수 $e^{-i\omega x}$를 곱한 다음 $-\infty$에서 $+\infty$까지 x에 대해서 적분하는 것을 의미한다. $f(x)$의 Fourier 변환을 $\mathcal{F}\{f(x)\}$로 표기하기로 한다. [그림 9.1]에 Fourier 변환의 개념을 그림으로 표현하였다.

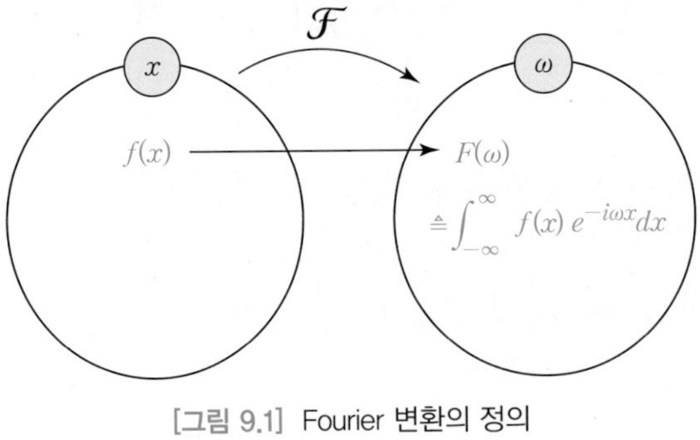

[그림 9.1] Fourier 변환의 정의

[그림 9.1]에서 x–영역(시간영역)에서 주어진 함수 $f(x)$와 ω–영역(주파수영역)의 $F(\omega)$ 사이에는 일대일 대응(One–to–One Correspondence)이 이루어지므로 x–영역에서 ω–영역으로의 Fourier 변환은 전단사 변환(Bijective Transform)이라고 할 수 있다. 이는 수학적인 관점에서 볼 때 x–영역과 ω–영역은 개개의 소속 원소들은 다르지만, 동일한 수학적인 구조를 가진다는 의미로 해석될 수 있어 x–영역에서의 복잡한 문제들을 ω–영역에서 간단한 형태의 문제로 변환하여 다룰 수 있다는 것이다.

여기서 잠깐! 전단사 변환(함수)

두 개의 집합 X와 Y 사이에 전단사 변환이 정의되어 있다는 것은 X에 속하는 원소와 Y의 원소 사이에 일대일 대응관계가 성립된다는 의미이다. 즉, $x \in X$ 에 대하여 대응되는 $y \in Y$가 유일하게 하나로 결정된다는 것이다.

예를 들어, X가 학생들의 학번으로 구성되는 집합이라 하고, Y가 학생들의 이름으로 구성되는 집합이라 한다면, X와 Y 사이에 정의되는 변환(함수)은 하나의 학번과 그 학번에 대응되는 학생의 이름이 유일하게 대응되는 일대일 대응관계이다. 따라서 그 변환은 전단사 변환(함수)이라고 할 수 있으며, 수학적 관점으로 볼 때 X와 Y는 그 구성원소는 서로 다르지만 동일한 수학적인 구조를 가진다고 해석할 수 있다.

결국 중요한 포인트는 X와 Y의 수학적인 구조가 동일하므로 X에서의 문제를 Y에서의 문제로 변환하여 해석하여도 전혀 문제가 없다는 것이다. 대학교수들이 학생의 학번을 기억하는 것보다는 이름을 기억하는 것이 훨씬 더 간편하므로 학번 대신에 학생의 이름으로 모든 문제를 다루게 되는 것과 유사한 이치이다.

식(41)의 정의가 복소수형 Fourier 적분에서 유도된 것이므로 $f(x)$는 다음과 같이 표현된다는 것은 이미 언급하였다.

$$f(x) = \frac{1}{2\pi}\int_{-\infty}^{\infty} F(\omega)e^{i\omega x}\,d\omega \tag{42}$$

변환의 관점에서 보면 식(42)는 ω–영역에서 $F(\omega)$가 주어져 있을 때, x–영역의 대응되는 함수 $f(x)$를 구하는 과정으로 이해될 수 있다. 이 경우 $f(x)$를 $F(\omega)$의 Fourier 역변환(Inverse Fourier Transform)이라고 부르며 $\mathcal{F}^{-1}$의 표기를 사용한다.

$$\mathcal{F}^{-1}\{F(\omega)\}=f(x)\triangleq\frac{1}{2\pi}\int_{-\infty}^{\infty}F(\omega)e^{i\omega x}\,d\omega \tag{43}$$

[그림 9.2]에 Fourier 역변환의 개념을 그림으로 표현하였다.

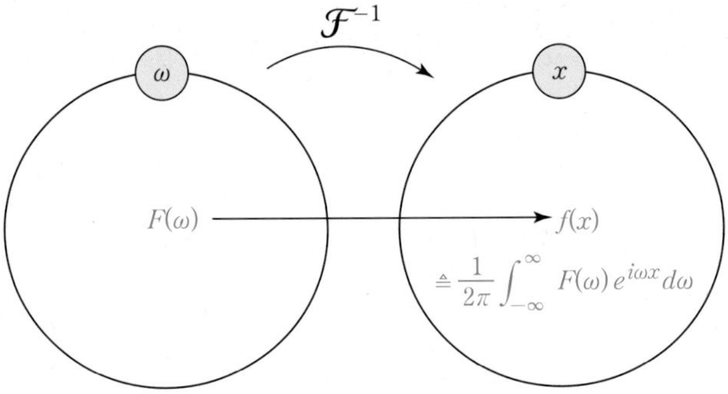

[그림 9.2] Fourier 역변환의 정의

예제 9.6

다음 함수들의 Fourier 변환을 구하라.

(1)

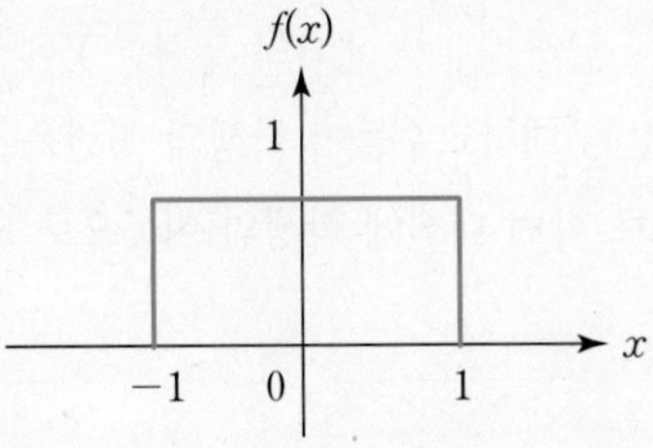

(2)

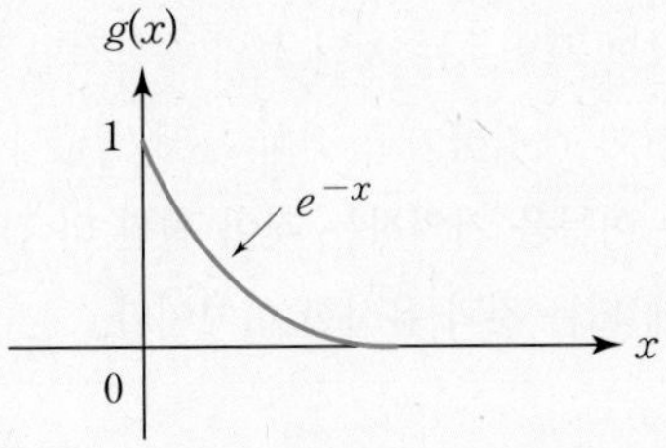

풀이

(1) $\mathcal{F}\{f(x)\}=\int_{-\infty}^{\infty}f(x)e^{-i\omega x}dx=\int_{-1}^{1}e^{-i\omega x}dx$

$$=\left[-\frac{1}{i\omega}e^{-i\omega x}\right]_{-1}^{1}=\frac{1}{i\omega}(e^{i\omega}-e^{-i\omega})$$

$$=\frac{2}{\omega}\sin\omega=2\,\mathrm{sinc}(\omega)$$

(2) $\mathcal{F}\{g(x)\}=\int_{-\infty}^{\infty}g(x)e^{-i\omega x}dx=\int_{0}^{\infty}e^{-x}e^{-i\omega x}dx=\int_{0}^{\infty}e^{-(1+i\omega)x}dx$

$$=\left[-\frac{1}{1+i\omega}e^{-(1+i\omega)x}\right]_{0}^{\infty}=\frac{1}{1+i\omega}$$

여기서 잠깐! **sinc (x)의 정의**

sinc (x)는 다음과 같이 정의되는 함수로 통신공학분야에서 많이 사용된다.

$$\text{sinc}\,(x) \triangleq \frac{\sin x}{x}$$

sinc (x)의 그래프를 그리기 위해 $x \to 0$일 때 sinc (x)의 극한값을 구하면 다음과 같다.

$$\lim_{x \to 0} \text{sinc}\,(x) = \lim_{x \to 0} \frac{\sin x}{x} = 1$$

또한 $|x|$ 값이 커질수록 sinc (x)의 값은 작아지면서 $\sin x$의 영향으로 진동하기 때문에 sinc (x)의 그래프의 개형은 다음과 같다.

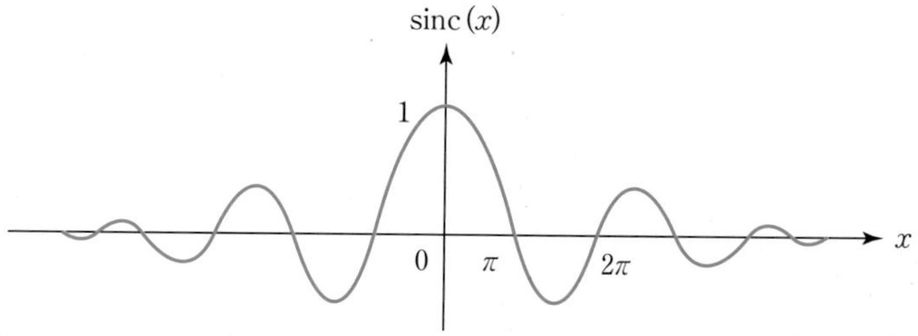

sinc (x)는 y축 대칭인 함수이므로 우함수임을 알 수 있다.

9.5 Fourier 변환의 성질

어떤 함수 $f(x)$의 Fourier 변환을 구하기 위해서 항상 식(41)의 정의에 따라 적분을 계산해야 하는 것은 아니다. 왜냐하면 Fourier 변환을 직접 계산하지 않고 간접적으로 구할 수 있도록 도와주는 여러 가지 유용한 성질들이 있기 때문이다. 가장 대표적인 성질인 선형성(Linearity)에 대해 먼저 고찰한다.

(1) 선형성

$f(x)$와 $g(x)$의 Fourier 변환이 각각 다음과 같다고 하자.

$$\mathcal{F}\{f(x)\}=F(\omega) \tag{44}$$

$$\mathcal{F}\{g(x)\}=G(\omega) \tag{45}$$

$f(x)$와 $g(x)$의 선형결합인 $k_1f(x)+k_2g(x)$의 Fourier 변환을 계산하면

$$\begin{aligned}\mathcal{F}\{k_1f(x)+k_2g(x)\}&=\int_{-\infty}^{\infty}\{k_1f(x)+k_2g(x)\}e^{-i\omega x}dx\\&=k_1\int_{-\infty}^{\infty}f(x)e^{-i\omega x}dx+k_2\int_{-\infty}^{\infty}g(x)e^{-i\omega x}dx\\&=k_1\mathcal{F}\{f(x)\}+k_2\mathcal{F}\{g(x)\}\\&=k_1F(\omega)+k_2G(\omega)\end{aligned} \tag{46}$$

가 되므로 Fourier 변환 $\mathcal{F}$는 선형연산자임을 알 수 있다.

Fourier 변환은 Laplace 변환과 마찬가지로 선형연산자이므로 두 개 이상의 함수가 선형결합되어 있는 함수의 Fourier 변환은 각각의 함수에 대한 Fourier 변환을 계산하여 선형결합함으로써 쉽게 구할 수 있다. [그림 9.3]에 Fourier 변환의 선형성에 대해 그림으로 나타내었다.

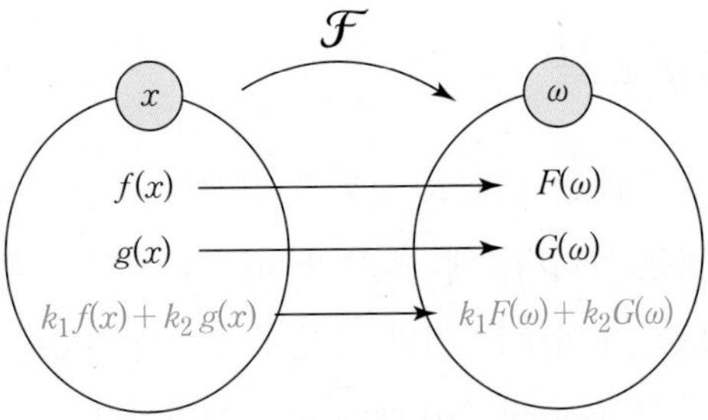

[그림 9.3] Fourier 변환의 선형성

예제 9.7

다음 함수들의 Fourier 변환을 구하라.

(1) $f(x)=e^{-\alpha x}u(x)$, $u(x)$는 단위계단함수이다.

(2) $g(x)=(3e^{-3x}+4e^{-5x})u(x)$

풀이

(1) $$\mathcal{F}\{f(x)\}=\int_{-\infty}^{\infty} f(x)e^{-i\omega x}dx=\int_{-\infty}^{\infty} e^{-\alpha x}u(x)e^{-i\omega x}dx$$
$$=\int_{0}^{\infty} e^{-\alpha x}e^{-i\omega x}dx=\int_{0}^{\infty} e^{-(\alpha+i\omega)x}dx$$
$$=\left[-\frac{1}{\alpha+i\omega}e^{-(\alpha+i\omega)x}\right]_0^{\infty}=\frac{1}{\alpha+i\omega}$$

(2) Fourier 변환의 선형성의 원리에 의해 다음과 같다.

$$\mathcal{F}\{3e^{-3x}u(x)+4e^{-5x}u(x)\}=3\mathcal{F}\{e^{-3x}u(x)\}+4\mathcal{F}\{e^{-5x}u(x)\}$$
$$=\frac{3}{3+i\omega}+\frac{4}{5+i\omega}$$
$$=\frac{27+7i\omega}{(15-\omega^2)+8i\omega}$$

다음으로 시간 스케일링(Time Scaling)에 대한 성질을 고찰한다.

(2) 시간 스케일링

Fourier 변환의 시간 스케일링(Time Scaling)은 시간영역의 함수 $f(x)$를 x축에 대해 확대 또는 축소시키는 경우, $f(x)$의 Fourier 변환 $F(\omega)$도 ω축에 대해 축소 또는 확대된다는 성질이다.

$f(x)$의 Fourier 변환을 $F(\omega)$라 가정하자. 즉,

$$\mathcal{F}\{f(x)\}=F(\omega) \tag{47}$$

여기서 a를 임의의 상수라고 할 때 $f(ax)$의 Fourier 변환을 구해 보자.

$$\mathcal{F}\{f(ax)\}=\int_{-\infty}^{\infty} f(ax)e^{-i\omega x}dx \tag{48}$$

식(48)에서 $y \triangleq ax$로 변수변환을 하면

$$dy=adx$$

이며, a의 부호에 따라 적분구간이 달라진다. 만일 $a>0$이라면,

$$\begin{aligned}\mathcal{F}\{f(ax)\}&=\int_{-\infty}^{\infty} f(ax)e^{-i\omega x}dx\\ &=\int_{-\infty}^{\infty} f(y)e^{-i\left(\frac{\omega}{a}\right)y}\left(\frac{1}{a}dy\right)\\ &=\frac{1}{a}\int_{-\infty}^{\infty} f(y)e^{-i\left(\frac{\omega}{a}\right)y}dy=\frac{1}{a}F\left(\frac{\omega}{a}\right)\end{aligned} \tag{49}$$

가 된다. $a<0$이면 적분구간이 달라진다는 것을 고려하면 다음과 같다.

$$\begin{aligned}\mathcal{F}\{f(ax)\}&=\int_{-\infty}^{\infty} f(ax)e^{-i\omega x}dx\\ &=\int_{\infty}^{-\infty} f(y)e^{-i\left(\frac{\omega}{a}\right)y}\left(\frac{1}{a}dy\right)\\ &=-\frac{1}{a}\int_{-\infty}^{\infty} f(y)e^{-i\left(\frac{\omega}{a}\right)y}dy=-\frac{1}{a}F\left(\frac{\omega}{a}\right)\end{aligned} \tag{50}$$

식(49)와 식(50)을 한꺼번에 표현하면

$$\mathcal{F}\{f(ax)\}=\frac{1}{|a|}F\left(\frac{\omega}{a}\right) \tag{51}$$

가 되며, 이를 Fourier 변환의 시간 스케일링이라고 한다.

Fourier 변환의 시간 스케일링은 x-영역에서 $f(x)$를 x축에 대해 확장(축소)시키면 ω-영역에서는 $F(\omega)$를 ω축에 대해 축소(확장)시키는 것에 대응한다는 의미이다.

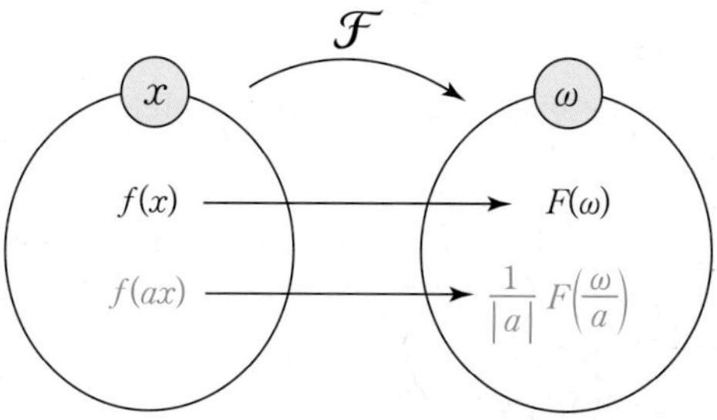

[그림 9.4] Fourier 변환의 시간 스케일링

여기서 잠깐! **$f(ax)$와 $f(x)$의 비교**

$f(x)$가 다음과 같이 주어져 있다고 가정하고 $f(2x)$와 $f\left(\frac{1}{2}x\right)$를 각각 구해 보자.

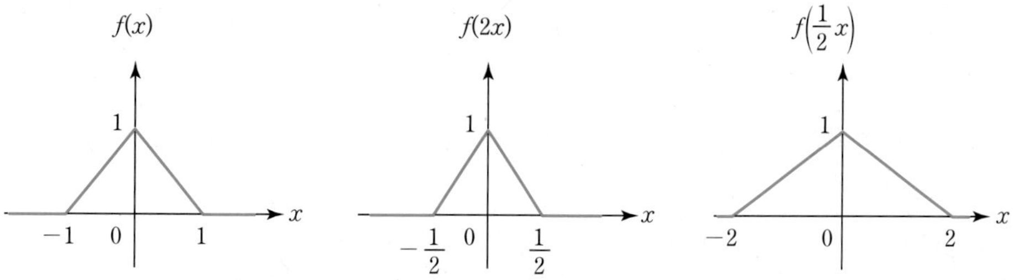

위의 그림에서 $f(2x)$는 x축에 대해 $f(x)$를 $\frac{1}{2}$배로 축소한 함수이며, $f\left(\frac{1}{2}x\right)$는 x축에 대해 $f(x)$를 2배로 확장한 함수이다.

일반적으로 $f(ax)$는 $f(x)$와 x축에 대해 다음의 관계를 가진다.

① $|a|>1$인 경우

$f(ax)$는 $f(x)$를 x축에 대해 $\frac{1}{|a|}$배 축소한 함수이다.

② $|a|<1$인 경우

$f(ax)$는 $f(x)$를 x축에 대해 $\frac{1}{|a|}$배 확장한 함수이다.

따라서 $f(ax)$는 $f(x)$를 a값에 따라 시간축에 대해 확장시키거나 축소시킨 함수를 의미한다.

예제 9.8

함수 $f(x)=e^{-x^2}$ 의 Fourier 변환은 다음과 같이 주어진다.

$$\mathcal{F}\{e^{-x^2}\}=F(\omega)=\sqrt{\pi}\,e^{-\frac{\omega^2}{4}}$$

이를 이용하여 다음 함수들의 Fourier 변환을 구하라.

(1) $f(3x)=e^{-9x^2}$

(2) $f\left(\frac{1}{3}x\right)=e^{-\frac{1}{9}x^2}$

풀이

(1) Fourier 변환의 시간 스케일링에 의해 다음의 결과를 얻는다.

$$\mathcal{F}\{f(3x)\}=\frac{1}{3}F\left(\frac{\omega}{3}\right)=\frac{1}{3}\sqrt{\pi}\,e^{-\frac{1}{36}\omega^2}$$

(2) Fourier 변환의 시간 스케일링에 의해 다음의 결과를 얻는다.

$$\mathcal{F}\left\{f\left(\frac{1}{3}x\right)\right\}=3F(3\omega)=3\sqrt{\pi}\,e^{-\frac{9}{4}\omega^2}$$

(3) 제1이동정리

제1이동정리는 Laplace 변환에서도 이미 학습한 바와 같이 x-영역에서 $f(x)$에 지수함수를 곱하는 경우 대응되는 Fourier 변환과 관련된 정리이다.

$f(x)$의 Fourier 변환이 $F(\omega)$일 때, $e^{i\omega_0 x}f(x)$의 Fourier 변환을 구해 보자. Fourier 변환의 정의에 의해

$$\begin{aligned}\mathcal{F}\{e^{i\omega_0 x}f(x)\}&=\int_{-\infty}^{\infty}e^{i\omega_0 x}f(x)e^{-i\omega x}\,dx\\&=\int_{-\infty}^{\infty}f(x)e^{-i(\omega-\omega_0)x}\,dx=F(\omega-\omega_0)\end{aligned}\tag{52}$$

를 얻을 수 있다. 따라서 Laplace 변환의 제1이동정리와 마찬가지로 $f(x)$에 복소지수함수 $e^{i\omega_0 x}$를 곱하면 ω-영역에서는 $F(\omega)$를 ω축을 따라 ω_0만큼 평행이동시키는 것과 대응된다. [그림 9.5]에 제1이동정리의 개념도를 나타내었다.

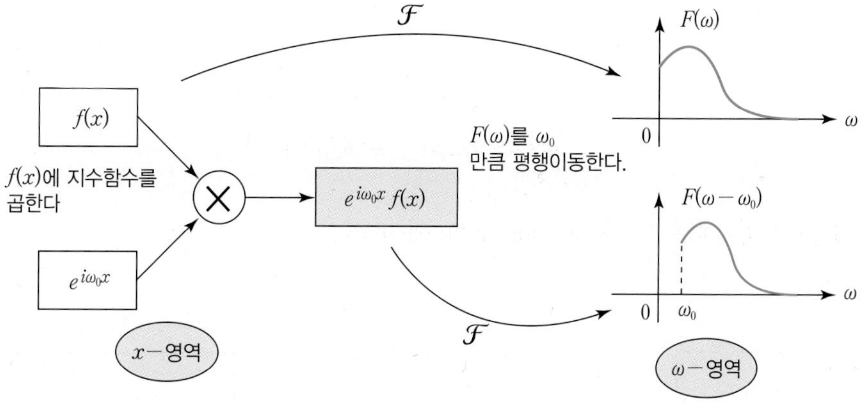

[그림 9.5] 제1이동정리의 개념도

일반적으로 Fourier 변환 $F(\omega)$는 복소함수이므로 $F(\omega)$의 그래프는 크기와 위상으로 나타내어야 하지만 [그림 9.5]에서는 $F(\omega)$를 개념적으로 표현한 것임에 유의하라.

한편, Laplace 변환에서는 적분구간이 0에서 ∞까지만 취하므로 시간영역에서 평행이동할 때 단위계단함수의 개념을 도입하여 표현하였으나, Fourier 변환에서는 적분구간이 $-\infty$에서 ∞까지이므로 단위계단함수를 사용할 필요는 없다는 사실에 주목하라.

예제 9.9

다음 함수의 Fourier 변환을 구하라.

(1) $\mathcal{F}\{e^{i3x}f(x)\}$ 단, $f(x)$는 다음과 같이 정의된다.

$$f(x)=\begin{cases} 3, & -2 \le x \le 2 \\ 0, & x<-2,\ x>2 \end{cases}$$

(2) $\mathcal{F}\{\ e^{2(1-i)x}+3e^{2(1+i)x}\ \}$

풀이

(1) 먼저 $f(x)$의 Fourier 변환을 구해 보면 다음과 같다.

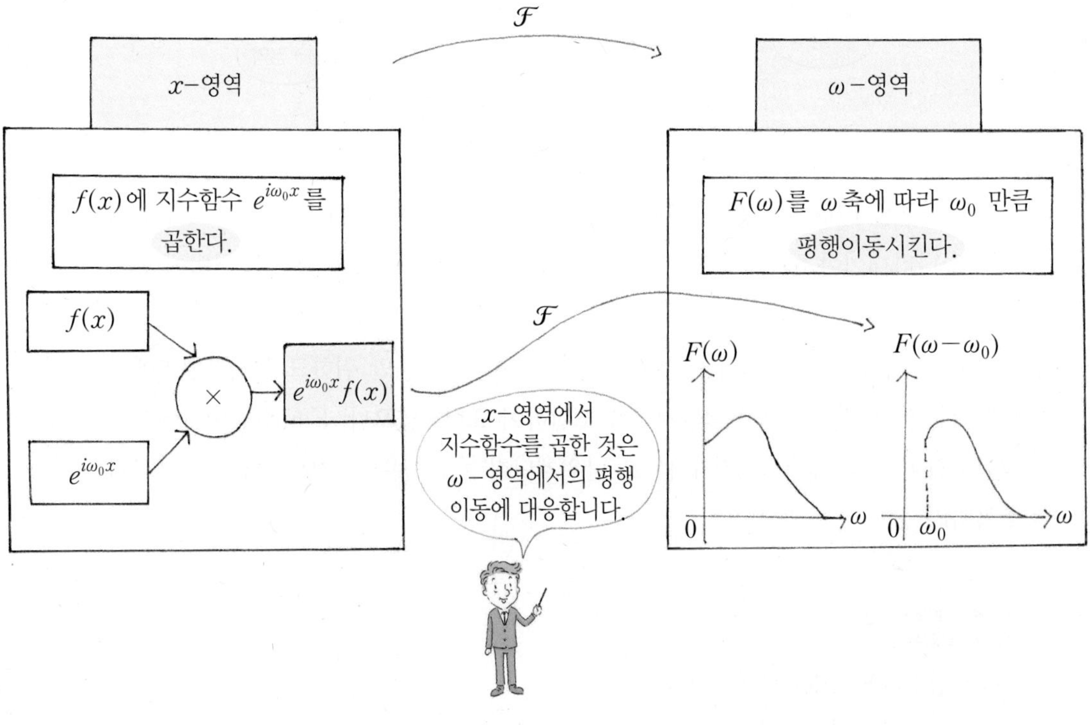

| 설명 | x-영역에서 어떤 함수 $f(x)$에 지수함수 $e^{i\omega_0 x}$를 곱하는 것은 ω-영역에서 $f(x)$의 Fourier 변환 $F(\omega)$를 ω축을 따라 ω_0 만큼 평행이동시키는 것과 동일하다.

$$\begin{aligned}\mathcal{F}\{f(x)\}&=\int_{-\infty}^{\infty}f(x)e^{-i\omega x}dx=\int_{-2}^{2}3e^{-i\omega x}dx\\&=3\left[-\frac{1}{i\omega}e^{-i\omega x}\right]_{-2}^{2}=\frac{3}{i\omega}(e^{i2\omega}-e^{-i2\omega})\\&=\frac{6}{\omega}\sin 2\omega\end{aligned}$$

따라서 제1이동정리에 의해 다음을 얻을 수 있다.

$$\mathcal{F}\{e^{-i3x}f(x)\}=\frac{6}{\omega+3}\sin 2(\omega+3)$$

(2) Fourier 변환의 제1이동정리를 이용하면

$$\mathcal{F}\{e^{2(1-i)x}\}=\mathcal{F}\{e^{-i2x}e^{2x}\}=\frac{1}{i(\omega+2)-2}$$
$$\mathcal{F}\{e^{2(1+i)x}\}=\mathcal{F}\{e^{i2x}e^{2x}\}=\frac{1}{i(\omega-2)-2}$$

이므로 Fourier 변환의 선형성에 의하여 다음을 얻을 수 있다.

$$\begin{aligned}\mathcal{F}\left\{e^{2(1-i)x}+3e^{2(1+i)x}\right\}&=\frac{1}{i(\omega+2)-2}+\frac{3}{i(\omega-2)-2}\\&=\frac{-8+i4(\omega+1)}{(8-\omega^2)-i4\omega}\end{aligned}$$

(4) 제2이동정리

제2이동정리는 Laplace 변환에서 이미 다룬 바와 같이 x축 방향으로 x_0만큼 $f(x)$를 평행이동시키는 경우, Fourier 변환이 어떻게 될 것인가에 대한 정리이다.

$f(x)$의 Fourier 변환을 $F(\omega)$라 할 때, x축 방향으로 x_0만큼 평행이동한 $f(x-x_0)$의 Fourier 변환을 구해 보자. Fourier 변환의 정의에 의해

$$\mathcal{F}\{f(x-x_0)\}=\int_{-\infty}^{\infty}f(x-x_0)e^{-i\omega x}dx \tag{53}$$

가 된다.

식(53)에서 $y \triangleq x-x_0$로 변수변환을 하면 $dy=dx$이고, 적분구간의 변화는 없으므로 다음과 같이 y에 대한 적분으로 변환할 수 있다.

$$\begin{aligned}\mathcal{F}\{f(x-x_0)\} &= \int_{-\infty}^{\infty} f(x-x_0)e^{-i\omega x}dx \\ &= \int_{-\infty}^{\infty} f(y)e^{-i\omega(y+x_0)}dy \\ &= e^{-ix_0\omega}\int_{-\infty}^{\infty} f(y)e^{-i\omega y}dy = e^{-ix_0\omega}F(\omega)\end{aligned} \tag{54}$$

따라서 Laplace 변환의 제2이동정리와 마찬가지로 x-영역에서 $f(x)$를 x_0 만큼 평행이동한 함수 $f(x-x_0)$의 Fourier 변환은 ω-영역에서 복소지수함수 $e^{-ix_0\omega}$를 곱한 것과 같다. [그림 9.6]에 제2이동정리의 개념도를 나타내었다.

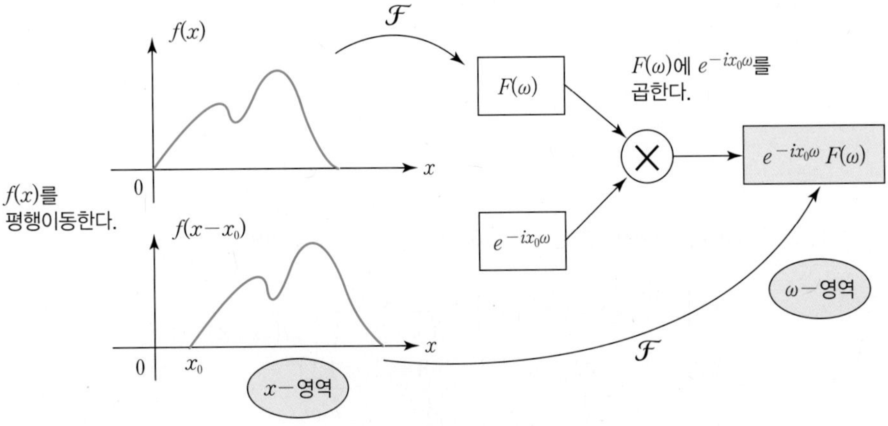

[그림 9.6] 제2이동정리의 개념도

예제 9.10

$f(x)$의 Fourier 변환을 $F(\omega)$라 할 때, 다음 함수들의 Fourier 변환을 구하라.

(1) $f(x)\cos\omega_0 x$

(2) $f(x)\sin\omega_0 x$

(3) $f(x-x_0)\cos\omega_0(x-x_0)$

풀이

(1) $\cos\omega_0 x$를 복소지수함수로 표현하면

$$\cos\omega_0 x = \frac{1}{2}(e^{i\omega_0 x} + e^{-i\omega_0 x})$$

이므로 $f(x)\cos\omega_0 x$는 다음과 같이 표현할 수 있다.

$$f(x)\cos\omega_0 x=\frac{1}{2}e^{i\omega_0 x}f(x)+\frac{1}{2}e^{-i\omega_0 x}f(x)$$

제1이동정리를 이용하면 다음의 결과를 얻을 수 있다.

$$\begin{aligned}\mathcal{F}\{f(x)\cos\omega_0 x\}&=\frac{1}{2}\mathcal{F}\{e^{i\omega_0 x}f(x)\}+\frac{1}{2}\mathcal{F}\{e^{-i\omega_0 x}f(x)\}\\&=\frac{1}{2}F(\omega-\omega_0)+\frac{1}{2}F(\omega+\omega_0)\end{aligned}$$

(2) $\sin\omega_0 x$ 를 복소지수함수로 표현하면

$$\sin\omega_0 x=\frac{1}{2i}(e^{i\omega_0 x}-e^{-i\omega_0 x})$$

이므로 $f(x)\sin\omega_0 x$ 는 다음과 같이 표현할 수 있다.

$$f(x)\sin\omega_0 x=\frac{1}{2i}e^{i\omega_0 x}f(x)-\frac{1}{2i}e^{-i\omega_0 x}f(x)$$

제1이동정리를 이용하면 다음의 결과를 얻을 수 있다.

$$\begin{aligned}\mathcal{F}\{f(x)\sin\omega_0 x\}&=\frac{1}{2i}\mathcal{F}\{e^{i\omega_0 x}f(x)\}-\frac{1}{2i}\mathcal{F}\{e^{-i\omega_0 x}f(x)\}\\&=\frac{1}{2i}F(\omega-\omega_0)-\frac{1}{2i}F(\omega+\omega_0)\end{aligned}$$

(3) 문제 (1)의 결과와 제2이동정리를 이용하면 다음을 얻을 수 있다.

$$\begin{aligned}\mathcal{F}\{f(x-x_0)\cos\omega_0(x-x_0)\}&=e^{-ix_0\omega}\mathcal{F}\{f(x)\cos\omega_0 x\}\\&=\frac{1}{2}e^{-ix_0\omega}\{F(\omega-\omega_0)+F(\omega+\omega_0)\}\end{aligned}$$

(5) 도함수의 Fourier 변환

$x-$영역의 함수 $f(x)$의 미분 $f'(x)$의 Fourier 변환을 구해 보자. Fourier 역변환 관계식으로부터 다음의 관계를 얻을 수 있다.

$$f(x)=\frac{1}{2\pi}\int_{-\infty}^{\infty}F(\omega)e^{i\omega x}d\omega \tag{55}$$

제2이동정리(Fourier 변환)

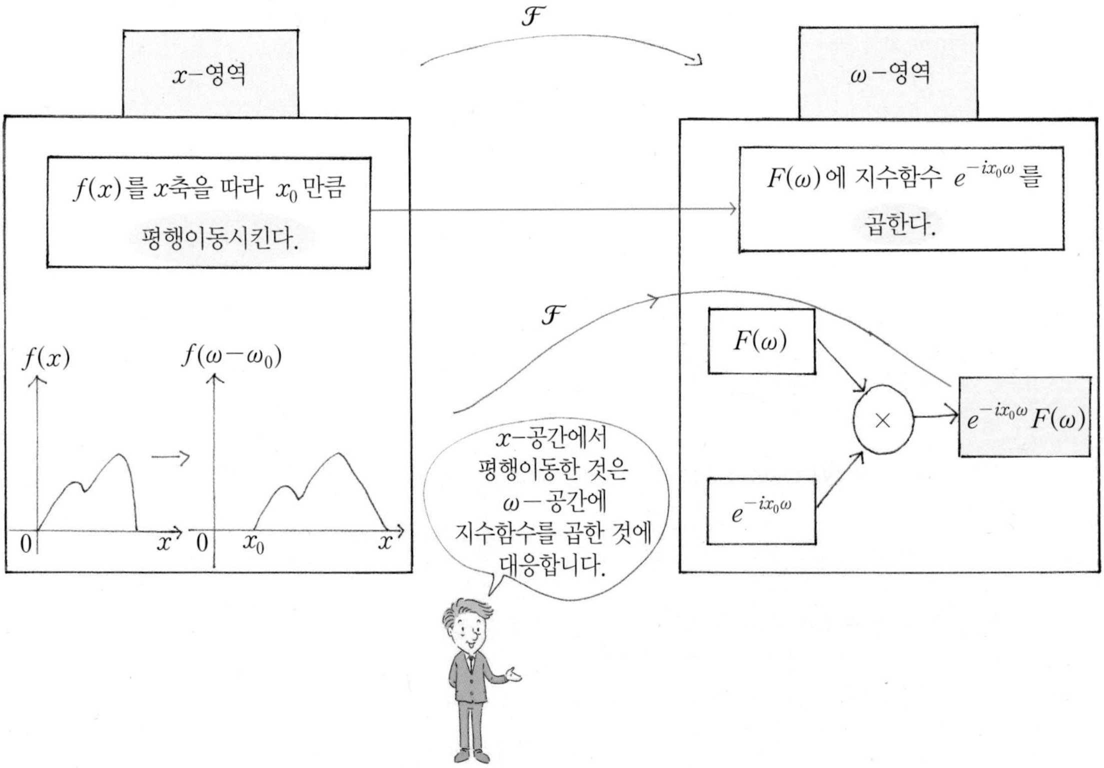

| 설명 | x−영역에서 어떤 함수 $f(x)$를 x축을 따라 x_0 만큼 평행이동시키는 것은 ω−영역에서 $f(x)$의 Fourier 변환 $F(\omega)$에 지수함수 $e^{-ix_0\omega}$를 곱하는 것과 동일하다.

식(55)의 양변을 x로 미분하면 다음과 같다.

$$\begin{aligned}\frac{d}{dx}f(x) &= \frac{d}{dx}\left\{\frac{1}{2\pi}\int_{-\infty}^{\infty}F(\omega)e^{i\omega x}d\omega\right\}\\ &= \frac{1}{2\pi}\int_{-\infty}^{\infty}\frac{\partial}{\partial x}\{F(\omega)e^{i\omega x}\}d\omega\\ &= \frac{1}{2\pi}\int_{-\infty}^{\infty}i\omega F(\omega)e^{i\omega x}d\omega \qquad (56)\end{aligned}$$

식(56)에서 $f(x) \xleftrightarrow{\mathcal{F}} F(\omega)$의 관계와 비교하면 $\frac{d}{dx}f(x) \xleftrightarrow{\mathcal{F}} i\omega F(\omega)$의 관계가 성립함을 알 수 있다. 즉,

$$\mathcal{F}\left\{\frac{d}{dx}f(x)\right\} = i\omega F(\omega) \qquad (57)$$

따라서 x-영역에서 $f(x)$를 미분하는 것은 ω-영역에서는 $F(\omega)$에 $i\omega$를 한 번씩 곱해 주는 것과 같다. 일반적으로 n차 도함수 $f^{(n)}$의 Fourier 변환은 다음과 같다는 것을 쉽게 유추할 수 있으며, 이에 대한 증명은 독자들의 연습문제로 남겨둔다.

$$\mathcal{F}\left\{\frac{d^n}{dx^n}f(x)\right\} = (i\omega)^n F(\omega) \qquad (58)$$

도함수의 Fourier 변환을 x-영역과 ω-영역에서의 대응관계로 나타내면 [그림 9.7]과 같다.

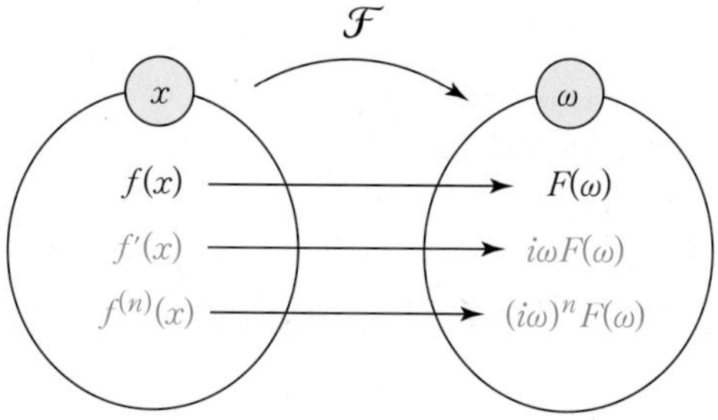

[그림 9.7] 도함수의 Fourier 변환

예제 9.11

다음 1차 미분방정식의 해를 Fourier 변환을 이용하여 구하라. 단, $u(x)$는 단위계단함수이다.

$$y' + 2y = e^{-x}u(x)$$

풀이

주어진 미분방정식의 양변에 Fourier 변환을 취하고, $y(x)$의 Fourier 변환을 $Y(\omega)$라고 가정한다.

$$\mathcal{F}\{y' + 2y\} = \mathcal{F}\{e^{-x}u(x)\}$$

$$i\omega Y(\omega) + 2Y(\omega) = \frac{1}{i\omega + 1}$$

$$\therefore\ Y(\omega) = \frac{1}{(i\omega+1)(i\omega+2)}$$

$Y(\omega)$를 부분분수로 분해하면

$$Y(\omega) = \frac{1}{(i\omega+1)(i\omega+2)} = \frac{A}{i\omega+1} + \frac{B}{i\omega+2}$$

$$A = \frac{1}{i\omega+2}\bigg|_{i\omega=-1} = 1$$

$$B = \frac{1}{i\omega+1}\bigg|_{i\omega=-2} = -1$$

$$Y(\omega) = \frac{1}{i\omega+1} - \frac{1}{i\omega+2}$$

이 되므로 $y(x)$를 구하기 위해 $Y(\omega)$에 Fourier 역변환을 취하면 다음과 같다.

$$y(x) = \mathcal{F}^{-1}\{Y(\omega)\} = \mathcal{F}^{-1}\left\{\frac{1}{i\omega+1}\right\} - \mathcal{F}^{-1}\left\{\frac{1}{i\omega+2}\right\}$$

$$\therefore\ y(x) = (e^{-x} - e^{-2x})u(x)$$

(6) 쌍대성

앞 절에서 학습한 Fourier 변환과 역변환 관계식을 다시 써 보면 다음과 같다.

$$f(x)=\frac{1}{2\pi}\int_{-\infty}^{\infty}F(\omega)e^{i\omega x}d\omega \tag{59}$$

$$F(\omega)=\int_{-\infty}^{\infty}f(x)e^{-i\omega x}dx \tag{60}$$

식(59)에서 적분변수 ω는 적분을 수행하기 위한 무의미한(Dummy) 변수에 불과하므로 다음과 같이 적분변수를 z로 변환하여도 식(59)의 적분값은 변하지 않는다. 즉,

$$f(x)=\frac{1}{2\pi}\int_{-\infty}^{\infty}F(z)e^{izx}dz \tag{61}$$

식(61)에서 x 대신에 $-\omega$로 대체하면 다음과 같다.

$$f(-\omega)=\frac{1}{2\pi}\int_{-\infty}^{\infty}F(z)e^{-i\omega z}dz$$

$$\therefore\ 2\pi f(-\omega)=\int_{-\infty}^{\infty}F(z)e^{-i\omega z}dz \tag{62}$$

식(62)의 우변은 $F(x)$의 Fourier 변환이므로 다음의 관계가 성립한다.

$$2\pi f(-\omega)=\mathcal{F}\{F(x)\} \tag{63}$$

식(63)의 관계를 Fourier 변환의 쌍대성(Duality)이라고 부르며, [그림 9.8]에 쌍대성에 대한 대응관계를 그림으로 나타내었다.

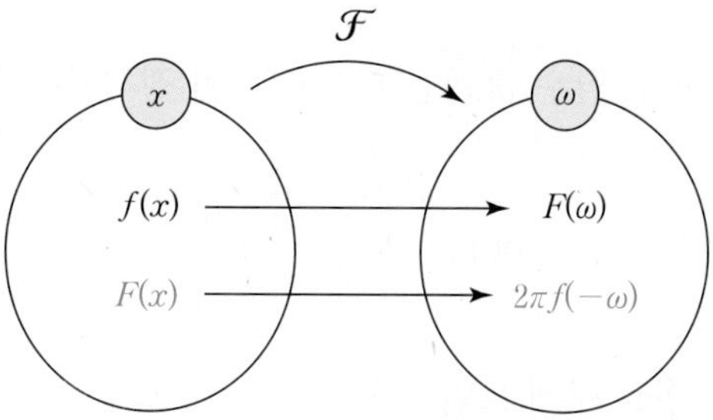

[그림 9.8] Fourier 변환의 쌍대성

예를 들어, 〈예제 9.6(1)〉에서 다음에 주어진 $f(x)$에 대한 Fourier 변환을 이미 계산하였으며, 이를 이용하여 쌍대성을 적용해 보자.

$$f(x)=\begin{cases} 1, & -1 \le x \le 1 \\ 0, & x<1 \text{ 또는 } x>1 \end{cases} \tag{64}$$

$$F(\omega)=\mathcal{F}\{f(x)\}=\frac{2\sin\omega}{\omega} \tag{65}$$

식(63)의 쌍대성을 이용하면 f가 우함수이기 때문에 다음의 관계가 성립한다.

$$\mathcal{F}\left\{\frac{2\sin x}{x}\right\}=2\pi f(-\omega)=2\pi f(\omega) \tag{66}$$

[그림 9.9]에 식(64)~식(66)까지의 쌍대성 관계를 그림으로 나타내었다.

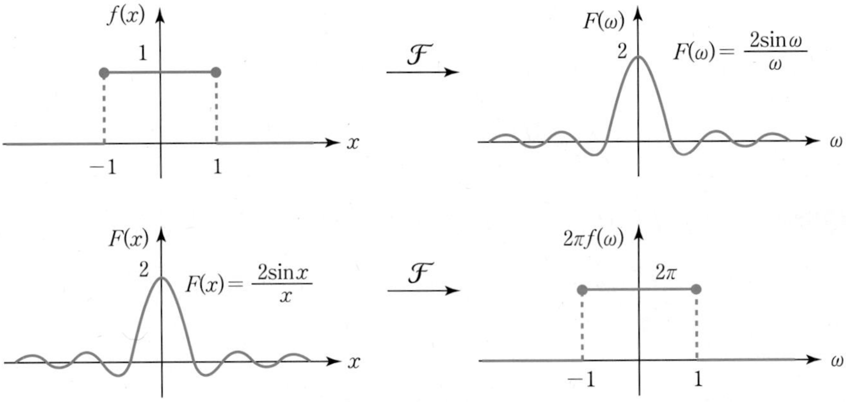

[그림 9.9] Fourier 변환의 쌍대성원리

(7) $\delta(x)$의 Fourier 변환

앞에서 다루었던 임펄스 함수 $\delta(x)$는 다음과 같이 정의되는 함수이다.

$$\delta(x)=\begin{cases} \infty, & x=0 \\ 0, & x\neq 0 \end{cases} \tag{67}$$

$\delta(x)$의 Fourier 변환을 구해 보면 정의에 의해 다음과 같다.

$$\mathcal{F}\{\delta(x)\}=\int_{-\infty}^{\infty}\delta(x)e^{-i\omega x}dx=1 \tag{68}$$

식(68)의 결과는 임펄스 함수에서 매우 유용한 다음의 성질을 이용하였다.

$$\int_{-\infty}^{\infty}f(x)\delta(x-x_0)dx=f(x_0) \tag{69}$$

또한 제2이동정리에 의해 $\delta(x-a)$의 Fourier 변환을 구하면

$$\mathcal{F}\{\delta(x-a)\}=e^{-ia\omega}\mathcal{F}\{\delta(x)\}=e^{-ia\omega} \tag{70}$$

가 되는 것을 알 수 있다.

예제 9.12

쌍대성을 이용하여 다음 Fourier 변환을 구하라.

(1) $\mathcal{F}\{1\}$

(2) $\mathcal{F}\{e^{-iax}\}$

풀이

(1) $f(x)=\delta(x)$이면 $F(\omega)=\mathcal{F}\{\delta(x)\}=1$이 된다.
쌍대성에 의해 $F(x)=1$의 Fourier 변환은 $\delta(\omega)$가 우함수이므로 다음과 같다.

$$\mathcal{F}\{F(x)\}=2\pi f(-\omega)$$
$$\mathcal{F}\{1\}=2\pi\delta(-\omega)=2\pi\delta(\omega)$$

(2) 식(70)으로부터 $f(x)=\delta(x-a)$이면 $F(\omega)=\mathcal{F}\{\delta(x-a)\}=e^{-ia\omega}$이 된다. 쌍대성에 의해 $F(x)=e^{-iax}$의 Fourier 변환은 다음과 같다.

$$\mathcal{F}\{F(x)\}=2\pi f(-\omega)$$
$$\mathcal{F}\{e^{-iax}\}=2\pi\delta(-\omega-a)=2\pi\delta(-(\omega+a))=2\pi\delta(\omega+a)$$
$$\therefore\ \mathcal{F}\{e^{-iax}\}=2\pi\delta(\omega+a)$$

예제 9.13

다음 함수의 Fourier 변환을 구하라.

$$f(x)=\cos ax+\sin ax$$

풀이

$\cos ax$ 와 $\sin ax$ 는 복소지수함수 e^{iax} 와 e^{-iax} 를 이용하여 다음과 같이 표현할 수 있다. 즉,

$$\cos ax=\frac{1}{2}(e^{iax}+e^{-iax})$$
$$\sin ax=\frac{1}{2i}(e^{iax}-e^{-iax})$$

〈예제 9.12〉에서 $\mathcal{F}\{e^{-iax}\}=2\pi\delta(\omega+a)$ 이므로 a 대신에 $-a$를 대입하면 다음의 관계를 얻을 수 있다.

$$\mathcal{F}\{e^{iax}\}=2\pi\delta(\omega-a)$$

그러므로 $\cos ax$ 와 $\sin ax$ 의 Fourier 변환은 다음과 같다.

$$\begin{aligned}\mathcal{F}\{\cos ax\}&=\frac{1}{2}\mathcal{F}\{e^{iax}\}+\frac{1}{2}\mathcal{F}\{e^{-iax}\}\\&=\pi\delta(\omega-a)+\pi\delta(\omega+a)\end{aligned}$$

$$\begin{aligned}\mathcal{F}\{\sin ax\}&=\frac{1}{2i}\mathcal{F}\{e^{iax}\}-\frac{1}{2i}\mathcal{F}\{e^{-iax}\}\\&=\frac{\pi}{i}\delta(\omega-a)-\frac{\pi}{i}\delta(\omega+a)\\&=\pi i\delta(\omega+a)-\pi i\delta(\omega-a)\end{aligned}$$

$\cos ax$ 와 $\sin ax$ 의 Fourier 변환을 합하면 다음과 같다.

$$\mathcal{F}\{\cos ax+\sin ax\}=\pi(1-i)\delta(\omega-a)+\pi(1+i)\delta(\omega+a)$$

(8) 합성곱의 Fourier 변환

4장에서 두 함수의 합성곱에 대하여 정의하였으며, 합성곱의 Laplace 변환은 각 함수의 Laplace 변환의 곱과 같다는 것을 보였다. 합성곱에 대한 Fourier 변환은

Laplace 변환에서와 동일한 결과를 얻을 수 있다는 것을 증명해 본다.

먼저, $f(x)$와 $g(x)$의 합성곱(Convolution)은 다음과 같이 정의된다.

$$f(x)*g(x)\triangleq\int_{-\infty}^{\infty}f(y)g(x-y)dy \tag{71}$$

식(71)의 Fourier 변환은 정의로부터 다음과 같다.

$$\begin{aligned}\mathcal{F}\{f(x)*g(x)\}&=\int_{-\infty}^{\infty}\{f(x)*g(x)\}e^{-i\omega x}dx\\&=\int_{-\infty}^{\infty}e^{-i\omega x}\left\{\int_{-\infty}^{\infty}f(y)g(x-y)dy\right\}dx\\&=\left\{\int_{-\infty}^{\infty}f(y)dy\right\}\left\{\int_{-\infty}^{\infty}g(x-y)e^{-i\omega x}dx\right\}\end{aligned} \tag{72}$$

식(72)의 두 번째 적분을 계산하기 위해 $z\triangleq x-y$로 변수변환을 하고 y를 고정시키면 $dz=dx$의 관계가 얻어진다. 더욱이 변수변환에 따른 적분구간의 변화는 없으므로 다음과 같이 z에 대한 적분으로 변환할 수 있다.

$$\begin{aligned}\int_{=\infty}^{\infty}g(x-y)e^{-i\omega x}dx&=\int_{-\infty}^{\infty}g(z)e^{-i\omega(z+y)}dz\\&=e^{-i\omega y}\int_{-\infty}^{\infty}g(z)e^{-i\omega z}dz\end{aligned} \tag{73}$$

식(73)을 식(72)에 대입하면

$$\begin{aligned}\mathcal{F}\{f(x)*g(x)\}&=\left\{\int_{-\infty}^{\infty}f(y)dy\right\}\left\{\ e^{-i\omega y}g(z)e^{-i\omega z}dz\ \right\}\\&=\left\{\int_{-\infty}^{\infty}f(y)e^{-i\omega y}dy\right\}\left\{\int_{-\infty}^{\infty}g(z)e^{-i\omega z}dz\right\}\end{aligned}$$

$$\therefore\ \mathcal{F}\{f(x)*g(x)\}=F(\omega)G(\omega) \tag{74}$$

식(74)로부터 $x-$영역에서의 합성곱 연산은 $\omega-$영역에서의 산술적인 곱에 대응된다는 것을 알 수 있으며, 이를 합성곱의 정리(Convolution Theorem)라고 부른다.

일반적으로 $x-$영역에서 합성곱의 연산을 수행하는 것은 대단히 어렵고 지루한 작업이지만, 식(74)의 관계를 이용하면 다음과 같이 간접적으로 $x-$영역에서 합성곱을 간단히 구할 수 있다.

$$f(x) * g(x) = \mathcal{F}^{-1}\{F(\omega)G(\omega)\} \tag{75}$$

결과적으로 $f(x) * g(x)$는 식(71)의 정의식을 이용하지 않고 $F(\omega)$와 $G(\omega)$의 Fourier 역변환을 통해 쉽게 구할 수 있으며, 이 사실 하나만으로도 Fourier 변환을 학습하는 충분한 이유가 될 수 있을 것이다.

식(74)의 관계를 $x-$영역과 $\omega-$영역의 대응관계로 표시하면 [그림 9.10]과 같다.

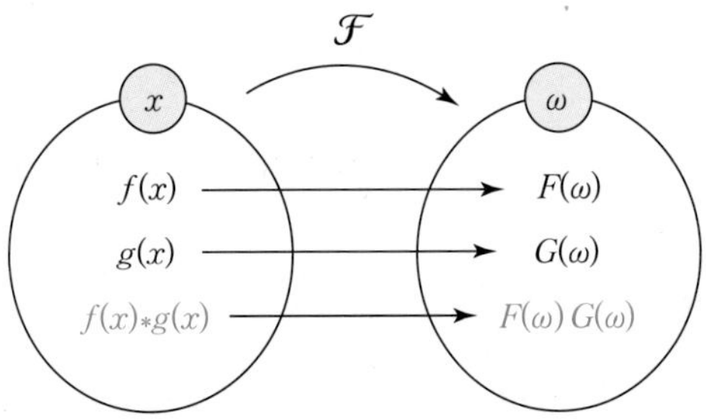

[그림 9.10] 합성곱의 Fourier 변환

예제 9.14

함수 $f(x)$와 $g(x)$가 각각 다음과 같이 주어져 있을 때, 물음에 답하라. 단, $u(x)$는 단위계단함수이다.

$$f(x) = e^{-x}u(x), \ \ g(x) = e^{-2x}u(x)$$

(1) 합성곱의 정의를 이용하여 $f(x) * g(x)$를 계산하라.
(2) 주어진 함수 $f(x)$와 $g(x)$를 이용하여 합성곱의 정리가 성립함을 보여라.

풀이

(1) $$\begin{aligned} f(x) * g(x) &= \int_{-\infty}^{\infty} f(y)g(x-y)dy \\ &= \int_{-\infty}^{\infty} e^{-y}u(y)e^{-2(x-y)}u(x-y)dy \end{aligned}$$

위의 적분에서 $u(y)$와 $u(x-y)$로부터 $0 < y < x$에서만 피적분 함수값이 0이 아니므로 다음과 같이 표현할 수 있다.

$$f(x) * g(x) = \int_0^x e^{-y} e^{-2(x-y)} dy = e^{-2x} \int_0^x e^y dy$$
$$= e^{-2x} \Big[e^y \Big]_0^x = e^{-2x}(e^x - 1) = (e^{-x} - e^{-2x}) u(x)$$

(2) $f(x)$와 $g(x)$의 Fourier 변환은 각각 다음과 같다.

$$\mathcal{F}\{f(x)\} = \mathcal{F}\{e^{-x}u(x)\} = \frac{1}{1+i\omega} \triangleq F(\omega)$$
$$\mathcal{F}\{g(x)\} = \mathcal{F}\{e^{-2x}u(x)\} = \frac{1}{2+i\omega} \triangleq G(\omega)$$

따라서 $F(\omega)G(\omega)$는 다음과 같다.

$$F(\omega)G(\omega) = \left(\frac{1}{1+i\omega}\right)\left(\frac{1}{2+i\omega}\right) = \frac{1}{(1+i\omega)(2+i\omega)}$$

한편, $f(x) * g(x)$의 Fourier 변환을 계산하면

$$\mathcal{F}\{f(x) * g(x)\} = \mathcal{F}\{(e^{-x} - e^{-2x})u(x)\}$$
$$= \mathcal{F}\{e^{-x}u(x)\} - \mathcal{F}\{e^{-2x}u(x)\}$$
$$= \frac{1}{1+i\omega} - \frac{1}{2+i\omega} = \frac{1}{(1+i\omega)(2+i\omega)}$$

이므로 합성곱의 정리가 성립한다.

지금까지 Fourier 변환의 여러 가지 성질에 대해 설명하였다. 이들 성질들을 적절하게 잘 이용한다면, Fourier 변환의 정의를 이용하지 않고도 간편하게 Fourier 변환을 구할 수 있을 것이다.

9.6 Fourier 사인 및 코사인 변환

9.2절에서 우함수와 기함수에 대한 Fourier 적분을 살펴보았다. $f(x)$가 우함수이면 $f(x)$는 Fourier 코사인 적분으로 표현된다.

$$f(x) = \frac{1}{\pi}\int_0^\infty A(\omega)\cos\omega x\, d\omega \tag{76}$$

$$A(\omega) = 2\int_0^\infty f(v)\cos\omega v\, dv \tag{77}$$

$f(x)$가 기함수이면 $f(x)$는 Fourier 사인 적분으로 표현된다.

$$f(x) = \frac{1}{\pi}\int_0^\infty B(\omega)\sin\omega x\, dx \tag{78}$$

$$B(\omega) = 2\int_0^\infty f(v)\sin\omega v\, dv \tag{79}$$

먼저, 식(77)로부터 Fourier 코사인 변환(Fourier Cosine Transform)을 다음과 같이 정의한다.

$$\mathcal{F}_c\{f(x)\} \triangleq \int_0^\infty f(x)\cos\omega x\, dx \triangleq F_c(\omega) \tag{80}$$

여기서, 첨자 c는 코사인의 의미로 사용되며 식(77)에 있는 스케일 인자 2는 식(76)의 $f(x)$에 포함시켜 정의하였다.

한편, Fourier 코사인 역변환(Inverse Fourier Cosine Transform)은 다음과 같이 정의된다.

$$\mathcal{F}_c^{-1}\{F_c(\omega)\} \triangleq f(x) \triangleq \frac{2}{\pi}\int_0^\infty F_c(\omega)\cos\omega x\, d\omega \tag{81}$$

9.4절에서 Fourier 변환을 정의할 때 스케일 인자는 $f(x)$와 $F(\omega)$ 중에서 어디에 포함시켜도 무관하다고 이미 언급하였다. 마찬가지로 스케일 인자를 $f(x)$와 $F_c(\omega)$에 공평하게 나누어서 다음과 같이 Fourier 코사인 변환과 그의 역변환을 정의할 수도 있다.

$$\mathcal{F}_c\{f(x)\} \triangleq \sqrt{\frac{2}{\pi}}\int_0^\infty f(x)\cos\omega x\,dx \triangleq F_c(\omega) \tag{82}$$

$$\mathcal{F}_c^{-1}\{F_c(\omega)\} \triangleq f(x) = \sqrt{\frac{2}{\pi}}\int_0^\infty F_c(\omega)\cos\omega x\,d\omega \tag{83}$$

다음으로, 식(79)로부터 Fourier 사인 변환(Fourier Sine Transform)을 다음과 같이 정의한다.

$$\mathcal{F}_s\{f(x)\} \triangleq \int_0^\infty f(x)\sin\omega x\,dx \triangleq F_s(\omega) \tag{84}$$

여기서, 첨자 s는 사인을 의미하며 식(79)에 있는 스케일 인자 2는 식(78)의 $f(x)$에 포함시켜 정의하였다.

한편, Fourier 사인 역변환(Inverse Fourier Sine Transform)은 다음과 같이 정의된다.

$$\mathcal{F}_s^{-1}\{F_s(\omega)\} \triangleq f(x) \triangleq \frac{2}{\pi}\int_0^\infty F_s(\omega)\sin\omega x\,d\omega \tag{85}$$

스케일 인자를 $f(x)$와 $F_c(\omega)$에 공평하게 나누어서 다음과 같이 Fourier 사인 변환과 역변환을 정의할 수도 있다.

$$\mathcal{F}_s\{f(x)\} \triangleq \sqrt{\frac{2}{\pi}}\int_0^\infty f(x)\sin\omega x\,dx \triangleq F_s(\omega) \tag{86}$$

$$\mathcal{F}_s^{-1}\{F_s(\omega)\} \triangleq \sqrt{\frac{2}{\pi}}\int_0^\infty F_s(\omega)\sin\omega x\,d\omega \tag{87}$$

Fourier 급수, 적분, 변환의 상관관계

주기함수

$f(x+p)=f(x),\ p=$ 주기

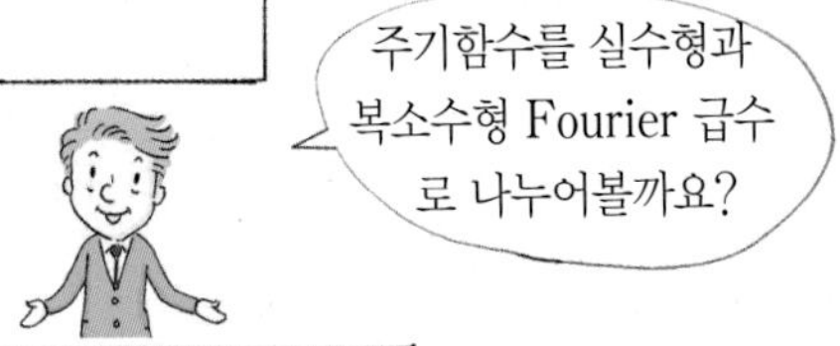
주기함수를 실수형과
복소수형 Fourier 급수
로 나누어볼까요?

실수형 Fourier 급수 → $p \to \infty$ → **실수형 Fourier 적분**

$$f(x)=\frac{1}{\pi}\int_0^{\infty}(A(\omega)\cos\omega x+B(\omega)\sin\omega x)d\omega$$

- $f(-x)=f(x)$ 우함수 → Fourier 코사인 적분
- $f(-x)=-f(x)$ 기함수 → Fourier 사인 적분

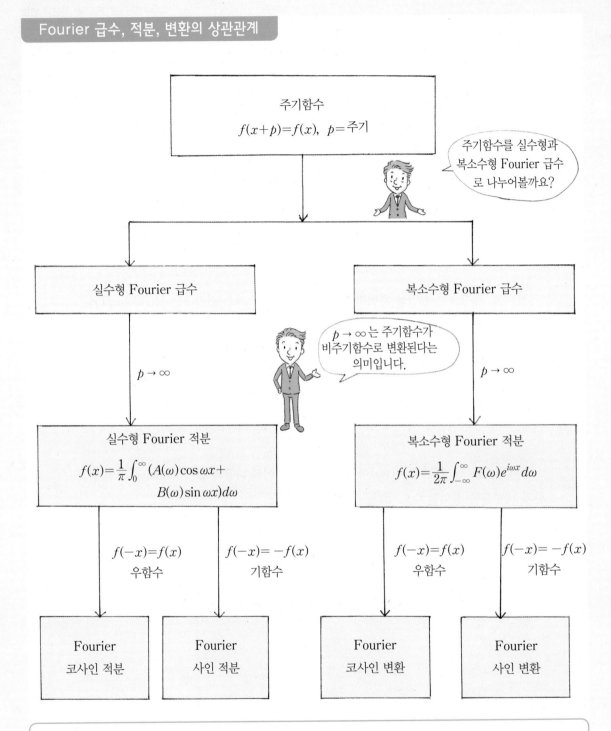

$p \to \infty$ 는 주기함수가
비주기함수로 변환된다는
의미입니다.

복소수형 Fourier 급수 → $p \to \infty$ → **복소수형 Fourier 적분**

$$f(x)=\frac{1}{2\pi}\int_{-\infty}^{\infty}F(\omega)e^{i\omega x}d\omega$$

- $f(-x)=f(x)$ 우함수 → Fourier 코사인 변환
- $f(-x)=-f(x)$ 기함수 → Fourier 사인 변환

| 설명 | 주기함수 $f(x)$에 대해 실수형과 복소수형 Fourier 급수로 전개할 수 있으며, 각 급수 형태에서 주기 $p \to \infty$로 하면 실수형 Fourier 적분과 복소수형 Fourier 적분이 얻어진다. 각 Fourier 적분에서 $f(x)$가 우함수 또는 기함수 여부에 따라 Fourier 코사인(사인) 적분과 Fourier 코사인(사인) 변환이 얻어진다.

예제 9.15

다음 함수 $f(x)$에 대하여 Fourier 사인 및 코사인 변환을 각각 구하라.

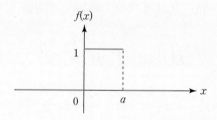

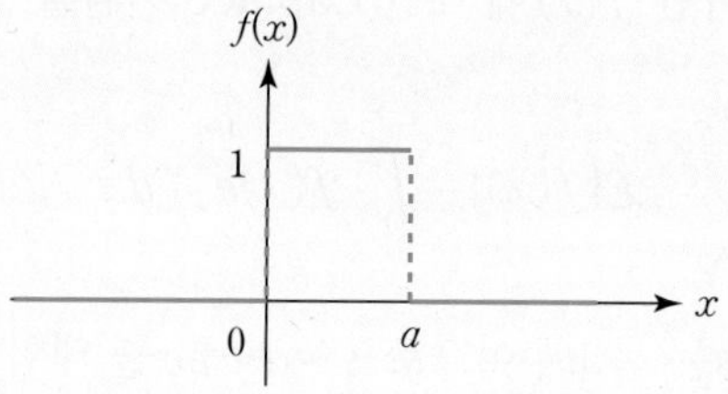

풀이

먼저, $f(x)$에 대한 Fourier 코사인 변환을 계산하기 위해 식(80)의 정의를 이용하면 다음과 같다.

$$\mathcal{F}_c\{f(x)\}=\int_0^\infty f(x)\cos\omega x\,dx=\int_0^a \cos\omega x\,dx$$
$$=\left[\frac{1}{\omega}\sin\omega x\right]_0^a=\frac{\sin\omega a}{\omega}$$

다음으로 $f(x)$에 대한 Fourier 사인 변환을 계산하기 위해 식(84)의 정의를 이용하면 다음과 같다.

$$\mathcal{F}_s\{f(x)\}=\int_0^\infty f(x)\sin\omega x\,dx=\int_0^\infty \sin\omega x\,dx$$
$$=\left[-\frac{1}{\omega}\cos\omega x\right]_0^a=\frac{1}{\omega}(1-\cos\omega a)$$

여기서 잠깐! **Fourier 사인 및 코사인 변환**

Fourier 사인 및 코사인 변환의 정의과정을 살펴보면 $f(x)$가 기함수 또는 우함수인 경우 Fourier 사인 및 코사인 적분 표현식으로부터 얻어졌으나, 실제로 Fourier 사인 및 코사인 변환을 사용할 때는 $f(x)$가 우함수나 기함수가 아닌 일반적인 함수에 대해서 적용한다. 〈예제 9.15〉에서 주어진 함수도 우함수나 기함수가 아닌 일반적인 함수라는 것에 주의하라.

9.7 Laplace 변환과의 상관관계

4장에서 다루었던 Laplace 변환의 정의를 다시 한 번 살펴보자. Fourier 변환과 비교하기 위해 $f(t)$가 아닌 $f(x)$에 대한 Laplace 변환을 정의하면 다음과 같다.

$$\mathcal{L}\{f(x)\}=\int_0^{\infty} f(x)e^{-sx}\,dx \tag{88}$$

식(88)에서 매개변수 s는 복소수이므로 $s=\sigma+i\omega$를 대입하면 다음과 같다.

$$\mathcal{L}\{f(x)\}=\int_0^{\infty} f(x)e^{-(\sigma+i\omega)x}\,dx=\int_0^{\infty} f(x)e^{-\sigma x}e^{-i\omega x}\,dx \tag{89}$$

식(89)에서 알 수 있듯이 Laplace 변환에는 피적분함수에 $e^{-\sigma x}$가 포함되어 있기 때문에 $\sigma>0$인 경우 지수함수적으로 감소하는 인자인 $e^{-\sigma x}$로 인해 Fourier 변환보다 더 많은 함수에 대해 Laplace 변환이 존재한다.

한편, Fourier 변환은 Laplace 변환에 비해 유리한 점도 있다. Laplace 변환은 $x<0$인 경우 함수값이 0인 함수에만 적용할 수 있으나, Fourier 변환은 $-\infty<x<\infty$에서 정의된 함수에 적용이 가능하다. 만일, $f(x)$가 $x<0$에서 0이라고 가정하면 $f(x)$의 Fourier 변환은 다음과 같다.

$$\mathcal{F}\{f(x)\}=\int_{-\infty}^{\infty} f(x)e^{-i\omega x}\,dx=\int_0^{\infty} f(x)e^{-i\omega x}\,dx \tag{90}$$

식(88)과 식(90)을 비교해 보면 식(88)에서 $s=i\omega$를 대입하면 Laplace 변환과 Fourier 변환은 동일하다. 따라서 $x<0$에서 $f(x)=0$인 함수에 대한 Laplace 변환으로부터 $s=i\omega$를 대입하면 Fourier 변환을 구할 수도 있다. 그러나 어떤 함수는 Laplace 변환이 존재하지만, 경우에 따라서는 Fourier 변환이 존재하지 않을 수도 있다는 사실에 주의해야 한다.

예제 9.16

다음 함수들에 대해 Laplace 변환과 Fourier 변환을 구하라.

(1) $f(x)=e^{-4x}u(x)$

(2) $g(x)=e^{3x}u(x)$

단, $u(x)$는 단위계단함수로서 다음과 같이 정의된다.

$$u(x)=\begin{cases} 1, & x>0 \\ 0, & x<0 \end{cases}$$

풀이

(1) $f(x)$의 Laplace 변환은 다음과 같이 구할 수 있다.

$$\begin{aligned}\mathcal{L}\{f(x)\}&=\int_0^\infty f(x)e^{-sx}dx=\int_0^\infty e^{-4x}u(x)e^{-sx}dx\\&=\int_0^\infty e^{-(s+4)x}dx=\left[-\frac{1}{s+4}e^{-(s+4)x}\right]_0^\infty=\frac{1}{s+4}\end{aligned}$$

또한 $f(x)$의 Fourier 변환은

$$\begin{aligned}\mathcal{F}\{f(x)\}&=\int_{-\infty}^\infty f(x)e^{-i\omega x}dx=\int_{-\infty}^\infty e^{-4x}u(x)e^{-i\omega x}dx\\&=\int_0^\infty e^{-(4+i\omega)x}dx=\left[-\frac{1}{4+i\omega}e^{-(4+i\omega)x}\right]_0^\infty=\frac{1}{i\omega+4}\end{aligned}$$

이 되므로 $f(x)$의 Laplace 변환에서 $s=i\omega$를 대입한 결과와 같다.

(2) $g(x)$의 Laplace 변환을 구하면 다음과 같다.

$$\begin{aligned}\mathcal{L}\{g(x)\}&=\int_0^\infty g(x)e^{-sx}dx=\int_0^\infty e^{3x}u(x)e^{-sx}dx\\&=\int_0^\infty e^{-(s-3)x}dx=\left[-\frac{1}{s-3}e^{-(s-3)x}\right]_0^\infty=\frac{1}{s-3}\end{aligned}$$

그런데 $g(x)$의 Fourier 변환은

$$\begin{aligned}\mathcal{F}\{g(x)\}&=\int_{-\infty}^\infty g(x)e^{-i\omega x}dx=\int_{-\infty}^\infty e^{3x}u(x)e^{-i\omega x}dx\\&=\int_0^\infty e^{3x}e^{-i\omega x}dx=\int_0^\infty e^{(3-i\omega)x}dx\\&=\left[\frac{1}{3-i\omega}e^{(3-i\omega)x}\right]_0^\infty\to\infty\end{aligned}$$

이므로 존재하지 않는다. 따라서 $g(x)$의 Laplace 변환에 $s=i\omega$를 대입하여 $\frac{1}{i\omega-3}$을 구할 수는 있지만, 이것을 Fourier 변환이라고 생각할 수는 없는 것이다.

쉬어가는 코너 성급한 결론

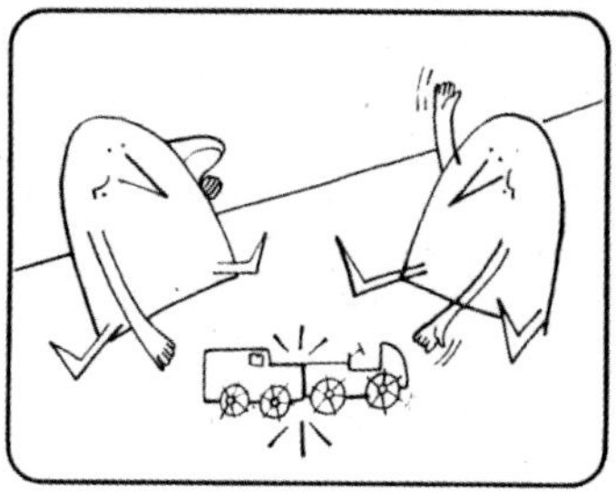

맹 교수 : 통계에 따르면 보통 속도로 달리는 자동차들이 시속 150km로 달리는 자동차들보다 더 많은 사고를 일으킨다고 한다. 그렇다면 빠른 속도로 달리는 것이 더 안전하다는 결론을 내릴 수 있을까?

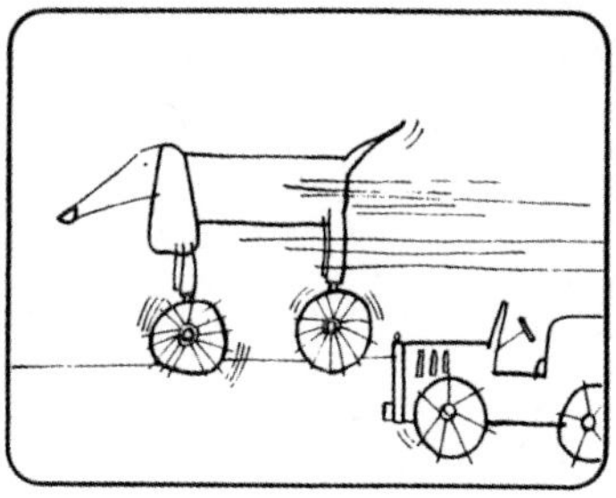

전혀 그렇지 않다. 통계 자료가 일치한다고 해서 성급하게 원인과 결과 사이에 직접적인 연관을 지어서는 안된다. 대부분의 운전자들이 보통 속도로 차를 몰기 때문에 대부분의 사고가 그 속도에서 일어나는 것은 당연하다.

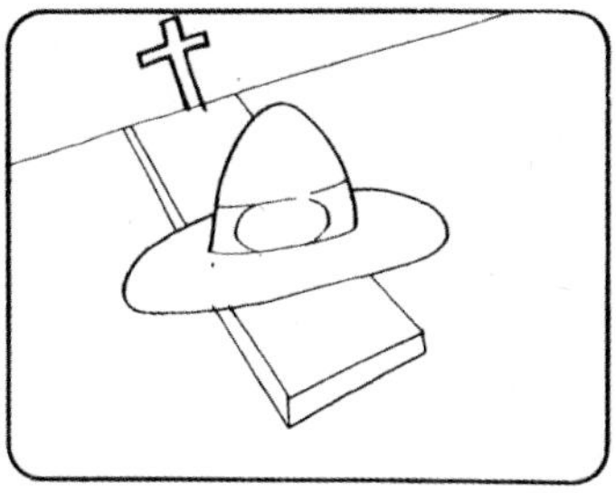

맹 교수 : 통계에 따르면 결핵 환자 중의 많은 사람이 산에서 죽는다고 한다. 이것은 산악기후가 결핵균의 번식에 유리하기 때문이라고 해석해야 할까?

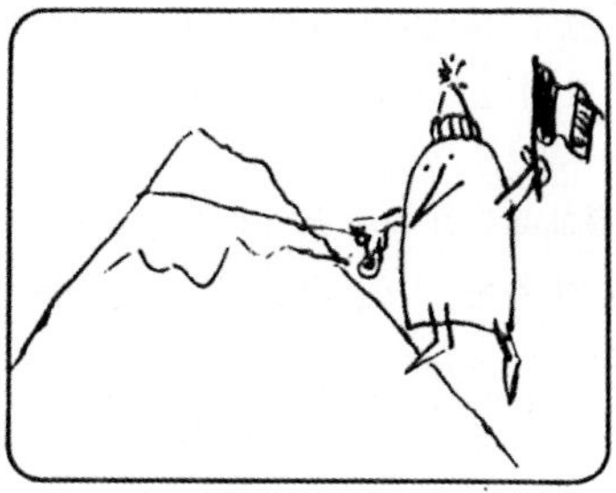

그것과는 정반대다. 산악기후는 결핵 환자의 요양에 좋기 때문에 많은 환자들이 요양을 위해 산중으로 들어간다. 따라서 산에서 죽는 결핵 환자수의 평균이 격상되는 것은 당연하다.

맹 교수 : 어느 조사 결과에 따르면, 발이 큰 아이일수록 말을 더 잘 한다고 한다. 말을 배우는 능력은 신발의 치수와 비례하는가?

그렇지 않다. 잘 살펴보면 이 조사 결과는 아이의 성장과 관계가 있다. 그것은 나이가 많은 아이일수록 발도 크다는 것을 나타낸다. 나이가 많은 아이가 말을 더 잘하는 것은 당연한 일이 아닌가!

해설

앞의 세 가지 예는 불완전한 통계 자료를 기초로 하여 단번에 원인과 결과를 연관시킬 때 발생하는 기만적인 결론을 강조하고 있다. 그밖에도 다음과 같은 예를 더 들 수 있다.

1. 우리는 자동차 사고의 대부분이 운전자의 집 근처에서 일어난다는 이야기를 종종 듣는다. 이것은 우리가 집에서 멀리 떨어진 고속도로를 달릴 때가 더 안전하다는 것을 의미하는가? 천만에! 이 통계 자료는 운전자가 자기의 집 근처에서 차를 모는 경우가 훨씬 많다는 것을 의미할 뿐이다.
2. 한 보고서에 따르면, 어떤 지역에서 우유 애호가가 급증함과 동시에 암 환자의 수도 많아졌다고 한다. 우유를 마시는 것이 암을 일으키는 것인가? 그렇지 않다. 이것은 단지 지역에서 노인 인구가 늘어났다는 것을 의미할 뿐이다. 암은 나이와 큰 상관관계가 있으므로, 암 환자가 늘어난 것은 지극히 정상적이다.
3. 어떤 앙케트에 의하면, 어느 마을에서는 맥주의 소비와 심장병 환자의 수가 급격히 늘어났다고 한다. 맥주는 심장마비의 원인이 되는 것인가? 그렇지 않다. 이 두 경우에 일어난 맥주 소비와 심장병 환자의 증가는 인구가 급격하게 늘어난 데 기인한다. 마찬가지로, 심장병 환자의 증가는 다른 수백 가지의 현상과도 결부시킬 수 있다. 즉, 커피나 껌 소비의 증가라든가 브리지 게임을 즐기는 사람의 수, 텔레비전 애호가 수의 증가 등과 연결시킬 수도 있는 것이다.
4. 라인 강변에 있는 프랑스의 도시인 스트라스부르에서는 인구가 늘어나는 비율과 똑같이 황새 둥지의 수가 늘어난다는 사실이 알려졌다. 이것은 황새가 갓난아이를 물고 온다는 전설을 뒷받침해 주는 것처럼 생각되었다. 사실은 가옥의 수가 늘어남에 따라 황새들이 틀 수 있는 둥지의 수도 늘어났을 뿐이다.

출처: 「이야기 파라독스」, 사계절

연습문제

01 다음 함수의 Fourier 적분을 구하라.

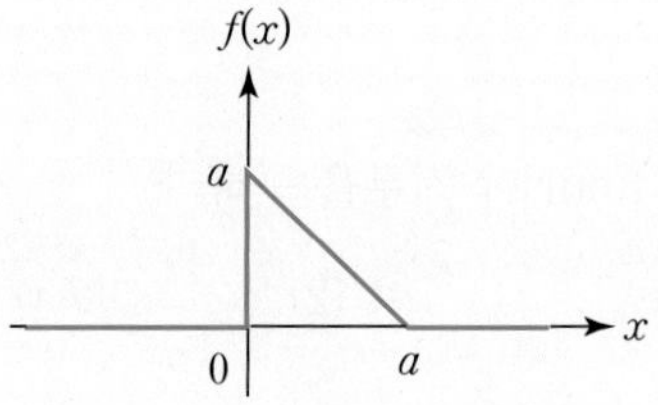

02 다음 함수 $f(x)$에 대하여 물음에 답하라.

$$f(x)=\begin{cases} 0, & x<0 \\ 2e^{-x}, & x>0 \end{cases}$$

(1) $f(x)$의 Fourier 적분을 구하라.

(2) $f(x)$의 Fourier 적분표현으로부터 다음을 증명하라.

$$\int_0^\infty \frac{\cos\omega x+\omega\sin\omega x}{1+\omega^2}d\omega=\begin{cases} 0, & x<0 \\ \dfrac{\pi}{2}, & x=0 \\ \pi e^{-x}, & x>0 \end{cases}$$

03 다음 함수 $f(x)$를 Fourier 사인 적분으로 표현하라.

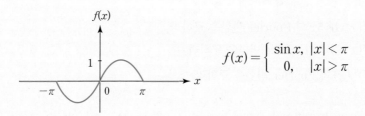

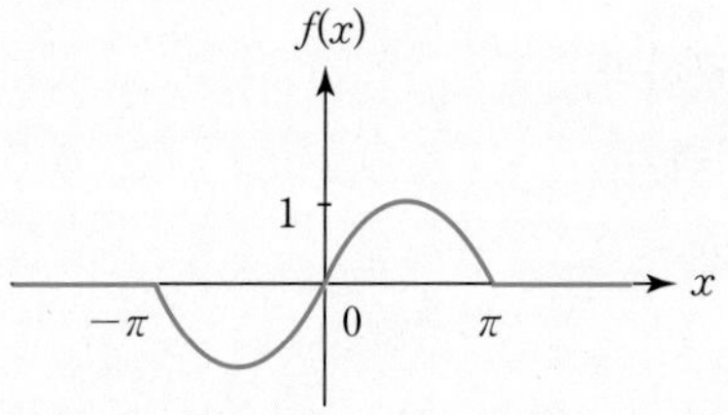

$$f(x)=\begin{cases} \sin x, & |x|<\pi \\ 0, & |x|>\pi \end{cases}$$

04 다음 함수 $f(x)$를 Fourier 코사인 적분으로 표현하라.

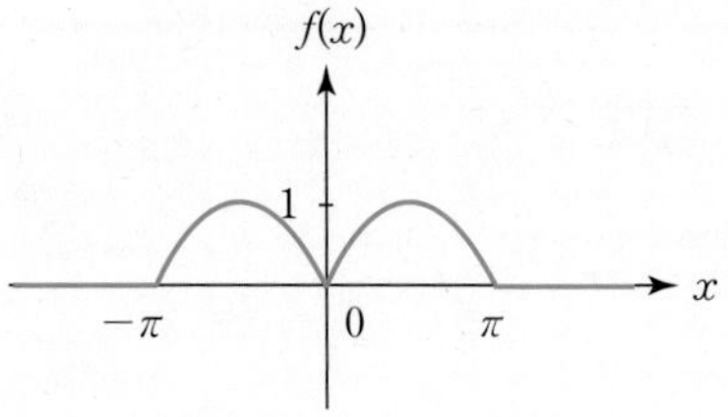

$$f(x) = \begin{cases} |\sin x|, & |x| < \pi \\ 0, & |x| > \pi \end{cases}$$

05 다음 함수들의 복소수형 Fourier 적분을 구하라.

(1)

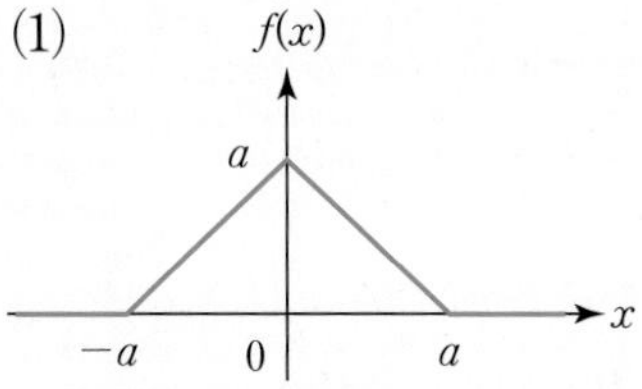

(2)

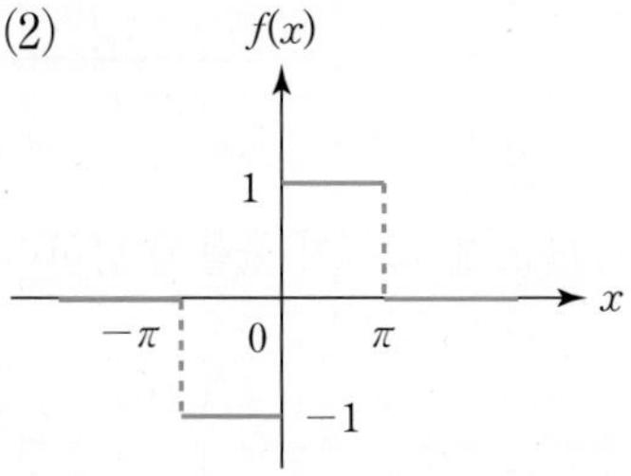

06 다음 함수들의 Fourier 변환을 구하라.

(1) $f(x) = \begin{cases} 1-x^2, & |x| < 1 \\ 0, & |x| > 1 \end{cases}$

(2) $f(x) = \begin{cases} k, & a < x < b \\ 0, & x \le a,\ x \ge b \end{cases}$

07 함수 $f(x) = e^{-3x}u(x)$ ($u(x)$는 단위계단함수)의 Fourier 변환은 $F(\omega) = \dfrac{1}{3+i\omega}$로 주어진다. 다음 물음에 답하라.

(1) $f(x)\cos 5x$ 의 Fourier 변환을 구하라.

(2) $f(x-3)$의 Fourier 변환을 구하라.

(3) $f^{(n)}(x)$의 Fourier 변환을 구하라.

08 Signum 함수의 정의가 다음과 같을 때, $\text{sgn}(x)$의 Fourier 변환을 구하라.

$$\text{sgn}(x) = \begin{cases} 1, & t > 0 \\ 0, & t = 0 \\ -1, & t < 0 \end{cases}$$

09 함수 $f(x)=e^{-\alpha|x|}$의 Fourier 변환을 구하고, 쌍대성을 이용하여 다음 함수의 Fourier 변환을 구하라. 단 $\alpha>0$이다.

$$g(x)=\frac{1}{\alpha^2+x^2}$$

10 함수 $f(x)=e^{-x}$에 대하여 Fourier 코사인 변환과 사인 변환을 각각 구하라.

11 다음 함수 $f(x)$의 Fourier 적분을 구하라.

$$f(x)=\begin{cases}1, & |x|<2a\\ 0, & |x|>2a\end{cases}$$

12 다음 함수 $f(x)$의 Fourier 적분을 구하라.

$$f(x)=\begin{cases}0, & x<0\\ 1, & 0<x<2\\ 0, & x>2\end{cases}$$

13 다음 함수의 Fourier 변환을 구하라.

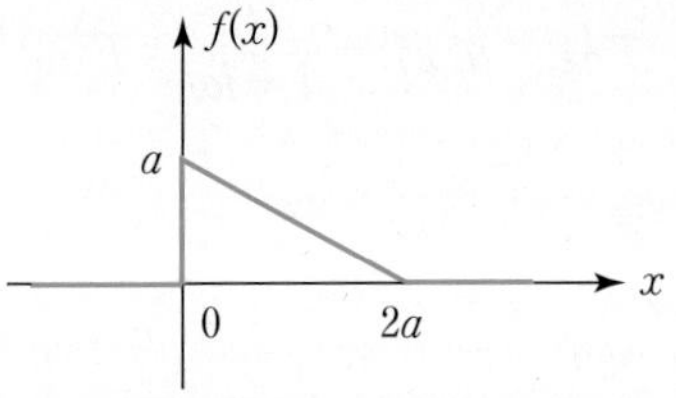

14 $f(x)$의 Fourier 변환을 $F(\omega)$라 할 때 다음 함수의 Fourier 변환을 구하라.

$$f(x-a)\sin\omega_0(x-a)$$

15 함수 $f(x)=e^{-x^2}$의 Fourier 변환은 다음과 같다.

$$\mathcal{F}\{e^{-x^2}\}=F(\omega)=\sqrt{\pi}\,e^{-\frac{\omega^2}{4}}$$

이를 이용하여 다음 함수의 Fourier 변환을 구하라.

$$g(x)=-2xe^{-x^2}+3e^{-4x^2}$$

16 다음 함수의 실수형 Fourier 적분을 구하라.

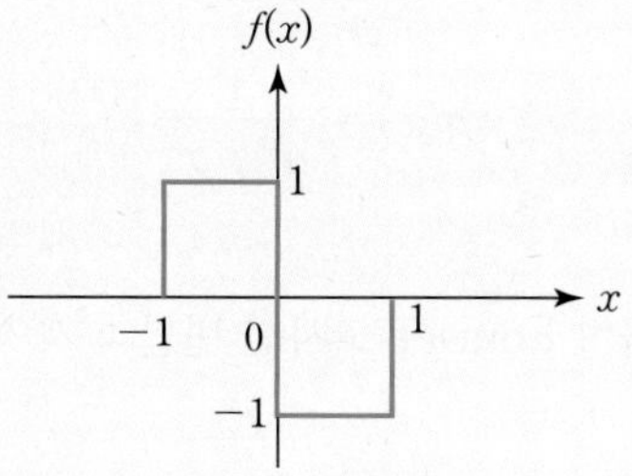

17 문제 16의 함수 $f(x)$에 대하여 복소수형 Fourier 적분을 구하라.

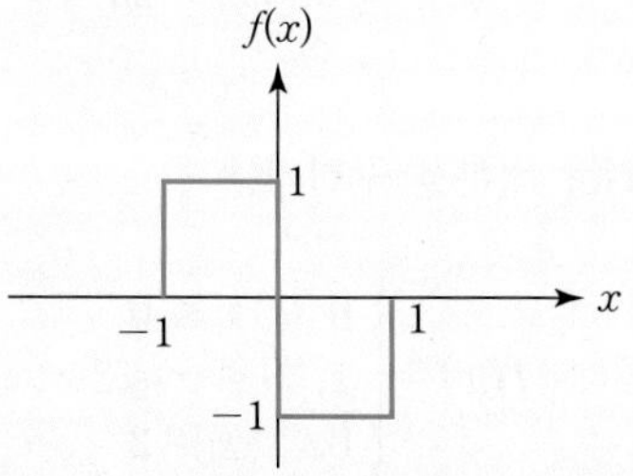

18 함수 $f(x)=e^{-x}u(x)$의 Fourier 변환이 다음과 같이 계산된다.

$$\mathcal{F}\{e^{-x}u(x)\}=\frac{1}{1+i\omega}\triangleq F(\omega)$$

이를 이용하여 다음 함수들의 Fourier 변환을 구하라.

(1) $g(x)=f\left(\frac{1}{2}x\right)$

(2) $h(x)=f(2x)$

19 다음 1차 미분방정식의 해를 Fourier 변환을 이용하여 구하라. 단, $\delta(x)$는 임펄스 함수이다.

$$y'+3y=\delta(x)$$

20 다음 함수에 대하여 Fourier 코사인 변환을 구하라.

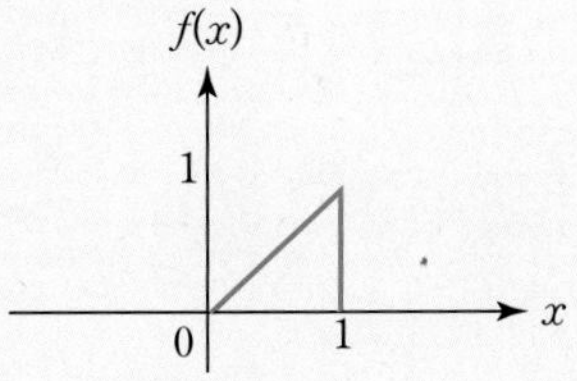

PART IV

복소해석학

▶ 개요

복소수는 우리가 살고 있는 실세계에서는 존재하지 않는 수체계이지만, 여러 분야의 공학문제에 적용되어 해석상의 간편성과 편리성을 제공하고 있으므로 복소해석학은 매우 중요한 학문분야이다.
복소수를 사용하게 되면 정현파 신호들을 더욱 쉽고 간단하게 취급할 수 있기 때문에 신호해석이나 신호처리 그리고 제어공학분야에 복소수를 기초로 하는 수학적인 모델이 많이 사용되고 있다.
제4부에서는 실함수에서 사용되던 여러 가지 해석적인 도구들이 복소변수함수로 자연스럽게 확장되어 복소변수함수의 미분과 적분, Taylor 급수 및 Laurent 급수에 대해 학습하여 최종적으로는 유수와 유수적분정리를 다루게 될 것이다.
마지막으로 복소해석학과 실해석학 사이의 유사성과 많은 흥미로운 차이점에 대하여 충분하게 이해를 하는 것이 매우 중요하다는 것을 명심하도록 하자.

▶ 선행학습내용

미분과 적분, 편미분, 실함수의 Taylor 급수, 선적분

▶ 주요학습내용

복소해석함수, 선적분, Cauchy 적분정리, 복소함수의 Taylor 급수 및 Laurent 급수, 유수정리

CHAPTER 10

복소수와 복소해석함수

10.1 복소수와 복소평면 | 10.2 복소수의 극형식과 거듭제곱근
10.3 복소변수함수의 해석성 | 10.4 Cauchy-Riemann 방정식
10.5 지수함수와 로그함수 | 10.6 삼각함수와 쌍곡선함수
10.7 복소거듭제곱

CHAPTER 10

복소수와 복소해석함수

▶ 단원 개요

본 장에서는 공학의 여러 분야에서 문제를 쉽게 해결하는 데 강력한 도구를 제공하는 복소변수함수에 대해 다룬다. 특히 복소해석에 있어 주요한 관심 대상이 되는 복소해석함수를 정의하고, 실함수에서 다루었던 극한과 연속성, 미분가능성에 대한 개념을 복소변수함수로 확장하여 Cauchy-Riemann 방정식을 유도할 것이다. 또한 실변수 함수에서 학습한 지수함수와 로그함수를 확장한 복소지수함수와 복소로그함수, 복소삼각함수, 복소쌍곡선함수 등의 여러 가지 성질에 대하여 고찰한다.

복소함수해석과 실함수 해석 사이에는 많은 유사성이 있지만, 많은 흥미로운 차이점이 있다는 것에 대해서도 체계적으로 다룰 것이다.

10.1 복소수와 복소평면

(1) 복소수의 정의

복소수(Complex Number)를 도입하기 위해 다음과 같이 정의되는 수 i를 생각한다.

$$i^2=-1 \quad \text{또는} \quad i=\sqrt{-1} \tag{1}$$

실수의 집합에서는 실수를 제곱하여 음수를 얻을 수 없다는 것은 이미 알고 있으므로 i는 실수(Real Number)가 아니며, 우리는 이것을 허수(Imaginary Number)라고 부른다.

허수 i를 이용하여 x와 y를 실수라 할 때 다음과 같이 표시되는 수 z를 복소수라고 정의한다.

$$z=x+iy, \quad x\in \boldsymbol{R}, \quad y\in \boldsymbol{R} \tag{2}$$

여기서, x를 복소수 z의 실수부(Real Part), y를 복소수 z의 허수부(Imaginary Part)라고 부르며 다음과 같이 표기한다.

$$\begin{aligned} x &= \Re e(z) \\ y &= \Im m(z) \end{aligned} \tag{3}$$

복소수는 우리 실생활에서 존재하는 수체계가 아니기 때문에 복소수 간의 대소관계를 정의하지는 않지만, 두 개의 복소수가 같은지 다른지에 대한 정의만을 한다.

정의 10.1 복소수의 상등

만일, 두 복소수 $z_1 = x_1 + iy_1$, $z_2 = x_2 + iy_2$에서 다음의 관계가 성립할 때 두 복소수는 서로 같다라고 정의하고, $z_1 = z_2$라고 표기한다.

$$\begin{aligned} \Re e(z_1) &= \Re e(z_2) \ \text{ 즉, } \ x_1 = x_2 \\ \Im m(z_1) &= \Im m(z_2) \ \text{ 즉, } \ y_1 = y_2 \end{aligned} \tag{4}$$

예제 10.1

다음 두 복소수 z_1과 z_2가 서로 상등이 되도록 실수 a와 b의 값을 각각 구하라.

$$\begin{aligned} z_1 &= (3a+2b) - i3 \\ z_2 &= 13 + i(a-3b) \end{aligned}$$

풀이

복소수의 상등에 대한 [정의 10.1]에 의하여

$$\begin{aligned} 3a+2b &= 13 \\ a-3b &= -3 \end{aligned}$$

위의 연립방정식의 해를 구하면 다음과 같다.

$$\therefore\ a=3,\ b=2$$

(2) 복소수의 기본 사칙연산

이미 고등학교에서 배운 바와 같이 복소수들은 서로 더하거나 빼거나 곱하거나 나눌 수 있다. $z_1=x_1+iy_1$, $z_2=x_2+iy_2$ 일 때 복소수의 사칙연산은 다음과 같이 정의한다.

정의 10.2 복소수의 사칙연산

덧셈 : $z_1+z_2=(x_1+iy_1)+(x_1+iy_2)=(x_1+x_2)+i(y_1+y_2)$

뺄셈 : $z_1-z_2=(x_1+iy_1)-(x_2+iy_2)=(x_1-x_2)+i(y_1-y_2)$

곱셈 : $z_1z_2=(x_1+iy_1)(x_2+iy_2)=(x_1x_2-y_1y_2)+i(x_1y_2+x_2y_1)$

나눗셈 : $\dfrac{z_1}{z_2}=\dfrac{x_1+iy_1}{x_2+iy_2}=\dfrac{x_1x_2+y_1y_2}{x_2^2+y_2^2}+i\dfrac{x_2y_1-x_1y_2}{x_2^2+y_2^2}$

복소수의 연산도 실수와 마찬가지로 덧셈과 곱셈에 대하여 교환법칙, 결합법칙, 배분법칙이 성립한다. 이러한 법칙들이 성립되기 때문에 복소수의 사칙연산은 쉽게 수행할 수 있다. 예를 들어, 복소수의 덧셈과 뺄셈은 단순히 두 복소수의 실수부와 허수부들을 각각 더하거나 빼면 된다. 복소수의 곱셈도 배분법칙을 사용하여 전개한 다음 식(1)의 $i^2=-1$을 이용하면 된다. 즉,

$$\begin{aligned} z_1z_2&=(x_1+iy_1)(x_2+iy_2)\\ &=x_1x_2+ix_1y_2+iy_1x_2+i^2y_1y_2\\ &=(x_1x_2-y_1y_2)+i(x_1y_2+x_2y_1) \end{aligned} \tag{5}$$

또한 복소수의 나눗셈은 분모에 있는 복소수의 공액복소수(Complex Conjugate)를 분모와 분자에 각각 곱해서 정리하면 된다. 즉,

$$\begin{aligned} \frac{z_1}{z_2}=\frac{x_1+iy_1}{x_2+iy_2}&=\frac{(x_1+iy_1)(x_2-iy_2)}{(x_2+iy_2)(x_2-iy_2)}\\ &=\frac{x_1x_2-ix_1y_2+iy_1x_2-i^2y_1y_2}{x_2^2-i^2y_2^2}\\ &=\frac{x_1x_2+y_1y_2}{x_2^2+y_2^2}+i\frac{x_2y_1-x_1y_2}{x_2^2+y_2^2} \end{aligned} \tag{6}$$

여기서 잠깐! **공액복소수**

복소수 $z=x+iy$의 공액복소수 $\bar{z}$는 허수부의 부호를 바꾼 것으로 다음과 같이 정의한다. 공액복소수는 다른 말로 켤레복소수라고도 한다.

$$\bar{z}=x-iy$$

공액복소수는 복소수 연산에 있어서 복소수를 실수로 바꾸어 주는 방법을 제공한다는 점에서 매우 중요하다. 예를 들면,

$$z\bar{z}=(x+iy)(x-iy)=x^2+y^2\in\boldsymbol{R}$$

$$\frac{1}{2}(z+\bar{z})=\frac{1}{2}(x+iy+x-iy)=x=\Re e(z)\in\boldsymbol{R}$$

$$\frac{1}{2i}(z-\bar{z})=\frac{1}{2i}(x+iy-x+iy)=y=\Im m(z)\in\boldsymbol{R}$$

가 된다는 것에 주목하라.

또한 두 복소수 z_1, z_2에 대해 다음의 관계가 성립한다는 것도 쉽게 보일 수 있을 것이다.

$$\overline{z_1+z_2}=\overline{z_1}+\overline{z_2}$$

$$\overline{z_1-z_2}=\overline{z_1}-\overline{z_2}$$

$$\overline{z_1z_2}=\overline{z_1}\,\overline{z_2}$$

$$\overline{\left(\frac{z_1}{z_2}\right)}=\frac{\overline{z_1}}{\overline{z_2}}$$

(3) 복소수의 기하학적인 표현

다음으로 복소수를 기하학적으로 표현하는 방법에 대해 설명한다.

복소수는 식(2)와 같이 실수부 x와 허수부 y의 결합으로 이루어져 있다. 그런데 실수부와 허수부는 각각 실수이기 때문에 실수부와 허수부를 직선 위에 표시하면 충분하다. [그림 10.1]과 같이 실수부와 허수부를 표시하는 두 개의 직선을 수직으로 교차하면 xy-평면과 같은 평면이 형성되는데, 우리는 이 평면을 복소평면(Complex

Plane)이라고 한다.

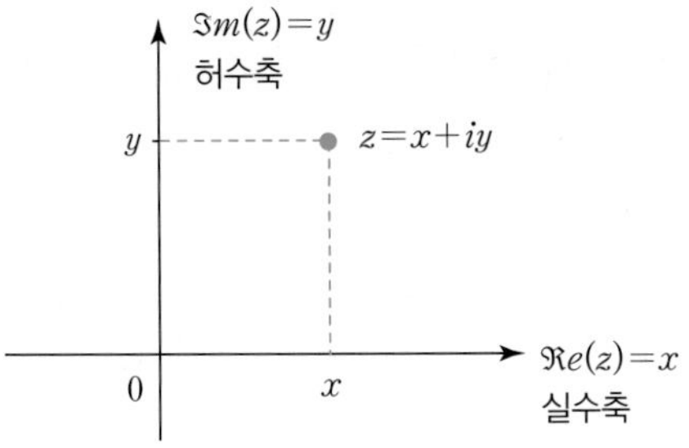

[그림 10.1] 복소평면

[그림 10.1]에서 알 수 있듯이 결국 복소수 z는 복소평면상에서 실수축 값이 x, 허수축 값이 y인 한 점으로 표시되며, 이는 좌표평면에서 성분이 (x, y)인 위치벡터의 표시방법과 동일함을 알 수 있다.

복소평면을 이용하여 복소수 z와 z의 공액복소수 $\bar{z}$를 표시하면 그림 10.2과 같다.

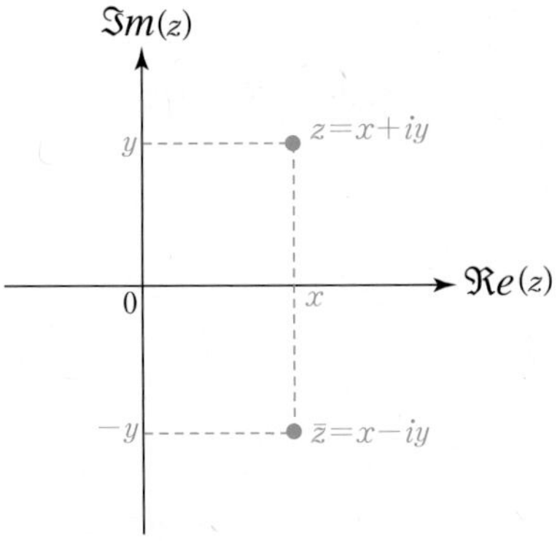

[그림 10.2] 복소수 z와 공액복소수 $\bar{z}$

복소수와 위치벡터의 수학적인 표현이 동일하다는 사실은 복소수와 위치벡터가 어떤 측면에서는 매우 유사하다는 것을 의미한다. 한 가지 예로, 복소수의 덧셈과 뺄셈이 위치벡터의 덧셈과 뺄셈과 동일한 기하학적인 정의를 가진다는 것을 살펴보자.

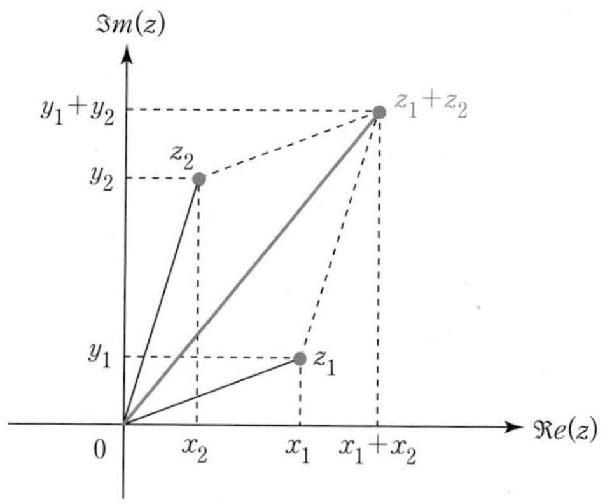

[그림 10.3] 복소수의 덧셈의 기하학적 표현

[그림 10.3]은 복소수의 덧셈에 대한 정의를 복소평면상에 표현한 것이며, 이는 위치벡터의 덧셈 연산과 기하학적으로 동일하다는 것을 알 수 있다. 또한 [그림 10.4]는 복소수의 뺄셈에 대한 정의를 복소평면상에 표시하였는데, 이는 위치벡터의 뺄셈 연산과 기하학적으로 동일하다는 것을 알 수 있다.

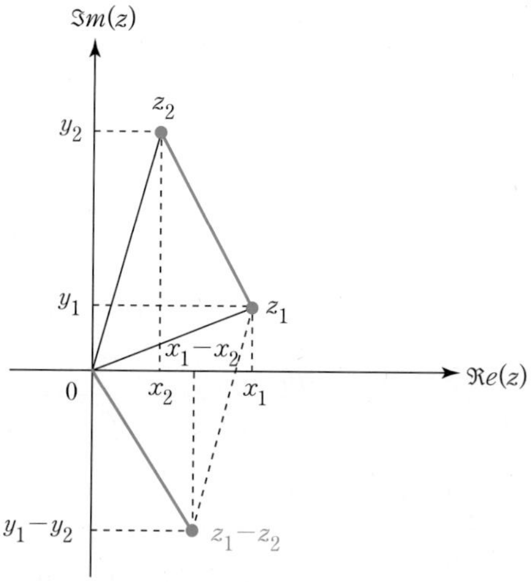

[그림 10.4] 복소수의 뺄셈의 기하학적 표현

여기서 잠깐! **복소평면과 좌표평면의 비교**

복소평면은 실수축과 허수축으로 이루어진 2차원 평면이며, 좌표평면은 x좌표축과 y좌표축으로 구성된 2차원 평면이다.

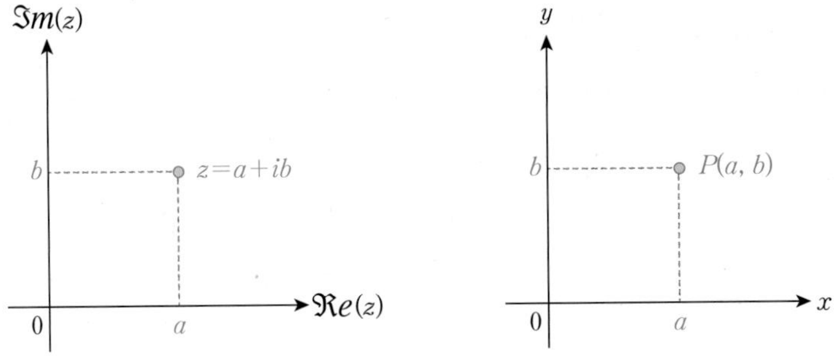

(a) 복소평면; z–평면 (b) 좌표평면; xy–평면

다시 말하면 2차원 평면상에 놓인 점은 복소수를 나타낼 수도 있고, 또한 한 점을 나타낼 수도 있는 것이다. 결과적으로 복소수와 점에 대한 기하학적인 표현은 각 축의 의미만이 다른 것이지 수학적인 표현방식은 동일하다는 사실에 주목하라.

예제 10.2

복소수 $z=a+ib$라 할 때 다음을 계산하라.

(1) $\Im m\left(\frac{1}{z}\right)+\Re e\left(\frac{z}{\bar{z}}\right)$

(2) $(1+i)^{20}$

(3) $\Re e\left(\frac{z^2}{\bar{z}}\right)$

풀이

(1) 먼저, $1/z$을 계산하면

$$\frac{1}{z}=\frac{1}{a+ib}=\frac{a-ib}{(a+ib)(a-ib)}=\frac{a}{a^2+b^2}-i\frac{b}{a^2+b^2}$$

이다. 다음으로 $\frac{z}{\bar{z}}$를 계산하면

$$\frac{z}{\bar{z}}=\frac{z^2}{\bar{z}z}=\frac{(a+ib)^2}{(a-ib)(a+ib)}=\frac{a^2-b^2+i2ab}{a^2+b^2}$$

이므로 주어진 식은 다음과 같다.

$$\Im m\left(\frac{1}{2}\right)+\Re e\left(\frac{z}{\bar{z}}\right)=-\frac{b}{a^2+b^2}+\frac{a^2-b^2}{a^2+b^2}=\frac{a^2-b^2-b}{a^2+b^2}$$

(2) $(1+i)^2=1+2i+i^2=2i$

$(1+i)^{20}=\left\{(1+i)^2\right\}^{10}=(2i)^{10}=2^{10}(i)^{10}=2^{10}(i^2)^5=-2^{10}$

(3) 먼저 $\frac{z^2}{\bar{z}}$ 을 계산하면

$$\frac{z^2}{\bar{z}}=\left(\frac{z}{\bar{z}}\right)z=\frac{a^2-b^2+i2ab}{a^2+b^2}(a+ib)$$

에서 $\Re e\left(\frac{z^2}{\bar{z}}\right)$를 계산하면 다음과 같다.

$$\Re e\left(\frac{z^2}{\bar{z}}\right)=\frac{a(a^2-b^2)}{a^2+b^2}-\frac{2ab^2}{a^2+b^2}=\frac{a^3-3ab^2}{a^2+b^2}$$

여기서 잠깐! | **i^n의 계산**

허수 $i=\sqrt{-1}$ 로 정의되므로 $i^2=-1$ 이 된다. n의 값에 따라 i^n 을 계산해보면 다음과 같다.

$$\begin{aligned}
&n=1 \quad i^1=i\\
&n=2 \quad i^2=-1\\
&n=3 \quad i^3=i^2\cdot i=-i\\
&n=4 \quad i^4=i^2\cdot i^2=(-1)(-1)=1\\
&n=5 \quad i^5=i^4\cdot i=(1)i=i\\
&n=6 \quad i^6=i^5\cdot i=i\cdot i=-1
\end{aligned}$$

위의 관계를 이용하여 i^n 을 복소평면에 나타내면 다음과 같다.

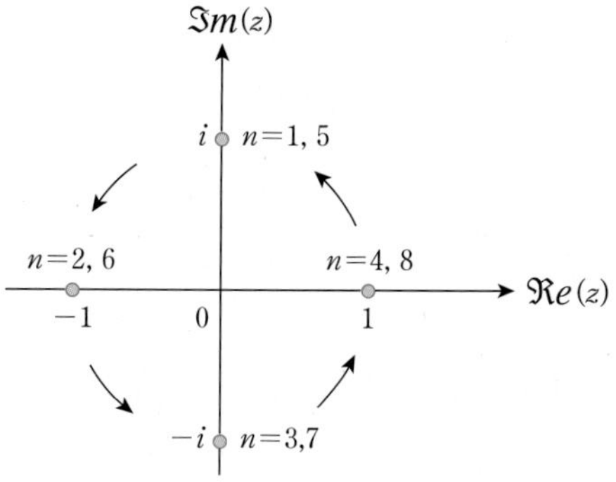

i^n 은 복소수의 계산과정에서 많이 나타나므로 충분히 숙지하여 두기 바란다.

10.2 복소수의 극형식과 Euler 공식

(1) 복소수의 극형식 정의

[그림 10.5]에 나타낸 바와 같이 직각좌표 $P(x, y)$를 극좌표(Polar Coordinates) $P(r, \theta)$로 표현하는 것은 때때로 유용하다. 왜냐하면 직각좌표계에서 표현하기가 복잡하고 어려운 문제를 극좌표를 이용하면 간단하고 쉽게 문제를 표현할 수가 있기 때문이다.

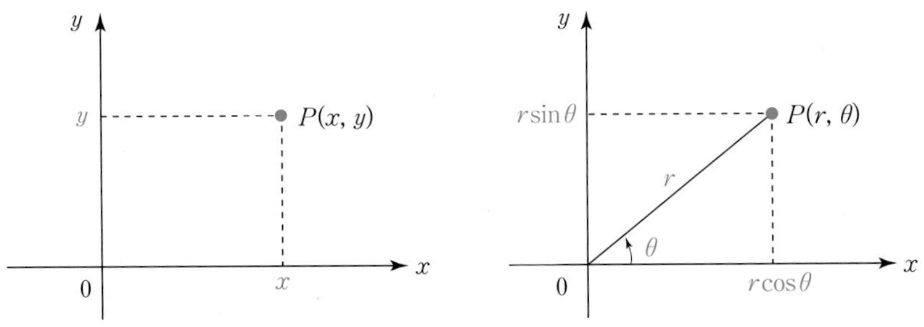

(a) 점 P의 직각좌표 표현 (b) 점 P의 극좌표 표현

[그림 10.5] 직각좌표와 극좌표의 비교

[그림 10.5(a)]의 직각좌표에서는 점 P를 매개변수 x, y를 이용하여 $P(x, y)$ 형태로 표현하지만, [그림 10.5(b)]의 극좌표에서는 점 P를 매개변수 r, θ를 이용하여 표현한다. 직각좌표와 극좌표 사이에는 다음의 관계가 성립함을 알 수 있다.

$$x = r\cos\theta \tag{7}$$

$$y = r\sin\theta \tag{8}$$

결국, 평면상에 위치한 한 점 P의 위치는 어떤 좌표를 사용하는가에 따라 수학적인 표현이 달라지게 되지만, 점 P의 위치 자체가 변한 것은 아니라는 것에 유의하라.

앞 절에서 복소수 $z = x + iy$를 복소평면에서 한 점으로 표현하였기 때문에 결과적으로는 [그림 10.5(a)]의 직각좌표를 이용하여 표현한 것과 동일하다. 따라서 복소평면상의 복소수를 [그림 10.5(b)]의 극좌표를 이용하여 표현할 수 있는데, 이를 복소수의 극형식(Polar Form)이라고 한다.

[그림 10.6]에 복소수의 극형식을 복소평면상에 나타내었다.

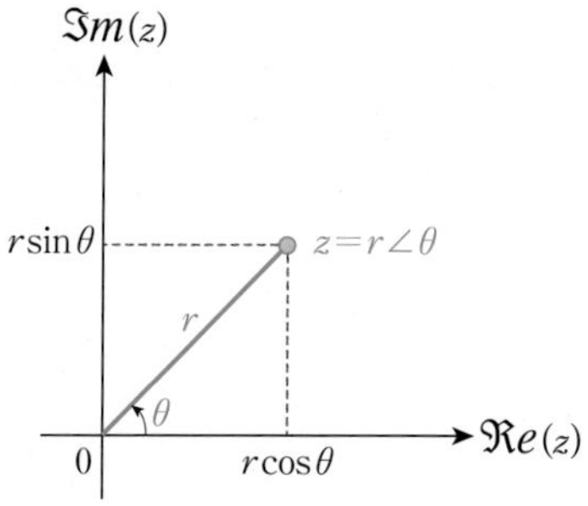

[그림 10.6] 복소수 z의 극형식 $z = r\angle\theta$

[그림 10.6]에 나타낸 것과 같이 복소수의 극형식은 원점과 복소수간의 거리를 나타내는 r과 실수축을 기준으로 하여 반시계방향으로 측정한 각 θ를 이용하여 다음과 같이 표현한다.

$$z = r\angle\theta \tag{9}$$

식(9)에서 r을 복소수 z의 절댓값(Absolute Value), θ를 복소수 z의 편각(Argument)이라 정의하며, 다음과 같이 표기한다.

$$r \triangleq |z| = \sqrt{x^2 + y^2} \tag{10}$$

$$\theta \triangleq arg(z) = \tan^{-1}\left(\frac{y}{x}\right) \tag{11}$$

식(11)에서 편각 θ는 복소평면의 실수축 $\Re e(z)$을 기준으로 하여 반시계방향으로 회전한 각을 양(+)의 값으로 정의하고 라디안(Radian)으로 표시한다. 만일 θ가 시계방향으로 회전한 경우, 그 각은 음(−)의 값으로 정의하고 라디안으로 표시한다.

예를 들어, [그림 10.7]에 나타낸 두 복소수 z_1과 z_2의 편각의 부호에 대하여 살펴본다.

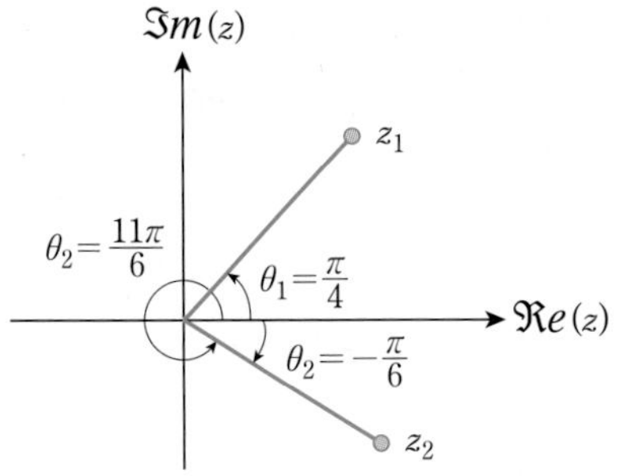

[그림 10.7] 편각의 부호 정의

[그림 10.7]에 나타낸 것처럼 복소수 z_1의 편각은 반시계방향으로 측정한 각이므로 양의 값 $\theta_1 = \frac{\pi}{4}$rad이며, 복소수 z_2의 편각은 시계방향으로 측정한 각이므로 음의 값 $\theta_2 = -\frac{\pi}{6}$rad이 된다. 만일 복소수 z_2의 편각을 반시계방향으로 측정한다면 $\theta_2 = \frac{11\pi}{6}$rad이 될 수도 있다는 것에 유의하라.

(2) Euler 공식

[그림 10.6]에 나타낸 복소수의 극형식을 좀더 편리한 형태로 변환해보도록 한다. 주어진 복소수 z의 절댓값 r과 편각 θ를 이용하여 [그림 10.5(b)]에 나타낸 것처럼 복소수 z의 실수부와 허수부를 각각 구하면 다음과 같다.

$$\Re e(z) = r\cos\theta \tag{12}$$

$$\Im m(z) = r\sin\theta \tag{13}$$

식(12)~(13)을 이용하여 복소수 $z = r\angle\theta$를 직각좌표 형식으로 표현하면 다음과 같다.

$$\begin{aligned} z = r\angle\theta &= r\cos\theta + i\,r\sin\theta \\ &= r(\cos\theta + i\,r\sin\theta) \end{aligned} \tag{14}$$

식(14)에서 괄호 부분을 따로 분리하여 식(15)와 같이 $e^{i\theta}$로 정의하여 이를 Euler 공식(Euler Formula)이라 부른다.

$$e^{i\theta} \triangleq \cos\theta + i\sin\theta \tag{15}$$

식(15)를 이용하면 복소수의 극형식은 다음과 같이 표현할 수 있다.

$$z = r\angle\theta = re^{i\theta} \tag{16}$$

식(15)의 Euler 공식을 복소평면에 나타내면 [그림 10.8]과 같다.

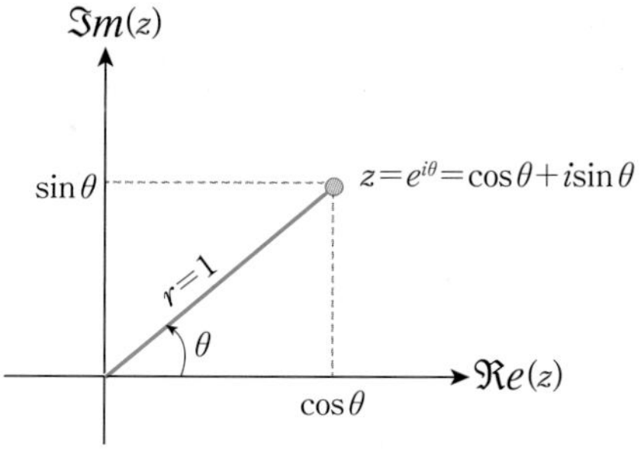

[그림 10.8] $e^{i\theta}$의 기하학적 표현

여기서 잠깐! **극형식에서 편각의 범위**

복소수 z를 극형식으로 표현하는 경우, $\Re e(z)$ 축에서 측정한 각을 편각이라 하는데 반시계방향으로 측정하는 경우가 양의 각, 시계방향으로 측정하는 경우가 음의 각이라고 정의하였다. 그렇다면 아래 그림에서 다음 편각은 어떻게 표현해야 할까? 예를 들어, θ값이 $\theta=\frac{\pi}{4}$이라 가정해 보자.

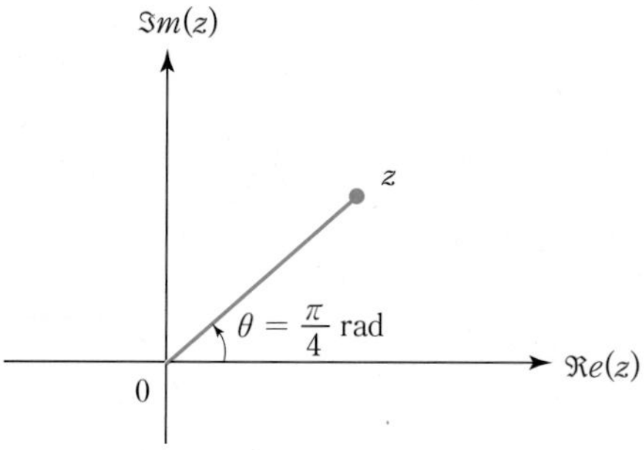

위의 그림에서 알 수 있듯이 다음의 값들은 복소수 z의 편각 $arg(z)$가 될 수 있을 것이다.

$$\frac{\pi}{4},\ -\frac{7}{4}\pi,\ \frac{\pi}{4}\pm 2\pi,\ -\frac{7\pi}{4}\pm 2\pi,\ \cdots$$

결국, $\theta=\frac{\pi}{4}+2k\pi\theta$ (k는 정수)의 형태는 모두 복소수 z의 편각을 표시하므로 $arg(z)$는 일반적으로 다음과 같이 표현할 수 있다.

$$\theta=arg(z)=\frac{\pi}{4}+2k\pi,\quad k\text{는 정수}$$

따라서 복소수의 편각은 일반각(General Angle)의 형태를 가지게 되며, 편각의 범위를 $-\pi<\theta<\pi$로 제한하는 경우 그때의 편각을 주편각(Principal Argument)이라 부르며 대문자를 써서 $Arg(z)$로 표기한다.

주편각의 개념을 이용하게 되면 위의 그림의 복소수의 주편각은 다음과 같이 표현될 수 있을 것이다.

$$Arg(z)=\frac{\pi}{4}$$

결론적으로 말하면, $arg(z)$는 일반각으로 표시된 편각이지만, $Arg(z)$는 주편각으로 $-\pi<Arg(z)<\pi$의 범위에 있는 각이다.

예제 10.3

다음의 복소수를 극형식으로 표현하라.

(1) $z_1=1+i$

(2) $z_2=1-\sqrt{3}i$

풀이

(1) z_1의 절댓값 $r_1=\sqrt{1^2+1^2}=\sqrt{2}$

z_1의 편각 $\tan\theta_1=1 \quad \therefore\ \theta_1=\frac{\pi}{4}$

따라서 z_1의 극형식은 다음과 같다.

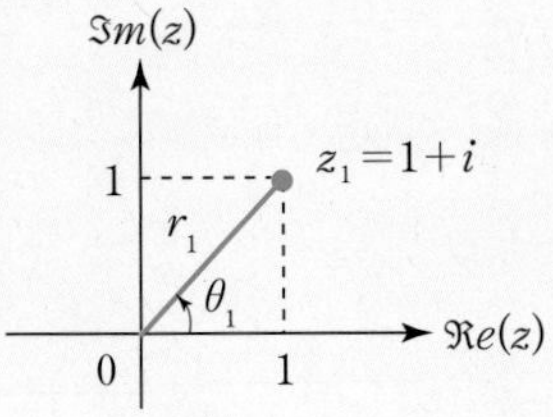

$$z_1=\sqrt{2}\left(\cos\frac{\pi}{4}+i\sin\frac{\pi}{4}\right)=\sqrt{2}\,e^{i\frac{\pi}{4}}$$

(2) z_2 의 절댓값 $r_2 = \sqrt{1+3} = 2$

z_2 의 편각 $\tan\theta_2 = -\sqrt{3}$ $\quad\therefore\ \theta_2 = -\frac{\pi}{3}$

따라서 z_2 의 극형식은 다음과 같다.

$$z_2 = 2\left\{\cos\left(-\frac{\pi}{3}\right) + i\sin\left(-\frac{\pi}{3}\right)\right\} = 2e^{-i\frac{\pi}{3}}$$

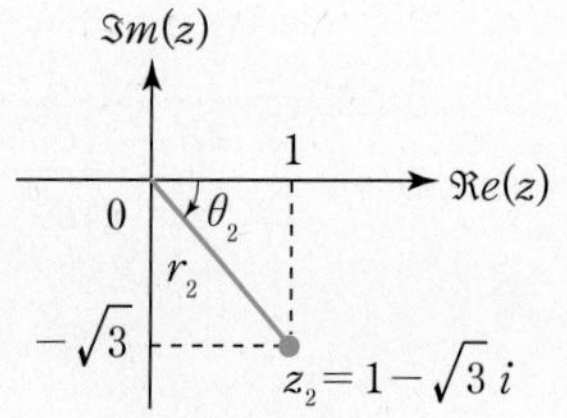

(3) 복소수 극형식을 이용한 곱셈과 나눗셈

복소수의 극형식은 복소수의 덧셈과 뺄셈을 계산할 때는 극형식을 직각좌표 표현으로 변환하여야 하기 때문에 불편하다. 그러나 복소수의 극형식의 강력한 힘은 곱셈과 나눗셈의 연산에서 발휘된다.

극형식으로 표현된 두 복소수 z_1 과 z_2 가 다음과 같다고 하자.

$$z_1 = r_1 e^{i\theta_1} = r_1(\cos\theta_1 + i\sin\theta_1)$$

$$z_2 = r_2 e^{i\theta_2} = r_2(\cos\theta_2 + i\sin\theta_2)$$

z_1 과 z_2 의 곱 $z_1 z_2$ 를 계산하면

$$\begin{aligned} z_1 z_2 &= (r_1 e^{i\theta_1})(r_2 e^{i\theta_2}) = r_1 r_2 e^{i(\theta_1+\theta_2)} \\ &= r_1 r_2\{\cos(\theta_1+\theta_2) + i\sin(\theta_1+\theta_2)\} \end{aligned} \tag{17}$$

이 되므로 극형식으로 표현된 두 복소수의 곱셈은 두 복소수의 절댓값은 곱하고 편각은 더하면 된다는 것을 알 수 있다. 식(17)로부터 다음의 관계가 성립된다.

$$|z_1 z_2| = |z_1||z_2| \tag{18}$$

$$arg(z_1 z_2) = arg(z_1) + arg(z_2) \tag{19}$$

또한 z_1과 z_2의 나눗셈을 계산하면

$$\frac{z_1}{z_2}=\frac{r_1e^{i\theta_1}}{r_2e^{i\theta_2}}=\frac{r_1}{r_2}e^{i(\theta_1-\theta_2)}$$
$$=\frac{r_1}{r_2}\{\cos(\theta_1-\theta_2)+i\sin(\theta_1-\theta_2)\} \qquad (20)$$

이 되므로, 극형식으로 표현된 두 복소수의 나눗셈은 두 복소수의 절댓값은 나누고 편각은 빼면 된다는 것을 알 수 있다. 식(20)으로부터 다음의 관계가 성립된다.

$$\left|\frac{z_1}{z_2}\right|=\frac{|z_1|}{|z_2|} \qquad (21)$$

$$arg\left(\frac{z_1}{z_2}\right)=arg(z_1)-arg(z_2) \qquad (22)$$

예제 10.4

다음 복소수 z_1과 z_2에 대하여 주어진 연산을 수행하라.

$$z_1=3e^{i\frac{\pi}{4}},\ z_2=5e^{i\frac{\pi}{3}}$$

(1) $(z_1z_2)^2$

(2) $(z_1/z_2)^3$

풀이

(1) $z_1z_2=\left(3e^{i\frac{\pi}{4}}\right)\left(5e^{i\frac{\pi}{3}}\right)=15e^{i\left(\frac{\pi}{4}+\frac{\pi}{3}\right)}=15e^{i\frac{7\pi}{12}}$

$(z_1z_2)^2=(z_1z_2)(z_1z_2)=\left(15e^{i\frac{7\pi}{12}}\right)\left(15e^{i\frac{7\pi}{12}}\right)=225e^{i\frac{7}{6}\pi}$

(1) $\frac{z_1}{z_2}=\frac{3e^{i\frac{\pi}{4}}}{5e^{i\frac{\pi}{3}}}=\frac{3}{5}e^{i\left(\frac{\pi}{4}-\frac{\pi}{3}\right)}=\frac{3}{5}e^{-i\frac{\pi}{12}}$

$(z_1/z_2)^3=(z_1/z_2)(z_1/z_2)(z_1/z_2)=\left(\frac{3}{5}e^{-i\frac{\pi}{12}}\right)\left(\frac{3}{5}e^{-i\frac{\pi}{12}}\right)\left(\frac{3}{5}e^{-i\frac{\pi}{12}}\right)$

$\therefore (z_1/z_2)^3=\frac{27}{125}e^{-i\frac{\pi}{4}}$

(4) 복소수의 거듭제곱

〈예제 10.4〉에서도 복소수의 제곱과 세제곱에 대해 연산을 수행하였는데, 이를 일반화시켜 보도록 한다.

n을 정수라 하고 복소수 $z=re^{i\theta}$를 거듭제곱한 z^n을 계산해 본다.

$$z^n = \underbrace{z\,z\cdots z}_{n\text{개}} = (re^{i\theta})(re^{i\theta})\cdots(re^{i\theta}) = r^n e^{in\theta}$$

$$\therefore\ z^n = r^n(\cos n\theta + i\sin n\theta) \tag{23}$$

식(23)에 $z=r(\cos\theta+i\sin\theta)$를 대입하면

$$\{r(\cos\theta+i\sin\theta)\}^n = r^n(\cos n\theta+i\sin n\theta) \tag{24}$$

이 되며, 식(24)의 양변을 비교하면 다음의 관계를 얻을 수 있다.

$$(\cos\theta+i\sin\theta)^n = \cos n\theta + i\sin n\theta \tag{25}$$

식(25)를 De Moivre 공식이라고 부르며, 삼각함수의 여러 관계식을 유도하는 데 매우 유용한 공식이다. 또한 n이 양의 정수가 아니라 일반적으로 유리수인 경우에도 성립한다는 사실에 유의하라. 증명은 독자들의 연습문제로 남긴다.

예제 10.5

다음 복소수의 거듭제곱을 계산하라.

(1) $\left(\dfrac{1+i}{1-i}\right)^4$　　(2) $(3+i4)^{10}$

풀이

(1) 분자와 분모를 극좌표 형식으로 변환하면

$$1+i = \sqrt{2}\,e^{i\frac{\pi}{4}}$$
$$1-i = \sqrt{2}\,e^{-i\frac{\pi}{4}}$$

이므로 주어진 식은 다음과 같다.

$$\frac{1+i}{1-i} = \frac{\sqrt{2}\,e^{i\frac{\pi}{4}}}{\sqrt{2}\,e^{-i\frac{\pi}{4}}} = e^{i\frac{\pi}{2}}$$

$$\left(\frac{1+i}{1-i}\right)^4 = \left(e^{i\frac{\pi}{2}}\right)^4 = e^{i2\pi} = 1$$

(2) 먼저 $3+i4$를 극좌표 형식으로 변환하면

$$3+i4 = \sqrt{3^2+4^2}\,e^{i\theta} = 5e^{i\theta}$$
$$\theta = \tan^{-1}\left(\frac{4}{3}\right)$$

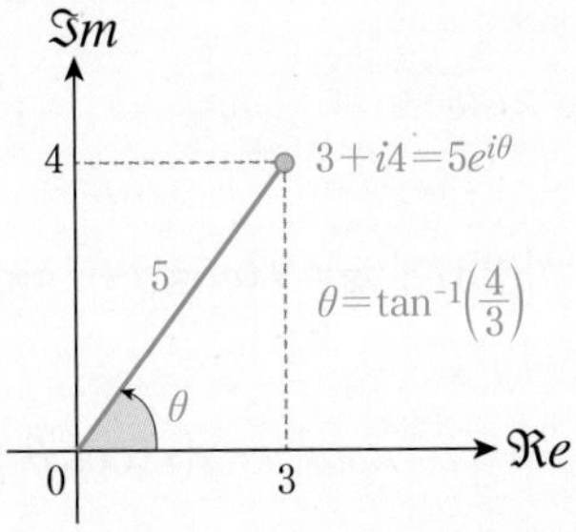

이므로 주어진 식은 다음과 같다.

$$(3+i4)^{10} = (5e^{i\theta})^{10} = 5^{10}e^{i10\theta}$$

예제 10.6

다음을 De Moivre 정리를 이용하여 간단히 하라.

(1) $(\cos 4\theta + i\sin 4\theta)(\cos 2\theta + i\sin 2\theta)$

(2) $\dfrac{\cos 6\theta + i\sin 6\theta}{\cos 3\theta + i\sin 3\theta}$

풀이

(1) De Moivre 정리에 의하여

$$\cos 4\theta + i\sin 4\theta = (\cos\theta + i\sin\theta)^4$$
$$\cos 2\theta + i\sin 2\theta = (\cos\theta + i\sin\theta)^2$$

이므로 주어진 식은 다음과 같다.

$$(\cos 4\theta + i\sin 4\theta)(\cos 2\theta + i\sin 2\theta)$$
$$= (\cos\theta + i\sin\theta)^4(\cos\theta + i\sin\theta)^2 = (\cos\theta + i\sin\theta)^6$$
$$= \cos 6\theta + i\sin 6\theta$$

(2) De Moivre 정리에 의하여 다음과 같다.

$$\frac{\cos 6\theta + i\sin 6\theta}{\cos 3\theta + i\sin 3\theta} = \frac{(\cos\theta + i\sin\theta)^6}{(\cos\theta + i\sin\theta)^3} = (\cos\theta + i\sin\theta)^3$$
$$= \cos 3\theta + i\sin 3\theta$$

예제 10.7

De Moivre 공식에서 $n=2$일 때를 전개함으로써 $\sin 2\theta$와 $\cos 2\theta$에 대한 삼각함수 공식을 유도하라. 또한 $n=3$일 때 DeMoivre 공식으로부터 $\cos 3\theta$와 $\sin 3\theta$의 삼각함수 공식을 유도하라.

$$(\cos\theta + i\sin\theta)^2 = \cos 2\theta + i\sin 2\theta$$
$$(\cos\theta + i\sin\theta)^3 = \cos 3\theta + i\sin 3\theta$$

풀이

먼저, $(\cos\theta + i\sin\theta)^2$을 전개하여 De Moivre 공식을 이용하면

$$\begin{aligned}(\cos\theta + i\sin\theta)^2 &= \cos^2\theta + 2i\sin\theta\cos\theta + i^2\sin^2\theta \\ &= \cos^2\theta - \sin^2\theta + i(2\sin\theta\cos\theta) \\ &= \cos 2\theta + i\sin 2\theta\end{aligned}$$

이므로 복소수의 상등관계로부터 다음의 관계를 얻을 수 있다.

$$\cos 2\theta = \cos^2\theta - \sin^2\theta$$
$$\sin 2\theta = 2\sin\theta\cos\theta$$

다음으로, $(\cos\theta + i\sin\theta)^3$을 전개하여 De Moivre 공식을 이용하면

$$\begin{aligned}(\cos\theta + i\sin\theta)^2 &= \cos^3\theta + 3i\cos^2\theta\sin\theta + 3i^2\cos\theta\sin^2\theta + i^3\sin^3\theta \\ &= (\cos^3\theta - 3\cos\theta\sin^2\theta) + i(3\cos^2\theta\sin\theta - \sin^3\theta) \\ &= \cos 3\theta + i\sin 3\theta\end{aligned}$$

이므로 복소수의 상등관계로부터 다음의 관계를 얻을 수 있다.

$$\cos 3\theta = \cos^3\theta - 3\cos\theta\sin^2\theta = 4\cos^3\theta - 3\cos\theta$$
$$\sin 3\theta = 3\cos^2\theta\sin\theta - \sin^3\theta = 3\sin\theta - 4\sin^3\theta$$

복소수를 왜 정의하는가?

복소수는 실제로는 존재하지 않는 수인데 왜 공학을 공부하는 데 많이 나타나나요?
복소수는 실세계에서는 존재하지 않는 수이기 때문에 복소수 상호 간에 대소 관계도 정의되지 않고 눈으로 보이는 수도 아니지요.
그런데 왜 복소수를 정의하여 우리를 골치 아프게 하는 건가요?
이 세상에는 눈으로 볼 수 있는 것도 많이 있지만 눈으로는 볼 수 없는 것도 매우 많습니다. 눈으로 볼 수 없다고 해서 그 존재를 부정하거나 불필요한 것으로 간주하게 되면 매우 근시안적인 시각을 가지게 됩니다.
예~ 그렇겠군요.
복소수는 실세계에는 존재하지 않지만 복소수를 활용하여 여러 가지 복잡한 공학 문제를 해결하는 데 매우 유용한 도구로서 역할을 수행합니다.
예를 들면, 어떤 분야에 활용될 수 있나요?
복잡한 실적분을 계산하거나 미분방정식의 해를 구하거나 회로를 해석하는 데 복소수를 활용할 수 있습니다. 너무나 많은 분야에 활용되고 있기 때문에 일일이 나열하기가 어려울 정도입니다. 어떤 수학자는 '복소수는 신이 인간에게 부여한 가장 큰 선물 중의 하나이다.'라는 말을 하기도 했지요.

(5) 복소수의 거듭제곱근

다음으로, De Moivre 공식을 이용하여 거듭제곱근을 구하는 문제에 대해 살펴보자. z가 0이 아닐 때 $w^n = z$를 만족하는 복소수 w를 z의 n 제곱근(nth Root)이라고 정의한다. 복소수 z가 다음과 같이 주어져 있다고 가정하고, z의 n 제곱근을 구해 본다.

$$z = r(\cos\theta + i\sin\theta) \tag{26}$$

다음의 방정식을 만족하는 w의 극형식을 $w = R(\cos\phi + i\sin\phi)$라고 가정하자.

$$w^n = z \quad \text{또는} \quad w = z^{\frac{1}{n}} = \sqrt[n]{z} \tag{27}$$

식(27)에서 w와 z를 각각 대입하면

$$\begin{aligned} \{R(\cos\phi + i\sin\phi)\}^n &= r(\cos\theta + i\sin\theta) \\ R^n(\cos n\phi + i\sin n\phi) &= r(\cos\theta + i\sin\theta) \end{aligned} \tag{28}$$

이 되므로, 다음의 관계식을 얻을 수 있다.

$$R^n = r \tag{29}$$

$$\cos n\phi = \cos\theta, \quad \sin n\phi = \sin\theta \tag{30}$$

식(29)로부터 R은 다음과 같다.

$$R = r^{\frac{1}{n}} = \sqrt[n]{r} \tag{31}$$

식(30)으로부터 다음의 관계식을 얻을 수 있으며, 여기서 k는 정수이다.

$$n\phi = \theta + 2k\pi \qquad \therefore\ \phi = \frac{\theta + 2k\pi}{n} \tag{32}$$

식(32)는 k가 정수이므로 무수히 많은 ϕ가 존재하는 것처럼 보이지만, 실제로는

k가 $0 \leq k \leq n-1$ 범위에서만 독립인 해를 가지게 된다. 만일 $k \geq n$이면 사인이나 코사인 함수들은 주기가 2π인 주기함수이므로 같은 근을 가지게 된다. 따라서 w는 다음과 같이 표현될 수 있다.

$$w = r^{\frac{1}{n}}\left(\cos\frac{\theta+2kn}{n} + i\sin\frac{\theta+2k\pi}{n}\right) \tag{33}$$

여기서, $k=0, 1, 2, \cdots, n-1$이다. 식(33)은 n개의 연속된 k값에 대해서만 독립인 해를 제공하므로 다음과 같이 w_k로 표현하기도 한다.

$$w_k = r^{\frac{1}{n}}\left(\cos\frac{\theta+2k\pi}{n} + i\sin\frac{\theta+2k\pi}{n}\right), \quad k=0, 1, 2, \cdots, n-1 \tag{34}$$

예제 10.8

다음의 방정식을 만족하는 모든 복소수를 구하라.

$$w^3 = 1$$

풀이

$w^3=1$에서 방정식의 해 $w=(1)^{1/3}$를 구하는 것은 1의 세제곱근을 찾는 것과 동일하다. $w=R(\cos\phi+i\sin\phi)$라고 가정하여 주어진 방정식에 대입하면

$$R^3(\cos 3\phi + i\sin\phi) = 1 \tag{35}$$

이 얻어진다. 여기서 식(35)의 우변의 1을 극형식으로 표현하면

$$1 = \cos(2k\pi+0) + i\sin(2k\pi+0) = \cos 2k\pi + i\sin 2k\pi$$

이므로 다음의 관계를 얻을 수 있다.

$$R^3(\cos 3\phi + i\sin 3\phi) = (\cos 2k\pi + i\sin 2k\pi)$$

$$R^3 = 1 \longrightarrow R = 1$$

$$3\phi = 2k\pi \longrightarrow \phi = \frac{2k\pi}{3}$$

따라서 1의 세제곱근 $w_k(k=0, 1, 2)$는 다음과 같다.

$$w_k=(1)^{1/3}=\cos\frac{2k\pi}{3}+i\sin\frac{2k\pi}{3} \tag{36}$$

w_k에 k 값을 순차적으로 대입해 보면

$$\begin{aligned}
&k=0,\ w_0=\cos 0+i\sin 0=1\\
&k=1,\ w_1=\cos\frac{2\pi}{3}+i\sin\frac{2\pi}{3}=-\frac{1}{2}+i\frac{\sqrt{3}}{2}\\
&k=2,\ w_2=\cos\frac{4\pi}{3}+i\sin\frac{4\pi}{3}=-\frac{1}{2}-i\frac{\sqrt{3}}{2}\\
&k=3,\ w_3=\cos 2\pi+i\sin 2\pi=1=w_0
\end{aligned}$$

이므로, 결과적으로 w_0, w_1, w_2만이 독립인 해가 된다. 이 해들을 복소평면에 각각 나타내었다.

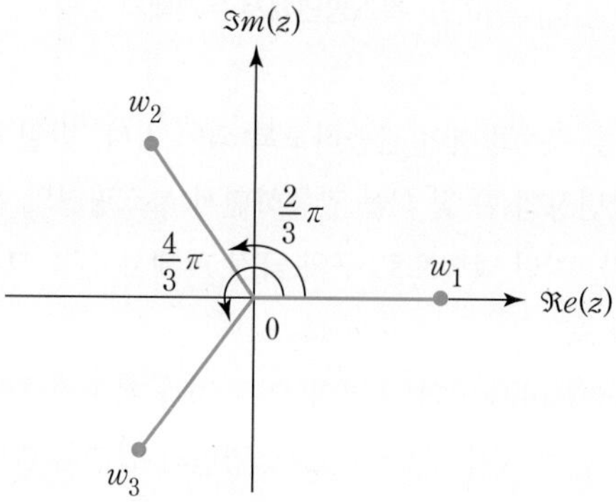

여기서 잠깐! **복소수를 왜 정의하는가?**

복소수는 실세계에서는 존재하지 않는 수이기 때문에 눈으로 보이는 수는 아니지만 눈으로 볼 수 없다고 하여 그 존재를 부정하거나 불필요한 것으로 간주해버리면 매우 근시안적인 시각을 가지게 된다. 복소수는 공학문제를 해결하는데 매우 유용한 도구로서의 역할을 수행하며, 복잡한 실적분을 계산하거나 미분방정식의 해를 구하거나 전기회로를 해석하는데 활용될 수 있다. 너무나 많은 공학분야에서 복소수가 활용되고 있어 일일이 나열하기가 어려울 정도이다. 어떤 수학자는 "복소수는 신이 인간에게 준 가장 큰 선물 중의 하나이다."라는 말을 할 정도로 매우 매력적이고 유용한 도구임을 알 수 있다.

여기서 잠깐! 복소평면에서 ∞의 정의

실수의 집합은 수직선으로 표현할 수 있으므로 무한대의 개념은 $-\infty$ 또는 $+\infty$의 두 가지를 의미한다. 그런데 복소평면에서의 무한대란 무엇일까?
다음의 그림을 살펴보자.

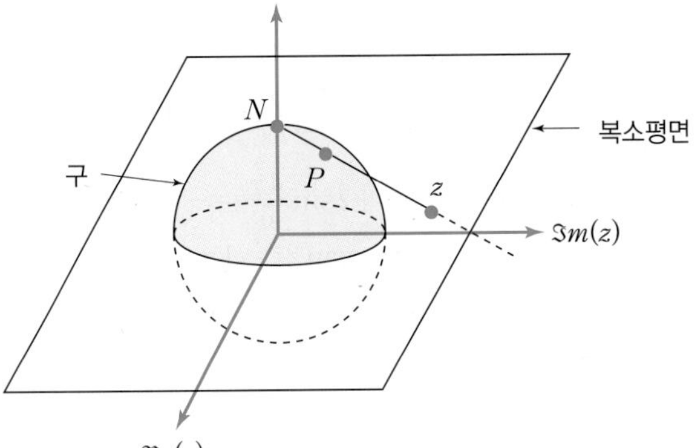

[그림 10.9] 복소평면에서 무한대의 정의

위의 그림은 구의 적도면을 복소평면이 관통하도록 되어 있다. 만일 구의 북극점 N에서 직선을 그리게 되면 구의 상반면상의 한 점 P를 관통하면서 복소평면의 한 점을 지나가게 되는데, 이때의 복소수를 z라 하자. 이런 방법으로 구의 극점 N에서 선을 그을 때마다 복소평면의 한 점이 결정됨을 알 수 있다.
결국, 상반구(Upper Hemisphere)의 표면의 모든 점과 복소평면의 모든 점은 1 : 1 로 대응되는데, 이때 상반구의 극점 N에 대응되는 복소평면의 점을 무한대(Infinity) ∞라고 정의한다. 이렇게 정의하게 되면 위의 그림으로부터 무수히 많은 무한대가 존재한다는 것을 알 수 있다.

예제 10.9

$z=i$ 의 세제곱근, 즉 다음 방정식의 세 개의 해를 모두 구하라.

$$w^3=i$$

풀이

$w=R(\cos\phi+i\sin\phi)$라고 가정하여 주어진 방정식에 대입하면

$$R^3(\cos 3\phi + i\sin 3\phi) = i \tag{37}$$

가 얻어진다. 여기서 식(37)의 우변의 i를 극형식으로 표현하면

$$i = \cos\left(\frac{\pi}{2} + 2k\pi\right) + i\sin\left(\frac{\pi}{2} + 2k\pi\right)$$

이므로 다음의 관계가 성립한다.

$$R^3(\cos 3\phi + i\sin 3\phi) = \cos\left(\frac{\pi}{2} + 2k\pi\right) + i\sin\left(\frac{\pi}{2} + 2k\pi\right)$$
$$R^3 = 1 \longrightarrow R = 1$$
$$3\phi = \frac{\pi}{2} + 2k\pi \longrightarrow \phi = \frac{\frac{\pi}{2} + 2k\pi}{3}$$

따라서 $w_k(k=0, 1, 2)$는 다음과 같다.

$$w_k = (i)^{\frac{1}{3}} = \cos\left(\frac{\frac{\pi}{2} + 2k\pi}{3}\right) + i\sin\left(\frac{\frac{\pi}{2} + 2k\pi}{3}\right)$$

10.3 복소변수함수의 해석성

(1) 복소평면상의 곡선과 영역

복소변수함수의 개념을 다루기 이전에 복소평면상의 점(Point)들의 집합에 대한 몇 가지 필수적인 용어를 소개하기로 한다. 실수들의 집합 $\boldsymbol{R}$과 대비하여 복소수들의 집합을 $\boldsymbol{C}$로 표기한다.

① 원(Circle)

중심이 z_0 이고 반지름의 길이가 ρ 인 복소평면상의 원은 다음과 같이 표현할 수 있다.

$$\{z \in \boldsymbol{C}\,; |z - z_0| = \rho\} \tag{38}$$

식(38)은 어떤 복소수 z가 z_0인 점과의 거리 $|z-z_0|$가 ρ인 복소수들의 집합을 의미하므로 복소평면상의 원을 나타낸다. 특히 중심이 원점이고 반지름이 1인 원을 단위원(Unit Circle)이라 한다. [그림 10.10]에 복소평면상의 원을 나타내었다.

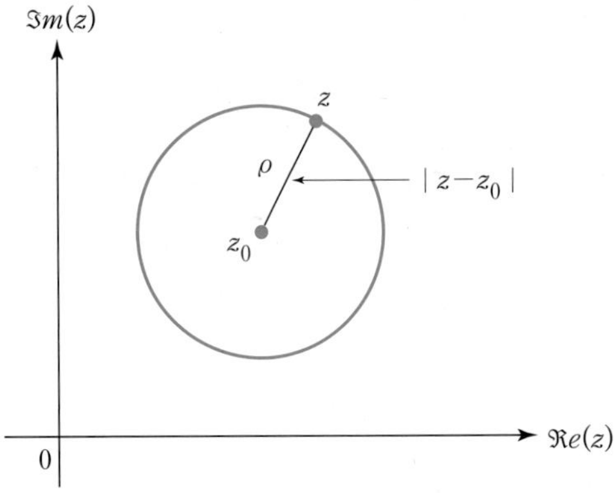

[그림 10.10] 복소평면에서의 원

② 원판(Circular Disk)

[그림 10.10]에서 원의 내부를 원판(Circular Disk)이라고 정의하는데, 원의 경계가 포함되지 않은 원판을 열린 원판(Open Circular Disk)이라 부르고, 원의 경계가 포함된 원판을 닫혀진 원판(Closed Circular Disk)이라 부른다. 수학적 표현은 다음과 같다.

$$\{z \in \boldsymbol{C} \,;|z-z_0| < \rho\} \quad \text{: 열린 원판} \tag{39}$$

$$\{z \in \boldsymbol{C} \,;|z-z_0| \leq \rho\} \quad \text{: 닫혀진 원판} \tag{40}$$

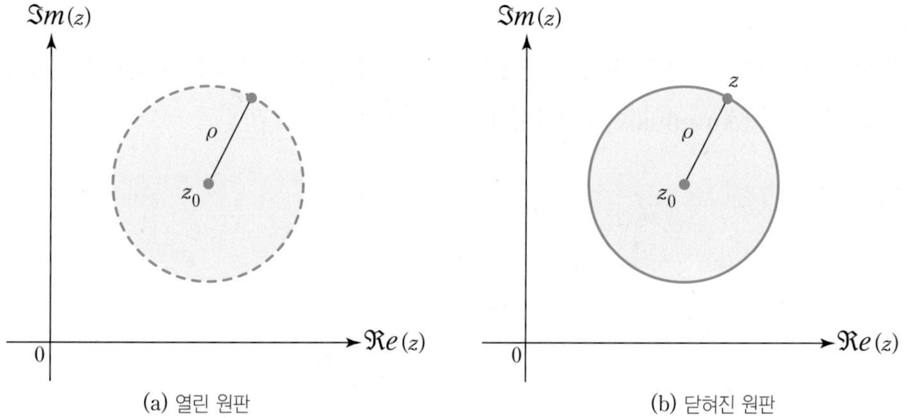

[그림 10.11] 복소평면에서의 원판

예를 들어, 복소평면상에서 다음의 집합들을 생각해 보자.

① $|z|=1$: 원점을 중심으로 하는 반지름이 1인 단위원
② $|z-(1+i)|=3$: 복소수 $1+i$를 중심으로 하는 반지름이 3인 원
③ $|z-3|\leq 1$: 실수 3을 중심으로 하는 반지름이 1인 닫혀진 원판
④ $|z+i|<2$: 허수 $-i$를 중심으로 하는 반지름이 2인 열린 원판

③ 근방(Neighborhood)

식(39)의 열린 원판을 복소수 z_0의 근방(Neighborhood)이라고도 부르며, 복소평면상의 집합 S의 내부점(Interior Point)을 정의하는 데 유용하게 사용된다. z_0의 근방을 정의할 때 ρ의 구체적인 값을 명시하지 않았다는 것에 주의하라.

결국 z_0의 근방이란 개념은 z_0를 중심으로 하는 임의의 반지름을 가지는 열린 원판으로 이해할 수 있다.

④ 원환(Annulus)

다음으로 아래의 집합을 살펴보자.

$$\{z \in \boldsymbol{C}\ ;\ \rho_1 \leq |z-z_0| \leq \rho_2\} \tag{41}$$

식(41)은 어떤 복소수 z가 z_0인 점과의 거리 $|z-z_0|$가 ρ_1보다는 크고 ρ_2보다는 작은 복소수들의 집합을 의미하며, [그림 10.9]에 나타낸 것처럼 도넛 모양과 유사하기 때문에 원환(Annulus)이라고 부른다.

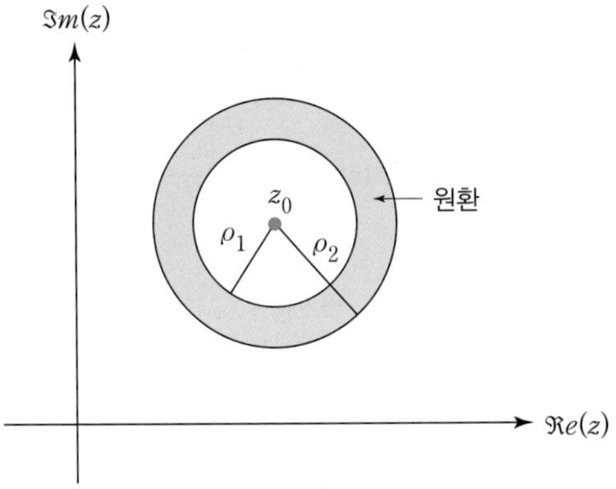

[그림 10.12] 복소평면에서의 원환

원환의 정의에서 식(41)은 경계가 포함되어 있으므로 닫혀진 원환(Closed Annulus)이라 하며, 경계가 포함되어 있지 않은 경우를 열린 원환(Open Annulus)이라고 한다.

(2) 복소변수함수의 개념

다음으로 복소변수함수(Complex Variable Function)에 대해 살펴보자.

우리는 미적분학에서 실수집합 S에서 정의되는 실함수 f는 S에 속하는 모든 x에 대하여 실수 $f(x)$를 대응시키는 규칙이기 때문에 [그림 10.13(a)]에 나타낸 것처럼 정의역 S의 모든 x에 대해 대응되는 $f(x)$의 집합인 치역(Range)을 얻을 수 있다.

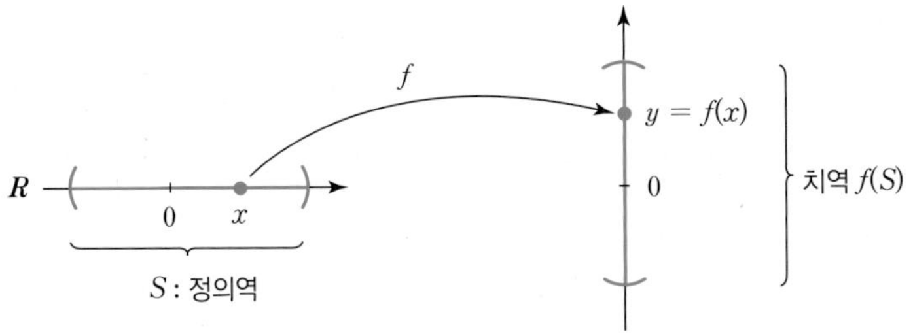

(a) 집합 S에서 정의된 실함수

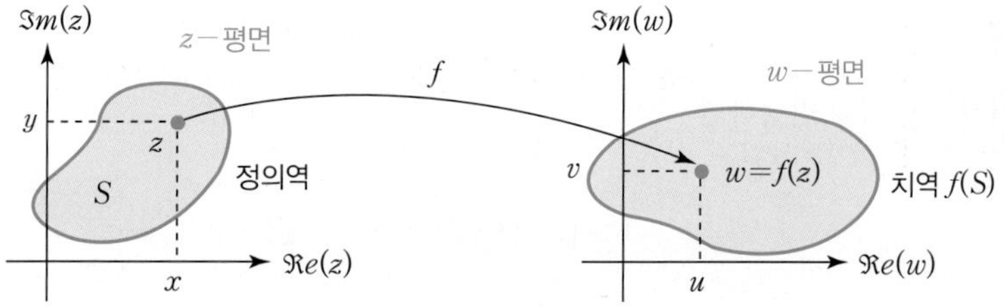

(b) 집합 S에서 정의된 복소변수함수

[그림 10.13] 실함수와 복소변수함수의 개념

실함수의 개념과 유사하게 복소변수함수 f는 복소평면상에 위치한 정의역 S 위의 모든 복소수 z에 대해 또 다른 복소수 $w=f(z)$를 대응시키는 개념으로 자연스럽게 확장할 수 있다. [그림 10.13(b)]에 나타낸 것처럼 $z-$평면에서 정의된 S 위의 모든 복소수 z에 대해 대응되는 집합인 치역 $f(S)$를 얻을 수 있다. 복소변수함수 f의 치역에 속하는 복소수 w는 실수부가 u 허수부가 w로 표기할 수 있는데, u와 v는 $z-$평면의 x와 y에 따라 달라지므로 u와 v는 x와 y의 함수가 된다. 따라서 $w=f(z)$는 다음과 같이 표현할 수 있다.

$$w=f(z)=u(x, y)+i\ v(x,y) \tag{42}$$

식(42)는 복소변수함수 $f(z)$가 두 개의 실변수 x와 y에 의존하는 한 쌍의 실함수 $u(x, y)$와 $v(x, y)$로 표현될 수 있다는 것을 나타낸다.

예제 10.10

다음 집합들이 나타내는 영역들을 복소평면상에 그려라.

(1) $1 \le |z-1-i| \le 2$

(2) $-\pi < \Im m(z) < \pi$

(3) $|arg(z)| < \pi/3$

풀이

(1) 주어진 부등식을 변형하면

$$1 \leq |z-(1+i)| \leq 2$$

이므로 $1+i$ 를 중심으로 하는 반지름이 1과 2 사이의 원환이다.

(2) z의 허수부 $\Im m(z)$가 $-\pi$에서 π까지의 범위에 있는 집합이므로 실수축과 평행한 무한 스트립(Strip)이다.

(3) z의 편각 $arg(z)$의 절댓값이 $\frac{\pi}{3}$보다 작은 영역이므로 다음과 같다.

$$-\frac{\pi}{3} < arg(z) < \frac{\pi}{3}$$

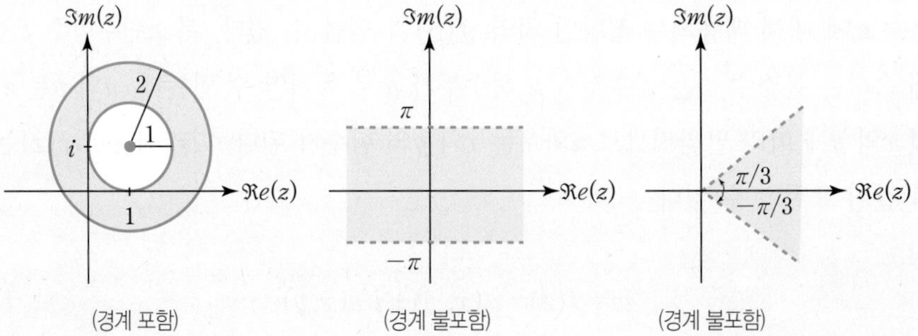

예제 10.11

다음 복소변수함수들에 대해 실수부와 허수부를 구하고, 지시된 점에서의 함수값을 구하라.

(1) $f(z)=z^2+z\bar{z},\ z=i$

(2) $f(z)=\dfrac{z-1}{z+1},\ z=i$

풀이

(1) $f(z)=z^2+z\bar{z}$에 $z=x+iy$를 대입하면

$$f(z)=(x+iy)^2+(x+iy)(x-iy)=2x^2+i2xy$$

이므로 $u(x,y)=2x^2,\ v(x,y)=2xy$이다. 또한 $f(i)=i^2+i(-i)=0$이 된다.

(2) $f(z)$에 $z=x+iy$를 대입하면

$$f(x)=\frac{z-1}{z+1}=\frac{(x+iy)-1}{(x+iy)+1}=\frac{(x-1)+iy}{(x+1)+iy}$$
$$=\frac{\{(x-1)+iy\}\{(x+1)-iy\}}{\{(x+1)+iy\}\{(x+1)-iy\}}=\frac{(x^2+y^2-1)+i2y}{(x+1)^2+y^2}$$

이므로 $u(x, y)$와 $v(x, y)$는 다음과 같다.

$$u(x, y)=\frac{x^2+y^2-1}{(x+1)^2+y^2}$$
$$v(x, y)=\frac{2y}{(x+1)^2+y^2}$$

또한 $f(i)=\dfrac{i-1}{i+1}=\dfrac{(i-1)(-i+1)}{(i+1)(-i+1)}=\dfrac{2i}{2}=i$가 된다.

(3) 복소변수함수의 극한과 연속성

다음으로, 복소변수함수의 극한, 연속성에 대해 정의한다. 어떤 복소함수 $f(z)$가 z_0의 근방(z_0에서는 $f(z)$가 정의되어 있지 않아도 무방하다)에서 정의되어 있다고 가정한다. 이때 함수 $f(z)$가 $z=z_0$에서 극한값 L을 갖는다는 것을 다음과 같이 표기한다.

$$\lim_{z \to z_0} f(z)=L \tag{43}$$

식(43)은 임의의 $\varepsilon>0$에 대하여 적당한 $\delta>0$가 존재하여 $0<|z-z_0|<\delta$이면 항상 $|f(z)-L|<\varepsilon$이 성립한다는 것을 의미한다.

다시 말하면, 식(43)의 의미는 z를 z_0와 같지는 않으면서 충분히 z_0와 가까운 점을 택한다면 $f(z)$도 L과 얼마든지 가까워지도록 만들 수 있다는 의미이다. [그림 10.14]에 극한의 개념을 그림으로 나타내었다.

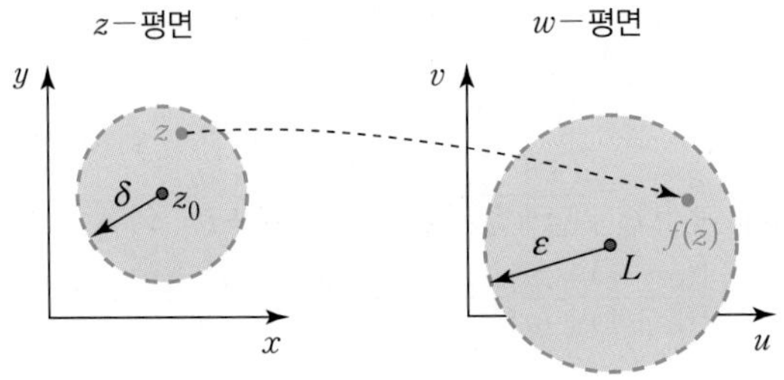

[그림 10.14] 복소변수함수의 극한

[그림 10.14]에서 알 수 있듯이 복소변수함수의 극한의 개념은 실함수의 극한의 개념을 자연스럽게 확장한 것처럼 보이지만 근본적이고도 중요한 차이점이 존재한다. 실수의 경우 $x \to x_0$의 의미는 x가 x_0의 왼쪽이나 오른쪽에서 x_0에 한없이 접근한다는 의미이지만, 복소수의 경우 $z \to z_0$의 의미는 복소평면상의 어떤 방향에서든지 한없이 z_0로 접근한다는 의미라는 것에 주목하라.

따라서 복소변수함수에서 극한의 개념은 z가 복소평면상에서 어떤 경로를 따라 접근한다고 하더라도 동일한 값에 수렴할 때 극한값이 존재하게 되는 것이다. [그림 10.15]에 z가 z_0에 접근할 수 있는 몇 가지 경로의 예를 나타내었다.

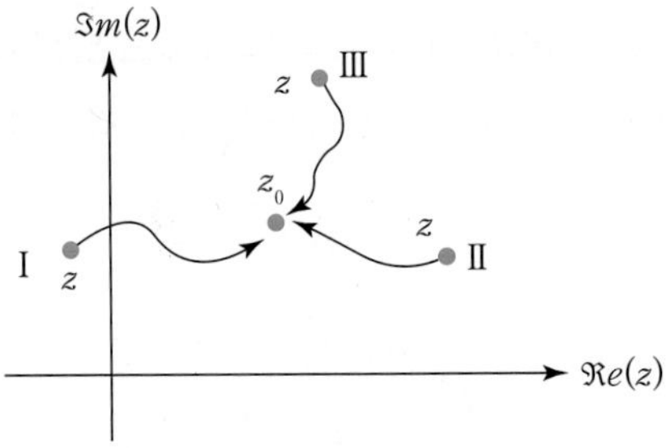

[그림 10.15] $z \to z_0$의 접근

또한 복소변수함수 $f(z)$의 연속성에 대해 살펴보자. 복소변수함수 $f(z)$가 $z=z_0$에서 함수값이 존재하고, 다음의 관계를 만족하는 경우 $f(z)$는 $z=z_0$에서 연속(Continuous)이라고 한다. 실함수에서의 연속성의 정의와 형태상으로 매우 유사한 형태임에 주목하라.

$$\lim_{z \to z_0} f(z) = f(z_0) \tag{44}$$

(4) 복소변수함수의 도함수

식(44)는 앞서 설명한 극한의 정의에 의해 $f(z)$가 z_0의 어떤 근방에서 정의된다는 것에 유의하라. 이제 복소변수함수 $f(z)$의 도함수를 정의할 모든 준비가 완료되었다. 복소평면 위의 한 점 z_0에서 $f(z)$의 도함수(Derivative)는 다음과 같이 정의된다.

$$f'(z_0) \triangleq \lim_{\Delta z \to 0} \frac{\Delta f}{\Delta z} = \lim_{\Delta z \to 0} \frac{f(z_0 + \Delta z) - f(z_0)}{\Delta z} \tag{45}$$

식(45)에서 $f'(z_0)$가 존재하는 경우 $f(z)$는 z_0에서 미분가능(Differentiable)하다고 말한다. 극한의 정의에서 이미 언급한 것처럼 $f(z)$가 z_0에서 미분가능하다는 것은 z가 어떤 경로를 따라 z_0에 접근한다 하더라도 식(45)의 우변의 $\Delta f/\Delta z$는 항상 어떤 값에 수렴하며, 동시에 그 값이 접근경로에 무관하게 모두 동일하다는 것을 의미한다.

식(45)에서 $\Delta z = z - z_0$로 정의하면 $f'(z_0)$는 다음과 같이 표현 가능하다.

$$f'(z_0) = \lim_{z \to z_0} \frac{f(z) - f(z_0)}{z - z_0} \tag{46}$$

식(45)와 식(46)으로부터 알 수 있듯이 복소변수함수에 대한 미분법칙은 실함수에 대한 미분법칙과 완전히 동일하다. 즉, 다음의 미분법칙이 복소변수함수에 대해서도 성립한다.

$$\frac{d}{dz}\{kf(z)\} = kf'(z) \tag{47}$$

$$\frac{d}{dz}\{f(z) + g(z)\} = f'(z) + g'(z) \tag{48}$$

$$\frac{d}{dz}\{f(z)g(z)\} = f'(z)g(z) + f(z)g'(z) \tag{49}$$

$$\frac{d}{dz}\left\{\frac{g(z)}{f(z)}\right\} = \frac{g'(z)f(z) - g(z)f'(z)}{\{f(z)\}^2} \tag{50}$$

$$\frac{d}{dz}\{f(g(z))\} = f'(g(z))g'(z) \tag{51}$$

예제 10.12

다음 함수들의 도함수를 정의에 의해 구하라.

(1) $f(z)=z^2+2z$

(2) $f(z)=\bar{z}$

풀이

(1) $f'(z)$의 정의에 의해 다음과 같이 계산된다.

$$\begin{aligned} f'(z) &= \lim_{\Delta z\to 0}\frac{f(z+\Delta z)-f(z)}{\Delta z} \\ &= \lim_{\Delta z\to 0}\frac{(z+\Delta z)^2+2(z+\Delta z)-(z^2+2z)}{\Delta z} \\ &= \lim_{\Delta z\to 0}\frac{2z(\Delta z)+(\Delta z)^2+2(\Delta z)}{\Delta z}=\lim_{\Delta z\to 0}(2z+\Delta z+2)=2z+2 \end{aligned}$$

(2) $f(z)=\bar{z}=x-iy$ 이므로 공액복소수의 성질에 의해

$$\frac{f(z+\Delta z)-f(z)}{\Delta z}=\frac{\overline{z+\Delta z}-\bar{z}}{\Delta z}=\frac{\bar{z}+\overline{\Delta z}-\bar{z}}{\Delta z}=\frac{\overline{\Delta z}}{\Delta z}$$

이므로 $f'(z)$는 다음과 같다.

$$f'(z)=\lim_{\Delta z\to 0}\frac{\overline{\Delta z}}{\Delta z}=\lim_{\Delta z\to 0}\frac{\Delta x-i\Delta y}{\Delta x+i\Delta y} \tag{52}$$

식(52)의 극한값을 [그림 10.16]에 나타낸 두 가지 경로 AB와 CD에 대해 계산해 본다.

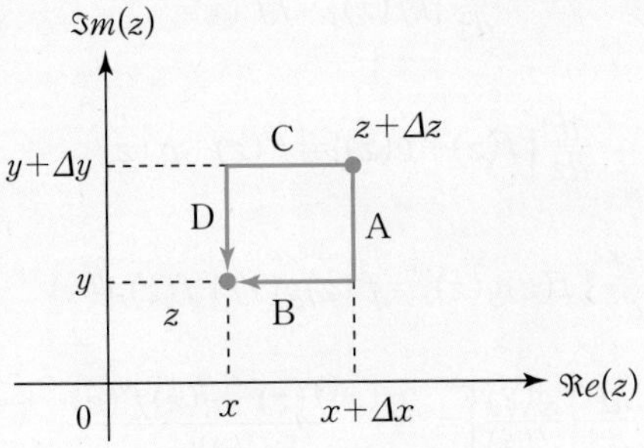

[그림 10.16] 두 가지 적분경로

경로 AB를 따라가는 경우 $\Delta x \to 0$, $\Delta y = 0$ 이므로

$$f'(z) = \lim_{\Delta z \to 0} \frac{\Delta x - i\Delta y}{\Delta x + i\Delta y} = \lim_{\Delta x \to 0} \frac{\Delta x}{\Delta x} = 1$$

이며, 경로 CD를 따라가는 경우 $\Delta x = 0$, $\Delta y \to 0$ 이므로

$$f'(z) = \lim_{\Delta z \to 0} \frac{\Delta x - i\Delta y}{\Delta x + i\Delta y} = = \lim_{\Delta y \to 0} \frac{-i\Delta y}{i\Delta y} = -1$$

이 된다. 따라서 두 경로 AB와 CD에 따른 식(52)의 극한값이 서로 다르기 때문에 $f(z)$의 도함수는 존재하지 않는다.

(5) 복소해석함수

〈예제 10.12〉의 (2)에서도 알 수 있듯이 복소변수함수의 미분가능성은 매우 까다롭고 엄격한 조건을 요구하지만, 이러한 조건보다 더 엄격한 조건을 만족하는 중요한 복소변수함수들의 집합이 존재한다. 이들 집합에 속하는 함수들은 복소해석(Complex Analysis)에 있어 주요 관심 대상이 되며, 복소해석함수(Complex Analytic Function)라고 부른다.

복소변수함수 $f(z)$가 한 점 z_0에서 미분가능하고, z_0의 어떤 근방의 모든 점에서 미분가능할 때 $f(z)$는 z_0에서 해석적(Analytic)이라 정의한다. 따라서 z_0에서 해석적이라는 것은 $f(z)$가 z_0는 물론 z_0의 어떤 근방의 모든 점에서 도함수가 존재한다는 의미이므로, 한 점에서만 미분가능한 함수와 한 점에서 해석적인 함수와는 개념적으로 다르다. 결과적으로 복소변수함수의 해석성은 미분가능성보다 훨씬 더 엄격한 개념이라 할 수 있다.

또한 $f(z)$가 어떤 영역 D에 있는 모든 점에서 해석적이면, $f(z)$는 영역 D에서 해석적이라고 말한다. 앞으로 우리가 관심을 가지고 다루는 모든 복소변수함수들은 해석함수라는 사실에 주목하라.

예제 10.13

다음 함수의 해석성에 대해 판별하라.

(1) $f(z)=z^2+1$

(2) $g(z)=\dfrac{z+3}{(z-1)(z-2)}$

풀이

(1) $f(z)=z^2+1$은 복소평면상의 모든 점에서 미분가능하므로 복소평면 전체에서 해석적인 함수이다. 이러한 함수를 완전해석함수(Entire Function)라고 부른다.

(2) 분수함수 $g(z)$는 $z=1$과 $z=2$를 제외한 모든 점에서 미분가능하므로 $z=1$과 $z=2$를 제외한 모든 점에서 해석적이다.

10.4 Cauchy–Riemann 방정식

10.3절에서 우리는 복소변수함수 $f(z)$가 어떤 영역 D의 모든 점에서 미분가능하면 $f(z)$는 D에서 해석적이라는 것을 학습하였다. 그런데 복소변수함수 $f(z)$가 주어져 있는 경우 D의 모든 점에서 미분가능하다는 $f(z)$의 해석성은 어떻게 판별할 수 있을까? 이 질문에 대한 답을 제시한 수학자가 Cauchy와 Riemann인데, 이들의 이름을 따서 Cauchy–Riemann 방정식이 유도되었다.

(1) Cauchy–Riemann 방정식의 유도

복소변수함수 $f(z)=u(x, y)+iv(x, y)$가 한 점 $z=x+iy$의 근방에서 연속이고 미분가능하다고 가정하면, 그 도함수 $f(z)$는 다음과 같다.

$$f'(z)=\lim_{\Delta z\to 0}\frac{f(z+\Delta z)-f(z)}{\Delta z} \tag{53}$$

$\Delta z=\Delta x+i\Delta y$로 표시하면 식(53)은 다음과 같이 표현할 수 있다.

$$f'(z)=\lim_{\Delta z\to 0}\frac{u(x+\Delta x, y+\Delta y)+iv(x+\Delta x, y+\Delta y)-\{u(x, y)+iv(x, y)\}}{\Delta x+i\Delta y} \tag{54}$$

$f(z)$가 z에서 미분가능하다고 가정하였으므로 식(54)의 우변의 극한이 존재한다. 따라서 Δz를 어떤 방향으로 0으로 접근시킨다고 하더라도 극한값은 같아야 한다.

[그림 10.17]에 두 가지 가능한 적분경로 I과 II를 나타내었다.

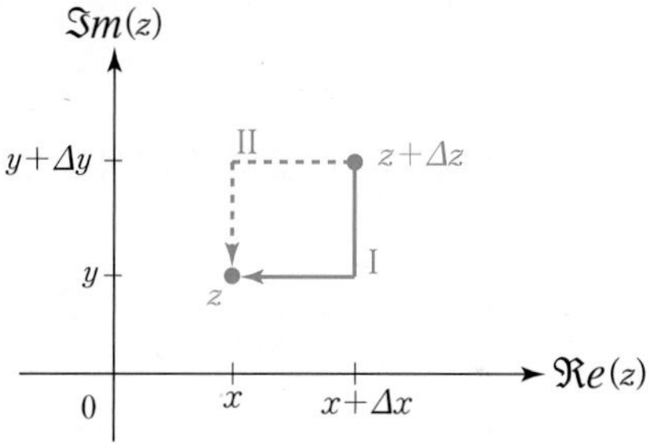

[그림 10.17] 두 가지 가능한 적분경로

먼저, Δz가 적분경로 I을 따라 0으로 접근한다면, 먼저 $\Delta y=0$이므로 Δz는 다음과 같다.

$$\Delta z=\Delta x+i\Delta y=\Delta x \tag{55}$$

식(55)를 이용하면 식(54)는 다음과 같이 표현된다.

$$f'(z)=\underbrace{\lim_{\Delta x\to 0}\frac{u(x+\Delta x,\, y)-u(x,\, y)}{\Delta x}}_{\triangleq \frac{\partial u}{\partial x}}+\underbrace{\lim_{\Delta x\to 0}\frac{v(x+\Delta x,\, y)-v(x,\, y)}{\Delta x}}_{\triangleq \frac{\partial v}{\partial x}}$$

$$\therefore\ f'(x)=\frac{\partial u}{\partial x}+i\frac{\partial v}{\partial x} \tag{56}$$

다음으로 Δz가 적분경로 II를 따라 0으로 접근한다면, 먼저 $\Delta x=0$이므로 Δz는 다음과 같다.

$$\Delta z=\Delta x+i\Delta y=i\Delta y \tag{57}$$

식(57)을 식(54)에 대입하여 정리하면 다음과 같다.

$$f'(z) = \underbrace{\lim_{\Delta y \to 0} \frac{u(x, y+\Delta y) - u(x, y)}{i\Delta y}}_{\triangleq -i\frac{\partial u}{\partial y}} + \underbrace{\lim_{\Delta y \to 0} \frac{v(x, y+\Delta y) - v(x, y)}{i\Delta y}}_{\triangleq -i\frac{\partial v}{\partial y}}$$

$$\therefore \; f'(x) = -i\frac{\partial u}{\partial y} + i\left(-i\frac{\partial v}{\partial y}\right) = \frac{\partial v}{\partial y} - i\frac{\partial u}{\partial y} \tag{58}$$

식(56)과 식(58)은 서로 같아야 하므로 다음의 관계식을 얻을 수 있다.

$$\frac{\partial u}{\partial x} = \frac{\partial v}{\partial y} \tag{59}$$

$$\frac{\partial u}{\partial y} = -\frac{\partial v}{\partial x} \tag{60}$$

식(59)와 식(60)의 편미분방정식을 Cauchy–Riemann 방정식이라 부른다. 만일 복소변수함수 $f(z) = u(x, y) + iv(x, y)$가 어떤 영역 D의 전체에서 해석적이면, 실함수 $u(x, y)$와 $v(x, y)$는 위의 Cauchy–Riemann 방정식을 만족해야 한다.

그런데 문제는 위에서 유도한 정리의 역은 성립하지 않는다는 데 있다. 즉, 어떤 복소변수함수가 Cauchy–Riemann 방정식을 만족한다는 사실만으로는 주어진 함수가 해석적이라는 결론을 내릴 수 없다는 것이다. 그러나 u와 v 그리고 u와 v의 1차 편도함수들이 연속이라는 가정을 추가한다면, Cauchy–Riemann 방정식을 만족하는 것은 주어진 함수가 해석적이라는 결론에 도달할 수 있다. 이에 대한 증명은 복잡하므로 생략하기로 하고, 지금까지의 논의를 [그림 10.18]에 요약하여 나타내었다.

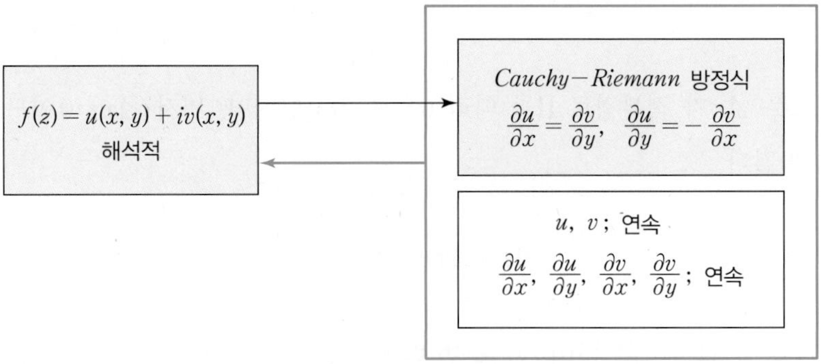

[그림 10.18] 해석성과 Cauchy–Riemann 방정식의 관계

한편, 식(56)과 식(58)로부터 $f(z)$의 도함수 $f'(z)$를 구하는 관계식을 다음과 같이 얻을 수 있다는 것에 주목하라.

$$f'(z)=\frac{\partial u}{\partial x}+i\frac{\partial v}{\partial x}=\frac{\partial v}{\partial y}-i\frac{\partial u}{\partial y} \tag{61}$$

예제 10.14

다음의 함수들이 해석적임을 보이고 각 함수의 도함수를 구하라.

(1) $f(z)=u(x, y)+iv(x, y)$

$$u(x, y)=\frac{x}{x^2+y^2},\ v(x)=-\frac{y}{x^2+y^2}$$

(2) $g(z)=u(x, y)+iv(x, y)$

$$u(x, y)=x^3-3xy^2,\ v(x, y)=3x^2y-y^3$$

풀이

(1) $\dfrac{\partial u}{\partial x}=\dfrac{x^2+y^2-2x^2}{(x^2+y^2)^2}=\dfrac{y^2-x^2}{(x^2+y^2)^2}$

$$\frac{\partial v}{\partial y}=-\frac{x^2+y^2-2y^2}{(x^2+y^2)^2}=\frac{y^2-x^2}{(x^2+y^2)^2} \quad \therefore \frac{\partial u}{\partial x}=\frac{\partial v}{\partial y}$$

$$\frac{\partial u}{\partial y}=-\frac{-2xy}{(x^2+y^2)^2},\ \frac{\partial v}{\partial x}=\frac{2xy}{(x^2+y^2)^2} \quad \therefore \frac{\partial u}{\partial y}=-\frac{\partial v}{\partial x}$$

따라서 $x^2+y^2=0$인 점, 즉 $x=0,\ y=0(z=0)$을 제외한 모든 점에서 Cauchy-Riemann 방정식이 만족되고, u와 v 그리고 u와 v의 1차 편도함수가 $z=0$을 제외한 모든 점에서 연속이므로 $f(z)$는 $z=0$를 제외한 모든 점에서 해석적이다. 또한 $f'(x)$는 식(61)로부터 다음과 같다.

$$f'(z)=\frac{\partial u}{\partial x}+i\frac{\partial v}{\partial x}+\frac{y^2-x^2}{(x^2+y^2)^2}+i\frac{2xy}{(x^2+y^2)^2}$$

(2) $\dfrac{\partial u}{\partial x}=3x^2-3y^2,\ \dfrac{\partial u}{\partial y}=-6xy$

$$\frac{\partial v}{\partial x}=6xy,\ \frac{\partial v}{\partial y}=3x^2-3y^2$$

$$\therefore \frac{\partial u}{\partial x}=\frac{\partial v}{\partial y},\ \frac{\partial u}{\partial y}=-\frac{\partial v}{\partial x}$$

따라서 모든 점에서 Cauchy–Riemann 방정식이 만족되고, u, v와 u, v의 1차 편도함수들이 연속이므로 $g(z)$는 해석함수이다. $g(z)$의 도함수 $g'(z)$는 식(61)로 부터 다음과 같다.

$$g'(z)=\frac{\partial u}{\partial x}+i\frac{\partial v}{\partial x}=(3x^2-3y^2)+i6xy$$

(2) 조화함수

다음으로, 복소해석함수 $f(z)=u(x, y)+iv(x, y)$의 실수부 $u(x, y)$와 허수부 $v(x, y)$는 조화함수(Harmonic Function)라는 것에 대해 설명한다.

복소변수함수 $f(z)=u(x, y)+iv(x, y)$가 영역 D에서 해석적이라 가정하면, 다음의 Cauchy–Riemann 방정식을 만족한다.

$$\frac{\partial u}{\partial x}=\frac{\partial v}{\partial y},\ \frac{\partial u}{\partial y}=-\frac{\partial v}{\partial x} \tag{62}$$

식(62)를 이용하여 $\nabla^2 u$를 계산하면 다음과 같다.

$$\begin{aligned}\nabla^2 u &= \frac{\partial^2 u}{\partial x^2}+\frac{\partial^2 u}{\partial y^2}=\frac{\partial}{\partial x}\left(\frac{\partial u}{\partial x}\right)+\frac{\partial}{\partial y}\left(\frac{\partial u}{\partial y}\right)\\ &=\frac{\partial}{\partial x}\left(\frac{\partial v}{\partial y}\right)+\frac{\partial}{\partial y}\left(-\frac{\partial v}{\partial x}\right)\\ &=\frac{\partial^2 v}{\partial x\,\partial y}-\frac{\partial^2 v}{\partial y\,\partial x}\end{aligned} \tag{63}$$

식(63)에서 $v(x, y)$의 2차 편도함수가 연속이라면 편미분의 순서에 관계없으므로 다음의 관계가 만족된다.

$$\nabla^2 u=\frac{\partial^2 u}{\partial x^2}+\frac{\partial^2 u}{\partial y^2}=0 \tag{64}$$

복소함수의 해석성

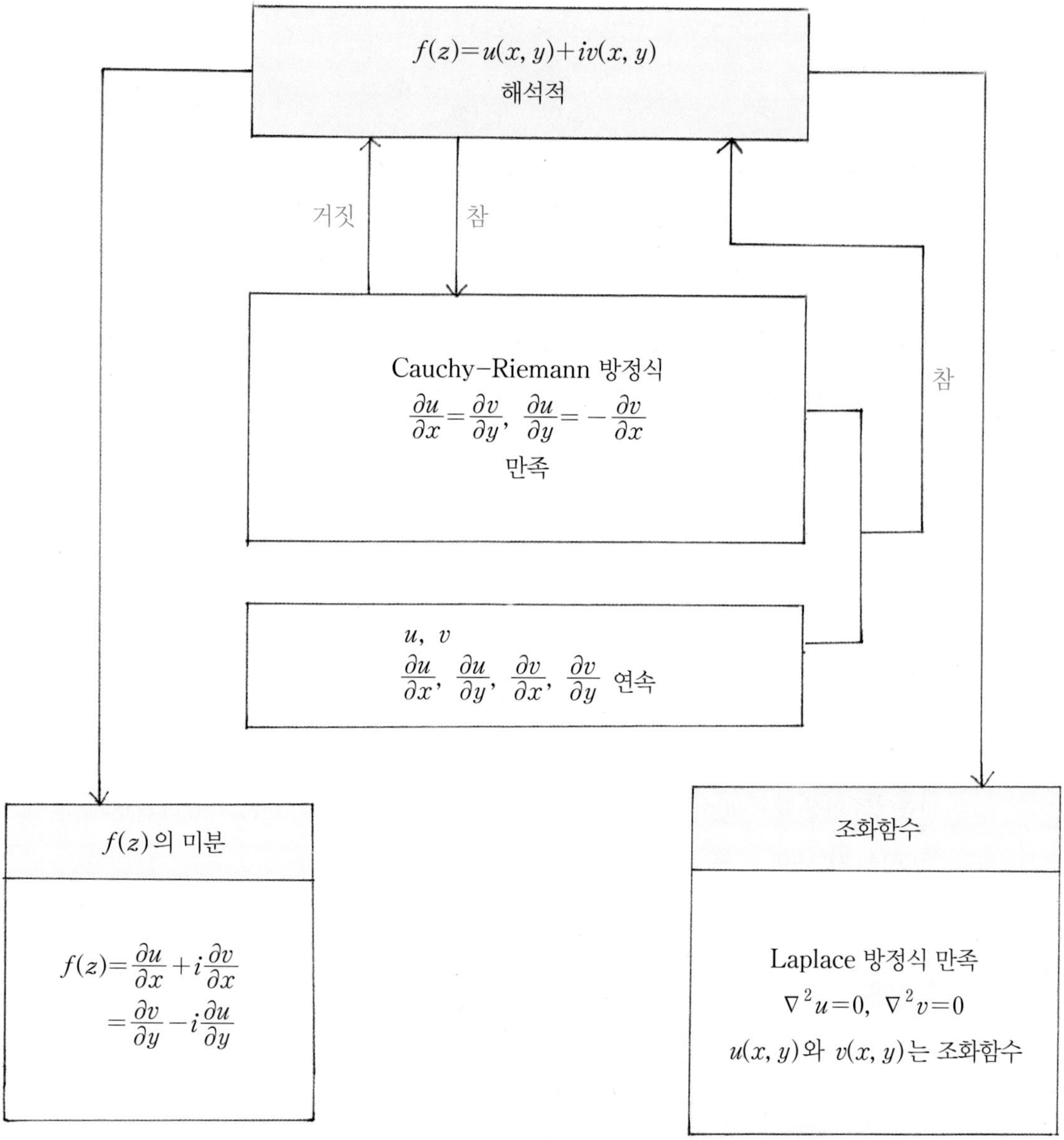

| 설명 | $f(z)$가 해석적이면 Cauchy–Riemann 방정식을 만족한다. 그런데 Cauchy–Riemann 방정식을 만족한다고 해서 $f(z)$가 해석적이라고 할 수 없으나 u,v와 u,v의 1차 편도함수가 연속이라는 조건이 추가되면 $f(z)$는 해석적이라고 결론을 내릴 수 있다.

또한 식(62)를 이용하여 $\nabla^2 v$를 계산하면 $\nabla^2 u$의 계산과정과 마찬가지로 다음의 관계를 얻을 수 있다.

$$\nabla^2 v = \frac{\partial^2 v}{\partial x^2} + \frac{\partial^2 v}{\partial y^2} = 0 \tag{65}$$

식(64)와 식(65)를 Laplace 방정식이라 부른다. 따라서 해석적인 복소변수함수 $f(z)=u(x, y)+iv(x, y)$에서 $u(x, y)$와 $v(x, y)$는 Laplace 방정식을 만족한다는 것에 주목하라.

일반적으로 포텐셜 이론(Potential Theory)에서 Laplace 방정식을 만족하는 해를 조화함수(Harmonic Function)라고 부른다. 식(64)와 식(65)로부터 해석함수 $f(z)$의 실수부 $u(x, y)$와 허수부 $v(x, y)$는 조화함수라는 것을 알 수 있다.

만일 어떤 영역 D에서 하나의 조화함수 $u(x, y)$가 주어졌다고 할 때, $u(x, y)+iv(x, y)$가 D에서 해석함수가 되는 또 하나의 조화함수 $v(x, y)$가 D에서 존재하게 되는데, 이때 $v(x, y)$를 $u(x, y)$의 공액조화함수(Conjugate Harmonic Function)라고 부른다.

예제 10.15

다음에 주어진 함수 $u(x, y)$가 조화함수임을 보이고, 공액조화함수 $v(x, y)$를 구하라.

(1) $u(x, y)=4xy^3-4x^3y+x$

(2) $u(x, y)=x^2-y^2$

풀이

(1) $\dfrac{\partial u}{\partial x}=4y^3-12x^2y+1,\ \dfrac{\partial^2 u}{\partial x^2}=-24xy$

$\dfrac{\partial u}{\partial y}=12xy^2-4x^3,\ \dfrac{\partial^2 y}{\partial y^2}=24xy$

$$\therefore \frac{\partial^2 u}{\partial x^2}+\frac{\partial^2 u}{\partial y^2}=-24xy+24xy=0$$

따라서 $u(x, y)$는 Laplace 방정식을 만족하므로 조화함수이다. Cauchy-Riemann 방정식으로부터 다음의 방정식을 얻을 수 있다.

$$\frac{\partial v}{\partial x} = -\frac{\partial u}{\partial y} = -12xy^2 + 4x^3 \tag{66}$$

$$\frac{\partial v}{\partial y} = \frac{\partial u}{\partial x} = 4y^3 - 12x^2 y + 1 \tag{67}$$

식(66)을 x로 적분하면 $v(x, y)$는 다음과 같다.

$$\int \frac{\partial v}{\partial x} dx = \int (-12xy^2 + 4x^3) dx$$

$$\therefore\ v(x, y) = -6x^2 y^2 + x^4 + h(y) \tag{68}$$

식(68)에서 $h(y)$는 적분상수이다. 식(68)의 $v(x, y)$를 y로 편미분하여 식(67)과 비교하면 다음과 같다.

$$\frac{\partial v}{\partial y} = -12x^2 y + h'(y) = 4y^3 - 12x^2 y + 1$$

$$\therefore\ h'(y) = 4y^3 + 1 \longrightarrow h(y) = y^4 + y + c$$

따라서 공액조화함수 $v(x, y)$는 다음과 같이 결정된다.

$$v(x, y) = -6x^2 y^2 + x^4 + y^4 + y + c$$

(2) $\frac{\partial u}{\partial x} = 2x,\ \frac{\partial^2 u}{\partial x^2} = 2$

$\frac{\partial u}{\partial y} = -2y,\ \frac{\partial^2 y}{\partial y^2} = -2$

$$\therefore\ \frac{\partial^2 u}{\partial x^2} + \frac{\partial^2 u}{\partial y^2} = 2 - 2 = 0$$

따라서 $u(x, y)$는 Laplace 방정식을 만족하므로 조화함수이다. Cauchy-Riemann 방정식으로부터 다음의 방정식을 얻을 수 있다.

$$\frac{\partial v}{\partial x} = -\frac{\partial u}{\partial y} = 2y \tag{69}$$

$$\frac{\partial v}{\partial y} = \frac{\partial u}{\partial x} = 2x \tag{70}$$

식(69)를 x로 적분하면 $v(x, y)$는 다음과 같다.

$$\int \frac{\partial v}{\partial x} dx = \int 2y\, dx$$

$$\therefore\ v(x, y) = 2xy + h(y) \tag{71}$$

식(71)에서 $h(y)$는 적분상수이다. 식(71)의 $v(x, y)$를 y로 편미분하여 식(70)과 비교하면 다음과 같다.

$$\frac{\partial v}{\partial y} = 2x + h'(y) = 2x$$

$$\therefore\ h'(y) = 0 \longrightarrow h(y) = c$$

따라서 공액조화함수 $v(x, y)$는 다음과 같이 결정된다.

$$v(x, y) = 2xy + c$$

10.5 지수함수와 로그함수

(1) 복소지수함수

복소지수함수(Complex Exponential Function) e^z는 실수에서의 지수함수 e^x를 자연스럽게 복소수까지 확장함으로써 다음과 같이 정의된다.

$$e^z = e^{x+iy} \triangleq e^x(\cos y + i \sin y) \tag{72}$$

식(72)에서 순허수를 지수로 갖는 e^{iy}는 이미 Euler 공식이라는 이름으로 다음과 같이 정의되어 이미 사용되어 왔다.

$$e^{iy} \triangleq \cos y + i \sin y \tag{73}$$

실함수에서의 Maclaurin 급수와 같은 방식으로 e^{iy}를 $y=0$에서 전개하면 다음과 같다.

$$\begin{aligned} e^{iy} &= \sum_{n=0}^{\infty} \frac{(iy)^n}{n!} = 1+(iy)+\frac{(iy)^2}{2!}+\frac{(iy)^3}{3!}+\frac{(iy)^4}{4!}+\cdots \\ &= \underbrace{\left(1-\frac{y^2}{2!}+\frac{y^4}{4!}-\frac{y^6}{6!}+\cdots\right)}_{\triangleq \cos y}+i\underbrace{\left(y-\frac{y^3}{3!}+\frac{y^5}{5!}-\frac{y^7}{7!}+\cdots\right)}_{\triangleq \sin y} \end{aligned} \tag{74}$$

식(74)에서 첫 번째 급수는 $\cos y$에 대한 Maclaurin 급수이며, 두 번째 급수는 $\sin y$에 대한 Maclaurin 급수이므로 e^{iy}는 다음과 같다.

$$e^{iy} = \cos y + i \sin y \tag{75}$$

식(75)는 복소변수함수에 대한 Maclaurin 급수의 유효성에 대한 검토를 필요로 하기는 하지만, 복소지수함수의 정의를 정당화시키는 측면에서 도입한 것이다. 11장에서 복소급수에 대해 상세히 다룰 것이다.

여기서 잠깐! Talyor 급수와 Maclaurin 급수

$f(x)$가 n차 도함수를 가지는 실함수인 경우 $f(x)$는 $x=x_0$에서 다음과 같은 멱급수(Power Series)로 표현할 수 있다.

$$f(x)=\sum_{n=0}^{\infty} a_n (x-x_0)^n = \sum_{n=0}^{\infty} \frac{f^{(n)}(x_0)}{n!}(x-x_0)^n$$

이를 $f(x)$의 $x=x_0$에 대한 Talyor 급수전개라 하며, 특히 $x_0=0$인 경우의 Taylor 급수를 Maclaurin 급수라 하며 다음과 같이 표현된다.

$$f(x)=\sum_{n=0}^{\infty} a_n x^n = \sum_{n=0}^{\infty} \frac{f^{(n)}(0)}{n!} x^n$$

식(72)로 정의한 복소지수함수의 몇 가지 중요한 성질을 알아보자.

먼저, $e^z = e^x \cos y + i e^x \sin y$로부터 e^z를 미분하기 위해 식(61)을 이용하면

$$\frac{d}{dz}(e^z) = \frac{\partial}{\partial x}(e^x \cos y) + i\frac{\partial}{\partial x}(e^x \sin y) \\ = e^x \cos y + ie^x \sin y = e^z \tag{76}$$

가 되므로, 실수에서의 지수함수와 같은 성질을 갖는다.

다음으로 $e^{z_1}e^{z_2}$를 계산해 보자. $z_1 = x_1 + iy_1$과 $z_2 = x_2 + iy_2$라 하면

$$\begin{aligned} e^{z_1}e^{z_2} &= e^{x_1+iy_1}e^{x_2+iy_2} = e^{x_1} \cdot e^{x_2}e^{iy_1}e^{iy_2} \\ &= e^{x_1}e^{x_2}(\cos y_1 + i\sin y_1)(\cos y_2 + i\sin y_2) \\ &= e^{x_1}e^{x_2}\{(\cos y_1 \cos y_2 - \sin y_1 \sin y_2) + i(\sin y_1 \cos y_2 + \cos y_1 \sin y_2)\} \\ &= e^{x_1+x_2}\{\cos(y_1+y_2) + i\sin(y_1+y_2)\} = e^{z_1+z_2} \end{aligned}$$

가 되므로 다음의 관계가 성립한다.

$$e^{z_1}e^{z_2} = e^{z_1+z_2} \tag{77}$$

식(76)과 식(77)은 실수에서의 지수함수와 유사한 성질을 가지지만, 다음의 주기성은 실수에서의 지수함수에서는 찾아볼 수 없는 성질이다.

$e^{2\pi i}$를 계산해 보면

$$e^{2\pi i} = \cos 2\pi + i\sin 2\pi = 1 \tag{78}$$

이므로 다음의 관계가 성립한다.

$$e^{z+2\pi i} = e^z \cdot e^{2\pi i} = e^z \tag{79}$$

식(79)는 복소지수함수 e^z가 주기가 $2\pi i$인 주기함수라는 의미이므로 $w = e^z$의 함수값이 $2\pi i$마다 반복된다. 따라서 [그림 10.19]에 나타낸 것과 같이 $-\pi < \Im m(z) \le \pi$ 안에 있는 임의의 점 z에 대하여 $z+2\pi i$, $z-2\pi i$, $z+4\pi i$, $z-4\pi i$ 등에서의 e^z 값은 동일하게 된다.

이런 이유로 $-\pi < \Im m(z) \le \pi$를 지수함수 e^z의 기본영역(Fundamental Region)이라고 부른다.

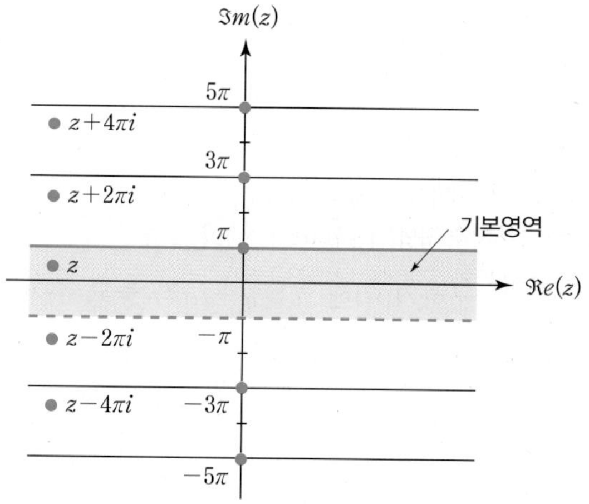

[그림 10.19] 복소지수함수 e^z 의 주기성

예제 10.16

$f(z)=e^z$ 에 대하여 다음 각 점에서의 함수값을 계산하라.

(1) $z=\pi+\pi i$

(2) $z=-\frac{\pi}{2}+\frac{\pi}{4}i$

풀이

(1) $f(\pi+\pi i)=e^{\pi+\pi i}=e^{\pi}\cdot e^{\pi i}=e^{\pi}(\cos\pi+i\sin\pi)=-e^{\pi}$

(2) $f\left(-\frac{\pi}{2}+\frac{\pi}{4}i\right)=e^{-\frac{\pi}{2}+\frac{\pi}{4}i}=e^{-\frac{\pi}{2}}\cdot e^{\frac{\pi}{4}i}$

$$=e^{-\frac{\pi}{2}}\left(\cos\frac{\pi}{4}+i\sin\frac{\pi}{4}\right)=\frac{1}{\sqrt{2}}e^{-\pi}(1+i)$$

다음으로 복소로그함수에 대해 정의한다.

(2) 복소로그함수

주어진 복소수 $z=x+iy\,(z\neq0)$에 대해 다음 지수방정식의 해 w를 생각해 보자.

$$e^w=z \tag{80}$$

식(80)을 만족하는 해 w를 다음과 같이 표기한다.

$$w = \ln z \tag{81}$$

식(81)을 z의 자연로그(Natural Logarithm)라고 부른다.

w의 실수부와 허수부를 구하기 위해 $w=u+iv$라 놓고 주어진 복소수 z의 극형식이 다음과 같다고 하자.

$$z = re^{i\theta} \tag{82}$$

먼저 식(80)으로부터 다음의 관계를 얻을 수 있다.

$$e^{u+iv} = re^{i\theta} \longrightarrow e^u e^{iv} = re^{i\theta} \tag{83}$$

식(83)에서 양변의 두 복소수의 절댓값과 편각이 서로 같다고 놓으면 다음과 같다.

$$e^u = r \quad \therefore\ u = \ln r \tag{84}$$

$$v = \theta + 2k\pi,\ \ k\text{는 정수} \tag{85}$$

따라서 식(84)와 식(85)로부터 z의 자연로그 $\ln z$는 다음과 같다.

$$w = \ln z = \ln r + i(\theta + 2k\pi) = \ln r + i\,arg(z) \tag{86}$$

식(86)에서 알 수 있듯이 $arg(z)$는 일반각이므로 $\ln z$의 값은 무수히 많으며, 이것은 복소지수함수가 주기함수라는 사실을 상기한다면 당연한 결과이다.

$\ln z$에서 z의 편각 $arg(z)$를 주편각(Principal Argument) $Arg(z)$로 정의한 복소로그함수를 $\mathrm{Ln}\,z$로 표기하며 $\ln z$의 주치(Principal Value)라고 부른다.

$$\mathrm{Ln}\,z \triangleq \ln r + iArg(z),\ \ -\pi < Arg(z) \le \pi \tag{87}$$

$\ln z$는 무수히 많은 값을 가지지만, $\mathrm{Ln}z$는 $Arg(z)$가 유일하게 결정되므로 $\mathrm{Ln}z$의 값도 유일하다는 것에 주목하라.

예제 10.17

다음의 주어진 복소수에 대하여 $\ln z$ 와 $\mathrm{Ln}z$를 계산하라.

(1) $z=1+i$

(2) $z=-1-i$

풀이

(1) $z=1+i$ 의 절댓값 $r=\sqrt{1^2+1^2}=\sqrt{2}$ 이며, $arg(z)=\frac{\pi}{4}+2k\pi$ 이므로 $\ln(1+i)$는 다음과 같다.

$$\ln(1+i)=\ln\sqrt{2}+i\,arg(z)=\frac{1}{2}\ln 2+i\left(\frac{\pi}{4}+2k\pi\right)$$

또한 $\mathrm{Ln}(1+i)$는 $Arg(z)=\frac{\pi}{4}\mathrm{rad}$ 이므로 다음과 같다.

$$Ln(1+i)=\frac{1}{2}\ln 2+i\frac{\pi}{4}$$

(2) $z=-1-i$ 의 절댓값 $r=\sqrt{(-1)^2+(-1)^2}=\sqrt{2}$ 이며, $arg(z)=-\frac{3}{4}\pi+2k\pi$ 이므로 $\ln(-1-i)$는 다음과 같다.

$$\ln(-1-i)=\ln\sqrt{2}+i\,arg(z)=\frac{1}{2}\ln 2+i\left(-\frac{3}{4}\pi+2k\pi\right)$$

또한 $\mathrm{Ln}(-1-i)$는 $Arg(z)=-\frac{3\pi}{4}\mathrm{rad}$ 이므로 다음과 같다.

$$\mathrm{Ln}(-1-i)=\frac{1}{2}\ln 2-i\frac{3}{4}\pi$$

다음으로 $\ln z$ 의 도함수를 계산해 보자. $\ln z$ 의 정의로부터

$$\begin{aligned}\ln z&=\ln r+i\,arg(z)\\&=\ln\sqrt{x^2+y^2}+i\left\{\tan^{-1}\left(\frac{y}{x}\right)+2k\pi\right\}\end{aligned}\tag{88}$$

를 얻을 수 있으므로 $\ln z$의 실수부 $u(x, y)$와 허수부 $v(x, y)$는 각각 다음과 같다.

$$u(x, y)=\ln\sqrt{x^2+y^2}=\frac{1}{2}\ln(x^2+y^2) \tag{89}$$

$$v(x, y)=\tan^{-1}\left(\frac{y}{x}\right)+2k\pi,\ \ k\text{는 정수} \tag{90}$$

$u(x, y)$와 $v(x, y)$가 Cauchy-Riemann 방정식을 만족시키는지를 살펴보면

$$\frac{\partial u}{\partial x}=\frac{1}{2}\frac{2x}{x^2+y^2}=\frac{x}{x^2+y^2}$$

$$\frac{\partial v}{\partial y}=\frac{1}{1+\left(\frac{y}{x}\right)^2}\left(\frac{1}{x}\right)=\frac{x}{x^2+y^2}$$

$$\frac{\partial u}{\partial y}=\frac{1}{2}\frac{2y}{x^2+y^2}=\frac{y}{x^2+y^2}$$

$$\frac{\partial v}{\partial x}=\frac{1}{1+\left(\frac{y}{x}\right)^2}\left(-\frac{y}{x^2}\right)=-\frac{y}{x^2+y^2}$$

$$\therefore\ \frac{\partial u}{\partial x}=\frac{\partial v}{\partial y},\ \frac{\partial u}{\partial y}=-\frac{\partial v}{\partial x} \tag{91}$$

가 되므로 $x^2+y^2=0$, 즉 $x=0$, $y=0\,(z=0)$을 제외한 모든 점에서 Cauchy-Riemann 방정식을 만족하고, u와 v 및 u와 v의 1차 편도함수들이 연속이므로 $\ln z$는 해석적이다. $\ln z$가 해석적이므로 식(91)을 이용하여 미분하면 다음의 도함수를 얻을 수 있다.

$$\frac{d}{dz}(\ln z)=\frac{\partial u}{\partial x}+i\frac{\partial v}{\partial x}=\frac{x}{x^2+y^2}-i\frac{y}{x^2+y^2}=\frac{x-iy}{x^2+y^2}=\frac{1}{z} \tag{92}$$

여기서 잠깐! $y=\tan^{-1}x$ **의 미분**

$y=\tan^{-1}x$를 x로 미분하기 위해서는 다음의 미분법칙을 사용한다.

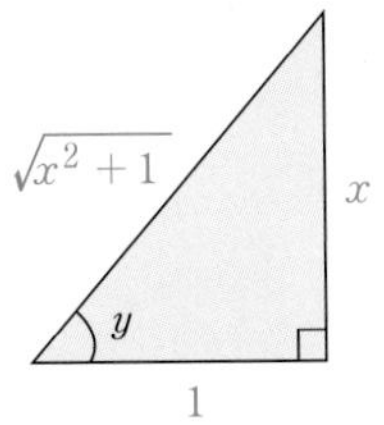

$$\frac{dy}{dx}=\frac{1}{\left(\frac{dx}{dy}\right)}$$

$y=\tan^{-1}x$ 에서 $x=\tan y$ 이므로 y로 미분하면 다음과 같다.

$$\frac{dx}{dy}=\sec^2 y$$

위의 그림에서 직각삼각형을 참고하면, $y=\tan^{-1}x$ 의 도함수는 다음과 같다.

$$\frac{dy}{dx}=\frac{1}{\left(\frac{dx}{dy}\right)}=\frac{1}{\sec^2 y}=\cos^2 y=\left(\frac{1}{\sqrt{x^2+1}}\right)^2=\frac{1}{x^2+1}$$

여기서 잠깐! **Lnz의 해석성**

Lnz는 $z=0$ 에서 정의되지 않으므로 원점에서 불연속이다. 또한 $\mathrm{Ln}\,z=\ln r+iArg(z)$ 에서 $-\pi<Arg(z)\le\pi$ 이므로 $Arg(z)=-\pi$ 인 음의 실수축에서 Lnz는 정의되지 않는다. 결국 Lnz는 원점을 포함한 음의 실수축에서 해석적이 아니기 때문에 복소평면에서 원점을 포함한 음의 실수축 가지(Branch)를 제외한 나머지 영역 D에서는 해석적이다. D는 복소평면에서 양이 아닌 실수축을 잘라낸 것으로 간주하면 편리한데 이때 양이 아닌 실수축을 가지 절단(Branch Cut)이라고 한다.

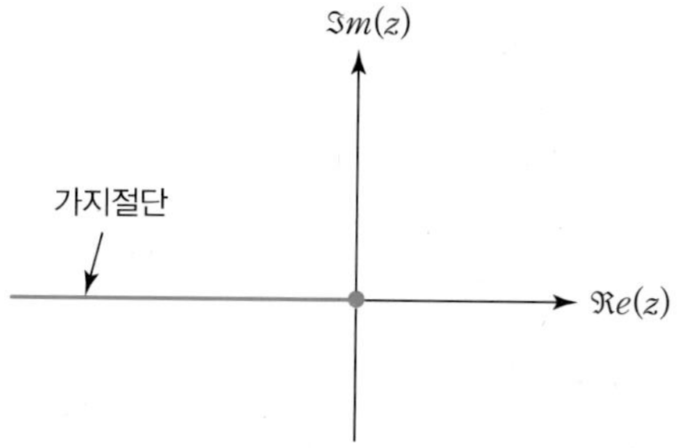

10.6 삼각함수와 쌍곡선함수

(1) 복소삼각함수

x가 실변수인 경우 Euler 공식에 의해 다음의 관계가 성립한다.

$$e^{ix} = \cos x + i\sin x \tag{93}$$

$$e^{-ix} = \cos x - i\sin x \tag{94}$$

식(93)과 식(94)로부터 실함수 $\sin x$와 $\cos x$를 복소지수함수 e^{ix}와 e^{-ix}로 표현할 수 있다는 것은 이미 학습하였다. 즉,

$$\sin x = \frac{1}{2i}(e^{ix} - e^{-ix}) \tag{95}$$

$$\cos x = \frac{1}{2}(e^{ix} + e^{-ix}) \tag{96}$$

실함수에서의 정의와 마찬가지로 복소삼각함수 $\sin z$와 $\cos z$를 다음과 같이 정의한다.

$$\sin z \triangleq \frac{1}{2i}(e^{iz} - e^{-iz}) \tag{97}$$

$$\cos z \triangleq \frac{1}{2}(e^{iz} + e^{-iz}) \tag{98}$$

$\sin z$와 $\cos z$를 이용하여 다른 삼각함수들도 다음과 같이 정의할 수 있다.

$$\tan z \triangleq \frac{\sin z}{\cos z}, \quad \operatorname{cosec} z \triangleq \frac{1}{\sin z} \tag{99}$$

$$\sec z \triangleq \frac{1}{\cos z}, \quad \cot z \triangleq \frac{1}{\tan z} \tag{100}$$

한편, $\sin z$와 $\cos z$는 복소지수함수 e^{iz}와 e^{-iz}로부터 정의되기 때문에 $\sin z$와 $\cos z$는 복소평면 전체에서 해석적인 함수이다. 그러나 $\tan z$, $\cot z$, $\sec z$, $\operatorname{cosec} z$는 분수함수로 정의되기 때문에 분모를 0으로 만드는 z에서는 해석적이 아님에 유의하라. $\sin z$에 대한 도함수를 구해 보면 다음과 같다.

$$\begin{aligned}\frac{d}{dz}\sin z &= \frac{1}{2i}\frac{d}{dz}(e^{iz}-e^{-iz}) = \frac{1}{2i}(ie^{iz}+ie^{-iz})\\ &= \frac{1}{2}(e^{iz}+e^{-iz}) = \cos z\end{aligned}$$

또한 $\cos z$에 대한 도함수를 구해 보면 다음과 같다.

$$\begin{aligned}\frac{d}{dz}\cos z &= \frac{1}{2}\frac{d}{dz}(e^{iz}+e^{-iz}) = \frac{1}{2}(ie^{iz}-ie^{-iz})\\ &= \frac{1}{2i}(e^{iz}-e^{-iz}) = -\sin z\end{aligned}$$

마찬가지 방법에 의해 복소삼각함수들의 도함수는 실함수의 경우와 동일하다는 것을 보일 수 있으며, 결과를 정리하면 다음과 같다.

$$\frac{d}{dz}\tan z = \sec^2 z,\quad \frac{d}{dz}\cot z = -\operatorname{cosec}^2 z$$
$$\frac{d}{dz}\sec z = \sec z\tan z,\quad \frac{d}{dz}\operatorname{cosec} z = -\operatorname{cosec} z\cot z$$

또한 실변수의 삼각함수에 대해 적용되는 여러 가지 잘 알려진 관계식들도 그대로 복소삼각함수에 적용된다는 것을 보일 수 있다. 그 결과를 정리하면 다음과 같다.

$$\sin(-z) = -\sin z,\quad \cos(-z) = \cos z$$
$$\cos^2 z + \sin^2 z = 1$$
$$\sin(z_1 \pm z_2) = \sin z_1\cos z_2 \pm \cos z_1\sin z_2$$
$$\cos(z_1 \pm z_2) = \cos z_1\cos z_2 \mp \sin z_1\sin z_2$$

예제 10.18

(1) $\cos z$ 의 실수부 $u(x, y)$와 허수부 $v(x, y)$가 각각 다음과 같다는 것을 보여라.

$$u(x, y) = \cos x \cosh y, \quad v(x, y) = -\sin x \sinh y$$

(2) $\sin z$ 의 실수부 $u(x, y)$와 허수부 $v(x, y)$가 각각 다음과 같다는 것을 보여라.

$$u(x, y) = \sin x \cosh y, \quad v(x, y) = \cos x \sinh y$$

풀이

(1) $u(x, y)$라 놓고 $\cos z$ 의 정의식 식(98)에 대입하면

$$\begin{aligned}
\cos z &= \frac{1}{2}(e^{iz} + e^{-iz}) = \frac{1}{2}(e^{i(x+iy)} + e^{-i(x+iy)}) \\
&= \frac{1}{2}e^{-y}e^{ix} + \frac{1}{2}e^{y}e^{-ix} \\
&= \frac{1}{2}e^{-y}(\cos x + i\sin x) + \frac{1}{2}e^{y}(\cos x - i\sin x) \\
&= \underbrace{\frac{1}{2}(e^{-y} + e^{y})}_{\triangleq \cosh y}\cos x + i\underbrace{\frac{1}{2}(e^{-y} - e^{y})}_{\triangleq -\sinh y}\sin x \\
\therefore\ \cos z &= \cos x \cosh y - i\sin x \sinh y
\end{aligned}$$

(2) 마찬가지 방법으로, $\sin z$ 의 정의식 식(97)에 대입하면

$$\begin{aligned}
\sin x &= \frac{1}{2i}(e^{iz} - e^{-iz}) = \frac{1}{2i}(e^{i(x+iy)} - e^{-i(x+iy)}) \\
&= \frac{1}{2i}(e^{-y}e^{ix} - e^{y}e^{-ix}) \\
&= \frac{1}{2i}e^{-y}(\cos x + i\sin x) - \frac{1}{2i}e^{y}(\cos x - i\sin x) \\
&= \frac{1}{2i}(e^{-y} - e^{y})\cos x + \frac{1}{2}(e^{-y} + e^{y})\sin x \\
&= i\underbrace{\frac{1}{2}(e^{y} - e^{-y})}_{\triangleq \sinh y}\cos x + \underbrace{\frac{1}{2}(e^{y} + e^{-y})}_{\triangleq \cosh y}\sin x \\
\therefore\ \sin z &= \sin x \cosh y + i\cos x \sinh y
\end{aligned}$$

다음으로, 실변수 쌍곡선함수(Hyperbolic Function)의 정의와 마찬가지로 복소 쌍곡선함수를 정의한다.

(2) 복소쌍곡선함수

x가 실변수일 때 쌍곡선함수 $\sinh x$와 $\cosh x$는 다음과 같이 정의된다.

$$\sinh x = \frac{1}{2}(e^x - e^{-x}) \tag{101}$$

$$\cosh x = \frac{1}{2}(e^x + e^{-x}) \tag{102}$$

실함수에서의 정의와 마찬가지로 복소쌍곡선함수 $\sinh z$와 $\cosh z$를 다음과 같이 정의한다.

$$\sinh z \triangleq \frac{1}{2}(e^z - e^{-z}) \tag{103}$$

$$\cosh z \triangleq \frac{1}{2}(e^z + e^{-z}) \tag{104}$$

$\sinh z$와 $\cosh z$를 이용하여 다른 쌍곡선함수들도 다음과 같이 정의할 수 있다.

$$\begin{aligned} \tanh z &= \frac{\sinh z}{\cosh z}, \quad \operatorname{cosech} z = \frac{1}{\sinh z} \\ \operatorname{sech} z &= \frac{1}{\cosh z}, \quad \coth z = \frac{1}{\tanh z} \end{aligned} \tag{105}$$

e^z와 e^{-z}는 복소평면 전체에서 해석적인 함수이므로 $\sinh z$와 $\cosh z$도 복소평면 전체에서 해석적인 함수이다. 그러나 식(105)에서 정의되는 쌍곡선함수들은 분수함수이므로 분모가 0인 점을 제외한 영역에서 해석적이다. $\sinh z$에 대한 도함수를 구해 보면 다음과 같다.

$$\frac{d}{dz}\sinh z = \frac{1}{2}\frac{d}{dz}(e^z - e^{-z}) = \frac{1}{2}(e^z + e^{-z}) = \cosh z \tag{106}$$

또한 유사한 방법으로 $\cosh z$에 대한 도함수를 구해 보면 다음과 같다.

$$\frac{d}{dz}\cosh z = \frac{1}{2}\frac{d}{dz}(e^z + e^{-z}) = \frac{1}{2}(e^z - e^{-z}) = \sinh z \tag{107}$$

다음으로 복소쌍곡선함수와 복소삼각함수 사이의 상관관계에 대해 살펴보자. 식(103)의 $\sinh z$ 에서 z 대신에 iz를 대입해 보면 다음의 결과를 얻을 수 있다.

$$\sinh(iz)=\frac{1}{2}(e^{iz}-e^{-iz})=i\frac{1}{2i}(e^{iz}-e^{-iz})=i\sin z \tag{108}$$

한편, 식(104)의 $\cosh z$ 에서 z 대신에 iz를 대입해 보면 다음의 결과를 얻을 수 있다.

$$\cosh(iz)=\frac{1}{2}(e^{iz}+e^{-iz})=\cos z \tag{109}$$

또한 식(97)과 식(98)의 $\sin z$ 와 $\cos z$ 의 정의에서 z 대신에 iz를 대입하면 다음과 같다.

$$\sin(iz)=\frac{1}{2i}(e^{-z}-e^{z})=i\frac{1}{2}(e^{z}-e^{-z})=i\sinh z \tag{110}$$

$$\cos(iz)=\frac{1}{2}(e^{-z}+e^{z})=\cosh z \tag{111}$$

지금까지 복소쌍곡선함수와 복소삼각함수 사이의 상관관계를 요약하면 다음과 같다. 많이 사용되는 관계식이니 잘 기억해두기 바란다.

$$\begin{aligned}\cosh(iz)&=\cos z,\quad \sinh(iz)=i\sin z\\ \cos(iz)&=\cosh z,\quad \sin(iz)=i\sinh z\end{aligned} \tag{112}$$

예제 10.19

(1) $\cosh z$ 의 실수부 $u(x, y)$와 허수부 $v(x, y)$를 각각 구하라.
(2) $\sinh z$ 의 실수부 $u(x, y)$와 허수부 $v(x, y)$를 각각 구하라.
(3) $\cosh z$ 와 $\sinh z$ 가 각각 0이 되는 z를 구하라.

풀이

(1) $\cosh z = \cos(iz)$ 이므로

$$\begin{aligned}\cosh z &= \cos(ix-y) = \cos(ix)\cos y + \sin(ix)\sin y \\ &= \cosh z \cos y + i\sinh x \sin y \\ \therefore\ u(x,y) &= \cosh x \cos y \\ v(x,y) &= \sinh x \sin y\end{aligned}$$

(2) $\sin(iz) = i\sinh z$ 의 관계식으로부터

$$\begin{aligned}\sinh z &= -i\sin(iz) = -i\sin(ix-y) \\ &= -i\{\sin(ix)\cos y - \cos(ix)\sin y\} \\ &= -i\{i\sinh x\cos y - \cosh x \sin y\} \\ &= \sinh x\cos y + i\cosh x\sin y \\ \therefore\ u(x,y) &= \sinh x\cos y \\ v(x,y) &= \cosh x \sin y\end{aligned}$$

(3) $\cosh z = 0$을 만족하는 z를 찾기 위해 〈예제 10.19(1)〉의 결과를 이용한다.

$$\begin{aligned}&\cosh z = \cosh x\cos y + i\sinh x\sin y = 0 \\ &\cosh x\cos y = 0 \longrightarrow \cos y = 0 \quad \therefore\ y = \frac{\pi}{2}(2k+1) \\ &\sinh x \sin y = 0 \longrightarrow \sinh x = 0 \quad \therefore\ x = 0\end{aligned}$$

따라서 $\cosh z = 0$을 만족하는 z는 다음과 같다.

$$z = x + iy = i\frac{\pi}{2}(2k+1),\quad k\text{는 정수}$$

다음으로 $\sinh z = 0$을 만족하는 z를 찾기 위해 〈예제 10.19(2)〉의 결과를 이용한다.

$$\begin{aligned}&\sinh z = \sinh x\cos y + i\cosh x\sin y = 0 \\ &\cosh x\sin y = 0 \longrightarrow \sin y = 0 \quad \therefore\ y = k\pi \\ &\sinh x\cos y = 0 \longrightarrow \sinh x = 0 \quad \therefore\ x = 0\end{aligned}$$

따라서 $\sinh z = 0$을 만족하는 z는 다음과 같다.

$$z = x + iy = ik\pi,\quad k\text{는 정수}$$

예제 10.20

다음의 관계가 성립하는 것을 증명하라.

(1) $\sin^2 z + \cos^2 z = 1$

(2) $\cosh^2 z - \sinh^2 z = 1$

풀이

(1) $\sin z$와 $\cos z$의 정의로부터 $\sin^2 z$와 $\cos^2 z$를 각각 계산하면

$$\sin^2 z = \left(\frac{1}{2i}\right)^2 (e^{iz} - e^{-iz})^2 = -\frac{1}{4}(e^{2iz} - 2e^{iz}e^{-iz} + e^{-2iz})$$
$$\cosh^2 z = \left(\frac{1}{2}\right)^2 (e^{iz} + e^{-iz})^2 = \frac{1}{4}(e^{2iz} + 2e^{iz}e^{-iz} + e^{-2iz})$$

가 되므로 다음의 관계를 얻을 수 있다.

$$\sin^2 z + \cos^2 z = \frac{1}{2}e^{iz}e^{-iz} + \frac{1}{2}e^{iz}e^{-iz} = \frac{1}{2} + \frac{1}{2} = 1$$

(2) $\cosh z$와 $\sinh z$의 정의로부터 $\cosh^2 z$와 $\sinh^2 z$를 각각 계산하면

$$\cosh^2 z = \frac{1}{4}(e^z + e^{-z})^2 = \frac{1}{4}(e^{2z} + 2 + e^{-2z})$$
$$\sinh^2 z = \frac{1}{4}(e^z - e^{-z})^2 = \frac{1}{4}(e^{2z} - 2 + e^{-2z})$$

가 되므로 다음의 관계를 얻을 수 있다.

$$\cosh^2 z - \sinh^2 z = \frac{1}{2} + \frac{1}{2} = 1$$

10.7 복소거듭제곱

실변수 함수에서 x^{α}는 다음과 같이 표현할 수 있다.

$$x^{\alpha} = e^{\alpha \ln x}, \ \alpha \text{는 실수} \tag{113}$$

실변수 함수 x^{α}와 마찬가지로 복소수의 복소거듭제곱도 다음과 같이 정의할 수 있다. α가 복소수이고 $z=x+iy$라 하면 복소거듭제곱(Complex General Power) x^{α}는 다음과 같이 정의된다.

$$z^{\alpha} \triangleq e^{\alpha \ln z}, \quad z \neq 0 \tag{114}$$

식(114)에서 $\ln z$는 다음과 같이 정의된다는 것을 10.5절에서 이미 학습하였다.

$$\ln z = \ln r + i arg(z) \tag{115}$$

$\ln z$는 $arg(z)$가 무수히 많은 값을 가지기 때문에 z^{α}도 무수히 많은 값을 가진다. 만일, 식(114)에서 $\ln z$ 대신에 $\mathrm{Ln}\, z$로 대체한다면, z^{α}의 주치(Principal Value)는 다음과 같이 구할 수 있다.

$$z^{\alpha} \text{의 주치} = e^{\alpha \mathrm{Ln}\, z} \tag{116}$$

여기서 $\mathrm{Ln}\, z = \ln r + i Arg(z)$이며, $-\pi < Arg(z) \leq \pi$이다.

예제 10.21

다음 복소거듭제곱의 주치를 구하라.

(1) $(1+i)^{1-i}$

(2) i^{2i}

(3) $(1+\sqrt{3}\,i)^{i}$

풀이

(1) $z=1+i,\ \alpha=1-i$의 경우이므로 z^{α}의 주치는 다음과 같다.

$$z^{\alpha} = (1+i)^{1-i} = e^{(1-i)\mathrm{Ln}(1+i)}$$

여기서 $\mathrm{Ln}\,(1+i)$는 정의에 의해 다음과 같이 계산된다.

$$\mathrm{Ln}(1+i)=\ln\sqrt{2}+i\frac{\pi}{4}$$

$$\begin{aligned}\therefore\ (1+i)^{1-i}&=e^{(1-i)\mathrm{Ln}(1+i)}\\&=e^{(1-i)\left(\ln\sqrt{2}+i\frac{\pi}{4}\right)}\\&=e^{\ln\sqrt{2}+\frac{\pi}{4}}\cdot e^{i\left(\frac{\pi}{4}-\ln\sqrt{2}\right)}\\&=e^{\ln\sqrt{2}+\frac{\pi}{4}}\left\{\cos\left(\frac{\pi}{4}-\ln\sqrt{2}\right)+i\sin\left(\frac{\pi}{4}-\ln\sqrt{2}\right)\right\}\end{aligned}$$

(2) $z=i,\ \alpha=2i$ 의 경우이므로 z^{α} 의 주치는 다음과 같다.

$$z^{\alpha}=i^{2i}=e^{2i\,\mathrm{Ln}(i)}$$

여기서 $\mathrm{Ln}(i)$는 정의에 의해 다음과 같이 계산된다.

$$\mathrm{Ln}(i)=\ln 1+i\frac{\pi}{2}=i\frac{\pi}{2}$$

$$\therefore\ i^{2i}=e^{2i\,\mathrm{Ln}(i)}=2^{2i\left(i\frac{\pi}{2}\right)}=e^{-\pi}$$

(3) $z=i+\sqrt{3}\,i,\ \alpha=i$ 의 경우이므로 z^{α} 의 주치는 다음과 같다.

$$z^{\alpha}=(1+\sqrt{3}\,i)^{i}=e^{i\,\mathrm{Ln}(1+\sqrt{3}i)}$$

여기서 $\mathrm{Ln}(1+\sqrt{3}\,i)$는 정의에 의해 다음과 같이 계산된다.

$$\mathrm{Ln}(1+\sqrt{3}\,i)=\ln 4+i\frac{\pi}{3}$$

$$\begin{aligned}\therefore\ (1+\sqrt{3}\,i)^{i}&=e^{i\,\mathrm{Ln}(1+\sqrt{3}i)}=e^{i\left(\ln 4+i\frac{\pi}{3}\right)}\\&=e^{-\frac{\pi}{3}}\cdot e^{i\ln 4}=e^{-\frac{\pi}{3}}\{\cos(\ln 4)+i\sin(\ln 4)\}\end{aligned}$$

쉬어가는 코너 중립의 원칙

어느 천문학자 : 화성에는 생명체가 존재할까?

어느 장교 : 핵전쟁은 일어날 것인가?
만약 당신이 이 질문들에 대하여 긍정적인 대답과 부정적인 대답이 똑같이 가능하다고 생각한다면, 당신은 중립의 원칙을 무분별하게 적용한 셈이 된다.

이 원칙을 무분별하게 적용함으로써 많은 수학자와 과학자, 심지어는 대철학자들까지도 주목할 만한 터무니없는 생각들을 발표하였다.

해설

경제학자 존 케인즈(John Keynes)가 '중립의 원칙'이라고 이름을 붙인 '불충분한 근거'의 원칙은 다음과 같은 내용이다. 즉, 어떤 일에 대해서 참인지 거짓인지 판단할 근거가 없을 때에는 각각의 경우에 대하여 똑같은 가능성을 부여한다는 것이다.

역사가 길고 또 유명한 이 중립의 원칙은 과학, 윤리, 통계, 경제, 철학, 심령학 등 여러 분야에 적용되어 왔다. 그런데 이 원칙은 적절하게 적용하지 않으면, 터무니없는 파라독스가 생겨나 우스꽝스러운 논리적 모순에 직면하게 된다. 천문학자이자 수학자인 라플라스(Laplace)는 어느 날 이 원칙을 사용하여 태양이 다음 날 다시 떠오를 확률은 1,826,214 : 1이라고 계산하였다.

그러면 앞의 천문학자와 장교가 제기한 문제들에 대하여 중립의 원칙을 적용할 때 어떤 모순이 생기는지 알아보자. 화성에서 생명체를 발견할 확률은 얼마일까? 중립의 원칙을 적용하면 그 답은 1/2이 되어야 한다. 또 화성에서 어떤 식물 생명체의 존재도 발견하지 못할 확률은 얼마일까? 그것도 역시 1/2이다. 또 어떤 단세포동물의 존재도 발견하지 못할 확률은? 역시 1/2이다. 그러면 화성에서 동물이든 식물이든 기본적인 생명체의 존재를 발견하지 못할 확률은? 확률의 법칙에 따라 우리는 1/2 × 1/2 = 1/4의 값을 얻는다. 이것도 이번에는 화성에 생명체가 존재할 확률이 1−1/4 = 3/4으로 올라갔다는 것을 의미한다. 이것은 우리가 처음에 계산한 값 1/2과 모순된다.

서기 2000년 이전에 핵 전쟁이 일어날 확률은 얼마일까? 중립의 원칙을 적용하면 1/2이라고 대답할 수 있다. 그러면 어떤 원자폭탄도 우리나라에 떨어지지 않을 확률은 얼마일까? 1/2이다. 또 프랑스에 떨어지지 않을 확률은? 1/2. 러시아에 떨어지지 않을 확률은? 1/2. 미국에는? 역시 1/2. 서로 다른 10개 나라에 대해서 중립의 원칙을 적용시켰을 때, 10개 나라 중 어느 나라에도 원자폭탄이 떨어지지 않을 확률은 $1/2^{10}$, 즉 1/1,024이 된다. 그런데 이 값을 1에서 빼주면 10개 나라 중 최소한 어느 한 나라에 원자폭탄이 떨어질 확률은 1,023/1,024이 된다.

출처: 「이야기 파라독스」, 사계절

연습문제

01 다음 방정식을 만족하는 모든 복소수를 구하라.

(1) $w^3=1+i$

(2) $w^4=i$

02 다음 복소수를 계산한 결과를 극형식으로 나타내어라.

(1) $\left(\cos\frac{\pi}{9}+i\sin\frac{\pi}{9}\right)^{12}\left\{2\left(\cos\frac{\pi}{6}+i\sin\frac{\pi}{6}\right)\right\}^5$

(2) $\dfrac{\left\{8\left(\cos\frac{3\pi}{8}+i\sin\frac{3\pi}{8}\right)\right\}^3}{\left\{2\left(\cos\frac{\pi}{16}+i\sin\frac{\pi}{16}\right)\right\}^{10}}$

03 다음 함수들이 해석적임을 보이고 각 함수들의 도함수를 구하라.

(1) $f(z)=e^x\cos y+ie^x\sin y$

(2) $f(z)=(x^2-y^2-y)+i(2xy+x+10)$

04 다음 함수가 해석적이기 위한 실수 a와 b를 구하라.

(1) $f(z)=3x-y+5+i(ax+by-3)$

(2) $f(z)=x^3+axy^2+by+i(3x^2y-y^3+5x+1)$

05 다음 함수들이 조화함수가 되도록 a와 b를 구하고, 공액조화함수를 구하라.

(1) $u(x, y)=ax^3+bxy$

(2) $u(x, y)=e^{ax}\cos 5y$ (단, $a>0$)

06 다음 지수함수와 로그함수 값을 구하라.

(1) $e^{3+4\pi i}$

(2) $\mathrm{Ln}(-2+2i)$

(3) $\ln(-\sqrt{3}+i)$

07 다음 함수값을 $u+iv$ 형태로 표시하라.

(1) $\sin\left(\frac{\pi}{4}+i\right)+\cos(\pi-\pi i)$

(2) $\cosh(2+3i)-\sinh(4+5i)$

08 $\tan z=u+iv$ 라고 할 때 u와 v가 각각 다음과 같다는 것을 보여라.

$$u(x, y)=\frac{\sin 2x}{\cos 2x+\cosh 2y}$$
$$v(x, y)=\frac{\sinh 2y}{\cos 2x+\cosh 2y}$$

09 다음의 복소거듭제곱의 주치(Principal Value)를 구하라.

(1) $(2i)^{i+1}$

(2) $(1+i)^{1+i}$

10 $f(z)=z^{10}-3z^{12}+4z^6$ 일 때 $f\left(\frac{1+i}{\sqrt{2}}\right)$를 계산하라.

11 $f(z)=|z|^2$은 $z=0$이 아닌 점에서 미분가능하지 않음을 보여라.

12 $z=\cos\theta+i\sin\theta$라 할 때 다음의 관계가 성립되는 것을 보여라.

$$z+\frac{1}{z}=2\cos\theta$$
$$z-\frac{1}{z}=2i\sin\theta$$

13 $f(z)=\Im m(z-3\bar{z})+z\,\Re e(z^2)-5z$를 $f(z)=u(x, y)+iv(x, y)$의 형태로 나타내었을 때, $u(x,y)$와 $v(x,y)$를 각각 구하라.

14 다음의 관계가 성립함을 증명하라.

$$|\sinh z|^2=\sin^2 y+\sinh^2 x$$

15 $u(x, y)=x^3-3xy^2-5y$가 전체 복소평면에서 조화함수임을 보이고 u의 공액조화함수를 구하라.

16 다음 방정식을 만족하는 모든 복소수를 구하라.

$$w^4=1$$

17 $u(x, y)=x^3-axy^2$ (a는 상수)가 조화함수가 되기 위한 a의 값을 구하고, 공액조화 함수 $v(x, y)$를 구하라.

18 다음 복소수의 거듭제곱을 계산하라.

(1) $(1+i)^4$

(2) $(1-i)^8$

19 다음 복소수를 De Moivre 정리를 이용하여 간단히 하라.

$$\left(\frac{1-i}{1+i}\right)^{100}-\left(\frac{1+i}{1-i}\right)^{100}$$

20 다음 복소수를 극형식으로 표현하여 간단히 하라.

$$\left(\frac{2i}{1+i}\right)^{20}$$

CHAPTER 11

복소적분법

11.1 복소평면에서의 선적분 | 11.2 Cauchy 적분정리

11.3 Cauchy 적분공식 | 11.4 복소해석함수의 n차 도함수

11.5 복소함수의 Taylor 급수 | 11.6 Laurent 급수

11.7 특이점과 영점 | 11.8 유수정리와 응용

CHAPTER

11 복소적분법

▶ 단원 개요

본 장에서는 복소해석학에서 가장 기본이 되면서도 중요한 Cauchy의 적분정리에 대해 다룬다. 또한 Cauchy 적분정리의 중요한 결과로서 Cauchy 적분공식을 유도하고, 이를 확장하여 해석함수의 n차 도함수의 존재에 대해 학습한다.

또한 실함수에 대한 Taylor 급수의 개념을 복소해석함수로 확장하여 복소 Taylor 급수와 Laurent 급수에 대해서 살펴보고 유수(Residue)의 개념을 도입한다.

마지막으로 유수정리를 이용하여 일반적인 복소선적분을 계산할 수 있는 유수적분법에 대하여 다루고, 이를 실함수의 복잡한 적분을 해결하는 데 활용할 수 있다는 것에 대해 학습한다.

11.1 복소평면에서의 선적분

복소평면에서의 선적분은 7장에서 다루었던 평면에서의 선적분의 정의와 매우 유사하기 때문에 실함수의 선적분과 마찬가지로 복소변수함수 $f(z)$의 적분도 복소평면에서의 곡선 C를 따라 정의한다.

복소평면에서의 곡선 C는 어떻게 표현할 수 있는지에 대해 살펴보자.

[그림 11.1(a)]에 나타낸 것처럼 2차원 평면에서의 곡선은 실수 t를 매개변수로 하여 다음과 같이 표현할 수 있다.

$$\boldsymbol{r}(t)=x(t)\boldsymbol{a}_x+y(t)\boldsymbol{a}_y, \quad a\le t\le b \qquad (1)$$
$$\text{또는 } x=x(t),\ y=y(t)$$

복소평면에서의 곡선 C도 식(1)에서와 마찬가지로 $x(t)$와 $y(t)$를 각각 실수부와 허수부로 사용함으로써 [그림 11.1(b)]와 같이 표현할 수 있다.

$$z(t)=x(t)+iy(t), \quad a\le t\le b \qquad (2)$$

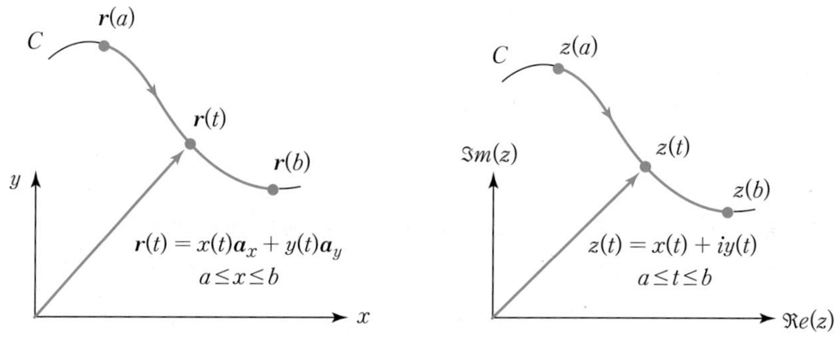

(a) 2차원 평면에서 곡선 C의 표현 (b) 복소평면에서 곡선 C의 표현

[그림 11.1] 곡선 C의 두 가지 표현 방법의 비교

복소평면에서 곡선의 방향(Orientation)을 매개변수 t가 증가하는 방향으로 정의한다는 것은 2차원 평면에서 곡선을 정의할 때 이미 언급한 것과 동일하다.

복소평면에서 정의된 곡선 C에서 $\dfrac{dz}{dt}$가 연속이고 0이 아닐 때 곡선 C를 매끄러운(Smooth) 곡선이라고 부르며, 이는 기하학적으로는 [그림 11.2]와 같이 곡선 C의 모든 점에서 연속적으로 변해가는 접선을 가진다는 의미이다.

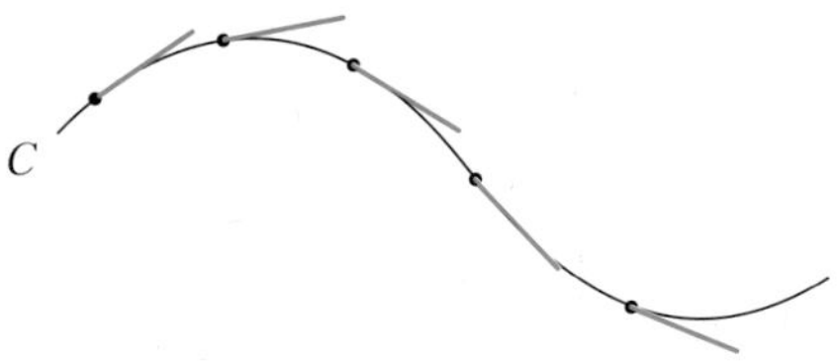

[그림 11.2] 매끄러운 곡선 C

이제 복소평면에서 복소변수함수 $f(z)$를 매끄러운 곡선 C를 따라 적분하는 복소선적분(Complex Line Integral)의 정의에 대해 살펴본다.

(1) 복소선적분의 정의

주어진 복소변수함수 $f(z)$가 $z(t)=x(t)+iy(t)\,(a \le t \le b)$에 의해 정의된 곡선 C의 모든 점에서 정의된다고 가정하자. 그리고 곡선 C를 [그림 11.3]과 같이 n개의 점으로 나누어서 각 점을 $z_0, z_1, z_2, \cdots, z_n$이라고 한다.

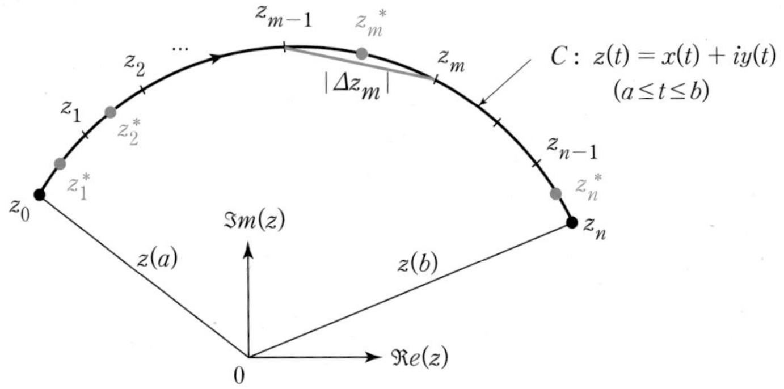

[그림 11.3] 복소선적분의 정의

[그림 11.3]에 나타낸 것처럼 각 등분상의 한 점을 순차적으로 $z_1^*, z_2^*, \cdots, z_n^*$로 정하고 Δz_m을 다음과 같이 정의하자.

$$\Delta z_m = z_m - z_{m-1} \quad m=1,\ 2,\ \cdots,\ n \tag{3}$$

각 등분상의 임의의 한 점 z_m^*에서 $f(z)$의 함숫값 $f(z_m^*)$를 계산한 다음, 다음의 부분합 S_n을 구성한다.

$$S_n = \sum_{m=1}^{n} f(z_m^*)\,\Delta z_m \tag{4}$$

식(4)에서 n을 무한히 크게 하여 $n\to\infty$로 하면 부분합 S_n은 다음과 같이 표현될 수 있다.

$$\lim_{n\to\infty} S_n = \lim_{n\to\infty} \sum_{m=1}^{n} f(z_m^*)\,\Delta x_m \tag{5}$$

식(5)의 극한값이 존재하는 경우, 식(5)를 경로 C를 따르는 복소변수함수 $f(z)$의 복소선적분이라 정의하며 다음과 같이 표현한다.

$$\lim_{n\to\infty} \sum_{m=1}^{n} f(z_m^*)\,\Delta z_m \triangleq \int_C f(z)\,dz \tag{6}$$

만일, 적분경로 C가 닫혀져 있는 폐곡선(Closed Curve)이면 복소선적분을 다음과 같이 표기한다.

$$\int_C f(z)dz = \oint_C f(z)dz \tag{7}$$

(2) 복소선적분의 성질

또한 복소선적분은 일반 미적분학에서 정적분이 가지고 있는 성질과 유사한 성질을 가지고 있으며 그 결과를 요약하면 다음과 같다.

① 선형성(Linearity)

$$\int_C \{k_1 f(z) + k_2 g(z)\}\, dz = k_1 \int_C f(z)dz + k_2 \int_C g(z)dz \tag{8}$$

② 방향성(Orientation)

$$\underbrace{\oint_C f(z)dz}_{\text{반시계방향}} = -\underbrace{\oint_C f(z)dz}_{\text{시계방향}} \tag{9}$$

③ 경로 분할(Partition of a Curve)

적분경로 C가 C_1과 C_2로 이루어지며, 모두 동일한 방향을 가지는 경우 다음의 관계가 성립된다.

$$\int_C f(z)dz = \int_{C_1} f(z)dz + \int_{C_2} f(z)dz \tag{10}$$

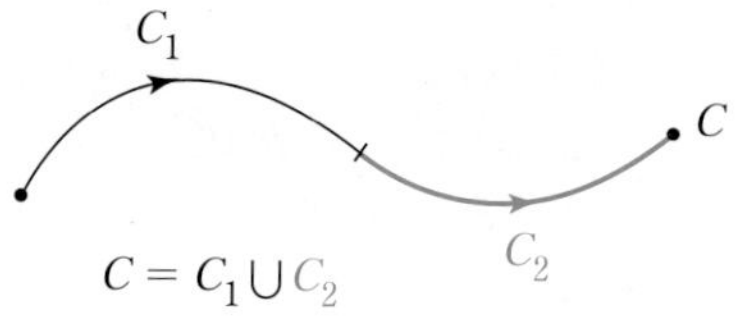

[그림 11.4] 적분경로의 분할

(3) 복소선적분의 계산

다음으로 복소선적분의 계산 방법은 실함수에 대한 선적분 계산 과정과 매우 유사하다. 적분경로 C가 다음과 같이 주어져 있다고 가정한다.

$$C : z(t) = x(t) + iy(t), \quad a \le t \le b \tag{11}$$

적분경로 C를 따라 주어진 복소변수함수 $f(z)$의 복소선적분은 다음과 같이 매개변수 t에 대한 정적분으로 변환하여 계산한다. 즉,

$$\int_C f(z)dz = \int_a^b f(z(t))\frac{dz}{dt}dt = \int_a^b f(z(t))z'(t)dt \tag{12}$$

식(12)에서 $z'(t)$는 식(11)로부터 다음과 같이 계산된다.

$$z'(t) = x'(t) + iy'(t) \tag{13}$$

지금까지 설명한 복소선적분을 계산하는 방법을 요약하면 [그림 11.5]와 같다.

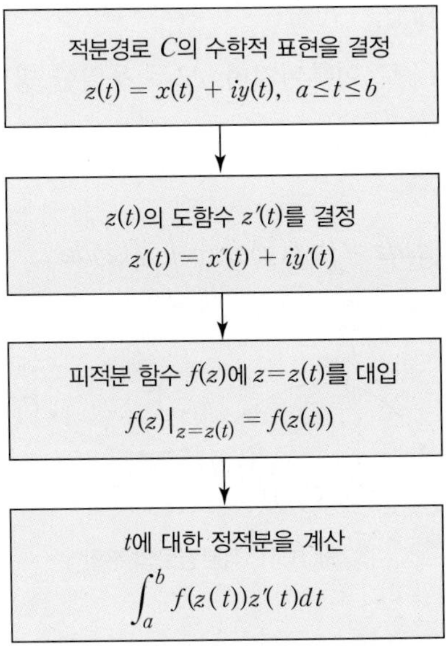

[그림 11.5] 복소선적분의 계산 과정

선적분과 복소선적분의 비교

	선적분	복소선적분
정의	$\int_C f(x, y, z)ds$	$\int_C f(z)dz$
적분경로	$C\,;\boldsymbol{r}(t)=x(t)\boldsymbol{a}_x+y(t)\boldsymbol{a}_y+z(t)\boldsymbol{a}_z$ 또는 $x=x(t),\ y=y(t),\ z=z(t)$ $(a \le t \le b)$ 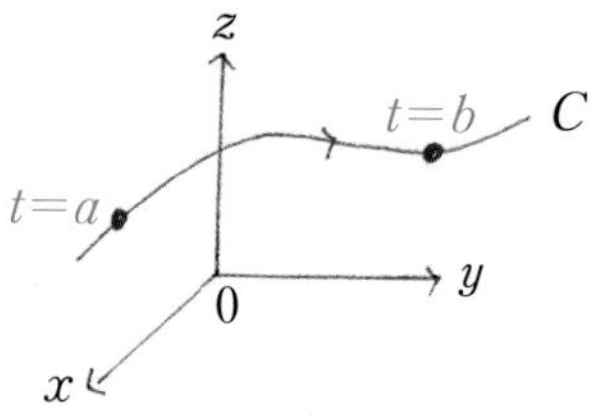 3차원 공간상의 곡선	$C\,;z(t)=x(t)+iy(t)$ $(a \le t \le b)$ 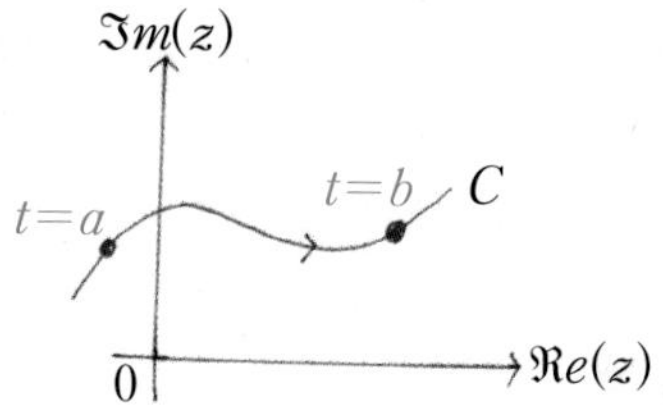 복소평면상의 곡선
계산 과정	(1) 피적분함수 $f(x, y, z)$에 $x=x(t),\ y=y(t),\ z=z(t)$ 대입 $f[x(t), y(t), z(t)]$ (2) ds를 t의 함수로 표현 $ds=\sqrt{\left(\frac{dx}{dt}\right)^2+\left(\frac{dy}{dt}\right)^2+\left(\frac{dz}{dt}\right)^2}\,dt$ (3) 정적분으로 변환 $\int_C f(x, y, z)ds=\int_a^b f[x(t), y(t), z(t)]$ $\cdot\sqrt{\left(\frac{dx}{dt}\right)^2+\left(\frac{dy}{dt}\right)^2+\left(\frac{dz}{dt}\right)^2}\,dt$	(1) 피적분함수 $f(z)$에 $z=z(t)$ 대입 $f[z(t)]$ (2) dz를 t의 함수로 표현 $dz=\left(\frac{dz}{dt}\right)dt=z'(t)\,dt$ (3) 정적분으로 변환 $\int_C f(z)dz=\int_a^b f[z(t)]z'(t)\,dt$

| 설명 | 선적분과 복소선적분은 적분경로의 표현이나 정적분으로 변환하여 계산하는 과정이 상당히 유사하다. 단지 차이점이라고 한다면 적분경로가 정의되는 공간이 3차원과 2차원이라는 것이다.

예제 11.1

다음의 복소선적분을 계산하라.

(1) $\oint_C \frac{1}{z}dz, \quad C: z(t)=2\cos t + i2\sin t \ (0 \le t \le 2\pi)$

(2) $\int_C \bar{z}dz, \quad C: z(t)=t+it^2 \ (1 \le t \le 2)$

풀이

(1) 적분경로 C는 Euler 공식에 의해 다음과 같이 간단히 표현될 수 있다.

$$z(t)=2\cos t + i2\sin t = 2e^{it}$$

$z(t)$를 미분하면 $z'(t)=2ie^{it}$이므로, 주어진 복소선적분은 다음과 같이 정적분으로 변환된다.

$$\oint_C \frac{1}{z}dz = \int_0^{2\pi} \frac{1}{2e^{it}} 2ie^{it} dt = i\int_0^{2\pi} dt = 2\pi i$$

(2) $z(t)$의 도함수 $z'(t)$를 계산하면

$$z'(t)=1+2ti$$

이므로, 주어진 복소선적분은 다음과 같이 정적분으로 변환된다.

$$\begin{aligned}\int_C \bar{z}dz &= \int_1^2 (t-it^2)(1+2ti)\,dt = \int_1^2 \{(2t^3+t)+it^2\}\,dt \\ &= \int_1^2 (2t^3+t)\,dt + i\int_1^2 t^2 dt \\ &= \left[\frac{2}{4}t^4 + \frac{1}{2}t^2\right]_1^2 + i\left[\frac{1}{3}t^3\right]_1^2 = 9 + \frac{7}{3}i\end{aligned}$$

예제 11.2

다음에 주어진 경로에 대해 i에서 1까지 다음의 복소선적분을 계산하라.

$$\int_C (z^2+2)dz$$

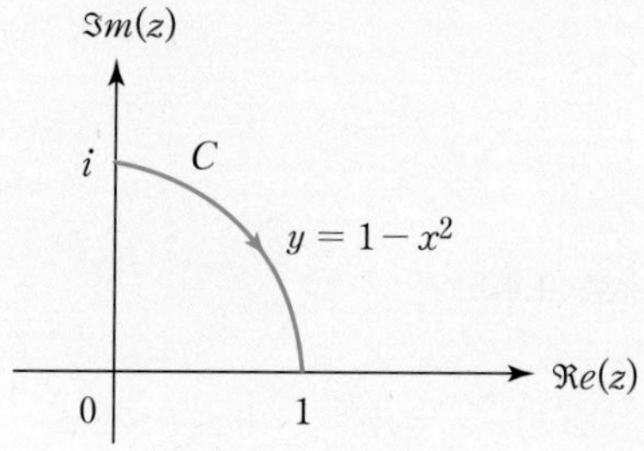

풀이

먼저, 주어진 경로 C를 매개변수 t를 이용하여 표시하면 다음과 같다.

$$x=t,\ \ y=1-t^2$$
$$\therefore\ z(t)=x(t)+iy(t)=t+i(1-t^2)$$

$z=i$에 대응되는 t의 값은 0이고, $z=1$에 대응되는 t의 값은 1이므로 t의 범위는 $0\le t\le 1$이라는 것을 알 수 있다. $z(t)$를 미분하면

$$z'(t)=1+i(-2t)=1-i2t$$

이므로 주어진 복소선적분은 다음과 같은 정적분으로 변환할 수 있다.

$$\begin{aligned}\int_C (z^2+2)dz&=\int_0^1\left[\{t+i(1-t^2)\}^2+2\right](1-i2t)dt\\&=\int_0^1(-5t^4+7t^2+1)dt+i\int_0^1(2t^5-8t^3)dt\\&=\left[-t^5+\frac{7}{3}t^3+t\right]_0^1+i\left[\frac{1}{3}t^6-2t^4\right]_0^1\\&=\frac{7}{3}-i\frac{5}{3}\end{aligned}$$

예제 11.3

적분경로 C가 반지름이 r이고 중심이 z_0인 원을 반시계방향으로 일주한다고 할 때, 다음의 복소선적분을 계산하라.

(1) $\int_C \frac{1}{(z-z_0)^2} dz$

(2) $\int_C (z-z_0)^3 dz$

풀이

(1) 적분경로 C를 매개변수로 표현하면

$$z(t)-z_0=re^{it} \qquad 0 \le t \le 2\pi$$
$$\therefore\ z(t)=z_0+re^{it}$$

이므로 $z'(t)$은 다음과 같다.

$$z'(t)=ire^{it}$$

따라서 주어진 복소선적분은 다음의 정적분으로 변환할 수 있다.

$$\begin{aligned}\int_C \frac{1}{(z-z_0)^2} dz &= \int_0^{2\pi} \frac{1}{(re^{it})^2} ire^{it} dt \\ &= \int_0^{2\pi} \frac{1}{r^2} e^{-2it} ire^{it} dt = \frac{1}{r} i \int_0^{2\pi} e^{-it} dt \\ &= \frac{1}{r} i \left[-\frac{1}{i} e^{-it}\right]_0^{2\pi} = 0\end{aligned}$$

(2) $$\begin{aligned}\int_C (z-z_0)^3 dz &= \int_0^{2\pi} r^3 e^{3it} ire^{it} dt = ir^4 \int_0^{2\pi} e^{4it} dt \\ &= ir^4 \left[\frac{1}{4i} e^{4it}\right]_0^{2\pi} = 0\end{aligned}$$

예제 11.4

$f(z)=\Re e(z)$를 아래 그림의 경로 C_1과 C_2를 따라 다음의 선적분을 구하라. 단, C_2는 경로 P_1과 경로 P_2의 합집합이다.

$$\int_{C_i} \Re e(z)\, dz, \quad i=1, 2$$

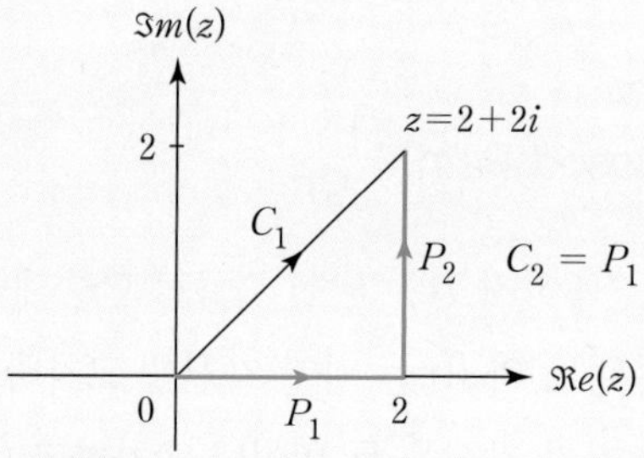

풀이

먼저 경로 C_1에 대한 복소선적분을 계산하기 위해 C_1을 수학적으로 표현하면 다음과 같다.

$$C_1 : z(t)=t+it \quad 0 \le t \le 2$$

$z'(t)=1+i$ 이므로 주어진 복소선적분은 다음과 같다.

$$\int_{C_1} \Re e(z) dz = \int_0^2 x(t) z'(t) dt = \int_0^2 t(1+i) dt = (1+i)\left[\frac{1}{2}t^2\right]_0^2 = 2(1+i)$$

다음으로 C_2에 대한 복소선적분을 계산하기 위해 C_2를 수학적으로 표현하면 다음과 같다.

$$P_1 : z(t)=t \ \ (0 \le t \le 2), \quad z'(t)=1$$
$$P_2 : z(t)=2+it \ \ (0 \le t \le 2), \quad z'(t)=i$$

경로 C_2는 경로 P_1과 P_2로 구성되어 있으므로 복소선적분의 성질에 의해 다음의 결과를 얻는다.

$$\begin{aligned}\int_{C_2} \Re e(z) dz &= \int_{P_1} \Re e(z) dz + \int_{P_2} \Re e(z) dz \\ &= \int_0^2 t dt + \int_0^2 2i dt = \left[\frac{1}{2}t^2\right]_0^2 + 2i\left[\ t\ \right]_0^2 = 2+4i\end{aligned}$$

11.2 Cauchy 적분정리

19세기 초 프랑스의 수학자 L. A. Cauchy는 복소해석학에서 기본이 되는 매우 중요한 복소적분에 관한 정리를 증명하였다. 이를 Cauchy의 적분정리(Cauchy Integral Theorem)라고 하는데, 구체적인 설명에 앞서 몇 가지 중요한 용어에 대해 설명하기로 한다.

(1) 단순폐곡선(Simple Closed Path)

자기 자신을 교차하거나 접촉하지 않는 닫힌 경로를 단순폐곡선이라고 정의한다.

예를 들어, [그림 11.6]에서 (a)와 (b)는 자기 자신을 교차하거나 접촉하지 않기 때문에 단순폐곡선이다. (c)는 자기 자신을 두 번이나 교차하고 (d)는 자기 자신과 한번 접촉하기 때문에 단순폐곡선이 아니다.

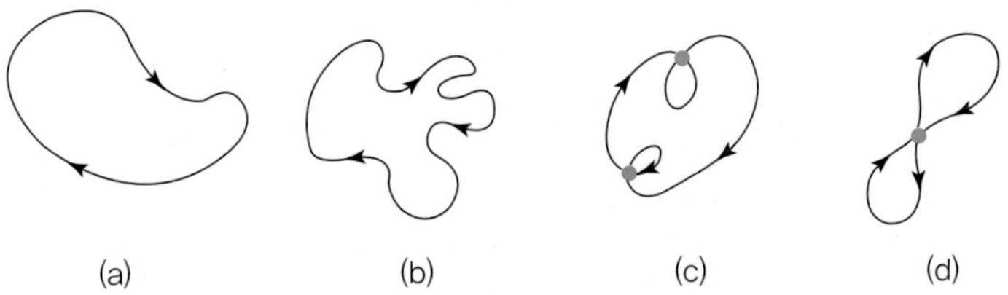

[그림 11.6] 여러 가지 폐곡선 예

(2) 단순연결영역(Simply Connected Domain)

어떤 열린 영역 D 내의 임의의 단순폐곡선 C가 D의 밖으로 벗어나지 않으면서 D 내의 한 점으로 줄어들 수 있을 때 영역 D를 단순연결된 영역이라 정의한다. 즉, 단순연결영역 D에서는 이 영역 안에 있는 임의의 단순폐곡선이 D 속에 속하는 점들만을 둘러싸게 된다.

한편, 단순연결되지 않은 영역은 다중연결(Multiply Connected)된 영역이라고 정의한다.

예를 들어, [그림 11.7]에서 (a)와 (b)는 영역 내의 모든 단순폐곡선이 영역에 속하는 점들만을 둘러싸기 때문에 단순연결영역이다. (c)는 단순폐곡선 C_1이 주어진 영역에 속하는 점들과 영역에 속하지 않는 점들을 둘러싸기 때문에 단순연결영역이 아니며, 이중연결영역이라 부른다. (d)의 경우에도 단순폐곡선 C_2와 C_3는 주어진 영역에 속하는 점들과 영역에 속하지 않는 점들을 둘러싸기 때문에 단순연결영역이 아니며, 삼중연결영역이라고 부른다.

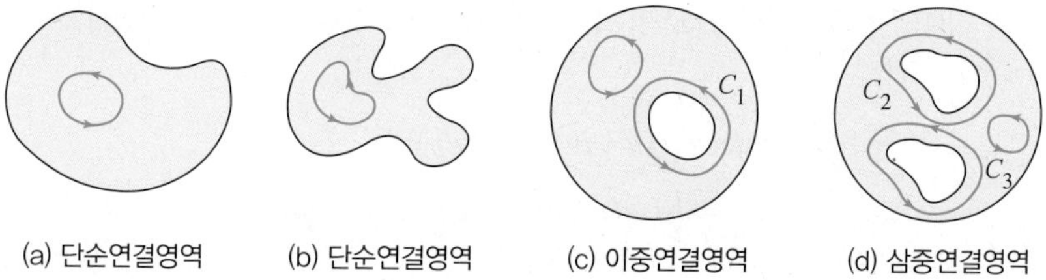

[그림 11.7] 단순/다중연결영역(경계 불포함)

이제 Cauchy의 적분정리를 설명하기 위한 사전준비가 끝났으므로 다음에 Cauchy의 적분정리를 기술한다. 이 정리는 복소적분에서 매우 중요한 정리이므로 정확한 이해가 필수적이니 여러 예제들을 통하여 충분히 학습하기 바란다.

정리 11.1 Cauchy의 적분정리

복소변수함수 $f(z)$가 단순연결영역 D에서 해석적이면, D 안에 있는 모든 단순 폐곡선 C에 대하여 다음의 관계가 성립된다.

$$\oint_C f(z)dz = 0 \tag{14}$$

Cauchy의 적분정리는 다음과 같이 간단하게 증명할 수 있으며, 보다 엄밀한 증명은 관련 서적을 참고하기 바란다. 공학적인 관점에서는 다음의 증명으로도 충분할 것으로 판단된다.

증명

$f(z)$가 실수부 $u(x, y)$와 허수부 $v(x, y)$를 가진다고 가정하면

$$f(z) = u(x, y) + iv(x, y) \tag{15}$$

이 되며, $z=x+iy$ 이므로 dz는 다음과 같이 표현할 수 있다.

$$dz=dx+idy \tag{16}$$

식(15)와 식(16)을 이용하면 $f(z)$의 복소선적분은 다음과 같이 표현할 수 있다.

$$\begin{aligned}\oint_C f(z)dz&=\oint_C (u+iv)(dx+idy)\\&=\oint_C (udx-vdy)+i\oint_C (vdx+udy)\end{aligned} \tag{17}$$

그런데 $f(z)$는 영역 D에서 해석적이라고 가정하였으므로 $u(x, y)$, $v(x, y)$는 다음의 Cauchy-Riemann 방정식을 만족한다.

$$\frac{\partial u}{\partial x}=\frac{\partial v}{\partial y},\ \frac{\partial u}{\partial y}=-\frac{\partial v}{\partial x} \tag{18}$$

여기서, 7.7절에서 이미 학습한 평면에서의 Green 정리를 식(17)에 적용하면

$$\oint_C udx-vdy=\iint_R\left(-\frac{\partial v}{\partial x}-\frac{\partial u}{\partial y}\right)dxdy \tag{19}$$

$$\oint_C vdx+udy=\iint_R\left(\frac{\partial u}{\partial x}-\frac{\partial v}{\partial y}\right)dxdy \tag{20}$$

의 관계를 얻는다. 여기서 R은 적분경로 C에 의해 둘러싸인 영역이다. 식(19)와 식(20)에 식(18)의 Cauchy-Riemann 방정식을 대입하면

$$\iint_R\left(-\frac{\partial v}{\partial x}-\frac{\partial u}{\partial y}\right)dxdy=0 \tag{21}$$

$$\iint_R\left(\frac{\partial u}{\partial x}-\frac{\partial v}{\partial y}\right)dxdy=0 \tag{22}$$

이 되므로 식(17)에서 다음의 관계가 성립한다.

$$\oint_C f(z)dx=0 \tag{23}$$

지금까지의 증명과정에서 Green 정리를 적용하기 위한 전제조건인 u와 v가 연속이고 연속인 1차 편도함수를 가져야 하므로 처음에 Cauchy는 $f'(z)$가 연속이라는 추가적인 가정을 하였다. 나중에 E. Goursat라는 수학자는 $f'(z)$가 연속이라는 추가적인 가정 없이 Cauchy의 적분정리를 증명하였다는 것을 참고로 알아두기 바란다.

예제 11.5

다음 복소선적분을 Cauchy 적분정리를 이용하여 계산하라.

(1) $\oint_C z^2 dz$ C는 복소평면상의 단순폐곡선

(2) $\oint_C \frac{dz}{z^2+4}$ C는 원점을 중심으로 하는 단위원

(3) $\oint_C \frac{1}{z^2} dz$ $C: |z-1| = \frac{1}{2}$

풀이

(1) 피적분함수 z^2은 복소평면 전체에서 해석적인 완전해석함수(Entire Function)이므로 Cauchy 적분정리에 의해 임의의 단순폐곡선 C에 대하여 다음과 같다.

$$\oint_C z^2 dz = 0$$

(2) 피적분함수 $\frac{1}{z^2+4}$은 $z=+2i$와 $z=-2i$를 제외한 모든 영역에서 해석적인 함수이다. 그런데 C는 원점을 중심으로 하는 단위원이므로 단위원 내부의 모든 점에서 $\frac{1}{z^2+4}$은 해석적이므로 Cauchy 적분정리에 의해 다음과 같다.

$$\oint_C \frac{dz}{z^2+4} = 0$$

(3) 피적분함수 $\frac{1}{z^2}$은 $z=0$을 제외한 모든 영역에서 해석적인 함수이다.

그런데 C는 1을 중심으로 반지름이 $\frac{1}{2}$인 원이므로 C의 내부의 모든 점에서 $\frac{1}{z^2}$은 해석적이므로 Cauchy 적분정리에 의해 다음과 같다.

$$\oint_C \frac{1}{z^2} dz = 0$$

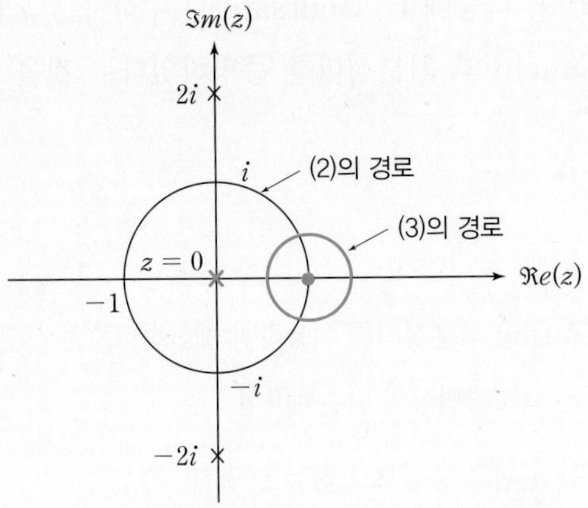

다음으로, Cauchy의 적분정리로부터 얻을 수 있는 중요한 결과인 경로의 독립성과 경로의 변형에 대해 설명한다.

(3) 경로의 독립성(Independence of Path)

만일, $f(z)$가 단순연결영역 D에서 해석적이고, D에 속하는 두 점 A와 B를 연결하는 경로 C_1과 C_2가 [그림 11.8]과 같이 주어져 있다고 가정하자. [그림 11.9]에 나타낸 것처럼 경로 C_1과 경로 C_2의 반대방향 $-C_2$로 구성된 단순폐곡선 K를 정의한다.

$$K \triangleq C_1 \cup (-C_2) \tag{24}$$

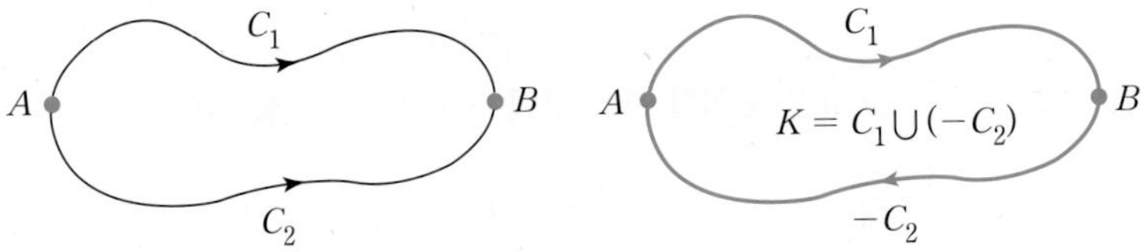

[그림 11.8] 경로의 독립성

가정에서 $f(z)$는 단순연결영역 D에서 해석적이라 하였으므로 Cauchy의 적분정리에 의해 단순폐곡선 K에 대한 복소선적분은 0이 된다. 즉,

$$\oint_K f(z)dz = 0 \tag{25}$$

식(25)는 복소선적분의 성질에 의해

$$\begin{aligned}\oint_K f(z)dz &= \int_{C_1} f(z)dz + \int_{-C_2} f(z)dz \\ &= \int_{C_1} f(z)dz - \int_{C_2} f(z)dz = 0\end{aligned} \tag{26}$$

이 되므로, 식(26)으로부터 다음 관계가 얻어진다.

$$\int_{C_1} f(z)dz = \int_{C_2} f(z)dz \tag{27}$$

식(27)은 $f(z)$가 단순연결영역 D에서 해석적이면, $f(z)$의 복소선적분은 경로에 무관하다는 것을 의미한다.

(4) 경로변형(Deformation of Path)의 원리

$f(z)$가 다중연결영역 D에서 해석적이라고 가정하면, D 내에 있는 모든 단순폐곡선 C에 대해 다음의 관계가 성립한다고 할 수는 없다.

$$\oint_C f(z)dz = 0 \tag{28}$$

예를 들어, D가 [그림 11.9]와 같이 이중연결영역이고, C_1은 D 안의 구멍을 둘러싸는 단순폐곡선이라 하자. 또한 C는 C_1을 둘러싸는 또 다른 단순폐곡선이라고 하자.

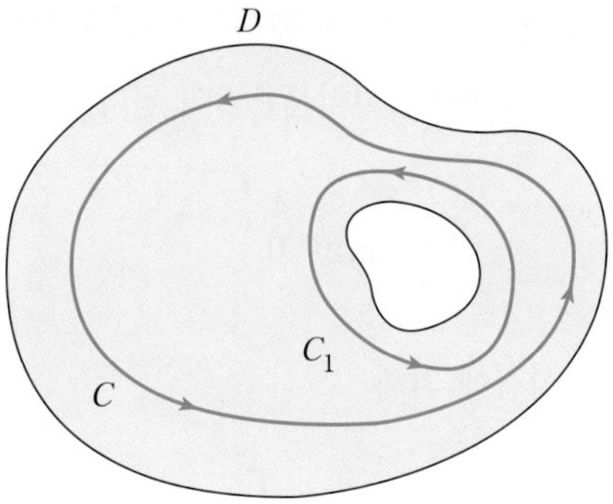

[그림 11.9] 이중연결영역에서의 두 단순폐곡선

한편, [그림 11.10]에서처럼 선분 AB로 경로를 절단하면 경로 K에 의해 둘러싸인 영역은 단순연결영역이 된다. 그림에서 AB와 $A'B'$은 같은 선분이며, 경로 K에 의해 둘러싸인 영역을 명확하게 표시하기 위해 분리하여 나타내었다. [그림 11.10]에 나타낸 것처럼 경로 K는 다음과 같은 4개의 경로로 구성된다.

$$K = C \cup \overline{AB} \cup (-C_1) \cup \overline{B'A'} \tag{29}$$

식(29)에서 $-C_1$은 C_1과 방향이 반대인 경로를 나타내며 A와 A', B와 B'은 같은 점을 나타낸다는 것에 주의하라.

그런데 $f(z)$는 K에 의해 둘러싸인 단순연결영역에서 해석적이므로 Cauchy 적분정리에 의해 다음의 관계가 성립된다.

$$\oint_K f(z)\,dz = 0 \tag{30}$$

식(30)은 복소선적분의 경로분할 성질에 의해 분할된 경로에 대한 적분의 합으로 다음과 같이 표현할 수 있다.

$$\oint_K f(z)\,dz = \oint_C f(z)\,dz + \int_A^B f(z)\,dz + \oint_{-C_1} f(z)\,dz + \int_{B'}^{A'} f(z)\,dz = 0 \tag{31}$$

그런데 식(31)의 우변의 두 번째 적분과 네 번째 적분은 동일한 경로에 대해 방향만 반대로 적분하는 형태이므로 합은 0이 된다. 또한 우변의 세 번째 적분에 대하여 다음의 관계가 성립된다.

$$\oint_{-C_1} f(z)dz = -\oint_{C_1} f(z)dz \tag{32}$$

따라서 식(31)의 우변은 다음과 같이 표현된다.

$$\begin{aligned} &\oint_C f(z)\,dz - \oint_{C_1} f(z)\,dz = 0 \\ &\therefore\ \oint_C f(z)\,dz = \oint_{C_1} f(z)\,dz \end{aligned} \tag{33}$$

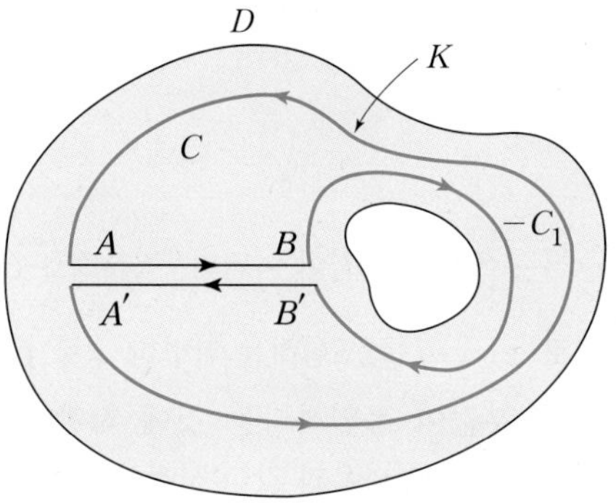

[그림 11.10] 적분경로 K의 구성

식(33)의 결과를 살펴보면, 경로 C를 연속적으로 변형하여 경로 C_1을 얻었다고 생각할 수 있기 때문에 경로변형의 원리라고 부른다. 경로변형의 원리를 이용하게 되면 복잡한 단순폐곡선상의 복소선적분을 계산할 때, 보다 간단한 단순폐곡선상의 복소선적분으로 치환하여 계산할 수 있기 때문에 계산과정이 간결해진다는 것에 주목하라.

예제 11.6

적분경로 C가 다음과 같이 주어질 때 다음의 복소선적분을 계산하라.

$$\oint_C \frac{dz}{z+i}$$

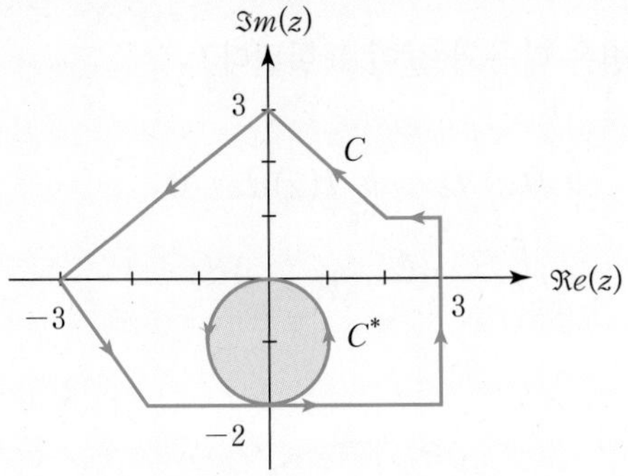

풀이

피적분 함수 $\frac{1}{z+i}$은 $z=-i$에서 해석적이 아니다. 적분경로 C에 의해 둘러싸인 영역 내에 $z=-i$가 포함되므로 $z=-i$를 포함하는 간단한 경로 C^*에 대해 적분을 하여도 경로변형의 원리에 의해 적분값이 동일하다는 것에 착안한다. 간단한 경로 C^*를 $z=-i$를 중심으로 하는 단위원으로 다음과 같이 선정하자.

$$C^* : z+i=e^{it}, \quad 0 \le t \le 2\pi$$

주어진 적분은 $z'(t)=ie^{it}$이므로 다음과 같이 계산할 수 있다.

$$\oint_C \frac{dz}{z+i} = \oint_{C^*} \frac{dz}{z+i} = \int_0^{2\pi} \frac{ie^{it}}{e^{it}} dt = 2\pi i$$

〈예제 11.6〉에서 알 수 있는 것처럼 경로변형을 하지 않는다면, 경로 C에 대해 경로분할을 하여 복잡한 계산을 필요로 한다는 사실에 주목하라.

예제 11.7

적분경로 C가 원점이 중심인 반지름이 2인 원이라 할 때 다음 복소선적분을 계산하라.

$$\oint_C \frac{3z+1}{(z-1)(z-3)}dz$$

풀이

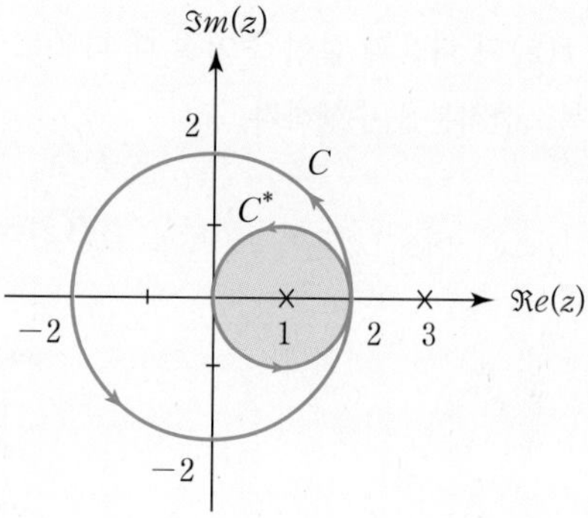

오른쪽 그림에서 나타낸 것처럼 피적분 함수는 $z=1$, $z=3$에서 해석적이 아니며 × 표시를 하였다. 두 점 중에서 적분경로 C에 포함되는 점은 $z=1$이다.

주어진 피적분 함수를 부분분수로 분해하면

$$\frac{3z+1}{(z-1)(z-3)}=\frac{A}{z-1}+\frac{B}{z-3}$$

$$A=\left.\frac{3z+1}{z-3}\right|_{z=1}=-2$$

$$B=\left.\frac{3z+1}{z-1}\right|_{z=3}=5$$

이므로 다음의 관계가 성립한다.

$$\begin{aligned}\oint_C \frac{3z+1}{(z-1)(z-3)}dz&=\oint_C\left(\frac{-2}{z-1}+\frac{5}{z-3}\right)dz\\&=-2\oint_C\frac{z}{z-1}dz+5\oint_C\frac{1}{z-3}dz\end{aligned}$$

우변의 첫 번째 적분은 경로변형의 원리에 의해 C^*를 다음과 같이 선정하여 적분을 한다.

$$C^* : z-1=e^{it},\quad 0\le t\le 2\pi$$

$$\oint_C\frac{1}{z-1}dz=\oint_{C^*}\frac{1}{z-1}dz=\int_0^{2\pi}\frac{1}{e^{it}}ie^{it}dt=2\pi i$$

우변의 두 번째 적분은 피적분 함수 $\frac{1}{z-3}$이 C의 내부의 모든 점에서 해석적이므로 Cauchy 적분정리에 의해 다음과 같다.

$$\oint_C\frac{1}{z-3}dz=0$$

따라서 주어진 선적분은 다음과 같다.

$$\oint_C \frac{3z+1}{(z-1)(z-3)}dz = -2(2\pi i)+5(0) = -4\pi i$$

예제 11.8

$f(z)$가 다음과 같이 주어질 때 다음 그림의 적분경로 C_1과 C_2에 대해 반시계방향으로 복소선적분을 수행하라.

$$f(z) = \frac{z+1}{z(z+i)(z-i)}$$

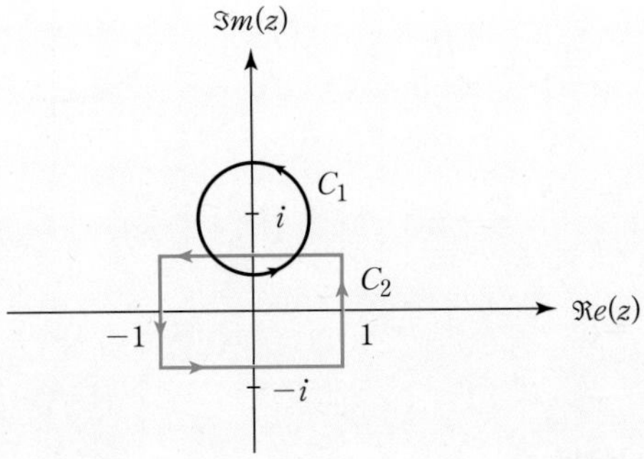

풀이

① 경로 C_1에 대한 선적분

$f(z)$를 부분분수로 전개하면

$$\frac{z+1}{z(z+i)(z-i)} = \frac{A}{z} + \frac{B}{z+i} + \frac{C}{z-i}$$

$$A = \left.\frac{z+1}{(z+i)(z-i)}\right|_{z=0} = 1$$

$$B = \left.\frac{z+1}{z(z-i)}\right|_{z=-i} = \frac{-i+1}{-i(-2i)} = \frac{i-1}{2}$$

$$C = \left.\frac{z+1}{z(z+i)}\right|_{z=i} = \frac{i+1}{i(2i)} = -\frac{i+1}{2}$$

이므로 다음의 관계가 성립된다.

$$\oint_{C_1} \frac{z+1}{z(z+i)(z-i)} dz = \oint_{C_1} \frac{1}{z} dz + \frac{i-1}{2} \oint_{C_1} \frac{1}{z+i} dz - \frac{i+1}{2} \oint_{C_1} \frac{1}{z-i} dz$$

그런데 $f(z)$는 $z=0$, $z=-i$, $z=i$에서 해석적이 아니며, 적분경로 C_1은 $z=i$만을 포함하므로 C_1에 대한 첫 번째와 두 번째 적분은 Cauchy의 적분정리에 의해 적분값이 0이 된다. 즉,

$$\oint_{C_1} \frac{1}{z} dz = 0, \quad \oint_{C_2} \frac{1}{z+i} dz = 0$$

세 번째 적분을 계산하기 위해 C_1^*를 다음과 같이 선정하고 경로변형의 원리를 적용한다.

$$C_1^* : z-i = \frac{1}{2} e^{it} \quad 0 \le t \le 2\pi$$

$$\oint_{C_1} \frac{1}{z-i} dz = \oint_{C_1^*} \frac{1}{z-i} dz = \int_0^{2\pi} \frac{1}{\frac{1}{2} e^{it}} i e^{it} dt = \int_0^{2\pi} 2i dt = 4\pi i$$

따라서 경로 C_1에 대한 선적분은 다음과 같다.

$$\oint_{C_1} \frac{z+1}{z(z+i)(z-i)} dz = -\frac{i+1}{2}(4\pi i) = 2\pi - 2\pi i$$

② 경로 C_2에 대한 선적분

$$\oint_{C_2} \frac{z+1}{z(z+i)(z-1)} dz = \oint_{C_2} \frac{1}{z} dz + \frac{i-1}{2} \oint_{C_2} \frac{1}{z+i} dz - \frac{i+1}{2} \oint_{C_2} \frac{1}{z-i} dz$$

그런데 적분경로 C_2는 $z=0$만을 포함하기 때문에 C_2에 대한 두 번째 적분과 세 번째 적분은 Cauchy의 적분정리에 의해 적분값이 0이 된다. 즉,

$$\oint_{C_2} \frac{1}{z+i} dz = 0, \quad \oint_{C_2} \frac{1}{z-i} dz = 0$$

첫 번째 적분을 계산하기 위해 C_2^*를 다음과 같이 선정하고 경로변형의 원리를 적용한다.

$$C_2^*: z=e^{it} \quad 0 \le t \le 2\pi$$

$$\oint_{C_2} \frac{1}{z} dz = \oint_{C_2^*} \frac{1}{z} dz = \int_0^{2\pi} \frac{1}{e^{it}} ie^{it} dt = \int_0^{2\pi} i dt = 2\pi i$$

따라서 적분경로 C_2에 대한 선적분은 다음과 같다.

$$\oint_{C_2} \frac{z+1}{z(z+i)(z-i)} dz = 2\pi i$$

(5) 경로변형의 원리 확장

지금까지 경로변형의 원리를 이중연결영역에서 설명을 하였으나 다중연결영역에서도 유사하게 적용할 수 있다.

예를 들어, 다음의 삼중연결영역 D에서 적분경로 C_1과 C_2는 각각의 구멍을 둘러싸는 단순폐곡선이며, 적분경로 C는 C_1과 C_2를 둘러싸는 D 안의 또 다른 단순폐곡선이라 가정한다.

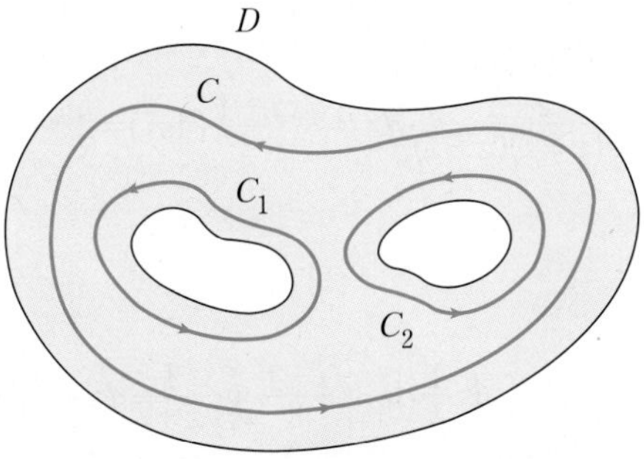

[그림 11.11] 삼중연결영역에서의 세 개의 단순폐곡선

이중연결영역에서 선분 AB로 경로를 절단했던 것과 동일한 방법으로 [그림 11.11]의 3개의 경로를 두 개의 선분 PQ와 RS로 절단하면 다음과 같다.

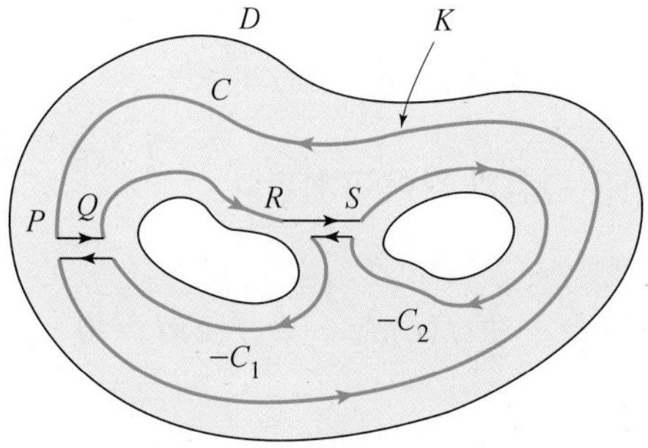

[그림 11.12] 적분경로 K의 구성

[그림 11.12]에서 선분 PQ와 RS는 K에 의해 둘러싸인 영역을 명확하게 표시하기 위해 분리하여 표기하였다는 것에 유의하라. 새로운 적분경로 K는 다음과 같이 7개의 경로로 구성된다.

$$K = C \cup \overline{PQ} \cup (-C_1) \cup \overline{RS} \cup (-C_2) \cup \overline{SR} \cup \overline{QP} \tag{34}$$

식(34)에서 $-C_1$과 $-C_2$는 각각 C_1과 C_2와 방향이 반대인 경로를 나타낸다. 그런데 $f(z)$는 K에 의해 둘러싸인 단순연결영역에서 해석적이므로 Cauchy의 적분정리에 의해 다음의 관계가 성립한다.

$$\oint_K f(z)dz = 0 \tag{35}$$

선적분의 경로분할 성질에 의해 식(35)의 적분은 다음과 같이 분할된 경로에 대한 적분의 합으로 표현할 수 있다.

$$\oint_K = \oint_C + \int_{\overline{PQ}} + \oint_{-C_1} + \int_{\overline{RS}} + \oint_{-C_2} + \int_{\overline{RS}} + \int_{\overline{QP}} = 0 \tag{36}$$

선분 PQ와 RS에 대한 적분과 선분 QP와 SR에 대한 적분들의 합은 동일한 경로에 서로 방향만이 반대이므로 합은 0이 되며, 적분경로 $-C_1$과 $-C_2$에 대한 선적분에 대해 다음의 관계가 성립한다.

$$\oint_{-C_1} = -\oint_{C_1},\ \oint_{-C_2} = -\oint_{C_2} \tag{37}$$

따라서 식(36)의 우변은 다음과 같이 표현된다.

$$\oint_C f(z)dz - \oint_{C_1} f(z)dz - \oint_{C_2} f(z)dz = 0$$

$$\therefore \oint_C f(z)dz = \oint_{C_1} f(z)dz + \oint_{C_2} f(z)dz \tag{38}$$

식(38)의 결과는 적분경로 C 내에 $f(z)$가 해석적이지 않은 구멍들이 존재하게 되면 적분경로 C에 대한 선적분은 그 구멍을 둘러싸는 선적분들의 합과 같다는 의미이다.

정리 11.2 다중연결영역에서의 경로변형의 원리

일반적으로 구멍이 n개 존재하는 다중연결영역 D에서 다음의 결과가 성립한다.

$$\oint_C f(z)dz = \sum_{k=1}^{n} \oint_{C_k} f(z)dz \tag{39}$$

여기서 C는 [그림 11.13]에 나타낸 것처럼 C_1, C_2, ⋯, C_n을 포함하는 D에서의 단순폐곡선이며, 각 C_i 들은 구멍을 둘러싸는 양의 방향의 단순폐곡선이고, 각각의 내부는 서로 겹치지 않는다고 가정한다.

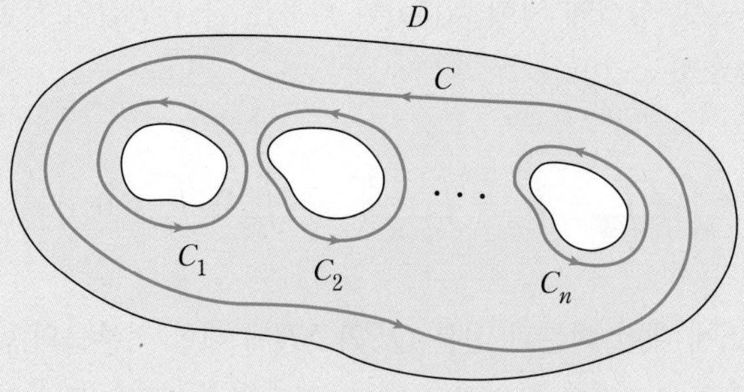

[그림 11.13] 다중연결영역에서의 단순폐곡선

경로변형의 원리를 적용하여 다음의 예제들을 풀어본다.

예제 11.9

적분경로 C가 원점을 중심으로 하는 반지름이 2인 원이라고 할 때, 다음의 선적분을 계산하라.

$$\oint_C \frac{1}{z^2-1}dz$$

풀이

피적분 함수의 분모를 인수분해하면

$$z^2-1=(z+1)(z-1)$$

이므로 $z=-1$과 $z=1$에서 피적분함수 $\frac{1}{z^2-1}$은 해석적이지 않다.

피적분함수를 부분분수로 분해하면

$$\frac{1}{z^2-1}=\frac{1}{(z+1)(z-1)}=\frac{A}{z+1}+\frac{B}{z-1}$$

$$A=\left.\frac{1}{z-1}\right|_{z=-1}=-\frac{1}{2}$$

$$B=\left.\frac{1}{z+1}\right|_{z=1}=\frac{1}{2}$$

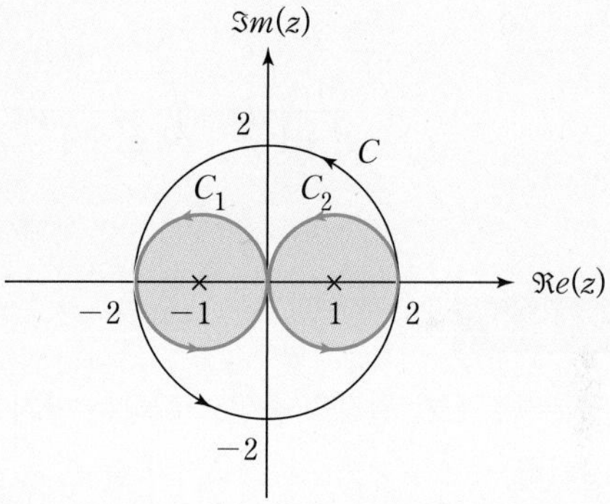

이 되므로 주어진 선적분은 다음과 같이 표현할 수 있다.

$$\oint_C \frac{1}{z^2-1}dz=-\frac{1}{2}\oint_C \frac{1}{z+1}dz+\frac{1}{2}\oint_C \frac{1}{z-1}dz$$

그런데 적분경로 C의 내부에는 $z=-1$과 $z=1$이 모두 포함되어 있으므로 $z=-1$과 $z=1$을 중심으로 하는 단위원 C_1과 C_2를 다음과 같이 정의하자.

$$C_1 : z+1=e^{it}, \quad 0 \le t \le 2\pi$$
$$C_2 : z-1=e^{it}, \quad 0 \le t \le 2\pi$$

경로변형의 원리를 적용하면 다음의 관계가 성립된다.

$$\oint_C \frac{1}{z^2-1}dz = \oint_{C_1} \frac{1}{z^2-1}dz + \oint_{C_2} \frac{1}{z^2-1}dz$$

우변의 첫 번째 적분을 계산하면

$$\oint_{C_1} \frac{1}{z^2-1}dz = -\frac{1}{2}\oint_{C_1} \frac{1}{z+1}dz + \frac{1}{2}\oint_{C_1} \frac{1}{z-1}dz = -\frac{1}{2}\oint_{C_1} \frac{1}{z+1}dz$$
$$= -\frac{1}{2}\left\{\int_0^{2\pi} \frac{1}{e^{it}} ie^{it} dt\right\} = -\pi i$$

를 얻을 수 있으며, 두 번째 적분은 다음과 같이 계산된다.

$$\oint_{C_2} \frac{1}{z^2-1}dz = -\frac{1}{2}\oint_{C_2} \frac{1}{z+1}dz + \frac{1}{2}\oint_{C_2} \frac{1}{z-1}dz = \frac{1}{2}\oint_{C_2} \frac{1}{z-1}dz$$
$$= \frac{1}{2}\left\{\int_0^{2\pi} \frac{1}{e^{it}} ie^{it} dt\right\} = \pi i$$

따라서 주어진 선적분의 값은 다음과 같다.

$$\oint_C \frac{1}{z^2-1}dz = \oint_{C_1} \frac{1}{z^2-1}dz + \oint_{C_2} \frac{1}{z^2-1}dz = -\pi i + \pi i = 0$$

예제 11.10

적분경로 C가 원점을 중심으로 하는 반지름이 2인 원이라고 할 때, 다음의 선적분을 계산하라.

$$\oint_C \frac{1}{z(z+1)(z+3)}dz$$

풀이

먼저, 피적분 함수를 부분분수로 분해하면

$$\frac{1}{z(z+1)(z+3)} = \frac{A}{z} + \frac{B}{z+1} + \frac{C}{z+3}$$

$$A = \left.\frac{1}{(z+1)(z+3)}\right|_{z=0} = \frac{1}{3}$$
$$B = \left.\frac{1}{z(z+3)}\right|_{z=-1} = -\frac{1}{2}$$
$$C = \left.\frac{1}{z(z+1)}\right|_{z=-3} = \frac{1}{6}$$

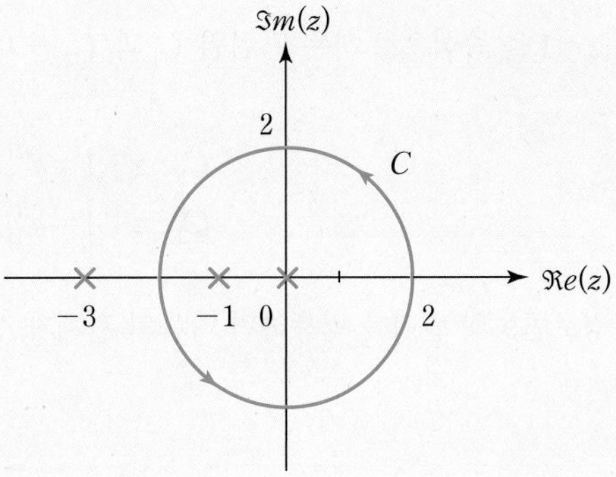

이므로 주어진 선적분은 다음과 같이 표현된다.

$$\oint_C \frac{1}{z(z+1)(z+3)}dz = \frac{1}{3}\oint_C \frac{1}{z}dz - \frac{1}{2}\oint_C \frac{1}{z+1}dz + \frac{1}{6}\oint_C \frac{1}{z+3}dz$$

그런데 적분경로 C에는 $z=0$와 $z=-1$만이 포함되므로 Cauchy의 적분정리에 의해 다음과 같다.

$$\oint_C \frac{1}{z(z+1)(z+3)}dz = \frac{1}{3}\oint_C \frac{1}{z}dz - \frac{1}{2}\oint_C \frac{1}{z+1}dz$$

경로변형의 원리를 이용하여 우변의 적분을 계산하기 위해 적분경로 C_1과 C_2를 다음과 같이 선정하자.

$$C_1 : z = \frac{1}{2}e^{it}, \qquad 0 \le t \le 2\pi$$
$$C_2 : z+1 = \frac{1}{2}e^{it}, \quad 0 \le t \le 2\pi$$

$$\oint_C \frac{1}{z}dz = \oint_{C_1} \frac{1}{z}dz = \int_0^{2\pi} \frac{1}{\frac{1}{2}e^{it}}\left(\frac{1}{2}ie^{it}\right)dt = 2\pi i$$
$$\oint_C \frac{1}{z+1}dz = \oint_{C_2} \frac{1}{z+1}dz = \int_0^{2\pi} \frac{1}{\frac{1}{2}e^{it}}\left(\frac{1}{2}ie^{it}\right)dt = 2\pi i$$

따라서 주어진 선적분은 다음과 같다.

$$\oint_C \frac{1}{z(z+1)(z+3)}dz = \frac{1}{3}(2\pi i) - \frac{1}{2}(2\pi i) = -\frac{1}{3}\pi i$$

지금까지 Cauchy의 적분정리에 대하여 설명하였다. 마지막으로 한 가지 명심해야 할 것은 $f(z)$가 단순연결영역 D에서 정의되는 단순폐곡선 C의 모든 점에서도 해석적이어야 하므로 적분경로를 선정할 때 해석적이지 않은 점들은 피해서 선정해야 한다는 것이다.

다음에 Cauchy의 적분정리의 가장 중요한 결과인 Cauchy의 적분공식에 대해 설명한다.

11.3 Cauchy 적분공식

(1) Cauchy 적분공식의 유도

Cauchy의 적분공식(Cauchy Integral Formula)은 복소적분을 계산하는 데 있어 매우 유용할 뿐만 아니라 해석함수는 모든 차수의 도함수를 가진다는 놀라운 공식이다. Cauchy의 적분공식은 다음과 같이 기술할 수 있다.

정리 11.3 Cauchy 적분공식

$f(z)$가 단순연결영역 D에서 해석적이면, D에 있는 임의의 점 z_0와 z_0를 둘러싸는 임의의 단순폐곡선 C에 대하여 다음의 관계가 성립한다.

$$\oint_C \frac{f(z)}{z-z_0}dz = 2\pi i f(z_0) \tag{40}$$

증명

Cauchy의 적분공식을 증명해 보기로 한다. $f(z)=f(z_0)+(f(z)-f(z_0))$의 형태로 표현할 수 있으므로 식(40)의 좌변을 다음과 같이 표현할 수 있다.

$$\begin{aligned}\oint_C \frac{f(z)}{z-z_0}dz &= \oint_C \frac{f(z_0)+(f(z)-f(z_0))}{z-z_0}dz \\ &= \oint_C \frac{f(z_0)}{z-z_0}dz + \oint_C \frac{f(z)-f(z_0)}{z-z_0}dz\end{aligned} \tag{41}$$

식(41)의 우변의 첫 번째 적분은 적분경로의 변형에 의해 다음과 같이 계산할 수 있다.

$$\oint_C \frac{f(z_0)}{z-z_0}dz = \oint_{C^*} \frac{f(z_0)}{z-z_0}dz = \int_0^{2\pi} \frac{f(z_0)}{e^{it}} ie^{it}dt = 2\pi i f(z_0) \tag{42}$$

여기서 C^*는 $z=z_0+e^{it}$로 정의되는 z_0를 중심으로 하는 단위원이다. 다음으로 식(41)의 두 번째 적분을 계산해 보자.

두 번째 적분의 피적분함수는 $z=z_0$를 제외한 모든 점에서 해석적이므로 앞 절에서 다룬 경로변형의 원리에 의해 적분값의 변동이 없이 중심이 z_0이고 반지름이 r인 작은 원 K에 대한 적분으로 대체가 가능하다. 즉,

$$\oint_C \frac{f(z)-f(z_0)}{z-z_0}dz=\oint_K \frac{f(z)-f(z_0)}{z-z_0}dz \tag{43}$$

여기서 K는 다음과 같이 정의되는 적분경로이다.

$$K: z-z_0=re^{it}, \quad 0\le t\le 2\pi \tag{44}$$

그런데 $f(z)$는 해석적이라 가정하였기 때문에 $z=z_0$에서 연속이다. 따라서 임의의 $\varepsilon>0$에 대해 $|z-z_0|<\delta$이면 $|f(z)-f(z_0)|<\varepsilon$이 성립하는 $\delta>0$가 존재한다. 만일 적분경로 K의 반지름 r을 δ보다 작게 선정하면, 예를 들어 $r=\frac{\delta}{2}$로 하면 다음의 관계가 만족된다.

$$\left|\frac{f(z)-f(z_0)}{z-z_0}\right|\le\frac{\varepsilon}{\left(\frac{\delta}{2}\right)}=\frac{2\varepsilon}{\delta} \tag{45}$$

여기서 ML-부등식에 의해

$$\left|\oint_K \frac{f(z)-f(z_0)}{z-z_0}dz\right|\le\frac{2\varepsilon}{\delta}\left(2\pi\cdot\frac{\delta}{2}\right)=2\pi\varepsilon \tag{46}$$

이 되므로, 식(46)의 적분값은 ε을 충분히 작게 선택할 수 있으므로 다음의 적분값은 0이 된다.

$$\oint_C \frac{f(z)-f(z_0)}{z-z_0}dz=\oint_K \frac{f(z)-f(z_0)}{z-z_0}dz=0 \tag{47}$$

따라서 식(41)로부터 다음의 관계를 얻을 수 있다.

$$\oint_C \frac{f(z)}{z-z_0}dz=2\pi i f(z_0) \tag{48}$$

여기서 잠깐! ***ML*–부등식**

복소선적분의 크기를 추정해야 할 경우 매우 유용한 부등식이 ML–부등식이다. ML–부등식은 다음과 같이 표현된다.

$$\left|\int_C f(z)dz\right| \leq ML \tag{49}$$

여기서 M은 적분경로 C 위의 모든 점에서 $|f(z)|$의 최댓값을 의미하며, L은 C의 길이를 나타낸다.

$$|f(z)| \leq M,\ \ z \in C$$

복소선적분의 정의에서 부분합 S_n의 절댓값은 삼각부등식에 의해 다음과 같이 표현된다.

$$\begin{aligned} |S_n| &= \left|\sum_{m=1}^{n} f(z_m^*)\Delta z_m\right| \\ &\leq \sum_{m=1}^{n} |f(z_m^*)||\Delta z_m| \leq M\sum_{m=1}^{n}|\Delta z_m| \end{aligned} \tag{50}$$

여기서 $|\Delta z_m|$은 끝점이 z_{m-1}과 z_m과의 길이를 나타내므로 $n \to \infty$일 때 $\sum|\Delta z_m|$은 곡선의 길이 L에 수렴하므로 식(50)은 다음과 같이 표현된다.

$$\left|\oint_C f(z)\,dz\right| \leq ML$$

예제 11.11

다음의 복소선적분을 주어진 경로에 대하여 계산하라.

(1) $\displaystyle\oint_C \frac{z^2+4}{z-i}dz,\ \ C: |z|=2$

(2) $\displaystyle\oint_C \frac{z^2+3z+1}{2z-i}dz,\ \ C: z=4e^{it},\ \ 0 \leq t \leq 2\pi$

풀이

(1) Cauchy 적분공식에서 $f(z)=z^2+4$이므로 $f(z)$는 복소평면 전체에서 해석적인 함수이다. 따라서

$$\oint_C \frac{z^2+4}{z-i}dz = 2\pi i f(i) = 2\pi i(i^2+4) = 6\pi i$$

(2) Cauchy 적분공식의 형태에 맞추기 위해 피적분함수를 변형하면

$$\frac{z^2+3z+1}{2\left(z-\frac{1}{2}i\right)} = \frac{\frac{1}{2}(z^2+3z+1)}{z-\frac{1}{2}i}$$

이므로 $f(z)=\frac{1}{2}(z^2+3z+1)$은 복소평면 전체에서 해석적인 함수이다. 따라서 주어진 선적분은 Cauchy 적분공식에 의해 다음과 같이 계산할 수 있다.

$$\oint_C \frac{z^2+3z+1}{2z-i}dz = 2\pi i f\left(\frac{1}{2}i\right) = 2\pi i\left(\frac{3}{8}+\frac{3}{4}i\right) = \frac{3}{4}\pi i - \frac{3}{2}\pi$$

예제 11.12

아래 그림에 주어진 적분경로에 대하여 다음의 선적분을 계산하라.

$$\oint_C \frac{z}{z^2+1}dz$$

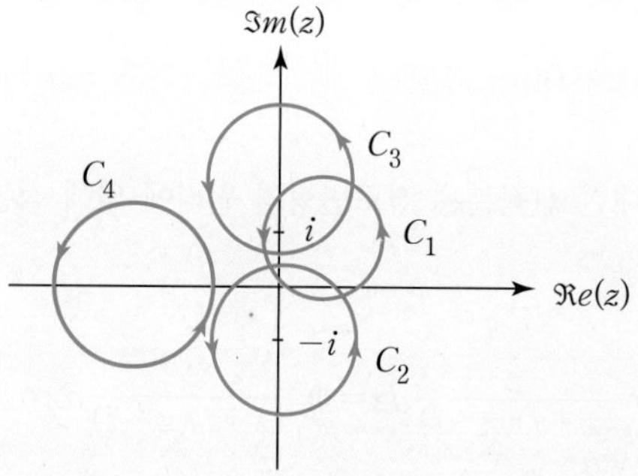

풀이

먼저, 피적분함수의 분모를 인수분해하면

$$z^2+1=(z+i)(z-i)$$

이므로 피적분함수는 $z=-i$와 $z=i$에서 해석적이지 않다. 적분경로 C_1의 내부에는 $z=i$가 포함되어 있으므로 Cauchy 적분공식을 적용하기 위한 형태로 피적분 함수를 변형한다.

$$\oint_{C_1}\frac{z}{(z+i)(z-i)}dz=\oint_{C_1}\frac{\left(\frac{z}{z+i}\right)}{z-i}dz$$

$f(z)=\frac{z}{z+i}$는 C_1 내부의 모든 점에서 해석적인 함수이므로 Cauchy 적분공식에 의해 다음의 관계가 얻어진다.

$$\oint_{C_1}\frac{z}{(z+i)(z-i)}dz=2\pi i f(i)=2\pi i\left(\frac{i}{2i}\right)=\pi i$$

다음으로, 적분경로 C_2의 내부에는 $z=-i$가 포함되어 있으므로 Cauchy 적분공식을 적용하기 위한 형태로 피적분함수를 변형한다.

$$\oint_{C_2}\frac{z}{(z+i)(z-i)}dz=\oint_{C_2}\left(\frac{\left(\frac{z}{z-i}\right)}{z+i}\right)dz$$

$f(z)=\frac{z}{z-i}$는 C_2 내부의 모든 점에서 해석적인 함수이므로 Cauchy 적분공식에 의해 다음의 관계가 얻어진다.

$$\oint_{C_2}\frac{z}{(z+i)(z-i)}dz=2\pi i f(-i)=2\pi i\left(\frac{-i}{-2i}\right)=\pi i$$

한편, 적분경로 C_3에 대한 선적분은 경로변형의 원리에 의해 적분경로 C_1에 대한 적분값과 같다. 즉,

$$\oint_{C_3}\frac{z}{(z+i)(z-i)}dz=\oint_{C_1}\frac{z}{(z+i)(z-i)}dz=\pi i$$

마지막으로, 적분경로 C_4에 대한 선적분은 C_4의 내부에는 $z=-i$와 $z=i$가 포함되지 않으므로 주어진 적분의 피적분함수는 C_4의 내부에 있는 모든 점에서 해석적이다. 따라서 Cauchy의 적분정리에 의해 다음이 성립한다.

$$\oint_{C_4}\frac{z}{(z+i)(z-i)}dz=0$$

(2) 이중연결영역에 대한 Cauchy 적분공식

다음으로, Cauchy 적분공식을 이중연결영역에 대해 적용해 보자. $f(z)$가 [그림 11.14]에 주어진 원환에서 해석적이라 가정한다.

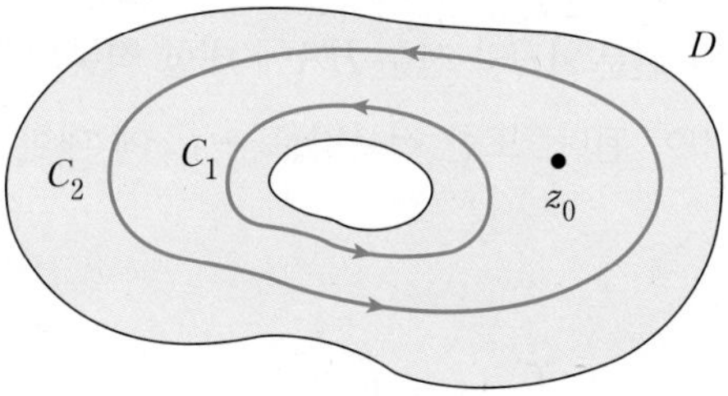

[그림 11.14] 이중연결영역에 대한 Cauchy 적분공식

[그림 11.14]에서 단순폐곡선 C_1과 C_2를 선분 AB로 절단하여 새로운 경로 K를 구성해 보자.

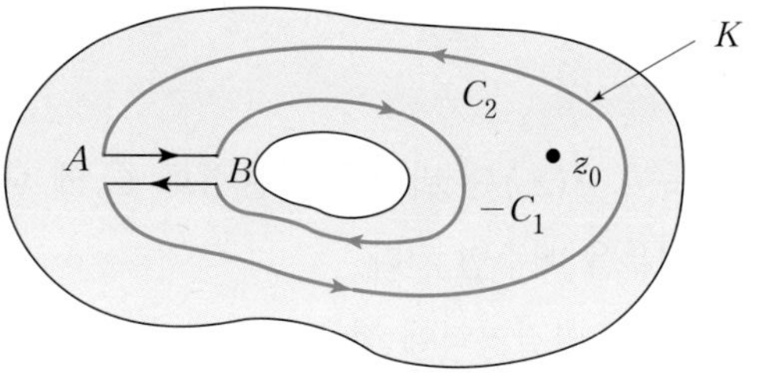

[그림 11.15] 적분경로 K의 구성

적분경로 K는 다음과 같이 4개의 경로로 구성된다. 즉,

$$K = C_2 \cup \overline{AB} \cup (-C_1) \cup \overline{BA} \tag{51}$$

z_0가 경로 K의 내부에 존재하고 $f(z)$는 K에 의해 둘러싸인 영역에서 해석적이므로 Cauchy 적분정리에 의해 다음의 관계가 성립한다.

$$\oint_K \frac{f(z)}{z-z_0} dz = 2\pi i f(z_0) \tag{52}$$

식(52)의 적분은 선적분의 경로분할 성질에 의해 다음과 같이 분할된 경로에 대한 적분의 합으로 표현할 수 있다.

$$\oint_K = \oint_{C_2} + \int_{AB} + \oint_{-C_1} + \int_{BA} \tag{53}$$

앞에서 언급한 것처럼 선분 AB와 선분 BA에 대한 적분의 합은 동일한 경로에 방향만 반대이므로 합은 0이 된다. 또한 적분경로 $-C_1$에 대한 적분은 다음의 관계가 만족된다.

$$\oint_{-C_1} = -\oint_{C_1} \tag{54}$$

따라서 식(52)는 다음과 같이 표현할 수 있다.

$$\oint_{C_2} \frac{f(z)}{z-z_0}dz - \oint_{C_1} \frac{f(z)}{z-z_0}dz = 2\pi i f(z_0)$$

$$\therefore \ f(z_0) = \frac{1}{2\pi i}\oint_{C_2} \frac{f(z)}{z-z_0}dz - \frac{1}{2\pi i}\oint_{C_1} \frac{f(z)}{z-z_0}dz \tag{55}$$

식(55)에서 알 수 있듯이 $f(z_0)$는 바깥쪽 적분경로 C_2에 대한 선적분에서 안쪽 적분경로 C_1에 대한 선적분을 빼주면 된다.

지금까지 설명한 것을 다중연결영역에 적용하여 일반화된 Cauchy 적분공식을 유도할 수 있으며, 확장하는 데 어려움이 없으므로 독자들의 연습문제로 남겨둔다.

11.4 복소해석함수의 n차 도함수

복소해석함수가 모든 차수의 도함수를 가진다는 사실은 매우 놀라운 것이다. 왜냐하면 실함수에서는 한 번 미분가능하다고 하더라도 고차 도함수의 존재에 대해서는 아무런 결과를 얻을 수 없기 때문이다.

(1) 복소해석함수의 고차 도함수

본 절에서는 Cauchy 적분공식을 이용하여 복소해석함수 $f(z)$는 모든 차수의 도함수를 가진다는 것에 대하여 살펴볼 것이다. 다시 말해서, $f(z)$가 한 점 z_0에서 해석적이면, $f'(z)$, $f''(z)$, $\cdots$ 등도 z_0에서 해석적이다.

정리 11.4 복소해석함수의 n차 도함수

$f(z)$가 단순연결영역 D에서 해석적이고 C는 D의 내부의 단순폐곡선이라고 가정하자. 만일 z_0가 C의 내부에 있는 임의의 점이라면 다음의 관계가 성립한다.

$$f^{(n)}(z_0)=\frac{n!}{2\pi i}\oint_C \frac{f(z)}{(z-z_0)^{n+1}}dz, \quad n=1, 2, \cdots \tag{56}$$

단, C는 반시계방향의 적분경로이다.

식(56)에 대한 증명은 $n=1$일 때 $f'(z_0)$의 정의와 Cauchy 적분공식으로부터 다음의 관계가 성립한다는 것을 먼저 보인 다음, 수학적 귀납법(Mathematical Induction)을 이용하여 모든 n에 대해 성립한다는 것을 보이는 과정으로 되어 있다.

$$f'(z_0)=\frac{1}{2\pi i}\oint_C \frac{f(z)}{(z-z_0)^2}dz \tag{57}$$

상세한 증명과정은 공학적 관점에서는 그다지 중요하지 않으므로 관심이 있는 독자는 관련서적을 참고하기 바란다. 식(56)은 선적분 계산을 위해 다음과 같은 형태로 변형되어 많이 활용된다.

$$\oint_C \frac{f(z)}{(z-z_0)^{n+1}}dz=\frac{2\pi i}{n!}f^{(n)}(z_0) \tag{58}$$

예제 11.13

적분경로 C가 원점을 중심으로 하는 반지름이 2인 원이라고 할 때 다음의 선적분을 계산하라.

(1) $\oint_C \frac{z+1}{z^2(z+3)}dz$

(2) $\oint_C \frac{z+2}{(z+i)^3(z-4)}dz$

풀이

(1) 피적분함수는 $z=0$과 $z=-3$에서 해석적이 아니지만, 적분경로 C의 내부에 포함된 점은 $z=0$뿐이다. 따라서 피적분함수를 다음과 같이 변형하면

$$\frac{z+1}{z^2(z+3)}=\frac{\left(\frac{z+1}{z+3}\right)}{z^2}=\frac{f(z)}{z^2}$$

이므로 $f(z)$는 경로 C의 내부의 모든 점에서 해석적이므로 식(58)에 의해

$$\oint_C \frac{z+1}{z^2(z+3)}dz=\oint_C \frac{\left(\frac{z+1}{z+3}\right)}{z^2}dz=2\pi i f'(0)$$

가 된다. $f(z)$를 미분하면

$$f'(z)=\frac{(z+3)-(z+1)}{(z+3)^2}=\frac{2}{(z+3)^2}$$

이므로 $f'(0)=\frac{2}{9}$가 된다.

$$\therefore \oint_C \frac{z+1}{z^2(z+3)}dz=2\pi i\left(\frac{2}{9}\right)=\frac{4}{9}\pi i$$

(2) 피적분함수는 $z=-i$와 $z=4$에서 해석적이 아니지만, 적분경로 C의 내부에 포함된 점은 $z=-i$ 뿐이다. 따라서 피적분함수를 다음과 같이 변형하면

$$\frac{z+2}{(z+i)^3(z-4)}=\frac{\left(\frac{z+2}{z-4}\right)}{(z+i)^3}=\frac{f(z)}{(z+i)^3}$$

이므로 $f(z)$는 경로 C의 내부의 모든 점에서 해석적이므로 식(58)에 의해

$$\oint_C \frac{z+2}{(z+i)^3(z-4)}dz=\oint_C \frac{\left(\frac{z+2}{z-4}\right)}{(z+i)^3}dz=\frac{2\pi i}{2!}f''(-i)$$

가 된다. $f(z)$의 2차 도함수를 구하여 $f''(-i)$를 계산하면 다음과 같다.

$$f'(z)=\frac{(z-4)-(z+2)}{(z-4)^2}=\frac{-6}{(z-4)^2}$$
$$f''(z)=\frac{12(z-4)}{(z-4)^4}=\frac{12}{(z-4)^3}$$
$$f''(-i)=\frac{12}{(-i-4)^3}=-\frac{12}{52+47i}$$

따라서 주어진 선적분은 다음과 같다.

$$\oint_C \frac{z+2}{(z+i)^3(z-4)}dz=\pi i\left(-\frac{12}{52+47i}\right)$$

예제 11.14

적분경로 C가 원점을 중심으로 하는 단위원일 때 다음의 선적분들을 계산하라.

(1) $\oint_C \frac{e^{-z}\cos z}{(z-\pi)^2}dz$

(2) $\oint_C \frac{z\sin z}{(2z-1)^2}dz$

풀이

(1) $f(z)=e^{-z}\cos z$는 전체 복소평면에서 해석적인 함수이므로 식(58)에 의해 다음의 관계가 성립한다.

$$\oint_C \frac{e^{-z}\cos z}{(z-\pi)^2}dz=2\pi i f'(\pi)$$

$f(z)$의 도함수를 구하여 $f'(\pi)$를 계산하면 다음과 같다.

$$f'(z)=(-e^{-z})\cos z+e^{-z}(-\sin z)=-e^{-z}(\cos z+\sin z)$$
$$f'(\pi)=-e^{-\pi}(\cos\pi+\sin\pi)=e^{-\pi}$$

따라서 주어진 선적분은 다음과 같다.

$$\oint_C \frac{e^{-z}\cos z}{(z-\pi)^2}dz=2\pi i(e^{-\pi})=2\pi e^{-\pi}i$$

(2) 피적분함수를 변형하면 다음과 같다.

$$\frac{z\sin z}{(2z-1)^2}=\frac{z\sin z}{2^2\left(z-\frac{1}{2}\right)^2}=\frac{\frac{z\sin z}{4}}{\left(z-\frac{1}{2}\right)^2}=\frac{f(z)}{\left(z-\frac{1}{2}\right)^2}$$

식(58)에 의해

$$\oint_C \frac{\left(\frac{z\sin z}{4}\right)}{\left(z-\frac{1}{2}\right)^2}dz=2\pi i f'\left(\frac{1}{2}\right)$$

을 얻을 수 있다. $f(z)$의 도함수를 구하여 $f'\left(\frac{1}{2}\right)$을 계산하면

$$f'(z)=\frac{1}{4}(\sin z+z\cos z)$$
$$f'\left(\frac{1}{2}\right)=\frac{1}{4}\left(\sin\frac{1}{2}+\frac{1}{2}\cos\frac{1}{2}\right)$$

이므로, 주어진 선적분은 다음과 같다.

$$\oint_C \frac{z\sin z}{(2z-1)^2}dz=2\pi i f'\left(\frac{1}{2}\right)=\frac{\pi}{2}\left(\sin\frac{1}{2}+\frac{1}{2}\cos\frac{1}{2}\right)i$$

예제 11.15

다음의 적분경로 C에 대하여 선적분을 계산하라.

$$\oint_C \frac{3z+2}{z(z-2)^2}dz$$

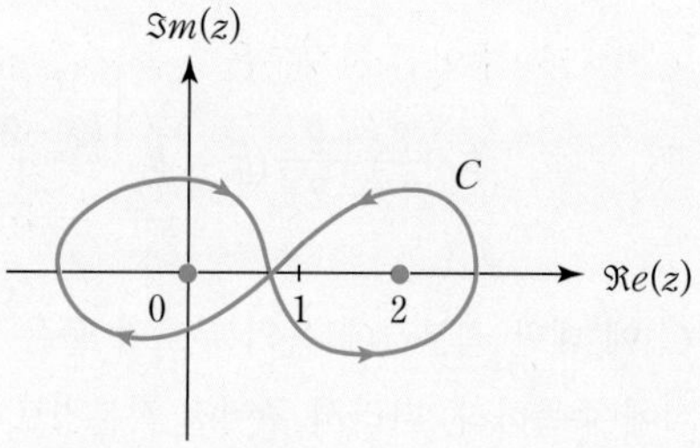

풀이

주어진 적분경로 C는 단순폐곡선은 아니지만 아래 그림과 같이 두 개의 단순폐곡선들의 합집합으로 생각할 수 있다.

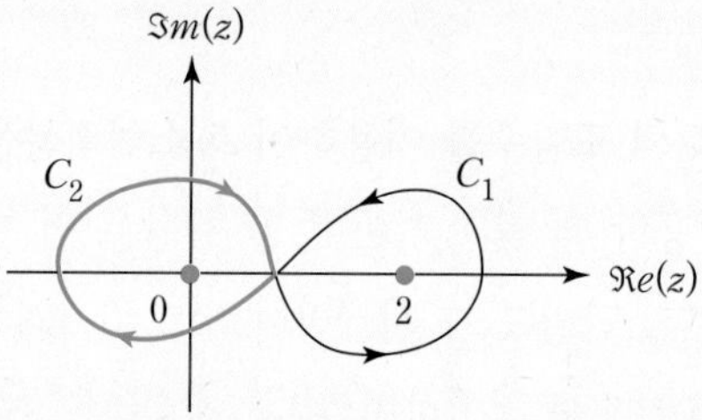

$C = C_1 \cup C_2$

여기서 주의할 점은 C_1은 반시계방향이지만 C_2는 시계방향이라는 사실이다. C가 C_1과 C_2의 합집합이므로 다음과 같이 적분을 분할할 수 있다.

$$\oint_C \frac{3z+2}{z(z-2)^2}dz = \oint_{C_1} \frac{3z+2}{z(z-2)^2}dz + \oint_{C_2} \frac{3z+2}{z(z-2)^2}dz$$

우변의 첫 번째 적분을 식(58)을 이용하여 계산하면 다음과 같다.

$$\oint_{C_1} \frac{3z+2}{z(z-2)^2}dz = \oint_{C_1} \frac{\left(\frac{3z+2}{z}\right)}{(z-2)^2}dz = 2\pi i\left[\frac{d}{dz}\left(\frac{3z+2}{z}\right)\right]_{z=2}$$

여기서 $\frac{d}{dz}\left(\frac{3z+2}{z}\right) = \frac{3z-(3z+2)}{z^2} = -\frac{2}{z^2}$ 이므로

$$\therefore \oint_{C_1} \frac{3z+2}{z(z-2)^2}dz = 2\pi i\left(-\frac{1}{2}\right) = -\pi i$$

두 번째 적분을 Cauchy의 적분공식을 이용하여 계산할 때 주의할 점은 C_2의 방향이 시계방향이라는 사실에 주의한다.

$$\oint_{C_2} \frac{3z+2}{z(z-2)^2}dz = \oint_{C_2} \frac{\left[\frac{3z+2}{(z-2)^2}\right]}{z}dz = -2\pi i\left[\frac{3z+2}{(z-2)^2}\right]_{z=0} = -\pi i$$

C_2에 대한 적분값에 음의 부호가 붙은 것은 C_2의 방향이 시계방향이기 때문이라는 사실에 주목하라. 따라서 주어진 적분경로 C에 대한 선적분은 C_1과 C_2에 대한 선적분 값을 합한 것이므로 다음과 같다.

$$\oint_C \frac{3z+2}{z(z-2)^2}dz = -\pi i - \pi i = -2\pi i$$

지금까지 복소해석함수의 도함수를 이용하여 복소선적분을 계산하는 방법에 대해 설명하였다. 식(56)을 적용할 때 잊지 말아야 할 사항은 적분경로 C가 반시계방향으로 선정되었다는 사실이다. 만일 C가 시계방향으로 주어져 있다면 〈예제 11.15〉에서처럼 적분값에 음(−)의 부호를 첨가하면 된다.

(2) Liouville 정리

식(56)의 n차 도함수의 절댓값에 대한 크기를 살펴보자.

$$|f^{(n)}(z_0)| = \left| \frac{n!}{2\pi i}\oint_C \frac{f(z)}{(z-z_0)^{n+1}}dz \right|$$

$$\le \frac{n!}{2\pi}\oint_C \left| \frac{f(z)}{(z-z_0)^{n+1}} \right| |dz|$$

$$\le \frac{n!}{2\pi}\frac{M}{r^{n+1}}2\pi r = \frac{n!M}{r}$$

$$\therefore |f^{(n)}(z_0)| \le \frac{n!M}{r^n} \tag{59}$$

여기서 적분경로 C는 중심이 z_0이고 반지름이 r인 원이며, C 위에서 $|f(z)| \le M$

이다. 식(59)는 n차 도함수의 절댓값의 크기에 대한 부등식으로 Cauchy 부등식(Cauchy Inequality)라고 부른다. Cauchy 부등식을 활용하여 다음의 Liouville 정리를 증명해 보자.

정리 11.5 Liouville 정리

어떤 완전해석함수(Entire Function) $f(z)$의 절댓값이 유계(Bounded)이면, $f(z)$는 반드시 상수함수이다.

증명

Liouville 정리는 Cauchy 부등식을 사용하여 쉽게 증명할 수 있다. 가정에 의해 $|f(z)| < M$ (M은 상수)이라 하자. 식(59)에서 $n=1$인 경우 다음의 관계가 성립한다.

$$|f'(z_0)| < \frac{M}{r} \tag{60}$$

식(60)에서 r은 $f(z)$가 완전해석함수이므로 아무리 큰 값을 취한다 하더라도 식(60)의 부등식은 항상 성립한다. 따라서 충분히 큰 r에 대하여 다음의 관계가 성립된다.

$$f'(z_0)=0 \tag{61}$$

식(61)에서 z_0는 임의의 점이므로 복소평면상의 모든 점 z에서 $f'(z)=0$이므로 $f(z)$는 상수함수이다.

여기서 잠깐! 유계함수(Bounded Function)

어떤 함수 $f(x)$가 모든 x에 대하여 다음의 관계를 만족하는 상수 K를 발견할 수 있다면 $f(x)$는 유계되어(Bounded) 있다고 말한다.

$$|f(x)| < K$$

예를 들어, $f(x) = \sin x$의 경우 K를 1보다 큰 값으로만 정하면 항상 다음의 관계가 만족되므로 $\sin x$는 유계함수이다.

$$|\sin x| < K$$

그러나 $f(x)=e^x$ 인 경우를 생각해 보면 모든 x에 대해 다음의 관계를 만족하는 K는 존재하지 않는다는 것을 알 수 있다. 따라서 e^x 는 유계함수가 아니다. 아래의 그림으로부터 K의 존재를 각 함수에 대해 확인해 보라.

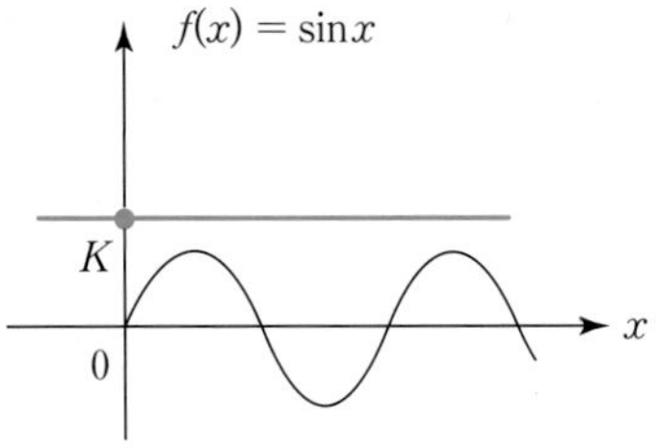

$|\sin x| < K$

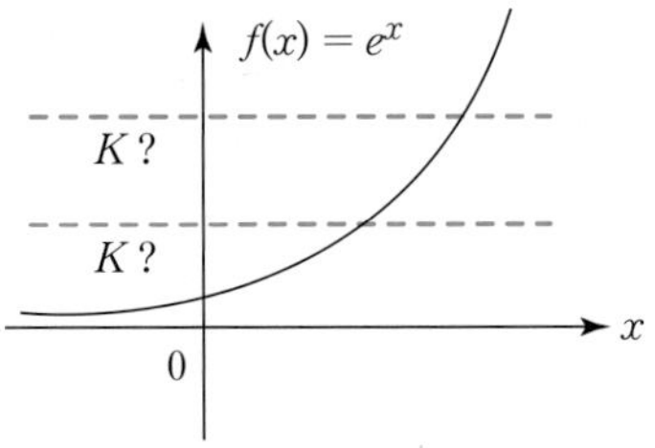

$|e^x| < K$ (K가 존재하는가?)

예제 11.16

적분경로 C가 $z=-1$을 중심으로 하는 반지름이 2인 원이라고 할 때, 다음 선적분의 절댓값에 대한 상계(Upper Bound)를 구하라.

$$\oint_C \frac{e^z}{z+1}dz$$

풀이

먼저 경로 C에서 피적분함수의 절댓값에 대한 상한 M을 구해 보자.

$$\left|\frac{e^z}{z+1}\right| = \left|\frac{e^x e^{iy}}{2e^{it}}\right| = \frac{e^x}{2}$$

적분경로 C에서 x가 가장 큰 값을 가질 때가 $x=1$일 때이므로

$$\left|\frac{e^z}{z+1}\right| \le \frac{1}{2}e$$

를 얻을 수 있다.

ML-부등식에 의해

$$\left|\oint_C \frac{e^z}{z+1}dz\right| \le \oint_C \left|\frac{e^z}{z+1}\right||dz| \le \frac{1}{2}e(4\pi)=2\pi e$$

따라서 주어진 선적분의 상한값은 $2\pi e$ 이다.

여기서 잠깐! **상계(Upper Bound)와 최소상계(Supremum)**

어떤 함수 $f(x)$의 상계는 다음의 부등식을 만족하는 K를 의미한다.

$$|f(x)| < K, \ \forall x \in D \tag{62}$$

여기서 $|f(x)|$는 함수 f의 정의역 D에 있는 모든 $x \in D$에 대해 계산된다. 식(62)의 정의에서도 알 수 있는 것처럼 함수 $f(x)$의 상계는 유일하게 하나로 결정되는 것이 아니라 무수히 많다. 예를 들어, $f(x)=\sin x$라고 하면 $\sin x$의 상계는 2, 3, 4, … 등 무수히 많다는 것을 쉽게 알 수 있다. 따라서 어떤 함수 $f(x)$의 상계를 하나 찾으면 그것보다 큰 것은 모두 $f(x)$의 상계가 되므로 우리의 관심은 무수히 많은 상계들 중에서 가장 작은 상계가 무엇인지에 쏠리게 된다. 상계들 중에서 가장 작은 상계(Least Upper Bound)를 최소상계(Supremum)라고 부르며 다음과 같이 표시한다.

$$\sup_{x \in D} f(x)$$

11.5 복소함수의 Taylor 급수

도함수에 대한 Cauchy 적분공식은 함수 $f(x)$가 점 z_0에서 해석적이면 그 점에서 모든 차수의 도함수가 존재한다는 것을 보장해 준다. 이러한 놀라운 결과에 의해 $f(x)$를 한 점 z_0에서 z에 대한 멱급수(Power Series)로 전개할 수 있다는 것을 본 절에서 학습할 것이다.

결국, 복소 Taylor 급수(Complex Taylor Series)는 실함수에서 이미 다루었던 Taylor 급수를 자연스럽게 복소수 영역까지 확장한 개념으로 이해하면 될 것이다. 해석함수 $f(z)$의 복소 Taylor 급수에 대한 Taylor 정리(Taylor Theorem)는 다음과 같다.

정리 11.6 Taylor 정리

$f(x)$는 영역 D에서 해석적이고, z_0를 D 안에 있는 한 점이라고 하면 $f(z)$는 D 내부에 존재하는 중심이 z_0이고 반지름이 R인 가장 큰 원 C에서 유효한 멱급수로 다음과 같이 전개할 수 있다.

$$f(z)=\sum_{n=0}^{\infty}\frac{f^{(n)}(z_0)}{n!}(z-z_0)^n \tag{62}$$

Taylor 정리의 증명은 공학적인 관점에서 필수적인 것은 아니지만, 도함수에 대한 Cauchy 적분공식을 활용한다는 측면에서 증명 과정이 독자들에게 도움이 되므로 증명해 보기로 하자.

증명

[그림 11.16]에 나타낸 것처럼 s는 원 C에 고정된 점이고 s를 적분변수라고 하면, 원 C의 방정식은 다음과 같다.

$$C: s-z_0=Re^{it}, \quad 0\le t\le 2\pi \tag{63}$$

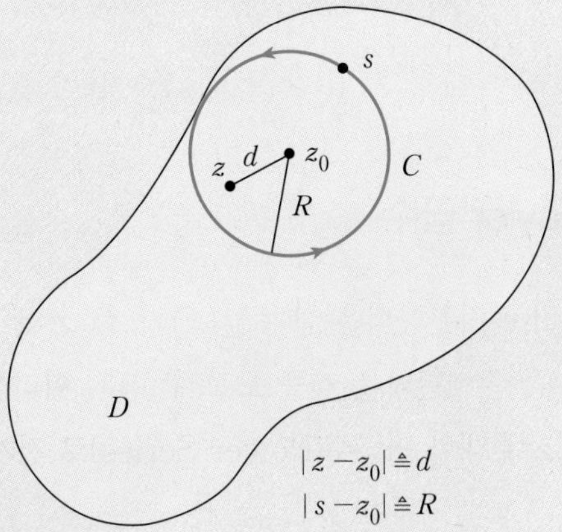

[그림 11.16] z_0에서 $f(z)$의 Taylor 급수

f는 원 C 내부에서 해석적이라고 가정했으므로 Cauchy 적분공식에 의해 다음의 관계를 얻을 수 있다.

$$f(z)=\frac{1}{2\pi i}\oint_C \frac{f(s)}{s-z}ds \tag{64}$$

식(64)에서 적분변수가 s라는 사실에 주의하라. 피적분함수에 대하여 다음과 같은 대수적인 조작을 하면 다음과 같다.

$$\begin{aligned}\frac{1}{s-z}&=\frac{1}{(s-z_0)-(z-z_0)}\\&=\frac{1}{s-z_0}\frac{1}{1-\left(\frac{z-z_0}{s-z_0}\right)}\end{aligned} \tag{65}$$

[그림 11.16]에서 $|z-z_0|<|s-z_0|$이므로 식(65)는 기하급수(Geometric Series)를 이용하여 다음과 같이 표현할 수 있다.

$$\begin{aligned}&\frac{1}{s-z_0}\frac{1}{1-\left(\frac{z-z_0}{s-z_0}\right)}\\&=\frac{1}{s-z_0}\left\{1+\frac{z-z_0}{s-z_0}+\left(\frac{z-z_0}{s-z_0}\right)^2+\cdots+\left(\frac{z-z_0}{s-z_0}\right)^{n-1}+\frac{(z-z_0)^n}{(s-z)(s-z_0)^{n-1}}\right\}\\&=\frac{1}{s-z_0}+\frac{z-z_0}{(s-z_0)^2}+\frac{(z-z_0)^2}{(s-z_0)^3}+\cdots+\frac{(z-z_0)^{n-1}}{(s-z_0)^n}+\frac{(z-z_0)^n}{(s-z)(s-z_0)^n}\end{aligned} \tag{66}$$

식(66)에서 식(64)에 대입하여 정리하면

$$\begin{aligned}f(z)=&\frac{1}{2\pi i}\oint_C \frac{f(s)}{s-z_0}ds+\frac{(z-z_0)}{2\pi i}\oint_C \frac{f(s)}{(s-z_0)^2}ds\\&+\frac{(z-z_0)^2}{2\pi i}\oint_C \frac{f(s)}{(s-z_0)^3}ds+\cdots+\frac{(z-z_0)^{n-1}}{2\pi i}\oint_C \frac{f(s)}{(s-z_0)^n}ds\\&+\frac{(z-z_0)^n}{2\pi i}\oint_C \frac{f(s)}{(s-z)(s-z_0)^n}ds\end{aligned} \tag{67}$$

식(67)에서 도함수에 대한 Cauchy 적분공식을 적용하면 다음과 같다.

$$f(z)=f(z_0)+\frac{f'(z_0)}{1!}(z-z_0)+\frac{f''(z_0)}{2!}(z-z_0)^2+\frac{f'''(z_0)}{3!}(z-z_0)^3$$
$$+\cdots+\frac{f^{(n-1)}(z_0)}{(n-1)!}(z-z_0)^{n-1}+R_n(z) \tag{68}$$

여기서 $R_n(z)$는 다음과 같이 정의된다.

$$R_n(z)=\frac{(z-z_0)^n}{2\pi i}\oint_C \frac{f(s)}{(s-z)(s-z_0)^n}ds \tag{69}$$

식(69)를 $f(z)$에 대한 Taylor 급수의 나머지(Remainder)라고 부르며, 앞에서 학습한 ML-부등식에 의해 $n\to\infty$일 때

$$\lim_{n\to\infty}|R_n(z)|=0$$

이 된다는 것을 보일 수 있다. [그림 11.16]에서 $|z-z_0|\triangleq d$라 하면

$$|s-z|=|s-z_0-(z-z_0)|\geq|s-z_0|-|z-z_0|=R-d$$

가 된다. ML-부등식에 의해

$$|R_n(z)|=\left|\frac{(z-z_0)^n}{2\pi i}\oint_C \frac{f(z)}{(s-z)(s-z_0)}ds\right|$$
$$\leq\frac{d^n}{2\pi}\frac{M}{R-d}\frac{1}{R^n}2\pi R=\frac{MR}{R-d}\left(\frac{d}{R}\right)^n \tag{70}$$

이 되므로 $n\to\infty$일 때 다음의 관계가 성립한다.

$$\lim_{n\to\infty}|R_n(z)|\leq\lim_{n\to\infty}\frac{MR}{R-d}\left(\frac{d}{R}\right)^n=0 \tag{71}$$

따라서 식(68)에 의해 $f(z)$는 다음과 같은 무한급수로 표현할 수 있다.

$$f(z)=\sum_{n=0}^{\infty}\frac{f^{(n)}(z_0)}{n!}(z-z_0)^n \tag{72}$$

여기서 잠깐! **기하급수(Geometric Series)**

다음의 기하급수의 합을 구해 보자.

$$S_n = 1 + z + z^2 + \cdots + z^{n-2} + z^{n-1} \tag{73}$$

S_n 에 z 를 곱하면 다음과 같다.

$$zS_n = z + z^2 + z^3 + \cdots + z^{n-1} + z^n \tag{74}$$

식(73)에서 식(74)를 빼면 다음을 얻을 수 있다.

$$(1-z)S_n = 1 - z^n$$
$$\therefore\ S_n = \frac{1-z^n}{1-z} \tag{75}$$

식(75)를 변형하면

$$\frac{1-z^n}{1-z} = 1 + z + z^2 + \cdots + z^{n-1}$$
$$\therefore\ \frac{1}{1-z} = 1 + z + z^2 + \cdots + z^{n-1} + \frac{z^n}{1-z} \tag{76}$$

식(76)은 식(66)의 관계를 유도하는 데 사용되었으며, 매우 유용한 관계식이므로 기억해두는 것이 좋다.

지금까지 전개한 Taylor 정리에서 기억해야 할 것은 Taylor 급수의 수렴영역에 관한 사항이다. 식(62)의 Taylor 정리에서 $f(z)$의 해석성이 깨어지지 않는 최대 반경 R을 $f(z)$에 대한 Taylor 급수의 수렴반경(Radius of Convergence)이라고 부른다.

결과적으로 Taylor 급수의 수렴반경은 급수의 중심 z_0와 $f(z)$의 가장 가까운 특이점(Singularity)까지의 거리가 된다. $f(z)$의 특이점이란 $f(z)$가 해석적이지 않은 점을 의미하며, 특이점에 대해서는 다음 절에서 상세히 다루게 된다.

만일 $f(z)$가 복소평면 전체에서 해석적인 완전해석함수라 한다면, 중심 z_0에서 가장 가까운 특이점까지의 거리는 ∞가 되므로 수렴반경이 ∞이다. 다음의 예제들을 통해 $f(z)$의 Taylor 급수표현과 수렴반경을 구하는 것에 대해 살펴보기로 한다.

예제 11.17

다음 함수들에 대한 $z=0$ 에서의 Taylor 급수를 결정하고 각각의 수렴반경을 구하라.

(1) $f(z)=\dfrac{1}{1-z}$

(2) $f(z)=e^z$

풀이

(1) $f(z)$를 연속으로 미분하여 $z=0$를 대입하면

$$f'(z)=\frac{1}{(1-z)^2} \longrightarrow f'(0)=1$$
$$f''(z)=\frac{2(1-z)}{(1-z)^4}=\frac{2}{(1-z)^3} \longrightarrow f''(0)=2$$
$$f'''(z)=\frac{2\cdot 3(1-z)^2}{(1-z)^6}=\frac{2\cdot 3}{(1-z)^4} \longrightarrow f'''(0)=6$$

위의 식으로부터 $f^{(n)}(z)$를 유추하면 다음과 같다.

$$f^{(n)}(z)=\frac{n!}{(1-z)^{n+1}} \longrightarrow f^{(n)}(0)=n!$$

따라서 $f(z)$의 $z=0$ 에서의 Taylor 급수는 다음과 같다.

$$f(z)=\frac{1}{1-z}=\sum_{n=0}^{\infty}\frac{f^{(n)}(0)}{n!}z^n=\sum_{n=0}^{\infty}z^n$$
$$\therefore\ \frac{1}{1-z}=1+z+z^2+\cdots$$

수렴반경 R은 다음 그림에서 Taylor 급수의 중심 $z=0$ 에서 가장 가까운 특이점까지의 거리는 1이므로 $R=1$ 이 된다. $\dfrac{1}{1-z}$ 의 특이점은 $z=1$ 이며 ×로 표시하였다.

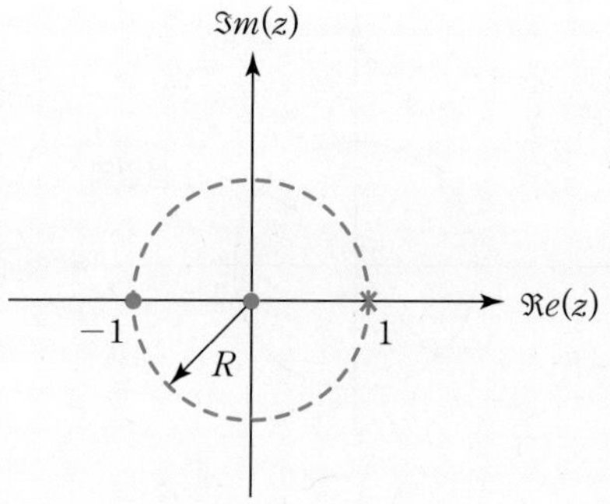

만일, Taylor 급수를 $z=0$이 아닌 $z=-1$에서 전개하였다면, 수렴반경 $R=2$임을 알 수 있다. 또한 $z=i$에서 전개하였다면 $R=\sqrt{2}$가 된다.

(2) $f(z)=e^z$의 n차 도함수는 $f^{(n)}(z)=e^z$ 이므로

$$f^{(n)}(0)=1 \quad n=1, 2, \cdots$$

이다. 따라서 $f(z)=e^z$의 $z=0$에서의 Taylor 급수는 다음과 같다.

$$e^z=\sum_{n=0}^{\infty}\frac{f^{(n)}(0)}{n!}z^n=\sum_{n=0}^{\infty}\frac{1}{n!}z^n$$

$$\therefore\ e^z=1+z+\frac{z^2}{2!}+\frac{z^3}{3!}+\cdots$$

수렴반경 R은 e^z가 복소평면 전체에서 해석적인 완전해석함수이고, $z=0$에서 가장 가까운 특이점까지의 거리는 ∞이므로 $R=\infty$이다.

여기서 잠깐! **수렴반경의 의미**

Taylor 급수의 수렴반경 R이 무엇을 의미하는지 다음의 급수로부터 살펴보자.

$$\frac{1}{1-z}=1+z+z^2+z^3+\cdots \tag{77}$$

위의 급수의 수렴반경은 $R=1$이며, 아래에 도시하였다.

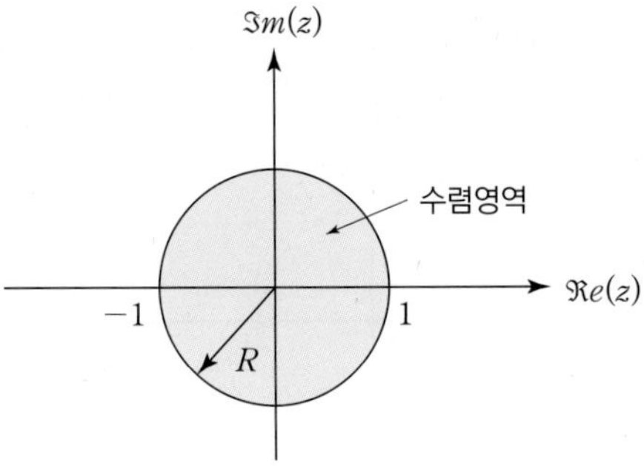

식(77)의 좌변은 함수이고 우변은 무한급수이다. 결국 Taylor 급수전개란 좌변의 함수 $1/(1-z)$을 무한급수 형태로 펼쳐 놓은 것으로 이해할 수 있을 것이다. 어찌되었든 좌변의 함수와 우변의 무한급수는 서로 같다는 표현이 식(77)이므로, 예를 들어 $z=0$을 식(77)의 양변에 대입해 보면 $1=1$이 되어 식(77)은 유효하다. $z=\frac{1}{2}$을 대입하면 다음과 같다.

$$\frac{1}{1-\frac{1}{2}}=1+\frac{1}{2}+\left(\frac{1}{2}\right)^2+\cdots \tag{78}$$

식(78)의 좌변은 2가 되며, 우변은 무한등비급수의 합의 공식에 의해 2이다. 결국 식(78)의 좌변은 우변 무한등비급수의 합을 나타내므로 $z=\frac{1}{2}$에 대해서도 식(77)은 유효하다.
이번에는 $z=2$를 대입해 보면

$$\frac{1}{1-2}=1+2+2^2+\cdots \tag{79}$$

식(79)의 좌변은 음의 값이고 우변은 양수들의 무한급수이므로 합이 음이 나올 수는 없다. 결국 $z=2$에서 식(77)의 Taylor 급수표현은 아무런 의미를 가지지 못하기 때문에 우리는 식(77)이 의미를 가지는 유효한 z의 범위를 찾아야만 하며, 이를 수렴영역(Region of Convergence)이라 부른다. 수렴영역의 최대 반경을 수렴반경(Radius of Convergence)이라고 정의한다.
따라서 수렴영역이 없는 Taylor 급수는 무의미하며, 적절한 수렴영역 내에서만 Taylor 급수가 유효하다는 사실을 명심하기 바란다.

한편, 함수 $f(z)$의 Taylor 급수에서 급수의 중심이 특히 원점인 Taylor 급수를 Maclaurin 급수(Maclaurin Series)라고 부른다.

Taylor 급수를 구하기 위해서는 연속적인 미분연산을 수행해야 하므로 지루한 과정이다. 그러나 실제로 많은 경우에 직접 미분하지 않고 다른 방법을 통해 구할 수 있으며 다음의 예제를 통해 확인하기로 한다.

예제 11.18

다음 함수들을 $z=0$ 에서 Maclaurin 급수로 전개하라.

(1) $f(z)=\dfrac{1}{1-z^2}$

(2) $f(z)=e^{4z}$

풀이

(1) 다음 함수의 Maclaurin 급수전개를 활용해 본다.

$$\frac{1}{1-z}=1+z+z^2+z^3+\cdots$$

z 대신에 z^2 을 대입하면 다음과 같다.

$$\frac{1}{1-z^2}=1+(z^2)+(z^2)^2+(z^2)^3+\cdots$$

$$\therefore \frac{1}{1-z^2}=1+z^2+z^4+z^6+\cdots$$

(2) 다음 함수의 Maclaurin 급수전개를 활용해 본다.

$$e^z=1+z+\frac{z^2}{2!}+\frac{z^3}{3!}+\cdots$$

z 대신 $4z$ 를 대입하면 다음과 같다.

$$e^{4z}=1+(4z)+\frac{(4z)^2}{2!}+\frac{(4z)^3}{3!}+\cdots$$

예제 11.19

함수 $f(z)$에 대하여 물음에 답하라.

$$f(z)=\frac{1}{1-z}$$

(1) $z=i$에서 Taylor 급수로 전개하고, 수렴반경 R을 구하라.

(2) $z=3i$에서 Taylor 급수로 전개하고, 수렴반경 R을 구하라.

풀이

(1) $f(z)$의 분모에 i를 더하고 빼면 $f(z)$를 다음과 같이 변형할 수 있다.

$$\frac{1}{1-z}=\frac{1}{1-z+i-i}=\frac{1}{(1-i)-(z-i)}$$
$$=\frac{1}{1-i}\frac{1}{1-\left(\frac{z-i}{1-i}\right)}$$

$$\frac{1}{1-z}=\frac{1}{1-i}\cdot\frac{1}{1-\left(\frac{z-i}{1-i}\right)}$$
$$=\frac{1}{1-i}\left\{1+\left(\frac{z-i}{1-i}\right)+\left(\frac{z-i}{1-i}\right)^2+\cdots\right\}$$
$$=\frac{1}{1-i}+\frac{1}{(1-i)^2}(z-i)+\frac{1}{(1-i)^3}(z-i)^2+\cdots$$

$$\therefore\ \frac{1}{1-z}=\sum_{n=0}^{\infty}\frac{1}{(1-i)^{n+1}}(z-i)^n$$

수렴반경 R은 Taylor 급수의 중심 $z=i$에서 가장 가까운 특이점($z=1$)까지의 거리가 $\sqrt{2}$이므로 수렴반경 $R=\sqrt{2}$이다.

(2) $f(z)$의 분모에 $3i$를 더하고 빼면 $f(z)$를 다음과 같이 변형할 수 있다.

$$\frac{1}{1-z}=\frac{1}{1-z+3i-3i}=\frac{1}{(1-3i)-(z-3i)}$$
$$=\frac{1}{1-3i}\frac{1}{1-\left(\frac{z-3i}{1-3i}\right)}$$
$$=\frac{1}{1-3i}\left\{1+\left(\frac{z-3i}{1-3i}\right)+\left(\frac{z-3i}{1-3i}\right)^2+\cdots\right\}$$
$$=\frac{1}{1-3i}+\frac{1}{(1-3i)^2}(z-3i)+\frac{1}{(1+3i)^3}(z-3i)^2+\cdots$$

$$\therefore \ \frac{1}{1-z} = \sum_{n=0}^{\infty} \frac{1}{(1-3i)^{n+1}} (z-3i)^n$$

수렴반경 R은 Taylor 급수의 중심 $z=3i$ 에서 가장 가까운 특이점$(z=1)$까지의 거리가 $\sqrt{3^2+1^2}=\sqrt{10}$ 이므로 수렴반경 $R=\sqrt{10}$ 이다.

지금까지는 $f(z)$가 z_0에서 해석적인 경우 Taylor 급수로 전개하는 것에 대해 학습하였으나, 만일 $f(z)$가 z_0에서 해석적이 아닌 경우는 Taylor 급수전개 대신에 Laurent 급수(Laurent Series)로 전개가 가능하다. 다음 절에서 Laurent 급수에 대해 고찰한다.

11.6 Laurent 급수

공학적인 많은 응용분야에서 복소함수 $f(z)$를 특이점 부근에서 전개해야 할 필요성이 종종 생겨난다. Taylor 급수는 $f(z)$를 해석적인 점에서만 전개가 가능하므로 $f(z)$가 해석적이지 않은 특이점에서는 적용을 할 수가 없다. 따라서 Laurent 급수라고 부르는 새로운 급수의 개념이 필요하게 된다. Laurent 급수는 Taylor 급수와 같은 형태인 $(z-z_0)$의 양의 멱급수 부분과 새로운 형태인 음의 멱급수 부분의 합으로 정의된다.

Laurent 급수는 11.8절에서 다루게 될 유수정리(Residue Theorem)를 이해하는 데 매우 중요한 개념이므로 정확한 이해가 필요하다. 예를 들어, 함수 $f(z)$가 다음과 같이 주어져 있다고 가정하자.

$$f(z) = \frac{e^z}{z^2} \tag{80}$$

식(80)으로 주어지는 함수 $f(z)$는 $z=0$에서 해석적이 아니므로 $z=0$에서 Taylor(Maclaurin) 급수로 전개될 수 없다. 그러나 e^z는 완전해석함수이므로 다음과 같이 $z=0$에서 Taylor 급수로 전개할 수 있다.

$$e^z = 1 + z + \frac{z^2}{2!} + \frac{z^3}{3!} + \frac{z^4}{4!} + \cdots \tag{81}$$

식(81)을 z^2 으로 나누면 다음을 얻을 수 있다.

$$\frac{e^z}{z^2} = \frac{1}{z^2} + \frac{1}{z} + \frac{1}{2} + \frac{z}{3!} + \frac{z^2}{4!} + \cdots \tag{82}$$

식(82)의 우변급수는 음의 멱급수와 양의 멱급수가 합해진 새로운 형태의 급수표현으로 Laurent 급수라고 부르며, $z=0$ 인 점을 제외한 모든 복소평면을 수렴영역으로 가진다. Laurent 급수전개는 다음과 같이 Laurent 정리로 요약될 수 있다.

정리 11.7 Laurent 정리

$f(z)$ 가 중심이 z_0 인 두 동심원 C_1 과 C_2 그리고 그 사이의 원환에서 해석적이면, $f(z)$ 는 양의 멱급수와 음의 멱급수를 가지는 Laurent 급수로 다음과 같이 표현된다.

$$f(z) = \sum_{n=0}^{\infty} a_n (z-z_0)^n + \sum_{n=1}^{\infty} \frac{b_n}{(z-z_0)^n} \tag{83}$$

$f(z)$ 에 대한 Laurent 급수의 계수 a_n 과 b_n 은 다음과 같이 결정된다.

$$a_n = \frac{1}{2\pi i} \oint_C \frac{f(s)}{(s-z_0)^{n+1}} ds \tag{84}$$

$$b_n = \frac{1}{2\pi i} \oint_C (s-z_0)^{n+1} f(s) ds \tag{85}$$

여기서 적분경로 C 는 원환 내부에 있으면서 내부 원을 둘러싸는 임의의 단순폐곡선이며, 적분은 C 를 따라 반시계방향으로 수행한다.

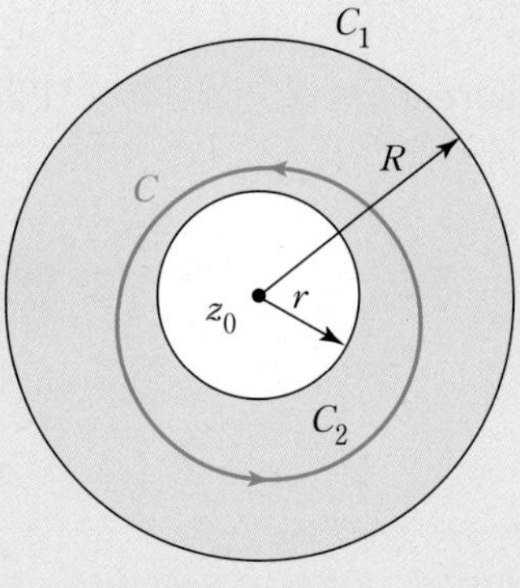

[그림 11.17] z_0 에서 $f(z)$ 의 Laurent 급수

위의 Laurent 정리는 다음과 같이 간단하게 표현할 수도 있다. 즉,

$$f(z) = \sum_{n=-\infty}^{\infty} a_n (z - z_0)^n \tag{86}$$

$$a_n = \frac{1}{2\pi i} \oint_C \frac{f(s)}{(s - z_0)^{n+1}} ds \tag{87}$$

Laurent 정리에 대한 증명은 복소함수론과 관련된 참고서적에서 확인할 수 있으며, 여기서는 증명을 생략하고 활용방법만을 위주로 설명한다.

위에서 전개한 Laurent 급수의 수렴영역은 어떻게 결정할 수 있는지 살펴보자.

일반적으로 Laurent 급수는 주어진 원환으로부터 $f(z)$ 의 특이점을 만날 때까지 연속적으로 외부 원 C_1 을 확대시키고, 내부 원 C_2 를 축소시켜서 얻어진 열린 원환에서 수렴한다.

실제로 Laurent 급수의 계수를 구하는 공식은 거의 사용되지 않고, Taylor 급수를 구하는 방법과 유사하게 Laurent 급수를 구한다. 그러나 원환 영역에서 $f(z)$ 의 Laurent 급수가 어떤 방식으로 구해지든지 간에 Laurent 급수는 유일하게 결정된다는 사실에 유의하라.

다음 예제들을 통해 Laurent 급수가 어떻게 결정될 수 있는지 살펴본다.

예제 11.20

다음 함수들을 중심이 0인 Laurent 급수로 전개하고 수렴영역을 구하라.

(1) $\dfrac{\cos z}{z^4}$

(2) $z^3 e^{\frac{1}{z}}$

(3) $\dfrac{1}{z(1-z)}$

풀이

(1) 먼저, $\cos z$를 $z=0$에서 Taylor 급수로 전개하면

$$\cos z = 1 - \frac{z^2}{2!} + \frac{z^4}{4!} - \frac{z^6}{6!} + \cdots$$

이 되므로 $\cos z$의 Taylor 급수를 먼저 구하여 z^4으로 나눈다.

$$\frac{\cos z}{z^4} = \frac{1}{z^4} - \frac{1}{2z^2} + \frac{1}{24} - \frac{z^2}{720} + \cdots$$

한편, $\cos z$의 수렴영역은 복소평면 전체이므로 주어진 함수의 Laurent 급수는 원점을 제외한 복소평면에서 수렴한다. 따라서 수렴영역은 다음과 같다.

$$|z| > 0$$

(2) 먼저, e^z를 $z=0$에서 Taylor 급수로 전개하면

$$e^z = 1 + z + \frac{z^2}{2!} + \frac{z^3}{3!} + \cdots$$

이 되므로 z 대신에 $1/z$을 대입하면 다음을 얻을 수 있다.

$$e^{\frac{1}{z}} = 1 + \frac{1}{z} + \frac{1}{2!}\left(\frac{1}{z}\right)^2 + \frac{1}{3}\left(\frac{1}{z}\right)^3 + \frac{1}{4!}\left(\frac{1}{z}\right)^4 + \cdots$$

z^3을 $e^{1/z}$에 곱하면 다음의 Laurent 급수를 얻을 수 있다.

$$z^3 e^{\frac{1}{z}} = z^3 + z^2 + \frac{1}{2!}z + \frac{1}{3!} + \frac{1}{4!}\frac{1}{z} + \cdots$$

한편, $e^{1/z}$ 은 $z=0$ 을 제외한 복소평면에서 수렴하므로 주어진 함수의 Laurent 급수의 수렴영역은 다음과 같다.

$$|z|>0$$

(3) $\dfrac{1}{z(1-z)}=\dfrac{1}{z}\dfrac{1}{1-z}=\dfrac{1}{z}\left(1+z+z^2+z^3+\cdots\right)$

$$\therefore \frac{1}{z(1-z)}=\frac{1}{z}+1+z+z^2+\cdots$$

한편, $1/(1-z)$ 의 Taylor 급수는 $|z|<1$ 에서 수렴하므로 주어진 함수의 수렴영역은 다음과 같다.

$$0<|z|<1$$

여기서 잠깐! **Laurent 급수의 수렴영역**

〈예제 11.20〉의 (3)에서 $1/(1-z)$ 의 다른 급수표현을 생각해 보자.

$$\frac{1}{1-z}=\frac{-1}{z(1-z^{-1})}=-\frac{1}{z}\left\{1+\frac{1}{z}+\frac{1}{z^2}+\frac{1}{z^3}+\cdots\right\}$$

$$\therefore \frac{1}{1-z}=-\frac{1}{z}-\frac{1}{z^2}-\frac{1}{z^3}-\frac{1}{z^4}-\cdots$$

따라서 〈예제 11.20〉의 (3)의 함수에 대한 Laurent 급수는 다음과 같다.

$$\frac{1}{z(1-z)}=\frac{1}{z}\frac{1}{1-z}=-\frac{1}{z^2}-\frac{1}{z^3}-\frac{1}{z^4}-\cdots \tag{88}$$

그런데 $1/(1-z)$ 의 급수는 $|z^{-1}|<1$, 즉 $|z|>1$ 인 수렴영역을 가지므로 식(88)의 Laurent 급수는 다음의 수렴영역을 가진다. Laurent 정리에서 $r=1$, $R=\infty$ 인 경우에 해당된다.

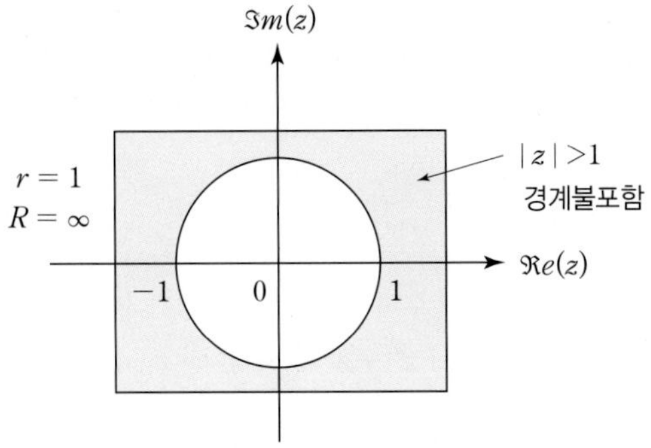

여기서 주의해야 할 것은 〈예제 11.20〉의 (3)에서 얻은 Laurent 급수는 다음과 같은 수렴영역을 가진다는 것이다. Laurent 정리에서 $r=0$, $R=1$인 경우에 해당된다.

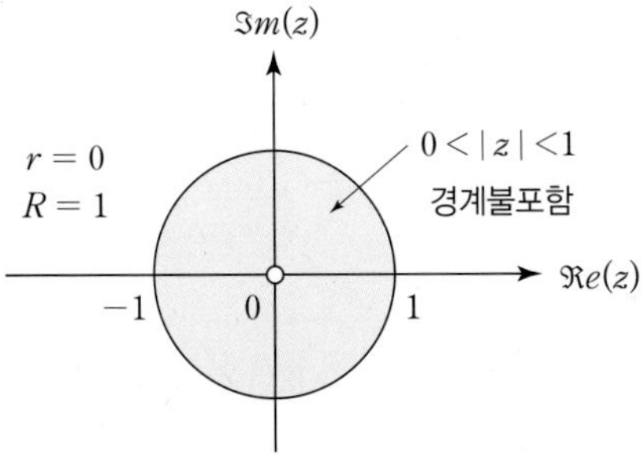

결론적으로 말하면, 같은 중심을 가진 두 개의 원환에서 함수 $f(z)$는 수렴영역이 서로 다른 Laurent 급수를 가질 수 있다는 것이다.

예제 11.21

다음 함수 $f(z)$에 대하여 중심이 0인 모든 가능한 Laurent 급수를 구하고 그 수렴영역을 비교하라.

$$f(z)=\frac{1}{z^4-z^5}$$

풀이

$f(z)$를 변형하면

$$\begin{aligned} f(z)&=\frac{1}{z^4(1-z)}=\frac{1}{z^4}\frac{1}{z-1}=\frac{1}{z^4}\left(1+z+z^2+z^3+z^4+\cdots\right) \\ \therefore\ \frac{1}{z^4(1-z)}&=\frac{1}{z^4}+\frac{1}{z^3}+\frac{1}{z^2}+\frac{1}{z}+1+z+\cdots \end{aligned} \tag{89}$$

한편, $1/(1-z)$는 $|z|<1$인 영역에서 수렴하므로 식(89)의 Laurent 급수는 다음과 같은 수렴영역을 가진다.

$$0<|z|<1 \quad (r=0,\ R=1)$$

그런데 $1/(1-z)$를 다음과 같이 전개하면, 또 다른 Laurent 급수를 얻을 수 있게 된다.

$$\frac{1}{1-z}=\frac{-1}{z(1-z^{-1})}=-\frac{1}{z}\left\{1+\frac{1}{z}+\frac{1}{z^2}+\frac{1}{z^3}+\frac{1}{z^4}+\cdots\right\}$$

따라서 위의 급수표현을 z^4으로 나누면 다음과 같다.

$$\begin{aligned}\frac{1}{z^4(1-z)}&=\frac{1}{z^4}\left\{-\frac{1}{z}-\frac{1}{z^2}-\frac{1}{z^3}-\frac{1}{z^4}-\cdots\right\}\\&=-\frac{1}{z^5}-\frac{1}{z^6}-\frac{1}{z^7}-\cdots\end{aligned} \tag{90}$$

식(90)의 Laurent 급수는 $1/(1-z)$의 급수가 $|z|>1$인 영역에서 수렴하기 때문에 다음과 같은 수렴영역을 가진다.

$$|z|>1 \quad (r=1,\ R=\infty)$$

예제 11.22

다음 함수 $f(z)$에 대해 물음에 답하라.

$$f(z)=\frac{2z-5}{z^2-5z+4}$$

(1) $z=0$에서 $f(z)$의 Taylor 급수를 구하라.
(2) $z=1$에서 $f(z)$의 Laurent 급수를 구하라.

풀이

(1) $f(z)$를 부분분수로 전개하면 다음과 같다.

$$\frac{2z-5}{z^2-5z+4}=\frac{1}{(z-1)(z-4)}=\frac{A}{z-1}+\frac{B}{z-4}$$

$$A=\left.\frac{2z-5}{z-4}\right|_{z=1}=1,\ B=\left.\frac{2z-5}{z-1}\right|_{z=4}=1$$

$$\therefore\ \frac{2z-5}{z^2-5z+4}=\frac{1}{z-1}+\frac{1}{z-4}$$

위의 각 함수를 $z=0$ 에서 Taylor 급수로 전개하면

$$\frac{1}{z-1}=\frac{-1}{1-z}=-1-z-z^2-z^3-\cdots$$

$$\frac{1}{z-4}=\frac{-1}{4\left(1-\frac{z}{4}\right)}=-\frac{1}{4}\left\{1+\frac{z}{4}+\left(\frac{z}{4}\right)^2+\cdots\right\}$$

이 얻어지므로 $f(z)$ 의 Taylor 급수는 다음과 같다.

$$\begin{aligned}\frac{2z-5}{z^2-5z+4}&=\left\{-1-z-z^2-z^3-\cdots\right\}-\frac{1}{4}\left\{1+\frac{z}{4}+\left(\frac{z}{4}\right)^2+\cdots\right\}\\&=-\frac{5}{4}-\frac{17}{16}z-\frac{65}{64}z^2-\cdots\end{aligned}$$

한편, $f(z)$ 의 Taylor 급수의 중심점이 0이고 가장 가까운 특이점은 $z=1$ 이므로 수렴반경은 1이며, 다음과 같은 수렴영역을 가진다.

$$|z|<1$$

(2) $f(z)$ 의 부분분수에서

$$\begin{aligned}\frac{1}{z-4}&=\frac{1}{(z-1)-3}=\frac{1}{(z-1)\left\{1-\frac{3}{(z-1)}\right\}}\\&=\frac{1}{z-1}\left\{1+\frac{3}{z-1}+\left(\frac{3}{z-1}\right)^2+\cdots\right\}\\&=\frac{1}{z-1}+\frac{3}{(z-1)^2}+\frac{9}{(z-1)^3}+\cdots\end{aligned}$$

을 얻을 수 있으므로 $z=1$ 에서 $f(z)$ 의 Laurent 급수는 다음과 같다.

$$\frac{2z-5}{z^2-5z+4}=\frac{1}{z-1}+\frac{1}{z-4}$$
$$=\frac{2}{z-1}+\frac{3}{(z-1)^2}+\frac{9}{(z-1)^3}+\cdots$$

한편, $1/(z-4)$의 Laurent 급수는 다음의 수렴영역을 가진다.

$$\left|\frac{3}{z-1}\right|<1 \quad \therefore |z-1|>3$$

따라서 $f(z)$의 Laurent 급수는 다음의 영역을 수렴영역으로 가진다.

$$|z-1|>3$$

예제 11.23

함수 $f(z)$가 다음과 같을 때 물음에 답하라.

$$f(z)=\frac{1}{(z-1)(z-3)}$$

(1) $|z-1|>2$에서 유효한 $f(z)$의 Laurent 급수를 구하라.

(2) $|z-3|>2$에서 유효한 $f(z)$의 Laurent 급수를 구하라.

풀이

(1) $z=1$이 급수의 중심이므로 급수에 $z-1$의 멱(Power)이 필요하므로 $1/(z-3)$을 $z-1$의 항으로 표시하면 다음과 같다.

$$f(z)=\frac{1}{(z-1)(z-3)}=\frac{1}{z-1}\cdot\frac{1}{-2+(z-1)}$$
$$=\frac{1}{z-1}\frac{1}{(z-1)\left(1-\frac{2}{z-1}\right)}=\frac{1}{(z-1)^2}\frac{1}{1-\frac{2}{z-1}}$$
$$=\frac{1}{(z-1)^2}\left\{1+\frac{2}{z-1}+\left(\frac{2}{z-1}\right)^2+\left(\frac{2}{z-1}\right)^3+\cdots\right\}$$
$$=\frac{1}{(z-1)^2}+\frac{2}{(z-1)^3}+\frac{4}{(z-1)^4}+\frac{8}{(z-1)^5}+\cdots$$

한편, $1/(z-3)$의 급수는 다음의 수렴영역을 가진다.

$$\left|\frac{2}{z-1}\right|<1 \quad \therefore |z-1|>2$$

따라서 $f(x)$의 Laurent 급수는 다음의 수렴영역을 가진다는 것을 알 수 있다.

$$|z-1|>2$$

(2) $z=3$이 급수의 중심이므로 급수에 $z-3$의 멱이 필요하므로 $1/(z-1)$을 $z-3$의 항으로 표시하면 다음과 같다. 먼저, $z-1=2+(z-3)$이므로

$$\begin{aligned} f(z)&=\frac{1}{(z-1)(z-3)}=\frac{1}{z-3}\cdot\frac{1}{2+(z-3)}=\frac{1}{(z-3)^2}\frac{1}{1+\left(\frac{2}{z-3}\right)} \\ &=\frac{1}{(z-3)^2}\left\{1-\frac{2}{z-3}+\left(\frac{2}{z-3}\right)^2-\left(\frac{2}{z-3}\right)^3+\cdots\right\} \\ &=\frac{1}{(z-3)^2}-\frac{2}{(z-3)^3}+\frac{4}{(z-3)^4}-\frac{8}{(z-3)^5}+\cdots \end{aligned}$$

한편, $1/(z-1)$의 급수는 다음의 수렴영역을 가진다.

$$\left|\frac{1}{z-3}\right|<1 \quad \therefore |z-3|>2$$

따라서 $f(z)$의 Laurent 급수는 다음의 수렴영역을 가진다는 것을 알 수 있다.

$$|z-3|>2$$

예제 11.24

영역 $1<|z-2|<2$에서 유효한 $f(z)$의 Laurent 급수를 구하라.

$$f(z)=\frac{1}{z(z-1)}$$

풀이

문제에서 주어진 영역의 중심은 $z=2$이며, 이 점에서 $f(z)$는 해석적이라는 것에 주목하라.

중심이 2이므로 $z-2$항으로 표현되는 급수를 구하는 것이 목적이다. 영역을 2개로 나누어 한 급수는 $|z-2|<2$에서 수렴하고, 다른 급수는 $|z-2|>1$에서 수렴하는 급수를 찾으면 된다. 이를 위하여 $f(z)$를 다음과 같이 부분분수로 분해해 보자.

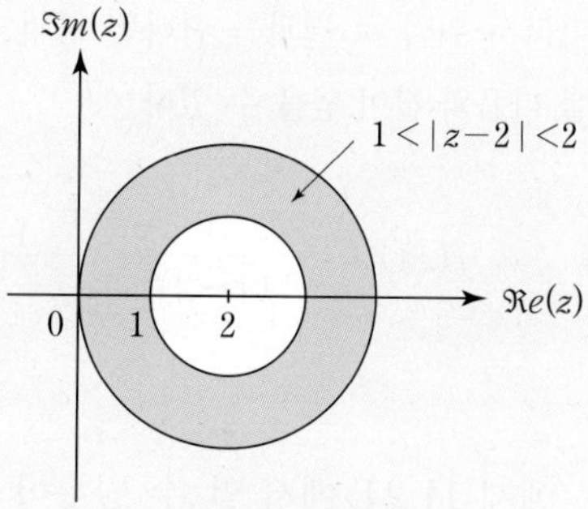

$$f(z)=\frac{1}{z(z-1)}=\frac{-1}{z}+\frac{1}{z-1}\triangleq f_1(z)+f_2(z)$$

먼저 $f_1(z)$를 $z-2$ 항이 포함되는 급수로 전개한다.

$$\begin{aligned}f_1(z)&=\frac{-1}{z}=-\frac{1}{2+(z-2)}=-\frac{1}{2}\frac{1}{1+\left(\frac{z-2}{2}\right)}\\&=-\frac{1}{2}\left\{1-\left(\frac{z-2}{2}\right)+\left(\frac{z-2}{2}\right)^2-\left(\frac{z-2}{2}\right)^3+\cdots\right\}\\&=-\frac{1}{2}+\frac{z-2}{4}-\frac{(z-2)^2}{8}+\frac{(z-2)^3}{16}-\cdots\end{aligned}$$

$f_1(z)$의 수렴영역은 다음과 같다.

$$\left|\frac{z-2}{2}\right|<1 \quad \therefore |z-2|<2$$

다음으로, $f_2(z)$를 수렴영역이 $|z-2|>1$인 급수로 전개해 보자.

$$\begin{aligned}f_2(z)&=\frac{1}{z-1}=\frac{1}{1+(z-2)}=\frac{1}{z-2}\frac{1}{1+\frac{1}{z-2}}\\&=\frac{1}{z-2}\left\{1-\frac{1}{z-2}+\left(\frac{1}{z-2}\right)^2-\left(\frac{1}{z-2}\right)^3+\cdots\right\}\\&=\frac{1}{z-2}-\frac{1}{(z-2)^2}+\frac{1}{(z-2)^3}-\frac{1}{(z-2)^4}+\cdots\end{aligned}$$

$f_2(z)$의 수렴영역은 다음과 같다.

$$\left|\frac{1}{z-2}\right|<1 \quad \therefore |z-2|>1$$

따라서 위의 두 결과를 합하면 영역 $1<|z-2|<2$ 에서 유효한 $f(z)$의 Laurent 급수를 다음과 같이 얻을 수 있다.

$$f(z)=\cdots+\frac{1}{(z-2)^3}-\frac{1}{(z-2)^2}+\frac{1}{z-2}-\frac{1}{2}+\frac{(z-2)}{4}-\frac{(z-2)^2}{8}+\cdots$$

〈예제 11.24〉에서 알 수 있듯이 Laurent 급수의 중심 z_0에서 $f(z)$가 해석적인 경우에도 Laurent 급수를 구할 수 있다는 사실에 유의하라.

11.7 특이점과 영점

(1) 특이점의 정의

개략적으로 말하면, 함수 $f(z)$가 해석적이지 않는 점을 특이점(Singular Point)이라고 정의를 한다. 좀 더 정확하게 정의하면, $f(z)$가 $z=z_0$에서 해석적이지 않지만 z_0 근방의 모든 점에서 $f(z)$가 해석적일 때 함수 $f(z)$는 특이성(Singularity)을 가진다고 하고 z_0를 $f(z)$의 특이점이라고 한다.

만일 z_0의 근방에서 오로지 z_0만이 특이점일 때, 그 특이점을 고립된 특이점(Isolated Singularity)이라고 부른다.

예를 들어, 다음의 함수 $f(z)$를 살펴보자.

$$f(z)=\frac{1}{z(z-1)(z-2)} \tag{91}$$

$f(z)$는 $z=0$에서 해석적이지 않고, 또한 $z=0$를 제외한 $|z|<\frac{1}{2}$로 정의된 근방의 모든 점에서 해석적이므로 $z=0$는 고립된 특이점이다. 또한 $z=1$과 $z=2$도 마찬가지 이유로 고립된 특이점이다. 다음의 함수 $g(z)$를 살펴보자.

$$g(z)=\text{Ln}\,z \tag{92}$$

10장에서 언급한 것처럼 $\text{Ln}\,z$는 원점과 음의 실수축에 위치한 점들에서는 해석적이 아니다. 그러나 어떠한 점들도 고립된 특이점은 아니다. 이유는 특이점들의 어떤 근방이라도 해석적이지 않는 특이점을 무수히 많이 포함하고 있기 때문이다.

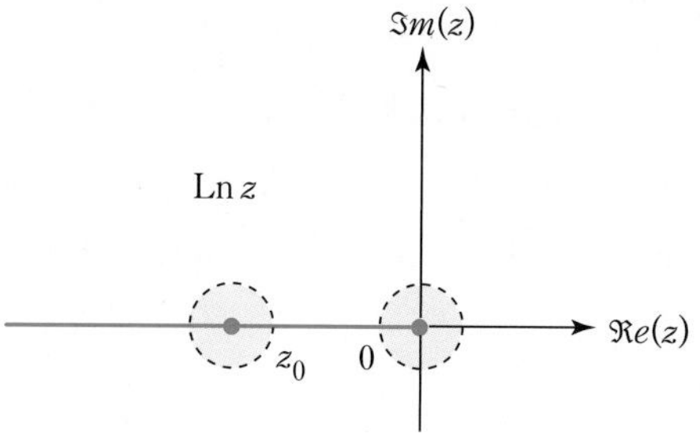

[그림 11.18] 고립되지 않은 특이점

[그림 11.18]에서 $z=0$과 $z=z_0$는 고립된 특이점이 아니다. $z=0$과 $z=z_0$의 근방에는 자신 외에도 해석적이지 않은 무수히 많은 특이점들이 존재하기 때문이다.

(2) 특이점의 종류

다음으로 특이점의 종류에 대하여 살펴보자.

$z=z_0$를 함수 $f(z)$의 고립된 특이점이라고 하면, $f(z)$는 영역 $0<|z-z_0|<R$에서 유효한 Laurent 급수로 다음과 같이 전개할 수 있다.

$$f(z)=\sum_{n=0}^{\infty} a_n(z-z_0)^n+\sum_{n=1}^{\infty} \frac{b_n}{(z-z_0)^n} \tag{93}$$

식(93)의 양(+)의 멱급수를 $f(z)$의 해석부(Analytic Part), 음(−)의 멱급수를 주요부(Principal Part)라고 부른다. 식(93)에서 알 수 있듯이 $f(z)$의 특이성은 주요부에 의해서 결정된다는 것에 주목하라. 고립된 특이점은 $f(z)$의 주요부의 항의 개수에 따라 다음과 같이 나눈다.

① 제거할 수 있는 특이점

$f(z)$의 주요부가 0이면, 즉 $f(z)$가 해석부만으로 전개될 때 $z=z_0$를 제거할 수 있는 특이점(Removable Singularity)이라 한다.

② m차 극점

$f(z)$의 주요부가 0이 아닌 항을 유한개 포함하면 $z=z_0$를 극점(Pole)이라고 한다. 만일 식(93)에서 b_m이 마지막으로 0이 아닌 계수라면 $z=z_0$를 m차 극점(Pole of Order m)이라 하며, $m=1$인 경우를 단순극점(Simple Pole)이라 부른다.

③ 본질적인 특이점

$f(z)$의 주요부가 0이 아닌 항을 무한개 포함하면 $z=z_0$를 본질적인 특이점(Essential Singularity)라고 부른다.

예제 11.25

다음 함수들의 특이점이 어떤 종류의 특이점인가를 판별하라.

(1) $f(z)=\dfrac{\sin z}{z},\ z=0$

(2) $f(z)=e^{\frac{1}{z}},\ z=0$

(3) $f(z)=\dfrac{e^z}{z^3},\ z=0$

풀이

(1) 먼저 $z=0$에서 $\sin z$의 Taylor 급수를 구하고 그 결과를 z로 나누면, 다음의 Laurent 급수를 얻을 수 있다.

$$\frac{\sin z}{z}=1-\frac{z^2}{3!}+\frac{z^4}{5!}-\frac{z^6}{7!}+\cdots$$

따라서 $f(z)$의 주요부의 항이 존재하지 않으므로 $z=0$는 제거할 수 있는 특이점이다.

(2) $z=0$에서 $e^{1/z}$을 Laurent 급수로 전개하면

$$e^{\frac{1}{z}}=1+\frac{1}{z}+\frac{1}{2!}\left(\frac{1}{z}\right)^2+\frac{1}{3!}\left(\frac{1}{z}\right)^3+\cdots$$

이므로 주요부의 항이 무수히 많으므로 $z=0$ 는 본질적인 특이점이다.

(3) 먼저, $z=0$ 에서 e^z 의 Taylor 급수를 구하고 그 결과를 z^3 으로 나누면, 다음의 Laurent 급수를 얻을 수 있다.

$$\frac{e^z}{z^3}=\frac{1}{z^3}\left(1+z+\frac{1}{2!}z^2+\frac{1}{3!}z^3+\cdots\right)$$
$$=\frac{1}{z^3}+\frac{1}{z^2}+\frac{1}{2!}\frac{1}{z}+\frac{1}{3!}+\frac{1}{4!}z+\cdots$$

따라서 $f(z)$ 의 주요부에서 b_3 가 0이 아닌 마지막 계수이므로 $z=0$ 는 3차 극점이다.

지금까지 논의한 특이점 z_0 의 종류에 따른 $f(z)$ 의 Laurent 급수의 형태를 다음에 요약하였다.

특이점 $z=z_0$	$f(z)$ 의 Laurent 급수
제거할 수 있는 특이점	$f(z)=\sum_{n=0}^{\infty} a_n(z-z_0)^n$
m차 극점	$f(z)=\sum_{n=0}^{\infty} a_n(z-z_0)^n+\sum_{n=1}^{m}\frac{b_n}{(z-z_0)^n}$
본질적인 특이점	$f(z)=\sum_{n=0}^{\infty} a_n(z-z_0)^n+\sum_{n=1}^{\infty}\frac{b_n}{(z-z_0)^n}$

다음으로 해석함수 $f(z)$ 의 영점(Zero)에 대해 살펴보자. 만일 $z=z_0$ 에서 $f(z_0)=0$ 이면 $f(z)$ 는 $z=z_0$ 에서 영점을 갖는다고 정의한다. 극점에도 차수를 정의하는 것처럼 영점의 차수도 정의할 수 있으며, 다음과 같이 정의한다.

함수 $f(z)$ 가 다음을 만족하는 경우 m차 영점 z_0 를 가진다고 말한다.

$$\begin{gathered} f(z_0)=0,\ f'(z_0)=0,\ \cdots,\ f^{(m-1)}(z_0)=0 \\ f^{(m)}(z_0)\neq 0 \end{gathered} \tag{94}$$

식(94)로부터 m차 영점 z_0 는 $(m-1)$차 도함수까지는 함수값을 0으로 만들지만 m차 도함수의 함수값은 0이 아닌 값을 가지는 것에 주의하라.

예를 들어, $f(z)=(z-1)^4$ 이라 하면 $z=1$ 에 대하여

$$f(1)=0,\ f'(1)=0,\ f''(1)=0,\ f'''(1)=0,\ f^{(4)}(1)=24\neq 0$$

이 성립하므로 $z=1$은 $f(z)$의 4차 영점이다.

예제 11.26

다음 분수함수 $f(z)$의 영점과 극점을 구하고 각각의 차수가 얼마인지 말하라.

$$f(z)=\frac{(z+2)(z+3)^2}{(z+1)^2(z-1)^3(z+4)}$$

풀이

분수함수의 극점은 분모를 0으로 만드는 점, 즉 분모의 영점에서 분수함수의 극점이 나타난다. $f(z)$는 $z=-1$에서 2차 극점, $z=1$에서 3차 극점, $z=-4$에서 단순극점을 가진다. 또한 분수함수의 영점은 분자를 0으로 만드는 점에서 분수함수의 영점이 나타나게 되므로 $f(z)$는 $z=-2$에서 단순영점, $z=-3$에서 2차 영점을 가진다.

여기서 잠깐! **분수함수의 영점과 극점**

함수 $f(z)$가 다음과 같은 분수함수 형태라고 하자.

$$f(z)\triangleq\frac{g(z)}{h(z)}$$

$f(z)$의 극점은 $h(z)=0$이 되는 점에서 나타나므로 $f(z)$의 극점은 다음과 같다.

$$f(z)\text{의 극점}=\{z\ ;\ h(z)=0\}$$

여기서 $f(z)$의 극점의 차수는 $h(z)$의 영점의 차수와 동일하다. 또한 $f(z)$의 영점은 $g(z)=0$이 되는 점에서 나타나므로 $f(z)$의 영점은 다음과 같다.

$$f(z)\text{의 영점}=\{z\ ;\ g(z)=0\}$$

한 가지 흥미로운 사실은 분수함수의 영점과 극점의 개수는 $z=\infty$를 포함한다면 언제나 같다는 것이다. 예를 들어,

$$f(z)=\frac{(z-3)}{(z-1)(z-2)}$$

에서 $z=1$과 $z=2$는 단순극점이고 $z=3$은 단순영점이다. $f(z)$의 극점의 개수는 2이고 영점의 개수는 1이다. 그런데 $f(z)$에는 $z=3$에만 있는 것처럼 보이지만 $z=\infty$도 $f(\infty)=0$이므로 영점이 될 수 있다.
따라서 복소수의 무한대 ∞까지 포함하게 되면 분수함수의 영점과 극점의 개수는 같다고 결론지을 수 있다.

지금까지 $f(z)$의 Laurent 급수로부터 여러 종류의 특이점에 대해 살펴보았다. 다음 절에서 복소해석학에 매우 중요한 유수와 유수정리에 대해 학습한다.

11.8 유수정리와 응용

지금까지 복소선적분을 계산하기 위해 Cauchy 적분정리와 적분공식 그리고 도함수에 대한 Cauchy 적분공식 등을 활용하여 계산하였다.
본 절에서는 복소함수의 유수(Residue)의 개념을 도입하여 복소선적분을 계산할 수 있는 새로운 방법에 대해 살펴본다.

(1) 유수의 정의

앞 절에서 이미 언급한 것처럼 $f(z)$가 z_0에서 고립된 특이점을 가지면, $f(z)$는 $0<|z-z_0|<R$에서 유효한 다음과 같은 Laurent 급수로 전개될 수 있다.

$$f(z)=\cdots+\frac{b_2}{(z-z_0)^2}+\frac{b_1}{(z-z_0)}+a_0+a_1(z-z_0)+a_2(z-z_0)^2+\cdots \tag{95}$$

식(95)에서 관심의 대상이 되는 항은 $1/(z-z_0)$의 계수 b_1인데, 이것을 $z=z_0$에

서 $f(z)$의 유수(Residue)라고 정의하며 다음과 같이 표기한다.

$$b_1 = Res\,(f(z),\ z_0) \tag{96}$$

식(95)의 수많은 계수 중에서 왜 b_1만이 중요한 것일까? 나중에 Cauchy의 유수 정리(Residue Theorem)에서 계수 b_1의 중요성이 명백해질 것이다. 독자들의 궁금증 해소를 위해 개략적으로 설명하면 다음과 같다.

$f(z)$를 어떤 단순폐곡선 C에 대해 선적분을 할 때 $\dfrac{b_1}{(z-z_0)}$ 항을 제외한 모든 항들에 대한 적분이 0이 되기 때문에 계수 b_1과 관련된 적분만이 남게 된다. 이런 의미에서 나머지라는 의미의 유수(Residue)라는 개념을 정의하여 유수 계산을 통해 선적분을 계산하는 것이 유수정리의 주된 내용이다.

유수를 계산하기 위해서는 주어진 함수 $f(z)$의 Laurent 급수를 매번 구해야 하는 번거로움이 있다. 따라서 $f(z)$의 Laurent 급수를 구하지 않고 유수를 계산할 수 있는 방법에 대해 설명한다.

(2) 유수의 계산

① 단순극점에서의 유수 계산

먼저, 단순극점 z_0에서 $f(z)$의 유수를 구해 보자. $f(z)$가 단순극점 z_0를 가지면 $f(z)$는 다음의 Laurent 급수로 전개할 수 있다.

$$f(z) = \frac{b_1}{z-z_0} + a_0 + a_1(z-z_0) + a_2(z-z_0)^2 + \cdots \tag{97}$$

식(97)의 양변에 $(z-z_0)$를 곱하고 $z \to z_0$에 대한 극한을 취하면

$$\lim_{z \to z_0}(z-z_0)f(z) = \lim_{z \to z_0}\{\ b_1 + a_0(z-z_0) + a_1(z-z_0)^2 + \cdots\ \} = b_1 \tag{98}$$

이 되므로 z_0에서 $f(z)$의 유수는 다음과 같이 구할 수 있다.

$$Res(f(z), z_0) = \lim_{z \to z_0}(z-z_0)f(z) \tag{99}$$

② n차 극점에서의 유수 계산

다음으로, n차 극점 z_0에서 $f(z)$의 유수를 구해 보자. $f(z)$가 n차 극점 z_0를 가지면 $f(z)$는 다음의 Laurent 급수로 전개할 수 있다.

$$f(z) = \frac{b_n}{(z-z_0)^n} + \cdots + \frac{b_2}{(z-z_0)^2} + \frac{b_1}{(z-z_0)} + a_0 + a_1(z-z_0) + \cdots \tag{100}$$

식(100)의 양변에 $(z-z_0)^n$을 곱하면

$$(z-z_0)^n f(z) = b_n + \cdots + b_2(z-z_0)^{n-2} + b_1(z-z_0)^{n-1} + a_0(z-z_0)^n + \cdots \tag{101}$$

식(101)의 양변을 $n-1$번 미분하면 다음을 얻을 수 있다.

$$\frac{d^{n-1}}{dz^{n-1}}\{(z-z_0)^n f(z)\} = (n-1)!\,b_1 + n!\,a_0(z-z_0) + \cdots \tag{102}$$

식(102)의 양변에 $z \to z_0$에 대한 극한을 취하면

$$\lim_{z \to z_0} \frac{d^{n-1}}{dz^{n-1}}\{(z-z_0)^n f(z)\} = (n-1)!\,b_1$$

이 되므로 n차 극점 z_0에서 $f(z)$의 유수는 다음과 같이 구할 수 있다.

$$Res(f(z), z_0) = \frac{1}{(n-1)!} \lim_{z \to z_0} \frac{d^{n-1}}{dz^{n-1}}\{(z-z_0)^n f(z)\} \tag{103}$$

여기서 잠깐! 분수함수에 대한 유수 계산

다음의 분수함수 $f(z)$가 $z=z_0$에서 단순극점$(h(z_0)=0)$을 가진다고 하자.

$$f(z) = \frac{g(z)}{h(z)}, \quad g(z_0) \neq 0$$

$z=z_0$ 에서 $f(z)$ 의 유수를 계산하면

$$\begin{aligned} Res(f(z), z_0) &= \lim_{z \to z_0}(z-z_0)f(z) \\ &= \lim_{z \to z_0}(z-z_0)\frac{g(z)}{h(z)} \\ &= \lim_{z \to z_0}\frac{g(z)}{\left[\dfrac{h(z)-h(z_0)}{z-z_0}\right]} = \frac{g(z_0)}{h'(z_0)} \end{aligned}$$

이므로 다음의 관계식을 얻는다.

$$Res(f(z), z_0) = \frac{g(z_0)}{h'(z_0)} \tag{104}$$

식(104)는 분수함수가 단순극점을 가질 때 간단히 유수를 구할 수 있는 편리한 식이므로 기억하는 것이 좋다.

예제 11.27

다음 함수 $f(z)$ 에서 $z=1$ 과 $z=3$ 에서의 유수를 구하라.

$$f(z) = \frac{z+1}{(z-1)^2(z-3)}$$

풀이

$z=1$ 은 다음 함수 $f(z)$ 의 2차 극점이고 $z=3$ 은 단순극점이다.

$$\begin{aligned} Res(f(z), 1) &= \frac{1}{(2-1)!}\lim_{z \to 1}\frac{d}{dz}\left(\frac{z+1}{z-3}\right) \\ &= \lim_{z \to 1}\frac{(z-3)-(z+1)}{(z-3)^2} = -1 \end{aligned}$$

$$Res(f(z), 3) = \lim_{z \to 1}(z-3)f(z) = \lim_{z \to 3}\frac{z+1}{(z-1)^2} = 1$$

예제 11.28

지시된 점에서 다음 함수들의 유수를 계산하라.

(1) $f(z)=\dfrac{z^2+1}{z(z-1)(z-2)}$; $z=0, 1, 2$

(2) $g(z)=\dfrac{e^z}{(z-2)^2}$; $z=2$

(3) $h(z)=\dfrac{1}{z^3(z+1)}$; $z=0, -1$

풀이

(1) 지시된 각 점들은 $f(z)$의 단순극점들이므로 다음과 같이 $f(z)$의 유수를 계산할 수 있다.

$$Res(f(z), 0)=\lim_{z\to 0}\frac{z^2+1}{(z-1)(z-2)}=\frac{1}{2}$$
$$Res(f(z), 1)=\lim_{z\to 1}\frac{z^2+1}{z(z-2)}=-2$$
$$Res(f(z), 2)=\lim_{z\to 2}\frac{z^2+1}{z(z-1)}=\frac{5}{2}$$

(2) $z=2$는 $g(z)$의 2차 극점이므로 다음과 같이 유수를 계산할 수 있다.

$$Res(g(z), 2)=\frac{1}{(2-1)!}\lim_{z\to 2}\frac{d}{dz}(e^z)=e^2$$

(3) $z=0$은 $h(z)$의 3차 극점, $z=-1$은 $h(z)$의 단순극점이므로 다음과 같이 유수를 계산할 수 있다.

$$Res(h(z), 0)=\frac{1}{(3-1)!}\lim_{z\to 0}\frac{d^3}{dz^3}\left(\frac{1}{z+1}\right)$$
$$=\lim_{z\to 0}\frac{-6}{(z+1)^4}=-6$$
$$Res(h(z), -1)=\lim_{z\to -1}(z+1)f(z)=\lim_{z\to -1}\frac{1}{z^3}=-1$$

(3) Cauchy의 유수정리

Cauchy의 유수정리(Cauchy Residue Theorem)는 어떤 조건하에서 $f(z)$를 단순폐곡선 C를 따라 적분한 값은 경로 C의 내부에 있는 고립된 특이점에서의 유수들의 합과 같다는 것이다.

유수정리를 살펴보기 전에 [그림 11.19]에 나타낸 것처럼 함수 $f(z)$가 적분경로 C 내부의 한 점 z_0를 제외한 모든 영역에서 해석적인 경우, 영역 $0<|z-z_0|<R$에서 유효한 Laurent 급수로 $f(z)$를 전개할 수 있다.

$$f(z)=\sum_{n=0}^{\infty} a_n(z-z_0)^n+\frac{b_1}{z-z_0}+\frac{b_2}{(z-z_0)^2}+\cdots \tag{105}$$

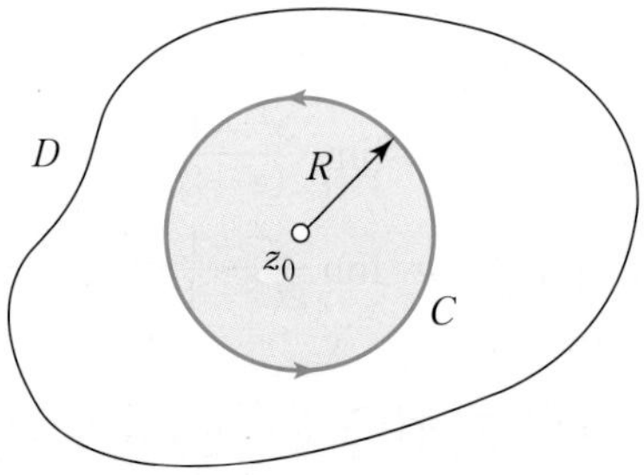

[그림 11.19] $f(z)$의 적분경로 C

식(105)를 적분경로 C에 대해 선적분을 수행하면 다음과 같다.

$$\oint_C f(z)dz=\oint_C \sum_{n=0}^{\infty} a_n(z-z_0)^n dz+\oint_C \frac{b_1}{z-z_0}dz+\oint_C \frac{b_2}{(z-z_0)^2}dz+\cdots \tag{106}$$

식(106)에서 우변의 첫 번째 적분은 피적분 함수가 C의 내부에서 해석적이므로 Cauchy의 적분정리에 의해 0이 된다.

$$\oint_C \sum_{n=0}^{\infty} a_n(z-z_0)^n dz=0 \tag{107}$$

식(106)에서 우변의 두 번째 적분은 다음과 같이 계산된다.

$$\oint_C \frac{b_1}{z-z_0}dz=\int_0^{2\pi}\frac{b_1}{Re^{it}}iRe^{it}dt=2\pi i b_1$$
$$\therefore\ \oint_C \frac{b_1}{z-z_0}dz=2\pi i\, Res(f(z), z_0) \tag{108}$$

식(106)에서 우변의 세 번째 적분을 계산하면

$$\oint_C \frac{b_2}{(z-z_0)^2}dz=\int_0^{2\pi}\frac{b_2}{R^2e^{2it}}iRe^{it}dt$$
$$=\int_0^{2\pi}\frac{b_2}{R}ie^{-it}dt=\frac{b_2}{R}i\left[-\frac{e^{-it}}{i}\right]_0^{2\pi}=0 \tag{109}$$

이며 나머지 적분들도 같은 방법으로 계산하면 적분값이 모두 0이라는 것을 알 수 있다. 즉,

$$\oint_C \frac{b_n}{(z-z_0)^n}dz=0,\ \ n\geq 2 \tag{110}$$

따라서 지금까지 결과를 종합하면 다음의 관계를 얻을 수 있다.

$$\oint_C f(z)dz=\oint_C \frac{b_1}{z-z_0}dz=2\pi i\, Res(f(z), z_0) \tag{111}$$

식(111)의 결과를 일반적으로 확장한 것이 Cauchy의 유수정리이며, 다음과 같이 요약될 수 있다.

정리 11.8 Cauchy의 유수정리

D를 단순연결영역이라 하고, C는 D 내부에 있는 임의의 단순폐곡선이라 가정한다. C 내부의 유한개의 특이점 $z_1, z_2, \cdots, z_n$을 제외한 모든 점과 C 위의 모든 점에서 $f(z)$가 해석적이면 다음의 관계가 성립한다.

$$\oint_C f(z)dz=2\pi i\sum_{k=1}^{n} Res(f(z), z_k) \tag{112}$$

Cauchy의 유수정리는 적분경로 C 내부에 있는 고립된 특이점들에서 유수들을 계산하여 모두 더한 다음 $2\pi i$를 곱하면 선적분 값을 계산할 수 있다는 매우 유용한 정리이다.

결국, Cauchy의 유수정리는 단순폐곡선 C에 대한 선적분 문제가 C의 내부에 있는 특이점들의 유수를 계산하는 문제로 변환되는 것이다. 일반적인 Cauchy의 유수정리는 Cauchy의 적분정리로부터 쉽게 증명할 수 있기 때문에 독자들의 연습문제로 남겨둔다. [그림 11.20]에 적분경로 C를 도시하였다.

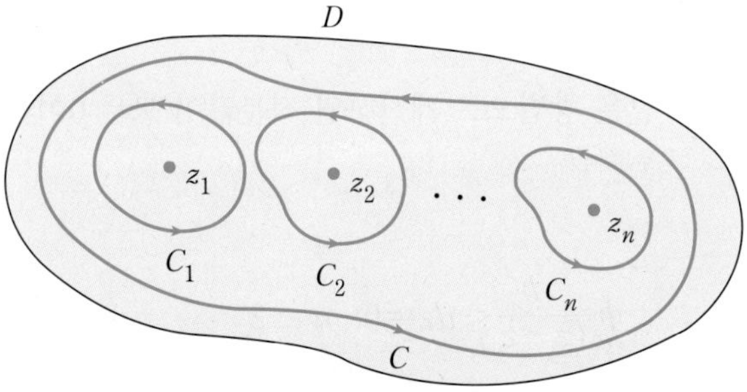

[그림 11.20] 유수정리에서의 적분경로

11.2절에서 학습한 다중연결영역에 대한 경로변형의 원리인 식(39)를 이용하면 다음과 같이 표현된다.

$$\oint_C f(z)dz=\sum_{k=1}^{n}\oint_{C_k} f(z)dz \tag{113}$$

식(113)에서 k번째 적분경로 C_k에 대한 적분값은 식(111)에 의해 다음과 같이 계산된다.

$$\oint_{C_k} f(z)dz=2\pi i\, Res(f(z), z_k) \tag{114}$$

따라서 식(114)를 식(113)에 대입하면 다음의 결과를 얻을 수 있다.

$$\oint_C f(z)dz=2\pi i\sum_{k=1}^{n} Res(f(z), z_k) \tag{115}$$

예제 11.29

다음에 주어진 적분경로들의 방향에 주의하여 주어진 선적분을 계산하라.

$$\oint_C \frac{z^2+4}{z(z-1)^2}dz$$

(1) C 가 원점을 중심으로 하는 반지름이 2인 원의 반시계방향

(2) C 가 $x=\frac{1}{2}$, $x=-\frac{1}{2}$, $y=\frac{1}{2}$, $y=-\frac{1}{2}$ 로 구성되는 정사각형의 반시계방향

(3) C 가 $|z-1|=\frac{1}{2}$ 인 원의 시계방향

풀이

(1) 피적분함수 $f(z)$는 $z=0$에서 단순극점, $z=1$에서 2차 극점을 가지고 있고, C의 내부에 $z=0$와 $z=1$이 모두 포함되므로 각 특이점에서 유수를 계산하면 다음과 같다.

$$Res(f(z), 0)=\lim_{z\to 0}\frac{z^2+4}{(z-1)^2}=4$$
$$Res(f(z), 1)=\lim_{z\to 1}\frac{d}{dz}\left(\frac{z^2+4}{z}\right)=\lim_{z\to 1}\frac{z^2-4}{z^2}=-3$$

따라서 유수정리에 의해 다음을 얻을 수 있다.

$$\oint_C \frac{z^2+4}{z(z-1)^2}dz=2\pi i(4-3)=2\pi i$$

(2) 적분경로 C의 내부에 포함되는 특이점은 $z=0$뿐이므로 유수정리에 의해 다음을 얻을 수 있다.

$$\oint_C \frac{z^2+4}{z(z-1)^2}dz=2\pi i\, Res(f(z), 0)=8\pi i$$

(3) 적분경로 C는 $z=1$을 중심으로 하는 반지름이 $\frac{1}{2}$인 원이므로 원의 내부에는 $z=1$만이 포함된다. 그런데 C의 방향이 시계방향이므로 다음의 결과를 얻을 수 있다.

$$\oint_C \frac{z^2+1}{z(z-1)^2}dz=-2\pi i\, Res(f(z), 1)=6\pi i$$

예제 11.30

적분경로 C가 원점을 중심으로 하는 반지름이 3인 원이라고 할 때, 다음의 선적분을 계산하라.

$$\oint_C \frac{e^z}{\cos z} dz$$

풀이

먼저, $\cos z = 0$이 되는 z를 찾아보자. 10장에서 $\cos z$는 다음과 같이 표현할 수 있다는 것을 이미 학습하였다.

$$\cos z = \cos x \cosh y - i \sin x \sinh y$$

$\cos z = 0$이 되려면 다음의 관계가 성립해야 한다.

$$\begin{aligned} \cos x \cosh y = 0 &\longrightarrow \cos x = 0 \\ \sin x \sinh y = 0 &\longrightarrow \sinh y = 0 \end{aligned}$$

위의 방정식으로부터 x와 y는 다음과 같이 구해진다.

$$\begin{cases} x = \frac{\pi}{2}(2k+1), & k\text{는 상수} \\ y = 0 \end{cases}$$

그런데 적분경로 C가 원점을 중심으로 반지름이 3인 원이므로, C 내부에 포함되는 특이점은 $z = -\frac{\pi}{2}$와 $z = \frac{\pi}{2}$이므로 먼저 $z = -\frac{\pi}{2}$에서 유수를 계산하면 다음과 같다.

$$\begin{aligned} Res\left(f(z), -\frac{\pi}{2}\right) &= \lim_{z \to -\frac{\pi}{2}} \left(z + \frac{\pi}{2}\right) \frac{e^z}{\cos z} \\ &= \lim_{z \to -\frac{\pi}{2}} \frac{\frac{d}{dz}\left[\left(z + \frac{\pi}{2}\right) e^z\right]}{\frac{d}{dz} \cos z} = e^{-\frac{\pi}{2}} \end{aligned}$$

위의 유수계산에는 극한값을 구하기 위해 L'Hospital 정리를 사용하였음에 유의하라.

다음으로 $z = \frac{\pi}{2}$에서의 유수를 구하면

$$Res\left(f(z), \frac{\pi}{2}\right) = \lim_{z \to \frac{\pi}{2}} \left(z - \frac{\pi}{2}\right) \frac{e^z}{\cos z}$$

$$= \lim_{z \to \frac{\pi}{2}} \frac{\left[\frac{d}{dz}\left(z - \frac{\pi}{2}\right)e^z\right]}{\frac{d}{dz}\cos z} = -e^{\frac{\pi}{2}}$$

가 되므로 유수정리에 의해 다음의 결과를 얻을 수 있다.

$$\oint_C \frac{e^z}{\cos z} dz = 2\pi i\left(e^{-\frac{\pi}{2}} - e^{\frac{\pi}{2}}\right)$$

$$= 2\pi i \frac{e^{\frac{\pi}{2}} - e^{-\frac{\pi}{2}}}{2i}(-2i) = 4\pi \sin\frac{\pi}{2} = 4\pi$$

예제 11.31

적분경로 C가 반지름이 2인 단위원일 때 다음의 선적분을 계산하라.

$$\oint_C \tan z\, dz$$

풀이

$\tan z = \sin z / \cos z$ 이므로 적분경로 내부에 있는 특이점은 〈예제 11.30〉에서 이미 구한 것처럼 $z = -\frac{\pi}{2}$ 와 $z = \frac{\pi}{2}$ 이다. 각 특이점에서의 유수를 구하기 위하여 식(104)를 이용하면

$$Res\left(\tan z, -\frac{\pi}{2}\right) = \frac{\sin\left(-\frac{\pi}{2}\right)}{-\sin\left(-\frac{\pi}{2}\right)} = -1$$

$$Res\left(\tan z, \frac{\pi}{2}\right) = \frac{\sin\left(\frac{\pi}{2}\right)}{-\sin\left(\frac{\pi}{2}\right)} = -1$$

이므로 유수정리에 의해 다음과 같은 결과를 얻는다.

$$\oint_C \tan z\, dz = 2\pi i(-1-1) = -4\pi i$$

예제 11.32

다음에 주어진 적분경로들에 대하여 주어진 선적분을 계산하라.

$$\oint_C \frac{z+1}{z^2(z-2i)}dz$$

(1) $C:|z|=1$

(2) $C:|z-2i|=1$

(3) $C:|z-2i|=3$

풀이

(1) 피적분함수 $f(z)$의 특이점은 $z=0$에서 2차 극점, $z=2i$에서 단순극점을 가진다는 것을 알 수 있다. 그런데 적분경로 C의 내부에 포함된 특이점은 $z=0$이므로 $z=0$에서 유수를 계산하면

$$\begin{aligned} Res(f(z), 0) &= \lim_{z \to 0} \frac{d}{dz}\left(\frac{z+i}{z-2i}\right) \\ &= \lim_{z \to 0} \frac{-3i}{(z-2i)^2} = \frac{3}{4}i \end{aligned}$$

이므로 유수정리에 의해 다음의 결과를 얻을 수 있다.

$$\oint_C \frac{z+1}{z^2(z-2i)}dz = 2\pi i\, Res(f(z), 0) = -\frac{3\pi}{2}$$

(2) 적분경로 C에 포함되는 특이점은 $z=2i$이므로 $z=2i$에서 유수를 계산하면

$$Res(f(z), 2i) = \lim_{z \to 2i} \frac{z+1}{z^2} = -\frac{1}{2}i - \frac{1}{4}$$

이므로 유수정리에 의해 다음의 결과를 얻을 수 있다.

$$\oint_C \frac{z+1}{z^2(z-2i)}dz = 2\pi i\, Res(f(z), 2i) = \pi - \frac{\pi i}{2}$$

(3) 적분경로 C에 포함되는 특이점은 $z=0$과 $z=2i$이므로 유수정리에 의해 다음을 얻을 수 있다.

$$\oint_C \frac{z+1}{z^2(z-2i)}dz=2\pi i\{ Res(f(z), 0)+Res(f(z), 2i) \}$$
$$=2\pi i\left(\frac{3}{4}i-\frac{1}{4}-\frac{1}{2}i\right)$$
$$=-\frac{\pi}{2}-\frac{\pi}{2}i$$

예제 11.33

다음의 실적분을 복소적분으로 변환하여 계산하라.

$$\int_0^{2\pi} \frac{1}{3+\cos\theta}d\theta$$

풀이

$z=e^{i\theta},\ 0 \le \theta \le 2\pi$ 로 변수치환을 하면

$$dz=ie^{i\theta}d\theta=izd\theta \longrightarrow d\theta=\frac{1}{iz}dz$$
$$\cos\theta=\frac{e^{i\theta}+e^{-i\theta}}{2}=\frac{1}{2}(z+z^{-1})$$

을 얻을 수 있으므로 주어진 실적분을 다음과 같은 복소선적분으로 변환할 수 있다.

$$\int_0^{2\pi} \frac{1}{3+\cos\theta}d\theta=\oint_C \frac{1}{3+\frac{1}{2}(z+z^{-1})}\frac{1}{iz}dz$$
$$=\frac{2}{i}\oint_C \frac{1}{z^2+6z+1}dz$$

피적분함수의 분모를 0으로 만드는 극점은 $z=\frac{-6\pm\sqrt{32}}{2}$ 인데 적분경로가 원점을 중심으로 하는 단위원이므로 $z_1=\frac{-6+\sqrt{32}}{2}$ 만이 적분경로 내부에 위치한다. $z=z_1$ 에서 피적분함수 $f(z)$의 유수를 구하면 다음과 같다.

$$Res(f(z), z_1)=\lim_{z\to z_1}(z-z_1)f(z)$$
$$=\lim_{z\to z_1}\frac{1}{z-z_2}=\frac{1}{z_1-z_2}=\frac{1}{\sqrt{32}}$$

여기서 $z_2 = \dfrac{-6-\sqrt{32}}{2}$ 이다.

유수정리에 의해 주어진 실적분은 다음과 같이 계산된다.

$$\begin{aligned}\int_0^{2\pi} \frac{1}{3+\cos\theta} d\theta &= \frac{2}{i} \oint_C \frac{1}{z^2+6z+1} dz = \frac{2}{i} 2\pi i \, Res(f(z), z_1) \\ &= \frac{4\pi}{\sqrt{32}}\end{aligned}$$

여기서 잠깐! **Laplace 역변환과 복소적분**

4장에서 소개한 Laplace 역변환 공식을 살펴보자.

$$f(t) = \mathcal{L}^{-1}[F(s)] = \frac{1}{2\pi i} \int_{\sigma - i\infty}^{\sigma + i\infty} F(s) e^{st} ds$$

s는 복소수이므로 위의 적분은 복소적분임을 알 수 있다. 이 적분은 유수정리를 이용하여 계산할 수 있으며, 이 때의 적분경로 C는 다음과 같다.

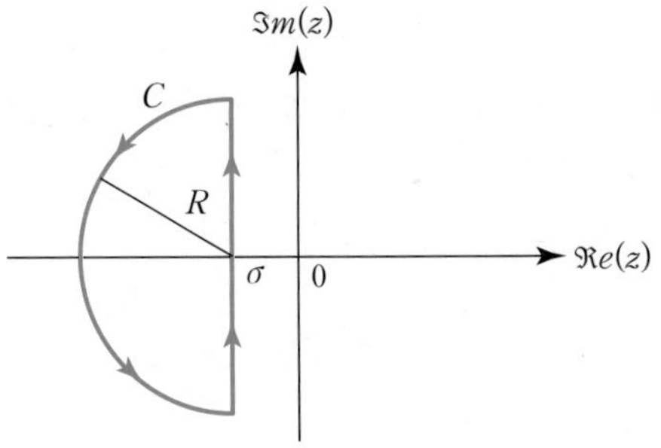

적분경로 C를 직선경로와 반원경로로 나누어 식(116)의 적분을 수행한 다음, $R \to \infty$로 하면 반원경로에 대한 선적분은 0이 되어 Laplace 역변환 공식에 나타난 선적분을 계산할 수 있는 것이다.

$$\frac{1}{2\pi i} \oint_C F(s) e^{st} ds \tag{116}$$

쉬어가는 코너 재미있는 퍼즐문제 2

1. 다음 타일의 형태에서 물음표에 들어갈 타일은 무엇일까?

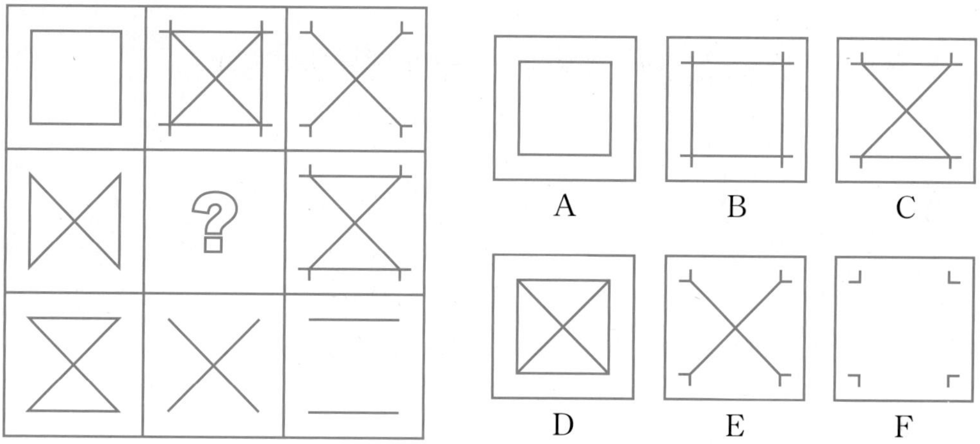

2. 다음의 물음표에 들어갈 숫자는 얼마일까?

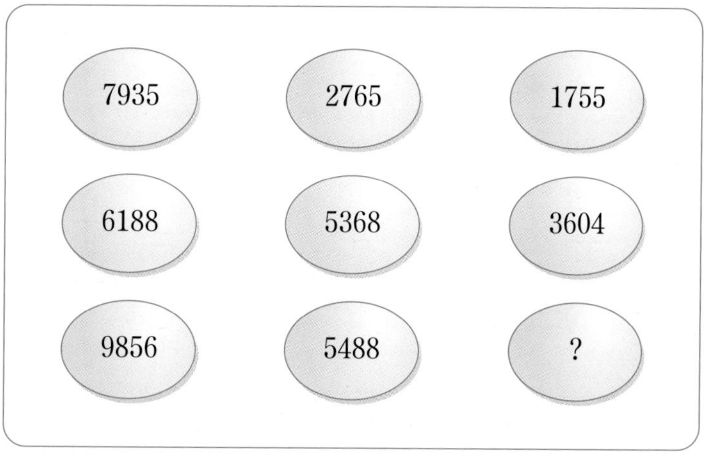

[정답] 1. B 2. 4752

1. 다음 그림에서 이상한 그림 하나는 무엇일까?

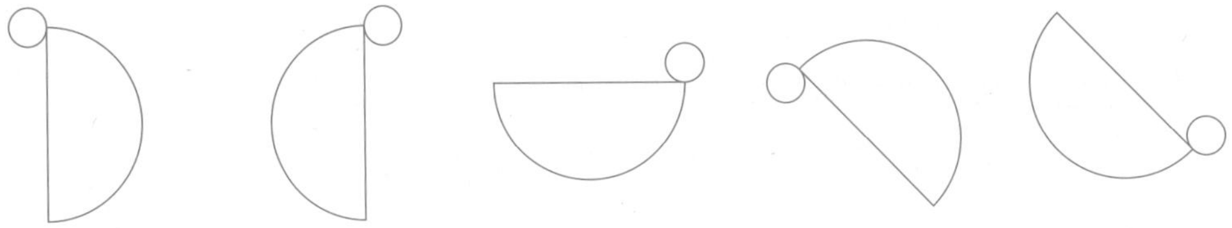

A   B   C   D   E

2. 다음의 3개의 도형연산 결과를 활용하여 마지막 도형연산 결과를 계산하면 얼마일까?

△ + △ + △ = 1368

△ − △ − △ = 210

△ + △ − △ = 1122

△ − △ + △ = ?

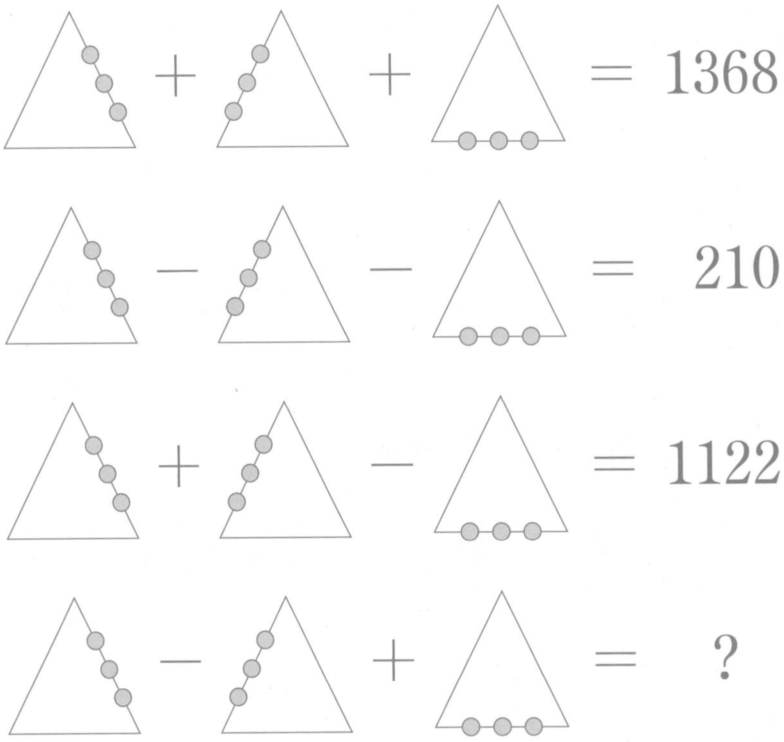

[정답] 1. B 2. 476

연습문제

01 주어진 경로 C를 따라 다음의 복소선적분을 계산하라.

(1) $\oint_C Re(z)\,dz$

(2) $\oint_C \overline{z}^2 dz$

(3) $\oint_C (2z-1)\,dz$

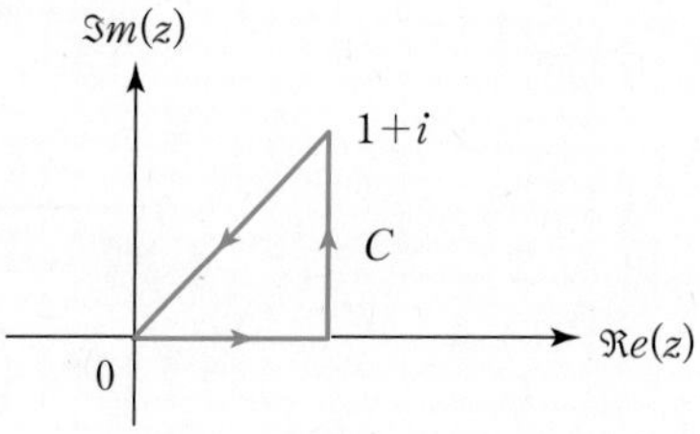

02 다음의 선적분을 $z=i$에서 $z=1$까지 주어진 경로에 대해 계산하라.

$$\oint_C (z^2+3)\,dz$$

(1)

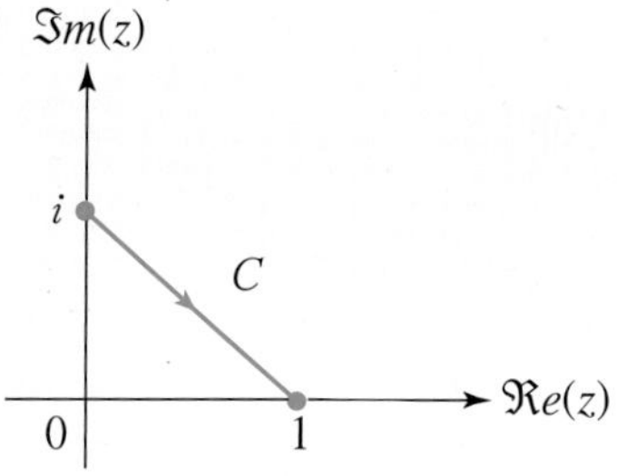

(2)

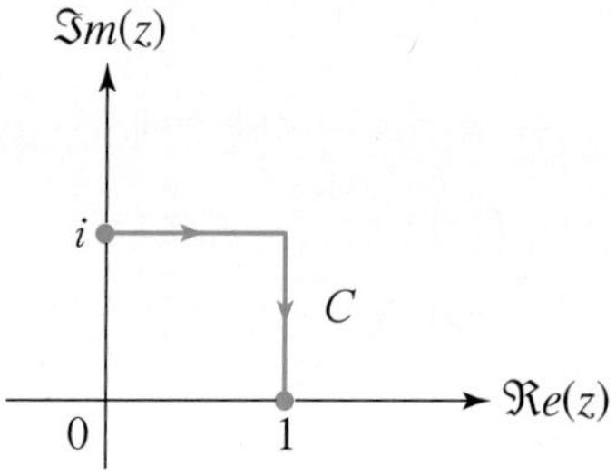

03 다음의 복소선적분을 계산하라.

(1) $\oint_C \frac{z}{z^2-\pi^2} dz$; $|z|=3$

(2) $\oint_C \frac{1}{z-1} dz$; $|z-1|=2$

04 다음 선적분을 주어진 경로에 대해 계산하라.

$$\oint_C \frac{z+1}{z^3(z-4)} dz$$

(1) C가 중심이 원점인 단위원

(2) C가 $|z-4|=2$ 인 원

05 다음 선적분을 주어진 경로를 두 개로 분할하여 계산하라.

$$\oint_C \frac{2e^{iz}}{(z^2+1)^2}dz$$

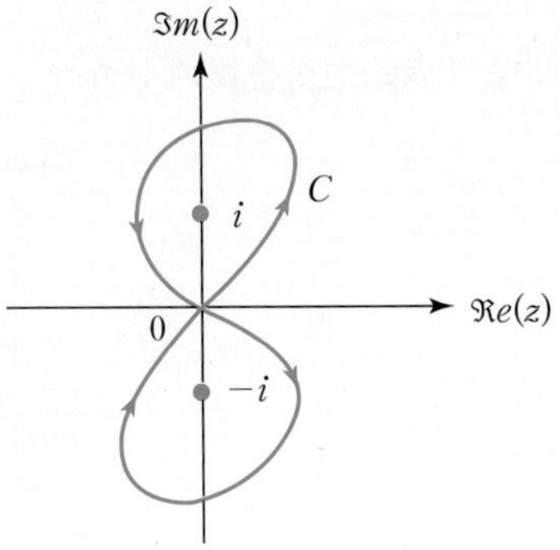

06 다음 함수를 Maclaurin 급수로 전개하고 수렴영역과 수렴반경을 구하라.

(1) $f(z)=\dfrac{z+3}{1-z^2}$

(2) $f(z)=\dfrac{z}{1-z}$

07 다음 함수를 지시된 점에서 Taylor 급수로 전개하라.

(1) $f(z)=\dfrac{1+z}{1-z},\ z_0=i$

(2) $f(z)=(z-1)e^{-2z},\ z=1$

(3) $f(z)=\dfrac{z-7}{z^2-2z-3},\ z=0$

08 다음 함수 $f(z)$에 대해 주어진 영역에서 유효한 Laurent 급수를 전개하라.

$$f(z)=\frac{1}{(z-1)(z-2)}$$

(1) $0<|z-1|<1$

(2) $1<|z|<2$

09 다음의 선적분을 유수정리를 이용하여 계산하라.

$$\oint_C \frac{z+3}{(z+1)^2(z+2)}dz$$

(1) $C: |z|=4$

(2) $C: |z|=\frac{3}{2}$

(3) $C: |z+2|=\frac{1}{2}$

10 다음에 주어진 적분경로들의 방향에 주의하여 주어진 선적분을 계산하라.

$$\oint_C \frac{1}{z\sin z}dz$$

(1) C는 $z=2i$를 중심으로 하는 반지름이 1인 원의 시계방향

(2) C는 $|z-\pi|=\frac{1}{2}$ 인 원의 반시계방향

(3) C는 $|z+\pi|=\frac{1}{2}$ 인 원의 반시계방향

(4) C는 $|z|=\frac{1}{2}$ 인 원의 반시계방향

11 다음 선적분을 계산하라.

$$\oint_C \frac{e^2}{\sin z}dz$$

여기서 C는 반지름이 3이고 중심이 원점인 원이다.

12 다음의 실적분을 $z=e^{i\theta}(0 \le \theta \le 2\pi)$의 치환을 통해 복소선적분으로 변환하여 계산하라.

$$\int_0^{2\pi} \frac{1}{10-6\cos\theta}d\theta$$

13 다음 선적분을 계산하라.

$$\oint_C \frac{z^2}{(z-1)^3(z^2+4)}dz$$

여기서 C는 $\frac{x^2}{4}+y^2=1$인 타원을 시계방향으로 이동한다.

14 다음 복소적분을 유수정리를 이용하여 계산하라.

$$\oint_{C_i} \frac{z+3}{(z+1)(z+2)(z+4)}dz, \quad i=1,\ 2$$

(1) $C_1 : |z| = \frac{3}{2}$

(2) $C_2 : |z| = 5$

15 다음 복소적분을 계산하라. 단, 적분경로 C는 $16x^2+y^2=4$ 인 타원이다.

$$\oint_C \frac{z}{(z+1)(z^2+1)}dz$$

16 다음의 선적분을 계산하라.

$$\int_C z\,dz$$

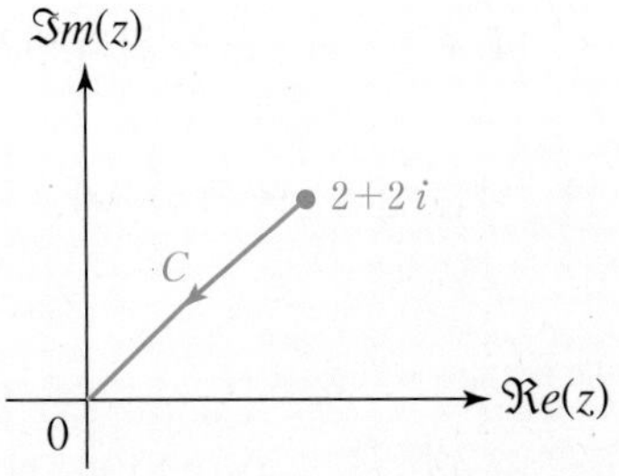

17 다음의 선적분을 주어진 경로 C에 대하여 계산하라.

$$\oint_C \frac{z+2}{z(z-2)}dz, \quad C : |z|=1$$

18 다음의 선적분을 주어진 경로 C에 대하여 계산하라.

$$\oint_C \frac{z+2}{z^2(z-2)}dz, \quad C : |z|=1$$

19 다음의 선적분을 유수정리를 이용하여 계산하라.

$$\oint_C \frac{3(z+1)}{z(z-1)}dz, \quad C : |z|=2$$

20 다음 함수의 특이점이 어떤 종류의 특이점인가를 판별하라.

(1) $f(z) = \frac{\cos z}{z}$

(2) $f(z) = \frac{z+2}{z^2(z-1)}$

부 록

- 미분공식 | • 적분공식 | • Greece 문자표 | • 벡터연산
- SI 단위계와 접두사 | • 참고문헌 | • 연습문제 해답

미분공식

$(cu)'=cu'$ (c는 상수)

$(u+v)'=u'+v'$

$(uv)'=u'v+v'u$

$\left(\frac{u}{v}\right)'=\frac{u'v-v'u}{v^2}$

$\frac{du}{dx}=\frac{du}{dy}\cdot\frac{dy}{dx}$ (Chain Rule)

$(x^n)'=nx^{n-1}$

$(e^x)'=e^x$

$(a^x)'=a^x\ln a$

$(\sin x)'=\cos x$

$(\cos x)'=-\sin x$

$(\tan x)'=\sec^2 x$

$(\cot x)'=-\operatorname{cosec}^2 x$

$(\sinh x)'=\cosh x$

$(\cosh x)'=\sinh x$

$(\ln x)'=\frac{1}{x}$

$(\log_a x)'=\frac{\log_a e}{x}$

적분공식

$\int uv'\,dx=uv-\int u'v\,dx$

$\int x^n\,dx=\frac{x^{n+1}}{n+1}+c \quad (n\neq -1)$

$\int \frac{1}{x}dx=\ln|x|+c$

$\int e^{ax}dx=\frac{1}{a}e^{ax}+c$

$\int \sin x\,dx=-\cos x+c$

$\int \cos x\,dx=\sin x+c$

$\int \tan x\,dx=-\ln|\cos x|+c$

$\int \cot x\,dx=\ln|\sin x|+c$

$\int \sec x\,dx=\ln|\sec x+\tan x|+c$

$\int \operatorname{cosec} x\,dx=\ln|\operatorname{cosec} x-\cot x|+c$

$\int \frac{dx}{x^2+a^2}=\frac{1}{a}\arctan\frac{x}{a}+c$

$\int \frac{dx}{\sqrt{a^2-x^2}}=\sin^{-1}\frac{x}{a}+c$

$\int \frac{dx}{\sqrt{x^2+a^2}}=\sinh^{-1}\frac{x}{a}+c$

$\int \frac{dx}{\sqrt{x^2-a^2}}=\cosh^{-1}\frac{x}{a}+c$

$\int \sin^2 x\,dx=\frac{1}{2}x-\frac{1}{4}\sin 2x+c$

$\int \cos^2 x\,dx=\frac{1}{2}x+\frac{1}{4}\sin 2x+c$

$\int \tan^2 x\,dx=\tan x-x+c$

$\int \cot^2 x\,dx=-\cot x-x+c$

$\int \ln x\,dx=x\ln x-x+c$

단, c는 상수

Greece 문자표

α	Alpha
β	Beta
γ, Γ	Gamma
δ, Δ	Delta
ϵ, ε	Epsilon
ζ	Zeta
η	Eta
θ, ϑ, Θ	Theta
ι	Iota
κ	Kapa
λ, Λ	Lambda
μ	Mu
ν	Nu
ξ	Xi
o	Omicron
π	Pi
ρ	Rho
σ, Σ	Sigma
τ	Tau
υ, Y	Upsilon
ϕ, φ, Θ	Phi
χ	Chi
ψ, Ψ	Psi
ω, Ω	Omega

벡터연산

$$\boldsymbol{a}=(a_1, a_2, a_3),\ \boldsymbol{b}=(b_1, b_2, b_3)$$

$$\boldsymbol{a}\cdot\boldsymbol{b}=a_1b_1+a_2b_2+a_3b_3$$

$$\boldsymbol{a}\times\boldsymbol{b}=\begin{vmatrix} \boldsymbol{a}_x & \boldsymbol{a}_y & \boldsymbol{a}_z \\ a_1 & a_2 & a_3 \\ b_1 & b_2 & b_3 \end{vmatrix}$$

$\boldsymbol{c}=(c_1, c_2, c_3)$ 일 때

$$\boldsymbol{a}\cdot(\boldsymbol{b}\times\boldsymbol{c})=\begin{vmatrix} a_1 & a_2 & a_3 \\ b_1 & b_2 & b_3 \\ c_1 & c_2 & c_3 \end{vmatrix}$$

$$grad\ f=\nabla f=\frac{\partial f}{\partial x}\boldsymbol{a}_x+\frac{\partial f}{\partial y}\boldsymbol{a}_y+\frac{\partial f}{\partial z}\boldsymbol{a}_z$$

$\boldsymbol{v}=(v_1, v_2, v_3)$ 일 때

$$div\ \boldsymbol{v}=\nabla\cdot\boldsymbol{v}=\frac{\partial v_1}{\partial x}+\frac{\partial v_2}{\partial y}+\frac{\partial v_3}{\partial z}$$

$$curl\ \boldsymbol{v}=\nabla\times\boldsymbol{v}=\begin{vmatrix} \boldsymbol{a}_x & \boldsymbol{a}_y & \boldsymbol{a}_z \\ \frac{\partial}{\partial x} & \frac{\partial}{\partial y} & \frac{\partial}{\partial z} \\ v_1 & v_2 & v_3 \end{vmatrix}$$

$$\nabla^2\phi=\frac{\partial^2\phi}{\partial x^2}+\frac{\partial^2\phi}{\partial y^2}+\frac{\partial^2\phi}{\partial z^2}$$

$$\oint_S \boldsymbol{F}\cdot\boldsymbol{n}dS=\iiint_V div\ \boldsymbol{F}\ dV$$

$$\oint_C \boldsymbol{F}\cdot d\boldsymbol{r}=\int_S curl\ \boldsymbol{F}\cdot\boldsymbol{n}dS$$

SI 단위계와 접두사

Quantity	SI unit	Symbol
length	meter	m
mass	kilogram	kg
time	second	s
frequency	hertz	Hz
electric current	ampere	A
temperature	kelvin	K
energy	joule	J
force	newton	N
power	watt	W
electric charge	coulomb	C
potential difference	volt	V
resistance	ohm	Ω
capacitance	farad	F
inductance	henry	H

Prefix	Symbol
tera	T
giga	G
mega	M
kilo	k
hecto	h
deca	da
deci	d
centi	c
milli	m
micro	μ
nano	n
pico	p

참고문헌

1. Erwin Kreyszig, *Advanced Engineering Mathematics*, 5th Edition, Wiley& Son, 1983.
2. Serge Lang, *Introduction to Linear Algebra*, 2nd Edition, Springer−Verlag, New York, 1986.
3. Dennis G. Zill et.al., *Advanced Engineering Mathematics*, Jones and Bartlett Publishers, 2000.
4. 고형준 외 5인(공역), *최신 선형대수*, 교보문고, 2008.
5. Anthony Croft et al., *Engineering Mathematics*, Prentice Hall, 2003.
6. Robert Smith, *Calculus*, McGraw−Hill Company, 2000.
7. 함남우, *공학 핵심수학*, 한빛아카데미, 2015.
8. 이재원, 박성욱, *기초수학*, 한빛아카데미, 2014.
9. Gilbert Strang, *Linear Algebra and Its Application*, 4th Edition, Cengage Learning, 2006.
10. James Stewart, 수학교재편찬위원회 역, *대학미적분학*, 경문사, 2014.
11. James Stewart, *Calculus*, 8th Edition, Cengage Learning, 2015.
12. 함남우, *기초 미적분학*, 한빛아카데미, 2014.
13. Peter V. O'Neil, *Advanced Engineering Mathematics*, Thomson Learning, 2003.
14. 김대수, *선형대수학 Express*, 생능출판, 2013.
15. 김홍철, 김병도, *다변수함수와 벡터해석학*, 경문사, 2005.
16. Kenneth Hoffman, Ray Kunze, *Linear Algebra*, Pearson, 2015.

연습문제 해답

1장

01 (1) $y=ce^{-\frac{1}{x}}-1$ (c는 상수)

(2) $y=\dfrac{1}{x^3-c}$ (c는 상수)

(3) $y^2=x^2(\ln x^2+c)$ (c는 상수)

02 (1) $y=\tan(x+c)-x+2$ (c는 상수)

(2) $\frac{1}{4}x^4+\frac{3}{2}x^2y^2+\frac{1}{4}y^4=c$ (c는 상수)

03 (1) $k=10$

(2) $k=1$

04 (1) $y=\frac{1}{2}+\frac{5}{2}e^{-x^2}$

(2) $y=4-2e^{-5x}$

(3) $y=\frac{1}{x}(e^x-e+2)$

05 (1) $y=\dfrac{x}{\ln|x|+c}$ (c는 상수)

(2) $y^3=1+cx^{-3}$ (c는 상수)

06 (1) $\frac{1}{2}\ln|2xy|-\ln|x|-xy=c$ (c는 상수)

(2) $y=-x+\dfrac{2}{-e^{-3x}+2ce^x}$ (c는 상수)

07 (1) $y=2e^{-x}+ce^{-\frac{1}{2}x}$ (c는 상수)

(2) $|\sin y|=ce^{-x}$ (c는 양의 상수)

08 (1) $\frac{3}{x}+4x-e^{y}-\frac{3}{2}y^{2}+c=0$ (c는 상수)

(2) $\frac{1}{x}+\frac{1}{x^{2}}-y+c=0$ (c는 상수)

09 $xe^{2x+y}-x^{2}=c$ (c는 상수)

10 (1) $y=-\frac{1}{2}x^{2}+cx^{-\frac{1}{2}}$ (c는 상수)

(2) $y=x\ln x+cx$ (c는 상수)

11 $i(t)=\frac{1}{R^{2}+\omega^{2}L^{2}}(R\sin\omega t-\omega L\cos\omega t)$

12 $\frac{1}{2}(x^{2}-y^{2})-3x+y-xy+\frac{7}{2}=c$ (c는 상수)

13 $y=\frac{1}{2+ce^{-3x}}$ (c는 상수)

14 $e^{x}\left(3x^{2}y+\frac{1}{2}y^{2}\right)=c$ (c는 상수)

15 $x=-y^{2}-4y-8+6e^{\frac{1}{2}y}$

16 $e^{x}\sin y-\frac{3}{2}x^{2}+y^{2}=c$ (c는 상수)

17 $y=\frac{5}{2}+e^{-2x}$

18 $\tan^{-1}y=\ln\left|\frac{x-1}{x+1}\right|+c$ (c는 상수)

19 $y=x^{3}-\frac{1}{x}$

20 $i(t)=\frac{1}{2}e^{-\frac{1}{2}t}\cos t+ce^{-\frac{1}{2}t}$ (c는 상수)

2장

01 (1) $y(x)=c_1e^{x}+c_2e^{-2x}$ (c_1, c_2는 상수)

(2) $y(x)=c_1e^{-kx}+c_2xe^{-kx}$ (c_1, c_2는 상수)

(3) $y(x)=c_1e^{3x}+c_2e^{-4x}$ (c_1, c_2는 상수)

02 (1) $y(x)=c_1x^2+c_2x^2\ln x$ (c_1, c_2는 상수)

(2) $y(x)=c_1x^{m_1}+c_2x^{m_2}$ (c_1, c_2는 상수)

$m_1=\dfrac{9+3\sqrt{5}}{2},\ m_2=\dfrac{9-3\sqrt{5}}{2}$

(3) $y(x)=c_1x^{m_1}+c_2x^{m_2}$ (c_1, c_2는 상수)

$m_1=\dfrac{9+\sqrt{73}}{2},\ m_2=\dfrac{9-\sqrt{73}}{2}$

03 (1) $y_p(x)=\dfrac{3}{2}x^2e^{-2x}$

(2) $y_1(x)=e^{-2x},\ y_2(x)=xe^{-2x}$

$v_1=-\dfrac{3}{2}x^2,\ v_2=3x$

$y_p(x)=v_1y_1+v_2y_2=\dfrac{3}{2}x^2e^{-2x}$

(3) $y(x)=e^{-2x}+2xe^{-2x}+\dfrac{3}{2}x^2e^{-2x}$

04 $y_h(x)=c_1x+c_2x^3$ (c_1, c_2는 상수)

$y_p(x)=(2x^4-10x^3+24x^2-24x)e^x$

$y(x)=y_h(x)+y_p(x)$

$=c_1x+c_2x^3+(2x^4-10x^3+24x^2-24x)e^x$

05 (1) $y_h(x)=c_1e^{5x}+c_2xe^{5x}$ (c_1, c_2는 상수)

$y_p(x)=\dfrac{1}{25}x+\dfrac{7}{125}$

$y(x)=y_h(x)+y_p(x)=c_1e^{5x}+\dfrac{1}{25}x+\dfrac{7}{125}$

(2) $y_h(x)=e^x(c_1\cos x+c_2\sin x)$ (c_1, c_2는 상수)

$y_p(x)=\dfrac{1}{2}xe^x\sin x$

$y(x)=y_h(x)+y_p(x)=e^x(c_1\cos x+c_2\sin x)+\dfrac{1}{2}xe^x\sin x$

(3) $y_h(x)=c_1e^{2x}+c_2xe^{2x}$ (c_1, c_2는 상수)

$y_p(x)=\left(\frac{1}{6}x^3+\frac{1}{2}x^2\right)e^{2x}$

$y(x)=c_1e^{2x}+c_2xe^{2x}+\left(\frac{1}{6}x^3+\frac{1}{2}x^2\right)e^{2x}$

06 (1) $y(x)=e^x-\cos x$

(2) $y(x)=e^{-x}\left(-\cos 10x+\frac{1}{10}\sin 10x\right)+2e^x$

07 (1) $y_h(x)=c_1e^{5x}+c_2e^{-7x}$ (c_1, c_2는 상수)

$y_p(x)=xe^{5x}-6\sin 5x-\frac{1}{10}\cos 5x$

$y(x)=c_1e^{5x}+c_2e^{-7x}+xe^{5x}-6\sin 5x-\frac{1}{10}\cos 5x$

(2) $y_h(x)=c_1e^{-x}+c_2xe^{-x}$ (c_1, c_2는 상수)

$y_p(x)=2x^2e^{-x}+x+1$

$y(x)=c_1e^{-x}+c_2xe^{-x}+2x^2e^{-x}+x+1$

08 (1) $y_p(x)=\frac{3}{4}x^2-\frac{1}{2}x+\frac{11}{8}$

(2) $y_p(x)=\frac{5}{3}xe^{-x}+\frac{1}{4}x-\frac{21}{16}$

09 $y_p(x)=\left\{\sin x-\ln|\sec x+\tan x|\right\}\cos x-\cos x\sin x$

10 (1) $y(x)=c_1e^{-x}+c_2e^{7x}-\frac{1}{32}e^{3x}-\frac{1}{40}e^{-3x}$ (c_1, c_2는 상수)

(2) $y(x)=c_1e^{4x}+c_2xe^{4x}+\left(\frac{3}{25}x+\frac{6}{125}\right)e^{-x}$ (c_1, c_2는 상수)

11 $i_p(t)=10\cos t+5\sin t$

12 $k=3$

13 (1) $y(x)=\frac{128}{169}e^{3x}-\frac{559}{169}xe^{3x}+\frac{41}{169}\cos 2x+\frac{3}{169}\sin 2x$

(2) $y(x)=\frac{177}{625}e^{-5x}+\frac{402}{125}xe^{-5x}+\frac{1}{25}x^2-\frac{9}{5}x+\frac{448}{625}$

14 (1) $y(t)=c_1\cos 4t+c_2\sin 4t$ (c_1, c_2는 상수)

(2) $y(t)=12\cos 4t+5\sin 4t$, $y\left(\frac{\pi}{2}\right)=12$

15 $\boldsymbol{A}=\begin{pmatrix} 0 & 1 \\ -b & -a \end{pmatrix}$, $\boldsymbol{B}=\begin{pmatrix} 0 \\ 1 \end{pmatrix}$

16 $y(x)=\frac{1}{2}e^{x}+\frac{1}{2}e^{3x}$

17 $y_p(x)=\frac{1}{2}x^3-\frac{9}{4}x^2+\frac{21}{4}x-\frac{41}{8}$

18 $y_p(x)=\cos x\cdot\ln|\cos x|+x\sin x$

19 $y_p(x)=-\frac{3}{7}xe^{-2x}$

20 $y(x)=c_1e^{-x}+c_2e^{x}+e^{x}\left(-\frac{1}{5}\cos x+\frac{2}{5}\sin x\right)$

3장

01 (1) $y=c_1+c_2x+c_3e^{-x}$ (c_1, c_2, c_3는 상수)

(2) $y=c_1e^{x}+c_2e^{3x}+c_3e^{-2x}$ (c_1, c_2, c_3는 상수)

(3) $y=c_1\cos x+c_2\sin x+c_3\cos 3x+c_4\sin 3x$ (c_1, c_2, c_3, c_4는 상수)

02 (1) $y=c_1+c_2x^{-1}+c_3x^{2}$ (c_1, c_2, c_3는 상수)

(2) $y=c_1x+c_2x^{\frac{1}{2}}+c_3x^{\frac{3}{2}}$ (c_1, c_2, c_3는 상수)

03 (1) $y_h(x)=c_1e^{-x}+c_2xe^{-x}+c_3x^2e^{-x}$ (c_1, c_2, c_3는 상수)

$y_p(x)=e^{x}+2x-1$

$y(x)=y_h(x)+y_p(x)=c_1e^{-x}+c_2xe^{-xe}+c_3x^2e^{-x}+2x-1$

(2) $y_h(x)=c_1e^x+c_2e^{2x}+c_3e^{-2x}$ $(c_1, c_2, c_3$ 는 상수$)$

$y_p(x)=\frac{5}{3}e^{-x}$

$y(x)=c_1e^x+c_2e^{2x}+c_3e^{-2x}+\frac{5}{3}e^{-x}$

(3) $y_h(x)=c_1+c_2e^{-2x}+c_2e^{2x}$ $(c_1, c_2, c_3$ 는 상수$)$

$y_p(x)=\cos x-2\sin x$

$y(x)=y_h(x)+y_p(x)=c_1+c_2e^{-2x}+c_3e^{2x}+\cos x-2\sin x$

04 $y_h(x)=c_1+c_2\cos x+c_3\sin x$ $(c_1, c_2, c_3$ 는 상수$)$

$y_p(x)=-\ln|\cos x|+\cos^2 x+\sin x(\sin x-\ln|\sec x+\tan x|)$

05 (1) $y_p(x)=\frac{3}{8}\cos x-\frac{3}{8}\sin x$

(2) $y_1(x)=1,\ y_2(x)=e^{(2+\sqrt{7})x},\ y_3(x)=e^{(2-\sqrt{7})x}$

$v_1=-\sin x$

$v_2=\frac{7-2\sqrt{7}}{14}\left\{\frac{e^{(-2-\sqrt{7})x}}{(2+\sqrt{7})^2+1}[\sin x-(2+\sqrt{7})\cos x]\right\}$

$v_3=\frac{7+2\sqrt{7}}{14}\left\{\frac{e^{(-2+\sqrt{7})x}}{(-2+\sqrt{7})^2+1}[\sin x+(-2+\sqrt{7})\cos x]\right\}$

$y_p(x)=v_1y_1(x)+v_2y_2(x)+v_3y_3(x)=-\frac{3}{8}\sin x+\frac{3}{8}\cos x$

(3) $\tilde{y}'''-4\tilde{y}''-3\tilde{y}'=3e^{ix}$

$\tilde{y}_p=Ke^{ix}\longrightarrow K=\frac{3}{8}(1+i)$

$y_p=\Re\mathfrak{e}\{\tilde{y}_p\}=\frac{3}{8}\cos x-\frac{3}{8}\sin x$

06 (1) $\begin{cases} x(t)=-c_1\sin t+c_2\cos t+t+1 \\ y(t)=c_1\cos t+c_2\sin t+t-1 \end{cases}$ $(c_1, c_2$ 는 상수$)$

(2) $\begin{cases} x(t)=c_1e^{5t}+c_2\cos 2t+c_3\sin 2t \\ y(t)=-4c_1e^{5t}-\frac{9}{2}c_2\sin 2t+\frac{9}{2}c_3\cos 2t \end{cases}$ $(c_1, c_2, c_3$ 는 상수$)$

07 $y=-\frac{1}{4}e^{-x}-e^{-x}+\frac{1}{4}e^{3x}$

08 $y_p(x)=-\frac{4}{9}e^{2x}+\frac{1}{3}xe^{2x}$

09 (1) $y_p(x)=e^{3x}$

(2) $y_p(x)=-\frac{1}{2}e^x\sin 2x$

10 (1) $y_p(x)=-\frac{2}{221}\cos 5x+\frac{20}{221}\sin 5x$

(2) $y_p(x)=-2\cos x-4\sin x$

11 $y(x)=c_1e^{2x}+c_1\cos\frac{1}{2}x+c_3\sin\frac{1}{2}x-\frac{1}{10}e^x+\frac{1}{30}e^{-x}$ (c_1, c_2, c_3는 상수)

12 $y(x)=\frac{5}{256}e^{3x}+\frac{27}{32}xe^{3x}-\frac{125}{64}x^2e^{3x}-\frac{5}{256}e^{-5x}$

13 $y(x)=c_1+c_2e^x+c_3e^{-x}+c_4e^{2x}+c_5e^{-2x}-\frac{1}{24}e^{-3x}$
(c_1, c_2, c_3, c_4, c_5는 상수)

14 $y(x)=c_1+c_2e^x+c_3xe^x+\frac{2}{9}e^{2x}+\frac{6}{25}\cos 2x+\frac{9}{50}\sin 2x$
(c_1, c_2, c_3는 상수)

15 $y(x)=3e^{-x}-3e^x+e^{2x}+x$

16 $y(x)=c_1e^{2x}+c_2xe^{2x}+c_3x^2e^{2x}+\frac{4}{27}e^{5x}-\frac{1}{8}x-\frac{3}{16}$

17 $y(x)=c_1e^x+e^x(c_2\cos x+c_3\sin x)-\frac{1}{2}x^2-3x-5$

18 $y_p(x)=-4\cos x+2\sin x$

19 $y(x)=c_1\cos x+c_2\sin x+x(c_1\cos x+c_2\sin x)+\frac{1}{4}e^x$

20 $y_p(x)=-e^{-3x}+\frac{1}{2}x+\frac{7}{4}$

4장

01 (1) $\mathcal{L}\{f(t)\}=\dfrac{2(s-3)}{\{(s-3)^2+4\}^2}+\dfrac{2}{s}e^{-3s}$

(2) $\mathcal{L}\{f(t)\}=\dfrac{2s^3-54s}{(s^2+9)^3}+1$

(3) $\mathcal{L}\{f(t)\}=\dfrac{6}{s^4(s-1)^2}+\dfrac{2e^{-\pi s}}{s^2+4}$

02 (1) $y(t)=e^{-t}*t\sin t$

(2) $y(t)=\cos t-\sin t+\dfrac{1}{2}t\sin t$

(3) $y(t)=-e^t-e^{2t}+2t+3$

(4) $y(t)=\dfrac{1}{4}e^{-3t}-\dfrac{2}{3}e^{-2t}+\dfrac{5}{12}e^t$

03 (1) $\mathcal{L}^{-1}\{F(s)\}=2e^{-t}-2e^{-3t}$

(2) $\mathcal{L}^{-1}\{F(s)\}=\dfrac{1}{2\pi}t\sin\pi t$

(3) $\mathcal{L}^{-1}\{F(s)\}=\dfrac{2}{t}(1-\cosh at)$

04 $\mathcal{L}\{f(t)\}=\dfrac{1}{s}\left(\dfrac{1-e^{-s}}{1+e^{-s}}\right)$

05 (1) $x(t)=-\dfrac{1}{2}t-\dfrac{3\sqrt{2}}{4}\sin\sqrt{2}\,t$

$y(t)=-\dfrac{1}{2}t+\dfrac{3\sqrt{2}}{4}\sin\sqrt{2}\,t$

(2) $y_1(t)=4e^{2t}-e^{-5t}$

$y_2(t)=3e^{2t}+e^{-5t}$

06 (1) $\mathcal{L}\{f(t)\}=\dfrac{1}{s^2}(1-e^{-s})-\dfrac{1}{s}e^{-3s}$

(2) $\mathcal{L}\{g(t)\}=\dfrac{1-e^{-2s}}{s}(2-e^{-s})$

07 (1) $\mathcal{L}\{f(t)\}=\dfrac{2}{(s+3)(s+7)}$

(2) $\mathcal{L}\{g(t)\}=\dfrac{1}{s}(1+e^{-3s})$

08 (1) $-\frac{1}{13}\left(7\cos 2t-\frac{5}{2}\sin 2t\right)+\frac{7}{13}e^{3t}$

(2) $-\frac{1}{3}e^{-t}-\frac{2}{3}e^{2t}+2e^{4t}$

(3) $\frac{2}{5}e^{\frac{3}{2}(t-2)}\sinh\left[\frac{5}{2}(t-2)\right]u(t-2)$

09 $i(t)=e^{-(t-1)}u(t-1)-e^{-(t-2)}u(t-2)$

10 $i(t)=(1-e^{-(t-1)})u(t-1)-(1-e^{-(t-2)})u(t-2)$

11 $f(t)=\frac{3}{2}-\frac{1}{2}e^{-2t}$

12 $\mathcal{L}\{f(t)\}=\frac{1}{s}\left(\frac{e^{-s}}{1-e^{-s}}\right)$

13 (1) $y(t)=4\sin t$

(2) $y(t)=te^{-t}+(t-4)e^{-(t-4)}u(t-4)$

14 $\mathcal{L}^{-1}\left\{\ln\left(1+\frac{a^2}{s^2}\right)\right\}=\frac{2}{t}(1-\cos at)$

15 $y(t)=\frac{\sqrt{3}}{3}e^{\frac{1}{2}t}\sin\frac{\sqrt{3}}{2}t$

16 $F(s)=\frac{2\omega s}{(s^2+\omega^2)^2}$

17 $\frac{1}{2}e^{-t}-e^{-2t}+\frac{1}{2}e^{-3t}$

18 $y(t)=\frac{1}{2}u(t)-\frac{1}{2}e^{-2t}$

19 $\mathcal{L}\{f(t)\}=\frac{s}{(s-1)(s^2+1)}$

$f(t)=\frac{1}{2}e^{t}-\frac{1}{2}\cos t+\frac{1}{2}\sin t$

20 $\mathcal{L}\{f(t)\sinh\omega t\}=\frac{1}{2}\{F(s-\omega)-F(s+\omega)\}$

$\mathcal{L}\{f(t)\cosh\omega t\}=\frac{1}{2}\{F(s-\omega)+F(s+\omega)\}$

5장

01 (1) $\boldsymbol{b}=(-2,-4)$
(2) $\boldsymbol{c}=(-5,5)$

02 (1) $\theta=\cos^{-1}\left(\frac{1}{\sqrt{3}}\right)$, θ는 $\overrightarrow{AD}$와 $\overrightarrow{AB}$의 사이 각
(2) $\gamma=\cos^{-1}\left(\frac{\sqrt{6}}{3}\right)$, γ는 $\overrightarrow{AD}$와 $\overrightarrow{AC}$의 사이 각

03 (1) $\boldsymbol{a}\cdot(\boldsymbol{b}\times\boldsymbol{c})=-2$
(2) $\dfrac{\boldsymbol{c}\times\boldsymbol{a}}{\boldsymbol{b}\cdot(\boldsymbol{c}\times\boldsymbol{a})}=\left(\frac{3}{2},-\frac{3}{2},\frac{1}{2}\right)$
(3) $\boldsymbol{a}\cdot\boldsymbol{b}+\boldsymbol{b}\cdot\boldsymbol{c}=-5$

04 (1) $\dfrac{x-4}{5}=\dfrac{y+11}{(1/3)}=\dfrac{z+7}{-2}$
(2) $x=1,\ y=2,\ z=8+t$

05 (1) $x+2y+2z=0$
(2) $-x+y-z=2$
(3) $5x-y+z=0$

06 $x=-7t-4,\ y=2t+1,\ z=3t+7$

07 (1) $\rho=\sqrt{5},\ \phi=\tan^{-1}2,\ z=7$
(2) $r=3\sqrt{6},\ \theta=\cos^{-1}\left(\frac{7\sqrt{6}}{18}\right),\ \phi=\tan^{-1}2$
(3) $x=-5\sqrt{2},\ y=5\sqrt{2},\ z=5$
(4) $x=\frac{\sqrt{3}}{3},\ y=\frac{1}{3},\ z=0$

08 (1) V는 벡터공간이다.
(2) V는 벡터공간이다.

09 세 개의 벡터 $\{(1,1,2),(0,2,3),(0,1,-1)\}$은 $\boldsymbol{R}^3$의 기저벡터이다.

10 $|\boldsymbol{a}\cdot\boldsymbol{b}|=\|\boldsymbol{a}\|\|\boldsymbol{b}\||\cos\theta|\le\|\boldsymbol{a}\|\|\boldsymbol{b}\|$

11 (1) 세 개의 벡터 $\boldsymbol{a}=(1,1,1)$, $\boldsymbol{b}=(0,1,1)$, $\boldsymbol{c}=(0,0,1)$은 선형독립이다.
(2) 임의의 벡터 $\boldsymbol{d}=(d_1, d_2, d_3)$에 대하여 $\boldsymbol{a}, \boldsymbol{b}, \boldsymbol{c}$의 선형결합으로 항상 표현 가능하다.

$$\boldsymbol{d}=(d_1, d_2, d_3)=d_1\boldsymbol{a}+(d_2-d_1)\boldsymbol{b}+(d_3-d_2)\boldsymbol{c}$$

(3) $\{\boldsymbol{a}, \boldsymbol{b}, \boldsymbol{c}\}$는 $\boldsymbol{R}^3$의 기저벡터이다.

12 $\|\boldsymbol{a}+\boldsymbol{b}\|^2=(\boldsymbol{a}+\boldsymbol{b})\cdot(\boldsymbol{a}+\boldsymbol{b})$
$=\boldsymbol{a}\cdot\boldsymbol{a}+2\boldsymbol{a}\cdot\boldsymbol{b}+\boldsymbol{b}\cdot\boldsymbol{b}$
$=\|\boldsymbol{a}\|^2+2\|\boldsymbol{a}\|\|\boldsymbol{b}\|\cos\theta+\|\boldsymbol{b}\|^2$

13 $V=\{(v_1, v_2, v_3)\,;\,2v_1+3v_2=0\}$는 벡터공간을 형성하며 $\dim V=2$이다.

14 $x=14+7t,\ y=9+6t,\ z=t$

15 $(x, y, z)=(2, -1, 8)+t(-3, -7, 11)$
또는 $(x, y, z)=(5, 6, -3)+t(-3, -7, 11)$

16 교점 $P_o(-3, -6, -8)$

17 $\boldsymbol{a}, \boldsymbol{b}, \boldsymbol{c}$는 $\boldsymbol{R}^3$의 기저벡터이다.
$\boldsymbol{V}=(4, 2, 3)=2\boldsymbol{a}-\boldsymbol{b}+3\boldsymbol{c}$

18 $\boldsymbol{b}=(2,1)$ 또는 $\boldsymbol{b}=(-2,-1)$

19 삼각형 면적 $S=\dfrac{\sqrt{3}}{2}$

20 평행육면체 체적 $V=2$

6장

01 (1) $\left(\begin{array}{ccc|c} 1 & 1 & 1 & 0 \\ 0 & -5 & 2 & -2 \\ 0 & 0 & \frac{24}{5} & -\frac{24}{5} \end{array}\right) \longrightarrow x_1=1,\ x_2=0,\ x_3=-1$

(2) $\left(\begin{array}{ccc|c} 1 & 0 & 0 & 1 \\ 0 & 1 & 0 & 0 \\ 0 & 0 & 1 & -1 \end{array}\right) \longrightarrow x_1=1,\ x_2=0,\ x_3=-1$

(3) $\boldsymbol{A}^{-1}=-\frac{1}{24}\begin{pmatrix} -13 & 5 & 7 \\ -10 & 2 & -2 \\ -1 & -7 & -5 \end{pmatrix} \longrightarrow x_1=1,\ x_2=0,\ x_3=-1$

(4) $x_1=1,\ x_2=0,\ x_3=-1$

02 (1) 9

(2) $-x+2y-z$

03 (1) $\boldsymbol{A}^{-1}=\frac{1}{9}\begin{pmatrix} 5 & -1 & 2 \\ -2 & -5 & 1 \\ -4 & -1 & 2 \end{pmatrix}$

(2) $\left(\begin{array}{ccc|ccc} 1 & 0 & 0 & \frac{5}{9} & -\frac{1}{9} & \frac{2}{9} \\ 0 & 1 & 0 & -\frac{2}{9} & -\frac{5}{9} & \frac{1}{9} \\ 0 & 0 & 1 & -\frac{4}{9} & -\frac{1}{9} & \frac{2}{9} \end{array}\right) \longrightarrow \boldsymbol{A}^{-1}=\frac{1}{9}\begin{pmatrix} 5 & -1 & 2 \\ -2 & -5 & 1 \\ -4 & -1 & 2 \end{pmatrix}$

04 (1) $\boldsymbol{A}^2$ 은 대칭행렬이다.

(2) $p(\boldsymbol{A})=a\boldsymbol{A}^2+b\boldsymbol{A}+c\boldsymbol{I}$ 는 대칭행렬이다.

05 (1) $\det(\boldsymbol{B})=5$

(2) $\det(\boldsymbol{C})=-15$

06 $$\frac{dW}{dx}=\{f_1'(x)g_2(x)-f_2'(x)g_1(x)\}+\{f_1(x)g_2'(x)-f_2(x)g_1'(x)\}$$
$$=\begin{vmatrix} f_1'(x) & f_2'(x) \\ g_1(x) & g_2(x) \end{vmatrix}+\begin{vmatrix} f_1(x) & f_2(x) \\ g_1'(x) & g_2'(x) \end{vmatrix}$$

07 (1) $\lambda_1=-1,\ \boldsymbol{x}_1=(1\ \ 0)^T$

$\lambda_2=5,\ \boldsymbol{x}_2=(1\ \ 1)^T$

(2) 고유값 $(-1)^{10} \longrightarrow$ 고유벡터 $(1\ \ 0)^T$

고유값 $5^{10} \longrightarrow$ 고유벡터 $(1\ \ 1)^T$

(3) $\boldsymbol{P}=\begin{pmatrix} 1 & 1 \\ 0 & 1 \end{pmatrix}$

(4) $\boldsymbol{A}^{65}=\boldsymbol{P}\boldsymbol{D}^{65}\boldsymbol{P}^{-1}=\begin{pmatrix} -1 & 1+5^{65} \\ 0 & 5^{65} \end{pmatrix}$

08 (1) $a_{ij}=i^2+j^2$ 에서 $a_{ij}=a_{ji}$ 이므로 $\boldsymbol{A}$는 대칭행렬이다.

(2) $a_{ij}=i^2-j^2$ 에서 $a_{ij}\neq a_{ji}$ 이므로 $\boldsymbol{A}$는 대칭행렬이 아니다.

09 $\boldsymbol{A}\boldsymbol{A}^T$ 와 $\boldsymbol{A}^T\boldsymbol{A}$는 각 행렬이 자신의 전치행렬과 같기 때문에 대칭행렬이다.

10 $x_1=-\frac{13}{31},\ x_2=\frac{50}{31},\ x_3=\frac{52}{31}$

11 $\det(\boldsymbol{A})=\pm 1$

12 1행에 −1을 곱하여 2행에 더한다. 그리고 1행에 −1을 곱하여 3행에 더하여 정리한다.

13 $\boldsymbol{A}^{18}=\begin{pmatrix} \frac{1}{2}(5^{18}+2) & 0 \\ \frac{1}{4}(1-5^{18}) & -5^{18} \end{pmatrix}$

$\boldsymbol{A}^{99}=\begin{pmatrix} -1 & 0 \\ \frac{1}{4}(5^{99}-1) & -5^{99} \end{pmatrix}$

14 $\boldsymbol{A}^{-1}=\frac{1}{2}\boldsymbol{A}-\frac{5}{2}\boldsymbol{I}=\begin{pmatrix} -2 & 1 \\ \frac{3}{2} & -\frac{1}{2} \end{pmatrix}$

15 $\boldsymbol{M}^{-1}=\boldsymbol{M}^T=\begin{pmatrix} \cos\omega t & \sin\omega t & 0 \\ -\sin\omega t & \cos\omega t & 0 \\ 0 & 0 & 1 \end{pmatrix}$

16 $\det(\boldsymbol{A})=3$

17 (1) $\lambda_1=2,\ \lambda_2=6$

(2) $p(\boldsymbol{A})=\boldsymbol{A}^2-8\boldsymbol{A}=-12\boldsymbol{I}=\begin{pmatrix}-12 & 0\\ 0 & -12\end{pmatrix}$

18 $\boldsymbol{A}^{-1}=\begin{pmatrix}\frac{3}{10} & \frac{1}{10}\\ -\frac{2}{5} & \frac{1}{5}\end{pmatrix}=\frac{1}{10}\begin{pmatrix}3 & 1\\ -4 & 2\end{pmatrix}$

19 $a=2$ 또는 $a=5$

20 특성방정식의 판별식 $D=(a-c)^2+(2b)^2\geq 0$ 따라서 $\boldsymbol{A}$의 고유값은 실근이다.

7장

01 (1) $D_a(f)=-\sqrt{18}$

(2) $D_a(f)=\frac{2\sqrt{3}}{3}$

02 (1) 단위법선벡터 $\boldsymbol{n}=\frac{\sqrt{2}}{2}\left(-\frac{3}{5},-\frac{4}{5},1\right)$

(2) 단위법선벡터 $\boldsymbol{n}=\left(-\frac{2}{5},-\frac{4}{5},\frac{\sqrt{20}}{10}\right)$

03 (1) $div\,\boldsymbol{F}=2xy^3+xz+4z^3-xy$

$curl\,\boldsymbol{F}=(-xy-xz)\boldsymbol{a}_x+(1+yz)\boldsymbol{a}_y+(yz-3x^2y^2)\boldsymbol{a}_z$

(2) $grad\,(div\,\boldsymbol{F})=(2y^3+z-y)\boldsymbol{a}_x+(6xy^2-x)\boldsymbol{a}_y+(x+12z^2)\boldsymbol{a}_z$

$div\,(curl\,\boldsymbol{F})=0$

04 (1) 단위접선벡터 $\boldsymbol{u}=\left(-\frac{1}{\sqrt{26}},\ 0,\ \frac{5}{\sqrt{26}}\right)$

(2) $s=\frac{\pi\sqrt{26}}{2}$

(3) $\int \boldsymbol{r}(t)dt=\sin t\,\boldsymbol{a}_x-\cos t\,\boldsymbol{a}_y+\frac{5}{2}t^2\boldsymbol{a}_z$

05 (1) $grad(f)|_P = 4\boldsymbol{a}_x + 2\sqrt{5}\,\boldsymbol{a}_z$

(2) $4x + 2\sqrt{5}z = 18$

(3) 단위법선벡터 $\boldsymbol{n} = \frac{2}{3}\boldsymbol{a}_x + \frac{\sqrt{5}}{3}\boldsymbol{a}_z$

06 (1) $-\frac{8}{3}$

(2) $-\frac{8}{5}$

07 피적분함수 $\boldsymbol{F} = grad(f)$를 만족하는 함수 $f(x, y, z)$가 다음과 같이 결정되므로 주어진 선적분은 적분경로에 무관하게 시점과 종점만 같으면 동일하다.

$$f(x, y, z) = xy^3 + x^3y + y + c \quad (c\text{는 상수})$$

08 (1) $\iint_R (x^2 + 3xy)\,dxdy = \int_0^1 \left\{ \int_y^1 (x^2 + 3xy)\,dx \right\} dy = \frac{5}{8}$

(2) $\iint_R (x^2 + 3xy)\,dxdy = \int_0^1 \left\{ \int_0^x (x^2 + 3xy)\,dy \right\} dx = \frac{5}{8}$

09 (1) $\frac{20}{3}$

(2) $\frac{33}{2}$

10 $\iint_R y^2\,dxdy = \int_0^1 \int_0^{\pi/2} r^2 \sin^2\theta\, r\,d\theta dr = \int_0^1 r^3 dr \left\{ \int_0^{\pi/2} \sin^2\theta\,d\theta \right\} = \frac{\pi}{16}$

$\oint_C (\sin x + \cos y)dx + 4e^x dy = 4e^3 + 4e - \sin 2 + 2$

11 $\oint_C (\sin x + \cos y)dx + 4e^x dy = \int_1^3 \left\{ \int_0^{x-1} (4e^x + \sin y)dy \right\} dx$

$= 4e^3 + 4e - \sin 2 + 2$

따라서 평면에서의 Green정리가 성립한다.

12 $\int_s \boldsymbol{F}\cdot\boldsymbol{n}ds = 1$

$\int_s \boldsymbol{F}\cdot\boldsymbol{n}ds = \int_0^1 \int_0^1 \int_0^1 12xy^2z\,dxdydz = 1$

따라서 Gauss 발산정리가 성립한다.

13 $\int_s \{(x^3\boldsymbol{a}_x - 3x^2y^2z^2\boldsymbol{a}_y + (7x+z)\boldsymbol{a}_z)\}\cdot\boldsymbol{n}dS = -\frac{52}{3}$

14 벡터장 $\boldsymbol{F}(x, y)$에 대하여 $\boldsymbol{F}=grad(f)$를 만족하는 f가 다음과 같이 존재하므로 벡터장 $\boldsymbol{F}$는 보존장이다.

$$f(x, y)=x^2+x+\frac{1}{3}y^3+\frac{1}{2}y^2+y+c \quad (c\text{는 상수})$$

$$\int_C \{(2x+1)\boldsymbol{a}_x+(y^2+y+1)\boldsymbol{a}_y\}\cdot d\boldsymbol{r}=\frac{47}{6}$$

15 $\iiint_V (x^2+y^2+z^2)dxdydz=28$

16 $\phi=\cos^{-1}\left(-\frac{31}{33}\right)$

17 $D_a(f)=\frac{\sqrt{6}}{3}$

18 $\int_C (x+y)dx+(x-y)dy=1$

19 $\iint_R (x+y)dxdy=\frac{2}{3}$

20 $\iint_R (x^2+y^2)dxdy=\frac{\pi}{16}$

8장

01 (1) $f(x)=\sum_{n=1}^{\infty} b_n \sin nx$

$$b_n=\frac{\pi}{2n}\left\{\left(\cos\frac{3n\pi}{2}-\cos\frac{n\pi}{2}\right)+\frac{1}{n^2}\left(3\sin\frac{n\pi}{2}-\sin\frac{3n\pi}{2}\right)\right\}$$

(2) $f(x)=\frac{\pi}{2}+\sum_{n=1}^{\infty}\left\{\frac{2}{n^2\pi}(\cos n\pi-1)\cos nx-\frac{2}{n}\cos n\pi\sin nx\right\}$

02 (1) $f(x)=1+\sum_{n=1}^{\infty}\frac{4}{n^2\pi^2}(\cos n\pi-1)\cos nx$

(2) $f(x)=\frac{1}{2}+\sum_{n=1}^{\infty}\frac{2}{n\pi}\sin\frac{n\pi}{2}\cos nx$

03 (1) $f(x)=\pi+\sum_{n=1}^{\infty}\left(-\frac{2}{n}\cos n\pi\right)\sin nx$

(2) $f(x)=\sum_{n=-\infty}^{\infty}\left(\frac{2\pi i}{n}e^{-in\pi}\right)e^{inx}$

(3) $S=\frac{\pi}{4}$

04 (1) $f(x)=e^{x}-e^{-x}$ 는 기함수이다.

(2) $f(x)=\begin{cases} x+5, & -2<x<0 \\ -x+5, & 0\le x<2 \end{cases}$ 는 우함수이다.

05 (1) $f_e(x)=\frac{3}{4}+\sum_{n=1}^{\infty}\frac{4}{n^2\pi^2}\left(\cos\frac{n\pi}{2}-1\right)\cos\frac{n\pi x}{2}$

(2) $f_o(x)=\sum_{n=1}^{\infty}\frac{2}{n\pi}\left(\frac{2}{n\pi}\sin\frac{n\pi}{2}-\cos n\pi\right)\sin\frac{n\pi x}{2}$

(3) $\overline{f}(x)=\frac{3}{4}+\sum_{n=1}^{\infty}\left\{\frac{1}{n^2\pi^2}(\cos n\pi-1)\cos n\pi x-\frac{1}{n\pi}\sin n\pi x\right\}$

06 (1) $f(x)=\sum_{n=-\infty}^{\infty}-\frac{i}{n\pi}(1-\cos n\pi)e^{i\frac{n\pi x}{2}}$

(2) $f(x)=\sum_{n=-\infty}^{\infty}\left[\frac{1}{2(1-in\pi)}\left\{1-e^{-(1-in\pi)}\right\}+\frac{1}{2(1+in\pi)}\left\{1-e^{-(1+in\pi)}\right\}\right]e^{in\pi x}$

(3) $f(x)=\sum_{n=-\infty}^{\infty}\left(\frac{1}{n\pi}\sin\frac{n\pi}{2}\right)e^{i2n\pi x}$

07 주기가 p인 주기함수의 Fourier 급수에 $f(x)$를 곱한 다음, 한 주기 동안 적분하면 다음의 관계를 얻는다.

$$\int_0^p\{f(x)\}^2dx=pa_0^2+\sum_{n=1}^{\infty}\frac{p}{2}a_n^2+\sum_{n=1}^{\infty}\frac{p}{2}b_n^2$$

$$\therefore\ \frac{1}{p}\int_0^p\{f(x)\}^2dx=a_0^2+\frac{1}{2}\sum_{n=1}^{\infty}(a_n^2+b_n^2)$$

08 $f(x)=\frac{1}{2}+\sum_{n=1}^{\infty}\left\{\frac{2}{n\pi}\sin\frac{n\pi}{2}\cos\frac{2n\pi}{p}x-\frac{2}{n\pi}\cos\frac{n\pi}{2}\sin\frac{2n\pi}{p}x\right\}$

09 $f(x)=\sum_{n=-\infty}^{\infty}\frac{1}{i2n\pi}(1-e^{-n\pi})e^{i\frac{n\pi}{2}x}$

10 $f(x)=\sum_{n=1}^{\infty}\frac{4}{n\pi}(-1)^{n+1}\sin\frac{n\pi}{2}x$

11 $f(x)=\frac{1}{2}\{f(x)+f(-x)\}+\frac{1}{2}\{f(x)-f(-x)\}$

12 $x=2, 4, 6$ 일 때 $f(x)$의 Fourier 급수는 모두 $\frac{1}{2}$에 수렴

13 (1) $f(x)=\frac{a}{2}+\sum_{n=1}^{\infty}\frac{2a}{n\pi}\sin\frac{n\pi}{2}\cos\frac{n\pi}{2}x,\ 0<x<2a$

(2) $f(x)=\sum_{n=1}^{\infty}\frac{2a}{n\pi}\left(1-\cos\frac{n\pi}{2}\right)\sin\frac{n\pi}{2a}x,\ 0<x<2a$

14 (1) $f(x)=\sum_{n=1}^{\infty}\frac{2}{n^2\pi^2}\{(-1)^n-1\}\sin n\pi x$

(2) $f'(x)=\sum_{n=1}^{\infty}\frac{2}{n\pi}\{(-1)^n-1\}\cos n\pi x$

15 (1) $f(x)=\frac{k}{2}+\sum_{n=1}^{\infty}\frac{2k}{n\pi}\sin\frac{n\pi}{2}\cos nx$

(2) $f(x)=\frac{k}{2}+\frac{2k}{\pi}\cos x-\frac{2k}{3\pi}\cos 3x+\frac{2k}{5\pi}\cos 5x-\frac{2k}{7\pi}\cos 7x+\cdots$

$k=\frac{\pi}{2}$, $x=0$을 대입하여 정리하면 다음의 관계가 성립된다.

$$1-\frac{1}{3}+\frac{1}{5}-\frac{1}{7}+\frac{1}{9}-\cdots=\frac{\pi}{4}$$

16 (1) $p=4\pi$

(2) $p=2\pi$

17 $\int_{-\pi}^{\pi}\cos mx\cdot\cos nx\,dx=\begin{cases}\pi, & m=n\\ 0, & m\neq n\end{cases}$

18 $\int_{-\pi}^{\pi}\cos mx\cdot\sin nx\,dx=0$

19 $f(x)=\sum_{n=-\infty}^{\infty}\frac{a}{in\pi}(\cos n\pi-1)e^{inx}$

20 (1) $f(x)=|x|$는 우함수이다.

(2) $f(x)=[h(x)]^3$은 기함수이다.

9장

01 $f(x)=\frac{1}{\pi}\int_0^\infty \left\{\frac{1}{\omega^2}(1-\cos\omega a)\cos\omega x+\frac{1}{\omega}\left(a-\frac{1}{\omega}\sin\omega a\right)\sin\omega x\right\}d\omega$

02 (1) $f(x)=\frac{2}{\pi}\int_0^\infty \frac{\cos\omega x+\omega\sin\omega x}{1+\omega^2}d\omega$

(2) $x<0$ 일 때 $\int_0^\infty \frac{\cos\omega x+\omega\sin\omega x}{1+\omega^2}d\omega=0$

$x=0$ 일 때 $\frac{2}{\pi}\int_0^\infty \frac{\cos\omega x+\omega\sin\omega x}{1+\omega^2}d\omega=1$

$\therefore \int_0^\infty \frac{\cos\omega x+\omega\sin\omega x}{1+\omega^2}d\omega=\frac{\pi}{2}$

$x>0$ 일 때 $\frac{2}{\pi}\int_0^\infty \frac{\cos\omega x+\omega\sin\omega x}{1+\omega^2}d\omega=2e^{-x}$

$\therefore \int_0^\infty \frac{\cos\omega x+\omega\sin\omega x}{1+\omega^2}d\omega=\pi e^{-x}$

03 $f(x)=\frac{1}{\pi}\int_0^\infty \left\{\frac{1}{1-\omega}\sin(1-\omega)\pi-\frac{1}{1+\omega}\sin(1+\omega)\pi\right\}\sin\omega x\,d\omega$

04 $f(x)=\frac{1}{\pi}\int_0^\infty \left[\frac{1}{1+\omega}\left\{1-\cos(1+\omega)\pi\right\}+\frac{1}{1-\omega}\left\{1-\cos(1-\omega)\pi\right\}\right]\cos\omega x\,d\omega$

05 (1) $f(x)=\frac{1}{\pi}\int_{-\infty}^\infty \frac{1}{\omega^2}(1-\cos\omega a)e^{i\omega x}d\omega$

(2) $f(x)=\frac{1}{2\pi i}\int_{-\infty}^\infty \frac{1}{\omega}(1-\cos\omega\pi)e^{i\omega x}d\omega$

06 (1) $\mathcal{F}\{f(x)\}=\frac{2}{\omega^2}\left(\frac{2}{\omega}\sin\omega-e^{i\omega}-1\right)$

(2) $\mathcal{F}\{f(x)\}=\frac{k}{i\omega}(e^{-i\omega a}-e^{-i\omega b})$

07 (1) $\mathcal{F}\{f(x)\cos 5x\}=\frac{1}{2}\frac{1}{3+i(\omega-5)}+\frac{1}{2}\frac{1}{3+i(\omega+5)}$

(2) $\mathcal{F}\{f(x-3)\}=\frac{e^{-i3\omega}}{3+i\omega}$

(3) $\mathcal{F}\{f^{(n)}(x)\}=\frac{(i\omega)^n}{3+i\omega}$

08 $\mathcal{F}\{\,\mathrm{sgn}(x)\,\}=\dfrac{2}{i\omega}$

09 $\mathcal{F}\{f(x)\}=\mathcal{F}\left\{\,e^{-\alpha|x|}\,\right\}=\dfrac{2\alpha}{\alpha^2+\omega^2}$

$\mathcal{F}\left\{\dfrac{1}{\alpha^2+x^2}\right\}=\dfrac{\pi}{\alpha}e^{-\alpha|\omega|}$

10 $\mathcal{F}_c\{e^{-x}\}=\dfrac{1}{1+\omega^2}$, $\mathcal{F}_s\{e^{-x}\}=\dfrac{\omega}{1+\omega^2}$

11 $f(x)=\dfrac{2}{\pi}\displaystyle\int_0^\infty \dfrac{\sin 2\omega a \cos \omega x}{\omega}d\omega$

12 $f(x)=\dfrac{1}{\pi}\displaystyle\int_0^\infty \dfrac{\sin 2\omega \cos \omega x+(1-\cos 2\omega)\sin \omega x}{\omega}d\omega$

13 $\mathcal{F}\{f(x)\}=F(\omega)=\dfrac{a}{i\omega}-\dfrac{1}{2(i\omega)^2}(1-e^{-i2a\omega})$

14 $\mathcal{F}\{f(x-a)\sin \omega_0(x-a)\}=\dfrac{e^{-ia\omega}}{2i}\{F(\omega-\omega_0)-F(\omega+\omega_0)\}$

15 $\mathcal{F}\{g(x)\}=\sqrt{\pi}\left\{i\omega e^{-\frac{\omega^2}{4}}+\dfrac{3}{2}e^{-\frac{\omega^2}{16}}\right\}$

16 $f(x)=\dfrac{2}{\pi}\displaystyle\int_0^\infty \dfrac{1}{\omega}(\cos \omega-2)\sin \omega x\, dx$

17 $f(x)=\dfrac{1}{2\pi}\displaystyle\int_{-\infty}^\infty \dfrac{2}{i\omega}(\cos \omega-2)\, e^{i\omega x}d\omega$

18 $\mathcal{F}\{g(x)\}=\dfrac{2}{1+i2\omega}$

$\mathcal{F}\{h(x)\}=\dfrac{1}{2+i\omega}$

19 $y(x)=e^{-3x}u(x)$, (단, $u(x)$는 단위계단함수)

20 $\mathcal{F}_c\{f(x)\}=\dfrac{1}{\omega}\sin \omega-\dfrac{1}{\omega^2}(\cos \omega-1)$

10장

01 (1) $w_k=2^{\frac{1}{6}}\left(\cos\dfrac{\frac{\pi}{4}+2k\pi}{3}+i\sin\dfrac{\frac{\pi}{4}+2k\pi}{3}\right),\ k=0, 1, 2$

(2) $w_k=\cos\left(\dfrac{\frac{\pi}{2}+2k\pi}{4}\right)+i\sin\left(\dfrac{\frac{\pi}{2}+2k\pi}{4}\right),\ k=0, 1, 2$

02 (1) $2^5\left(\cos\dfrac{13}{6}\pi+i\sin\dfrac{13}{6}\pi\right)=16(\sqrt{3}+i)$

(2) $\dfrac{1}{2}\left(\cos\dfrac{\pi}{2}+i\sin\dfrac{\pi}{2}\right)=\dfrac{1}{2}i$

03 (1) $f(z)=e^x\cos y+ie^x\sin y$는 해석적이다.

$f'(z)=e^x\cos y+ie^x\sin y$

(2) $f(z)=(x^2-y^2-y)+i(2xy+x+10)$은 해석적이다.

$f'(z)=2x+i(2y+1)$

04 (1) $a=1,\ b=3$

(2) $a=-3,\ b=-5$

05 (1) $u(x, y)=ax^3+bxy$가 조화함수가 되기 위한 조건은 $a=0$, b는 임의의 상수이다. 공액조화함수 $v(x, y)$는 $b=1$로 선택하면 다음과 같으며, c는 상수이다.

$$v(x, y)=-x^2+y^2+c$$

(2) $u(x, y)=e^{ax}\cos 5y$가 조화함수가 되기 위한 조건은 $a=5$이다.

공액조화함수 $v(x, y)$는 다음과 같으며, c는 상수이다.

$$v(x, y)=e^{5x}\sin 5y+c$$

06 (1) $e^{3+4\pi i}=e^3$

(2) $\text{Ln}(-2+2i)=\dfrac{3}{2}\ln 2+i\dfrac{3}{4}\pi$

(3) $\ln(-\sqrt{3}+i)=\ln 2+i\left(\dfrac{5}{6}\pi+2k\pi\right)$, k는 정수

07 (1) $u(x, y)=\dfrac{1}{\sqrt{2}}\cosh 1$

$v(x, y)=\dfrac{1}{\sqrt{2}}\sinh 1$

(2) $u(x, y) = \cos 3 \cosh 2 + \cos 5 \sinh 4$

$v(x, y) = \sin 3 \sinh 2 + \sin 5 \cosh 4$

08 $z = x + iy$ 라 하면

$$\tan z = \tan(x+iy) = \frac{\sin(x+iy)}{\cos(x+iy)} = \frac{\sin x \cosh y + i \cos x \sinh y}{\cos x \cosh y - i \sin x \sinh y}$$

분모의 공액복소수를 분자에 곱해 정리하면

분자 $= \sin x \cos x + i \sinh y \cosh y$

분모 $= \cosh^2 y - \sin^2 x$

이 되며, 2배각 공식을 적용하면 $u(x, y)$와 $v(x, y)$는 다음과 같이 결정된다.

$$u(x, y) = \frac{\sin 2x}{\cosh 2y + \cos 2x}$$

$$v(x, y) = \frac{\sinh 2y}{\cosh 2y + \cos 2x}$$

09 (1) $(2i)^{1+i}$ 의 주치

$$2e^{-\frac{\pi}{2}}\left\{\cos\left(\ln 2 + \frac{\pi}{2}\right) + i \sin\left(\ln 2 + \frac{\pi}{2}\right)\right\}$$

(2) $(1+i)^{1+i}$ 의 주치

$$\sqrt{2}\, e^{-\frac{\pi}{4}}\left\{\cos\left(\ln\sqrt{2} + \frac{\pi}{4}\right) + i \sin\left(\ln\sqrt{2} + \frac{\pi}{4}\right)\right\}$$

10 $f\left(\frac{1+i}{\sqrt{2}}\right) = -3 - 3i$

11 $f(z) = |z|^2 = z\bar{z}$

$$f'(z) = \lim_{\Delta z \to 0} \frac{f(z+\Delta z) - f(z)}{\Delta z} = \lim_{\Delta z \to 0}\left(z + z\frac{\overline{\Delta z}}{\Delta z}\right)$$

$\mathfrak{Re}(z)$ 축에서 0으로 접근하는 경로 I과 $\mathfrak{Im}(z)$ 축에서 0으로 접근하는 경로 II에서 각각 극한값을 구하면

경로 I : $\lim_{\Delta z \to 0}\left(z + z\frac{\overline{\Delta z}}{\Delta z}\right) = 2x$

경로 II : $\lim_{\Delta z \to 0}\left(z + z\frac{\overline{\Delta z}}{\Delta z}\right) = 0$

이므로 $z = 0$ 에서만 두 극한값이 동일하므로 $f(z)$는 $z = 0$ 에서만 미분가능하다.

12 De Moivre 공식을 적용하면 다음과 같다.

$$z+\frac{1}{z}=z+z^{-1}=(\cos\theta+i\sin\theta)+(\cos\theta-i\sin\theta)=2\cos\theta$$

$$z-\frac{1}{z}=z-z^{-1}=(\cos\theta+i\sin\theta)-(\cos\theta-i\sin\theta)=2i\sin\theta$$

13 $u(x, y)=(4y-5x)+x(x^2-y^2)$

$v(x, y)=y(x^2-y^2-5)$

14 $\sinh z$의 정의와 $\cosh^2 x=1+\sinh^2 x$의 관계를 이용하면 다음의 관계가 얻어진다.

$$|\sinh z|^2=\sinh^2 x+\sin^2 y$$

15 $u(x, y)$는 조화함수이며 공액조화함수 $v(x, y)=3x^2y+5x-y^3+c$이다. 단, c는 상수이다.

16 $w_0=1$, $w_1=i$, $w_2=-1$, $w_3=-i$

17 $a=3$, $v(x, y)=3x^2y-y^3+c$ (c는 상수)

18 (1) $(1+i)^4=-4$

(2) $(1-i)^8=16$

19 0

20 -2^{10}

11장

01 (1) $\oint_C \Re(z)\,dz=\frac{1}{2}i$

(2) $\oint_C \bar{z}^2\,dz=\frac{2}{3}$

(3) $\oint_C (2z-1)dz=0$

02 (1) $\int_C (z^2+3)dz=\frac{10}{3}-\frac{8}{3}i$

(2) $\int_C (z^2+3)dz=-\frac{4}{3}$

03 (1) $\oint_C \frac{z}{z^2-\pi^2}dz=0$

(2) $\oint_C \frac{1}{z-1}dz=2\pi i$

04 (1) $-\frac{5\pi}{32}i$

(2) $\frac{5\pi}{32}i$

05 $\oint_C \frac{2e^{iz}}{(z^2+1)^2}dz=-2\pi e^{-1}$

06 (1) $\frac{z+3}{1-z^2}=3+z+3z^2+z^3+3z^4+\cdots$

수렴영역 : $|z|<1$, 수렴반경 $R=1$

(2) $\frac{z}{1-z}=z+z^2+z^3+z^4+\cdots$

수렴영역 : $|z|<1$, 수렴반경 $R=1$

07 (1) $\frac{1+z}{1-z}=-1+\frac{2}{1-i}+\frac{2}{(1-i)^2}(z-i)+\frac{2}{(1-i)^3}(z-i)^2+\cdots$

(2) $(z-1)e^{-2z}=e^{-2}(z-1)-2e^{-2}(z-1)^2+2e^{-2}(z-1)^3-\frac{4}{3}e^{-2}(z-1)^4+\cdots$

(3) $\frac{z-7}{z^2-2z-3}=\frac{7}{3}+\frac{19}{9}z-\frac{53}{27}z^2+\frac{163}{81}z^3-\cdots$

08 (1) $\frac{1}{(z-1)(z-2)}=\frac{1}{(z-1)^2}+\frac{1}{(z-1)^3}+\frac{1}{(z-1)^4}+\frac{1}{(z-1)^5}+\cdots$

(2) $\frac{1}{(z-1)(z-2)}=\cdots-\frac{1}{8}z^2-\frac{1}{4}z-\frac{1}{2}-\frac{1}{z}-\frac{1}{z^2}-\frac{1}{z^3}-\cdots$

09 (1) 0

(2) $-2\pi i$

(3) $2\pi i$

10 (1) 0

(2) $-2i$

(3) $2i$

(4) 0

11 $\oint_C \frac{e^z}{\sin z} dz = 2\pi i$

12 $\int_0^{2\pi} \frac{1}{10-6\cos\theta} d\theta = \frac{\pi}{4}$

13 $\oint_C \frac{z^2}{(z-1)^3(z^2+4)} dz = -\frac{8\pi}{125} i$

14 (1) $\frac{4}{3}\pi i$

(2) 0

15 πi

16 $\int_C z\, dz = 4i$

17 $\oint_C \frac{(z+2)}{z(z-2)} dz = -2\pi i$

18 $\oint_C \frac{z+2}{z^2(z-2)} dz = -2\pi i$

19 $\oint_C \frac{3(z+1)}{z(z-1)} dz = 6\pi i$

20 (1) $z=0$; 단순극점

(2) $z=0$; 2차 극점

$z=1$; 단순극점

찾아보기

ㄱ

가역적(Invertible) 392
가지(Branch) 709
가지절단(Branch Cut) 709
강제함수(Forcing Function) 79
결합법칙(Associative Law) 340
경로변형(Deformation of Path)의 원리 741, 743
경로변형의 원리 확장 748
경로 분할(Partition of a Curve) 729
경로분할 성질 742
경로의 독립성(Independence of Path) 740
고립된 특이점(Isolated Singularity) 790
고유값(Eigenvalue) 421
고유값 문제(Eigenvalue Problem) 420
고유공간 426
고유벡터(Eigenvector) 421
고차 도함수 27
고차 비제차미분방정식 152
고차 선형미분방정식 136
고차 오일러-코시 방정식 148
고차 제차미분방정식 140
곡면(Surface) 465
곡면의 법선벡터 474
곡면의 벡터함수 465
곡선(Curve) 459
곡선의 길이 463
곡선의 매개변수 표현법 459
곡선의 벡터함수 459
곡선의 접선벡터 461
곱셈에 대한 역원(Multiplicative Inverse) 391
곱의 원리(Multiplication Principle) 114
공간벡터 261, 270
공액복소수(Complex Conjugate) 143, 662
공액복소수의 성질 143
공액조화함수(Conjugate Harmonic Function) 700
교대행렬(Skew-Symmetric Matrix) 349
교환법칙(Commutative Law) 283, 340
구간(Interval) 560
구간연속(Piecewise Continuous) 188, 568, 569
구동함수(Driving Function) 79
구면(Sphere) 306
구좌표계(Spherical Coordinate System) 298, 306
극좌표(Polar Coordinate) 302, 522, 668
극한(Limit) 453
극형식(Polar Form) 91
근방(Neighborhood) 685
기본영역(Fundamental Region) 704
기본주기(Fundamental Period) 246, 553
기본행연산(Elementary Row Operation) 357
기본행연산의 표기 358
기울기(Gradient) 472
기저(Basis) 82
기저벡터(Basis Vector) 321
기하급수(Geometric Series) 773
기함수(Odd Function) 221, 570, 574
기함수 확장 580

ㄴ

나머지(Remainder) 772
내부점(Interior Point) 685

ㄷ

다중연결(Multiply Connected) 736
단순극점(Simple Pole) 792
단순연결영역(Simply Connected Domain) 736
단순폐곡선(Simple Closed Curve) 510, 736
단위계단(Unit Step)함수 207
단위법선벡터(Unit Normal Vector) 469, 475
단위벡터(Unit Vector) 265, 271
단위벡터 표현 272
단위원(Unit Circle) 684
단위접선벡터(Unit Tangent Vector) 461
단위행렬(Identity Matrix) 343
닫혀진 원판(Closed Circular Disk) 684
닫혀진 원환(Closed Annulus) 686
닫힘공리 315
대각합(Trace) 354, 429
대각행렬(Diagonal Matrix) 353
대수방정식 232
대칭방정식(Symmetric Equation) 290
대칭성 572
대칭행렬(Symmetric Matrix) 348
덧셈정리 221
데카르트 방정식(Cartesian Equation) 294
델타함수(Delta Function) 214
도약(Jump) 569
도함수(Derivative) 691
도함수의 Fourier 변환 633
도함수의 Laplace 변환 218
동차미분방정식(Homogeneous Differential Equation) 42, 44
동차함수(Homogeneous Function) 43
등비급수 344

ㄹ

라플라스(Laplace)변환법 103
로피탈(L'Hospital)의 정리 217

ㅁ

매개변수방정식(Parametric Equation) 289
매개변수변환법(Method of Variation of Parameters) 118
매개변수변환법의 일반화 159
매끄러운(Smooth) 곡선 727
멱급수(Power Series) 769
면적분(Surface Integral) 528
뫼비우스의 띠(Mobius Strip) 531
무한대(Infinity) 682
무한등비급수 345
무향곡면(Nonoriented Surface) 531
미분(Differential) 50
미분가능(Differentiable) 691
미분방정식(Differential Equation) 22
미분방정식의 차수 24
미분법칙 455, 691
미분연산자(Differential Operator) 136, 177
미분형 표현 64
미소길이벡터 301, 305, 309
미소면적벡터 301, 305, 309
미소수직 스트립 505
미소수평 스트립 506
미소체적소 301, 306, 311
미정계수법(Method of Undetermined Coefficients) 105, 156

ㅂ

반구간 전개(Half-Range Expansion) 579
발산(Divergence) 479
발산정리(Divergence Theorem) 534
방향(Orientation) 460
방향 도함수(Directional Derivative) 471
방향벡터(Directional Vector) 289
방향성(Orientation) 729
배분법칙(Distributive Law) 283, 340
법선벡터(Normal Vector) 292, 468

베르누이(Bernoulli) 미분방정식 65
벡터(Vector) 260
벡터공간(Vector Space) 82, 314, 325
벡터방정식(Vector Equation) 289
벡터의 내적(Inner Product) 274
벡터의 덧셈 266
벡터의 뺄셈 268
벡터의 외적(Outer Product) 281
벡터의 크기 264
벡터장(Vector Field) 449
벡터장의 발산 480
벡터장의 회전 481
벡터적(Vector Product) 281
벡터함수(Vector Function) 449
벡터함수의 고차 도함수 455
벡터함수의 극한과 연속 453
벡터함수의 도함수 454
벡터함수의 적분 455
변수변환 520, 563
변수분리(Separable Variables) 32, 42
변수분리형 방정식 32
보조방정식(Auxiliary Equation) 96, 232
보조해(Auxiliary Solution) 102, 152
보존적(Conservative) 478
보존적 벡터장 478
복소 Fourier 계수 614
복소 Taylor 급수(Complex Taylor Series) 769
복소거듭제곱(Complex General Power) 717
복소로그함수 705
복소변수함수(Complex Variable Function) 686
복소변수함수의 극한 690
복소삼각함수 710
복소선적분(Complex Line Integral) 727
복소선적분의 계산 730
복소선적분의 성질 729
복소수(Complex Number) 660
복소수의 거듭제곱 675
복소수의 거듭제곱근 679
복소수의 곱셈 662
복소수의 극형식(Polar Form) 91, 668
복소수의 나눗셈 662
복소수의 덧셈 665
복소수의 뺄셈 665
복소수의 사칙연산 662
복소수의 상등 661
복소수형 Fourier 급수(Complex Fourier Series) 588
복소수형 Fourier 적분(Complex Fourier Integral) 614
복소쌍곡선함수 713
복소지수함수(Complex Exponential Function) 89, 702
복소평면(Complex Plane) 89, 663, 665
복소함수(Complex Function) 89
복소해석함수(Complex Analytic Function) 693
복소해석함수의 고차 도함수 761
본질적인 특이점(Essential Singularity) 792
부분분수(Partial Fraction) 40, 199
부분분수 분해방법 199
부분분수전개 41
부분분수 전개법(Partial Fraction Expansion) 197
부분적분(Integration by Parts) 34
부분적분법 609
부분합(Partial Sum) 345, 728
분수함수의 영점과 극점 794
분수함수의 적분 47
비보존적(Nonconservative) 478
비선형미분방정식 25
비정칙행렬 392
비제차(Nonhomogeneous) 79
비제차미분방정식 102
비주기함수(Nonperiodic Function) 579, 604
비회전적(Irrotational)인 벡터장 481

ㅅ

산술평균값(Arithmetic Average) 568
삼각급수(Trigonometric Series) 555
삼각부등식 756
삼각함수 공식 39
삼각함수의 기본공식 221
삼각행렬(Triangular Matrix) 353
삼각형의 법칙(Law of Triangle) 267
삼중적분(Triple Integral) 517
상계(Upper Bound) 769
상미분방정식(Ordinary Differential Equation) 22
상삼각행렬(Upper Triangular Matrix) 353
선소(Linear Element) 464
선적분(Line Integral) 485
선적분 경로의 독립성 493
선적분의 계산 487
선적분의 벡터표현 489
선형결합(Linear Combination) 82, 321
선형독립(Linear Independence) 319
선형미분방정식 25, 59
선형미분방정식의 해법 60, 232
선형변환(Linear Transformation) 421
선형성(Linearity) 79, 188, 621, 729
선형성의 원리(Linearity Principle) 80, 140
선형연립미분방정식의 해법 248
선형연립방정식의 해법 412
선형연산자(Linear Operator) 137, 138, 196, 622
선형제차미분방정식 83
선형종속(Linear Dependence) 320
소행렬식(Minor) 385
수렴반경(Radius of Convergence) 773, 776
수렴영역 773
수반행렬(Adjoint Matrix) 399
수학적 귀납법(Mathematical Induction) 761
순서도(Flow Chart) 36
순열(Permutation) 377
스칼라(Scalar) 260
스칼라 곱(Scalar Multiplication) 269
스칼라 삼중적(Scalar Triple Product) 285, 384
스칼라장(Scalar Field) 450
스칼라적(Scalar Product) 275
스칼라함수(Scalar Function) 450
스케일 인자(Scale Factor) 616
시간 스케일링(Time Scaling) 623
시간영역(Time Domain) 618
실수(Real Number) 660
실수부(Real Part) 661
실수형 Fourier 적분 604
실함수(Real Function) 89
쌍곡선함수(Hyperbolic Function) 190, 594
쌍대성(Duality) 207, 635

ㅇ

양함수(Explicit Function) 27
에너지 보존의 법칙 478
여인수(Cofactor) 385
여인수 전개 387
여인수행렬(Cofactor Matrix) 399
역방향대입(Backward Substitution) 363
역행렬(Inverse Matrix) 391
역행렬 공식 400
역행렬의 성질 395
연립대수방정식 249
연립미분방정식 173
연속성 690
연쇄법칙(Chain Rule) 469
열(Column) 334
열린 곡면(Open Surface) 538
열린 원판(Open Circular Disk) 684
열린 원환(Open Annulus) 686
열 벡터(Column Vector) 335
영벡터(Zero Vector) 268
영점(Zero) 793
영행렬(Zero Matrix) 353

오른나사의 법칙(Right-handed Screw Rule) 281
오일러-코시 방정식(Euler-Cauchy Equation) 96
완전(Exact) 52
완전미분 52
완전미분방정식(Exact Differential Equation) 51
완전해석함수(Entire Function) 694, 767
우함수(Even Function) 221, 570, 572
우함수 확장 580
원(Circle) 683
원점 대칭 224
원천(Source) 480
원추면(Cone) 306
원통(Cylinder) 302
원통좌표계(Cylindrical Coordinate System) 298, 301
원판(Circular Disk) 684
원환(Annulus) 685
위치벡터(Position Vector) 82, 263
위치벡터의 성분표시 263
유계함수(Bounded Function) 767
유사변환(Similarity Transformation) 438
유수(Residue) 796
유수의 계산 796
유수정리(Residue Theorem) 197, 779
유일성 정리(Uniqueness Theorem) 393
유한한 도약 (Finite Jump) 568
유향곡면(Oriented Surface) 531
유향선분 261
음함수(Implicit Function) 27
음함수의 미분법 29
이변수함수의 적분 504
이중연결영역에 대한 Cauchy 적분공식 759
이중적분(Double Integral) 500
이중적분에서 적분 순서 505
이중적분의 계산 502
인수분해 147
인수정리 147
일대일 대응(One-to-One Correspondence) 619
일반각(General Angle) 672
일반해(General Solution) 30
일반화된 Cauchy 적분공식 760
임펄스함수(Impulse Function) 214, 636

ㅈ

자연로그(Natural Logarithm) 706
자취(Trace) 288
적분변환(Integral Transform) 618
적분의 Laplace 변환 225
적분의 선형성 556
적분인자(Integrating Factor) 59
전단사 변환(Bijective Transform) 619
전미분(Total Differential) 49
전치행렬(Transpose Matrix) 346
절댓값(Absolute Value) 669
점(Point) 683
접선벡터(Tangent Vector) 448
접평면(Tangent Plane) 468
정방행렬(Square Matrix) 334
정사영 275
정의역(Domain of Definition) 450
정적분(Definite Integral) 485
정적분의 적분변수 231
정칙행렬(Nonsingular Matrix) 392, 403
제1이동정리(First Shifting Theorem) 203, 626
제2이동정리(Second Shifting Theorem) 206, 629, 631
제2코사인 정리 278
제거할 수 있는 특이점(Removable Singularity) 792
제차(Homogeneous) 78
제차미분방정식 82
제차연립방정식 422
조화함수(Harmonic Function) 698, 700
좌표(Coordinate) 263

좌표변환 303
좌표평면 665
주기(Period) 552
주기함수(Periodic Function) 246, 552
주기함수의 Laplace 변환 247
주대각요소(Main Diagonal Element) 336
주요부(Principal Part) 791
주치(Principal Value) 706, 717
주파수(Frequency) 555
주파수영역(Frequency Domain) 618
주편각(Principal Argument) 672, 706
중복점(Mutiple Point) 510
중첩의 원리(Superposition Principle) 80, 110, 140
직각좌표계(Rectangular Coordinate System) 298
직교좌표계(Orthogonal Coordinate System) 298
직선의 벡터방정식 287

ㅊ

차수감소법(Reduction of Order) 86
차원(Dimension) 322
초기 조건 30
초깃값 문제(Initial Value Problem) 30, 125, 152
초월함수 36
최대변화율 474
최소상계(Supremum) 769
치역(Range) 686
치환법 66
치환적분 39, 63

ㅋ

켤레복소수 663

ㅌ

투영(Projection) 275
특성방정식(Characteristic Equation) 84, 141, 422
특수해(Particular Solution) 30, 102
특이(Singular)행렬 392
특이성(Singularity) 790
특이점(Singular Point) 773, 790
특이해(Singular Solution) 30

ㅍ

편각(Argument) 669
편각의 부호 669
편도함수(Partial Derivative) 23
편미분(Partial Differentiation) 23
편미분방정식(Partial Differential Equation) 23, 53
평균값(Average Value) 556
평면벡터 261, 270
평면의 데카르트 방정식 294
평면의 벡터방정식 293
평행사변형의 법칙(Law of Parallelogram) 266
평행이동 207
폐곡선(Closed Curve) 728
폐곡선에 대한 선적분 498
피벗(Pivot) 371
피타고라스 정리(Pythagorean Theorem) 278

ㅎ

하삼각행렬(Lower Triangular Matrix) 353
합성곱(Convolution) 237, 639
합성곱의 Laplace 변환 240
합성곱의 정리(Convolution Theorem) 639
합성함수(Composite Function) 222
합성함수의 미분법 29, 223
항등원(Identity Element) 397
해석부(Analytic Part) 791
해석적(Analytic) 693
행(Row) 334
행렬(Matrix) 334
행렬다항식(Matrix Polynomial) 343
행렬식(Determinant) 122, 284, 377
행렬식의 성질 380
행렬의 거듭제곱(Power) 342

행렬의 곱셈 339
행렬의 대각화 433
행렬의 덧셈 337
행렬의 분해 351
행렬의 상등 336
행렬의 스칼라 곱 338
행렬의 요소 334
행렬의 유사성(Similarity) 437
행렬의 크기 334
행 벡터(Row Vector) 335
허수(Imaginary Number) 660
허수부(Imaginary Part) 661
호도법(Circular Measure) 276
호의 길이(Arc Length) 463
확장행렬(Augmented Matrix) 362
흡입(Sink) 480

C

Cauchy–Riemann 방정식 694
Cauchy 부등식(Cauchy Inequality) 767
Cauchy의 유수정리(Cauchy Residue Theorem) 800
Cauchy의 적분공식(Cauchy Integral Formula) 754
Cauchy의 적분정리(Cauchy Integral Theorem) 736
Cayley–Hamilton 정리 430
Cramer 공식 120, 122, 161, 415

D

Del 연산자 472
De Moivre 공식 675

E

Euler 공식(Euler Formula) 89, 170, 670

F

Fourier 계수(Fourier Coefficients) 555
Fourier 급수(Fourier Series) 555
Fourier 급수의 수렴 568
Fourier 변환(Fourier Transform) 616, 618
Fourier 변환의 성질 621
Fourier 사인 급수(Fourier Sine Series) 577
Fourier 사인 변환(Fourier Sine Transform) 643
Fourier 사인 역변환(Inverse Fourier Sine Transform) 643
Fourier 사인 적분(Fourier Sine Integral) 611
Fourier 역변환(Inverse Fourier Transform) 619
Fourier 적분(Fourier Integral) 604
Fourier 코사인 급수(Fourier Cosine Series) 576
Fourier 코사인 변환(Fourier Cosine Transform) 642
Fourier 코사인 역변환(Inverse Fourier Cosine Transform) 642
Fourier 코사인 적분(Fourier Cosine Integral) 610

G

Gauss–Jordan 소거법(Gauss–Jordan Elimination) 369, 406
Gauss 소거법(Gauss Elimination) 362
Green 정리(Green Theorem in the Plane) 511

J

Jacobian 522

K

Kronecker 델타 기호 560

L

Laplace 방정식 700
Laplace 변환(Laplace Transform) 186
Laplace 변환의 미분 227
Laplace 변환의 적분 229

Laplace 역변환(Inverse Laplace Transform) 195
Laplace 역변환 공식 808
Laplace 적분 612
Laplace 전개(Laplace Expansion) 387
Laplacian 483
Laurent 급수(Laurent Series) 779
Laurent 급수의 수렴영역 783
Laurent 정리 780
L'Hospital 정리 215
Liouville 정리 766

M

Maclaurin 급수 703
Maclaurin 급수(Maclaurin Series) 776
ML-부등식 756
m차 극점(Pole of Order m) 792
m차 영점 793

S

Schwarz 정리 484
sinc(x)의 정의 621
Stokes의 정리 538
s-영역 187

T

Taylor 급수 570, 703
Taylor 정리(Taylor Theorem) 769
t-영역 186

W

Wronskian 120, 161

Y

y축 대칭 223

1×1 행렬 348
1차 편도함수(Partial Derivative) 23, 49
1차 행렬식 377
2차 선형미분방정식 78
2차 행렬식 378
3차 행렬식 162, 378
60분법(Sexagesimal System) 276